生态地理学

王建林 著

科学出版社
北 京

内 容 简 介

本书是一部系统论述生态地理学的专著，独具学术创新特色。全书在学术思想上，以气候、地理、生物为三大组成要素提出了生态地理学和生态地理系统的概念，并以此为基础，提出了以生态地理系统概述、气候要素的空间分布格局及其变化动态、地理要素的空间分布格局及其变化动态、生物种群的空间分布格局及其变化动态、生物群落的空间分布格局及其变化动态、生态地理系统能量流动的空间分布格局及其变化动态、生态地理系统物质循环的空间分布格局及其变化动态、生态地理系统生产力的空间分布格局及其变化动态、生态地理系统产品品质的空间分布格局及其变化动态和生态地理系统类型的空间分布格局及其变化动态为核心内容的生态地理学的学科体系。此外，还编绘了大量图表，图文并茂，为读者阅读提供了方便，每章内容后还列出了大量的参考文献，有利于读者进一步的深入研究。

本书可供各科研机构和高等院校地理学、生态学、生物学、作物学专业与相关专业的本科生、研究生及研究人员使用，同时也可供农业技术人员、乡镇农业领导干部等参考。

图书在版编目(CIP)数据

生态地理学/王建林著. —北京：科学出版社，2019.3
ISBN 978-7-03-060448-4

Ⅰ. ①生…　Ⅱ. ①王…　Ⅲ. ①生态地理学-研究　Ⅳ. ①Q15

中国版本图书馆 CIP 数据核字(2019)第 014044 号

责任编辑：罗　静 / 责任校对：严　娜
责任印制：吴兆东 / 封面设计：无极书装

科 学 出 版 社 出版
北京东黄城根北街 16 号
邮政编码：100717
http://www.sciencep.com
北京厚诚则铭印刷科技有限公司印刷
科学出版社发行　各地新华书店经销
*
2019 年 3 月第　一　版　开本：787×1092　1/16
2025 年 1 月第四次印刷　印张：43
字数：1 004 000

定价：380.00 元

前　言

生态地理学是生态学与地理学之间的新兴边缘学科。地理学的生态观点首先由美国地理学者 H. H. Barrows 于 1924 年阐述人文地理学研究对象时提出，他提出“人类生态学”方向，主张地理学的目的不在于考虑环境本身的特征与客观存在的自然现象，而是要研究人类与自然和生态环境间的相互影响，包括从这些作用过程、机制的探讨到环境政策的制定和环境的整治。Prabhakar(2000)认为生态地理学是研究环境对生物分布的影响及生物与环境相互作用所导致的动植物区系的传播与扩散。这属于典型生物地理学研究角度的表述，与人类社会系统的关系不大。《地理学词典》(1983)中描述：生态地理学是研究生态系统的结构、演变规律及其协调的学科，是自然地理的分支学科。该定义更多关注的是自然生态系统，同时关注生态系统的层级性和尺度性。胡焕庸(1982)认为：生态地理学是一门正在兴起的新学科，其任务在于运用生态学的观点和方法，研究人地关系，从而保护和改善自然环境。此定义更强调全局观和综合观的重要性，同时强调生态地理学的研究对象为“人地关系”，然而对生态系统本身的研究较少。

通过上面的分析可以看出，不同学者对生态地理学的认识各有侧重。尽管最近 30 年来，生态地理学在区系地理、演化地理及生态地理等方面得到了长足的发展，取得了显著的研究进展，但是，生态地理学尚缺乏自己独特的学科体系。本人认为生态地理学既然是生态学与地理学之间的新兴边缘科学，它至少应当体现三点：一是生态学的理论体系与研究内涵，二是地理学的理论体系与研究内涵，三是生态学与地理学之间的交叉。基于以上认识，本人在多年从事植物生态地理研究的基础上，以气候、地理、生物为三大组成要素提出了生态地理系统的概念，并以此为基础，构建了生态地理学的学科体系。以此抛砖引玉，推动生态地理学科的发展，加快对不同生态地理系统空间分布格局、发生与起源、适应与演化规律的研究，维护生态地理系统的平衡，为人类合理开发利用气候、地理、生物资源，实现气候-地理-生物三者之间的协调发展，为探讨各类因地制宜的生产实践途径提供科学依据。

本书共分十一章，第一章为绪论；第二章为生态地理系统概述；第三章为气候要素的空间分布格局及其变化动态；第四章为地理要素的空间分布格局及其变化动态；第五章为生物种群的空间分布格局及其变化动态；第六章为生物群落的空间分布格局及其变化动态；第七章为生态地理系统能量流动的空间分布格局及其变化动态；第八章为生态地理系统物质循环的空间分布格局及其变化动态；第九章为生态地理系统生产力的空间分布格局及其变化动态；第十章为生态地理系统产品品质的空间分布格局及其变化动态；第十一章为生态地理系统类型的空间分布格局及其变化动态。

在本书出版之际，我要感谢西藏自治区教育厅在项目研究和出版经费方面的大力支持；感谢多年来西藏农牧学院各级领导的关心和帮助；感谢次卓嘎、栾运芳等同志长期以来跟随本人开展大量的野外考察工作；感谢在植物生态地理研究过程中，西藏各级地方政府和农牧民群众的积极协助；感谢王改花、冯攀、韩玉娥等研究生在项目研究过程中付出的辛勤劳动；感谢科学出版社的各位编辑，如果不是他们的辛勤努力，这本书不可能这么快与读者见面。同时，本书引用资料较多，可能未能全部列出，在此谨向所有被引用文献的作者表示衷心的感谢。

由于本人水平有限，加之可借鉴资料非常缺乏，不足之处在所难免，敬请各位专家、学者和读者批评指正，多提宝贵意见。

王建林

2019 年 1 月

目　　录

第一章　绪　　论

第一节　生态地理学形成的基础、发展历程和内涵

一、生态地理学形成的基础

（一）生态学基础

生态学（ecology）是研究生物与其环境相互关系的学科。ecology 一词来源于希腊文，就字面而言，eco-表示住所或栖息地，logos 表示学问。1866 年，德国动物学家 H. Haeckel 初次把生态学定义为“研究动物与有机及无机环境相互关系的科学”。从此，拉开了生态学发展的序幕。在 1866 年以前，各国的生态学知识累积可以追溯到古代，如果把这个时期称为生态学知识累积阶段，生态学发展可以概括为下述 4 个阶段。

1. 生态学知识累积阶段（1866 年以前）

在中国长期的农业社会中累积了像二十四节气这种实质反映气候与生物关系的知识，并且被广为流传，成为指导农业生产的重要依据。在 2200 年前的战国时代《管子·地员篇》曾经详细记载了水分梯度与植物组成的关系。1400 多年前后魏时期的《齐民要术》记载了植物特性因环境而变化的事实。明朝李时珍的《本草纲目》更是描述了众多药用植物的生态习性。在西方古希腊哲学家也有记述关于气候、土壤与植物关系的著作。特别值得指出的是达尔文（Darwin）（1809—1882）对生态学的贡献，他在《物种起源》（1859）等著作中表述了很多生态学的观点。他认为，进化是自然选择的产物。自然界是“一个复杂的关系网”，没有一种个体或物种能够独立地生活在这个网络外。自然界必须有使万物位置适合的组织（功能“生态位”），所有有机体都在努力获取自然经济体系中的每一个位置，竞争结果使资源效率提高。他认为“一种最微不足道的变异也常常会使一种有机体战胜另一种”。新物种的产生途径是：①优者替代劣者；②入住空位，如火山岛加拉帕戈斯群岛上，由于物种稀少远离大陆，海龟在陆地上起了草食动物的作用。达尔文还有过“趋异”原则的思考，认为差异、个性、变化使越来越多的生物种类可以在同一地区被养活下来（生态位分化），竞争不是自然界唯一的规律。丰富的生态学知识累积促进了生态学的形成。

2. 个体生态学与群落生态学阶段（1866～1935 年）

1866 年，德国动物学家 H. Haeckel 定义了生态学，这就标志着生态学的产生。生态学产生以后便分化出植物生态学、动物生态学等学科分支。在生态学发展的这第一个高潮中，重要的代表性著作有：植物生态学创始人 E. Warming 的《以植物生态地理为基础的植物分布学》（1895）、A. F. W. Schimper 的《以生理学为基础的植物地理学》（1898）。这两部著作都从植物生理功能、形态结构、生活力等方面阐述了植物分布的多样性，并

用生物进化的观点分析研究了植物群落的起源和发展。稍晚，动物生态学方面也有很多出色的研究。英国学者詹宁斯(Jennings)研究了动物行为；美国学者达文波特(Davenport)研究了动物群落生态，特别是昆虫生态方面。

这个阶段，生态学研究中还出现了不同的学派。例如，在植物生态学方面，英美学派着重研究群落的动态，对群落演替和顶极群落有较系统的研究；法瑞学派着重研究群落的静态，对群落结构有较多研究；北欧学派主要继承了瓦明植物地理学方面的工作；苏联学派的研究则集中在生物地理群落方面。

3. 生态系统生态学阶段(1935～1962 年)

1935 年，植物生态学的英美学派代表人物，英国植物生态学家 A. G. Tansley 第一次提出了生态系统(ecosystem)的概念，他将生物及其环境看成一个动态整体。1939 年，在他的《英伦三岛的植被》一书中写道：相对平衡地位基本上是生态系统的概念这种“相对平衡”的地位，当然是极少稳定的，它因含有许多不稳定的成分而非常敏感。一旦复合因素中有一些表面上很小的变化，这种地位就会发生动摇。他第一次提出了生态平衡的概念。生态学家很快接受了这些观点，生态学发展到了生态系统生态学阶段。1941 年，美国科学家 R. I. Lindeman，发表了《一个老年湖泊内的食物链动态》的论文，他用确切的研究数据揭示了在食物链顺序转移中生物量的数量关系。1942 年，他在另一篇文章中进一步证实了自然生态系统中能量与物质的流动在不同营养级之间的定量关系。美国生态学家 E. P. Odum 从 20 世纪 50 年代开始研究遗弃农田的次生演替及生态系统的能流与物流。1952 年，他撰写了《生态学基础》一书，确立了生态系统生态学的地位。

4. 生态学向调控与工程的方向发展阶段(1962 年以后)

第二次世界大战后，世界经济有过一段快速增长的时期。到 20 世纪 60 年代以后，接连出现“污染危机”“资源危机”“能源危机”“粮食危机”“人口危机”等。1962 年，美国海洋生物学家 R. Carson 撰写的《寂静的春天》，用通俗的文笔描述了一个受到人造化学品危害的悲惨世界。她的书是人类生态环境意识觉醒的标志，生态学开始走出高楼深院，解决社会生活中的生态问题。联合国教育、科学及文化组织于 1964 年开展以生态系统定量研究为重点的“国际生物学研究计划”(IBP)之后，又于 1971 年组织了“人与生物圈计划”(MAB)长期研究计划。中国于 1972 年加入了这个研究。

1972 年，联合国在瑞典首都斯德哥尔摩召开了有 113 个国家参加的第一次人类环境会议。会议探讨了全球生态环境保护问题，发表了《人类环境宣言》。1982 年和 1992 年又分别在肯尼亚首都内罗毕、巴西里约热内卢召开了世界环境与发展大会。1992 年的联合国环境与发展大会制定了《保护生物多样性公约》《气候变化公约》《关于森林问题的原则声明》《21 世纪行动议程》《里约热内卢宣言》。

社会的“生态热”有力地推动了生态学的发展。生态学吸收系统论、控制论和信息论的内容发展出系统生态学(systems ecology)。系统生态学有关的著作有 E. Halfon 的《理论系统生态学》(1979)、H. T. Odum 的《系统生态学》(1983)。推动生态学向定量化方向发展的著作有 F. C. Pielou 的《数学生态学引论》(1969)、R. M. May 的《理论生态学》(1976)等。

生态学在应用中产生了很多应用性分支，如农业生态学、城市生态学、资源生态学、环境生态学、经济生态学等。生态学还与其他学科广泛交叉，产生如生理生态学、遗传生态学、化学生态学等。生态立法、生态工程、生态设计发展迅速。我国马世骏先生于1985年就提出生态工程概念，并于1987年主编出版《中国的农业生态工程》。1989年，Mitsch和Jorgensen出版《生态工程》。1991年召开第一届国际生态工程会议，并于1992年出版刊物《生态工程》。

进入20世纪90年代后，生态学的研究热点集中在生物多样性、全球变化和可持续发展方面。1996年，美国生态学会主席Judy L. Meyer在美国生态学会年会上提出生态学的5个前沿领域，分别是生态工程、生态经济学、生态设计、产业生态学和环境伦理学。

这个阶段，高新科学技术越来越多地深入生态学，并且有力地促进了生态学的发展。分析化学方法和设备的进步，促进了化学生态学的发展，1970年，美国的Sondheimer和Simeome出版了第一本《化学生态学》著作。1975年，国际化学生态学会主办的《化学生态学》刊物出版。由于绕地卫星的遥感能够大面积了解地表状况，加上信息科学的发展，地理信息系统(GIS)和有关数据的分析方法在景观生态学中起到了重要作用，促使景观生态学在20世纪80年代得到了重大发展。1982年成立国际景观生态学协会，1987年出版《景观生态学》期刊。在生态学向宏观发展的同时，分子生物学方法迅速发展，促进了在分子水平揭示和理解生物与环境关系的分子生态学的出现。1993年《分子生态学》创刊。

(二)地理学基础

地理学(geography)是研究地球表层自然要素与人文要素相互作用，以及其形成演化的特征、结构、格局、过程、地域分异与人地关系的复杂学科体系的总称，主要包括人文地理学及自然地理学。在其发展过程中，明显地形成了古代地理学、近代地理学和现代地理学三个时期。

1. 古代地理学时期(远古至18世纪末)

在古代地理学时期，主要以描述性记载地理知识为主，而且这些记载多是片断性的，缺乏理论体系，地理学内部尚未出现学科分化，各国的地理学基本上是在该国封闭的条件下发展起来的。

在早期，以中国和古希腊的成果最显著。在中国，远在公元前5世纪，就出现《尚书·禹贡》一书，它总结了当时关于全国各地的自然情况，划分全国为“九州”，分别阐述其山川、湖泽、土壤、物产等。可以说这是全世界最早的地理学(特别是区划研究)著作之一；战国时编写的《管子·地员篇》，进一步对全国土地做了系统的划分和评价，将土地按地形分为三大类：平原、丘陵和山地，再按土质和地面组成物质细分为25类，这可能是全世界最早的土地类型划分系统。其后，我国地理学长期与历史学和地方志密切结合，得到了不断的发展，陆续出版了《汉书·地理志》《元和郡县志》《大唐西域记》《水经注》《徐霞客游记》《大清一统志》《天下郡国利病书》《读史方舆纪要》等一系列优秀地理学著作。历代正史之中也都有较翔实的地理志，而各省、府、县还编写了大量具有丰富地理学内容的地方志。据初步统计，仅地方志一类我国已编纂出版了9000种以上。

在西方，其早期重要奠基人是公元前5世纪的希罗多德(Herodotus)，他最早探索了历史上的人地关系，讨论了区域的界线；希波克拉底(Hippocrates)创立了人的4种气质学说，探讨了环境对人类行为的影响。稍后，德谟克利特(Demokritos)对宇宙的无穷性、大气现象的原因、生物对气候的依存及地理环境与人类社会的关系进行了观察和推测。柏拉图(Plato)从唯心论出发，认为圆是最完美的对称形，演绎出圆的地球位于宇宙中心，这是球形说最早的概念。柏拉图的学生亚里士多德(Aristotélēs)，则唯物地认为地球和天体都是原质构成的，从实验材料和实地观察中归纳判断，科学地证实了大地球形说。此后，埃拉托色尼(Eratosthenes)将世界分为欧洲、亚洲和利比亚(现在的非洲)3个地区，以及一个热带、两个温带和两个寒带等5个地带，并首次根据经纬网绘制世界地图。斯特拉波(Strabo)整理了《荷马史诗》以来的古代地理知识，继承亚里士多德和埃拉托色尼的居住适应地带学说，利用当时商业航海的记载并结合自己一生旅行见闻，写成17卷《地理学》。它较详细地记载了当时以地中海为中心的罗马帝国的地理情况，是西方区域地理的先声。托勒密(Claudius Ptolemaeus)在其名著《地理学指南》中提出的地心说统治人类的思想达1500年之久。

16世纪初，亚皮安绘制了一个地球的心状图，其弟子墨卡托(Gerardus Mercator)于1569年绘成了一幅适用于航海的等距圆柱投影世界全图，成为第一个将整个地球表面描绘在平面上的人，尔后又编绘《墨卡托地图集》。德国明斯特尔(Mnster)的《宇宙志》于1544年出版，被认为是地理大发现的早期代表作。德国瓦伦纽斯(Varenius)的《普通地理学》首次将地理学领域区分为专论和通论两大部分，前者描述地区特征，后者揭示全球性法则。15世纪20年代至17世纪20年代，西欧出现了“文艺复兴”，艺术和科学得到蓬勃发展，从而使学者能对自然界和人类活动的某些法则进行概括。当时的地理考察和发现为哲学家和科学家提供了丰富的自然、人文及二者关系的具体素材。17世纪法国哲学家孟德斯鸠(Montesquieu)提出的气候决定论，18世纪德国哲学家康德(Kant)提出的二元论，形成近代地理学的方法论基础。

2. 近代地理学时期(19世纪初至20世纪50年代)

近代地理学形成的标志是德国洪堡(Humboldt)的《宇宙》和里特尔的《地学通论》两书的问世。近代地理学是产业革命的产物，是随着工业社会的发展而成熟起来的。这一时期，各种学说分起、学派林立。地理学的各部门学科几乎都在这个时期出现和建立，因此也是部门地理学蓬勃发展的时期。

洪堡将毕生贡献于考察自然界，足迹遍欧洲和南北美洲。他的报告《新大陆热带地区旅行记》(30卷)，是新大陆自然、经济和政治的第一部百科全书和拉美北部的第一部区域地理著作。他提出的世界年均温等值线图和大陆性概念，以及植物纬向水平地带学说，是地理学的重要理论，从而被公认为自然地理学和植物地理学的创始人。洪堡代表作《宇宙》，解决了近代地理学的三大问题：①认为地球是统一整体，人类是自然的一部分；②主要探讨地表各区域相互关联现象的差异性；③研究特定自然要素，应注意其与周围环境的关系。在柏林大学任教的里特尔是德国第一位地理学讲座教授和柏林地理学会的创建人。他的名言是“土地影响着人类，而人类亦影响着土地”，被认为是近代地理学中人地关系的最早阐发者和人文地理学的创始人。他对区域的开创性见解，集中于19

卷的《地学通论》中，该书确定了区域的概念和层次。他还认为地理学的基本概念是差异性中的一致性，从而导出这门学科的两个基本部分：系统地理学和区域地理学。

德国李希霍芬(Riththofen Ferdinand von)在19世纪末将地球表面分为4个圈(岩石圈、大气圈、水圈和生物圈)，认为地理学是研究地球表面及其有成因联系的事物和现象的学科。20世纪最初的20年，欧美各国出现了对环境决定论的怀疑和否定，人地相关的可能论和生态调节论应运而生。其主要代表人物是法国维达尔-白兰士(Paul Vidal de la Blache)及其弟子白吕纳。维达尔认为地理学的任务是阐述自然和人文条件在空间上的相互关系；白吕纳的观点更为明确："环境虽足以影响人类之活动，人类亦有操纵与征服环境之能力。"生态调节论的宣扬者是美国巴罗斯(H. H. Barrows)，他认为地理学应该人文化，成为人类生态学，他是地理学用生态方法参与实际工作的开创者。20年代中期，美国索尔发表著名论文《景观的形态》，将景观看作地表的基本单位。他认为景观由两部分叠加构成：自然景观，即一地区在人进入前的原始景观；文化景观，即被人所改造过的景观。索尔及其许多弟子研究了大量景观变迁的实例，揭示了人在改变地球面貌上的作用，使当时的环境派理论和区域派程式相形见绌。

3. 现代地理学时期(20世纪60年代至今)

20世纪60年代以来，现代地理学是同科技社会或信息社会相适应的地理学发展的最新阶段，当今尚处于开创时期。社会经济要求是现代科学发展的主要动力。第二次世界大战后，东西方国家在经济建设和规划方面提出了众多任务，但对新的城市、区域和环境规划尚难适应。与此同时，50年代起系统论、控制论和信息论等综合科学方法论迅速兴起，电子计算机广泛应用，使很多学科(包括地理学在内)转入现代化阶段。其标志是地理数量方法、理论地理学的诞生，以及计算机制图、地理信息系统、卫星等应用的出现。现代地理学强调地理的统一化、理论化、数量化、行为化和生态化。同时，萌发出了理论地理学、元地理学、应用地理学等一系列的新分支。

二、生态地理学的发展历程与内涵

(一)生态地理学的发展历程

工业革命以来，特别是近几十年来的发展，造成了自然环境的污染和破坏，有些学者担心全球性的环境污染和生态破坏，甚至可能导致人类的绝灭。许多生物学家，尤其是生态学家，从生态学的角度研究改善自然环境来保护人类，生态地理学就在这种情况下以崭新的姿态产生了。事实上，生态学与地理学的结合缘起可以追溯得更远，其发展历程主要分为以下几个时期。

1. 原始萌芽阶段(19世纪60年代晚期第二次工业革命以前)

生态学和地理学在发展过程中彼此吸取各学科的观点以促进自身学科的发展。18世纪中叶，有"现代生态学之父"之称的瑞典博物学家林奈(Carl von Linné)首先将物候学、生态学和地理学观点结合起来，综合描述外界环境条件对动物和植物的影响，提出了生物分类的"双名命名方法"。1851年，达尔文(C. R. Darwin)提出物种起源说，强调生物进化是生物与环境交互作用的结果。这一时期的工作和成就是生态学和地理学最原始的结合，也是生态地理学的萌芽时期，为后来的生态学和地理学的交叉融合奠定了基础。

2. 融合应用阶段(19 世纪 70 年代至 20 世纪 80 年代)

第二次工业革命以来，人类对自然环境的盲目开发利用，在很大程度上干扰和破坏了生态系统的自然平衡与循环，对这一问题的重视和研究使现代地理学出现生态研究热潮。19 世纪末，近代地理学创始人之一的德国植物地理学家洪堡创造性地结合气候与地理因子的影响来描述物种的分布规律，将景观作为地理术语提出，从此作为“自然地域综合体”的代词。景观思想被引入地理学后，逐步形成了景观地理学这一分支学科，侧重生态系统以上尺度地理综合体空间水平方向的规律与综合研究。明确提出地理学生态观点的是美国地理学者巴罗斯(H. Barrows)，1924 年他在阐述人文地理学的研究对象时宣称地理学的中心课题是研究特定地区间的“人类生态学”，主张地理学的目的不在于考虑环境本身的特征与客观存在的自然现象，而是要研究人类与自然和生态环境间的相互影响，包括从这些作用过程、机制的探讨到环境政策的制定和环境的整治。1939 年，C. Troll 提出了景观生态一词，景观的概念被引入生态学并形成景观生态学，他认为应将地理学的区域空间分析与生态学的结构功能研究相结合，景观生态学的概念是由两种科学思想结合而产生出来的，一种是地理学的(景观)，另一种是生物学的(生态学)。1942 年，苏卡切夫提出了与生态系统相近的生物地理群落概念，对生态学和地理学的融合起了很大作用。第二次世界大战以后，人口、粮食、环境、资源、能源等全球性问题日益严重，“生态化”呼声越来越高，并开始大范围开展生态学普及工作。为了解决这些问题，一方面，地理学家在开展土地资源的调查、研究和开发与利用过程中开始引进生态学的思想和方法，地理学中生态系统概念的影响深入；另一方面，生态学在处理生态系统以上尺度的问题上显得乏力，迫切需要从其他学科中吸收营养。地理学在处理大尺度空间问题中体现出的优越性弥补了生态学的局限性，因此促使了两门学科的结合。这个时期生态地理学的研究对象偏重于自然等级系统中生态系统以下的动植物个体、种群和群落层次，成果主要集中于动物地理学、植物地理学领域。

3. 学科体系探索和实践阶段(20 世纪 80 年代以来)

进入 20 世纪 80 年代，随着以空间结构、地域分异、地理过程与生态过程为研究重心的景观生态学的全面发展，地理学与生态学在观点、思想和方法上紧密结合，并将其应用到实际工作中，形成了很有特色的理论和方法体系。虽然现在普遍认为景观生态学是地理学与生态学相互结合的产物，但从研究对象看，景观生态学主要研究比生态系统更高一层次而比区域更低一层次的景观系统，或者说它更重视小区域的研究。生态地理学则研究更大范围区域尺度的生态系统，景观各个组成部分之间因时间与条件不同而不断变化是生态地理学最基本、最普遍的规律。1979 年，法国地貌学家 J.特里卡尔和土壤学家 J.克利安合写了《生态地理学与自然环境的整治》一书，被认为是最早的生态地理学著作。我国学者开始探讨生态地理学的学科体系，首次对生态地理学进行较详细论述的是著名人口地理学家胡焕庸先生，他在 1982 年《百科知识》上发表《地理科学的一个新方向——介绍生态地理学》，并于同年在《经济地理》第 3 期发表了《生态地理学简介》

及在《生态学杂志》第4期上发表了《新兴的生态地理学》。20世纪90年代，生态学的影响和应用逐渐被渗透到地理学分支学科，自然地理学和人文地理学都出现了生态方向的研究。黄异希(1981)指出“自然地理学研究的生态方向，既是自然地理学发展的必然趋势，也是它向生态科学渗透，必将分化出‘生态地理学’的边缘学科”。生态地理学的学科体系已基本成熟。从学科体系结构看，生态地理学属三级学科，其一级学科为地理学，二级学科为自然地理学。随着人类社会系统对地理环境系统和生态系统的影响越来越大，生态地理学开始关注人类社会生态系统。目前，在美国和加拿大的一些大学开设了与生态地理学相关的课程，如科罗拉多州立大学(Colorado State University)开设在线课程“世界草原生态地理”，介绍世界草原的分布、气候条件和结构，主要强调北美大草原的草地生态系统，并讨论这些生态系统的影响和控制因素。缅因大学自然科学系(The Department of Natural Sciences in University of Maine)开设蜻蜓生态地理课程，主要研究蜻蛉群落结构及其地理分布特点，在研究中将GIS等新技术应用其中。另外一些大学还开设森林和草地生态地理学(Forest and Rangeland Ecogeography)等课程。

(二)生态地理学的内涵

通过上面的分析我们可以看出，生态学的重点是研究生物与生物之间及生物与环境之间的关系。生态学所指的环境是以生物生存的光、温、水、气、土(肥)五大要素为核心的环境，其重点是突出气候要素和地理要素中的土壤，但是忽视了除土壤以外的地形、地貌等其他地理因素。

地理学的重点是研究地球表面同人类息息相关的地理环境各要素之间的相互作用、相互关系及地表综合体的特征和时空变化规律，其核心是突出了地理要素。无论自然地理学、人文地理学，还是地理信息系统，其研究的关系主要是气候-地理、生物-地理、人-地之间的关系及其综合体的特征和时空变化规律。但是，忽视了生物与生物之间及生物与环境之间关系的研究。

我国科学技术名词审定委员会认为：生态地理学(ecogeography)是研究各类生态系统的空间分布、结构、功能、演替及其与地理环境之间的协调平衡机制的学科，是生态学与地理学之间的新兴边缘科学。它运用生态学的基本原理和方法，围绕人类与地理环境的相互关系，研究生命系统与地理系统之间的整体性与相关性、系统行为的目的性，以及其相互作用、相互联系机制及其调控方法与途径。该定义基本阐明了生态地理学的三项内容：研究方法——生态学的原理与方法；研究对象——人类与地理环境的相互关系；研究目的——实现生态系统与地理环境之间的协调平衡。《地理学词典》(1983)中描述：生态地理学是研究生态系统的结构、演变规律及其协调的学科，是自然地理的分支学科。该定义还指出地球上有无数不同大小的生态系统，大到整个海洋、整个大陆、一片森林、一片草原、一条河流、一个湖泊、一个城市，小到一个池塘。由此可见，该定义更多关注的是自然生态系统，同时关注生态系统的层级性和尺度性。胡焕庸(1982)认为：生态地理学是一门正在兴起的新学科，其任务在于运用生态学的观点和方法，研究人地关系，从而保护和改善自然环境。此定义更强调全局观和综合观的重要性，同时强调生态地理学的研究对象为“人地关系”，生态学观点和方法只是研究的手段，对生态系统本身的研究较少。本人认为以上内容对生态地理学的认识不够全面，并认为生态地理学既然是生态学与地理学之间的新兴边缘科学，它至少应当体现3点。

1. 生态学的理论体系与研究内涵

突出系统的概念和重点，研究生物与生物之间及生物与环境之间的关系的理念。

2. 地理学的理论体系与研究内涵

突出各种要素的空间分布格局及其变化规律的研究，即突出要素的空间概念和时间概念。

3. 生态学与地理学之间的交叉

要重点突出生态学与地理学之间的交叉关系，而不是把生态学知识搬入地理学中，也不是把地理学的知识搬入生态学中。

基于以上理念，我们认为生态地理学应该是运用生态学和地理学的原理与方法，研究各类生态地理系统的空间分布规律及其变化动态，促进气候、地理、生物三者之间协调发展的学科。研究的对象是由气候、地理和生物三者组成的生态地理系统。

其实早在古代，中国古人就认识到了气候、地理和生物三者结合的重要性，认为在自然界中，天、地、人三者是相应的。《庄子·达生》曰："天地者，万物之父母也。"《易经》强调三才之道，将天、地、人并立起来，并将人放在中心地位，这就说明人的地位之重要。天有天之道，天之道在于"始万物"；地有地之道，地之道在于"生万物"。人不仅有人之道，而且人之道的作用就在于"成万物"。再具体地说：天道曰阴阳，地道曰柔刚，人道曰仁义。天、地、人三者虽各有其道，但又是相互对应、相互联系的。这不但是一种"同与应"的关系，而且是一种内在的生成关系和实现原则。天地之道是生成原则，人之道是实现原则，二者缺一不可。其中的天其实就指的是气候，地就是指的地理，人就是指的生物。从现实事实来看，任何一个地方的名优产品无不体现这一观点。例如，宁夏的枸杞、新疆天山的雪莲、甘肃兰州的百合、东北的大米、西藏的冬虫夏草，无不体现出气候、地理和生物(品种)的有机结合。

(三)生态地理学提出的意义

本人提出的生态地理学主要意义在于以下几个方面。

1)将研究对象由生态系统和地理系统演变为生态地理系统，突出了气候、地理和生物三者之间关系的重要性。将研究内涵由重点研究生物与环境或气候与地理、生物与地理的二元认知上升到了重点研究气候、地理和生物三者之间关系的三元论，成功解决了生态学注重生物与生存的光、温、水、气、土(肥)五大要素之间的关系，但忽视了生物与除土壤以外的地形、地貌等其他地理因素之间关系的问题。同时，成功解决了地理学主要是气候-地理、生物-地理、人-地之间的关系及综合体的特征和时空变化规律，但是忽视了生物与生物之间及生物与环境之间关系的问题。

2)提出了以气候要素空间分布格局及其变化动态、地理要素空间分布格局及其变化动态、生物种群空间分布格局及其变化动态、生物群落空间分布格局及其变化动态、生态地理系统能量流动空间分布格局及其变化动态、生态地理系统物质循环空间分布格局及其变化动态、生态地理系统生产力空间分布格局及其变化动态、生态地理系统产品品质空间分布格局及其变化动态、生态地理系统类型空间分布格局及其变化动态为核心的较为完整的生态地理学体系，这对促进本学科的发展和研究无疑具有重要的意义。

3）提出的生态地理学可以指导我们无论是要创造稳产、高产的栽培群落，还是天然的森林和牧场，制定出合理的经营措施，既要详细研究它们的类型、结构、分布、产量和主要生物的特征，又要考虑当地的气候特点和地理环境，实现生物、气候、地理三者之间在空间上和时间上的最佳组合。同时，为了保护和合理利用野生生物资源，制定国民经济发展规划，也必须要考虑生物、气候、地理三者之间关系的重要性。只有这样，才能真正实现自然、经济和社会的协调发展。

第二节 生态地理学的研究对象、内容和性质

一、生态地理学的研究对象和内容

(一)研究对象

生态地理学是以生态地理系统为对象，研究相互作用的全部生物、气候和地理要素空间分布格局及其变化动态，促进生物、气候、地理三者之间协调发展的学科。它的目的是揭露某一区域生物、气候、地理三者之间关系的实质，研究该区域生物与当地气候和地理环境之间的对立统一关系，解决人类社会发展过程中的无限可能性与自然资源相对有限性的矛盾，掌握相互作用的全部生物、气候和地理要素空间分布及其变化发展规律，调节生物、气候、地理三者之间的物质和能量交换过程，建立良性循环的生态地理系统，改善环境质量、合理利用气候和地理资源，促进生物、气候、地理要素之间和人口、社会和环境之间的协调发展，走可持续发展之路。

本人认为，无论生态地理学哪个部分的研究都应以生态地理系统为对象，即以相互作用的全部生物、气候和地理要素为重点，研究其空间分布格局及其变化动态，这样更有利于生态地理学各项研究工作的开展，从而取得更为丰硕的研究成果。

(二)研究内容

生态地理学是研究相互作用的全部生物、气候和地理要素空间分布格局及其变化动态的学科。在其研究内涵中，生物是最重要的。因此，按生物组织水平划分可将生态地理学划分为个体生态地理学、种群生态地理学、群落生态地理学、生态地理系统生态地理学、景观生态地理学、全球生态地理学。

若按研究的对象分类，生态地理学又可分为动物生态地理学、植物生态地理学、微生物生态地理学等；若按研究的角度分类，可以分成区系地理学、演化地理学和生态地理学等；若按栖息地类型分类，又可分为森林生态地理学、草地生态地理学、海洋生态地理学、淡水生态地理学等；若按生态地理学与其他学科相互渗透、交叉形成新的分支学科分类，于是又可分为数学生态地理学、化学生态地理学、生理生态地理学、经济生态地理学、进化生态地理学等；若按生态地理学应用的门类来分，又可以分成农业生态

地理学、资源生态地理学、污染生态地理学等；若按研究方法分类，还可以分成理论生态地理学、野外生态地理学、实验生态地理学等；若按研究的尺度分类，还可以分成小尺度生态地理学、中尺度生态地理学、大尺度生态地理学等。

二、生态地理学的学科性质和特点

（一）学科性质

生态地理学是一门综合性很强的应用生态科学。其运用生态学和地理学的原理与方法，探讨相互作用的全部生物、气候和地理要素空间分布格局及其变化动态，促进生物、气候、地理三者之间的协调发展。它综合了与生态地理系统有关的自然科学和社会科学知识，但它不是生态学、地理学等各学科的简单相加，它有自身的研究对象、理论体系和应用范畴。同时，生态地理学综合运用本学科及相关学科的一些研究手段和系统分析方法，使人们对生态地理系统的分析与认识更加透彻与真实，为探索生态地理系统的结构及功能奠定了方法论的基础。

生态地理学为相关学科与专业的研究提供了全新的视角。生态地理学的基本理论为生态学和地理学等学科奠定了生态地理学的理论基础，使从事生态学、农学、地理学等学科的研究工作者能从生态地理系统的高度认清专业对象在整个系统中的地位和作用，使各相关学科与专业的工作更好地配合，产生最佳的整体效果。

生态地理学作为应用科学，具有很强的实践性。生态地理学的基本原理有利于全面分析地理资源、气候资源、生物资源和社会资源的数量、质量、空间分布格局及其动态变化特征，了解气候、地理条件对生物生长与生产的影响，实现生物与气候、地理环境的最佳组合，为因地制宜、扬长避短、合理安排与调整生产布局和产业结构，以及制定合理的资源开发利用与保护策略提供技术支持。同时，对生态农业的综合规划、自然资源的合理开发利用、最佳生态地理系统结构和功能的建立都具有重大的指导意义。

（二）学科特点

1. 理论实用性

生态地理学是一门应用基础性学科，其研究内容与生产密切结合，而且就是立足于生产实践进行理论分析和研究的。其研究成果在生态地理区划、区域综合开发和治理、自然资源利用、生态工程建设等多方面都有广泛的应用。

2. 学科交叉性

生态地理学是介于生态学与地理学之间的交叉学科，综合性很强。从知识内容上，它涉及生态学、地理学、农学等诸多领域的学科知识；从研究对象上，既包括自然生态地理内容，又包括人工生态地理，涉及农业、经济、技术等多方面的内容，而且生态地理系统本身就是一个社会-经济-自然复合系统。

3. 研究统一性

生态地理学强调适用于不同学科的共同思想和语言，强调适用于生态地理系统不同组分的通用方法。能量、物质、信息、价值等是联系生态地理系统各种组分的共同媒介，利用它来分析系统的结构、功能，有较强的统一性。尤其随着系统分析及计算机技术的发展，其优势越来越突出。

4. 宏观层次性

生态地理学的宏观性及伸缩范围很大。因为生态地理系统本身，边界范围小的可以是一块农田、一个农户，大的可以是一个地区、一个国家甚至整个世界。所以，以研究生态地理系统为核心的生态地理学基本上是以研究宏观性的问题为重点。

第三节 生态地理学的任务和研究方法

一、生态地理学的任务

本人认为，生态地理学的任务是揭示生态地理系统及其组成要素的空间分布格局及其变化规律，促进生物、气候、地理三者之间的协调发展，构建最佳的生态地理系统或生态地理模式，协调生产的社会效益、经济效益和生态效益，促进可持续发展。

生态地理系统是生态地理学的研究核心。在基础和应用基础研究方面，生态地理学要揭示生态地理系统的内部结构组成规律和功能运转规律，研究生态地理系统的输入、输出构成规律，以及效益与效率提高规律、系统调控规律，研究生态地理系统的空间分布和演变规律等。在应用研究方面，生态地理学为了生态农业建设、可持续发展，开展现状评价、诊断和预测，提供优化模式的工程设计，并为配套的技术和政策提供建议。

人类社会的发展在一定程度上必然要以牺牲自然资源为代价，如何尽可能减轻经济发展对生态环境的压力和降低资源成本，走可持续发展之路，是生态地理学面临的重大问题。同样，这也是生态地理学要探索的问题。把握生产的“生态-技术-经济”复合系统的相互作用关系与特点，从整体结构优化和提高生态地理系统功能上进行合理调控，以促进生产持续高效发展，是生态地理学未来发展中面临的重要任务。

二、生态地理学的研究方法

根据我们所提出的生态地理学和学科体系，认为当前的研究方法有以下几种。

(一)熟悉研究对象

生态地理系统涉及面广。有多学科的知识结构基础、长时间在生产第一线的工作掌握情况，可以采用“问、看、走、想”的方法。“问”是向有实践经验的当地干部群众开展调查，如开调研会、访问农户、询问商人等。“看”是实地看地形、看生产、看市场、看生活。“走”是不但看一个点，还要看一个面，了解相邻区域、相邻乡村、别的集市，通过对比发现问题。“想”是把现象联系起来进行分析，如通过主要环境制约因子(气候、地理、文化等)的分析，会较快地把握生态地理系统受该因子制约的结构特点(矛盾分析)，通过丘陵地的应用状况就可以知道人口的压力状况，从房子的瓦面结构可大致推断当地常年降水和风力状况(联系观点)，通过房子建筑材料和新房比例可以了解当地经济的发展速度和水平(发展观点)。有了正确的分析，才能确定研究重点和需要解决的关键问题。

(二)研究数据的收集

生态地理系统研究涉及各组分的结构功能、投入产出，需要收集第一手数据，也需要收集第二手数据。

第一手数据来源于生产主(农民或农场主)的记录和现场取样及测定。生产主可根据需要设立，并以方便记录的流水账方式按时录入。现场取样测定项目也根据需要设立，如获取土壤、植物、动物、化肥、农药、灌水、降水样本，测定气象要素、土地化学成分、海拔、地形地貌等。生态地理学鼓励多学科人员合作的原因之一是这类数据测定需要各学科的知识和方法。

第二手数据来源于各种生产报表、社会经济统计、各地年鉴、地方志、农业区划、气象记录、科技手册和科技文献等。这类数据来源广、成本低、记录时间长、记录面宽，但应当注意审查其对实际系统的适用性。

(三)研究数据的分析整理

生态地理学研究中也运用常见的实验设计方法(如正交设计、回归设计、均匀设计)、常见的数理统计方法(如方差分析、回归分析等)和地理信息系统的相关研究方法。由于生态地理学研究常涉及系统问题，因此以数学和计算机为主要工具的系统分析方法已经成为生态地理学研究中最具特色的研究方法。系统分析方法包括对生态地理系统的运动模拟、关系分析、类型划分、效益评价、优化设计、发展预测等。

(四)研究策略

鉴于生态地理学研究的学科交叉性质及系统的复杂性，恰当的研究策略有利于更好、更快地获得研究成果。

1. 多学科协作

生态地理系统组分多、系统复杂，需要研究人员的知识面广、经验丰富，在每个人时间精力有限的情况下，特别需要多学科的研究人员开展协作研究。通过各人的知识互补、经验互补，就能更有效地研究系统的复杂结构与功能。

2. 多系统大跨度对比

通过大量生态地理系统的数据收集、整理和对比，容易解决系统内部联系弱、人为影响大的问题，有利于从随机事件中找到蕴藏的规律。例如，在一个温度跨度较大的范围内开展连续的调查，有助于发现温度对生态地理系统组分构成的影响规律。

3. 用“空间”换“时间”

一个生态地理系统，特别是涉及生产的生态地理系统，从组建到稳定通常要 3～5 年。如果系统包括多年生果树和林木，系统稳定时间要达 10 年或更长。除非是定位站研究，一般项目很难延续这样长的时间。因此，很多单个生态地理系统的研究得不到系统的最终结果，而往往只是得到系统建立初期和过渡期的表现。研究中可以考虑采用在不同时间实施的同一类生态地理系统来替代一个生态地理系统在不同时间的表现规律。

由于广大农民的实践本身就在进行着各种各样的尝试，经过长时间还能保留下来的系统，一般有其合理性。即使是较新的系统，如果能为较大范围的农民所采纳，也会有较合理的因素。要解决研究时间不足的问题，可研究这些现成系统。如果能找到处于不同发展阶段的同类系统，就更理想了。如果没有现成系统，也可以用计算机模拟的系统，并用系统分析方法，寻找系统相互联系和发展变化的规律，从理论上预测系统发展的主要结果。

4. 选择适当的研究单元

由于生态地理学研究涉及系统的三大效益，因此选择经济上和生态上都相对独立的研究对象是很重要的。可以选择由一个农户管理的一个系统，如一块农田、一个桑基鱼塘；也可以选择由少数农户或农场管理的一个系统，如一个小流域。研究对象一般不应当选择地段分散的农户，因为生态上这些地段构不成一个完整的生态系统。

5. 把握合适的研究层次

生态地理系统的研究应当是大、中、小等不同层次的研究。究竟应当选择哪个层次的研究比较合适，这要根据自身的能力和现有的客观条件来决定。无论什么层次的研究，都应当确定系统边界、系统组分、系统内的主要相互关系、系统与外界的主要输入输出关系。最简单的研究可以把整个系统看成“黑箱”，仅根据系统的外在表现来判断其优劣和预测其发展。稍复杂一点的研究可以把系统的主要组分看成“黑箱”，增加研究组分间的关系变化。只有在进行系统动力学模拟时，为确定对系统有重要影响的个别参数，才需要深入更深的层次中去。

参考文献

陈阜. 2002. 农业生态学. 北京: 中国农业出版社: 1-10.
程叶青, 张平宁. 2006. 生态地理区划研究进展. 生态学报, 26(10): 3424-3433.
《地理学词典》编委会. 1983. 地理学词典. 上海: 上海辞书出版社: 12.
傅桦, 吴雁华, 曲利娟. 2008. 生态学原理与应用. 北京: 中国环境科学出版社: 7.
戈峰. 2010. 现代生态学. 北京: 中国农业出版社: 1-4.
胡焕庸. 1982. 新兴的生态地理学. 生态学杂志, 1(8): 59-60.
黄异希. 1981. 试论自然地理学研究的生态方向. 南京师院学报(自然科学版), (2): 53-58.
廖永成, 林文雄. 2011. 农业生态学. 北京: 中国农业出版社: 1-17.
鲁芬, 明庆忠, 刘宏芳. 2014. 生态地理学发展历程及在中国的研究与展望. 地球科学, 4(2): 118-124.
骆世明. 2010. 农业生态学. 北京: 中国农业出版社: 1-18.
倪健, 陈仲新, 董鸣, 等. 1998. 中国生物多样性的生态地理区划. 植物学报, 16(4): 83-95.
秦树辉. 2010. 生物地理学. 北京: 科学出版社: 1-4.
王发曾. 1990. 现代地理学的生态研究方向——人类生态学辨析. 河南大学学报, 20(4): 57-62.
张军涛. 1998. 对全球变化背景下构建生态地理区域系统的若干认识. 地理科学进展, 17(2): 59-64.

中国科学院《中国自然地理》编辑委员会. 1985. 中国自然地理. 北京: 科学出版社: 1-5.
朱颜明, 何岩. 2004. 环境地理学导论. 北京: 科学出版社: 1-18.
Barrows H H. 1923. Geography as human ecology. Annals of the Association of American Geographers, 13 (7) : 1-14.
Charles D. 2006. On the Origin of Species: By Natural Selection. London: Dover: 6.
Forman R T T. 1995. Some general principles of landscape and regional ecology. Landscape Ecology, 6 (10) : 133-142.
Prabhakar V K. 2000. Encyclopaedia of Environmental Pollution and Awareness in the 21st Century. Delhi DEL: Anmol Publications Pvt Ltd.

第二章 生态地理系统概述

第一节 生态地理系统的基本概念

生态地理系统是生态地理学研究的基本对象。为了对生态地理系统有一个更好的理解，有必要先从一般系统和生态系统、自然地理系统的概念开始。

一、系统

(一) 系统的定义

系统论的创始人，奥地利理论生物学家 L. V. Bertalanffy 将系统定义为：“相互联系的诸要素的联合体。”《牛津辞典》对系统的解释为：“有一组物件或组件按一定关系一起工作的整体。”日本工业标准(JIS)将系统定义为：“许多组成要素保持有机的秩序，向同一目的行动的东西。”英国的农业系统学家 C. R. W. Spedding 定义：“系统是由一组相互作用的组分所构成，为了一个共同的目标运作，能对外来刺激做出整体反应，主要的反馈都包括在内，因而不直接受到自身输出影响的整体。”我国著名科学家钱学森将系统(system)定义为：“由相互作用和相互依赖的若干组成部分结合而成的、具有特定功能的有机整体。”

综上所述，构成一个系统必须具备以下 3 个条件：①有两个以上的组分；②组分之间有密切联系；③能以整体方式共同完成一定的功能。

(二) 系统的结构

1. 系统的边界系统

边界是区分系统内外的标志。系统边界有自然形成的(如一个有机体系统、一个天体系统)，也有人为确定的(如一个农场系统、一个学校系统)。人为确定边界时，系统应尽量不直接受到自身输出影响，重要反馈都应包含在边界以内。

2. 系统的层次系统

系统不但由多个组分构成，而且常常由不同的层次构成。例如，一所农业大学是一个系统，大学内各个系分别也成为系统，系内各班级也各自成为系统。这种由系统内各组分自身构成的系统称为子系统(subsystem)。系统本身又可能是一个更大系统的子系统。系统的这类层次结构是普遍存在的。从生物大分子到细胞器、细胞、组织、器官、个体、种群、群落、生态系统就是一种典型的自然生态系统的层次。

从每个公民家庭到基层组织、地方组织直到国家组织和世界组织则是一种典型的社会系统的层次。在不同层次中，组分间关系的强度不同。通常层次越低，组分间的关系强度越大。例如，维持蛋白质大分子三级结构的氢键强度是 0.5×10^6eV，而维持蛋白质分子一级结构的共价键强度是 5×10^6eV（连接原子中质子和中子的介子场强度达 140×10^6eV）。不同层次的系统行为频率也不一样，如群落的演变要数百年，种群发展和个体发育常以年月为单位，细胞更新以天和小时计算，生物分子的新陈代谢过程则要用分钟和秒来测度。

3. 系统组分的量比关系

构成系统的多个组分在数量上有一定的比例关系。例如，水分子是由两个氢原子和一个氧原子构成的系统，若数量比不同，增加一个氧原子，构成的系统就不是水分子而是过氧化氢分子。随着系统层次的上升和组分间作用强度的减弱，组分间的量比关系有一定的弹性，然而组分间量比变动的制约范围仍然是构成一个系统的特征。在动物中，每个种都有特定的繁殖系数。通常不能给子代以足够保护和抚育的物种，都有较高的繁殖系数。由被捕食动物（如老鼠）和捕食动物（如猫）所构成的系统中，一般被捕食者平均量总是高于捕食者，因为这样才能使两者长期共存。

4. 系统组分的空间关系

构成系统的多个组分在空间上有一定的位置排列关系。生物的遗传基因都是由 4 种基本的脱氧核糖核酸（DNA）构成的系统，然而由于 DNA 的排列顺序不同即形成不同种的遗传基因型。

丙酮（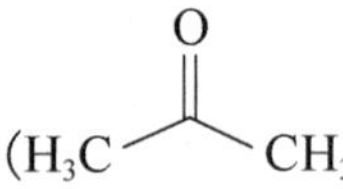）和丙醛（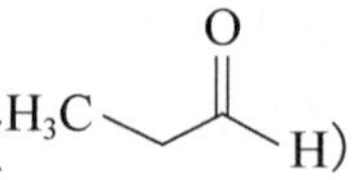）是对氧化剂敏感性和沸点都不同的化合物，前者较不敏感，沸点 56℃；后者较敏感，沸点 48.3℃。这两个系统结构上的差异仅在于原子的空间排列。随着系统层次的上升和组分间作用强度的减弱，组分间的空间关系也有所松动。然而组分在空间位置的格局仍然是一个系统在结构上的特征。一个国家的大都市一般都坐落在自然条件相对优越、交通相对方便的位置上，大都市之间都有一片广阔的农村作为依托，这是社会系统的格局之一。动物的视觉器官一般都着生在其行进方向的前方，这是生物系统的格局之一。

（三）系统的功能特点

系统能产生其组分或子系统所没有的功能，这种特性通常称为系统的整合特性（emergent property）。例如，蛋白质是由氨基酸脱水缩合而成的系统，蛋白质在生物体内由于特殊的三维结构而可能成为催化生物化学反应的酶，这在氨基酸水平是不可能具有的。按照可靠性理论，一个可靠程度只有 30%的电器元件，如一个 10 次合闸平均才有 3 次通电的开关，把 20 个这种低可靠元件并联成系统之后，系统可靠程度 $R=1-(1-0.3)^{20}=99.92\%$。系统的高可靠性质是低可靠元件所没有的。

表 2-1 是一个施肥实验结果，单增磷肥的增产效果为 12.6%，单增钾肥的增产效果为 4.0%，然而磷钾肥同施的增产效果是 26.0%，而不是 16.6%。古希腊哲学家亚里士多德曾经说过“整体大于部分之和”，实际上指的正是这类整合特性。系统的整体功能是一种整体效应，不但反映各组分的独立功能，而且反映出各组分之间相互作用产生的新效

应。这种新效应可能加强各组分原有的独立功能，如一群狼比一只狼在捕获猎物时有高得多的成功率。系统的新效应也可能减弱各组分原有的独立功能，如在一窝蜂中，由于蜂王的存在，很多具备发育成蜂王潜力的幼虫再也不会被抚育成蜂王。在水稻群体中，水稻个体的分蘖数小于其分蘖潜力。系统的新效应也可能是各组分原来没有的，如蛋白质的酶功能是其组分氨基酸所没有的。因此，组分功能与系统功能的关系通常被形象地表达为一加一大于二。

表 2-1　磷钾肥对 5 个旱季水稻产量的影响(引自骆世明，2001)

处理/(kg/hm^2)			5 年平均产量/(kg/hm^2)	增产幅度/%
P_2O_5	K_2O	N		
140.3	0	0	5280	0
140.3	60	0	5948	12.6
140.3	0	60	5490	4.0
140.3	60	60	6653	26.0

二、生态系统

(一) 生态系统的定义

生物与生物之间及生物与其生存环境之间密切联系、相互作用，通过物质交换、能量转化和信息传递，成为占据一定空间、具有一定结构、执行一定功能的动态平衡整体，称为生态系统(ecosystem)。简言之，在一定空间内的全部生物与非生物环境相互作用形成的统一体，称为生态系统。生态系统也是系统，是一种含有生物及其生活环境的系统。例如，在陆地上有森林生态系统、草原生态系统、农田生态系统等，在水域上有淡水生态系统、海洋生态系统等。由于受人类干扰和控制程度的不同，生态系统又可分为：原生自然生态系统(如热带雨林生态系统)、经过人类驯化的生态系统(如生态地理系统)、全人工设计控制的生态系统(如宇宙飞船生态系统)。

英国生态学家 A. G. Tansley 于 1935 年最先提出生态系统的概念，他认为，我们只有从根本上认识有机体不能与它们的环境分开，而与它们的环境形成一个自然生态系统，它们才会引起我们的重视。由于生态系统的概念比“自然整体(the unity of nature)”“生物群落(biocoenosis)”“综合体(synthesis)”“生态系统(biosystem)”等术语更为确切，并且具有相当的规范意义，因而为世界各国生态学工作者所广泛接受。苏联植物生态学界运用过的“生物地理群落”概念可以说是生态系统概念的同义词。

在 A. G. Tansley 提出生态系统概念后 3 年，德国生物地理学家 C. Troll 于 1938 年在研究东非土地利用时首先提出了景观生态概念。景观区(landscape)被定义为由地理、生物和人类活动结果综合组成的空间和视觉的整体。景观生态学(landscape ecology)特别重视在“水平”方向上研究异质区域间的相互影响。景观生态学把特定地点上的同质区域称为景观元素(landscape element)或生态点(ecotope)。从狭义角度理解生态系统时，生态系统着重在景观元素或生态点范围内的生物与环境间的能量和物质交换关系，景观区则由不同质的生态系统镶嵌而成。从广义角度理解生态系统时，生态系统不仅包括生物与环境的能流、物流关系，还包括生物与环境的位置或地理关系。这样景观元素与景观区概念被包含在生态系统概念范畴，只不过属于不同层次的生态系统而已。景观元素构成的生态系统是景观区生态系统的子系统。

(二) 生态系统的基本组分

生态系统在结构上包括两大组分：环境组分和生物组分。环境组分由辐射、气体、水体和土体构成。生物组分可按功能分为生产者、大型消费者和小型消费者 3 种类群。

1. 环境组分

(1) 辐射

来自太阳的直射辐射和受大气及云遮挡产生的散射辐射是生态系统最活跃的辐射成分，常称为短波辐射。所有高于热力学零度(–273℃)的物体都有散发红外线的能力，这种红外辐射常称为长波辐射或热辐射。地球还常常接受太阳以外星体的各种宇宙辐射。靠近放射性矿物的生态系统，还会有各种核辐射。

(2) 气体

空气是最重要的气体，其中的二氧化碳及氧气与生物的光合作用和呼吸作用关系密切，氮气与生物固氮有关。此外，空气还有来自各种生命活动和非生命活动引起的组分，如氨、二氧化硫、氮的氧化物等。土壤间隙中的气体与水中溶解的气体分别是陆生生物和水生生物的重要气体环境之一。土壤氧气含量与植物根系呼吸和土壤生物的活动有密切关系。水中溶解氧与水生生物呼吸有关，水溶二氧化碳则与浮游植物光合作用有关。

(3) 水体

环境中的水可能以湖泊、溪流、海洋、地下水和降水等显而易见的形式存在，也可能以弥漫在空气中的水蒸气和渗透在土壤中的土壤水形式存在。

(4) 土体

这里泛指自然环境中以土壤为主体的，包括生物残体、排泄物、岩石和飘尘在内的固体成分。土壤是支持陆生植物最重要的基质，也是众多微生物和动物的栖息场所。

2. 生物组分

生物组分可按生物学分类来划分，也可按在系统中的功能来划分。生态系统的生物按功能来区分时，可归并为三大类群：生产者、大型消费者和小型消费者。

(1) 生产者

生产者(producer)是指自养生物，主要指绿色植物，也包括一些化能合成细菌。这些生物可以利用环境中的无机物合成有机物，把环境中的能量(通常是太阳能)第一次以生物化学能方式固定到生态系统中。生产者的这种能量、物质的同化过程又称为初级生产(primary production)，这类自养性的生产者称为初级生产者(primary producer)。

(2) 大型消费者

大型消费者(macroconsumer)是指以初级生产的产品为最初食物来源的大型异养生物，主要是指动物。大型消费者按食性不同可进一步分为草食动物、肉食动物、寄生动物、腐生动物(如秃鹫)和杂食动物(如猪、鲤)等。

(3) 小型消费者

小型消费者(microconsumer)又称分解者(decomposer)，是指利用动植物残体及其他有机物为食的小型异养生物，主要是指细菌、真菌、放线菌等微生物。小型消费者使构成有机成分的元素和储备的能量通过分解作用又释放到周围环境中去。大型消费者和小型消费者都要依赖初级生产提供的能量和养分通过代谢作用来构成自身。相对于以绿色植物为主的自养生物进行的初级生产，大型消费者和小型消费者生物量形成的生产称为次级生产(secondary production)。作为异养生物的大型消费者和小型消费者都称为次级生产者(secondary producer)。

(三) 生态系统的特点

生态系统也是系统，因此具有系统的共性。然而，生态系统又是含有生物的系统，因此还具有区别于一般系统的特性，具体表现为下述几个方面。

1. 在组成成分方面

生态系统的组成成分不仅包括各种无生命的物理、化学成分，还包括有生命的生物成分，生物群落是生态系统的核心。

2. 在空间结构方面

生态系统大多与一定的地理组成相联系，具有明显的地域特征。

3. 在时间变化方面

生态系统中的生物组分具有生长、发育、繁殖和衰亡的时间特征，使生态系统具有从简单到复杂、从低级到高级的演变发展规律。

4. 在内部功能方面

生态系统主要靠三大类群生物(生产者、大型消费者和小型消费者)协调的能量转化和物质循环过程完成。这种联结使得系统内生物之间、生物与环境之间处于一种动态平衡。

5. 在外部关系方面

所有自然生态系统都是开放系统，通过不断地从外界输入物质和能量，经过转化变为各种输出，从而维系着系统的有序状态。

三、自然地理系统

(一) 自然地理系统的概念

借鉴系统理论，潘玉君(1990)将自然地理系统定义为：由各个组成要素或各个组成部分相互作用，并且具有一定结构，完成一定功能的整体。自然地理系统是一个等级系列，其要素是指气候、地貌、水文、土壤、植被、动物及人类活动等单项的各个要素。所说的组成部分是对于非低级的自然地理系统而言的，如从土地类型的等级系统来看，乡是县区的组成部分，县区又是地方的组成部分。这些组成部分本身就具有一定的综合性。这些组成要素和组成部分，也就是自然地理系统的子系统。

(二) 自然地理系统的结构与功能

1. 自然地理系统的结构

自然地理系统内部结构极为复杂，但可简化为如下模式(图 2-1)。

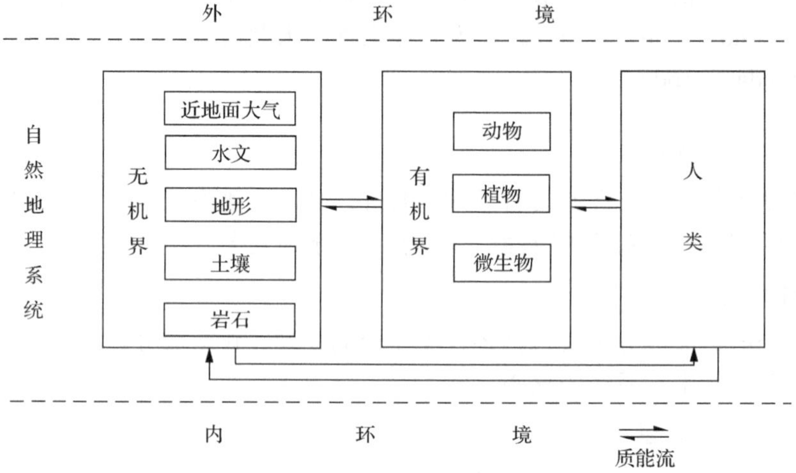

图 2-1　自然地理系统结构图(引自左伟等，1995)

从图 2-1 可以看出：①系统内各要素是通过物质、能量流(质能流)紧密联系在一起的，它们相互影响、相互制约；②该系统是一个耗散结构，要不断从环境中吸取物质和能量，并且在物质和能量的消散中维持；③系统内各要素间严密的定性定量关系，目前还无法解析透彻。

在自然地理系统内各要素的相互作用和影响中，无机界和有机界对人类的影响意义十分重要(有人称此为自然地理系统的内功能)，这种关系表现为无机界和有机界能不断为人类的生存和发展提供自然资源，即物质和能量；有时也表现为给人类的生存和发展带来危害，即环境问题。

2. 自然地理系统的功能

功能是指系统在特定环境中发挥出的作用和能力。自然地理系统的功能主要表现在对外环境的作用上，表现为以向外环境提供能量为主的质能交换及物质态的转化等形式，如发生光能反射、热能辐射、空气对流、水分蒸发等地理过程，也接纳从外环境进入的物质和能量，如降水、光照等。更为重要的是，作为人类社会的自然地理环境，能为人类社会经济的发展提供必要的自然资源和自然条件。

系统的功能是由其结构决定的，如干旱地区形成荒漠，半干旱地区形成草原，热带地区可生长热带经济作物及热带水果，板块交接处火山、地震灾害多等。当环境要求发生变化时，则要求系统有新的功能与其相适应，通过改变系统结构可以实现这一要求，这就是功能对结构的反作用，如人们向荒漠地区要粮，可通过引水灌溉、扩大绿洲来实现；草原地区可通过找水源、禁耕、建草库伦、适度放牧等防止草地沙化；板块交接部位可通过观测研究、预报、预防等减轻火山、地震等给人类带来的灾难。

3. 自然地理系统的基本特征

(1)整体性

自然地理系统的整体性表现在两个方面：一是系统整体具有单一因子所不具备的新功能。例如，一块肥沃的耕地本身并不能变成粮食，一定的气候因子本身也不能变成粮食，粮食作物不能脱离土壤、气候条件单独存在，只有当三者有机结合，作物生长在土壤里，在一定的气候条件下，经过人类的劳作，才能生产出粮食。二是系统通过一定的结构把各要素(子系统)联结在一起，即各要素之间不是机械相加，而是有机结合。我们既不能把某一子系统(如水文子系统)从自然地理系统中单独分离出来，又不能将“热带土壤”“温带气候”“寒带生物”(假定它们单独存在)加在一起形成一个所谓新的“整体”，因为这些要素无法有机地组织起来，它们之间也无法建立一定的结构。

(2)结构性

结构是一种关系，是整体制约部分(要素)的规则和组织形式。自然地理系统的结构性包括各组成部分(要素)间的空间组织形式，也包括各要素间的物质、能量流的形式。由于它是一个极其复杂的大系统，要完全解析透彻其结构，尚需地理学家连续不懈的努力，方能有较大的突破。但有两点已经明确，一是自然地理系统各要素间密切相关，二是该系统为一耗散结构。

(3)层次性

自然地理系统的层次性可从两方面去认识：一是要素子系统层次，如可分为气候子系统、生物子系统、土壤子系统等，其中生物子系统又可继续分为植物子系统、动物子系统、微生物子系统等；二是区域子系统层次，如全球整体系统可分为陆地子系统、海洋子系统，陆地子系统又可分为亚洲子系统、欧洲子系统等，亚洲子系统又可继续分出中国自然地理系统乃至陕西自然地理系统。自然地理工作者应立足于区域子系统的研究，以达到优化其结构和功能之目的。

(4)目的性

自然地理系统本身没有目的性。而人们为了生存和发展，需要从自然地理环境中索取物质和能量，这就形成了人类对自然地理系统的“要求”。这种“要求”从某种程度上可视为自然地理系统的“目的性”。但实质上这只是人类调控自然地理系统的目的，而不是自然地理系统的目的性。

(5)动态性

自然地理系统的动态性是指自然地理系统的内部存在复杂的能量、物质等的运动，并且本身处在不停地变化和发展之中。

四、生态地理系统

我们认为生态地理系统(ecogeographical system)是指特定地域上相互作用的全部生物、气候要素和地理环境的总和，它由生物、气候、地理三大部分构成，是有一定结构和功能的、有生命的、有序存在的系统。生态地理系统可能由若干子系统组成。系统中各个有机体以一定的关系互相联系，形成有机整体。生态地理系统内部生物、气候、地理各组分间存在能量、元素和信息交流。同时，也通过对外界的能量、元素和信息交流，实现其开放特性。

（一）生态地理系统可分为互相联系、大小不等的生态地理系统

生态地理系统可以包含大小不等的生态地理系统，以不同的级别组成，小到一块田地、大到生物圈，都可以是完整的生态地理系统。但是，生态地理系统无论大小，都有其稳定的结构、明确的界面和开放的、可使能量与元素输入输出的功能。例如，草地农业生态地理系统由小到大，可以分为植物生态地理系统、土地生态地理系统，两者耦合构成草地生态地理系统；草地生态地理系统又与动物生态地理系统耦合，构成草畜生态地理系统；草畜生态地理系统又与社会生产系统耦合，成为草地农业生态地理系统。对于生态地理系统整体来说，其内部包含的各个生态地理系统，都称为子系统，子系统内部有由完整的能量、物质、信息流程构成的序；各个子系统之间也存在一定的序。

（二）生态地理系统由生物、气候、地理三个组成部分构成

1. 生物组分

生物组分主要包括生物圈中对人类具有一定经济价值的动物、植物、微生物有机体及由它们所组成的生物群落。自然界中存在的生物种类繁多、形态各异、结构千差万别，分布极其广泛，对环境的适应能力强，如平原、丘陵、高山、高原、草原、荒漠、淡水、海洋等都有生物的分布。已经鉴定的生物物种约有 200 万种，据估计，在自然界中生活着的生物有 2000 万～5000 万种。它们在人类的生活中占有非常重要的地位，人类的一切需要如衣、食、住、行、卫生保健等都离不开生物资源。此外，它们还能提供工业原料及维持自然生态系统稳定。

2. 气候组分

气候组分主要包括用来说明大气状态的基本物理量和基本天气现象，也被称为气象要素，如气压、气温、湿度、风向风速、降水、雷暴、雾、辐射、云量、云状等。狭义的气候要素即气象要素，如空气温度、湿度、气压、风云、雾、日照、降水等。这些参量是目前气象台站所测的基本项目。广义的气候要素还包括具有能量意义的参量，如太阳辐射、地表蒸发、大气稳定度、大气透明度等。气温、降水与光照对动植物的生长、分布及人类活动都有重大影响。

3. 地理组分

地理组分主要包括地球表面自然形态所包含的要素，如地貌、水系和土壤等自然地理要素，以及人类在生产活动中改造自然界所形成的要素，如居民地、道路网、通信设备、工农业设施、经济文化和行政标志等社会经济要素。各地理环境要素（地貌、水系和土壤）相互联系、相互制约、相互渗透，共同构成了地理环境的整体性。每个要素都作为整体的一部分发展变化，而且某个要素发生变化会导致其他要素甚至整个地理环境状态的变化。

(三)生态地理系统处于不断演替之中，并逐渐趋于成熟

生态地理系统作为有生命的有机体，有其发生、成长、成熟、衰老和死亡过程。它的结构和与之相应的功能也在不断变化之中，这就构成生态地理系统的演替。生态地理系统演替的动力来自生态地理系统内部。外部环境是演替的条件，外因只有通过内因才能导致演替。例如，森林火灾将树林烧毁，这片毁林迹地将来是发生草地、灌丛还是次生林，以及它们的植被怎样演替，都取决于生态地理系统内部的机制。焚烧已经不起决定性作用了。同样，某些人为措施，如对草地的割草、对林地的间伐，这些外力干扰可能导致某些偏途演替，但演替本身的动力仍然来自生态地理系统内部。

至于系统内部发生病虫害，以及放牧造成的草地压力反应等，都是系统本身的结构和功能的特殊表现，应该是来自系统内部的内因。

生态地理系统运行的驱动力是能，演替也只有在能的驱动下发生，在自然状态下生态地理系统能的输入和输出越接近平衡，标志着这个生态地理系统越趋于成熟。这时，系统各组分之间关系较协调，系统稳定性强，这就是我们通常所说的系统达到顶级状态。顶级状态对能的合成与消耗、输入输出接近平衡，对生态地理系统本身来说，能的效率最高。但对农业生态地理系统来说，因为没有多余的能输出，以体现其产品价值，所以生产效益甚低。

对人类所经营的草地生态地理系统来说，为了保持其旺盛的生命力，意在保持其前成熟状态(pre-maturity phase)，在人类干预下可降低其成熟度(maturity)，打破系统内平衡，使其处于成熟前的不稳定阶段，以提高系统的活力，从而取得较高的生产能力。

(四)种群是生态地理系统的基本功能单位

种群是在一定时间内占有一定空间的同种个体组成的生物集团，但单一种群难以长期稳定。

人工种群在农业生产中有重要作用，如一定地域所构建的人工草地、农田和林地，都是由单一的或简单组合的种群建立的人工生态地理系统。例如，苜蓿草地或苏丹草草地属于单播草地，是单一种群的草地生态地理系统。豆科草与禾本科草的混播草地就是简单组合的草地生态地理系统。人工建立的种群，往往不够稳定，通过个体数量变化、新种入侵及原有种的减少与退出而不断演变，种群经历形成、壮大、保持、衰老和消亡的过程，有时种群扩展分离，形成新的克隆种群，克隆种群具有与原来种群相同的特性。

观测种群的变化，是观测生态地理系统动态的重要方法。每一种群都处在一定的生态位，在草地农业生态地理系统中，最常遇到的是种间竞争与种间协同。竞争与协同是同一事物的两面竞争和协同的问题，是植物品种和动物品种组合优化所难以回避的问题，自 1859 年达尔文的物种竞争理论提出以来，竞争问题长期为研究者和生产者所关注。

要判断是竞争还是协同，必须有一基点作为参照系，这就是生态位(ecological niche，或简称 niche)。生态位一词是 J. Grinell 于 1917 年首先使用，后经多人研究，提出多种解说，之前一般认为生态位就是生物对所依赖生存的资源利用谱。加以延伸，也可理解

为生态位是生物与所处环境的总关系，当不同物种的生态位发生重叠时，生物种间将发生竞争。

后来，竞争排除法则(Gause，1934)著称于世。这个法则的含义是，竞争的结果是两个相似物种不能占有相似的生态位，而是以某种方式相互取代，使得每一个种都具有独特的优于竞争者的取食类型和生活方式。这一现象可以概括为命题“具有相似生态位的两个种不能稳定共存”(王刚和蒋文兰，1998)。对于相似性的研究，以 May(1974)的研究最为著名，他利用正态分布函数表示各竞争种的资源利用状况，得出模型：$d \geqslant \omega$，d 为各函数间的距离，ω 为标准差。

上述命题的逆否命题则是“能够稳定共存的种，必然存在生态位的相似性差异”，或称“生态位分化”，即共存于一个生境中的种所利用共同资源的生态学差异。这种差异构成生态位协同，如高秆植物之下可能生长低秆植物，低秆植物之下又有更低的地被植物等群落的层片现象，即不同类型的植物对光资源的生态学差异所导致的生态位协同，这种生态学差异可能表现为营养资源，也可能表现为水资源等。这些差异的分布特点，使得多种生物种可以共生于地理空间中，组成有稳定结构的生态地理系统。

生物的生态场(ecological field)是生物种的另一属性，半个多世纪以来，当生态位的研究渐趋明确的时候，20 世纪 80 年代中期，物理生态学家又提出了生态场的概念(Wu et al.，1985)。人们发现物种的生存，除了它的立地的时空具体坐标以外，还对生物周围的环境产生一定影响，这种影响犹如电磁场的作用，它的强度从它的时空坐标出发，渐远渐弱。不论植物还是动物，它们的个体间都存在对同种或异种个体的感应范围，这就是生态场。生态场与生态位的不同之处在于生态场是该种生物所在地及其影响的范围，而生态位则更局限于种的直接营养源的具体汲取地。生态场超越这一具体营养源汲取地，而扩展了种和种群的影响范围，其中包括该种个体内部及与其他种共同的时空位置。不同个体的生态场如果互相逼近，不论植物还是动物，都会发生反应，即生态场效应，动物表现尤为突出，一个种群内部的个体，如果过分稠密，如某些啮齿类动物的密度过大，它们会互相干扰导致焦躁不安，影响正常繁育，甚至互相攻击。经过驯化的家畜较能容忍过大的密度，但放牧过分密集时，也影响放牧质量。没有两个种可以永久地同时占据完全相同的生态位，但可以具有互相重叠的生态场，这是生态场的重叠现象。

从以上的论述中，任继周(2004)确信生态场的存在及其一般特性，并将生态场定义为：生态场是生命活动过程与环境相互作用产生于生物体外的综合生态效应的空间分布。如果归纳它的特征，可以描述为：不同生物具有不同性质的生态场，这样的生态场可以彼此重叠。例如，植物的生态场与动物的生态场可以重叠；不同植物的生态场也可以重叠，如天然植物群落中的植物、农业中的混播草地、间作套种等生态场的重叠和接触，产生的生态场效应可称为互作(integration)。这种效应互作有正负两个方向，正效应表现为互利，负效应表现为拮抗。我们常用这两种作用作为技术依据，来有效管理农业生产某一生物的生态场。以其生态位为中心，向周围扩散其生态场效应，各种生物生态场的特性、强弱和大小有差别，因而对环境的贡献是不同的。优势植物具有较强的生态场。

因为生态场有扩散性，从生态场的中心到边际，随着距离的增加而生态场效应不断衰减，所以生态场表现出不均质性，这种不均质性为生物多样性提供了机遇。

种内和种间都有生态场效应。种内的生态场效应表现为种内竞争或拮抗，这种生态场效应导致种群数量变化；种间的生态场效应表现为种间竞争或拮抗，导致种群间的演替。

(五) 生态地理系统对能的固定是有限的，但潜力是巨大的

因为任一地区太阳辐射的生物有效波长的能总是有限的，生态地理系统的组成结构在一定时空阶段内表现的机制是相对稳定的，周围环境条件也是相对稳定的，所以种群对能量的固定是有限的，一般不超过可利用光的2%。但生态地理系统利用其多变的结构和功能，为能的固定提供了巨大的潜力。优质牧草可以比野生牧草的生物量高出 5～10 倍；间作套种，合理轮作，充分利用时空生态格局，如广东在水稻收获后栽培黑麦草，以利用季节剩余水热资源，可以增加生物量一倍以上；自然或人工造成的环境差异，如适当的施肥、灌水，可以大幅度提高生物量，所以说种群能量固定的潜力是巨大的。

(六) 生态地理系统有其发生与发展的阶段性

每一生态地理系统由于受自然环境、人类活动、其他系统干扰和其内部组分的作用，处于动态变化之中，这种长期变化的过程构成了生态地理系统的发展史。

生命的发生与死亡是事物矛盾的双方，缺一不可，这是宇宙间的基本规律。生态地理系统也不例外，在生命发生与死亡之间存在若干阶段，这些阶段就是前面所述的，生态地理系统有其发生、发展、成熟、衰老以至消亡的历史过程。例如，在一块被破坏了的土地上，首先生长一年生植物，然后依次生长根茎植物、根茎疏丛型植物和密丛型植物，与此同时，生草土也发生相应的变化，进而影响草栖和土栖脊椎动物的发展。因此，我们可以识别的任何生态地理系统的本质、性状、特征，都是在一定时空条件下的特殊表现。

第二节　生态地理系统的基本特征

生态地理系统是生物与气候、地理相结合的系统。生态地理系统是在一定的气候、地理环境中形成的、有一定结构的、以生物为主体的系统，每一个生态地理系统都有一定的生物群落与其栖息的气候、地理环境相结合，进行物种、能物质的交流。在一定时间和相对稳定条件下，系统内各组成要素的结构与功能处于动态之中。它具有如下 16 项重要特征。

一、有一定的环境

生态地理系统的环境可以分为两大类，包括气候环境和地理环境，现分述如下。

(一) 气候环境

气候环境是指地球上某一地区生物赖以生存的多年时段大气的一般状态，是该时段

各种天气过程的综合表现。气象要素(气温、降水、风力等)的各种统计量(均值、极值、概率等)是表述气候的基本依据。气候与人类社会有密切关系，许多国家很早就有关于气候现象的记载。中国春秋时代用圭表测日影以确定季节，秦汉时期就有二十四节气、七十二候的完整记载。气候一词源自古希腊文，意为倾斜，指各地气候的冷暖与太阳光线的倾斜程度有关。

由于太阳辐射在地球表面分布的差异，以及海洋、陆地、山脉、森林等不同性质的下垫面在到达地表的太阳辐射的作用下所产生的物理过程不同，气候除具有温度大致按纬度分布的特征外，还具有明显的地域性特征。按水平尺度大小，气候可分为大气候、中气候与小气候。大气候是指全球性和大区域的气候，如热带雨林气候、地中海气候、极地气候、高原气候等；中气候是指较小自然区域的气候，如森林气候、城市气候、山地气候及湖泊气候等；小气候是指更小范围的气候，如贴地气层和小范围特殊地形下的气候(如一个山头或一个谷地)。

生态地理系统和人类社会已经适应今天的气候，如果这些变化太快使得生态地理系统和人类社会不能适应，人们将很难应付这些变化。对于许多发展中国家，这可能会对基本的人类生活标准(居住、食物、饮水、健康)产生非常有害的影响。对于所有的国家，极端天气气候事件发生频率的增加将会增大天气灾害的风险。气候变化对中国经济社会的影响有正面的，也有负面的，其中一些变化实际上是不可逆转的，因此我们更要关注的是负面影响。据统计，1950～2000 年，特别是 1990 年以后气象灾害造成的经济损失急剧地增加，原因有两个，一方面极端天气事件增多，另一方面中国总体经济总量增加，因此经济损失绝对值大幅度地升高。

气候变化对农业的影响主要是负面的。预计到 2030 年，中国三大作物(稻米、玉米、小麦)除浇灌冬小麦以外，均以减产为主。气候变化对水资源的影响也很大，全球变暖使水循环的过程速度加快，降水的空间不均匀性增加。气候变化对重大工程也有影响，如长江上游降水量的增加，导致地质灾害的频率会随之增加，对三峡水库的安全运营会造成一定的负面影响。另外气候变化也会影响青藏铁路和其他公路，大大增加铁路和公路运行维护的投资成本。

同全球一样，中国的气候与环境已经发生了巨大的变化。气候变暖远远超出一般意义上的气候问题和环境问题，给中国经济社会的发展已经带来十分严峻的威胁，这种威胁仍将持续并不断加剧。科技界应当特别关注气候变化问题，积极采取适应和减缓措施，不断提升气候系统、生态、环境保护的层次和水平，这是全面落实科学发展观、构建社会主义和谐社会的重要内容，是政府、公众和科学家的共同愿望。

(二)地理环境

地理环境可分为自然环境、经济环境和社会文化环境三类。自然环境由地球表层中无机和有机的、静态和动态的各种物质与能量组成，具有地理结构特征并受自然规律控制。

自然环境根据其受人类社会干扰的程度不同，又可分为两部分：①天然环境或原生自然环境，即那些只受人类间接或轻微影响，而原有自然面貌未发生明显变化的自然地理环境，如极地、高山、大荒漠、大沼泽、热带雨林、某些自然保护区、人类活动较少的海域等。②人为环境或次生自然环境，即那些经受人类直接影响和长期作用之后，自然面貌发生重大变化的地区，如农村、工矿、城镇等地区。放牧草场和采育林地，虽然仍保留草原和森林外貌，但其原有状态已发生较大变化，也应属于人为环境之列。人为环境的成因及其形式的多样性，决定于人类干扰的方式和强度，而其本身的演变和作用过程仍然受制于自然规律。因此，无论是天然环境还是人为环境都属于自然地理环境。

经济环境是指自然条件和自然资源经人类利用改造后形成的生产力地域综合体，包括工业、农业、交通、城镇居民点等各种生产力，以及实体的地域配置条件和结构状态。生产力实体具有二重性，从自然属性来评价，这种地域特征属于人为环境；从技术经济角度考察，这种地域则属于经济环境或经济地理环境。

社会文化环境，包括人口、社会、国家、民族、民俗、语言、文化等地域分布特征和组成结构，还涉及各种人群对周围事物的心理感应和相应的社会行为。社会文化环境是人类社会本身所构成的一种地理环境。

上述三种地理环境各以某种特定实体为中心，由具有一定地域关系的各种事物的条件和状态构成。三种地理环境在地域上和结构上相互重叠、相互联系，从而构成统一整体的地理环境。

气候、地理环境中的非社会因素、经济因素模式往往决定生态地理系统能否存在，社会、经济环境则决定其生产水平的高低，两者互为因果。

二、有一定的界面

生态地理系统有一相对稳定的界面系统，并以此界面系统将生态地理系统的全体(各个子系统)包围。生态地理系统的各种特征活动在此界面范围内进行，与外部的能量、元素和信息的输入与输出也通过界面进行。越过这一界面，就不能保持生态地理系统的固有特性。

生态地理系统的界面相对于它所包围的内涵物，亦即系统的各个组分和它们之间的“序”，界面是生态地理系统本身结构的组成部分，是生态地理系统本体活动的边界，越出这一边界，生态地理系统就不复存在。它在约束生态地理系统本体活动的同时，也有选择地输入与输出能量、元素和信息，以实现生态地理系统的开放功能。界面具有对系统内部和外部所给予的压力做出反应的能力，因此可以认为它是生态地理系统功能的密集区和压力的敏感区。

生态地理系统由若干子系统构成，每一个子系统都有自己的界面，因而界面也组成了从低级到高级的界面系统。生态地理系统的界面系统由三个基本界面构成：生物-地理界面，形成生物地理子系统；生物-气候界面，形成生物气候子系统；气候-地理界面，形成气候地理子系统；于是最终形成生态地理系统(图 2-2)。

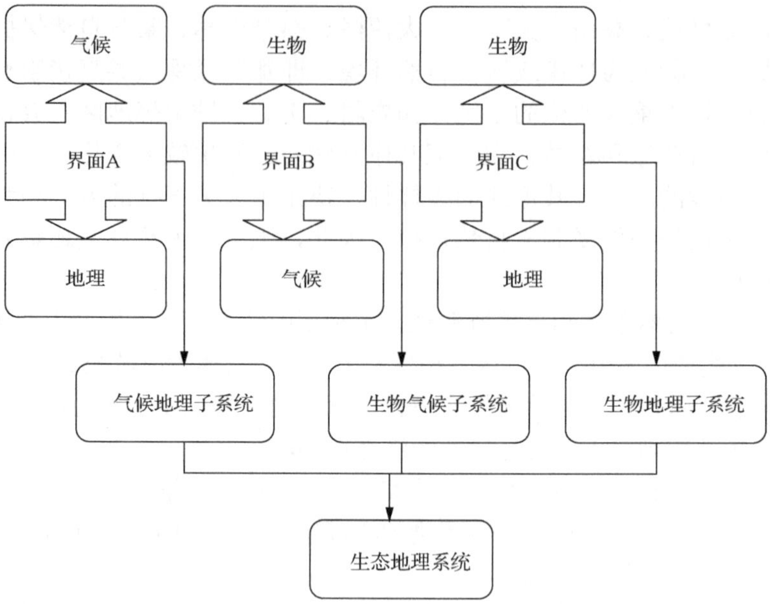

图 2-2　生态地理系统的界面结构

这三个界面将生态地理系统的 3 个子系统联结形成完整的生态地理系统。界面具有分隔与连通的双重性。界面是生态地理系统间的分界，以及生态地理系统与非生态地理系统间的分界，也是生态地理系统与外界连通的中介。界面的开放功能使系统内与系统间实现生态地理系统耦合，形成新的高一级生态地理系统。界面的共同特性具有开放性、不均质性，但各层次的界面亦存在独特性，如图 2-2 所示，界面 A、C 具有多维性，而界面 B 则为轨迹面(无多维性)。对生态地理系统内 3 个主要界面的研究，将全面揭示各类生态地理系统发生和发展的过程与机制，为退化生态地理系统的恢复与系统重建提供理论依据和科学对策。

三、有一定的范围

生态地理系统既然是由一定界面包围的实体，它必须占有一定的空间。同一空间内，不能同时容纳两个以上性质相同的生态地理系统，但性质不同的生态地理系统，可以同时存在于同一空间。例如，农田生态地理系统，若在一地实施，就不能在同一级别上实施草地生态地理系统，因为它们都属农业生态地理系统，如果非要实施草地生态地理系统，只能作为农田生态地理系统的子系统包含其中，而不能独立于农田生态地理系统之外。但在同一地点，可以建立科教系统、金融系统、邮电系统等性质不同的系统。

根据生态地理系统的形成要素，生态地理系统所需要的生存空间既要满足其自然生态条件，又要满足其社会条件。这就是说，生态地理系统的空间含义，既要包含自然地理空间，又要包含社会、经济、文化空间，只有这二维空间的含义得到满足，生态地理系统才能生存。其发育的好坏，取决于两者的组合模式与满足程度对生态地理系统的实现，过去中国的自然环境与社会环境存在难以调和的矛盾，因而不可能实现生态地理系统的良性发展。这不仅关系到生态地理系统本身的生存，还关系到中国产业结构改革和现代化的进程，当然是不容忽视的。

对自然生态条件需要做出科学判断；社会条件则要在现有基础上予以适当调整组建，使之适应全球一体化的总趋势。

四、有一定的时间阶段

生态地理系统的时间阶段性，可以分为大尺度阶段和小尺度阶段两种特征。

（一）大尺度阶段性

任何事物的发展都是在时间空间中进行的。时间是检验事物发展结果的一面镜子，生态地理系统也是如此，在不同的时间尺度内具有不同的特征。这是生态地理系统各因素综合作用的结果，在一定地域一定时段内有主导因素，主导因素决定着生态地理系统发展的方向。地球表面的生态地理系统是复杂历史进程的产物，它具有进展特征或残存特征，处在不断地变化之中。因此，地球表面任何一个地带的生态地理系统都有其自己的历史和年龄。不同的历史时期，可能形成不同的生态地理系统。例如，赤道地区的热带雨林生态地理系统早在第三纪以前就已形成，而北极地区的苔原生态地理系统带则非常年幼，在它现在分布的范围内仅出现在晚更新世末次冰期以后。并且，在现代生态地理系统发展、形成的同时，各生态地理系统的位置也在不断变化。因此，任何生态地理系统不仅占有三度空间，还延续于整个时间过程。

就农业生态地理系统的发展而言，大体经历了原始综合农业阶段、自发农业初始阶段、自发农业后期阶段、现代农业阶段伏羲氏时期、神农氏时期及以后的不同社会发展阶段，都不可能脱离当时的历史条件而单独存在。中国也许是世界上唯一历史不曾中断的古老国家，从传说的史前时代，到有文字记载的历史时期，时代更替有脉可循。农业的发生，总是先由渔猎采集进入动物饲养，先民从森林地区移居于林缘地带，以渔猎采集为生。据估计，这种林缘地带的人类生态地理系统的承载能力大约为每平方千米养活 0.8 人，随着人口的增加，势必求助于驯养业，这就是以伏羲氏为代表的家畜驯养时代。此后，由逐水草而居的畜牧生活，到种草作为补充饲料养畜，由种草又过渡到作物栽培的以神农氏为代表的农耕时代。这时的农业应为畜牧业与种植业并存，两者或结合或分离，因地区特色和民族习俗而定。后来，随着大规模专业化农业生产相继问世，不同门类的专业化生产农场构成农业的复合生态地理系统。这些专业化农场既是专业分工，又是综合农业的基础，于是，以石化资源为特色的现代农业系统出现，它们以强大的动力、高额的投入和大规模生产为特征，以“征服大自然”为豪迈口号，对天地资源开始了急功近利的大规模掠夺式经营。

（二）小尺度阶段性

小尺度阶段性有两重含义：其一是系统复合体组建过程的阶段性，生态地理系统既然是一个有生命的整体，必然有其发生学的阶段特征。初始阶段，由于结构不够完善，不同子系统之间及各个生产层之间存在众多系统性的不协调因子，存在系统相悖性，功能难以充分发挥。尽管生产水平较前有显著提高，但也往往导致环境的破坏。次一阶段系统由于自觉或不自觉的重组（系统耦合的雏形），复合系统之间的系统相悖有所缓和，生产水平有所提高。

其二是系统本身的阶段性，生态地理系统是一个生生不息的活体，活体总是处于不同的发育阶段之中，处于幼龄阶段的生态地理系统，活力旺盛，生态地理系统渐趋成熟时，其活动也随之降低，但稳定性有所提高。对农业生产来说，保持其成熟前阶段和充沛的活力，是提高生产水平的主要原则之一。因此，掌握生态地理系统的发育阶段，控制其发育进程，保持其旺盛的生命力，是生态地理系统的重要任务。

五、有一定的组分与组合单元

生态地理系统中通常含有植物、动物、微生物等生物学成分，这是系统的核心部分；也包括气候、地理要素等非生物学成分；还包括对上述各成分有影响的社会、经济因素。这些组分以一定的结构存在于生态地理系统内，可以称为组分。不是所有组分都有同样的重要性，主导组分或主导组分群对系统的特征与决策是重要的。

依据系统论(systematology)的观点，组分与生态地理系统一样，也有不同的级别。生态地理系统由低级到高级，它的组分也逐步扩大而涵盖下级生态地理系统的所有组分。但这种涵盖是以生态地理系统为单位的，而不是将下一级生态地理系统的各个组分简单地并列纳入，这样就有了系统的优化和分级管理。

例如，草地农业生态地理系统应是大系统(G)中的一个环，在同一水平上可能还有若干与草地农业生态地理系统并列的独立于它的系统(a 系统层)，如森林生态地理系统、湖泊生态地理系统等；同时，a 系统层的内部又各自包含了若干亚系统(b 系统层)，对于草地农业生态地理系统来说，就是图 2-3 所包含的若干组分。G 为 a 系统层的由若干个系统组成的大系统；a′、a″代表主系统群层含有多个独立的系统，a 系统层的各个系统与本层其他系统群发生系统间的联系。a 系统层的亚系统 b 系统群也含有多个系统，它们彼此有系统间的联系，但从属于某一个系统，属于主系统的内部系统。

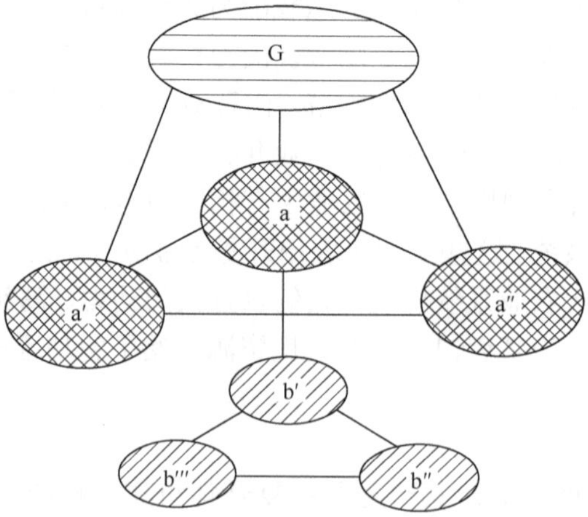

图 2-3 系统结构示意图(引自任继周，2004)

在草地生态地理系统中，设定为 a 主系统，亦即主体系统。处于同一水平的 a′、a″系统和更高一层的 G 系统，都是 a 系统的“环境”。而系统 b′是它的组分，以此类推，系统 a′、a″又是系统 G 的组分。

如此逐级分解，生态地理系统实际上是一株由组分和子系统组合的发生树，这株发生树是有机联系的整体，能流、物质流和信息流将在这株树上流转，生态地理系统的“序”由此产生。单元的选择和组合方略，将影响生态地理系统的发展，其重要性不言而喻。

在科学研究中，往往以某些较小于系统的某些组分为对象，如生态地理系统中的农业生态地理子系统、天然植物群落地理子系统、人工草地子系统等这些子系统，常常是农业生产与科学研究的具体对象，也是生态地理系统的各个侧面。

我们在优化管理生态地理系统时，可以忽略下级子系统各个组分的特性，只要依据包含这些组分的子系统的总体特性加以调控即可，这是对任何大系统实行分级管理的理论依据，否则将不存在分级管理。组分的结构与比例影响生态地理系统的功能，并形成不同的生态地理系统，如农田生态地理系统、家畜生态地理系统，表示作物在前者占有主导地位，家畜在后者占有主导地位。调整系统内的组分是优化生态地理系统整体的必要手段。

六、有一定的能量、元素和信息流程

生态地理系统的驱动力是能量，能量以有机体的形态进入生态地理系统以后，夹带水和各种元素流动于系统内部，然后通过有机质的分解而消失于环境中。不同的生态地理系统有不同的能量的流程。因能量总是与相关元素伴随运行的，因此，能量的流程往往也是元素的流程。

信息流则与能量流和元素流具有完全不同的特征信息，以组分及其相互关系的量为指标。因而，生态地理系统内包含的事物越多，信息量也就越大。H. T. Odum 将信息定义为可能性的对数。由于对数的底数不同，可能有几种表达方式，如以 2 为底，信息的单位为比特(bit)；如以自然对数为底，信息的单位为内特(nat)；如以 10 为底，信息的单位以哈脱莱(hartley)表示。

生态地理系统信息流的传递有众多途径，可以通过化学、物理、生物途径构成系统内和系统间的信息传递。生态地理系统信息流的传递是一个复杂过程：一方面信息流动过程(信息流程)总是涉及生产者、消费者和分解者亚系统。每个亚系统又包含着更多的系统；另一方面信息在流动过程中不断发生着复杂的信息交流和转换，生态地理系统信息传递实质性过程如图 2-4 所示。整个生态地理系统靠这些流程所组成的网络加以联系，并表现出系统的生命力。一切生产化措施的主要目的都在于调控其能量、元素、信息流程及流量，以提高其经济效益和生态效益。

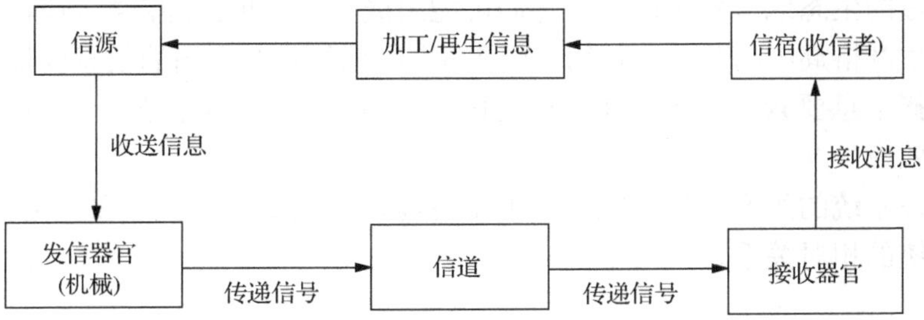

图 2-4 信息传递系统模型(引自戈峰，2008)

七、有外延趋势

生态地理系统的农学特性主要体现在它的开放性，这一特性使其能量和元素与外界沟通随着生产水平、科技水平、流通水平的提高而提高，生态地理系统的这种开放性表现为强大的外延趋势，它不仅可以在不同亚系统、系统之间发生联系，甚至可以横跨大地带、国界甚至洲界，与外部建立广泛联系，使生态地理系统不断延伸而日趋复杂，生产水平也日益提高，这是现代生态地理系统的主要标志。

生态地理系统的外延趋势源于系统内部自由能的积累，系统的自由能积累到一定限度，有突破系统界而向外延伸的趋势，于是系统伸出外接键，与其他系统结合形成耦合系统。这一耦合系统又可与其他系统耦合，产生更高一级的耦合系统，如形成生态地理系统的等级不断提高，生态地理系统也随之逐步扩大，从而形成巨系统。这是生态地理系统的进化过程，全球生态地理系统的一体化正是生态地理系统进化的结果。

生态地理系统耦合导致参与耦合的各个系统的生态效益和生产效益大幅度提高。从本质上看，保持生态地理系统外延的趋势，实现生态地理系统的系统耦合，在生存权利平等的原则下，排除不平等的人为干预，是应该倡导的。在农业生产中，其系统耦合的效益分配应该注意保护，弱势方的权益不受侵犯。我国已加入世界贸易组织，我们应该意识到权益公平的原则，并有保护对策。

八、特定的生产格局

生态地理系统中的外延通路、组合单元，以及能量、元素、信息流程组成了它的生产格局。生产格局对生态地理系统本身来说，就是生态地理系统能流、物流、信息流的流程和它们的反馈机制，这可以表现出不同的生产方向和生产水平，并能够通过优化程序使其更趋合理。例如，草地-干草生态地理系统以生产干草为主要产品，在植物生产层内完成全部系统过程，流程短且较为简单；草地-奶牛生态地理系统的输出产品是牛奶和与之相适应的产品；草地-绵羊生态地理系统的输出产品是羊毛、羊肉等；而草地-赛马生态地理系统则是以输出赛马用马匹及其经营系列为主的生态地理系统。这类草地-动物生态地理系统的流程较长，也较为复杂，挖掘生态地理系统潜力的优化措施手段较多，也较为复杂。至于更为复杂的生产流程，可能含有多个耦合生态地理系统，就更需要深入研究其流程格局。

涉及系统耦合的生产格局，总是具有较大跨度的系统联系。例如，省区级的、国与国间的、洲际的生态地理系统联系，它们可能组成不同规模的经济共同体。

信息在生产格局中起着重要作用，不同的生产系统具有不同的信息要素和信息流程，必须慎重选择信息要素，周密设计信息流程，因为信息总是双向的，任何信息都可能导致信息反馈效应。

生态地理系统的生产格局，既取决于生态地理系统本身的特性和优化目标，又依赖于和其他系统的相对关系。

九、有一定的生产潜力

如前所述，生态地理系统在一定的发展阶段，其能量有相对稳定的极限，但生态地理系统本身在不断发展运动之中，与之有关的科学与生产力水平也在不断发展提高，因此有可能不断运用系统工程的方法，经常分析其潜力之所在，并加以人为干预挖掘其潜力，生态地理系统的生产潜力蕴藏在以下四个方面。

（一）来自资源本身的时代价值的提高

例如，有些资源，在原来的生产水平上没有什么生产意义，但在科技生产水平提高以后，具有了资源价值，像高山草地的微孔草，原来只是废弃地上的杂草，但在发现它的种子含有大量不饱和脂肪酸，并解决了生产的工艺流程以后，就成为一种很有开发前途的植物资源。随着人类的生产水平、科技水平和生活水平的不断发展，资源本身具有的生产潜力也在不断发展。

（二）来自系统内所含组分的生产潜力

系统内包含多种组分，这些组分本身的生产潜力不断提高，也使与它们相联系的生态地理系统生产水平不断提高。例如，系统内的生物品种生产能力不断提高，系统所使用的动力机械热能效率不断提高，农业系统的运行成本不断降低等，都可以相对提高生产潜力。

（三）来自系统的优化潜力

例如，农业生产是由许多生产系统组成的，它们以子系统的身份共同组建了农业复合系统，这些含有多个子系统的农业复合生态地理系统，可以通过调整系统的结构(将某一组分的份额加大，某一组分的份额减小；增加某一组分，减少某一组分)，以及通过调整系统的能流、物流和信息流的流程，达到提高系统的整体效率和效益的目的。

（四）来自系统间系统耦合的潜力

将各个有关的性质相近的生态地理系统，以适当的方式加以耦合，发生生态地理系统进化，产生新的高一级的生态地理系统。系统耦合是生产力发展的高级阶段，是世界经济一体化的基本途径。

十、具有一定的负荷力

生态地理系统负荷力(carrying capacity)是涉及用户数量和每个使用者强度的二维概念。这二者之间保持互补关系，当每一个体使用强度增加时，一定资源所能维持的个体数目减少。认识到这一特点，在实践中可将有益生物种群保持在一个环境条件所允许的最大种群数量。此时，种群繁殖速率最快。对于环境保护工作而言，在人类生存和生态地理系统不受损害的前提下，一个生态地理系统所能容纳的污染物可维持在最大承载量，即环境容量。任一生态地理系统，它的环境容量越大，可容纳的污染物就越多，反之就越少。污染物的排放，必须与环境容量相适应。

十一、以生物为主体，具有整体性特征

生态地理系统通常与一定空间范围相联系，以生物为主体，生物与生命保障系统的气候、地理状况有关。一般而言，一个具有复杂垂直结构的气候、地理环境能维持多个物种。一个森林生态地理系统比草地生态地理系统包含了更多的物种。同样，热带生态地理系统要比温带或寒带生态地理系统展示出更大的多样性。各要素稳定的网络式联系，保证了系统的整体性。

十二、复杂、有序的层级系统

由于自然界中生物的多样性和相互关系的复杂性，决定了生态地理系统是一个极为复杂的、多要素、多变量构成的层级系统。较高的层级系统以大尺度、大基粒、低频率和缓慢速度为特征，它们被更大系统、更缓慢作用所控制。

十三、开放的、远离平衡态的热力学系统

任何一个自然生态地理系统都是开放的，有输入(input)和输出(output)，而输入的变化总会引起输出的变化。虽然输出并不是立即变化，有时它们可能落在后面，但它们不会赶在输入之前，这是因为输出是输入的结果，而输入是原因、源。从这一观点看，没有输入也就没有输出。维持生态地理系统需要能量，生态地理系统变得更大更复杂时，就需要更多的可用能量去维持，经历着从混沌到新的有序结构的发展过程。

十四、环境深刻的影响

气候和地理环境的变化和波动形成了环境压力，最初通过敏感物种的种群表现。自然选择可以发生在多个水平上。当压力增加到可在生态地理系统水平上检出时，整个系统的“健康”就出现危险的苗头。生态地理系统对气候和其他因素的变化表现出长期的适应性。

十五、环境的演变与生物进化相联系

自生命在地球上出现以来，生物有机体不但适应了物理环境条件，而且以多种不同的方式对环境进行朝着有利于生命的方向改造，这就是盖亚假说(GAIA hypothesis)中所指出的，如绿色植物不断增加空气中的氧气、减少二氧化碳等。许多科学家也证实，微生物在营养物质的循环中，尤其是氮的循环，以及大气层和海洋的内部平衡中起着重要的作用。

十六、动态的、生命的特征

生态地理系统也和自然界许多事物一样，具有发生、形成和发展的过程。生态地理系统可分为萌芽期、成长期和成熟期，表现出鲜明的历史性特点，生态地理系统具有自身特有的整体演化规律。换言之，任何一个自然生态地理系统都是经过长期发展形成的，

生态地理系统这一特性为预测未来提供了重要的科学依据。

第三节　生态地理系统的基本结构

生态地理系统的结构是指生态地理系统组分在空间、时间上的配置及组分间能量流与物质流的联系。生态地理系统的结构主要表现为空间结构、营养结构、生产结构和时间结构，现分述如下。

一、空间结构

生态地理系统的空间结构包括水平结构和垂直结构，是生态地理系统的外部特征。

(一)水平结构

生态地理系统的水平结构是指一定生态区域内，各种生物类群在水平空间上的组合与分布。

1. 景观与生态地理系统水平结构

景观是由相互作用的斑块(patch)或生态地理系统组成的具有高度空间异质性的区域。其大小通常数平方千米到数百平方千米，具有明显的边界。斑块是景观的基本组分，又称景观单元。斑块大小随景观类型而变化，有时很小(如农田)，有时很大(如自然森林景观)。例如，农业景观可以是由大小为几亩①、几公顷或几十公顷农田的景观单元所组成的农田景观；也可以是由农田、人工草地、人工林、池塘等类型的景观单元所组成的农、林、牧、渔相结合的景观。流域或区域农业景观中，除包含有各种类型的农田、牧场、人工林、村屯等景观单元外，河流、湖泊、山脉、交通干线也是其中的景观单元。由此可以认为，不同等级的景观结构，亦即不等层级的生态地理系统在水平空间上的组合与分布。

(1)景观结构与能量平衡

太阳能到达地面后，在不同景观单元中的分布状况是不一样的。林带的蒸散能最大，所吸收能量的88%～90%用于蒸散；其次为草地，因草地通常地势低，地下水位高，故蒸散能也较高，占所吸收能量的84%；裸地蒸散能最小，仅占所吸收能量的55%～60%(表2-2)。由于蒸散产生的蒸气中所含能量比较密集，很容易通过降水变为可以利用的能量，因此在含有林带或草地的景观中，通过较高的蒸散能，可以调节景观区域内的能量平衡。

(2)景观结构与水养分平衡

林地地表径流量和下渗水量均较少。大部分水分通过蒸散进入大气，大量养分则随蒸腾水流进入植物体。从不同生态地理系统地下水和地表水中氮的形态和浓度(表 2-3)可以看出，耕地地下水和地表水中主要是 NO_3^--N，无机氮占总氮量的比例高，分别为93%和 85%，且氮的流动更开放。在林地中主要是 NH_4^+-N，无机氮占总氮量的 66%和35%，且氮流动的开放程度小。

① 1 亩≈666.7m^2

表 2-2　不同生态系统能量平衡结构(作物生长季节平均)(引自沈亨理，2000)

参数 \ 生态系统	林带	草地	农田			裸地
			油菜	甜菜	小麦	
净辐射能 Rn/(mJ/m^2)	1730	1494	1551	1536	1536	1571
蒸散能 LE/(mJ/m^2)	1522	1250	1163	1136	1090	866
空气加热能 A/(mJ/m^2)	121	215	327	339	385	658
土壤吸热能 S/(mJ/m^2)	87	29	61	61	61	47
LE/Rn	0.88	0.84	0.75	0.74	0.71	0.55
A/LE	0.08	0.17	0.28	0.3	0.35	0.76

表 2-3　不同生态地理系统地下水、地表水中氮的形态和浓度(引自沈亨理，2000)

氮形态	耕地		林地	
	地下水	地表水	地下水	地表水
NH_4^+-N/(mg/kg)	1.6	0.9	2.7	1.2
NO_3^--N/(mg/kg)	10.9	6.5	0.3	0.1
有机氮/(mg/kg)	0.9	1.3	1.5	2.4
总氮/(mg/kg)	13.4	8.7	4.5	3.7
无机氮占总氮/%	93	85	67	35

为了控制氮的扩散，可以在农业景观区域内设置障碍带——防护林。将林地设置在农田的下方，可以截留从农田流出的水分和养分；同时还可以净化地下水，减轻地下水的污染。据波兰农业生物和林业研究所的观测，当水的流失量为 80m^3/(m^2·a)时，草地随水年流失磷量为 5.6mg/m^2，麦地随水年流失磷量为 15.2mg/m^2。将草地设置在农田的下方，每年每平方米土地可吸收自农田流出的磷为 9.6mg。

2. 地理环境与生态地理系统水平结构

在不同的地理环境条件下，受地形、水文、土壤、气象、地形、地貌等环境因子的综合影响，生态地理系统的水平结构表现出有规律的变化。

(1)流域位置与水平结构

在一个流域内，自上游至下游，海拔由高至低，坡降由大至小。在重力作用下，由于水的下迁运动，水土环境发生改变，从而对生态地理系统的结构和生产力产生影响。例如，冀中南海河流域自西至东，按其自然景观可分为山地丘陵区、山麓平原区、低平原区。山地丘陵区坡度陡，重力过程强烈；山麓平原区坡度较缓，重力作用适中；低平原区坡度最小，重力过程不明显(表 2-4)。山地丘陵区土壤水养分在重力影响下向“低地”运动，形成了干旱贫瘠的生态环境，使农田生产力的提高受到限制；低平原区地下水潜流不畅，从上游地区淋溶而来的土壤水养分和盐分大量积累，造成土壤盐渍化，过量的盐分限制了作物对水养分的吸收，从而影响了农田生产力的提高；而在山麓平原区是土壤水养分运动的过渡地带，水养分积累适中，生态环境良好，因而农田生产力较高。

表 2-4　冀中南海河流域不同地区的水土环境及农田种植结构(引自王建江，1990)

项目	山地丘陵区	山麓平原区	低平原区
海拔/m	＞100	50～100	＜50
坡降	1/1000～1/200	1/2000～1/1000	1/6000～1/5000
无霜期/d	197	189	200
降水量/mm	561	505.1	620.8
年均气温/℃	12.44	12.70	12.40
土壤类型	棕壤、褐壤	褐土、草甸褐土	草甸土
地下水矿化度/(g/L)	＜1	1～2	2～5
土壤 pH	6.7～7.2	7.0～7.4	8.0～8.5
土壤有机质/%	0.51～1.14	0.82～1.18	0.75～1.21
全氮/%	0.059～0.075	0.065～0.08	0.06～0.092
全磷/%	0.03～0.045	0.035～0.067	0.058～0.065
全钾/%	2.58～2.62	2.61～2.70	2.27～2.37
速效氮/(mg/kg)	39～63	58～65	59～74
速效磷/(mg/kg)	4.5～6.4	5～10	6.9～10
速效钾/(mg/kg)	82～118	115～157	110～190
人口密度/(人/km^2)	250	646	328
垦殖率/%	26.98	72.23	48.09
复种指数/%	146.4	175.1	140.8
粮食播种面积占总播种面积/%	83.0	79.1	76.0
粮食产量/(kg/km^2)	3306	4729.5	2614.5
棉花产量/(kg/km^2)	535.5	904.5	766.5
油料产量/(kg/km^2)	1276.5	2527.5	1170

(2)地形变化与水平结构

我国南方低湖平原区，地势低洼，经过历代的围垦，形成了“围湖成垸，垸底留湖，湖垸同体”的大大小小湖垸，如同蜂窝，而每个湖垸又好似一个盆碟，外围高，中间低。这种蜂窝状、盆碟式的微地貌，使生态地理系统在水平空间上的布局呈现出独有的特色。湖北省四湖地区地处江汉平原腹地，地貌以平原湖区为主，但微地貌分异明显。例如，一个监利县就有 350 个湖垸，湖垸的形状依高低落差不同划分为：盆形(高低落差平均为 3.12m)、碟形(高低落差平均为 1.92m)和坦形(高低落差平均为 1.03m)。这些盆碟式的湖垸构成了低湖平原区农业的微地貌基本单元。其中的水土资源呈环带状分布，即以垸底湖为圆心，依次为易涝地、渍害地、良水田、旱地、垸堤和洲滩。洲滩是湖垸的防泛前哨，垸底湖是排涝的后盾，垸堤最高，是农户庭院所在地。垸堤向内，地面高程由高到低，土壤质地由砂至黏(砂壤至重黏)，地下水位由低到高[(112±15)cm 到(0±23)cm)]，土壤酸碱度由高到低(pH 8.4 到 pH 6.5)，土壤氧化还原电位由大到小(300mV 到＜50mV)，有机质含量由少到多(1.26%到 6.6%)，潜在肥力由低到高(全氮 0.09%到 0.35%)，有效肥力由高到低(速效氮 198mg/kg 到 68mg/kg)。由于湖垸水土资源的梯段性变化，农田类型和农业生产布局出现了相应的变化。洲滩地种植芦苇和耐湿树木，农户庭院种菜、养畜禽，旱地种植油菜、棉花，良水田种植双季稻，渍害田种植耐渍的一季中稻，易涝地上开挖梯级池田，以池养鱼，以田种稻，稻鱼结合。

（二）垂直结构

生态地理系统的垂直结构是指一定生态区域内，各种生物、气候和地理要素在垂直空间上的组合与分布。不同的地理位置条件，在气候、地形、土壤、水分、植被等生态因子的综合影响下，使得生态地理系统的垂直结构呈现出一系列的变化。

1. 大尺度的地形变化与垂直结构

例如，四川、云南高原独特的地貌、气候条件，随着海拔的变化，生态地理系统的结构也发生不同的变化，从而出现不同的发展类型。在低热层(海拔小于 1400m)的河谷地带，甘蔗含糖率和单产均比长江流域其他蔗区高得多，具有明显优势；这里冬春季生产的各种暖季蔬菜，可供应北方城市，成为中国重要的天然室和南菜北调基地；香蕉、杧果等热带性水果和南药等在此也有发展前途。低热层的丘陵、低地带，适宜发展柑橘、油桐、白蜡树等亚热带经济林木。中暖层(海拔在 1400～2100m)发展粮、油、生猪、蚕桑、烤烟，其下部地带可发展水产养殖；上部地带气候温凉干燥，适于苹果、核桃等经济林及云南松等用材林生长。高寒层(海拔大于 1400m)的下部地带，适于发展以细毛羊为主的草畜生产基地。在海拔 3000m 以上的更高寒地带，森林以冷杉、铁杉为主的暗针叶林区(图 2-5)。

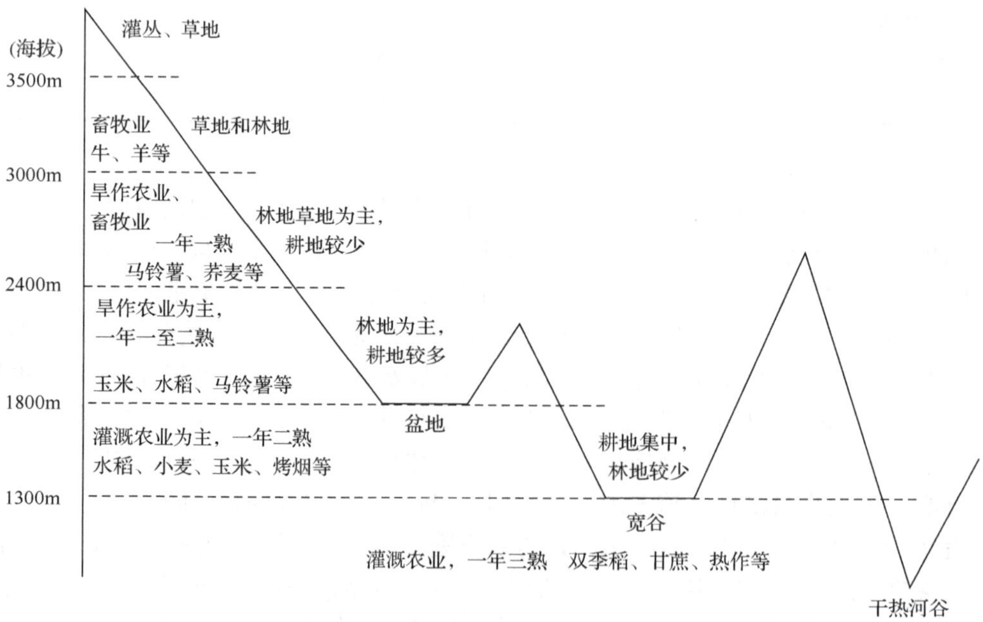

图 2-5　川滇高原随海拔变化的生态地理系统的结构(引自孙颔，1993)

又如四川省米易县是属高海拔、低纬度、高原型内陆山地“岛状”南亚热带气候类型，从河谷至山顶，海拔从 980m 到 3000m 及以上，农业生产结构业出现不同变化。在河谷低山区(海拔 980～1500m)，推行以粮、蔗、菜、猪和常绿果树为主体的多种组合立体种养模式；而在中山区(海拔 1500～2000m)，采取了以工程措施(改造中低产田、蓄水、引水等)和生物措施相结合的方式，大力推行以粮、菜、猪、落叶果树为主体的综合立体种养模式；在高山区(海拔 2000～3000m)，实行以牧为重点，突出开发林副土特产品，逐步建成林(药)等土特产品和草食牲畜商品生产基地(图 2-6)。

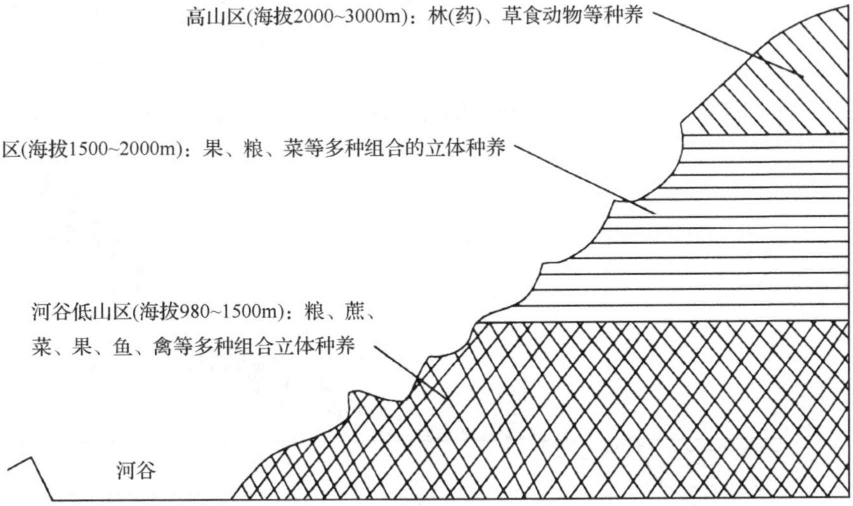

图 2-6　四川省米易县农业综合开发示意图(引自卢良恕，1996)

2. 小尺度的地形变化与垂直结构

在丘陵或一些低海拔山地，由于地貌复杂多变，丘陵地区地形起伏。从丘陵的坡顶、坡腰至坡脚，随着土壤和水养分状况的梯度变化，以及小气候的变化，生态地理系统的垂直结构表现出规律性的变化。

例如，重庆江津区(原四川省江津县)大桥乡山地开发，其结构如下。①山顶松杉戴帽：在山顶宜林地采用育苗造林、护林，树种以松杉为主；②半山果缠腰：在山腰栽种果树，同时在果园进行间作套种绿肥或牧草、豆类、薯类、蔬菜；③沟坝田土间套：对水田、田坝等采取稻、桑、豆、鱼的种养，旱地种植小麦、蔬菜、玉米、甘薯等；④低洼处养四大家鱼：利用低洼水面养殖青鱼、鲢、鳙、草鱼等。又如，地处南亚热带的广东省潮州市的秋溪村与地处长江中游的湖北省京山县的吴岭村同属丘陵地区，有着相似的农业生产布局。在秋溪村丘陵坡顶种植以松树为主的用材林，坡腰种植以香蕉、大蕉和橄榄等果树为主的经济林，村落建在坡脚，村前村后旱地种植蔬菜和甘薯，水田种植双季稻，低洼处作鱼塘，河堤草坡用于放牧或种植果树(图 2-7)。在吴岭村由吴岭水库至吴岭坡顶，依次为水库消落区、农作区、缓坡区、陡坡区。在水库消落区开挖精养鱼池，池埂建猪舍，实行猪鱼联养；农作区有农舍和农田，种植农作物，圈养家畜家禽；缓坡区种植桃、梨、柑橘等果树；陡坡区种植松杉等用材林(图 2-8)。

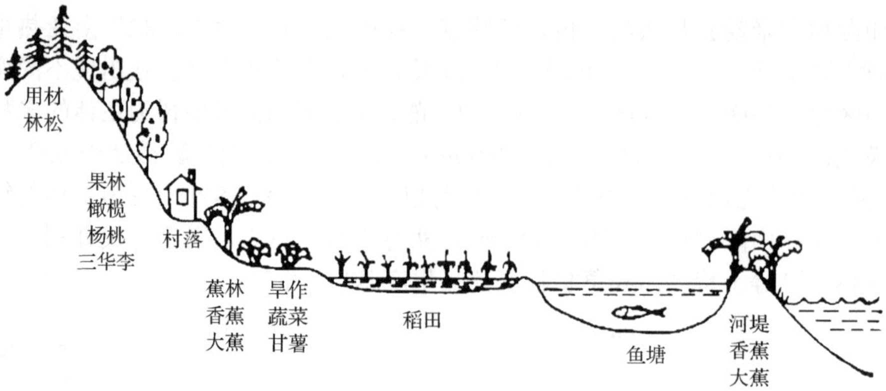

图 2-7 广东省潮州市官塘区秋溪村农业生产分布(引自骆世明等，1987)

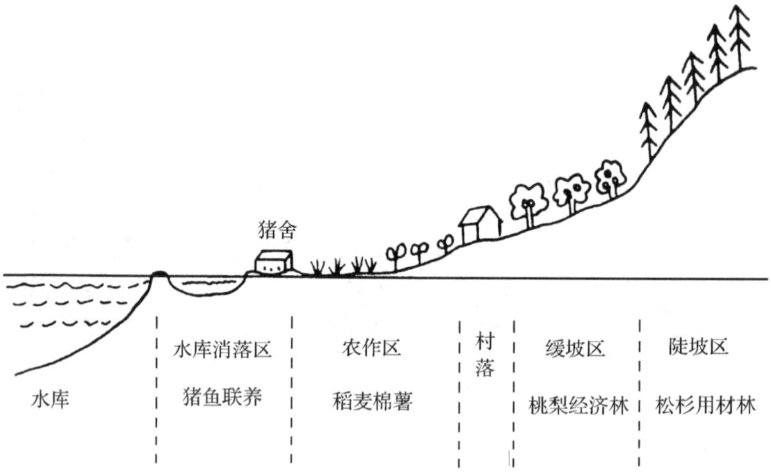

图 2-8 湖北省京山县吴岭村农业生产空间布局(引自沈亨理，1996)

二、营养结构

食物链(food chain)就是生态地理系统内不同生物之间在营养关系中形成一环套一环似链条式的关系。

(一)食物链的加环和解环

1. 食物链的加环

延长食物链的方式主要有增加生产环(绿色植物)、引入转化环(动物或微生物)、引入抑制环(生物防治等)。

(1)食物链加环的作用

食物链通过加环主要有以下几个方面的作用。

1)提高生态地理系统的稳定性。一般来说，生态地理系统的食物链结构大多数比较简单，单一的生物组成使得生态地理系统中的生物种群之间相互制约机制降低，造成系统稳定性脆弱，如某种病虫害发生，常常引起农作物减产，甚至绝收。因此，通过在生态地理系统中引入捕食性昆虫或动物这样的营养级，可以抑制虫害的发生，大大减小由病虫害而造成的经济损失，提高生态地理系统的稳定性。

2) 提高农副产品的利用率。一般农作物只有 20%～30%的主产品可供人类直接食用，而 70%～80%则为副产品。如果在其中加入新的食物链环节，这一部分副产品也可供其他动物或菌类利用，并制造出更多的次级产品，为人类提供更多的食物，从而提高农副产品的利用率和经济效益。

3) 提高能量的利用率和转化率。在生态地理系统中，食物链下一个营养级只能部分地利用上一个营养级所储存的有机物质和能量，而总有一部分未被利用，适当增加新的生物组分则可提高物质和能量的利用率，如农业生产中的一级产品苜蓿，如果直接作肥料施入农田，能量的利用率不高。如用苜蓿饲养肉牛，能量转化率可达 8%；如用作猪饲料，转化率高达 20%；如饲养乳牛，乳牛可消化吸收其中 65%的能量，其中有 24%的能量可转化为牛乳，其能量利用率可达 15%，大体上是转化成牛肉的 2 倍。

(2) 食物链加环的类型

食物链加环的主要类型有以下几种。

1) 生产环。在原有食物链中加入一个或几个新的环节，能够将非经济产品转化为经济产品，这种新的食物链环节称为生产环。它又可分为一般生产环和高效生产环两种。

一般生产环：把低价值、低能量的产品，或把以往称为废弃物的资源转化为高价值、高能量与高效用的经济产品，如饲养牛、马、羊、猪、家禽等，这些动物大部分以农副产品(如秸秆、秕糠、饼粕、菜叶、草)和部分粮食为饲料，而生产的产品是供人类食用的肉、奶、蛋、皮、毛等生活必需品。

高效生产环：例如，在蜜源植物开花之际进行人工放蜂，利用蜜蜂特殊的吸收、消化和酿制本领，生产出价值高的经济产品(如蜂蜜、蜂乳、蜂胶等)。同时，蜜蜂的授粉作用可以使许多农作物和果树提高授粉率，增加产量。例如，我国油茶林引入蜂群，使油茶的结实率提高 1.7～2.4 倍，并使冬季每群蜂产蜜 15kg，蜂群数量增加 1 倍以上。北京郊区利用蜜蜂为多种露地留种蔬菜授粉，蔬菜种子结实率普遍提高 20%以上。此外，在林间放养白蜡虫、紫胶虫，利用这些寄生性昆虫分泌的物质，为人们提供用途广、经济价值高的工业原料和药材。这些都具有高效生产环的功能。

2) 增益环。这种食物链环节，本身转化产品并不能直接满足人类需求，而是加大了生产环的效益，称为增益环。例如，利用粪渣、垃圾、沼渣等有机废弃物养殖蚯蚓和蝇蛆。蚯蚓和蝇蛆对人类并无直接利用价值，但它们是鸡、猪等的优质蛋白质饲料，通过蚯蚓和蝇蛆饲养家禽家畜，可以提高畜禽的生长量和产蛋率，为人们提供更多的肉、禽和蛋产品，降低饲料成本，提高经济效益。

3) 减耗环。这是通过引入一个新的环节或增大一个已有的环节，减少生产耗损，增加系统生产力。例如，在棉花、麦、蔬菜等农作物上，常发生蚜虫危害，如果人工引进蚜虫天敌，就可以大大抑制蚜虫危害，减少损失。人工放养和招引林木害虫(害兽)天敌的方法，可以取得成本低而又不会造成环境污染的最佳效益。利用人工巢招引益鸟抑制森林害虫、人工放养寄生蜂防治松毛虫等都是食物链原理的利用实例。我国古代就有放养蚂蚁控制柑橘虫害的记载。近年山东日照市用人工放养灰喜鹊消灭松毛虫和林间害虫，取得了明显效果。人工饲养草蛉虫，放入棉田、果园、菜园防治棉铃虫、蚜虫等，也已取得显著效果。

4）复合环。复合环是指具有两种以上功能的环节。复合环的加入把几个食物链串联在一起，增加系统产出，提高系统效能。例如，一方面，沼气池以畜禽粪便、秸秆、杂草等为原料，利用微生物（产酸菌和产甲烷菌）在厌氧条件下把淀粉、蛋白质等高分子有机物降解为可溶性碳、氮化合物，同时产生甲烷等可燃性气体。这样，沼气为人们提供生活、生产能源，能效为秸秆直接燃烧的 6 倍。另一方面，沼液和沼渣可供多条食物链利用，如肥农田、果树，以及沼渣种蘑菇、养蚯蚓等。因此，沼气池是一个优良的复合环，成为复合生态地理系统中的纽带。又如稻田养鱼、养鸭，龟、鸭既有减耗作用，又可生产鱼、蛋产品。

5）加工环（加环特例）。农业生产中常常忽略了农副产品的加工利用方面，致使农业生产效益较低。实际上，农副产品加工是农业生产过程中一个很重要的组成部分，是生态地理系统物质循环、能量流动合理导向的重要环节，对生态地理系统具有重要的作用。通过连上加工这一环节，可减少生态地理系统物质和能量的损失，减少系统外有机物质的富集，提高农产品的综合效益。加工环有传统加工型、多次加工型和农工商结合型 3 种类型。这些模式以农业生产为基础，立足本地资源，重点发展农副产品加工业，建设生态型工业示范体系，实现了工农业之间的良性循环。

（3）食物链加环的注意事项

在食物链加环时应注意以下问题：①食物链加环并非越长越好，关键是要尽早从链条中获取更多的产品。十分之一法则证明，链条越长，营养级层次越多，沿食物链损耗的能量也就越多，而且太长、太复杂的食物链在实际应用中也有许多技术与经济方面的困难。②食物链加环要讲究综合效益。不同食物链类型在社会效益、经济效益、生态效益方面的表现不同。例如，目的在于净化环境的食物链，可能具有较高的生态环境效益，但经济效益不一定高；目的在于实现废弃物资源化的食物链，可能具有较高的蛋白质利用效率，但不一定具有较高的能量转化效率。因此，加环应结合当地、当时的具体情况进行。

2. 食物链的解环（污染物的阻隔）

随着工农业的发展，各种工业“三废”的排放，矿山、核电站的建立，以及农业内部的化肥、农药、除草剂等的使用，使得各种有毒物质进入生态地理系统，被植物体吸收，并沿着食物链各营养级传递，在生物体内的残留浓度越来越高。为了减少有毒物质通过食物链进入畜禽和人体，危害动物和人类的健康，可采用食物链解环的方法，即有毒物质在食物链上富集达到一定程度时，使其与到达人类的食物链中断联系。

（1）污染土壤处理

在受污染的土壤上种植非食用的用材林、薪炭林等林木，以及花卉等观赏植物，还可用来生产纤维用的各种麻类作物，使污染物离开食物链。

（2）污水处理

利用水生植物处理城市污水、生活污水和工业废水，可减轻有毒物质对人体、畜禽的危害。在污水处理中凤眼蓝(又名水葫芦、水风信子)、浮萍、水花生、芦苇、宽叶香蒲、水葱等水生植物被广泛应用，这与水生植物对多种污染物质，以及氮、磷等营养元素具有较强的吸收净化能力密切相关。

最近国际上兴起的生物修复，是利用以生物为主体的环境污染治理技术。它包括利用植物、动物和微生物吸收、降解、转化土壤和水体中的污染物，使污染物的浓度降低到可接受的水平，或将有毒有害的污染物转化为无害的物质，也包括将污染物稳定化，以减少其向周边环境的扩散。例如，利用超积累植物修复重金属污染的土壤、利用土壤动物(蚯蚓、牡蛎等)处理有机废弃物和污染水体、利用微生物净化土壤等。

(二)食物链和食物网

1. 食物链的结构类型

食物链上每一环节，称为营养级(trophic level)。自然生态地理系统主要有三种类型食物链。

1)牧食食物链(grazing food chain)或捕食食物链(predatory food chain)，是以活的绿色植物为基础，从食草动物开始的食物链，如小麦—蚜虫—瓢虫—食虫小鸟。

2)碎屑食物链(detrital food chain)，是以死的动植物残体为基础，从真菌、细菌和某些土壤动物开始的食物链，如动植物残体—蚯蚓—动物—微生物—土壤动物。

3)寄生食物链(parasite food chain)，以活的动植物有机体为基础，从某些专门营寄生生活的动植物开始的食物链，如鸟类—跳蚤—鼠疫细菌。

牧食食物链和碎屑食物链在生态地理系统中往往是同时存在的(图 2-9)，相辅相成地起着作用。

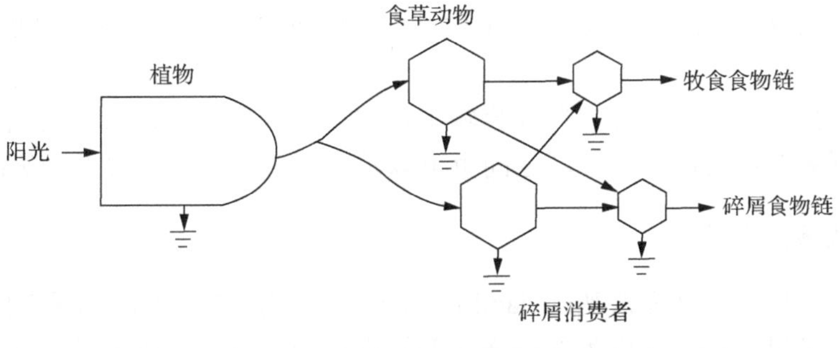

图 2-9　两大类型食物链间的关系(引自 Odum，1983)

2. 食物网

在生态地理系统中，一种生物不可能固定在一条食物链上，而往往同时属于数条食物链。生产者如此，消费者也如此。实际上，生态地理系统中的食物链很少是单条、孤立地出现(除非食性是专一的)，它们往往是交叉链索，形成复杂的网络式结构(network structure)，即食物网(food web)。它形象地反映了生态地理系统内各生物有机体间的营养位置和相互关系。生物正是通过食物网发生直接和间接的联系，保持着生态地理系统结构和功能的相对稳定性。

三、生产结构

无论是自然生态地理系统，还是人工和半人工生态地理系统来说，只要有生物，它就具有一定的生产性能。就生态地理系统的产品属性而言，可以将复杂的生态地理系统的生产结构归纳为四个生产层，即前植物生产层、植物生产层、动物生产层、后生物生产层(任继周，2004)(图 2-10)。

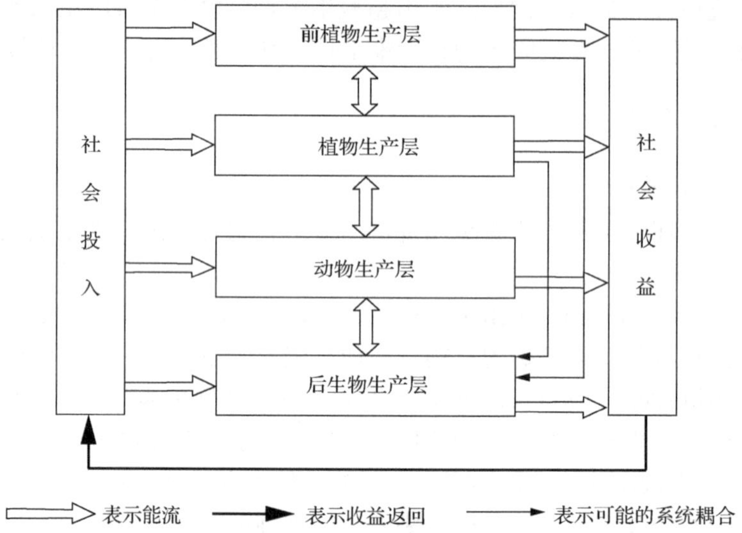

图 2-10　生态地理系统生产结构(引自任继周，2004)

“社会投入”分别给予四个生产层，各生产层的产出效益分别输送到“社会收益”，“社会收益”又返回“社会投入”。各个生产层之间可能发生双相或多相联系，形成系统耦合。

其中每一生产层都可以独立向社会输出，也可以接受社会投入，它们可以并列构成复合生态地理系统；这四个生产层之间也可以发生系统耦合，构成高一级的新系统。

(一)前植物生产层

前植物生产层也可称为景观层(landscape level)，它不以植物产品和动物产品为主要生产目标，而是以自然景观作为社会产品并提供社会效益，即以景观整体为产品向社会输出。前植物生产层的产品包括风景、水源涵养区、自然保护区、旅游地等。概括说，就是以生态效益为目的，这是自然生态地理系统所特有。

该层的生产特点是尽量减少人为干预，利用其自然特色取得效益。在自然生态地理系统，生产劳动因素的投入减少到最低限度，以维持生态的持续发展。

前植物生产层所创造的价值有时并不比初级生产和次级生产的效益差。随着社会生产水平和生活水平的提高，环境效益迅速增长，前植物生产层也日益受到社会的重视，创造的经济效益也日益提高(图 2-11)。

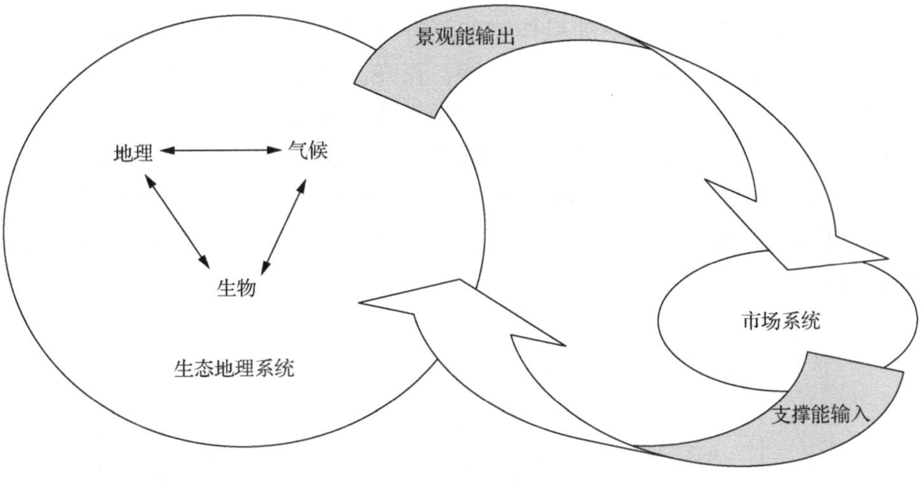

图 2-11　前植物生产层结构图解(根据任继周，2004 修改)

社会对前植物生产层的投入，除了大家通常理解的监测及少量服务性设施(如简易道路及观赏设备等)以外，关键措施是保持自然生态地理景观的相对稳定。因为自然生态地理系统是有生命的，不断向顶级发展。要保持一定的景观格局，使它在某一发展水平上相对稳定，不再明显前进也不明显后退，这需要综合理论和技术，并不容易。

前植物生产层向社会功能延伸，形成景观生态。例如，景观农业就是全新的行业，至今还不被人重视，甚至被完全忽视，以致许多适于发展景观农业的地点交给旅游部门去开发经营，往往难以持续发展，造成不可挽回的损失，因此，如何达到气候、地理、生物三者的协调统一则显得尤为重要。

前植物生产层是生态地理系统中投入最少的一个生产层，基本属于适应性利用。在这一系统中，非生物因素与生物因素各起什么作用，因地、因时而异。对于以日照充足、风和日丽见长的生态地理系统，大气因素则居主要地位(如埃塞俄比亚以“阳光城”为特色，展示其自然风光)。某一地区以地势嵯峨、草木茂盛见长，则地理因素中的地貌与生物因素中的植物居主要地位。如果以欣赏某种稀有动物(如熊猫)或候鸟为主，则生物因素中的动物居主要地位。

(二)植物生产层

植物性生产是指植物利用日光能将无机盐类和水，通过光合作用组成有机物质的过程。人类收获这些有机物质，就是传统农业的内涵，如牧草、作物、蔬菜、瓜果、林木等，都属于植物生产。在生态地理系统中，因为是直接从无机世界进入有机世界，是生态地理系统以后各营养级的第一步，也称初级生产(primary production)。

植物生产层可以有多种不同的生产系统，如果树生态地理系统、蔬菜生态地理系统、谷物生态地理系统、油料生态地理系统、饲料生态地理系统等。它们可以建立单独生产系统，但更多的是综合植物生产系统。因为对于地理和大气资源的利用来说，综合利用比单一利用效益更高，正确组建综合植物生产，需要优化设计。

总体看来，植物生产有两个系统，即籽实生产系统与营养体生产系统。其中，粮食作物的籽粒、纤维作物的棉花、油料作物的菜籽等都属于籽实生产系统，它们都以收获籽实为主要产品。牧草、林木、麻类、草坪、花卉、块根、块茎作物和放牧地等都是营养体生产系统，它们不以籽实为产品，而以营养体整体为主要产品。

植物在变成生产能力时，表现形式有放牧、采摘、刈割、贮藏。采摘不仅包括地上部分的枝叶、花序、果实等，还包括地下部分，如块根、块茎及药用植物的地下部分等。植物可通过刈割、贮藏、青贮和加工变成植物性产品，如青草、干草、青贮饲料、干草粉等(图 2-12)。

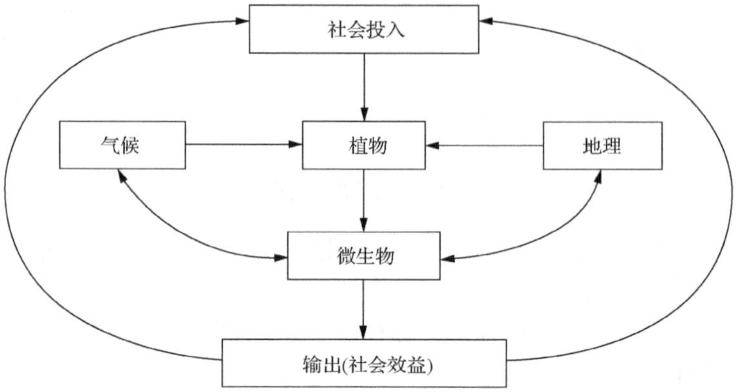

图 2-12　植物生产层结构图解(根据任继周，2004 修改)

(三)动物生产层

大气、植物和土地都为动物提供了必要的生活条件。草食动物既是初级消费者，又是次级生产者。它的生物量又被下一级肉食动物消耗，肉食动物又可被肉食动物捕食。对于具体肉食动物来说，往往难以判断它们是二级还是三级消费者。如果它们以野兔为食，属二级消费者；但它们也可以捕食狐狸，而狐狸以野兔为食，因此，它们又成为三级消费者，动物通过呼吸与大气发生联系，反过来，大气因素(如热量、光照)也对动物有一定影响。动物通过植物而取得营养，也通过粪便排泄施肥，对土地施加影响。社会投入对大气、植物和地理产生的影响，间接作用于动物；社会对饲养管理的直接投入，是饲养动物所不可缺少的(图 2-13)。

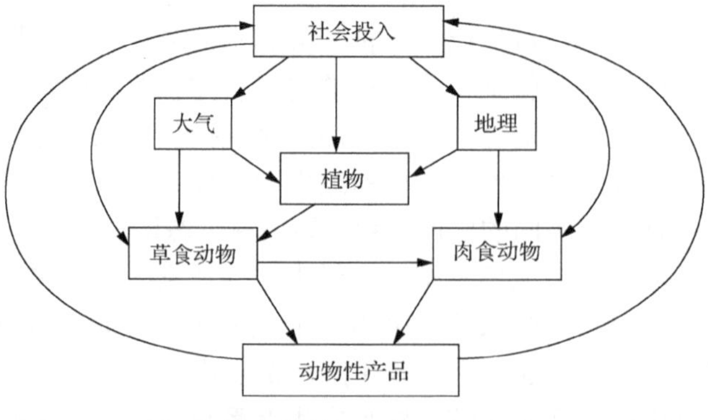

图 2-13　动物生产层结构图解(根据任继周，2004 修改)

从图 2-13 可以看出，次级生产层从社会投入和动物生产到产品加工，产生高级的畜产品及多级加工等，蕴藏着很大潜力。进一步通过产品交换和分配等环节，使得生态扩大化、复杂化，从而增加社会收益。输出 1kg 畜产品，从运输量来看相当于输送 5～10kg 的饲料。所以，动物生产层实际上是生态地理系统产品的深化，更便于向外延伸，这是实现系统开放的重要基础。这一环节如不充分发展，生态地理系统就很难扩大化，也难以完成专业化。

社会投入可以是饲料栽培、加工、运输、饲喂，也可以包括棚舍和改善风、暖、光等动物饲养管理措施。另外，组分管理也是一种投入，如家畜的组合、生产格局的布置等。

根据人对动物生产投入的多少、管理水平的高低，动物生产水平可能有显著差别，因而它具有把生态地理系统整体效益大幅度提高的内涵。例如，过去中国的传统农业系统基本属于植物生产型，动物生产未能发育成为完善的经营部分。以植物生产为特征的农业系统，养猪为了积肥，养牛为了耕地，并没有产业属性，故农业生产始终处于低水平状态，如果加入草地农业生态地理系统，则有助于从根本上改变这一局面。

(四)后生物生产层

后生物生产层也称后次级生产层，它是指对生物产品的加工、流通和分配的全过程。生物学效率在生态地理态系统中表现出金字塔模式，而经济效益则可通过产品加工和流通形成经济效益放大的倒金字塔模式。

社会投入把粗产品变成加工产品，再进一步加工，常常可以几倍甚至几十倍地提高经济价值(图 2-14)。从粗产品和精产品到分配、交换和流通，都在创造价值，增加社会财富。有些发达国家，1 元的投入经过粗加工、精加工，以及分配、交换，最后收益可达 100 元。因此，需要从事管理科学、经济学方面的人才参与生态地理系统的研究与开发。如果避开后生物生产层这一环节，前三个环节在生态地理系统中的效益就很难发挥，或不能充分发挥。

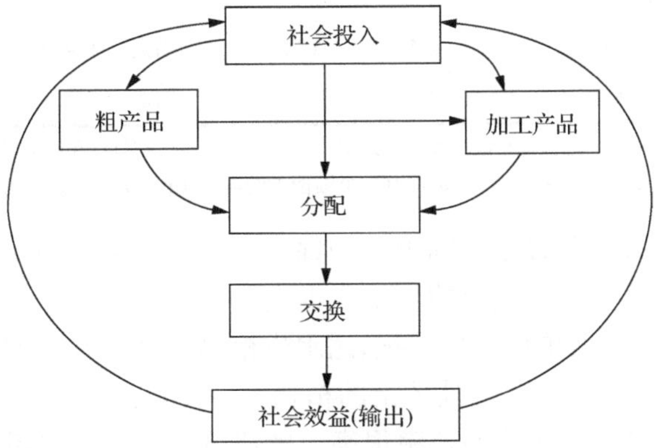

图 2-14　后生物生产层结构图解(根据任继周，2004 修改)

上述四个层次都分别接受社会的加入、管理和投入。每一层次都可以产生经济效益，都可以对社会做出贡献。而每一层次的不同环节也可能产生经济效益，如植物生产层中，牧草的刈割、贮藏、加工、调制都可以得到收益。但是，探讨哪一个环节投入少而效益大，却是一个复杂的问题，需认真研究生态地理系统四个层次的不同方面、不同环节创造的财富，将其中一部分再投入系统，这个生态地理系统的生产能力就逐步提高，如果一个生态地理系统没有前植物生产和后生物生产，也没有社会投入和社会效益，它只有自我维持的植物生产和动物生产。

四、时间结构

生态地理系统结构随时间的变动，也反映在时间的动态上。一般有三个时间度量，一是长时间度量，以生态地理系统进化为主要内容；二是中等时间度量，以群落演替为主要内容；三是昼夜、季节等短时间的变化。

生态地理系统短时间结构的变化，反映了植物、动物等为适应环境因素的周期性变化，而引起整个生态地理系统外貌上的变化。这种短时间的变化往往反映了环境质量的变化。

然而，陆地和水域生态地理系统也有各自的特殊性。现对具有相近的、中等生产力的草地和池塘两个生态地理系统的生物种类、数量等进行比较(表 2-5)，它们的主要差异可概况如下。

表 2-5 水域与陆地生态地理系统的生物种类、数量和生物量的比较(引自 Odum，1983)

生态成员	池塘			草地		
	类群	数目/(个/m^2)	干重/(g/m^2)	类群	数目/(个/m^2)	干重/(g/m^2)
生产者	浮游植物(藻类)	10^8～10^{10}	5.0	草本被子植物(乔本科草、阔叶草)	10^2～10^3	500.0
自养层的消费者	浮游动物(甲壳类、轮虫)	10^5～10^7	0.5	昆虫和蜘蛛	10^2～10^3	1.0
异养层的消费者	底栖昆虫、软体动物和甲壳类①	10^5～10^6	4.0	土壤节肢动物、环节动物和线形动物②	10^5～10^6	4.0
大型消费者	鱼类	0.1～0.5	15.0	鸟类、兽类	0.01～0.03	0.3③～15.0④
小型消费者(腐食者)	细菌和真菌	10^{13}～10^{15}	1～10	细菌和真菌	10^{14}～10^{15}	10～100.0⑤

注：①包含介形虫大小的动物；②包含小线虫和土壤螨类；③仅包含小鸟(雀形目)和小哺乳动物(啮齿类、鼩鼱)；④包含 10^4m^2 内 2～3 头牛(或其他大型食草捕鱼动物)；⑤以 10^{13} 个细菌大约等于 1g 干重的生物量为基

1)生产者个体的大小和数量：陆地上的绿色植物、草类和树木的个体数量比水域的少，但个体较大，因而单位面积上的生物量也大。

2)代谢速率：陆地植物的代谢速率远比水生植物的低。在代谢旺季，水域中的浮游生物，1 天内就可能更新自身。而陆地上的植物生活期长，1 天估计只能更新 1%。可见水域生态地理系统中自养生物代谢速率很高，能流迅速，种群更新快。

对于长时间度量和中等时间度量下，生态地理系统的变化在后面各章均有详细论述，在此不再赘述。

第四节　生态地理系统的基本功能

在人为干预下，生态地理系统不断由自然生态地理系统向半自然、半人工生态地理系统深度发展，这使它逐渐具备了自然生态地理系统所难以具备的各种功能。这些功能将随着社会生产水平及科技水平的不断提高而日趋完善和强大。但是，生态地理系统的基本功能是不可缺少的。

一、开放的功能

生态地理系统的开放功能是生态地理系统具有生命的特征，是生态地理系统最基本的功能。系统的开放功能是系统发生与发展的基础，也是系统进化的基本依据。

生态地理系统充分开放，能量、元素、信息交换通量大，表示系统生命旺盛；反之，则表示功能萎缩，系统封闭意味着死亡，故开放的功能至关重要。

系统的开放性表现为从外界吸收能量，同时将系统本身代谢过程中的熵排出系统外，这就是生态地理系统与外界环境的熵交换，系统的熵交换遵循下列模型：

$$\mathrm{d}S=\mathrm{d_i}S+\mathrm{d_e}S$$

式中，$\mathrm{d}S$ 是生态地理系统的总熵；$\mathrm{d_i}S$ 是系统内部生命过程中产生的不可逆熵变；$\mathrm{d_e}S$ 是系统内部与外部进行熵交换时发生的熵。

总熵是上述两部分熵的代数和。其中 $\mathrm{d_i}S$ 总是大于或等于零，而 $\mathrm{d_e}S$ 可能大于零或小于零。当 $\mathrm{d_i}S$ 小于零时，系统从外部环境获得能量，吸收负熵流，系统的有序性增加，信息量随之增大，系统功能旺盛。

生态地理系统把系统以外的日光能、水分、矿质元素及支持性能量输入系统之中，以维持并充实系统的生存与运动；同时又可以把植物或动物有机物输出系统之外。这本是自然生态地理系统必然具备的功能，但在人为的农业化措施之下，利用其输入功能，得以使农业措施及其他科学技术(如施肥、灌溉等)对系统施加影响，以提高其生产水平；利用其输出功能，得以从生态地理系统的能量与元素的流程中收获动植物产品，以取得农业生产收益；还可以加速生态地理系统的能量和元素周转速度，使其生机旺盛，生产水平得以提高。例如，在自然状态下，草原生态地理系统的日光能利用率为 0.005%～0.010%，而采取适当农业措施，可以使日光能利用率成 10 倍提高，达到 0.1%。

二、反馈的功能

反馈(feedback)是指系统的输出作为信息返回系统本身，以决定系统下一次输入行为，这就是生态地理系统适应性的依据，反馈是有生命系统的必备品质。

生态地理系统作为控制论系统(cybernetic system)，其反馈功能须具备本体(位置点)、输出、输入、反馈通路这四项要素(图 2-15)。

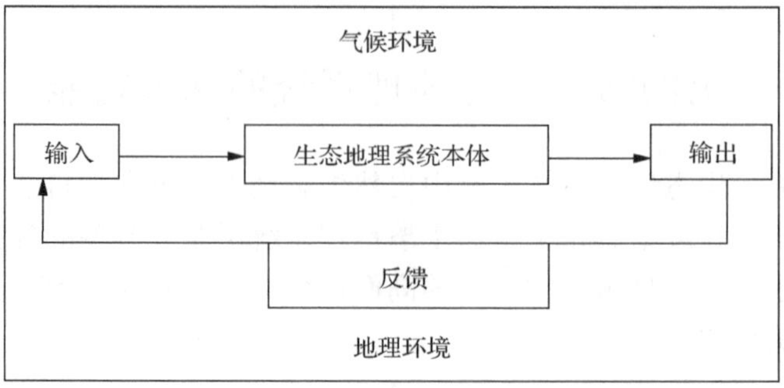

图 2-15　生态地理系统的反馈功能图(引自任继周，2004)

反馈可分正反馈(positive feedback)和负反馈(negative feedback)两类(郑师章等，1994)。正反馈使偏离加大，如生长过程中生物得到的反馈，可以使生物不断增长；而负反馈则使偏离缩小，如温箱温度过高时，感应器反馈使温度降低。无论正反馈还是负反馈，目的都是使系统趋于稳态生命过程中，偏离稳态的趋势是常在的，因而反馈是经常需要的。

系统在生存与运动中所制造的后果(信息)可以反作用于系统自身，实际上就是系统的自我监测，是保障各组分与各功能之间的协调发展并保持其适应功能的基本条件之一，自然生态地理系统依靠其自身的信息系统完成反馈过程。农业生态地理系统必须有更为周密、及时和准确的反馈通路。良好的反馈功能取决于以下几个方面。

1)信息项目选择正确。在大量信息群中，如何选择最本质的、精炼的信息项目和必要的信息量是很重要的，应当防止信息项目越全越好、信息量越大越好的偏向，以减少计算处理的困难，但同时也应防止对信息项目及信息量要求过于简单，以致难以做出准确判断。

2)信息的传递要及时、准确，尽可能减少中转环节，并应有校正系统，以保证其准确无误。

3)对所得信息应做出正确解译，以足够的专业知识判断某一信息或某些信息群的正确含义，切忌主观臆断，随意取舍，妄加解译。

4)通过解译信息，对系统的组分及其流程求解，以取得满意答案，并付诸实施。

反馈的上述四项功能既表明生态地理系统的生产特性，又说明半生态地理系统受到外部各种压力时，在一定限度内表现出弹性，当压力消除时，可以自行恢复其生态平衡，即表现出系统的生态稳定。但是，当压力超过一定限度时(如对草原滥垦或长期重牧而导致沙漠化)，系统的弹性消失，系统将失去自我恢复能力而解体。

三、适应的功能

生态地理系统通过反馈，使系统本身不断得到正反馈或负反馈的信息，以调整自身的功能，使之向稳态发展，这种调节功能可以有多种方式。系统内各组分之间及各个亚系统之间，可以在系统运动中自我调节以相互适应，从而形成全系统对其生存环境的适应能力，这种适应性可能来自生物体本身的可塑性，即根据立地条件的约束，在一定限度内改变其自身，以适应环境；植物和动物在所需水分、养分及温度等生活环境有所波动时，在一定限度内都可自我调节其需求压力，直到做出应激反应．这是生理尺度内的适应功能。

作为生态地理系统，更多的方面是通过生物种群的调节来实现对环境的适应。生物种群的量和结构也具有一定的调节能力，当个体调节难以适应时，往往以种群的改变来适应环境，如减少或增加种群的量，来适应环境的食物源变化。例如，牧场放牧家畜头数的增减、野生动物数量的增减等，这是种群水平的第一步适应对策。

当上述对策不足以达到系统的稳态时，则可改变种群的构成来适应环境。例如，当放牧马群的草地退化，草丛过于矮小，以致马群难以觅食时，可改为牧养羊群种群结构的调整，实际上就是系统的结构调整。系统的结构是由系统内部组分体现的，调整各参与系统构建的组分的大小、比例是系统优化的重要手段。

因此，不同健康水平的生态地理系统，有不同的适应策略。我们也可以从生物适应策略的表现来考察、判断生态地理系统的健康水平恢复或退化的阶段。

在自然状态下，生态地理系统的适应性主要依靠生物因子来实现；而在农业经营条件下，也可通过改变非生物条件来调节生态地理系统的适应性，实质上这是通过环境调节，使环境更为适应生态地理系统的要求。因而在农业系统中，适应包含两方面含义，即生物对环境的适应和环境对生物的适应。例如，通过施磷肥以增加草地豆科牧草的适应性，从而增加豆科牧草的比例等，这是农业措施对农业生产的正向催化。又如，通过浅耕灭茬消灭害虫，清除某些有害生物，以促进作物生产，这是以减少某些成分的方式使系统趋向稳定，可称为负向催化。实际上，各种农业措施，无非是对农业生态地理系统适应性策略的运作，实现农业生产要求的正向催化或负向催化。

四、排序的功能

系统内各亚系统及各组分之间，保持一定的层次及结构模式，它们之间具有不可逆转的流程网络关系，从而使生态地理系统表现出严整的有序性，因而使草地农业生态地理系统成为可知的客观实体，也是草原现象及其农业化过程的客观规律，以及由此所具有的预见性和可重复性的依据。生态地理系统如果失去排序的功能，就成为不可辨认的、不确定的事物，也就不复存在。

对生态地理系统流程网络的优化，就是对排序的人为干预，其中蕴藏着巨大的生产潜力，这种潜力往往以数倍甚至数十倍计。生态地理系统的排序越严整，其生态地理系统也越牢固，越有效；如排序不合适，会造成生态地理系统紊乱、低效；如趋向无序，则生态系统趋向崩溃。

生态地理系统的各个组分和亚系统都是由食物链与食物网组成的，这些食物链与食物网就是能的通路，能流驱动生态地理系统，也是生态地理系统的自组织过程。

生态地理系统的能流组织具有一定的层级系统，最基本的层级系统就是营养级，按照食物链(food chain)系统，在自然生态地理系统中，单条食物链多以复杂的网络结构构成食物网(food web)，其中包含了复杂的能流网络程序。

自然界长期、复杂的自组织过程，逐步形成了生态地理系统不同的层级(图 2-16)。

从细胞开始，系统逐步扩大，经历了器官(组织)、个体、种群、群落、生态系统(蔡晓明，2000)。从生态系统再扩大到生物圈，构成了不同的层级。

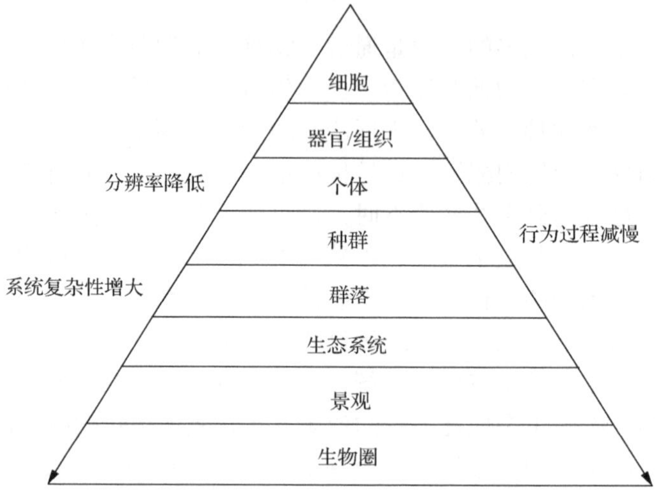

图 2-16 生态地理系统中生物的层级关系(引自任继周，2004)

20 世纪 70 年代以来，生态系统与生物圈之间兴起了景观生态学，通常把景观作为一个层级，置于生态系统与生物圈之间。但本人认为，将生态系统与生物圈直接联系，逻辑性似乎更为严密，景观生态学构成要素为基质、廊道和斑块，它们难以与生态系统进行等值排序，因而自成体系更为合理。

层级可能由低级到高级，也可能由高级到低级，层级由高到低的尺度转移称为尺度下推(scaling down)，由低级到高级称为尺度上推(scaling up)。层级结构的特征是具有兼容性，低层级的过程可以被高层级所包容而融合于大尺度系统之中。小尺度的特质可以融合于大尺度系统之中，其基本单元(focal scale)逐步放大，分辨率逐步下降，系统的过程速率也由高到低；而大尺度特征的分辨率则有所上升，这是生态地理系统的层级联系过程，即序的内部转移的通则。

五、服务的功能

生态地理系统不是生物学分类单元，而是一个功能单元。例如，能量的流动，绿色植物通过光合作用把太阳能转变为化学能储藏在植物体内，然后再转给其他动物，这样营养物质就从一个取食类群转移到另一个取食类群，最后由分解者重新释放到环境中。又如，在生态地理系统内部生物与生物之间，生物与环境之间不断进行着复杂而有规律的物质交换。

这种物质交换周而复始不断地进行着，对生态地理系统产生着深刻的影响。自然界元素运动的人为改变，往往会引起严重的后果。

生态地理系统就是在进行多种生态过程中完成了维护人类的生存“任务”，为人类提供了必不可少的粮食、药物和工农业原料等，并提供人类生存的环境条件，还有大量的间接性功益服务。

六、自维持、自调控的功能

一个自然生态地理系统中的生物与其环境条件是经过长期进化适应，逐渐建立起来的相互协调的关系。生态地理系统自动调控机能主要表现在以下方面：第一是同种生物的种群密度，这是在有限空间内比较普遍存在的种群变化规律。第二是异种生物种群之间的联系，多处于植物与动物、动物与动物之间，常有食物链关系。第三是生物与环境适应的调控。生物经常不断地从所在的生境中摄取所需的物质，生境亦需要进行及时补偿，两者进行着输入与输出之间的供需调控。生态地理系统对干扰具有恢复的能力，甚至面临季节、年际或长期的气候变化的动态，生态地理系统也能保持稳定。生态地理系统调控功能主要靠反馈的作用，通过正反馈、负反馈相互作用和转化，统一达到一定的稳态。

第五节　生态地理系统主要类型与特点

地球上生态地理系统可分成多种类型。

1. 按照生态地理系统的生物成分划分

以生态地理系统的生物成分为依据，生态地理系统可分为：①植物生态地理系统(plant eco-geographical system)；②动物生态地理系统(animal eco-geographical system)；③微生物生态地理系统(microbe eco-geographical system)；④人类生态地理系统(human eco-geographical system)等。

2. 按照生态地理系统结构和外界物质与能量交换划分

以生态地理系统结构和外界物质与能量交换状况为依据，生态地理系统可分为：①开放系统(opened eco-geographical system)，能量和物质可进入或输出；②封闭系统(closed eco-geographical system)，阻止了物质的进入和输出，但允许能量的出入；③隔离系统(isolated eco-geographical system)，与外界完全隔离，物质、能量都不能进出。

3. 按照人类活动及其影响程度划分

以人类活动及其影响程度为依据，生态地理系统可分为：①自然生态地理系统(natural eco-geographical system)；②半自然生态地理系统(semi-natural eco-geographical system)；③人工生态地理系统(artificial eco-geographical system)。

4. 按照能量划分

以能量为依据，生态地理系统可分为：①自然无补加的太阳供能生态地理系统(natural unsubsidized solar-powered eco-geographical system)；②自然补加的太阳供能生态地理系统(naturalized solar-powered eco-geographical system)；③人类补加的太阳供能生态地理系统(human subsidized solar-powered eco-geographical system)；④燃料供能的城市工业生态地理系统(fuel-powered urban industrial eco-geographical system)。

5. 按照生态地理系统的非生物成分和特征划分

以生态地理系统的非生物成分和特征为依据，从宏观上分为陆地生态地理系统(terrestrial eco-geographical ecosystem)和水域生态地理系统(aquatic eco-geographical system)。陆地生态地理系统主要根据其组成要素、植被特点等；水域生态地理系统主要根据物理和地理状况，再进一步划分为以下生态地理系统(表 2-6)。这种生态地理系统的分类在实际中常被采用。

表 2-6 地球表面生态地理系统主要类型

陆地生态地理系统	水域生态地理系统
荒漠：干荒漠、冷荒漠	淡水
苔原(冻原)	静水：湖泊、池塘、水库等
极地	流水：河流、溪流等
高山	湿地：沼泽
草地：湿草地、干草原	海洋
稀树干草原	远洋
温带针叶林	珊瑚礁
亚热带常绿阔叶林	上涌水流区
热带雨林：雨林、季雨林	浅海(大陆架)
农业生态地理系统	河口(海湾、海峡、盐沼泽等)
城市生态地理系统	海岸带：岩岸、沙岸

参 考 文 献

蔡晓明. 2000. 生态系统生态学. 北京：科学出版社: 216-218.

P. 迪维诺. 1987. 生态学概论. 李耶波, 译. 北京：科学出版社.

戈峰. 2010. 现代生态学. 北京：科学出版社: 363-365, 425-434.

韩纯儒. 2008. 畜牧业在农业生态系统中的地位. 生态学报, 28(4): 311-317.

H. 里思, R H. 惠特克. 1985. 生物圈的第一性生产力. 王业蘧, 译. 北京：科学出版社.

吕军，俞劲炎. 1990. 低丘红壤地区粮食作物光能利用率和农田能流分析. 生态学杂志, 9(6): 11-15.

骆世明. 2001. 农业生态学. 北京：中国农业出版社: 8-14, 69-98.

潘玉君. 1990. 自然地理系统的理论探讨. 齐齐哈尔师范学院学报(自然科学版), 19(2): 48-52.

任光照. 1986. 我国水资源的开发利用问题及其对策. 自然资源, 8(1): 11-16.

任继周. 2004. 草地农业生态系统通论. 合肥：安徽教育出版社: 20-43.

沈亨理. 1996. 农业生态学. 北京：中国农业出版社: 175.

沈亨理. 2000. 农业生态学. 北京：中国农业出版社: 21-29, 103-125.

孙颔. 1993. 中国农业自然资源与农业区划. 南京：江苏科学技术出版社: 18-216.

田大伦. 2008. 高级生态学. 北京：科学出版社: 216-218.

王刚，蒋文兰. 1998. 人工草地种群生态学研究. 兰州：甘肃科学技术出版社: 103-130.

王建江. 1990. 重力生态学与农田生态系统生产力. 生态学杂志, 9(5): 9-15.

杨林宁. 1989. 施肥对水稻产量和稻田土壤理化性质的影响. 生物学杂志, 8(3): 39-43.

章熙谷. 1990. 农业生态系统中新物种引进的初步探讨. 生态学杂志, 9(2): 36-39.

郑师章，吴千红，王海波，等. 1994. 普通生态学原理、方法和应用. 上海：复旦大学出版社.

左伟，赵海军，孙玉贞. 1995. 论自然地理系统. 陕西师大学报(自然科学版), 36(2): 97-100.

Aetieri M. 1987. Agroecology. Boulder: Westview Press.

Carrol C. 1990. Agroecology. New York: McGraw-Hill Publishing Company.

Gause G F. 1934. The Struggle for Existence. Baltimore: William & Wilkins.

May R M. 1974. On the theory of niche overlap. Theoretical Population Biology, 5(3): 297-232.

Odum E P. 1983. Basic Ecology. Rochester: Saunders College Publishing.

Spedding C R. 1979. An Introductions to Agricultural Systems. London: Applied Science Publishers.

Tansley A G. 1935. The use and abuse of vegetational concepts and terms. Ecology, 16(3): 284-307.

Wu Sin-I, Sharpe P J H, Walker J, et al. 1985. Ecological field theory: a spatial analysis of resource interference among plants. Ecological Modelling, 29(1-4): 215-243.

第三章　气候要素的空间分布格局及其变化动态

气候要素是指表征某一特定地点和特定时段内的气候特征或状态的参量。气候要素通常分为狭义和广义两方面，其中，狭义的气候要素即气象要素，如空气温度、湿度、气压、风、云、雾、日照、降水等。这些参量是目前气象台站所观测的基本项目。广义的气候要素还包括具有能量意义的参量，如太阳辐射、地表蒸发、大气稳定度、大气透明度等。气温、降水与光照对动植物的生长、分布及人类活动都有着重大影响。我们这里重点论述和社会生产有着密切关系的日照时数、太阳总辐射量、气温和降水的空间分布格局及其变化动态。

第一节　日照的空间分布格局及其变化动态

光是作物生长发育与产量形成的基本条件之一，通过光照强度影响作物的光合作用强度和速率。通过光照时间(日照时数)影响光合作用的长短、光能利用率和光周期。日照时间是指实际日照时数，其受天气条件的影响，光时的长短是评价农业光资源的重要指标。

从全球角度来考察全年和生长期间的日照时数，可以看出光资源分布及其与作物生产的关系。陆地上日照时间多的地区作物第一性生产的潜力大，作物经济产量高的地区日照时数多，如青藏高原的拉萨全年日照时数为 3020h，格尔木为 3070h，九江为 1900h，青岛为 2520h，拉萨、格尔木日照时数比同纬度的九江、青岛分别多 1120h 和 550h，小麦的产量高 20%以上。但光照时间与作物生产量的关系也存在相反情况，如非洲的撒哈拉沙漠日照时数比中国长江流域多，据内岛善兵卫(1978)估算≥10℃期间光合辐射，前者＞7.5GJ/m^2，后者为 2.0～2.5GJ/m^2，但作物生产量前者低得多。中国青海的冷湖地区日照时数为中国最多(＞3200h)，光合辐射＜2.0GJ/m^2，而植被生产量却很低。纬度较高的地区，夏季日照时间长，对有些谷物可以弥补光照强度减弱的不足，延长光合时间，增加物质积累。由此可见，研究世界日照时数的分布和利用具有十分重要的意义。

一、日照时数的空间分布格局

(一)日照时数的水平分布格局

日照时数的水平分布格局是指某一特定地区日照时数随着地理经、纬度的变化而呈现的有规律性的水平分布状况。大量的研究表明，日照时数的水平分布具有明显的地域性。现以世界日照时数和中国日照时数的水平分布状况为例来说明日照时数的水平分布格局。

1. 世界日照时数的水平分布格局

据崔读昌(1994)研究认为，按世界陆地三大块即亚洲和大洋洲、欧洲和非洲、北美洲和拉丁美洲来看，全年日照时数分布总的趋势是低纬度、干旱少雨的地区多，高纬度、湿润多雨的地区少。

亚洲　东部和南部受海洋和季风的影响，气候湿润，云量多，日照少；而中部和西部受海洋气候影响小，干旱少雨，日照多；北部冬季日照时数少，夏季受到极地海洋气候的影响，日照少。因此，形成亚洲的中部日照较多，南部和北部较少；东部较少，西部较多的状况。东部偏南地区为1750～2500h，中部为2500～3250h，北部为1500～2500h，东部的日本、朝鲜、中国东部、中南半岛的越南等为1750～2250h，比同纬度的中部、西部低，中国东部季风正是属少日照区，东南亚的泰国、马来西亚、缅甸、孟加拉国、印度、尼泊尔等为2000～3000h，中亚、西亚、中国的西北部、巴基斯坦、伊朗、苏联中亚各地、阿拉伯半岛为2500～3500h，西伯利亚北部为1500～2250h。

大洋洲　澳大利亚为2000～3500h，其中部多，沿海较少，特别是西部和南部沿海少，为2000～2500h，中部和东部为2750～3500h；新西兰的日照时数为2000～2400h。

欧洲　南部受地中海气候影响，日照多；北部受大西洋和极地海洋气团的影响，气候湿润，云量多，日照少；东部海洋气候影响逐渐减弱，云量减少，日照时数增多。因此，形成全年日照时数分布趋势是南部多，北部少，同纬度的东部比西部偏多。南部的西班牙、意大利、希腊等地区较多，为2500～3000h，中部的罗马尼亚、奥地利、捷克、斯洛伐克、匈牙利、瑞士、法国、俄罗斯欧洲部分南部为1750～2000h，北部的挪威、瑞典、芬兰、德国、英国、俄罗斯北部为<1750h。俄罗斯欧洲部分、东欧比西欧的法国、英国、德国偏多250～500h，最高值出现在西班牙南部，为3000h。

非洲　非洲地跨北纬30°至南纬40°，北部受热带大陆性撒哈拉气团的控制，气候干燥，日照多，在北纬10°～30°的埃及、阿尔及利亚、利比亚、毛里塔尼亚、尼日尔、乍得北部、苏丹北部等，全年日照时数>3000h。西非受赤道海洋气团的影响，日照少，从塞拉利昂至中非、刚果，年日照时数为2000～2500h。东非受干燥的东北季风和变性的东南信风的影响，气候干燥，日照多，从苏丹南部、埃塞俄比亚、索马里至莫桑比克北部，年日照时数为2500～3000h。在南部非洲受大西洋和太平洋副热带高压控制，空气稳定少雨，日照时数多，西海岸更明显，赞比亚南部、安哥拉、莫桑比克南部较少，为2500～3000h，以博茨瓦纳为中心的地区>3000h，南非的东部沿海较少，为2500h。非洲日照时数分布的总趋势是北部多，中部少，南部多，北部的撒哈拉形成高值区，为3000～3500h；中部的几内亚湾的沿海地区、刚果盆地为低值区，为2000～2500h；南部为高值区，为2500～3500h；东部多，西部少，在北纬10°至南纬10°，东部明显高于西部，索马里、埃塞俄比亚、肯尼亚等为2500～3500h，而西部的利比里亚、尼日利亚南部、刚果等为2000～2500h。

北美洲　北部受北极海洋气团和高纬度的影响，日照少；东部和中部受极地大陆气团和热带海洋气团的影响，日照偏多；西部受副热带太平洋气团的影响，干燥、日照多；西南部受热带大陆气团的影响，干燥，日照多。因此，形成全年日照时数北部少于南部、东部少于西部的气候特点。北部的加拿大、美国的东北部和西北部为 2000～2500h，美国南部为 2500～2750h，美国东部为 2000～2750h，美国西部为 2000～3750h。在美国西部形成北美高值区，＞3000h。

拉丁美洲 北部加勒比海地区受海洋和地形的影响，日照分布地带性不明显；南美洲亚马孙河流域为热带雨林，气候湿润，云量多，日照少，西部沿海受南太平洋热带海洋气团的影响，干热，日照多，南部受热带低气压的影响，日照时数减少。因此，形成东部和中部多、北部和南部少的气候特点。在加勒比海地区和墨西哥为 2000～3000h，大多为 2500h。在哥伦比亚、秘鲁、厄瓜多尔、巴西西部形成低值区，为 1500～2000h；在巴拉圭、阿根廷北部、智利形成高值区，为 2500～3000h，巴西的东部＞2500h，其余都为 2000～2500h，智利、阿根廷南部＜2500h。

与世界各洲相比，非洲的北部和南部部分地区、亚洲西部和中部、北美洲西部、澳大利亚中部日照时数多，多在 3000h 以上；亚洲东南部和北部、南美洲西北部、欧洲西北部和北部偏少，多＜2000h；其余地区为 2000～3000h。

2. 中国日照时数的水平分布格局

李慧群等(2013)研究表明，我国年日照时数分布具有明显的区域特征。其中，四川盆地是一个明显的低值中心，东北小兴安岭长白山一带和塔里木盆地是比较突出的低值中心，新疆东部和内蒙古是一个比较明显的高值区。

另外，从四季日照分布情况来看，也具有明显的区域分布特征。其中，夏季的日照时数反映日照时数的整体纬向分布特征最显著，冬季反映日照的局地特征最显著。夏季太阳直射点在北回归线附近，不考虑地形和气候背景因素，理论上我国从北向南日照时数递减，夏季日照时数值较其他季节整体偏高，就递减梯度而言，夏季递减梯度最大。因此，夏季的日照时数反映日照时数的整体纬向分布特征最显著。反之，冬季太阳直射南回归线，我国理论上应当从南往北递减，但递减梯度很小，因此冬季反映日照的局地特征最显著，说明从区域特征上来看，四川盆地、我国西北边疆和东北边疆是三个明显的局地中心。我国主体处于北回归线以北，总体纬向分布特征是从北向南递减。

(二)各界限温度期间日照时数的水平分布格局

农业气象界限温度是具有普遍意义的，标志某些重要物候现象或农事活动之开始、终止或转折点的日平均温度，简称界限温度。农业上常用的界限温度有：①0℃，稳定≥0℃的时期为适宜农耕期，其初日与终日分别和土壤结冻与解冻相近；②5℃，稳定≥5℃的时期为越冬作物生长活动期(冬小麦生长活动的起始温度为 3℃)和喜凉早春作物的播种期；③10℃，稳定≥10℃的时期为越冬作物生长活跃期和喜温作物生长活动期，其初日是水稻、棉花等喜温作物开始播种日期。

各界限温度期间日照时数的水平分布格局是指某一特定地区日照时数随着地理经、纬度的变化而呈现的有规律性的水平分布状况。大量的研究表明，各界限温度期间日照时数的水平分布具有明显的地域性。现以世界各界限温度期间日照时数的水平分布状况为例来说明不同界限温度状态下日照时数的水平分布格局。

1. ≥0℃期间日照时数

亚洲 ≥0℃期间日照时数南部多、北部少，西部多、东部少，从低海拔向高海拔减少。亚洲南部的印度、中南半岛的越南、泰国、马来西亚为2000～2500h，中国为1500～2500h，日本为1500～2000h，北部的苏联亚洲部分为1200～2000h，西亚的伊朗、沙特阿拉伯等地区为2500～3000h。在中国东部低海拔(500m以下)地区为1500～2000h，西部高海拔的青藏高原为1100～1500h，主要是由于海拔升高，≥0℃期间日照时数减少；四川盆地减少至<1500h，是由于云量增加。

大洋洲 澳大利亚≥0℃期间日照时数中部多，沿海少，中部>3000h，沿海为2000～3000h；新西兰为1700～2400h。

欧洲 ≥0℃期间日照时数南部多，北部少。在西班牙、意大利、巴尔干半岛的希腊、阿尔巴尼亚等为2500～3000h。在法国、罗马尼亚、匈牙利、捷克、波兰、乌克兰、俄罗斯南部等及挪威、瑞典南部为1500～2500h；北欧和俄罗斯欧洲部分北部、英国西部为1000～1500h。

非洲 ≥0℃期间日照时数北部、南部和东部多，西部南纬(0°～20°)少。北非的摩洛哥、阿尔及利亚、埃及、苏丹等地区3000～3750h；在东部的埃塞俄比亚、索马里、肯尼亚等地区为3000～3500h，在南部的博茨瓦纳及其邻近的地区>3000h，在西部的刚果、安哥拉等地区为1500～2250h，其余地区为2000～2750h。

北美洲 ≥0℃期间日照时数南部多，北部少，西部偏多。加拿大和美国北部的部分地区<2000h，美国大部地区>2000h，其西南部>3000h。

拉丁美洲 墨西哥、加勒比海地区大多在2500h。哥伦比亚、厄瓜多尔、秘鲁、巴西西部少，为1500～2000h；巴拉圭、阿根廷北部、智利多，为2500～3000h；巴西东部>2500h，其余在2000～2500h；智利、阿根廷南部<2000h。由于南美洲大陆月平均气温没有≤0℃的月份，<0℃的日照时数很少，其值与全年分布相近。

在世界各洲中≥0℃期间日照时数以非洲北部最多，≥3500h，非洲南部一部分、亚洲西部、北美洲西部、澳大利亚中部亦为高值区，>3000h；南美西部偏北、亚洲东部和北部及高原、非洲西部的南纬0°～20°，北欧、北美北部为低值区，为1250～2000h，其余多为2000～3000h。与全年日照时数相比，同纬度减少200～500h，青藏高原减少500～750h。

2. ≥5℃期间日照时数

亚洲 ≥5℃期间日照时数一般南部多于北部，东部少于西部。南部东南亚的泰国、缅甸、印度等为2500～3000h，越南和中国南部为2000h，北部的俄罗斯和中国北部为1000～2000h，东部的日本、朝鲜、中国东部为1500～2000h，中部的阿富汗、哈萨克斯坦、乌兹别克斯坦、巴基斯坦为2000～3000h，西部的伊朗、伊拉克、叙利亚、沙特阿拉伯、土耳其南部为2500～3000h，西亚北部的土耳其北部、格鲁吉亚等为2000～2500h，在印度西部的巴基斯坦、伊朗、沙特阿拉伯为高值区，>3000h，在日本北部、中国西南部为低值区，<1500h。

大洋洲 澳大利亚北部为3000h，南部和东南沿海为2500h；新西兰为1600～2400h。

欧洲　≥5℃日照时数呈南部多、北部少。在北欧的瑞典、芬兰、挪威为1000～1250h，中部的俄罗斯、乌克兰、波兰、匈牙利、捷克、斯洛伐克、德国、法国、英国等为1500h左右，南部的葡萄牙、西班牙、意大利、希腊、阿尔巴尼亚等为2000～3000h。

非洲　≥5℃日照时数在赤道以北为北部多于南部，在赤道以南为南部多于北部，在赤道0～10°N，则东部高于西部。北部的阿尔及利亚、埃及、利比亚、撒哈拉区域的毛里塔尼亚、马里北部、尼日尔、乍得北部、苏丹北部等为3000～3500h；南部非洲的南非、博茨瓦纳、纳米比亚为2500～3500h；在西非的新几内亚、塞拉利昂、利比里亚、科特迪瓦、加纳、尼日利亚、喀麦隆、中非、刚果、加蓬等为1500～2500h，东北非洲的埃塞俄比亚、苏丹南部、索马里等为3000h左右，非洲东部的坦桑尼亚<2500h，马达加斯加及其他地区为2500～3000h。非洲的撒哈拉及其邻近地区为全球高值区。

北美洲　≥5℃日照时数呈南部多、北部少，其纬度较低地区东部少、西部多。加拿大北纬50°以北地区<1500h，其南部及美国北部为1500～2500h，美国南部为2500～3000h，北纬30°～40°的东部为2500～2750h，而西部为2750～3000h。

拉丁美洲　南美洲≥5℃日照时数分布的地区差异比其他洲小，变动在1750～2750h。在厄瓜多尔、哥伦比亚南部、秘鲁北部及亚马孙河流域等偏少，为1750～2000h，北部的委内瑞拉、圭亚那、苏里南等为2500h，巴西东部偏多，为2500～2750h，玻利维亚、智利北部、巴拉圭、乌拉圭、阿根廷北部等地2500～2750h，智利、阿根廷南部<2000h。南美洲日照时数偏少，是因为降水天气日照时数较多。

3. ≥10℃期间日照时数

亚洲　≥10℃期间日照时数南部多于北部，低海拔多于高海拔，同纬度东部少于西部。南部的印度、中南半岛的越南、泰国、缅甸、马来西亚及孟加拉国等地区2000～2750h，北部的蒙古国、西伯利亚等<1500h；中国东北部为1000～1500h，青藏高原大部<1000h，比同纬度低海拔地区少500h以上；东部的日本和中国东部地区为1500h左右，中国西北部、巴基斯坦、伊朗、伊拉克、叙利亚、沙特阿拉伯等地区为2000～3000h，哈萨克斯坦、乌兹别克斯坦等为2000～2500h。

大洋洲　澳大利亚北部和中部>3000h，南部沿海在2000～2500h；新西兰为1000～2000h。

欧洲　≥10℃期间日照时数南部多于北部。南部的西班牙、意大利、巴尔干半岛的希腊、阿尔巴尼亚等为2000～3000h；西欧的法国、德国、英国南部，以及波兰、匈牙利、捷克、罗马尼亚等和挪威、瑞典、俄罗斯、乌克兰等南部为1250～2000h；北欧的瑞典、挪威、芬兰与俄罗斯等北部<1250h。

非洲　≥10℃期间日照时数北部、南部多，西部非洲地区少；在北非的摩洛哥、阿尔及利亚、利比亚、埃及、苏丹为3000～3500h，南部博茨瓦纳及其邻近地区>3000h，西非的加蓬、刚果、南非的安哥拉等地区为2000～2500h，其余地区为2500～3000h，其中东部坦桑尼亚、南非沿海为2000～2500h。

北美洲　≥10℃期间日照时数北部少，南部多，同纬度东部少于西部。加拿大北部地区<1000h，南部地区为1000～1500h；美国北部为1500～2000h，南部为2000～2500h，

南部部分地区为 2500～3000h，其西南部为高值区，为 2500～3000h。

拉丁美洲　墨西哥至巴拿马的中美洲为 2500h 左右。南美洲≥10℃期间日照时数北部多，南部少，东部偏多，西部偏少。北部的哥伦比亚北部、委内瑞拉等地区 2000～2500h，巴西东北部为 2500h，南部的阿根廷南部、智利等地区＜2000h，哥伦比亚西部、秘鲁、巴西西部、厄瓜多尔等地区＜2000h，中部的玻利维亚、巴拉圭、阿根廷北部为 2000～2500h。

在各大洲以非洲北部和南部一部分地区最高，为 3000～3500h，澳大利亚中北部＞3000h，欧洲南部、北美洲西部和南部较高，为 2500～3000h，南美洲西部和南部地区、亚洲东部，以及欧洲、北美洲的北部等较少。

(三) 日照时数的垂直分布格局

日照时数的垂直分布格局是指某一特定地区日照时数随着海拔的升高而表现出的有规律性的变化。大量的研究表明，日照时数的垂直分布总体格局是随着海拔的升高，日照时数逐渐减少。现以张家诚和林之光(1985)对中国六大名山日照时数随着海拔升高变化的研究为例来说明。从表 3-1 可以看出，中国六大名山的 6 个站年平均日照随着海拔增加而减少，时数减少 288.1h。全年大多数月份中均是如此，仅夏季 6～9 月山顶因多云而日照比山麓小。

表 3-1　6 对山顶山麓气象站日照对比(引自张家诚和林之光，1985)

站点	1月		4月		7月		10月		年	
	时数	百分率	时数	百分率	时数	百分率	时数	百分率	时数	百分率
泰山	221.7	72	258.8	66	227.2	51	235.9	68	288	65
泰安	187.4	60	253.1	59	233.8	53	225.7	65	2654.9	60
华山	190.9	61	199.7	51	232.5	53	181.1	52	2408.5	54
西安	147.9	48	166.5	43	225.7	51	151	43	2065.6	46
五台山	222.2	74	242	61	216.5	48	232.5	67	2747	62
保定	197.6	65	241.2	61	238.1	53	222.1	64	2698.2	61
黄山	165.9	52	133.1	35	169.7	40	180.6	51	1818.8	41
屯溪	135.3	42	134.6	35	260.6	61	185.5	52	1997.2	45
庐山	147.2	46	133.1	35	241.3	56	175.7	50	1924.4	44
九江	122.1	38	132.3	34	260.3	61	172	49	1938.8	44
峨眉山	145.4	45	132.2	34	122.1	28	74.3	21	1386.2	21
峨眉	54.8	17	93.5	24	143.5	34	36.9	10	946.8	22
山顶平均值	182.2	58.3	183.2	47	201.6	46	180	51.5	1762.2	49.5
山麓平均值	140.9	45	170.2	43.7	227.0	52.2	165.5	47.2	2050.3	46.3
差值	41.3	13.3	13.0	3.3	–25.4	–6.2	14.5	4.3	288.1	3.2

冬季月份中山顶日照反比山麓多，绝对值比夏季要大得多，如 6 站以 12 月差值最大，为 15.0%，相应山顶比山麓多 46.2h，因此 12 月中平均每上升 100m，月平均日照时数增多 2.47h。其中最典型的是峨眉山 12 月，每上升 100m 月日照时数增加 4.13h。所以，山麓天气阴沉，每天平均只有 1h 20min 日照，而峨眉山金顶，每天有 4h 48min 阳光普照，山上山下，对比比较鲜明。

另外，天山也有类似的趋势。从表 3-2 可以看出，虽然天山北坡日照随高度变化不是很规则，但大体趋势也是有的，而且和六大名山是一致的。即夏季（7 月）山脉上部日照少于下部山麓；而冬季（1 月）则相反；秋季 10 月近于 1 月，春季 4 月近于 7 月。因此，就全年平均而言，山顶阳光还是比山麓略少。其中，海拔 2000m 及以上一般年日照时数只有 2550～2600h，而 2000m 以下可达 3000h 左右。

表 3-2　天山北坡海拔与日照（引自张家诚和林之光，1985）

站点	1 月		4 月		7 月		10 月		年	
	时数	百分率	时数	百分率	时数	百分率	时数	百分率	时数	百分率
梧桐窝子	174.5	61	280.8	70	344.3	74	254.4	75	3090.6	70
乌鲁木齐	163	57	257.3	64	312.7	67	236.4	70	2820.6	63
木垒	197.2	68	270.6	67	309.9	67	249.2	74	3088.3	70
天池	161.8	56	233.8	58	271.1	58	209.1	62	2590.2	58
小渠子	179.4	62	227	57	247	53	203.7	60	2539.2	57
天山云雾	149.4	51	259.2	65	232.6	50	216	64	2555.1	58

二、日照时数的时间变化动态

（一）日照时数的季节变化

日照时数的季节变化是指某一特定地区一年内不同月份或季节的变化而呈现的有规律性的变化状况。大量的研究表明，日照时数的季节变化具有明显的地域性和季节性。现以世界日照时数和中国日照时数的季节变化为例来说明日照时数的季节变化动态。

1. 世界日照时数的季节变化

据崔读昌（1994）研究，认为世界日照时数季节分配总的趋势是温暖季节多，寒冷季节少，旱季多，湿季少。世界上大多数地区夏季日照时数占全年的比率大。

在亚洲东部夏季为雨季的地区占全年的 25%～30%，如东京为 25%，北京为 27%，在夏季雨季不明显的广州为 31%；在亚洲西部夏季干旱的地区占 30%～37%，如阿拉木图占 37%，德黑兰占 34%；在亚洲北部高纬度地区占 40%以上，如哈坦加（71°N）占全年 48%；低温季节明显地偏少，如东京冬季占全年 18%，北京占 21%，广州占 20%，德黑兰占 18%，阿拉木图占 14%；在高纬度的哈坦加占 1.6%。

在欧洲斯德哥尔摩夏季占全年 43%，莫斯科占 45%，巴黎占 37%。冬季斯德哥尔摩占 7%，莫斯科占 7%，巴黎占 10%。在北美洲夏季占的比率也较大，如温尼伯夏季占全年 38%，休斯敦占 33%，芝加哥占 36%。冬季温尼伯占 15%，休斯敦占 16%，芝加哥占 15%。

在大洋洲的堪培拉夏季占 30%，惠灵顿占 32%；冬季堪培拉占 22%，惠灵顿占 18%。在非洲北部的苏丹港夏季占全年 27%，开普敦占 33%；冬季苏丹港占 20%，开普敦占 19%。在南美洲巴西的累西腓夏季占全年 26%，亚松森占 29%；冬季累西腓占全年 21%，亚松森占 21%。

干湿季造成的日照时数差异明显。亚洲南部的加尔各答雨季占全年 29%，曼谷占 31%，欧洲的罗马占 34%，阿尔及尔占 21%；干季加尔各答占 71%，曼谷占 69%，罗马占 66%，阿尔及尔占 79%。

世界各地日照时数季节变化有四种类型：暖多型、冷多型、均匀型、双峰型。

暖多型 温暖季节日照时数多。世界大部分陆地属这种类型，如亚洲的中国、阿富汗、伊朗、伊拉克、沙特阿拉伯、叙利亚、土耳其，俄罗斯亚洲部分、欧洲、非洲北部和南部、北美洲、拉丁美洲东南部，以及大洋洲的澳大利亚、新西兰等。

冷多型 低温季节日照时数多。亚洲的中国云南、印度、缅甸、马来西亚、泰国、越南等，除中国云南外，多属热带地区。还有在南美洲巴西北部亚马孙河流域的基多、马瑙斯及非洲的乍得至赤道的西非地区、马拉维、津巴布韦、赞比亚等。

均匀型 全年各月日照时数变幅小。大多在赤道附近的热带地区及海洋气候强烈的地区。在亚洲的日本、印度尼西亚，大洋洲的海洋岛屿，非洲的坦桑尼亚、莫桑比克的沿海、马达加斯加，以及南美洲的委内瑞拉、哥伦比亚、厄瓜多尔、秘鲁、巴西部分地区等属此类型。

双峰型 冷暖季较少，冷暖季之间较多，这种类型的地区极少，也不十分典型，大都是干湿季节变化与局部环境影响的结果，如亚洲朝鲜的元山、日本的根室，非洲埃塞俄比亚的德雷达瓦等。

从以上季节变化及其类型来看，全球日照时数多的时期大多在温暖季节，冷季多的地区多在低纬度地区，季节变幅小，平稳的地区分布在低纬度和沿海地区，呈双峰季节的地区没有明显的地理分布特点。

2. 中国日照时数的季节变化

张家诚和林之光(1985)研究表明，中国日照时数的总体趋势一般都是夏半年多于冬半年，北方尤其清楚，这是因为纬度越北，夏季日长越长，冬季则越短。但是各大区内规律相对一致，而大区间的差异则比较显著。现分述如下。

东北区 东北区纬度最北，冬季日照较少，日照时数年变化曲线振幅达最大，可以呼玛、哈尔滨和沈阳为代表(图 3-1)，可见全年以 12 月日照最少，仅 120～160h，而以 5 月日照最多，可达 260～270h，6 月因为开始多云，日照反而减少，雨季盛期的 7～8 月，日照更只有 220～250h。

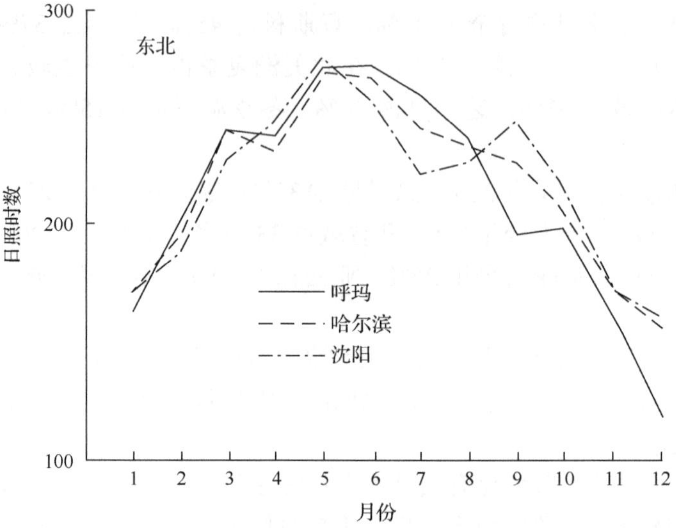

图 3-1　东北地区日照时数的年内变化(引自张家诚和林之光，1985)

华北区　华北区全年日照最多时间是 5 月和 6 月，和天文日照基本相符，日照时数可以接近 300h，冬季日照时数最少，只有 190～200h。华北区可以北京、济南和太原为代表(图 3-2)。

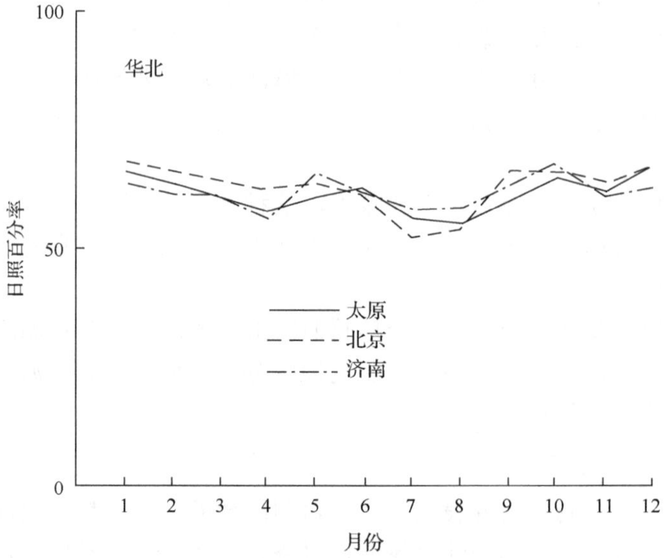

图 3-2　华北地区日照百分率的年内变化(引自张家诚和林之光，1985)

长江中下游区　越过秦岭—淮河进入长江中下游地区，日照年变化规律发生重大变化，以金华、南昌、长沙为代表(图 3-3)。日照时数全年最高在 7～8 月，因为这时正值伏旱季节，可以达到 260～280h，冬季阴沉细雨，每月日照时数只有 80～120h。

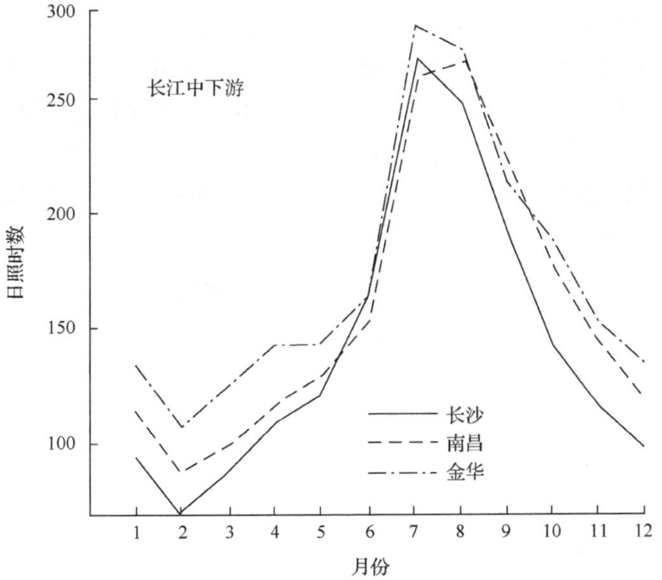

图 3-3 长江中下游区日照时数的年内变化(引自张家诚和林之光，1985)

华南区 以广州、湛江、南宁代表华南区(图 3-4)。可见华南全年以 7～10 月日照时数最多，但也只有 210～230h，全年日照最少在 2～3 月，仅 60～80h。主要原因是华南全年最晴好的季节是 10 月及其前后，所以 7～8 月日照时数最大，主要是天文日照较多之故。同样，全年日照时数最少的 2～3 月则主要是因为天阴。

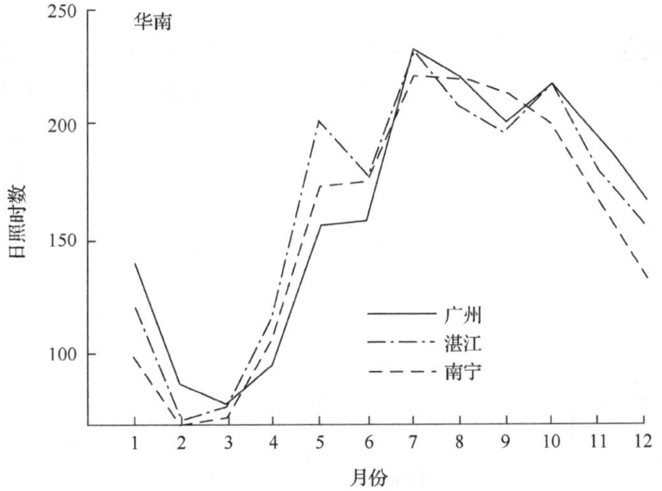

图 3-4 华南区日照时数的年内变化(引自张家诚和林之光，1985)

但海南岛及以南，日照时数最高的季节由秋季移向春季，如西沙群岛海域全年最晴好的季节已移至西南季风来临之前的 5 月和 4 月，全年日照时数最多的月份从 7 月移至 5 月，数值惊人，可达 303.0h。此外，西沙日照时数年变化曲线的变化幅度也是中国最小地区之一，因为这里纬度低，冬季日照时数也有 200h 左右。

西北内陆干旱地区 西北内陆云量极少，太阳几乎总是普照大地，因而日照时数年变化曲线和天文曲线相似，以 6 月最多，12 月最小，曲线较少曲折。即使纬度已达北纬 40°N 以北，冬季各月日照时数仍可达 200～250h，夏至 6 月则高达 340h 左右。本区可以冷湖、哈密和哈日奥日布格（内蒙古）为代表（图 3-5）。我国西北内陆干旱地区春夏日照最少的原因，主要是地面强烈加热，对流最强，云量增多而减少了日照。此外，冷湖和哈日奥日布格 7 月日照时数最小伴以相对湿度极大，可能是东南季风边缘影响所致。

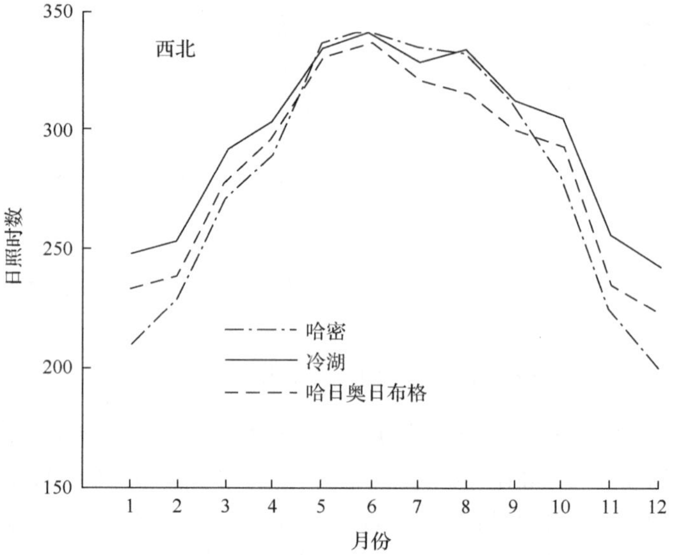

图 3-5　西北内陆干旱地区日照时数的年内变化（引自张家诚和林之光，1985）

西南（高原）地区　西南（高原）地区范围较大，气候差异较多。以云南高原上的昆明、西藏高原上的拉萨和喜马拉雅山南坡的帕里为代表，可见它们日照时数的差异确实较大（图 3-6）。其中，帕里是最典型的西南季风气候，12 月至翌年 1 月日照时数最多，可达

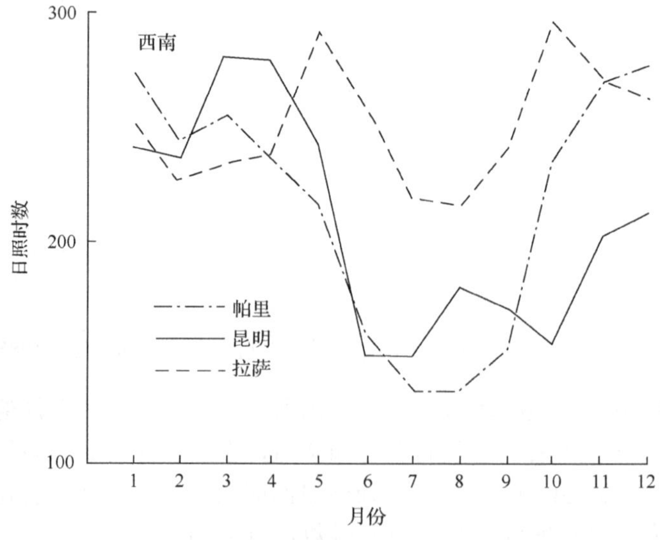

图 3-6　西南（高原）地区日照时数的年内变化（引自张家诚和林之光，1985）

270～280h，而盛夏 7～8 月只有 130～140h，相差 1 倍。而拉萨曲线则有双峰鞍形特点，最低值也在 7～8 月，但因雨主要下在夜间，因而日照时数仍高达 220h 左右，而 2～4 月因云量较多日照也只有 230h 左右，两个主峰在 5 月和 10 月，即西南季风开始前和结束以后，月日照时数可达 290h 以上。昆明曲线呈单峰型，但雨季结束迟，6～10 月西南季风雨季期间月日照时数仅在 150～180h，全年日照最多的季节是雨季以前的 3 月、4 月，可达 280h，5 月下旬雨季开始，5 月日照时数则降为 240h。

川黔地区　川黔地区位于长江中下游和川西、云南高原之间，因此冬春在长江中下游冬春雨区之内，夏秋在西南季风雨区之内，全年日照都很少，可以四川峨眉和贵州毕节为代表(图 3-7)。从图 3-7 可以看出，7～8 月峨眉尚有 140～150h，毕节更有 200h，这是因为夏季多对流积状云，日照易多，且可能也因受东部副热带高压影响，因而日照相对较多。但一到秋冬季节，日照既短，天又阴，峨眉 10～12 月日照时数甚至只有 40h。

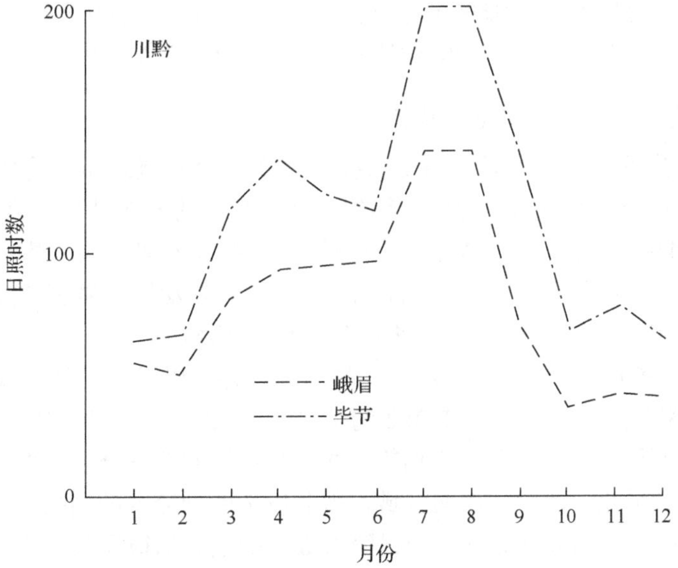

图 3-7　川黔地区日照时数的年内变化(引自张家诚和林之光，1985)

(二) 日照时数的年际变化动态

日照时数的年际变化动态是指某一特定地区日照时数在不同年际之间发生的有规律性的变化。现以李慧群等(2013)对中国近年来日照时数的年际变化为例来说明。

1. 日照时数的时空变化特征

从图 3-8(a)可以看出，近 50 年来中国日照时数呈现减少的趋势，减少趋势为 0.136h/10a，这种趋势通过 99%的信度检验。尤其在 20 世纪 60～90 年代，减少趋势达 0.168h/10a，该趋势通过 99%的信度检验。20 世纪 90 年代以后减少趋势减缓，之后维持在一个较低水平，这段时间趋势不明显，没有通过趋势显著检验。在 1980～1990 年前后呈两个不同的状态，即平均值和变化趋势均不同，具有明显的气候突变点。利用 Mann-Kendall 法检测各台站日照时数序列的突变点(先统计 309 个观测站每个观测站出现突变的年份，然后把各年出现的突变观测站数累加)，得到图 3-8 (b) 各年份产生突变的观测站数，可见各站日照时数突变年份主要集中在 1981 年前后。

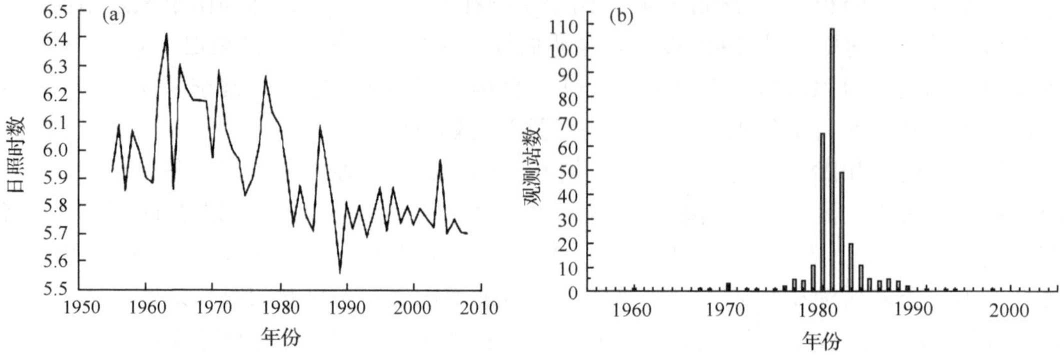

图 3-8　中国地区区域平均后的 (a) 年日照时数时间序列与 (b) 各年份产生突变的观测站数 (引自李慧群等，2013)

2. 日照时数的年平均时空变化特征

为了更好地分析各区域的时空演变状况，对 309 个观测站年平均资料、各季节年平均资料运用经验正交函数 (EOF) 分解，得到各站年平均的分布结果，第一分量 (EOF1) 方差贡献率为 38.4%，说明日照时数在空间变化上，中国大部分地区都是比较一致的减少趋势；同时，从时间系数上也可以看出，在 1981 年前后发生了显著的突变。从变化幅度上来看，在我国东南部较西北部这种减少的趋势更显著。

从第二分量 (EOF2) 上看，还存在一定的南北差异，以长江为界，我国南方和北方可能有相反的变化状况。因此，基于 EOF2 的结果，以长江为界，将中国分成长江以南和长江以北两个区域来具体分析长期变化趋势。并结合传统的地理分区，将中国分成华南、华中、华东、华北、东北、西北、西南区域，得到以上两种分区的结果，如表 3-3 所示，说明除西北地区以外，我国大部分地区的日照时数减少趋势都很显著，长江以南的减少程度大于长江以北。就七大分区来说，华中和华东地区减少最为显著，其次是华南和华北。

表 3-3　中国分区的局地趋势和对应的显著性检验 (引自李慧群等，2013)

区域	99%信度检验	日照时数减少量/(h/10a)
长江以南	通过	0.1695
长江以北	通过	0.1236
华南	通过	0.1549
华中	通过	0.2284
华东	通过	0.2125
华北	通过	0.1413
东北	通过	0.1191
西北	不通过	0.0468
西南	通过	0.1168

3. 日照时数的季节变化特征

为了得到更加详细的日照时数季节变化情况，绘制309站春季(3～5月)、夏季(6～8月)、秋季(9～11月)、冬季(12～2月)空间平均后的年变化曲线。从数值上看，夏季平均日照时数最长，冬季平均日照时数最短，春季、秋季介于二者之间。春季在1990年前变化不大，之后有微弱的上升趋势。夏季的减少趋势及以1980年为界的突变情况最为显著。秋季以1980年为界，呈现两段较为稳定的时期。冬季以1990为界，呈微弱的减少趋势。四季基本都能看出明显的阶段特征，其中夏季减少的趋势最为显著，也是日照时数变化的主要原因。

从各季节的年平均后的EOF1可以看出：春季日照的减少在我国西北和华北尤为显著，与沙尘入侵区域一致，可能和沙尘入侵有很大关系；夏季的变化大致跟我国年变化一致，即处在总体减少、东南地区尤其显著的状态，且以1980年为界的突变情况最为显著；秋季除整体趋于一致外在我国东北部出现相反的变化状态，四川盆地附近不再有显著减少的趋势，可能和该地区秋季的气象背景有很大关系；冬季在整体一致微弱减少的基础上，以东南沿海为显著减少中心。

而从时间变化上来看，除了春季有不同于全年的弱微增加趋势外，其他3个季节整体趋于一致减少，尤以夏季更能体现出全年的减小趋势与突变特征。而从研究结果可以看出：春季我国东南地区和东北地区可能具有与其他地区相反的变化特征；夏季日照可能和降水关系密切，我国长江以南的梅雨和东北部的相对少雨，可能对夏季日照时数的变化有很大影响；秋季日照大致明显的四个区域：长江以南地区、华北地区、西北地区和东北地区；冬季南北差异的特征更加明显，体现了更强的局地特征。

三、日照时数与作物生产的关系

大量的研究表明，作物生产与日照时数有着较为密切的关系。现以世界作物生产与日照时数的关系为例来说明日照时数特别是太阳辐射量和阴雨日对作物生产的影响。据崔读昌(1994)研究，世界作物生产与日照时数的关系表现出以下特点。

(一)日照时数一般表现为中等日照时数地区作物产量较高

如欧洲地中海区域与北欧南部年日照时数在1750～2000h，北美洲东部与南部在1750～2500h，南美洲东南部在2000～2500h，亚洲东部等在1750～2000h，农作物产量相对较高。

(二)温暖季节日照时数多的地区作物产量较高

如中国的长江中下游地区≥10℃期间日照时数占全年日照时数的75%～80%，美国东部、中部占全年的75%～90%，西欧的法国、西班牙等地区占80%～90%，这些地区都是农业高产区。

(三)日照时数与水温条件配合不同，作物产量不同

年日照时数多而水分少的地区作物产量低，如非洲北部撒哈拉及其邻近地区年日照

时数为 3000～3500h，亚洲西南部全年为 2750～3500h，北美洲西部为 2750～3000h，澳大利亚的中部、北部全年为 3000～3500h，非灌溉条件的作物产量低。年日照时数较多，水分多的地区产量高，如中国的南部，美国的中部、东部。年日照时数较多而温度高的地区产量并不太高，如南亚的印度、东南亚、南美洲的大部分地区、赤道非洲等。日照时数多而温度低，喜凉作物产量高，如中国青藏高原年日照时数 2500～3200h，小麦产量可达 15000kg/hm^2 以上。日照时数少而温度低，产量低，如高纬度的西伯利亚、加拿大北部等。

（四）日照时数从总体上看大多能满足作物生产的需要

如中国的四川盆地，年日照时数少于 1500h，属高产作物栽培区。在大多数地区日照时数并不是世界作物生产的主要问题。但日照时数少与阴雨日照时数多结合起来，影响某些作物的生产水平，如中国长江流域南部的冬小麦产量受阴雨日照时数多的影响，产量在 750～1500kg/hm^2。因此，作物生产潜力受到日照时数少的影响。

四、地理因子对日照的影响

地理因子中对日照影响较大的主要有地形坡向和海陆。大量的研究表明，地理因子对日照具有明显的影响。现以张家诚和林之光(1985)对我国的研究为例来说明地理因子对日照的影响。

（一）海陆与日照

由于我国沿海多有山脉，日照往往兼受地形影响，因此张家诚和林之光(1985)选取夏季副热带高压控制的沪、浙、闽沿海台站进行对比。具体地说，以嵊泗、石浦、平潭、崇安、厦门等海岛站代表海洋，以上海、宁海、永泰、永春、漳州代表大陆，取其平均如图 3-9 所示。

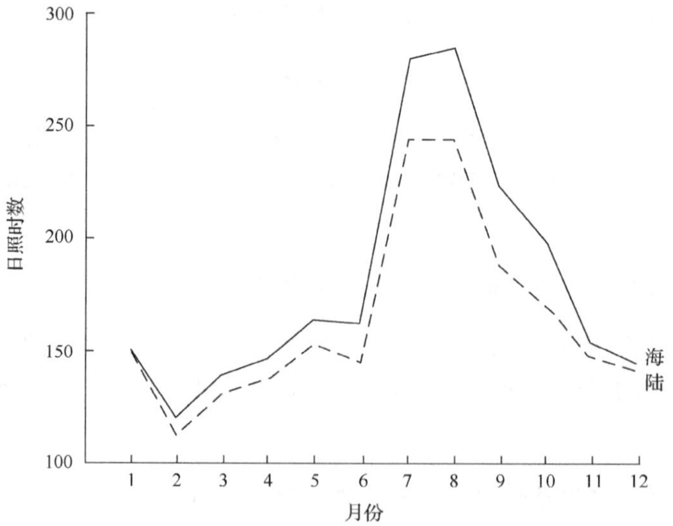

图 3-9　海陆日照时数对比(引自张家诚和林之光，1985)

从图 3-9 可见，海洋上由于气层稳定，因而虽然年日照时数海岛比大陆高出 195.1h，但是并不均匀分配于全年各月之中，而是以气层最为稳定的夏季(这时大陆最热，海陆温差最大)海陆差值为最大。例如，海岛 7～9 月日照时数比大陆多 35～40h，其中 8 月差值最大，日照时数比大陆高 40.3h。而海洋相对最暖的冬季，海陆日照差异几乎为零。海陆间冬季日照差值不大的原因主要是我国冬季风极为强大，沿海岛屿亦深受大陆冬季风控制和影响。

(二)地形坡向与日照

迎风坡多云雨，日照就少；背风坡多晴天，日照就多。下面以辽东半岛千山山脉、山东半岛丘陵、南岭山脉和台湾山脉 4 个例子加以说明。

1. 千山山脉两侧

从表 3-4 可见，夏季由于东南坡迎风，宽甸、丹东日照时数比营口、沈阳少(低)出 73.8h，春秋季差值减小，冬季则由于盛行风向与夏季相反，因而山脉两侧日照相近，甚至西北侧略比东南侧少。

表 3-4　千山山脉坡向对日照影响(引自张家诚和林之光，1985)

月份	日照时数/百分率	东坡			西坡			东西坡差值
		丹东	宽甸	平均	营口	沈阳	平均	
1 月	时数/h	204.0	200.6	202.3	217.5	175.2	196.4	–5.9
	百分率/%	68	67	67.5	73	60	66.5	–1
4 月	时数/h	239.0	233.6	236.3	260.8	242.4	251.6	15.3
	百分率/%	60	59	59.5	66	61	63.5	4.0
7 月	时数/h	166.7	156.8	161.8	254.3	216.9	235.6	73.8
	百分率/%	37	35	36.0	56	47	51.5	15.5
10 月	时数/h	232.9	216.1	224.5	214.4	217.1	215.8	–8.7
	百分率/%	68	63	65.5	70	63	66.5	1.0
年	时数/h	2611.5	2480.2	2545.9	2963.1	2630.6	2796.9	251.0
	百分率/%	59	56	57.5	67	59	63.0	5.5

2. 山东半岛丘陵

海阳位于山东半岛东南侧，龙口则位于丘陵西北侧，因此海阳夏季迎风，龙口则冬季迎风。从表 3-5 可见，海阳 7 月平均日照比龙口少 75.0h，而冬季两侧虽差值不大，但符号还是相反的。

表 3-5　山东半岛地形与日照(引自张家诚和林之光，1985)

地点	1 月		4 月		7 月		10 月		年	
	时数/h	百分率/%	时数/h	百分率/%	时数/h	百分率/%	时数/h	百分率/%	时数/h	百分率/%
海阳	209.6	68	220.1	56	175.2	39	228.6	66	2597.3	58
龙口	201.2	63	249.7	63	250.2	56	233.4	67	2854.5	64
差值	8.4	5	–29.6	–7	–75.0	–17	–4.8	–1	–257.2	–6

3. 南岭山脉

湖南郴县位于南岭山脉北坡，广东韶关位于南坡。因此，冬季郴县迎风，从表 3-6 可以看出，秋冬季节郴县日照时数比韶关低少 50～65h，可谓显著。但夏季虽然韶关迎风，但由于郴县亦受长江中下游地区的副热带高压(副高)影响，坡向作用不显著，7 月韶关日照时数仅少 4.0h。

表 3-6　南岭山脉地形与日照(引自张家诚和林之光，1985)

地点	1月		4月		7月		10月		年	
	时数/h	百分率/%	时数/h	百分率/%	时数/h/%	百分率/%	时数/h	百分率/%	时数/h	百分率/%
彬县	94.8	29	104.4	28	271.7	65	122.9	35	1605.1	37
韶关	144.6	43	102.1	27	267.7	64	189.8	53	1973.5	45
差值	–49.8	–14	2.3	1	4.0	1	–66.9	–18	–368.4	–8

4. 台湾山脉

基隆位于台湾最北部，是冬季东北季风的迎风坡，夏季则是西南季风的背风坡，台湾西南部的台南则正好相反。其中冬季台湾地形坡向对日照的影响是非常鲜明的，可能也是我国地形影响日照最典型的例子之一(表 3-7)。例如，冬季台南日照时数比基隆多 149.0h，春秋季节情况类似，只是差值稍小，夏季虽然差值相反，但差值甚小，因而就年平均而言，基隆年均日照时数比台南少 1219.1h，也就是说，主要由于地形影响台南年日照时数要比基隆几乎多了一倍。

表 3-7　台湾山脉地形与日照(引自张家诚和林之光，1985)

地点	1月		4月		7月		10月		年	
	时数/h	百分率/%	时数/h	百分率/%	时数/h	百分率/%	时数/h	百分率/%	时数/h	百分率/%
基隆	46.9	14	94.5	25	241.4	58	105.5	30	1370.0	31
台南	195.9	58	209.0	55	236.1	57	244.3	69	2589.1	58
差值	–149.0	–44	–114.5	–30	5.3	1	–138.8	–39	1219.1	–27

第二节　太阳总辐射量的空间分布格局及其变化动态

太阳辐射是作物生产的能源。太阳辐射量决定一个地区作物生产潜力和产量的高低。从太阳辐射的分布和各地太阳辐射强度来看，太阳辐射与作物生产密切相关。总的趋势是，太阳辐射量多的地区，作物总产量高。同时，太阳辐射的作物利用与温度、降水密切相关。其中，在高纬度、高海拔地区由于温度低，太阳辐射不能充分有效利用；在干旱地区由于水分缺乏，限制太阳辐射的利用。改善光能利用的气候条件，提高光能利用率是发展作物生产的基础。

一、太阳总辐射量的空间分布格局

(一)太阳总辐射量的水平分布格局

太阳总辐射量的水平分布格局是指日照时数随着某一特定地区太阳总辐射量地理经、纬度的变化而呈现的有规律性的水平分布状况。大量的研究表明，太阳总辐射量的水平分布具有明显的地域性。现以世界年太阳总辐射量和中国年太阳总辐射量的水平分布状况为例来说明太阳总辐射量的水平分布格局。

1. 世界年太阳总辐射量的水平分布格局

崔读昌(1994)研究认为，按世界陆地三大块即亚洲和大洋洲、欧洲和非洲、北美洲和拉丁美洲来看，全年太阳总辐射量的分布状况各不相同，现分述如下。

亚洲　全年太阳总辐射，中国东北地区北部和东部为 420～500kJ/cm^2，黄河流域中下游为 500kJ/cm^2，淮河与长江流域北部为 460～500kJ/cm^2，长江流域西部和南部为 460kJ/cm^2，华南为 460～520kJ/cm^2，西北和青藏高原为 540～750kJ/cm^2。日本为 460～540kJ/cm^2，东南亚为 670kJ/cm^2，印度为 670～710kJ/cm^2，中亚和土耳其为 580～630kJ/cm^2，伊朗、巴基斯坦、伊拉克、叙利亚等为 630～710kJ/cm^2，沙特阿拉伯为 710～750kJ/cm^2。

大洋洲　澳大利亚西北部为 750kJ/cm^2，东南部为 580～750kJ/cm^2；新西兰为 420～540kJ/cm^2。

欧洲　英国、德国、波兰等以北及俄罗斯北部为 250～420kJ/cm^2，中部为 420～500kJ/cm^2，地中海欧洲沿岸为 500～580kJ/cm^2。

非洲　地中海非洲沿岸为 630～670kJ/cm^2，以撒哈拉为中心向东延至苏丹、埃塞俄比亚、索马里和东部的肯尼亚、坦桑尼亚北部为 750～840kJ/cm^2，西非几内亚湾沿岸至刚果等为 580～670kJ/cm^2，南部非洲为 670～750kJ/cm^2。

北美洲　加拿大北部为 420kJ/cm^2、南部为 420～500kJ/cm^2，美国北部为 500～580kJ/cm^2、南部为 580～670kJ/cm^2、西南部可达 750kJ/cm^2。

拉丁美洲　中美洲各国年太阳总辐射量在 670kJ/cm^2 左右。南美洲巴西东部、委内瑞拉东部、圭亚那、苏里南等为 670～750kJ/cm^2，南美洲中部和西部为 580～670kJ/cm^2、南部为 420～580kJ/cm^2。

在非洲撒哈拉南部尼日尔和乍得北部形成年太阳辐射高值中心，达 840kJ/cm^2，亚洲中国青藏高原西部为高值区(750～800kJ/cm^2)，澳大利亚西北部、美国西南部等为次高值区。在高纬度为低值区，中国东南部为低值区，为 460～500kJ/cm^2，非洲喀麦隆、刚果等和南美洲厄瓜多尔、秘鲁北部较低，＜580kJ/cm^2。

2. 中国年太阳总辐射量的水平分布格局

张家诚和林之光(1985)研究表明，我国年日照时数分布具有明显的区域特征。总体趋势是西北干旱地区和青藏高原多，多云的东南地区和东北地区少。其中，我国太阳总辐射最多的地区是在纬度既低、海拔又高、大气又洁净的青藏高原上。高原大部分地区年总辐射量高达 672kJ/cm^2 以上，其中最西南地区甚至可以超过 840～924kJ/cm^2，如拉萨 850.08kJ/cm^2，日喀则 922.32kJ/cm^2，江孜 929.46kJ/cm^2 等。大致东起内蒙古鲁北、林西，经呼和浩特、银川至西宁、玉树一线以西北地区，除了新疆天山山区及以北的北疆地区在 546～588kJ/cm^2 以外，其余均在 630kJ/cm^2 以上。

东北地区年总辐射量多在 546kJ/cm^2 以下，大部分地区在 462～504kJ/cm^2，最北的大兴安岭、小兴安岭局部地区尚在 462kJ/cm^2 以下。山东、河北、山西和陕西北部、关中地区均在 546kJ/cm^2 左右，江淮之间、秦岭以南地区除了华南沿海和海南岛外，均已不足 504kJ/cm^2。陕南、四川盆地、贵州、滇东北、湘西、鄂西南山区更小于 420kJ/cm^2，是我国年总辐射量最小的地区。其中川东南、黔东北和四川盆地西缘地区尚不足 378kJ/cm^2，如重庆 378.84kJ/cm^2，成都 372.12kJ/cm^2，都江堰 342.72kJ/cm^2，雅安 339.36kJ/cm^2 等，尤其峨眉 331.8kJ/cm^2，马边 335.16kJ/cm^2 是我国年总辐射量最小的台站。这些地区也正是我国云量最多且低云最多的地方。

和日照分布形势一样，横断山区东北部，即川西、滇北地区是我国西南地区中太阳年总辐射的高值区，可高达 588～630kJ/cm^2 之间及以上，如云南昆明 593.9kJ/cm^2，元谋 608.2kJ/cm^2，宾川 613.2kJ/cm^2，四川盐源 612.4kJ/cm^2，稻城、理塘 653.9kJ/cm^2 等。此外，海南岛西部和台湾西南部由于处于热带东风带的背风坡位置，天气较晴，年总辐射量也可达到 590.94kJ/cm^2 以上，是我国南方地区中年总辐射量最高的地区之一，如台湾高雄 590.9kJ/cm^2，海南岛东方 624.1kJ/cm^2 等。

（二）各界限温度期间太阳总辐射量的水平分布格局

各界限温度期间太阳总辐射量的水平分布格局是指各界限温度期间太阳总辐射量随着某一特定地区地理经、纬度的变化而呈现的有规律性的水平分布状况。大量的研究表明，各界限温度期间太阳总辐射量的水平分布具有明显的地域性。现以崔读昌（1994）对世界各界限温度期间太阳总辐射量的水平分布研究为例来说明不同界限温度状态下太阳总辐射量的水平分布格局。

1. ≥0℃期间太阳总辐射量

亚洲　中国东北地区和新疆北部＜420kJ/cm^2，黄河流域、长江流域、青藏高原东部为 420～460kJ/cm^2，华南南部、云贵高原为 460～670kJ/cm^2；东南亚、印度等为 670～710kJ/cm^2；中亚为 420～580kJ/cm^2，伊朗北部、土耳其等为 580～670kJ/cm^2，巴基斯坦、伊朗南部、伊拉克、叙利亚、沙特阿拉伯等为 670～750kJ/cm^2。

大洋洲　澳大利亚西北部为 750kJ/cm^2，东南部为 580～750kJ/cm^2；新西兰为 420～540kJ/cm^2。

欧洲　除北欧等值线比全年太阳辐射略偏北外，其中南部与全年太阳辐射等值线位置一致。

非洲　由于没有＜0℃的温度，其分布与全年太阳辐射量的等值线一致。

北美洲　北部 336kJ/cm^2 的等值线与全年太阳辐射的 420kJ/cm^2 等值线一致，中部、南部与全年太阳辐射等值线一致。

拉丁美洲　太阳辐射的分布与全年太阳辐射等值线一致。

2. ≥10℃期间太阳总辐射量

亚洲　中国东北地区为 250～340kJ/cm^2，东部的黄河流域和长江流域下游为 340～420kJ/cm^2，华南地区为 420～500kJ/cm^2，川、黔和青藏高原为 42～340kJ/cm^2，西北地区的塔里木盆地和吐鲁番盆地为 420kJ/cm^2；东南亚和印度为 670～710kJ/cm^2；中亚及西亚的乌兹别克斯坦、土库曼斯坦、阿富汗、土耳其北部等为 340～500kJ/cm^2，伊朗北部、土耳其南部为 500～580kJ/cm^2，沙特阿拉伯为 750kJ/cm^2 左右；俄罗斯亚洲部分＜250kJ/cm^2。

欧洲　北欧和俄罗斯北部＜250kJ/cm^2，英国南部、德国、波兰、乌克兰、俄罗斯中部和南部、法国北部、意大利北部、罗马尼亚等为 250～420kJ/cm^2，地中海沿岸为 420～580kJ/cm^2。

非洲　非洲没有＜10℃的日数，≥10℃期间太阳总辐射量的分布与全年总辐射量的分布相同。

北美洲　≥10℃期间太阳总辐射量为 250kJ/cm^2 的等值线与全年太阳总辐射的 420kJ/cm^2 等值线一致。美国中部为 420～500kJ/cm^2，南部为 500～670kJ/cm^2。

≥10℃期间太阳辐射分布反映生长季的分布特征，在亚洲和北美洲比全年值有明显减少，北部比同纬度减少 170～210kJ/cm^2，南部减少 42～170kJ/cm^2。欧洲减少数值小，北部同纬度比全年减少 84kJ/cm^2，南部逐渐趋于一致。

(三) 太阳总辐射量的垂直分布格局

太阳总辐射量的垂直分布格局是指某一特定地区太阳总辐射量随着海拔的升高而表现出的有规律性的变化。从目前的研究资料来看，太阳总辐射量随着海拔的升高表现出 2 种类型。

1. 增高型

增高型指随着海拔的增加，太阳总辐射量随之呈现上升的趋势。截至目前，尚未见到有关太阳总辐射量随着海拔升高而增加的研究报道。但是，有紫外辐射量随着海拔升高变化的研究报道。由于紫外辐射量在太阳辐射中所占比例是固定的(占总辐射的 6%～8%，占直接辐射的 3%～5%)。因此，从紫外辐射量随着海拔升高的变化可以间接地反映出太阳总辐射量的垂直变化状况，现举例说明。

黄文林和赵菊香(1983)根据各单位观测到的紫外绝对辐射值与该站海拔的关系，建立了回归直线，发现紫外绝对辐射值大致遵循下面的线性规律：

$$I=a+bH$$

式中，I 为 H 海拔处的紫外绝对辐射值[J/(cm^2·分)]；a 为海平面紫外绝对辐射值，为 0.092～0.134J/(cm^2·分)；b 为海拔每增高 1000m 时，紫外绝对辐射值的递增率，为 0.034～0.055J/(cm^2·分)；H 为以 km 为单位的海拔。

通过研究发现，海拔每增高 1000m，紫外绝对辐射的增量相对于海平面紫外绝对辐射的百分比，约为35%；海拔每增加1000m，紫外绝对辐射的平均值约增加0.042J/(cm^2·分)，最大值约增加0.084J/(cm^2·分)；海平面紫外绝对辐射的推算平均值约为0.126J/(cm^2·分)，最大值约为0.252J/(cm^2·分)。由此可以推测，太阳总辐射量随着海拔的增加表现出上升的趋势。

2. 下降型

下降型指随着海拔的增加，太阳总辐射量随之呈现下降的趋势。例如，胡云好(1985)应用浙江省区划办拟合出的太阳辐射计算公式：

$$Q=S_{。}(0.5515S+0.1447)$$

式中，Q 是总辐射；$S_{。}$ 是天文辐射；S 是日照百分率，根据浙江省龙泉县不同海拔的气象哨资料(1972～1982年，对于观测年代较短的哨点，以县站为基本站用回归法订正到相同年代)，计算了各地的总辐射，发现在开阔度接近的情况下，总辐射量随海拔上升而下降，这在夏季、秋季及年总辐射的分布中更明显，如小黄南、燕头、龙南、屏南等地(表3-8)。

表3-8 各地季、年总辐射和天空开阔度(引自胡云好，1985)

地点	海拔/m	春		夏		秋		冬		年	
		天空开阔度/%	总辐射/(kJ/cm^2)	天空开阔度/%	总辐射/(kJ/cm^2)	天空开阔度/%	总辐射/(kJ/cm^2)	天空开阔度/%	总辐射/(kJ/cm^2)	天空开阔度/%	总辐射/(kJ/cm^2)
城镇	198	93.54	103.36	93.96	148.68	92.55	105.08	91.60	71.53	93.02	428.65
小梅	317	84.08	87.86	84.71	127.93	82.95	92.78	82.65	62.29	83.70	370.86
东书	460	77.96	88.62	79.78	114.58	76.27	86.14	76.93	63.67	77.95	352.71
小黄南	499	33.11	87.19	83.95	123.73	78.40	94.71	72.70	62.12	80.04	367.75
梨斜	745	75.92	85.76	71.77	109.91	81.74	88.70	82.34	65.02	77.51	349.39
燕头	950	79.68	87.53	78.04	115.46	81.48	87.78	82.10	64.09	80.13	354.86
龙南	1087	79.38	85.47	79.26	107.27	80.42	86.86	81.86	65.60	80.12	345.20
屏南	1114	80.97	87.57	81.59	108.65	79.94	85.72	79.98	63.00	80.71	344.94

二、太阳总辐射量的时间变化动态

(一)太阳总辐射量的季节变化

太阳总辐射量的季节变化是指某一特定地区太阳总辐射量随着年内不同月份或季节的变化而呈现的有规律性的变化状况。大量的研究表明，太阳总辐射量的季节变化具有明显的地域性和季节性。现以世界太阳总辐射量和中国太阳总辐射量的季节变化为例来说明太阳总辐射量的季节变化动态。

1. 世界太阳总辐射量的季节变化

据崔读昌(1994)研究，认为世界太阳总辐射量的季节变化有以下四种情况。

一是夏季多、冬季少。北半球和南半球多数地区相似，各地略有不同，如中国的北方最高值出现在春夏之交，在南方则在夏季。日本出现在春、夏，亚洲北部、西部都是夏季多。欧洲属夏多冬少。北美洲加拿大、美国都出现在夏季，仅美国西海岸最大值出现在春夏季节。中美洲和南美洲与全年太阳总辐射量的分布一致。北部夏季多，冬季少，或春夏多。南美洲的南半球部分及大洋洲为夏多冬少。

二是春季多，其他各季减少，如印度、东南亚，与雨季、旱季出现有关，旱季多，雨季少。

三是春秋多，冬夏少，如非洲西部，也是和低纬度降水季节分配有关。

四是分配季节差异小，春季较多，如墨西哥高原春季较多，秋、冬季较少。日照时数季节分配总的趋势是温暖季节多，寒冷季节少，旱季多，湿季少。世界上大多数地区夏季日照时数占全年的比例大。

2. 中国太阳总辐射量的季节变化

王德辉和陈建绥(1984)研究表明，一年中中国太阳总辐射量随时间的变化在不同气候区是不同的。冬季是一年中太阳高度最低的时候，也是太阳总辐射收入最少的时候。但此时我国处在大陆高压控制之下，晴朗少云，大气干洁，除川贵地区外，总辐射都占有较大比例(表 3-9)，拉萨 1 月收入总辐射可占大气上界辐射量的 70%以上。冬季最小值在 4kcal①/(cm^2·月)左右，除北纬 45°以北的阿尔泰山和大兴安岭、小兴安岭北部外，最大低值中心就是川贵地区，这一低值区，一般在 9～10 月便明显地建立起来，一直到翌年 5～6 月消失。这一段时间由于天气阴沉，辐射能主要来自散射，像遵义、湄潭、思南等一些地方，月平均日照百分率常不及 10%，全月日照时数只有 25h 左右。西藏是中国接收到总辐射最多的地区，比其同纬度东部地区要大 1～2 倍。

表 3-9　总辐射占大气上界辐射量之比(引自王德辉和陈建绥，1984)　(单位：%)

地点	1 月	4 月	7 月	10 月	平均
广州	40.4	27.0	43.9	50.4	39.2
南京	46.5	42.0	47.3	47.4	42.6
汉口	38.5	35.9	48.3	42.7	39.7
成都	30.2	34.7	38.0	27.9	32.0
郑州	49.8	47.5	42.1	44.2	45.9
北京	62.1	56.9	46.9	52.6	54.4
敦煌	65.7	61.5	60.3	57	62.7
拉萨	70.3	64.9	60.5	68.6	66.8
沈阳	51.0	52.3	39.4	50.3	48.6
喀什	52.9	52.0	60.3	57.8	56.1
乌鲁木齐	55.3	57.2	55.5	57.8	54.3

从冬季到夏季，随着太阳高度的增加，总辐射的收入逐渐加大，到 7 月中国最大总辐射量可达 25kcal/(cm^2·月)以上，最小值也在 9kcal/(cm^2·月)以上。这时最大中心移向柴达木盆地和甘新交界地区，青藏高原西部得到的总辐射也是最高的。四川和贵州日照

① 1cal=4.1868J

百分率在 7～8 月增加到 40%以上，天气晴朗，平均值在 10～13kcal/(cm^2·月)。云南西部和西藏喜马拉雅山南坡地区在西南季风作用下，空气湿度和云量增加，总辐射受到很大的削弱。台湾此时和冬季正好相反，由冬季的从东北向西南增加变成西南部最少。

在我国北方和高原地区，春季总辐射的增加和秋季总辐射的减少都很快。从 2 月到 3 月总辐射北方可增加 2.5～3.0kcal/(cm^2·月)，拉萨可增加 4.5kcal/(cm^2·月)左右，江南地区一般只有 1.5kcal/(cm^2·月)左右。在北方地区，一年中最大总辐射多出现在 5～6 月。在江淮流域以南地区，秋季总辐射的减弱很慢，长江下游 10 月总辐射量和 9 月极为接近，个别地区还要比 9 月多些；最大总辐射也并不是出现在太阳高度最高的 6 月，而是在雨季结束之后的夏秋之间，这时候天空晴朗透明，直接辐射量增大(表 3-9)。云南干湿季节很明显，4～5 月总辐射不是上升，而是下降，因此太阳高度比较低的冬半年总辐射反而要大于夏半年，9～10 月湿季结束，总辐射值上升(图 3-10)。

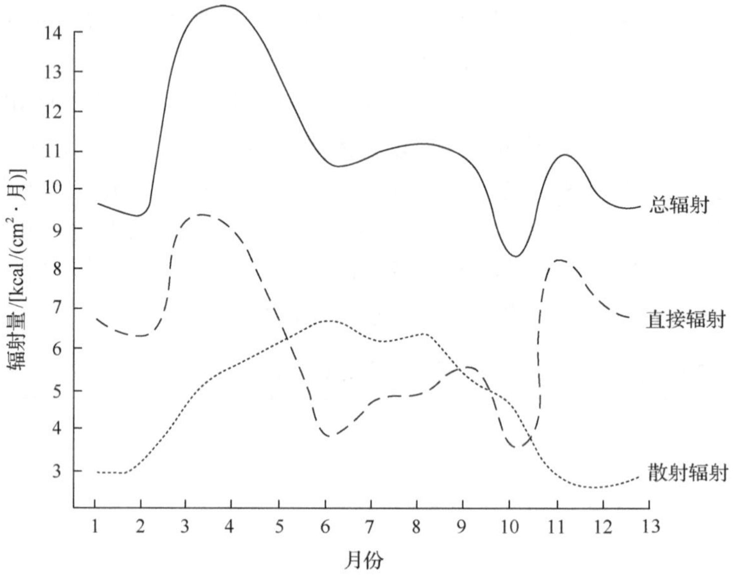

图 3-10　干湿季明显地区的总辐射、直接辐射和散射辐射的年变化曲线(昆明)(引自王德辉和陈建绥，1984)

(二)太阳总辐射量的年际变化动态

太阳总辐射量的年际变化动态是指某一特定地区太阳总辐射量在不同年际发生的有规律性的变化。现以马金玉等(2012)对中国近 50 年地面太阳总辐射的年际变化为例来说明。

1. 地面太阳总辐射长期气候趋势变化

(1)中国近 50 年地面年太阳总辐射变化趋势

从图 3-11 可以看出，近 50 年中国 58 个主要辐射观测站的地面年太阳总辐射变化趋势以变化不明显和下降明显为主，分别占总站点数的 50.0%和 46.6%。这与许多研究认为地面年太阳总辐射基本为下降趋势的结果一致。

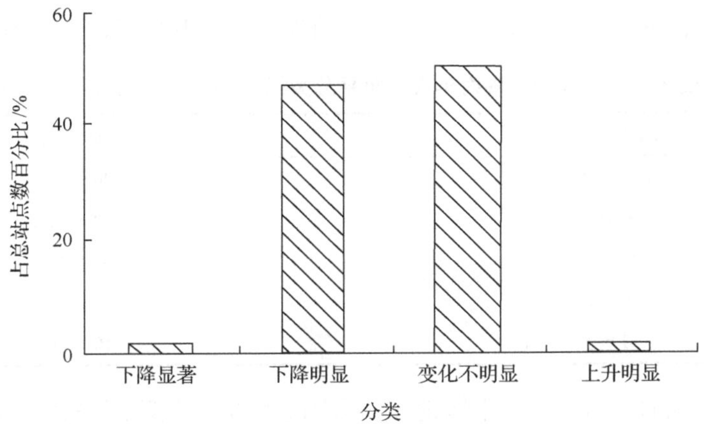

图 3-11　中国近 50 年地面年太阳总辐射变化趋势分类(引自马金玉等，2012)

从不同气候带看，近 50 年中国 58 个站地面年太阳总辐射变化趋势有明显差别。由图 3-12 统计结果看，中温带变化不明显的占大多数，约占该带总站点数的 73.3%，下降明显的为 26.7%。暖温带下降明显的站点最多，占 71.4%，其次为变化不明显的，约占 21.4%，下降显著的仅占 7.1%。北亚热带以下降明显的站点居多，占 66.7%，其次为变化不明显的，约占 22.2%，而上升明显的站点只占 11.1%。中亚热带下降明显和变化不明显的站点各占 50.0%。南亚热带变化不明显的站点占 87.5%，下降明显的站点仅占 12.5%。青藏高原下降明显的站点居多，占 66.7%，变化不明显的占 33.3%。总的来看，暖温带、北亚热带和青藏高原各带下降明显的站点最多，约各占该带总站数的 2/3。另外，中亚热带变化不明显和下降明显的各占 50.0%。中国由于海拔、纬度、大气透明度及温度、水、风速等因素在各气候带的变化不同，而形成各气候带影响地面太阳辐射变化趋势的差异。

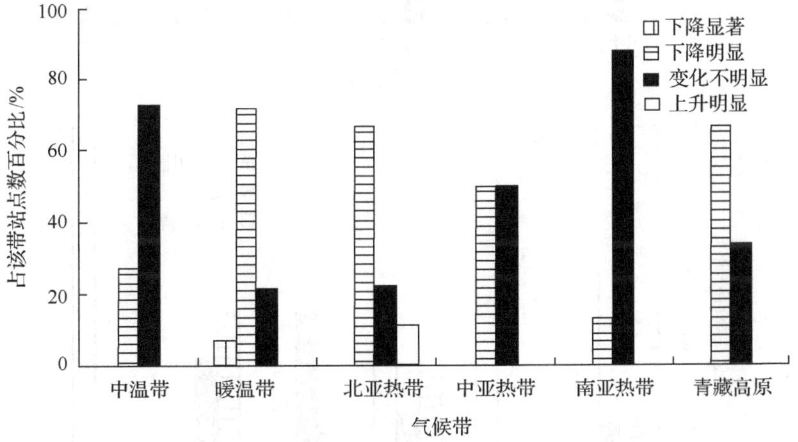

图 3-12　不同气候带年太阳总辐射变化趋势分类(引自马金玉等，2012)

(2) 中国地面年太阳总辐射年代际变化

马金玉等(2012)根据地面年太阳总辐射的年代际变化将距平百分比的阈值分为五类，

分别为下降显著、下降明显、变化不明显、上升明显和上升显著，其分类标准见表 3-10。

表 3-10　年太阳总辐射年代际距平分类标准(引自马金玉等，2012)

趋势类型	距平百分比/%
下降显著	–20～–10
下降明显	–10～–1
变化不明显	–1～1
上升明显	1～10
上升显著	10～20

从各气候带来看，近 50 年中国地面年太阳总辐射年代际距平百分比分类如图 3-13 所示。在中温带，20 世纪 60 年代和 70 年代均以上升明显为主，分别占各带总站点数的百分比为 73.3%和 60.0%；80 年代以下降明显为主，占 73.3%；90 年代下降明显和上升明显的站点均占 40.0%，变化不明显的占 20.0%；2001 年以后以下降明显的居多，占 53.3%，其次为上升明显，占 33.3%。

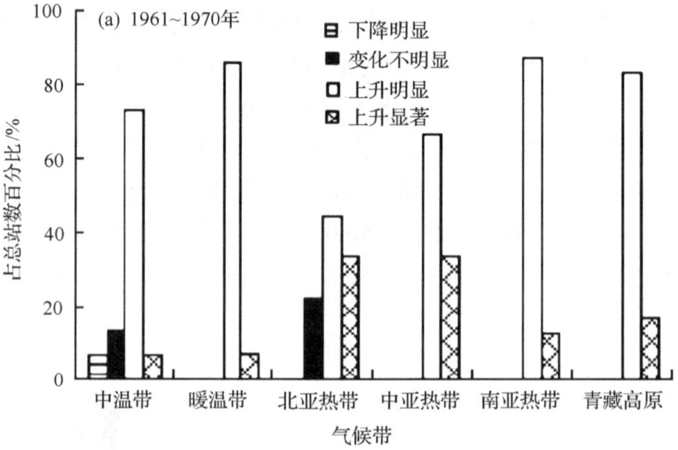

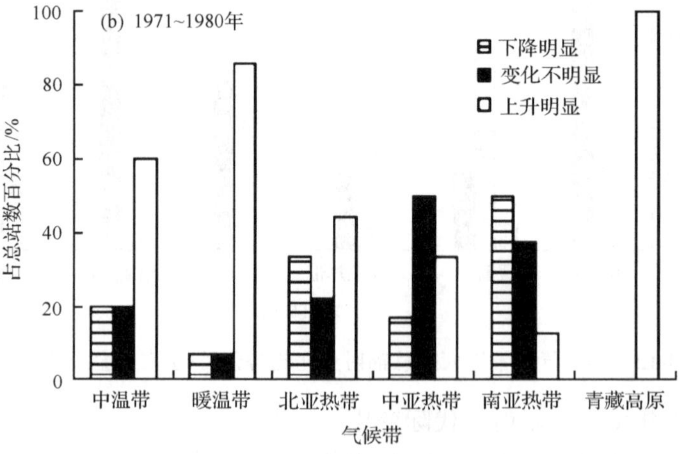

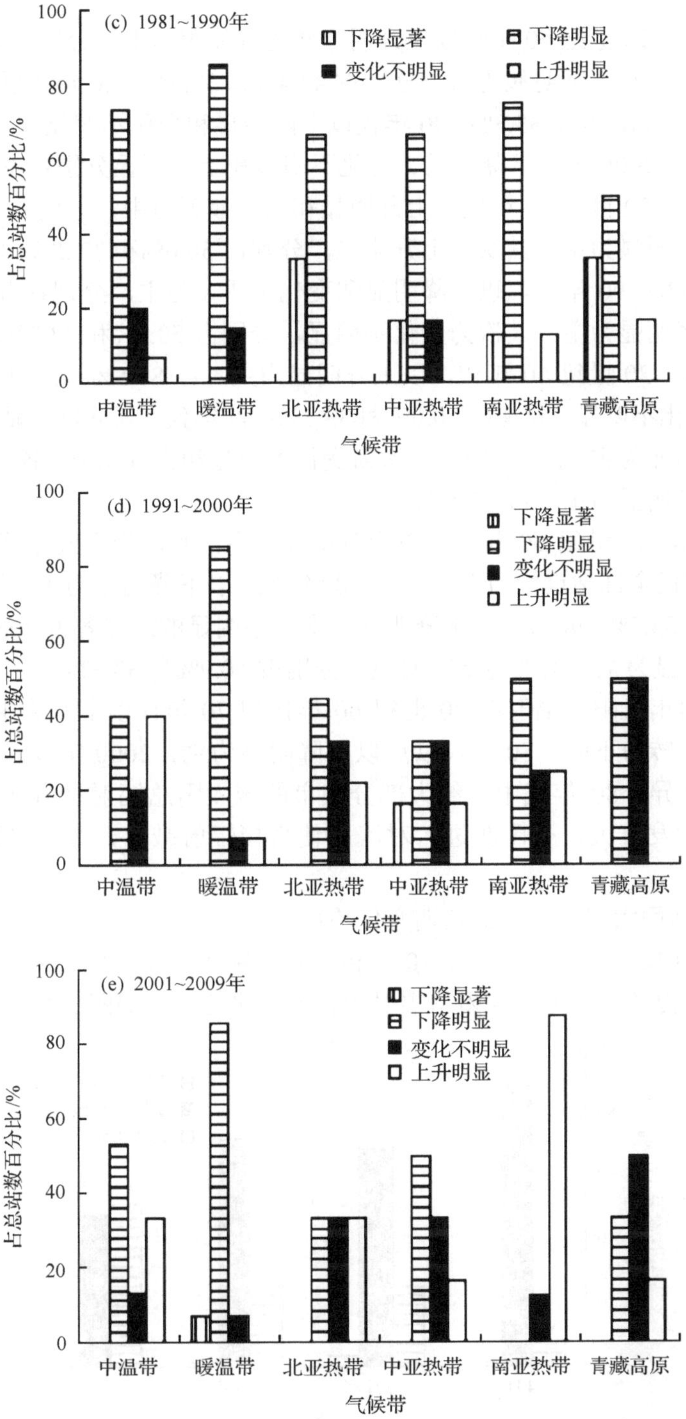

图 3-13　不同气候带年太阳总辐射年代际距平百分比分类(引自马金玉等，2012)

在暖温带，20 世纪 60 年代和 70 年代均以上升明显为主，均占 85.7%；从 80 年代起至 2009 年以下降明显为主，各年代均占 85.7%。

在北亚热带，20 世纪 60 年代以上升明显和上升显著为主，分别占 44.4%和 33.3%；70 年代以上升明显和下降明显为主，分别占 44.4%和 33.3%；80 年代以下降明显和下降显著为主，分别占 66.7%和 33.3%；90 年代以下降明显和变化不明显为主，分别占 44.4%和 33.3%；2001～2009 年，下降明显、变化不明显和上升明显分别各占 33.3%。

在中亚热带，20 世纪 60 年代以上升明显和上升显著为主，分别占 66.6%和 33.3%；70 年代以变化不明显为主，其次为上升明显，分别占 50.0%和 33.3%；80 年代以下降明显为主，占 66.7%；90 年代，以下降明显和变化不明显为主，分别各占 33.3%；2001～2009 年，以下降明显为主，其次为变化不明显，分别占 50.0%和 33.3%。

在南亚热带，20 世纪 60 年代，以上升明显为主，占 87.5%；70 年代，以下降明显为主，其次为变化不明显，分别占 50.0%和 33.3%；80 年代，以下降明显为主，占 75.0%；90 年代以下降明显为主，占 50.0%，其次为变化不明显和上升明显，各占 25.0%；2001～2009 年，以上升明显为主，占 87.5%。

在青藏高原，20 世纪 60 年代，以上升明显为主，其次为上升显著，分别为 83.3%和 16.7%；70 年代全部站点均为上升明显；80 年代，以下降明显为主，其次为下降显著，分别占 50.0%和 33.3%；90 年代，下降明显和变化不明显的站点各占 50.0%；2001～2009 年，以变化不明显为主，其次为下降明显，分别占 50.0%和 33.3%。

总之，地面年太阳总辐射在 20 世纪 60 年代和 70 年代以上升为主，但在 70 年代由上升为主逐渐转为下降，80 年代以后以下降明显为主，2000 年以后略有上升，但各个气候带有所差异。80 年代中国绝大部分城市的年太阳总辐射量偏低，可能与墨西哥及印尼的火山喷发有关，火山灰进入对流层使直接辐射减少，因而导致部分地区地面总辐射减少。

(3) 各季节地面太阳总辐射的长期变化趋势

马金玉等(2012)以 4 月、7 月、10 月和 1 月分别作为春、夏、秋、冬四季的代表月份，建立中国年内各季年地面太阳总辐射的长期变化趋势，如图 3-14 所示。

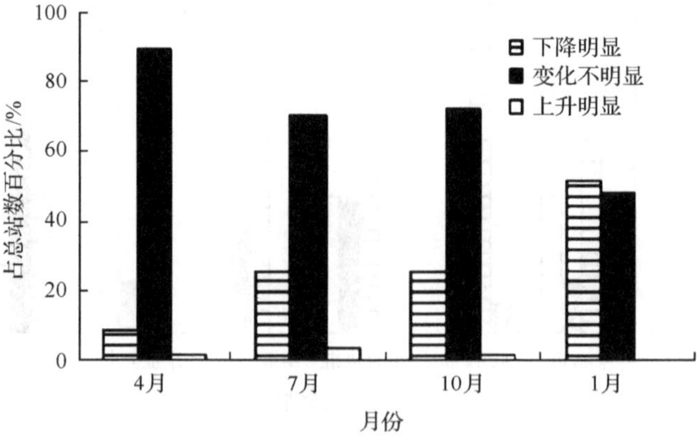

图 3-14　全国太阳总辐射季节变化趋势分类(引自马金玉等，2012)

从图 3-14 可以看出，冬季下降明显和变化不明显的站点约分别占总站数的 51.7%和 48.3%；春季基本上为变化不明显；夏季和秋季以变化不明显为主，均分别占 70.0%以上，其次为下降明显，分别约占 25.9%。总之，总辐射除冬季以下降明显的站点居多以外，春、夏、秋各季均以变化不明显的站点为主。各季节地面太阳总辐射不同变化类型通过显著性检验的站点占该类总站数的百分比见表 3-11。

表 3-11　各季节地面太阳总辐射不同变化类型通过显著性检验的站点占该类站数百分比(引自马金玉等，2012)

月份	下降明显			变化不明显			上升明显		
	α=0.05	α=0.01	站数/个	α=0.05	α=0.01	站数/个	α=0.05	α=0.01	站数/个
4	40.0	60.0	5	1.9		52		100.0	1
7	13.3	86.7	15	7.3		41		100.0	2
10	13.3	86.7	15	19.0	2.4	42	100.0		1
1		99.7	30	25.0	7.1	28			

注：α=0.05 表示通过 α=0.05 显著性检验但未通过 α=0.01 显著性检验的站点百分比，α=0.01 表示通过 α=0.01 显著性检验的站点百分比

2. 地面年太阳总辐射周期变化

马金玉等(2012)采用 Morlet 小波对中国 58 个辐射观测站 1961～2009 年长期地面年太阳总辐射变化的多时间尺度进行分析(图 3-15)。结果表明，在中温带，大部分站的年

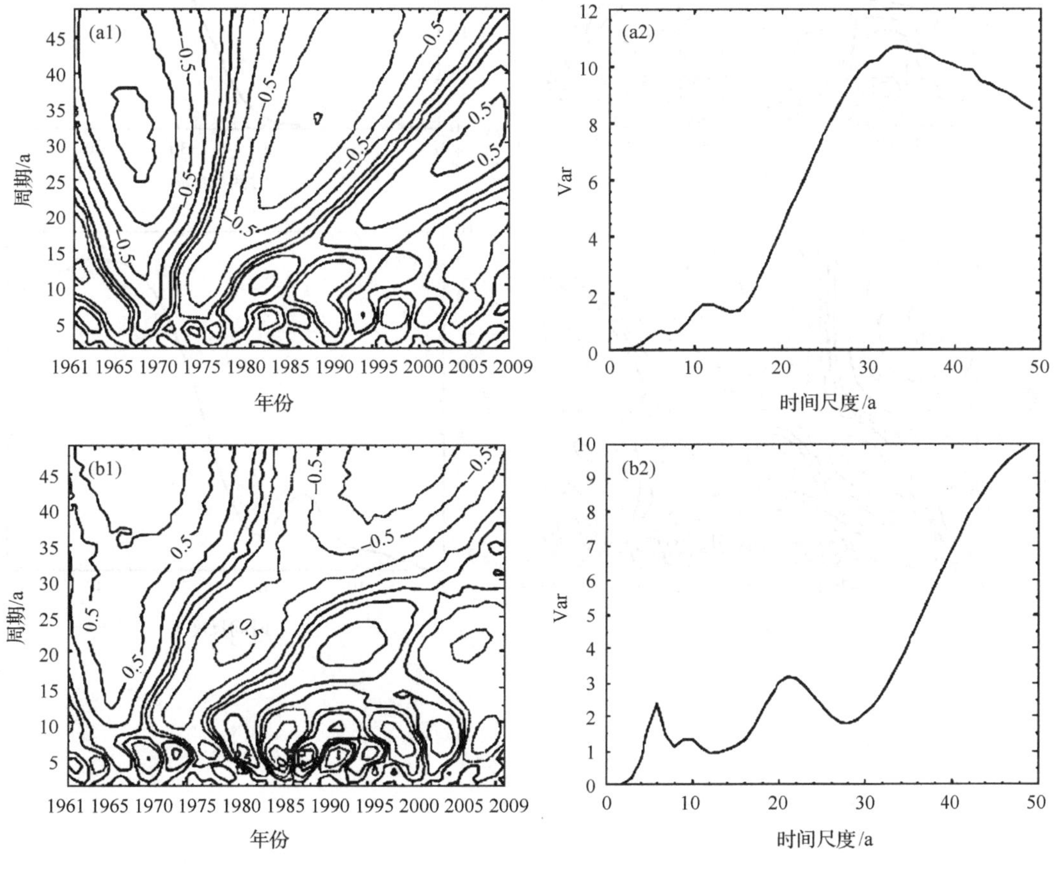

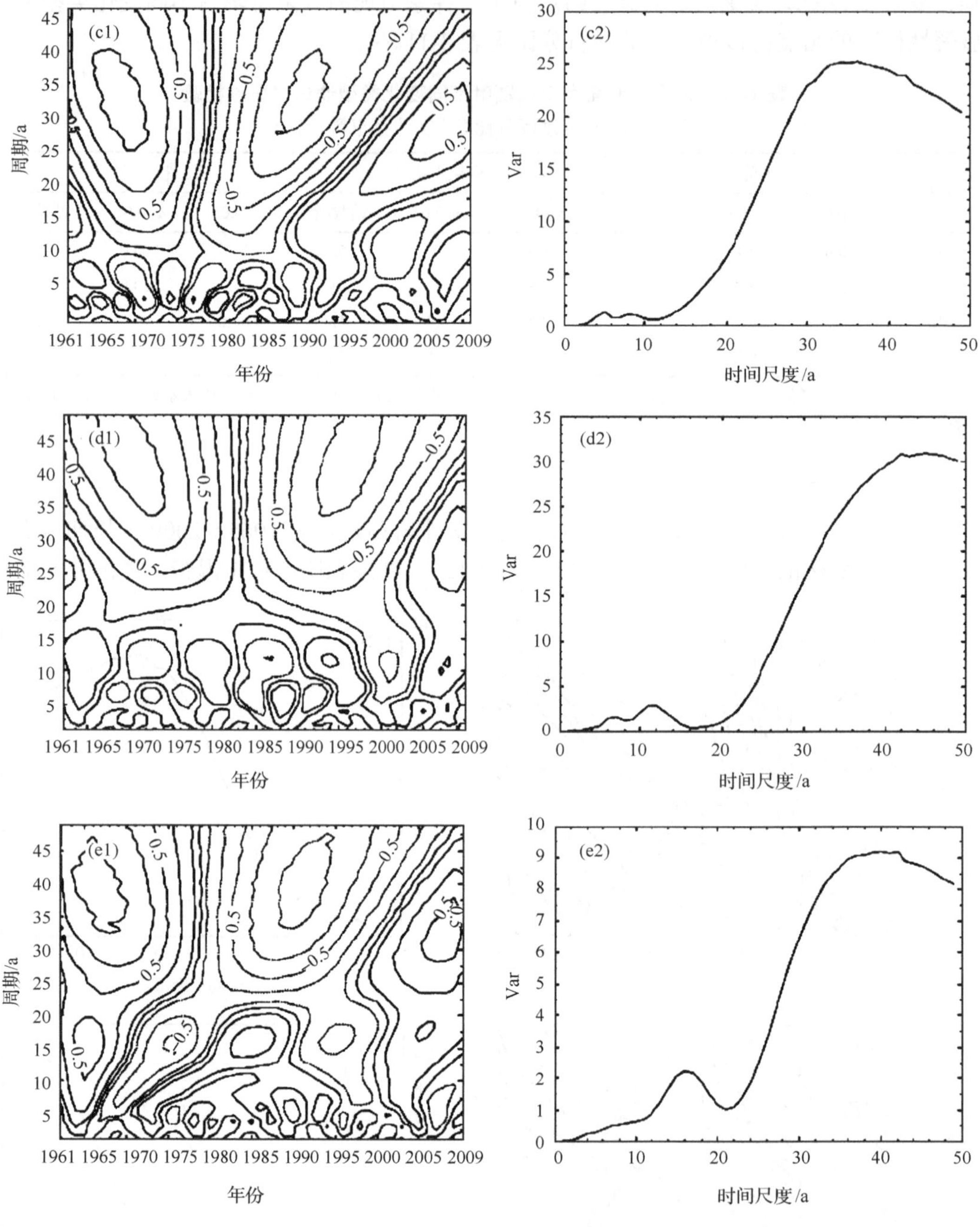
(c1)
周期/a
年份
1961 1965 1970 1975 1980 1985 1990 1995 2000 2005 2009
0.5
-0.5
(c2)
Var
时间尺度/a
(d1)
周期/a
年份
1961 1965 1970 1975 1980 1985 1990 1995 2000 2005 2009
0.5
-0.5
(d2)
Var
时间尺度/a
(e1)
周期/a
年份
1961 1965 1970 1975 1980 1985 1990 1995 2000 2005 2009
0.5
-0.5
(e2)
Var
时间尺度/a

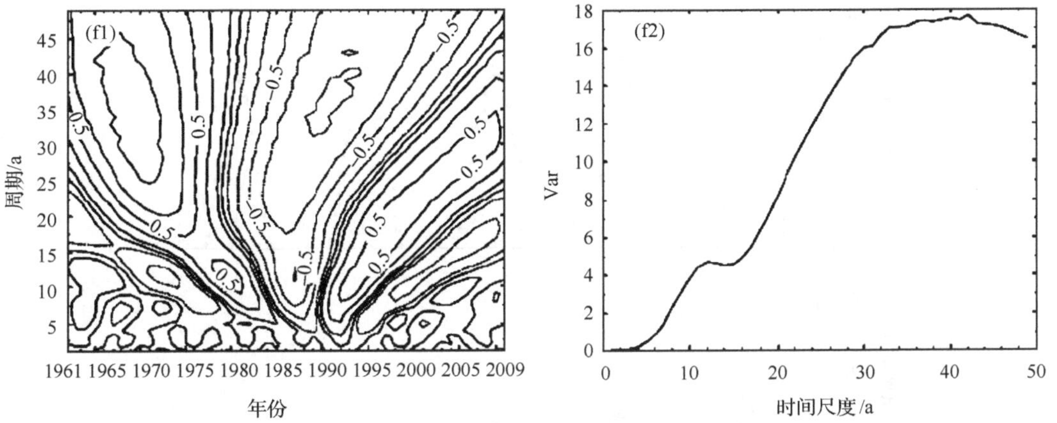

图 3-15　各气候带代表站点小波变换和小波方差(引自马金玉等，2012)

(a1)、(b1)、(c1)、(d1)、(e1)、(f1)分别为沈阳(中温带)、天津(暖温带)、南京(北亚热带)、成都(中亚热带)、广州(南亚热带)和西宁(青藏高原)的小波变换；(a2)、(b2)、(c2)、(d2)、(e2)、(f2)分别为以上几个站点的小波方差(Var)

际周期为 5～7 年，年代际周期为 18～23 年和 11～12 年。在暖温带，大部分站的年际周期为 7～9 年，年代际周期为 14～20 年和 11～13 年。在北亚热带，大部分站的年际周期为 6～8 年，年代际周期为 11～13 年。在中亚热带，大部分站的年际周期为 6～8 年，年代际周期为 12～15 年。在南亚热带，大部分站的周期为 6～8 年和 8～13 年。在青藏高原，大部分站的周期为 7～12 年。总之，各气候带长期地面年太阳总辐射的主要年际周期为 6～9 年，年代际周期为 10～13 年和 20～23 年，但在各气候带有异同。

(三) 太阳总辐射量的日变化动态

太阳总辐射量的日变化动态是指某一特定地区在不同时间内太阳总辐射量在 24h 内发生的有规律性的变化。大量的研究表明，太阳总辐射量的日变化动态通常表现为单峰曲线。现以岳平等(2010)对草原生长期地表辐射的日变化特征为例来说明。

从图 3-16 可以看出，锡林郭勒草原生长期(5～9 月)地表辐射各分量的平均结果具有显著的日变化特征。5～7 月日平均最大太阳总辐射逐渐增加，日平均最大太阳总辐射依次为 697.27W/m^2、753.14W/m^2 和 799.37W/m^2。此后随太阳高度角降低，日平均最大太阳总辐射逐渐减小，8 月、9 月日平均最大值分别为 770.03W/m^2 和 738.79W/m^2，5 月日平均最大值比 7 月最大值小 102.10W/m^2。与西北典型干旱区相比，最大太阳总辐射强度明显偏小。此外，从图 3-16(a)可以看出，各月总辐射的日变化曲线比较光滑，太阳总辐射呈单峰型日变化。表 3-12 给出了草原生长期日平均峰值出现时间及各月日出日落时间。

图 3-16(b)表明，5～9 月地表反射辐射日变化与总辐射一致，亦呈单峰型日变化。反射辐射日平均最大值出现在 5 月，月平均日变化最大，为 158.03W/m^2；6～9 月逐渐减小，其强度分别为 151.55W/m^2、150.30W/m^2、143.63W/m^2 和 134.28W/m^2。从草原生长期地表反射率来看，5～9 月平均地表反射率依次为 0.24、0.21、0.20、0.20 和 0.20。5 月由于草原植被处于分集期，地表裸露程度明显，植被覆盖度小，地表反射率明显大于 6～9 月，5 月地表反射辐射日平均值在草原生长期达到最大。进入 6 月，一方面太阳总辐射

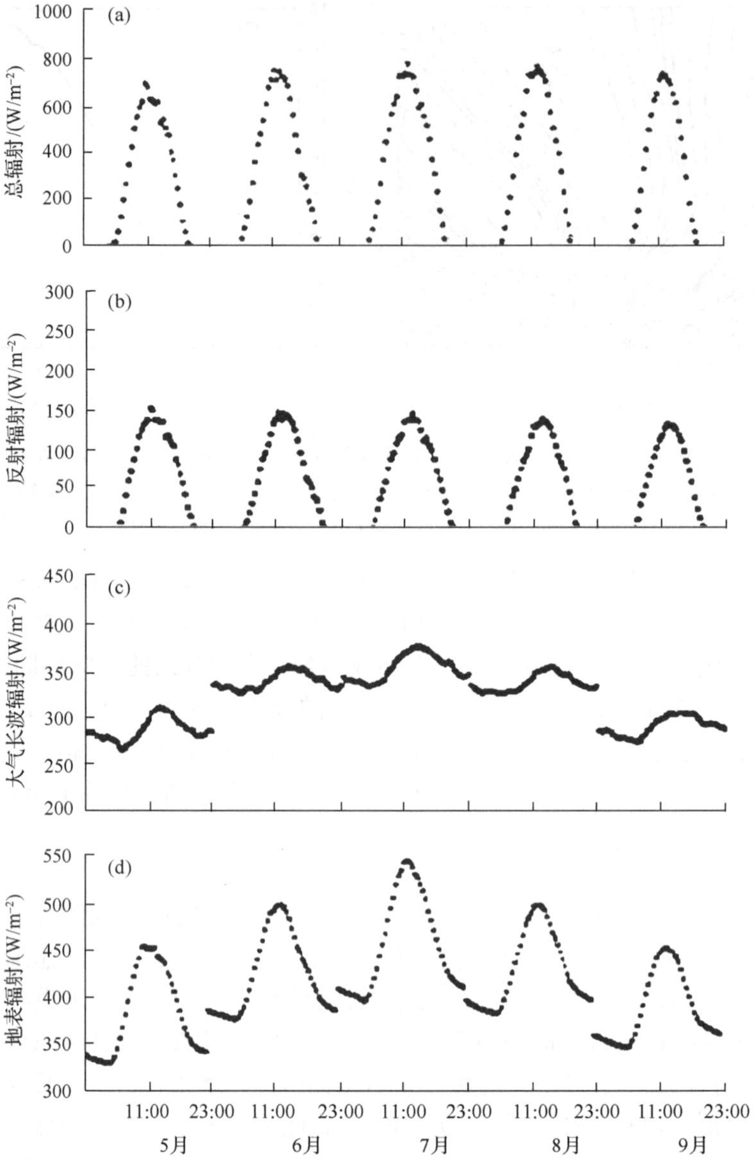

图 3-16　太阳总辐射(a)、反射辐射(b)、大气长波辐射(c)及地表辐射(d)的月平均日变化(引自岳平等，2010)

表 3-12　太阳辐射峰值及日落日出时间(引自岳平等，2010)

时间	5 月	6 月	7 月	8 月	9 月
峰值出现时间	11:30	12:00	12:30	12:30	12:00
日出时间	5:30	5:00	5:00	5:30	6:00
日落时间	19:30	20:00	20:00	19:30	18:30

在草原生长期比较大；另一方面地表反射率较高，使得地表反射辐射日平均值仅比 5 月小。7～9 月是草原植被生长后期，属于结实和果后营养期，草原植被覆盖最好，地表反射率在草原生长期最小。在反射率相同的情况下，反射辐射的强度由太阳总辐射决定。因此，7～9 月的反射辐射随总辐射的减小而减小。

根据斯特藩-玻尔兹曼辐射定律，物体的辐射强度主要取决于温度的高低。在半干旱草原生长期，气温的日变化幅度明显小于地表温度。从图 3-16(c，d)可以看出，大气长波辐射日变化幅度相对平缓，而地表长波辐射日变化幅度较大。大气长波辐射峰值比总辐射滞后约 3h，峰值出现在 14:00～15:00。草原生长期大气长波辐射最强时段出现在 7 月，日平均辐射强度为 352.50W/m^2，峰值出现在 14:30，最大辐射强度为 376.00W/m^2。5 月日平均大气长波辐射为 285.50W/m^2，日最大值出现在 14:00，最大值为 310.03W/m^2。6 月大气长波辐射强度仅次于 7 月，日平均值为 338.32W/m^2，最大强度为 355.52W/m^2。8 月日平均大气长波辐射为 336.44W/m^2，日最高达到 352.63W/m^2。进入深秋 9 月，锡林郭勒草原大气长波辐射的日平均辐射强度显著减小，日平均量为 289.03W/m^2，日最大值也仅为 304.00W/m^2。从 2008 年 5～9 月逐月大气长波辐射日平均结果来看，从 5 月进入 6 月，辐射强度出现了明显的跃增，6 月日平均大气长波辐射比 5 月增加了 52.82W/m^2。

地表辐射峰值比太阳总辐射滞后 0.5～1.0h，峰值出现在 12:30～14:00。夜间(日落到日出)地表辐射强度逐渐减小，辐射过程伴随的是降温。地表温度降低后，长波辐射的能力降低。日出之后，长波辐射迅速增大。5 月日平均地表辐射峰值出现在 11:30，最高可达 450.80W/m^2，日平均强度为 377.64W/m^2。6～8 月是锡林郭勒草原地温最高的时段，与之相应，地表辐射强度明显大于 5 月与 9 月。从平均日变化来看，其中以 7 月地表辐射最强，日最大辐射强度可达 539.70W/m^2，日平均辐射强度为 450.75W/m^2；6 月日最大值为 494.52W/m^2，日平均值为 419.70W/m^2；8 月日最大值为 493.10W/m^2，日平均为 423.80W/m^2；进入深秋 9 月，地表辐射日大值降到 448.40W/m^2，日平均量仅为 382.61W/m^2。

三、太阳总辐射量与作物生产的关系

研究表明，作物生产与太阳总辐射量有着较为密切的关系。现以世界作物生产与太阳总辐射量的关系为例来说明。据崔读昌(1994)研究，世界作物生产与太阳总辐射量的关系表现出以下特点。

(一)作物生产潜力很大

世界太阳辐射分布的作物生产潜力很大，各地粮食作物产量在相近的太阳辐射量的条件下差异很大。例如，美国南部的太阳辐射量为 580 670kJ/m^2，喀麦隆、刚果等在 580 670kJ/m^2，而美国的粮食单产为 4749kg/hm^2(1988～1990 年)，上述三国为 753～1512kg/hm^2。中国是世界太阳辐射量的低值区，但粮食单产比除全部灌溉农业的埃及以外的全非洲各国都高，而非洲太阳辐射量比我国高。法国的太阳辐射量在 370～570kJ/m^2，粮食单产达 6106kg/hm^2，而南美洲的巴西太阳辐射量 580～750kJ/m^2，粮食产量为 1872kg/hm^2，相差 3 倍多。世界大部分地区粮食产量的太阳辐射能的利用是很低的，还有很大的生产潜力。

（二）太阳辐射利用受温度的限制

高纬度年太阳辐射量＜420kJ/m^2的地区，年平均气温 0～12℃，≥0℃积温＜2000℃，限制太阳辐射的利用。在北纬 55°的丹麦太阳辐射量为 378kJ/m^2，在同纬度亚洲西伯利亚东部太阳辐射量为 400kJ/m^2，而年平均气温丹麦为 8℃，≥0℃积温为 2500～3000℃，东西伯利亚年平均气温为−4～0℃，≥0℃积温 1500～1750℃，东西伯利亚作物产量很低，而丹麦的粮食单产达 5650kg/hm^2。

在高海拔地区因为温度低，太阳辐射不能充分利用。青藏高原北部，年平均气温−4～0℃，≥0℃积温 1000～1500℃，太阳辐射量为 670～750kJ/m^2，不能在自然条件下进行作物生产。在温带地区冬季低温也限制太阳辐射的作物利用。由此可见，温度是世界太阳辐射利用的影响条件。

（三）太阳辐射利用受水分限制

水分不足限制太阳辐射的利用。在世界范围内年降水量＜200mm 的地区，在没有灌溉条件下没有作物栽培，在 200～400mm 的地区旱地作物的产量很低。中国西北部、亚洲西部，以及非洲北部等旱地农业的产量都是很低的。例如，中国西北干旱区的旱地作物产量在 150～200kg/hm^2，非洲的乍得、尼日尔等谷物产量在 350～800kg/hm^2。撒哈拉、塔里木等沙漠地区降水量＜100mm，由于缺水，几乎没有旱地作物栽培。世界干旱的地区有中国西北部、亚洲西部、非洲北部、美国西部、南美洲智利沿海，这些地区太阳辐射都很丰富，在 580～800kJ/m^2，而水分限制光能作用。在半干旱地区有中国北部、中亚、西亚部分地区、非洲撒哈拉以南的苏丹草原、南部非洲部分地区、澳大利亚中北部等，水分不能保证作物生产，太阳辐射不能充分利用，因此世界太阳辐射利用和提高作物产量受到降水分布的影响。

四、影响太阳辐射量的因素

（一）大气因子对太阳辐射量的影响

1. 大气对太阳辐射的吸收和散射

沈钟平和张华（2009）研究认为，在大气顶处，太阳辐射在 3 个光谱区的通量分别为 357.16W/m^2、207.02W/m^2 和 115.94W/m^2，分别占总通量的 53%、30%和 17%。当太阳辐射穿过大气层时，大气中的某些成分具有选择吸收一定波长辐射能的特性，从而减弱太阳辐射，也改变了其谱分布。

图 3-17 是不同情况下在近红外、可见光和紫外光谱区的太阳辐射通量及其所占比例的变化。比较图 3-17（a）的 TOA 和 SUR1 可以看出，大气对近红外辐射（NIR）吸收最多，其次是紫外辐射（UV）；前者主要由对流层水汽的吸收引起，后者主要由平流层臭氧的吸收引起，但水汽的吸收远远大于臭氧的吸收。这主要是因为大气中对流层水汽的含量远远大于平流层臭氧的含量。在可见光区，这两种气体均有吸收。大气的吸收作用使到达地面的太阳辐射总通量减少了 119.51W/m^2。从图 3-17（b）可以看出，与大气层顶相比，

大气分子的吸收使到达地面的近红外辐射比例大大下降，由 52.51%减少至 46.97%。相应地，可见辐射(VIS)和紫外辐射的比例分别上升了 4.41%和 1.14%。

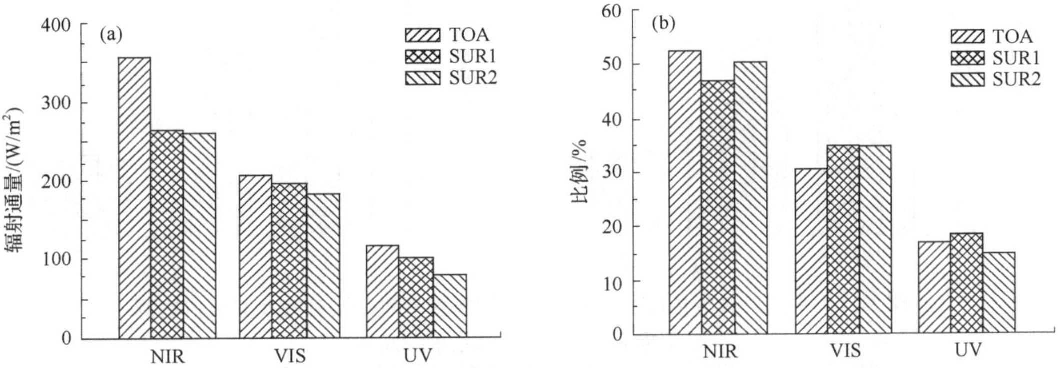

图 3-17 不同情况下太阳辐射通量的谱分布及其比例变化(引自沈钟平和张华，2009)

TOA 表示大气层顶的太阳辐射(a)和比例(b)，SUR1 和 SUR2 分别表示仅考虑大气吸收和考虑大气的吸收、散射后的地面太阳辐射(a)和比例(b)

太阳辐射通过大气时，除了一部分能量被分子吸收外，还有一部分能量被分子散射。比较图 3-17(a)中 SUR1 和 SUR2 可知，与仅考虑空气分子的吸收作用相比，瑞利散射使得到达地面的太阳辐射减少 40.94W/m^2。其中紫外辐射从 101.95W/m^2 下降到 77.31W/m^2，即减少了 24.17%，可见辐射和近红外辐射分别减少了 7.03%和 0.98%。可见，瑞利散射对紫外辐射的影响最大。这是因为瑞利散射的散射光强度与波长的 4 次方呈反比。因此，从近红外到紫外，各波段上辐射通量减少的百分比依次增加。另外比较图 3-17(b)中 SUR1 和 SUR2 可知，瑞利散射也使地面太阳辐射在 3 个光谱区间所占的比例发生了明显变化。其中，近红外和可见光区分别增加了 3.20%和 0.10%，紫外区减小了 3.31%。

2. 水汽和臭氧浓度对太阳辐射的影响

水汽和臭氧是影响地面太阳辐射的最重要的两种气体。沈钟平和张华(2009)采用 42 种大气，水汽柱浓度最低为 0.620kg/m^2，最高为 70.934kg/m^2；臭氧柱浓度最低为 205.758DU，最高为 494.788DU。为了使两种气体的浓度加倍后仍在实际可能发生的范围之内，选取了第 16 种大气廓线(水汽浓度为 16.566kg/m^2，臭氧浓度为 242.267DU)。

图 3-18 是两种气体浓度分别加倍前后各波段上的地面太阳辐射通量的谱分布及其比例。从 SUR 和 SUR_{H_2O} 的比较可以看出，在保持其他条件不变的情况下，水汽柱浓度加倍后，到达地表的近红外辐射减少 17.63W/m^2，相应的比例下降了 1.67%；可见辐射减少 1.41W/m^2，比例却上升了 1.09%；紫外辐射不变，其比例增加了 0.58%。这主要是因为在太阳短波辐射中，水汽在近红外区和可见光区的 0.47～3.73μm 带上有吸收，其中水汽的 2.70μm 带是一个强吸收带。但水汽对紫外辐射没有影响。从这个敏感性试验来看，水汽对近红外辐射的吸收非常强烈，因此它对地面太阳辐射通量的谱分布影响很大。在实际大气中，水汽的时空分布差异显著，这就在很大程度上决定了地面太阳辐射的谱分布具有较强的区域性。

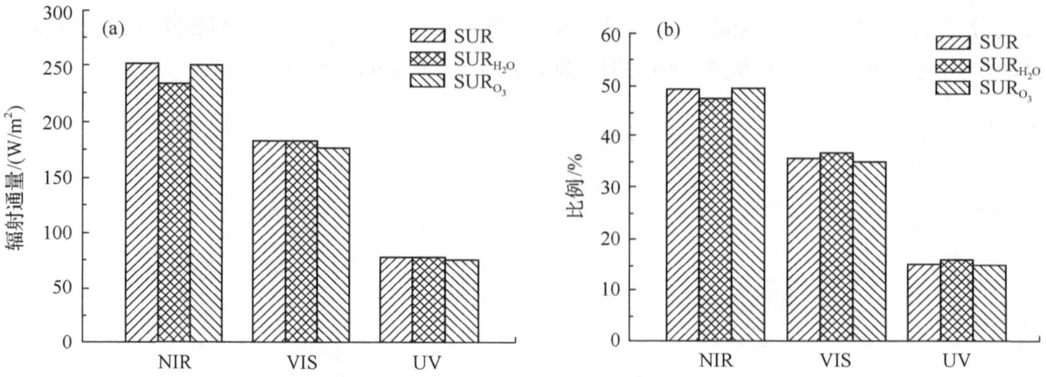

图 3-18　水汽、臭氧浓度加倍对地面太阳辐射通量的谱分布及其所占比例的影响(引自沈钟平和张华，2009)

SUR 表示考虑大气吸收、散射后的地表太阳辐射(a)和比例(b)，SUR_{H_2O}和SUR_{O_3}分别表示水汽和臭氧浓度加倍后的地表太阳辐射(a)和比例(b)

从图 3-18 中 SUR 和SUR_{O_3}的比较可以发现，在保持其他条件不变的情况下，臭氧浓度加倍使得到达地面的可见辐射减少 6.84W/m^2，比例下降 0.77%；紫外辐射减少 1.06W/m^2，其比例反而增加 0.04%；近红外辐射减少 0.34W/m^2，比例增加 0.74%。臭氧主要吸收波长为 0.20～0.40μm 的紫外辐射。在这一范围内其吸收光谱分成 0.20～0.30μm 的哈特莱带和 0.30～0.35μm 的哈金斯带。在 0.44～1.18μm 的可见光和近红外区，臭氧也有一些弱的吸收带，即查普斯带。这个带虽然吸收较弱，但由于它出现在太阳辐射的极大值附近，因此对到达地面的可见辐射有较大影响。相反，虽然哈特莱带和哈金斯带是两个很强的吸收带，但由于在太阳光谱中紫外辐射所占比例很少，因此臭氧对它吸收的绝对量反而没有比对可见光的吸收量大。

3. 云对太阳辐射的影响

云覆盖了地球约 2/3 的面积，在地气系统的辐射能量收支过程中起着非常重要的作用，是影响气候模拟和气候变化的最不确定性因子。一方面，云能强烈地反射太阳短波辐射，对地气系统起到降温作用；另一方面，云能有效地吸收地表和云下大气放射的红外长波辐射，并以云顶较低的温度向外发射长波辐射，对地气系统起到加热作用。

沈钟平和张华(2009)在给定云滴浓度、云滴有效半径、云量和云高等条件下，对地面太阳辐射通量进行了模拟。沈钟平和张华(2009)采用 Li 等(2005)的云诊断方案，给出天空中存在不同云量的低云时，到达地面的太阳辐射通量及其在近红外、可见光和紫外各光谱区间的比例分布(图 3-19)。从图 3-19(a)可以看出，各波段的地面太阳辐射通量均随低云云量的增加而逐渐减少。其中，近红外区下降最快，其次是可见光，紫外区下降最慢。从图 3-19(b)可以看出，近红外辐射通量所占的比例下降，相应地在可见光和紫外区间的比例都上升。这是因为在有云的情况下，空气分子在云层和地面之间的瑞利散射增强。当云量大于 0.93 时，可见光的比例超过近红外区。当天空中低云云量为 1.0 时，地面太阳辐射总通量减少了 425.76W/m^2，其中近红外区所占的比例减少 11.91%，可见光和紫外光区的比例分别上升 4.74%和 7.17%，中云的结果与低云相近，而高云对地面太阳辐射的影响较小。当天空的高云云量为 1.0 时，到达地面的太阳辐射总通量减少 40.46W/m^2。

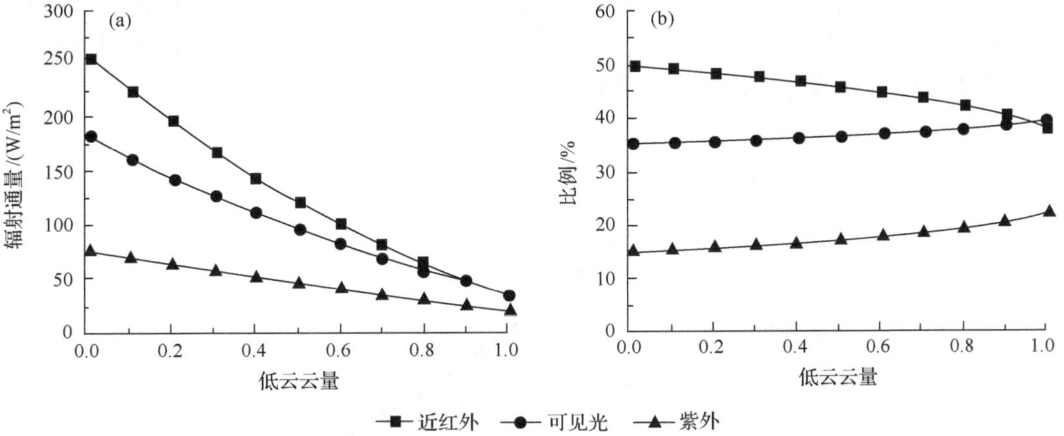

图 3-19 不同低云云量下地面太阳辐射通量的谱分布及其所占比例(引自沈钟平和张华，2009)

为了进一步证明云的微物理性质对地面太阳辐射通量的谱分布及其比例的影响程度，沈钟平和张华(2009)做了改变云滴浓度和云滴有效半径的敏感性试验。以低云为例，云量取 0.8，结果如表 3-13 所示。从表 3-13 可以看出，云滴浓度加倍后，到达地面的太阳辐射通量减少 28.89W/m^2，近红外光区的比例减小 9.18%，可见光区和紫外光区分别增加了 1.41%和 1.76%。当云滴有效半径加倍时，到达地面的太阳辐射总通量比加倍前增加了 115.17W/m^2，这是因为云滴有效半径增加，使得云粒子的前向散射增强，从而增加了到达地面的太阳辐射通量。另外，改变高云的云滴浓度和有效半径对结果影响都很小。

表 3-13 低云云滴浓度和有效半径分别加倍后，到达地面的辐射通量谱分布及其比例变化(引自沈钟平和张华，2009)

类型		近红外	可见	紫外	合计
加倍前	辐射通量/(W/m^2)	63.98	57.60	29.55	151.13
	比例/%	42.33	38.12	19.55	100.00
云滴浓度加倍	辐射通量/(W/m^2)	46.18	43.41	22.36	111.95
	比例/%	41.25	38.78	19.97	100.00
有效半径加倍	辐射通量/(W/m^2)	99.59	90.26	46.41	236.26
	比例/%	42.15	38.20	19.64	100.00

4. 气溶胶对太阳辐射的影响

悬浮在大气中的气溶胶一方面将部分太阳入射辐射反射回宇宙空间，削弱了到达地面的太阳直接辐射；另一方面增加了来自天空的散射辐射。由于气溶胶的时空分布变化大，物理、化学和光学性质都比较复杂，因此沈钟平和张华(2009)在距地面约 1.5km 处的大气中加入一层背景气溶胶，以讨论它们对地面太阳辐射通量的削弱作用。对气溶胶光学厚度(0.55μm 处)在 0.1～1.5μm 范围内变化的几种情况进行计算。

从图 3-20 可以看出，中等厚度的气溶胶层(τ=0.4μm)对地面太阳辐射的衰减达到 5.4%，较厚的气溶胶层(τ=0.8μm)对地面太阳辐射的衰减达到 9.6%，其中污染严重的地区和干净清洁的地区最大相差 60～70W/m^2。由此可见，气溶胶对地面太阳辐射通量的影响仅次于大气的吸收作用，是不容忽视的。

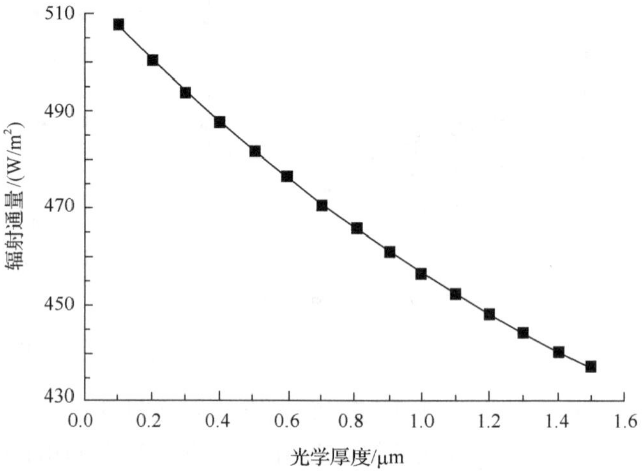

图 3-20　不同气溶胶光学厚度下的地面太阳辐射通量(引自沈钟平和张华，2009)

5. 太阳天顶角对太阳辐射的影响

太阳天顶角是影响地面太阳辐射通量最重要的外部因子。太阳天顶角越大，太阳辐射穿过的大气层越厚，到达地面的太阳辐射就越少。沈钟平和张华(2009)给出了不同天顶角下 3 个不同光谱区间的地面太阳辐射通量及其所占比例，发现随着太阳天顶角的增大，各光谱区间的地面太阳辐射通量均逐渐减少。其中，近红外辐射下降得最快，其次是可见辐射，紫外辐射的下降速率相对最为缓慢。各光谱区间的比例变化相对比较复杂。同时发现，在太阳天顶角小于 60°时，各区间的比例基本保持不变；大于 60°时，近红外和紫外辐射的比例逐渐发生变化。当太阳天顶角从 75°增至 89°时，近红外和紫外辐射所占比例分别上升 8.74%和 6.03%；可见辐射下降 14.78%。紫外辐射所占比例在约 83°时有一个极小值，呈先稍减小后迅速增大的趋势。

6. 地表反射率对太阳辐射的影响

沈钟平和张华(2009)假定地表反射率在 0.05～0.95 变化，模拟了其对地面太阳辐射谱分布的影响。结果表明，地表反射率对紫外辐射的影响最大。从图 3-21(a)可以看出，当地表反射率从 0.05 增加到 0.95 时，紫外、可见和近红外辐射分别增加了 21.76W/m^2、12.49W/m^2 和 2.22W/m^2。这是因为地表反射率越大，反射回天空的短波辐射越多。因此随着地表反射率的增加，各光谱区间的地面太阳辐射通量均有所增大，且紫外辐射增加得最多。从图 3-21(b)可以看出，随着地表反射率的增加，近红外辐射所占的比例减小，紫外辐射增加，且两者变化的幅度相当，可见光区所占的比例基本不变，这里只考虑了大气吸收和瑞利散射。若在此基础上考虑气溶胶和云，那么地表反射率的影响将更为重要和复杂。

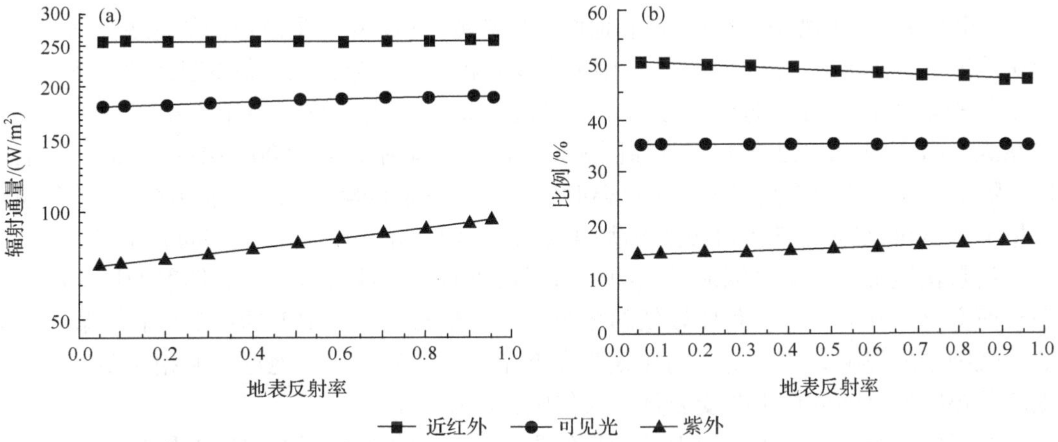

图 3-21　地表反射率对地面太阳辐射谱分布的影响(引自沈钟平和张华，2009)

7. 其他大气因子对太阳辐射的影响

郑小波等(2011)将云贵高原腾冲、丽江、景洪、昆明、蒙自、昭通、威宁、贵阳、遵义等 9 个气象站 1961～2005 年总辐射分别与同期日照、相对湿度、风速和能见度等要素进行相关分析，结果表明：在整个研究时段内，丽江、景洪和蒙自逐年总辐射变化与气候要素和能见度无明显的线性相关；其他观测站逐年总辐射变化则与年日照时数呈显著正相关；腾冲、昆明和昭通总辐射随空气相对湿度增加而减少(表 3-14)。

表 3-14　总辐射与各气象要素、能见度的相关系数(引自郑小波等，2011)

站名	辐射～日照	辐射～湿度	辐射～风速	辐射～能见度
丽江	22.10%	−8.30%	−7.60%	6.10%
腾冲	0.541***	−0.385**	0.306*	0.18
景洪	19.20%	11.40%	−9.90%	−2.00%
昆明	0.142	−0.435**	−0.24	0.164
威宁	0.630***	−30.60%	−1.70%	20.20%
昭通	0.636***	−0.641***	1.08%	14.10%
蒙自	0.290*	−0.05	0.084	0.23
贵阳	0.497***	−13.40%	0.326*	−4.10%
遵义	0.845***	−0.206	0.313	0.457**
全部站点	0.912***	−0.526***	0.237**	0.204*

*代表 $P<0.05$，**代表 $P<0.01$，***代表 $P<0.001$

(二)地理因素对太阳辐射量的影响

研究表明，地理因素对太阳辐射量具有明显的影响。总的趋势是地形起伏越大，地形对太阳辐射量的影响越明显，通常是阴坡太阳总辐射量低于阳坡。现以地形起伏对黄河流域太阳总辐射量的影响为例来说明地理因素对太阳辐射量的影响。曾燕等(2008)依据山区太阳辐射形成机制，综合考虑天空因素和地形因素对太阳辐射空间分布的影响，将地表非均匀因素分为地形起伏和下垫面性质多样两方面，建立了起伏地形下太阳总辐射计算模型，利用数字高程模型(DEM)数据和地面气象观测资料，结合遥感反演的地表反射率，将起伏地形下直接辐射、散射辐射、周围地形反射辐射三部分相加，获得起伏地形下黄河流域多年平均年总辐射量的空间分布。发现起伏地形下黄河流域多年平均年总辐射量为 5578MJ/m^2，兰州站以上的青海高原区为最高，年总辐射量为 5600～6500MJ/m^2；河套平原、鄂尔多斯高原为次高值区，年总辐射量为 5600～6200MJ/m^2；东部地区最小，年总辐射量不足 5000MJ/m^2，整体上黄河流域年总辐射呈西部高、东部低的空间分布特点。

由起伏地形下太阳总辐射量空间分布图可以看出，地形对太阳总辐射的影响程度随季节而变化。在太阳高度角比较低的冬半年，地形对太阳总辐射的影响比较明显，云量等大气因素的影响则比较弱；而在太阳高度角较高的夏半年，地形影响相对要小得多，太阳总辐射的空间变化主要受云量等大气因素的影响。

为了验证起伏地形下总辐射的计算结果，分析起伏地形对总辐射的影响，用起伏地形下黄河流域多年平均年总辐射量(该计算全面考虑了天空因素与地形因素的影响)与多年平均水平面年总辐射量(该计算仅考虑了天空因素的影响)的差值，代表地形因素对年总辐射量的综合影响。分析可见，在地形平坦的地区，地形的影响可忽略；但在地形起伏较大的山区，如黄河流域的上游地区，地形对总辐射的影响是显著的，在 1km×1km 分辨率地形数据情况下，可占年总辐射量的 20%～30%，向阳坡(偏南坡)接收的太阳总辐射较平地大，背阴坡(偏北坡)接收的太阳总辐射较平地小，且总体而言，背阴坡较平地的减少值比向阳坡较平地的增加值大，说明山区坡地自身的遮蔽作用和周围山地相互间的遮蔽作用使得整体上山区总辐射较平地要小。

(三)城市发展和火山爆发对太阳辐射量的影响

1. 城市发展对太阳辐射量的影响

研究表明，城市发展对太阳辐射量具有明显的影响。总的趋势是城市发展越快，太阳辐射量下降越明显，二者呈相关关系。城市的太阳辐射量主要受纬度、季节和城市空气清洁度的影响，对于一个特定城市的长年太阳辐射状况来说，则主要取决于城市空气的清洁度，即与城市上空的灰尘、烟粒等大气污染物的含量及分布有关。大城市由于人口集中，工业发达，交通拥挤，能源消耗量大，空气受污染严重，城市上空大气混浊度增大，透明度减小，使到达城市地面的太阳辐射量大大减少。

现以广州市为例来说明城市发展对太阳辐射量的影响。杨士弘(1990)认为，广州是一个特大城市，常住人口 300 多万，每年流动人口百万以上。人口密度平均 4 万人/km^2，老城区则更密(其中：荔湾区 4.6 万人/km^2，越秀区 5.4 万人/km^2)，个别街区高达 12 万人/km^2(南华西街)。据 1988 年统计，全市拥有机动车 28 万辆。广州市工业与民用燃料都是以煤为主，废气排放量每天约 1.7 亿 m^3。其中每天排入大气中的烟尘和工业粉尘 300 多吨，为郊县排放总量的 8 倍多。据 1987 年监测数据，市区二氧化硫浓度 0.083mg/m^3，氮氧化物浓度 0.106mg/m^3，总悬浮微粒 0.22mg/m^3，降尘 14.60t/(km^2·m)，使广州市大气变得混浊，透明度减小。

杨士弘(1990)利用广州市与东莞、番禺、南海、花县(现花都区)等郊县站点 1959～

1988 年近 30 年的日照百分率(*P*)、总云量(*N*)、低云量(*n*)、相对湿度(RH)和气温(*t*)的观测资料，利用公式

$$S=Q-D$$

求取直接辐射(*S*)，式中，*D* 为累年平均直接辐射，*Q* 为总辐射。同时，利用公式

$$H=D/S$$

求取混浊因子(*H*)。发现广州市累年平均直接辐射为 1926.6MJ/(m^2·a)，与四周郊县平均值相比，减少了 119.9MJ/(m^2·a)，约减少了 6.2%。

直接辐射占总辐射的比例(*S/Q*%)也是最小，四周郊县平均直接辐射占总辐射的比例为 44.5%，而广州天河站直接辐射占总辐射的比例为 43%，比四周郊县平均少 1.5%。广州市累年平均散射辐射为 2463.6MJ/(m^2·a)，比郊县平均[2547.1MJ/(m^2·a)]稍小，但其所占总辐射的比例(*D/Q*%)较郊县大 0.6%。自然，广州市的总辐射也较四周郊县少，与四周郊县总辐射的平均值[4593.6MJ/(m^2·a)]相比，减少了 203.4MJ/(m^2·a)，按百分比计减少约 4.4%。据此分析，由于城市化的影响，到达城市地面的太阳辐射不仅数量减少，而且组成也发生了变化，直接辐射所占的比例减少，散射辐射所占的比例增大。城市化使城市总辐射的减弱效应主要是减少直接辐射所致。

2. 火山爆发对太阳辐射量的影响

研究表明，火山爆发后大气气溶胶剧增，造成地面太阳总辐射和直接辐射减少，散射辐射增多，其中太阳直接辐射的减少最明显。李祖滨等(1994)选取 8 个日射站(阿勒泰、伊宁、乌鲁木齐、吐鲁番、哈密、若羌、喀什、和田)1961～1992 年太阳直接辐射分析(图 3-22)，新疆太阳直接辐射总体趋势是下降的，观察 8 次太阳直接辐射的明显降幅，除了 1987 年太阳直接辐射下降没有火山爆发对应外，其余 7 次均和火山爆发指数(VEI)＞4 级火山爆发相对应。其中，1991～1993 年的降幅最大，与皮纳图博(Pinatubo)火山爆发 VEI 6 级相对应。1982～1983 年、1974～1975 年、1968～1969 年、1963～1966 年是太阳直接辐射下降显著时段，均与强火山爆发有密切的对应关系。可以认为新疆 30 年辐射总体下降趋势主要是由全球工业大气污染引起的，太阳辐射急剧下降与强火山爆发作用密切相关。

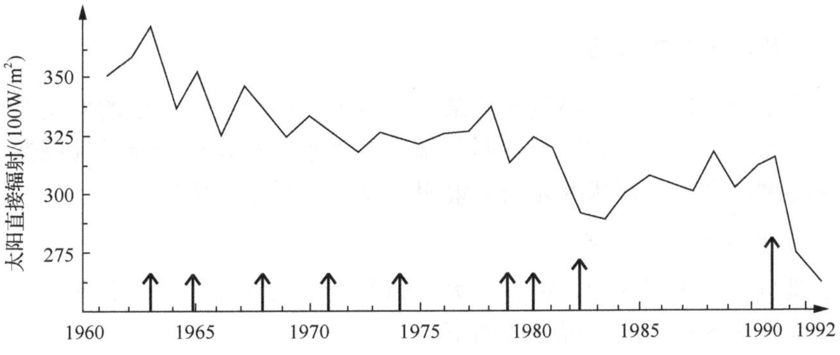

图 3-22 南北疆 8 站太阳直接辐射平均的年际变化(引自李祖滨等，1994)

从太阳直接辐射的年际变化率(表 3-15)来看，9 次火山爆发的 8 站负距平合计值 *b* 都远远大于正距平合计值 *a*。从 8 站正负距平频数比 *c* 来看，Pinatubo、EI Chichon、Fernande 的辐射下降响应性最好，*c* 均为 0/8，其他各次 *c* 也都为 1/7 和 2/6，下降响应性较好。VEI≥4 级火山爆发后有 57%的站次太阳直接辐射年下降百分率在 6%以上。这些表明火山爆发后新疆太阳辐射下降是普遍的。太阳直接辐射下降的程度从 *b* 值大小来看，1991 年 Pinatubo 火山爆发后太阳直接辐射下降最明显，平均各站减少 15%；其次是 Fernande，平均各站减少 11%；Agung 和 EI Chichon 平均各站减少 8%。这四次火山爆发的 *a* 值和 *c* 值转小，太阳总辐射下降与火山爆发的响应强度和一致性都较好，发现太阳直接辐射总体下降的程度与 VEI 呈正比，与喷发高度呈正比。

表 3-15　火山爆发后各站太阳直接辐射年际变化距平百分比(引自李祖滨等，1994)

火山名称	爆发时间	阿勒泰	伊宁	乌鲁木齐	吐鲁番	哈密	喀什	若羌	和田	*a*	*b*	*c*
Agung	1963.3	−5	−11	−12	3	−9	−12	−7	−11	3	67	1/7
Awu 等	1956～1966	1	1	3	−7	−1	−6	−10	−2	4	28	2/6
Fernande	1968.6	−7	−14	−6	−14	−8	−3	−12	−14	0	86	0/8
Hhekia	1971.9	7	−3	−6	−7	−3	2	−13	−3	2	42	1/7
Fudgo	1974.1	−7	−2	−12	−7	−3	−4	1	−2	1	37	1/7
Soufriere	1979.4	−7	−8	−16	−6	−8	3	2	−8	5	52	2/6
St.Helens	1980.5	−7	−14	1	6	−2	−1	−12	−14	7	50	2/6
EI Chichon	1982.4	−14	−10	−1	−6	−10	−6	−8	−10	0	65	0/8
Pinatubo	1991.6	−19	−11	−22	−16	−11	−18	−14	−10	0	121	0/8

注：火山爆发在 6 月以前的选取当年为考察年，火山爆发在 6 月以后的选取次年为考察年

火山爆发的量级不同，火山灰在大气平流层的扩散时间和滞留时间也就不同，爆发量级越大，火山灰扩散越快，喷发越高，火山灰滞留时间越长。从新疆 8 站直接辐射变化来看，火山爆发 3～6 个月后，太阳直接辐射开始减少，由南疆向北疆响应要早 1～3 个月。

第三节　温度的空间分布格局及其变化动态

一、温度的空间分布格局

(一)温度的水平分布格局

温度的水平分布格局是指温度随着某一特定地区地理经、纬度的变化而呈现的有规律性的水平分布状况。大量的研究表明，温度的水平分布具有明显的地域性。现以世界温度和中国温度的水平分布状况为例来说明温度的水平分布格局。

1. 世界温度的水平分布格局

据崔读昌(1994)研究认为，世界三大块即亚洲和大洋洲、欧洲和非洲、北美洲和拉丁美洲的温度条件各不相同，现分述如下。

(1)年平均气温

亚洲　年平均气温从北向南，随纬度降低而增高，大体呈纬向分布。从亚洲最北部

的 15℃至赤道附近的 28℃，由于东亚季风和青藏高原的影响，东部比同纬度亚洲西部低。中国东北地区年平均为 0～10℃，北部的内蒙古为 4～8℃，黄河流域中下游为 8～15℃，长江流域为 15～18℃，华南地区为 18～24℃，西北地区为 4～12℃，青藏高原为 0～14℃；东南亚为 24～28℃，印度为 24～28℃；中亚的乌兹别克斯坦、哈萨克斯坦等为 4～12℃，巴基斯坦、伊朗、伊拉克、叙利亚、以色列、沙特阿拉伯等为 16～26℃，土耳其北部、外高加索的阿塞拜疆、格鲁吉亚等为 12～16℃，土耳其南部为 16～19℃，俄罗斯亚洲部分为–15～4℃。

大洋洲　澳大利亚由于北部受到副热带高压的影响，干燥，晴天多，气温高，平均气温由北向南降低，由北部的 28℃至南部的 14℃；新西兰为 10～14℃。

欧洲　由于受大西洋极地冷气团、副热带海洋暖气团、副热带大陆暖气团的影响，年平均气温由东北至西南逐渐升高，西部高于同纬度的东部，由东北部的 6℃至地中海沿岸的 16℃。俄罗斯北部为–6～4℃，中部为 4～8℃，南部为 8～12℃。挪威、瑞典、芬兰等北部为 0～4℃，西部和南部为 4～8℃，波兰、乌克兰等为 6～12℃，英国、德国、法国北部、捷克、匈牙利、罗马尼亚等为 8～12℃，西班牙、法国南部、意大利、南斯拉夫、希腊等为 12～17℃。

非洲　位于热带、亚热带，受热带大陆性气团、赤道海洋性气团、热带海洋性气团及洋流的影响，气温高，年平均气温总的趋势是从赤道向北、向南渐降，但最高值区出现在撒哈拉沙漠南部。阿尔及利亚、利比亚、埃及、摩洛哥等为 20～24℃，撒哈拉南部苏丹草原为 26～28℃，个别地点＞30℃，西非从几内亚至刚果、中非为 24～28℃，沿海较低，内陆较高，苏丹、索马里等大部分为 28℃，埃塞俄比亚高原和肯尼亚高原为 20～24℃，安哥拉、坦桑尼亚、莫桑比克、赞比亚、博茨瓦纳为 20～24℃，南非为 16～20℃。

北美洲　受海洋影响强烈，同时受北极海洋气团、极地大陆气团、热带大陆气团和海洋气团等的影响，年平均气温分布总的趋势由北向南升高。在北部，同纬度西部高于东部，在南部其东部与西部没有明显差异；在加拿大北纬 50° 以北地区为–12～4℃，加拿大南部为 4～8℃，美国北部为 8～12℃，中部为 12～16℃，南部为 16～24℃。

拉丁美洲　中美洲部分除墨西哥高原为 20～24℃外，其余为 24～28℃。南美洲由于受洋流、地形及植被、内陆水体的影响，特别是南部受大西洋和太平洋的影响，温度比北半球同纬度高，平均气温南美洲总的趋势是北部高、南部低，北部为 28℃，向南逐渐降至 7℃。哥伦比亚、委内瑞拉、巴西北部为 26～28℃，巴西中部为 24～26℃，厄瓜多尔、秘鲁为 20～26℃，智利北部、玻利维亚西部为 12～24℃，巴西南部、玻利维亚东部、阿根廷北部、智利中部为 16～20℃，阿根廷、智利南部为 7～16℃。

年平均气温洲际北半球差异较小，仅青藏高原对纬向分布影响最明显。在南半球的南美洲比澳大利亚、非洲的同纬度偏低，除南美洲西部地区海拔比非洲、澳大利亚高外，主要是南美洲降水天气多，植被丰盛，使温度偏低。

(2) 最热月平均气温

亚洲　最热月平均气温从南至北逐渐降低。中国东北和北部地区为 18～24℃，黄河流域为 24～27℃，长江流域为 27～30℃，华南为 28～29℃，青藏高原为 10～20℃，西北为 24～26℃；东南亚为 28～31℃，印度为 30～36℃；中亚的乌兹别克斯坦、哈萨克斯坦等为 24～28℃，巴基斯坦、伊朗为 28～32℃，伊拉克、叙利亚等为 28～34℃，沙特阿拉伯为 32～34℃，俄罗斯亚洲部分的北部为 12～18℃，南部为 18～24℃。

大洋洲 澳大利亚北高南低，北部为 30～31℃，南部、东部为 20～30℃；新西兰为 13～20℃。

欧洲 最热月平均气温呈北低南高，同纬度东高西低，从北部的 12℃至南部的 27℃。俄罗斯北部为 12～16℃，中部至南部为 16～24℃，挪威、瑞典、芬兰为 12～17℃，英国、德国、法国西部为 14～18℃，法国中部、捷克、波兰为 18～20℃，地中海沿岸各国为 20～27℃。

非洲 非洲从撒哈拉地区往南逐渐降低。从南部的 24℃至北部的 36℃。地中海沿岸为 28℃，撒哈拉中心地区为 32～36℃，西非几内亚湾沿岸各国至中非、苏丹南部为 28～32℃，喀麦隆、刚果、坦桑尼亚为 24～28℃，南部非洲为 20～24℃。

北美洲 最热月平均气温从北至南逐渐增高，在北部同纬度的东部低于西部，在南部美国的西海岸低于中部和东部，从北部的 8～10℃至南部的 29℃。加拿大为 8～20℃，美国为 20～29℃。

拉丁美洲 墨西哥高原为 20～24℃。南美洲北部高，南部低，西部由于安第斯山脉的影响比东部偏低，从北部的 28℃至南部的 13℃。哥伦比亚、委内瑞拉等的北部为 28℃，亚马孙河流域的巴西和玻利维亚、阿根廷北部为 24～28℃，阿根廷南部为 13～14℃，厄瓜多尔、秘鲁、智利等山地为 16～20℃，智利南部为 13～16℃。

从非洲撒哈拉地区东延至亚洲西部的沙特阿拉伯、伊朗南部、巴基斯坦南部、印度西北部沙漠是世界高温区，最热月平均气温在 30～36℃，这一地区受高温影响，一般来说农业不发达。欧洲没有特别高温区，北美洲的西南部加利福尼亚南部和墨西哥北部的各地温度高，最热月平均气温为 28～32℃；南美洲没有特别高温区。

(3) 最冷月平均气温

亚洲 冬季受季风的影响，东亚受极地气团影响降温明显，西亚和南亚受变性极地气团的影响降温较小。最冷月平均气温呈北低南高，从北部的–40℃以下至南部的 25℃。中国东北和北部地区为–24～–8℃，黄河中下游为–8～0℃，长江流域为 2～10℃，华南为 10～18℃。朝鲜、日本为–8～5℃，东南亚、印度为 16～26℃，中亚的乌兹别克斯坦、哈萨克斯坦等为–8～0℃，巴基斯坦为 4～19℃，西亚的伊朗、伊拉克、叙利亚以北的地区为 0～16℃，沙特阿拉伯为 14～24℃，土耳其为 4～8℃。

大洋洲 澳大利亚呈北高南低，北部为 16～24℃，中部、南部为 8～16℃；新西兰为 5～10℃。

欧洲 总的趋势是北部低、南部高，冬季受大西洋的影响，同纬度的西部高于东部，最冷月平均气温从北部的–16℃至南部的 10℃。俄罗斯的北部为–16～–12℃，中部为–8～4℃，南部为＞–4℃，北欧的挪威、瑞典、芬兰为–12～0℃，英国、德国、波兰、捷克、匈牙利、法国北部等为–4～4℃，地中海沿岸的南欧地区为 0～8℃，西班牙南部可达 11℃。

非洲 从赤道附近向北、向南降低。赤道附近的西非几内亚、刚果至苏丹南部为 24℃，向北、向南降至 12℃。地中海沿岸的阿尔及利亚、利比亚为 12℃，撒哈拉和苏丹草原为 16～24℃，埃塞俄比亚高原低于 16℃。赤道附近的刚果、坦桑尼亚、安哥拉北部等为 20～24℃，东非高原的肯尼亚降低为 16℃，南部的安哥拉南部、赞比亚、莫桑比克等为 16～20℃，南非、博茨瓦纳等为 12～16℃，南非的高原和山地低至 8℃。

北美洲　从北向南逐渐升高，北部–32℃向南升至 16～20℃，西部高于东部。加拿大北部在 20℃以下，南部农业区为–20～–8℃，加拿大东部、西部之间冬季气温差异很大，如西部的温哥华为 2.9℃，而东部的渥太华为 10.8℃。美国北部为–8～0℃，南部为 0～19℃。

拉丁美洲　北美洲墨西哥高原地区为 12～16℃，其余地区在 24～26℃。南美洲从北向南逐渐降低，从北部的 26℃向南降至 2℃以下。在委内瑞拉、巴西北部为 24～26℃，巴西的中南部为 16～24℃。南部的阿根廷、智利＜12℃，阿根廷南部＜2℃，在西部安第斯山脉北部为 20℃，中部为 8～12℃，秘鲁、厄瓜多尔沿海为 16～20℃。

世界最冷月平均气温的低值中心在亚洲西伯利亚东部，月平均气温低达–48～–40℃。其次是北美洲高纬度地区，低达–35～–30℃。欧洲北部高纬度地区受大西洋流的影响，温度较高，最冷月平均达–16～–12℃。在低纬度地带，低温中心在青藏高原低到–16～–12℃，这些地区的农业生产受到限制。最冷月平均气温低是冬作物向北扩展的限制条件，如中国东北部和北部、西北地区，俄罗斯大部分地区，以及北美洲加拿大都在–8℃以下，冬小麦难以越冬。最冷月平均气温对温带、亚热带作物的扩种有影响，在 0℃等值线以北地区种植亚热带作物很难成功。

2. 中国温度的水平分布格局

王德辉和陈建绥(1984)认为，我国所跨纬度较大，南北温度差值也大。就年平均气温而言(所用资料是 1951～1970 年的)，南海诸岛高于 25℃，黑龙江省北部低于–5℃，相差 30℃多。其分布情况在东半部大致自南向北逐渐降低，在西半部由于地势的影响超过纬度的影响，青藏高原大部分地区年平均气温在 0℃以下，而其北面新疆境内除天山和阿尔泰山区外，大部分地区在 0℃以上，南疆塔里木盆地和吐鲁番盆地的大部分地区还高于 10℃。地形的影响还表现在等温线的疏密程度上，在平原和大高原上等温线比较稀疏，高原边缘和大山脉附近等温线就密集。这一特点无论年内哪一季节，还是平均、最高或最低气温分布都是如此。

我国是季风气候国家，冬夏气温分布有很大的差异。年平均温度不足以说明该地区大气热状况的特点。下面分别叙述四季的温度分布(分别以 1 月、4 月、7 月、10 月为冬、春、夏、秋各季的代表月份)。

(1)冬季

随着冬季风的盛行，10 月北方强冷空气就频繁地从西伯利亚等地入侵我国的蒙新地区和东北地区，强度一次比一次加大，影响范围也逐渐往南扩展，1 月达到鼎盛时期，1 月平均气温也达到全年的最低点，等温线的分布除山地以外，基本上是东西走向。等温线分布的密度是全年最大，从黑龙江省最北部的–30℃以下到台湾省南部和海南岛南部的 20℃以上，平均每一纬度相差约 1.5℃。东北地区是全国最冷的地方，除辽东半岛外，全境 1 月平均温度都在–10℃以下，大兴安岭北部则在–30℃以下；内蒙古自治区、宁夏北部、甘肃北部及新疆的大部分一般都在–22～–10℃，新疆东北部的阿尔泰山地区温度较低，塔里木盆地因有北面天山的阻挡作用而温度稍高于–10℃；青藏高原大部分在–20～

10℃，雅鲁藏布江谷地及横断山脉区在−10～0℃；华北地区在−10～10℃。1 月平均 0℃等温线大致东起淮河下游，经秦岭沿四川盆地的西缘向南至北纬 27°左右，再折向西藏的东南角。此线以南 1 月平均温度都在 0℃以上，长江流域在 0～8℃，四川盆地因秦岭、大巴山等的屏障作用比较暖一些；南岭以南、台湾、云南南部等地则都在 10℃以上。我国各地冬季的温度比北半球同纬度其他地区的要低些。

(2) 春季

4 月平均气温，全国除东北的大兴安岭、新疆的天山西部和青藏高原部分地区外，已都在 0℃以上。从 1 月到 4 月各地增温的程度受各地区云量和降水日数的影响很大，增温程度大致是北方大于南方、内陆大于沿海。东北北部和新疆北部平均每月增温为 9～10℃，东北和新疆的其他地区为 6～8℃，华北地区为 5～6℃，长江流域为 3～5℃，华南地区则只有 2～3℃。4 月南北温差显著变小，从黑龙江省的北部到海南岛的南部，平均每一纬度的温差由 1 月的 1.5℃减到 3 月、4 月的 0.6℃左右。

(3) 夏季

全国各地气温达到最高。这时南北的温度差最小，7 月南北温度梯度东半部平均每一纬度温度差只有 0.2℃左右。淮河流域以南的地区基本上在同一温度水平上，大致在 28～30℃；青藏高原、天山、大兴安岭、小兴安岭等因高度影响而低于 20℃(青藏高原内部温度最低处 7 月平均在 10℃以下)；全国其他地区都在 20～28℃。全国两个最高温中心，一个在鄱阳湖附近，另一个在新疆的吐鲁番盆地，两地 7 月平均温度都略高于 30℃。后者所处纬度虽高，但是在干旱和封闭低洼地势的影响下，成为全国有名的“火州”，7 月平均最高气温在 40℃以上。另外，川东的长江谷地和云南的元江谷地也是一些较小的热中心。全国极端最高温度达 40℃以上的地方多在东部地区的许多河谷低地和西北部的沙漠地区，主要是由地形闭塞或中纬度的大陆性干热空气和副热带高压所造成的(表 3-16)。吐鲁番的 47.6℃是全国之冠，但这还只是盆地近边缘气象站的记录，盆地中心肯定还要高于此数。华南由于高温时期比较长，一天之中高温延续时间也较长，因此平均温度较高，但午后云雨较多，极端最高温度反而低于华中地区。

表 3-16　最热月温度(1951～1970 年平均)及极端最高温度(引自王德辉和陈建绥，1984)

地点	最热月温度/℃	出现月份	极端最高温度/℃	出现日期(年.月.日)	地点	最热月温度/℃	出现月份	极端最高温度/℃	出现日期(年.月.日)
嫩江	20.4	7	38.1	1950.7.29	银川	23.5	7	39.3	1953.7.8
大连	24.7	8	36.8	1939.7.31	安西	25.3	7	43.0	1944.7.13
呼和浩特	21.8	7	38.0	1931.6.15	吐鲁番	33.0	7	47.6	1953.7.24 1956.7.24
北京	26.0	7	42.6	1942.6.15	和田	25.5	7	40.5	1953.7.7 1958.7.12
郑州	27.5	7	43.0	1966.7.19	重庆	28.6	7	42.2	1953.8.19
南京	28.2	7	43.0	1934.7.13	思茅	21.7	6	34.9	1952.5.22
南昌	29.7	7	40.6	1961.7.23	贵阳	24.0	7	39.5	1930.7.18
广州	28.3	7	38.7	1953.8.12	昌都	16.3	7	37.9	1942.6.19
海口	28.4	7	40.5	1933.5.2	拉萨	15.5	6	30.5	1946.6.25

(4) 秋季

9 月高纬度的冷空气开始侵袭我国大陆。10 月等温线分布基本上与 4 月相似。

(二) 各界限温度期间温度的水平分布格局

1. 日平均气温≥0℃期间温度的水平分布格局

(1) ≥0℃持续日数

亚洲　≥0℃期间的日数从北部 110 日向南增至 365 日。中国东北地区为 180～260 日，北部的内蒙古、西北地区为 200～240 日，黄河流域为 260～365 日，青藏高原为 150～300 日，全年≥0℃365 日等值线在秦岭—淮河至青藏高原东缘，沿南侧经阿富汗至土耳其北部沿海。中亚地区的哈萨克斯坦、乌兹别克斯坦等为 220～365 日。俄罗斯亚洲部分北部 110 日，南部达 220 日。

大洋洲　无≤0℃日数，≥0℃日数为 365 日。

欧洲　俄罗斯北部为 180 日，北欧挪威、瑞典、芬兰等为 200～300 日，波兰、乌克兰等为 240～280 日，德国东部为 280～365 日，≥0℃365 日等值线在德国东部、奥地利和保加利亚。

非洲　≥0℃日数为 365 日。

北美洲　北部边缘地区 110～120 日，向南增至加拿大南部 240 日，美国北部为 240 日，增至中部的 365 日。由于落基山脉的影响，西部的日数等值线比东部偏北。

拉丁美洲　≥0℃日数为 365 日。

(2) ≥0℃积温

亚洲　≥0℃积温分布规律是北部少，南部多，从北部＜1000℃至南部＞10 000℃。中国东北地区为 2000～4000℃，北部与西北部为 3000～4000℃，黄河流域中下游为 4000～5200℃，长江流域中下游为 5200～7000℃，华南为 7000～9000℃，青藏高原为＜1000～3000℃。东南亚、印度为 8000～10 000℃；中亚的乌兹别克斯坦、哈萨克斯坦等为 3000～4500℃；伊朗至叙利亚为 6000～9000℃；沙特阿拉伯南部为 9000～10 000℃，土耳其为 4500～6000℃。

大洋洲　澳大利亚北部为 8000～10 000℃，南部 5000～8000℃；新西兰为 3300～5500℃。

欧洲　北纬 60°北＜2000℃，北部最少为 1000℃，从俄罗斯、乌克兰、波兰至波罗的海为 3000℃等值线，从法国北部、匈牙利、罗马尼亚至乌克兰和俄罗斯南部等为 4000℃等值线，在此以南的地中海沿岸区域为 4000～6000℃。

非洲　北部的埃及、阿尔及利亚、利比亚等为 6000～8000℃；撒哈拉南部、苏丹草原为 10 000℃；埃塞俄比亚高原为 7000～8000℃；从西非的几内亚至中非、索马里南部为 9000～10 000℃；安哥拉、刚果南部、肯尼亚、坦桑尼亚至南非北部为 7000～9000℃；纳米比亚和南非南部为 6000～7000℃。

北美洲　加拿大北部＜1000℃，中部为 1500～2000℃，南部为 2000～3000℃，美国北部为 3000～4000℃，中部为 4000～6000℃，南部为 6000～8000℃；一般西海岸比东

海岸同纬度多，如北纬 50°地区西海岸比东海岸多 500℃。

拉丁美洲　北美洲的墨西哥高原为 4000～7000℃，其他地区 9000℃以上。南美洲北部及亚马孙河流域、巴西东部等为 9000～10 000℃，西部安第斯山北段为 7000～8000℃，巴西中南部、玻利维亚、巴拉圭、阿根廷北部等为 7000～9000℃；秘鲁、智利北部、阿根廷中部等为 4000～7000℃；阿根廷与智利南部为 3000～4000℃。

2. 日平均气温≥5℃期间温度的水平分布格局

≥5℃期间的温度条件(≥5℃初日、终日、持续日期、平均气温、积温)的分布规律与≥0℃期间的温度条件相似，同一温度条件的分布位置向南移，如初日在亚洲、北美洲、欧洲同一日期向南移动 2 个纬度，日期比≥0℃初日同一纬度晚 15～20 日，南部差值比北部大，南部可以相差 20～30 日。在南半球的大洋洲、非洲不出现<5℃的温度条件，而南美洲安第斯山中段高海拔地区出现<5℃的时期，≥5℃初日为 7～8 月，终日在 6～7 月，有 2～4 个月≥5℃，南部的阿根廷和智利南部初日在 7～9 月，6 月中旬至 7 月 1 日出现终日。

≥5℃持续日数比≥0℃日数位置南移，如中国全年>5℃地区的 365 日等值线，从≥0℃等值线的淮河流域南移到长江流域南部。世界其他各地也都相应地移动。

≥5℃期间日平均气温等值线比≥0℃等值线位置，北半球相应南移，越往南移动位置越小，南半球没有<5℃的日期，≥5℃平均气温等值线与≥0℃的重合。

≥5℃期间积温比≥0℃期间积温等值线也有南移，但由于 0～5℃的积温值小，大多南移的位置不大，如≥5℃积温 4000℃与≥0℃积温 4000℃的等值线位置相差不明显。积温 7000℃以上的地区没有差异。

3. 日平均气温≥0℃期间温度的水平分布格局

(1)≥10℃持续日数

亚洲　从北部 40 日至南部 365 日。中国东北地区从北至南为 120～200 日，北部和西北地区为 140～200 日，黄河流域中下游为 180～240 日，长江流域中下游为 240～300 日，华南为 300～365 日；朝鲜为 140～230 日；日本北部为 140～200 日，南部为 200～280 日；东南亚、印度、沙特阿拉伯为全年>10℃；中亚哈萨克斯坦、乌兹别克斯坦等为 150～210 日；伊朗、伊拉克、叙利亚为 240～365 日；土耳其和外高加索地区为 200～300 日；俄罗斯亚洲部分的北部为 40～80 日，中部为 80～120 日，南部为 120～150 日。

大洋洲　澳大利亚东南部沿海为 280～365 日；新西兰北部为 365 日，中部和南部为 220～310 日。

欧洲　从北部 50 日至南部 365 日。挪威、瑞典、芬兰、俄罗斯等北部为 50～100 日，中部、南部为 100～150 日，俄罗斯南部可达 160～200 日，南部沿海地区 200～300 日，西班牙南部沿海可达 365 日。

非洲　西北非的阿特拉斯山脉为 300～365 日，南部非洲高原地区为 280～365 日，其余地区全年≥10℃日数为 365 日。

北美洲　从北部 30 日至南部 365 日。加拿大北部<100 日，南部为 100～170 日；美国北部为 160～200 日，中部为 200～300 日，南部为 300～365 日，西部太平洋沿岸比

东部同纬度长 30～60 日。

拉丁美洲　中美洲和南美洲北部＞10℃日数为 365 日，安第斯山脉中段少到 300 日，南部的阿根廷、智利为 160 日，向北至乌拉圭、阿根廷和智利北部逐渐延长至 365 日。

(2)≥10℃积温

亚洲　从北部 500℃至南部 9000～10 000℃。中国东北地区为 1800～3500℃，北部和西北地区为 2500～4000℃，黄河流域中下游为 4000～4800℃，长江流域中下游为 4800～6000℃，华南地区为 6000～9000℃，青藏高原大部分地区＜1000℃，小部分为 1000～3000℃；日本北部为 2000～4000℃，南部 4000～5500℃；东南亚、印度等为 8000～10 000℃，中亚为 3000～5000℃；伊朗至叙利亚一带为 5000～8000℃，沙特阿拉伯为 8000～10 000℃，土耳其及外高加索为 3500～6000℃，俄罗斯亚洲部分的北部为 500～1000℃，中部为 1000～2000℃，南部为 2000～2500℃。

大洋洲　澳大利亚北部为 9000～10 000℃，中部为 7000～8000℃，南部为 4000～6000℃。

欧洲　北部少至 800℃，南部为 6000℃。俄罗斯北部为 1000～2000℃，欧洲中部为 2000～4000℃，南部为 4000～6000℃。

非洲　从南部 5000～6000℃至北部 10 000℃，北部地中海沿岸 6000～8000℃，撒哈拉及其南部的苏丹草原为 10 000℃，在此至赤道以南的地区(西非几内亚湾沿岸各国、刚果、中非、索马里等)为 9000～10 000℃；从坦桑尼亚、肯尼亚、安哥拉至莫桑比克、赞比亚、博茨瓦纳等为 7000～8000℃，纳米比亚沿海为 5000～7000℃。

北美洲　从北部 500℃至南部 8000℃。加拿大北部为 500～1500℃，中部为 1500～2000℃，南部为 2000～3000℃；美国北部为 3000～4000℃，中部为 4000～6000℃，南部为 6000～8000℃。

拉丁美洲　中美洲的部分高原地区为 5000～6000℃，其余地区为 8000～10 000℃，南美洲从北部 10 000℃至南部 2000℃。巴西北部和中部、委内瑞拉、哥伦比亚为 8000～9000℃，哥伦比亚和委内瑞拉沿海平原达 10 000℃，巴西南部至阿根廷北部为 6000～8000℃，阿根廷和智利中部、乌拉圭等为 4000～6000℃，其南部为 2000～4000℃。

(三)温度的垂直分布格局

温度的垂直分布格局是指某一特定地区温度随着海拔的升高而表现出的有规律性的变化。大量的研究表明，温度的垂直分布格局总体的趋势是随着海拔的升高，温度逐渐下降，下降幅度因山体不同而异，现举例说明如下。

1. 长白山温度的垂直分布格局

田杰等(2012)利用 HOBO Onset 自动温度记录仪于 2009 年 5 月至 2010 年 5 月对长白山北坡 6 个海拔梯度的气温进行了连续监测。结果显示，长白山年平均气温直减率为 0.3℃/100m。平均最高气温及全年日平均气温沿着海拔梯度呈一次曲线性变化，而月平均最低气温与海拔呈明显的线性负相关，极端温度沿海拔变化不明显，现分述如下。

(1) 平均气温

长白山年平均气温随海拔升高逐渐降低(表 3-17)。其中，年平均气温从海拔 1400m 的–0.8℃下降到海拔 2100m 的–3.2℃，直减率为 0.3℃/100m。8 月月平均气温最高，为最热月，从海拔 1400m 的 15℃下降到海拔 2100m 的 12.5℃，直减率为 0.3℃/100m；1 月月平均气温最低，为最冷月，从低海拔(1400m)的–16.5℃下降到高海拔(2100m)的–17.4℃，直减率为 0.1℃/100m。全年月平均气温只有 6～10 月高于 0℃，故可将 6～10 月划成暖季，其他季节划成冷季。

表 3-17　长白山北坡不同海拔的月平均气温(℃)和年平均气温(℃)(引自田杰等，2013)

海拔	1 月	2 月	3 月	4 月	5 月	6 月	7 月	8 月	9 月	10 月	11 月	12 月	年平均
1400m	–16.5	–13.9	–10.4	–2.8	3.2	11.4	14.6	15.0	10.0	2.9	–7.7	–14.8	–0.8
1600m	–17.0	–15.1	–11.8	–5.5	0.9	9.2	12.7	13.8	8.4	1.4	–8.5	–15.4	–2.2
1800m	–17.5	–15.9	–12.7	–7.6	–0.5	8.5	12.1	12.9	8.1	0.7	–8.8	–15.9	–3.0
1900m	–17.3	–15.7	–12.5	–7.7	–0.7	8.3	12.0	13.0	8.2	0.7	–8.6	–15.7	–3.0
2000m	–17.6	–16.1	–12.8	–8.2	–1.1	8.0	11.7	12.6	7.8	0.4	–8.8	–16.1	–3.4
2100m	–17.4	–15.9	–12.5	–7.5	–0.6	8.1	11.7	12.5	7.7	0.4	–8.6	–15.9	–3.2
直减率/(℃/100m)	0.1	0.2	0.2	0.5	0.4	0.4	0.3	0.3	0.3	0.3	0.1	0.1	0.3

(2) 月平均最高、最低气温

由图 3-23 看出，长白山北坡月平均最高、最低气温与年平均气温随海拔升高呈现下降趋势。其中，月平均最高气温沿海拔变化呈非线性关系，在海拔 2000m 左右达到最低值，用二次方程拟合效果较好：$y=10^{-5}x^2-0.0438x+43.833$ ($R^2=0.9925$，$P<0.05$)；年平均气温具有十分相似的变化规律，拟合方程：$y=7.0\times10^{-6}x^2-0.0279x+24.514$ ($R^2=0.9881$，$P<0.01$)。而月平均最低气温与海拔呈明显的线性负相关($y=-0.0013x-4.0558$，$R^2=0.897$，$P<0.01$)。

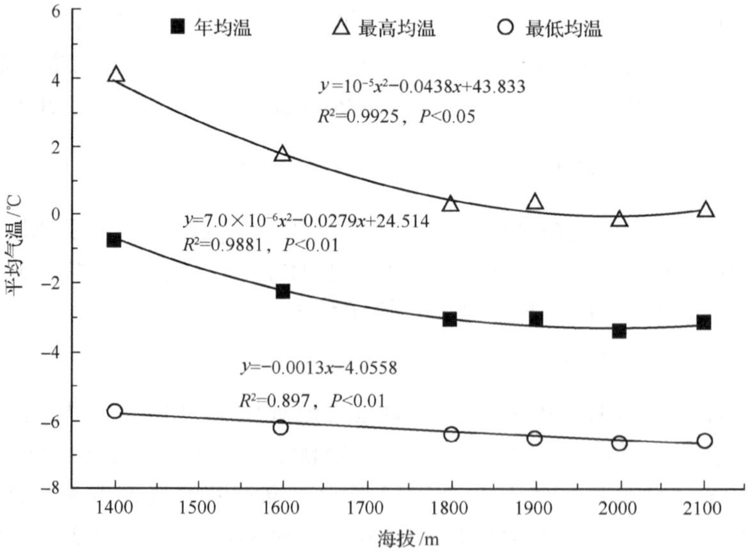

图 3-23　长白山北坡月平均最高气温、平均最低气温和年平均气温随海拔的变化关系(引自田杰等，2012)

(3)积温

从表 3-18 和图 3-24 可以看出，日平均气温≥0℃、≥5℃和≥10℃的积温变化十分明显：随着海拔的升高，各积温值显著下降，且呈二次曲线性下降。低海拔(1400m)≥10℃积温约为 1392.9℃，而高海拔(2100m)只有约 949.8℃。在持续时间上，集中在 7～8 月，海拔 1400m 最长，为 97 天，而海拔 2100m 最短，为 73 天。≥0℃、≥5℃积温变化趋势均和≥10℃积温相似，且直减率较为接近，但≥0℃与≥5℃积温的开始提早约 1 个月，而结束推迟约 1 个月；≥5℃与≥10℃积温相比也是开始提早 1 个月，而结束推迟 1 个月。因而，从低海拔(1400m)与高海拔(2100m)，日平均气温≥0℃、≥5℃和≥10℃稳定开始至结束的各积温期限相差近 2 个月，即大致为海拔每升高 100m，日期平均减少约 4 天。

表 3-18　长白山北坡不同海拔日平均气温(引自田杰等，2013)

海拔/m	日平均气温≥0℃		日平均气温≥5℃		日平均气温≥10℃	
	持续日数/d	积温/℃	持续日数/d	积温/℃	持续日数/d	积温/℃
1400	185	1870.4	143	1757.8	97	1392.9
1600	166	1538.5	134	1470.0	79	1062.9
1800	158	1457.7	124	1360.6	76	1003.5
1900	159	1452.2	125	1361.9	76	1003.0
2000	156	1397.2	123	1308.0	74	955.7
2100	159	1398.4	123	1309.3	73	949.8

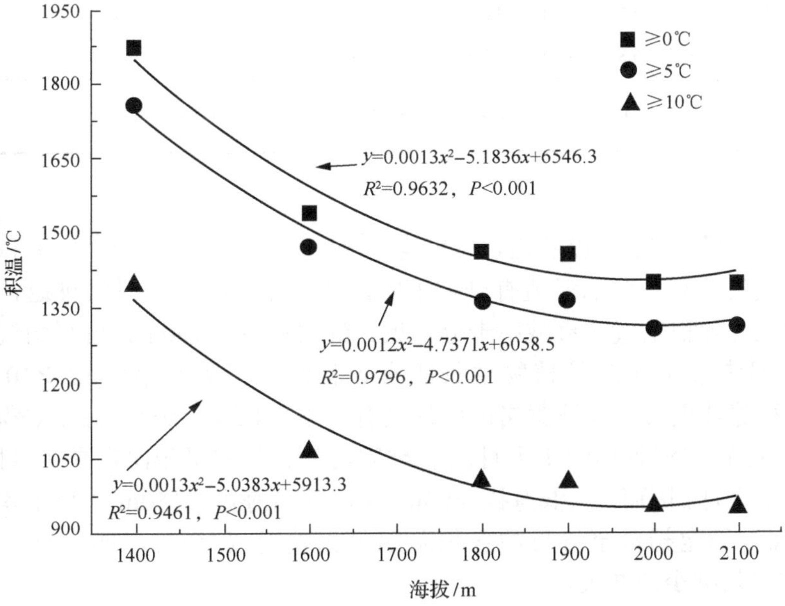

图 3-24　长白山北坡积温随海拔的变化(引自田杰等，2012)

2. 武夷山温度的垂直分布格局

郑成洋和方精云(2004)利用 HOBO Onset 自动温度记录仪于 2001 年 11 月至 2002 年 11 月对福建武夷山东南坡黄岗山 7 个不同海拔地点的气温进行了观测，现将其研究结果分述如下。

(1)平均气温

从表 3-19 可以看出，福建武夷山东南坡黄岗山平均气温随着海拔升高呈明显下降趋势。年平均气温从海拔 800m 的 15.0℃下降到海拔 2150m 的 9.7℃，直减率为 0.43℃/100m。1 月月平均气温最低，从低海拔(800m)的 6.4℃下降到高海拔(2150m)的 1.5℃；7 月月平均气温最高，从低海拔(800m)的 23.1℃下降到高海拔(2150m)的 17.6℃。同时，从表 3-19 还可以看到，各月的平均气温直减率差别较大。冬季直减率较低，其中 12 月最小(0.26℃/100m)；夏季和秋季直减率较大，9 月最大(0.56℃/100m)。

表 3-19　福建武夷山东南坡黄岗山不同海拔的月平均气温(℃)和年平均气温(℃)

海拔	1 月	2 月	3 月	4 月	5 月	6 月	7 月	8 月	9 月	10 月	11 月	12 月	年平均
800m	6.4	9.0	12.1	16.0	18.6	21.8	23.1	22.6	20.1	14.4	9.9	6.5	15.0
1150m	6.0	8.1	11.3	15.2	17.5	20.8	22.0	21.6	19.1	15.7	10.4	6.1	14.5
1350m	5.0	7.0	10.2	14.2	16.4	19.8	21.0	20.5	17.8	13.5	8.8	5.2	13.3
1550m	3.5	5.7	9.0	13.2	15.2	18.5	19.6	19.0	16.0	12.4	7.2	4.2	12.0
1750m	3.2	5.8	8.7	12.9	14.1	17.3	18.3	17.8	14.9	11.0	6.2	4.5	11.2
1950m	2.7	5.3	7.6	12.1	13.2	16.2	17.2	16.6	13.7	11.0	5.5	4.1	10.5
2150m	1.5	4.3	6.8	11.5	12.9	15.9	17.6	16.5	13.3	9.1	4.0	2.8	9.7
直减率/(℃/100m)	0.38	0.35	0.41	0.35	0.46	0.48	0.47	0.51	0.56	0.45	0.48	0.26	0.43

(2)积温

从表 3-20 和图 3-25 可以看出，日平均气温≥0℃、≥5℃和≥10℃的积温变化表现为：随着海拔的增高，各积温值有一定下降，达到稳定初日的时间推迟，终日提早，持续日数缩短。各积温值的直减率十分接近，约 185.0℃/100m。日平均气温稳定通过≥10℃的积温常被用作温带植物生长的有效积温。低海拔(800m)≥10℃积温约为 4000℃，而福建武夷山东南坡黄岗山山顶只有约 2000℃，≥0℃与≥5℃积温相比初日提早约 1 个月，而终日推迟约 1 个月；而≥5℃与≥10℃积温相比也是初日提早 1 个月，而终日推迟 1 个月。因而，从低海拔(800m)与山顶高海拔(2150m)，日平均气温≥0℃、≥5℃和≥10℃稳定初日至终日的各积温期限相差近 2 个月，即大致为海拔每升高 100m，日期平均减少约 7 天。

表 3-20　福建武夷山东南坡黄岗山不同海拔日平均气温≥0℃、≥5℃和≥10℃的积温、初日、终日和持续日数(引自郑成洋和方精云，2004)

海拔/m	日平均气温≥0℃				日平均气温≥5℃				日平均气温≥10℃			
	初日(日/月)	终日(日/月)	持续日数/d	积温/℃	初日(日/月)	终日(日/月)	持续日数/d	积温/℃	初日(日/月)	终日(日/月)	持续日数/d	积温/℃
800	1/1	20/12	354	5471.0	4/2	11/12	311	5213.1	11/4	31/10	204	4016.4
1150	1/1	19/12	353	5269.6	6/3	11/12	281	4766.6	11/4	31/10	204	3898.1
1350	1/2	19/12	321	4686.9	6/3	12/11	252	4152.0	26/4	17/10	175	3256.4
1550	2/2	12/12	314	4244.5	11/4	12/11	216	3454.7	26/4	16/10	174	3002.0
1750	2/2	12/12	314	3973.9	11/4	1/11	205	3141.9	18/4	23/9	159	2631.1
1950	6/3	12/11	252	3346.1	11/4	11/11	215	3031.4	26/5	21/9	119	1938.6
2150	6/3	12/11	252	3205.7	11/4	28/10	201	2848.7	26/5	21/9	119	1922.2

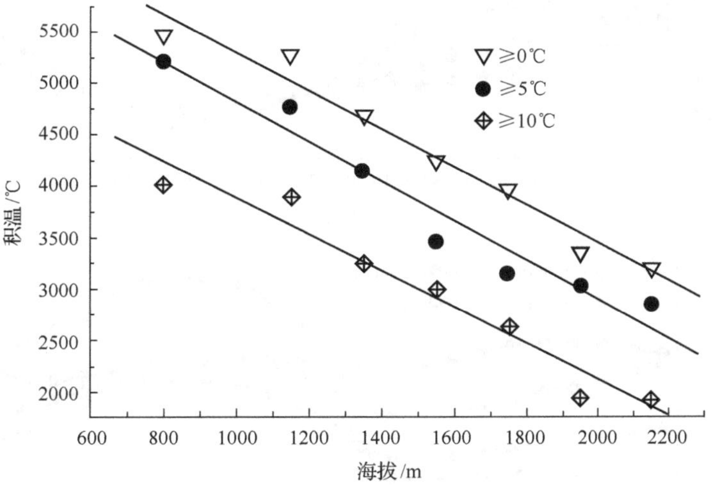

图 3-25　武夷山东南坡积温随海拔的变化(引自郑成洋和方精云，2004)

3. 珠穆朗玛峰温度的垂直分布格局

秦翔等(2013)利用不同海拔(5207m、5550m、5792m 和 5955m)的 4 个自动气象站和高空探测资料，分析了珠穆朗玛峰(以下简称珠峰)北坡近地面和自由大气的温度分布的梯度变化特征，从 2007 年 5 月至 2008 年 7 月珠峰北坡不同海拔四季气温的平均日变化特征(图 3-26)可看出，春季气温极小值除了 5550m 站出现在 07:00 以外，其他 3 个测站均出现在 08:00，5207m、5550m 站的气温上升速率要比 5792m、5955m 站快，夏季 5207m、5550m 站和 5792m、5955m 站气温变化趋势相反，前者温度白天高、夜晚低，在 14:00 左右达到最大值，后者温度白天低、夜晚高，在 17:00 左右达到最小值，秋、冬季 5550m 站气温平均日变化比较平稳，而其余 3 个测站都在 10:00 左右开始升温，15:00 左右达到最大值，呈现出白天高、夜晚低的特点。

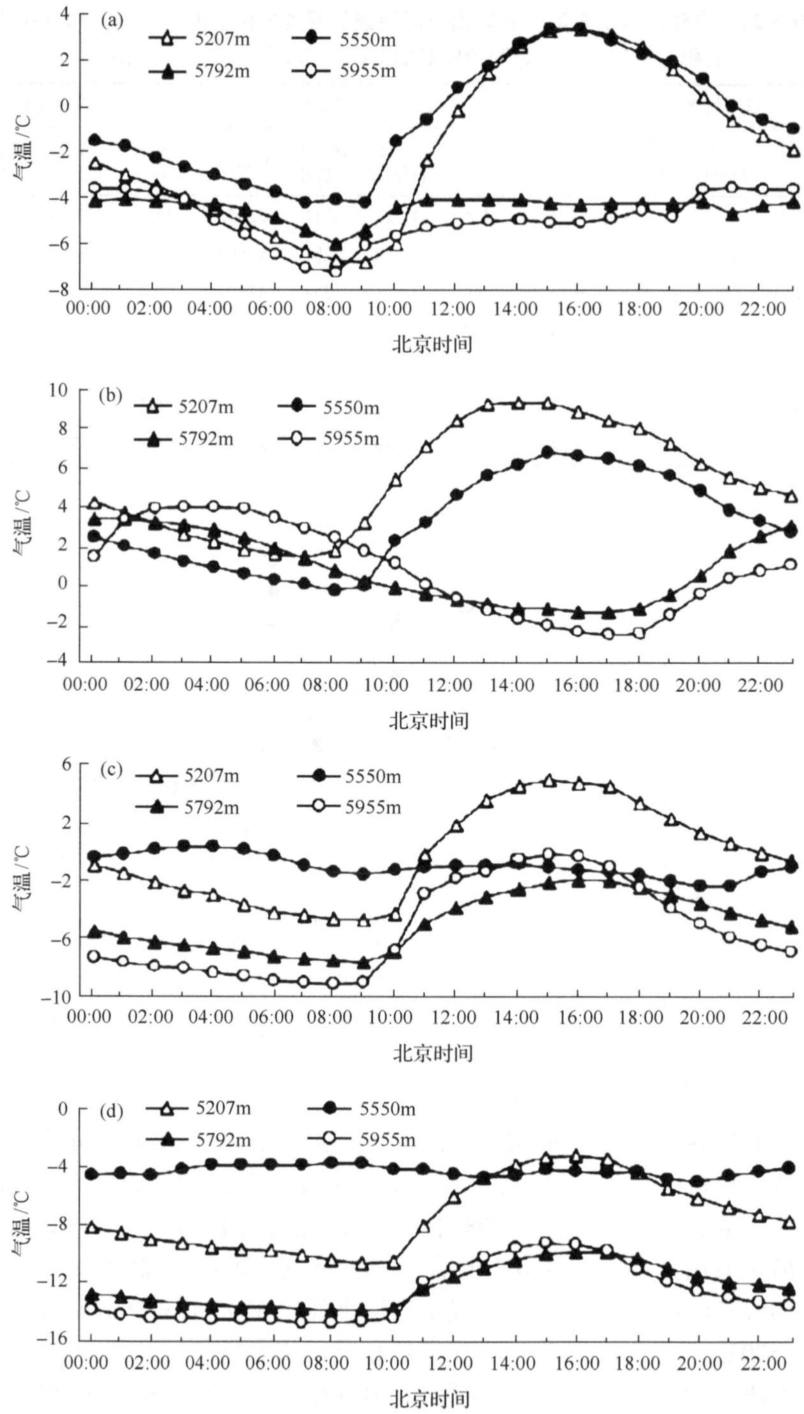

图 3-26　2007 年 5 月至 2008 年 7 月珠峰北坡不同海拔四季气温的平均日变化特征(引自秦翔等，2013)

(a)为春季；(b)为夏季；(c)为秋季；(d)为冬季

从 2007 年 5 月至 2008 年 7 月珠峰北坡不同海拔的气温年平均日变化[图 3-27(a)]看出，4 个测站的气温都在 15:00 左右达到最高值，除 5550m 站在 09:00 达到最低值外，其他 3 个测站均在 08:00 达到最低值，5207m 站的升温速率最快，5550m 站次之，5792m 和 5955m 站最小。这表明随着海拔的升高，气温的升温速率减小。从 4 个测站和定日气象站月平均气温变化[图 3-27(b)]看出，定日月平均最高气温出现在 8 月，为 12.5℃，5207m、5550m、5792m 和 5955m 站月平均最高气温分别为 5.7℃、4.0℃、1.4℃和 1.3℃，分别出现在 8 月、7 月、7 月和 8 月；月平均最低气温分别为–9.3℃、–6.5℃、–14.8℃和–15.4℃，分别出现在 1 月、3 月、1 月和 1 月。上述 4 个测站的气温年变化幅度(最暖月与最冷月的月平均气温差)分别为 15.0℃、10.5℃、16.2℃和 16.7℃。

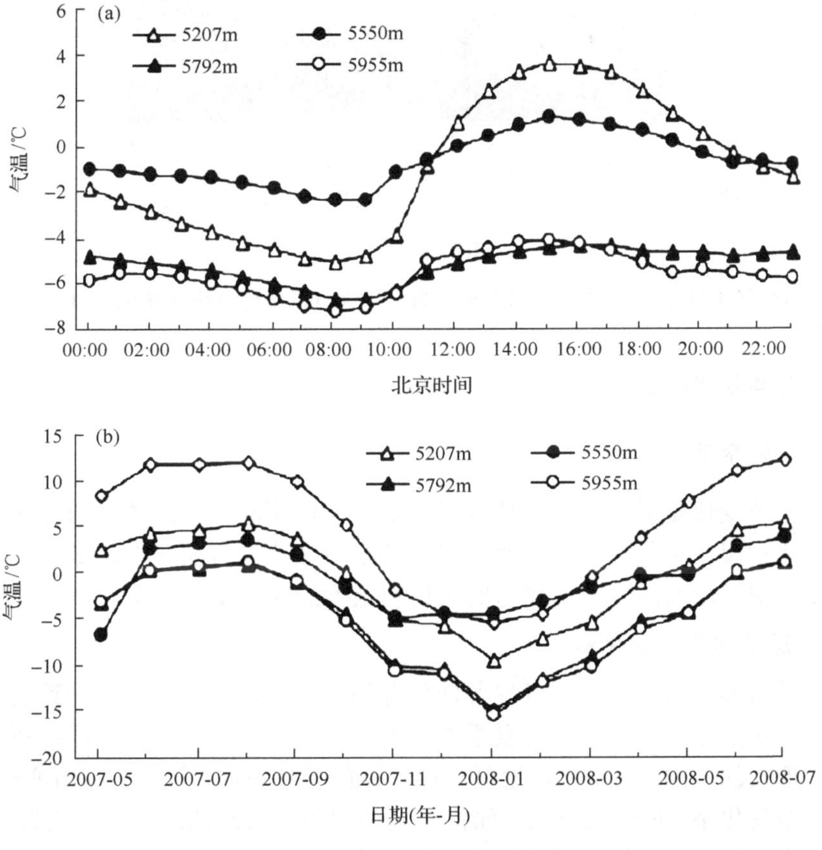

图 3-27　2007 年 5 月至 2008 年 7 月珠峰北坡不同海拔测站气温的年平均日变化(a)和月平均变化(b)比较(引自秦翔等，2013)

为了比较全面地了解珠峰北坡地区的气温分布情况，利用探空资料分析了珠峰北坡地区自由大气温度随海拔的变化，如图 3-28 所示，白色区域为缺测。从图 3-28 可看出，在海拔 5200～18 000m，自由大气温度随海拔增加呈现出线性递减的特点，再往上开始出现逆温层，珠峰北坡自由大气的温度日变化较近地层平稳。

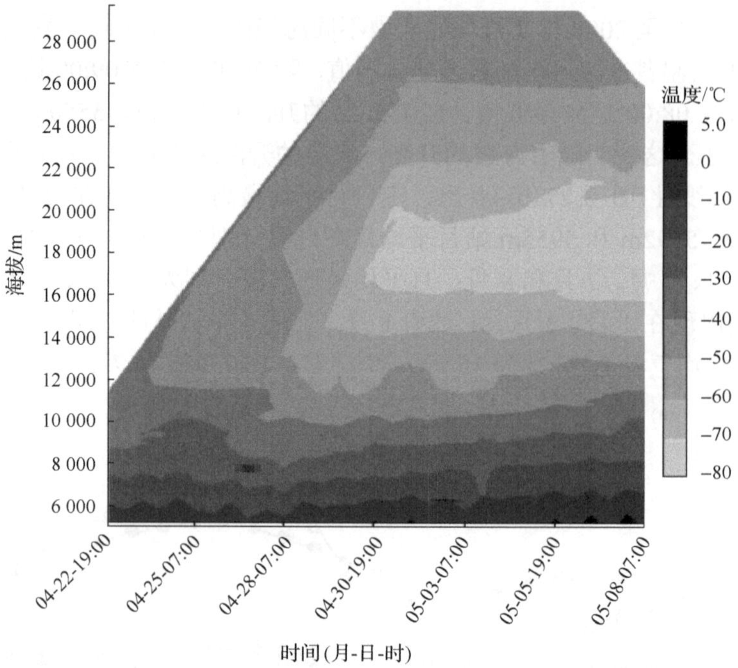

图 3-28　2007 年 4 月 22 日至 5 月 8 日珠峰北坡自由大气温度随海拔的变化(引自秦翔等，2013)

二、温度的时间变化动态

(一)温度的季节变化动态

温度的季节变化是指某一特定地区温度随着年内不同月份或季节的变化而呈现的有规律性的变化状况。大量的研究表明，温度的季节变化具有明显的地域性和季节性。现以世界温度和中国温度的季节变化为例来说明温度的季节变化动态。

1. 世界温度的季节变化动态

据崔读昌(1994)研究，发现世界各地气温的季节变化总的趋势是一致的，夏季高、冬季低。这是决定温带农业集中在夏季的基本原因，也是引起世界喜温和喜凉作物的不同季节生产形式的原因，但是不同地区形成气候的条件不同，气温的季节变化也有差异。热带地区季节变化小，温带变化大，如位于热带的印度马德拉斯的年较差为 8.2℃，位于温带的郑州为 27.6℃；高原地区变化小，低海拔变化大。例如，拉萨(海拔 3648m)年较差为 17.7℃，而重庆(海拔 259m)为 21.1℃，受大西洋影响的摩尔曼斯克(俄罗斯)变化小，年较差为 22.7℃，而受北冰洋影响的迪克森(俄罗斯)为 32.3℃；受日照时数季节变化的影响有不同的温度季节变化，如金沙萨(刚果)春、秋日照时数较多、气温较高，夏季和冬季温度偏低。世界气温季节变化的这些差异对农业生产安排有影响，如热带的作物生产不受温度的影响，高原作物生产的季节安排受气温季节变化限制，大西洋影响的气温对冬作物生产有利，大多数地区的气温夏季高、冬季低，适宜安排喜温和喜凉作物生产。

世界气温的季节变化有下列三种明显的类型。

(1)剧变型

剧变型是指夏季与冬季气温较差大的一种温度变化类型，如俄罗斯的雅库次克、中国的哈尔滨等差值大，中国的郑州变化也较大，北美洲的加拿大、美国东部的偏北地区季节变化都较大。这种类型的农业生产易发生冻害，如冬季越冬作物冻害，早春、秋季果树冻害等。

(2)缓变型

缓变型是指夏季与冬季气温较差较小的一种温度变化类型，如热带、高原地区作物生产的温度季节变化小，灾害也小，但季节性的作物生产多样性受到限制，热带地区不能种喜凉作物，高海拔地区不能种喜温作物。

(3)随干湿季变化型

随干湿季变化型是指干季出现全年最高温度，而雨季出现全年最低温度的一种变化类型，如东南亚、南亚地区，温度最高月出现在干季期的春季 5 月前后，冬季较低，雨季也较低。温度季节变化的这种类型一般对农业生产不产生明显影响。

2. 中国温度的季节变化动态

王德辉和陈建绥(1984)认为，全国各地月平均温度只有一个最高值和一个最低值(图 3-29)。绝大部分地区的月平均气温最低值出现在 1 月，个别在 2 月，最高值一般出现在 7 月，有些地区出现在 6 月、8 月，甚至 5 月。这种 1 月最低、7 月最高的气温年变化型是大陆性气候的特征。在沿海地区因受海洋的调节作用，最低和最高平均温度出现的月份会稍有延迟。但我国沿海地区正处于欧亚大陆的东岸，冬季气流主要从偏西方向吹过来，大陆的影响远远超过海洋的影响，最低月平均温度仍然出现在 1 月。夏季最热月虽然延迟到 8 月，但其数值也接近或稍高于 7 月(如大连、青岛、舟山等)。云南南部、西藏的雅鲁藏布江谷地及海南岛的部分地区 6 月气温略高于 7 月，如思茅、拉萨、儋州。

虽然温度年变程一高一低的特点是一致的，但各地温度年变程的快慢各有不同。在沿海和南方湿润气候地区年变化曲线表现很平缓，内陆干燥地区则变化陡急，前者如上海、福州、广州等，后者如海拉尔、酒泉、哈密等。西南地区的云贵高原和青藏高原(如贵阳、昆明、拉萨等)气温年较差也比较小，这是因为这些地区地势高、夏季温度较低，而冬季寒潮不易侵袭，温度下降的程度又不如东部平原地区那样剧烈。

全国气温年较差的分布情况总的趋势是由南向北逐渐加大。黑龙江省的大部分和新疆天山北麓的准噶尔盆地年较差都在 40℃以上，最大可接近 50℃。黄河流域在 30℃左右。长江中下游在 24～26℃，两湖盆地的年较差明显地比东西两侧地区大些。这是因为该地区地势较低，冬季冷空气滞留时间较久，温度低，如海南岛南部及台湾省中部山地则小于 10℃。青藏高原的念青唐古拉山以南地区因受西南季风的影响，夏季云雨较多，而使气温年较差低于 20℃，往北逐渐加大到 28℃左右。云南省昆明等地年较差约 12℃，但 7 月平均温度只有 20℃左右，所以有“四季如春”之说，但一些河谷中仍很热。

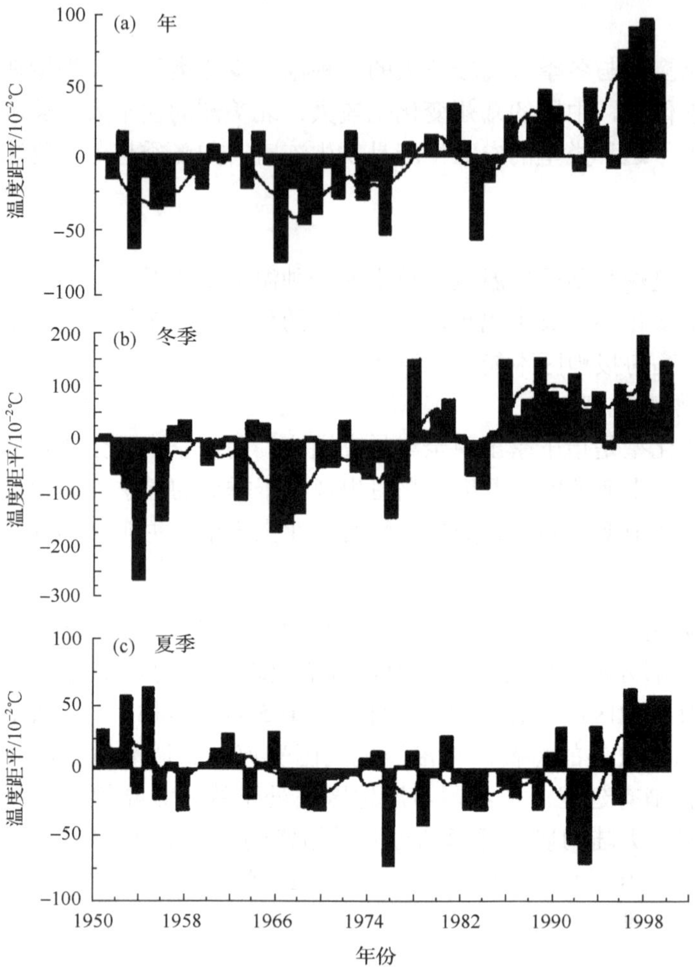

图 3-29　我国西北地区年(a)、冬季(b，12～2 月)和夏季(c，6～8 月)平均温度距平的年际变化(引自于淑秋等，2003)

图中直方图为温度距平，粗实线为 5 年滑动平均

(二)温度的年际变化动态

温度的年际变化动态是指某一特定地区在不同时间内温度在不同年际发生的有规律性的变化。大量的研究表明，温度的年际变化动态呈现周期性的波浪式波动。现以于淑秋等(2003)用近 50 年的每月温度资料研究我国西北地区的温度变化为例来说明，发现我国西北地区年、冬季和夏季平均温度在 1986 年以前基本上以负距平为主，1986 年以后变成以正距平为主。表 3-21 给出了统一以 1986 年为跃变点跃变前后的平均及其差值。由表 3-21 可见，跃变前平均温度距平为–0.19℃，跃变后为 0.32℃，跃变后比跃变前西北地区年平均温度上升 0.51℃。跃变后全区的年平均温度比跃变前都增加，主要增温区在内蒙古、陕西和宁夏及新疆西北部，增温都在 1.00℃以上，如锡林浩特、呼和浩特、陕坝、兰州和阿勒泰等站增温都在 1.50℃左右。

表 3-21　西北地区温度距平跃变前后的平均及其距平差(引自于淑秋等，2003)　(单位：℃)

季节	跃变前平均(1951～1985 年)	跃变后平均(1986～2000 年)	跃变前后距平差(跃变后减跃变前)
冬季	–0.35	0.92	1.27
春季	–0.08	0.20	0.28
夏季	–0.02	0.06	0.08
秋季	–0.11	0.29	0.40
年平均	–0.19	0.37	0.51

由图 3-29 可见，冬季温度距平的年际变化类似于年平均，也是波浪式地上升，跃变前冬季平均温度距平为–0.35℃，跃变后为–0.92℃，跃变后比跃变前冬季平均温度上升了 1.27℃(表 3-21)。除西藏部分地区外，全区大部分地区冬季增温都在 1.00℃以上，主要增温区在内蒙古西部和新疆西北部，如多伦、呼和浩特、兰州、吐鲁番、阿勒泰和乌鲁木齐等站冬季增温都在 2.00℃以上。另外，由图 3-29 可见，年平均温度距平的变化是波浪式地上升，夏季平均温度为 16.8℃，但增温最小。可见，其变化曲线与冬季有较大的差异。

从不同年际来看，20 世纪 50 年代至 60 年代初温度较高，为正距平，以后温度下降，至 90 年代初达最低，以后又逐步上升。跃变前后的温度差为 0.08℃(表 3-21)。主要增温区在西北地区的东部，大部分地区增温不到 0.50℃，但有的地方，如张家口、呼和浩特、包头、延安和塔城等站增温都在 1.00℃以上。新疆东北部跃变后的温度比跃变前下降，如库车和哈密等站降温也都在–0.50℃以上。

春季平均温度为 8.0℃，它的年际变化和夏季有些类似。20 世纪 50 年代至 60 年代初以正距平为主，温度上升；60 年代中至 80 年代中以负距平为主，温度下降；80 年代末温度又上升。跃变前后全区平均温度上升 0.37℃(表 3-21)。除了新疆西北部和内蒙古西部增温超过 0.50℃外，全区增温不到 0.50℃。

秋季的温度变化类似于冬季，在 1986 年前温度以负距平为主，此后以正距平为主，跃变前后全区平均温度上升了 0.40℃(表 3-21)。除了内蒙古西部和甘肃部分地区增温超过 0.50℃外，全区增温不到 0.50℃。

(三)温度的日变化动态

温度的日变化动态是指某一特定地区在 24h 内温度发生的有规律性的变化。一般来说，陆地上一天中的气温有一个最高值和一个最低值，日出前后气温降到最低，日出后气温逐渐升高，夏季 14～15 时，冬季 13～14 时升至最高，以后气温又开始下降，直到次日的日出前后。但是，在复杂天气条件下，如强冷暖空气影响、晴天、阴雨天交替出现时，以及中小尺度强对流天气系统的影响等，都会使实际气温的日变化与平均日变化特征产生很大的差别。现以谢静芳和金顺梅(2003)对长春市不同天气条件下的气温日变化为例来说明。

1. 晴天条件下气温的日变化特征

晴天时，气温日变化主要受太阳辐射的影响。图 3-30 是 1998 年 2 月 24～26 日(少云、微风、没有冷暖空气影响)的气温日变化曲线与多年平均日变化曲线。由图 3-30 可以看出，晴天时气温日变化主要有三个特征：①日变化十分显著，特征比较一致；②日平均气温明显高于同期平均值；③白天升温率、夜间辐射降温率和气温日较差都明显大于气候平均值。

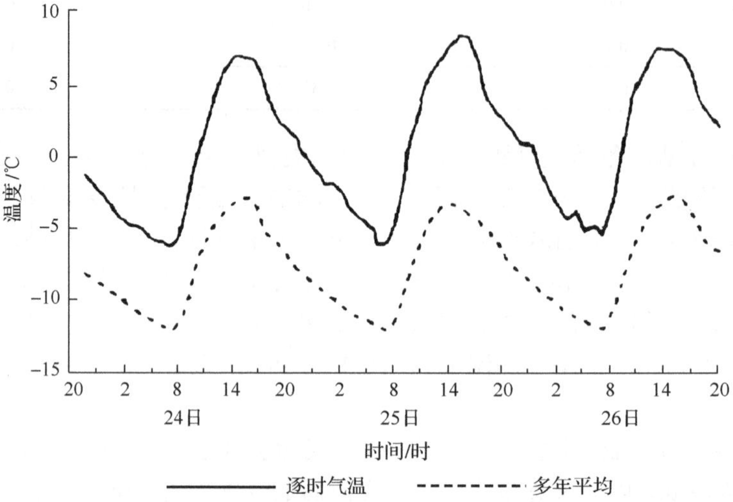

图 3-30　1998 年 2 月 24～26 日晴空微风条件下气温日变化特征(引自谢静芳和金顺梅，2003)

2. 冷暖空气影响时气温的日变化特征

冷暖空气团的影响及其交替活动对气温日变化具有显著影响。冷暖空气强度较弱、移动速度较慢时，可使气温日变化的幅度发生改变；冷暖空气强度强、移动速度快时，常会造成气温的持续下降(上升)，使气温日变化特征发生显著改变，甚至完全失去了正常的基本形态特征。

图 3-31 是一次强冷空气活动过程的气温变化曲线和对应的气温平均日变化曲线。

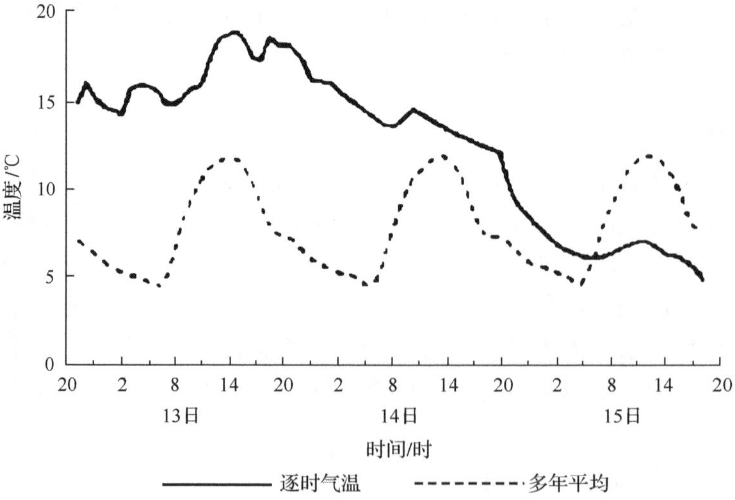

图 3-31　1995 年 10 月 13～15 日强冷空气影响时气温日变化特征(引自谢静芳和金顺梅，2003)

图 3-31 中，14 日 4 时到 15 日 6 时，气温呈连续下降趋势，14 日 7～9 时的气温变化趋势与正常情况完全相反，9～11 时，尽管气温有短暂微弱的上升，但很快又继续下降。15 日尽管还有微弱的日变化特征，但与正常气温日变化差距很大，并且极端气温出现的时间也与正常情况完全不同，日最低气温出现在 8～9 时，最高气温出现在 14 时。

图 3-32 是一次暖空气与冷空气交替影响时气温逐时变化曲线。受暖气团影响，气温从 23 日 22 时前后开始上升，23 日 22 时～24 日 5 时，气温呈反常的上升变化趋势；日出后，5～14 时，气温的上升率明显大于平均值。明显降温是从 25 日 2 时前后开始的，由于强冷空气的作用，2～5 时的气温下降率比正常的夜间辐射降温率明显增大；5 时以后，按正常日变化规律，气温应开始上升，但 25 日 5～20 时气温呈波动下降趋势，其间有降水天气；25 日夜间，冷空气势力减弱，气温下降率接近正常值。26 日开始转受暖空气影响，由于暖空气是从白天开始影响的，5～16 时气温大幅度上升，日较差达到 20℃，超过平均日较差近一倍。

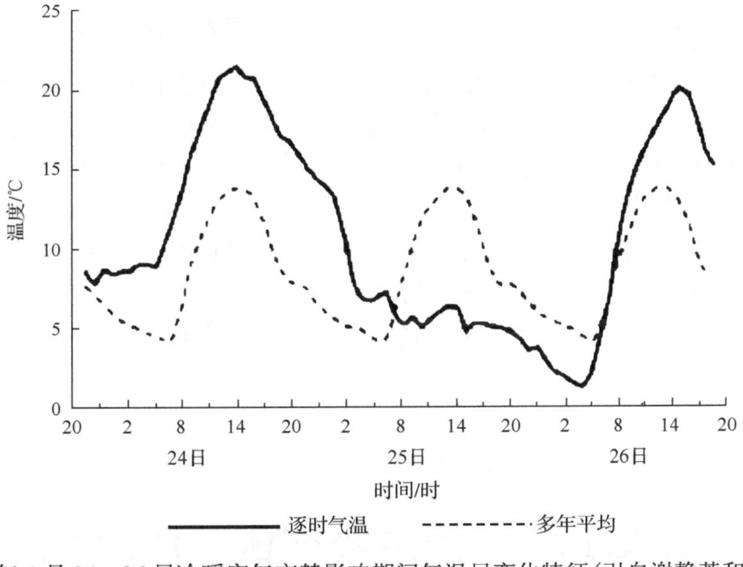

图 3-32　1995 年 4 月 24～26 日冷暖空气交替影响期间气温日变化特征（引自谢静芳和金顺梅，2003）

图 3-33 是一次强暖空气影响过程的气温逐时变化曲线。由图 3-33 可以看出，暖空气影响开始时间约为 11 日 16 时，17～1 时由于暖平流的作用，气温呈反常的上升变化；12 日 1～8 时气温少变；8～17 时气温变化曲线的形态与正常变化趋势一致，但由于有云盖的影响，变化幅度明显小于正常值。13 日虽然在暖气团的控制下气温较高，但由于没有暖平流的影响，气温日变化幅度和特征已接近平均情况。

3. 阴天时的气温日变化特征

由于云层直接影响到达地面的太阳辐射总量和地面的长波辐射，阻止地面向外发射的长波辐射，增加了向地面的长波辐射。因此，云的变化也会影响近地面层气温的变化。当云量明显增多时，使白天的气温上升率和夜间气温下降率明显减小，并进而导致气温日较差明显减小。

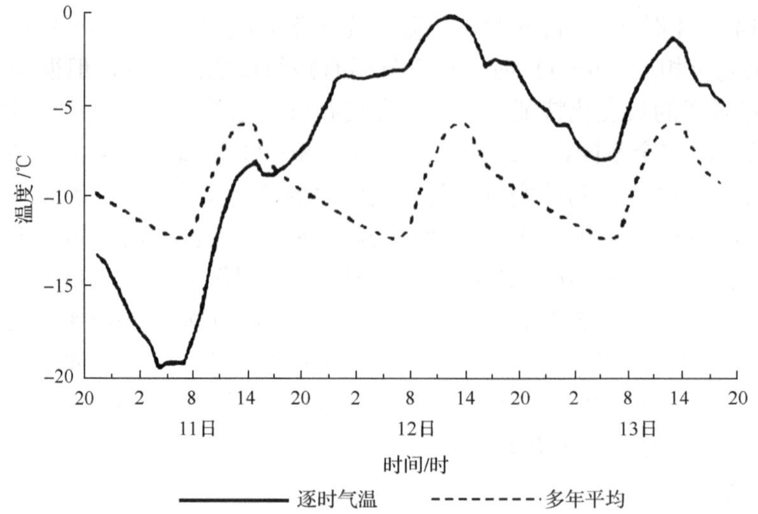

图 3-33　1998 年 12 月 11～13 日强暖空气影响时气温日变化特征(引自谢静芳和金顺梅，2003)

图 3-34 给出了 1995 年 10 月 22～24 日气温与云量日变化特征，它反映了云对气温日变化的影响。22 日没有降水，8 时前平均总云量超过 8 成，但 8 时以后平均总云量小于 2 成，所以白天的气温仍有正常的日变化特征；23 日没有明显的冷暖空气影响，日降水量仅为 1.5mm，平均总云量超过 8 成，气温变化主要受云的影响。23 日气温日较差仅 2℃，约为正常日变化的 1/4。气温变化趋势平缓。23 日夜间，随着冷空气的侵入，总云量减为 0，气温也开始明显下降。24 日日降水量为 1mm，但是当白天天气再度转阴后，气温变化又趋平缓。由此可见，云对气温日变化的影响是十分显著的。

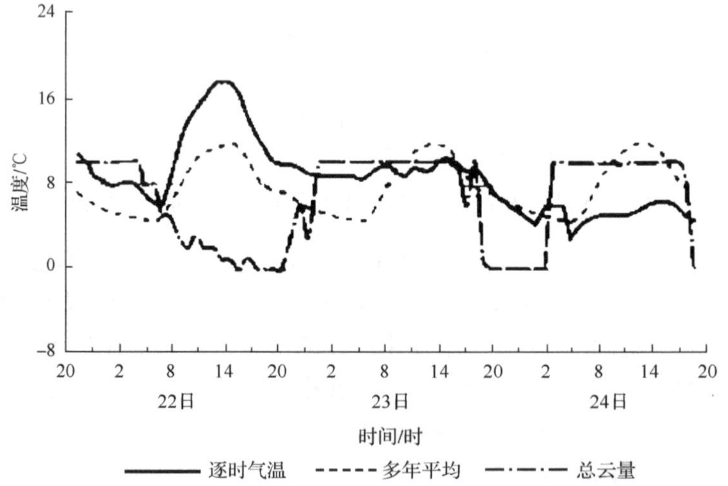

图 3-34　1995 年 10 月 22～24 日气温日变化特征(引自谢静芳和金顺梅，2003)

4. 降水天气的气温日变化特征

由于降水时有云和冷空气影响，因此在降水过程中气温的变化主要与云量、冷空气强度，以及降水的性质、强度、持续时间等都有很大关系。图 3-35 为一次连续性降水过程中的气温和降水量日变化曲线。降水从 14 日 2 时开始一直持续到 4 时，由于冷暖空气的活动及云量的变化比较稳定，气温在降水开始时明显下降，此后在整个降水过程中，虽然降水强度有所变化，但气温始终变化不大，到 15 日 9 时后，气温才开始明显升高。

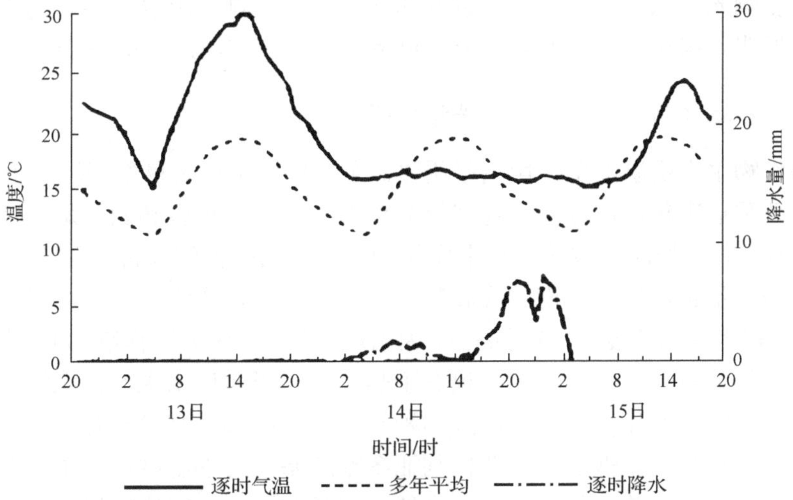

图 3-35　1997 年 5 月 13～15 日气温日变化及逐时降水特征（引自谢静芳和金顺梅，2003）

出现强对流天气时，对流加剧了高低空大气的热量交换，往往使气温在短时间内出现明显变化。图 3-36 是一次短时阵雨天气过程中的气温和降水量日变化曲线。由于受对流系统活动的影响，在降水前后一段时间内，气温变化十分明显。13 日 3～8 时，降水很弱，对应的气温曲线也呈弱的波动变化；10～12 时，降水强度有所增加，对应的气温并没有出现正常的升高趋势；13 时后，随着降水的结束，气温开始表现出正常的变化趋势。在 14 日 12～14 时，出现了强度达 33mm 的短时强对流降水天气，受强降水和下沉冷空气的影响，气温明显下降，降水强度减小后气温开始逐渐回升，15 时后变化趋于正常。

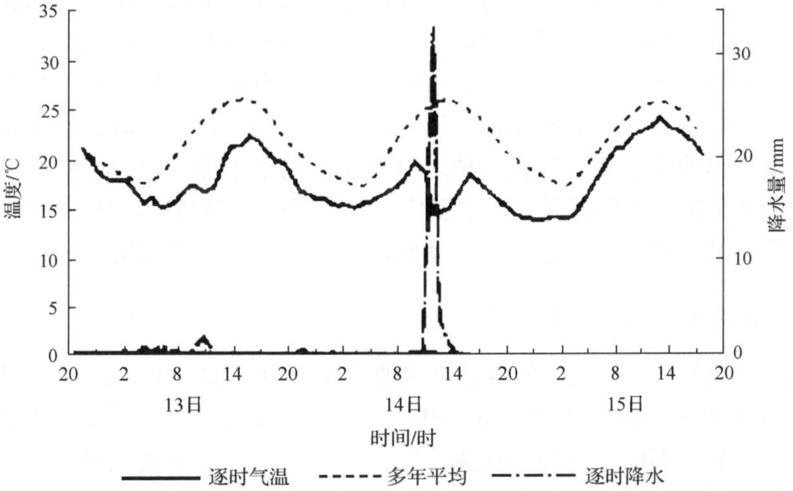

图 3-36　1996 年 6 月 13～15 日气温日变化及逐时降水特征（引自谢静芳和金顺梅，2003）

三、温度条件与农业生产的关系

大量的研究表明，温度条件与作物生产有密切关系，不仅直接影响作物的分布与产量，而且还影响光、水资源的利用，以及作物生产的安排。现以世界作物生产与温度的关系为例来说明。据崔读昌(1994)研究，世界作物生产与温度的关系表现出以下特点。

(一)世界各地作物生产受温度条件影响明显

中国的作物生产受温度条件影响很明显。东北地区主要是夏季低温冷害，大约每10年出现3年严重危害年，可以使作物产量减少10%，华北地区和西北地区常出现作物越冬冻害和早晚霜冻，长江流域的亚热带作物受冬季寒潮冻害的危害，高温季节还有热害，使作物出现停止生长现象。华南的橡胶等热带、南亚热带作物有寒害。日本北部和朝鲜有低温冷害。东南亚和印度4～5月高温，因出现在干季，对大田作物(如玉米等)有影响。西亚的伊朗南部、沙特阿拉伯、也门也有干热天气，影响作物生产；欧洲北部主要是夏季温度不高，限制喜温作物(如玉米等)的种植，欧洲南部希腊等地有高温时期，因而谷物生产以喜凉作物为主。俄罗斯的西伯利亚冬季严寒，夏季温度低，生长季短，大多数作物不能正常生长。北美洲的加拿大温度低、生长季短，只能安排以春小麦为主的作物生产，美国南部的亚热带作物(如柑橘等)有霜冻为害。非洲撒哈拉地区的高温季节可达30℃以上，使许多作物不能适应。澳大利亚中北部高温区，种植业不发达，以畜牧业为主。阿根廷没有高温影响，小麦和畜牧业发达。

(二)温、水、光的匹配与农业生产密切相关

世界各地的温度与水分、温度与光资源的匹配情况对农业生产的影响很大，中国的东部季风区温度生长季与多降水的季节相匹配，有利于作物生产，扩大了高产喜温作物(如玉米、水稻等)的种植面积，美国温度高与水分多的季节匹配较好，作物生产的潜力很大。加拿大南部农业区温度较低与水分匹配也较适宜，适宜春小麦等作物生产。非洲的西非多雨与温度高相匹配，形成热带雨林气候，有利于热带作物生产。欧洲地中海地区夏季温暖，但降水稀少，温度与水分不匹配，需要有灌溉条件，而冬季温度不低，降水较多，适宜冬作物生产。非洲北部高温，而且干旱少雨，严重限制农业生产的发展。东南亚和印度干季的温度条件适宜种植多种作物，由于水分不足而温度条件不能充分利用。中国青藏高原光照条件优越，但温度低，限制了光资源利用，农业生产也受到影响。俄罗斯北部夏季的光照条件较好，但温度低，也限制了光资源利用。

(三)作物的分布受温度条件制约

作物要求一定的温度条件，如春播小麦要求最冷月平均气温＜0℃，而秋播小麦则要求最冷月平均气温＞–10℃，玉米要求最热月平均气温＞18℃，水稻则要求最热月平均气温＞20℃等。世界气温的分布与作物生产有一致关系，如年平均气温 0℃等值线是作物生产性种植的界限，在此线以北只能种生育期极短的作物品种，有极早熟春小麦、大麦及少数豆类作物等，如西伯利亚、北美洲北部，且产量不稳定。春小麦在最冷月 0℃等

值线以南的地区不能正常生育，如中国淮河流域以南、美国中南部，这是春小麦生产性南界。西欧由于夏季温度低，春播小麦南界向南移。冬小麦在最冷月平均气温–10℃以下地区种植会出现越冬问题，如中国北纬40°以北、北美洲的加拿大南部、南半球(除阿根廷南端和高原地区外)小麦不宜秋播。春播小麦在北半球主要分布在北纬40°～55°，西欧向北偏移至北欧的南部。秋播小麦主要分布区在最冷月–10℃～10℃之间的地区。玉米种植的北界在最热月平均气温18℃等值线附近。18～20℃等值线种植青饲玉米为宜，籽粒用玉米主要分布在最热月＞22℃的地区，中国东北的北部和青藏高原、俄罗斯的西伯利亚、欧洲的北部、北美洲加拿大以北不适宜玉米种植，南半球除阿根廷南部、澳大利亚南部沿海和一些高原地区外的地区外，其温度条件都可以种植玉米。水稻要求温度较高，最热月平均气温20℃等值线大致是其种植北界，粳稻可在20～24℃等值区种植，而水稻的集中产区在＞26℃的地区，中国的南部、美国的南部、东南亚和印度等都在此区域。亚热带作物如柑橘，主要分布在年平均气温 15～24℃等值线区域，茶树主要分布在14℃等值线以南的地区。橡胶、咖啡等分布在最冷月平均气温＞18℃的地区，由此可见温度与世界作物的分布密切相关。

(四)温度是影响世界作物种植制度的重要条件

种植制度主要受温度条件的影响，积温的多少决定复种指数和作物类型。世界的温度条件分布与熟制有协调性。如双季稻需≥10℃积温 4800℃以上，稻、麦二熟制需≥0℃积温4500～5500℃，麦、玉米二熟制需＞4500℃，小麦、稻、稻三熟制需＞6100℃。亚洲的中国黄河流域中下游以南、日本中南部、土耳其北部和欧洲南部、北美洲美国中部等地区有麦、稻和麦、玉米二熟制的温度条件，中国长江流域南部、西亚的伊朗至土耳其南部、南非、美国中南部、阿根廷北部有双季稻的温度条件，中国长江流域南部以南、西亚南部、非洲大部、美国南部、拉丁美洲南纬 35°以北的地区有三熟制的温度条件。目前世界大多数地区都采用一熟制，从温度条件看，世界的作物利用不充分，还有很大的可利用的生产潜力。

(五)温度对世界各国作物产量的影响明显

温度对世界作物产量的影响主要是适宜程度，即作物产量特性是否充分发挥。在温度较低和过高的条件下，作物的生育和产量特性不能充分发挥，在高产作物、高产品种的选择上都受到限制。例如，加拿大农业区大致分布在≥0℃期间平均气温8～13℃区域，或≥0℃积温 1750～3000℃区域，只能种植以春小麦为主的喜凉作物，而生育期过长的晚熟小麦品种和高产玉米等不能种植，全国谷物单产为2187kg/hm^2(1988～1990年)；美国≥0℃期间平均气温为13～22℃，≥0℃积温为3000～8000℃，可以种植冬小麦及其晚熟品种，以及高产作物玉米，全国谷物单产为4310kg/hm^2，比加拿大高出约1倍；中国≥0℃期间平均气温为14～24℃，≥0℃积温为2500～9000℃，可以种春小麦及生育期长的冬小麦晚熟品种、高产作物玉米等，谷物单产为4056kg/hm^2；而俄罗斯农业区≥0℃期间平均气温 10～16℃，≥0℃积温 1750～4000℃，大部分地区只能种春小麦及其早熟品种，种植玉米的产地有限，谷物单产为1927kg/hm^2，从这些资料可以看出温度对世界农业生产有重要作用。

四、影响气温的主要因素

(一)地形对气温的主要影响

大量的研究表明，地形对气温的分布有着明显的影响，现以张家诚和林之光(1985)就地形对中国气温影响的研究为例来说明。

1. 地形对我国冬季气温的主要影响

由于冬半年入侵我国的冷空气是由西伯利亚以至更北地区地面辐射冷却所形成，其冷空气厚度有限，且越向南去厚度越薄，因此较高的山脉地形便对冷空气有明显的屏障和阻滞效应，地形对我国气温的影响主要发生在冬半年，也就是这个原因。

研究发现，除了华北平原、黄淮平原、长江中下游平原、华南沿海以外，我国冬季大部分地区的东北地区等温线的分布是全国经向度最大的地区之一。分布形势呈波浪型起伏，甚至出现封闭曲线，显示出显著的地形影响。影响程度最显著、影响尺度较大的地区有：①东北大兴安岭东坡；②北疆天山山脉及以北准噶尔盆地；③四川盆地和青藏高原东坡以西的西南地区。现分述如下。

(1)大兴安岭东坡的焚风暖脊——气流越山下沉的增温效应

1)暖脊的强度与位置　张家诚和林之光(1985)选择了 14 对处于暖脊和东坡山前平原的台站，它们的海平面气温比较如表 3-22 所示。这 14 对台站的温差在 3～5℃，平均为 4.2℃。但实际上可能还不是大兴安岭的全部影响，如果取暖脊和东部冷槽轴线之间的温差，从 41°N～49°N，都在 4～7℃。

表 3-22　新疆北坡探空站 1 月平均气温随高度变化(1960～1969 年)(引自张家诚和林之光，1985)

类型	额尔齐斯河谷阿勒泰	准噶尔盆地			额敏河谷塔城	伊犁河谷伊宁
		克拉玛依	北塔山	乌鲁木齐市		
台站海拔/m	735	427	1650	654	548	663
地面气温/℃	–16.2	–17.1	–12.5	–15.2	–12.2	–9.5
900mbar(1090m)/℃	–12.3	–12.4		–12.7	–7.4	–6.1
850mbar(1530m)/℃	–11.7	–9.9		–9.7	–7.7	–5.4
800mbar(200m)/℃	–12.7	–9.2	–11.4	–8.8	–8.8	–6.5
700mbar(3010m)/℃	–16.3	–12.6	–14.4	–12.1	–13.3	–11.5
600mbar(4170m)/℃	–22.0	–19.4	–20.5	–18.9	–20.1	–18.3

波状等温线的振幅也是暖脊强度的一个很好指标，一般脊线顶端比槽线底偏北 4～6 个纬距，如 48°46′N 的博克图 1 月平均海平面气温竟和 42°58′N 的桦甸(–18.0℃)一样，46°37′N 的索伦和 41°06′N 的集安(–15.0℃)相近。暖脊站组(平均海拔 452m)虽比坡前平原站组平均高出 310m，但实际地面 1 月气温仍高出 2.7℃(坡前平原站组为–13.5℃，平原站组为–16.2℃)。所以这个暖脊在一般地面气候图上也是有反映的，但不如把台站订

正到同一高度后显著。

其中，大兴安岭暖脊位于山脊以东 150～200km，平行于山脊走向(这说明是山脊的地形影响)。最暖地带的海拔在 400～500m，比坡麓高 200～300m，比山脊低 1000～1400m。

2)暖脊的成因和范围　根据盛行风向统计结果，东北地区冬季从地面到 2000m 以至更高空，整层都是盛行较强的 W-NW 向气流，基本上与大兴安岭垂直。偏西气流越山下沉，常会发生绝热增温的焚风效应。从 41°N～49°N 大兴安岭山脊平均高度为 1200～1700m，与上述暖脊站组之间的平均高差为 1000～1400m，如按每下沉 100m 增温 1℃的干绝热梯度计算，再减去自然直减率 0.45℃/100m(实际上东北地区冬季直减率还要更小)，可增温 5.5～7.7℃。

同时看到，暖脊附近的等温线以西侧为最密集，这说明焚风效应在下坡过程中以陡坡为强。过了暖脊位置，坡度渐缓，气温开始下降。此外，东北冬季夜间地面辐射冷却甚烈，近地层常有逆温层存在(如通辽 1000hPa，1 月平均气温–16.8℃，而下降至 900hPa，–14.7℃)，焚风暖气流可能常不及地面而滑行于底层冷空气垫之上，这也许就是焚风暖脊不出现在坡麓而出现在山坡最下部的直接原因。

特别值得指出的是，在大兴安岭东坡暖脊位置上，相应有一个相对湿度和降水日数低值区北伸，而大兴安岭西坡则是相对湿度的高值和多降水日数区(夏季因地面盛行风向转为东南而消失)，从高空温度场看，2000m 以下山脉两侧差异较明显，而 2000m 及以上差异趋于消失，这些都是焚风效应的佐证。大兴安岭焚风效应增温范围止于 117°E～118°E，从暖脊向东 0～8 个经度(400～600km)。

3)地形对东北冬季增温影响的估计　在东北地区，除大兴安岭外，小兴安岭、长白山系等也有类似的焚风作用。例如，小兴安岭最北段东坡麓的黑河 1 月平均海平面气温–23.2℃，与同纬度大兴安岭东坡阿里河(–22.5℃)相近，而比它东南 150～300km 的逊克和嘉荫(它们已离小兴安岭山脊较远)分别高出 2.2℃和 4.8℃。同样，紧靠小兴安岭山脉南段东侧的鹤岗市，1 月海平面气温–16.7℃。更清楚的是，在黑龙江和吉林东部长白山东坡地区出现第二个较明显的暖脊。张家诚和林之光(1985)给出 43°30′N 剖面上地形、海拔和海平面气温的实例(图 3-37)，可见山脉背风坡确实都出现了暖脊。

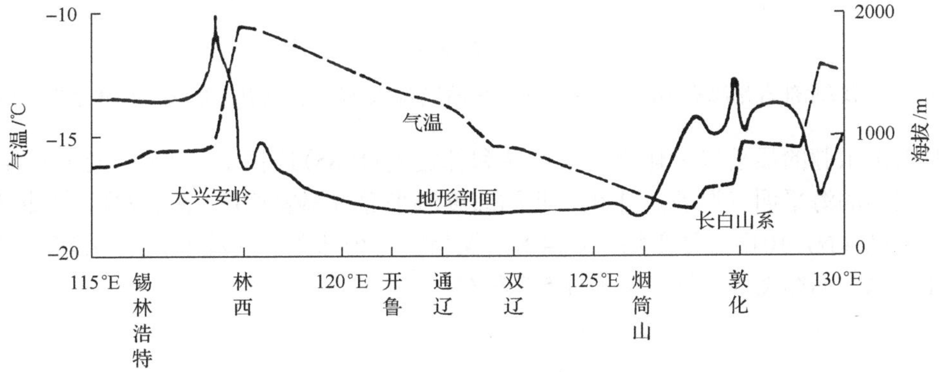

图 3-37　43°30′N 剖面上 1 月海平面气温和海拔(引自张家诚和林之光，1985)

焚风增温对提高整个东北地区冬季平均气温有较显著作用。根据对焚风效应比较明显的 40°N～50°N 内等温线面积的加权平均，东北(115°E 以东，40°N～50°N)的 1 月平均气温约–15.6℃，而根据大兴安岭西坡和东部地区槽线温度平均(作为该纬度的平均温度)计算得到同上范围的 1 月平均气温约为–18.2℃。可见，大兴安岭、小兴安岭、长白山系等焚风增温作用，使整个东北地区 1 月平均气温大约提高 2.6℃。

(2)天山北坡的地形性冷空气湖——冷空气向凹洼地形的汇聚堆积效应

天山是我国除青藏高原外最高的东西向山脉，它对冬季南下的冷空气起了显著的屏障作用，产生了我国冬季气温分布的另一种奇迹。

1)天山以北冷空气湖的性质和特征　冷空气常在周围多山的凹洼地形和山脉北麓汇聚堆积，形成不同规模和厚度的冷空气“湖”。天山北麓的准噶尔盆地是我国最显著和面积最大的冷空气湖。如果把南北跨 5 个纬距的整个北疆地区(包括额尔齐斯河谷、伊犁河谷和额敏河谷)所有台站，点在以海平面温度为横坐标、海拔为纵坐标的图(图 3-38)上，除了巴里坤和富蕴两个站主要因高谷地形比较特殊外，曲线两侧的点都相当密集。如果取较小区域内(如乌鲁木齐附近的天山北坡)气温随高度变化就更加规律。实际上即使温度不经订正，各地区气温大体上仍是向上增加的。所以北疆准噶尔盆地地区等温线不但不平行于纬度，而且是沿等高线走向，形成一个巨大的闭合等值线系统，这在我国是最典型的。表 3-22 列出了新疆北坡所有探空站 1 月各等压面高度上的平均气温。除位于向西开口河谷中的阿勒泰、塔城和伊宁三站逆温顶高度(可认为是冷空气湖湖面高度)较低(约 850mbar①)外，准噶尔盆地内各站均可高达 800mbar 左右。

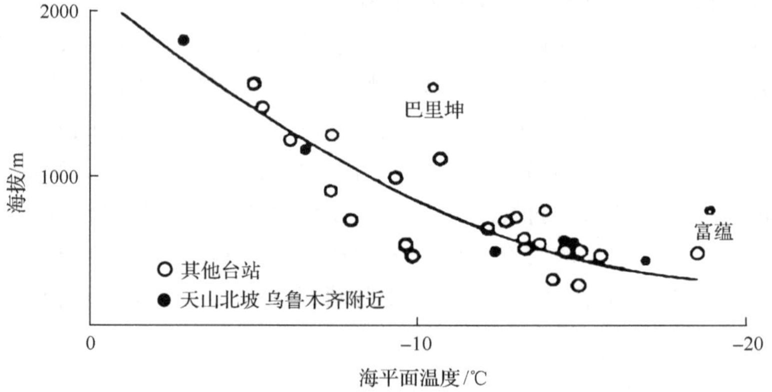

图 3-38　新疆北部台站海拔(m)与 1 月平均海平面气温(℃)的关系(引自张家诚和林之光，1985)

2)天山山脉的显著屏障作用　张家诚和林之光(1985)选择了天山南、天山北各五站，计算了它们的海平面气温差，并和东北同纬度海平面气温差相比(表 3-23)。山北五站平均纬度 44°24′N，山南五站平均 43°24′N，仅相差一个纬距，而温差高达 7.9℃。但是东部东北平原上同纬度平均温差只有 1.5℃左右。

① 1mbar=100Pa

表 3-23　天山山脉南北气温对比(引自张家诚和林之光，1985)

站名		博乐	精河	乌苏	吉尔萨尔	奇台	五站平均
天山北	1 月海平面气温/℃	–15.0	–14.2	–14.0	–12.9	–14.4	–14.1
站名		伊宁	尼勒克	新源	吐鲁番	鄯善	五站平均
天山南	1 月海平面气温/℃	–6.5	–5.5	–2.4	–8.3	–8.3	–6.2

(3)四川盆地的暖湖和川西、云南晴暖区——山脉地形对冷空气的屏障效应

西南地区也是我国冬季地形增温效应最显著的区域之一。由于这里基础温度较高，地形增温对农业的作用很大。四川盆地冬季一片青绿，庄稼几乎全年生长，号称“天府之国”，主要就是因为地形屏障东北冷空气，月平均气温约比东部平原高 3～4℃。

1)四川盆地的暖潮　从表 3-24 可见，因盆地海拔比东部平原高，实际上四川盆地的地形增温作用并不止 3～4℃。经过订正到同一高度，实际增温效应从 3.1℃和 3.6℃增至 4.4℃和 5.8℃。因此，四川盆地周围山脉引起的增温效应，相当于使四川盆地南移 5 个纬度到达南岭北部(25°N～26°N)。盆地中极端最低气温订正后甚至和华南沿海相似。在天气图上，常有冷空气把霜冻线南推到两广沿海，而盆地南部甚至整个盆地却无霜的情况。因此，气候上的霜日和无霜期，盆地内也分别比东部平原上少和长得很多。

表 3-24　四川盆地和东部平原地面气温对比(引自张家诚和林之光，1985)

气温	遂宁(四川盆地)	武汉(东部平原)	温差	宜宾(四川盆地)	常德(东部平原)	温差
实际气温/℃	6.5	2.9	3.6	7.8	4.7	3.1
海平面气温/℃	7.8	3.0	5.8	9.3	4.9	4.4

但是，四川盆地周围的山脉平均高度不过 1500～2000m，高层冷空气仍能进入，因此，在 1500m 以上，盆地内外温差已不明显。

2)青藏高原东坡的地形屏障作用　在 1 月实际气温分布图上，青藏高原东南部和云南高原多数地区气温低于东部，但它们海拔高达 1000～3000m，究竟高原地形对高地气温影响怎样？

青藏高原 30°N 左右以南东坡是我国南方海平面温度梯度最大的地方，在 24 个经度之内密集了 4 根等温线。

因此，四川盆地周围山脉的地形屏障增温作用与青藏、云贵高原东坡相比，就显得弱多了。青藏高原东坡这个海平面温差高值带在高空温度场上也能清楚地反映出来。如表 3-25 所示，西昌和宜宾之间 800mbar 上温差强达 9.3℃，但 700mbar 上已急降为 5.3℃，到 600mbar 就完全消失。贵阳和昆明之间温差要比北段宜宾和西昌之间弱，且温差高值带达到的高度也要低些。在 800mbar 上温差为 6.5℃，而 700mbar 以上已经不明显(≤2.5℃)。这主要因为它们纬度比宜宾、西昌低。

还可看出，高原对东亚冷空气的屏障效应，即等温线最密集的区域，主要出现在高原的东缘，而四川西南部和云南地区海平面气温分布很均匀，这也充分证明此乃地形屏障冷空气所致，而且温差高值带位于东坡则表示屏障作用主要发生于东坡。

表 3-25　西南地区温差高值带两侧 1 月平均气温对比（引自张家诚和林之光，1985）

等压面/mbar	西侧/℃		东侧/℃		温差/℃	
	昆明	西昌	宜宾	贵阳	西昌—宜宾	昆明—贵阳
海平面	16.0	16.3	9.3	9.9	7.0	6.1
800	7.4	7.8	–1.5	0.9	9.3	6.5
700	2.6	1.3	–4.0	0.1	5.3	2.5
600	–2.9	–5.3	–6.0	–4.2	0.7	1.3

那么这样显著的温差高值带在流场上有什么反应呢？原来海平面等温线最密集的区域正是我国著名的冬半年昆明准静止锋的平均位置。锋面以西是来自西南亚的 WSW 干暖气流，海平面温度分布比较均匀；锋面以东是东亚寒潮冷气流，由于途中不断变性，气温从东向西逐渐升高。这个锋面流场从其两侧高空盛行风向随高度的变化也可得到证实。即锋面东侧低层为东北风，高层为西南偏西风，而锋面西侧高空地面均为西南西风。

由于西南亚 WSW 暖气流在昆明准静止锋上抬升冷却，四川盆地、贵州地区冬半年“天无三日晴”，气候阴湿，而单一西南暖气流控制下的云南、四川西南部地区则少云多晴，空气干燥，形成了鲜明对照的两种不同的气候区域。

秦巴和南岭山区都平行地通过了 3 根等温线，比周围地区要密集一些。这也是地形屏障冷空气的结果。

由表 3-26 可见，由于秦巴山脉的存在，山南站组 1 月海平面气温比山北站组高 5.2～5.7℃；而东部平原上由于无山脉，阻滞冷空气，因此只相差 2.1～3.2℃。秦巴山脉南北 1 月平均最低气温和年极端最低气温的差异比 1 月平均气温更大。

表 3-26　秦岭 1 月平均气温影响（山南山北比较）（引自张家诚和林之光，1985）

纬度	秦巴山区				东部平原			
	站名	气温/℃	站名	气温/℃	站名	气温/℃	站名	气温/℃
约 34.5°N	宝鸡	2.0	西安	1.0	商丘	–0.5	徐州	–0.2
约 32.5°N	广元	7.2	万源	6.7	固始	2.7	南京	1.9
温差		5.2		5.7		3.2		2.1

南岭虽然比秦巴山脉要低矮，但因位于华南，北方冷空气到此已大为减弱和变薄，因此亦常在南岭和武夷山北坡出现准静止锋，山脉两侧的温差亦不比秦巴山区弱。武夷山、南岭的准静止锋在冬季常和西侧的昆明准静止锋相连。

2. 地形对我国夏季气温的主要影响

经过用 0.6℃/100m 直减率订正后的 7 月海平面平均气温分布，可见以下几方面内容。

1）全国 7 月海平面平均气温大都在 22.5～37.5℃，等温线分布全年最为稀疏。其主要原因是，除了夏季中北方日长，部分地补偿了太阳高度角较低的热量不足，因而太阳总辐射量南北差异减小以外，还与我国夏季中没有或只有较弱冷空气入侵有关。

2）海平面等温线在大部分地区呈经线走向。东部地区 7 月海平面气温为 22.5～30℃，西部地区为 30～37.5℃，这主要反映了气候干湿和海陆的影响。东部地区夏雨丰富，沿海更有海洋调节，因此气温偏低。内陆干燥，阳光热量主要用来加热地面和空气，使气温急升。所以准噶尔盆地 7 月海平面温度比东北同纬度高出 6℃左右，塔里木盆地也比同纬度华北平原高出 6～7℃。新疆山区海平面温度较低(27.5～30℃)，也是与山高、多云雾、气候较湿润有关。

3)全国海平面气温高值区在青藏高原，噶尔最高可达 39.3℃，可比同纬度东部地区高出约 10℃，甚至比热带撒哈拉沙漠的中心地区还略略高些。比邻近的印度新德里(海拔 216m)海平面气温还高出近 7℃，看来是因为噶尔的气温直减率实际不到 0.6℃/100m，青藏高原表面在夏季中强烈加热，成为热源，使气温直减率变小。例如，处于雨季中的帕里(海拔与噶尔相近)，7 月海平面气温仅为 33.6℃，比噶尔低了 5.7℃之多。帕里和噶尔 7 月的气候干湿比较如表 3-27 所示。

表 3-27　帕里和噶尔 7 月气候干湿比较(引自张家诚和林之光，1985)

站名	海拔/m	实际平均气温/℃	海平面平均气温/℃	平均日照百分比/%	平均相对湿度/%	平均日/d	平均雨量/mm
噶尔	4278	13.6	39.3	70	40	7.2	16.3
帕里	4300	7.8	33.6	33	84	27.5	93.9

由此可见气候干湿、阳光多少对夏季气温和气温直减率的重大影响。例如，噶尔 7 月实际平均气温因气候干燥多晴，而比帕里偏高约 5.8℃，而气温直减率则比帕里小 0.133℃/100m。

4)地形坡向对夏季气温的影响，主要表现在通过对云雨的影响而间接影响气温。例如，上述迎风地形下的帕里海平面气温为 33.6℃，而背风的雅鲁藏布江河谷中的日喀则为 37.0℃；辽东半岛千山山脉迎风东南坡的丹东为 22.9℃，而背风西北坡的沈阳为 24.7℃；大兴安岭迎风东坡的甘南为 22.8℃等。

(二)大气环流的影响

研究表明，大气环流对气温的分布有着明显的影响，现以庞华基等(2007)大气环流对青岛百年气温变化影响的研究为例来说明。庞华基等(2007)研究表明，西伯利亚高压与青岛冬季的月平均气温呈显著相关，12 月的相关系数均达到–0.71，通过 99.9%置信水平。在冬季，西伯利亚高压增强(减弱)，在东亚地区偏北风也就偏强(弱)，造成青岛地区的气温偏低(高)。

西太平洋副热带高压指数与青岛夏季气温的相关性，除 8 月外均不显著(表 3-28)。6～7 月副热带高压位置偏南，青岛地区盛行东南风，来自海上的东南风比较潮湿，容易引起大雾天气(图 3-39)，雾滴能够反射和散射太阳辐射，青岛气温受海洋和局地性天气的影响较大，致使这一段时间青岛气温与副高的相关不显著；而到 8 月，副高北抬，青岛地区盛行西南风，来自内陆的西南风比较干燥，晴天较多，因此青岛的气温受副高的影响就大一些。

表 3-28　1951～2005 副高指数与青岛月平均气温的相关系数(引自庞华基等，2007)

月份	西界指数	面积指数	脊线指数	北界指数
6	0.08	0.06	0.14	−0.05
7	0.06	0.08	0.16	−0.04
8	−0.23	0.15	0.33	0.30
9	−0.32	0.12	0.05	0.01

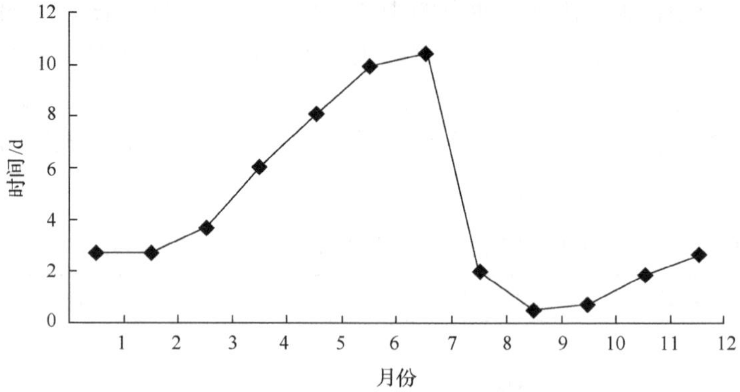

图 3-39　1971～2000 年青岛雾日的月平均分布(引自庞华基等，2007)

Thompson 和 Wallace(1998)提出了北极涛动的概念，并发现北极涛动(AO)对北半球中高纬的温度影响显著。Wu 和 Wang(2002)指出冬季北极涛动可能影响冬季西伯利亚高压，进而影响东亚冬季风，因此北极涛动可能也与青岛冬季气温有较好的关系。青岛 1～3 月气温与 AO 指数相关较为显著，尤其 2 月相关系数为 0.43，通过 99%置信水平。在冬季，北半球中高纬度存在 4 个环流中心，即亚洲西伯利亚高压、阿留申低压、大西洋东部和欧洲西部的低压系统。在东亚太平洋地区，AO 指数大的年份西伯利亚高压比 AO 指数小的年份弱，而 AO 指数大的年份阿留申低压比 AO 指数小的年份强，即 AO 指数大的年份太平洋地区海平面气压梯度小，AO 指数小的年份东亚太平洋地区海平面气压梯度大，也就是说 AO 指数大的年份东亚冬季风强度偏弱，AO 指数小的年份东亚冬季风强度偏强(李春和方之芳，2005)。当 AO 指数大(小)时，极地冷空气收缩(向南活动)，纬向环流增强(减弱)，经向环流减弱(增强)，不易(易)爆发寒潮(邓伟涛和孙照渤，2006)。因此在冬季 AO 指数偏强(弱)时，青岛气温也随之偏高(低)。

(三)城市发展和城市热岛效应的影响

城市建设规模的扩大、人口的增多、地面的硬化、污染的加重等使城市的气温较周围要高，形成城市热岛。研究表明，城市发展和城市热岛效应对气温的分布有着明显的影响，现以庞华基等(2007)研究城市发展和城市热岛效应对青岛百年气温变化的影响为例来说明。

庞华基等(2007)研究表明，20 世纪 80 年代开始，随着改革开放的深入，青岛的经济发展出现加速上升的局面(图 3-40)。而这一阶段，青岛的气温也加速上升，这可能与青岛的城市热岛效应有一定关系。城市发展形成“热岛”的主要因素是城市建筑物和硬化下垫面面积增加，绿地、水体面积减少；城市粗糙度加大，市区风速减小；城市人口增多、工业集中，排热量增加等(张书余，2002)。城市热岛效应的出现，已经并将继续对城市气候产生影响(Zhou，2004)。2002 年与 1991 年相比，青岛人口增加了 23.2%(不包括流动人口)，城区面积增加了 25.0%(图 3-41)。沥青、水泥面的气温一般情况下要比下垫面气温高十几摄氏度，这种下垫面具有明显地吸收太阳辐射和储存能量的作用。青岛的城区面积扩大迅速，对城市热岛效应有明显推动作用。另外，由于高楼的增加，城市下垫面的粗糙度加大，下垫面的摩擦力增大，风速减小，不利于城市热量的散发。

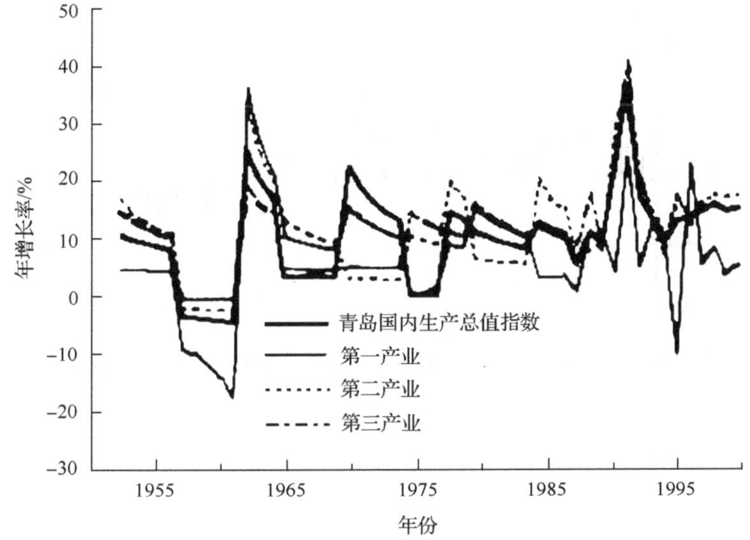

图 3-40　青岛经济增长曲线(引自庞华基等，2007)

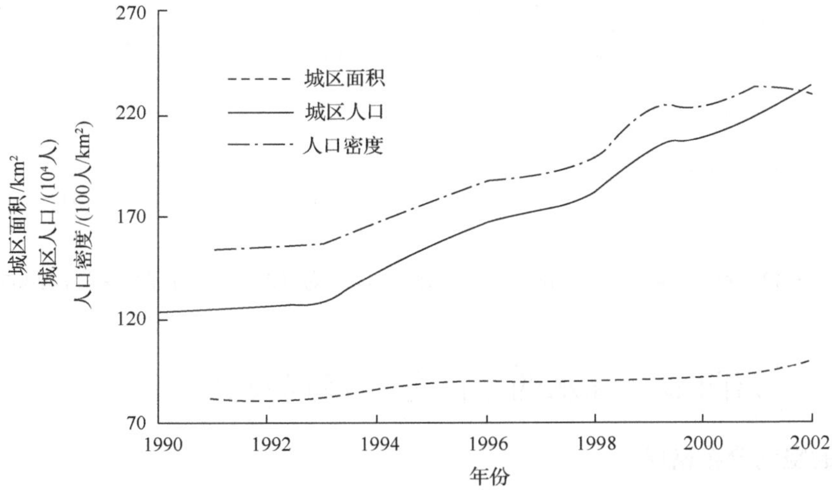

图 3-41　青岛城区面积、城区人口和人口密度的变化(引自庞华基等，2007)

近几年，青岛市注重生态保护和绿化建设，2002 年的城区绿化覆盖率比 1991 年增加了 36.1%，对青岛的热岛效应有一定的抑制作用。尤其是地方政府坚决取缔了小锅炉与散煤取暖，减少了 CO_2 的排放，会使温室效应减弱，气温升势减缓。与青岛的年平均气温相比，在 1980 年前，崂山的升温速度要小于青岛，而 1980 年以后则明显高于青岛，并且升温速度呈加快的趋势(图 3-42a)。崂山站所在地李村以前是崂山县城，在改革开放以前发展缓慢，青岛在热岛效应的作用下，升温幅度较崂山大；改革开放之后，李村的城市化发展很快，现已是市内的一个区，而青岛处于老城区，周围的城市建设变化不大，李村的热岛效应就逐渐强于青岛所处的市南区，因此崂山的升温幅度逐渐增大。近年胶南的升温速度也高于青岛，但较崂山要低(图 3-42b)，其升温原因与崂山类似。

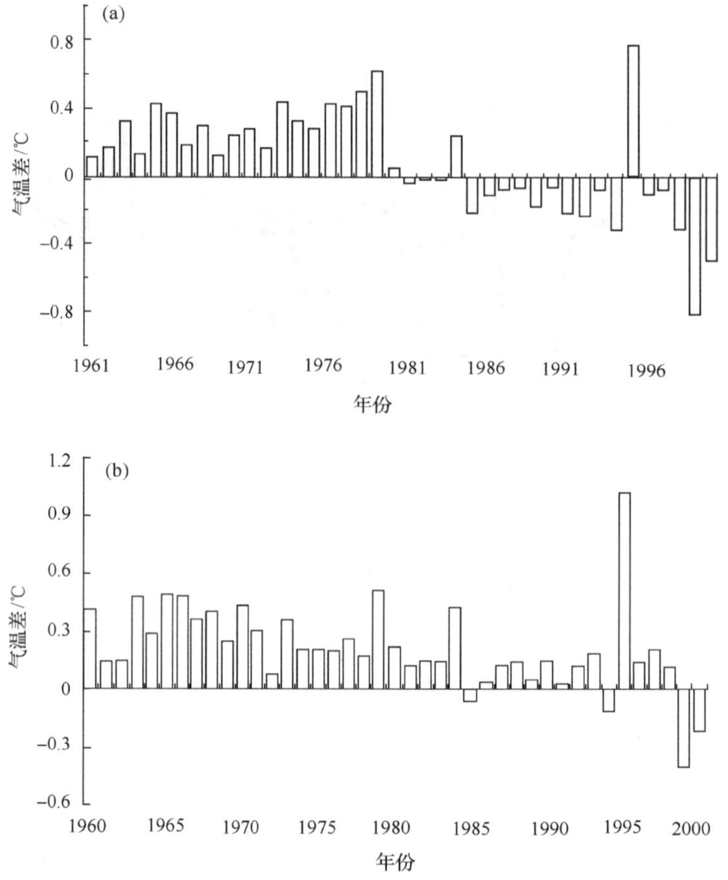

图 3-42　青岛与崂山(a)、青岛与胶南(b)逐年平均气温差(引自庞华基等，2007)

第四节　降水的空间分布格局及其变化动态

一、降水的空间分布格局

(一)降水的水平分布格局

降水的水平分布格局是指某一特定地区降水随着地理经、纬度的变化而呈现的有规律性的水平分布状况。大量的研究表明，降水的水平分布具有明显的地域性。现以世界降水和中国降水的水平分布状况为例来说明降水的水平分布格局。

1. 世界降水的水平分布格局

据崔读昌(1994)估算，全球年平均降水量约为975mm。受大气环流、海陆分布和地势等因素的影响，降水量的地域分布极为不平衡，各地区降水量分配差异极大。年平均降水总量的总趋势以赤道一带最多，其数量达1500mm以上，显然与热带辐合带及盛行暖湿气团有关。降水量从这一带分别向南极、北极方向递减，但因副热带高压作用，使南北纬20°～30°地带出现一条明显的少雨带，这也正是世界上几个著名沙漠所在地。在南北纬45°～55°则出现1000～1250mm次多雨带，该地区处在副极地低压带，常伴有强烈气旋迎合气流的极锋面活动。从南北纬50°～55°再往极地延伸，因冷空气具有低湿性，其降水量迅速减少。降水量的地区性差异还表现在沿海多于陆地，低纬度地区高于高纬度地区，山地多于河谷平原，迎风坡多于背风坡。上述降水量的分布特点对农业区农作物的分布具有明显影响。

亚洲 年降水量总的分布趋势基本上是呈纬向变化，其数量由低纬度向高纬度地区逐渐递减。亚洲降水的水汽主要来源于太平洋和印度洋，且受季风的影响。因此，年降水量的分布趋势还随距海洋的远近和大陆度的增加而变化，自沿海向内陆递减。

亚洲东部中国的降水量分布以华南最多，一般在1500mm以上，适于种植水稻；长江流域介于1000～1500mm，以种植水稻为主；黄淮海平原为500～1000mm，以种植小麦、玉米、棉花为主；东北地区400～1300mm，主要种植大豆、玉米和春小麦；西北内陆和内蒙古年降水量少，大多数地区在250mm以下，多为放牧业和灌溉农业，在内蒙古西部和塔克拉玛干沙漠中心地带不足100mm。朝鲜多为1000mm，日本北部为1000mm左右，其余地区多在1500～2000mm，以水稻为主。

南亚各地降水量分布不均，孟加拉地区、印度东北部的阿萨姆及印度半岛的西南沿海均为多雨区，一般在1500～2500mm，最多可在3000mm以上，这些地区以种植水稻为主。印度西北部和巴基斯坦大部分地区，降水量只有250～500mm，有小麦、玉米和棉花等作物栽培；在印度西部的大沙漠降水量在100mm以下，为旱作农业和灌溉农业。中南半岛东西两侧的缅甸、马来西亚和越南一般降水量偏多，为2000mm左右，中部的泰国中北部不足1500mm，马来半岛和马来群岛多在3000～4000mm，这些地区最适于水稻和热带作物的栽培。

西亚南部阿拉伯半岛的沙特阿拉伯等地降水量偏少，一般只有50～100mm或不足50mm，在阿曼和也门为500mm以下。伊朗、伊拉克、叙利亚等在100～300mm。土耳其西部沿海在500mm，东部地区大多为300mm。这些地区为旱作农业和灌溉农业或畜牧业。俄罗斯亚洲部分的西伯利亚在250～500mm，南部的哈萨克斯坦、乌兹别克斯坦等中亚地区在250mm以下。

总之，亚洲的年降水量分布特征对本地区的农业生产总体布局和结构有极为重要的影响。南部多雨区以水稻为主，中部以旱作为主，北部和西部少雨区以牧业或灌溉农业为主。

大洋洲 澳大利亚大部分地区年降水量偏少，多雨地区在澳大利亚东北部昆士兰州的迎风海岸，为1500～2000mm，其余大部分地区年降水量在500mm以下。西部、中部沙漠地区年降水量不足 250mm。要形成这种由四周沿海向内陆递减的降水量空间分布特征，其地形作用较之海洋的影响更为重要。由于干旱半干旱草原面积大，养羊业发达，降水量适合的作物主要为麦类和棉花。新西兰和其他岛屿大多属于海洋性温带气候和热带雨林气候与草原气候，年降水量一般在 1000～2000mm。

欧洲　降水量主要受大西洋的影响，靠近向风坡的大西洋沿岸的挪威、英国、德国、比利时、荷兰、法国和西班牙等地区，年平均降水量达到 1000mm 以上，德国、法国等的内陆地区及意大利、奥地利多在 750～1000mm；欧洲的波兰、捷克、斯洛伐克、匈牙利、罗马尼亚和德国东部、俄罗斯欧洲部分、乌克兰、西班牙中部东部地区降水量有所减少，只有 500～750mm，西班牙东部部分地区，俄罗斯的西部、中部一般在 400mm 以上，中部、南部地区为 200～400mm，里海西北沿岸地区年降水量平均不超过 100mm。

欧洲的年降水量分布有两个主要特点：一是欧洲全境以海洋性为主，二是其南部为冬湿夏干的地中海气候。这种降水的基本特征决定了这一地区以冬作物为主，兼有园艺、畜牧业，大面积的灌溉农业也不多。

非洲　年降水量分布的总趋势为北部少，中部赤道附近多，南部居中。非洲的降水及其分布主要与热带环流有关。北部的摩洛哥、阿尔及利亚、利比亚、埃及等干旱少雨，除沿海个别地区降水量达 500mm 以外，其余都在 50～250mm；在撒哈拉沙漠以南的毛里塔尼亚、马里北部、尼日尔、乍得和撒哈拉沙漠以东的苏丹、埃塞俄比亚北部和索马里等地区为半干旱地带，降水量为 100～500mm；赤道附近的西非国家几内亚、尼日利亚、刚果为湿润地区，降水量为 1500～2000mm，利比里亚、塞拉利昂等地区达到 3000～4000mm；非洲东部的肯尼亚、坦桑尼亚、莫桑比克、赞比亚、中非等地为 500～1000mm；非洲南部在 100～750mm，其中西部的安哥拉南部和纳米比亚降水量偏少，为 100～250mm，南非、博茨瓦纳为 250～750mm，马达加斯加为 500～2000mm。

非洲北部的少雨是由于受副热带高压控制，西部的多雨是洋流和地形作用的结果，东部降水受环流形势与地势制约，南部雨水多受到环流、地形、洋流的多种影响，从而形成非洲特有的降水量时空分布特征。这种分布影响着非洲农业的生产布局和结构，非洲北部以旱作或灌溉农业为主，中部、西非以热带农业为主，南部以旱作和牧业为主，东北非的苏丹、埃塞俄比亚、索马里等地区降水量年际变化大，常出现严重持续性干旱。

北美洲　山脉走向基本呈南北向，其降水量分布受山体影响很大，多呈经向分布。大致是自东向西逐渐减少，西经 100°约和 500mm 的年等降水量线平行。美国中西部大草原年降水量为 250～500mm，从加拿大高平原、美国中部高平原至东部为 500～1000mm，东部大西洋沿岸降水量一般在 1000～1300mm。不过，整个北美洲降水量最多的地区是在加拿大和阿拉加斯加的太平洋沿岸，该地区年降水量达 1000～2000mm，少数迎风山地可达 3000mm 以上。北美洲北纬 60°以北的高纬度地区年降水量在 200～300mm。墨西哥北部地势较低，年降水量在 200～300mm，南段地势较高，降水量较丰富，为 800～1000mm，在东南沿海和向风坡甚至可达 1000mm 以上。

北美洲农业发达与降水量时空分布适宜有关。加拿大南部小麦种植区，美国玉米带、小麦带分布在降水量 500～1000mm 的北部和中部地区，南部降水多，主要种植水稻和其他经济作物，西南和中南部少雨区则是棉花带种植区。

拉丁美洲 中美洲受大西洋和太平洋上的副热带高压控制，全年盛行热带东风，在东北迎风面多雨，西南坡则少雨。其他从危地马拉至巴拿马的中美洲六国，降水量大多在 1000～2000mm。墨西哥北部降水量较少，以旱作玉米、小麦为主，其南段和其他中美洲国家降水量较多，多种植热带喜湿作物。

南美洲降水量充沛，＞1000mm 的地区几乎占全洲总面积的 2/5。北部赤道以北的哥伦比亚、委内瑞拉、圭亚那、苏里南、法属圭亚那等地区年降水量为 750～3000mm，其中委内瑞拉沿海降水量较少，在 750mm 以下。上述地区适于种植多种作物，种植的喜温、喜湿作物有水稻、甘蔗及其他热带作物等。巴西面积大，年降水量在 1000～2000mm，西部亚马孙河上游可达 2500mm 以上，东部有一小部分少雨区＜750mm，作物有小麦、大豆、玉米、陆稻及其他热带作物等。西部太平洋沿岸的厄瓜多尔、秘鲁、智利北部降水量为 100～1000mm，厄瓜多尔北部达 1000mm 以上，其余地区在 250mm 以下，以种植棉花、玉米、甘蔗及其他热带、亚热带作物为主。中部的玻利维亚、巴拉圭东部降水量在 1000mm 以上，西部在 1000mm 以下，该地区畜牧业发达，并且种植棉花、烟草及其他热带、亚热带作物，山地种植马铃薯。智利南部、阿根廷、乌拉圭降水量为 250～1000mm，这一地区的东部以种植小麦、玉米为主，大豆近 20 年来发展很快，中西部地区草原面积大，畜牧业极为发达。

2. 中国降水量的水平分布格局

(1)年降水量的水平分布格局

张家诚和林之光(1985)研究认为，我国年降水量分布的主要特点是东南多，西北少，从东南向西北递减。秦岭—淮河以南，年降水量在 1000mm 以上，东南沿海和云南南部还可达到 1500～2000mm，甚至更多。华北的山西、河北和山东一般在 500～800mm，40°N 以北，只有东北南部可以达到 600～1000mm，丹东地区是我国北方年降水量唯一可以超过 1000mm 的地区，年降水量可达 1201.7mm。400mm 年降水量线东起大兴安岭，经呼和浩特、兰州，止于雅鲁藏布江河谷，把我国分成两半。此线以西北年降水量小于 400mm，植被从森林变为草原，宁夏以西已降到 100mm 以下，植被也从草原变为荒漠。但是我国年降水量最少的地方却不在最西北内陆的准噶尔盆地，柴达木盆地、塔里木盆地和吐鲁番盆地年降水量均在 25mm 以下，是我国大面积最干燥的地区，如塔里木盆地南缘且来年降水量 18.3mm，若羌 15.6mm，吐鲁番 16.0mm，柴达木盆地北缘的冷湖 15.4mm。新疆天山东缘靠近中蒙边境的一个不大的盆地中的伊吾淖毛湖只有 12.5mm。我国降水量最少的气象站是吐鲁番盆地西缘的托克逊，这里海拔不到 1m，年降水量平均只有 5.9mm。以上这些干旱地区甚至经常不降滴雨。

近年来由于在西藏西部设了几个站，青藏高原上的降水分布形势已逐渐清楚。总的说来，降水量也是从东南向西北减少，因此西藏高原上最少雨的地区，不是过去认为的西藏中北部地区，而是在噶尔附近的西北部地区，年降水量在 50mm 以下，如噶尔年降水量为 60.4mm。西藏高原东南部，由于面迎印度洋来的西南季风，海拔又低，雅鲁藏布江下游河谷的巴昔卡 1931～1960 年平均年降水量高达 4095.0mm。

但是，我国年降水量最多的地方不在大陆而在台湾省。例如，海拔 2406m 的阿里山多达 4413.4mm，海拔 2333.0m 的朝日年降水量 4285.0mm。此外，台湾北部海拔 44m 的暖暖，从 1901～1940 年平均降水量多达 5084mm，台湾山脉南部的浸水营 20 年平均降水量 5087.0mm。但我国最高年降水量还是台湾北端基隆南侧的火烧寮，1906～1944 年年平均降水量高达 6557.8mm，1912 年甚至高达 8409.0mm。

我国年降水量东南多西北少，主要是因为我国降水大都在夏季，而夏季风均来自东南方的太平洋、南海和西南方的印度洋、孟加拉湾，气流中含有大量水汽。因此，当潮湿的夏季风气流先经东南，后到西北，不但雨季开始时间越往西北越迟，而且由于湿润气流沿途大量消耗水汽，一路上降水量强度也越来越小。我国西北内陆，太平洋上来的东南季风已经鞭长莫及，而来自印度洋上的西南季风被西藏高原所屏障，从而成为全国也是全亚洲最少雨的地方。而北疆准噶尔盆地虽处于西北内陆，但由于西部山脉有几处缺口，大西洋、北冰洋来的水汽可以顺道进入，因此北疆盆地中年降水量都在 100mm 左右甚至以上，反比南疆等地区多，这就是我国降水量最少的地方不出现在最西北部的原因。

(2)各季降水量的水平分布格局

现以张家诚和林之光(1985)用1月、4 月、7 月、10 月分别代表四季叙述各季降水量的情况来论述中国不同季节降水量的水平分布格局。

I.1 月

隆冬 1 月，冬季风鼎盛，大部地区降水量全年最少。青岛、郑州、成都、昆明一线以南，月平均降水量都在 10mm 以上，长江以南、南岭以北是 1 月最多雨区，月降水量可以达到 50～75mm。例如，江西景德镇可达 75.8mm，浙江玉山达 79.8mm。此外，北方仅天山、阿尔泰山、长白山区等许多地区超过 10mm，如天山伊宁 17.9mm，阿尔泰山阿勒泰 12.0mm，辽宁宽甸 13.7mm。雅鲁藏布江下游和台湾部分地区是我国另一个月降水量超过 75mm 的地区，其中台湾东北端是我国冬雨最多的地区，这里面迎海上来的东北季风，如基隆 1 月平均降水量多达 299.3mm，暖暖(25°03′N，121°45′E，海拔 44m)多达 598.1mm，其中 1930 年 1 月降水量达 1195mm，1913 年 1 月达 1127mm，1925 年 1 月 1066mm，都超过了 1000mm，这里也是我国唯一冬季最多雨的地区。但这个冬雨区的面积很小，如与基隆相距只有 20～30km 的台北，1 月平均降水量便锐减至 87.8mm。

我国江南冬季多雨的原因，主要是从南方来的暖湿空气在北方来的寒潮冷空气背上抬升冷却，表现在地面图上就是西南低涡和两湖盆地气旋频频诞生并在高空西风气流引导下逶迤东去，气旋中的寒潮冷锋常在武夷山和南岭北坡停滞，锋面云雨便常常覆盖江淮一带。天山、阿尔泰山、长白山、台湾东北部则主要是地形影响的结果。

II.4 月

春季 4 月，气温上升，水汽增多，全国绝大部分地区降水量普遍增加。东北、华北都在 10～25mm，其中东北东南部和华北南部在 25～50mm，长白山区和淮北、关中地区超过 50mm。秦岭—淮河以南月降水量都在 75mm 以上，江南许多地区月降水量已经超过 200mm，是我国 4 月中的大面积最多雨区。

例如，湘、赣、浙多雨片的景德镇 250.3mm，玉山 251.1mm，湘、粤多雨片的桂林 279.7mm，粤、桂多雨片的阳江 244.6mm 等。雅鲁藏布江下游河谷，因地形迎风，月降水量也可达 100～200mm。

台湾地区的降水量，东北部地区因东北季风衰退而开始减少，但大部分地区降水量开始增加，普遍在 75～100mm，尤其是迎风西坡较高处增加更快。例如，台湾能高山西坡的朝日(24°01′N，121°19′E，海拔 2333.0m)18 年平均月降水量高达 138.1mm 等。

III.7 月

7 月夏季风鼎盛，我国除西北大部地区小于 25mm，柴达木盆地、塔里木盆地和吐鲁番盆地大部地区仍小于 5mm 外，从大兴安岭到雅鲁藏布江河下游以东的东南半壁地区月降水量都在 100mm 以上，其中长白山区、河北、山东、秦岭、川西、鄂西山区、黔南、华南南部及沿海和滇南等许多地区均在 200mm 以上，雅鲁藏布江下游巴昔卡地区和台湾省许多台站 7 月平均降水量高达 600～800mm。台湾阿里山(23°31′N，120°44′N，海拔 2215m)1933～1940 年 7 月平均降水量 1044.0mm，浸水营(22°22′N，120°42′E，海拔 1364m)1912～1939 年 7 月平均降水量 1077.2mm，都已超过 1000mm，是我国夏季最多雨的地方。

IV.10 月

10 月，夏季风已经南撤。我国西北半壁月降水量已降到 10～25mm，东部地区正值秋高气爽天气，月降水量也大都在 25～75mm。10 月我国大陆上最多雨的是西南地区，其中陕南、鄂西、川、黔、滇大部分地区月雨量都在 100mm 以上，是绵绵秋雨的地区。10 月，台湾和海南岛由于台风尚盛，月降水量便可达到 100～300mm，是我国 10 月降水量最多的地方。台湾降水已呈冬季分布，即东多西少。东北部因东北季风开始盛行而降水量猛增，如大屯山(25°18′N，121°31′E，海拔 1096.2m)高达 480.9mm，暖暖更多(多至 570.6mm)，其中 1918 年达 1348mm、1926 年达 1491mm 和 1931 年达 1632mm，这在我国也是十分罕见的。

(二)各界限温度期间降水量的分布格局

各界限温度期间降水量的分布特征与年降水量分布趋势极为相似，同时各界限温度期间的降水量受不同热量水平持续日数及降水的季节分配的影响，从而引起了不同数量的变化。从总体上分析，在北纬 25°至南纬 25°之间的大部分地区全年日平均温度基本上都在 15℃以上，故各界限温度期间的降水量与年降水量无明显数量和分布规律上的区别。随着纬度的逐渐增高，≥0℃和≥10℃期间的持续日数也相应地逐渐缩短，其界限温度期间的降水量均有减少。评价各界限温度期间的降水量，可以表示温度与水分的配合情况、各种作物气候类型、作物生长期间降水量的满足程度，对农业(特别是作物生长)比年降水量更有意义。

各界限温度期间降水量的水平分布格局是指某一特定地区各界限温度期间降水量随着地理经、纬度的变化而呈现的有规律性的水平分布状况。大量的研究表明，各界限温度期间降水量的水平分布具有明显的地域性。现以崔读昌(1994)对世界各界限温度期间降水量的水平分布状况为例来说明不同界限温度状态下降水量的水平分布格局。

1. ≥0℃期间降水量

亚洲　中国东北地区的东南部、黄河流域中下游为 500～1000mm，长江流域为 1000～1500mm，华南为 1500mm 以上，东北西部、内蒙古及西北广大地区在 500mm 以下，大部分地区在 100～250mm 或以下。朝鲜南部和日本大部分地区≥0℃期间降水量均在 1000mm 以上，朝鲜北部和日本的北海道地区多为 600～800mm。东南亚南部及中亚、西亚等低纬度地区≥0℃期间降水量与年降水量没有数量上的差异；东南亚、南亚为 1500～2000mm，中西部的巴基斯坦、土耳其一带、沙特阿拉伯的年降水量为 100～500mm；北纬 50°以北地区的降水量在 300mm 左右，俄罗斯亚洲部分的东部在 250mm 上下，南部大部为 100～250mm，小部分地区可达 300～500mm。亚洲绝大部分地区≥0℃期间集中了年降水量的 90%，只有俄罗斯远东的堪察加半岛和北纬 65°以北≤0℃期间降水量占年降水量的 40%左右。亚洲东部≥0℃期间降水量大于 500mm 和干旱半干旱地区则以畜牧业、旱作农业或灌溉农业为主。

大洋洲　澳大利亚由于没有＜0℃的日数，因此≥0℃期间降水量与年降水量没有明显数量上的差异。

欧洲　≥0℃期间的降水量西部沿海地区为 800mm 以上，由此向东逐渐减少。北欧的挪威、瑞典、芬兰等地区为 500～800mm；西部的英国、法国、德国等地为 500～1000mm；中欧的波兰、俄罗斯的欧洲部分、乌克兰为 250～500mm，外高加索地区的降水量达 800mm 以上；南欧也是没有＜0℃的日数，降水量与年降水量相同。与上述降水量相适应的种植业有麦类、甜菜、马铃薯、玉米及园艺作物等。

非洲　≥0℃期间降水量与年降水量完全相同。

北美洲　≥0℃期间降水量大约在北纬 35°以南地区与年降水量相同，北纬 35°～55°地区≥0℃期间降水量一般占年降水量的 70%～90%，北纬 55°以北地区降水量约占年降水量的 60%。加拿大南部、美国北部为 500～700mm，中部 700～1000mm，南部 1000～1500mm，西部少雨区＜500mm。

拉丁美洲　墨西哥和其他中美洲各国≥0℃期间降水量与年降水量相同，南美洲≥0℃期间降水量与年降水量相同。

2. ≥5℃期间降水量

≥5℃期间降水量与≥0℃期间降水量接近。分布特征也较接近，仅北半球高纬度≥5℃日数减少。250mm 的等值线在亚洲南移 4～8 个纬度，北纬 50°～70°的同纬度减少 10～50mm。在欧洲西部由于低温季节降水量偏多，≥5℃期间降水量比≥0℃期间减少较多，降水量等值线趋于南北走向，≥5℃期间降水量等势线由东向西移动 5～10 个经度，大致在东部同经度减少 50～100mm，西部减少 100～200mm。在欧洲南部没有差异。在北美洲二者之间分布差异较小，北纬 50°～70°时同纬度≥5℃期间比≥0℃期间少 20～50mm。

3. ≥10℃期间降水量

≥10℃期间降水量的多少，实质上反映的是主要农业生产季节和喜温作物生长期间的大气水分供应状况。在南纬 20°以南、北纬 20°以北的地区，≥10℃期间降水量较年降水量有明显减少，这是因为随界限温度的提高，一些高纬度地区大于 10℃的日数减少和各地区降水量的季节分配上的差异更为突出。

亚洲　中国东北地区≥10℃期间降水量在 250～700mm，黄河流域中下游为 500～750mm，长江流域为 1000～1500mm，华南中西部大于 1500mm，西北和北部地区为 50～

250mm。东南亚、南亚与≥0℃期间相同，西亚和中亚减少至 50～100mm。俄罗斯亚洲部分为 100～250mm。

在亚洲，≥10℃期间降水量与年降水量相一致的地区范围已缩小到我国华南、东南亚、南亚。约在北纬 30°以北地区，≥10℃期间降水量与年降水量相比，均有不同程度减少。尤其是我国华北、东北的西南部地区≥10℃期间降水量占年降水量的 80%～90%。这么高的比值反映出降水量与热量条件的匹配较好，雨热同季适于扩大喜温喜湿作物的栽培面积。在相同纬度带上，东经 90°以西的中亚与西亚地区，≥10℃期间降水量仅为年降水量的 50%，随着纬度的向北增高，≥10℃期间降水量在年降水量中的比例也逐渐减少，因为高纬度地区小于 10℃的日数明显增加。

大洋洲　澳大利亚≥10℃期间降水量仍与年降水量分布相差不多，唯有东南部的新南威尔士和维多利亚州≥10℃期间降水量比年降水量减少了 10%～20%，此期间降水量在 500～1000mm。

欧洲　≥10℃期间降水量在西班牙、葡萄牙的北部，意大利南部，巴尔干半岛的西部沿海地区为 600～800mm，法国西南部、外高加索地区的格鲁吉亚、阿塞拜疆、亚美尼亚及南欧其他地区在 400～600mm，其余一些中高纬度地区均不足 400mm。欧洲≥10℃期间降水量占年降水量的比重普遍很低，一般为 50%～60%，斯堪的纳维亚半岛及英国北部地区甚至在 40%以下，只有纬度较低的南欧部分地区比值达到 70%以上。因此，对农作物的生产季节供水不利。

非洲　大部分地区≥10℃期间降水量与年降水量无差异，只有西北非的阿尔及利亚、摩洛哥等和南非的很小区域有很小的差异，这两个地区≥10℃期间降水量比年降水量仅少 5%～10%。北美洲大致以西经 100°为界，≥10℃期间降水量在此界以东的加拿大、美国东部地区均大于 250mm。这一范围的南部、东南部地区可达到 600mm 以上；此界以西至落基山脉以东的背风坡均在 250mm 以下，其中心地带甚至不足 100mm。在太平洋沿岸的西北部，地形作用使该地区降水量超过 600mm 以上；北美洲中纬度地带≥10℃期间降水量与年降水量相比，西部沿岸地区因受海洋性气候影响，冬半年降水多，比值为 30%左右；北美洲大陆东部地区，比值为 50%～60%，美国南部＞60%。

拉丁美洲　≥10℃期间降水量均与年降水量相一致，只有南美洲的阿根廷、智利的南纬 30°以南的地区，≥10℃期间的日数减少，≥10℃期间降水量与年降水量的比值也相应减少。南美洲南纬 30°～40°纬度带的东部地区有 70%～80%降水量集中在≥10℃期间。

（三）降水的垂直分布格局

降水的垂直分布格局是指某一特定地区降水量随着海拔的升高而表现出的有规律性的变化。大量的研究表明，由于气流沿坡被迫抬升，成云致雨，因而降水量随海拔增加而增加。现以张家诚和林之光（1985）对中国不同地域山体降水随着海拔升高变化的研究为例来说明。

1. 东部地区

表 3-29 列出我国东部六大名山的山顶山麓气象站 1 月、4 月、7 月、10 月和年降水

量的对比。由表 3-29 可见，各山降水量梯度(以每上升百米增加降水量毫米数表示)相差很大(14.1～41.3mm/100m)，从中可以看出以下几点规律。

表 3-29　黄山等 6 对高山—山麓站降水量及梯度(引自张家诚和林之光，1985)

		1 月	4 月	7 月	10 月	年
黄山	黄山/mm	71.6	246.8	294.3	96.3	2339.4
	屯溪/mm	72.2	207.5	154.4	56.6	1642.8
	梯度/(mm/100m)	–0	2.32	8.26	2.32	41.3
庐山	庐山/mm	58.0	211.2	187.7	77.7	1833.6
	九江/mm	58.3	168.7	132.8	59.2	1396.8
	梯度/(mm/100m)	–0	3.96	5.12	1.73	40.7
峨眉山	峨眉山/mm	16.7	114.8	412.6	117.7	1959.8
	峨眉/mm	13.0	92.9	364.1	81.7	1593.8
	梯度/(mm/100m)	0.14	0.84	1.86	1.39	14.1
泰山	泰山/mm	14.9	59.8	353.6	608	1163.8
	泰安/mm	5.5	37.0	229.0	32.2	725.7
	梯度/(mm/100m)	0.67	1.55	8.85	2.04	31.2
华山	华山/mm	16.1	71.6	178.4	88.6	925.1
	西安/mm	7.6	53.0	105.9	61.5	604.2
	梯度/(mm/100m)	0.50	1.11	3.74	1.62	19.2
五台山	五台山/mm	13.9	60.8	231.4	50.7	966.3
	原平/mm	2.1	21.9	121.0	25.5	469.0
	梯度/(mm/100m)	0.57	1.89	5.36	1.32	24.5

1) 在湿润多雨地区，由于山顶山麓降水量大，因此降水量梯度就小，如峨眉山年降水量梯度仅 14.1mm/100m。长江中下游地区由于山麓夏有伏旱，而山顶夏季地形云雨特多，因而年降水量梯度就特大。例如，黄山达 41.3mm/100m，庐山达 40.7mm/100m。北方山区山麓虽没有伏旱，但因为高山上气温低，水汽减少，降水量也不多，因而年降水量梯度居中。例如，泰山 31.2mm/100m，五台山 24.5mm/100m。

2) 降水垂直梯度有季节变化。一般说来冬季降水量上下均少，因而梯度全年最小，均在 0.5mm/100m 左右或以下，长江中下游地区有些山区甚至山顶比山麓降水量还少，梯度为负。夏季水汽最丰，高山地区地形雨特多，因而梯度全年最大。例如，泰山离海不远，海拔又不太高，水汽含量多，地形使 7 月降水量高达 353.6mm，比山麓泰安多 124.6mm，因此梯度高达 8.85mm/100m。黄山虽 7 月山顶降水量只有 294.3mm，但因山麓有伏旱，降水量少，所以 7 月降水量梯度也达 8.26mm/100m。峨眉山 7 月因山麓降水量已很大，山顶海拔又高(海拔 3047m) 水汽不足，降水量比山麓增加不多，因而梯度在诸山中最小，仅 1.86mm/100m。春秋季月降水量梯度介乎冬夏之间，各山一般在 2～5mm/100m。

2. 西北干旱地区

总的说来，西北干旱地区降水量梯度较东部小，因为山麓降水量少，高处降水量也不太多。例如，表 3-30 天山北坡乌鲁木齐和小渠子是西北干旱山区中降水量最多的台站之一，年降水量梯度也只有 22.7mm/100m，其中梯度最大的 7 月还可达 5.46mm/100m。但在背风少雨地区或干旱的南疆，由于高山上部降水量不多，因而降水量梯度最小。例如，准噶尔盆地西坡是盛行西风的背风坡，和布克赛尔和克拉玛依年降水量梯度只有 5.1mm/100m，其中梯度最大的 7 月也只有 2.50mm/100m。天山东端的伊吾和淖毛湖，年降水量梯度 5.9mm/100m，7 月最大也只有 2.51mm/100m。

表 3-30　西北山区降水量及梯度(引自张家诚和林之光，1985)

地点/降水量		1 月	4 月	7 月	10 月	年
天山北坡	小渠子/mm	5.5	49.5	99.8	26.8	535.9
	乌鲁木齐/mm	5.6	22.6	16.4	17.2	194.6
	梯度/(mm/100m)	–0	1.78	5.46	0.64	22.7
盆地西坡	和布克赛尔/mm	3.1	4.6	46.3	6.3	141.1
	克拉玛依/mm	2.1	6.5	24.7	5.6	97.0
	梯度/(mm/100m)	0.12	–0.22	2.50	0.08	5.1
天山东端	伊吾/mm	0.8	3.1	34.2	2.1	85.7
	淖毛湖/mm	0.5	0.4	3.2	0.4	12.5
	梯度/(mm/100m)	0.02	0.22	2.51	0.14	5.9

3. 武夷山降水量梯度

在一二千米甚至更大的高差中，降水量梯度是不是从上到下保持不变呢？当然不是，现以武夷山主峰黄岗山地区两坡，1 月、4 月、7 月、10 月降水量、雨日及其梯度随高度变化为例(资料年代为 1958.10～1960.12)来说明。

由表 3-31 可见，武夷山降水梯度表现出以下特点。

表 3-31　武夷山山脉上下降水量梯度(引自张家诚和林之光，1985)　(单位：mm/100m)

坡向	山脉部位	年降水量梯度
北坡	上部：黄岗山—葛仙庙	146.6
	下部：葛仙庙—永平	26.9
南坡	上部：黄岗山—小浆	109.3
	下部：小浆—崇安	46.4

1) 年降水量均随海拔增加而增加。年降水量的垂直梯度为 81.2mm/100m(黄岗山—崇安)至 88.5mm/100m(黄岗山—永平)。但降水量的垂直梯度是不均匀的，山区上部比下都大，尤以山顶部最大。

2) 降水垂直梯度有季节变化，以春汛期 4 月为最大，南北坡分别可达 7.3～10.7mm/100m，7 月其次，分别也有 6.8～9.1mm/100m。后者主要是因为山麓伏旱而山上仍多雨，但降水量绝对值要比 4 月少。10 月梯度最小，因为山上山下均为秋高气爽天气，南北坡降水量梯度仅分别为 1.1～1.5mm/100m。各季梯度也随高度而不同，山脉上部比下部大，与年降水量的上下差值同样显著。

3) 武夷山区降水量垂直梯度下小上大的规律，以春夏季节最显著，因为春夏季节中水汽最为丰富，气流被迫抬升的地形作用也最显著。与降水量梯度相比，雨日梯度上大下小的规律要弱得多，也许是因为当地气候湿润，雨日多，地形抬升作用主要表现为增加降水强度。所以，全年中雨日梯度上大下小规律以雨日较少的秋季最显著，这时正值秋高气爽季节，地形的增雨影响主要反映在成云致雨，即增加雨日方面的缘故。

4. 最大降水高度问题

气流在迎风坡上被迫抬升，形成大量降水，因此，总有这么一个高度，如果山脉比这个高度高，气流中水汽大量消耗，降水量反而随高度增高而开始减少，这个高度就称为最大降水高度。最大降水高度的高低主要与气候干湿有关，一般是气候越湿润，最大降水高度越低。例如，西非赤道喀麦隆山面从大西洋上来的潮湿赤道西风，最大降水高度就在山麓，最大年平均降水量 10 091mm。而在干旱地区，气流的凝结高度很高，甚至气流刚开始降水就越过山顶，因此干旱地区常常不出现最大降水高度。

(1)秦岭最大降水高度

我国以秦岭的最大降水高度研究最为详细，王荣华(1963)根据秦岭地区 113 个站点(多数是水文部门)的降水资料(其中 84 站资料年代在 5 年以上)，得出秦岭北坡年降水量随高度变化曲线如图 3-43 所示。可见最大降水高度在 1400m，该高度上的年降水量为1084mm，比山麓要多 400mm 左右。从图 3-43 上还可以看出年降水量梯度随高度的变化，在 1000m 以下，平均每上升 100m，年降水量增加 71mm，1000m 以上因为接近最大降水高度，递增梯度减为 17mm/100m，1400m 以上降水量随高度反而递减，1400～2000m 递减梯度约为 26mm/100m。

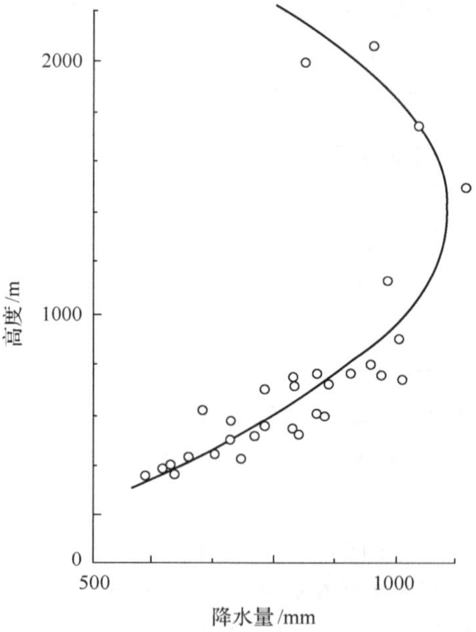

图 3-43　秦岭北坡年降水量随高度变化(引自张家诚和林之光，1985)

秦岭北坡 1 月、4 月、7 月、10 月降水量随高度变化曲线见图 3-44，可见也有夏秋湿润季节最大降水高度偏低的现象，但不显著。由于王荣华(1963)所用大量水文站大都位于河谷之中，地形比较一致，台站数量又多，因此所得结果是比较可靠的。王荣华(1963)还指出，由于北坡下部年降水量递增梯度(71mm/100m)远远大于南坡(20mm/100m)，因而即使北坡麓年降水量低于南坡麓，到800～900m高度上年降水量也超过南坡，到1000m高度上北坡年降水量达到1000mm，约比南坡同高度上多了100mm。

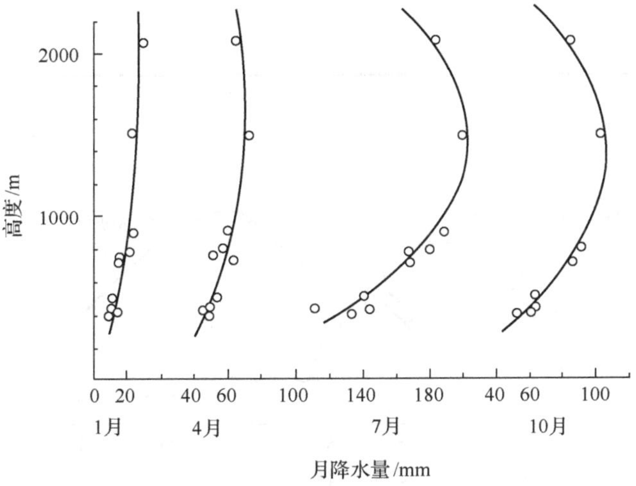

图3-44　秦岭北坡1月、4月、7月、10月降水量随高度变化(引自张家诚和林之光，1985)

(2)河北山地最大降水高度带

河北省北有燕山，西有太行山，夏季面迎太平洋上来的东南季风，根据张家诚和林之光(1985)研究，该区降水量分布形成一带中心，即沿太行山和燕山形成一个多雨带，多雨带中有8个中心(燕山2个，太行山6个)，中心平均年降水量700～800mm。联结最大降水量带中最多雨的轴线，得出最大降水量脊线。脊线的平均高度即最大降水高度，太行山部分为350m，燕山部分为170m。下面主要介绍该地区中心降水量超过50mm的527次暴雨过程中最大降水高度的研究结果。所取降水资料年代为1956～1973年，各降水量站的高度从五万分之一地形图上读得。

统计结果指出，在这527次暴雨过程中，最大降水高度绝大部分在1000m以下，其中600m以下的占80%以上。从地区比较，以年降水量最多的北部山地(燕山区和太行山北部区)最大降水高度最低，300m以下的频率分别占84%和61%，南部山地最大降水高度较高，太行山中部和南部最大降水高度在300m和300～600m的频率大致相等，都在40%左右。

中心降水量超过200mm的特大暴雨，其最大降水高度随高度的分布亦大致相同(表3-32)。所有29次特大暴雨的最大降水高度都没有超过600m。其中1963年8月上旬太行山南部区、太行山中部区和太行山北部区3个特大暴雨中心的最大降水高度分别是360m、250m和200m。图3-45是1963年8月7日太行山北部区司仓暴雨的地形-降水剖面图。图3-45表明这次降水过程由山前平原开始递增，最大值出现在海拔200m的山坡上。自此降水量随高度递减，到1500m以上的山区上部降水量只及最大降水高度处的1/5左右。

表 3-32　河北山区 29 次特大暴雨的最大降水高度(引自张家诚和林之光，1985)　(单位：次)

地理位置 \ 最大降水高度	0～100m	101～200m	201～300m	301～400m	401～500m	501～600m	总数
太行山南部	0	0	1	1	0	1	3
太行山中部	1	1	3	1	1	0	7
太行山北部	1	2	1	0	0	2	6
燕山中部	7	2	0	0	0	4	13

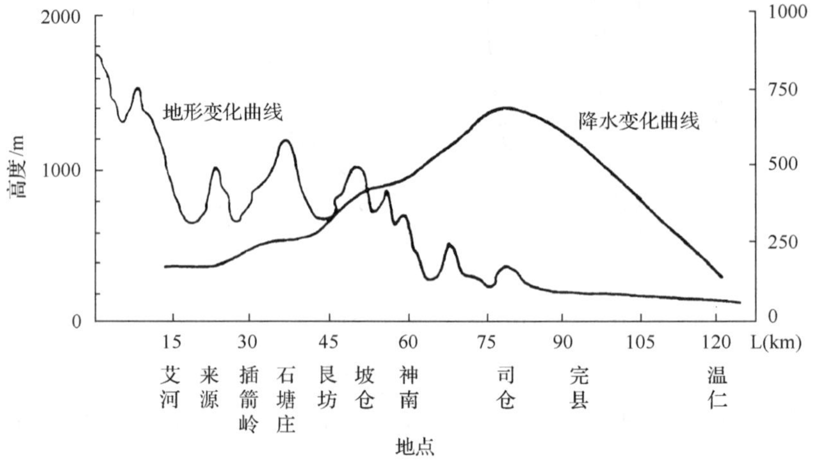

图 3-45　司仓暴雨地形-降水剖面图(引自张家诚和林之光，1985)

(3)天山北坡最大降水高度带

我国天山北坡以乌鲁木齐经度附近气象站较多，自成剖面。张家诚和林之光(1985)给出其年降水量及各季降水量、雨日及相对湿度(表 3-33)。可见年降水量的最大降水高度大约在 2000m，从表 3-33 还可以看出，各季的最大降水高度也不一致，7 月最大降水高度最高，可达 3000m 左右，春秋季其次，为 2000m 左右。而冬季中整个剖面降水量绝对数量相差都不大。

表 3-33　天山北坡各站平均降水量、雨日、相对湿度(引自张家诚和林之光，1985)

地点	海拔/m	1月			4月			7月			10月			年		
		降水量/mm	雨日/d	相对湿度/%	降水量/mm	雨日/d	相对湿度/%	降水量/mm	雨日/d	相对湿度/%	降水量/mm	雨日/d	相对湿度/%	降水量/mm	雨日/d	相对湿度/%
天山云雾站	3539	1.8	3.1	43	22.1	13.1	55	111.9	23.1	70	12.1	7.0	52	433.8	132.3	55
小渠子	2160	8.2	5.4	54	58.9	10.3	59	109.5	18.3	62	27.6	7.0	64	572.7	117.9	59
天池	1942	4.5	4.0	57	37.0	8.3	58	102.9	12.7	58	20.8	6.4	62	497.5	95.6	58
乌鲁木齐	654	5.6	9.2	78	22.6	5.8	47	16.4	7.7	38	17.2	4.8	56	194.6	79.5	57
梧桐窝子	451	5.5	6.8	80	14.6	5.6	49	16.4	6.7	46	12.6	4.7	60	153.3	68.0	61

从表 3-33 还可以看出，月平均相对湿度随高度变化的规律和月平均降水量基本是一致的，即夏季 7 月相对湿度确实随高度一直增加到天山云雾站；春秋季上下相差不大，

但也可看出2000m左右最大降水高度处也有微弱偏大;而冬季相对湿度随高度明显降低，据此可以判断最大降水高度应该较低，降水日数(雨日)随高度明显减少也证明了这一点。冬季月平均降水量随高度变化不大的规律可能和降水量少因而降水观测误差增大有关，而且因降水量少其偶然性也大。

从张家诚和林之光(1985)的研究结果看，最大降水高度在客观上是存在的，虽然实际分布可能比较复杂。但在一个自然条件比较一致的山坡上，一般只能有一个最大降水高度。如果山脉十分高大，山区范围很广，各区气候差异很大，那么各个不同地区可能存在不同的最大降水高度，而不同地区(包括两个相邻山脉)两个不同的最大降水高度不能认为是一个山区(山脉)的两个最大降水高度。

当然，也应指出，在一些特殊情况下，一个均匀的山坡上也可能会出现两个最大降水高度。例如，在雪线附近地区，由于气流沿雪坡冷却下降，与白天从山麓受热上升的气流之间造成融合，也可能形成另一个最大降水高度带，但由于这里海拔已高，气温很低，因此其年降水量必然较小，不可能多达几千毫米。

二、降水的时间变化动态

(一)降水的季节变化动态

降水的季节变化是指某一特定地区降水量随着年内月份或季节的变化而呈现的有规律性的变化状况。大量的研究表明，降水量的季节变化具有明显的地域性和季节性。

1. 世界降水的季节变化动态

降水的季节变化是降水的一个重要特征。因受纬度及海陆分布的影响，世界各地雨带随季节移动形成的降水季节分配型是极其多样化的，但总的来讲可分为三大类型：全年多雨型、季节性多雨型和全年少雨型。

全年多雨型 全年多雨型又有三种情况：①全年降水量均匀分配，如欧洲西北部的斯堪的纳维亚半岛西北沿海，俄罗斯的白海沿岸地区，英国、法国大部，北美洲的阿巴拉契亚山脉以东沿海平原和太平洋沿岸西北部地区，南半球澳大利亚的东部沿海地区，非洲南部的南非德拉肯斯山脉以东沿海地区，南美洲的巴西南部沿海、阿根廷东南部及乌拉圭沿海等地。这些地区除受温度限制外，全年水分条件都适于农作物生产。②全年多降水，但有两次峰值。这种情况出现在马来群岛、斯里兰卡、中西非的几内亚湾、刚果盆地和南美洲的亚马孙河流域，这些地处赤道两侧的地区，适于需水多的热带作物生产。③全年多雨但有一次多雨季峰值。外高加索地区的黑海沿岸、中国华南地区及中南半岛东半部、美国的中部高平原和密西西比河低地等均属于这种情况。在这些地区的南部适于喜湿、喜温作物的生产，北部可以保证喜凉作物的水分供应。

季节性多雨型 可明显分出干、湿(雨)季。这一类按雨季发生的季节也可以分为：夏季多雨、春秋季多雨、冬季多雨。夏季多雨出现在我国东部大部分地区、缅甸、南亚的印度大部分地区、非洲撒哈拉沙漠以南、西非的塞内加尔至尼日利亚北部及中非、东非的埃塞俄比亚、肯尼亚、乌干达、坦桑尼亚，中南非的刚果、赞比亚、安哥拉、莫桑比克、博茨瓦纳、马达加斯加岛等地，南美洲的巴西西南部、玻利维亚北部、巴拉圭和阿根廷北部等地区均以夏季降水为主。春秋季多雨出现在俄罗斯波罗的海和中亚、西亚东部地区、土耳其黑海沿岸地区，以及南欧意大利东北部地区和美国中南部一些地区。中国长江流域中下游南部春季多雨。以冬雨为主的地区包括地中海沿岸地区、北美洲的西海岸地区、南美洲智利沿岸和澳大利亚湾西侧狭窄沿海地带等地中海气候类型的地区。这种情况尤其适于以小麦为主的冬作物栽培。此外，还有些其他过渡型降水季节情况，如印度东部沿海降水集中在湿季向干季转换的 9～12 月。

全年少雨型 出现在中国的西北部，亚洲的巴基斯坦西部、伊朗、伊拉克、沙特阿拉伯等，大洋洲的澳大利亚中西部、非洲的撒哈拉沙漠地带、纳米比亚西部沿海，美国西经 100°以西至落基山脉地带，南美洲的秘鲁南部、智利北部沿海及阿根廷西南和南部地区，这些地区都是灌溉农业区和畜牧业区。

2. 中国降水的季节变化动态

我国地形复杂，幅员广阔，南受热带天气系统西进影响，北方中高纬度天气系统频频东击，加上我国夏季风又分东南季风与西南季风，有些地区还完全不受季风影响。因此，我国雨季类型比较复杂。张家诚和林之光(1985)对我国雨季和干季的分布特点、雨季成因，以及各种因子对降水年变程的影响进行了研究，现分述如下。

(1)我国最多降水量月分布

为了区划我国最多降水量月份，张家诚和林之光(1985)取全国约 400 站，每站按降水量多寡顺序编码填在图上进行区划。例如，北京编号为 87695，即最多雨为 8 月，次为 7 月……；上海编号为 69574，即最多雨为 6 月，次为 9 月……等。根据编号，初步分类，可见以下几方面。

1)除了 31°N 以南、106°E 以东的长江中下游地区外，我国东部地区大都是以 7 月、8 月两个月降水量最多，主要是由夏季风雨带北上所形成。从表 3-34 还可以看出，除了黄土高原大部和东北最东部为 8 月最多雨外，本区中绝大部分地区最多雨均在 7 月，其次是 8 月，6 月占第三位。东北最东部地区 8 月最多雨(如延吉的最多雨在 8 月中旬，中西部的长春最多雨在 7 月中旬，主要是受太平洋台风影响，影响东北的台风，8 月最盛路径偏东之故。内蒙古中西部，宁夏、甘肃东部地区的 8 月最多雨则是由于夏季东南季风雨带到达较晚，如同纬度上东部地区的河北、山西(表 3-34 中以张家口、大同为代表)最多雨都在 7 月下旬，但内蒙古中西部(以呼和浩特和巴彦高勒为代表)已晚至 8 月上旬，宁夏境内及以西(以甘肃民勤和张掖为代表)最多雨甚至已晚到 8 月中旬(表 3-34)。

表 3-34 张家口等 6 站最多雨旬分布(引自张家诚和林之光，1985)

地点	代表	6 月下	7 月上	7 月中	7 月下	8 月上	8 月中	8 月下	9 月上
河北	张家口	15.4	36.2	34.2	45.7	39.3	29.5	29.7	15.4
山西	大同	15.2	29.9	25.8	44.6	39.1	25.5	30.1	14.9
内蒙古	呼和浩特	17.7	28.7	26.3	49.4	58.3	39.5	39.0	13.6
内蒙古	巴彦高勒	8.8	9.2	11.2	14.2	23.7	16.0	11.7	7.8
甘肃	民勤	8.2	4.8	6.7	4.6	12.6	15.7	10.1	5.0
甘肃	张掖	8.8	7.5	7.5	10.4	11.6	12.0	7.5	4.6

2)我国西南地区，雨季在6～9月。云南7月、8月降水量相近，最多雨旬在7月下旬或8月上旬，8月最多雨的站比7月要多。西藏地区则和北方类似，最多雨旬从东向西延迟，降水量也逐渐减少。例如，表3-35中，西藏东部的昌都和丁青最多雨旬在7月下旬，索县便顺延到8月上旬，班戈湖及以西地区8月中旬为最多雨旬。因而，西藏中西部最多雨月在8月，而东部在7月。由此亦可看出西藏雨季的水汽源来自西南季风。由于西藏最西部夏季风影响时间最短，因此全年降水量高度集中在7月下旬到8月中旬，如噶尔这三个旬的降水量占年降水量的54%，全国罕见(北京最多雨为7月下旬到8月中旬，仅占年降水量的43.5%)(表3-35)。

表3-35　昌都等5站最多雨旬分布(引自张家诚和林之光，1985)

地点	经度(E)	7月上	7月中	7月下	8月上	8月中	8月下	9月上	资料年代
昌都	96°59′	30.9	30.8	50.8	38.8	22.1	45.6	24.4	1952～1970
丁青	95°36′	49.7	36.0	62.7	52.1	36.2	59.2	33.6	1954～1970
索县	93°48′	47.6	39.1	48.4	50.7	32.9	30.6	31.5	1956～1970
班戈湖	89°40′	16.8	26.3	21.8	23.0	31.8	23.5	18.4	1956～1965
噶尔	80°05′	2.7	4.6	9.4	11.3	11.9	4.9	2.1	1961～1970

西南地区以北和华北地区以西的西北地区，全年干旱，年降水量小于100mm，农业全靠灌溉，即使有雨季，降水量也很少，没有农业意义，所以未予区划。实际上，除了乌鲁木齐市以西的天山中西部地区最多雨月在5月及其前后外，其余地区绝大部分最多雨月也是全年最热的7月、8月。

3)我国长江两岸及以南的广大东南部地区，是全国唯一雨季不在7月、8月的地区。这是因为，南岭以北、长江沿岸以南7～8月是伏旱季节。这些地区6月梅雨降水量多，但雨量比梅雨降水量略多，最多雨月在5月，次多雨月才是6月或4月。长江中下游两岸，由于位于春雨区北部，春雨已有所减少，因而才以6月为最多雨月，且因梅雨结束期延至7月上旬，因而次多雨月为7月或5月。

4)南岭以南，由于东南季风雨带5月下旬方才稳定，高广沿海降水量激增，因此最多雨月是6月，次多雨月才是5月。雷州半岛以南及海南岛大部地区、台湾大部地区，由于秋季多台风暴雨，因此最多雨月在9月，次多雨月才是8月或10月。

此外，陕南、川北及关中宝鸡地区，由于著名的华西秋雨，因而最多雨月也在8月，但面积甚小。

5)我国台湾东北端基隆及其附近地区，是我国唯一的冬雨型区，可以基隆(25°09′N，121°45′E，海拔32m)和暖暖(25°03′N，121°45′E，海拔32m)为例。从表3-36可见，基隆最多雨虽在3月，但12月至翌年3月各月降水量均相差不多；暖暖最多雨是1月，但和10月、11月、12月降水量也几乎不相上下。台湾东北端冬雨的成因，主要是冬季东北季风在东海上登陆，受到地形抬升所致，纯属地形影响，所以范围很小，如基隆西南方仅约20km的台北，冬雨便几乎消失。

表 3-36　基隆和暖暖降水量年变化(引自张家诚和林之光，1985)　(单位：mm)

地点	1月	2月	3月	4月	5月	6月	7月	8月	9月	10月	11月	12月	年降水量	资料年代
基隆	299.3	289.2	315.7	210.3	267.0	240.1	129.3	170.9	240.9	228.2	227.0	292.0	2909.9	1903～1938
暖暖	598.1	444.1	453.5	263.4	316.1	314.0	218.8	312.3	402.7	570.6	548.3	582.1	5024.0	1901～1940

6)我国境内还有两个比较特殊的双雨季型，有必要加以指出。

华南双雨季型。副高压前缘的大雨带6～7月在华南停滞，形成这里的前汛期雨季，4月、9月又值台风盛期，遂又形成第二雨季，可以梅县、湛江和海南岛的琼海为例。由表3-37可见，本区南部秋季台风雨之多，确已使9月成为全年最多雨的月份。

表 3-37　梅县等 3 站降水量年变化(引自张家诚和林之光，1985)　(单位：mm)

地点	1月	2月	3月	4月	5月	6月	7月	8月	9月	10月	11月	12月	年降水量	资料年代
梅县	45.2	92.5	124.4	139.7	209.4	238.1	111.6	197.0	157.9	44.6	24.7	23.4	1408.5	1953～1970
湛江	25.2	39.1	63.5	116.1	163.3	209.2	163.5	251.2	254.4	90.9	44.7	19.5	1440.6	1951～1970
琼海	47.0	48.6	78.8	106.6	176.7	258.4	161.8	297.1	387.3	275.4	135.1	71.6	2044.4	1953～1970

滇西北双雨季型。位于我国滇西北、藏东南局部地区，双雨季类型更加奇异。因为这里除了正常的西南季风夏雨季外，春季另有一个雨季，而且两者之间一般不连续，5月降水量比4月、6月均低。可以福贡(27°04′N，98°48′E，海拔1190.9m)、碧江(26°42′N，98°55′E，海拔1927.8m)、维西(27°13′N，99°31′E，海拔2325.6m)和贡山(28°03′N，98°45′E，海拔1591m)为例(表3-38)。

表 3-38　福贡等 4 站降水量年变化(引自张家诚和林之光，1985)　(单位：mm)

地点	1月	2月	3月	4月	5月	6月	7月	8月	9月	10月	11月	12月	年降水量	资料年代
福贡	43.7	137.4	209.4	210.6	119.5	141.2	125.5	123.0	81.3	90.6	40.6	17.4	1389.5	1959～1980
碧江	40.9	98.6	158.3	126.9	84.7	167.0	148.8	153.8	95.7	84.7	21.2	18.9	1199.5	1961～1970
维西	21.4	65.5	104.4	75.0	57.6	95.1	170.6	193.0	88.3	62.6	18.3	5.5	957.3	1955～1970
贡山	59.4	138.3	164.5	182.4	127.4	247.6	203.1	156.8	146.6	108.7	45.7	28.1	1608.6	

从表3-38还可以看出，福贡全年主要雨季已移至3～4月。本区始于2月中下旬、止于4月中下旬的冬春雨季是局地性的，主要由于该季节该地区位于南支西风槽前，印度洋水汽源源向北输送，当槽加深时就有降水过程发生。迎风地形也增加了这里的降水量，所以维西以东，越过云岭山脉，金沙江河谷中就完全没有双雨季的降水年变化类型。

(2)我国最多雨日月分布

雨日是降水气候特征的另一类指标，反映降水的持续时间。总的说来，分布形势和最多降水量月的分布形势是一致的。全国大部分地区，即华北、东北、西北和西南地区雨日最多的月份均发生在夏季7月、8月，长江中下游地区为4月、5月；华南两广地区为5月、6月，海南岛、西沙、东沙等诸岛为9月。此外，还可见以下内容。

1)在最多降水量月分布图上，9月最多雨区极小，仅限于宝鸡、安康、万源等陕西川北边缘地区少数台站，但最多雨日月为 9 月的区域已扩大到关中、陕南，甘肃东南部等较大区域。四川盆地西部及其附近地区最多雨日月多发生在 10 月。由此可见，用雨日指标比用降水量能更好地表示出这些地区秋雨的分布状况。此外，由于这些地区虽然雨日分别以 9 月、10 月为最多，但是次多月并不一致。例如，9 月最多雨区中，北部以 7 月为次多，东南部以 5 月为次多，南部则以 10 月为次多。此乃北部邻近夏雨区，东南部邻近春雨区，南部邻近 10 月最多的秋雨区之故。

2) 长江中下游地区 5 月雨日最多的区域比 5 月降水量最多的区域要大得多，这说明长江中下游大部地区 5 月阴天多于雨天，而 6 月是雨天多于阴天。真正 5 月降水量和雨日均最多的仅限于芷江、长沙、南昌一线 2～3 个纬距宽的不大区域，即长江中下游的中央条状区域。

3) 海南岛和西沙等诸岛的最多雨日月虽然仍在 9 月，而且前汛期雨日也成为次多，但在冬季月份中迎风的东部和西沙等岛屿却有第三个峰。这主要是由于东北季风南下，这和北部湾西北部沿海(包括越南北方沿海)地区的降水成因是相同的。例如，海南岛迎风的琼海降水日数年变化有三峰，而背风的东方就几乎只有单峰。

4) 滇西北双雨季地区中，由于双峰间的 5 月降水量虽有减少，但雨日减少并不显著，因而双峰之间的谷变浅，南部地区的碧江甚至成为形状庞大的单峰型。

(3) 我国干季分布

雨季和干季是降水年变程的两个方面，研究干季的分布是必要的。但是干季的标准本身就是一个研究课题，我们如果是作一般性了解，不妨把月降水量<1/12 年降水量和雨日分别作为干季的指标。这两种指标划出的干季大体上是一致的，但也有不一致，它们之间的差异也正好反映了当地气候上的一些特点。例如，武汉的降水量干季为 9 月至翌年 2 月，而雨日干季为 7 月至翌年 2 月，即从降水量看武汉 7 月至翌年 8 月伏旱季节尚不少，但因夏季高温，雨多阵性，雨日不多，因而从雨日看仍属干季。

可见东北、华北、青藏和西南的大部分地区均以 10 月至翌年 4 月或 10 月至翌年 5 月为干季，而云南和海南岛地区分别由于西南季风和台风雨季，而到 10 月雨季尚未结束，故缩短为 11 月至翌年 4 月。长江中下游地区因 7 月尚有部分梅雨，大部分地区干季始自 8 月或 9 月，结束为翌年 2 月或 3 月。35°N 以南 106°E～109°E 区域，由于 10 月尚在雨季之中，干季大致始自 11 月(南部 10 月)，于翌年 3～4 月结束。东南沿海地区干季自 10 月至翌年 3 月。

同时，可见和按月降水量划分的干季分布是比较相似的。东北、华北及青藏大部干季都在 10 月至翌年 4 月。干季始自 11 月的区域扩大，因为按雨日划分，西南及其附近许多地区 10 月尚属湿季，包括东起晋豫西部、陕西、甘肃东南部，以及青海南部和川、滇、黔三省。东部地区淮河以南除了 25°N～30°N 外，多数气象站均为 10 月至翌年 2 月，25°N～30°N 因 7 月雨日已少，2 月已脱离干季，因而干季为 7 月至翌年 1 月。

我国干季大部分地区在秋冬春季的 10(11) 月至翌年 4(5) 月，仅长江中下游地区伏秋连旱，直到翌年 2 月或 3 月。这是我国两种基本的但完全不同的雨旱季节类型。从此亦可看出，这种简单的划分方法得出的结果与实际情况还是大体一致的。两种指标划分结果的差异，也反映了干季和雨季复杂性的一个侧面。

(二)降水的年际变化动态

降水的年际变化动态是指某一特定地区降水量在不同年际发生的有规律性的变化。大量的研究表明，不同地域降水变化复杂且差异显著。现以王艳姣和闫峰(2014)对中国1960～2010年降水的年际变化为例来说明。

王艳姣和闫峰(2014)采用EOF和REOF法对近50年来中国降水量标准化距平进行分区，共划分出11个区域，并根据其所属地理位置归纳为东部地区(包括华北、黄淮和江淮、长江中下游、江南和华南4个子区域)、西北地区(包括西北西部、西北东部和内蒙古中西部3个子区域)、西南地区(包括西南西部、西南东南部和西南东北部3个子区域)和东北地区4个区域。

1. 东部地区

东部地区主要包括华北、黄淮和江淮、长江中下游、江南和华南地区。分析东部各地区年降水距平百分率历年变化，结果表明以下几个方面。

1)华北地区降水呈下降趋势，20世纪70年代末以前降水较常年同期略偏多，特别是60年代初期降水明显偏多，70年代末至21世纪初降水较常年同期偏少，21世纪初以来降水又转为偏多。采用滑动t检验检测表明，华北地区降水在1964年、1977年和2002年发生突变，1964年该区降水由异常偏多转为略偏多、1977年降水从前期偏多转为偏少，2002年降水又由前期偏少转为偏多。

2)黄淮和江淮地区降水长期变化趋势不明显，在20世纪70年代中期之前降水较常年略偏多，70年代中期至21世纪初降水转为略偏少，21世纪初以来降水显著增加，年均降水量较常年偏多。t检验检测表明，黄淮和江淮地区降水在1975年发生突变，降水从前期略偏多转为略偏少。

3)长江中下游地区降水呈增加趋势，20世纪60年代降水较常年同期明显偏少，70年代至80年代中期降水较前期明显增多，降水总体接近常年同期，80年代末至90年代降水转为偏多，但21世纪初以来降水又转为以偏少为主。t检验检测表明，长江中下游地区降水在1999年发生突变，降水从90年代的偏多时期转为偏少时期。

4)江南和华南地区降水呈增加趋势，且阶段性变化明显，20世纪60年代降水较常年同期明显偏少，70年代前期偏多，70年代中后期至80年代持续偏少，90年代至21世纪初降水转为偏多，21世纪初以来又转为以偏少为主。t检验检测表明，该区降水在1991年和2002年发生突变，1991年降水由偏少时期转为偏多时期，2002年又由偏多时期转为偏少时期。

以上分析表明，中国东部各区降水长期变化趋势差异较大，其中华北地区呈减少趋势，黄淮和江淮地区无明显长期变化趋势，长江中下游、江南和华南地区降水呈增加趋势，但各区降水长期变化趋势均未通过α=0.05显著性水平的F检验。从东部各区降水的阶段性变化来看，20世纪70年代末之前，降水偏多区域主要位于华北、黄淮和江淮地区，70年代末至90年代降水偏多地区南移至长江中下游、江南和华南地区，而21世纪初降水偏多的地区又位于华北、黄淮和江淮地区。东部各区降水的阶段性变化主要反映为该区雨带的移动。

东部地区降水主要集中在夏季，而东部夏季降水的年代际变化又与东亚季风和大气环流等变化密切相关(孙颖和丁一汇，2002；张庆云和陶诗言，1998)。已有的研究指出，20 世纪 70 年代末至 90 年代，受青藏高原冬季积雪增多、西北太平洋和热带西太平洋海温偏暖等外强迫因子的影响，夏季东亚大陆和邻近海域海陆温差减小。此外，由于八九十年代全球表面气温的增加，东亚地区夏季低层低气压系统也明显减弱(Yu et al.，2004；Zhao et al.，2010)。受上述因子的影响，东亚夏季风开始明显减弱，相应的中国东部夏季雨带逐渐南移至长江中下游及江南和华南一带(黄荣辉等，1999；Ding et al.，2007)；21 世纪初以来，随着青藏高原冬季积雪的年代际减少，西北太平洋和热带西太平洋海温也由前期偏暖转为偏冷，此时东亚夏季风开始不断恢复增强，东部地区夏季雨带也出现北移趋势。

2. 西北地区

西北地区主要包括西北西部、西北东部和内蒙古中西部地区。分析西北地区年降水距平百分率历年变化(图 3-46)，可以发现以下几个特征。

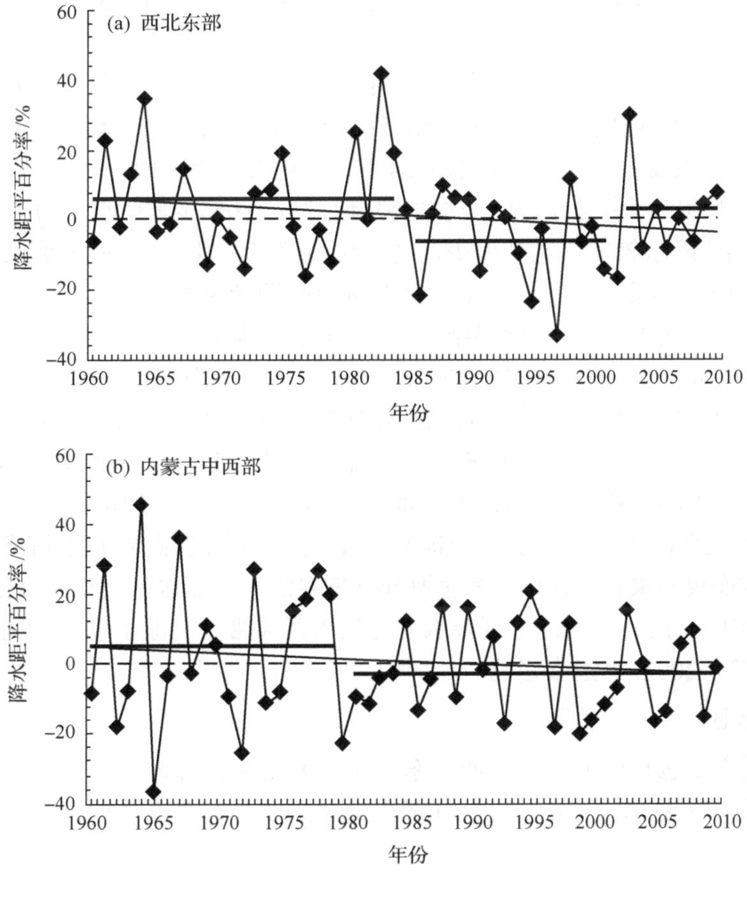

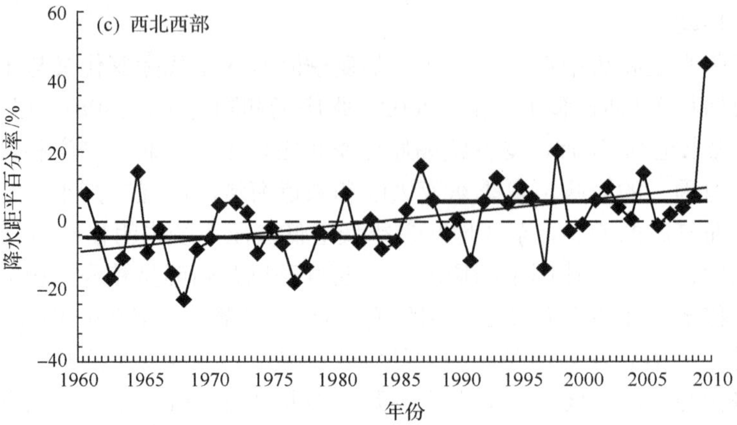

图 3-46　1960～2010 年中国西北部各区降水距平百分率变化(引自王艳姣和闫峰，2014)

直线为线性趋势线，虚线为零值，短粗直线为各区降水实际年代轻折时期降水距平百分率均值线

1) 从长期变化趋势来看，西北东部地区降水呈减少趋势，但未通过 α=0.05 显著性水平的 F 检验。从阶段性变化来看，20 世纪 80 年代中期降水由前期偏多转为偏少，21 世纪初以来降水又转为偏多；滑动 t 检验检测表明，该区降水在 1985/1986 年发生突变，降水由前期偏多转为偏少。

2) 内蒙古中西部地区降水呈减少趋势(未通过 α=0.05 显著性水平的 F 检验)，在 20 世纪 70 年代末至 80 年代初降水由前期偏多转为以偏少为主；滑动 t 检验检测表明，该区降水在 1979 年发生突变，降水由前期偏多时期转为偏少时期。

3) 西北西部地区降水呈显著的增加趋势(通过 α=0.05 显著性水平的 F 检验)，20 世纪 80 年代中期前降水较常年同期偏少，之后转为偏多。滑动 t 检验检测表明，该区降水同样在 1985/1986 年发生突变，降水由前期偏少时期转为偏多时期。该结果与施雅风等(2003)提出西北地区 1986 年后增湿结论一致，增湿区域仅限于西北西部地区。西北地区地处内陆，除西北东部地区受季风影响外，其他大部分地区主要受中高纬度环流的异常影响。20 世纪 80 年代中期以后西北东部地区降水的减少，主要与中国大陆(特别是中国北方地区)气压异常升高及东亚季风的年代际减弱，使得向北输入的水汽减少密切相关(Zhao et al.，2010；魏娜等，2010)；80 年代中期以后西北地区西部降水增多，一方面与西伯利亚上空位势高度增加和伊朗高原上空位势高度减少有关(陈冬冬和戴永久，2009)；另一方面也与来自阿拉伯海和里海异常偏多的水汽输送密切相关(张庆云等，2007；申乐琳等，2010)。此外，西北地区降水变化还受西风带、高原季风(王可丽等，2005)及海温(王澄海等，2002)等因素影响。

3. 西南地区

西南地区主要包括西南西部、西南东北部和西南东南部地区。分析西南地区年降水距平百分率历年变化(图 3-47)，可见其降水变化主要具有以下特征。

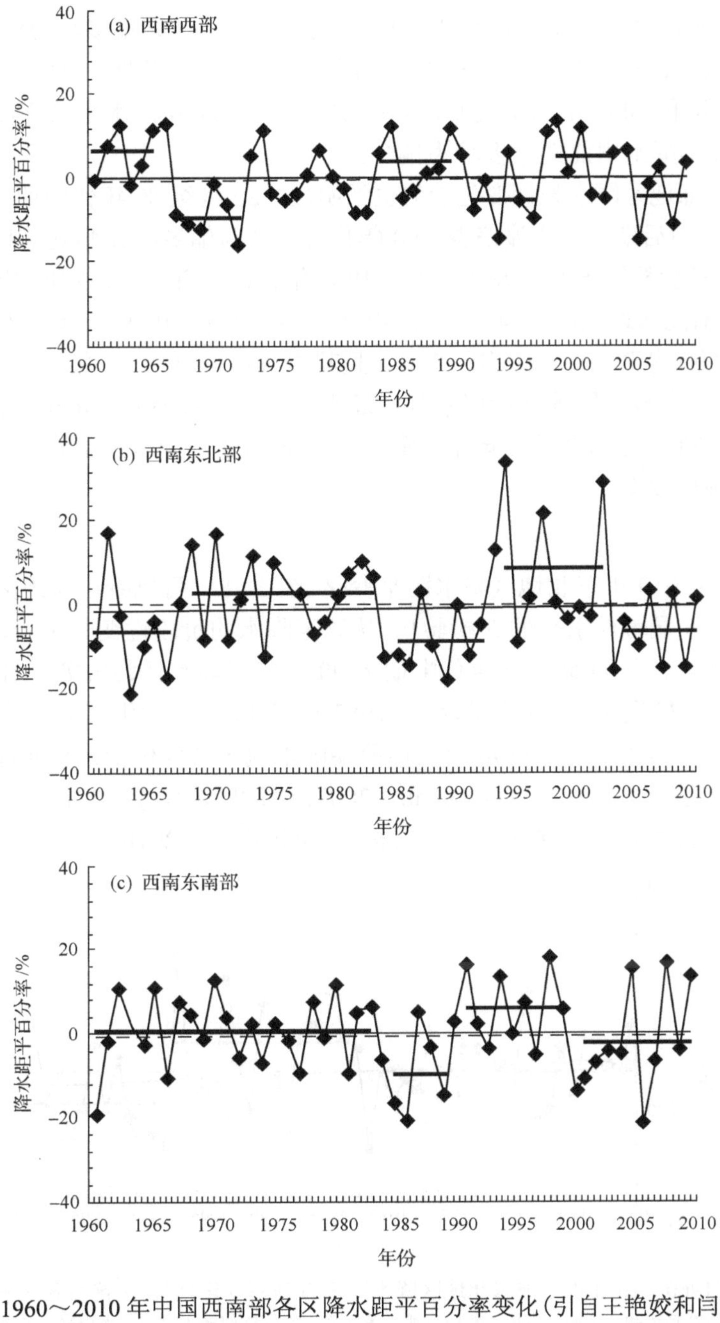

图 3-47　1960～2010 年中国西南部各区降水距平百分率变化(引自王艳姣和闫峰，2014)

直线为线性趋势线，虚线为零值，短粗直线为各区降水实际年代轻折时期降水距平百分率均值线

1) 西南西部地区降水长期变化趋势不明显，但存在明显的阶段性变化，20 世纪 60 年代中期、90 年代初期降水由前期偏多转为偏少，70 年代初和 90 年代末降水由前期偏少转为偏多。滑动 t 检验检测表明，该区降水在 1966 年、1972 年、1990 年和 1997 年发生突变，其中 1966 年和 1990 年降水由前期偏多转为偏少，在 1972 年和 1997 年降水由前期偏少转为偏多。

2) 西南东北部地区降水长期变化趋势不明显，20 世纪 60 年代中期和 90 年代初期，降水由前期偏少转为偏多，80 年代初和 21 世纪初降水由前期偏多转为偏少，即在 2000 年前基本与西南西部地区降水呈反向变化。滑动 t 检验检测表明，该区降水在 1967 年、1983 年、1991 年和 2002 年发生突变，其中 1967 和 1991 年降水由前期偏少转为偏多，1983 年和 2002 年降水由前期偏多转为偏少。

3) 西南东南部地区降水长期变化趋势也不明显，20 世纪 80 年代中期以前降水接近常年同期，80 年代中后期降水明显偏少，90 年代降水转为偏多，21 世纪初以来降水接近常年同期。滑动 t 检验检测表明，该区降水在 1983 年、1989 年和 1999 年发生突变，其中降水在 1983 年由前期接近正常转为偏少，1989 年又转为偏多，1999 年以后又转为接近正常。

西南地区西临青藏高原，南临印度洋，且其本身地形复杂(既有云贵高原，又有四川盆地)，降水除受青藏高原地形的影响外，还受东亚季风(陈艳，2006)、副热带高压(张宇等，2013)、高原积雪和海温(唐佑民等，1997)等因素的影响，使得西南地区降水阶段性变化明显、成因复杂。

4. 东北地区

分析 1960～2010 年东北地区降水距平变化(图 3-48)，可以看出该地区降水呈减少趋势(未通过 α=0.05 显著性水平的 F 检验)。从该区降水的阶段性变化来看，20 世纪 80 年代初以前降水接近常年同期，80 年代中期至 90 年代末降水转为偏多，21 世纪初又转为偏少。滑动 t 检验检测表明，该区降水在 1982 年和 1998 年发生突变，其中降水在 1982 年由前期接近常年转为偏多，1998 年又由前期降水偏多转为偏少。东北地区降水的年代际变化一方面与季风变化有关(Ding et al.，2007；邹旭东等，2013)，另一方面与西北太平洋水汽输送变化及东北冷涡的活动密切相关(申乐琳等，2010)。

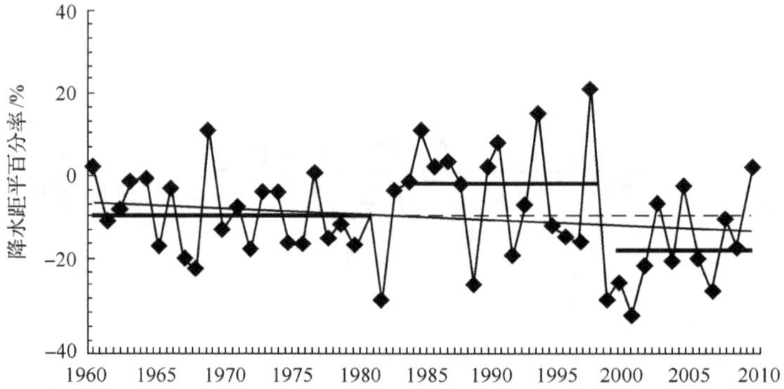

图 3-48　1960～2010 年中国东北地区降水距平百分率变化(引自王艳姣和闫峰，2014)
直线为线性趋势线，虚线为零值，短粗直线为各区降水实际年代轻折时期降水距平百分率均值线

(三) 降水的日变化动态

降水的日变化动态是指某一特定地区在 24h 内降水发生的有规律性的变化。现以中国降水量的日变化为例来说明，据张家诚和林之光(1985)研究，认为中国大陆上和山顶山脊地形以日雨为主，海洋和大型山谷地形以夜雨为主，以及一定的山谷盆地地形下为双峰日变程曲线，即一些最基本的和典型的降水日变化规律。现分述如下。

1. 我国大陆以日雨为主

大陆上由于白天午后地面最热，大气层结最不稳定，因此对流雨集中在午后到傍晚之间，可以哈尔滨、北京、上海、广州为例(图 3-49)。需要说明的是，由于张家诚和林之光(1985)所取年代仅 5～10 年，即使再长些，每偶遇暴雨，日变化曲线也不易平滑，出现不规则的曲折。因此，张家诚和林之光(1985)把上述四站滑动平均，便可看出以日雨为主的明显趋势。

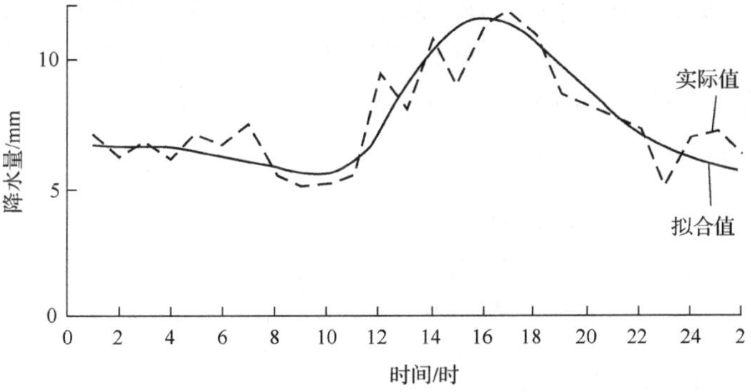

图 3-49　哈尔滨、北京、上海、广州四站平均降水量日变化(7～8 月)(引自张家诚和林之光，1985)

2. 沿海岛屿和海洋上以夜雨为主

在海洋上，由于海水比热容大，而且流动不息，加上蒸发耗热，因此白天的海水温度升不高，气层较为稳定，所以白天降水量少。但是到了夜间，海水降温缓慢，仍保持较高温度，而海面上空大气中的丰富水汽和云由于不断辐射冷却，加上在白天开始形成、夜间开始发展的积云云顶的辐射冷却，加剧了夜间层结的不稳定，于是海洋上遂以夜雨多于日雨，滨海地区由于受海洋影响较大，许多台站也以夜雨比日雨为多。

张家诚和林之光(1985)以大连、成山头、石岛(山东)、秦皇岛四站平均作为海岛和海滨降水日变程的代表，从图 3-50 即可看出夜雨比日雨多。需要说明的是，由于南方台风多见，短年代不能予以平滑掉，因此其中没有放进南方的海滨或海岛台站。

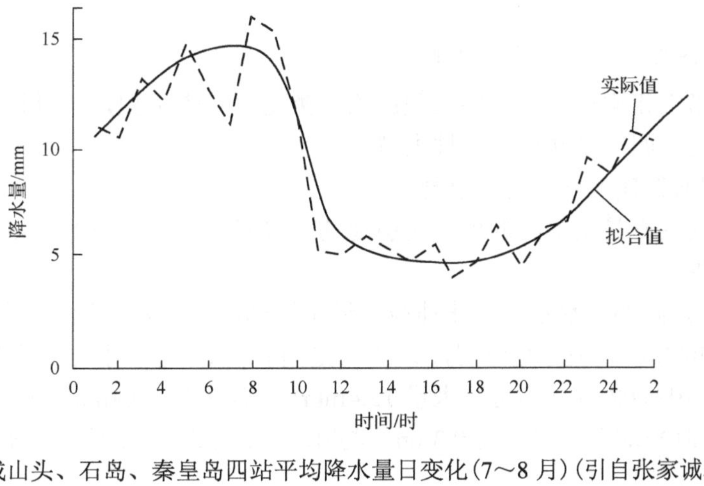

图 3-50　大连、成山头、石岛、秦皇岛四站平均降水量日变化(7～8 月)(引自张家诚和林之光，1985)

3. 山顶、山脊地形以日雨为主

由于白天热对流旺盛，因此山顶、山脊地形云雨亦以白天为多。但我国因西部地区缺乏山顶台站，因此这里仅统计了东部地区高山山顶台站，如江西庐山、浙江天目山、福建七仙山、德化九仙山、瓯江括苍山、湖南衡山南岳等 6 站，不过这些地区均受台风等暴雨天气的干扰，短期年代资料不易平滑，远不如西部地区规则。图 3-51 点画线为以上 6 站 7～8 月平均降水量日变化曲线，实线为降水时数(雨时)的日变化曲线，可见降水时数曲线有双峰，夜雨反比日雨(时)略多。为了解其普遍性程度，张家诚和林之光(1985)又统计了当地最多雨的 6 月(雨季)雨时、降水量日变化曲线(图 3-51 上分别为点线和虚线)，雨时曲线亦呈双峰型，而主峰仍在夜间，可见东部地区山顶白天多雨是因为白天雨强大，就雨时而言，仍弱于夜间。

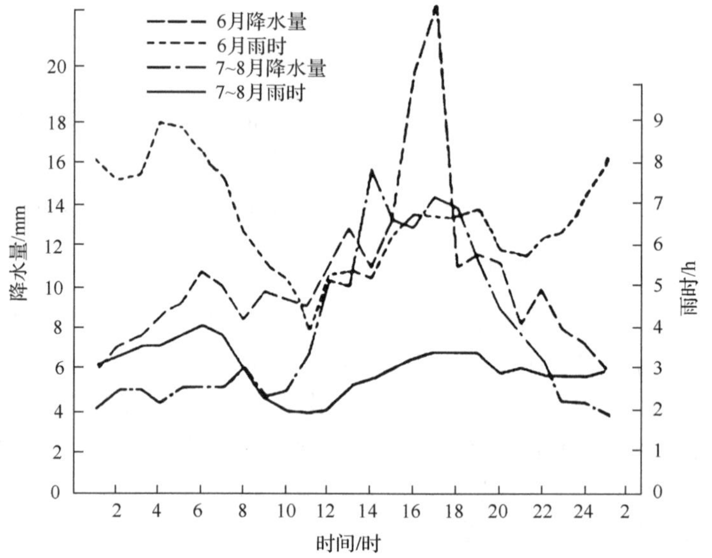

图 3-51　庐山等 6 站 6 月(雨季)、7～8 月(干季)降水量及雨时日变化曲线
(引自张家诚和林之光，1985)

4. 我国山谷盆地中的地形性夜雨

我国的地形性夜雨可分为两种类型：第一类是日晴夜雨型，可以拉萨为代表；另一类是日阴夜雨型，四川盆地属于这种类型。

(1)拉萨型河谷夜雨——日晴夜雨

这种类型的夜雨是由单纯的地形所引起的，世界上有的地方即使在高气压控制下夜雨也可照常发生。

图 3-52 为拉萨的降水量日变化曲线，纵坐标同时表示降水量、雨频和雨时(单位分别是 mm、次和时)。横坐标是时间，如“1”是指 01～02 这一小时。从图 3-52 可见，拉萨 7～8 月午夜 01～02 时平均月降水量 12.4mm(平均每天≌0.4mm，每雨夜≌1.2mm/h)，而午后 14～15 时平均月降水量仅 0.3mm，与 01～02 时相差 41 倍。雨频是指在该一个小

时内降水的频率(有降水即算一次，下满整整一小时也是一次)，如01～02时中，每月平均有雨9.6天(次)，即在午夜的这一小时内，每三天中就有一天有雨，可是午后14～15时这一小时内，31天中平均只有一天有雨(相差约10倍)。雨时是指在该小时内降了多长时间的雨，如拉萨01～02时中平均每月下雨6.92h(平均每天0.23h，或每雨夜≌0.7h=42min)，而14～15时平均每月只有0.33h(每天0.01h 36s)，即月雨时平均相差20倍。

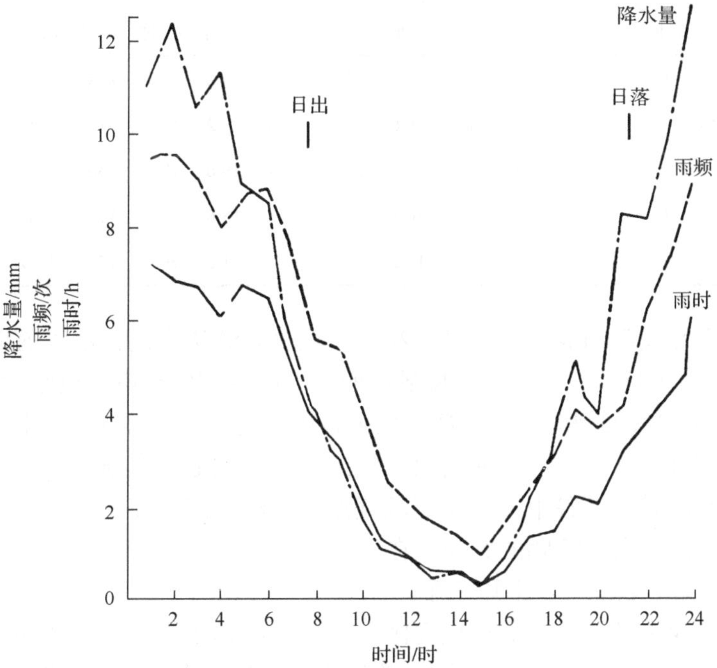

图3-52　拉萨降水量、雨频、雨时日变化曲线(引自张家诚和林之光，1985)

拉萨7～8月日出时间大约是7时5分，日落时间大约是20时49分(北京时间)。从图3-52可以看出，夜雨(包括雨时和降水量)时间和日出日落时间是很好地相对应的，即日出前后正是夜雨剧烈减少而日落前后正是夜雨急剧增加的时段。

从以上内容可见，拉萨河谷夜雨确是一种稳定的气候现象，而且夜雨十分典型，降水量、雨频、雨时日变化曲线都呈标准的V形曲线。在人们的生活实践中，夜雨的印象也是十分深刻的。

拉萨夜雨的强度也是有变化的，平均来说，上半夜夜雨比下半夜强，如18～24时都在2.0mm/h以上，最强时达到2.59mm/h。04时到日出前后，降水量减少比雨时快，雨强渐减，清晨日出前只有1.1mm/h，09～15时雨强都在1.0mm/h以下。16时到日落前后雨强较大，无疑是午后阵雨影响的缘故。

拉萨型夜雨，不但夜雨多，日雨少，而且白昼晴朗，如表3-39所示，拉萨10～15时每小时内的月日照总时数都在22.9～25.7h，日喀则10～14时更高达24.5～26.6h，西昌10～15时、巴塘10～14时也都在20.0～22.0h，也就是说就月平均而言，这些时段内的日照百分率高达 64.5%～85.5%。即使以云雾特多著称的云南河口，年平均日照百分率低至 37.6%，但 12～16 时的逐时日照时数也在 20.0～21.5h，即该 4 小时中日照百分率亦达 67%左右。

表 3-39　拉萨等 5 站 7～8 月平均日照时数和日照百分率(地方时)(引自张家诚和林之光，1985)

地点	不同时间段日照时数/h														合计/h	日照百分率/%
	5～6时	6～7时	7～8时	8～9时	9～10时	10～11时	11～12时	12～13时	13～14时	14～15时	15～16时	16～17时	17～18时	18～19时		
拉萨	2.6	11.4	14.4	18.3	20.9	22.9	24.3	25.7	25.3	23.2	19.7	15.6	11.2	1.8	237.3	5.7
日喀则	2.6	10.2	13.8	17.5	22.2	24.7	26.6	26.2	24.5	20.2	16.6	12.6	8.5	1.7	227.9	5.5
西昌	1.1	8.0	11.4	14.4	17.4	19.2	20.1	20.7	20.4	19.6	18.3	14.9	8.5	0.5	194.5	4.7
巴塘		0.3	12.2	15.4	17.2	19.5	20.5	22.3	20.3	18.6	15.9	11.6	4.1		177.9	4.3
河口		1.0	4.2	10.1	13.6	17.2	19.2	21.0	21.5	21.2	20.0	17.5	12.0	1.2	179.7	4.4

单纯的地形性夜雨的成因，张家诚和林之光(1985)认为是日落以前地面的辐射平衡已成负值，地面开始冷却，高处坡上接触地面冷却的冷空气周围密度较大而沿坡下沉(山风)，逐渐抬升了谷底的暖湿空气，从而成云致雨。同时，成云以后，由于云顶的辐射冷却，下沉的冷空气又增强了河谷内的上升气流，因而地形性夜雨有时可以维持整夜。相反，白天谷风环流时，河谷中部出现下沉气流，气流下沉即使已有云雨，也有抑制和消散作用，河谷夜雨区白天晴朗的原因就在于此。

(2)四川盆地型夜雨——日阴夜雨

四川盆地是我国唯一的大面积夜雨区。张家诚和林之光(1985)选择了重庆、成都、乐山、泸州、南充 5 站代表四川盆地，其年平均雨时、降水量日变化曲线如图 3-53(a)和 3-53(b)所示。可见，四川盆地中的夜雨同样也十分典型，曲线均呈 V 形，其中尤以盆地西南部乐山、泸州日雨最少，夜雨又最多。究其原因，可能与盆地周围山坡中以西侧和西南侧的青藏高原东坡最为高大有关。

为了研究夜雨是否为四川盆地所特有，张家诚和林之光(1985)选择了盆地以北的汉中、安康(陕西)，盆地以东的武汉和以南的贵阳、遵义，将这 5 站平均的降水量、雨时日变化曲线和四川盆地 5 站平均相比(图 3-54)，由于盆地外冬季寒冷，因此只比较夏季 7 月、8 月两月。可见无论降水量还是雨时，盆地内均以夜雨比日雨为多，日变化曲线均呈 V 形。而盆地外 5 站平均则夜雨不明显，且日变化曲线呈双峰型，即夜雨也有，日雨也不少，以至日降水量峰比夜降水量峰还高。

当然，盆地外 5 站点各站情况也不同，汉中和安康处于较大的汉水盆地之中，所以虽然日变化曲线也是双峰型，但无论降水量还是雨时，夜雨峰稍比日雨峰为高。

和拉萨型夜雨相比，四川盆地的夜雨有两个特殊性。

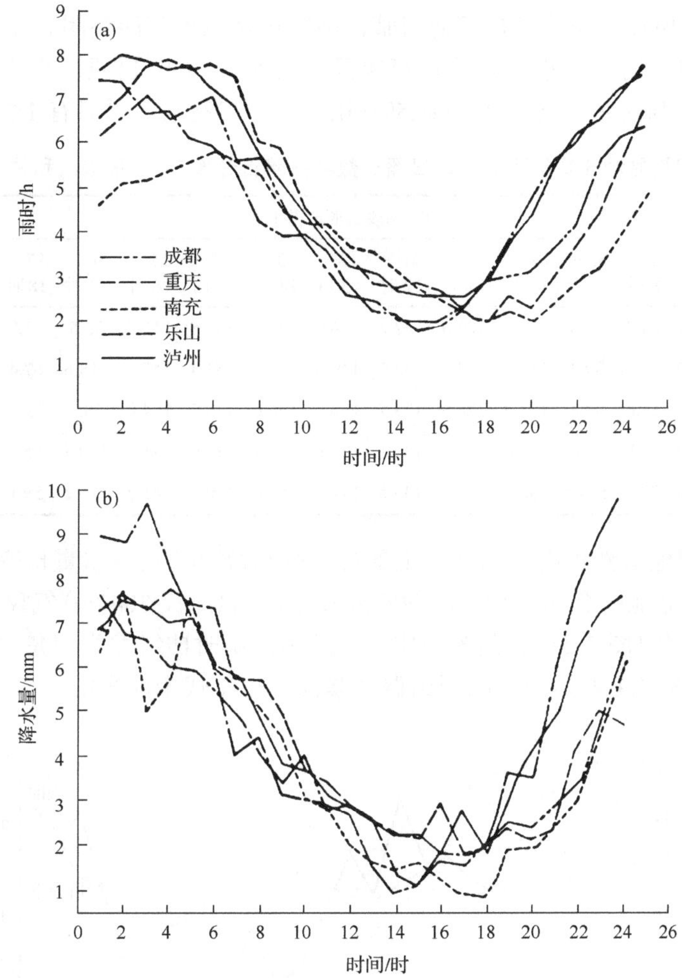

图 3-53　成都等 5 站年平均雨时(a)、降水量(b)日变化曲线(引自张家诚和林之光，1985)

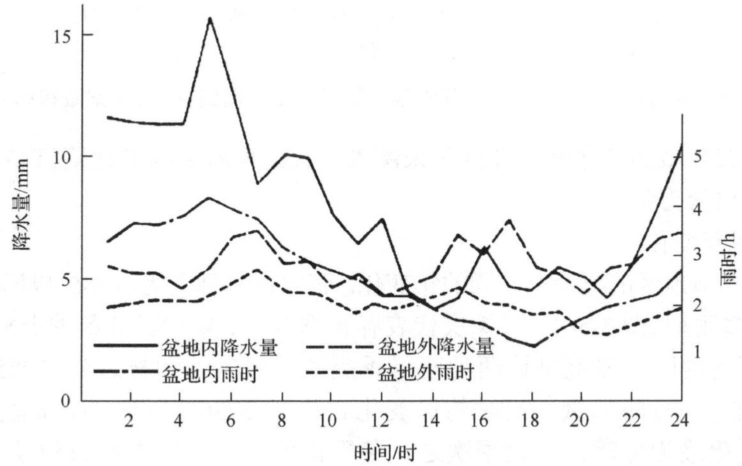

图 3-54　四川盆地内外 7～8 月降水量、雨时日变化曲线(引自张家诚和林之光，1985)

第一，如前所述，拉萨型夜雨而日晴，但四川盆地夜雨而昼阴。如表 3-40 所示，盆地中 5 站 9～16 时每一小时内平均每年只有 100～150h 日照，平均日照百分率仅为 32.0%～48.4%，与拉萨型(64.5%～85.5%)相比，四川盆地几乎只有 1/2。

表 3-40　四川盆地 5 站年逐时平均日照时数和日照百分率(引自张家诚和林之光，1985)

地点	不同时间段日照时数/h														合计/h	日照百分率/%
	5～6 时	6～7 时	7～8 时	8～9 时	9～10 时	10～11 时	11～12 时	12～13 时	13～14 时	14～15 时	15～16 时	16～17 时	17～18 时	18～19 时		
成都	6.4	34.7	64.2	97.0	115.3	129.5	142.2	144.9	145.3	136.5	117.5	85.5	41.9	9.3	1270.2	28.8
泸州	1.7	31.7	71.7	99.4	119.2	134.1	142.7	149.6	155.3	153.4	147.7	118.6	67.4	10.1	1402.6	31.6
乐山	1.1	24.3	55.0	88.4	113.4	128.5	133.7	134.7	136.6	128.0	104.8	68.2	29.0	2.5	1148.2	25.8
重庆	5.6	38.3	70.8	96.8	117.6	131.4	139.1	139.9	139.7	138.0	131.3	100.5	55.2	6.8	1311.0	29.4
南充	1.5	30.6	72.9	108.7	130.0	141.3	143.5	142.4	150.0	150.2	141.7	111.2	59.1	6.4	1389.5	31.4

第二，典型地形性夜雨区的河谷上部(山顶山脊部位)的降水量日变化应为日雨多于夜雨，可是四川盆地中金佛山(海拔 1906m)和峨眉山(海拔 3047m)气象站，其 7～8 月降水量和雨时日变化(图 3-55)仍是夜雨比日雨还多，雨时曲线尤为清楚。图上日降水量曲线 10～12 时的高峰主要是由于峨眉山偶有暴雨，短年代未能平滑。

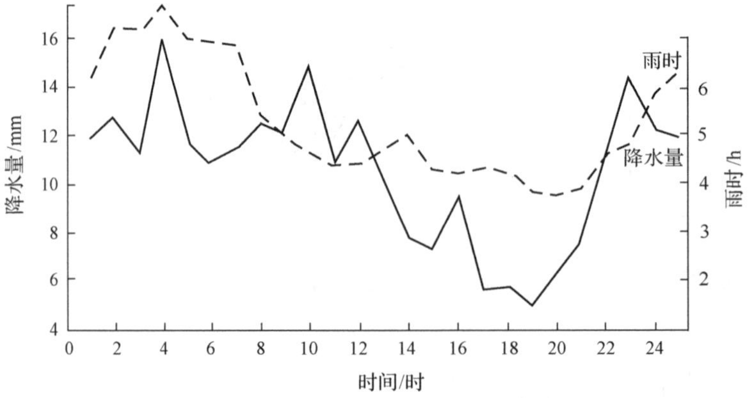

图 3-55　峨眉山和金佛山 7～8 月平均降水量、雨时日变化曲线(引自张家诚和林之光，1985)

其原因，张家诚和林之光(1985)还未深入研究，但看来与盆地阴沉多云、云顶辐射冷却以夜间比白天为强有关。

(3) 夜雨的年变化

不同雨旱季节地区的夜雨有不同的年变化。张家诚和林之光(1985)以河口代表冬半年干旱、夏半年多雨型(图 3-56)；以重庆代表春秋季多雨、夏(伏旱)冬季少雨型(图 3-57)。我国夜雨显著的地区主要就是这两种雨旱季类型。张家诚和林之光(1985)对比了各季(图中曲线代表四季)降水量、雨时的日变化。从图 3-56 可见，河口型夜雨多、日雨少的特点以夏雨最为显著，春秋季次之，冬季正值旱季，降水量日较差最小。而重庆(图 3-57)夜雨则以春秋季为显著，夏季和冬季都不显著。从图 3-57 还可看出，雨时日变化曲线反映夜雨规律更加清楚。例如，无论河口还是重庆干季中降水量日变化曲线都已经很平坦，但雨时日变化曲线仍呈 V 形，不过振幅变小。总之，雨季中夜雨明显，干季中夜雨不明显，干季中夜雨仅反映在雨时上。由此亦可见，降水量和雨时同是夜雨的指标，单用降水量分析夜雨是不全面的。在气候较干燥的地区或季节，只有用雨时才能分析出夜雨规律。

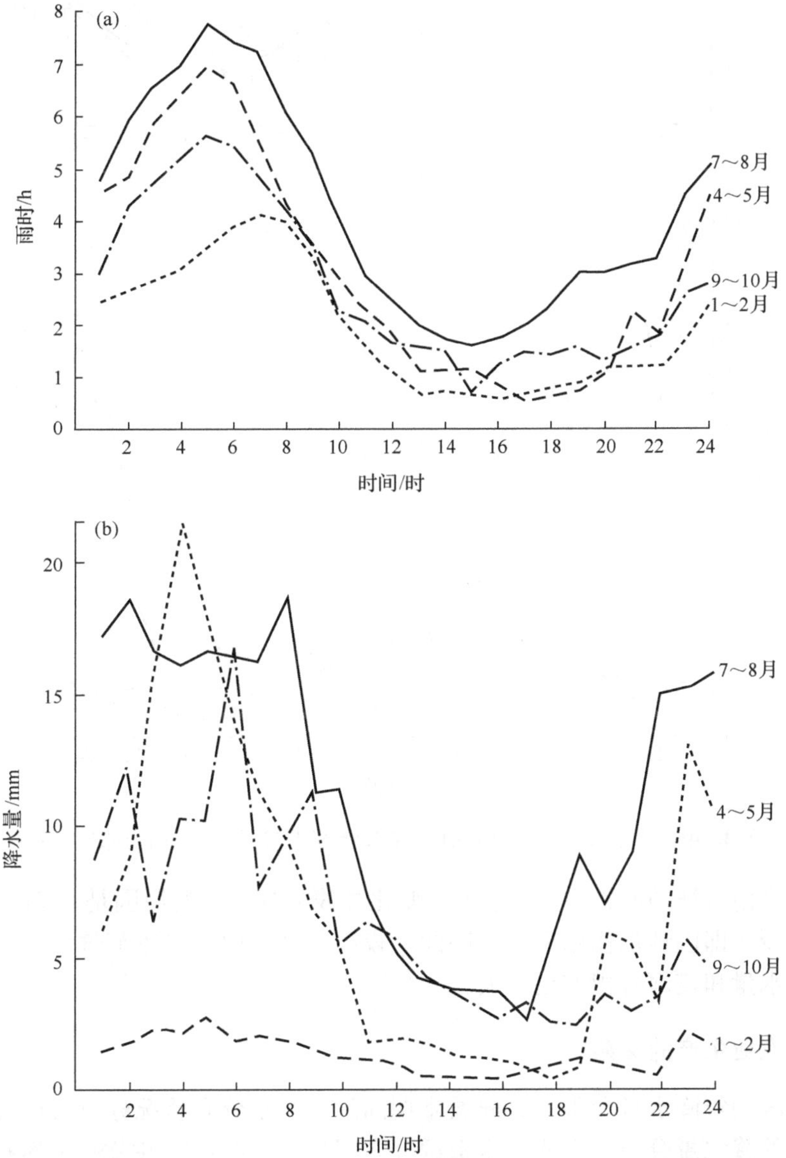

图 3-56　河口各季(用图中曲线代表)雨时(a)、降水量(b)日变化曲线(引自张家诚和林之光，1985)

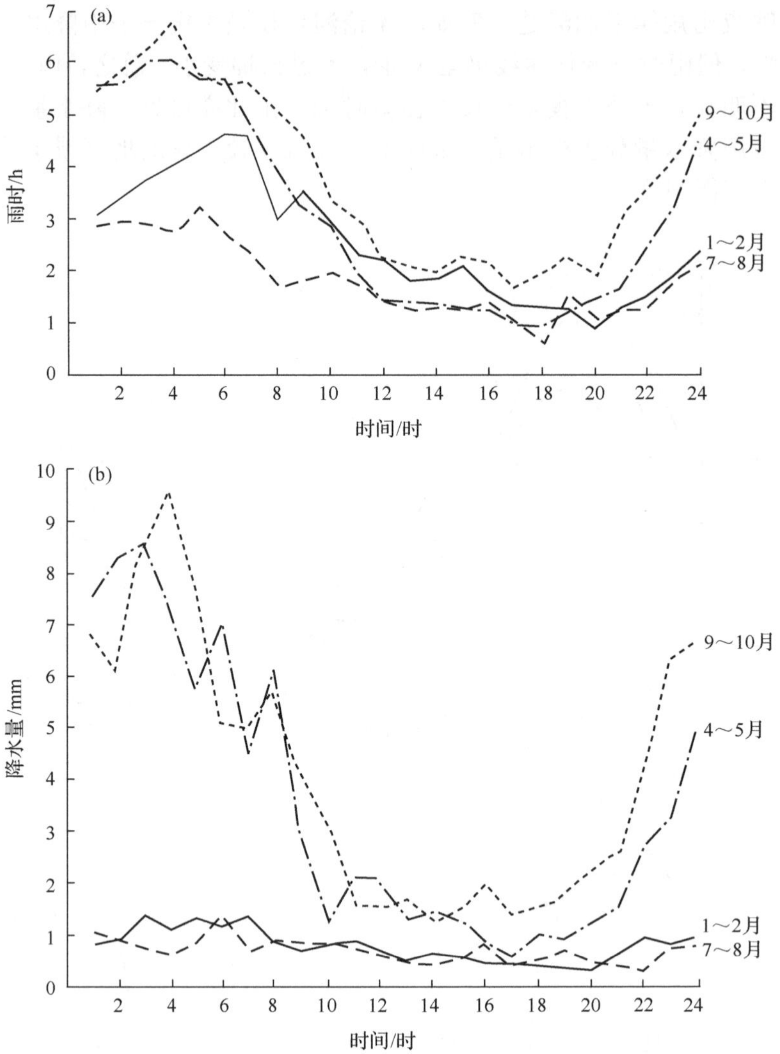

图 3-57　重庆各季(用图中曲线代表)雨时(a)、降水量(b)日变化曲线(引自张家诚和林之光，1985)

有典型夜雨特征的河谷中，雨季中日变化曲线振幅增大的原因是，夜雨多下在夜间，白天下雨极少，即因地形作用所致。因此，夜雨地区中雨、旱季节气候干湿差异越大，各季间夜降水量和夜雨时相差也越大。

三、降水与农业生产的关系

对各地区的年降水量和不同界限温度期间的降水量分布状况分析与评价，不难看出世界各地区的降水量分布及形成的水资源分布明显地存在地区性分布不均和季节性分配不均的特点，以及对各地区的农业生产布局与结构的形成起着决定性的作用。现以世界作物生产与降水的关系为例来说明。据崔读昌(1994)研究，世界作物生产与降水的关系表现出以下特点。

1. 降水量分布不均，农业生产的地区差异大

因大气环流、海陆分布及地形等综合影响，世界各地降水量的空间分布极不均匀。亚洲的降水分布是南部和东部多，北部和西部少。在东南亚、南亚的大部分地区年降水量可达2000mm以上。这些地区≥20℃期间降水量也可在2000mm以上，有些地区甚至可达到3000mm以上。而亚洲北部和西部等地年降水量一般不足250mm，沙漠干旱中心则不足 50mm。欧洲降水量分布相对较为均匀，但因有海陆分布差异的存在，西部沿海一带的降水量就明显比东部地区偏多，年降水量一般在1000mm左右，东部内陆年降水量随着大陆度的增加则逐渐减少到不足500mm。大洋洲澳大利亚的东北部、东部、南部和西南沿海地区降水量较多，年降水量可达到700mm以上，其余大部分地区则降水量很少。非洲赤道附近地区降水量最多，年降水量和≥20℃期间降水量均在1500～2000mm，不少地区还超过3000mm。在非洲北部和南部一些地区全年降水量只有200～500mm，尤其在非洲撒哈拉沙漠的中心地带几乎是终年无雨。北美洲的降水量分布为东部较多，年降水量可达到 1000～1500mm，中西部和西南部等地降水量偏少，年降水量减至 200～400mm。墨西哥北部的降水条件与美国西南部降水量偏少地区相当，中南部的高原地带和南部地区年降水量为500～1000mm。南美洲虽是降水量最丰富的一个洲，但也仍然存在降水量地区性分布不均匀性。以亚马孙河流域为中心的中北部一带年降水量可多达2000～3000mm，西部太平洋沿岸的秘鲁南部、智利中部至阿根廷西南部及南部少雨地区，年降水量不足300mm，秘鲁至智利中部极为干旱的地区也还不到50mm。

降水量分布的不均匀性对农业生产特别是农作物生产的区域性形成影响是十分明显的。从世界范围的农业来看，种植业与畜牧、放牧业的区域分布主要决定于降水量，在500mm以下的地区以放牧业为主，在500mm以上的地区以种植业为主。旱作农业和灌溉农业，雨养农业与湿作农业也受降水量的制约，250～400mm 为灌溉农业，400～600mm为旱作农业，600～1000mm为雨养农业，＞1000mm以湿作农业作为特征。例如，亚洲东部、南部降水量多，以雨养农业、水田农业为主，西部、北部降水稀少，以旱作农业或灌溉农业为主；大洋洲的澳大利亚少雨区面积大，以畜牧业和旱作农业为主；欧洲降水适中，以麦类及园艺作物为主；非洲赤道附近降水多，以热带作物为主，北部与南部降水少，以畜牧业和旱作农业为主；北美洲北部降水适中，以小麦为主，中西部降水少，以小麦和牧业为主，东部和南部降水多，以玉米、大豆、棉花、水稻及喜温作物为主；南美洲北部、中部降水充沛，以热带喜温作物为主，西部沿海少雨，以棉花、玉米为主，中南部降水偏少，以小麦、牧业为主。由此可见，农业布局与降水量的分布有密切的关系。

2. 降水量季节分配不均，农业和农作物生产有明显的季节性特点

降水量的季节性分配不均，主要表现为世界大部分地区的雨季多集中于一年中的某一个季节，如中国东部地区、南亚与东南亚及非洲的撒哈拉沙漠以南至赤道附近的广大地区受季风气候影响，有 60%以上的降水量是集中在一年中的 3～4 月中；在受地中海气候影响的南欧、西北非及其他洲有地中海气候相似特征的地区，有75%～85%的降水量分配在温度相对偏低的冬半年；而欧洲中部、美国中南部和南美洲的东南部地区降水量基本上是较均匀地分配在1～12 月的各月；还有一些地区降水量则是相对集中在当地春季和秋季。

世界降水量的这种季节性分配不均对世界农业生产同样有显著的影响，尤其在根据不同季节性分配的降水特点所制定的种植制度及作物品种的选择等方面更为突出。在亚洲东部和南部大部分地区根据降水的季节分配来安排作物布局，即使是在实施多熟种植的地区，也将主茬作物安排在降水量相对集中的雨季。欧洲的地中海区域和世界其他地中海气候类型的区域，则根据降水季节变化调整其农作物的生产季节和作物品种的选择，一般这类地区多以冬作为主，作物组合中以麦类、油橄榄及果树园艺、高品性蔬菜占据主要地位。欧洲中部、美国东南部和南美洲东南部等降水量季节分配均匀的地区，农业水分的季节性选择不太强。

3. 存在雨热同季与雨热不同季两种类型，农业生产有不同特点

降水量的地区分布和季节性分配同各地区热量条件与温度的季节变化的配合程度，形成了雨热同季和雨热不同季两种截然不同的农业气候特点，这对于农业生产的布局和结构有极大影响，使世界范围内出现不同的农业生产类型和季节性特征，对温带和亚热带的喜温作物生产具有关键性意义。

(1) 雨热同季类型及农业生产特点

受大陆性季风气候的影响，当春季温度开始升高时，降水量也随着增加，夏季气温升至一年中最热时期，降水量一般也达到最大值。像这类雨热同季的气候类型地区，夏半年的降水量占全年降水量的 40%～75%，≥10℃生长期内的降水量占年降水量的 80%～95%。在温带、亚热带地区，≥10℃期间的积温在 2500～7000℃，占全年积温的 90%以上。热带地区终年则在 20℃以上，积温可达到 7000℃以上。在作物生长期内，丰富的热量条件和与之配合的充裕降水条件，十分有利于农业气候资源生产效益的充分发挥，也有利于其他自然资源与生物资源的利用。

较为典型的温带、亚热带雨热同季的地区为中国东部的大部分地区。另外，在朝鲜、欧洲的阿尔卑斯山脉东段的德国南部、奥地利等地，俄罗斯南部、西南部，南非东南一小部分地区，美国中南部地区，以及南美洲的阿根廷东部拉普拉塔平原也有较明显的雨热同季的农业气候特点，只是其特点不及中国那么典型。原因在于这类地区气候的海洋性比中国强。就温度的季节分配而言，这类地区中的一些地区属于冬温夏热性质的气候；另一些地区从降水的月份和数量分配看也与中国有一定差异。在中国东部广大地区，尤其华北和东北南部等地，降水多集中于 6 月、7 月、8 月三个月，这三个月各月平均降水量在 100～200mm；美国相应地区相对集中在 5 月、6 月、7 月三个月，阿根廷东南部等地是在 12 月至翌年 2 月，这些地区的月平均降水量在 90～110mm。

热带季风气候的雨热同季型大致包括印度大部、东南亚各国、澳大利亚太平洋沿岸的悉尼所在纬度以北地区，非洲的撒哈拉沙漠以南地区、东非南部和中南大部分地区，墨西哥中部和南部、中美洲各国、南美洲的哥伦比亚与委内瑞拉北部、巴西中南和东南部等地、厄瓜多尔南部、玻利维亚及阿根廷北部等地。这些地区与上述温带、亚热带季风气候的降水季节分配不同之处，是冬季平均温度高，而且在雨季期间大多数地区的各月降水量明显较多，一般为 150～800mm，有些地区月降水量甚至达 1000mm 以上。因此，雨热同季有不同的农业气候特点。

雨热同季地区的农业生产特点也因降水量与热量条件的差异而有不同。温带、亚热带地区的雨热同季地区一般≥10℃期间降水量(在500～1000mm)，很适于喜凉、喜温作物的需要，如麦类、玉米、大豆、高粱、薯类和粟类作物，种植面积均很大，在低温少雨季节种植麦类，在高温多雨季节种植玉米、大豆、水稻等。世界上几个著名的小麦、玉米产区就分布在这些地区。热带雨热同季的地区中年降水量在350～700mm的以半干旱为主的地带，以适应干旱条件的季节性农业生产为内容，主要种植粟、高粱等耐旱作物；年降水量在700～1500mm的半湿润和湿润地带，以各种禾谷类作物、薯类和棉花、花生等作物为主；降水量超过1500mm的区域是适于生产橡胶、咖啡、可可、油棕、菠萝、香蕉、甘蔗等热带经济作物、水果和多年生的热带木本植物，粮食作物中的水稻、块根作物也有一定优势。同时，这类地区也是世界森林资源极为丰富的地区之一。后两种热带雨热同季的区域由于温度高，总降水量多，农业生产的季节性特点不十分明显。日本的大陆性气候特征比中国东部弱得多，但却远远超过同纬度的欧洲西海岸地区，它具有雨热同季的农业气候特征，但不如我国显著。日本这种具有较高温度配以充沛降水的农业气候条件，比起其他温带、亚热带雨热同季的地区更适于种植水稻。

(2)雨热不同季类型及农业生产特点

地中海气候所形成的农业气候特征表现为降水与温度的时间正弦曲线分布大致呈反相，属冬暖冬雨型。这类地区在光照特别充足的夏季干旱少雨，冬季平均温度在10℃上下，这半年的降水量约占年降水量的80%，从而使水分与光热组合不匹配现象十分突出，具有降水量峰值与低温期相一致的农业气候特点。

由于温度上的差异，意大利南部、南斯拉夫南部、阿尔巴尼亚、希腊、西班牙西北部沿海及葡萄牙的大西洋沿岸，北非的阿尔及利亚、突尼斯的地中海沿岸和摩洛哥的大西洋沿岸、南部非洲的南端，以及北美洲美国太平洋沿岸的南段及加利福尼亚各地、爱达荷与俄勒冈州之间的斯内克河流域、犹他州瓦萨山地雨影区等属夏热型的地中海气候类型，南美洲的智利太平洋沿岸中段(南纬32°～39°)和大洋洲的澳大利亚西南角等地则属夏暖型的地中海气候区。这类地区主要问题是作物需水期缺乏水分，限制喜温高产作物的种植面积，在有水分供应条件下又是发挥光、热条件的高产区。

温带、亚热带雨热均匀分配的农业气候类型，表现为夏季暖热，冬季温和，降水量几乎均匀地分配在一年12个月中，其中≥10℃期间降水量只占全年总量的40%～60%，尤为突出的是在西欧的一些沿海地区，全年阴湿，光热条件不充分，夏季热量不够充足。这类地区主要分布在西北欧、美国东北部、加拿大南部与美国北部接壤地带、南半球的南非德拉肯斯山脉的西南段、阿根廷的巴塔哥尼亚山脉一带和澳大利亚的太平洋沿岸悉尼所在纬度以南一带。海洋性气候形成的雨热均匀的农业气候类型对有些谷类作物和油料作物生长并不十分有利，更适于一年一季的喜凉作物和牧草的生长，作物以麦类、饲料玉米、甜菜和马铃薯等为主。

终年干旱少雨的沙漠地带，光热条件十分优越，热带地区终年平均气温都在20℃以上，在一些地区有半年以上的时间超过30℃，年积温在9000～10 000℃；亚热带和南温带的干燥地区，≥10℃的日数在150～200日，作物生长季节内温度适宜，光照时间长，太阳辐射强。这些地区只能完全依靠地下水资源和地表径流条件发展农业与畜牧业生产。

中国河套、河西走廊、巴基斯坦西部，中亚地区、非洲北部的埃及、苏丹、美国西经 100°以西和西南部等地区为灌溉农区。在热量有限地区多以一年一熟制为主，热量充足的热带地区可种三季，棉花是这类地区的优势作物之一，粮食生产的潜力也很大。以埃及尼罗河三角洲为例，在尼罗河汛期的秋季，种植玉米、高粱等作物；汛期过后的冬季及春季种植麦类；汛期之前的夏季则种植棉花、水稻、甘蔗和蔬菜等。

四、地理环境对降水的影响

(一)地形对降水量的影响

大量的研究表明，迎风坡降水量、雨日多，暴雨强，背风坡则相反。其原因主要是迎风坡上水汽多，凝结高度低，稍一抬升，大雨普降。而到背风坡水汽少，凝结高度比迎风坡高得多。且凝结高度以下气温以干绝热直减率变化，故背风坡气温高，相对湿度低，在高大山脉的背风坡还常有焚风现象发生。现以我国地形对降水量的影响为例来说明地形对降水的影响。在我国，迎风坡、背风坡降水相差很大的例子是比较多的。我国虽因季风气候而迎风坡、背风坡有季节性的变换，但因主要致雨的是夏季湿润的东南季风，因此不但从夏季降水量，而且从年降水量中也能反映出地形对降水量的影响。先以长白山西南端的千山山脉两侧为例来说明。

1. 长白山和太行山东西坡

由表 3-41 可见，年降水量、7～8 月降水量、暴雨日数(雨日)。一日最大降水量等均是迎风坡显著优于背风坡，而年雨日和 7～8 月雨日则相差较大，这是湿润或比较湿润的山区气候的一般规律。太行山两侧的石家庄和太原，分别是东南季风的迎风侧和背风侧，各项降水指标对比如表 3-42 所示，规律也是如此。

表 3-41　千山山脉迎风坡、背风坡降水量对比(引自张家诚和林之光，1985)

时间	降水量/雨日	迎风坡		背风坡	
		丹东	宽甸	沈阳	营口
7～8 月	降水量/mm	624.4	697.4	398.0	361.2
	雨日/d	32.9	35.0	27.1	25.3
年	降水量/mm	1085.0	1202.0	755.0	689.0
	雨日/d	105.0	119.2	92.0	84.9
一日最大降水量/mm		414.4	306.1	178.8	193.0
年暴雨日数/d		5.1	4.7	2.5	2.3

表 3-42　太行山两侧石家庄和太原降水量对比(引自张家诚和林之光，1985)

地点	年降水量/mm	7～8 月降水量/mm	年雨日/d	7～8 月雨日/d	一日最大降水量/mm	日降水量≥25mm 日数
迎风石家庄	598.9	341.9	77.6	26.4	251.3	6.0
背风太原	466.6	223.9	81.4	27.2	183.5	2.7

2. 西北山区

张家诚和林之光(1985)以天山山脉和准噶尔西部山脉为例。小渠子位于天山北坡，为迎风坡，巴音布鲁克在天山主脉之南的天山山区之中。塔城面迎从大西洋方向来的西风，虽经长途跋涉，但因地形有利，仍然降下280mm的年降水量，有较好的草原景观；克拉玛依位于准噶尔盆地西侧山脉的东坡麓，处于背风地位，气候干燥，呈荒漠景观，所以克拉玛依不但年降水量和一日最大降水量等比迎风坡的塔城少得多，而且年雨日也比塔城少了1/3，这是只有干旱地区才有的现象，即背风地形也影响到雨日的减少(表3-43)。

表3-43　西北山区迎风坡、背风坡降水量对比(引自张家诚和林之光，1985)

地点		年降水量/mm	年雨日/d	一日最大降水量/mm	日降水量≥5mm日数	日降水量≥10mm日数	日降水量≥25mm日数
天山	小渠子	535.9	117.9	54.6	32.9	16.7	2.3
	巴音布鲁克	275.0	110.6	46.3	16.0	5.7	0.8
准噶尔盆地	塔城	280.1	96.6	56.9	15.7	5.5	0.6
西侧山脉	克拉玛依	97.0	65.2	20.7	4.7	1.3	0.1

3. 武夷山剖面

武夷山主峰黄岗山地区坡向对降水量、雨日等的影响也很清楚。由表3-44可见以下几个特征。

表3-44　武夷山两坡降水量、雨日随高度分布(引自张家诚和林之光，1985)

地点		1月		4月		7月		10月		年		一日最大降水量/(mm/d)
		降水量/mm	雨日/d	降水量/mm	雨日/d	降水量/mm	雨日/d	降水量/mm	雨日/d	降水量/mm	雨日/d	
南坡	崇安	90	12	138.4	14.5	59	9	15.3	4	1585.5	160	80.5
	后溪仔	105.1	10.5	160.9	15	95	13.5	20.1	3.5	1641.5	173.5	69.5
	洋庄	111.3	11.5	185.4	17	96.2	14	21	4	1808.8	191.5	88.2
	小浆	107.4	12	181.1	15	126.3	14	18.4	5	1851.2	191	95.8
	长坑山	104.1	11	219	17	163.9	18.5	15	6	2086.5	204.5	114.9
	苦坑山	103.9	13	216.1	19	190.7	17.5	18.4	7	2275.8	214.5	194.7
北坡	黄岗山	152.2	15.5	354.5	20.8	243.3	19.5	38.1	9.5	3375.9	236.5	226.9
	桐木关	103.3	12	215.3	18	184.8	17	28.3	5.5	2533.2	207.5	202.6
	七仙山	92.1	12	176.9	18	154.1	17	13	4.5	2046.9	201.5	177
	葛仙庙	87.8	11.5	196.1	18.5	135.9	14.5	16.7	3.5	2228.4	196	133.6
	娘娘庙	78.2	9	189.8	17.5	146.6	13.5	13.4	2.5	2015.9	175.5	105.2
	扬村	60.6	9.5	197.3	17.5	105.8	15	10.7	3	1769.2	182	98.4
	永平	71.4	9	206.6	17.5	112.9	15	10.1	2	1834.2	172	111.5

1）降水量雨日冬季北坡迎风，降水量雨日均多于背风的南坡。北坡 7 站和南坡 6 站月平均降水量和分别为 621.8mm、493.4mm。1 月平均雨日和分别为 70.0d、63.0d。但到了夏天，南坡成为迎风坡，降水反而多于北坡，南坡 6 站、北坡 7 站月平均降水量和分别为 840.1mm、730.9mm；月平均雨日和分别为 92.0d、86.5d。

2）一日最大降水量南坡大于北坡。南坡 6 站一日最大降水量和为 828.3mm，而北坡 7 站为 643.4mm。日降水量≥25mm 和≥50mm 的日数，南坡 6 站之和分别为 146.5d 和 45.0d，北坡 7 站之和分别为 117.5d 和 34.0d，南坡均比北坡多。这主要是因为当地雨季在下半年，而下半年又值南坡迎风。所以，如冬季一日最大降水量南坡、北坡就比较相近，个别月份北坡大于南玻。例如，北坡桐木关、葛仙庙、娘娘庙诸站 2 月的一日最大降水量均大于南坡。

3）最长连雨日数两坡相近，最长连续无雨日数北坡比南坡略短。

（二）城市化对降水量的影响

城市化对降水量有一定的影响，现以周建康等（2003）对南京的研究为例来说明。

周建康等（2003）研究认为，城市化是一个渐进的过程，他们将南京站 1922～1999 年降水量资料分为 7 个时段进行统计分析，发现南京站降水量有增长的趋势，近 30 年的降水量增加尤为明显（表 3-45）。他们选择以 1922～1936 年的平均降水量（P_0）为标准，求得南京站各时段的汛期（6～9 月）和全年平均降水量的相对偏差 $\delta_i=(P_i-P_0)/P_0\times100\%$（$P_i$ 代表当年降水量），发现 70 年代后各统计时段全年降水量的相对偏差超过 20%，而汛期都超过 30%。

表 3-45　南京汛期和年降水量及相对偏差统计表（引自周建康等，2003）

统计年份	年数	汛期降水量/mm	年降水量/mm	相对偏差/%	
				汛期降水量	年降水量
1922～1936	15	433.4	850.7	0	0
1941～1943	3	391.6	886.7	–9.6	4.2
1951～1959	9	558.9	1058.2	29.0	24.4
1960～1969	10	540.2	1002.7	24.6	17.9
1970～1979	10	583.3	1052.3	34.6	23.7
1980～1989	10	608.3	1095.5	40.4	28.8
1990～1999	10	588.8	1111.3	35.9	30.6

在此基础上，他们选择南京站与距离南京站不远的高淳站的同期降水量（1933～1936 年，1951～1999 年）作分析比较（表 3-46）。绘制出南京站与高淳站全年降水量相对偏差的双累积曲线（图 3-58），可看出 1970 年前后有明显转折，说明随着城市化的进程，南京站降水量确有增大的趋势。

表 3-46 南京战、高淳站不同时期平均降水量及增量表(引自周建康等，2003)

降水量站	不同时期平均降水量/mm				1970 年后的降水增量/mm	
	1933～1969 年		1970～1999 年			
	6～9 月	全年	6～9 月	全年	6～9 月	全年
高淳	523	1183	611	1219	88	36
南京	498	983	593	1086	95	106
差值	–25	–200	–18	–133	7	70

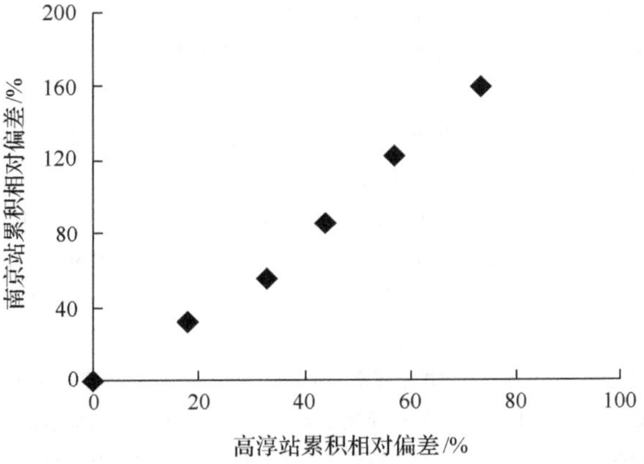

图 3-58 南京站与高淳站年降水量累积相对偏差(引自周建康等，2003)

他们以 1970 年为分界，把南京城市化进程分为两个时期，分别计算汛期(6～9 月)和全年降水量的相对增量(表 3-46)。表 3-46 所示的 1933～1969 年南京和高淳在汛期和全年降水量的差值为–25mm、–200mm，只能说明这是两地区地理因素作用的结果。同样，高淳 1970 年后的汛期和全年降水增量只能认为是由两个时期当地大气环流等天气因素的变化所造成的。综合考虑天气因素和地理因素的作用，南京城市化造成汛期和全年降水增量分别为 7mm 和 70mm。

参 考 文 献

陈冬冬, 戴永久. 2009. 近五十年中国西北地区夏季降水场变化特征影响因素分析. 大气科学, 33(6): 1247-1258.

陈艳. 2006. 东南亚夏季风的爆发与演变及其对我国西南地区天气气候影响的研究. 南京: 南京信息工程大学博士学位论文.

崔读昌. 1994. 世界农业气候与作物气候. 杭州: 浙江科学技术出版社: 10-27, 44-52, 53-58.

邓伟涛, 孙照渤. 2006. 冬季北极涛动与极涡的变化分析. 南京气象学院学报, (5): 613-619.

葛全胜, 张学珍, 郝志新. 2011. 中国过去 2000 年温度变化速率. 中国科学:地球科学, 41(9): 1233-1241.

胡云好. 1985. 龙泉山区总辐射的时空分布. 浙江气象科技, 2(12): 39-42.

黄荣辉, 徐予红, 周连童. 1999. 我国夏季降水的年代际变化及华北干旱化趋势. 高原气象, 18(4): 465-476.

黄文林, 赵菊香. 1983. 太阳紫外辐射与海拔高度关系的初步统计分析. 环境条件与试验, (4): 33-35.

李春, 方之芳. 2005. 北极涛动与东北冬季温度的联系. 高原气象, (6): 927-934.

李慧群, 付遵涛, 闻新宇, 等. 2013. 中国地区日照时数近 50 年来的变化特征. 气候与环境研究, 18(2): 203-209.

李祖滨, 肖文全, 杨青, 等. 1994. 火山爆发对新疆太阳辐射和气温的影响. 干旱区地理, 17(4): 15-22.

林之光, 安顺清, 吴其励, 等. 1983. 武夷山区气温垂直梯度的研究. 气象, 9(4): 18-19.

马金玉, 罗勇, 梁宏, 等. 2012. 中国近半个世纪地面太阳总辐射时空变化特征. 自然资源学报, 27(2): 268-280.
庞华基, 高靖, 李春青, 等. 2007. 青岛百年气温变化及其影响因素分析. 南京气象学院学报, 30(4): 524-529.
秦翔, 杨兴国, 李健, 等. 2013. 珠穆朗玛峰北坡地区的气温分布及其垂直梯度分析. 高原气象, 32(1): 1-8.
申乐琳, 何金海, 周秀骥, 等. 2010. 近 50 年来中国夏季降水及水汽输送特征研究. 气象学报, 68(6): 918-931.
沈钟平, 张华. 2009. 影响地面太阳辐射及其谱分布的因子分析. 太阳能学报, 30(10): 1209-1215.
施雅风, 沈永平, 李栋良, 等. 2003. 中国西北气候由暖干向暖湿转型的特征和趋势探讨. 第四纪研究, 23(2): 152-164.
孙颖, 丁一汇. 2002. 1997 年东亚夏季风异常活动在汛期降水中的作用. 应用气象学报, 13(3): 277-287.
唐佑民, 翟武全, 许金洪. 1997. 我国西南地区夏季降水异常与太平洋海温季节演变的关系. 海洋与湖沼, 28(1): 88-95.
田杰, 王庆伟, 于大炮, 等. 2012. 长白山北坡气温的垂直变化. 干旱区资源与环境, 27(4): 65-69.
王澄海, 王式功, 杨德保, 等. 2002. 中国西北春季降水与太平洋海温相关特征的研究. 热带气象学报, 18(4): 374-382.
王德辉, 陈建绥. 1984. 中国主要天气要素//中国科学院《自然地理》编辑委员会. 中国自然地理——气候. 北京: 科学出版社: 90-150.
王可丽, 江灏, 赵红岩. 2005. 西风带与季风对中国西北地区的水汽输送. 水科学进展, 16(3): 432-438.
王荣华. 1963. 秦岭山地有降水分布. 气象通讯, 12(2): 4-5.
王艳姣, 闫峰. 2014. 1960-2010 年中国降水区域分异及年代际变化特征. 地理科学进展, 33(10): 1354-1363.
魏娜, 巩远发, 孙娴, 等. 2010. 西北地区近 50a 降水变化及水汽输送特征. 中国沙漠, 30(6): 1450-1457.
谢静芳, 金顺梅. 2003. 长春市不同天气条件下的气温日变化特征分析. 吉林气象, 10(2): 21-23.
杨士弘. 1990. 广州城市对太阳辐射的影响. 城市环境与城市生态, 3(3): 10-15.
于淑秋, 林学椿, 徐祥德. 2003. 我国西北地区近 50 年降水和温度的变化. 气候与环境研究, 8(1): 9-18.
岳平, 张强, 邓振镛, 等. 2010. 草原生长期地表辐射和能量通量月平均日变化特征. 冰川冻土, 32(5): 941-946.
曾燕, 邱新法, 潘敖大, 等. 2008. 地形对黄河流域太阳辐射影响的分析研究. 地球科学进展, 23(11): 1185-1192.
张家诚, 林之光. 1985. 中国气候. 上海: 上海科学技术出版社:46-130, 299-326, 329-341.
张庆云, 吕俊梅, 杨莲梅, 等. 2007. 夏季中国降水型的年代际变化与大气内部动力过程及外强迫因子关系. 大气科学, 31(6): 1290-1300.
张庆云, 陶诗言. 1998. 夏季东亚热带和副热带季风与中国东部汛期降水. 应用气象学报, 9(1): 17-23.
张书余. 2002. 石家庄市环境形态的热效应分析. 气象, 28(10): 18-21.
张宇, 李耀辉, 魏林波, 等. 2013. 南亚高压与西太平洋副热带高压对我国西南地区夏季降水异常的影响. 干旱气象, 31(3): 464-470.
郑成洋, 方精云. 2004. 福建黄岗山东南坡气温的垂直变化. 气象学报, 62(2): 251-255.
郑小波, 王学锋, 罗宇翔, 等. 2011. 1961-2005 年云贵高原太阳辐射变化特征及其影响因子. 气候与环境研究, 16(5): 657-664.
中国科学院《中国自然地理》编辑委员会. 1984. 中国自然地理——气候. 北京:科学出版社: 93-115.
周建康, 黄红虎, 唐运忆, 等. 2003. 城市化对南京市区域降水量变化的影响. 长江科学院院报, 20(4): 44-46.
邹旭东, 张飞民, 王澄海, 等. 2013. 我国东北地区冬季降水和东亚冬季风的关系研究. 冰冻土, 35(6): 1454-1461.
Bocquet G. 1984. Method of study and cartography of the potential sunny periods in mountainous areas. Journal of Climatology, 1(4): 587-596.
Che H Z, Shi G Y, Zhang X Y, et al. 2005. Analysis of 40 years of solar radiation data from China, 1961-2000. Geophys. Res. Lett., 32(6): 1-5.
Ding Y, Wang Z, Sun Y. 2007. Inter-decadal variation of the summer precipitation in East China and its association with decreasing Asian summer monsoon. Part I: observed evidences. International Journal of Climatology, 28(9): 1139-1161.
Dozier J, Frew J. 1990. Rapid calculation of terrain parameters for radiation modeling from digital elevation data. IEEE Transaction on Geoscience and Remote Sensing, 28(5): 963-969.
Dozier J, Qutcalt S I. 1979. An approach to energy balance simulation over rugged terrain. Geographical Analysis, 11(1): 65-85.

Hay J E, McKay D C. 1985. Estimating solar radiance on inclined surfaces: a review and assessment of methodologies. International Journal of Solar Energy, 3 (4-5) : 203-240.

Kaiser D P, Qian Y. 2002. Decreasing trends in sunshine duration over China for 1954-1998: indication of increased haze pollution. Geophys. Res. Lett., 29 (21) : 2042.

Kaiser D P. 2000. Decreasing cloudiness over China: an updated analysis examining additional variables. Geophys. Res. Lett., 27 (IS) : 2193-2196.

Li J, Dobbie S, Risanen P, et al. 2005. Accounting for unresolved clouds in a 1-D radiative-transfer model. Q J R Meteorol Soc, 131 (608) : 1607-1629.

Li X W, Zhou X J, Li W L, et al. 1995. The cooling of Sichuan Province in recent 40 years and its probable mechanisms. Acta Meteorological Sinica, 9 (1) : 57-68.

Li X, Cheng G D, Chen X Z, et al. 1999. Modification of solar radiation model over rugged terrain. Chinese Science Bulletin, 44 (15) : 1345-1350.

Li Z Q, Weng D M. 1988. A computer model for calculating the duration of sunshine in mountainous areas. Chinese Science Bulletin, 33 (19) : 1624-1627.

Liu B Y, Jordan R C. 1962. Daily insulation on surfaces tilted towards the equator. Transactions of the American Society of Heating, Refrigeration and Air Conditioning Engineers, 67: 526-541.

Lung F, Xia X A. 2005. Long-term trends in solar radiation and the associated climatic factors over China for 1961-2000. Annal Geophys, 23 (7) : 2425-2432.

North G R, Bell T L, Cahalan R F, et al. 1982. Sampling errors in the estimation of empirical orthogonal functions. Monthly Weather Review, 110 (7) : 699-706.

Pavao S, Gerbrandt W. 1985. Insolation from digital elevation models for mountain habitat evaluation. International Institute for Aerial Survey and Earth Sciences Journal, (3) : 177-186.

Pinker R T, Zhang B, Dutton E G. 2005. Do satellites detect trends in surface solar radiation? Science, 308 (5723) : 850-854.

Power H C. 2003. Trends in solar radiation over Germany and an assessment of the role of aerosols and sunshine duration. Theoretical and Applied Climatology, 76 (1-2) : 47-63.

Ranzi R, Rosso R. 1995. Distributed estimation of incoming direct solar radiation over a drainage basin. Journal of Hydrology, 166 (3) : 461-478.

Rosenfeld D, Dai J, Yu X, et al. 2007. Inverse relations between amounts of air pollution and orographic precipitation. Science, 315 (5817) : 1396-1398.

Stanhill G, Kalma J D. 1994. Secular variation of global irradiance in Australia, Australian. Meteor. Mag, 43 (2) : 81-86.

Stanhill G. 2001. Global dimming: a review of the evidence for a widespread and significant reduction in global radiation with discussion of its probable causes and possible agricultural consequences. Agriculture and Forest Meteorology, 107 (4) : 255-278.

Stanhill G. 2007. A perspective on global warming, dimming, and brightening. EOS, Trans. Amer. Geophys. Union, 88 (5) : 58-59.

Thompson D W J, Wallace J M. 1998. The Arctic Oscillation signature in the wintertime geopotential height and temperature fields. Geophys Res Lett, 25 (9) : 1297-1300.

Wild M, Gilgen H, Roesch A, et al. 2005. From dimming to brightening: decadal changes in solar radiation at earth's surface. Science, 308 (5723) : 847-850.

Wild M, Ohmura A, Makowski K. 2007. Impact of global dimming and brightening on global warming. Geophys. Res. Lett., 34 (4) : 545-559.

Wild M. 2009. Global dimming and brightening: a review. J. Geophys. Res. 114 (D10) : 1-31.

Wu B Y, Wang J. 2002. Possible impacts of winter arctic oscillation on Siberian High, the East Asian winter monsoon and sea-ice Extent. Adv Atmos Sci, 19 (2) : 297-230.

Yang S, Xu L. 1994. Linkage between Eurasian winter snow cover and regional Chinese summer rainfall. International Journal of Climatology, 14 (7) : 739-750.

Yu R C, Wang B, Zhou T J. 2004. Tropospheric cooling and summer monsoon weakening trend over East Asia. Geophysical Research Letters, 31(22): 217-244.

Zhao P, Song Y, Yu R C. 2010. Long-term changes in rainfall over Eastern China and large-scale atmospheric circulation associated with recent global warming. Journal of Climate, 23(10): 1544-1562.

Zhou L M, Dickinson R E, Tian Y H, et al. 2004. Evidence for a significant urbanization effect on climate in China. Proceedings of the National Academy of Sciences of the United States of America, 101(26): 9540-9544.

第四章　地理要素的空间分布格局及其变化动态

第一节　地貌的类型与空间分布格局

地貌是指地球硬表面由地貌内外动力共同作用塑造而成的多种多样的外貌或形态的总称，也称为地形。地貌动力亦称营力，有内动力与外动力之分。前者指地球内能所产生的作用力，主要表现为地壳运动、岩浆活动与地震。后者则指太阳辐射能通过大气、水和生物作用并以风化作用、流水作用、冰川作用、风力作用、波浪作用等形式表现的力。气候对区域外力及其组合具有决定性影响，因此湿润区流水作用旺盛，干旱区风力作用强大，热带、亚热带碳酸盐岩区喀斯特作用普遍，而寒区则是冰川冰缘作用独占优势。内外动力均与重力有关，因此重力作用是地貌形成的前提。岩石是地貌的物质基础。岩性与地质构造导致某些特殊地貌(如喀斯特地貌、黄土地貌)的发育。地貌是自然环境最基本的组成要素，不但复杂多变，而且在不同尺度上制约着气候、植被、土壤、水文等其他自然环境要素的变化，进而控制着自然环境的分异和农作物的分布。

一、地貌的成因及其在地理环境中的作用

(一)地貌的成因

1. 构造运动与地貌发育

构造运动造成地球表面的巨大起伏，因而成为形成地表宏观地貌特征的决定性因素。大陆板块和大洋板块的区别造就了陆地与海底地貌的差异。陆地上大山系、大高原、大盆地和大平原，以及海洋中的大洋中脊、洋盆、海沟、大陆架与大陆坡的形成，无一例外具有构造运动的背景。仅以陆地而论，巨大的高原、盆地和平原多与地块的整体升降运动有关。巨大的山脉与山系则与地壳褶皱带相联系。在中观尺度上，呈上升运动的水平构造是形成桌状山、方山与丹霞地貌的前提，单斜构造是形成单面山、猪背山必不可少的条件，褶曲构造可形成背斜山与向斜谷、穹状山与拗陷盆地，断层构造可形成断层崖、断层三角面、断层谷、错断山脊、地垒山与地堑谷、断块山与断陷盆地等众多地貌类型；火山活动则可形成火山锥、火山口、熔岩高原等地貌。地壳升降运动可在短距离、小范围内形成巨大的地表高度差异，不同高度地貌特征因而表现出垂直分异。

2. 地貌形成的气候因素

大多数地貌外动力都受气候因素的控制。气候水热组合状况不同导致外动力性质、强度和组合状况发生差异，最终将形成不同的地貌类型及地貌组合；高纬和高山寒冷气候条件下，冰川冰缘作用成为主要外动力。在冰川作用下，山地将形成角峰、刃脊、冰斗、U 形谷、冰川三角面、冰碛垅、冰碛堤、冰碛丘陵等冰川地貌和冻胀丘、冰核丘、

融冻泥流、融冻阶地、石河、石带、石海、石环、多边形土等冰缘地貌。

温湿气候条件下，地表径流丰富，流水作用成为主导外动力，各种流水地貌类型普遍发育。湿热气候条件下，流水作用虽然仍居主导外动力地位，但同时化学风化强烈，红色风化壳普遍较厚，植被有效地减弱了流水侵蚀力，平原、缓丘、穹状或钟状基岩岛山成为最常见的地貌类型。

干旱气候条件下，风与间歇性洪流为主要外动力，相应的地貌类型包括风蚀残丘、风蚀洼地、各种沙丘、沙垅、洪积扇、洪积倾斜平原等。干燥剥蚀山地山坡后退形成的残留有岛山的山麓面，也是干旱区特有的地貌类型。

山地气候与地貌均因高度而异。湿润而有足够高度的山地以冰川冰缘作用与流水作用组合及相应地貌类型占优势；干旱区山地高、中、低山带则分别以冰川冰缘作用、流水作用和干燥剥蚀作用为主要外动力并形成相应的地貌类型。

同一地区气候变迁和外动力组合发生变化，可以出现不同类型的气候地貌叠置的现象。这种现象常被当作追溯气候变化的证据。

综上所述，冰川气候地貌形态尖锐；冰缘气候地貌起伏较小；温湿气候地貌剖面轮廓和缓；湿热气候地貌多夷平面；干旱气候地貌除残山外，一般无大的高度差(图 4-1)。

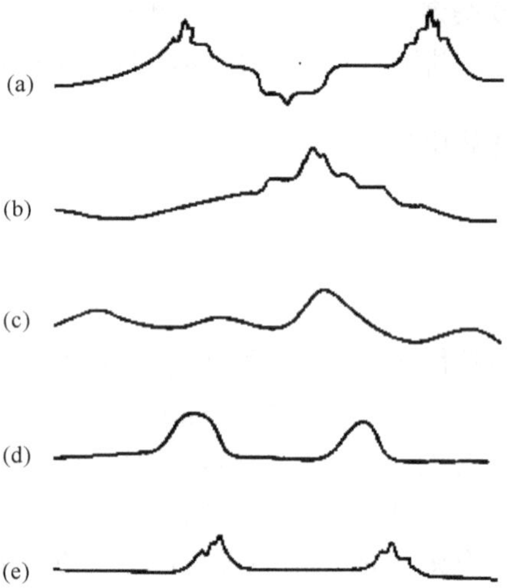

图 4-1　各气候地貌带的地貌轮廓剖面(引自伍兴和等，2008)

(a)冰川气候地貌；(b)冰缘气候地貌；(c)温湿气候地貌；(d)湿热气候地貌；(e)干旱气候地貌

3. 岩性对地貌形成的影响

各种岩石因其矿物成分、硬度、胶结程度、水理性质、结构与产状不同，抗风化和抗外力剥蚀的能力常表现出很大差别，形成的地貌类型或地貌轮廓往往很不相同。坚硬和胶结良好的岩石(如石英岩、石英砂岩、砾岩)常形成山岭和峭壁，松软岩石(如泥灰岩、页岩)常形成低丘、缓岗，柱状节理发育的玄武岩易形成陡崖与石柱，垂直节理发育的花岗岩易形成陡峻山峰，片岩分布区多发育鳞片状地貌，湿热气候下的碳酸盐岩易遭溶蚀而形成喀斯特地貌，黄土与黄土状岩石干燥时稳定性强，遇水即蚀并发生湿陷。软硬相间分布的岩石在水平方向上常导致河谷盆地与峡谷相间分布，在垂直方向上则形成陡、缓更替的阶梯状山坡。

4. 生物对地貌形成的影响

生物在其生命过程中使岩石发生机械风化和化学风化，进而影响地貌发育。植物根系由疏到密，由短到长，由细到粗，致使岩石裂隙扩大以至崩裂，即发生根劈作用，是植物导致岩石机械风化的典型例子。穴居动物挖掘洞穴促使岩石破碎，是动物导致岩石机械风化的例证，而生物尤其是微生物在新陈代谢和遗体分解过程中析出的有机酸对岩石和矿物的腐蚀则是生物化学风化作用的表现。风化是岩石侵蚀和搬运的前提，从这一视角看来，生物对地貌形成的影响是显著的。

生物也可以形成岩石，除生物遗体沉积形成生物岩外，生物的化学作用常促进某些化学物质，从而形成典型的生物地貌，如珊瑚礁与牡蛎礁。风沙地貌中的红柳沙包、白刺沙包，除风沙作用外，生物的作用也显而易见。非洲博茨瓦纳的蚁冢，遍布我国西部草原的鼠洞和土堆，都是生物活动形成的微地貌。

5. 人类活动对地貌的影响

人类活动对地貌发育的影响通常有两种方式：一是通过改变地貌发育条件加速或延缓某种地貌过程，如破坏植被加速地表侵蚀，植树种草降低侵蚀速度；大量引水入渠导致河流侵蚀堆积过程发生重大变化，在干旱区甚至导致洪积扇发育中断；营造防风林抑制风沙作用及风沙地貌的形成与发展；采集薪柴和药材致使固定沙丘复活等。二是直接干预地貌过程，甚至改变地貌发育方向。这方面的例子也很多，如修建梯田或水平沟使原本平滑的山坡转而具有阶梯结构；修堤筑坝约束河流或迫使其改道，从而改变冲积扇与冲积平原的发展道路；交通建设中挖方填方人为制造陡坡或堵塞沟谷；采挖矿石造成地表塌陷，堆放矸石、尾矿或废矿形成人造丘岗；削山造田把丘陵变为平地；围河、围湖、围海造田把水域变为陆地；修建山区水库变河谷侵蚀环境为库区堆积环境等。显然，随着科学技术水平的日益提高，人类活动对地貌的影响还将更加广泛和深刻。

(二) 地貌在地理环境中的作用

作为活跃的地理环境组成要素之一，地貌对其他要素与地理环境整体特征有着广泛而深刻的影响，主要表现在以下几个方面。

1. 导致地表热量的重新分配和温度分布状况复杂化

假定地表没有地势起伏和地貌分异，到达地表的太阳辐射及由之转化而成的热能和地表温度状况应严格按纬度分布。实际存在的地貌分异显著改变了这一特点，导致山地阳坡与阴坡温度不相同，各高度层带的温度更迥然相异，东西走向山地经常成为热量带界线；高原与平原相比较，温度表现出“偏向极地”的特性，有时甚至低于其高纬一侧的平原的温度，从而呈现温度南北倒置现象。即使是迎风坡与背风坡也可显示温度差别。特定地貌条件下发生的焚风常使背风坡温度高于同海拔迎风坡。山地与高原在气温垂直递减规律作用下常形成“冷岛”，盆地和河谷相反，成为“热岛”。

2. 改变降水量分布格局

山地的屏障作用及迫使湿润气流上升凝结使降水集中发生于迎风坡，而背风坡往往成为雨影区。北美洲科迪勒拉山系东西两侧及喜马拉雅山南北两翼降水量的悬殊差异即地貌影响降水量的明显例证。山地降水量在一定范围内随高度上升而增加，一方面与温度垂直变化一起构成气候的垂直变化，另一方面也使山地总体降水量高于附近平原，因而成为湿润区的多雨中心和干旱、半干旱区的“湿岛”，盆地与深切河谷则相反，成为“干岛”。中国台湾省火烧寮多雨中心的形成具有特殊地貌背景，天山与祁连山是干旱区内湿岛的典型，吐鲁番盆地与横断山干旱河谷则为“干岛”代表。地貌对地表热量水分的影响必然波及诸如风化作用、成土作用及各种生物过程等自然地理过程，最终导致自然景观的重大变化。

3. 地貌对生物界的影响

海拔和坡向不同常形成不同植被类型乃至生态系统的事实，几乎在任何山地都可能发生。显然，山地地貌的复杂变化将最终导致生境复杂化，因而地球陆地以山地的生物多样性最为丰富，各高度层带物种的总和常常数倍高于当地平原的物种数。山地与河谷还往往成为气候急剧变化过程中某些生物的避难所，以致每当人们寻找珍稀物种甚至孑遗物种时，就把目光转向山地。还必须提到，巨大的高原和山地可以成为各种区系成分相互渗透的障碍；平原各地甚至山口又可成为物种迁移的通道。低平原上排水良好的高地是地带性植被分布的理想地貌类型，而洼地、沟谷底部和低平原则往往发育非地带性植被。

4. 地貌对自然界地域分异的影响

对任何尺度的地域而言，地貌都是一个重要的非地带性因素。地貌变化既干扰和破坏全大陆尺度的地带性分异，致使绝大多数自然带不能实现沿纬度方向的“环球分布”，又在地带性区域内部表现非地带性分异。例如，许多大地貌单元，同时也是高级自然区，且地貌界线基本上与自然区界相吻合。又如，东西走向山地的南北两坡对温度变化的不同影响和南北走向山地的东西两侧降水的差异，常常使山地本身成为自然地带或地区间的分界。还有，南倾高原与北倾高原温度的水平变化呈截然相反的趋势。以北半球而论，前者南北气候差异显著，后者差异很小甚至可出现倒置现象，高级自然区界线大多经过南倾高原。

5. 地貌对土地类型分化的影响

土地类型是最低级的自然地理单元。在包括三级基本土地单位和若干过渡单位在内的全部土地单位中，地貌都是一个举足轻重的组成要素和致变因素。地貌形态的任何变化都将导致整个土地类型的变化。

二、地貌形态类型

无论地球表面的地貌形态多么错综复杂，但从发育基础和宏观上讲都可以归入山地、丘陵、台地或平原，因此理应将这些形态称为“地貌基本形态”或“基本地貌类型”。由于这些“基本形态”并非仅有形态意义，同时反映了构造运动的基本性质和强度，显示了最基本的内、外营力过程差异，因此在地貌分类中将它们称为“基本形态类型”不妥，应改称为“基本地貌类型”。虽然国内外各种地貌分类系统各不相同，但有关基本地貌类型的划分却有相似之处，都有山地、平原等类型，其划分的依据绝大多数为海拔和起伏高度，但在具体应用中并非一致，有以单一指标划分，也有是双指标组合划分或双指标综合曲线。现以中国地貌为例来说明地貌的形态类型，我国大多数学者认为，中国陆地基本地貌类型按照起伏高度形态类型和海拔分级类型两个指标组合来划分较为符合起伏复杂、多阶梯的中国地貌基本特点。

(一)起伏高度形态类型

起伏高度形态类型是地表形态直观地反映，通常以地表各类坡度组合类型及其起伏高度来表示，亦可称其为基本形态类型。国内外各种地貌分类系统中所提及的可分两类，一类为最常见的平原(含台地)、山地(含丘陵)等(还有以山地起伏高度进一步划分)；另一类是盆地、高平原、高原、苔原、山原、块状山和山脉等。前者为最基本的地貌形态，而后者为由不同基本地貌形态组合的类型(如盆地、高原、苔原、山原和山脉)，也有基本地貌形态的次级形态(高平原、块状山)。因此，从基本地貌形态分析，前一类所包含的平原、台地、丘陵、山地为基本地貌类型。

考虑到中国山地地势起伏变化很大，为更好地反映中国地貌特征，按起伏高度对山地进一步细分，即分为平原、台地、丘陵、小起伏山地、中起伏山地、大起伏山地和极大起伏山地 7 种基本形态类型。这一地貌起伏高度形态类型划分方案，目前在国内已趋于基本一致。由于起伏高度变化很复杂，其含意和测定方法不一样，起伏高度划分指标确定存在不同意见。

早期的地貌分类方案较简单，以相对高度 50m 和 500m 为指标，将起伏高度分为 3 级(周廷儒等，1956)，但难于反映中国复杂的地貌。陈志明(1993)和刘振东(1989)采用欧洲国际地貌图形态分类中的计算方法，以 $21km^2$ 为起伏高度的统计单元，并利用国家数字地形模型(DTM)分出了以 20m、75m、200m 和 600m 高差将我国地表起伏高度划分 5 级。这个定义虽较简明，但由于 DTM 为网格状高程点，在其数据库中并没有该点地貌部位(山顶到谷底的坡面形态)的属性。同时，在我国起伏高大的山区，一些山地形状走向多变和起伏高大的山区与山顶至谷底距离较长地区，$21km^2$ 范围统计单元内不包含山脊最高点与顺流方向河谷最低点，取得的高差并不能反映真正的起伏高度。$21km^2$ 起伏高度的最佳统计单元和其起伏高度分级并不能适合我国实际，特别是三大地貌阶梯的过渡带山地起伏剧烈的地貌差异。1987 年编写的《中国 1∶1 000 000 地貌图制图规范(试行)》起伏高度定义是指，山脊(顶)与其顺坡向最近的大河(汇流面积大于 $500km^2$)或到最近、较宽的(宽度大于 5km)平原或台地交接点的高差，这个定义就目前来说是较合适于我国情况的。

地表起伏高度的分级是应在我国地表起伏高度区域差异全面分析的基础上决定的。从典型地区的大比例尺地形图分析，我国不同阶梯上山地起伏高度变化很大。在位于第一级地貌阶梯——青藏高原边缘山地起伏高度最大，绝大部分在 2500～3000m，甚至更大。自高原边缘向内山地起伏高度逐渐变小，在高原东部、中部山脉的主要山脉起伏高度降到 2500～1000m，高原腹部的长江、黄河河源地区和羌塘高原上的主要山地起伏高度一般在 500～1000m，而在其间宽谷盆地的周围山地起伏高度降到 200～500m，地势起伏和缓。我国东部第三级地貌阶梯，除中北部为宽阔的平原外，山地起伏较小，仅少数山地起伏高度超过 1000m(如武夷山等)，绝大多数山地起伏高度在 1000m 以下，可以 500m 和 200m 为界分为面积相近的 3 级起伏高度山地。中间第二级地貌阶梯与第三级地貌阶梯相接的前缘山地，以及阶梯内部的天山、阿尔泰山、秦岭、大巴山、贺兰山及川西南和滇西地区大部分山地起伏高度在 1000～2000m，在天山主脊起伏高度甚至在 2500m 以上。其他地区除四川盆地、准噶尔盆地(部分地区)、呼伦贝尔盆地、吐鲁番盆地等盆地底部或其边缘山地起伏高度在 500m 以下(不少地区<200m)外，其中塔里木盆地东缘——蒙古高原起伏高度大多数在 200m 以下，山地大片分布。

李炳元等(2008)根据第一、第二级地貌阶梯前缘起伏高度和各阶梯内部山地起伏高度的变化状况，将我国山地起伏高度共划分 5 级。各级山地起伏高度名称及其划分的高度指标分别为：丘陵(＜200m)、小起伏山地(200～500m)、中起伏山地(500～1000m)、大起伏山地(1000～2500m)和极大起伏山地(＞2500m)。其中，极大起伏山地和大起伏山地分别为第一和第二级阶梯前缘山地，中起伏山地(部分小起伏山地)一般构成阶梯内部的山脉，而丘陵和部分小起伏山地主要分布于盆地边缘及高原面上。从《中华人民共和国地貌图集(1∶1 000 000)》和《青海地貌图(1∶1 000 000)》实践结果表明，山地采用这 5 级起伏高度类型较好地反映了我国山地的地貌特征。

(二)海拔分级类型

在基本地貌类型中，海拔的分级主要有两种。陈志明(1993)和刘振东(1989)根据国家 DTM 数据库进行高程频率统计做出的海拔频数分布图表分析，将中国山地海拔分为 6 级，丘陵海拔<500m、低山海拔 500～800m、中山海拔 800～2000m、高中山海拔 2000～3000m、高山海拔 3000～5000 和极高山海拔＞5000m。由于 DTM 数据库没有山地或平原等地貌部位的属性，其统计的高程频率分布为包括山地平原总的地面高程频率，而不是仅代表山顶地貌面高程频率的变化，因而依此来确定山地分级指标存在不合理性。

在《中国 1∶1 000 000 地貌图制图规范(试行)》方案中，仍沿用沈玉昌 1959 年方案，即将山地以 1000m、3500m 和 5000m 作为指标，将中国山地海拔划分为低山、中山、高山和极高山四大类。平原、台地、丘陵则不论海拔高低都归属同一类(表 4-1)。沈玉昌 1959 年方案中山地海拔指标是以气候地貌为主要依据确定的，即极高山(5000m)的界线大致与现代冰川与雪线相符合。高山与中山的界线(3500m)主要考虑剥蚀作用性质上的差别，即在此线以上以寒冻机械风化作用为主。因此，所形成的陡峻山坡及粗大的堆积物自成一格。此外，在我国西北，此线亦为森林的上限。低山与中山的界线(1000m)主要考虑我国东部的山地大部分在 1000m 上下，以及在温湿气候条件下受强烈的流水侵蚀作用，化学风化作用十分旺盛，风化壳亦很厚；山地受到剧烈分割，地表零乱破碎。

表 4-1　中国地貌基本形态(引自李炳元等，2008)

起伏高度		<20～30m	<100m	100～200m	200～500m	500～1000m	1000～2500m	>2500m
海拔高度	<1000m	—	—	—	小起伏低山	中起伏低山	—	—
	1000～3500m	平原、台地	低丘陵	高丘陵	小起伏中山	中起伏中山	大起伏中山	极大起伏中山
	3500～5000m	—	—	—	小起伏高山	中起伏高山	大起伏高山	极大起伏高山
	>5000m	—	—	—	小起伏极高山	中起伏极高山	大起伏极高山	极大起伏极高山

近 50 年来的大量研究表明，我国现代冰川与雪线、融冻风化密切相关的多年冻土下线和森林上线等与气候地貌相关要素的海拔的区域差异很大(张百平等，2003)。现代雪线最高达 6200m(阿里地区)，最低仅 2800m(阿尔泰山)，高差变幅达 3400m，现代冰川末端的海拔差异更大。多年冻土的下限海拔变化从 5300m(喜马拉雅山)至 1500m 以下(大兴安岭)，变幅达 3800m 以上(周幼吾等，2000)。森林上线在藏东洛隆等海拔 4400(阴坡)～4600m(阳坡)，东北长白山仅 2000m(张百平等，2003；孙鸿烈和郑度，1998)。因此，若以某一地区的气候地貌有关的界线高度作为划分中国地貌海拔分级指标显然是不妥当的，依此划分的类型亦不能反映中国气候地貌的变化规律，更不能显示我国内营力的成因分异。如何确定能主要客观反映地貌基本类型的组成结构、特点和地势差异的海拔等级至今仍是一个重要问题。

20 世纪 80 年代后期至 90 年代初编制全国 1∶4 000 000 地貌图过程中，根据全国重点地区 1∶500 000 地形图山地顶面海拔分布和 1∶1 000 000 国家数字高程模型(DEM)数据库按 200m 和 250m 间距编制的中国地面海拔空间分析图表明，这两种资料取得的中国地貌高程的空间分布规律基本一致。它们清楚地反映了我国三大地貌阶梯的空间分布和宏观地貌格局：位于我国西南部的第一级地貌阶梯——青藏高原山顶地貌面海拔，自西向东由 5500～6000m 降到 4500～5000m，突出于高原面之上的喜马拉雅山脉、冈底斯山脉、念青唐古拉山脉、喀喇昆仑山脉、唐古拉山脉和昆仑山脉主脊部分和其他山脉的主峰附近海拔超过了 6000m，是被冰雪覆盖的极高山地；高原宽谷盆地及其周边缓丘组成的高原面由 5000～5500m 降到 4500～4000m。地处我国东部第三级地貌阶梯上的平原海拔绝大多数在 200m 以下，山地海拔大多数在 1000m 以下，仅少数山地海拔超过 1000m，个别高峰超过 2000m。两大地貌阶梯之间的第二级地貌阶梯为面积最大的一个地貌阶梯，除四川盆地、准噶尔盆地(部分地区)、呼伦贝尔盆地、吐鲁番盆地等海拔大多在 500～1000m 外，塔里木盆地、蒙古高原等海拔基本在 1000m 以上；这一阶梯上天山、阿尔泰山、秦岭、大巴山、贺兰山及川西南和滇西地区大部分山地海拔 2000～4000m，个别高峰超过 4000m。根据上述我国地貌海拔分布实际情况，如果采用《中国 1∶1 000 000 地貌图制图规范(试行)》地貌面海拔分级，以 3500m 作为高山的下限，高山的范围则在我国西部从天山山脉到青藏高原向东到秦岭、川西南和滇西北山地连成一片，而>5000m 的极高山成片分布的界线在青藏高原中部呈北西-东南走向，将高原分为两部分。因而 3500m 和>5000m 这两级指标显然不能反映青藏高原的客观分布。

基于上述分析，为更好地反映我国地貌的宏观规律与地壳构造运动的差异，并考虑山地地貌面海拔划分与现有的研究精度相适应，李炳元等(2008)建议对《中国 1∶1 000 000 地貌图制图规范(试行)》中我国基本地貌类型和具体指标分级，除原来低、中海拔以 1000m 为界较好地反映了我国第二、第三级地貌阶梯的差异，需保留这一指标外，对其他海拔指标进行适当调整。根据青藏高原的高原面海拔分布特征，将划分高海拔地貌指标由 3500m 改为 4000m；突出于高原面之上的少数山地的海拔作为划分极高海拔的指标，将 5500m 改为 6000m；另外增加亚高海拔(2000～4000m)一级，中海拔的高度指标改为 2000～1000m，以更好地反映前述的我国中间(第二级)地貌阶梯上主要山脉的复杂地貌结构。具体海拔分级及其高度指标分列如下：低海拔(<1000m)、中海拔(1000～2000m)、高中海拔(2000～4000m)、高海拔(4000～6000m)和极高海拔(＞6000m)。近年来我国各地的地貌研究发现，分布于各级地貌阶梯上平原、台地和丘陵的宏观形态尽管有相似之处，但由于海拔的不同，地貌内、外营力作用亦存在较大的差异。我国东部平原海拔一般在 200m 以下，属地壳稳定或沉降地区，而青藏高原海拔 4000～5000m 甚至更高的平原则是地处强烈上升区域内的相对稳定或沉降地区，从整体上看仍为强烈上升地区。青藏高原上的高海拔平原一般发育多年冻土，地表冻融作用旺盛。第三级地貌阶梯低海拔平原、台地、丘陵流水作用与化学风化强烈。因而，将平原、台地、丘陵按海拔分级也是十分必要的，其高度指标与山地指标一致，这样可更好地反映中国具有三大地貌台阶等大地形台阶的特点的同时亦能显示地势差异。

(三)中国陆地基本地貌类型

通过前面的分析可以看出，中国基本地貌类型是由反映内、外营力基本差异的起伏高度和海拔两个方面决定的。根据前述的 7 个地貌起伏高度形态类型和 5 个海拔等级组合成的基本地貌类型分类系统，在我国共有 28 个基本地貌类型(表 4-2)。在中国地貌图(1∶4 000 000)中的应用结果表明，该分类系统能较好地显示中国地貌的基本结构。

表 4-2　中国基本地貌类型(引自李炳元等，2008)

形态类型		海拔				
		低海拔(＜1000m)	中海拔(1000～2000m)	高中海拔(2000～4000m)	高海拔(2000～4000m)	极高海拔(＞6000m)
平原	平原	低海拔平原	中海拔平原	高中海拔平原	高海拔平原	极高海拔平原
	台地	低海拔台地	中海拔台地	高中海拔台地	高海拔台地	极高海拔台地
山地	丘陵(<200m)	低海拔丘陵	中海拔丘陵	高中海拔丘陵	高海拔丘陵	—
	小起伏山地(200～500m)	小起伏山	小起伏中山	小起伏高中山	小起伏高山	—
	中起伏山地(500～1000m)	中起伏低山	中起伏中山	中起伏高中山	中起伏高山	中起伏极高山
	大起伏山地(1000～2500m)	—	大起伏中山	大起伏高中山	大起伏高山	大起伏极高山
	极大起伏山地(＞2500m)	—	—	极大起伏高中山	极大起伏高山	极大起伏极高山

关于基本地貌类型的名称(如高山、中山、低山)是依据起伏高度的大小，还是依据海拔高低定名的问题在以往的分类方案中两者意见都有，有的根据山地海拔高低分别称高山、中山、低山等(沈玉昌，1959)，有的则按相对高度大小划分为高山、中山、低山(柴宗新，1986)。如果分别来看两者的命名都是可以的，但作为同一系统中命名两者则不能出现重名。

按传统习惯命名所遵循的从先、从众原则，考虑我国至少从 20 世纪 50 年代以来山地命名中已明确极高山、亚高山、中山、低山是以海拔划分的，故李炳元等(2008)的地貌分类方案中基本地貌类型命名仍采用此原则命名。根据山地起伏高度的山地分类，则分别命名为极大起伏山地、大起伏山地、中起伏山地和小起伏山地。至于平原、台地、丘陵海拔分级名称，由于以往高台地、低台地、高丘陵、低丘陵习惯上是指相对高度大小，故这些类型的名称分别命名为高海拔、高中海拔、中海拔、低海拔平原(或台地或丘陵)。

三、中国地貌的空间分布格局

我国三大地貌阶梯格局及不同走向的巨大山系等大(巨)地貌特征，程度不等地引起了我国地貌的复杂变化，地貌区域差异明显。我国不仅存在三大地貌阶梯之间的明显差异，而且第二级、第三级地貌阶梯的内部地貌类型在基本形态、海拔、起伏高度等方面的宏观组合也存在较大差异。例如，第二级地貌阶梯内秦岭南北的地貌组合明显不同，秦岭及其以南地区以大中起伏的中山、亚高山为主，盆地、平原为次；而以北地区则盆地、高平原广布，且东西地貌差异显著；贺兰山及其以东地区海拔较低的盆地与高平原相间分布，贺兰山以西地区以大型的干旱荒漠盆地与亚高山为主。第三级地貌阶梯南北地貌组合差异较大，大别山及其以南地区以低山中山为主，盆地、平原镶嵌交错；以北则是我国最大的低海拔平原和中低山地。根据这些地貌组合在东西、南北向的宏观差异，李炳元等(2013)将中国地貌分成了 6 个地貌大区、37 个地貌区(表 4-3)。现将各大区地貌特征分述如下。

(一)东部低山平原大区

该大区位于第三级地貌阶梯北部，西起大兴安岭—太行山东麓，东至中朝边境和大陆海岸；北起中俄边界，南至桐柏山、大别山、九华山、天目山、四明山和天台山一线北麓。在行政区划上，包括吉林、辽宁、山东、江苏和天津全部，黑龙江、河北、河南、安徽和北京大部，以及浙江、内蒙古小部。地处东经 112.30°～135.10°与北纬 29.56°～51.10°，面积约为(140.24×104)km^2，约占全国陆地总面积的 14.61%。该区的南界与自然区划中划分亚热带和温带的伏牛山—淮河一线存在一定距离。尽管从外营力地貌作用上看，两个边界之间的地区与下述的东南低中山大区有一定的相似性，但其地貌基本类型组合与伏牛山—淮河一线以北地区更为接近，因此建议该边界。

表 4-3　中国地貌分区表（引自李炳元等，2013）

地貌大区	地貌区	代码	地貌大区	地貌区	代码
I.东部低山平原	A.完达三江低山平原	IA	Ⅳ.西北中高山盆地	A.新、甘、内蒙古丘陵平原	ⅣA
	B.长白山中低山地	IB		B.阿尔泰亚高山	ⅣB
	C.鲁东低山丘陵	IC		C.准噶尔盆地	ⅣC
	D.小兴安岭中低山地	ID		D.天山高山盆地	ⅣD
	E.松辽平原	IE		E.塔里木盆地	ⅣE
	F.燕山—辽西中低山地	IF	Ⅴ.西南亚高、中山	A.秦岭大巴山亚高山	ⅤA
	G.华北华东平原	IG		B.鄂黔滇中山	ⅤB
	H.宁镇平原丘陵	IH		C.四川盆地	ⅤC
Ⅱ.东南低中山	A.浙闽低中山	ⅡA		D.川西南、滇中亚高山盆地	ⅤD
	B.淮阳低山	ⅡB		E.滇西南亚高山	ⅤE
	C.长江中游低山平原	ⅡC	Ⅵ.青藏高原	A.阿尔金山—祁连山高山	ⅥA
	D.华南低山平原	ⅡD		B.柴达木—黄湟亚高海拔盆地	ⅥB
	E.台湾平原山地	ⅡE		C.昆仑山高山极高山	ⅥC
Ⅲ.中北中山高原	A.大兴安岭低山中山	ⅢA		D.横断山高山峡谷	ⅥD
	B.山西中山盆地	ⅢB		E.江河上游高山谷地	ⅥE
	C.内蒙古高平原	ⅢC		F.江河源丘状山原	ⅥF
	D.鄂尔多斯高原与河套平原	ⅢD		G.羌塘高原湖盆	ⅥG
	E.黄土高原	ⅢE		H.喜马拉雅山高山极高山	ⅥH
				I.喀喇昆仑山极高山	ⅥI

该大区地面的平均海拔为 200m 左右，最高点是位于长白山白头山的白云峰，海拔 2691m，最低点为东海、黄海边的海平面。区内地面海拔 200m 以下面积占有 63.5%，平原台地面积与丘陵山地面积的比例为 2∶1。基本地貌类型中五类低海拔类型合计面积占全大区总面积的 96%，其中以低海拔平原最多，占全大区总面积的 55%，低海拔台地居第二位，占 12%。

该大区地貌宏观格局主要受华夏和新华夏构造体系控制，东部隆起为山地，西部沉降为平原。东部隆起带由一系列近 NNE 向的山地组成，自北而南分别为东北东部中低山地、鲁东低山丘陵和江淮间的宁镇丘陵，自白垩纪以来强烈上升并遭受侵蚀。小起伏低山和低海拔丘陵为其主要基本地貌类型，中起伏低山、中起伏中山和大起伏中山主要分布于东北东部山地、燕山山地、鲁中山地和小兴安岭东段等地，大起伏亚高山仅分布于长白山主峰周围。

西部拗陷沉降带主要位于上述隆起带与以大兴安岭—太行山为代表的中国地貌第二

阶梯前缘隆起带之间。该带有黑龙江、松花江、辽河、海河、黄河、淮河、长江和钱塘江等大河汇集于此，新生代期间各大河流携带的大量泥沙广泛堆积，沉积物深厚，形成中国最主要的平原。从北到南主要有东北平原(包括三江平原、穆棱—兴凯平原和松辽平原三个相对独立的部分)、华北平原、苏北平原，以及江浙冲积三角洲平原(长江中下游平原的一部分）等。它们海拔绝大部分都在 200m 以下。低海拔平原与低海拔台地组成了各大平原的主体，其中台地主要分布于山前地带，以松辽平原的东北部最广。在该拗陷带北半部由于受近 EW 向构造的影响，形成两条横向隆起带，横亘于沉降盆地之间，其中东北平原和华北平原之间为燕山—辽西中低山地，东北平原北侧为小兴安岭中低山地。

该大区位于东亚季风湿润、半湿润区，流水作用是主要外营力，特别是流水堆积作用造就了广阔的平原，海拔多在 50m 以下。华北平原和苏北平原东部与辽河平原南缘地质历史时期还经受过频繁的海侵，形成海积冲积平原。

大区内气候分异直接导致了地貌外营力作用的地域差异，发育多种地貌成因类型。在北部的小兴安岭、长白山区冰缘地貌分布比较普遍，在松辽平原西南部(科尔沁沙地)各种风沙地貌形态较发育。华北地区处于暖温带半干旱—半湿润气候控制之下，物理风化作用较为强烈，大部分山地丘陵都以流水侵蚀和风化剥蚀作用为主。碳酸盐类岩石组成的山地丘陵则有喀斯特作用的参与，普遍发育喀斯特地貌形态。本区的沿海地带海平面变化和海岸线进退遗留的海岸地貌也较发育。此外，火山活动在该大区也比较活跃，主要分布于东北山地，在长白山火山带和小兴安岭火山带遗留新生代火山共有 500 多座。

按照地貌发育的区域差异，该大区可以进一步划分为：完达三江低山平原区、长白中低山地区、鲁东低山丘陵区、小兴安岭中低山区、松辽平原区、燕山—辽西中低山地区、华北华东平原区和宁镇平原丘陵区，计 8 个二级区(图 4-3)。

(二)东南低中山大区

该大区位于第三级地貌阶梯南部，北起桐柏山、大别山、九华山、天目山、四明山和天台山一线北麓，南至南海；东起东海，西至第二级地貌阶梯前缘的伏牛山、武当山、大巴山、巫山、武陵山、雪峰山、越城岭、广西西部的天平山、九万大山、凤凰山、东风岭和青龙山一线东麓。该大区北与东部低山平原大区相接，西与西南亚高山中山大区相邻。地处北纬 18.18°～34.03°，东经 105.89°～122.15°，包括福建、台湾、广东、海南、江西全部，湖北、湖南、广西等省(自治区)的中东部，以及浙江的中南部、安徽南部，总面积约 115.12 万 km^2，约占全国陆地总面积的 11.99%。

该大区地面的平均海拔约为 290m，最高点是位于台湾岛的玉山，海拔 3952m；大陆地区以武夷山最高(2160.8m)，最低点为东海、黄海沿海。区内海拔 500m 以下地区占 82%，200m 以下地区占 52%，高于 2000m 地区仅 0.37%，主要分布在台湾。

该大区平原台地面积与丘陵山地面积的比例近 3∶7。基本地貌类型中的低海拔地貌类型占全大区的 86%，以小起伏低山和中起伏低山居多，分别占全大区面积的 22%和 20%，低海拔丘陵、平原和台地分别占全大区面积的 15%、17%和 12%。虽然亚高山和中山面积在全大区中仅占 16%，但它们组成区内主要山脉的主脊，构成本区宏观地貌轮廓的基本格架，控制着盆地、平原与丘陵的空间分布格局。

中生代燕山运动时期该大区构造非常活跃，褶皱、断裂、岩浆活动十分强烈，主要沿 NE 向和 NNE 向断裂带发生升降运动，产生许多不同规模的断块山地和断陷盆地，形成现代地貌轮廓的基础。江西赣州盆地、吉安盆地、宜春盆地，湖南衡阳盆地、零陵盆地，浙江江山—玉山盆地，以及福建建瓯盆地、永安盆地等就是在燕山运动时期形成的，堆积了一套中生代陆相红色沉积；它们宽度一般 20～50km，现代被河流串联起来，形成串珠状河流谷地，如衢州到金华的衢江谷地，万安到吉安的赣江谷地和衡阳到株洲的湘江谷地等，盆地中丹霞地貌发育。新生代以来的构造运动，影响着闽粤沿岸地带的地貌发育，山地、丘陵与谷地呈 SW-NE 走向相间排列；断裂带控制着海岸的平直走向和岛屿的成行排列，海拔近千米的山地濒临海岸。

南岭以北宏观上呈两列近南北方向分布的中低山及其间的平原台地组合。每列中低山又由 NE-NNE 走向的呈斜列分布的支脉组成，东向排列山地的主体是天目山(1587m)、仙霞山(1621m)和武夷山，西向排列山地则是幕阜山(1656m)和罗霄山(2120m)等。山地的海拔一般为 1000～1500m。两列山地及其与西面的第二级地貌阶梯之间为低地。南岭及其以南地区，包括桂西南的山地和粤东北的大瑶山(1979m)、九连山(1272m)、莲花山(1559m)及桂粤闽沿海地带。这一区域主要是由低山、丘陵和河谷组成的北东走向的谷—岭地貌组合，总体高度由西北向东南逐渐降低，但主要山脉的高度却自东北向西南变低，山峰多在 1000～1500m，只有少数山峰海拔近 2000m。沿海地带断块差异升降形成曲折的港湾式海岸，多岛屿；河流多独流入海，晋江、九龙江、韩江、珠江和西江下游河段主要沿断裂发育，形成狭小的平原和盆地，河口处常有平原、三角洲发育；韩江三角洲和珠江三角洲等是沿西北向断裂陷落而成第四纪盆地。

该大区西南部石灰岩广布，广西盆地多为峰林石山地形，且向西逐渐抬升，成为云贵山原的过渡斜坡地带。雷州半岛和海南岛火山活动活跃，自古近纪后期至全新世共有 10 期火山喷发，形成数十座火山锥和大片玄武岩台地。

根据基本地貌类型组合的差异，该大区可进一步划分为浙闽低中山区、淮阳低山区、长江中游低山平原区、华南低山平原区和台湾平原山地区 5 个二级区(图 4-3)。

(三)中北中山高原大区

本区位于第二级地貌阶梯东北部，南起秦岭北麓，北至中国与蒙古边境，东起大兴安岭—太行山山地，西至贺兰山西侧和祁连山东端。在行政区划上，包括山西、宁夏全部，陕西中北部、内蒙古中东部、甘肃中东部、黑龙江西北部、河北与北京西部、河南西北部。地处东经 102.50°～126.86°与北纬 34.03°～53.47°，面积约为$(142.43\times10^4)\,km^2$，约占全国陆地总面积的 14.84%。

本区地面平均海拔 1100m 左右，最高峰贺兰山海拔 3654m，最低点小浪底大坝以东的下游黄河河面海拔近 130m。本区地面海拔大部分在 1000～2000m，山地丘陵面积略多于平原台地，山地以中起伏中山居多，主要分布在大兴安岭、太行山等山脉。大起伏中山和中起伏亚高山、大起伏亚高山较少，主要分布在太行山、吕梁山、阴山、狼山、贺兰山和六盘山等山地的主脊地带，构成该大区宏观地貌格架。小起伏的中山和亚高山地面积之和与中起伏中山相近，其中半数为黄土梁峁。中海拔平原占全大区面积的近 1/4，主要分布在内蒙古高原、鄂尔多斯高原和河套平原。此外，还有少量的中海拔台地，多半为黄土塬和台塬。总体上看，中海拔(局部为低海拔)的中起伏山地、小起伏山地、丘陵、台地和平原构成该大区典型的中海拔高原盆地地貌组合。

该大区地貌结构的宏观总体格架受 EW 和 NNE-SSW(或近 NS)向两大构造体系控制。贺兰山、大兴安岭、太行山脉为近 S-N 向或 NNE-SSW 向构造，阴山和秦岭为近东西向构造。区内各种基本地貌类型呈条带状分布，控制着基本地貌类型组合在东西和南北方向上呈现出有规律的变化。东部山地为中国第二级地貌阶梯前缘的大起伏高山、中起伏中山，北段为大兴安岭中起伏中山，南段为太行山大起伏的中山、亚高山；太行山地与西面的吕梁山地组合成山西中山—盆地地貌组合。西缘为贺兰山中起伏亚高山。太行山—吕梁山与贺兰山之间地区处于两大南北向构造隆起带之间，新构造运动表现为大面积的缓慢整体隆升，发育典型的夷平面，形成以中海拔平原和丘陵为主的基本地貌类型；受东西走向的阴山和秦岭等山地分隔，地貌组合自北向南依次为内蒙古高(平)原、阴山中山丘陵、河套平原、鄂尔多斯高平原、黄土高原、汾渭盆地。

该大区在纬向和经向上都具有较大的跨度，水热组合差异明显，由东南向西北降水逐渐减少，气候变干燥，导致气候地貌发生显著的区域分异，东南部地区流水作用占优势，侵蚀沟谷地貌发育；中部地区粉尘堆积作用旺盛，堆积世界上最典型的黄土，形成以塬、梁、峁为主的黄土地貌，面积约占全区面积 10%以上；西北部地区风沙作用和干燥剥蚀作用占主导地位，沙地和沙漠广布。东北端的大兴安岭山地和呼伦贝尔高平原海拔、纬度较高，冻土地貌较为发育，冰缘作用颇具规模。此外，在西北部还受构造控制形成一系列火山地貌。

该大区区域地貌差异明显，基本地貌类型组合和气候地貌类型在东西、南北方向都呈有规律分异，据此特点该大区可以分为：大兴安岭低山中山区、山西中山盆地区、内蒙古高原区、鄂尔多斯高原与河套平原区和黄土高原区等 5 个地貌区(图 4-3)。

(四)西北中高山盆地大区

西北中高山盆地大区地处第二级地貌阶梯西北部，位于贺兰山以西，西昆仑山—阿尔金山—祁连山一线以北，分别与青藏高原大区和中北中山高原大区接壤，西、北分别到国界。大区介于北纬 36°～49°，东经 73.9°～107.8°，包括新疆维吾尔自治区的绝大部分、内蒙古自治区西部与甘肃省西部，总面积约 178.68 万 km^2，约占全国陆地总面积的 18.61%。

该大区地面的平均海拔约 1370m，最高峰为位于天山西部的托木尔峰(7443m)，最低的吐鲁番盆地艾丁湖为海平面以下 154m，也是全国陆地最低之处。该大区近 4/5 的面积集中在海拔 500～2000m，中海拔地貌类型占该大区总面积近 60%。大区内基本地貌类型差别显著：盆地为由平原、台地、丘陵(含复合型沙丘和沙山)和少量小起伏山地构成的基本地貌类型组合，占该大区总面积近 90%；盆地外围的山地为中、大起伏亚高山和极大起伏高山山地，其面积之和仅占全大区的 10%多。

该大区主要的大地构造单元是比较稳定的塔里木准地台和准噶尔准地台，围绕这两个地台的是活动性强的阿尔泰山、天山和昆仑山造山带。各构造单元之间往往以深大断裂分界，它们控制着新生代以来的构造活动，对于塑造本区大地形的轮廓起着重大作用。受地质构造的控制，该大区最显著的地貌组合特点是以亚高山、高山为主的山地与以中海拔平原为主的盆地相间分布，形成山系—盆地体系。天山山脉横亘中部，将该大区分隔为南北两部分。北部为阿尔泰山与天山之间的准噶尔盆地，南部是天山与昆仑山—阿尔金山之间的塔里木盆地，天山以东地区为吐哈盆地、哈顺戈壁、北山山地、阿拉善高平原和河西走廊丘陵平原。

该大区地处欧亚大陆的腹部，具有典型的大陆性温带荒漠气候特征，降水量远比同纬度其他地区为少，是我国最干旱的地区。但天山、阿尔泰山的高山、极高山部分降水较多，成为荒漠中的“湿岛”。在这种气候格局下，盆地中干燥剥蚀和风沙作用旺盛，形成干燥剥蚀和风成地貌；山地中自山麓至山顶粉尘堆积作用、流水作用、冰缘作用和冰川作用依次变化，重力作用和湖泊作用夹杂其间，形成黄土地貌、流水地貌、冰水地貌、冰缘地貌、冰川地貌的垂直分带。此外，湖成地貌、重力地貌等点缀其间。

干旱荒漠地貌是该大区最基本的气候地貌类型，不但面积广大，而且类型丰富。沙漠占全大区面积近 25%，沙丘形态复杂，类型多样，为我国流动沙丘最集中分布区。塔克拉玛干沙漠、古尔班通古特沙漠、巴丹吉林沙漠、腾格里沙漠、乌兰布和沙漠等我国著名的大沙漠都集中在该大区，沙漠中分布许多规模宏大的复合型沙丘和沙山。我国风蚀地貌亦以该大区为最典型，自两大盆地的边缘至中心，地貌呈明显的环状条带分布，依次发育干燥作用的亚高山、山前干燥剥蚀丘陵台地、干燥洪积台地、干燥洪积平原(戈壁)、洪冲积平原、沙漠或冲积湖积平原和盐湖。

现代冰川和冻土分布于天山的高山、阿尔泰山的亚高山和两者之间准噶尔西部穆斯套岭亚高山地区，其中天山山系是我国现代冰川的作用中心之一。第四纪期间随着冰期、间冰期冷暖交替，高山和亚高山地区曾发生多次冰川扩张，范围较现代冰川大得多，形成类型比较齐全的古冰川地貌。自沙漠吹出的粉尘在塔里木盆地南缘、天山山前和准噶尔西部山地沉积，发育我国除黄土高原以外的厚层黄土堆积，形成黄土台地、丘陵及黄土覆盖山地。

该大区河流除西北部的额尔齐斯河属于北冰洋水系外，其余均属于内陆水系，主要河流有叶尔羌河—塔里木河及其支流、和田河和开都河等。大多数河流发源于盆地周围的山地，最后汇入盆地中的湖泊或在沙漠中消失。大小河流的山前旺盛堆积、频繁迁徙和泛滥，形成洪积台地、冲洪积平原、冲积平原、河漫滩，局部发育河流阶地。该大区湖泊的数量较少，规模不大，多为咸水湖或盐湖。博斯腾湖与乌伦古湖等大湖湖滨发育较大的湖积冲积平原和湖滨三角洲平原。

根据基本地貌类型组合的差异，该大区可进一步划分为新、甘、蒙丘陵平原、阿尔泰亚高山区、准噶尔盆地区、天山高山盆地区和塔里木盆地区 5 个地貌区(图 4-3)。

(五)西南亚高、中山大区

该大区位于第二级地貌阶梯南部，北起秦岭—岷山，南至我国边境，东自第二级阶梯前缘的嵩山、伏牛山、武当山、大巴山、巫山、武陵山、雪峰山、越城岭等一系列山地的东(南)麓，西接青藏高原东部的横断山与中缅边境。在行政区划上包括贵州和重庆等省(直辖市)的全部，四川和云南的大部，陕西南部及河南、湖北、湖南和广西西部地区。地处东经 97.53°～113.70°与北纬 21.12°～35.08°，面积约为 $121.34\times10^4km^2$，约占全国陆地总面积的 12.64%。

本区地面平均海拔 1230m，最高处海拔近 4800m，而最低点海拔近 50m。海拔 2000m 以下的面积占全区面积 85%，其中海拔 500～2000m 的面积占全区面积 70%，超过 4000m 的面积远低于 1%。区内几乎全部为山地，以中、大起伏亚高山和大起伏中山占最多，占全区面积 1/3 多，构成本区主要山脉的主脊，为区内地貌轮廓的基本格架。平原和台地之和仅占全区面积 5%，以低海拔类型为主，除成都平原面积较大外，其余零星镶嵌于山地之中，表现为河流宽谷盆地。本区地貌的基本特征是，由顶面平缓的中、大起伏亚高山中山和深切其间、零星分布宽谷盆地(坝子)构成的山原—深谷地貌组合。

本区最基本的地质构造单元是比较稳定的扬子准地台，周边为造山带。新近纪早中期构造稳定，地表剥蚀夷平形成准平原。上新世晚期以来的新构造运动将准平原大幅度抬升为夷平面，出现一系列中山、亚高山和深切河谷。地质构造控制了大区的山脉走向和水系格局，并在很大程度上影响着地貌的基本格局。大区北部为秦岭—大别造山带，秦岭、崤山、嵩山、伏牛山、龙门山、米仓山和大巴山等山地呈近东西向展布，其间分布汉中、安康等河谷盆地。大区中西部为四川台坳的主体部分，四川盆地的基本轮廓受其控制；盆地西部的成都平原新生代发生断陷，形成该大区最大的堆积平原；盆地东部为中生代地层组成的低海拔丘陵和小起伏低山，为该大区海拔最低的地区。大区中东部属上扬子台褶皱带和江南台隆，控制着第二级地貌阶梯东缘巫山、武陵山、雪峰山、越城岭等山地的 NE-NNE 走向，主要为中、大起伏的中山。大区东南部属上扬子台褶皱带和滇越—华南造山系右江造山带的一部分，中生代、古生代长期拗陷沉积了大面积的石灰岩地层，喀斯特地貌发育，形成以中起伏中山为主的喀斯特山原地貌。大区西部是受南北走向的康滇地轴控制的山地，除大相岭为西北向外，大凉山、小凉山、小相岭、螺髻山、鲁南山和公王岭等多呈近南北向展布，金沙江、雅砻江、安宁河、大渡河及其支流穿插山地之间。滇西南部边缘属中缅马苏地块和澜沧江造山带，山脉、河流的走向都受其构造控制由北向南辐射开展，成为著名的帚状山系(西南—东南)，包括高黎贡山、怒江山、无量山和哀牢山等。

著名的云贵高原位于该大区的中南部，包括滇中、滇东与黔西地区，为长江、红河和西江水系的分水地带，地面较为平缓，形成顶面较为和缓的中小起伏山地、丘陵与台地平原相间的地貌组合，顶面夷平面保存较好，称为“山原”。虽然云南与贵州地区地貌基本形态相似，然而海拔差异较大，云南地区海拔多在 2000m 以上，贵州地区较低，黔中一带一般为 1100～1400m，两者之间以梯级地貌面形式发生转变，因而可分为云南(亚高海拔)高原和贵州(中海拔)高原。

区内自然环境和地质条件差异很大，内外营力和岩性的显著不同导致地貌成因类型十分丰富。南部和中部石灰岩广布，喀斯特地貌占优势。四川盆地中南部及其附近地区中生代红色沉积发育，形成典型的丹霞地貌。一些石英砂岩、砂页岩、变质岩、花岗岩山地形成壮观的特殊峰林状地貌，如张家界地区。滇西腾冲保存有完好的火山地貌。流水作用在区内广泛强烈，形成西南部和东部的著名深切峡谷，较大的地形起伏导致重力地貌作用强烈，崩塌、滑坡和泥石流发育。本区虽没有现代冰川，但西北部高山地区古冰川地貌仍较发育。

根据基本地貌类型和成因类型组合的不同，该大区可分为秦岭大巴山亚高山区、鄂黔滇中山区、四川盆地区、川西南、滇中亚高山盆地区和滇西南亚高山区 5 个地貌区（图 4-3）。

（六）青藏高原大区

该大区位于我国第一级地貌阶梯，北起西昆仑山—阿尔金山—祁连山北侧，以 3000～4000m 的落差与塔里木盆地和河西走廊相接；南至喜马拉雅山的南侧，以更大落差与南亚次大陆相连；西界为帕米尔山脉；东部边界中段为横断山脉东端（岷山、茶坪山、邛崃山、夹金山、大雪山、锦屏山和玉龙山的东侧），与四川盆地和川滇亚高山地相接，与成都平原的高差超过 3000m。东界的北、南段处于不同走向构造的过渡带，比较复杂；北段大致在祁连山东端向南至甘肃康乐、岷县、文县一线；南段大致在泸水至丽江一线。该大区在行政区域上包括西藏、青海绝大部分，四川、云南、新疆和甘肃部分，面积为 262 万 km^2，约占全国陆地总面积的 27.3%。

该大区地势高亢，地面平均海拔为 4376m，为全球之最。地势起伏高度相差悬殊，位于中尼边界的珠穆朗玛峰海拔 8848m，而在高原边界附近雅鲁藏布江、大渡河海拔不足千米。地面平均海拔分布不均匀，4000m 以上地区的面积占全大区总面积的 72.2%，而海拔 2000m 以下的地区仅占全大区总面积的 1.5%。高海拔基本地貌类型占全大区总面积的 75%，连同极高海拔的类型则超过 80%，山地和平原面积的比例接近 3∶1，以高山最多，占全区总面积的 53%。青藏高原大区是一个由多个地块和活动条带（缝合带）组成的复合构造区。古近纪晚期至新近纪早中期，发生两期强烈的构造隆升和两期地面夷平，形成分布于各大山系顶部为现代冰川发育依托的山顶夷平面和占据高原大部分的主夷平面。自大约 3.6 万年开始，青藏地区再度进入一个新的强烈的整体隆升时期，主夷平面被抬升解体；经多次强隆升事件，青藏高原逐渐达到现在高度，成为地球上面积最大、海拔最高、年代最新的巨型地貌单元。

青藏高原最主要的地貌组合特征是，由一系列 5500～6500m 的大起伏和极大起伏的高山、极高山组成的巨大山系与高位盆地、谷地构成的山系—盆地系统。各大山系通常由两列以上的山脉组成，从南向北分别为喜马拉雅山系、冈底斯山脉—念青唐古拉山系、喀喇昆仑山系、唐古拉山系、昆仑山系和阿尔金山—祁连山系。它们构成高原的基本地貌格架，受区域构造控制具有明显的方向性，在高原西部呈南东—南东东走向；至中部逐渐转为近东西走向；念青唐古拉山、唐古拉山和昆仑山的南支巴颜喀拉山在高原东部转向东南，进而转为近南北走向，然后汇集成由一系的平行岭谷组合的横断山系。各大山系及其他内部山脉之间镶嵌亚高海拔、高海拔谷地、盆地、台地、丘陵和小起伏山地。青藏高原地貌组合在南北和东西方向上存在差异。

青藏高原不同部分地貌类型差异巨大。高原内部以 5000m 左右的平原、台地、丘陵和小起伏高山为主，地貌起伏和缓，夷平面广泛分布并保存较完整；湖泊广布，以其为中心形成封闭水系；多年冻土发育，融冻作用盛行，冰缘夷平作用使地面起伏更趋缓和。高原边缘，河流分割下切，地形起伏增大，高原与其外围低地之间出现2500～5000m高差，形成起伏高度达2500m以上的极大起伏高山、极高山，河流干流谷地多为深切峡谷，溯源侵蚀未及之地则为宽谷，河谷内出现地面侵蚀形成的典型成层地貌。边缘山地谷地的地面破碎、山坡陡峭，崩塌、滑坡和泥石流等重力过程频繁。

青藏高原海拔高、起伏大、范围广，造成垂直、经向和纬向环境分异显著，气候和地质条件复杂多变，外营力地貌过程种类多样，形成的地貌类型丰富。不但有高原特色鲜明的冰川、冰缘地貌和寒旱荒漠地貌，而且河流、湖泊地貌也显示出与其他大区不同的特点，丰富多样的地貌成因是青藏高原区域地貌上的一个重要特征。冰川主要分布在耸立于高原面之上的高峰区，东南部雅鲁藏布江大拐弯附近的高山为海洋性冰川发育中心，中部与西北部的西昆仑山和喀喇昆仑山为大陆性冰川发育中心。高原现代冰川总数和面积分别占全国冰川总数和面积的77.9%和82.5%，是地球上中低纬度地区最大的现代冰川分布区。第四纪冰期时的古冰川规模在各大山脉中较现代大很多，但并不存在覆盖整个高原的古冰盖。羌塘高原和江河源地区是多年冻土区，广泛出现深厚的连续多年冻土和各种各样的冰缘现象。青藏高原是亚洲众多河流的发源地，孕育了10条世界级大河，除高原腹部为分散的内流区外，其他河流都流向区外。星罗棋布的湖泊是青藏高原区域地貌的另一重要特征，面积大于10km^{2}的湖泊有346个，总面积42 816km^2，占全国总湖泊面积的近50%。湖泊主要分布于藏北地区，其次在柴达木、祁连山和藏南地区，绝大多数大湖泊为构造成因的内流湖，以咸水湖或盐湖为主；外流湖泊除黄河源地区的鄂陵湖、扎陵湖外，一般数量众多，规模较小，超过10km^{2}仅10个，多数面积小于1km^2，大多属堰塞湖，主要散布于藏东、藏南地区。干燥剥蚀和风沙作用在高原西、北部非常活跃，柴达木盆地风蚀雅丹、劣地地貌分布较广。在高原东北部的(黄)河湟(水)谷地粉尘堆积较厚，黄土地貌发育。羌塘北部和西昆仑山还有火山地貌分布。高原边缘地区自谷底到山顶高差巨大，山地气候地貌垂直带谱发育。

根据高原从南至北，由东向西，从内至外，以及基本地貌类型及其组合、地貌格局和气候地貌的区域差异，可将该大区划分为阿尔金山—祁连山高山区、柴达木—黄湟亚高海拔盆地区、昆仑山高山极高山区、横断山高山峡谷区、江河上游高山峡谷地区、江河源丘状山原区、羌塘高原湖盆区、喜马拉雅山高山极高山区和喀喇昆仑山极高山区等9个地貌区。

第二节　土壤的分类与空间分布格局

一、土壤的含义

土壤是人类赖以生存的物质基础，是人类不可缺少和不能再生的自然资源。土壤是发育于陆地表面具有生物活性和孔隙结构、进行物质循环和能量转换的疏松表层(图4-2)。

图 4-2 土壤疏松物质层(引自伍光和等，2008)

土壤是由矿物质、有机质、水、空气和生物组成的生物与非生物混合体，也是一个能从物质组成、形态结构和功能上剖析的自然体。土壤受自然和人为因素施加的物理、化学、生物因素的作用，具有高度非线性和可变性特征。土壤作为一种有限的自然资源，对地球上多种生命的形成和生息繁衍起着至关重要的作用。土壤是一个动态的开放系统，为植物生长提供水分、养分、空气和物理支撑。

由于人类对土壤的利用方式不同，常对土壤产生不同的概念。水利、土建、交通运输工程建设把土壤作为建筑材料和承压的基础物体。在地球化学过程中，土壤被认为是岩石圈表层次生环境中发生元素迁移和形成次生矿物的近期堆积物。在农林牧业生产中，土壤被视为天然植物或栽培植物的立地条件。

土壤的基本属性和本质特征是具有肥力。土壤肥力是指土壤供应与协调植物正常生长发育所需的养分、水分、空气和热量的能力。这种能力是由土壤一系列物理、化学、生物过程所引起的，因而也是土壤的物理、化学、生物性质的反映。土壤中养分、水分、空气和热量四大肥力因素是相互联系、相互制约的，它们循环于生物圈与土体之间，维系着生物圈生命的延续和发展。

土壤的物理学、化学和生物学特性，决定了土壤具有容纳、降解、过滤、缓冲和固定有毒的无机物、有机化合物及城市污染物质的功能。

土壤是独立的历史自然体，是地理环境中的一个组成部分。它像生命体一样在自然界中时而进化，时而退化。它是自然环境演变的记录实体，是储存自然环境变化的重要信息系统之一。土壤中不同颜色的土层实质上是地质年代或历史时期气候变化的指示物和“年代表”。

土壤不仅是粮食、纤维、林牧产品生产中不可缺少的自然资源，还是支撑人类社会经济发展和生物圈繁盛共荣的基地。人类为了从土壤中获取更多的生活必需品，将具有肥力的自然土壤经开发、改造、施肥、播种产生质和量的变化，形成了农业土壤。

农业土壤不只是受自然因素和自然过程的影响，更重要的是受耕作、灌溉和施肥的影响，形成人为的灌淤表层、堆垫表层、肥熟表层和水耕表层，它们的厚度在18～50cm，属于高熟化的人为表层，具有人工肥力。实际上，人工肥力是在自然肥力的基础上发展起来的。

耕种土壤中自然肥力与人为肥力的综合效应即土壤的有效肥力，而农作物产量是衡量有效肥力的指标。有效肥力的高低取决于对土壤的投入。农业科技投入越高，土壤的生产潜力相应越大，耕地的单位面积产量显著提高。在合理经营管理之下，土壤肥力不会因农业利用而耗损，反而会提高。因而，土壤可视为永续利用的可更新的自然资源。

但是，世界人口的增加和全球性土壤资源的高强度开发利用引发了土地沙化和荒漠化、土壤污染，以及草地、沼泽、湿地面积不断萎缩等一系列环境问题。土壤退化和农产品数量减少威胁到人类和动物的食品数量安全。土壤污染影响农产品质量、危害人类和动物的身体健康。因此，我国土壤学界围绕“面对农业与环境的土壤科学”这一主题，从土壤学科发展、土壤与环境、植物营养与肥料、土壤与施肥管理、土壤微生物等多方面展开土壤科学现状与前沿性的研究，并把土壤质量看作现代土壤科学研究的重心。

土壤质量是指土壤在生态系统内支持生物的生产能力，净化环境能力，促进动植物及人体健康的能力。土壤质量的内涵包括：①土壤肥力质量，是指土壤充分供给植物养分提高生物产量的能力；②土壤环境质量，表明土壤能容纳、吸收、降解各种环境污染物质的能力；③土壤健康质量，显示土壤无污染、洁净，生产的食品无公害，保障动植物及人类健康的能力。

二、土壤的分类

由于成土因素和成土过程不同，自然界的土壤是多种多样的，具有多种多样的土体构型、内在性质和肥力水平。土壤分类的目的就是通过比较土壤的相似性与差异性，将外部形态和内部性质相同或相近的土壤纳入一定的分类系统。

(一)国外土壤分类

目前世界各国对土壤的研究还不够系统和深入，研究方法也不尽一致，因而迄今没有统一的土壤分类原则、分类系统和命名，目前大致有以下几种分类体系。

1. 苏联的发生分类

其基本观点是强调土壤与成土因素及地理景观间的相互关系，以成土因素及其对土壤的影响作为土壤分类的理论基础，以成土过程和土壤属性(包括土壤形态特征、土壤物理、土壤化学、矿质及生物等)作为土壤分类的依据；所拟土壤分类系统中分出土类、亚类、土属、土种、亚种、变种、土组、土相等8级。

这个分类系统，首先，按水热条件、风化作用和生物循环特征，把苏联的土壤类型归入 9 个主要生物气候省(带)，在每个生物气候省(带)中又按自成土、半水成土、水成土和冲积土的顺序分别排列各有关的土类，在每一土类内部进行直至土相的划分；其次，耕作土壤和自然土壤的分类同置于统一分类系统中，受耕作影响大的列为独立土类，受耕作影响小的只在土种中反映；最后，为了土壤分类逐步定量化和标准化，在分类表之后载 12 个附表，对土壤的水热条件、形态特征、机械组成和盐基状况提出了数量指标和划分标准。该分类系统在 9 个生物气候省(带)之下共分出 118 个土类、424 个亚类。土壤命名采取连续命名法，即在土类名称的前面加上亚类的形容词，亚类名称之前冠以土属或土种的形容词，依次逐级连续拼接。

9 个主要生物气候省(带)为：①极地带冰沼和极地土省；②北方带冻结泰加林土省；③北方带泰加林土省；④亚北方带棕色森林土省；⑤亚北方带草原土省；⑥亚北方带半荒漠或荒漠土省；⑦亚北方带和热带半荒漠灰钙土省；⑧亚热带半干旱褐土省；⑨亚热带湿润土省。土类的命名一般用 A 层的颜色与“土”(zem 指土地)相结合而成，如黑钙土(chernozem)和红壤(krasnozem)；也有些名称示明主要土壤特征，如柱状碱土(solonetz)和盐土(solonchak)；还有用少数来自民间的名称，如灰壤(podzol)等。

2. 美国的土壤系统分类

分类依据的具体指标是可以直接感知和定量测定的土壤属性，土壤类型主要根据土壤的诊断层和诊断特性划分。

(1) 诊断层

凡是用于鉴别土壤类型，在性质上有一系列定量说明的土层为诊断层。

诊断表层有人为表层、有机表层、黑色表层、松软表层、淡色表层、厚熟表层和暗色表层。

诊断表下层有耕作淀积层、漂白层、淀积黏化层、钙积层、雏形层、硬磐、脆磐、舌状层、石膏层、高岭层、碱化层、氧化层、石化钙积层、石化石膏层、薄铁磐层、腐殖质淀积层、灰化淀积层和含硫层。

(2) 诊断特性

如果用来鉴别土壤类型的依据不是土层而是具有定量说明的土壤性质，则称为土壤诊断特性。诊断特性都有明确的定义和指标，其中土壤水分状况、土壤温度状况、氧化还原特性是常用的土壤特性。

美国的土壤系统分类是按土纲、亚纲、土类、亚类、土族、土系 6 级划分的，共分出以下 12 个土纲。

新成土，轻度发育的矿质土。

变性土，开裂性黏质土壤。

始成土，成土因素对土壤发育方向的影响不明显或很微弱，已有土层发育，但无明显的淀积作用。

干旱土，荒漠及荒漠草原地区的土壤。

软土，具有松软表层的富盐基土壤。

灰土，有灰化淀积层的土壤。

淋溶土，有淀积黏化层，含有中量至高量盐基的土壤。

火山灰土，具有火山灰性质的土壤。

老成土，有淀积黏化层、盐基不饱和的土壤。

氧化土，有氧化层或在 30cm 深度内有明显聚铁网纹的土壤。

有机土，富含有机质的土壤。

冻土，表土至 100cm 内有永冻层。

土壤命名，高级分类单元(土纲、亚纲、土类)采用拉丁文及希腊文字根拼接法，如 Entisol(新成土纲)、Aquent(潮新成土亚纲)、Cryaquent(冷潮新成土类)。亚类和土族的名称是分别在土类和亚类名称前冠以特定形容词构成的。土系的名称是土系所在地的名称。

(二) 中国的土壤分类

中国的土壤分类早在公元前的《尚书·禹贡》和《管子·地员篇》等著作中就有所反映。中国近代土壤分类始于 20 世纪 30 年代，当时吸收了美国土壤分类的经验，建成了 2000 多个土系。1949～1953 年基本上是继承以往所建立的土壤分类系统。自 1954 年开始，苏联的土壤发生学分类系统对我国土壤分类产生了深远影响，并得到广泛运用。到 20 世纪 70 年代，定量化、标准化和国际化的土壤分类成为时代的需要。从 20 世纪 60 年代兴起的、70 年代在世界上得到广泛传播的土壤系统分类已成为世界土壤分类的主流。在此背景下，自 80 年代中期到现在，在以前土壤分类的基础上建立和发展了中国的土壤系统分类。1988 年我国第二次土壤普查汇总的土壤分类系统属发生学分类体系。因此，当前我国存在并应用的土壤分类系统有发生学分类系统和以诊断层、诊断特性为基础的土壤分类系统。

1. 中国土壤发生学分类

该分类是以成土因素、成土过程和土壤属性作为分类基础的，同时在分类中将耕种土壤和自然土壤作为统一整体进行土壤类型划分，力求揭示自然土壤与耕种土壤在发生上的联系及演变规律，具有三维实体的土壤个体，由于物质的迁移与积累，从地面残落物到母质层构成垂直层次的土壤剖面，可划分出具体反映土壤形成特征的若干特征土层，常用的是 A、B、C 及续分的 D、R 诸层。如表 4-4 所示，A 为表土层；B 为淀积层，也包括湿润地区热带、亚热带在非均质岩类(如花岗岩、片麻岩母岩)上形成的深厚红色、黄色氧化铁铝风化 B 层；C 为母质层。各主要发生层按其发育强度，可进一步划分出一系列特定发生层，以小写英文字母附注于主要发生层的右下方，如 B_s 是三二氧化物淀积，B_t 是粉粒淀积。

分类系统采用土纲、亚纲、土类、亚类、土属、土种、变种 7 级分类，是以土类和土种为基本分类单元的分级分类制。共分 12 个土纲，29 个亚纲，61 个土类，234 个亚类。

表 4-4　中国土壤发生学分类特征土层及符号(引自伍光和等，2008)

自然土壤发生层	符号	耕作土壤发生层	符号	淀积发生层	符号	母质发生层	符号
表土层	A	1.旱耕土壤层次		黏淀层	B_t	埋藏或重叠	B
草根层、草毡层	A_s	旱耕层	A_{11}	漂灰特征	d	漂洗特征	E
灰化层	A_z	亚耕层	A_{12}	铁结核、硬结核	c	潜育特征	G
母质特征消失的表下层(淀积层)	B	心土层	C_1	冰冻特征	f	弱分解有机质	I
母质层	C	底土层	C_2	有机质淀积	h	胶结或固结	M
母岩层	D	2.水耕土壤层次		石灰聚积	K	人工扰动	P
坚硬岩石层	R	水耕层(淹育层)	A_a	碱化特征	n	三二氧化物聚积	S
漂白层、白浆层	E	犁底层(淹育层)	A_p	硅聚积	q	锈色斑纹	U
泥炭状有机层	H	渗育层	P	黏粒淀积	t	色泽或结果发育	W
纤维状有机层	H_i	潴育层	W	网纹特征	v	石膏聚积	Y
半分解泥炭层	H_e	潜育层	G	脆磐	x	铁锰胶膜	M_o
高分解泥炭层	H_a	脱潜层	G_w	易溶盐聚积	z		
凋落物有机质	O	腐泥层	M	硫化物聚积	su		

土纲有铁铝土、淋溶土、半淋溶土、钙层土、干旱土、漠土、初育土、半水成土、水成土、盐碱土、人为土和高山土(表 4-5)。

表 4-5　中国土壤发生学分类土纲、亚纲(引自伍光和等，2008)

土纲	亚纲	土纲	亚纲	土纲	亚纲
铁铝土	湿热铁铝土	钙层土	半湿温钙层土	水成土	矿质水成土
	湿暖铁铝土		半干温钙层土		有机水成土
淋溶土	湿暖淋溶土		半干暖温钙层土	盐碱土	盐土
	湿暖温淋溶土	干旱土	干温干旱土		碱土
	湿温淋溶土	漠土	干温漠土	人为土	人为水成土
	湿寒温淋溶土		干暖温漠土		灌耕土
	半湿热淋溶土	初育土	土质初育土	高山土	湿寒高山土
半淋溶土	半湿暖温半淋溶土		石质初育土		半湿寒高山土
	半湿温半淋溶土	半水成土	暗半水成土		干寒高山土
			淡半水成土		寒冻高山土

土壤命名采用分级命名法，即土纲、土类、土属、土种都可单独命名。土纲名称由土类名称概括而成；亚纲名称则在土纲名称前加形容词构成，如高山土(土纲)、湿寒高山土(亚纲)；土类名称以习用名称为主，如黑钙土、栗钙土、灰钙土等；亚类名称在土类名称前加形容词，如淡灰钙土、潮栗钙土、淋溶黑钙土等；土属名称从土种中加以提炼选择；土种和变种名称从当地土壤俗名中提炼而得。

2. 中国土壤系统分类

该分类是以诊断层和诊断特性作为分类基础，以定量化、标准化为特点。为了完全与国际土壤分类接轨和便于交流，引用一些国外成熟的诊断层和诊断特性，更多地采用美国《土壤系统分类》和联合国《世界土壤图》中的诊断层和诊断特性。但土壤作为一个连续的不均匀的自然体，深受当地成土条件的影响，因此，在引用过程中，根据我国土壤的性质对某些诊断层和诊断特性的概念进行区分。

标准做了修正和补充，特别是在系统分类中体现了我国长期耕作培育的人为土、干旱条件下的干旱土、亚热带条件下的富铝土和青藏高原高寒条件下的寒冻土壤的特色，建立了灌淤表层、水耕表层、干旱表层、低活性富铁层、草毡表层、冻融特征等诊断层，为世界土壤分类的发展做出了贡献(表 4-6)。

表 4-6　中国土壤系统分类诊断层和诊断特性(引自伍光和等，2008)

诊断表层	诊断下表层	其他诊断层	诊断特性
A.有机质表层类	1.漂白层	1.盐积层(附盐积现象)	1.有机土壤物质
1.有机表层(附有机现象)	2.舌状层(附舌状现象)	2.含硫层	2.岩性特征
2.草毡表层(附草毡现象)	3.雏形层		3.石质接触面
B.腐殖质表层类	4.铁铝层		4.准石质接触面
1.暗沃表层	5.低活性富铁层		5.人为淤积物质
2.暗瘠表层	6.聚铁网纹层(附聚铁网纹现象)		6.变性特征(附变性现象)
3.淡薄表层	7.灰化淀积层(附灰化淀积现象)		7.人为扰动层次
C.人为表层	8.耕作淀积层(附耕作淀积现象)		8.土壤水分状况
1.灌淤表层(附灌淤现象)	9.水耕氧化还原层(附水耕氧化还原现象)		9.潜育特征(附潜育现象)
2.堆垫表层(附堆垫现象)	10.黏化层		10.氧化还原特征
3.肥熟表层(附肥熟现象)	11.黏磐		11.土壤温度状况
4.水耕表层(附水耕现象)	12.碱积层(附碱积现象)		12.永冻层次
D. 结皮表层	13.超盐积层		13.冻融特征
1.干旱表层	14.盐磐		14.*n* 值
2.盐结壳	15.石膏层(附石膏现象)		15.均腐殖质特性
	16.超石膏层		16.腐殖质特性
	17.钙积层(附钙积现象)		17.火山灰特性
	18.超钙积层		18.铁质特性
	19.钙磐		19.富铝特性
	20.磷磐		20.铝质特性(附铝质现象)
			21.富磷特性(附富磷现象)
			22.钠质特性(附钠质现象)
			23.石灰性
			24.盐基饱和度
			25.硫化物物质

中国土壤系统分类为多级系统分类，共分 6 级，即土纲、亚纲、土类、亚类、土族、土系，本系统目前仅涉及亚类以上的高级单元，表 4-7 为系统分类中的土纲和亚纲。

表 4-7　中国土壤系统分类土纲和亚纲(引自伍光和等，2008)

土纲	亚纲	土纲	亚纲	土纲	亚纲
A.有机土	A_1.永冻有机土	G.干旱土	G_1.寒性干旱土	L.淋溶土	L_1.冷凉淋溶土
	A_2.正常有机土		G_2.正常干旱土		L_2.干润淋溶土
B.人为土	B_1.水耕人为土	H.盐成土	H_1.碱积盐成土		L_3.常湿淋溶土
	B_2.旱耕人为土		H_2.正常盐成土		L_4.湿润淋溶土
C.灰土	C_1.腐殖灰土	I.潜育土	I_1.永冻潜育土	M.雏形土	M_1.寒冻雏形土
	C_2.正常灰土		I_2.滞水潜育土		M_2.潮湿雏形土
D.火山灰土	D_1.寒性火山灰土		I_3.正常潜育土		M_3.干润雏形土
	D_2.玻璃火山灰土	J.均腐土	J_1.岩性均腐土		M_4.常湿雏形土
E.铁铝土	E_1.湿润铁铝土		J_2.干润均腐土		M_5.湿润雏形土
F.变性土	F_1.潮湿变性土	K.富铁土	K_1.干润富铁土	N.新成土	N_1.人为新成土
	F_2.干润变性土		K_2.常湿富铁土		N_2.砂质新成土
	F_3.湿润变性土		K_3.湿润富铁土		N_3.冲积新成土
					N_4.正常新成土

土壤命名通常是和一定的土壤分类系统相联系的。土壤命名是土壤分类的表达，采用分段连续命名法，如干旱土(土纲)，正常干旱土(亚纲)，钙积正常干旱土(土类)，黏化钙积正常干旱土(亚类)。中国土壤系统分类设有土壤分类检索系统，可逐级检索。

三、土壤的空间分布规律

(一)土壤的地带性规律

我们通常把土壤与大气候、生物相适应的分布规律称为土壤的地带性规律或显域性规律。由于气候、生物等成土因素具有三维空间的立体变化，作为它们的函数——土壤也必然会有三维空间的分布状态。因此，土壤分布的普遍情况，可用下列多变数函数式表达：

$$S=f\,(W、J、G)$$

式中，S 表示土壤的分布情况，W、J、G 分别表示南北(纬度)、东西(经度)及高度(海拔)等方向的变化。但是，在广大平原地区，垂直变化较小，G 可以看成常数或接近常数；此外，在某一定区域范围内其成土条件的综合主要受 W(或 J)所控制，这时 J(或 W)也可视为常数或接近常数。在一定位置的山区，由于地形影响突出，W、J 又可视为常数或接近常数。因此，如果以三维坐标轴表示土壤分布的变化情况，则：

$$S_1=f\,(W)，S_1 \text{为纬度地带谱}$$

$S_2=f(J)$，S_2为经度地带谱

$S_3=f(G)$，S_3为垂直地带谱

我们通常讲的土壤分布的纬度地带性、经度地带性(相性)和垂直地带性，只是从上述意义上的一种相对地划分，并以此来说明土壤的广域分布的规律性。

从土壤地带性的起因来说，纬度地带性是经度地带性和垂直地带性的基础。从三者对土壤分布的制约关系来说，纬度地带性和经度地带性共同制约着土壤的水平分布，垂直地带性直接决定着山地和高原谷地的土壤分布。而在广大高山高原条件下，土壤分布实际上受纬度地带性、经度地带性和垂直地带性的共同控制。所以，土壤地带性分布也可分为水平地带性分布规律、垂直地带性分布规律和水平—垂直地带复合分布规律。

此外，还必须指出，土壤地带性不仅具有空间上的差异，而且还是随着时间变化的历史范畴，根据我国古土壤方面的研究，在第三纪末到第四纪初，目前土壤地带的分异基本上已经形成。但是，土壤地带的位置则在不断变化。

(二)土壤的水平分布规律

土壤的水平分布主要受纬度地带性和经度地带性的共同控制，但大地形(山地、高原)对土壤的水平分布也有很大的影响。

1. 土壤的纬度地带性分布规律

土壤分布的纬度地带性，主要是指地带性土类(亚类)大致沿纬线(东西)方向延伸，按纬度(南北)方向逐渐变化的规律。不同纬度上热量的差异，引起温度、降水等气象要素及气候自赤道向两极的变化，与此相应也引起生物土壤呈带状分布。

从世界土壤分布可以看出，土壤的纬度地带性分布的具体表现形式有两种：其一是地带延续于所有大陆，成为全球的，即世界性的土壤地带，如冰沼土地带、灰化土地带、砖红壤地带等。这些土壤地带不但断续地横跨整个大陆，而且大致同纬线相平行。其二是区域性土壤地带，它是上述地带受局部地区性因素的影响，使“带”不是延续于所有大陆，而只见于大陆边缘或大陆内部。所以，区域性土壤地带又可进一步分为沿海和内陆两种变型。这样的土壤地带在温带纬度表现得最为典型(图 4-3)。

其中，沿海型土壤纬度地带的特点是，走向与纬线有些偏离，分布位置多在中纬大陆边缘，土壤地带谱系由森林土壤系列所组成。例如，我国东部沿海型纬度地带谱是由灰化土、暗棕壤棕壤、黄棕壤红壤、黄壤砖红壤性红壤等地带所构成。

内陆型土壤纬度地带的特点是，位于温带大陆内部，土壤地带谱主要是由草原土壤系列、荒漠土壤系列组成。例如，欧亚大陆内部由北而南土壤依次为灰色森林土—黑土—黑钙土—栗钙土—棕钙土—灰钙土—荒漠土。

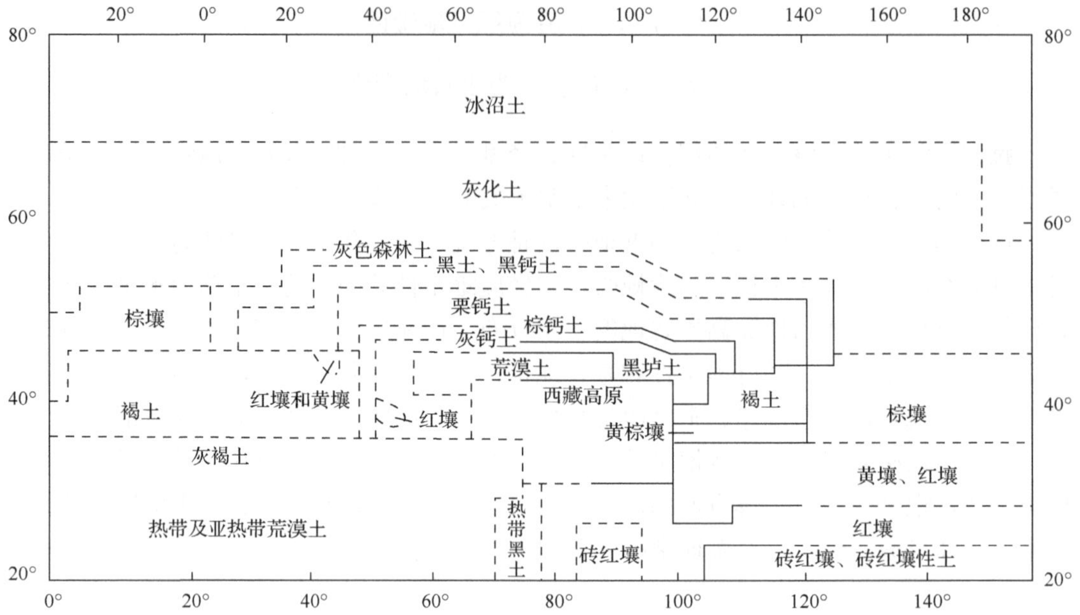

图 4-3 欧亚大陆土壤水平分布图(引自李天杰等，1980)

2. 土壤的经度地带性分布规律

土壤经度地带性，主要是指地带性土类(亚类)大致沿纬线(南北)方向延伸，而按经度(东西)方向由沿海向内陆变化的规律。这种变化主要与距离海洋的远近有关。距离海洋越远，气候越干旱；距离海洋越近，气候越湿润。气候不同，生物的特点也不相同，必然对土壤形成和分布带来重大影响。例如，我国东北经内蒙古、宁夏，植被由森林经草甸草原、草原、干草原、荒漠草原到荒漠，土壤也自东而西呈有规律的递变。在温带其土壤地带谱为：暗棕壤—黑土—黑钙土—栗钙土—棕钙土—灰漠土—灰棕漠土；在暖温带范围内则为：棕壤—褐土—黑垆土—灰钙土—棕漠土。

3. 纬度地带与经度地带的结合

纬度地带与经度地带的结合，致使土壤的分布出现规律性的变化。例如，我国由于东南季风影响强烈，热带与亚热带带幅宽广，其中砖红壤、赤红壤、红壤与黄棕壤带自南而北依次更迭，并呈东西向伸展，西侧直抵横断山系，由此而北，因东南季风减弱，湿润海洋性带谱的带幅变窄，方向偏转，加之华北平原横贯其间，暖温带棕壤与淋溶褐土带均呈东北西南向，到东北地区，这种偏转更为明显，由东至西依次排列着暗棕壤、黑土(白浆土)、灰黑土、黑钙土到栗钙土，土带呈南北向。黄土高原与内蒙古高原地势较高，东南季风势力更弱，所以土带的排列又大致成为东北西南向到东西向，由南至北依次出现褐土、黑垆土、栗钙土与棕钙土。到内陆地区，由于西藏高原屏障，东南季风受阻，而受西风影响，其土壤地带谱又变成东西向分布，由南疆到北疆依次出现棕漠土、灰棕漠土与灰漠土三个土带。

4. 大地形对土壤的水平分布的影响

大的山地常常是气候、生物的天然屏障，它加强了地带的分异，往往成为土壤地带的明显分界。例如，我国是多山国家，除西藏高原外，尚有一系列高原与山区，这对水热条件的再分配有明显的影响，并直接影响到土壤的水平分布。我国的南岭是砖红壤性红壤和红壤的分界线，秦岭是黄棕壤与褐土的分界线，天山是棕漠土和灰棕漠土的分界线，吕梁山是褐土与黑垆土的分界线等。在砖红壤、红壤带内云贵高原崛起，阻挡了西南焚风的侵入，使湿润海洋性地带谱分布甚广，砖红壤、赤红壤、红壤和黄壤由东部沿海诸岛直到横断山山麓都可见到，在热带与亚热带内陆干旱类型地带谱并不发育，只在山体背风坡与东南向河谷有局部分布，如海南岛西南部的燥红土与四川盐源盆地的褐红壤等。同时，黄壤在东部沿海地区分布位置低，一般在500～600m即可出现，向内陆过渡，其位置抬升。在云贵高原上升到700～800m，在云南高原西部则受高原型亚热带气候影响，在高原面上消失，成为山地垂直地带中的一员，下限多在1000m以上，四川盆地，地势较低，同时因横断山屏障，东南季风阻留，并有青藏高原气团下沉，气候湿润，黄壤下限下移，一般低山丘陵地区即有黄壤分布，而湘鄂山地山体大，地势高，有利于拦蓄湿润气团，云雾多，湿度大，黄壤分布集中。

由于太行山脉的阻碍，黄土高原的生物气候明显变干，由北而南出现黑垆土、褐土；内蒙古高原亦因燕山山脉横贯，东南季风受阻，高原面上均为钙层土。

东北地区，因三面环山，唯有南面较为平坦开阔，东南季风易于导入，故湿润海洋性土壤地带谱发育，形成大面积黑土、白浆土与暗棕壤；大兴安岭西坡，明显变干，故有过渡性土壤地带谱发育。

六盘山以西，东南季风明显减弱，同时由于青藏高原的屏障，形成大面积漠土，土壤带谱的方向是越向西则越表现南北向更迭。

5. 土壤的地带性与地域性关系

因为地形的复杂，母质类型的众多，加之农业历史悠久，因此在每一地带中，镶嵌着一系列非地带性土壤与耕种土壤，构成土壤的地域分布特点。例如，我国与湿润海洋性土壤地带谱一致，由南而北分布着一系列岛屿、平原与盆地。在南海诸岛上分布着由珊瑚碎屑与鸟粪堆积而形成的磷质石灰土。在珠江三角洲、长江三角洲、两湖平原、江汉平原与宁绍平原，以及四川、吉太与金衢盆地集中分布着大面积水稻土及各种类型的旱作土壤。

在四川、贵州、广西及云南东部一带，有大面积的石灰岩山地，多发育为石灰土，如黑色石灰土、棕色石灰土与红色石灰土。四川盆地内因有由紫红色砂页岩露出地表，形成大面积的紫色土及紫泥田。这类土壤在湖南衡邵盆地与赣江谷地中亦有分布。其土壤性质与母岩特性有直接关联。

黄土高原地区耕种历史悠久，南部汾、渭谷地的褐土经长期耕种，多形成塿土；在侵蚀严重地段则形成由黄土母质直接发育的黄绵土，在其上培育形成了大面积的海绵土。

我国东部由南而北分布着一系列冲积—湖积平原，内陆地区尚有许多盆地与诺尔(湖泊)，其中发育着同地带性土壤有发生联系的一些土壤类型，从山麓到滨海平原，土壤类型亦呈有规律的变化。例如，位于褐土带的华北平原，由山麓到滨海依次出现褐土、褐潮土、黄潮土、盐化潮土、花碱土与滨海盐土等(图 4-4)。长江三角洲、钱塘江三角洲与珠江三角洲平原，由山麓到滨海亦有相应的土壤分布规律，所不同的是水稻土面积增大，而滨海盐土面积减小，在南亚热带则变成酸性硫酸盐盐土等。东北的辽河平原、松嫩平原与三江平原等，发育了大面积的草甸土与沼泽土，并同黑土、白浆土构成复区。而松嫩平原中除石灰性黑钙土外，由于地球化学的沉积结果，出现了大面积的苏打盐土。在内蒙古高原及长城沿线的河谷平原中，多盐碱化草甸土与碱土，同栗钙土、淡栗钙土组成复区。

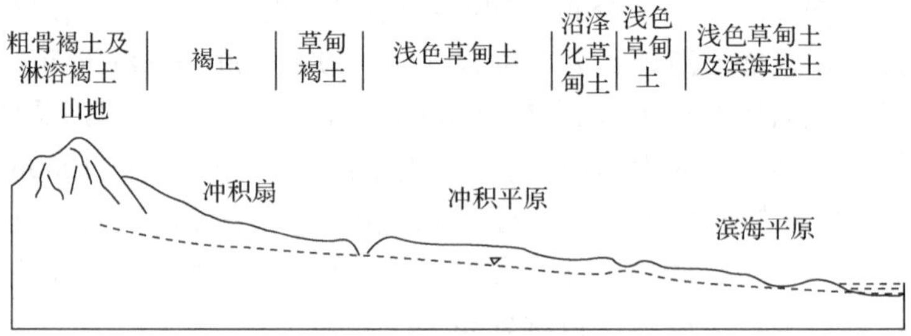

图 4-4 太行山至滨海平原土壤分布断面图(引自《中国土壤》，1980)

在干旱地区的盆地中，由山麓到盆地中心，依次分布着灰棕漠土或棕漠土、草甸土、林灌草甸土(生长胡杨林等)、绿洲土、盐土及含盐风化壳与风沙土。从平面图上看，在准噶尔盆地与塔里木盆地，由盆地中心的沙漠向山麓过渡，形成由风沙土、盐土、草甸土与棕漠土或灰漠土依次更迭的椭圆形土壤分布。同时，漠境地区地球化学分异现象十分明显。例如，河西走廊，由山麓到居延海依次分布着灰钙土、灰漠土与石膏灰棕漠土、盐化草甸、沼泽土、蓬松盐土与结皮盐土，与此相应也出现石灰、石膏、苏打、芒硝与食盐累积带(图 4-4)。

6. 世界土壤水平分布大势

当我们明确了土壤的纬度地带性和经度地带性的分布规律，再结合大地形情况，以及各大洲所处的地理位置和面积的大小，进而容易掌握对各大洲的具体土壤水平分布。在欧亚大陆内部，自北而南，依次为冰沼土、灰化土、灰色森林土、黑钙土、栗钙土、棕钙土、荒漠土、高山(高原)土壤、红壤及砖红壤等；在大陆西岸，自北而南为冰沼土、灰化土、棕壤、褐土、黑垆土(灰褐土)、灰钙土、荒漠土等；在大陆东岸，自北而南为冰沼土、灰化土、暗棕壤、棕壤、黄棕壤、黄壤、红壤及砖红壤等。

在大洋洲，土壤的水平分布大致呈半环形，自北、东、南三方面向内陆和西部依次分布有红壤、棕壤、褐土、荒漠土等。

在南美洲的东岸和受南北走向的山脉影响的狭窄西岸，自北而南土壤的变化与欧亚大陆相似。但在大陆内部，土壤带呈南北伸展，东西变化。这主要是受山脉走向的影响所致。

在南美洲，自北而南依次为红壤、红褐土、褐土、黑垆土(灰褐土)、灰钙土、灰棕漠土、栗钙土。在南美洲西岸的狭长地带，土壤的分布顺序大致与欧洲西岸中纬度至低纬度的土壤分布顺序相同，但在南美洲东南部沿海则出现了灰棕漠土。这也主要是受山地的影响所致。

在非洲，基本上自低纬度自南向北依次为砖红壤、红壤、红褐土、红棕土、荒漠土等，南北变化是对称的，仅仅在东非高原因受地形的影响而稍有改变。在我国，由于东南季风的影响强烈，热带与亚热带带幅宽广，其中砖红壤、砖红壤性红壤、红壤、黄壤与黄棕壤带自南向北依次排列，并呈东西伸展，西侧直抵横断山系，由此而北，因东南风减弱，沿海型纬度地带谱的带幅变窄，方向偏转，加之华北平原横贯其间，暖温带土壤地带均呈东北西南向，直到东北地区，这种偏转更为明显，由东而西依次排列着暗棕壤、黑土、黑钙土、灰色森林土到栗钙土带，呈南北伸延。黄土高原与内蒙古高原地势较高，东南季风势力更弱，所以土带的排列又大致成为东北西南到东西向，由南而北依次出现褐土、黑垆土、栗钙土与棕钙土。到内陆地区，由于西藏高原的屏障，东南季风受阻，其土壤地带谱又变成东西向分布，由南疆到北疆依次出现棕漠土、灰棕漠土与灰漠土三个土带。

综上所述，可以认为，广域的土壤分布形式决定于纬度地带和经度地带及大地形状况的“三结合”。

7. 土壤水平地带间的联系和更替特点

前面谈到土壤水平分布的基本规律和分布大势，但是，我们不能想象平地土带如同刀切一样明显地分开，它们总是由量变到质变，渐渐缓慢地过渡。它们之间过渡的形式，可以归结以下三个特点：①土带间出现过渡土类，如黑钙土与栗钙土之间出现腐殖质含量少的黑钙土(淡黑钙土)；中亚热带红壤与长江中下游黄棕壤之间可以有黄红壤。②在土带的边缘，常常呈交错分布，相互渗透。③与地带中心相比，土带边缘受母质和地形条件的影响显著，可以在不同母质和地形部位上分布着不同的土类。例如，黑垆土地带内的石质丘陵上发育有很好的栗钙土；与黑钙土地带接壤的栗钙土地带内，有时在低平处可以见到黑钙土分布。

应该认为，上述现象的存在是正常的，相反，如果生搬地带性原则，不允许在一个土壤地带内有可能出现另一地带性土类则是不符合客观实际的。

不言而喻，不同的土壤类型，在利用改良方向上有显著的差别。研究和掌握土壤的水平分布规律，这对拟订全国或区域性的土壤利用改良规划具有很大的现实意义。

(三) 土壤的垂直分布规律

土壤的垂直分布规律是指土壤随地形高度的增加(或降低)依次地、有规律地相应于生物气候的变化而变化的规律。把土壤随地形高低自基带而上(或而下)依次更替的现象，称为土壤分布的垂直地带性。自基带土壤随海拔向上依次更替的现象称为正向垂直地带性；反之，称为负向垂直地带性。正向垂直地带性具有普遍意义，负向垂直地带性只是在我国青藏高原等具体条件下所特有的现象。所以，通常讲的垂直地带性均指正向垂直地带性，简称垂直地带性。

1. 土壤垂直分布的一般规律

土壤垂直地带谱的结构是随基带生物气候不同而呈有规律的变化，因此，根据基带生物气候的特点不同而分成若干类型。

与水平土壤地带谱一致，土壤的垂直地带谱亦可分为两大类，即湿润海洋型与干旱大陆型，两者之间留有一些过渡类型，如半湿润海洋型垂直地带谱与半干旱大陆型垂直地带谱等。例如，从我国各地山区出现的土壤垂直地带谱类型对比可以发现，从热带到寒温带的土壤垂直地带谱结构是呈有规律的变化。热带出现湿润与半干旱两种垂直地带谱，而在亚热带则出现三种，即湿润、半湿润与半干旱垂直地带谱。到暖温带与温带，垂直地带谱结构最为复杂，出现湿润、半湿润、半干旱与干旱四种垂直地带谱结构类型。而到寒温带土壤垂直地带谱结构又趋简单，只有湿润与半干旱两种类型。因此，土壤垂直地带谱结构类型有规律地出现，是山地生物气候条件变化的必然反映。

在我国热带与南亚热带地区，土壤垂直地带谱的结构虽因基带土壤不同而有变化，但其建谱土壤类型是山地黄壤，次为山地黄棕壤与山地灌丛草甸土，其谱式基本上分两种：湿润海洋性垂直地带谱是砖红壤或赤红壤—山地黄壤—山地黄棕壤与山地灌丛草甸土，而半干旱大陆性垂直地带谱是燥红土—山地黄壤—山地黄棕壤与山地灌丛草甸土；由南向北与由东向西，随水热条件的变化，山地黄壤的下限则有规律地抬升。在中热带与北亚热带的土壤垂直地带谱中，除山地黄壤随水热条件减弱而消失外，山地黄棕壤成为建谱类型，而且山地黄棕壤带的分布下限由南而北亦呈有规律地下降，至北亚热带则成为水平地带的土壤类型，其上为山地棕壤。因而可出现两种山地垂直地带谱式，即红壤(黄壤)—山地黄壤—山地黄棕壤—山地草甸土与山地褐红壤—山地黄棕壤—山地草甸土；北亚热带地区在黄棕壤之上则为山地棕壤。

在暖温带地区，土壤垂直地带谱的谱式较复杂，随干湿条件而呈有规律的变化，在湿润地区是棕壤山地、草甸土，而在半湿润地区出现山地褐土—山地棕壤—山地草甸土，较高的山地则出现山地暗棕壤。因此，暖温带山地主要的建谱类型是山地棕壤或山地褐土；而半干旱地区的垂直谱式是黑垆土或栗钙土—山地灰褐土—山地黑钙土；在干旱地区出现山地棕钙土与山地栗钙土，因此，在干旱地区建谱土类是山地棕钙土，而半干旱地区则为山地灰褐土。在干旱地区的某些高山垂直带中尚出现高山巴嘎土与高山寒漠土。

在温带地区干湿度变异尤为显著，故其垂直地带谱式较复杂，其建谱土壤类型随基带土壤不同而呈有规律的变化。湿润地区南部为山地棕壤，北部为山地暗棕壤，半湿润与干旱地区为山地灰黑土与山地栗钙土，在干旱地区则为山地棕钙土与山地栗钙土，较高山地则出现高山黑毡土与高山草毡土。长白山位于温带湿润地区，基带土壤是黑土与白浆土，由此而上依次出现山地暗棕壤、山地漂灰土与山地沼泽土，大兴安岭中段西坡属半湿润地区，其垂直地带谱是淋溶黑钙土—山地灰黑土—山地暗棕壤—山地沼泽土。位于温带南部半干旱地区的山地土壤垂直地带谱是栗钙土(阳坡)或褐土(阴坡)—山地淋溶褐土—山地黑钙土。在干旱地区如以阿尔泰山西部为例，其垂直地带谱是山地栗钙土—山地黑钙土—山地灰黑土—黑毡土。

在寒温带地区气候冷湿，山地土壤的垂直分异不明显，其垂直地带谱较简单，其基带土壤为黑土与漂灰土，局部出现沼泽土。

上述可见，山地土壤垂直地带谱的结构随基带生物气候特点与山体高度不同而呈有规律的变化。在热带与南亚热带地区，山地土壤的主要成分是黄壤，其下限与带幅则由湿润到半干旱地区呈有规律的变化。而到中亚热带不但有山地黄壤，而且出现山地黄棕壤，黄壤在热带与南亚热带湿润与半湿润地区的下限在 800m 上下，而到半干旱地区则明显上升，云南哀牢山达 1900m，在中亚热带湿润地区则下降到 600m。在暖温带与温带，山地棕壤是暖温带湿润与半湿润地区的主要建谱类型，并由南而北由西而东，其下限呈降低趋势。在同一地带的干旱与半干旱地区主要建谱类型不仅有明显的变化，而且其下限的升降也发生类同的变化趋势；在暖温带半干旱与干旱地区建谱类型为山地褐土与山地灰褐土，而在温带则为山地棕钙土、山地栗钙土与灰黑土。如以前两者为例，山地棕钙土下限在昆仑山中段为 3800m，东部天山南坡下降到 2000m，山地栗钙土由南而北亦明显下降，西部大山下限为 1100m，至阿尔泰山为 800m 等。

2. 土壤的垂直分布规律的类型

(1)土壤的正向垂直分布规律

正如前述，土壤的(正向)垂直地带性主要是指山区土壤随海拔的变化而呈有规律更替的现象。亦即从山麓至山顶，在不同的海拔处分布着不同类型的土壤。很明显，这是因为随着海拔的增加，山地的气温不断下降(一般每升高 100m，气温下降 0.6℃)，自然植被也随着海拔的增加而变化，从而土壤的发生、分布也发生相应的变化。

但由于土壤分布的垂直地带性是在水平地带性的基础上发展起来的，因此，各个水平地带都有相应的垂直地带谱。一般说来，这种垂直地带谱由基带(带谱的起点)土壤开始，随着山体升高依次出现一系列与所在地区以北(或以东)相应的土壤类型(图 4-5)。

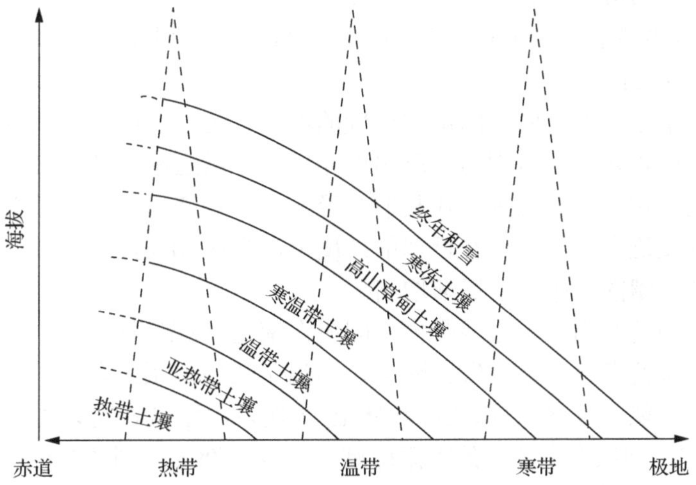

图 4-5　土壤垂直地带和水平地带相关性示意图(引自李天杰等，1980)

不过，由于山地的特殊水热条件、地形、母质的特殊性，因而所形成的山地土壤与相应的水平地带性土壤在发生特征上又有所不同，特别是高山土壤的差异更为明显，同时也决定了土壤垂直带谱的组成，既随基带土壤类型变化，又随山地高度与山体形态的不同而呈有规律的变化。

首先，土壤垂直地带谱的组成和类型随基带不同而不同，它们既有随纬度的变化规律，又有随经度的变化规律。从我国沿海各主要山地出现的土壤垂直地带谱的对比中可以看出，从热带到温带的垂直地带谱组成皆属湿润型，并呈有规律的变化，如下所示。

<400m 砖红壤—400m 山地砖红壤—800m 山地黄壤—1200m 山地黄棕壤—1600m 山地灌丛草甸土—1879m(海南岛五指山东北坡)

100m 砖红壤性红壤—800m 山地黄壤—1500m 山地黄棕壤—2300m 山地棕壤或 2800m 山地暗棕壤—山地草甸土 3600m(台湾玉山西北坡)

<700m 红壤—700m 山地黄壤—1400m 山地黄棕壤—1800m 山地矮林灌丛土—2120m (江西武夷山西北坡)

<750m 黄棕壤—750m 山地棕壤—1350m 山地暗棕壤—1450m(安徽大别山)

<50m 棕壤—50m 山地棕壤—800m 山地暗棕壤—1100m(辽宁千山山脉)

<800m 暗棕壤—800m 山地暗棕壤—1200m 山地灰化土—1900m 山地苔原土(山地寒漠土)—2170m(长白山北坡)

<500m 黑土—500m 山地暗棕壤—1200m 山地灰化土—1700m(大兴安岭北坡)

垂直地带谱随经度的变化规律，以温带和暖温带比较明显，如在我国温带范围内，即可分半湿润型、半干旱型和干旱型等垂直地带谱式，如下所示。

<800m 山地暗棕壤—1200m 山地灰化土—1900m 山地寒漠土(山地苔原土，2170m 山北坡)

<1300m 黑钙土—1300m 山地暗棕壤—1900m 山地草甸土—2000m(大兴安岭黄岗山)

<1200m 栗钙土—1200m 山地栗钙土或山地褐土(阳坡)—1700m 山地淋溶褐土(阴坡)或山地黑钙土(阳坡)—2200m(乌拉山北坡)

<800m 山地栗钙土—1200m 山地黑钙土—1800m 山地灰色森林土—2400m 山地寒漠土—3000m(阿尔泰山)

综上可见，基带土壤不同，即地理位置的不同，山地土壤垂直地带谱的组成也随之不同，一定的相同水热条件范围内，所出现相同的建谱土壤类型，其分布高度和带幅也发生有规律性的变化。一般说来，在相似的经度上，自南而北，带谱组成逐趋简单，同类土壤的分布高度逐渐降低；而在近似的纬度上，自东(沿海)向西(内陆)，则带谱组成逐趋复杂，同类土壤的分布高度逐渐增高。

不仅如此，即使在同一土壤地带内，因所在南北(或东西)的位置不同，垂直地带中同一土壤类型出现的高度也不一致。图 4-6 为温带长白山系由东北至西南的三个山峰土壤垂直分布状况。现以灰化土(棕色针叶林土)为例，由图 4-6 可以看出，灰化土大致纬度每向北增加 2°，则该土带分布的下限即减少 200～300m。图 4-7 是广西北部同一纬度由东(湿润)至西(焚风区)山体的土壤垂直分布。

不难看出，山地黄壤的分布下限由西向东是显著下降的；而山地红壤的带幅由东向西则是显著增宽的。

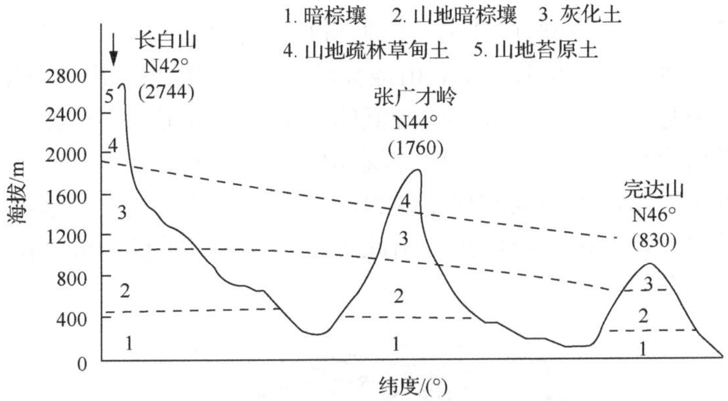

图 4-6 东北长白山系不同纬度的山地土壤垂直分布示意图(引自李天杰等，1980)
图中括号内数字为图中对应山峰的海拔

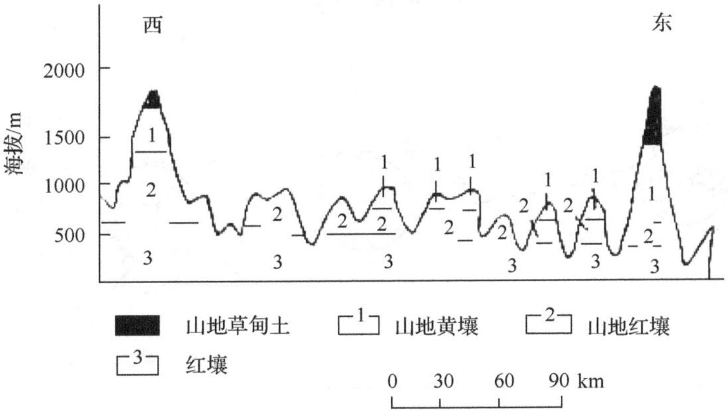

图 4-7 广西北部山地由东至西垂直带幅的变异(引自李天杰等，1980)

(2) 土壤的负向垂直分布规律

土壤的负向垂直地带性，是指从基带土壤向下(由高原面向谷底)随生物气候发生变化而依次发生变化的规律，这是我国青藏高原等所特有的现象。

负向垂直地带谱，也称土壤下垂谱，主要发生在高原面的负地形(河谷)中。高原谷地中的土壤是在河流下切加深的过程中在谷坡上发展起来的。因此，河谷地段最下部的土带是不稳定的，故在高原河谷的条件下，选择比较稳定的、广大高原面上的土壤作为垂直地带的起点(基带)，是符合发生学原则的。

高原上的土壤下垂谱的建谱组成，还有其自身的特点。山越高，谷越深，越趋低处，则越加干旱(这可能与自高原上下沉的气流具有焚风性质有关)，在谷中往往出现一系列干旱区类型的土壤，如雅鲁藏布江谷地的灌丛草原土，云贵高原的金沙江谷地中出现的燥红土等。但若季风能随谷地进入高原，就有比较湿润的生物气候下形成的土壤类型，如黄壤、棕壤等。同时，也因河流流经不同地带，其导入季风的能力由下游而上逐渐削弱，因此以高原面为基点，在河谷不同地段就会出现不同的下垂谱式，而这种不同的土壤下垂谱式为一河流贯串起来，就形成特殊的负向土壤垂直地带谱。

现以雅鲁藏布江谷地为例(图 4-8)，在东端的帕隆附近，由上向下是由亚高山灌丛草甸土(棕毡土)、山地暗棕壤和灰化土、山地棕壤、山地黄棕壤、山地黄壤组成的下垂谱；溯河而上随谷底地势的增高，下垂谱中最低的山地黄棕壤带已不存在，在林芝附近的下垂谱式基本上是由山地灰化土、山地暗棕壤和山地棕壤所组成；再向上溯，地势继续升高，气候趋于干旱，带谱上部的灰化土缺失，森林也渐过渡到灌丛草原，从朗县以上谷地中的建谱土壤只有山地灌丛草原土。由此可见，构成下垂谱的成分由下段到上段呈有规律的简化。

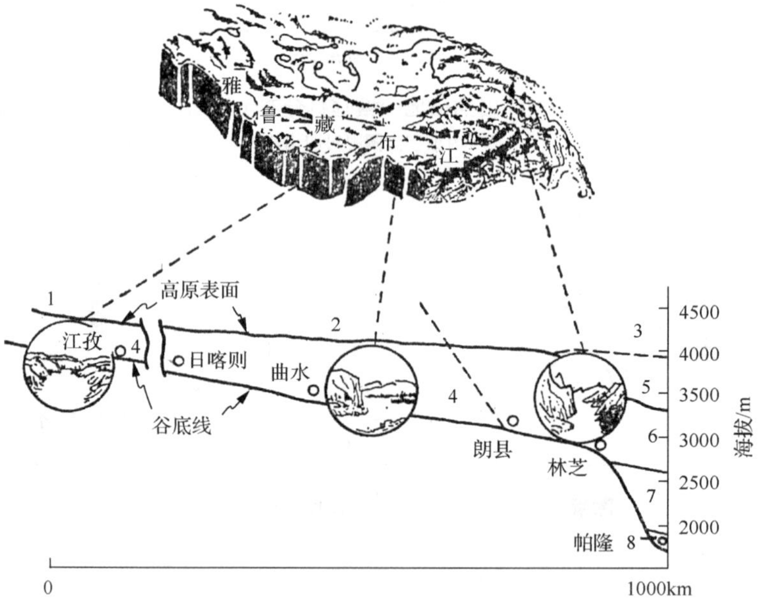

图 4-8　西藏高原河谷中的土壤下垂谱(引自李天杰等，1980)

1. 高山草原土；2. 亚高山草甸土；3. 亚高山灌丛草甸土；4. 山地灌丛草原土；
5. 山地暗棕壤和灰化土；6. 山地棕壤；7. 山地黄棕壤；8. 山地黄壤

3. 地貌环境对土壤垂直谱结构的影响

(1) 山地坡向对垂直谱结构的影响

这一点在我国有十分明显的反映。有些大的山系正好是土壤地带的分界线，如秦岭太白山地跨北亚热带与暖温带的半湿润地区，其南坡与北坡的土壤垂直地带谱明显不同(图 4-9)，南坡基带土壤为黄棕壤，而北坡基带土壤为褐土或埁土，其建谱土壤以山地棕壤为主，其带幅虽然相差不多，但其下限则明显有别，南坡为 1300m，而北坡为 1500m，其上的暗棕壤与山地草甸土亦呈同样规律的下降。山体对干湿条件的影响在热带尤为明显。位于海南岛的五指山，地跨湿润与半干旱两个地区。东北坡为湿润热地区，基带土壤为砖红壤；西南坡则处于干旱地区，基带土壤为燥红土，其建谱土类为山地黄壤，但其下限两面相差明显。云南哀牢山为南北向山脉，坡向对水分的影响尤为明显，迎风坡黄壤下限为 1600m，而背风坡则上升到 1800m。位于青藏高原北沿的祁连山，虽同处于暖温带的干旱地区，坡向对垂直地带谱的影响同样显著，其基带土壤均为漠土，而其建

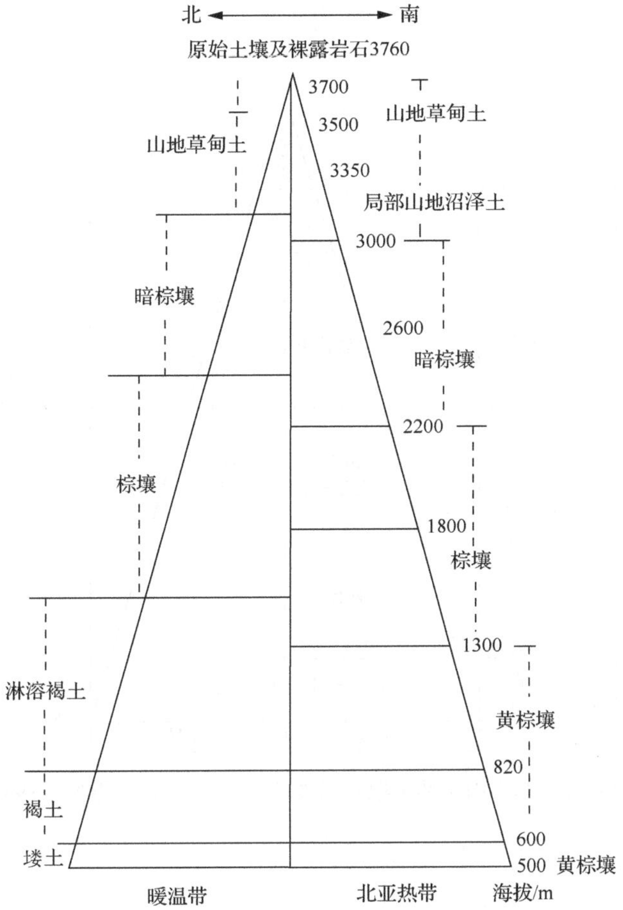

图 4-9　秦岭南北坡土壤垂直地带谱比较(引自李天杰等，1980)

谱土类阳坡为栗钙土，阴坡为灰褐土，其下灰钙土的上限也明显不同(图 4-10)。

(2) 山体形态对垂直谱结构的影响

山体形态对土壤垂直结构的影响是十分明显的。在青藏高原边缘山地或平行山脉边缘山多出现“镶边式”的一面垂直地带谱，即“单面山式”垂直地带谱，如太行山。位于同一水平地带内的山体，两面具有类同的垂直地带谱，则形成“猪背式”垂直地带谱，如贺兰山与六盘山等。有的山体是孤山或独峰，山地周围的垂直地带谱类同，形成“圆锥式”垂直地带谱，如泰山。有的山体则为平顶山，如甘肃的马啣山，则形成“方山式”垂直地带谱，等等。上述可见，山地土壤资源丰富，垂直地带谱类型复杂，在水平地带基础上，出现一系列山地土壤垂直地带谱，使我国土壤资源类型更加多样，为农林牧副渔的发展提供了无比优越的条件。

(3) 山体高度对垂直谱结构的影响

山体越高，相对高差越大，山地垂直谱结构越完整，综合利用的条件也越优越。喜马拉雅山的珠峰为世界最高峰，形成了最完整的土壤垂直谱，由基带红黄壤起，经山地黄棕壤、山地酸性棕壤、山地灰化土、亚高山草甸土、高山草甸土，直达高山寒漠土与冰雪线(图 4-11)，为世界所罕见。

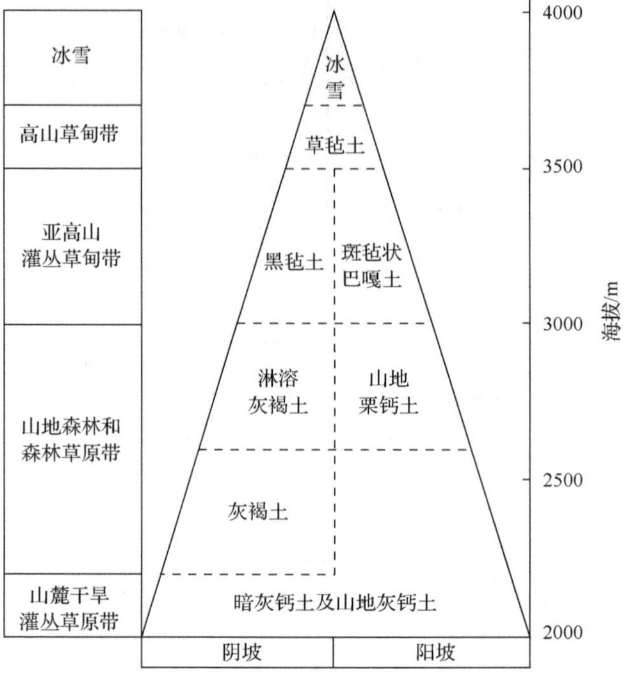

图 4-10 祁连山东部土壤垂直带谱(引自《中国土壤》，1980)

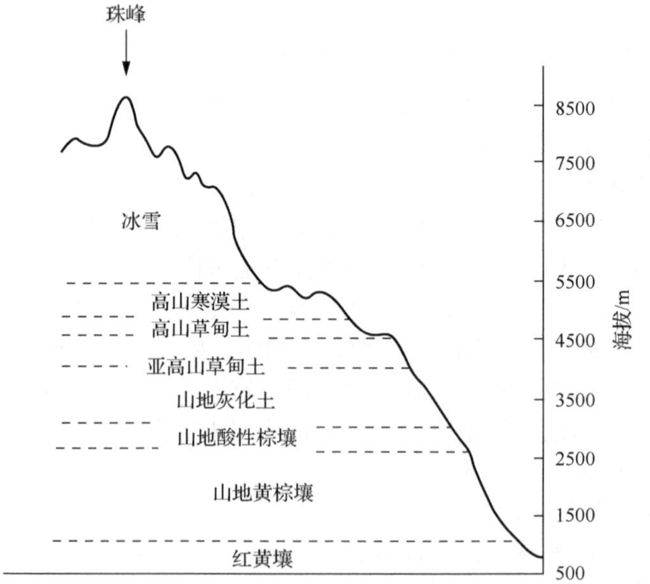

图 4-11 喜马拉雅山土壤垂直带谱(引自李天杰等，1980)

(四)土壤的垂直—水平复合分布规律

土壤的垂直—水平复合分布规律就是指在垂直地带基础上表现的水平分布规律，再在水平地带基础上出现的垂直分布规律。这是高原土壤地理分布的重要特点。我国的青藏高原是世界上著名的高原之一，高原面海拔介于4000～5200m。东西横跨20多个经度，南北纵贯10多个纬度，面积辽阔，其南面与东面为亚热带，而北面与西北面则为暖温带漠境地区。

青藏高原起于我国西南部，其四周为一系列高山，高原面开阔，与生物气候带分异一致，形成明显的土壤水平地带谱，其上又耸立着很多山脉，从而形成了特殊的土壤分布规律，即在垂直地带基础上出现水平地带，而在水平地带基础上又有垂直地带，这种规律称为土壤的垂直—水平复合分布规律。

1. 高原四边的土壤垂直谱

从四周眺望青藏高原，像一个巨大的山体高耸云霄，因其跨越不同的地带与地区，其四周分列着一系列土壤垂直地带谱，像阶梯一样顶托着整个高原面。根据其垂直谱式可分成两大类型，即湿润海洋型与干旱大陆型，两者之间并有过渡类型。

青藏高原的南面与东南地处热带与亚热带，故其垂直地带谱为湿润海洋型。例如，其南侧受印度洋季风影响，地处南亚热带，其垂直谱式是黄色砖红壤—黄色赤红壤—山地黄壤—山地黄棕壤—山地酸性棕壤与山地漂灰土—棕色草毡土与黑毡土。其东侧受东南风影响，属中亚热带。以二郎山为例，其垂直谱式是黄壤—山地黄壤—山地黄棕壤—棕壤—暗棕壤—棕毡土；而在受焚风影响的局部谷地，则形成半干旱类型的垂直谱式。

在青藏高原的北面，因面对漠境，其垂直地带谱属暖温带的干旱大陆，北面东段的祁连山位于灰棕漠土带。其垂直谱式是山地灰钙土—山地栗钙土(阳坡)与山地灰褐土(阴坡)—斑毡状巴嘎土(阳坡)与黑毡土(阴坡)。西部的昆仑山，地处干热的棕漠土带，其垂直地带谱中，既无灰褐土又无山地栗钙土，而山地棕钙土则上升到3300m，再上出现高山巴嘎土与高山漠土，在5000～5200m出现冰雪线。

2. 高原面上的水平分布

从南沿登上青藏高原，随着高原面的展开，同生物气候的地带分异一致，也出现土壤水平地带分布。从大的生物气候带来看，整个高原面可分成南北两个生物气候带。东西走向的冈底斯山与念青唐古拉山，更加强了这一分异性。南部是以黑毡土与巴嘎土为主的土壤组合，而北部是以草毡土、莎嘎土与高山漠土为主的土壤组合。因此，由南而北可依次出现巴嘎土、莎嘎土与漠土三个土壤带，同时，受来自东面与东南方向的季风影响，不仅使土壤带发生东北—西南向偏转，而且还发生东西向变化，如藏南地区东部以黑毡土为主，而西部以巴嘎土为主。藏北地区，东部为草毡土，而西部岛北部边缘出现莎嘎土、高山漠土。

3. 高原面的山地垂直分布

在辽阔的高原面上，尚有一系列山脉耸立，在高山上有冰川覆盖，形成了“第三极地”。高原上的中低山地，因气候高寒，土壤垂直分异不明显，而在较高山地，亦出现土壤的垂直变化，以高原面土壤为基带，可出现寒漠土与冰川。例如，位于青藏高原北部的唐古拉山，基带为草毡土，到 5200m 为寒漠土，其上即冰川与雪线。位于其南部的念青唐古拉山，其基带为黑毡土，随山体升高依次出现草毡土、寒漠土，再上即为冰川与雪线。中部喜马拉雅山北坡，气候干旱，基带土壤为高山巴嘎土，由此而上分别出现莎嘎土与寒漠土，再上为冰川与雪线，而该山的西段气候更为干旱，其基带土壤为莎嘎土，再上则为寒漠土。与一般土壤垂直地带谱的变化规律一样，随基带土壤与山体高度的差异，其垂直谱式也呈有规律的变化，所不同的是因其基带为 4000m 以上的高原面，随山体的升高，气候寒冷，土壤分异不大，因而土壤垂直带谱亦较简单。上述的土壤垂直—水平复合分布形式，恰是土壤分布具有三维空间的立体反映。

(五) 土壤的地方性分布规律

前述的诸土壤分布规律，均属广大空间的分布规律，主要受气候、生物等因素控制。在局部地方，在地带的空间范围内，土壤分布除受气候、生物等地带性因素制约外，主要决定于地形、母质等地方性的分异因素。因此，土壤在地带内的分异决定于地方性分布规律。

研究地带内土壤的地方性分布规律，具有很大的实践意义。在野外，土壤分布往往都受这些规律所支配。土壤的地方性分布规律主要有以下两种。

1. 土壤的中域性分布规律

土壤分布的中域性，是指在中地形条件影响下，地带性土类(亚类)与之相联系的非地带性土类(亚类)，按确定的方向有规律地依次更替的现象。中域性在不同地带内，具有不同的性质。例如，位于褐土地带的华北平原，由山麓到滨海依次出现褐土、草甸褐土、草甸土、滨海盐土等。在栗钙土地带内，从高处向湖泊(诺尔)周围常依次分布有栗钙土、碱土和盐土。在荒漠土地带内，由山麓到盆地中心常见有灰棕漠土(或棕漠土)、草甸土、盐土、风沙土等。

很明显，不同地带虽具有不同系列的土壤分布形式，但在任何地带内，地带性土壤与非地带性土壤之间都存在这样的依次更替关系，从而表现为地带内的中域性特征。根据其土壤组合特点将中域性分布分成枝形、扇形与盆形三种。

(1) 枝形土壤组合

高原与低山丘陵地区，由于沟谷的发育，水系多呈树枝状伸展，自丘顶到谷底沿水系形成类同的土壤组合，称为枝形组合。这种土壤组合由相应的地带性土壤、水成土与半水成土壤组成，具体土壤组合的成分因所在地带不同而异。例如，在我国黄土高原地区，干谷多呈树枝状伸展，由高原面向沟底延伸，可分别出现黑焦土、黑垆土与黄绵土，部分地段可出现黄潮土。大兴安岭地区为原始林区之一，气候较冷，侵蚀微弱，由丘陵低山顶部到谷底，依次出现暗棕壤、白浆土、黑土、沼泽化黑土、草甸沼泽土与沼泽土。这种土壤组合为农林牧副渔全面发展提供了良好的条件。

(2) 扇形土壤组合

这种土壤组合见于山间盆地与冲积平原中，如位于天山南麓棕土带的新疆焉耆盆地，山麓洪积冲积扇十分发育，由许多扇形地自山麓向盆地中心伸展。由扇形地上部的棕漠土向下依次出现草甸土、草甸盐土与盐土，由于灌溉农业的发展，草甸土与棕漠土经灌淤熟化形成绿洲白土与绿洲潮土，盐土已成为我国干旱地区的农业生产基地。

华北平原是由黄河多次泛滥沉积而成的，沿黄河河道有一系列冲积扇形地向外伸展，由扇形地上部开始，根据紧沙慢淤、不紧不慢两合土的沉积规律，依次出现沙土、两合土与淤土，而在两合土上因返盐而形成花碱土。由于黄河多次泛滥与改道，形成一系列复合扇形地，沉积物多次叠置，沙黏间层交互埋藏，故出现蒙金土剖面(上沙下淤)(图 4-12)。

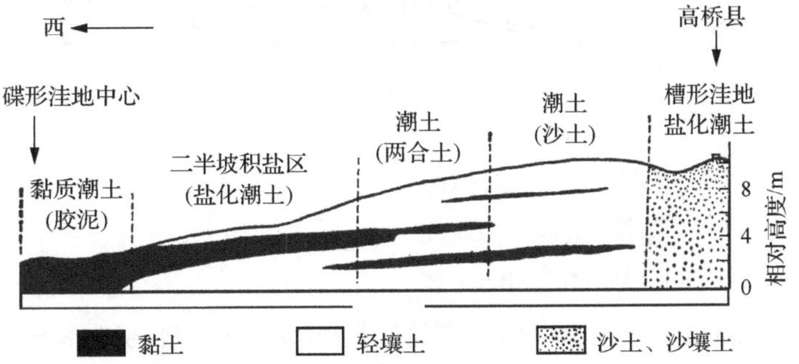

图 4-12　华北平原扇形土壤组合纵切面(引自《中国土壤》，1980)

(3)盆形土壤组合

这种土壤组合多见于湖泊四周，随地形由四周向中心倾斜，水分状况也发生相应变化，以湖泊为中心向外扩展，依次出现沼泽土、草甸土与地带性土壤，这种土壤组合在干旱与半干旱地区尤为明显。例如，内蒙古高原之上散布着许多湖泊(诺尔)，在栗钙土带，由诺尔向外扩展可依次出现沼泽土、盐化草甸土、草甸栗钙土与栗钙土。由于这一地区地面水与地下水水源较丰富，目前发展成为草库伦，在牧业生产上发挥了巨大作用。

2. 土壤的微域性分布规律

土壤分布的微域性，是指在小地形影响下在短距离内土种、变种，甚至土类、亚类，既重复出现又依次更替的现象。例如，在黑钙土地带的高地上，随着小地形的变化，往往可在相邻的平浅洼地、平地和稍微隆起的小高地上，相应地见到碳酸盐黑钙土、黑钙土、淋溶黑钙土；在黑钙土地带的低平地上，常常可以见到随着小地形的变化而出现的草甸土和盐渍土相间分布的情况(图 4-13)。黑钙土地带内的涝洼地上，随着小地形的变化可以见到不同程度、甚至不同类型的盐渍土和盐化沼泽土。

由上述可知，土壤的微域性分布具有变异微小而复杂的性质，只有大比例尺制图才能反映这种规律。根据其土壤组合特点将微域性分布分为梯田式、棋盘式与框(垛)式三种，这种土壤分布对作物布局、因土种植及因土改良有十分重要的意义。

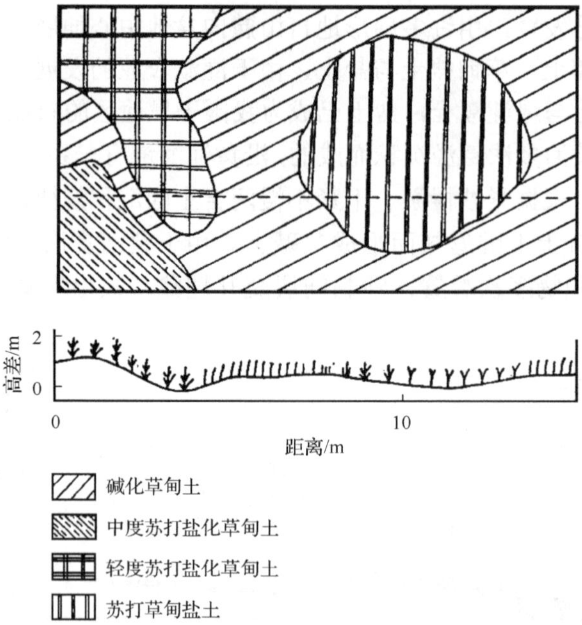

图 4-13 碱化草甸土、盐化草甸土和草甸盐土相间分布的片段(引自李天杰等，1980)

(1)梯田式土壤复域

多见于丘陵地区，为根除水土流失，建设水平梯田，从而改变了原来土壤组合，形成梯田式土壤复域，这种土壤复域在南方水稻地区尤为普遍，多由枝形土壤组合发展而来。以江西新建为例，丘陵由花岗岩构成，发育为红壤性土，土层较厚处形成红壤(耕种)，沟谷中经人工改造形成梯田，并培育为各种肥力水平的水稻土，而在有泉水涌出的沟谷中则多形成冷浸田等。在长江中下游地区这种土壤复域亦多类同，由丘陵顶部到沟底依次建成岗地、塝田与冲田，并相应地形成黄岗土、小粉土，以及马肝土或青泥土组合(图 4-14)。随着旱改水工作的迅速开展，不少地区在丘陵顶部已经全部平整为稻田，为粮食增产与综合发展打下了良好的基础。在北方丘陵山区，为了防止水土流失，许多地方已将“七沟八梁一面坡”的穷山沟改造成了“米粮川”，建设成规模宏伟的梯田，把原来枝形土壤组合改造成十分壮观的梯田式土壤复域。

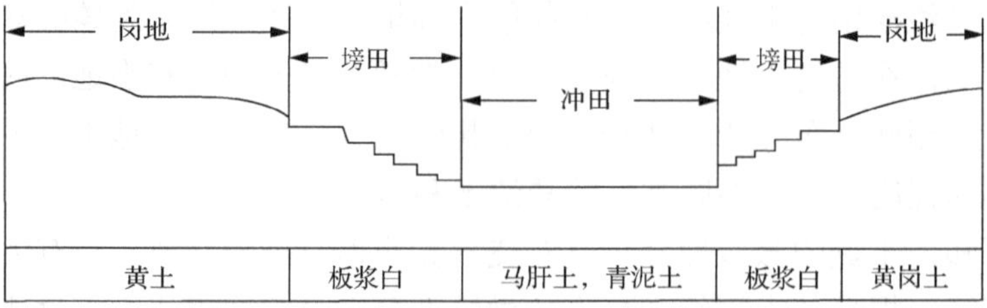

图 4-14 长江中下游丘陵地区梯田式土壤复域(引自《中国土壤》，1980)

(2)棋盘式土壤复域

在平原地区，随着农田基本建设的开展，平整土地，开挖灌排，使土地逐步方正化与规格化，田成方，树成行，道路沟渠构成网。在太湖平原地区，棋盘式土壤复域主要由鳝血白土与小粉白土或鳝血黄泥土与黄泥土组成，随着培肥与明暗沟排水，这种土壤复域正在不断建设成为吨粮田。在华北平原地区，随着开沟排水，发展灌溉与培肥，花碱土面积迅速减少，而耕层土壤质地通过翻沙压淤或翻淤压沙，也不断壤质化，土壤肥力不断提高。

(3)框(垛)式土壤复域

在我国低洼圩区与湖荡地区，由于长期同涝灾斗争，不断挖低垫高，创造了特殊的人工地形，即所谓桑(蔗)基鱼塘和垛田，前者呈框状，后者呈垛状，桑(蔗)基鱼塘是池内养鱼，围岸种桑(蔗)，蚕粪喂鱼，河泥肥地，构成了一种特殊的物质循环的利用方式，并在盐泽土基础上培育堆积成为肥沃的桑(蔗)园土壤。

垛田分布在里下河地区是经长期挖泥垫高而成的，在碧波千顷的湖荡中，整齐地排列着一条条的垛田，其上种植着各种旱作物，体现着人为改造自然的伟大力量。由于大型水利的发展，排水系统有了基本改变，里下河地区的垛田正逐步改造成为普通条田。

第三节　水系的空间分布格局及其变化动态

河流是陆地水体中最重要的组成部分，也是最重要的自然资源之一。流域内所有河流等各种水体组成的水网系统，称为水系。其中，水流最终流入海洋的称为外流水系；水流最终流入内陆湖泊或消失于荒漠之中的，称为内流水系，它在农牧业等国民经济的许多方面发挥着巨大作用。

一、河流的流域、分水界和水系的空间分布格局

(一)河流的流域和分水界

按照河川径流的循环形式，可把河流分成注入海洋的外流水系和不与海洋沟通的内陆水系两大部分。现以我国为例来说明河川的流域和分水界问题。

据汤奇成等(1981)研究，发现我国的外流流域约占全国总面积的64%，内陆流域占全国总面积的36%。划分我国内、外流域的主要分水界北起大兴安岭西麓，基本上沿东北—西南方向南下，经内蒙古高原南缘、阴山山脉、贺兰山、祁连山、日月山、巴颜喀拉山、念青唐古拉山和冈底斯山，而止于我国西端的国境线上。此线以东，除了在鄂尔多斯高原、松嫩平原及雅鲁藏布江南侧羊卓雍错湖等地区有面积不大的内陆区外，河流分别注入太平洋和印度洋，全都属于外流流域；此线以西的河流，基本上都属于内陆流域，只有一条额尔齐斯河，下游流经苏联，最后流入北冰洋，属于外流流域。额尔齐斯河流域南面戈壁阶地为我国内陆流域分界，北面以阿尔泰山与蒙古人民共和国境内的内陆流域分界。

在我国外流流域中，以太平洋流域为最大，约占全国总面积的57%，占外流流域面积的89%。在太平洋流域中，由于各河流所注入的海域不同，又可分为若干海流域，自北而南为：鄂霍次克海流域——主要包括黑龙江流域；日本海流域——主要包括图们江与绥芬河流域；黄海、渤海流域——主要包括鸭绿江、辽河、滦河、海河、黄河和淮河

等流域；东海流域——主要包括长江、钱塘江、瓯江、闽江等流域；南海流域——主要包括韩江、珠江、元江、澜沧江等流域。此外，台湾东部的河流都直接流入太平洋。鄂霍次克海、日本海流域与黄海、渤海流域间的分水界从大兴安岭中段的东南沿着平缓的松辽分水岭，经吉林哈达岭而止于白头山南侧。黄海、渤海与东海流域的分水界基本上就是黄河与长江的分水界，西起巴颜喀拉山，向东沿西倾山、岷山、秦岭、伏牛山、大别山、淮阳丘陵地直到扬州，分水界都随地形上十分明显的山地延伸，扬州以东的长江三角洲上河网密布，又经长期人类活动的改造，很难确定准确的分水界。东海和南海流域的分水界大部分是长江和珠江的分水界，西段为云岭，中段为苗岭，东段为南岭。

我国印度洋流域占全国总面积的 6.5%，分布在青藏高原的东南部、南部和西南一角，东以唐古拉山、他念他翁山、怒山山脉与太平洋流域分界。属于印度洋流域的各河流的下游都流出国外，经各邻国分别注入印度洋的不同海域，其中怒江及其以西云南境内的河流流入安达曼海，雅鲁藏布江及源自喜马拉雅山区的许多河流流入孟加拉湾，西藏西南端的狮泉河、象泉河汇流为印度河，最后流入阿拉伯海。

我国属于北冰洋流域的额尔齐斯河，流域面积约占全国总面积的 0.57%，注入北冰洋的喀拉海(表 4-8)。

表 4-8　中国河川流域面积(引自汤奇成等，1981)

流域			流域面积/km^2	占全国总面积百分比/%
外流流域	太平洋	鄂霍次克海	861 151	8.97
		日本海	32 565	0.34
		黄海、渤海	1 670 042	17.40
		东海	2 044 741	21.30
		南海	824 984	8.59
		直接入太平洋	11 112	0.11
		小计	5 444 595	56.71
	印度洋	安达曼海、孟加拉湾	558 305	5.83
		阿拉伯海	66 270	0.69
		小计	624 575	6.52
	北冰洋	喀拉海	50 860	0.53
	合计		6 120 030	63.76
内陆流域	内蒙古区		328 740	3.42
	甘新、柴达木区		2 374 112	24.73
	藏北及藏南区		728 898	7.59
	松花江内陆区		48 220	0.50
	合计		3 479 970	36.24
总计			9 600 000	100.00

(二)水系分布格局

水系的分布格局是指某一特定地区水系随着地理经、纬度的变化而呈现的有规律性的分布状况。现以我国为例来说明水系的分布问题。据汤奇成等(1981)研究，发现我国水系的分布很不均匀，绝大多数河流分布在东南部外流流域。内陆流域河流很少，尤其在内蒙古高原西部及新疆南、北盆地中心的广大地区，地表没有成形的河流，成为无流区。水系分布不均匀的特点是由我国的气候和地形条件造成的。我国东、南部受东南季风和西南季风的影响，降水丰沛、径流量大，加之地表多起伏，为水网发育及庞大水系的形成提供了有利条件。我国西北部降水稀少，径流贫乏，蒸发旺盛，水系的发育受到了很大的限制。

我国外流水系的干流大都发源于：青藏高原东、南边缘；大兴安岭—冀晋山—豫西山地—云贵高原连线地区；长白山地—山东丘陵—东南沿海山地连线地区等三个地带。发源于青藏高原东、南部的河流都是源远流长的巨大江河，如长江、黄河、澜沧江、怒江、雅鲁藏布江等，不仅是我国的巨川，还都是世界著名的河流。发源于大兴安岭—云贵高原连线地区的河流主要有黑龙江、辽河、滦河、海河、淮河、珠江的西江等，除黑龙江外，就丰度和水量来说，都次于源自高原的河流。发源于长白山地—东南沿海山地的河流主要有图们江、鸭绿江、沂河、沭河、钱塘江、瓯江、闽江、九龙江、韩江，以及珠江的东江和北江等，这些河流的长度和流域面积都远较上述两个地带的河流为小，但由于面临海洋，位于我国降水最丰沛的地带，河流的水量都较丰富，不仅大多数河流的径流深度大大超过上述河流，有些河流即使就年径流量而言，也几乎可以与许多源自以上两个地带的河流相比拟，水量和水力资源十分丰富。

河流源地集中分布于以上三个地带，是我国的地形特点所致，这三个地带正是我国地形上最突出的三大现代隆起带。地形特点对水系分布的另一重要影响表现在河流的流向方面，我国地形西高东低的总趋势，使我国外流河流大都呈从西向东的流向。从而上下游常常处在同一气候带中，这对我国河流的径流量，以及洪水组成、水温、冰情等许多方面的特征都有重要意义。

我国的内陆流域，由于地理位置、地形、水源补给条件的不同，在水系的发育、分布方面存在很大差异，大致可分为：内蒙古、甘新、柴达木、藏北等四个地区。内蒙古内陆流域地形平缓，补给来源主要依靠夏季降水，水系分布的特色为河流稀少、短促，存在大面积无流区。甘新内陆流域气候虽然干燥，但地形起伏较大，在天山、昆仑山、祁连山等高山冰雪融水补给下，发育了一些比较长的内陆河流，如塔里木河、伊犁河、黑河、石羊河等，并有许多短小河流沿着山坡流到山麓，消失于山前或以下的砂砾带中。柴达木内陆流域的盆地地形和高寒气候，使流域内分布着从盆地四周向中心汇聚的若干短小河流，并在盆地中广布着盐湖和沼泽。藏北及藏南内陆流域的特色是星罗棋布地分布着许多湖泊和以湖泊为汇聚中心的许多中小河流。

我国有不少国际河流，有的上游或下游不在我国境内，有的是流经在国境线上。后者如额尔古纳河—黑龙江、乌苏里江流经在中、俄边境线上；图们江、鸭绿江流经在中、朝边境线上；北仑河流经在中、越边境线上等。前者，在西北，如额尔齐斯河下游流入苏联境内，为世界巨川鄂毕河的上源；伊犁河注入苏联境内的巴尔喀什湖等。在东北，上游在蒙古境内的克鲁伦河，其下游流入我国的呼伦贝尔湖；上游在我国境内的绥芬河，其下游流入苏联境内经海参崴而入海。在西南，元江、李仙江和盘龙江等下游都在越南境内，组成红河水系，流入北部湾；澜沧江下游称湄公河，流经老挝、缅甸、泰国、柬埔寨、越南等国而入南海；怒江下游称萨尔温江，流经缅甸入海；龙川江、大盈江等都是伊洛瓦底江的上源，也流经缅甸入海。在西藏，雅鲁藏布江流入印度后称布拉马普特拉河，狮泉河是印度河的上源；象泉河是萨特莱杰河的上源，是印度河的一条大支流，在巴基斯坦境内与印度河汇合，然后入海。

二、地表径流的分布格局

地表径流的分布格局是指某一特定地区地表径流随着地理经、纬度的变化而呈现的有规律性的分布状况。现以我国为例来说明地表径流的分布问题。据汤奇成等(1981)研究，发现我国境内年径流深分布的特点，基本上是由年降水分布的特点所决定的。年径流深分布总的趋势是自南向北递减，近海多于内陆，山地大于平原，特别是山地的迎风坡，年径流深远远大于邻近的平原或盆地。现将我国各地区年径流深分布的情况分述如下。

浙闽丘陵及台湾山地，是我国径流最丰富的地区。台湾山地年径流深高达 2000～4000mm，为全国最高区。但其东、西两侧平原较少，分别在 1200mm 和 800mm 左右。浙闽丘陵大部分地区年径流深在 1000mm 以上，山地较多，平原盆地较少。其中一些迎风的山地，如浙江的雁荡山、天台山、天目山、括苍山和福建的戴云山、武夷山年径流深为 1200～1400mm，以雁荡山为最高，达到 1600mm。浙闽的沿海平原和山间盆地年径流深不及 800mm。

两广丘陵和南海诸岛，这里的山地是多雨中心也是径流高区，如广东沿海的莲花山、云雾山、清远一带的山地，海南岛的五指山，广西桂林附近山地和融安附近年径流深都在 1400～1600mm，其中十万大山更高达 2000mm。但沿海平原和谷地，如珠江三角洲、雷州半岛、海南岛的西北部及梧州、柳州等谷地，年径流深都不足 800mm，尤其是广西西部岩溶地貌发达，一部分地表径流转为地下伏流，年径流深更小，仅 300～400mm。

江南丘陵地区，地处锋面和气旋频繁活动的路径上，成雨机会甚多。湖南的雪峰山、阳明山、湘赣间的井冈山、湘鄂赣边区的幕阜山，形成几个径流高区，年径流深可达 1000～1200mm。平原和盆地是径流低区，洞庭湖盆地和湘江中下游平原只有 400～500mm，鄱阳湖盆地及赣江中下游平原稍多，但也不及 700mm。

长江中下游平原，地形平坦，成雨条件较差，径流也相应减少，年径流深分布各地差异不大，一般在 300～500mm。

四川盆地，由于地形复杂，雨量的地区分布变化很大，因此径流的地区分布也很特殊，盆地周围高于盆地中心。位于盆地西侧的川西山地，降水增多，径流激增，以峨眉山及雅安附近为高区，年径流深可达 1600mm 以上。其他如夹金山、邛崃山、龙门山及大雪山地区的年径流深亦可达 1200mm 以上，为我国西部径流最丰富的地区。盆地东北的大巴山和东部的巫山也形成几个径流高区，年径流深达 1000mm 以上。而盆地中除川东平行岭谷区年径流深超过 600mm 外，大部分不足 500mm。

云贵高原，西部和南部边缘山区径流较高，中部地区较低，云南西部的横断山脉南段、高黎贡山、尖高山降水丰富，年径流深可达 1000～1800mm，而背风坡的谷地年径流深最低，只有 300～400mm。云南南部山地，年径流深也较高，可达 1600～1800mm。云南高原中部降水较东西两侧少，形成一个明显的径流深低值区，年径流深在 200mm 以下，是长江以南径流最低的地区。贵州高原除西部山地年径流深超过 1000mm 以上外，其他地区径流分布差异不大，大部为 400～600mm。

华北山地和平原，平原周围的燕山、太行山和鲁中山地的迎风坡，成雨条件较好，加之山地多由古老的结晶岩组成，透水性很弱，每遇大雨，易产生强大的径流，年径流深可达 200～300mm。而黄、淮、海大平原一方面因为降水较少，另一方面又因地面多被深厚的近代冲积物所覆盖，极易透水，且蒸发旺盛，因此径流深较山区少得多，除淮北平原年径流深在 50～150mm 外，海河平原一般不足 50mm，最低地区尚不到 25mm。

东北山地与平原，年径流深的分布也是山地多于平原，从东南的长白山起向北到吉林哈达岭、张广才岭、小兴安岭，往西到大兴安岭是径流的高区，一般可达 300～500mm，其中尤以鸭绿江中下游的山地最高，达 700mm 以上。境内平原低地和背山内陆腹地为径流低区，三江平原年径流深在 150mm 以下；松辽平原地势平坦，在 25mm 以下；大兴安岭以西的呼伦贝尔草原更少，尚不足 10mm。

黄土高原，由于降水量少，且黄土透水性强，毛细管作用显著，蒸发旺盛，对径流的形成不利。境内的太岳山、吕梁山径流深较多，在 150mm 以上。此外，陕北的窟野河中、下游年径流深也在 100mm 以上，这是由于得到了鄂尔多斯南部边缘沙区大量地下水补给。区内的河谷和高原是径流的低区，汾河和洛河谷地年径流深小于 50mm，陇中及陕北在 25mm 左右。

内蒙古高原，由于距海较远，海洋水汽难以入侵，气候干燥，且境内无高山，缺乏高山冰雪融水补给，因此地表径流很少，大部在 25mm 以下，沙漠地区甚至不足 5mm。

西北高山和盆地，位于欧亚大陆的腹地，降水稀少。其中四周被高山环绕的盆地，有许多地方被沙漠所覆盖，如塔克拉玛干沙漠、古尔班通古特沙漠、巴丹吉林沙漠等，极易透水，使一般降水不能形成径流，年径流深不足 5mm，是我国地表径流最贫乏的地区。但源自盆地周围高山的河流，由于有冰雪融水补给，年径流深可达 100mm 以上，其中阿尔泰山和天山西段更高达 500mm 以上，有干旱区的湿岛之称。

青藏高原的喜马拉雅山南坡，降水非常丰富，地表径流也很多，特别是雅鲁藏布江自大拐弯处直至国境段年径流深最高，可达 1000～2000mm。雅鲁藏布江流域的大部分因处在喜马拉雅山北侧的雨影内，降水向上游逐渐减少，径流分布也自东向西减少，年径流深在 100～300mm。沿黄河、长江河源至青海省南部，年径流深由北向南增加，在 50～300mm。藏北高原因四周受高山阻隔，海洋水汽不易进入，降水稀少，年径流深在 25mm 以下。

中国年径流深为 50mm 的等值线自东北的海拉尔起，经齐齐哈尔、哈尔滨、赤峰、张家口、延安、兰州、黄河沿，止于西藏南部，自东北至西南斜贯全国，与 400mm 降水等值线很接近。这条线把我国分为东西两部分。东部湿润，地表径流丰富，基本上为农业区；西部干旱，地表径流很少，主要为牧业区。

在研究地表径流的分布规律后，可以看出，我国地表径流分布的地带性很明显，根据各地年径流深分布特点并结合自然条件，大致可分为 5 个径流地带。这些地带不但大致与我国各自然地带相符，而且每个地带都有其特殊的植被和农作物。自东南至西北依次为以下几个带。

丰水带：年径流深大于 900mm，大致相当于亚热带和热带常绿林带。包括广东、福建、浙江、台湾的大部，江西、湖南的山地，广西南部，以及云南西南部和西藏的东南角。本地区盛产水稻、亚热带和热带经济作物。

多水带：年径流深介于 200～900mm，相当于落叶阔叶林和常绿阔叶混合林带。包括广西、云南、贵州、四川和秦岭—淮河以南的广大长江中下游地区，是我国的主要水稻产区，还有冬小麦、油菜等。

过渡带：年径流深介于 50～200mm，相当于落叶阔叶林和森林草原地带。包括黄淮海平原，山西、陕西的大部、东北的大部、四川西北部和西藏东部，是我国的主要小麦产区。

少水带：年径流深在 10～50mm，相当于半荒漠和草原地带。包括东北西部、内蒙古、甘肃、宁夏、新疆西部和北部，以及西藏西部，境内多草原和荒漠，为我国主要牧区。

缺水带：年径流深在 10mm 以下，相当于荒漠地带。包括内蒙古部分地区、宁夏的腾格里沙漠、甘肃的巴丹吉林沙漠、青海的柴达木盆地、新疆的准噶尔盆地和塔里木盆地。除局部地区受地下水影响、水草生长较好外，大部地区牧草生长也很稀疏。

三、河川径流的时间变化动态

（一）河川径流的年际变化动态

河川径流的年际变化动态是指某一特定地区河川径流在不同年际发生的有规律性的变化。

年径流的多年变化一般指年径流年际的变化幅度（以下称年际变幅）和多年变化过程两个方面。年际变幅通常用年径流变差系数（Cv 值），实测最大年平均流量与最小年平均流量的比值（以下称年际极值比，K）来表示。而多年变化过程则包括年径流丰水、平水、枯水的特征及其循环。

年径流 Cv 值，反映一个地区年径流的相对变化程度。Cv 值大，表明年径流的年际变化剧烈，这对水利资源的利用是不利的；Cv 值小，表明年径流的年际变化和缓，有利于径流资源的利用。

影响 Cv 值大小的因素主要有年径流量的多少和径流的补给来源。Cv 值一般随着径流量的增大而减小。以高山冰雪融水补给为主或以地下水补给为主的河流，Cv 值较小；而以雨水补给为主的河流，Cv 值较大，尤其是降水变率大的地区 Cv 值更大。

现以我国为例来说明河川径流的年际变化问题。据汤奇成等(1981)研究，发现我国*Cv*值的分布也和年径流的分布一样具有明显的地带性规律，但两者的趋势相反，年径流是从东南向西北减少，而*Cv*值则从东南向西北增大，即从丰水带的0.2～0.3，到了缺水带则增至0.8～1.0。

以下就*Cv*值的分布情况进行简要的叙述。

沿秦岭—淮河以南的广大地区，即丰水带和多水带内*Cv*值比较小，一般为0.3～0.4，只是在几个少水地区才超过0.5，也有几个多水地区小于0.2。*Cv*值大于0.5的地区中，范围较大的为南阳盆地至长江中下游平原一带，*Cv*值为0.5～0.6，局部地区甚至超过0.6。海南岛西部，由于台风活动的路径与强弱的变化，暴雨量年际变化很大，*Cv*值也超过0.5。云贵高原中部处在太平洋与印度洋两个水汽输送系统的分界处，降水变率大，*Cv*值也在0.5以上。*Cv*值在0.2以下的地区中，有滇东南和桂西南一带，这里因受性质比较稳定的西南季风的影响，年径流量大，年降水变率小，*Cv*值在0.2以下。此外，川西山地、雪峰山及清远一带(广东)的多水地区，*Cv*值也小于0.2。

在青藏高原，除藏北地区*Cv*值在0.4外，其余大部地区因年径流较稳定，*Cv*值在0.3左右。

秦岭—淮河以北的广大地区，即径流过渡带、少水带和缺水带内*Cv*值增至0.5～0.8。*Cv*值的分布十分复杂，高低值相差悬殊。黄淮海平原年径流量少，年降水变率大，是我国年降水最不稳定的地区之一，*Cv*值在0.8以上，局部地区甚至大于1.0。由平原向北到燕山、向西到太行山*Cv*值逐渐减至0.6。东北的松辽平原*Cv*值也超过0.8，由此向北到大兴安岭、小兴安岭，向东到长白山*Cv*值逐渐减小到0.3～0.4。这里*Cv*值由山区向平原增大的趋势很明显。在黄土高原，年降水量虽与黄淮海平原相近，但因年降水变率较小，同时地下水对河流补给的比重也较大，*Cv*值只有0.4～0.5。尤其是在以地下水为主要补给来源的无定河上游，*Cv*值更小，在0.2以下。在甘新地区，*Cv*值变化最大，表现出非常明显的垂直地带性规律。源自西北高山地区的河流，由于以冰雪融水补给为主，*Cv*值很小，只有0.1～0.2。在山地向盆地的过渡地段，随着雨水补给比重的增加，*Cv*值也迅速增大至0.6以上。深居内陆的准噶尔盆地、塔里木盆地、柴达木盆地及内蒙古广大荒漠区，多属间歇性河流，年径流深不足10mm，*Cv*值在0.8以上，在塔里木盆地中心甚至超过1.0。

我国主要大河的*Cv*值，除受气候条件的制约外，集水面积的大小也有一定的影响，各大河的*Cv*值相差很大。以长江和淮河为例(表4-9)，长江(汉口站)的*Cv*值为0.13，淮河(蚌埠站)的*Cv*值为0.63。这是因为长江流域面积广大，源远流长，两岸支流处在不同的气候区和自然地带内，在一年中各支流径流量的丰、枯往往是不一致的，这样长江干流的径流量就得到了调节，因而径流的多年变化比较缓和。此外，各大河干流的*Cv*值一般也比两岸支流的小。黄河干流*Cv*值在0.3以下，而两岸支流多在0.3以上。长江干流*Cv*值在0.15以下，而大多数支流都在0.20以上。

表 4-9　主要大河年径流多年变化特征值(引自汤奇成等，1981)

河流名称	站点	集水面积/km²	平均流量/(m³/s)	实测最大		实测最小		年际极值比(*K*)	变差系数(*Cv*)	统计年份
				流量/(m³/s)	年份	流量/(m³/s)	年份			
松花江	哈尔滨	390 526	1 230	2 680	1932	387	1920	6.9	0.41	1898～1970
永定河	官厅	42 500	68.2	112	1959	32.1	1931	3.5	0.30	1919～1970
黄河	陕县	687 869	1 350	2 091	1937	635	1928	3.3	0.25	1919～1969
淮河	蚌埠	121 330	853	2 280	1921	117	1966	19.5	0.63	1916～1970
长江	汉口	1 488 036	23 700	31 100	1954	14 400	1900	2.2	0.13	1865～1970
西江	梧州	329 705	7 040	11 000	1915	3 250	1963	3.4	0.23	1900～1970
澜沧江	景洪	137 948	1 850	2 500	1966	1 540	1960	1.6	0.17	1956～1970
怒江	道街坝	118 760	1 676	1 940	1962	1 380	1959	1.4	0.12	1957～1970
雅鲁藏布江	奴下	191 222	2 010	2 870	1962	1 560	1957	1.8	0.20	1956～1957、1960～1968、1970

年际极值比也能反映年径流多年变化的幅度。我国一些大河的年际极值比差异很大。最小的是怒江(道街坝站)，只有 1.4；最大的是淮河(蚌埠站)，可达 19.5(表 4-9)。从表 4-9 可以看出，年径流变差系数大的河流，年际极值比一般也大，反之就小。但要指出的是，年际极值比与观测资料年限的长短也有关，观测年限长，丰水年和枯水年有可能包括在内，年际极值比会增大一些。

年径流多年变化过程是通过具有较长观测资料的大河控制站来进行分析的。

从分析 6 条大河多年模比系数过程线和年径流相对差积曲线，以及一些地区历史旱涝文献，可以看到各大河都普遍存在丰水段、平水段、枯水段和丰水年、枯水年的交替循环现象。

关于丰水年、平水年、枯水年的划分标准，我们采用按一定保证率(P)的年径流来划分：P＜25%为丰永年；P＞75%为枯水年；25%＜P＜75%为平水年，并在此范围内找出相应的模比系数(K_p值)，便可分析多年模比系数过程线上的丰水段、平水段、枯水段。我国各大河的K_p值见表 4-10。

表 4-10　我国各大河的模比系数(K_p)(引自汤奇成等，1981)

河流名称	站点	统计年份	丰水年	平水年	枯水年
松花江	哈尔滨	1898～1970	＞1.26	0.68～1.26	＜0.68
永定河	官厅	1919～1970	＞1.20	0.78～1.20	＜0.78
黄河	陕县	1919～1969	＞1.18	0.79～1.18	＜0.79
淮河	蚌埠	1916～1970	＞1.26	0.56～1.26	＜0.56
长江	汉口	1865～1970	＞1.09	0.90～1.09	＜0.90
西江	梧州	1900～1970	＞1.13	0.84～1.13	＜0.84

根据丰水年、平水年、枯水年的划分标准，从图 4-15 的多年模比系数过程线上可以比较清楚地看出，6 条大河都普遍出现 5 年以上的丰水段、平水段、枯水段，但各个时

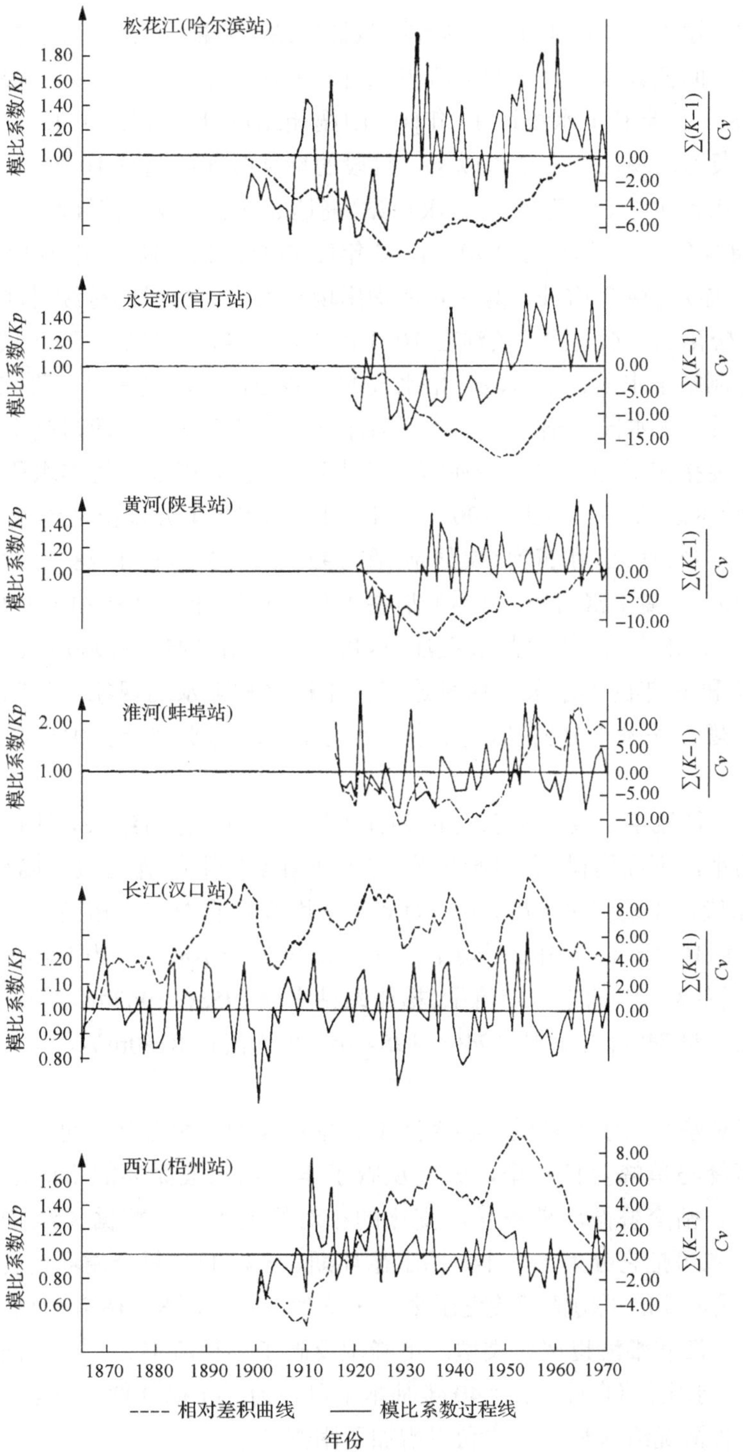

图 4-15　中国主要河流年径流多年变化过程图(引自汤奇成等，1981)

$\frac{\sum(K-1)}{Cv}$ 为相对差积

段的持续年数长短不一。在丰水段，除淮河(蚌埠站)出现一次外，其余各河均出现两次丰水段。持续时间差异较大，多数河流出现过 10 年以上的持续时间，唯长江(汉口站)持续时间 5～8 年，最长丰水段达 17 年[西江(梧州站)1911～1927 年]。在平水段，松花江、永定河、黄河出现次数在 2 次以下，每段的持续时间不超过 10 年，而淮河、长江、西江出现次数在 3 次以上，其中长江(汉口站)高达 5 次。每段的持续时间多数在 10 年以上，最长达 28 年[长江(汉口站)1870～1897 年]。在枯水段，除长江(汉口站)出现 3 次、松花江(哈尔滨站)出现 2 次外，其余各河均出现一次，而每段的持续时间南、北方河流有明显差别。松花江、永定河、黄河在 10 年以上，而淮河、长江、西江只五六年。通过对 6 条河流控制站丰水段、平水段、枯水段的粗略分析，可以看出，研究河川径流多年变化中的丰水段、平水段、枯水段，对正确计算河流的多年平均流量是十分重要的。

这里尤其要指出的是，在一些河流上还出现连续 3 年以上的丰水段和枯水段。例如，松花江(哈尔滨站)在 1903～1907 年和 1917～1922 年分别出现连续 5 年和 6 年的枯水段，永定河(官厅站)和黄河(陕县站)在 1926～1933 年和 1928～1932 年出现 8 年和 5 年的枯水段。水量丰富的长江(汉口站)在 1900～1902 年、1940～1942 年出现连续 3 年的枯水段。此外，永定河(官厅站)和西江(梧州站)分别在 1954～1960 年、1947～1952 年出现连续 7 年和 6 年的丰水段。这种连续几年枯水和丰水的现象，与制定多年调节大型水利枢纽的规划关系十分密切，同时在跨流域调水的水文计算中也必须给予充分的考虑。

各条河流年径流丰水段、枯水段的变幅是有差异的，分析结果表明南方几条大河的变幅比北方的小，下面用松花江(哈尔滨站)与西江(梧州站)作比较。哈尔滨站 1916～1927 年为枯水段，平均流量 678m^3/s，为多年平均流量的 55%，相当于保证率为 35%的干旱年流量，而 1947～1960 年为丰水段，平均流量为 1670m^3/s，为多年平均流量的 1.36 倍，相当于保证率为 20%的丰水年流量。梧州站枯水段 1955～1963 年，平均流量 5210m^3/s，为多年平均流量的 73%。丰水段 1946～1954 年，平均流量 8180m^3/s，为多年平均流量的 1.2 倍。

年径流相对差积曲线可以反映各大河丰、枯水段的交替循环。可以看出，6 条大河的曲线呈现多峰与单峰两种线型，分别反映了丰、枯水段循环的不同特点。多峰型反映了年径流丰、枯交替循环期不长，变化的相对幅度不大。根据长江(汉口站)1865～1969 年资料大致可把它分为 5 个丰、枯水循环期(表 4-11)，每个循环期看不出有固定的周期，但每个循环期的平均值都接近于多年平均值，丰水期 8～18 年，枯水期 9～16 年，也长短不一。西江和淮河也属此类型。单峰型反映了年径流丰、枯交替循环期长，变化的相对幅度大，永定河(官厅站)近 40 年基本上可视为一个循环期。松花江和黄河基本上属此类型，这种情况给水利资源的利用增加了困难。

表 4-11 长江(汉口站)年径流丰、枯水循环期(引自汤奇成等，1981)

循环期	丰、枯水循环期			丰水期			枯水期		
	起讫年份	年数	K 平均	起讫年份	年数	K 平均	起讫年份	年数	K 平均
1	1865～1880	16	1.01	1865～1872	7	1.05	1872～1880	9	0.96
2	1880～1904	25	0.97	1880～1890	10	1.02	1890～1904	15	0.95
3	1904～1929	26	0.99	1904～1921	17	1.03	1921～1929	9	0.94
4	1929～1947	19	0.97	1929～1938	9	1.04	1938～1947	10	0.91
5	1947～1969	23	0.99	1947～1954	7	1.08	1954～1969	16	0.95

此外，还可以看到这几条大河在同一时期内丰、枯水段往往是不相遇的，而且还出现南、北河流丰、枯水期相反的情况。例如，1955～1966 年松花江(哈尔滨站)和永定河(官厅站)为丰水段，与此相反长江(汉口站)与西江(梧州站)为枯水段。类似的情况以前也曾出现过。比较长江(汉口站)与松花江(哈尔滨站)的年径流相对差积曲线图(图 4-15)就可以看出，1902～1944 年两站丰、枯水期循环完全呈相反趋势。汉口站 1902～1922 年为丰水期，1923～1944 年为枯水期。相反，哈尔滨站 1902～1926 年为枯水期，而 1927～1944 年为丰水期。我国劳动人民根据长期的观察得出“南旱北涝”或“南丰北枯”的规律，与上述分析完全一致。但也有个别年份，大气环流异常，在大范围内普遍多雨或干旱，以致几条大河同时出现丰水年或枯水年的现象。1954 年为长江有水文记录以来稀遇的大丰水年，这一年北至松花江，南到西江都普遍出现丰水年。只是丰水的程度有所不同。其中淮河、永定河是大丰水年，而黄河、松花江和西江则为丰水年或偏丰水年份。枯水年也有类似的情况，1928 年为黄河的大枯水年，除松花江为偏枯水年外，其他大河普遍出现枯水年。以上情况表明，在稀遇的大丰水年或枯水年南、北方各大河有同时遭遇的机会，同时也说明丰或枯的程度越严重，所波及的范围也越大，但各地的轻重程度不一，这对跨流域引水是非常不利的。

我国有悠久的历史文化遗产，充分利用其中有关水、旱灾情的记载，对分析论证河流丰、枯水循环是很有价值的。例如，从这些文献中得到海河流域自 1422～1918 年的 497 年资料，大致可将海河南系划分为 15 个丰水段和 14 个枯水段，平均丰水段约为 17 年，平均枯水段约为 18 年，一个循环期约 35 年，这与从永定河(官厅站)近期实测资料得出的循环期相近。又如，利用黄河已整理的近 250 年资料，可推出陕县站自有实测资料以来的近些年可以代表一个循环期，同时还可以分析出连续 11 年的枯水段在历史上约 80 年出现一次。

(二)河川径流的季节变化动态

河川径流的季节变化是指某一特定地区年内河川径流随着不同月份或季节的变化而呈现的有规律性的变化状况。大量的研究表明，河川径流的季节变化具有明显的地域性和季节性。径流的季节分配主要取决于补给来源及其变化。现以我国为例来说明河川径流的季节变化问题。据汤奇成等(1981)研究，我国大部分河流都是以雨水补给为主，因此径流的季节分配在很大程度上取决于降水的季节分配，对于北方河流，除降水外热量条件也是一个重要的影响因素。

冬季（12～2月）是我国径流最枯的季节，因为冬季是我国的干燥季节，降水最少（个别地区除外），北方河流又受冰冻的影响，因此冬季径流更少，一般只占年径流的4%～6%。最少的如位于寒温带的黑龙江流域北部的河流，冬季径流尚不到年径流的1%。冬季径流少于年径流2%的范围很广，东起松花江流域，辽河流域，西至内蒙古、新疆的内陆区。但也有一些地区例外，可超过年径流的10%，其中范围较大的是黄土高原和太行山地区，因为这里的河流冬季可以获得较多的地下水补给。此外，新疆伊犁地区和乌鲁木齐地区的河流，冬季径流也超过年径流的10%。

南方河流冬季径流略大干北方河流，一般可达年径流的6%～8%。冬季径流最多的地区是我国台湾省的东北部，其中淡水河支流北势溪、宜兰的浊水溪，冬季径流可超过年径流的7.5%，这里也是我国冬雨最多的地区。冬季径流超过年径流10%的地区，一处是长江和南岭之间的地带，其中最高的为湘江中游、钱塘江的中下游，可超过年径流的12%；一处是滇南、藏南，由于受印缅低槽活动的影响，冬雨也较多，冬季径流也可达年径流的10%～12%。

春季（3～5月）是我国径流普遍增多的时期，但增长的程度各地相差悬殊。

东北山地积雪较厚，由融雪水和消冰水形成明显的春汛，春季径流较多，可占年径流的20%～25%，而松辽平原积雪较少，春季径流只占年径流的10%～15%。

华北因积雪较少，除局部地区因消冰水形成不大的春汛，春季径流可占年径流的10%外，大部地区只占6%～8%。

西北阿尔泰山区，季节性积雪融化较早，春雨也较多，因而春季径流可达年径流的20%以上，塔城地区更高，达30%～40%，为一年中水量最多的季节。而天山、昆仑山、祁连山地区的河流，主要仰赖高山冰雪融水补给，所以春季径流较少，只占年径流的10%～15%。

我国春季径流最多的地区是长江和南岭之间的两湖盆地，可达年径流的40%左右，其中幕阜山、九岭山一带更高，可达45%以上。这里雨季出现得早，是我国春雨最多的地区。

西南地区因受西南季风的影响，雨季来得晚，因而春季径流少，只占年径流的6%～8%，为一年中径流最少的季节，但滇西和藏东南地区由于受印缅低槽活动的影响，春雨较多，春季径流可达年径流的15%。

四川盆地中部，也因雨季来得迟，春季径流只占年径流的10%左右。

夏季（6～8月）是我国径流最丰富的季节，这时东南季风更加深入我国大陆，西南季风也已到来，降水普遍增多，我国北方夏季径流集中，普遍占年径流的50%以上。东北夏季径流一般占年径流的50%～60%，而华北平原和内蒙古高原的内陆河夏季径流更为集中，达年径流的60%～70%。西北高山地区以冰雪融水补给为主的河流，可达年径流的50%～60%，其中尤以冰雪融水补给比重较大的昆仑山地区最高，可达70%。而以季节积雪融水补给为主的卡浪古尔河等，此时积雪已融化殆尽，夏季径流较少，只占年径流的45%～50%。

我国南方，夏季径流比重一般都较北方少，占年径流的40%～50%，长江和南岭之间的两湖盆地，因极锋北移，径流减少，一般只占年径流的35%～40%，衡阳盆地更少，还不到30%。夏季径流较集中的为四川盆地和云贵高原地区的河流，可达年径流的50%～60%。台湾南部夏季径流也较集中，为50%～60%，而东部较少，只有30%～40%。

就全国来说，夏季河流普遍进入汛期，洪涝多在此时期出现。

秋季(9～11月)与春季相反，是我国河流普遍减水的季节，大部分地区秋季径流占年径流的比重一般都在20%～30%，有一些地区秋季径流较多，秦岭、大巴山地区占年径流的35%～40%，这里是我国多秋雨的地区之一；西南地区因西南季风撤退较迟，秋雨较多，可达年径流的35%～45%；受台风影响的台湾东部的河流秋季径流也可占年径流的40%～50%；海南岛更多，可达50%左右，成为我国秋季径流最多的地区。秋季径流较少的地区是我国的东南部，除受台风影响的海滨地区可达25%以外，一般只有15%～20%，最少的是两湖盆地，还不到10%。

四、地表径流形成的影响因素

影响径流形成的自然因素可分为两个方面：气候因素和下垫面因素。此外，人类改造自然活动的影响，也是一个重要因素。

(一)气候因素的影响

1. 降水

影响径流形成的气候因素中最重要的是降水，它是径流形成的主要源泉。现以我国为例来说明。据汤奇成等(1981)研究，发现我国大部分地区的水汽来源于太平洋的东南季风，西南部分地区水汽则来自印度洋的西南季风，此外，在我国的西北还有来自大西洋和北冰洋的水汽。这几种水汽来源构成了我国境内年降水分布的四个显著特点：东南多雨，西北干旱；降水量大致自东南沿海向西北内陆递减；山区多于平原；山地的迎风坡多于背风坡。这些特点决定了降水量的地区分布：台湾位于我国的最东南部，大部地区降水量在2000mm以上，台湾山地的几个降水中心可达5000mm以上，是我国降水最多的地区。海南岛、浙闽丘陵和两广丘陵降水量一般在1600～2000mm。其中一些山地的迎风坡可达2500mm。江南丘陵降水量在1200～1600mm，其迎风的山坡可达1800mm以上。长江中下游北岸、四川盆地和云贵高原的降水量在1000mm左右，但在四川盆地西部的山地，由于地势骤然抬高，降水增多，峨眉山和雅安暴雨区可达2000～2500mm。汉江流域、淮河流域降水量为700～1000mm，华北及东北的大兴安岭以东地区降水量为400～700mm，其中长白山地可增至1200mm，是我国北方降水最多的地方。其他山地也都可增至700～900mm。黄土高原为300～600mm，东北的西部降水量已减至300～400mm，由此往西，降水逐渐减少，至新疆东南部及柴达木盆地则不足25mm，是我国年降水量最少的地区。由此再往西向北，降水又有所增加，至伊犁河谷已达300mm。天山、祁连山等山地远比四周盆地和谷地高，一般都在200～400mm，阿尔泰山地最高可达800mm。我国西南地区由于受西南季风的影响，云南西部及西藏南部地区降水量相当丰富，一般在1500～2000mm，其中高黎贡山地区和喜马拉雅山南麓可达3000mm以上。

在气候因素中，蒸发决定了径流的损耗。我国年总蒸发量的地区分布特点与年降水量一样，也有自东南向西北递减的趋势。东南地区的年总蒸发量在700mm左右，其中台湾东、西部平原及濒临鄱阳湖、洞庭湖的地区可高达 800～900mm，是我国年总蒸发量最多的地区。东南地区的一些高山地区，年总蒸发量较少，约为600mm。我国年总蒸发量最少的地区是塔里木盆地、柴达木盆地和新疆若羌以东地区，年总蒸发量不及25mm。

年总蒸发量的垂直变化，大致在东经100°以东是随高度的增加而减少，如秦岭就是这样。盆地大于邻近的山地，如四川盆地年总蒸发量在 600mm 以上，而川西山地则在300mm以下。东经100°以西则相反，年总蒸发量随高度的增加而增加，这是因为山地比较湿润，有一定的水分可供蒸发。阿尔泰山、天山及喜马拉雅山南坡年总蒸发量又增加至200～500mm。山地年总蒸发量大于邻近的盆地，如祁连山、天山可达200mm以上，而塔里木盆地、柴达木盆地则不足25mm。

2. 气温

在全球变暖的趋势下，气温同样是影响地表径流变化的主要因素。气温升高不仅导致地表蒸散的增加，还与高原冰川和积雪融化等有关。现以黄河入海径流变化为例来说明气温对地表径流变化的影响。据孔岩等(2012)研究，发现黄河流域内7个区间年平均气温表现出明显的空间差异性，气温大致由西向东呈递增分布，其中三花区间气温最高(图4-16)。黄河流域各区间的气温20世纪80年代以前比较稳定，80年代以后均出现上升趋势，90年代以后升温明显加快。

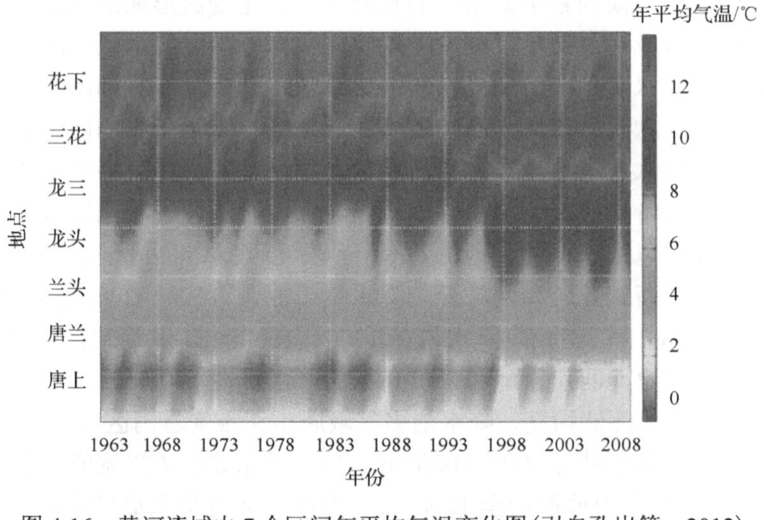

图4-16　黄河流域内7个区间年平均气温变化图(引自孔岩等，2012)

各区间出现明显升温的年份有所差异，其中三花区间与花下区间明显升温年份出现较早，第一次出现在1983年，第二次在1993年；其次是龙三区间、龙头区间和兰头区间，第一次和第二次升温分别出现在 1985 年和 1996 年，而唐上区间与唐兰区间则分别在1986年和1997年。气温不仅表现出区间差异性，且不同季节也呈现出明显变异(图4-17)。其中，在1985年，冬季升温明显，由此可见，上述1985年的第一次明显升温应是由冬季升温引起的，而且对入海天然径流量在1985年出现突变点也具有一定的影响；其他季节在1996年后升温明显。

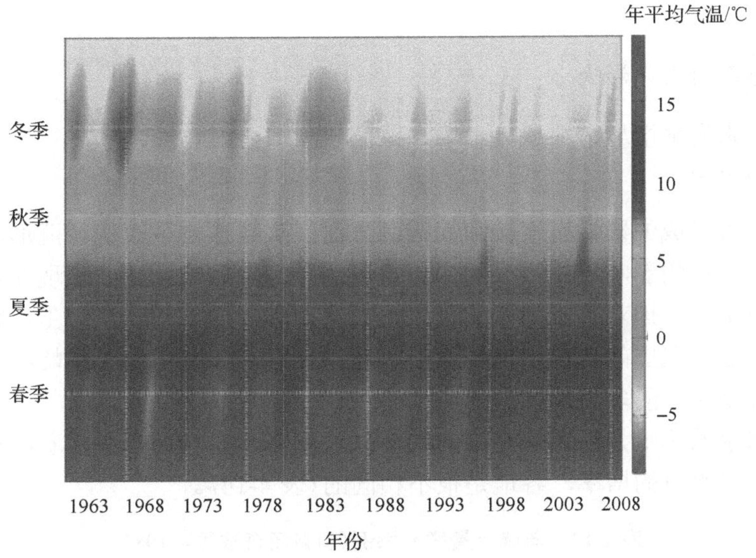

图4-17　黄河流域内四季节平均气温变化图(引自孔岩等，2012)

采用Spearman相关性检验，分别对每个区间的年和四季降水、气温因素与入海天然径流量进行相关性分析，并按每个区间统计与其呈显著相关(通过 $u=0.01$ 检验)的气温因素的个数(表4-12)。结果表明，与入海天然径流量相关性较高的主要集中在兰头、龙头和龙三区间。表4-13中，这三个区间年均气温与入海天然径流量的相关系数高于其他区间，且上述分析中这三个区间第一次明显升温的1985年与入海天然径流量的突变点吻合，说明这三个区间的气温升高对入海天然径流量减少的影响较大。这三个区间位于黄土高原地带，地域辽阔，气候干燥，气温升高加剧了地表蒸散，从而引起地表径流减少。

表4-12　每个区间的年和四季降水、气温因素与入海天然径流量的相关性统计(引自孔岩等，2012)

区间	唐上	唐兰	兰头	龙头	龙三	三花	花下
降水	2	2	—	1	3	2	—
气温	—	1	3	3	4	1	1

表4-13　7个区间年均降水量与入海天然径流量的相关系数(引自孔岩等，2012)

区间	唐上	唐兰	兰头	龙头	龙三	三花	花下
降水	0.613	0.588	0.464	0.508	0.711	0.613	0.200
气温	−0.296	−0.454	−0.528	−0.495	−0.609	−0.452	−0.372

7个区间四季的气温与入海天然径流量的相关分析结果显示，入海天然径流量与冬季气温相关性最高，表明冬季气温对入海天然径流量的影响最大。据统计冬季是黄河流域气温升幅最大的季节，2000年以后的冬季平均气温比20世纪60年代普遍升高2℃以上，冬季气温的大幅升高会对黄河流域凌情变化造成影响，同时还会引起高原冰川和积雪融化，造成上游径流来水量增加，在一定时期增加了径流量，但其后所引起的高原生态恶

化会加速高原水塔储水能力的下降，使流域内长期供水能力下降，最终导致入海径流量的减少。

(二)下垫面因素的影响

下垫面因素包括地形、地质、土壤、植被和湖泊、沼泽等。

1. 地形的影响

地形对径流形成的影响有直接和间接两方面。直接影响是改变径流形成的强度和历时，但这对径流量的影响还是很小的。更重要的是间接影响，主要表现在对气候特别是对降水的影响上。山地对降水的影响很大，对流雨和锋面雨都容易产生，因此山地常常成为多雨的中心。我国的台湾山地、南岭、浙闽丘陵、川西山地、秦岭、太行山、长白山、天山等都是明显的多雨地区。

地形对降水的影响，还表现在山地的迎风坡面降水量增加，并随着高程的增高而增加，山地对于降水量的增率，各地是很不相同的(表 4-14)。

表 4-14　年降水量增率举例(引自汤奇成等，1981)

地区名称	年降水量增率/%
台湾山地	102
黑龙江山地	79
峨眉山	39
祁连山	8

从表 4-14 可以看出，水汽含量越多，地形的作用越显著，降水量的增率越大。降水随着高程增加至某一高程而达到最大值，称为最高降水带，然后随着高程增加降水量不再增多并相应减少。我国各地最高降水带差异很大，在太行山、燕山大致为 500～600m，天山北坡为 1600～2600m。

在高峻山地的背后平地降水量显著减少，如澎湖列岛，地处台湾山地的雨影内，降水量仅 1000mm 左右。

2. 土壤和地质的影响

土壤和地质因素对径流形成的影响，主要表现在土壤入渗和蒸发过程中。我国秦岭—淮河以南地区，地表覆盖物颗粒较细，渗透作用较弱，降水易于形成径流，在秦岭—淮河以北，地表覆盖物多砂石、黄土等，渗水作用较好，地表径流要比其他降水量相等地区少得多。

在我国西南地区有大片的岩溶地貌，这些地区的地表水大量漏入地下，变成地下伏流，所以地表径流急剧减少。

东北北部及青藏高原还有永冻层及岛状冻土存在，形成一个不透水层，阻止水分下渗，使径流增加。

其他下垫面因素，如湖泊、沼泽等因素也对地表径流有影响，在此不再叙述。

（三）人类活动的影响

人类活动对径流有明显的影响，现以黄河入海径流变化为例来说明人类活动对地表径流变化的影响。据孔岩等(2012)研究，在过去50年中，伴随着经济和人口的快速发展，黄河流域受到了人类活动强烈的影响，生产生活需水量急剧增加，大中型水库及淤地坝大量修建，使得流域水资源供需矛盾日趋严峻。由于区域的差异，人口分布不均，人类活动对入海径流的影响也存在时空差异。分析人类活动时空差异对径流的影响，对水资源系统配置具有重要意义。

1. 流域取水量对径流量的影响

20世纪50年代后人口与灌溉面积急剧增长，年取水量达到259.3亿m^3，1986～1996年为320.6亿m^3，1997～2002年为343.9亿m^3，2003～2009年为343亿m^3。相对于第一个阶段20世纪50年代，1968年后四个阶段的取水量分别增长了61.4%、99.6%、114%、114%，相应地黄河入海实测径流量分别减少了45.8%、70.9%、90.8%、69.8%，可见流域取水量剧增与入海实测径流量的急剧减少几乎同步。1999年后，黄河水利委员会实施黄河水量的统一调度和分配，在水资源需求不断加大的情况下，有效控制了黄河沿线的取水量，使入海实测径流量在第五个时间段有所增加。取水量占天然入海径流量的比例由1963～1968年的22.5%上升为1997～2009年的75.3%。可见，流域取水量增加已成为影响入海径流量大幅度减少的重要原因。人口由1953年的4.1×10^7增长至1982年的8.4×10^7，再到1997年的10.7×10^7，灌溉面积由1949年的$0.8\times10^6hm^2$增长至1997年的$7.51\times10^6hm^2$，人口与灌溉面积的增加直接导致取水量增加。整个黄河流域1963～2009年取水量(图4-18)在80年代前呈现持续增加趋势，80年代后呈波动式增加。

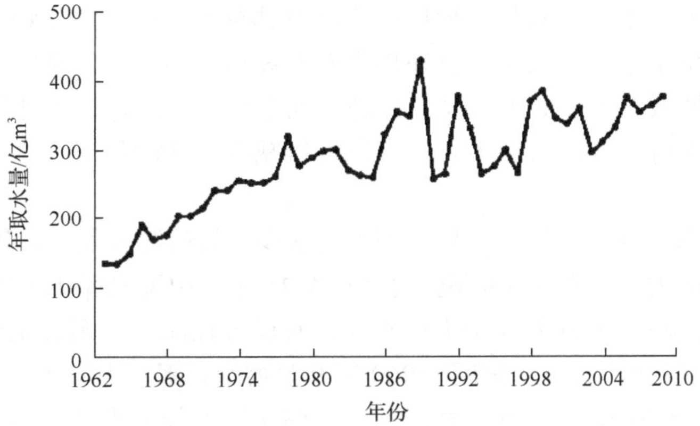

图4-18　黄河流域年取水量(引自孔岩等，2012)

根据刘昌明和张学成(2004)统计的不同区间耗水量年代数据及《黄河水资源公报》统计的最新耗水量资料，绘制不同区间耗水量年际变化图(图4-19)。由于唐乃亥以上区间耗水量较少，多年平均耗水量约为1.67亿m^3，故研究中只统计了兰州以上区间耗水量。图4-19显示区间耗水量较大的是兰头区间与花下区间，20世纪80年代后年均耗水量达到了 100 亿 m^3 左右。不同区间耗水量年际变化也存在明显差异，除三花区间耗水量呈下降趋势外，其余区间的耗水量均有不同程度的增加，兰州以上、龙三和花下区间的耗水量在 70 年代增幅较大，兰头区间在 80 年代增幅较大。由于黄河管理委员会自 1999 年对整个黄河水资源统一调配，兰头、三花和花下区间的耗水量在 2000 年后出现了明显的降低，可见中下游区间的耗水量受到控制，开始出现减少的趋势，入海实测径流量也在 2003 年后出现了小幅度回升。

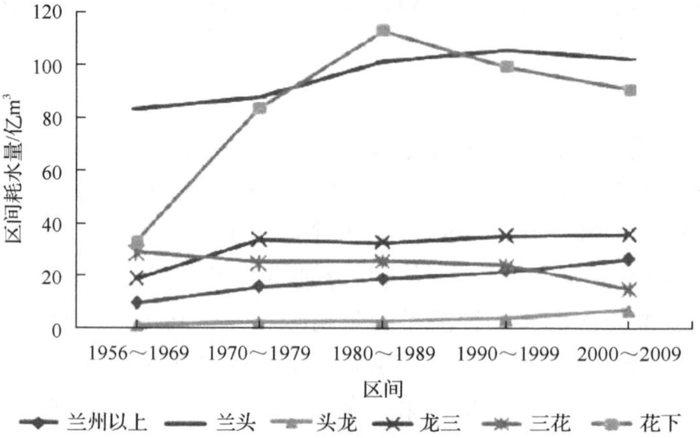

图 4-19　黄河流域 6 个区间耗水量年际变化图（引自孔岩等，2012）

2. 水土保持与水利工程

黄土高原大规模的水土保持始于 20 世纪 60 年代末，实施了梯田、林、草、淤地坝四大水土保持措施，初步治理水土流失面积 18.45 万 km^2。然而水土保持措施改变了黄河中上游尤其是中游的下垫面条件，梯田的修建及林草的种植增加了地表入渗，入渗的水分除一部分补给地下水外，其余消耗在地表蒸发和植物蒸腾中。黄河中游被深厚的黄土覆盖，地下水位较低，入渗的水分少部分进入地下水，大部分则通过蒸发被损耗。70 年代以后由于水土保持措施，黄河中游来水量每年减少约 34 亿 m^3，在一定程度上减少了入海实测径流量。

黄河干流在 20 世纪 60 年代大型水利工程很少，其后发展很快，截止到 2002 年，黄河干支流上已建成大中型水库 136 座（大型水库 18 座，中型水库 118 座），三门峡、刘家峡、龙羊峡和小浪底是干流中 4 个大型水库，对调节径流起着至关重要的作用，其位置主要位于唐兰与三花区间。三门峡于 1960 年 9 月蓄水，蓄水当年下游便出现断流。刘家峡蓄水时间为 1968 年 10 月，水库建成后，兰州站汛期径流出现了明显的下降，刘家峡在 1969～1985 年汛期平均蓄水量为 26.9 亿 m^3，非汛期平均泄水量 24.7 亿 m^3，刘家峡单库调节对年入海径流量的影响不大。龙羊峡蓄水时间为 1986 年 10 月，到 1989 年 11 月共蓄水 160.3 亿 m^3，龙羊峡和刘家峡联合使用，这期间只蓄不泄，可以说在这期间，龙羊峡和刘家峡直接导致入海径流量减少 160.3 亿 m^3，这对入海实测径流量在 1985 年发生突变具有重要的影响。小浪底于 1999 年 10 月建成蓄水，1999～2002 年水库内蓄水量为 23.4 亿 m^3，进一步加剧了入海径流量的萎缩。刘家峡与龙羊峡起始蓄水时间为 1968 年与

1986 年，小浪底进行调水调沙试验在 2002 年，这些年份与入海实测径流量的突变点吻合，说明水利工程的修建对入海实测径流量的波动有重要影响。

水利工程的修建主要是为了按季节分配水资源，以满足农业灌溉及预防洪涝灾害。水库汛期蓄水，非汛期泄水，在足够长的时间尺度上，水库直接减少的入海径流量是很小的，但水库对入海径流量减少的间接影响还是较大的。其一主要表现在由于水库的调节，流域年取水量的增加和减少与降水量的丰枯不存在一致性，特别在 20 世纪 70 年代后，这种不一致的年份出现的次数越来越多，说明水库的调节改变了原有的取水规律，水量由汛期向非汛期转移，增加了非汛期的潜在耗水量；其二是由于水利工程的修建，增加了黄河河道的水面积，据统计，中上游干流河道水面蒸发量较自然条件下增加了 4.23 亿 m^3。

参 考 文 献

柴宗新. 1986. 按相对高度划分地貌基本形态的建议//中国 1∶100 万地貌图编辑委员会, 中国科学院地理研究所. 地貌制图研究文集. 北京: 测绘出版社: 90-97.
陈曦. 2010. 中国干旱区自然地理. 北京: 科学出版社: 23-79.
陈志明. 1993. 1∶400 万中国及其毗邻地区地貌图说明书·中国地貌纲. 北京: 中国地图出版社: 7-13.
丁晶, 邓育仁. 1988. 随机水文学. 成都: 成都科技大学出版社.
甘枝茂, 惠振德, 马乃喜. 2000. 陕西省地貌//陕西省地方志编纂委员会. 陕西省志·地理志. 西安: 陕西人民出版社: 292-325.
黄少敏, 刘尚仁, 陈华堂. 2002. 广东省 1∶500000 地貌图说明书. 热带地貌, 22(增刊): 8.
孔岩, 王红, 任立良. 2012. 黄河入海径流变化及影响因素. 地理研究, 31(11): 1981-1990.
李炳元, 李吉均. 1991. 青藏高原第四纪冰川遗迹分布图. 北京: 科学出版社.
李炳元, 李钜章. 1986. 中国 1∶100 万地貌图图例系统和地貌类型的探讨//中国 1∶100 万地貌图编辑委员会, 中国科学院地理研究所. 地貌制图研究文集. 北京: 测绘出版社: 52-59.
李炳元, 李钜章. 1994. 中国 1∶400 万地貌图. 北京: 科学出版社.
李炳元, 潘保田, 程维明, 等. 2013. 中国地貌区划新论. 地理学报, 68(3): 291-306.
李炳元, 潘保田, 韩嘉福. 2008. 中国陆地基本地貌类型及其划分指标探讨. 第四纪研究, 28(4): 535-543.
李吉均. 1983. 青藏高原的地貌轮廓及形成机制. 山地研究, 1(1): 7-14.
李天杰, 郑应顺, 王云. 1980. 土壤地理学. 北京: 人民教育出版社: 243-255.
刘昌明, 成立. 2000. 黄河干流下游断流的径流序列分析. 地理学报, 55(3): 257-265.
刘昌明, 张学成. 2004. 黄河干流实际来水量不断减少的成因分析. 地理学报, 59(3): 323-330.
刘振东. 1989. 中国地形起伏度统计单元的研究. 热带地理, 9(1): 31-38.
潘保田, 高红山, 李炳元, 等. 2004. 青藏高原层状地貌与高原隆升. 第四纪研究, 24(1): 50-57.
齐德利, 于蓉, 张忍顺, 等. 2005. 中国丹霞地貌空间格局. 地理学报, 60(1): 41-52.
裘善文. 2008. 中国东北地貌与第四纪研究与应用. 长春: 吉林科学技术出版社: 10-35.
饶素秋, 杨特群, 陈冬伶. 2008. 黄河流域气候变化的影响及可能开展的水文研究//中国水利学会. 2008 学术年会论文集(下集). 北京: 中国水利水电出版社.
任纪舜, 王作勋, 陈炳蔚, 等. 1999. 从全球看中国大地构造: 中国及邻区大地构造图简要说明. 北京: 地质出版社: 1-38.
任美锷, 曾昭璇. 1966. 中国热带亚热带地貌区划. 北京: 中国科学院综合考察委员会: 3-175.
沈玉昌, 苏时雨, 尹泽生. 1982. 中国地貌分类、区划与制图研究工作的回顾与展望. 地理科学, 2(2): 97-104.
沈玉昌. 1959. 中国地貌区划(初稿). 北京: 科学出版社: 24-29.
沈玉昌. 1961. 论地貌区划的原则与方法. 地理, 12(8): 33-41.
施雅风, 李吉均, 李炳元, 等. 1998. 青藏高原晚新生代降升与环境变化. 广州: 广东科技出版社: 1-463.

孙鸿烈, 郑度. 1998. 青藏高原形成演化与发展. 北京: 科学出版社: 269-279.

汤懋苍, 程国栋, 曾群栓, 等. 1998. 高原气候变化及其对环境影响//孙鸿烈, 郑度. 青藏高原形成演化与发展. 广州: 广东科技出版社: 155-156.

汤奇成, 等. 1981. 河流水文//中国科学院《中国自然地理》编辑委员会. 中国自然地理——地表水. 北京: 科学出版社: 1-120.

伍光和, 王乃昂, 胡双熙, 等. 2008. 自然地理学. 北京: 高等教育出版社: 247-253, 339-351.

徐宗学, 张楠. 2006. 黄河流域近十年降水变化趋势分析. 地理研究, 25(1): 27-34.

杨明德. 1988. 贵州地貌//贵州省地方志编纂委员会. 贵州省志・地理志(下册). 贵阳: 贵州人民出版社: 710-763.

张百平, 周成虎, 陈述彭. 2003. 中国山地垂直带信息图谱的探讨. 地理学报, 58(2): 163-171.

张青松, 李炳元. 1999. 喀喇昆仑山——西昆仑山晚新生代以来环境. 北京: 中国环境科学出版社: 1-38, 197-225.

张学成, 王玲. 2001. 黄河河川径流耗水量预测分析. 水利水电技术, 32(6): 8-11.

中国科学院《中国自然地理》编辑委员会. 1980. 中国自然地理——地貌. 北京: 科学出版社: 1-61.

中国科学院地理研究所. 1959. 中国地貌区划(初稿). 北京: 科学出版社: 24-29.

中国科学院地理研究所地貌研究室. 1985. 黄淮海平原地貌图(1∶500000)及说明书. 济南: 山东地图出版社.

中国科学院内蒙古宁夏综合考察队. 1980. 内蒙古自治区及东北西部地区地貌. 北京: 科学出版社: 1-121.

中国科学院新疆综合考察队, 中国科学院地理研究所, 北京师范大学地理系, 新疆综合考察队地貌组. 1978. 新疆地貌. 北京: 科学出版社: 1-253.

中国南京土壤研究所. 1980. 中国土壤. 北京: 科学出版社: 448-464.

周成虎, 程维明, 钱金凯, 等. 2009. 中国陆地 1∶100 万数字地貌分类体系研究. 地球信息科学学报, 11(6): 707-724.

周廷儒, 施雅风, 陈述彭. 1956. 中国地形区划草案//中华地理志编辑部. 中国自然区划草案. 北京: 科学出版社: 21-56.

周幼吾, 程国栋, 郭东信, 等. 2000. 中国冻土. 北京: 科学出版社: 10-45.

朱震达, 吴正, 刘恕, 等. 1980. 中国沙漠概论. 修订版. 北京: 科学出版社: 1-7.

第五章　生物种群的空间分布格局及其变化动态

种群是物种在自然界中存在的基本单位，是生态地理学各研究层次中最重要的一个层次，具有许多不同于个体的特征。种群是生物进化的基本单位，也是生命系统的更高组织层次——生物群落的基本组成单位，种群生态地理主要研究种群的空间分布格局及其变化动态等。

第一节　种群的概念与基本特征

一、种群的概念与特征

(一)种群的概念

种群(population)是生态学的重要概念之一，它是指在同一时期内占有一定空间的同种生物个体的集合。该定义表示种群是由同种个体组成的，占有一定的领域，是同种个体通过种内关系组成的一个统一体或系统。种群形成了个体所不具备的特征。除生态学外，进化论、遗传学、分类学和生物地理学等都使用种群这个术语。

为了强调不同的侧面，有的学者还在种群定义中加进诸如能相互进行杂交、具有一定结构、一定遗传特性等内容。有时候，种群这个术语也用来表示不同种个体的集合，在这种情况下最好用混合种群一词，以便和单种种群相区别。

population 这个术语从拉丁语派生而来的，含人或人民的意思，一般译为人口。以前，有人在昆虫学中译为虫口、鱼类学中泽为鱼口、鸟类学中译为鸟口等，后来我国生态学工作者统一译为种群，但也有的译为“居群”“繁群”，台湾译为“族群”，日语中译为“个体群”。

我国遗传学家把 population genetics 译为群体遗传学，也有使用种群遗传学这个概念的，以区别群落等其他群体，并保持与生态学和进化论应用的一致性。20 世纪 60 年代，很多生物学家认识到分别研究种群生态学和种群遗传学的局限性，发现种群中个体数量动态和个体遗传特性动态有密切的关系，并力图将这两个独立的分支学科有机地整合起来，从而提出了种群生物学。生态遗传学和进化生态学就是在这种思想影响下迅速发展起来的。

种群概念的应用，可抽象，也可具体。当具体指某种群时(如某块森林中的梅花鹿种群)，则其时间上和空间上的界限是按研究者的方便而划分的。研究对象也可分为自然种群(如某一湖泊中的鲤鱼种群、秦岭山地的大熊猫种群等)和实验种群(如实验条件下人工饲养的果蝇种群、小白鼠种群)或单种种群(如以面粉饲养拟谷盗以研究其种群数量动态)和混种种群(如把两种草履虫养在同一容器内以研究种间竞争)。

种群可以由单体生物(unitary organism)或构件生物(modular organism)组成。在由单体生物组成的种群中，每一个体都是由一个受精卵直接发育而来，个体的形态和发育都可以预测，哺乳类、鸟类、两栖类和昆虫是单体生物的例子。相反，由构件生物组成的种群，受精卵首先发育成一结构单位或构件，然后发育成更多的构件，形成分支结构发育的形式和时间是不可预测的。大多数植物、海绵、水螅和珊瑚是构件生物。高等植物通过积累构件而生长。构件通常包括叶子、芽和茎，花也是一种类型的构件。构件生物各部分之间的连接可能会死亡和腐烂，这样就形成了许多分离的个体，这些个体来自于同一个受精卵且基因型相同，这样的个体被称为无性系分株(ramets)。

在自然中，门、纲、目、科、属等分类单元是学者按物种的特征及其在进化中的亲缘关系来划分的，唯有种(species)才是真实存在的，因为组成种群的个体是随着时间的推移而死亡和消失的，又不断通过新生个体的补充而持续，所以进化过程也就是种群中个体基因组成和基因频率从一个世代到另一个世代的变化过程。因此，从进化论的观点看，种群是一个演化单位，而从生态学观点来看，种群又是生物群落的基本组成单位。

(二)种群的基本特征

一般认为，自然种群具有以下 4 种基本特征。

1. 数量特征

这是种群的最基本特征。种群是由多个个体所组成的，其数量大小受出生率、死亡率、迁入率和迁出率四个种群参数的影响，这些参数继而又受种群的年龄结构、性别比率、内分布格局和遗传组成的影响，从而形成种群动态。

2. 空间特征

种群均占据一定的空间。其个体在小尺度空间上分布可分为聚集分布、随机分布和均匀分布；此外，在大尺度范围内分布，还形成地理分布。

3. 遗传特征

既然种群是同种个体的集合，那么种群具有一定的遗传组成，是一个基因库，但不同的地理种群存在基因差异。不同种群的基因库不同，种群的基因频率世代传递，在进化过程中通过改变基因频率以适应环境的不断改变。

4. 系统特征

种群是一个自组织、自调节的系统。它以一个特定的生物种群为中心，以作用于该种群的全部环境因子为空间边界所组成的系统。因此，应从系统的角度，通过研究种群的内在因子，以及生境内各种环境因子与种群数量变化的相互关系，从而揭示种群数量变化的机制与规律。

(三)异质种群

R. Levins 于 1969 年首次提出异质种群(metapopulation)这一概念，将其定义为一组种群构成的种群(a population of population)。它指生活在斑块生境中、彼此间通过个体扩散相互联系在一起的许多小种群或局部种群的集合，因此也称为集合种群(metapopulation)。为了区分上述种群概念，常用地方种群(local population，或译为局域种群)来表示传统意义上由一群个体组成的种群，用集合种群表示一组由地方种群构成的种群。

一个典型的集合种群需要满足以下四个条件。

条件 1：种群以离散斑块形式生活在其适宜的生境中，而且各个离散斑块可以繁殖出局域(local)的种群。

条件 2：这些以离散斑块生活的各个地方种群，即使是生活在最大的局域，该种群也有灭绝风险。否则，集合种群将会因最大地方种群的永不灭绝而可以一直存在下去，从而形成大陆岛屿型集合种群。

条件 3：生活在各个离散斑块的种群可以交流，生境斑块不可过于隔离而阻碍地方种群的重新建立。如果生境斑块过于隔绝，就会形成不断趋于集合种群水平上的灭绝的非平衡态集合种群。

条件 4：各个地方种群的动态不能完全同步。如果完全同步，那么集合种群不会比灭绝风险最小的地方种群续存更长的时间。这种异步性足以保证在当前环境下不会使所有的地方种群同时灭绝。

二、种群的空间分布格局

既然种群都占据着一定的空间，它在空间上的分布特征已经成为种群生态学的一项重要内容。空间生态学(spatial ecology)是近年来发展较快的一个生态学分支。按 Tilman (1982)所著的《空间生态学：空间在种群动态和种间相互关系中的作用》一书的定义，空间生态学是研究空间对于种群动态和多种群(群落)的结构、动态、多样性及稳定性的影响，可见其覆盖的范围较广。

(一)种群的空间尺度和空间结构

尺度(scale)一般是指某一研究对象在时间上或空间上的量度，分别称为时间尺度和空间尺度，它们对于生态学研究及其结论具有重大的影响。生态学家在观察某一现象或对其进行实验研究时，应该采用哪一时空尺度，即地区大小和时间长短，在其设计研究中必须有很好的考虑。

空间尺度由小到大是一个连续体，但大体而言，可以看到 5 个点：①个体空间(individual space)，即个体占用的空间。②局域斑块(local patch)，即许多个体占用的空间斑块。③区域尺度(regional scale)，包括许多地方种群，或通过扩散而由许多斑块联结而成的相当大的地区。④封闭系统(closed system)，一个包含有封闭的生态系统(如营养物质循环)的很大空间。⑤生物地理学尺度(biogeographical scale)，可以包括不同的栖息地和气候的空间尺度。

把空间尺度视为连续体，并按空间大小划分不同等级(其等级结构，hierarchical structure)的思想是有远见的，并为大多数生态学家所接受；但是 5 个点的定义，还是相当不完善的，有待于进一步发展。例如，俄国学者纳乌莫夫和希洛夫在他们的生态学教科书中，讨论种群空间结构时从动物空间利用的方式出发，把生物利用空间的方式分为分散地利用空间和集群地共同利用空间两类，并且前一类营单体或独立家族(solitary family)的生活方式，后一类则营集群(aggregative)的生活方式。因为集群利用空间往往易导致资源耗尽，该类动物多数为游牧(nomadism)生活方式。他们还认为，在两类之间有许多中间的过渡型，并论述各自的利弊，即对物种生存的意义。

由于各种生物在形态、生理、生态、行为特征上的不同，各物种种群的合适空间尺度也应该不同，也就是说，空间尺度具有相对性，研究昆虫种群与大型兽类的空间尺度应该不同，水生的鱼类和兽类也有不同。空间生态学是新兴的生态学的一个领域，以目前的积累资料显然也不可能提出完善的空间等级的划分。

20 世纪 70 年代以后，种群空间结构的思想在行为生态学发展的影响下，又进一步发展为种群空间-行为学结构(the spatial-ethological structure of population)(Shilov，1989)。其基本思想如下。

任何种群的存在及其运转(原文 functioning，或译为功能)，依赖于种群的结构和有规律的分布(空间结构)，以及个体之间通过特定行为明确的相互作用系统(行为学结构)。种群的空间-行为学结构是维持种群稳态的基础，使种群在复杂、变动的环境条件下保持不间断的运转。

形成空间-行为学结构的基本原理，决定于两个生物学的职责，即保证种内个体的竞争最小，以及保证个体间有稳定的功能、信息的接触，前者出现空间分布，后者保证功能整合。

(二)种群的空间分布型

1. 小尺度种群的空间分布型

组成种群的个体在其生活空间中的位置状态或布局，称为小尺度种群的分布型(distribution pattern，或译为分布格局)。种群的分布型，一般分为三类：随机的(random)、均匀的(uniform)和成群的(clumped)或称聚集的(aggregated)(图 5-1)。按照群本身的分布状况，又可分为均匀群(uniform clumped)、随机群(random clumped)和聚集群(aggregated clumped)，这就是说，后者具有两级的成群分布。

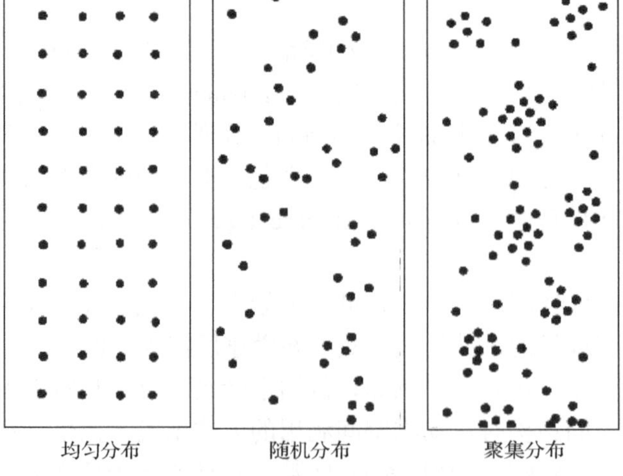

图 5-1　均匀的、聚集的和随机的三种分布型(引自孙儒泳，2010)

三种空间分布的主要特点为：①均匀分布。个体是独立的，分布是均匀的，平均数＞方差。②随机分布。个体概率相等，分布是随机的，平均数=方差。③聚集分布。个体概率不相等，分布是聚集的，平均数＜方差。

均匀分布，就是每一个体在种群领域中呈有规则的均匀状分布。自然界完全在种群领域中呈有规则的均匀分布的比较少见。例如，在海岸崖上营巢的海鸥常常很均匀地分布，其巢与巢之间彼此保持一定距离。青海湖鸟岛上一沿湖悬崖上的鸬鹚(*Phalacrocorax carbo*)在繁殖期分布基地中虽然有很多巢，但彼此间却保持着一定的距离。在筑巢时，亲鸟常有偷其他鸟巢材料的行为，有时还会因此而发生格斗，但是它们一般是互不侵犯的，因为各自都有自己的"小地盘"，这是巢主的"合法"的个体领域。基地上的鸬鹚还会彼此合作，共同御敌，如猛禽在上空飞过时，它们就会群起而攻之。

随机分布，就是每一个体在种群领域中各个点上出现的机会是相等的，并且某一个体的存在并不影响另一个体的分布。例如，拟谷盗(*Tribolium confusum*)和黄粉虫(*Tenebrio molitor*)的幼虫在均匀的环境中，通常呈随机分布。这可以通过实验证明：在面粉中培养黄粉虫，以后用同一小杯随机取样，检查小杯中黄粉虫幼虫的个数。在连续采取很多样本(如 100 个)后，以样本中出现含 0，1，2，3……条虫的样本数的实际观察值，与统计学中泊松分布(Poisson distribution)的预期概率相比较(如 χ^2 检验法)，就会发现黄粉虫幼虫的分布是符合泊松分布的。这就证明了它们是属于随机分布的。

聚集分布就是在种群领域中个体出现的概率不相等，分布是聚集的，并且某一个体的存在并不影响另一个体的分布。聚集分布的例子几乎到处可见。

2. 大尺度种群的空间分布型

大尺度种群的空间分布型是指组成种群在地理空间尺度上的分布状态。主要包括纬度地带性、经度地带性、垂直地带性和非地带性分布 4 种分布格局。

(1)种群的经度地带性

经度地带性指某一动物、植物和土壤微生物种群从沿海向内陆呈现有规律的分布格局，即由沿海向内陆的地域分异规律，分布规律主要是水分受离海远近的影响，从大陆沿海向内陆方向递减。该规律在北半球中纬度表现最为明显。

(2)种群的纬度地带性

纬度地带性指某一动物、植物和土壤微生物大致沿纬线方向带状伸展并按纬度变化方向逐渐更替的分布规律格局。纬度地带性即由赤道向两极的地域分异规律，其形成的原因是以热量为基础而产生的，主要是受地球形状的影响，太阳辐射从赤道向两极递减。例如，赤道穿过非洲的中部，非洲南北半球部分获得太阳能量，从赤道向高纬依次递减，出现了南北对称分布的自然带，该规律在低纬度和高纬度表现明显。

(3)种群的垂直地带性

垂直地带性指动物、植物和土壤微生物随着山地高度的增加，从而出现种群逐渐更替，并使某一种群有一个相对一致的分布区间的现象，又称为垂直带性或高度带性。造成种群垂直地带性的主要原因是随着海拔的上升，从山麓到山顶年平均气温逐渐降低，生长季节逐渐缩短，同时在一定海拔范围内随着降水量的增加，风速加大，辐射增强，土壤条件也发生相应的变化。在以上因素的综合作用下，生物种群的分布出现有规律性的变化。

(4) 种群的非地带性

非地带性指在一定的气候带或大气候区内，因受地下水、地表水、地貌部位或地表组成物质等非地带性因素而影响某一动物、植物和土壤微生物的生长发育，从而造成其呈现斑块状分布的格局。

(三) 空间异质性与集合种群

空间异质性 (spatial heterogeneity) 是指生态学过程和格局在空间分布上的不均匀性及其复杂性。这一名词在生态学领域应用很广，定义和用法也有多种，一般可以理解为空间的斑块性 (patchiness) 和梯度 (gradient) 的总和。例如，物种多样性随非生物环境的异质性而增加，动物的多样性随植物的空间多样性而增加。斑块性主要强调斑块的种类组成特征及其空间分布与配置关系，比异质性在概念上更为具体化。因此，空间格局、异质性和斑块性在概念上和实际应用中都具有相互联系，但又有区别的一组概念。最主要的共同点在于它们都强调非均质性及对尺度的依赖性。

集合种群 (metapopulation，又译为异质种群) 最初由 R. Levins 在 1969 年首次采用，定义为由经常局部性灭绝，但又寄居而再生的种群所组成的种群。这个定义比较抽象，但与空间异质性相联系就容易理解。图 5-2 表示斑块状的异质空间，每一圆圈代表一个某物种可寄居的或大或小的斑块，圈中之点代表栖居着的个体。图中有两类斑块，已占用的和未占用的。斑块间的箭头表示个体在斑块间的迁移或扩散。斑块中的种群称为地方种群 (local population) 或亚种群 (subpopulation)。地方种群小，有较高的绝灭风险，但通过邻近地方种群的扩散和定居而得到补充和重新建立种群。由许多地方种群组成的高一层次的系统，称为集合种群。因此，集合种群就是由空间上互相隔离但功能上又有联系的若干亚种群，通过扩散和定居而组成的种群。亚种群时生时灭，而集合种群则是稳定的，比较持久的。由此可见，集合种群包括两个空间尺度，即地方种群尺度或斑块尺度，以及集合种群尺度或更高层次的空间或地区尺度。

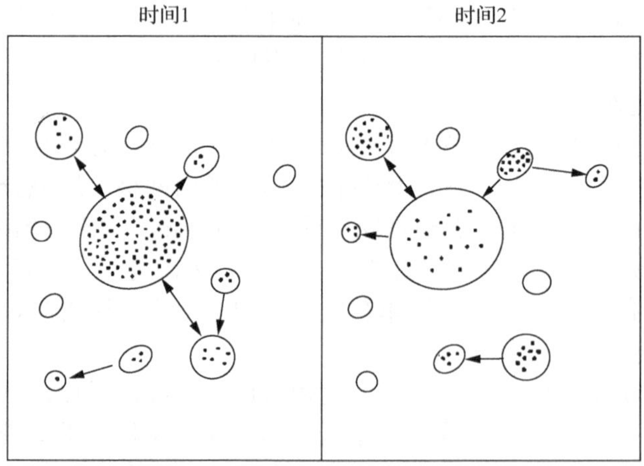

图 5-2　集合种群动态 (引自孙儒泳，2010)

时间 1 和时间 2 分别代表已占用的和未占用的

集合种群动态的实例——Hanski(1995)在芬兰的 Aland 群岛对庆网蛱蝶(*Melitaea cinxia*)的研究。该种从西欧到中国都有广泛分布，但在芬兰目前只见于波罗的海的 Aland 群岛。样田具有小农场、耕田、干草甸、森林，蛱蝶幼虫分布在干草甸上。它们在群岛上呈离散的小斑块分布，斑块面积的平均值、中值及最大值分别为 $0.13hm^2$、$0.03hm^2$ 和 $6.80hm^2$，共 1502 个，1994 年共有 377 个地方种群，最大的有 500 只蝶。适于生活的斑块间平均最邻近距离仅为 240m，迁移蝶的平均值、中值及最大迁移距离分别为 590m、330m 及 3050m。更重要的，该学者在 $25km^2$ 范围内证明了地方种群间有很高的非同步性，即证明了在目前环境条件下不会使所有地方种群同时绝灭。据此，Hanski(1995)认为，典型的集合种群应满足以下四个条件：①适宜的生境以离散斑块形式存在；②即使最大的地方种群也有绝灭风险；③生境斑块间的距离不能过大，以致阻碍个体迁移和定居；④各个地方种群的动态不能完全同步。

集合群动态理论——Levins 模型。在集合种群研究中，数学模型研究一直起重要作用。Levins 模型是提出最早和最有代表性的模型。下面我们直接引用张大勇等(1999)的文章介绍 Levins 模型。

Levins 模型假定有大量的离散生境斑块，并假定它们大小相同，而且相互之间通过个体的迁移，使各地方种群均等地连接在一起。在 Levins 模型中，生境斑块只分为已被定居和未被定居两种，而地方种群的真实大小则忽略不计。因此，该模型最适合应用于斑块相对较小、地方种群可以迅速达到“容纳量”的系统。它假定所有种群有恒定的灭绝风险，种群建立的概率与斑块有种群定居的比例(P，迁移源)及当前未被定居斑块比例($1-P$，迁移目标)呈正比。按以上假定，P 的变化速率(dP/dt)为

$$dP/dt = cP(1-P) - eP$$

式中，c、e 分别为侵占和灭绝参数。P 的平衡值为

$$P = 1 - e/c$$

根据 Levins 模型，在平衡状态时被定居的生境斑块比例将随 e/c 的减少而上升，只要 $e/c<1$，集合种群将能持续生存下去($P>0$)。

Levins 模型虽然简单，但它抓住了典型集合种群动态的一个关键属性(要持续生存)，地方种群的重建速率必须高到足以补偿灭绝速率，并使集合种群大小在很小时能够增长。另外，$e/c<1$ 或 $c/e>1$ 表明一个被空白斑块包围的地方种群(当 P 很小时)在其生存期($1/e$)内必须至少建立一个新种群才能使集合种群持续生存下去。这一重要的阈值条件类似于能够使一个寄生者在寄主种群中扩散的条件。事实上，集合种群动态理论与流行病学理论非常相似。Levins 模型预言：物种在某一生境定居的比例 P 随生境斑块平均大小及密度的下降而下降。如果斑块太小或彼此相距太远，集合种群都会灭绝($P=0$)。

目前有关集合种群研究的文献日益增加，在种群生态学领域正在形成一个新的热点，涉及的问题还包括多物种集合种群、集合群落及结合物种和生物多样性保护等应用课题，在此孙儒泳(2010)推荐 Hanski 的两部著作：*Metapopulation Biology*(1997)和 *Metapopulation Ecology* (1999)。对于中文读者，建议读《理论生态学研究》(张大勇等，2000)。

集合种群研究受到生态学家的重视，大概有以下原因：①集合种群把种的各个个体有机地结合，分析种群动态，并具有一定预测价值；②集合种群研究提供比较简单而有效的方法，分析研究较大尺度空间、多斑块中地方种群的消亡、定居等生态；③种群研究也是新兴空间生态学的一个特殊分支。

集合种群动态的理论也受到挑战，同时集合种群的概念和现有方法对于某些生物类群可能不适用，有的学者提出，所有生物种群都具有集合群吗？

三、种群的数量变动

掌握种群动态规律，必须有长期的种群数量变动记录。自然界生物种类繁多，而有长期种群动态记录的不多，现有的主要是一些有重大经济价值的昆虫、鱼类和鸟兽。研究种群动态的目的，是人类更好地利用和保护生物资源。分析种群动态规律也必须以客观资料，即自然种群动态记录为基础。

一种生物进入和占领新栖息地后，首先经过建立种群和种群增长，以后可出现不规则的或规则的(周期性的)波动，也可能比较长期地表现为平坦的相对稳定；许多种类有时还会出现骤然的数量猛增，称为暴发，随后又是大崩溃；有时种群数量会出现长时期的下降，称为衰落，甚至灭亡。

(一)种群增长

自然种群数量变动中，“J”形和“S”形增长均可见到，常常还表现为两类增长型之间的中间过渡型，但是自然种群的数量变动不像数学模型所预测的那样光滑、典型。一个种群进入一个新的生态系统以后，其种群增长曲线增长初期一般会显出一个“S”形曲线，以后却常常出现不规律的波动。总的说来，完全符合“S”形增长的自然种群不多。

澳大利亚的昆虫学家 Andrewartha 曾对果园中的蓟马种群进行长达 14 年的研究，他发现了生活在玫瑰上的蓟马种群数量的年度和季节变化规律：在环境较好的年份种群数量迅速增加，直到生长季节结束才停止，表现出“J”形增长，以后密度下降。在环境不好的年份增长曲线则更趋向于“S”形。因此，“J”形增长可以视为一种不完全的“S”形增长，即环境限制作用是突然发生的，在此之前，种群增长不受限制。

栅列藻、小球藻等低等植物的种群增长，以及高等植物一个单株的构件数(如不同年龄的顶生枝数量)，常呈现出典型的“S”形增长特点。

(二)季节消长

对自然种群的数量变动，首先要区别年内(季节消长)和年间变动。根据各年的季节消长有不同表现，它随气候条件而变化，可分为中峰型、双峰型、前峰型、后峰型等类型。例如，温带湖泊的浮游植物(主要是硅藻)，往往每年有春秋两次数量高峰，称为“开花”。其原因是冬季的低温和光照减少，降低了水体的光合强度，营养物质随之逐渐积累；到春季水温升高、光照适宜，加之有充分的营养物质，使具巨大增殖能力的硅藻迅速膨胀，形成春季数量高峰。但不久后营养物质耗尽，水温过高，硅藻数量下降；当秋季来临时营养物质又有积累，形成秋季数量高峰。这种典型的季节消长，也会受到气候异常和人为的污染而有所改变。掌握其消长规律，是水体富营养化预测和防治所必需的。

（三）种群的波动

种群是一个动态系统，种群数量是随时间而变化的，这就是种群的波动。种群数量的波动是由出生率、死亡率的变动和环境条件的改变而引起的。逻辑斯谛增长曲线的渐近线只代表着种群数量的一个平均值，实际的种群数量是在这个平均值上下波动的。波动幅度有大有小，可以是规则波动也可以是不规则波动。大多数种群的数量波动都是不规则的，但有些种群的波动是规则的，这种有规则的波动称为种群数量的周期性波动。严格地说，任何波动只要在两个波峰之间相隔的时间相等，就可称为周期波动。尼科尔森（Nicholson）所研究的丽蝇种群的数量波动就是一种周期波动，这种周期波动是由丽蝇密度的时滞效应引起的。

常见的两种周期波动是每隔 3～4 年出现一次数量高峰（以旅鼠为典型代表）和每隔 9～10 年出现一次数量高峰（以猞猁和雪兔为典型代表，图 5-3）。这种周期现象主要发生在比较单纯的生境中，如北方针叶林和北极苔原地带，而且常局限于一定的地区（在加拿大中西部地区表现最为明显），离这些地区越远种群的周期波动也就越不明显。

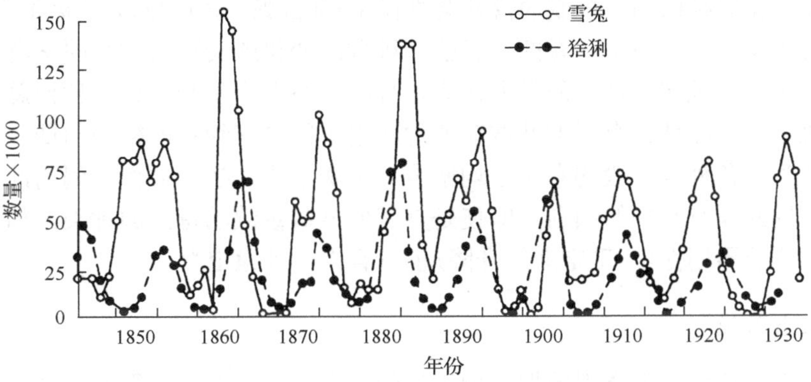

图 5-3　猞猁和雪兔种群的周期数量波动（引自田大伦，2008）

生态学家曾提出很多理论来解释种群数量的周期波动现象，这些理论大体可归纳为两大学派：一个学派认为种群数量的周期波动是由自然环境中的某些因素或种群自身的一些因素引起的。另一个学派认为种群的周期波动和随机波动在统计学上是难以区分的，种群因受到多种环境因素的影响而表现出随机波动，而环境条件的随机波动也可能引起种群的周期波动。

（四）种群的暴发

具不规则或周期波动的生物都可能出现种群的暴发。最闻名的暴发见于害虫和害鼠。例如，蝗灾在我国古籍和西方圣经都有记载，“蝗飞蔽天，人马不能行，所落沟堑尽平……食田禾一空”等，非洲蝗灾至今仍有出现，索马里 1957 年一次蝗灾估计有蝗虫 6×10^{10} 只之多，总质量达 50 000t；1967 年我国新疆北部农区小家鼠暴发，估计造成粮食损失达 1.5 亿 kg。

2005 年夏，我国洞庭湖区突然暴发了 10 年来最大的一场鼠灾，估计未淹的 3.8km^2 湖州和 20km^2 树林、芦苇中藏鼠 15 亿只以上。

又如海上赤潮，则是指水中一些浮游生物(如裸甲藻、夜光藻等)，暴发性增殖引起水色异常的现象，主要发生在近海，又称红潮。它是由有机污染，即水中氨、磷等营养物过多形成富营养化所致。其危害主要有：①藻类死体分解会大量消耗水中溶解氧，使鱼类和贝类等窒息而死；②有些赤潮生物产生毒素、杀害鱼类和贝类，甚至距离海岸 64km 的人也会受到由风带来毒素的危害，造成呼吸和皮肤的不适。

水生植物暴发造成危害的例子也不鲜见。槐叶萍(*Salvinia molesta*)原产巴西，1952 年首次在澳大利亚出现，由于它繁殖力很强，到 1978 年覆盖了昆士兰一个面积为 400km^2 的湖泊，总重达 50 000t，造成交通、灌溉和渔业的严重危害。直到 1980 年由巴西引进专食槐叶萍的象鼻虫(*Cyrtobagous* sp.)，才将危害控制住。

(五)种群平衡

种群较长期地维持在几乎同一水平上，称为种群平衡。大型的有蹄类、食肉类、蝙蝠类动物，多数一年只产一仔，寿命长，种群数量一般是很稳定的。在昆虫中，如一些蜻蜓成虫和具良好种内调节机制的营社会性昆虫(如红蚁、黄墩蚁)，其数量也十分稳定。

在种群生态学发展史中，有的学者强调种群的变化或变动性，有的学者则强调种群的平衡和稳定性。强调变动性的学者认为，种群始终有出生和死亡，种群总是处在永恒不断地变化之中，即使具有周期性波动的种群也不能具有绝对严格的周期。强调稳定性的学者则认为，各种群一般均有一平均密度和平衡水平，当种群数量偏离此水平时，种群就有重新返回原有水平的倾向，即使是具有剧烈数量波动特点的种类，如旅鼠和北极狐等，其种群的周期性(几乎定期的升降)也可看作一种稳定性。

(六)生态入侵

由于人类有意识或无意识地把某种生物带入适宜其栖息和繁衍的地区，种群不断扩大，分布区逐步稳定地扩展，这种过程称生态入侵(ecological invasion)。欧洲的穴兔(*Oryctolagus cuniculus*)于 1859 年由英国引入澳大利亚西南部，由于环境适宜和没有天敌，以 112.6km/a 的速度向北扩展，经过 16 年在澳大利亚东岸发现穴兔，即 16 年中其向东推进了 1810.6km。由于穴兔种群数量很大，与牛羊竞争牧场，成为一大危害。人们采用许多方法，耗资巨大，都未能有效控制。最后引入了黏液瘤病毒，才将危害制止。

紫茎泽兰(*Eupatorium adenophorum*)原产墨西哥，中华人民共和国成立前由缅甸、越南进入我国云南，现已蔓延到北纬 25°33′的地区，并向东扩展到广西、贵州境内。它常连接成片，发展成单种优势群落，侵入农田，危害牲畜，影响林木生长，成为当地“害草”。

(七)种群的衰落和灭亡

常规的种群灭亡又称绝灭，是一个自然过程。在整个地球历史的几百万年中，已经出现的种和已经灭绝的种在冲积岩中的动物化石和足印是它们存在的记录。一些动物(如恐龙)不能适应地质的、气候和生物的变化而绝灭。一些研究确信，长毛象、大鹿、乳齿象和大树獭等生物从地球上消失，主要是由气候的变化造成了冰川的前进和退却。当然，另一些动物，在选择的压力下，亲本种族绝灭，分化出了新种。

集群绝灭是生命史上多次(重复)发生的大范围、高速率的物种绝灭事件，即在相对较短的地质时间内，一些高级分类单元所属的大部分或全部物种消失，从而导致地球生物圈多样性的显著降低；集群绝灭与继之发生的适应辐射和新类群的出现，构成了生命史上多次的由生物圈组成的更新和大范围的生态系统重建。

种群衰落和灭亡的速度在近代大大加速，究其原因，有学者认为，一些动物的大量消失是由人们过量捕杀造成的。但最重要的原因是生境的改变，这个改变也许是局部的现象。采伐和清除森林、湿地的排水和填充、草地转变为耕地、公路的修筑和工业的复杂化、城市化和亚城市化都大大地减少了许多种类适宜的生境。当生境遭破坏时，一些珍奇的植物消失，而动物要么能够适应条件的变化，要么离开该区寻找新的地方定居。由于生境的迅速破坏，没有为种群生存而适应环境的变化提供进化的时间。这样种群被迫离开，这些被逐出者通常寻找其余被占领的生境，并面临着与它们同类或其他一些种类的竞争。由于边缘生境的限制，动物可能暂时成为不繁殖种群的成员，可能忍受饥饿或死亡成为其他动物的食物。当生境被切割成越来越多的片段时，种群被割裂成孤立的小种群或种群“小岛”，失去本种群与另一些种群的联系。因此，孤立种群的遗传变异减少，该种群的组成成员很少能适应环境的变化。当地种群的维持常常在很大程度上依靠新个体的迁入。由于当地种群或种群“小岛”之间距离增大和当地种群的大小减退，当地种群的继续存在就更不稳定。当种群下降至最低水平(K)时，当地种群只要经过轻微波动就可能绝灭。

第二节　植物种群的空间分布格局及其变化动态

一、植物种群的水平分布格局

植物种群的水平分布格局是指植物种群随着地理经、纬度而呈现的地带性的变化规律。

(一)野生植物种群的水平分布格局

由于野生植物主要分为森林、灌丛、草本三大类，现分述其植物种群的水平分布格局。

1. 森林植物种群的水平分布格局

森林植物种群的水平分布格局是指森林植物种群随着地理经、纬度变化而呈现的地带性的分布规律。现以巨柏种群的生态地理分布为例来说明森林植物种群的水平分布格局。

据郑维列等(2007)研究，巨柏天然分布于雅鲁藏布江中下游河谷及其支流尼洋曲、易贡藏布的沿江地段，该区域位于西藏东南部，行政上隶属林芝地区。巨柏分布区大致呈西南—东北走向，从朗县开始，沿雅鲁藏布江经米林县、林芝县，最远至雅鲁藏布江大拐弯顶部的易贡湖区，流域全长约 430km。水平地理分布范围为 29°02′N～30°16′N，93°03′E～94°54′E，分布海拔为 2250～3550m。巨柏主要沿雅鲁藏布江河谷两岸呈狭带状、间断式分布，形成了彼此间隔、大小不等的 4 个种群，种群面积由西向东逐渐缩小。分布区受季风的影响，水、热变化较大，降雨量由东向西递减，干燥度增加，在水平地带上跨越了湿润、半湿润区和半干旱区三大生态区，各种群的生态环境差异较大。根据各种群间断分布距离和生态环境的差异，将其划分为 4 个种群。

(1) 朗县种群

朗县种群位于朗县县城与里龙乡之间(29°02′58″N～29°08′45″N，93°03′30″E～93°51′04″E)，海拔 2900～4500m，该区地形狭窄，山势陡峭，土质沙化，属于藏东南森林向灌丛、草原过渡区，河谷地带森林基本消失，只在海拔 3500～4200m 外的山地中上部还有小面积森林分布。河谷区环境干燥，年均气温 8.9℃，年降水量 420mm 左右，年蒸发量 2682mm，是降水量的 6.4 倍，植被以旱生灌丛为主，巨柏群落在该区域的出现，形成了半干旱河谷地带的特殊植被景观。巨柏主要在沿江两岸海拔 2960～3550m 的山地中下部分布，一方面沿江边的夏季最高水位线在砾石河滩上呈带状生长，另一方面在河谷两侧的阳坡和半阳坡沙地、石灰岩出露的坡地或陡壁的裸露岩石缝隙中生长，并形成疏林。朗县种群是分布区中最大的一个种群，其中朗县县城与里龙乡之间巨柏呈连续分布，种群密度较大，为 438 株/hm^2。

(2) 米林种群

米林种群位于朗县下游 170km 处(29°20′24″N～29°24′21″N，94°22′40″E～94°25′20″E)。该区属雅鲁藏布江宽阔河谷半湿润森林区，年均气温 8.2℃，年降水量 700mm 左右，全年降水量的 69%集中在夏季(6～9 月)，冬春季节为旱季，年蒸发量 1201mm。河谷地带风沙地貌发育明显，沙地呈斑块状分布于河心滩、河漫滩、河谷阶地和局部谷坡上；河谷两侧山地生境较湿润，植被丰富，海拔 3500m 以上分布着急尖长苞冷杉(*Abies georgei* var. *smithii*)林，其下是高山松(*Pinus densata*)林，山体下部多灌丛和灌状川滇高山栎(*Quercus aquifolioides*)林。巨柏集中分布于雅鲁藏布江北岸、在海拔 2920～3100m 的江边石滩地及阳坡中下部高山松林与灌丛之间，呈斑块状或带状间断分布，种群密度 155 株/hm^2。

(3) 林芝种群

林芝种群位于雅鲁藏布江一级支流尼洋曲流域的八一镇附近(29°37′49″N～29°37′32″N，94°23′27″E～94°24′32″E)。该区也属宽阔河谷半湿润森林区，年均气温 8.7℃，年降水量 688mm，年蒸发量 1792mm。巨柏集中分布于尼洋曲东岸巴结乡附近海拔 3040～3250m 的坡地上，占地面积约 1016hm^2，处于高山栎灌丛的下部，生境是沙质土的半阳坡。虽然该种群的分布面积小于朗县种群和米林种群，但巨柏的生长状况明显优于它们，表现为巨柏树体粗壮高大并形成郁闭的林分，平均密度 87 株/hm^2，90%的单株平均年龄在千年以上。

(4) 易贡种群

易贡藏布流域的易贡湖区处于藏东南亚热带的北缘，属山地温暖湿润季风气候区。由于承印度洋暖湿气流沿雅鲁藏布江河谷北进的作用，该区雨量充沛，气候温和湿润，年均气温 11.4℃，年降水量 960～1100mm，降雨集中在 5～9 月，占全年降水量的 78%，年蒸发量 1458mm。该区属于亚热带常绿阔叶林区，森林面积大，树种多，植被类型复杂而多样，在海拔 2700m 以下，为通麦栎等组成的硬叶常绿阔叶林和常绿阔叶林、落叶阔叶林，其间常有西藏柏木(*Cupressus torulosa*)、云南铁杉(*Tsuga dumosa*)和华山松(*Pinus armandi*)林分布，其他树种有云南松(*Pinus yunnanensis*)、乔松(*Pinus griffithii*)、云南红豆杉(*Taxus yunnanensis*)、桦木(*Betula* spp.)等；在海拔 2700m 以上是分布面积最大、垂直带幅较宽的云、冷杉林分布地带。通过调查发现，该区域分布的巨柏仅剩几株孤立木(典型株树龄 1600 年左右，胸径 83.4cm，树高 41.8m)，分布在海拔 2250m 的湖畔平缓山麓农田或村落旁。

2. 灌丛植物种群的水平分布格局

灌丛植物种群的水平分布格局是指灌丛植物种群随着地理经、纬度变化而呈现的地带性的分布规律。长期以来，森林被认为是一种地带性植被，乔木类群(包括科、属和种等各级分类阶元)在植被或农业区划中的地位和作用，也已被人们广泛地认识和重视。但是，灌木类植物则被认为是在森林难以生长的地段分布的一种植被类型，或者被认为是地带性森林被破坏后所产生的次生的或演替过程中的不稳定的一种植被类型。仅仅在山地植被带谱中，灌木才具有垂直地带意义，而在水平分布带中并不占有显著的地位。但是，某些灌木也具有明显的地带性分布规律。现以我国沙棘(*Hippophae rhamnoides* Linn.)的分布为例来说明灌丛植物种群的水平分布格局。

据廉永善和陈学林(1992)采用分布区与各生态因子等量线相似性比较，以及与野外考察相结合的研究方法，探讨了我国沙棘的分布，发现沙棘灌丛不但有一个比较稳定的分布区，而且其分布受到大的气候带水、热和光等条件的控制，表现出明显的水平地带性规律。沙棘的分布区大体呈西南—东北走向，从西藏东北部起，经黄土高原，直至大兴安岭西南角，即分布在北纬 27°53′～42°26′、东经 94°11′～121°45′的广大地域内；海拔 770～3700mm；其分布方式或呈团块状单优势种连片分布，或与其他灌木种混交，或与其他落叶乔木幼林混交，后者具有次生性质。在青藏高原的东部边缘和祁连山一带，生于高山峡谷的河流两岸、林缘和亚高山草甸，在黄土高原区分布极为普遍，生于河滩、河谷阶地、干涸河床及山坡。其分布区光条件年太阳总辐射为 462～630kJ/cm^2，其最适值约为 567kJ/cm^2，年日照总时数为 2000～3000h，年太阳总辐射 462kJ/cm^2 是沙棘分布的低辐射界限；沙棘分布区内最冷月平均温度为–15～–5℃，最热月平均温度为 15～25℃，年日均温度≥0℃的天数约为 240 天(3 月上中旬至 11 月上中旬)，≥0℃的积温为 3500～4000℃，≥5℃的年持续天数为 200～225 天，≥5℃的年积温为 3400～3900℃，≥5℃的年持续天数为 200 天以上。≥5℃的年积温 3750℃可能为最适温度条件，而夏季高温，即最热月平均温度＞25℃，可能也是沙棘分布的限制因子之一；沙棘主要分布在 400～700mm 的区域内。有时在＜400mm 或＞700mm 的地域内也会有沙棘生长，前者＜400mm 必然是沿河流或山脉延伸分布，立地有较充足的地面水或地下水供给；而后者＞700mm 则是森林破坏后出现的一种不稳定的次生状况，年降水量 500～600mm 对沙棘生长发育最为有利，而＜400mm 则会影响沙棘的正常生长发育。在沙棘分布的西北边缘地区，低降水量便成了沙棘分布的限制因子；沙棘分布区内的土壤类型虽然较多，但在水分较充沛、光照能满足的条件下，常以多砾石的沙土或壤土对沙棘的生长发育最好，所以氧含量较高的壤土或沙土更适于种植沙棘；反之，可能会成为沙棘生长发育的限制因子。

3. 草本植物种群的水平分布格局

草本植物种群的水平分布格局是指草本植物种群随着地理经、纬度变化而呈现的地带性的分布规律。现以中国嵩草属中植物种群的分布为例来说明草本植物种群的水平分布格局。

据吴建国和周巧富(2012)研究，嵩草属植物分布在青藏高原、西北、华北和东北部分地区，并且不同嵩草属植物的分布范围不同。其中，嵩草、大花嵩草、粗壮嵩草、矮生嵩草、线叶嵩草、高山嵩草、喜马拉雅嵩草、西藏嵩草和高原嵩草分布最广，钩状嵩草、丝叶嵩草、四川嵩草和匍茎嵩草分布其次，其他嵩草属植物分布范围相对狭小。另外，不同嵩草分布的连续状况不同。嵩草在青藏高原、新疆和东北及华北呈间断分布，西藏嵩草在青藏高原呈间断分布，粗壮嵩草、矮生嵩草、线叶嵩草和喜马拉雅嵩草在新疆和青藏高原呈间断分布，钩状嵩草、四川嵩草和匍茎嵩草在新疆和青藏高原呈间断分布，丝叶嵩草在新疆、青藏高原和内蒙古中东部呈间断分布。大花嵩草、高山嵩草和高原嵩草在青藏高原呈连续分布，其他分布狭小的嵩草属植物都呈连续分布。

(二)栽培植物种群的水平分布格局

栽培植物种群的水平分布格局与栽培植物生长所需的光、温度、水等条件密切相关，现以我国栽培大麦的分布来说明栽培植物种群的水平分布格局。20 世纪 80 年代，中国农业科学院作物品种资源研究所、浙江省农业科学院、青海省农林科学院等单位根据生态因素中的光、温度、水等条件及播种期、种植制度、皮裸性等特点，将中国栽培大麦划分为三大区 12 个生态区，现分述如下。

1. 裸大麦区

裸大麦区分为一个区，即青藏高原裸大麦区。该区位于世界屋脊的青藏高原上，包括西藏、青海、甘肃的甘南藏族自治州、四川的阿坝藏族羌族自治州(以下简称阿坝州)、甘孜藏族自治州(以下简称甘孜州)和云南的香格里拉。该区大麦大部分分布在海拔 2200～4750m，大麦生育期内≥0℃以上积温 1200～1500℃，无霜期 4～6 个月，有的高海拔地区无绝对无霜期。大麦生长期间的降水量各地差异较大，在西宁地区为 200mm 左右，四川甘孜州和西藏拉萨地区达 400mm 左右，云南香格里拉为 330mm 左右。该区日照较为充分，春大麦生育期间一般均为 800h，四川甘孜州和云南香格里拉为 600h 左右，除个别高海拔多湿地区外，绝大部分地区大气透明度好，辐射强度大，日温差大。

该区其他谷类作物均不能栽培，唯独多棱裸大麦能正常生长栽培，大麦分布上限海拔达 4750m。大麦播期有明显的垂直性分布，温暖区和暖热的雅鲁藏布江河各地区秋播大麦可以安全越冬，冬大麦面积有扩展趋势，寒冷区和温凉区仍以春播为主；春播大麦的播期在 3 月、4 月，一般日均气温稳定在 0℃以上即可开犁播种；秋播大麦在 10 月播种。因此，秋播大麦的生育期长达 330 天左右；品种类型极其丰富，经收集、整理、核对的种质资源达 3000 份左右，变种类型 200 个以上，也是我国近缘野生大麦密集分布地区。以多棱裸大麦为主，在气温较暖地区有少量皮大麦分布。以春性品种为主，对光照反应敏感。以长齿芒居多，钩芒类型也多。

2. 春大麦区

以石德线为界，以北地区为春大麦区。按地理分布可分东北平原、晋冀北部、内蒙古高原、西北、新疆干旱荒漠 5 个生态区。

(1) 东北平原春大麦区

包括黑龙江、吉林、辽宁大部分地区(除辽南沿海地区外)、内蒙古东部的呼伦贝尔盟、兴安、哲里木三个盟。该区海拔 40～600m，山地 1000m 左右，地势呈西北高东南低，大麦生育期内≥0℃积温 1500℃左右，自南至北、自东至西逐渐减少，大麦生育期内降水量 200mm 左右。一般年份基本上能满足大麦需水要求，但地区、年份间分布不平衡。三江平原雨量较西部稍多，春季多风、少雨、蒸发量大，春旱频繁。日照充足，大麦生育期内日照总数 1400h 左右。该区种植制度一年一作。春季土壤表层解冻后才能播种，一般在 4 月中旬播种，4 月下旬出苗，8 月中下旬成熟，生育期 80～90 天。该区大麦品种类型较少，以长齿芒稀穗多棱皮大麦为主。

(2) 晋冀北部春大麦区

包括河北省石德线以北(包括京、津)和山西省的晋城、高平、沁水、临汾、河津以北，长城以南地区，以及辽宁省南部沿海地区。该区地势西高东低，山西、河北的张家口坝下，以及北京的延庆地区，海拔较高(在 600～1260m)，平原地区海拔最低处(仅 10 多米)，一般在几十米。大麦生育期间≥0℃积温 1600～1800℃，无霜期 4～6 个月；降水量 50～100mm，渤海湾地区降水量超过 100mm，春旱严重；日照时数 950～1000h，略低于东北平原春大麦区。该区种植制度一年二作，大麦 3 月上、中旬表层解冻后播种，6 月中旬至 7 月初收获，生育期 70～80 天。品种类型较东北平原春大麦区多，二棱与多棱，以及皮、裸类型均有分布，以多棱皮大麦为主。

(3) 内蒙古高原春大麦区

包括内蒙古中、西部和河北张家口坝上、承德地区。该区地势较高，海拔 1000～1400m，大麦生育期间≥0℃以上积温 1400～1600℃，无霜期 3～5 个月，有的高寒地区无绝对无霜期；降水量高寒地区多于河谷地，常年大麦生育期间降水量在 150～300mm，遇干旱年不足 150mm，春旱严重；光照充足，大麦生育期间日照时数 800～900h。该区种植制度一年一作。较暖的河谷地区以栗钙土为主，大麦播种期在 3 月中旬，7 月中旬左右成熟，收获后可复种秋菜等作物；高寒地区，以草甸土为主，旱作，4 月上、中旬播种，8 月上、中旬成熟，生育期 90～100 天。品种类型较东北平原丰富，以二棱皮大麦、六棱皮大麦为主，兼有裸大麦。品种以春性为主，也有半冬性品种。熟期以中熟品种为主，也有少量早熟和晚熟品种。

(4) 西北春大麦区

包括宁夏全区，陕北的安塞、志丹、吴旗及榆林地区，甘肃的定西、武威、张掖、兰州、临夏等市(地区)。该区地势较高，为黄土高原的丘陵沟壑区，是沿长城的风沙地带。海拔 800～2240m，大麦生育期间≥0℃积温 1500℃左右，年平均气温 5～9.5℃，日温差大；降水量少，大部分地区在大麦生育期间仅几十毫米；日照充足，大麦生育期间日照时数在 800～1000h，辐射强度强，有利于大麦籽粒的物质合成与积累。该区种植制度以一年一熟制为主。热量高的地区 3 月上、中旬播种，7 月上、中旬收获，大麦收获后可复种秋菜、荞麦、糜子等作物；高寒地区 4 月中、下旬播种，8 月中、下旬收获。以栗钙土为主，高寒山地也有草甸土分布。该区原有农家品种以多棱皮大麦为主，也有二棱皮大麦和多棱裸大麦。春性中熟类型居多，也有半冬性。

(5) 新疆干旱荒漠春大麦区

包括新疆、甘肃省酒泉地区。海拔 200～1000m，属中温和暖温带，大陆性气候，干旱少雨。大麦生长主要依靠灌溉。大麦生育期间≥0℃温度 1500℃左右，无霜期 4～6 个月，热量比其他春大麦区略高，但年极端最低气温仅次于青藏高原，比东北平原春大麦区还低，因天山山脉的切割，南疆气温高，雨量极少，北疆气温低，雨量较多，如乌鲁木齐大麦生育期间降水量在 100mm 以上，南疆地区则仅有几十毫米。大麦生育期间日照时数 800h 左右，光辐射强度强，有利于大麦籽粒的物质合成与积累。该区种植制度以一年一作为主，大麦播期在南、北疆稍有不同，北疆播期在 4 月上、中旬，7 月中、下旬成熟，生育期 90 天左右；南疆在 3 月初播种，7 月上旬成熟，生育期 100 天左右。该区原有农家品种以多棱裸大麦为主，也有二棱、多棱皮大麦分布，品种属春性。

3. 冬大麦区

该区包括黄淮、秦巴山地、长江中下游、四川盆地、西南高原和华南 6 个生态区，是我国大麦主要分布区，约占全国栽培大麦面积的 3/4，北接春大麦区，西邻裸大麦区，大麦生育期内水热资源丰富，南北间纬度相差近 20°，越冬期内的日均气温相差 10℃以上。因越冬期内的低温差异大，形成大麦冬春类型的差异也明显，华南冬大麦区的越冬期日均气温在 5℃以上，甚至达 10℃以上(南宁)，品种类型属春性；长江中下游大部分地区也在 0℃以上，品种类型有春性，也有半冬性；黄淮冬大麦地区越冬期温度在 0℃以下，品种类型属半冬性或冬性；西南高原地区因受海拔的影响，越冬期温度的差异也大，品种类型多样性，有春性、半冬性、冬性。

(1) 黄淮冬大麦区

该区包括山东、江苏苏北总灌渠以北，安徽淮河以北，河北石德线以南，河南除信阳地区外全部，山西临汾以南，陕西安塞以南和关中地区，甘肃的陇东、陇南地区。该区西高东低，除陇东、陇南、山西南部、关中地区海拔 500～1300m 外，河南、山东、江苏苏北海拔均在 100m 左右或几十米。大麦生育期间≥0℃积温 1600～2000℃，气候条件比较优越，适于大麦生长。降水量 100～200mm，年际、地区间分布不平衡，仍需补充灌溉，日照时数为 1000～1400h，日照资源充足。大麦后播期自北向南推迟，适宜播期为 10 月下旬至 11 月上旬，成熟期在 5 月下旬至 6 月初，比小麦早熟 7～10 天。品种类型以多棱皮大麦为主，穗密度稀密兼有，密穗和极密穗型占的比例较大，也有长颈钩芒类型。以半冬性、冬性品种为主，早、中、晚熟均有。

(2)秦巴山地冬大麦区

包括陕西南部，四川广元、南江，甘肃武都一部分地区。该区地处秦岭山区，海拔500～2000m，大麦生育期间≥0℃积温1600～1800℃，年平均气温6～13℃，1月平均气温1～3℃，但绝对最低气温可达–15～–6℃。雨量比较充沛，是陕西省降水量最多的地区，大麦生育期间降水量200～300mm。由于秦巴山屏障，日照时数少，大麦生育期间不足1000h，但辐射强度较大。该区种植制度为一年一熟或二年三熟，主要作物有玉米、豆类，大麦分布较少。大麦适宜播期为10月中旬，5月中、下旬收获。品种类型皮、裸兼有，以多棱品种为主。

(3)长江中下游冬大麦区

该区是我国大麦主产区，包括江苏省苏北总灌渠以南，上海市、浙江省除温州地区外全部，湖南省除湘西地区外全部，湖北全省，江西省除赣南地区外全部，安徽省除淮北地区外全部。该区平原地区海拔在100m以下，丘陵山地在300～700m。1月平均气温0.5℃，大麦生育期间≥0℃积温1600～1800℃。雨量充沛，自南至北递减，接近华南地区在400～600mm，沿长江地区一般在200～300mm，往北在200mm以下，但年际分布不平衡；日照时数与降水量相反，由南至北递增，盐城达1350h左右，沿江地区达1200h左右，杭州达850～900h，长沙达500h左右。

该区主要是麦棉两熟区和稻、稻、麦三熟区的主要前(套)作物，种植大麦，比小麦早熟7～10天。大麦的播期自北向南逐渐推迟，长江以北地区一般在10月下旬至11月初，长江以南地区一般在11月上旬，湖南长沙在11月中旬，收获期自南至北逐渐推迟，长江以南在5月中旬，长江以北在5月下旬。大麦在农家品种中以多棱大麦为主，皮、裸兼有；推广品种以二棱皮大麦为主。变种类型较多，二棱大麦变种分布广泛，特别是二棱皮大麦的极密穗型和裸大麦的密穗、极密穗型是该区特有的变种。

(4)四川盆地冬大麦区

包括除广元、南江，以及阿坝、甘孜、凉山(凉山彝族自治州)三个自治州外的四川省全部。该区地处秦岭以南、川西高原以东，东抵鄂西山地及湘西丘陵区，南至云贵高原，平川地区海拔在500m以下，盆地四周丘陵山地在500～1000m。1月平均气温6～8℃，大麦生育期间≥0℃积温1900℃(重庆点实测)，热量与华南冬大麦区大麦生育期间积温相等。雨量充沛，全年降水量在1000mm左右，大麦生育期间降水近400mm，基本满足大麦需水要求，但由于季节性分布不匀，经常出现冬、春雨水偏少，影响大麦生长发育。日照条件在川西平原较好，大麦生育期间日照时数在500h左右，但在川东丘陵地区，云雾阴雨，日照时数较少，重庆大麦生育期间日照时数仅300h左右，日均1.6h左右，光照不足，不利于大麦生长。该区种植制度基本是一年两熟，有麦—稻、麦—棉、麦—玉米、麦—红薯两熟制，也有麦、稻、稻三熟制。在平川地区，大麦在11月上、中旬播种，4月底5月初成熟，生育期160～180天，山区成熟较晚。品种类型以多棱皮大麦为主，属半冬性、春性品种。

(5) 西南高原冬大麦区

包括贵州全省，云南除香格里拉外全部，四川省的凉山州，湖南省湘西土家族苗族自治州。该区地形复杂，由河流、山脉等纵横交错组成，海拔 1000～2000m。有热带、亚热带、温带。云南大部分地区受东南亚季风影响，旱季和雨季分明，大麦生育期间≥0℃积温 1800℃左右，接近于华南冬大麦区大麦生育期间的热量。降水量 130～150mm，日照时数 1200 多小时。贵州阴雨较多，大麦生育期间≥0℃积温 1400～1600℃，降水量 300mm 左右，日照时数 500h 左右。该区种植制度以一年两熟制为主，云南受海拔的影响，大麦播期自 9 月下旬延至 11 月中、下旬，成熟期 2～5 月，生育期 130～200 天。贵州高原大麦播期也因海拔不同而有所不同，10 月下旬至 11 月中旬播种，翌年 5 月成熟。个别高寒山区实行春播。品种类型以多棱皮大麦为主，兼有二棱皮大麦和多棱裸大麦、短齿芒较多，钩芒占有一定比例，并有光芒类型分布。云南品种大部分属春性，少量半冬性；贵州品种多属半冬性，也有少量春性和冬性。

(6) 华南冬大麦区

包括福建、广东、广西、海南、台湾、浙江省的温州地区、江西省的赣州地区。该区近 90%面积为山地和丘陵，沿海平原只占 10%。地形复杂，沿海平原海拔 100m 以下；丘陵地区 200m 左右，山地海拔 1000m 左右。大部分地区 1 月平均温度 5～10℃，广东、广西南部在 10℃上。大麦生育期间≥0℃积温在 2000℃左右，是热量资源最丰富的地区。大部分地区受季节风影响，旱季、雨季分明，大麦生育期间雨量分布偏少，在 150～400mm，日照时数 400～600h。该区种植制度大部分地区一年三熟，即麦、稻、稻，部分地区也有稻、麦两熟。大麦一般在 11 月上、中旬播种，翌年 3～4 月成熟，生育期 120～150 天。在海南省南部 10 月播种，翌年 2 月成熟，生育期 80～90 天。品种类型以多棱皮大麦为主，兼有多棱裸大麦和二棱皮大麦。品种属春性、早熟类型。

二、植物种群的垂直分布格局

植物种群的垂直分布格局是指植物种群随着海拔梯度的变化而呈现的垂直分布规律。根据植物种群在不同海拔梯度的变化动态的不同，可以划分为以下几个类型。

1. 抛物线型

抛物线型是指植物种群在较低的海拔时，种群密度不大，随着海拔升高而增加，在一定海拔梯度范围内达到最大，此后则随着海拔的升高而下降的变化动态。例如，东祁连山几种高山杜鹃的种群垂直分布为抛物线型分布。据曹文侠等(2003)研究，在东祁连山海拔 3000～3300m，千里香杜鹃和头花杜鹃灌丛中优势层片为各种灌木，总盖度达 70%～90%。其中，以千里香杜鹃和头花杜鹃为绝对优势(图 5-4)，千里香杜鹃和头花杜鹃从 3000m 时出现并开始增加，在海拔 3200m 时分盖度达最大值，分别为 22%和 27%，从 3300m 时又开始下降，在 3600m 以上已无分布。烈香杜鹃 3100m 以下只有零星分布，但未见陇蜀杜鹃分布。烈香杜鹃和陇蜀杜鹃从 3100m 以上开始出现，其盖度在 3300m 时迅速增大，在 3600m 后陇蜀杜鹃达最大值。

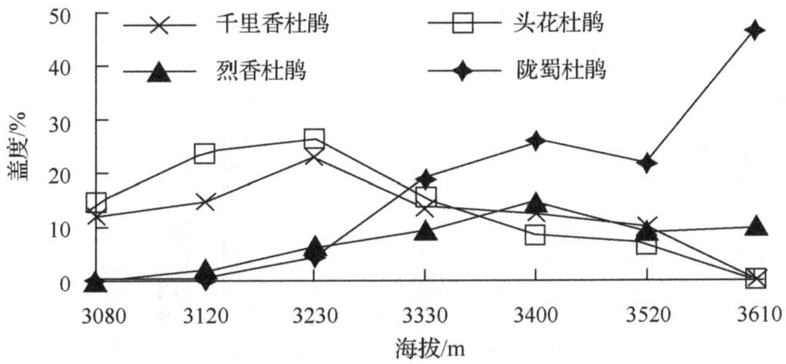

图 5-4　几种杜鹃在不同海拔上的垂直分布(引自曹文侠等，2003)

再如，东大河林区金露梅种群的垂直分布也呈现此格局。据刘建泉和孙建忠(2012)研究发现，东大河林区随着海拔升高，金露梅种群的平均高度、平均盖度和平均多度逐渐增加，在海拔 3017m 时平均高度达到最大(29.75cm)，随后下降；海拔 2990m 时平均盖度达到最大(5.94%)，随后呈下降趋势；海拔 2842m 时平均多度达到最大(3.25)，在海拔 3140m 开始下降。种群在东南坡的适宜分布海拔为 2900～3100m(图 5-5)。

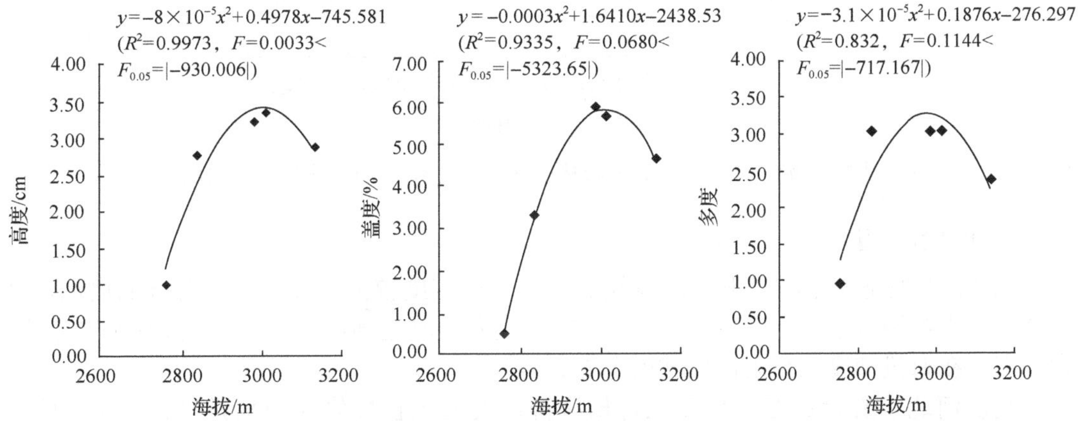

图 5-5　金露梅种群平均高度、平均盖度和平均多度随海拔的变化(引自刘建泉和孙建忠，2012)

2. “M”型

“M”型是指植物种群在较低的海拔时，种群密度不大，此后随着海拔升高而增加，在一定海拔梯度范围内当达到最大后则随着海拔的升高而下降，此后又随着海拔升高而增加，种群密度多次呈现上升和下降的变化动态。例如，辽东栎种群总体密度在海拔梯度上的分布呈现如此规律。据张育新等(2009)研究，北京东灵山地区，随着海拔的增加，辽东栎种群的密度逐渐减小(1020～1480m，T01～T06)，到 T07 种群密度突变至最高，之后辽东栎种群密度随海拔增加递减(T08～T10)。辽东栎种群的幼苗和幼树、成体的分布规律也基本上与辽东栎种群总体一致(图 5-6)。再如，东大河林区青海云杉种群在海拔梯度上的垂直变化也呈现此分布特点。据邱华等(2012)研究，青海云杉的密度在海拔梯度上具有明显的“M”型分布特点(图 5-7)。

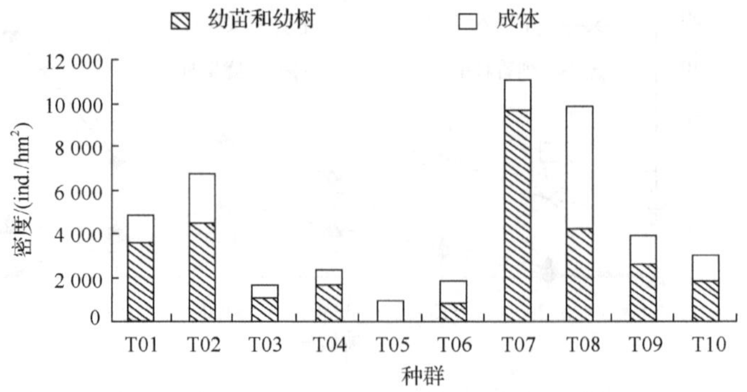

图 5-6　海拔梯度上辽东栎种群分布特征(引自张育新等，2009)

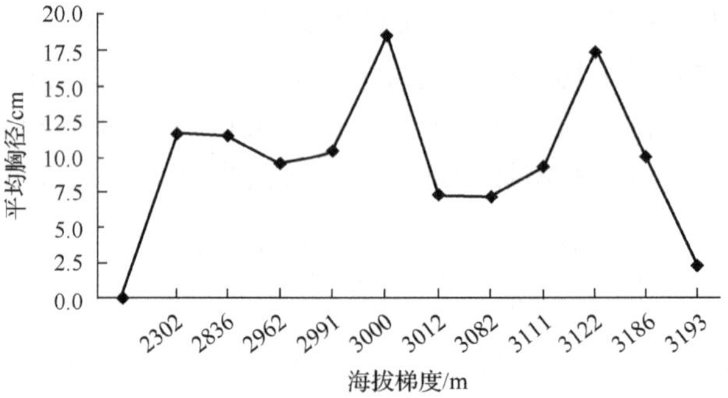

图 5-7　海拔梯度上青海云杉林密度变化动态(引自邸华等，2012)

3. 倒“N”型

倒“N”型是指植物种群在海拔较低时，种群密度较大，此后随着海拔的增加，其种群密度先缓慢减小，此后又快速增加，在一定海拔时达到最大，之后迅速减小到最小，种群密度在海拔梯度上呈现两段式的分布特点。

现以河北小五台山海拔梯度上青杨种群密度的垂直变化为例来说明。据王志峰等(2011)研究，在河北小五台山海拔 1400m 时，青杨的种群密度较大，此后随着海拔的增加，其种群密度先缓慢减小，此后又快速增加，在海拔 1600m 达到最大，之后迅速减小到最小(图 5-8)。

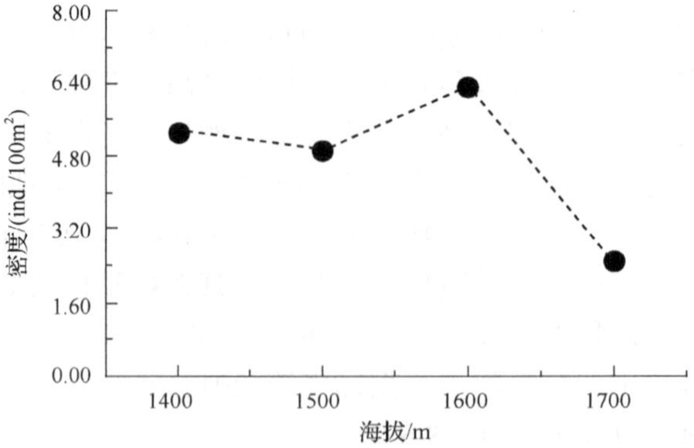

图 5-8　海拔梯度上青杨种群密度的垂直变化动态(引自王志峰等，2011)

三、植物种群的时间变化动态

(一)植物种群的年际变化动态

1. 波动型

波动型是指植物种群随着时间的变化，在不同年际呈现上升与下降的波动变化状况。现以上海地区麦田杂草种群和突增期年际变化为例来说明。据汪祖国等(2002)研究，发现上海地区 1992～2002 年麦田禾本科和阔叶类杂草全生育期发生量的年际变化呈反向变化，并呈波动型变化动态。其中，麦田阔叶类杂草全生育期发生量 1992～1995 年逐年上升，1996 年和 1997 年则分别降至 33 株/0.55m^2 和 51 株/0.55m^2，以后各年在 6～88 株/0.55m^2 低位波动。禾本科杂草全生育期发生量 1992～1998 年在 112～381 株/0.55m^2 低位波动(平均发生量为 232.7 株/0.55m^2)，1999 年迅速增加至 468 株/0.55m^2，以后各年在此高位波动上升，成为麦田优势杂草种群(图 5-9)。

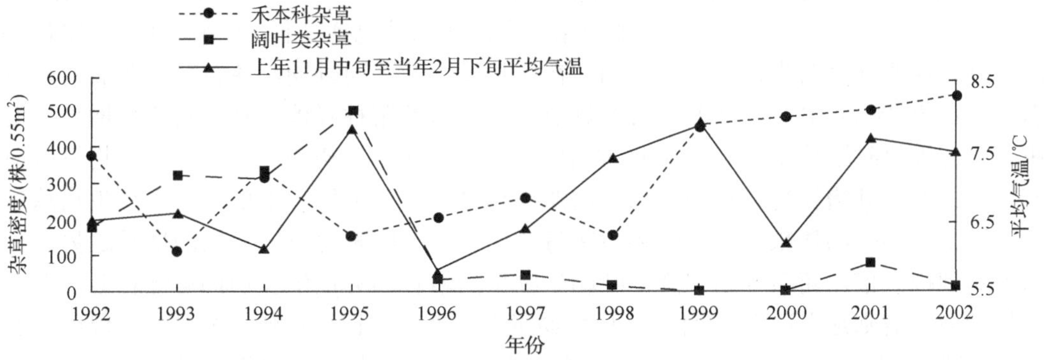

图 5-9 麦田禾本科和阔叶类杂草全生育期发生量年际变化(引自汪祖国等，2002)

2. 递减型

递减型是指植物种群随着时间的变化，数量呈现下降的趋势。现以东灵山辽东栎林种群 11 年动态变化为例来说明。据侯继华等(2004)研究，辽东栎林乔木层中各树种在 3 次调查中表现出不同的变化趋势(表 5-1)。该样地中高于 2m 的大树总密度在 3 次调查中呈递减趋势，即由 1991 年的 1658 株/hm^2 减少到 1997 年的 1442 株/hm^2 和 2002 年的 1401 株/hm^2。其中辽东栎植株密度由 1991 年的 1258 株/hm^2(占总密度的 75.88%)减少到 1997 年的 1050 株/hm^2(占总密度的 72.82%)和 2002 年的 950 株/hm^2(占总密度的 67.81%)。从 1991～2002 年，样地中辽东栎植株总体密度呈现下降趋势。

(二)植物种群的季节变化动态

1. 抛物线型

抛物线型是指植物种群在一年四季当中，开始时种群密度不大，随着时间的推移而增加，在一定时间段内达到最大，此后则随着时间的推移而下降的变化动态。

表 5-1　1991～2002 年辽东栎林主要树种种群特征变化(引自侯继华等，2004)

物种	胸径面积 /(m^2/hm^2)			密度 /(株/hm^2)			2002 年最大值		死亡率 /(%/a)	更新率 /(%/a)
	1991 年	1997 年	2002 年	1991 年	1997 年	2002 年	胸径/cm	高度/m	1991～2002 年	1991～2002 年
辽东栎 *Quercus wutaishanica*	22.34	24.61	25.88	1258	1050	950	37.70	11	2.23	0.00
色木槭 *Acer mono*	0.60	0.66	0.76	225	217	275	12.95	10	0.34	2.36
辽椴 *Tilia mandshurica*	0.33	0.38	0.54	100	100	92	17.90	10	0.76	0.00
黑桦 *Betula dahurica*	0.18	0.19	0.14	25	25	17	11.15	10	3.03	0.00
花曲柳 *Fraxinus rhynchophylla*	0.03	0.04	0.07	50	50	67	5.05	4	1.52	4.55
总计	23.48	25.88	27.39	1658	1442	1401			1.87	0.46

例如，三江平原沼泽湿地芦苇种群的季节动态变化即呈现为此趋势。据张友民等(2006)研究，发现三江平原沼泽湿地芦苇地上部各构件包括茎秆、叶鞘、叶和花序(或穗)四部分。这四部分的生物量明显不同，在生长发育的不同时期，各自存在明显的季节动态变化规律(图 5-10)。在整个生长季节中，5～7 月芦苇种群地上部生物总量增长幅度较快，接近极值时增长变慢，到 8 月末达到最大值。在生长初期，芦苇叶的生物量占地上部很大比例，其增长趋势与地上部生物总量相吻合；到了生长中期，地上部生物总量主要通过茎秆的生物量来体现。叶鞘生物量在生长初期即表现出比较快的增长趋势，6 月末就达到极大值，随后开始下降。叶鞘生物量的增长趋势在生长初期与叶相似，但叶鞘生物量最大值则是出现在 7 月。茎秆生物量在初期增长比较缓慢，6 月末表现出迅速的增长趋势，8 月末达到最大值。花序生物量增长比较缓慢，8 月达到极值后，即表现出比较平稳的下降趋势。芦苇各构件生物量的动态变化表现出与其形态建成极大的同步性。

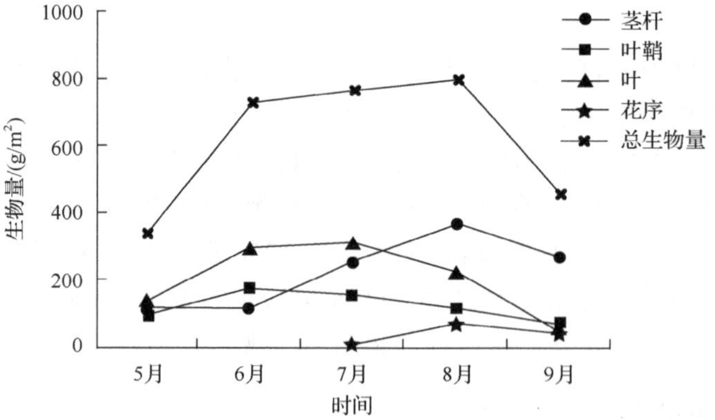

图 5-10　芦苇种群地上部生物量季节动态变化(引自张友民等，2006)

再如，大钟岭水库的浮游植物种群结构及四季变化也呈现此趋势。据刘从玉等(2009)通过对大钟岭水库春、夏、秋、冬四季藻类的检测，共检出 6 门 35 种(属)的藻类：其中蓝藻门(Cyanophyta)5 种(属)，包括鱼腥藻(*Anabaena*)、平裂藻(*Merismopedia*)、微囊藻

(*Microcystis*)、蓝纤维藻(*Dactyloccopsis* sp.)、束丝藻(*Aphauizomenon*)；绿藻门(Chlorophyta)有 16 种(属)，包括十字藻(*Crucigenia apiculata*)、小球藻(*Chlorella vulgaris*)、栅藻(*Scenedesmus*)、纤维藻(*Ankistrodesmus* sp.)、鼓藻(*Penium* sp.)、单角盘星藻(*Pediastrum simplex*)、四角藻(*Tetraedron*)、弓形藻(*Schroederia*)、角星鼓藻(*Staurastrum* sp.)、月牙藻(*Selenastrum bibraianum*)、斜生栅藻(*Scenedesmus obliquus*)、二形栅藻(*Scenedesmus dimorphus*)、双对栅藻(*Scenedesmus bijugatus*)、四尾栅藻(*Scenedesmus quadricauda*)、二角盘星藻(*Pediastrum duplex*)、盘星藻(*Pediastrum*)；硅藻门(Bacillariophyta)5 种(属)，包括颗粒直链硅藻(*Melosira granulate*)、小环藻(*Cyclotella* sp.)、针杆藻(*Charophytes*)、直链硅藻(*Melosira*)、舟形藻(*Navicula*)；裸藻门(Euglenophyta)4 种(属)，包括裸藻(*Euglena* sp.)、梭形裸藻(*Euglena acus*)、尖尾裸藻(*E. oxyuris*)、扁裸藻(*Phacus* sp.)；隐藻门(Cryptophyta)3 种(属)，包括隐藻(*Cryptomonas* sp.)、卵形隐藻(*Cryptomonas ovate*)、啮蚀隐藻(*Cryptomonas erosa*)；甲藻门(Pyrrophyta)2 种(属)，包括多甲藻(*Peridinium bipes*)和薄甲藻。藻类生物量和丰度及各种属之间所占的比例如图 5-11 所示。优势种群在夏季为甲藻门，约占总生物量的 54.29%，春、秋和冬季优势种群为绿藻门，分别占总生物量的 16.76%、39.59%和 29.71%，各种群的季节分布如表 5-2 所示。

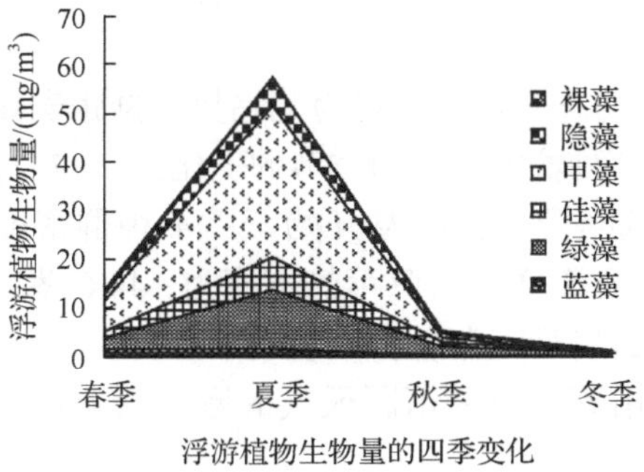

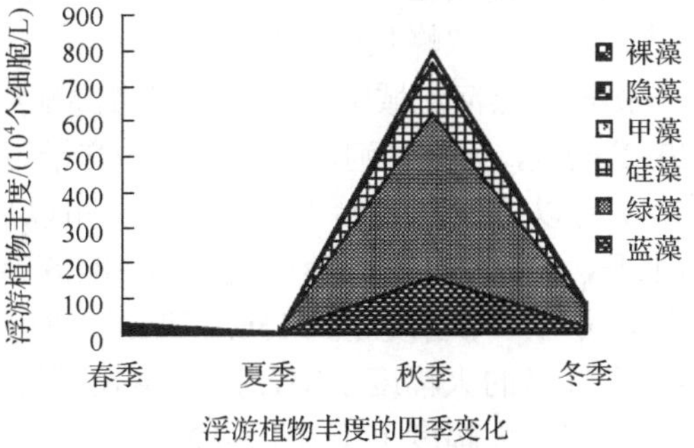

图 5-11　浮游植物四季生物量和丰度的变化情况(引自刘从玉等，2009)

表 5-2　大钟岭水库浮游植物品种的四季分布状况与变化(引自刘从玉等，2009)

藻类名称	季节				X 藻类名称	季节			
	春	夏	秋	冬		春	夏	秋	冬
栅藻	+	+	+		双对栅藻	+			+
隐藻	+	+	+		四尾栅藻	+			+
十字藻	+	+	+	+	二角盘星藻			+	
小球藻	+	+	+		单角盘星藻	+			+
平裂藻	+	+	+		盘星藻			+	
月牙藻		+			弓形藻				+
四角藻	+	+		+	角星鼓藻				+
小环藻	+	+	+	+	鼓藻	+			+

续表

藻类名称	季节				X 藻类名称	季节			
	春	夏	秋	冬		春	夏	秋	冬
多甲藻	+	+		+	蓝纤维藻	+			+
鱼腥藻		+			卵形隐藻	+			+
直链硅藻		+			啮蚀隐藻				+
舟形藻	+	+	+		颗粒直链硅藻	+			+
纤维藻		+	+		针杆藻				+
微囊藻			+	+	梭形裸藻				+
速丝藻			+		尖尾裸藻				+
薄甲藻			+		裸藻			+	
斜生栅藻	+			+	扁裸藻				+
二形栅藻	+			+					

注：“+”表示已检测出，空格表示未检测出

2. 双峰型

双峰型是指在一年内植物种群生长呈现明显的季节性变化中有两个最大值和两个最小值，表现出双峰状的变化动态。

例如，黑河流域中游水陆交错带湿地芦苇种群动态变化即呈现为此趋势。据张宏斌等(2012)研究，发现黑河流域中游水陆交错带湿地芦苇种群的密度随季节的变化，5～7 月上升，7 月以后逐渐开始下降，8 月中旬以后又略微回升。自萌发开始，芦苇种群密度逐渐上升，7 月取样时芦苇密度高达 184.6 茎/m^2，8 月取样时，芦苇的密度为 144.6 茎/m^2，9 月取样时芦苇密度达到 156.8 茎/m^2，但 8 月 25 日以后芦苇种群密度有所上升，10 月开始由于气温的大幅度下降，芦苇生长缓慢，逐渐枯萎，新生苗因天气的寒冷而死亡，芦苇种群密度大幅度下降(图 5-12)。

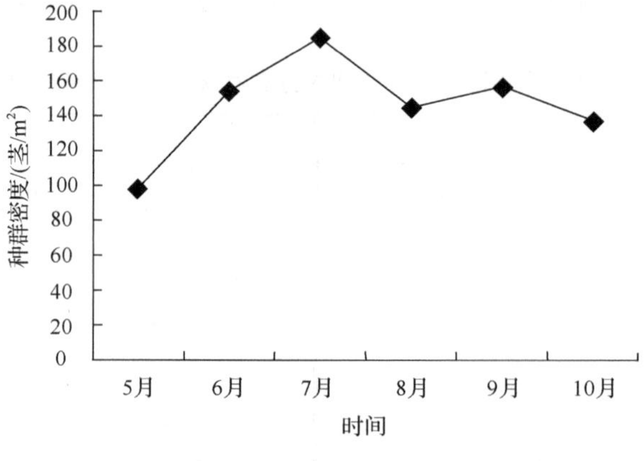

图 5-12　芦苇种群密度季节变化(引自张宏斌等，2012)

再如，烟台芦洋湾鼠尾藻种群季节变化也呈现此趋势。据王志芳等(2008)研究，发现在烟台芦洋湾鼠尾藻种群 1 周年的观测期内，鼠尾藻生物量的变化有着明显的季节性

(图 5-13)。1 周年内其生物量达到 2 次高峰(7 月和 12 月)、1 次低峰(9 月)，最高海水温度来临之前达到生物量的峰值。7 月之后，鼠尾藻主侧、侧枝腐烂脱落，生物量大幅度降低，于 9 月达到全年最低值。2 次高峰期生物量差别较大，生物量的季节动态表现为双峰型。

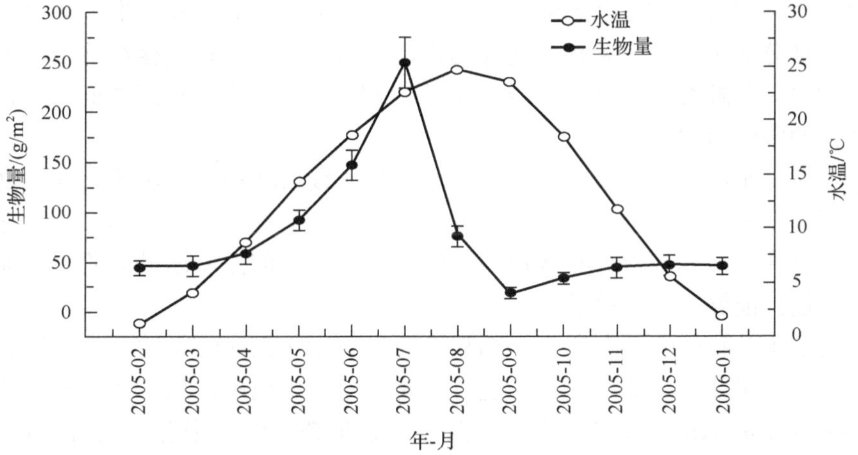

图 5-13　2005 年 2 月至 2006 年 1 月海水温度和鼠尾藻生物量随时间的变化趋势(引自王志芳等，2008)

四、环境因素对植物种群分布格局的影响

(一)气候因素

1. 气候孑遗

许多植物过去是广泛分布的，受气候变化的影响，现在只在气候有利的少数“岛屿”存活，这样的植物称为气候孑遗物种——它们未必是有漫长进化历史的物种，因为许多大的气候变化很晚才发生。北半球有一个有趣的冰川孑遗植物的类群，更新世冰川时期，向南延伸到北美洲大湖地区和欧洲德国。大冰盖向北后撤(大约在 1 万年前末次冰川从这些温带地区后撤)，改变了它们的分布。那时适应寒冷条件的许多植物分布到冰盖之南，几乎远达欧洲的地中海。既然这些区域现在已温暖得多，这样的植物在那里就只能在最寒冷的地方生存，通常在山区的高海拔处，而它们最远分布于北方的斯堪的纳维亚、苏格兰或冰岛。有的情况下，植物看来甚至在北方绝灭，现在仅由在南方的冰川孑遗种群代表，如在阿尔卑斯山脉。

气候孑遗的一个例子是木兰。气候孑遗(木兰科 Magnoliaceae，木兰属 *Magnolia*)有一种十分有趣的现代分布。在木兰属 80 个左右的物种中，大多数见于东南亚，而余下约 26 个物种在美洲。从北方的安大略经过墨西哥下达南美洲北部地区。它们的分布显然是间断的，在此例中被分隔成两个主要的中心区。它们不像棕榈，我们不能简单地通过植物对气候的敏感性解释它们的分布格局，因为相比之下木兰是相当耐寒的，它们在温带区域的北部能够栽培得很好。气候约束也不会解释为什么它们不像棕榈那样见于热带和亚热带中间地区。

要了解木兰的分布，我们必须考察它们的进化历史。木兰的叶、花和花粉粒的化石已知来自中生代——恐龙时代。确实，植物学家把木兰科看作有花植物类群中最原始的科之一。对于迅速进化的昆虫，它华美的花是有吸引力的，它们一起协同进化成最成功的一组，昆虫为了食物访问花，在这过程中保证了花粉从一棵植物传到另一棵，于是取得了传粉机会并省去了高度危险的风媒传粉过程。木兰扩散，并且围绕地球的热带、亚热带和温带部分必定形成一条相当连续的带，因为它们的化石遗存在整个欧洲，甚至格陵兰都已发现。大概长达 7000 万年之久，木兰仍然广布，直到最近 200 万年，它们才从像欧洲那样的中间地理区域消失。

由于木兰是小的、生长缓慢的灌木，而不是比较粗壮和生长快速的乔木物种的有力竞争者，因此在最近 200 万年的气候波动开始扰动它们稳定的林地环境时，它们在压力下死亡，并且在以前的多数分布区内很快绝灭。只有在前面所述世界的两个部分，它们作为进化孑遗，能够幸免和存活。

有趣的是木兰科的另一个属——鹅掌楸属(*Liriodendron* L.)，它与木兰属有十分相似的分布，并且很可能有相似的化石历史。但是在鹅掌楸属中，只有两个种存活：北美鹅掌楸(*Liriodendron tulipifera* L.)是北美洲落叶温带森林的一个存活组分，而鹅掌楸(*L. chinense*)只存活在东南亚的一个有限地区。

在欧洲的野草莓树可以成为冰川后孑遗的另一个好例子(图 5-14)。北美洲的野草莓

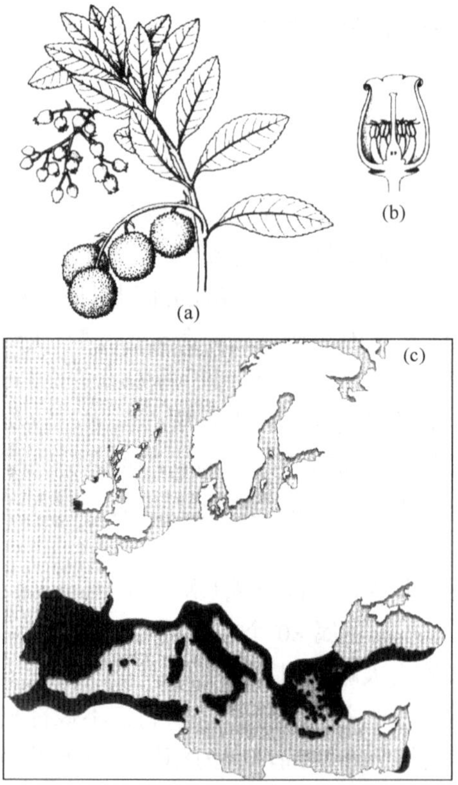

图 5-14　野草莓树物种莓实树(引自 Cox and Moore，2007)

(a)植物，显示它的革质叶和膨大的果实，果实色红；(b)花的切面；(c)它的欧洲分布圈，显示一个孑遗种群在爱尔兰

树有相当连续的分布，但西欧物种莓实树(*Arbutus unedo*)是间断的，在地中海地区有它的主分布中心，但是在法国西部和爱尔兰西部也有远离中心的分布。冰期以气候突然变暖结束，冰川向北后撤，随之是冰期中被迫南迁的野草莓树返回，但是野草莓树的反应比较慢，因为它们的扩展速度比较慢。种子被往北携带，经萌发、生长，最终开花并结出更多种子，在裸露的北地繁生。当这种迁移继续时，消融的冰川产生巨量的水注入海洋，使海平面上升。早期的拓殖者通过陆地连接到达某些区域，后来被上升的海面分隔。

冰川后撤时期，西欧的海边必定为南方物种提供一条特别有利的迁移路线。野草莓树沿着海边向北移动，在英吉利海峡和爱尔兰海上升形成这样的移动的自然阻限之前，远远进入爱尔兰的西南部。近海洋和墨西哥湾暖流的影响赋予爱尔兰西部一种湿润、温暖、无霜的气候，使得在不列颠群岛上野草莓树能够在此生存。

像许多地中海乔木和灌木那样，野草莓树是硬叶的，这意味着它有硬的革质叶(图 5-14)。它具有一种往往与干旱气候有关的植物适应，并且似乎出于爱尔兰西部之外。许多植物物种的开花是由特定的昼长引发的——这称为光周期现象。野草莓树属(*Arbutus*)在秋末开花，此时夜长增加，而这又是与地中海环境有关的一种适应，因为在这个季节夏季干旱成为一个温暖湿润期。花奶油色，醒目，呈钟状，有蜜腺吸引昆虫，而在地中海地区它们是由长舌的昆虫(如蜜蜂)传粉的，晚秋此类昆虫很多。然而，爱尔兰秋季昆虫很少，因此传粉就没有把握。这样在冰川撤退后不久，野草莓树到达爱尔兰，然后作为海洋上升的结果被隔离在那里。自从野草莓树最先被拓殖以后气候逐渐变冷，尽管它在构造和生活史上有的特征似乎对爱尔兰西部不大适应，但是野草莓树属迄今仍能够坚守自己的阵地，并在它的分布区前哨上生存。

2. 气候变化

(1)气温变化对植物种群分布格局的影响

研究表明，气温变化对植物种群分布格局具有明显的影响。现以气温变化对达乌里胡枝子种群分布的影响为例来说明。

据程杰等(2010)研究，发现在黄土高原的森林草原和典型草原地带，达乌里胡枝子种群密度的变化明显受年平均气温的影响，年平均气温为 10℃左右时，达乌里胡枝子的分布密度最大，可达到 18 株/m^2，但种群生长持续期较短，植物群落结构极不稳定；年均气温在 8.4～10℃时，种群分布密度较为稳定，平均为 13.9 株/m^2。此外，气温的升高或降低，种群的分布密度均发生较大的变化，尤其在较高的种群密度分布中，从生殖枝数量明显下降，死亡现象严重，其幼苗数量也显著减少。即年均气温在 9.0～10℃时，从生殖枝数量变化幅度较大，建群种生长极不稳定；7.6～9.0℃时，从生殖枝数量变化幅度甚小，种群生长分布相对较为稳定；当气温再降低时，种群密度与从生殖枝数量急剧下降。随着气温的变化，达乌里胡枝子种群地上和地下生物量变化差异也较大，但总的变化趋势基本一致。年平均气温超过 9.5℃时，其地上和地下生物量均出现下降趋势；气温在 7.4～9.5℃时，生物量呈现不稳定趋势；当气温低于 7.4℃时，生物量大幅度下降(图 5-15)。这说明达乌里胡枝子种群在黄土高原的适宜生长气温在 7.4～10℃，气温过高或过低都会影响达乌里胡枝子种群的分布密度与生长势。

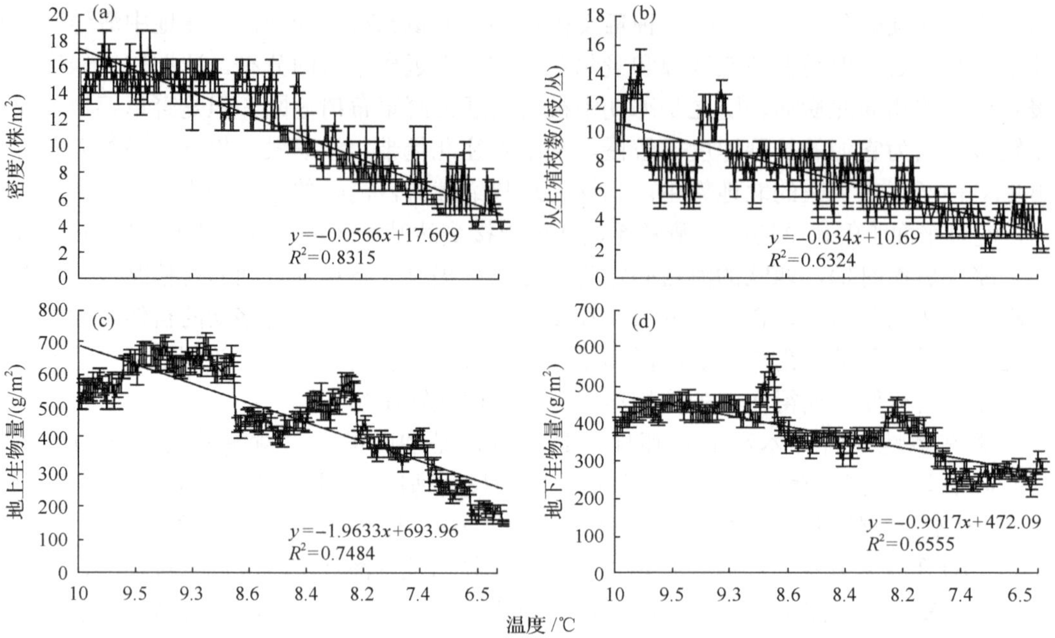

图 5-15　温度与胡枝子种群密度(a)、丛生殖枝数量(b)、地上生物量(c)和地下生物量(d)的关系(引自程杰等，2010)

(2)降雨量对植物种群分布格局的影响

研究表明，降雨量变化对植物种群分布格局具有明显的影响。现以降雨量变化对达乌里胡枝子种群分布的影响为例来说明。

据程杰等(2010)研究，从不同地带降雨量的变化趋势来看，黄土高原地区达乌里胡枝子种群密度、丛生殖枝数量，以及地上和地下生物量的变化与降雨量的分布趋势基本一致，均随降雨量的下降呈抛物线型变化。降雨量在 500～600mm，达乌里胡枝子种群密度达 15.1 株/m^2，丛生殖枝数量平均每丛为 9.2 枝，地上和地下生物量平均为 479.9g/m^2 和 372.2g/m^2；降雨量在 400～500mm，种群密度平均为 11.4 株/m^2，丛生殖枝数量为每丛 7.5 枝，地上和地下生物量平均达 296.7g/m^2 和 290.4g/m^2；降雨量在 270～400mm，种群密度平均仅为 6.6 株/m^2，丛生殖枝数量平均每丛为 4.8 枝，地上和地下生物量平均达 230.3g/m^2 和 279.4g/m^2(图 5-16)。

多年的定位监测也发现，当降雨量超过 600mm 时，其种群的密度、丛生殖枝数量及地上和地下生物量均呈显著下降趋势，可形成片状与星毛委陵菜、冷蒿或本氏针茅等镶嵌分布，成为群落演替的初级阶段，但种群再生能力较弱，耐牧力不强，如不及时保护，群落会很快退化。当降雨量低 270mm 时，其种群几乎所见无几。可见，达乌里胡枝子种群适宜的降雨范围为海拔 270～600mm 的地区。

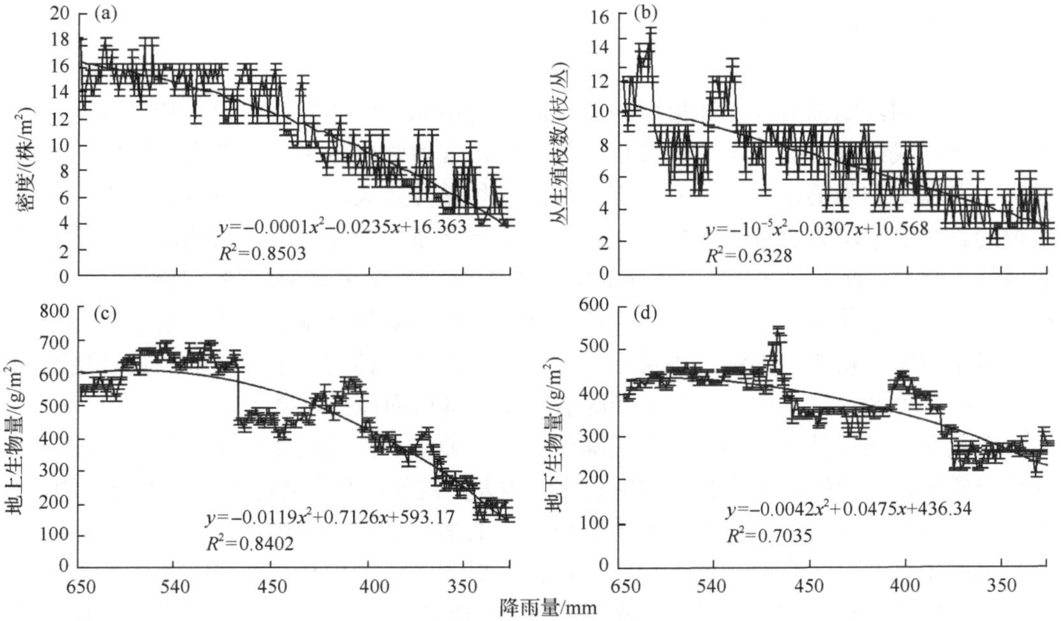

图 5-16　降雨量与胡枝子种群密度(a)、从生殖枝数量(b)、地上生物量(c)和地下生物量(d)的关系(引自程杰等，2010)

(二)地理因素

1. 巨大山脉对植物种群分布的影响

绵延百里或千里的山脉，高耸入云的山峰是气流活动的天然屏障。因此，山脉走向对气候的影响较大，对温度和降水量的影响尤为显著，虽然一山之隔，但气候有较大的差异。我国地处季风气候区，东西走向的山脉阻止暖气团北上及冷气团南侵，在山北冷气团受阻而积聚，在山南暖气团被抬升冷却致雨，形成山北干冷、山南湿热的不同气候，并在植被特征和群落结构上反映出来。这类山脉北有天山和阴山，中有昆仑山和秦岭，南有南岭，它们都是我国气候上和植被上重要的天然界线。例如，秦岭山脉东西直延数百千米，海拔在 2000m 左右，主峰太白山 3767m，对南北气候交流起着重要的隔离作用，加剧了山南与山北因纬度而引起的气候差异，成为我国亚热带与暖温带的天然界线。杉木、枫香、马尾松、苦槠、樟树、棕榈等树种的天然分布都只限于秦岭以南地区。秦岭南坡的地带性植被属落叶阔叶与常绿阔叶混交林，北坡则属于落叶阔叶混交林。在经济植物方面，南坡的汉中有柑橘类亚热带水果生产，北坡的渭水河谷这些果树却不能安全越冬。南岭山脉也有类似的作用，它由一系列近东西走向的山地组成，北来的冷气团常常受阻于岭北。这样南岭以南可以发展某些热带作物，具有热带环境特点，南岭以北热带作物不能越冬，具有亚热带环境特点。

2. 山地地形对植物种群分布的影响

山地地形错综复杂，导致综合环境条件的多样性。因此，山地的各种气象要素都随着坡向、坡位、坡度等地形因子的变化而发生较大的变化。因此，在局部范围内就会出现气候、土壤和植物种群的差异。

(1) 坡向

坡向不同，则辐射强度和日照时数不同，使不同坡向的光、热、水和土壤条件有较大的差异。我国处于北半球，北坡日照时间短，辐射强度也小，所获得的辐射总量比南坡小，尤以冬季为甚，且越往北，南北坡的这种差异越大。在一定坡度范围内，南坡所获得的总光能平均为北坡的 1.6～2.3 倍。由于光照条件的差异，南坡的温度高于北坡，湿度低于北坡，蒸发量大于北坡。同时，土壤的物理化学风化都较强，有机物分解迅速、积累少，土壤较北坡干燥和贫瘠。因此，南坡的植被多是喜温、喜光、耐旱的种类；北坡则多是耐寒、耐阴、喜湿的种类。一般在早春南坡的植物早于北坡的植物开始萌动。但在低纬度地区，南北坡生境的差异随着纬度的降低而减小，甚至消失。

在湿润气候条件下，如果水分能够保证，一般来说植物的生长南坡优于北坡，但在水分经常缺乏的地区，南坡的植物生长比北坡差。例如，在华北低山区，因为土壤干燥，油松生长南坡比北坡差。而在西北地区更干旱的情况下，南坡的水分不足，难以维持植物种群的生长发育要求时，就为草原所占据。对于具体的树种来说，在不同坡向上的生长情况，取决于树种的生物学和生态学特性及当地的气候条件。南北坡综合环境条件的差异，还使树种的垂直分布发生一定的变化。同一树种和植物种群类型的垂直分布在北坡常低于南坡。同一山体，南坡的植物中常有较南的(喜暖的)种类，北坡则有较北的(耐寒的)种类。在树种的分布区内，北方树种在其南界可分布到山的北坡，南方树种在其北界可分布到山的南坡。南坡是南方树种的北界，北坡是北方树种的南界，这就是阿略兴提出的植物先期适应法则。这种现象在地形起伏较小、植被破坏不大的平原、孤山表现最为突出。因此，在引种造林时，南种北移栽在南坡，北种南移栽在北坡，这样可以调节树种对生态环境的要求。

东坡和西坡的生态条件介于南坡和北坡之间，但东坡较接近于北坡，常称为半阴坡，西坡更接近于南坡，常称为半阳坡，东北、西北坡为半阴坡，东南、西南坡为半阳坡。

(2) 坡位

在一山坡上，山脊和上坡常是凸形的，中坡则可能是凸凹相间的复式坡面，下坡则通常是平直的。因此，坡位的变化实际上是阳光、水分、养分和土壤条件的变化。从山脊到山麓，坡面上所获得的阳光不断减少，水分和养分则逐渐增加。整个生境朝着阴暗、湿润的方向发展，土壤逐渐由剥蚀过渡到堆积，土层厚度及有机质、水分和养分的含量等都随着相对高度的减少而增加。因此，在植被没有被破坏的坡面上，可以看到从山脊到山麓分布着对水肥条件要求不同的一系列树种。喜肥沃湿润的树种分布于坡的下部，而耐瘠薄干旱的树种分布于山脊和上坡，这种情况在陡坡尤为突出。在不同坡位上由于生态因素的变化，植物生长情况也有较大的差异。但是也有例外的情况，如当山坡的坡度较大、山脊又比较平坦开阔时，山顶的土壤常较山坡的深厚，这样山脊的林分要比山坡的林分生长得好。

(3) 沟谷宽度

沟谷宽度也称山坡的开阔度，即沟谷的深度与宽度的比例。凡是沟谷的宽度大于深度，两谷坡的坡度较平缓，谷底较宽阔的称为宽谷。宽谷的通风和光照条件良好，两谷坡的生态条件主要取决于各谷坡的坡向和坡度，一般来说，不同的谷坡植物生长有较明显的差别。凡河谷的宽度小于深度，两谷坡坡度较陡，谷底狭窄的称为狭谷。狭谷两谷坡不管其坡向坡度如何，光照强度和光照时间都明显减少，因而具有较阴凉、湿润的特点，两谷坡上植被的差异也较小。对谷底来说，宽谷因受光照时间长，所获得的热辐射多，故较狭谷热而干；一些很深的狭谷，甚至在一天之内完全得不到直射的阳光，生境极其阴暗而潮湿。

(4) 坡度

一般来说，平坡土壤深厚肥沃，宜于农作物和一些喜肥、喜水树种的生长，但在高纬度地区，如地下水位高或排水不良，则易于沼泽化，不利于植物的生长。缓坡、斜坡一般土壤肥沃，排水良好，最宜于植物生长。陡坡土层薄，石砾多，水分供应不足，植物生长较差，生产力低。在急险坡上，常发生塌坡和坡面滑动，基岩裸露，林木稀疏而低矮。

坡向、坡位、坡度和沟谷宽度等地形因素，既有其特定的生态作用，又受一定的地形复合体的影响。山地条件下，正是这些地形因子的多种配合，使山地的生境变得非常复杂，在很小的范围内就可遇到不相同的生境，适于不同的树种生存，这就是山区植物种类比平原地区复杂得多的原因。可以说，山区条件缓和了种间的矛盾，对植物起到“避难所”的作用，有利于大量植物种的生存。同时山区生境的复杂性，使同种的个体处于不同的条件下生长，容易产生新的变异。因此，山区也可能成为孕育和培育新种的环境。

3. 海拔对植物种群分布的影响

研究表明，海拔变化对植物种群的分布格局具有明显的影响。现以海拔变化对达乌里胡枝子种群分布的影响为例来说明。据程杰等(2010)研究，在黄土高原地区，从植物种群草原、典型草原到荒漠草原地带均有达乌里胡枝子种群分布。但从海拔分布看，在海拔 600～1350m，随海拔的上升，种群密度稳定增加，且生长旺盛；当海拔为 1950m 时，种群密度由 11.4 株/m^2 减少到 4 株/m^2；2000～2900m 海拔范围几乎无此种群的分布。这说明达乌里胡枝子种群较喜温暖，适宜在水热条件同步的地区生长，随海拔的增加，降雨量虽然有所提高，但由于气温降低，尤其是受≥10℃积温的影响，种子的成熟率和发芽率极低，直接影响种群的生长与自然更新，其地上和地下生物量分别由 668g/m^2 和 462g/m^2 下降到 150g/m^2 和 189g/m^2，与其海拔呈显著的负相关关系。

(三) 人类活动

人为过度开发利用使植物生境遭到极大破坏，这是导致植物濒危的主观原因，也是最直接的原因。由于我国人口的急剧增长，对森林植物等自然资源的压力日益增大，造成人口-资源-环境之间的关系失调，各类植物资源始终难以获得充裕的恢复更新机会。

1. 过度利用

现以我国重点保护野生植物为例来说明。据研究，我国重点保护野生植物种类虽多，但林木生长周期比较长，大部分物种现有的资源数量有限，不适于进行直接开发利用。过度的利用致使银杉、元宝山冷杉、资源冷杉、梵净山冷杉、柔毛油杉、毛枝五针松、大别山五针松、巧家五针松、岷江柏木、五裂黄连、凹脉金花茶、百山祖冷杉、长序榆、朝鲜崖柏、天目铁木、天台鹅耳枥、落叶木莲、单性木兰、华盖木、浙江楠、舟山新木姜子、红豆树、绒毛皂荚、秤锤树、顶生金花茶、毛瓣金花茶、普陀鹅耳枥、狭叶坡垒、多毛坡垒、广西青梅、云南蓝果树、紫荆木、紫植等物种的野生种群面积、株数已分别小于 $100hm^2$、1 万株。过去人们为了满足社会需求量的增长，在野生植物的开发利用过程中，一味追求经济利益，完全依赖野生资源，重采挖不重养护，未能保护好种源和扩大种群数量，如红松、黄檗、水曲柳、秦岭冷杉、长序榆、花榈木等经济用材树种，以及峨眉黄连、杜仲、川黄檗、金毛狗等药用价值很高的药材，在前些年市场需求旺盛时被大量利用，导致现在可直接利用的资源枯竭，无材可采，无药可挖，制约了开发利用的发展。有些物种的野生种群在野外已难以找到或可能已绝灭，又无人工栽培，人类很可能已永远失去开发利用的机会。

2. 人口增长

人口增长对土地的压力，是造成植物生境恶化的直接原因。经济发展、人口增长及缺乏合理的土地利用政策，造成了历史上大规模的城市建设和大面积的毁林开荒，致使天然林面积急剧减少，野生植物的生存环境丧失或生境片断化，而大部分野生植物因自身生物学特性的原因无法或难以及时适应新的环境，最终造成种群数量减少，发育不良，难以为继。例如，在内蒙古、新疆和西藏，人们为了维持最基本的粮食需求，到处垦荒种植、过度放牧，造成三大草原区牲畜严重超载，草场退化严重；在黄土高原等地形起伏的地区、北方山区和沙区，人为大面积垦殖耕种，使土地荒漠化；西部地区自然环境恶劣，集中了我国尚未脱贫的约 6000 万贫困人口，由于离经济中心较远，人们缺乏发展经济的机会，长期以来只能以落后低下的传统方式从事经济活动，为了有足够的耕地，农民只有过度地毁林开荒，导致植物生境片断化，一些珍稀植物濒临灭绝。

据统计，本次调查物种中有 74 种野生植物面临生境恶化的威胁，占调查总数的 40%。这些物种为：光叶蕨、篦子三尖杉、岷江柏木、巨柏、朝鲜崖柏、梵净山冷杉、资源冷杉、银杉、四川红杉、大别山五针松、巧家五针松、毛枝五针松、金钱松、云南穗花杉、白豆杉、东北红豆杉、红豆杉、南方红豆杉、巴山榧树、长叶榧树、水松、梓叶槭、羊角槭、云南金钱槭、蕉木、刺参、人参、屏边三七、姜状三七、盐桦、普陀鹅耳枥、天目铁木、伯乐树、夏蜡梅、裸果木、红榄李、四数木、东京龙脑香、坡垒、望天树、广西青梅、东京桐、三棱栎、海南大风子、报春苣苔、辐花苣苔、银缕梅、舟山新木姜子、普陀樟、降香、油楠、地枫皮、落叶木莲、峨眉拟单性木兰、观光木、粗枝崖摩、海南风吹楠、滇南风吹楠、云南蓝果树、合柱金莲木、蒜头果、黄连、独叶草、毛茶、龙眼、海南韶子、紫荆木、广西火桐、景东翅子树、秤锤树、显脉金花茶、金花茶、猪血木和海南石梓。

（四）种内因素

以上对种群分布影响的因素均为外界因素，其实除外界因素之外，种内因素也明显影响着种群的分布，现以我国中国沙棘种群密度的调节为例来说明种内因素对种群分布的影响。

1. 种群密度调节

据李甜江等(2011)研究，发现中国沙棘平茬萌蘖种群密度动态首先体现在萌蘖植株(包括单轴型与合轴型)的数量消长上。由表 5-3 和图 5-17 可见，4 年以前种群的出生率很高，种群密度随着种群年龄的增大而迅速上升；5～8 年，种群的出生率较低或死亡率较高，种群密度随着种群年龄的增大而迅速下降；9～10 年，种群的死亡率逐渐降低，从而使种群密度维持在一定水平上。由此表明，中国沙棘通过萌蘖植株的出生与死亡调节不断改变着种群密度(个体数量)，其变化过程可分为上升、下降和平稳等 3 个阶段，种群通过萌蘖植株的出生与死亡调节不断改变着种群的个体数量，使其维持在合理的水平上。

表 5-3　中国沙棘平茬萌蘖种群基本参数(引自李甜江等，2011)

样地编号	种群年龄/a	种群密度/(株/hm^2)	种群基盖度/(m/hm^2)	克隆生长型系数/%	蘖死亡率/%
1	2	65 000	0.63	42.31	7.50
2	4	90 000	2.06	55.56	14.36
3	6	42 000	1.90	26.67	27.63
4	8	30 000	3.86	36.11	44.44
5	9	22 083	5.07	45.28	48.95
6	10	20 800	5.17	53.85	35.51

2. 克隆植株的克隆生长型调节

据李甜江等(2011)研究，发现中国沙棘种群内个体之间的竞争，不仅使萌蘖植株的数量发生了变化，同时还改变了萌蘖植株的克隆生长型动态(图 5-18)。克隆生长型的改变，是合轴型分株(萌蘖丛)内蘖的密度制约死亡所导致。

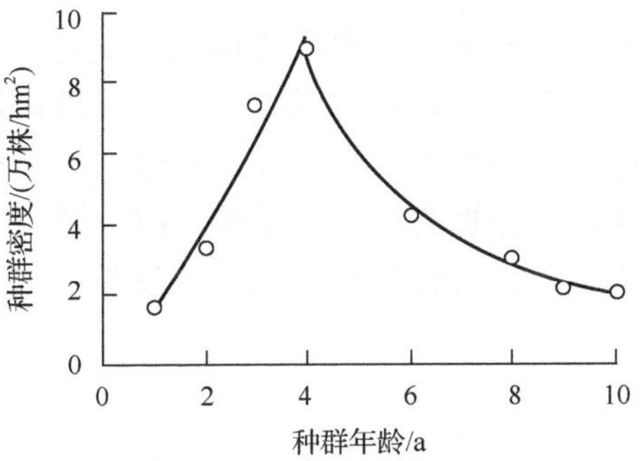

图 5-17　中国沙棘平茬萌蘖种群密度动态(引自李甜江等，2011)

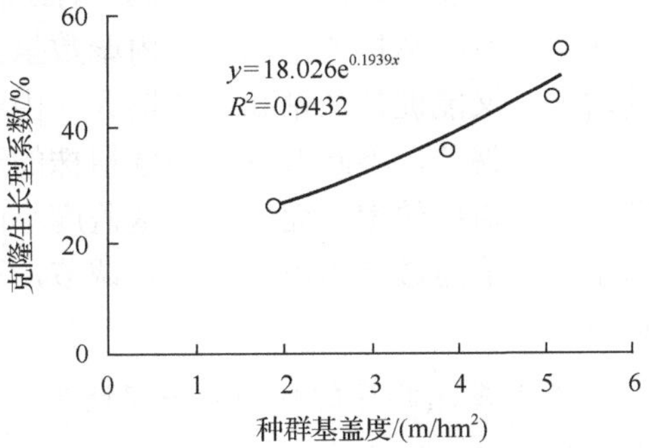

图 5-18　中国沙棘克隆生长型系数与种群基盖度的关系(引自李甜江等，2011)

为了解萌蘖丛内蘖数与蘖存活状况的关系，以丛蘖数为自变量，以蘖的存活指标为因变量进行回归分析，得到如下方程

$$Y_4 = 1.1125x^{0.7646},\ r = 0.9795,\ P < 0.01 \tag{5-1}$$

$$Y_5 = -1.6265 + 0.538x,\ r = 0.9817,\ P < 0.01 \tag{5-2}$$

$$Y_6 = 55.028 + 99.254/x,\ r = 0.7653,\ P < 0.01 \tag{5-3}$$

式(5-1)～(5-3)中，x 表示合轴型分株(萌蘖丛)内的蘖数，Y_4、Y_5、Y_6 分别表示萌蘖丛内的活蘖数、死蘖数及蘖的存活率(%)。式(5-1)表明，活蘖数与丛蘖数之间呈幂函数关系，丛蘖数每增加 1 个对数单位，活蘖数将增加 0.7646 个对数单位；式(5-2)表明，死蘖数随丛蘖数的增加呈直线上升，丛蘖数每增加 1 个单位，死蘖数将增加 0.538 个单位；式(5-3)表明，蘖的存活率与丛蘖数之间呈变形双曲线关系，随着丛蘖数的增加，存活率逐步下降并趋近于 55%。由此可见，丛内蘖数的增加将使活蘖数和死蘖数同时增加，但其存活率最终将趋于一定水平。通过丛内分蘖的存活与死亡调节，中国沙棘平茬萌蘖种群实施对分株克隆生长型(个体形态)的调控。

为了解丛内蘖数与丛生长性状的关系，以丛内蘖数为自变量，以丛的生长指标为因变量进行回归分析，得到如下方程

$$Y_7 = 0.2917x^{0.4188},\ r = 0.7687,\ P < 0.01 \tag{5-4}$$

$$Y_8 = 116.80 + 43.33x,\ r = 0.8514,\ P < 0.01 \tag{5-5}$$

$$Y_9 = 2.138 + 0.7007x,\ r = 0.9813,\ P < 0.01 \tag{5-6}$$

式(5-4)～(5-6)中，x 表示合轴型植株(萌蘖丛)内的蘖数，Y_7、Y_8、Y_9 分别表示萌蘖丛的直径(cm)、丛生物量(g)及丛枯死量(g)。式(5-4)表明，丛径随萌蘖数量的增加呈幂函数上升，丛内蘖数每增加 1 个对数单位，丛径将增加 0.4188 个对数单位；式(5-5)和式(5-6)表明，丛生物量、丛枯死量均与丛内蘖数呈直线关系，即丛内蘖数的增加既可促进丛生物量的增加，又能促使丛枯死量的增大。由此表明，中国沙棘种群通过合轴型分株内蘖的出生与死亡调节，不断改变着萌蘖植株的形态特征。在种群自疏阶段，单轴型分株比例随着种群基盖度的增大而上升，基盖度小时以合轴型分株为主，基盖度大时以单轴型分株为主，种群通过蘖的出生与死亡调节，平茬萌蘖种群对合轴型分株大小及其生产力实施调控。

3. 平茬萌蘖丛构件的生物量分配调节

据李甜江等(2011)研究，发现中国沙棘由于密度制约，种群在个体水平发生自疏及个体形态调节的同时，也在构件水平上做出响应。在此采用地上构件和地下构件的生物量分配动态进行分析。由对密度反应比较明显的构件枯枝、叶片、克隆器官、根系等与种群基盖度动态的关系可知(图 5-19)，随着种群基盖度的增大，枯枝生物量分配比例呈幂函数上升、叶片生物量分配比例呈指数函数下降、克隆器官生物量分配比例呈指数函数下降、根系生物量分配比例呈幂函数下降。由此表明，随着种群基盖度的增大，种群

在枯枝、叶片、克隆器官和根系水平均产生了自疏现象。

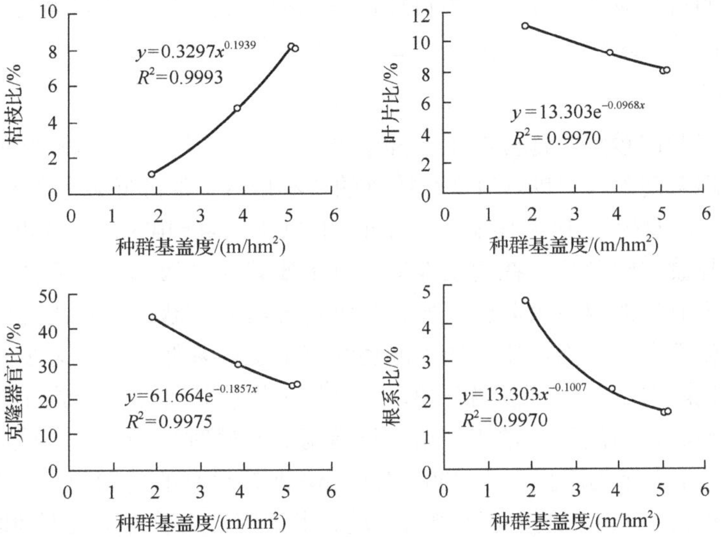

图 5-19　中国沙棘构件的生物量分配与种群基盖度的关系(引自李甜江等，2011)

这种自疏现象使在地上构件中，枯枝生物量分配比例随着种群基盖度的增大而增大；而叶片生物量分配比例随着种群基盖度的增大而下降；在地下构件中，克隆器官和根系的生物量分配比例均随着种群基盖度的增大而下降。枯枝生物量分配的上升和叶片生物量分配的下降，将导致克隆植株或分蘖存活能力的下降；克隆器官生物量分配比例的下降，将导致种群克隆繁殖、养分转输和资源储藏能力的下降；根系生物量分配比例的下降，将导致土壤资源吸收能力的下降，由图 5-19 可见，上述构件的生物量分配已经趋于平稳。

上述结果表明，中国沙棘在平茬后的更新过程中，通过克隆植株、分蘖及构件的密度制约出生与死亡调节，使种群形成与环境资源供应水平相适应的个体数量与分株形态，从而实现对生境资源的合理利用及种群持久性的维持。

第三节　动物种群的空间分布格局及其变化动态

一、动物种群的水平分布格局

(一)野生动物种群的水平分布格局

野生动物种群的水平分布状况主要决定于该种动物起源地的气候条件、草原状况及人类的活动状况。一般来说，与起源地气候越相似，草原上水草越丰盛、人类活动干扰越小的地方往往是该野生动物种群分布密度越大的地区，反之，与起源地气候差异越大，草原上水草越匮乏、人类活动干扰越频繁的地方往往是该野生动物种群分布密度越小的地区，现以中国野驴的分布为例来说明野生动物种群的水平分布格局。

据郑生武(2000)研究，中国的野驴包括蒙古野驴和西藏野驴。其中，蒙古野驴在我国分布于蒙新区，西藏野驴则在青藏区，这两种野驴各有自己分布区的自然地理特点。正是这些不同的自然条件，使它们各自经过漫长的自然选择、地理隔离等因素的作用，形成了彼此间的性状差异，逐渐变成了 2 个亚种，继之发展成为 2 个独立的种。

1. *蒙古野驴*

目前蒙古野驴比较集中地分布于亚洲中部，以及中国与蒙古国毗邻的广袤地域和中亚的土库曼斯坦东南部与伊朗、阿富汗接壤的狭小地区。蒙古野驴在我国分布于 3 省(自治区)14 县(旗)，面积约 14×10^4km²，介于 40°20′N～46°40′N、85°40′E～107°30′E，有漫长的边界线与蒙古国毗邻，在动物地理区划上属蒙新区西部荒漠亚区。

这一地域为典型的温带大陆性气候，气温冷热各趋其极，一年内冬与夏、一天内昼与夜，气温变化都十分剧烈，年平均气温随纬度增加而降低，一般为 3～8℃。降水少，蒸发量远远超过降水量，气候极端干燥，年平均干燥度达 8 以上，居全国之冠，风沙危害十分严重。河流是内流河，常年干枯，仅暴雨时有暂时性的水流。植被属荒漠类型，植被结构简单。境内平均海拔介于 700～1500m，海拔最高的马鬃山高度为 1962m，而海拔最低的福海仅为 500m。这里是辽阔的荒漠、半荒漠，几乎为无人烟地区，平均人口密度约为 1 人/km²，在马鬃山和额济纳旗，人口密度仅为 0.03～0.05 人/km²。在北疆野驴分布区内人口密度则更低，因而人类的经济活动对野驴生存干扰相对较小。但在内蒙古西部和甘肃北部的马鬃山一带，乱捕滥猎现象尚未杜绝，加之恶劣生境对野驴的威胁，迫使其分布区退缩到北部边界地区，使这里成为蒙古野驴种群数量较多的地区。据酒泉地区农林局调查，在内蒙古西部的额济纳旗遇见野驴 85 头，密度为 0.04 头/km²；马鬃山一带遇见 16 头，密度为 0.03 头/km²。从马鬃山向西进入新疆地域，辽阔的北疆是蒙古野驴活动的范围，涉及 9 个县，现在比较集中的分布区为卡拉麦里山有蹄类自然保护区及毗邻的北塔山地区，北面延伸到乌伦古河南岸，在奇台、吉木萨尔、富蕴和青河四县境内，分布面积约为 25 000km²，介于 44°40′N～46°10′N、88°30′E～90°30′E，其中保护区面积为 17 000km²，介于 44°40′N～46°00′N、88°30′E～90°00′E。根据航空调查结果，当时卡拉麦里山有蹄类自然保护区范围内至少有358头野驴存在，栖息密度为0.02头/km²，当年幼驴占总数的 1/3(楚国忠等，1985)。通常幼驴与亚成体由牝驴带领形成小群，在种群中处于繁殖前期的个体占优势，所以这里的野驴基本上属于增长型种群(孙儒泳，1992)。显然，这个保护区具有良好的保护管理条例，使蒙古野驴种群的数量稳定增长。这种状况在 1986 年的野外调查中，已得到进一步证实(高行宜和谷景和，1989)。

2. *西藏野驴*

西藏野驴是典型的青藏高原特有种，西藏野驴分布在青藏高原及其毗邻地域，在国外仅见于锡金、尼泊尔和克什米尔。在我国分布地域涉及 5 省(自治区)30 县(市)，包括西藏、青海、新疆、甘肃和四川，介于 27°48′N～39°27′N、78°40′E～103°00′E，这是一个自然条件和植被类型都十分独特的区域。高寒是其自然环境的主要特点：海拔越高，气候越寒冷，年平均气温低于 0℃，全年任何一个月都可以出现低于 0℃的气温，许多地方全年或几乎全年都有霜冻。气温的年较差小，但日较差大，致使全年无冬夏之别，仅有冷暖之分。高原空气稀薄而干燥，太阳辐射强烈，光能资源丰富，居全国之冠。本区境内河流纵横，湖泊众多，是我国主要江河的发源地，水资源十分丰富。植被以高寒草甸草原和高寒荒漠草原为主。在野驴分布区内，海拔最低处在青藏高原北缘甘肃肃北县盐池湾，平均海拔为3227m；最高为西藏羌塘高原，平均海拔为4500～5000m，其中约有1/3的面积海拔超过5000m。在西藏野驴分布区内人口密度都很低，羌塘高原素称“无人区”；其次是甘肃盐池湾，人口密度为0.08人/km^2；人口密度最高的青海兴海县为3.11人/km^2，野驴活动在兴海县西部山地的虽根尔岗一带，人口密度远低于全县的平均密度。

目前，野驴比较集中的分布区是西藏北部羌塘高原地区，其次是新疆东昆仑—阿尔金山及青海南部果洛玉树地区。据研究，目前西藏野驴在西藏自治区分布有(56 932±4206)头，种群密度为0.0813头/km^2；在甘肃省分布有993头，种群密度为0.174头/km^2；在青海省分布有(29 156±1495)头，种群密度为0.078头/km^2；在新疆，西藏野驴比较集中的分布区位于阿尔金山自然保护区内，种群密度约为 0.039 头/km^2；在四川，西藏野驴残存数量极少(施白南和赵尔密，1982)。

(二)家养动物种群的水平分布格局

家养动物种群的水平分布状况主要决定于该种动物祖先——野生种生存地的气候条件、食物状况及人类对家畜的需求状况。一般来说，与野生种生存地的气候越相似，食物越充足、人类对这种家畜需求越强烈的地方往往是该家养动物种群分布密度越大的地区，反之，与野生种生存地的气候差异越大，食物越匮乏、人类对这种家畜需求越少的地方往往是该家养动物种群分布密度越小的地区，现以中国驴的分布来说明家养动物种群的水平分布格局。

据郑丕留(1985)研究，驴起源于北非，后向东传至印度和中国，向西传到意大利、西班牙和法国。我国在公元前4000年左右的殷商铜器时代，今新疆一带已开始驯养驴并繁殖其杂种，而当时中原地区极少见驴。据明朝顾炎武《日知录》载：“自秦以上，传记无言驴者，意其虽有而非人家常畜者也。”到了汉代初期，才有少量驴、骡进入内地。汉朝以来，中原与西域交通日益频繁，就有大批驴、骡运入。唐宋以后，驴更普遍饲养，数量逐渐超过马匹。所以，我国驴的起源和分布特点是由西向东传入的，同时其分布与其生物学特性有关。驴喜生活在干燥温暖的地区，较不耐寒冷，却能耐热，而且耐饥饿，有的竟能数天不采食，同时饮水量小，抗脱水能力较强。因此，特别能在干旱炎热的沙漠、荒漠和半荒漠的生态条件下生活和劳役。由于驴长期适应于上述的生态环境，因而也保留着热带和亚热带动物所共有的生态特征：外形比较单薄，耳长大，颈细，四肢长，被毛细短等。

我国驴的生态地理分布，大体上以长江为界。其集中产区为北纬35°～44°，属中温带、南温带气候的华北、西北和东北部分地区，尤以黄河流域分布最多。这种分布特点，也是与这一带平原、丘陵、沙漠、荒漠地区的社会经济需要驴作为役用有关。

除了集中产区外，驴在北部的地理分布界限可达北纬 46°50′。如再往北，驴由于怕严寒，故数量很少。例如，1980年黑龙江省的黑河地区养驴642头，大兴安岭地区仅有285头；内蒙古自治区呼伦贝尔虽有驴约9000头，但北纬46°以北只有驴近200头；新疆维吾尔自治区北端的阿勒泰地区仅有驴300多头。驴的分布虽说以长江为界，但长江以南并非无驴，其南部的地理分布界限可达北纬 33°50′。再往南，由于驴不适应潮湿的生活环境和水稻田耕作，数量很少。例如，安徽省宣城地区有驴 324 头(1980 年)，徽州地区有驴 385 头；湖北省恩施地区仅有 34 头(1981 年)，成宁地区仅 24 头(1981 年)；浙江、江西、上海、广东等省(直辖市)基本无驴。湖南省有驴 4000 头，集中在湘西一带。广西壮族自治区有驴约 1000 头，集中在桂西百色地区。福建全省仅有驴 376 头(1981 年)，建阳、宁德、龙岩、三明地区均无驴。

驴在我国西部一直延伸到海拔 4000～4500m 的青藏高原，如青海省玉树藏族自治州有驴约 1100 头，甘肃省甘南藏族自治州有驴 1 万头，而在海拔 4500m 以上的青海省果洛藏族自治州则无驴。

我国的驴按自然分布及生态条件分为以下三大类。

1. 西部及北部牧区小型驴

在我国西北、长城以北、东北三省辽阔的草原上，荒漠和半荒漠的草地上，宽广的农区平原上，分布有许多小型驴种。它们体型和生态特征的共同特点为：体躯矮小，110cm 以下，最低的仅 90cm，体重不大，为 130～135kg，体质粗糙结实，四肢强健，耐粗饲，耐寒冷、风沙、饥饿，适应性特别强，适于在荒漠、半荒漠或高寒地区放牧，以及半舍饲半放牧，也可以在农区舍饲饲养。在这类地区长期繁衍着我国最古老的干旱沙漠生态类型的新疆驴。新疆驴由于长期适应于年平均气温 11.7℃、年降水量 61.3mm 的干燥炎热气候，因而体质干燥结实，平均体高 100～105cm，短小精悍，结构匀称。头显粗重，耳长(占头长的 48%)且厚，利于散热，颈细，发髻甲低平，背腰平直，胸深不宽，四肢细而坚实，蹄小而质硬。新疆驴在粗放的放牧管理条件下，抗病力强，吃苦耐劳，抗御恶劣气候的能力强。其毛色以灰、黑为主，冬季毛长(长 4.59cm)而浓密，不畏严寒。一般驮载 40～50kg，日行 30～40km。西域一带的驴到了六盘山西侧海拔 1600～2200m 的宁夏回族自治区西吉县及其附近地区，由于山路崎岖，岩石裸露，驴常在山间驮运，故体躯较短而粗壮，体高 109～112cm，胸廓广深，四肢较短，蹄质坚硬，被毛短密，属干旱山地类型的西吉驴。

2. 中部平原农区大中型驴

西域的驴进入中原，到了黄河中下游，由于这里海拔较低，地势平坦；气候温和，无霜期长；水源丰富，雨量适中；土质砂黏适中，土壤肥沃，历史上构成了一个气候、水域、土壤和植被互相协调而生态平衡的生活环境，因而驴很快地分布到甘肃东部、陕西、山西、河北、河南，一直到山东沿海地区，并形成了许多著名的平原生态类型的地方良种。它们的共同生态特征为：体质结实，胸廓深广，中躯呈圆桶状，尻斜偏短，四肢坚实，关节强大，蹄质坚硬，耕挽能力强，多进行舍饲，被毛细短，毛色以粉黑(白眼圈、白鼻幽、白肚皮)和全黑为主，灰、青、驼色次之，农耕犁地时一般挽力为 70～80kg，单驴挽车载重 1000 多千克，大挽力公驴为 250kg 左右，母驴 185kg 左右。

西域的驴到了泾河支流，马莲河、环江两岸的甘肃省庆阳地区董志塬和早胜塬一带，由于过去这里土质肥沃，地广人稀，盛产小麦和各种豆类、糜谷，并种植苜蓿、禾草，粮食及农副产品极为丰富，素有“陇东粮仓”之称，故而逐渐在这一带出现了一个地方品种——庆阳驴。其公驴平均体高 127cm，母驴 122cm，属中型驴种。同时，驴到秦岭以北的渭河流域，由于饲料条件特别优越，盛产苜蓿、大麦、黑豆等，因而形成了世界著名的大型种——关中驴，公驴平均体高 133cm，母驴 127cm，体形呈长方形，其品质为全国之冠。头颈高扬，姿态健美，前躯发达，鬐甲宽厚，胸廓深广，中躯呈圆桶形，四肢强健，关节明显，役用能力很强。

关中驴沿着黄河进入山西省吕梁山以南，黄河以东和以北的晋南盆地，在当地自然条件的影响下，形成了公驴平均体高 128cm、母驴 124cm 的中型种——晋南驴。同样沿着黄河流域，经河南到山东省黄河下游，马颊河、徒骇河两岸的德州、惠民地区的鲁北平原，以及到达大运河两岸，渤海沿岸的冀东平原，形成了著名的大型驴种——德州驴。公驴平均体高 136cm，母驴 130cm，骨骼粗大，前躯高峻，中躯粗实，呈正方形，当然驴不仅沿着黄河流域分布，在其他地方也大量繁衍，并形成了不少中型驴种。例如，产于河南省桐柏山以北、泌阳河两岸的泌阳驴，公驴平均体高 125cm，母驴平均 21cm，体形呈正方形，骨骼细致，躯干短而平直，四肢细长，关节不粗，鬃鬣尾毛稀疏，被毛细密，适于北亚热带边缘的气候；产于黄河以西、无定河两岸陕西榆林地区的佳米驴，公驴平均体高 126cm，母驴体高 121cm；产于山西省北部桑干河、壶流河两岸的广灵驴，公驴平均体高 120cm，母驴体高 119cm，骨骼粗实，前躯宽厚，体躯较短，胸深而宽，背腰平直，四肢粗实。

3. 西南高原、山地小型驴

西北地区的驴经甘肃南部、陕西南部进入青藏高原、云贵高原，也有部分驴由于通商而从阿富汗、巴基斯坦、尼泊尔等国进入我国西南境内，当地属中亚热带，因靠近西藏高原，故海拔比沿海同纬度地区更高。加之地形复杂，多高山峡谷，故相对来说比沿海同纬度地区气温较低，湿度较小，西南高原、山地驴种的生态特征为：体质结实，多数偏粗糙，体格矮小，胸部窄，后躯短，尻部斜，骨骼细，四肢坚，蹄质硬，行动灵便，善走崎岖山路，适于长途驮运，均属高原生态类型。西南地区的小型驴，驮重可达 50～75kg，日行 35～40km，持久力比马强。公驴挽力可占体重的 100.9%，母驴可占体重的 89.3%。长途运输时，单套可挽重 200kg，双套可挽重 500～600kg。

由于地形及饲料的不同，也形成了不同的地方品种。例如，这个类型中的西藏驴，栖息在海拔 3500～4500m 的农区和农牧交错地区，如日喀则和山南地区，适应高寒干旱的气候。体格很小，平均体高仅 93cm，胸部窄，中躯较长，背腰平直，荐骨部高起，尻短而斜，四肢强健，鬣毛稀薄。行走步幅较小，但运步敏捷，稳重而着实，毛色以灰为多。产于四川省甘孜州和阿坝州的川驴，产地多属丘陵、高原和高山峡谷地区。体格短小，平均体高 90 多厘米，背腰平直，胸窄较深，四肢强健，关节干燥，蹄质结实，被毛厚密，毛色以灰为多。云南驴主要产区为滇西一带，对炎热干旱气候有很强的适应性，体格矮小，平均体高 92～94cm，结构紧凑，胸窄，背腰短平，四肢坚硬，行动敏捷，善于攀登山路，主要作驮、乘用。被毛细密，毛色以灰、黑为多。

二、动物种群的垂直分布格局

(一)不同海拔梯度动物种群的分布格局

动物种群海拔梯度分布格局指动物种群的数量随着海拔梯度的变化状况呈现出一定的规律性的变化。一般来说，不同的动物种群普遍呈现抛物线型分布。具体的最适分布范围由气候、习性等因素综合决定。现以印度小裂绵蚜阿波罗绢蝶(*Parnassius apollinaris*)在我国新疆伊犁果子沟山区的分布为例来说明。据于非等(2012)研究(图 5-20)，在不同海拔梯度，阿波罗绢蝶具有明显的垂直分布特征。其中，80.40%的阿波罗绢蝶集中分布于海拔 1600～2100m 的山区，1200～1600m 和 2100～2900m 的山区分别占 8.24%和 11.36%；在≥3000m 和≤1200m 的区域未发现有阿波罗绢蝶分布；按照垂直带划分，研究区域针叶林带(1600～2700m)阿波罗绢蝶数量占总数的 91.75%；低山阔叶林带(1100～1600m)占 8.24%；亚高山草甸带(＞2700m)仅有 0.01%，而在山前荒漠带(780～1100m)近 40 年未发现有阿波罗绢蝶分布。

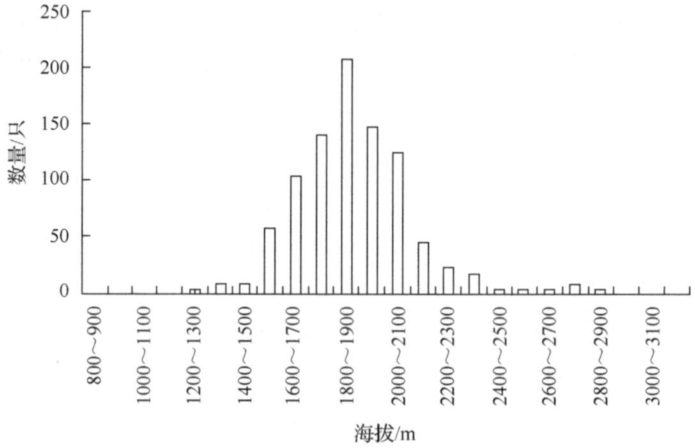

图 5-20　新疆伊犁果子沟山区不同海拔阿波罗绢蝶的分布状况(引自于非等，2012)

此外，随着海拔的升高，气候因素发生了较大的变化，也使同一种群的动物在不同的海拔梯度分化出不同的生态型，并随着海拔的变化，由一种生态型向另一种生态型演替。现以落叶松叶蜂(*Pristiphora erichsonii*)为例来说明。据徐钊等(1992)研究，在秦岭南坡海拔 1500～2500m，随着海拔的变化，落叶松叶蜂自然种群分化出Ⅰ型、Ⅱ型、Ⅲ型等不同的生态型(表 5-4)。其中，Ⅰ型主要分布于海拔 1550～1800m；Ⅱ型主要分布于海拔 1800～2280m；Ⅲ型主要分布于海拔 2300～2500m。这三种类型的落叶松叶蜂种群，是特定生态环境及立地条件下的不同性质的生态型。其种群结构格局的突出特点为：每一类型的种群在所属海拔范围内皆为均匀型分布，而在交汇处为聚集型分布。其中，Ⅰ型分布范围属于中温带的松栎亚带，这一生态型的种群密度常较小，严重危害区的垂直分布在海拔 1600～1800m；Ⅱ型属于中温带的松桦林带，该生态型的种群密度常维持较高的水平，重害区的垂直分布处于海拔 1950～2250m；海拔 1800～1900m 为Ⅰ、Ⅱ型的交汇区，Ⅱ型属于寒温带的冷杉林亚带，海拔在2300～2500m(图5-21)。

表5-4　海拔高度(*H*)及其对应的种群密度(*X*)和分布型(引自徐钊等，1992)

H/m	样方数	*X*/(卵块/枝)	扩散系数(*C*)	分布型	*H*/m	样方数	*X*/(卵块/枝)	扩散系数(*C*)	分布型
1550	1	0.1460	0.2332	均匀	2170	2	1.5418	0.5791	均匀
1600	2	0.0725	0.1342	均匀	2200	1	4.2810	0.5440	均匀
1640	1	2.3620	0.0668	均匀	2230	1	4.1380	0.1382	均匀
1720	1	1.0300	0.5262	均匀	2280	1	2.3064	1.2294	聚集
1800	1	0.2083	0.2265	均匀	2300	1	0.1973	0.2922	均匀
1900	2	2.1537	5.6299	聚集	2450	1	0.4993	0.1938	均匀
2100	1	6.6083	0.2473	均匀	2500	1	0.1107	0.2666	均匀
2120	6	2.4031	0.3328	均匀					

注：每样本(样方)抽样调查30株

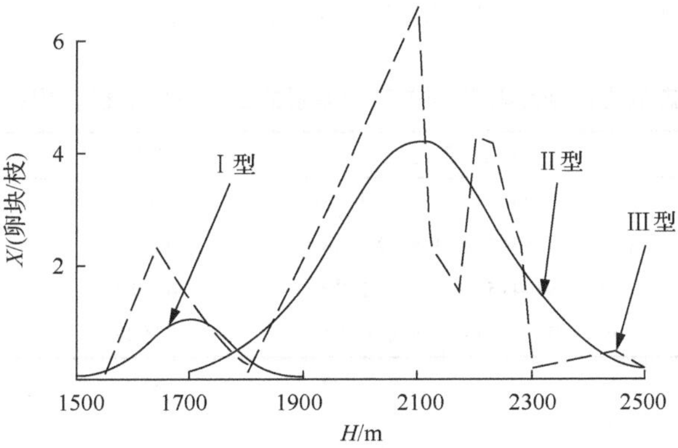

图5-21　落叶松叶蜂种群密度(*X*)随海拔(*H*)的变化趋势(引自徐钊等，1992)

(二)不同植物高度动物种群的分布格局

动物种群在不同植物高度的分布格局总体上呈抛物线型分布，这主要与动物的发育进程、食性、食物量有直接的关系。

现以长鞘卷叶甲种群在绿竹上的垂直分布为例来说明不同植物高度动物种群的分布格局。据沈友爱(2007)研究，长鞘卷叶甲(*Leptispa longipennis*)卵、幼虫、蛹、成虫在绿竹上不同竹高范围的分布数量均存在极显著差异(表5-5，表5-6，图5-22)。其中，卵在5～6m处的带卵段率高达91.67%，经统计得知，3m以上竹高范围的带卵量占整株的91.90%，而3m以下只占到8.10%，3m以上各竹段的带卵段率达65%以上，而3m以下各竹段的带卵段率却不到47%。由所拟合的二次抛物线模型来看，在竹干1m以上的竹高范围内，卵的分布量随其分布高度的上升而急剧增加，在>8m处达到理论最大值，主要集中部位在竹干3m以上至顶部。

表 5-5　不同竹高范围长鞘卷叶甲种群分布情况(引自沈友爱，2007)

竹高范围/m	0～1	1～2	2～3	3～4	4～5	5～6	6～7	7～8	>8
带卵段率/%	0.00	28.33	46.67	73.33	66.67	91.67	81.67	71.67	65.00
平均带卵数量/(粒/段)	0.00e	5.03d	15.75c	33.08b	39.52ab	39.30a	39.92ab	41.13ab	42.97ab
平均卵粒密度比率/%	0.00	1.96	6.14	12.89	15.40	15.31	15.55	16.02	16.74
带幼虫段率/%	0.00	28.33	50.00	75.00	83.33	86.67	73.33	43.33	5.00
平均带幼虫数量/(头/段)	0.00e	5.00d	8.45c	21.13b	32.87a	31.72a	24.53b	9.03c	1.60e
平均虫口密度比率/%	0.00	3.72	6.29	15.73	24.47	23.61	18.26	6.72	1.19
带蛹段率/%	0.00	70.00	93.33	100.00	100.00	100.00	90.00	75.00	36.67
平均带蛹数量/(枚/段)	0.00f	4.88d	8.42bc	9.47ab	10.32a	9.08ab	7.23c	4.50d	1.78e
平均蛹密度比率/%	0.00	8.76	15.12	17.01	18.53	16.31	12.98	8.08	3.20
带成虫段率/%	0.00	100.00	100.00	100.00	96.67	90.00	76.67	63.33	38.33
平均带成虫数量/(头/段)	0.00f	13.83a	14.15a	13.27a	10.00b	9.45b	6.27c	3.25d	0.72e
平均虫口密度比率/%	0.00	19.50	19.95	18.71	14.10	13.32	8.84	4.58	1.02

注：表中同一虫态分布数量的不同字母组合，表示在 $P<0.05$ 水平上差异显著

表 5-6　种群 4 个虫态的虫口密度与其分布高度关系的二次抛物线模型拟合(引自沈友爱，2007)

虫态	回归关系式	R 值	F 值
卵	$y=-27.7106+19.3332x-1.3108x^2$	0.9756	49.4031^{**}
幼虫	$y=-41.3986+25.8039x-2.3586x^2$	0.9395	18.8166^{**}
蛹	$y=-2.8444+5.1467x-0.5212x^2$	0.9884	105.7862^{**}
成虫	$y=14.4063+0.3999x-0.2180x^2$	0.9927	169.0193^{**}

**表示 0.01 水平显著性

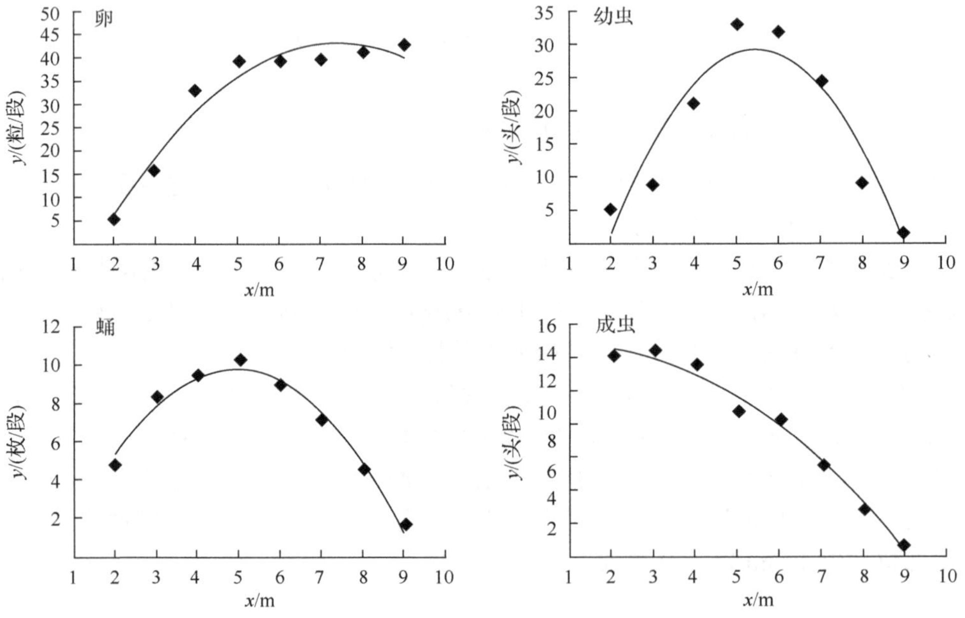

图 5-22　长鞘卷叶甲种群虫口密度(y)与分布高度(x)的关系(引自沈友爱，2007)

幼虫从 $P<0.05$ 显著水平差异性看，在 4～6m 的分布量最大，占整株的 48.08%，带幼虫段率 83.33%～86.67%；其次为 3～4m 处和 6～7m 处，分布量分别占 15.73%和 18.26%，带幼虫段率分别为 75.00%和 73.33%；再次是 2～3m 处和 7～8m 处，分布量各占 6.29%和 6.72%，带幼虫段率分别为 50.00%和 43.33%。由此可见，在 3～7m 的分布量共占整株的 82.07%，带幼虫段率 73.33%～86.67%，而在其他部位的分布量只占整株的 17.92%，带幼虫段率低于 50%。由所拟合的二次抛物线模型来看，幼虫在 4～5m 处的分布达到理论最大值，在 5m 以下和 6m 以上呈减少趋势，主要危害部位在竹干 3～7m 处。

蛹从 $P<0.05$ 显著水平差异性看，在 4～5m 处的分布量最多，占整株的 18.53%，带蛹段率为 100.00%；其次为 3～4m 处和 5～6m 处，分布量各占 17.01%和 16.31%，带蛹段率均为 100.00%；再次是分布在 2～3m 和 6～7m 处，分布量各占 15.12%和 12.98%，带蛹段率分别为 93.33%和 90.00%。由此可见，在 2～7m 的分布量占到整株的 79.95%，带蛹段率 90%～100%，是蛹发生最为严重的区段，而在其他部位蛹的分布量只占到 20.04%，带蛹段率也在 75%以下。由所拟合的二次抛物线模型来看，蛹的分布从竹子底部向上呈增加趋势，在 4～5m 处的分布达到理论最大值，而在 5m 以上至顶部的分布又逐渐降低，主要集中在竹干 2～7m 处。

成虫从 0.05 显著水平差异性看，在 1～4m 的分布量最大，占到整株的 58.16%，带成虫段率 100.00%；其次为 4～6m，分布量占 27.42%，带成虫段率 90.00%～96.67%；而在 6m 以上的分布量仅占 14.44%，带成虫段率明显下降，为 38.33%～76.67%。成虫在 6m 以下部位的分布量占到整株的 85.58%，带成虫段率 90.00%～100.00%。由此可见，成虫在此区段的发生最为严重。由所拟合的二次抛物线模型来看，成虫在竹干底部 2～3m 处的分布达到理论最大值，越高其分布数量越少，成虫的危害主要集中在竹干 6m 以下范围内。

总之，长鞘卷叶甲 4 个虫态在不同竹高范围的虫口密度与其分布高度间均存在显著的相关性。从图 5-22 可以看出，随着该虫的发育，种群数量的分布随竹干高度的增加而逐渐下降，由卵期的 7～8m 处逐渐下降至成虫期的 1～2m 处，这主要与该虫和绿竹的生物学特性有关：随着时间的推移，虫、蛹、成虫的食叶量逐渐增强，其取食行为都具有趋嫩性。与此同时，绿竹的枝叶也由最顶部逐渐往下大量生长发展，越往下其枝叶越幼嫩，故需呈现 4 种虫态在不同竹高范围内不同的垂直分布格局。

（三）不同土壤深度动物的种群分布格局

在土壤中，不同土壤深度动物种群的分布格局不同，主要分为以下两种类型。

1. 递减型

递减型是指随着土壤深度的增加，土壤中动物种群的数量逐渐减小的一种分布格局。现以土壤中印度小裂绵蚜（*Parnassius apollinaris*）的分布来说明。据赵雪晴等（2014）研究（图 5-23），印度小裂绵蚜主要集中在土表 0～30cm 栖息寄生为害，此深度也是苹果吸收养分的须根较为发达的分布区域。全年 0～30cm 的种群数量占到总数量的 49.0%（31.0%～66.9%），30～60cm 占总数量的 27.0%（13.5%～41.4%），>60cm 占总数量的 24.0%（12.0%～

35.9%)。试验表明，随着土壤深度的增加，印度小裂绵蚜种群数量也逐渐下降。在发生高峰期 0～30cm 的种群数量所占比例最高。

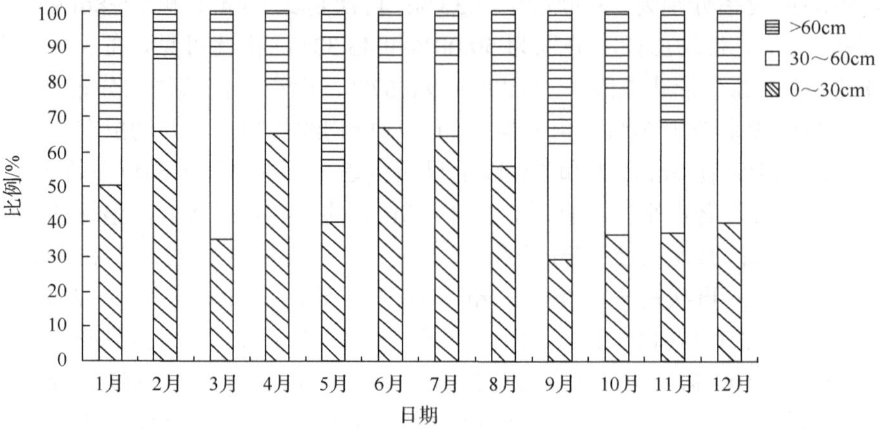

图 5-23　印度小裂绵蚜在不同土壤深度所占的比例(引自赵雪晴等，2014)

2. 抛物线型

抛物线型是指先随着土壤深度的增加，土壤中动物种群的数量逐渐增多，随后则随着土壤深度的增加，土壤中动物种群的数量逐渐减小的一种分布格局。现以连作大豆田土壤线虫的种群分布来说明。据颜秀娟等(2009)研究(图 5-24)，从采集的 5 个土壤层次的线虫数量来看，以 20～30cm 土层的线虫数量最多，总量达到 2191 条，极显著地高于线虫在其他土层的分布，线虫在其他土层的分布没有明显的差异(图 5-24)。造成这种现象的原因主要是线虫受土壤的理化性质和营养状况的制约。0～20cm 表土层生存条件不太适宜线虫，20～30cm 最为适宜，此后随着土层的加深，土壤空隙度变小，土壤温度下降，土壤 pH 和含盐量升高，土壤有机质和 N 随土层深度的增加而减少，影响到深层土壤线虫的个体数。

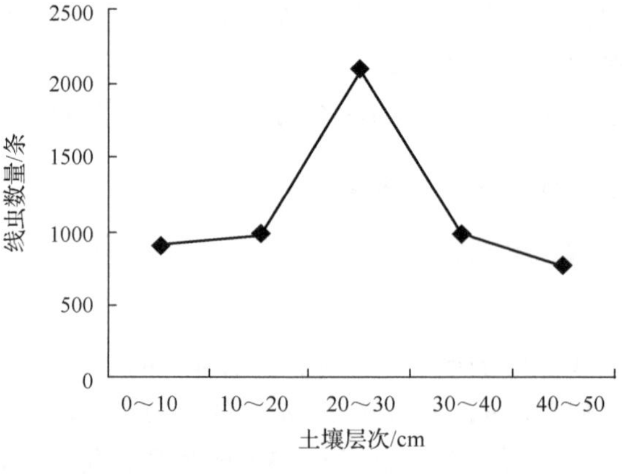

图 5-24　土壤中各层次线虫数量的变化(引自颜秀娟等，2009)

三、动物种群的时间变化动态

(一)年际变化动态

动物种群的年际变化动态，可以分为以下几种类型。

1. 周期性波动型

周期性波动型是指动物种群在一定的时间范围内，每隔一定的时间，周期性地出现种群增长与下降的趋势。

例如，在北美洲有加州田鼠(*Microtus californicus*)、草原田鼠(*Microtus pennsylvanicus*)等，在芬兰和苏联有棕背鼠鮃(*Clethrionomys rufocanus*)。根据1965～1973年的资料证明，在我国黑龙江伊春林区的小型鼠类种群，具有3年的周期性，主要优势种是棕背鼠鮃，这3年周期与林木危害的周期性相符。并且，这3年周期与红松结实的3年周期的丰收是一致的。作者还分析了当地黄鼬毛皮收购的数据，证明在鼠类多的年份，下一年毛皮收购量就大。一般前5个月黄鼬皮的收购量又大于后几个月。此外，小啮齿类数量高峰年通常在脑炎发病率高峰的前一年。由于小啮齿类的数量高，种群中缺乏免疫力的幼体增加，小啮齿类是革蜱的主要宿主，而革蜱是脑炎病原体的最主要传播媒介。因此，紧随小啮齿类数量高峰的下一年，便出现革蜱的数量高峰和革蜱中脑炎病原体感染率的高峰。因此，对小啮齿类数量的预报，就成为森林脑炎流行病预测的最重要指标之一。

再如，栖息在英国石楠灌丛的红松鸡种群具有4～8年的周期性，引起周期波动的主要原因在于其寄生性线虫导致出生率降低。Hudson和Dobson(1998)通过野外试验，以驱蠕虫的药物降低蝗虫寄生率，抑制了种群大下降，图5-25显示，在用驱虫剂处理种群不同百分比后，获得的资料配合模型的分析得到红松鸡的数量变化。Hudson和Dobson(1998)认为，这是在有周期性的物种中，首次以实证证明种群变动周期在大尺度上的原因。种群数量的周期性波动，曾在生态学发展史中引起很大的兴趣，提出过许多不同的假说，

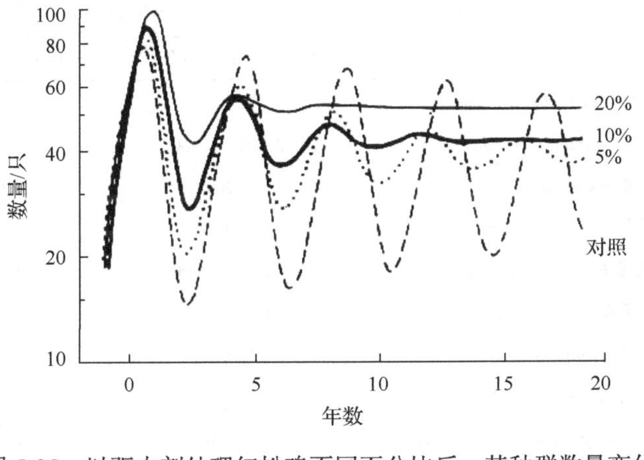

图5-25 以驱虫剂处理红松鸡不同百分比后，其种群数量变化
(仿Hudson and Dobson，1998)

大致可分为气候假说、随机变动假说、种群间相互作用假说和营养假说四类。周期性波动中，有两点特别值得注意：①通常这种周期性数量波动见于比较简单的生态系统中，如北方寒漠地带和泰加林地带；②数量的高峰年常常在广大区域中同时出现。

2. 非周期性波动型

非周期性波动型是指在动物中，一些动物种群数量波动很剧烈，但没有周期性的规律。小家鼠(*Mus musculus*)便是其中一例，小家鼠并不完全生活在人类的住房中，在农田中也时常有它们的踪迹，田间堆积着未脱粒谷物的地方往往成为小家鼠栖居和繁殖的理想场所。例如，某地粮草堆中小家鼠的数量原来每平方米平均有 0.5 只鼠，4 个月后就变为 2～6 只，7～8 个月后就更多。1967 年，我国新疆北部农业区小家鼠种群暴发，波及 3 个专区 10 多个县，估计仅粮食就损失 3 亿斤[①]。那时候，小家鼠在打谷场上到处乱窜，用扫帚打鼠，用不了一会儿时间就能打死上百只。中国科学院西北高原生物研究所从 1968 年起，对小家鼠种群动态进行了连续 16 年的研究，夹日法年平均捕获率波动于 0.10～17.57，最高/最低比为几百倍。内蒙古草原地区的布氏田鼠(*Microtus brandti*)也具有不规则的剧烈数量变动。据报道，数量低的年份平均每公顷只有 1.3 只鼠，而在数量最高的年份，每公顷可高达 786 只鼠，两者竟相差 600 倍。在布氏田鼠数量很低的年份，它们通常分散栖居于最适的生境中，但到其数量高峰期，它们就像洪水来临一样，占据几乎所有生境，即由散点状分布转为成片分布。此外，它们往往还向各方向迁移，使分布区暂时扩大，称为分布区的脉动(pulsation of area)(孙儒泳，2010)。

3. 逐渐递增型

逐渐递增型是指随着时间的推移，动物种群的数量逐渐增多的一种变化格局。现以我国重点野生动物种群的数量变化为例来说明。据冯祚建等(2009)研究，在国家重点保护野生动物中 34 种物种的种群数量保持稳中有升(表 5-7)。

表 5-7　种群数量基本稳定或稳中有升的物种(引自冯祚建等，2009)

序号	物种	种群数量/只		保护等级
		20 世纪 70～80 年代	1995～2000 年	
1	扬子鳄 *Alligator sinensis*	200 余	400	I
2	白鹳 *Ciconia ciconia*	2 000～2 500	4 000	I
3	黑鹳 *Ciconia nigra*	1 000	1 800	I
4	朱鹮 *Nipponia nippon*	7	147	I
5	白琵鹭 *Platalea leucorodia*	2 500～3 000	7 800	II
6	大天鹅 *Cygnus cygnus*	10 000～15 000	22 000	II
7	小天鹅 *Cygnus columbianus*	10 000	15 000	II
8	黄腹角雉 *Tragopan caboti*	4 000	9 900	I
9	灰孔雀雉 *Polyplectron bicalcaratum*	2 700	2 800	I
10	黑颈鹤 *Grus nigricollis*	4 000	7 000	I

① 1 斤=0.5kg

续表

序号	物种	种群数量/只		保护等级
		20 世纪 70～80 年代	1995～2000 年	
11	白头鹤 *Grus monacha*	1 000	1 500	I
12	丹顶鹤 *Grus japonensis*	877	1 400	I
13	白枕鹤 *Grus vipio*	3 124	3 500	II
14	白鹤 *Grus leucogeranus*	2 877	3 000	I
15	遗鸥 *Larus relictus*	2 730	4 700	I
16	熊猴 *Macaca assamensis*	8 000	8 200	I
17	豚尾猴 *Macaca leonina*	900～1 000	1 700	I
18	藏酋猴 *Macaca thibetana*	10 000	17 000	II
19	滇金丝猴 *Rhinopithecus bieti*	<2 000	2 150	I
20	黔金丝猴 *Rhinopithecus brelichi*	750	700	I
21	棕熊 *Ursus arctos*	6 400～7 500	15 000	II
22	亚洲黑熊 *Ursus thibetanus*	<20 000	28 000	II
23	小熊猫 *Ailurus fulgens*	3 500	8 000	II
24	雪豹 *Panthera uncial*	2 000～2 500	4 100	I
25	亚洲象 *Elephas maximus*	150～179	180	I
26	蒙古野驴 *Equus hemionus*	<2 000	14 000	I
27	西藏野驴 *Equus kiang*	<70 000	170 000	I
28	坡鹿 *Cervus eldi*	46～70	760	I
29	梅花鹿 *Cervus nippon*	<1 000	7 700	I
30	白唇鹿 *Cervus albirostris*	7 000	37 000	I
31	藏羚 *Pantholops hodgsoni*	100 000	130 000	I
32	羚牛 *Budorcas taxicolor*	13 800	22 000	I
33	赤斑羚 *Naemorhedus cranbrooki*	<1 500	2 600	I
34	盘羊 *Argali sheep*	40 000～47 000	64 000	II

其中，扬子鳄野生种群数量已由200余只发展到400只，人工种群数量也已达9000余只；朱鹮从1981年重新发现时的7只发展到2000年的147只，2005年则达到450只；黑鹳从20世纪70～80年代的1000只增加到1800只；黄腹角雉从4000只增加到9900只，种群数量增加1倍多；兽类中坡鹿已由20世纪70～80年代的46～70只发展到760只，增加10倍；羚牛的种群数量也由13 800只增加到22 000只；白琵鹭由20世纪70～80年代的2500～3000只上升为7800只，种群数量增加1倍多；棕熊和亚洲黑熊虽然受到人类猎捕的巨大压力，其种群数量仍然显著增长；盘羊种群数量由20世纪70～80年代的4万多只增加到64 000只。此外，黑颈鹤、白头鹤、丹顶鹤、白枕鹤、白鹤、鸬鹚、环颈雉、褐马鸡、黑嘴鸥、狍、野猪和岩羊等种群的数量趋于稳定或增加，其中褐马鸡的栖息地已由山西扩展到河北和陕西，种群数量达2000只，环颈雉的种群数量已达220万只，野猪的种群数量已达100万只。

4. 递减濒危型

递减型是指随着时间的推移，动物种群的数量逐渐下降，甚至趋于濒危的一种变化格局。现以我国非重点保护野生动物种群变化为例来说明。据冯祚建等(2009)研究，近年来我国非国家重点保护野生动物的种群数量呈明显的下降趋势(表 5-8，表 5-9)。其中，豹猫在 20 世纪 70～80 年代约有 100 万只，1995～2000 年仅存 23 万只，种群数量下降到原来的 1/5 左右，呈明显的下降趋势；眼镜蛇在 20 世纪 90 年代初仅辽宁、安徽、浙江、福建、湖北、广西等 6 省(自治区)就有 1413.55 万条，1995～2000 年在该 6 省(自治区)仅存 139.29 万条，不到 90 年代初的 1/10；百花锦蛇在半个世纪以前，仅广西就有 60 万条，90 年代初在 6 省(自治区)有 37.15 万条，而 1995～2000 年 6 省(自治区)仅剩 30 万条，全国数量仅为 35 万条；1991～1994 年调查时该 6 省(自治区)有滑鼠蛇 438.17 万条，1995～2000 年仅存 90.2 万条，不到当时的 1/4；蜂猴的种群数量由 20 世纪 70～80 年代的 1500～2000 只下降到 1995～2000 年的 630 只，种群数量减少 1/2 还多；原麝由 18 000～19 000 只下降到 3500 只，资源量减少到原来的 1/4，随着种群数量的持续下降，一些动物可能趋于濒危。

表 5-8　种群数量下降的兽类(引自冯祚建等，2009)

序号	物种	保护级别	种群数量/只	
			20 世纪 70～80 年代	1995～2000 年
1	蜂猴 *Nycticebus bengalensis*	I	1 500～2 000	630
2	猕猴 *Macaca mulatta*	II	200 000	100 000
3	短尾猴 *Macaca arctoides*	II	70 000	23 000
4	川金丝猴 *Rhinopithecus roxellana*	I	25 000	12 000
5	长尾叶猴 *Semnopithecus schistaceus*	I	1 000	760
6	戴帽叶猴 *Trachypithecus shortridgei*	I	500～600	250
7	菲氏叶猴 *Trachypithecus phayrei*	I	12 000～17 000	700
8	白掌长臂猿 *Hylobates lar*	I	30 多只	25
9	黑长臂猿 *Hylobates concolor*	I	2 000(50 年代)	820
10	白颊长臂猿 *Hylobates leucogenys*	I	530～620	165
11	貂熊 *Gulo gulo*	I	200	180
12	猞猁 *Lynx lynx*	II	7 000	27 000
13	双峰驼 *Camelus ferus*	I	730～880	380
14	原麝 *Moschus moschiferus*	I	18 000～19 000	3 500
15	印度野牛 *Bos gaurus*	I	800～1 000	480
16	野牦牛 *Bos mutus*	I	6 000～70 000	27 000
17	普氏原羚 *Procapra przewalskii*	I	200～350	130
18	黄羊 *Procapra gutturosa*	II	200 000～300 000	8 000

表 5-9　种群数量下降的蛇类(引自冯祚建等，2009)

序号	物种	种群数量/万条		
		1991～1994 年	1995～2000 年	
		6 省(自治区)	6 省(自治区)	全国
1	眼镜蛇 *Naja naja*	1413.55	139.29	190
2	眼镜王蛇 *Ophiophagus hannah*	14.07	6.36	17
3	王锦蛇 *Elaphe carinata*	755.52	327.02	970
4	棕黑锦蛇 *Elaphe schrenckii*	18.47	18	330
5	百花锦蛇 *Elaphe moellendorffi*	37.15	30	35
6	灰鼠蛇 *Ptyas korros*	252.5	113.69	540
7	滑鼠蛇 *Ptyas mucosus*	438.17	90.2	290
8	乌梢蛇 *Zaocys dhumnades*	483.19	459.35	1700

5. 数量稳定型

数量稳定型是指随着时间的推移，动物种群的数量基本稳定，波动不大的一种变化格局。例如，根据美国黄石国家公园的加拿大盘羊(*Ovis canadensis*)36 年的资料，说明其最高与最低数量的比率只有 4.5 倍。加拿大盘羊体型大、寿命长，其捕食性天敌只有美洲狮和狼。由于盘羊营群体生活，减少了偶然性死亡。因此，其种群得以保持稳定。此外，赤鹿(*Cervus canadensis*)的 20 余年冬季数量中，最高与最低数量之比率也只有 1.8 倍。蝙蝠是小型兽类，但出生率低(多数 1 年只产 1 仔，少数产 2 仔)，寿命长(18～20 年)，对栖息于山洞、古房中蝙蝠种群的长期观察说明其数量变动不大。虽然有时候会大量消失，但这是改变栖息地之故。

(二) 季节性变化动态

季节性变化动态是指动物种群在年内不同季节的变化动态。一般具有生殖季节性的种类，种群的最高数量通常落在一年中最后一次繁殖末。以后繁殖停止，种群因只有死亡而下降，直到下一年繁殖开始，这时是数量最低的时期。例如，欧亚大陆寒带、温带地区的许多小型鸟类和兽类，通常由于冬季停止繁殖，到春季开始繁殖前，其种群数量最低。到春季开始繁殖后，数量一直上升，到秋季因寒冷而停止繁殖以前，其种群数量达到一年的最高峰。图 5-26 中大山雀(*Parus major*)的数量季节消长就是一例。对这类动物进行多年的数量动态研究时，一年至少要进行两次数量统计，即春、秋季各一次。春季的一次，代表繁殖前种群开始增加的基数；秋季的一次，是在繁殖停止后，代表其数量最高的时期。

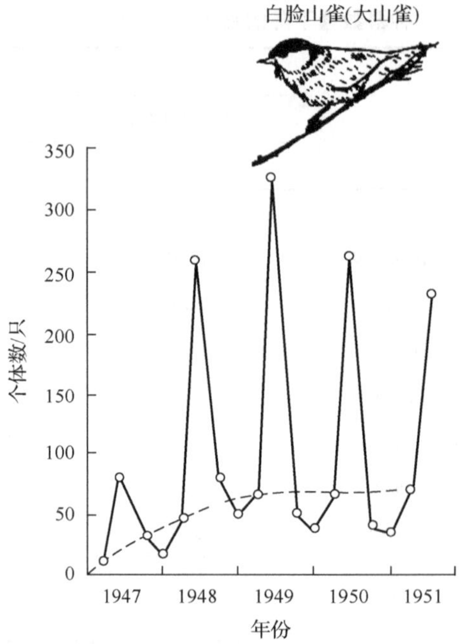

图 5-26　英国牛津附近森林中大山雀种群数量的季节消长(引自孙儒泳，2010)

我国新疆的小家鼠、黑龙江林区的林姬鼠(夏武平，1964；孙儒泳，1962)，在一般年份的季节消长情况都是这样。但是生境之间的迁移可以使局部的消长曲线呈多峰型和前峰型。另一种情形是出现冬季雪下繁殖，这是在欧亚和北美大陆北方的一些小型啮齿类常有的习性。因为雪成了这些动物避开严寒气候条件和天敌攻击的保护屏障，在这种情况下，其季节消长曲线就会偏离上述的典型。具体地说，由于有冬季雪下繁殖这一因素，其种群数量到冬季仍然继续增长。至于其种群数量下降的原因，往往是由密度过高或其他不利条件而造成的。

体型较大，一年只繁殖一次的动物，如黄鼠、旱獭等，其繁殖期在冬眠出蛰后不久，经历怀孕、产仔、育幼和幼兽分居等时期，其后种群数量就达到一年的最高峰。以后，其数量逐渐降低。对于这类动物的数量调查，通常也是一年进行两次：一次在其出蛰以后，表示其最低数量期；另一次在幼体分居时，它能反映当年种群增加的数量。

在我国某些亚热带地区，某些鼠型啮齿类如黑线姬鼠(诸葛阳，1962)的数量季节消长呈双峰型，这可能具有典型性。6～8 月的高温季节可能是其繁殖强度降低的一个主要原因，而 9～11 月的农作物成熟又可能成为刺激其种群繁殖强度再次上升的原因。广东珠江三角洲的农田害鼠——黄毛鼠(*Rattus lossea* Swinhoe)在冬季和春季数量高，而夏季和秋季就低[据王耀培和秦耀亮(1981)等三年的统计]，这也与其繁殖率有关。在珠江三角洲地区，冬季气温适宜，1 月平均温度在 14℃以上，再加上食物丰富，其主要天敌——蛇又进入冬眠，这些因素都有利于黄毛鼠的繁殖和幼鼠的生长发育。

昆虫的季节消长也因气候条件的改变而有不同表现。例如，在陕西关中棉区，严重危害棉花的棉盲蝽的种群季节消长，就因棉花蕾铃期间降水量和降水期的不同而分为四种类型(图 5-27)：①中峰型，在干旱年份出现，蕾铃两期受害均较轻；②双峰型，在涝年出现，蕾铃两期都受严重危害；③前峰型，在先涝后旱年份出现，蕾期危害严重；④后峰型，在前旱后涝年份出现，棉铃期危害严重(丁岩钦，1980)。

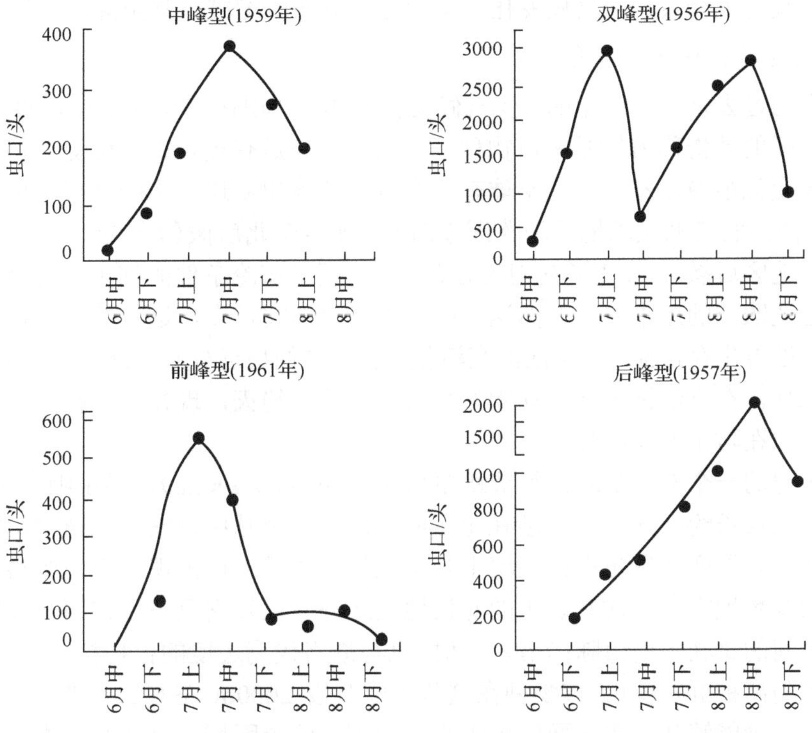

图 5-27　陕西关中棉区棉盲蝽种群数量的季节消长(仿丁岩钦，1964)

图中横轴上、中、下分别表示该月的上旬、中旬、下旬

在许多热带地区，没有冬夏季节区别，但却有雨季和旱季的区别。在这种情况下，种群的繁殖常集中于雨季，其数量的季节消长也将随季节而变化。例如，我国渤海浮游动物在春季出现大量繁殖，总生物量达到全年最高值，孟凡等(1993)报道，春季(5 月)平均为 139.1mg/m^2；夏季(8 月)已明显下降，为 102.2mg/m^2；秋季(11 月)略有上升，为 111.7mg/m^2；冬季(2 月)降至最低，平均为 62.1mg/m^2。总生物量变化幅度较小，最高的春季和最低的冬季相差仅一倍多。

因此，各种动物所特有的种群季节消长特点，主要是受环境的季节性变化和动物生活史的适应性变化所调节。

四、影响种群时空分异的主要因素

(一)气候因素

气候变化是影响动物种群数量与分布的关键因素，因为物种总是倾向于分布在气候条件最适宜的区域，预计今后的数十年气候变化将逐步成为生物多样性与地理分布发生变化的重要驱动力，随着区域温度的改变，物种分布随之发生变化。众多研究表明，气温升高对区域动物种类、地理分布及发生动态都产生了显著的影响。另外，针对扩散能力不同的动物类群，全球气候变化对其分布的影响结果不同，扩散能力较强的类群，随气温的升高，其分布区北移或出现在更高海拔地区；对于扩散能力较弱的物种和高海拔种类，几乎没有机会去适应气候变化，从而导致分布区缩减，甚至局部灭绝。

1. 气候对动物种群孑遗的影响

许多动物过去是广泛分布的，受气候变化的影响，现在只在气候有利的少数“岛屿”中存活，这样的动物称为气候孑遗物种——它们未必是有漫长进化历史的物种，因为许多大的气候变化很晚才发生。北半球有一个有趣的冰川孑遗动物的类群，更新世冰川时期，向南延伸到北美洲大湖地区和欧洲德国，大冰盖向北后撤(大约在 1 万年前末次冰川从这些温带地区后撤)，改变了它们的分布。那时适应寒冷条件的许多动物分布到冰盖之南，几乎远达欧洲的地中海。既然这些区域现在已温暖得多，这样的动物在那里就只能在最寒冷的地方生存，通常在山区的高海拔处，而它们最远分布于北方的斯堪的纳维亚、苏格兰或冰岛。在有的情况下，动物看来甚至在北方绝灭，现在仅由在南方的冰川孑遗种群代表，如在阿尔卑斯山脉。

冰川孑遗的一个例子是北方等节跳虫(*Tetracanthella arctica*)(昆虫纲弹尾目)，这种暗蓝色的昆虫仅长约 1.5mm，生活在土壤的表层和苔藓丛中，它以死植物组织和真菌为食。它在冰岛和斯匹次卑尔根的土壤中是常见的，并且也可出现在更西的格陵兰和加拿大北极区的少数地方。在这些真正的北极地区之外，已知它只出现在两个地区：在法国和西班牙之间的比利牛斯山脉；在波兰和捷克与斯洛伐克边境的台特拉山脉(在靠近喀尔巴阡山脉有隔离种群发现)。该物种在这些山脉海拔 2000m 左右的寒带和亚寒带发现。难以想象该物种能够从它更北面的主中心拓殖到这两个区域。这两个南方种群存在的恰当解释是，它们是冰川时期一个在欧洲广阔分布的残余。但是令人惊讶的是，不管昆虫学者如何细心寻找，在阿尔卑斯山的高海拔处却不曾发现北方等节跳虫。也许只是不曾注意到它，或者它过去常在那里出现，但自从那时以来它逐渐死光。这个物种的一个有趣特征是，来自北极和台特拉山脉的跳虫，头的两侧都有 8 只小单眼，比利牛斯山脉的则只有 6 只。这提示比利牛斯型自冰期结束以来经历了一些进化变化，而它们与物种的其余部分隔离，或许它们应当被分类为一个不同的亚种。

冰川孑遗的另一个显著例子是粪甲虫西藏蜉金龟(*Aphodius holdereri*)(图 5-28)。这种甲虫现在限制在西藏高原高处(3000～5000m)，其分布南界在喜马拉雅山北坡。1973 年伦敦大学的 G. Russel Coope 在英格兰南部的泰晤士河上多契斯特(Dorchester-on-Thames)沙坑的泥炭沉积物中，发现了这个物种至少 150 个个体残骸，沉积时间回溯到末次冰川中期。随后在英国 14 个地方都发现了这个物种的残骸，显然，西藏蜉金龟在那时是一个广布物种，但是气候变化严重地限制了它得以适合生存的生境。现在只有遥远的西藏为蜉金龟属(*Aphodius*)提供了它生存必需的极端气候条件。

2. 气候对种群波动的影响

现以阿波罗绢蝶种群的变化为例来说明气候变化对种群波动的影响。据于非等(2012)研究，通过建立一元线性回归方程分析近 40 年来我国新疆地区阿波罗绢蝶数量对不同季节平均温度、年平均温度及逐月平均温度的响应特征。图 5-29 和图 5-30 结果表明，阿

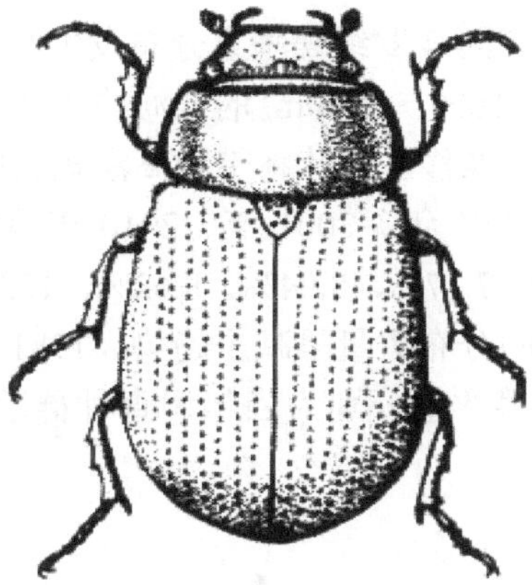

图 5-28　西藏蜉金龟(*Aphodius holdereri*)现仅见于西藏高原的一种粪甲虫(引自 Cox and Moore，2007)

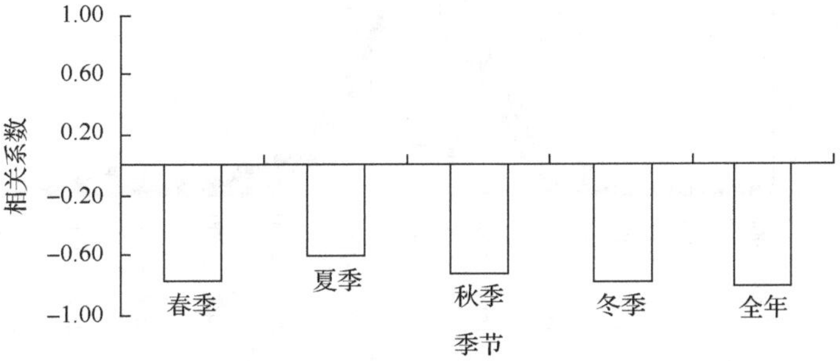

图 5-29　阿波罗绢蝶数量与年平均温度及不同季节平均温度的相关系数(引自于非等，2012)

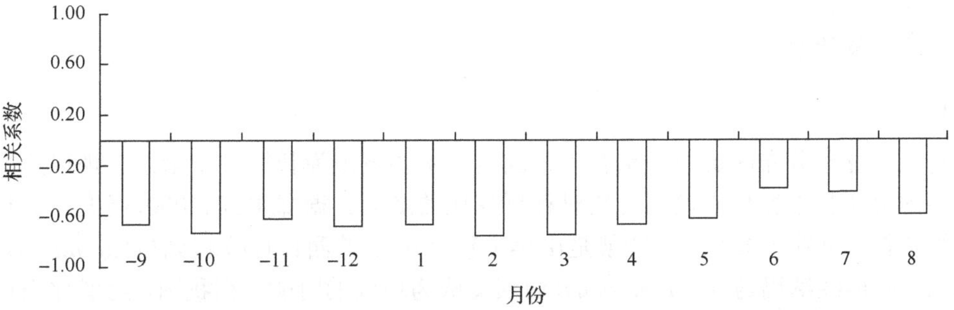

图 5-30　取阿波罗绢蝶数量与上年 9 月至当年 8 月平均温度的相关系数(引自于非等，2012)
–9～–12 分别代表上年 9～12 月

波罗绢蝶数量与不同季节平均温度、年平均温度、逐月平均温度均呈显著负相关($P<0.05$)，其中与冬季相关系数最大，为–0.79，其次是春季，相关系数为–0.77，夏季最小，为–0.61；全年 12 个月中，与 2 月平均温度的相关系数最大，为–0.76，其次为 3 月和 10 月，分别为–0.74 和–0.73，与 6 月温度的相关系数最低，为–0.38($P<0.01$)。研究结果说明，冬季越冬温度及早春孵化温度是影响阿波罗绢蝶数量的重要气候要素，也充分证明越冬虫态和胚胎是对外界抵抗力最弱的阶段，也是最易遭受来自外界各类环境因素影响的关键时期。

同时，研究表明近 40 年来阿波罗绢蝶垂直分布发生明显变化，有向高海拔迁移的趋势(图 5-31)。其中针叶林带(1600～2700m)的低海拔山区(1600～2100m)是阿波罗绢蝶的集中分布区，但随着时间的推移，针叶林带的高海拔山区(2100～2700m)阿波罗绢蝶数量有增加趋势，1981 年、1991 年、2001 年、2010 年该垂直带(2100～2700m)种群数量分别为当年调查种群数量的 7.17%、8.04%、8.62%、12.70%。此外，阿波罗绢蝶在低山阔叶林带(1100～1600m) 的分布数量呈减少趋势，1981 年、1991 年、2001 年、2010 年低山阔叶林带的阿波罗绢蝶数量分别为当年调查种群数量的 10.0%、8.3%、4.4%、3.70%。

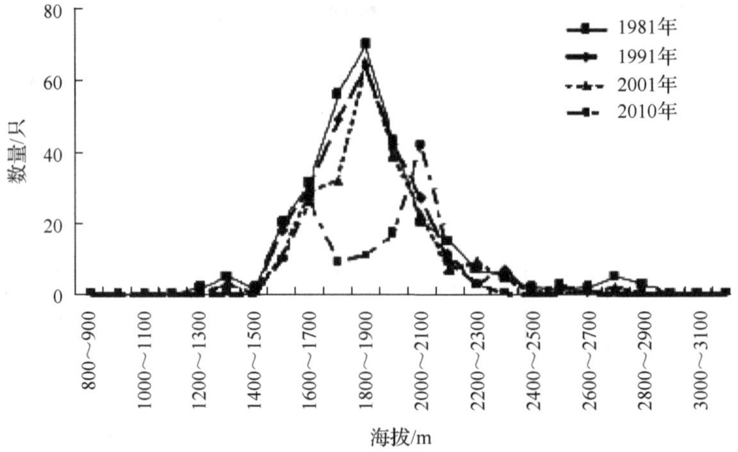

图 5-31　不同年份研究区域阿波罗绢蝶数量随海拔变化趋势(引自于非等，2012)

(二)人类活动

1. 狩猎

狩猎是导致分布区退缩的重要人为因素，主要表现为长期过量猎杀。现以不同历史时期中国野驴种群变化来说明狩猎对种群变化的影响。据郑生武(2000)研究，并根据古生物学资料，马科动物中的野驴就是由早更新世(Q1)的西瓦(洼)利克马(*Equus sivalensis*)起源的，后再经纳玛马(*E. namadicus*)而演变成为现代的野驴。在我国，野驴化石最早发现于第四纪中、晚更新世(Q2、Q3)地层中，特别是晚更新世的中、晚期(Q23、Q33)，根据《中国第四纪哺乳动物地理区划》(薛祥煦和张云翔，1994)，野驴化石在我国发现于 9 省 19 处(丁梦麟等，1965；尤玉柱和徐钦琦，1981；中国科学院古脊椎动物与古人类研究所，1979；张玉萍等，1978；周明镇和薛祥煦，1958；周明镇，1959；姜鹏，1977；贾兰坡等，1992；谢骏义等，1988；裴文中，1956，1958；裴文中等，1988)，即东北区 5 处、华北区 10 处、蒙新区 1 处和青藏区 3 处。这些化石出现在人类旧石器时代，当时野驴已是中国猿人的主要狩猎对象。在峙峪哺乳动物群和新蔡哺乳动物群的化石中，野驴的数量已十分可观(姜鹏，1977；谢骏义等，1988)。

据考古资料，在 60 万～50 万年以前的旧石器时代，原始人类以采集、渔猎为生，随着氏族制度的形成与完善，以及生产技术的不断发展，以狩猎为生的氏族部落猎获物日益增多，自然对野驴这样大型动物的数量与分布范围有一定影响。到新石器时代(Q4)，各氏族部落在黄河中下游流域开始从事原始的农业生产活动。从西安半坡村和河南渑池县仰韶村等遗址出土的大量文物推知，这里自然条件优越，所以我国原始的农业生产活动首先在黄河流域发展起来。后由于打井技术的推广，依河湖旁栖居的人们可以向四周扩散，这样使农耕从黄河中下游向外围延伸，主要向农耕条件良好的草原和河谷地带推展。特别是公元前11世纪的西周，大量使用奴隶从事农业生产，加速了农业的发展。在《诗经》中有“千藕其耘”的记载。春秋战国时期是奴隶社会向封建社会转变时期，铁制农具代替了木石制农具，牛耕技术推广，农耕区进一步扩展。秦及西汉时期我国农耕区获得迅速扩展，由于长期激烈的争霸战争，黄河流域的农民逃散到东北辽河流域和西北的河西走廊或巴蜀等地区，内地居民的外迁，使种植业得到加速的发展。隋唐统一时期，塞外游牧民族接受了汉族农耕文化的影响，农耕区不断向外扩展。明清时期我国种植业的发展大大推向边疆地区，首先是向东北地区推移，从辽河流域经松花江流域伸展到乌苏里江流域，这里自然条件优越，垦殖速度很快；其次是青藏高原与农耕区毗邻之边缘地区，种植业也有所发展；最后是天山南北地区，农耕区的不断扩展，使野驴分布区逐渐退缩到蒙新区和青藏区。

自古以来野驴就是一种珍贵的资源动物，其肉丰美胜过马肉，俗有“天上的龙肉，地下的驴肉”之说。古诗云：“山珍入馔只寻常，处处深林是猎场，若与分明评次第，野骡风味胜黄羊”，又曰：“野驴辄成群，肉颇腴嫩”。所以，从古代到近代野驴一直是狩猎的主要对象，这也是其自然分布区不断缩小的原因。

蒙古野驴原来在河西走廊分布很普遍，据《敦煌县志》记载，敦煌县(现敦煌市)鸣沙山下月牙泉一群野马(实为野驴)常来饮水，有人持勒，取得其马，献给汉武帝(公元前113年)，武帝欣然挥笔写下“天马之歌”。清乾隆二十七年(公元1762年)，以野马作朝廷贡品。1969年甘肃武威出土的“马踏飞燕”，这一稀世珍宝塑造的正是汉代人心目中的野马。敦煌榆林窟的壁画珍禽异兽繁多，其中不乏野驴图案，反映出当时现实生活中的野生动物。《本草纲目》记载：辽东山野驴，似驴而色驳，鬃尾长，骨骼大，可见明朝时期，辽宁境内还有野驴残存。在新疆，蒙古野驴主要分布于北疆准噶尔盆地，20世纪50年代以前数量还很多。至50～60年代，在该盆地的西南缘还能经常遇见，但数量不多。后来受人类的经济活动干扰及乱捕滥猎，种群数量急骤下降，这些地区早已不复见野驴，就是在盆地中部栖居的野驴也难免遭杀戮。1958～1965年仅在莫索湾一带就枪猎84头，现在这里几乎已寻觅不到野驴的踪迹。

西藏野驴是青藏高原的特有种，分布很普遍，历史时期分布范围更广泛。据青海地方志《碾伯所志》(清代李天祥，公元1680年)；《大通县志》(清代张树滋，公元1736年)等记载，其境内皆产野驴。在《丹噶尔厅志》(清代杨景深，靳伯龄，1910)记有：野马皮(实系野驴)，蒙番玉树等猎取其皮，售于本境，转售外路商贩或制成股皮而远售焉。又据《宁海纪行》谓：湟源县当青海蒙番出入之大道，故虽小县，而商务颇盛，今依《县志》所载，按湟源县商业，以前清嘉道之际为最盛时代。历年转销野驴皮累计5000张之逾(周西武，1919)。无疑，这对青海野驴种群数量下降有一定的影响。

新中国成立后西藏野驴在青海的分布仍很普遍，除西宁市附近县(区)外遍布牧区，1958 年以前常有数以百计的大群活动，某些地方因野驴多而被称为“野马滩”。以后乱捕滥猎，数量急骤下降，使许多“野马滩”都变成了徒有虚名。特别是 1960 年猎杀太甚，仅玛多县就猎取 6927 头(外地来此猎取数量尚未统计)。玛沁县部队，3 人在半月内猎获野驴肉 1.5×10^4kg 多，其他单位猎取数字尚未统计。当时省内其他地方也都不同程度地对野驴施猎残杀，使其资源大大减少。在西藏，1989～1990 年每年约 300 头的野驴被猎杀。日喀则地区近半个世纪以来，西藏野驴已大幅度向北退缩，原来有野驴分布的吉隆、仲巴、定日等已很难见到。与青海玉树藏族自治州(以下简称玉树州)毗邻的四川石渠县，王酉之(1993)于 1959 年在该县做过调查，见有野驴两群，28 年后的 1987 年再赴旧地复查，未见野驴。究其原因，固然与大量猎杀有关，导致野驴活动范围日益狭窄。

2. *人类经济活动*

人类经济活动是导致分布区退缩的又一主要因素，主要表现在经济开发的严重干扰和对栖息地的直接侵占。现以不同历史时期普氏原羚和盘羊种群变化来说明人类经济活动对种群变化的影响。

据蒋志刚等(1995)研究表明，自从获得普氏原羚的模式标本以来，120 年过去了，沧海桑田。我国中西部的开拓、移民和农牧业生产，使得普氏原羚分布区萎缩到青海湖东北部与西部的鸟岛、察拉滩和小北湖一带的沙丘及周边地区。近 50 年来，青海湖地区的社会、经济和自然面貌也发生了巨大变化。从 1949～1987 年，青海湖地区的人口由 2 万人增加到 9 万人。同期，牲畜数量增加了 3 倍，耕地面积增加了 20 倍，工业产值增加了 300 多倍。从 1959～1986 年，环湖地区的沙漠面积从 453km^2 增加到 757km^2。青海湖南部环湖地区已经成为种植区和围栏草场区。因此，普氏原羚的栖息地已经成为人类活动区包围之中的孤岛。1986 年，普氏原羚的数量下降到仅 350 只(蔡桂全等，1992)。由于人类稠密地区的阻隔，位于湖西鸟岛的普氏原羚与湖东北的种群已不可能进行基因交流。生活在鸟岛保护区的普氏原羚必须淌过布哈河口到公路另一侧的围栏草场里采食。鸟岛是著名的渔鸥(*Larus ichthyaetus*)、斑头雁(*Anser indicus*)、棕头鸥(*Chroicocephalus brunnicephalus*)保护区，每年鸟类繁殖季节，前去观鸟的游人累计逾万。游人干扰了普氏原羚的日常采食活动。在湖东种羊场与小北湖一带尚生活着约 70 只普氏原羚。它们不得不改变行为来适应环境。每次在与牲畜共用的草地边缘采食后，即退到小北湖一带的沙山中反刍休息。该地的半固定沙丘和流动沙丘的面积达 203km^2，沙丘中人迹罕至，是其避难之所。

普氏原羚为小型精饲型反刍动物，对食物选择性强，一日之中应有多个较短的采食周期。现在，它不得不改变其活动节律，仅在牛羊放牧之前的清晨及放牧之后的傍晚觅食。尽管生存空间越来越小，但它们仍不迁移。1994 年秋天，草场已承包到户，各家的围栏草场逐步地建立起来。普氏原羚不得不跳过、钻过铁丝围栏偷偷觅食，临近沙山的铁丝围栏上常见挂着一簇簇普氏原羚的毛发。蒋志刚 1994 年底在湖东见到两小群普氏原羚混在草库伦中，一见人来，即仓皇奔逃。1995 年春蒋志刚又发现了 3 群普氏原羚在刚察哈尔盖河口觅食，共计 79 只。这说明湖西北仍有可生存种群鸟岛，湖东和察拉滩 2 处的普氏原羚估计不到300只，致使普氏原羚成为世界上最濒危的有蹄类动物。

据赵疆宁和高行宜(1991)研究，20世纪50～60年代在准噶尔盆地东部的卡拉麦里山盘羊尚属常见种群，70年代随着牧业的发展，主要是家羊群逐渐占据了草场，特别是后期人为地封闭了多处水源，同时又加上石油开发的进行使盘羊数量锐减，至80年代初期已很难发现其踪迹。1983年调查结果这一分布区内只发现一小群(7头)。近年来在上述人为因素并未消除的情况下，估计该地区的盘羊可能已全部绝迹。

(三)食物因素

英国的鸟类学家拉克(Lack)在1954年著了《动物数量的自然调节》(*The Natural Regulation of Animal Number*)一书。拉克在书中以种群的相对稳定性开始论述，他认为，对于大多数脊椎动物种群而言，食物短缺是最重要的限制因子。因此，拉克认为调节鸟类种群的最重要因素是食物，食物是作用于死亡率的密度制约因素，主要作用于幼鸟。

在鱼类种群数量变动规律的探讨中，主要食物是基本因素的观点也是占优势的。鱼类在自然界食物供应量有变化的情况下，其种群具有自动调节的适应性，它是通过下列途径实现的。

1)当食物变得很丰富时，鱼类的生长加速，性成熟提前，首次参加繁殖的组年龄变小，同样大小的个体的出生率提高。反之，当食物缺乏时，其生长延缓，性成熟推迟，种群的出生率下降。例如，大麻哈鱼(*Oncorhynchus keta*)出生率提高的情况，经常见于捕捞种群中年龄较小的鱼。

2)当食物条件变得丰富时，成鱼摄食本种幼鱼的比例减少。相反地，在食物缺乏时，成鱼摄食幼鱼的比例就增大。尼科里斯基认为，摄食幼鱼是减少种群数量、适应食物缺少的一种适应性。

3)在食物丰富时，幼鱼生命力增强，死亡率降低；在食物短缺时，幼鱼生命力降低，死亡率提高。

4)在食物丰富时，迟到产卵场所的、比较年轻的母鱼受精卵的质量提高，反之亦然。

尼科里斯基同时认为，这些调节种群的适应性，也只是在一定条件下才有作用，倘若遇到很不利于生长发育的环境条件，即使高的出生率也只能表现为低的幼鱼生产量。相反，遇到特别有利于生长发育的环境条件，即使是低的出生率也能获得较高的幼鱼生产量。因此，种群数量变动是物种本身具有的适应性与环境条件变化联合作用的结果。

强调食物因素为决定性的观点，除了拉克的学说以外，还应介绍皮特克的营养物恢复学说(nutrient recovery hypothesis)(图5-32)。皮特克的学说用来说明寒漠带旅鼠(*Lemmus trimucronatus*)的周期性数量变动；旅鼠的食物中含钙与磷是相当丰富的，当寒漠植被发育良好时，在植物生产过程中，从土壤中吸取这些营养物质，结合在植物体的有机物质中。在旅鼠数量很高的年份，食物资源大量消耗，植被量减少，使植被的隔热能力降低。一方面，旅鼠的掘穴和打隧道加深了这一过程。植被隔热能力降低，使土壤的融化更深，永冻层的深度下移，这样使植物根更难到达营养物永冻层(图5-32)。营养物循环条件的恶化，使旅鼠食物的质下降。另一方面，高密度的旅鼠大量消耗植物，使食物的量减少。

营养条件的恶化影响旅鼠的繁殖、哺幼和存活。体质的减弱更易于遭受捕食，这样旅鼠种群数量便下降。低种群密度使植被的质和量都能逐步恢复，以及有机物质积累。但食物的质仍然不好，到接近第四年植被完全恢复，植被隔热能力提高，营养物循环条件又得到改善，并迅速积聚在植物体内。高营养物的食物刺激旅鼠的繁殖并足以维持一个大的种群。

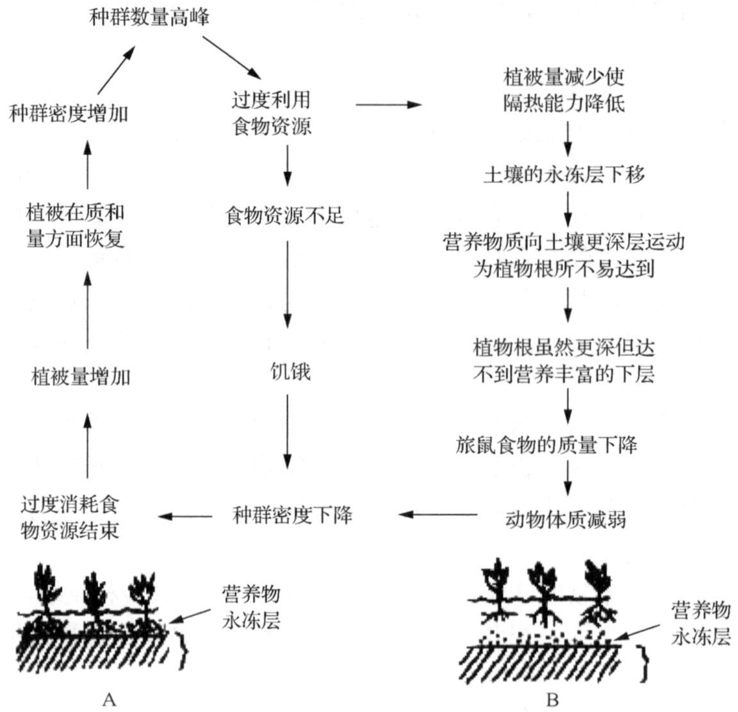

图 5-32　皮特克的营养物恢复学说图解(引自孙儒泳，2010)

(四)地理环境

1. 生境对种群分布的影响

生境对种群分布具有明显的影响。现以蜻蜓目(Odonata)——蜻蜓和豆娘为例来说明。普通的蓝色豆娘(*Enallagma cyathigerum*)可能是最丰富和最广布的蜻蜓物种之一。仲夏，成体围绕着淡水水体飞翔。雌体在沉水植物上产卵，幼虫在一周或两周内孵出。幼虫居住在池塘、溪流和湖泊的底部，以小的甲壳动物和昆虫幼虫为食，直到它们达到17～18mm，那可能要花2～4年的时间，取决于可得到食物的质和量。在达到足够大的5月或6月，幼体爬到挺水植物(植根污泥而茎叶露出水面的植物)的茎上，蜕去幼虫皮壳，作为有翅成体出现。蓝色豆娘见于范围广阔的淡水生境，包括静水和流水，它也许在急流中或在淤泥沉积的地方最不常见。这个物种的理想生境大概是相当大的静水水体，漂浮植物丰富。蓝色豆娘见于酸性和碱性两种水体，并且往往出现在盐滩的咸水坑里。所以，该物种可以视为有很宽的生态耐性，一般认为是广幅的。

这种豆娘的地理分布也是非常广泛的。在欧洲，大多分布在 45°N 和北极圈之间，虽然包括了西班牙的一些潮湿部分，并且还分散在斯堪的纳维亚的北部，但不见于冰岛和格陵兰。此外该种还见于北非、小亚细亚和里海周围的少数地方。北极圈以南的亚洲广大地区也是它的分布区。在北美洲，35°N～40°N 以北至北极圈随处可见该种，拉布拉多半岛和巴芬岛除外。种群也出现在佛罗里达州大沼泽地(everglade)提供的理想生境中，标志了该种向南最远扩展。这个种宽广的地理分布，几乎可以肯定是由于它在非常不同的气候中生态耐性和利用范围宽广的生境的能力。这种类型的分布格局，一条环绕北半球的带，由许多动物表明，被专称为环北的——环绕北方地区。这种格局在很不相同的物种中经常出现，提示两个北部陆块可能一度相连，使一些物种正好环绕北半球散布。

由于蓝色豆娘如此广布，人们可能要问为什么它不更向南散布。紧靠着它目前分布区南面的亚热带地区——中美洲、北非和中亚的干旱地区，多水的生境相对稀少可能是一个原因。需要长途迁飞才能到达南半球的合适生境，该物种可能不够强壮(很少有风带能帮助这样的迁飞)。其他物种业已占据更往南的蓝色豆娘能够拓殖的一切生境，这是另一种可能性。那些物种可能比蓝色豆娘更适应它们生境的物理条件，因而能够成功地同它竞争可用的食物资源，这就可能从这些地区排除该物种。这些解释的任何一个或者它们的组合，将说明为什么普通的蓝色豆娘限制在北半球的高纬度处。事实上在南半球有豆娘属(*Enallagma*)和一个近缘属(*Ischnura*)的许多物种，可以料想它们的生境和食物要求与蓝色豆娘相似，单是在南非就至少有豆娘属 8 个物种。

蓝色豆娘的分布，可以与时常称为红蜻蜓的美丽的血红蜻蜓(*Sympetrum sanguineum*)的分布对比，这个种在西欧、西班牙的部分、小亚细亚和北非的少数地方及里海周围有限分布，在东亚和北美洲未发现。这种蜻蜓的有限分布的原因，几乎可以肯定是幼虫有十分严格的生境要求。

血红蜻蜓的幼虫见于静水沟渠和池塘，但是仅仅在生长着某些挺水植物——宽叶香蒲(*Typha latifolia*)和木贼属(*Equisetum*)的地方。不清楚为什么幼虫会有这样严格的生境要求，因为它以昆虫幼虫和甲壳动物为食，肯定不是植食者，但是在这些植物的根部迄今未发现幼虫。血红蜻蜓可以因此描述为狭幅种——生态耐性非常有限的物种。它只能拓殖很少的生境，的确这个事实必然限制了它的分布，但是其他未知的因子也是起作用的，因为有宽叶香蒲和术贼存在的水体也往往不存在该物种。

这两个物种的北方分布可以与帝王蜻蜓(*Anax imperator*)的分布对照，这个物种的成体长 8～10cm，幼体典型地见于巨大的池塘和湖泊与缓流的沟渠、溪流中。它是贪婪的捕食者，能够食大如幼鱼的动物。分布区包括欧洲在 40°N 和 50°N 之间的一条带，但是不像另外两个物种那样，它正好分布到北非海岸和尼罗河谷，并且穿过安纳托利亚延伸到印度西北部。它甚至越过撒哈拉沙漠散布，下达中非，那里有其合适生境，如乍得湖和东非诸湖，并且它见于卡拉哈里沙漠之外的南非大多数地区(南非的种群或许属于一个与欧洲类型不同的亚种，那是可能的)。

帝王蜻蜓的分布因此限制在东半球，没有远远伸进亚洲。看来它基本是一个地中海的和亚热带的物种，它的良好飞翔能力和相当宽的生态耐受性，使它得以穿越北非的不利区域，进入非洲南部的新生境。毫无疑问，对帝王蜻蜓有利的生境的确也出现在其他大陆块(虽然那里可能有潜在的竞争者)，但是帝王蜻蜓现在不能到达那里，因为陆地连接位于北方，在那里它的分布似乎受限。在热带蜻蜓的大多数物种中，幼虫在夜间出水和变态为成虫。在羽化时它们非常娇弱，易受捕食伤害，而黑暗大概为其提供了某种保护，免得它们被鸟类捕食。但是变态过程受寒冷温度的抑制，并且许多物种在欧洲的北部迫于夜间低温，它们至少部分在白天进行羽化，这时多被鸟类捕食。这可能给蜻蜓的许多物种包括帝王蜻蜓加设一个分布北限，这应该能够解释为什么这个物种不能侵入美洲或者东亚。

2. 地理环境对物种形成的影响

地理环境对种群的形成具有重要影响，关于地理环境对种群的影响可以分为以下三类。

(1) 地理隔离

地理隔离指地理屏障将两个种群彼此隔开，阻碍了种群间的个体交流使之适应不同的特殊环境而形成不同的物种。异域形成往往又可分为两类：①通过大范围的地理分割，分开的两个种群各自演化，形成生殖隔离机制。例如，猫科、犬科等大型食肉兽、鸟类等，其分布范围很大，食性不同才能形成两个物种。②通过种群中少数个体从原种群中分离出去，到达它地并经地理隔离和独立演化而形成新种。与母群隔群通常规模不大，是处于孤立状态的边缘小群。这种新种形成方式多见于啮齿类、灵长类、昆虫等种类。

此外，岛屿也对物种形成具有明显的影响。岛屿由于与大陆隔离，往往易于形成适应于当地的特有种(endemics)，南美洲大陆以西的加拉帕戈斯群岛(Galapagos)，有 14 种达尔文雀(Darwin's finch)。大约在 1 亿年前，其祖先由南美洲大陆迁移而来。由于没有当地的竞争对手和天敌，繁殖很快并分布到各岛，各自适应当地环境，通过生殖隔离，形成独立的物种。有的栖息于树上食虫，有的食种子和果实，还有的专门用仙人掌叶针挑剔藏在树孔中的昆虫。像这种由一个共同祖先起源在进化过程中分成许多类型，适应于各种生活方式的现象，称为适应辐射(adaptive radiation)。

(2) 邻域影响

邻域影响是指地理分布区边缘栖息地环境对相邻的两个种群间的物种形成产生影响。主要表现在一个分布区很广的物种，边缘栖息地环境上的区别，使种群内的次群分化、独立，虽然没有出现地理隔离屏障，但能成为基因交流的障碍，在自然选择的作用下，逐渐形成生殖隔离机制而形成新种。邻域形成多见于活动性少的生物，如鼹鼠、无翅昆虫等。邻域形成显然不如异域形成普遍。

(3) 同域影响

同域影响是指在母种群分布区内部，由于生态位隔离，逐渐建立起若干子群，子群间由于逐步建立的生殖隔离，形成基因库的分离而形成新种。在自然界中同域性物种形成的可能性很少，一般认为寄生生物中最有可能出现同域性物种形成。因为寄生物常具有宿主特异性，又多在宿主体内交配，所以比较容易形成与母群的生殖隔离。

(五)种内调节

所有上面叙述的各种因素，都集中在外源性对动物种群分布的因素上，未涉及种群自身的内部调节因素问题。下面介绍强调内因的自动调节学派。种内调节学派按其强调点不同又可分为行为调节学说、内分泌调节学说和遗传调节学说三派，现分述如下。

1. 行为调节——温・爱德华(Wynne-Edwards)学说

温・爱德华认为，种内竞争可以从动物的社群行为(social behaviour)上表现出来，即从同种个体之间相容或不相容上表现出来。温・爱德华注意了动物的社群行为型的复杂情况及其进化系列，认为社群行为是一种调节种群密度的机制。社群等级(social hierarchy)、领域性(territoriality)等的社群行为可能是一种传递有关种群数量的信息，尤其是关于资源与种群数量关系的信息。通过这种社群行为限制在生境中的动物数量，使食物供应和繁殖场所在种群内得到合理分配，把剩余的个体从适宜生境排挤出去，使种群密度不至于上升太高。动物生活中所从事的种种活动，最重要、最经常的就是取得食物、空间和繁殖的权利，这也是种内竞争的主要方面。通过社群等级和领域性等调节机制，使竞争中消耗能量的“暴力”减到最少，而替之以惯例的行为来吓唬竞争者。因此，这是进化过程中有利于本种整体的适应性行为。

那么这些社群行为与种群调节怎样联系呢？大多数种类的动物具有有效的扩散机制。我们通常会发现，自然界中的动物往往集中在具有丰富资源的地方，而避开不利的地方。这就是说，群体中的每一个体，通常在栖息地中选择最合适的地段作为个体领域，以保证存活和繁殖。但在栖息地中，这样的地段是有限的，随着种群密度的增加，全部最适的栖息地被占满，次适的地段也就变成其余个体的最适地方。或者，领域的大小有一定弹性，当密度增加时，个体领域可能缩小一些。但是这两种情况都是有限度的。当种群的密度超过这个限度时，领域的占领者会产生抵抗，不让新的个体进来。这样，种群中就有一部分“游荡的贮存者”(floating reservior)或剩余部分(surplus)，它们不能进行繁殖，或者被具有领域者所阻碍，或者是缺乏营巢繁殖场所。这部分个体，由于缺乏保护条件也最易受捕食者、疾病、不良天气条件所侵害，死亡率较高。种内这样划分社群等级(具有领域部分和剩余部分)，限制了种群的增长，并且这种作用是密度制约的，即随着种群密度本身而变化其调节作用的强弱。

因此，温・爱德华认为动物能通过等级制、领域性等社群行为，调节种群自身密度，这并不意味着动物有自觉地认识种群密度与资源管理的关系，这里说明动物自动表现出对社群关系的紧张或接触多寡的生理反应。温・爱德华相信，某些无害的种内竞争类型，在进化中是作为缓冲系统而被选择下来的，它有助于使种群增长停止在食物耗尽的水平以下。鸟类在繁殖季节中，如此激烈地保卫个体领域，正可以被看成按栖息地的生产力来分配食物资源的一个系统。领域性使种群中一部分停止繁殖，因此种群增长受到限制，食物资源不至于消耗尽。Wynne-Edwards 认为，种群的稳态机制，可以用下式来表示

$$增补+迁入=不能控制的丧失+迁出+社群死亡率$$

在这五个影响种群上升和下降的因素中，只有不能控制的丧失(包括寄生、捕食、疾

病、不良天气条件)这一个因素，不受构成种群成员本身所直接控制。他认为经典的密度制约因素是不可靠的，其作用是变化无常的。许多高等动物是通过内因来控制它们的密度，即通过增补、迁入、迁出和社群死亡率的机制。温·爱德华同时认为，在物种分布区边缘，可能不表现为自动调节。物理因素在这些不利环境中可能占优势。

Wynne-Edwards 的行为调节学说主要根据是从鸟兽两类最高等的动物上搜集的。在鸟类方面，Wynne-Edwards 认为领域、等级、进攻性行为等调节出生率，而 Lack 认为主要是通过竞争食物资源在非生殖季节对死亡率调节。其矛盾刺激了行为调节机制及其进化的研究，对行为调节学说的另一个批评是群体选择论的反对者，他们认为选择都通过个体而进行。

2. 内分泌调节——克里斯琴(Christian)学说

内分泌调节学说是由克里斯琴在 1950 年提出的，用来解释某些哺乳动物的周期性数量变动。克里斯琴在某些啮齿类暴发后数量激烈下降时期中，研究了许多鼠尸。结果没有发现大规模流行的病原体，但却发现下列共有的特征：低血糖、肝脏萎缩、脂肪沉积、肾上腺肥大、淋巴组织退化等。这些特征与加拿大生理学家塞利(Selye)关于适应性综合征(adaptive syndrome)的第三阶段很一致。塞利把有机体对不利条件(压力、紧张等)的反应分为三个定型的阶段：①惊恐(alarm)，有机体进入体温下降、血糖水平不规律、神经功能阻抑等休克状态；②防卫(defense)，有机体趋于恢复到出现惊恐前的状态，对于外界不利压迫的抵抗力增强并适应新的条件；③衰竭(exhaustion)，有机体完全损失前一时期获得的适应性能力。

克里斯琴认为，当种群数量上升时，种内个体间的“紧张”(社群压力，social stress)显然增加，加强了对中枢神经系统的刺激，主要影响脑下垂体和肾上腺的功能(图 5-33)。

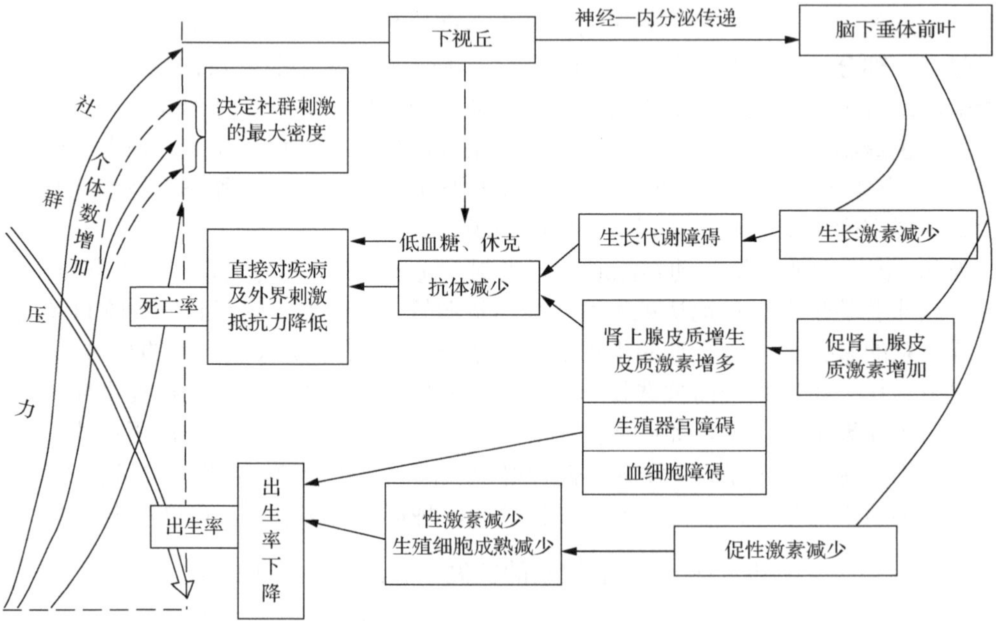

图 5-33　克里斯琴内分泌调节学说模式图(引自孙儒泳，2010)

一方面使生长激素分泌减少，另一方面促肾上腺皮质激素增加。生长激素的减少使生长和代谢受到障碍，有的可能由于低血糖休克而直接死亡，多数可能对抵抗疾病和外界不利环境的能力降低，这些都使种群的死亡率增加。肾上腺皮质的增生和皮质激素分泌的增多，同样使机体抵抗力减弱，另外相应性激素分泌减少，生殖受到抑制，使出生率降低。同时，子宫内胚胎死亡率也增加，育幼情况不佳，幼体抵抗力减退。种群增长由于这些生理上的反馈机制而得到停止或抑制，这样又使社群压力降低。这就是种群的内分泌调节或生理调节的主要机制。

克里斯琴在实验室中用小家鼠分别以每笼 1、3、4、6、8、9、17 只进行饲养试验，作为他的学说的证据。有关肾上腺增大和生殖腺的退化都在实验中得到证实，不过雌鼠的反应必须在有雄鼠的条件下才出现。在高密度下，生殖的受抑制和死亡率的增加总是与肾上腺增大和其他由“紧张”引起的生理反应一起出现。因此，克里斯琴认为，种群增长和下降的调节是通过社群-心理因素刺激神经内分泌反馈机制而实现的。

克里斯琴的学说同样遭到一些批评，认为把笼养中密度应用到自然条件，必须每公顷达二三百万只鼠，这是不大可能的。同时，对野外种群的调查结果也不十分一致。此外，内分泌调节学说主要适用于兽类，对其他动物类群是否适用尚不清楚。

3. 遗传调节——奇蒂(Chitty)学说

种内个体间的异质性，即个体间各种特征的区别，有的是表现型的，有的是基因型的。自动调节学派的强调重点，在这个问题上也有不同。上面介绍的行为调节和内分泌调节都未提到种群的遗传性质问题。

对于内分泌调节学说，奇蒂曾提出过两个重要批评：①对在种群崩溃时死在野外的兔子血液中所显示的低血糖症提出疑问，他们是否错误地把已经死在野外的个体(而不是死亡前的个体)作为采血对象？倘若果真如此，低血糖不一定是引起兔死亡的原因。②内分泌调节学说有一个严重的缺陷，即高密度的后果往往不在当代出现，而是影响下一代，这用内分泌调节学说是不好解释的，其中可能有一个与遗传性有关的机制问题。

英国遗传学家福特第一个提出在种群调节中遗传性变化的重要意义。他认为，当种群密度增加、死亡率降低时，自然选择的压力就比较松弛，因而，种内的变异就有增加。其中有遗传质量好的，也有遗传质量差的，而且种群中遗传质量差的个体也能存活下来。当条件恢复到正常的时候，死亡率增加，于是这些低质个体由于自然选择压力的增加而被淘汰掉，因而导致种群数量的下降。在种群数量下降的时候，种群内的变异型也就减少了。因此，福特认为，种群数量的增加，通过自然选择压力和遗传组成的改变，必然为种群数量的减少铺平了道路。

奇蒂(1960)在研究黑田鼠(*Microtus agrestis*)种群动态时发现一种现象：当环境条件很有利的时候，田鼠的死亡率还是很高，其数量还是不断下降；同时，外界引起死亡的因素，如天气、捕食、疾病食物等的状况，没有一个能说明大多数田鼠死亡的原因，并且雄鼠比雌鼠死得更快。上述事实使奇蒂认为：数量正在下降的种群，其生命力可能是生来就比较低的。也就是说，在遗传性上是质量比较差的。他还认为，在有利的环境条件下，种群之所以能停止无限增长，是因为通过种群的质(遗传组成)变坏而实现的。此外，还有一些事实是用外界条件的有利或不利所难以解释的，而用遗传组成的改变却能解释：①高种群密度不足以引起种群的下降，即使是超过环境最大容纳量时也如此；②低种群密度不足以阻止种群的下降；③在高密度期间，成体死亡率并不超常地高。这就是说，在种群数量的升降过程中，种群的遗传质量也在变化之中。

根据以上这些和内分泌调节学说的一些缺陷，奇蒂提出了种群遗传调节学说(图 5-34)。奇蒂认为种群中具有的遗传多型(genetic polymorphism)是遗传调节学说的基础。他讲到，可想象最简单的遗传两型(genetic dimorphism)现象：其中有一型更适于低密度的种群，在种群数量低时占优势；另一型是更适于高密度的种群，在种群数量高的时候占优势。适于高密度一型的基因型的表达特点是具有高的进攻性行为，其繁殖力比较低，可能有外迁的倾向。适于低密度一型的基因型表达具有较低的进攻性行为，其繁殖力较高，可能有留居的倾向。当种群数量较低并处于上升期时，自然选择有利于适于低密度的基因型。这时候，其种群繁殖力增高，个体之间比较能相互容忍。这些特点促使种群数量的上升。但是，当种群数量上升到很高的时候，自然选择则转而对适于高密度的那组有利。这时，个体之间的进攻性加强，死亡率增加，繁殖力下降，有的个体可能外迁到其他栖息地，这些变化又会促使种群密度的降低。图 5-34 对这种遗传调节机制阐述得很清楚，显然从图 5-34 可以看到，遗传调节学说也吸收了有关行为、扩散等因素在种群调节中的作用的一些结论。

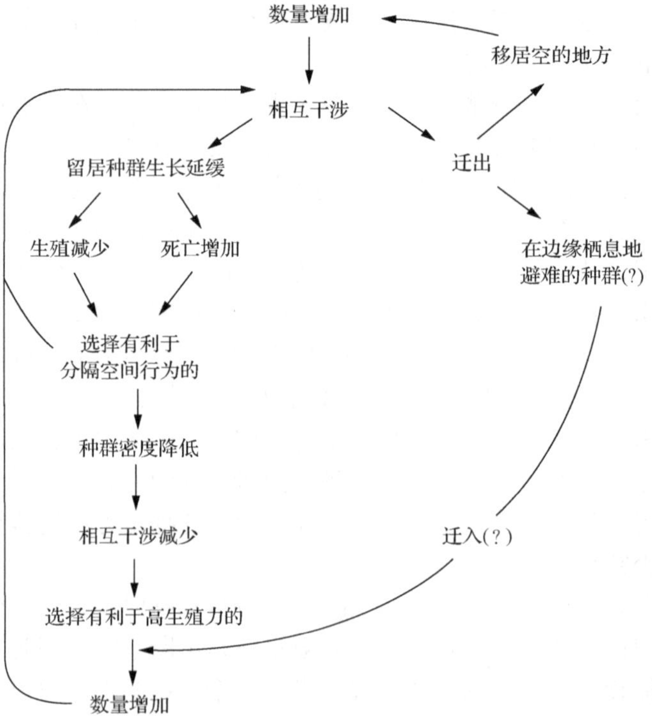

图 5-34　Chitty 的遗传调节学说模式图(引自孙儒泳，2010)

? 为推测的可能结果

参 考 文 献

蔡桂全, 刘永生, 冯祚建, 等. 1992. 青海省有关地区哺乳类考察报告. 高原生物学集刊, 11: 63-90.
曹文侠, 张德罡, 徐长林. 2003. 东祁连山几种高山杜鹃的种群垂直分布对策. 草原与草坪, 2: 19-22.
程杰, 程积民, 呼天明. 2011. 气候变化对黄土高原达乌里胡枝子种群分布格局的影响. 应用生态学报, 22(1): 35-40.
楚国忠, 梁崇歧, 阮云秋, 等. 1985. 卡拉麦里山有蹄类野生动物保护区野驴的夏季栖息地及种群数量. 动物学报, 31(2): 173-186.
邸华, 刘建泉, 丁国民. 2012. 东大河林区青海云杉种群空间分布格局在海拔梯度上的变化. 甘肃科技, 28(23): 149-152.
丁梦麟, 高福清, 安藏生, 等. 1965. 甘肃庆阳更新世晚期哺乳动物化石. 古脊椎动物与古人类, 9(1): 89-103.
丁岩钦. 1964. 陕西关中棉区棉盲蝽种群数量变动的研究. 昆虫学报, 13(3): 297-310.
丁岩钦. 1980. 昆虫种群数学生态学原理与应用. 北京: 科学出版社.
冯祚建, 郜二虎, 于晓平, 等. 2009. 全国陆生野生动物资源调查结果及分析//中国林业局. 中国重点陆生野生动物资源调查. 北京: 中国林业出版社.
高行宜, 谷景和. 1989. 马科在中国的分布与现状. 兽类学报, 9(4): 269-274.
戈峰. 2010. 现代生态学. 北京: 科学出版社: 172-181.
国家林业局. 2009. 中国重点保护野生植物资源调查. 北京: 中国林业出版社: 39-44, 220-223, 231-232.
侯继华, 黄建辉, 马克平. 2004. 东灵山辽东栎林主要树种种群 11 年动态变化. 植物生态学报, 28(5): 609-615.
贾兰坡, 盖培, 尤玉柱. 1992. 山西峙峪旧石器时代遗址发掘报告. 考古学报, (1): 39-58.
姜鹏. 1977. 吉林晚更新世哺乳动物化石分布. 古脊椎与古人类, 15(4): 311-316.
蒋志刚, 冯祚建, 王祖望, 等. 1995. 普氏原羚的历史分布与现状. 兽类学报, 15(4): 241-245.
李甜江, 李允菲, 田涛, 等. 2011. 中国沙棘平茬萌蘖种群的密度动态及其调节规律. 浙江农林大学学报, 28(5): 713-719.
廉永善, 陈学林. 1992. 沙棘的生态地理分布及其植物地理学意义. 植物分类学报, 30(4): 349-355.
刘从玉, 刘平平, 仲光东, 等. 2009. 大钟岭水库的浮游植物种群结构及四季变化. 污染防治技术, 22(1): 4-7.
刘建泉, 孙建忠. 2012. 东大河林区金露梅种群空间分布格局沿海拔梯度的变化. 草业科学, 29(5): 804-808.
卢良恕. 1996. 中国大麦学. 北京: 中国农业出版社: 141-148.
孟凡, 丘建文, 吴宝铃. 1993. 黄海大海洋生态系的浮游动物. 黄渤海海洋, 11(3): 30-37.
裴文中, 黄万波, 邱中朗, 等. 1988. 河北迁安第四纪哺乳动物化石发掘初报. 古脊椎动物学报, 2(4): 213-229.
裴文中. 1956. 河南新蔡的第四纪哺乳类动物化石. 古生物学报, 4(1): 77-99.
裴文中. 1958. 山西襄汾县丁村旧石器时代遗址发掘报告(甲种专利刊第二号). 北京: 科学出版社.
沈友爱. 2007. 长鞘卷叶甲种群在绿竹上的垂直分布研究. 中国森林病虫, 26(4): 15-18.
施白南, 赵尔密. 1982. 四川资源动物志(第一卷总论). 成都: 四川人民出版社.
孙儒泳. 1962. 柴河林区小啮齿类的生态学 Ⅰ. 生态区系和数量的季节消长. 动物学报, 14(1): 220-228.
孙儒泳. 1992. 动物生态学原理. 北京: 北京师范大学出版社.
孙儒泳. 2001. 动物生态学原理. 北京: 北京师范大学出版社: 121-170, 220-228.
田大伦. 2010. 高级生态学. 北京: 科学出版社: 109-129.
汪祖国, 顾品强, 夏如铁, 等. 2002. 上海地区麦田杂草种群和突增期年际变化及与环境因素的关系. 杂草科学, 3: 13-17.
王耀培, 秦耀亮. 1981. 黄毛鼠数量季节变动的研究. 兽类学报, 1(1): 73-78.
王酉之. 1993. 四川石渠兽类1959与1987年比较调查//夏武平, 张洁. 人类活动影响下兽类的演变. 北京: 中国科学技术出版社: 155-158.
王志芳, 张全胜, 潘金华. 2008. 烟台芦洋湾鼠尾藻种群生物量结构的季节变化. 中国水产科学, 15(6): 992-997.
王志峰, 罗辅燕, 唐婷, 等. 2011. 河北小五台山海拔梯度上青杨的种群结构和空间分布. 西华师范大学学报(自然科学版), 32(1): 1-6.
吴建国, 周巧富. 2012. 中国嵩草属植物地理分布模式和适应的气候特征. 植物生态学报, 36(3): 199-221.
夏武平. 1964. 带岭林区小型鼠数量动态研究 Ⅰ. 数量变动情况的描述. 动物学报, 16(3): 339.

谢骏义, 许俊臣. 1988. 甘肃华池马兰黄土中的哺乳动物化石. 古脊椎动物学报, 26(2): 149-152.
徐钊, 李孟楼, 吴定坤, 等. 1992. 海拔高度对落叶松叶蜂种群的影响及其生态型. 林学院学报, 7(4): 100-106.
薛建辉. 2006. 森林生态学. 北京: 中国林业出版社: 60-63.
薛祥煦, 张云翔. 1994. 中国第四纪哺乳动物地理区划. 兽类学报, 14(1): 15-23.
颜秀娟, 李明姝, 李楠, 等. 2009. 连作大豆田土壤线虫的种群结构和垂直分布. 湖北农业科学, 48(2): 335-337.
尤玉柱, 徐钦琦. 1981. 中国北方晚更新世哺乳动物群与深海沉积物的对比. 古脊椎动物与古人类, 19(1): 77-84.
于非, 王晗, 王绍坤, 等. 2012. 阿波罗绢蝶种群数量和垂直分布变化及其对气候变暖的响应. 生态学报, 32(19): 6203-6209.
张大勇, 雷光春, ILKKA HANKI. 1999. 集合种群动态: 理论与应用. 生物多样性, 7(2): 1-10.
张宏斌, 孟好军, 刘贤德, 等. 2012. 黑河流域中游水陆交错带湿地芦苇种群动态变化特征. 生态科学, 31(5): 500-506.
张友民, 杨允菲, 王立军. 2006. 三江平原沼泽湿地芦苇种群生产与分配的季节动态. 中国草地学报, 28(4): 1-5.
张玉萍, 黄万波, 汤英俊, 等. 1978. 陕西蓝田地区新生界. 中国科学院古脊椎动物与古人类研究所(甲种专刊第十四号). 北京: 科学出版社.
张育新, 马克明, 祁建, 等. 2009. 北京东灵山海拔梯度上辽东栎种群结构和空间分布. 生态学报, 29(6): 2781-2796.
赵疆宁, 高行宜. 1991. 中国盘羊的分布. 八一农学院学报, 14(3): 63-67.
赵雪晴, 李向永, 谌爱东, 等. 2014. 印度小裂绵蚜在土壤中的垂直分布及其种群消长. 应用昆虫学报, 51(1): 248-254.
郑丕留. 1985. 中国家畜品种及其生态特征. 北京: 农业出版社: 10-16.
郑生武. 2000. 中国野驴的现状、分布区的历史变迁原因探讨. 生物多样性, 8(1): 81-87.
郑维列, 薛会英, 罗大庆, 等. 2007. 巨柏种群的生态地理分布与群落学特征. 林业科学, 43(12): 8-15.
中国科学院古脊椎动物与古人类研究所《中国脊椎动物化石手册》编写组. 1979. 中国脊椎动物化石手册(增订版). 北京: 科学出版社: 457-463.
中国科学院西北高原生物研究所. 1989. 青海经济动物志. 西宁: 青海人民出版社.
周明镇, 薛祥煦. 1958. 辽宁建平及康平几种更新世晚期哺乳类化石. 古生物学报, 6(1): 51-57.
周明镇. 1959. 阿坝藏族自治州第四纪哺乳类化石. 中国第四纪研究, 2(1): 8-13.
周西武. 1919. 宁海纪行(上下卷). 上海: 商务印书馆.
诸葛阳. 1962. 杭州市郊区鼠类调查. 杭州大学学报, 1: 103-112.
Coope G R. 1973. Tibetan species of dung beetle from Late Pleistocene deposits in England. Nature, 245(5424): 3356.
Corbet G B, Southern H N. 1977. The Handbook of British Mammals. 2nd ed. Oxford: Blackwell Scientific Publications.
Corbet P S, Longfield C, Moore N W. 1960. Dragonflies. London: Collins.
Corbet P S. 1957. The life history of the emperor dragonfly, *Anax imperator* Leach (Odonata: Aeshnidae). J Anim Ecol, 26(1): 1-69.
Cowling R M, Rundel P W, Lamont B B. 1996. Plant diversity in Mediterranean-climate regions. Trends Ecol Evol, 11(9): 362.
Cox C B, Moore P D. 2007. 生物地理学——生态和进化的途径. 赵铁桥, 译. 北京: 高等教育出版社: 71-79.
Cramp S. 1985. Handbook of the Birds of Europe, the Middle East and North Africa. Vol IV. Oxford: Oxford University Press.
Ford E B. 1964. Ecological Methods. London: Methuen.
Hamilton A C. 1982. Environmental History of East Africa. London: Academic Press.
Hanski I. 1995. Effects of landscape pattern on competitive interactions. *In*: Hansson L, Fahrig L, Merriam G. Mosaic Landscapes and Ecological Processes. London: Chapman & Hall.
Hanski I. 1997. Metapopulation Biology: Ecology, Genetic and Evolution. San Diego: Academic Press.
Hanski I. 2000. 集合种群动态: 理论与应用//张大勇, 等. 理论生态学研究. 北京: 高等教育出版社.
Hudson P, Dobson A. 1998. Prevention of population cycles by parasite removal. Science, 282(5397): 2256-2259.
Knox E B, Palmer J D. 1995. Chloroplast DNA variation and the recent radiation of the giant senecios (Asteraceae) on the tall mountains of eastern Africa. Proc Natl Acad Sci USA, 92(22): 10349.
Meyer E F. 1973. Late Quaternary paleoecology of the Cuatro Cienegas Basin, Coahuila, Mexico. Ecology, 54(5): 982-995.

Moles A T, Warton D I, Westoby M. 2003. Do small-seeded species have higher survival through seed predation than large-seeded species? Ecology, 84(12): 3148-3161.

Nakagoshi N. 1985. Buried viable seeds in temperate forests. *In*: White J. The Population Structure of Vegetation Dordrecht. Amsterdam: Dr W. Junk Publishers: 551-570.

Rees M. 1993. Trade-off among dispersal strategies in the British flora. Nature, 266: 102-150.

Rosen B R. 1988. Biogeographic patterns: a perceptual overview. *In*: Myers A A, Giller P S. Analytical Biogeography. London: Chapman & Hall: 23-55.

Shilov I A. 1989. Population ecology and ecophysiology. Soviet Scientific Reviews Section F, vol 3, part 1.

Thompson K, Grime J P. 1979. Seasonal variation in the seed banks of herbaceous species in ten contrasting habitats. Journal of Ecology, 67(3): 893-921.

Tilman D. 1982. Resource Competition and Community Structure. Princeton: Princeton University Press.

Valentine D H. 1972. Phytogeography and Evolution. London: Academic Press: 191-204.

Wesrobv M. 2003. Latitude, seed predation and seed mass. Journal of Biogeography, 30(1): 105-128.

Wiens J A. 1977. On competition and variable environments. American Scientist, 62: 590-597.

第六章 生物群落的空间分布格局及其变化动态

第一节 概 述

一、生物群落的概念

生物群落(biotic community)是指一定地段或生境内各种生物种群构成的结构单元。在自然景观中，无论是原始的还是经过人们改造过的生境内，都有多种多样的植物、动物和微生物生活在一起，虽然它们在分类地位上，亦即在系统发育或亲缘关系上或许相差甚远，但是它们作为生境中各种生物种群松散结合的结构单元，在其内部却存在极为复杂的相互联系，并由于功能整合原理，即随结构的复杂化而赋予新的性质，这个结构单元具有与组成它们种群所不同的静态和动态的特征。

群落是多种生物种群的集合体，是一个边界松散结合的概念，但是群落内共同生活在一起的式样繁多的生物有机体，并不是偶然散布在地球上，群落内生物之间的物质循环和能量流动使它呈现出具有一定组成和结构的外观。此外，在时间尺度上，生物群落虽然如变形虫一样，不断改变着它们的外观，但是这种变化却具有一定的顺序状态，亦即具有发展和演替的动态特征。显然，群落绝不是其组成物种种群特征的简单加和，一方面，结构的变化使得一些性质变得更加复杂而不稳定。另一方面，其他的一些性质又由于稳定的机制，如控制与平衡、作用与反作用的机制，群落在绝对的变动过程中保持了相对的稳定性。当然，由于群落终究是一个松散的结合单元，因而各物种在空间和时间上是可以置换的，这就是功能大致相同的群落可能由不同的物种组成的原因。

综上所述，生物群落可定义为在特定空间或特定生境下，具有一定的生物种类组成，并且生物与其环境之间彼此影响、相互作用，具有一定的外貌及结构，并具有特定功能的生物集合体。也可以说，一个生态地理系统中具有生命的部分即生物群落。

二、群落的组成

群落的生物种类组成是影响群落性质的一个最重要因素，也是鉴别不同群落类型的基本特征。就群落组成的研究而言，有两个方面的工作是必须进行的，一是确定所收集样本的空间(区域、栖境)和时间；二是对收集到的生物个体进行分类鉴定。在此基础上考察各生物成分间的营养关系及分布状况等信息，进而根据各物种在群落中的作用确定其地位和成员类型，为群落生态地理学的研究提供必要的条件。

（一）优势种、建群种与从属种、伴生种

1. 优势种

群落组成中的每个成分，在决定整个群落的性质和功能上并不具有相同的地位和作用。一般来说，群落中常有一个或几个生物种群大量控制能流，其数量、大小及在食物链中的地位，强烈影响着其他生物种类的栖境，对群落的结构和环境形成有明显控制作用，这样的生物种称为群落的优势种(dominant species)。优势种通常在群落中不但占有较广泛的生境范围，利用较多的资源，具有较高的生产力，而且具有较大容量的能量，即个体数量多、生物量大等方面的特点。

在陆地群落中，植物常常是优势种类，这不仅因为它们接收阳光，转换能量，是食物的生产者，而且还因为它们为群落中的其他生物提供食物，给以掩蔽。同时，又以多种不同形式改变着群落的物理环境。当然有时动物也对群落起控制作用，如草原上啮齿类动物能以各种形式改变草原群落。过度放牧也会损害群落的结构和外貌。因此仅仅从“控制群落”的角度来确定其优势种，有时就会出现偏误。

Clements 和 Shelford(1939)对群落中的优势种曾经做过如下归纳。

1)优势种接受全部气候压力，即它们不需要其他有机体的保护和影响。

2)它们应该是一个调节气候及生态环境的种类，从其密度或生物量来说，也是最大量的。

3)对气候起直接反作用，能改变陆地上的水分及光线或海中的气体及盐分。

群落中优势种的多少，主要受物理因素的制约和种间竞争的影响。一般来说，能划定为优势种的种类，在北方的群落中总是比南方的要少。例如，北方的森林，可能只有一二种树即可组成森林的90%以上；而在热带森林，则可能有不少种类在同样标准下成为优势种。可以说在自然条件极端或严酷的地区，优势种的种数就少，亦即群落中支配因素由少数物种所分担。

2. 建群种

群落中的不同生物层次可以有各自的优势种，如森林群落中，乔木层、灌木层、草本层和地被层分别存在各自的优势种，其中乔木层的优势种，即优势层的优势种被称为建群种(constructive species)。如果群落中的建群种只有一个，称为“单建群种群落”或“单优势种群落”。如果具有两个或两个以上同等重要的建群种，则称为“共建种群落”或“共优种群落”。

3. 从属种

除优势种外，群落中的其他物种称为从属种(subordinate species)。1968年R. Daubenmire把植物群落中从属种分为两个类群。一个类群为依赖性从属种，它紧密地依赖于优势种所提供的条件，如果优势种被排除，则导致它们在生境中绝灭，如附生性植物、寄生生物、专性菌根真菌和专性阴地植物等。显然这些生物只有在优势种定居于一个地区后才能进入生境。另一个类群是指那些不论优势种存在与否，都能在该群落生境中存在的物种。这些从属种都是耐阴性的，但却不需要那些由优势种加诸于生境的特殊条件。

4. 伴生种

伴生种(companion species)为群落中的常见种类，与优势种相伴存在，但不起主要作用。

对于群落优势种的确定，虽然也可以遵循以上原则，但一般来说，动物(特别是高山动物)的活动性大，一两种动物常常不可能长期形成优势。因此，对优势种的具体应用在于立足点不同，尚存在一些争论。

(二)关键种

1. 概念和类型

关键种的概念最初由 Robert T. Paine 提出。物种在群落中的地位不同，一些珍稀、特有、庞大的对其他物种具有与生物量不成比例(disproportionately)影响的物种，它们在维护生物多样性和生态地理系统稳定方面起着重要的作用。如果它们消失或削弱，整个生态地理系统就会发生根本性的变化，这样的物种称为关键种(keystone species)。

2. 关键种

关键种的丢失和消除可以导致一些物种的丧失，或者一些物种被另一些物种所替代。群落的改变既可能是由于关键种对其他物种的直接作用(捕食)，又可能是间接作用。关键种数目可能是稀少的，也可能是很多的，对于功能而言，可能只有专一功能，也可能具有多种功能。

根据关键种的不同作用方式，可以有以下一些关键种的类型：关键捕食者(keystone predator)、关键被捕食者(keystone prey)、关键植食动物(keystone herbivore)、关键竞争者(keystone competitor)、关键互惠共生种(keystone mutualism)、关键病原体/寄生物(keystone pathogen/parasite)、关键改造者(keystone modifier)。

(三)关键种和优势种的区别

与优势种相比，关键种有两个显著的特点：①它的存在对于维持生物群落的组成和多样性具有决定性意义。②同群落中的其他物种相比，关键种无疑是很重要的，但又是相对的。许多实验表明，一些数量很少、通常被称为关键种的种类强烈地影响着群落系统。

关键种与优势种的区别在于它们的影响远大于其种群数量所显示的水平，其影响对它们的种群数量而言构不成比例(图 6-1)。

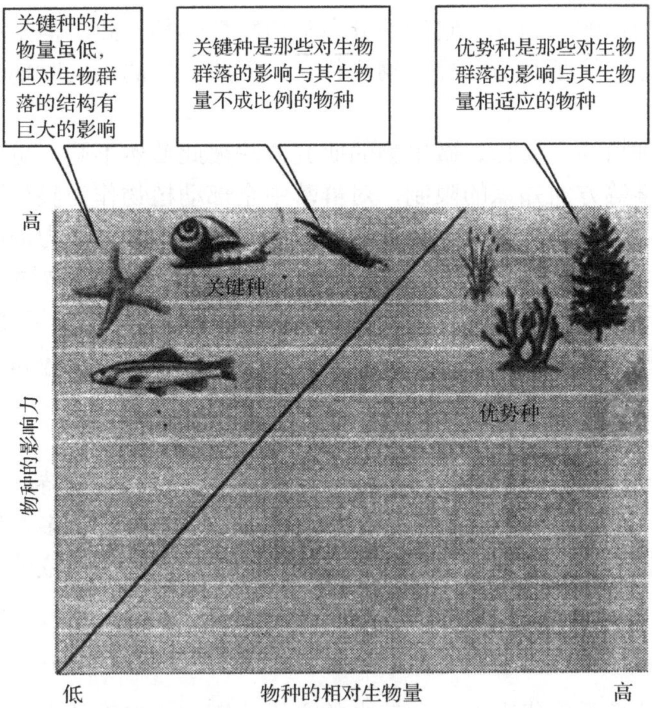

图 6-1　关键种与优势种的区别(引自戈峰，2010)

对角线上方的物种具有低的生物量，但对群落具有不成比例的高影响力，称为关键种；对角线下方的物种具有高的生物量，对群落的影响力也较大，称为优势种

三、群落的特征

生物群落具有一系列可以描述和研究的属性，这些属性不是由群落中的每个物种所包括的，就是说只是在群落总体水平上才有的一些特征。根据 1968 年 R. Daubenmire 的意见，生物群落的一般特征可归纳为以下几个方面。

(一)群落是植物与动物的复杂聚合

19 世纪中叶以前，文献中所论述的植物群落，几乎全不涉及同它们交织在一起的生活，直到 20 世纪，由于详细的野外研究的兴起，给群落实质上是生物现象带来了曙光。在一个群落中，植物的种类组成通常是大量的、较为连续的，以及在一年之中是有规律表现性的。但是，动物的组成没有明显特征，如果明显则种的数量也较少，并且倾向于从一个群落类型向另一个群落类型自由移动。然而动物与植物有许多重要的相互关系。例如，蚯蚓与掘土的啮齿动物对植物根际的影响，昆虫取食植物或它们的残体对土壤腐殖质化的贡献，动物传粉、大型哺乳动物的啃食和践踏等的影响，这些都让我们认识到动物之间的这种极为重要的相互关系。

研究生物群落非常有意义，首先植物和动物种群相互交融，其次它们在景观上的分布具有一定的吻合性，特别是那些不擅长移动的动物。植物的分布主要受环境的物理因子制约。然而，动物的分布往往更多地取决于植物所提供的食物类型与栖息场所的类型，较少地受物理因子的影响。因此，它们的分布与植物群落相一致。但是动物的更大活动性使此种关系复杂化，这是因为一种动物往往在一天或一年的不同时期里可以利用不同的植物群落。

由于群落中多种植物、动物、微生物的研究方法彼此截然不同，也由于一个生物学家在分类学、生态学等方面知识的限制，对群落中全部动植物作为整体进行全面研究，几乎是无法胜任的。因此，为了调查的目的，应当建立起与人类能力局限性相称的隔离界限。在此基础上，对于组成群落的物种数量，一般我们用群落的物种丰富度(richness)来表征；对不同物种个体数量的相对丰富度(relative abundance)用均匀度(evenness)来表征，由这两个统计量所描述的群落特点，一般用多样性指数(diversity index)来概括。

(二)群落与环境的不可分割性

生物与气候、地理的相互作用是生态地理学的核心思想。生境特征在决定群落类别上起着基本的作用；反过来，群落也在一定程度上决定着生境的许多特性。群落与其环境不可分割的关系构成了生态地理系统。生态地理系统成分的相互依赖关系，可用数学形式表明：

$$\text{生态地理系统}=f\text{（土壤，气候，地理，动物，植物……）}$$

事实上，生态地理系统代表着一种动态的交错平衡，不仅系统中的每个成分影响着整个系统的特征，而且各成分之间也存在极为错综复杂的依赖和制约关系。人类必然要干预或受到诱发条件越出了群落有机体习惯了的、波动的自然条件范围时就十分危险。例如，由于一些方式(过度地火烧群落，迁移的生物种)超越了它们的自然界限，群落简化至一种经济植物种或单纯林的程度，或者强烈地改变土壤等，都必须进行昂贵的纠偏才能恢复生态地理系统的面貌。

(三)群落中不同有机体类群的叠置

群落中各种生物类群会因它们在大小、高低及其他宏观形态方面的差异，表现出在空间上的叠置现象。对于植物群落，植物学家用层(layer)和层片(synusia)两个概念来表示。层是一片植被中基于植物的高度而划分的部分。例如，对于一个森林群落的叠置，常可以分划为乔木层、灌木层、草本层、苔藓地衣层等。虽然这种划分是毋庸争辩的，但它毕竟是一个粗放的描述。例如，它既未将乔木及其所支持的同等高度的藤本植物分开，而将两者划分为同一类别层次；又未能将一群专性阳生植物与一群在森林砍伐后仍存活下来并同专性阳生植物暂混杂在一起的兼性阳生植物区分开。“层”这个术语在描述植被特定单位的大形态方面具有实际的价值，但却缺乏基本的含义，因为体高对于植物的生态要求只有有限的关系。层片或称层聚，是人们利用形态学特征描述群落中植物组合的另一种形式或方法。例如，将群落内的植物类群区分为鳞茎的草本植物、一年生草本植物、多年生草本禾草植物等。它比层的概念具有明显的优越性。例如，它既能分辨一个木质藤本植物的层片和一个支持它们的乔木的层片，又可以把附生植物与支持它们的乔木，以及同等高度的草本植物和灌木等区分开。

就群落中的动物有机体类群或动物群落而言，动物学家则通常采用生态位(niche)的概念来描述，并赋予它以生活方式或小生境的含义。其实，生态位这一术语对于群落中植物组分也是同样适用的。这样生态位的宽度及生态位重叠就反映了群落内各生物体类群的叠置。

虽然在目前还没有一种满意的、以形态学为基础的方法将群落中的有机体类群加以区分，但没有人怀疑存在对环境有特殊要求的生物群。就植物来说，这些类群通常从土壤的不同深度来吸收水分；它们对光的需要不同；它们往往在不同季节对生境提出迫切的要求。表面上这些植物群居于相同的环境，但实际上它们生活于该环境中明确规定的区域。分界线是时间上的，或是空间上的，或是两者兼而有之。混淆这些类群，就会混淆作为一个整体的群落之内大量的基本生态学的差别。在群落内，这种生态上的差别在生物学上具有十分重要的意义。体高与发育季节不同的植物，在利用环境方面，至少部分是互相补充的。因此，竞争最大量地存在于相同生态型的个体之间。例如，当人类铲除一个复杂的天然生态系统，连同它的控制与平衡及各种需要和耐力，而代之以一块小麦田或水稻田之类的简单生态系统时，不仅使得每个植株于同一季节对相同的生境提出同一要求而增强了植物间的竞争，而且还必须经常地与那些推动了天然控制的真菌、害虫进行斗争。同时，为使此种单一栽培作物保持一个满意的生产率水平，还需要有与技术有关的高的能量输入(耕耘、栽培、施肥、病虫防治、收获等)。利用这个生态农业生产实践，在许多方面有可能取得实质性的进展。

(四)群落中有机体之间的能量和物质联系

群落中的全部生物及其全部的物理成分，通过物质的不断循环和能量的不断流动而相互联系起来，这是群落功能的具体体现。建立和保持生态地理系统所必需的太阳能，只有叶绿素才能被摄取和变成可加以利用的化学能，因此，绿色植物及少数化能细菌被称为生物群落的生产者(producer)。所有那些直接从植物或食草动物或寄生性真菌、细菌及寄生性植物[如独脚金属(*Striga*)，列当属(*Orobanche*)]，被归属于消费者(consumer)。还有一些有机体，如那些对生产者、消费者的排泄物和尸体进行分解的腐生性细菌、真菌、原生动物等，被归属于分解者(decomposer)。这些分解者完成储能的释放，并使养分重新为生产者利用。这样，从植物体中原始食物的合成开始，养分的依赖关系通过生物群落的其余组分，以性质十分不同的序列即食物链(food chain)而展开，在这些不同序列的每个水平上，通过交错的途径相互联结而形成了一个多相的食物网(food net)结构。

(五)群落中各种有机体的群落学重要性不同

一位分类学家认为，一个群落是由一定数量的分类单位组成的，而他对分类单位中所有的种同等重视，或者还更重视罕见的种。反之，一位生态地理学家较少地关注一个群落中的植物或动物名单，而是极其重视群落中每个分类单位功能上重要性的突出差别，因此他倾向于不太重视那些较罕见的有机体。当群落被看作复杂和动态的生态地理系统中有生命的成分时，大量物种存在或不存在，就其相对意义而言，是无关紧要的；相反，另一个极端上，一个或几个种可能决定着生态地理系统的主要特征。这就是说，优势种的存在常常是群落的一个重要特征，这反映了各种有机体在群落中并不具有同等的群落学重要性。

(六)群落的空间界限及群落交错区

研究群落需要假定其在结构与种类组成上具有一定的生物学一致性。这种一致性是与具有边界的地区，亦即空间界限相联系的。当两个群落相接触时，它们相连接的带，不论其宽窄如何，被称为群落交错区(ecotone)。就植物群落而言，在毗邻群落之间主要有两种类型的群落交错区。第一种是由于环境的突然中断，或者植物的相互作用，特别是竞争形成的群落交错区，过渡可能是突然的，尽管在后者的情况下，其内在的某些因子仍显示出一种连续的梯度；第二种可能是两个植被类型逐渐混合或呈指状的镶嵌状态，这种群落交错区反映出两类明显因子复合体逐步的混合。一个群落交错区的位置，如果是处于相对稳定的环境间断中，也许在相当长的期间是固定不变的。但是如果群落交错区位于受气候或地下水深度明显影响的地方，则其位置会朝着一个方向，并以直接控制因子复合体变化的速度移动。在巨大环境异质性的地区，植被可能完全由群落交错区组成，因为环境梯度频繁地交替着它们的方向，不容给同质群落(homogeneity community)以发展的空间。就动物群落而言，由群落空间界限造成的群落交错区，从理论上讲也是成立的，只是由于动物特别是高等动物的活动性更强，对环境有更快的自主选择能力，因此它们的踪迹所至使群落交错区的地带更宽，但是它们真正栖居的地方可能更窄。在研究昆虫群落时，发现这种交错区也是同样存在的。一般地说，在群落交错区物种的数目增多，一些种群的密度增大，这种趋势被称为群落的边缘效应(edge effect)。

(七)群落的时间界限及群落演替

除了极端干燥或极端寒冷的地表以外，在所有的土地上，最早出现的、零星分布的植物，在以后长时间的过程中要为其他植物所替代；而且从一个完全暴露于阳光、雨水、风的生境，变成能够抵御这些因素并为植物生长提供十分不同条件的生境，随着这个已定居植物的生境的出现，动物也逐渐移居其中。一个群落，往往必须等早期群落创造了特殊条件之后才出现。群落的这种随时间而变化的动态特征，被称为群落演替(community succession)。但是群落演替并不是没有尽头的，因为生境终究会不再按一定的方向变化，而且在此情况下，最后的群落将控制这个地区。

群落演替常常表现出这样的顺序，即最初出现的生物，主要是植物，往往是很稀疏的，它们之间很少存在相互关系，决定生存的只是那些共有的生境因子。但以后，种群的压力逐渐发展，而相互之间的干扰、竞争使得那些竞争力弱的物种不能繁殖，并且外在和内在的因子变得更加严峻，终于使一些生物被消灭，而保存下来的生物则彼此相互适应，这种在本质上取得对生境永久性占领的群落，便是顶极群落(climax community)。

群落演替的速度，在有些情形下是十分迅速的，以致人们在几年以内就可以看出群落在种类成分上显然不同，然而在其他场合下则需要数十年乃至数百年的时间才能实现同等程度的变化。

任何一门科学的目的都有实现预见和控制。既然群落是动态的，那么只有通过对演替过程的精心研究，人类才能取得预见自然发展趋势的能力，并在改造它们的过程中，取得发展这种可以实现目标的能力。

四、群落的格局

群落的格局(pattern)又称为群落的结构，指生物在环境中分布及其与周围环境之间相互作用形成的结构。

(一)群落的外貌和生长型

群落的形态与结构一般称为群落的外貌(physiognomy)。由于陆地群落的外貌是由群落的植物形状所决定的(如森林与草原外貌上的明显区别)，因此要描述其外貌(图 6-2)，首先要叙述植物的生长型(growth form)。

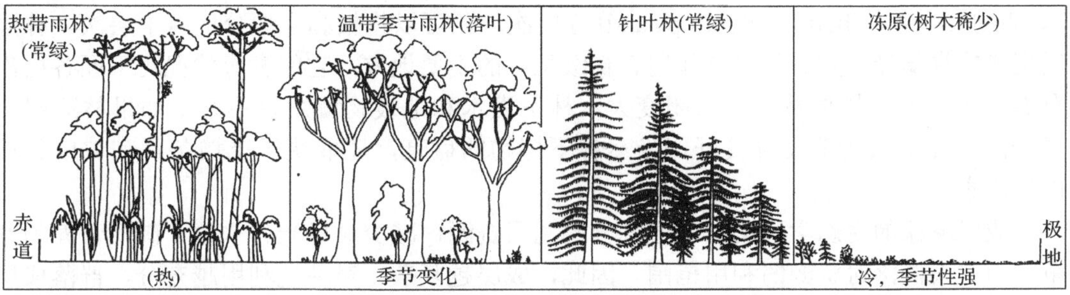

图 6-2　随地理纬度从赤道到极地的变化，植物群落呈四种主要的类型(引自戈峰，2010)

生长型反映了植物生活的环境条件，相同的环境条件具有相似的生长型。世界各大洲的相似环境地区，如草原和荒漠，由于趋同进化生活着具有相同生长型的植物，可以称为生态等价种(ecological equivalence species)。

根据生活的气候条件不同，有时又把高等植物划分为不同的生活型(life form)，主要包括：①高位芽植物(phanerophyte)；②地上芽植物(chamaephyte)；③地面芽植物(hemicryptophyte)；④隐芽植物(crytophyte)或地下芽植物(geophyte)；⑤一年生植物(therophyte)。一般来说，在气候温暖多湿的热带雨林，以高位芽植物占优势；而在较长寒冷季区，如温带针叶林，以地面芽植物占优势；地下芽植物占优势的群落，反映环境较寒冷；气候干燥的地区一年生植物最丰富(图 6-3)。

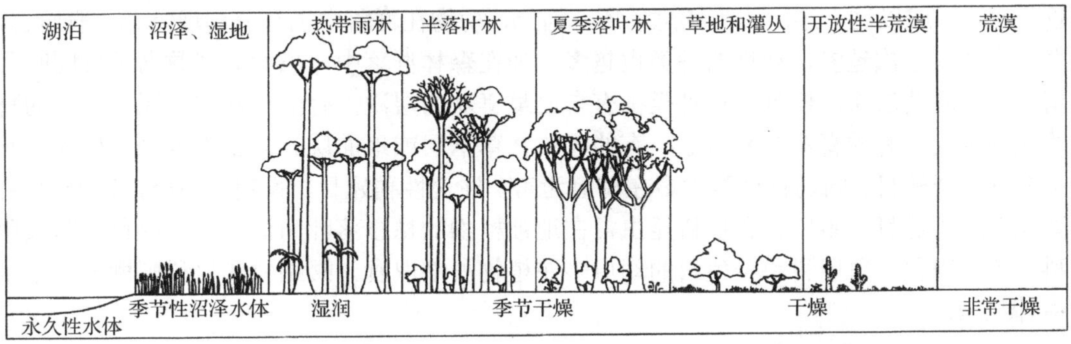

图 6-3　降雨量对群落结构的影响(引自戈峰，2010)

随着降雨量的增加，植被类型从干燥环境的稀疏、矮小逐渐向湿润环境的致密、高大过渡动物也有不同的生活型，如兽类中有飞行的(蝙蝠)、滑翔的(鼯鼠)、游泳的(鱼、海豹)、穴居的(鼹)、奔跑的(马、鹿)，它们各有各的形态、生理和行为特征，以及各种生活方式。但动物生活型的作用不同，并不能决定陆地群落的外貌和物理结构。

(二)群落的空间格局

1. 垂直格局

生物群落的组成在垂直高度上的分化状况称为垂直格局，又称为垂直成层现象(vertical stratification)。群落的分层结构取决于植物的生活型——高低、大小、分枝，主要由光照强度的递减所决定。例如，森林中有林冠(canopy)、下木(understory tree)、灌木(shrub)、草本(herb)和地被(ground)等层次，还可以将根和土壤分成若干层次。林冠层直接接收阳光，是进行光合作用、初级生产的主要地方，它的发育状况对下面各层次有着直接影响。如果林冠层郁闭度大，林下灌木和地被物就发育不好；如果林冠层相当开阔，林下植物就发育良好。当然林下植物的盛衰，还取决于土壤条件和坡度、坡向等因素。

成层现象的生态学意义在于通过分层利用资源，减少对日光、水分、矿质营养的竞争，而扩大群落对资源的利用范围。因此，成层越复杂，对环境利用越充分，群落成层性是评估生态环境质量的一项指标。

水体群落的分层主要决定于光穿透情况，水温和溶氧的分层，如上湖层、湿跃层和下湖层等。水生动物的分层现象也是很明显的。一般可分为漂浮生物(neuston)、浮游生物(plankton)、游泳生物(nekton)、底栖生物(benthos)、附底生物(epifauna)和底内生物(infauna)等类型。

陆地群落和水生群落，按植物光合作用的情况，都可将其分为上面的自养层(autotrophic layer)和下面的异养层(heterotrophic layer)两大层次。群落的光合作用初级生产过程主要在自养层中进行。陆地群落的林冠和草被层，水生群落的水体上层植物都能通过光合作用制造营养物质。异养层利用自养层中已制造的贮存物，并在此层进行分解作用。自养层又称绿色层，异养层又称褐色层。

在群落的每一层次中，栖息着一些可以作为各层特征的动物，它们以这一层次的生物为食料，或以这一层次作为栖息场所。因此，动物在群落中也有分层现象。一般而言，群落中植物层次越多，动物的种类也越多，如在森林群落中，虽然大多数鸟类可同时利用几个不同的层次，但每一种鸟类都有自己最喜欢的层次，有的喜欢在林冠层，有的喜欢在乔木层，有的喜欢在灌木层，有的喜欢在草丛层或地面层。昆虫类也是一样的，其中食叶性鳞翅目、同翅目种类大多在树冠为害，蛀食性鞘翅目、膜翅目种类在树干为害，弹尾目、纺足目、步甲科和蚁科昆虫常在地被植物的枯枝落叶间栖息，步甲科、叩头甲科、拟步甲科、象甲科和金龟科的幼虫多在植物根部取食，蝼蛄科和蚁科则栖居于土壤中(图 6-4)。

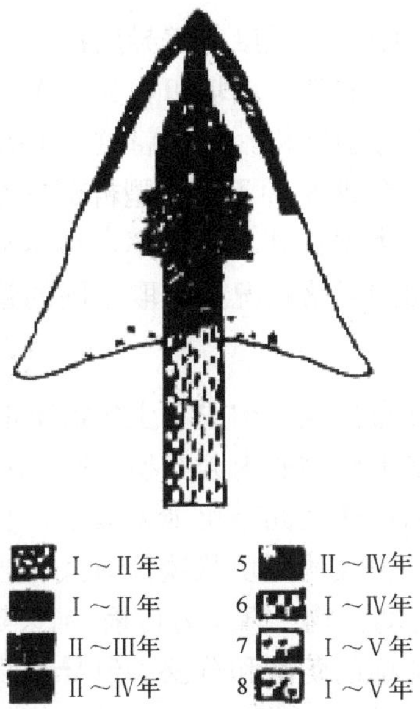

图 6-4　害虫在冷杉不同部位侵害和分布的序列(引自赵志模等，1990)

1. 云杉八齿小虫；2. 云杉小四眼小虫；3. 中穴星坑小虫；4. 小穴细小虫；5. 细小虫；6. 木栓梢小虫；7. 石杉虫象甲；8. 棘裂小虫

有的学者认为群落的垂直分布格局，还应包括陆生群落不同海拔和水体群落不同水域深度上分布的物种及数量。Whittaker(1967)对美国大烟山国家公园不同海拔梯度上的植被状况进行观察，发现从山谷到山脊每种食叶昆虫的数量分布，可用沿海拔梯度而变化的钟形曲线来表示。出现这种垂直分层的原因，除了不同高度上气候的差异外，主要是由于植被不同，食叶昆虫群落追随不同的食料而形成(图 6-5)。

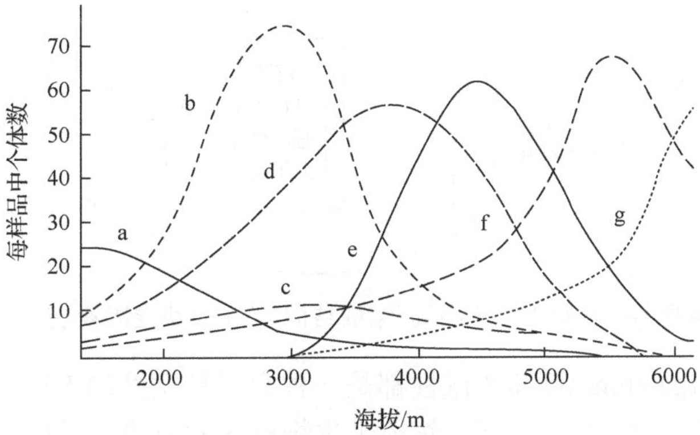

图 6-5　7 种食叶昆虫在中湿性生境中沿海拔的分布(仿 Whittaker，1967)

a. 叶蝉(*Graphocephala coccinea*)；b. 啮虫(*Caecilius* sp.)；c. 叶蝉(*Agalliobpsis novella*)；d. 啮虫(*Polypsocus corruptus*)；e. 花蚤(*Anaspis rufa*)；f. 叶蝉(*Cicadella flavoscuta*)；g. 宽头叶蝉(*Oncopsis* sp.)

Whittaker 同时观察到该公园从谷底到山脊随着高度梯度的变化，秋季景色有 5 种不同颜色的地带：①多色彩的小湾森林带；②深绿色的铁杉林带；③深红色的栎树林带；④红褐色的栎、石南植被；⑤山脊上浅绿色的松树林带。这种随高度梯度而变化的植被状况，主要由不同梯度土壤、阳光、湿度的差异所决定。如果我们将这 5 种植被带作为一个连续体看待，从山谷到山脊的整个山坡可视为一个大群落，那么这 5 种不同颜色的地带就相当于一个群落的垂直分层结构。如果将这 5 种地带加以比较，根据其优势种、环境条件等的差异，又可将它看成 5 种不同类型群落的垂直分化。后一种观点对于森林合理管理是有益的，因为每一类型在林木生长率、林木质量、恢复值及对自然灾害的抗性上都有差异，就可根据不同的群落状况，采取不同的管理措施。

2. 水平格局

根据群落中组成成员的分布情况，构成了生物群落的水平格局(horizontal pattern)。陆地群落的水平格局主要决定于植物的内分布型(图 6-6)。除人工林有可能出现均匀型分布外，生长在沙漠中的灌木因植株之间不可能太靠近，分布也比较不均匀，陆地群落大多数种类植物是成群分布的。植被的斑块状镶嵌方式相当重要，若种子成熟后直接栖落在母株周围，就会产生成簇的幼植物；靠风力传播(蒲公英种子)，或靠鸟兽传播(苍耳种子)的植物就可散布得很远；植株的荫蔽和分泌抑制异种物质，可以抑制其他植物的生长。此外，环境条件(土壤、地形、风、火等)、动物的选择性采食、掘土挖洞、践踏等也可以影响植物的分布，所有这些因素都可导致群落中植被在水平方向上出现复杂的镶嵌性(mosaicism)。

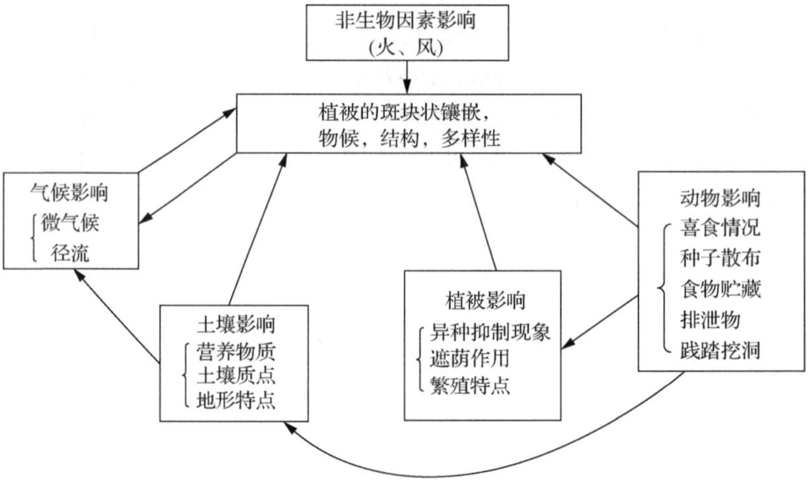

图 6-6　陆地群落中植被的水平格局(镶嵌结构)的主要决定因素(引自戈峰，2010)

植被的斑块性(patchiness)和镶嵌性都是一种空间异质性的表现，这对于群落的结构和演替有重要影响。从图 6-7 不同自然地带生物群落的组成、结构和动态特征来看，可以发现物理环境地带性变化引起生物群落多样性加大，丰富度增加。气候的严厉性和易变性增加，可使群落多样性减少和结构简单化。热带群落稳定的种间关系使群落相对稳定，温带和一些高纬度地带则由于气候及食物的多变，整个群落变得非常不稳定。在冻原、干草原或荒漠的群落中，由于环境较单纯，有时是单层性群落。因为生物性生存条件(敌害、寄生、竞争)的作用降低，而非生物性条件突出为首要的。

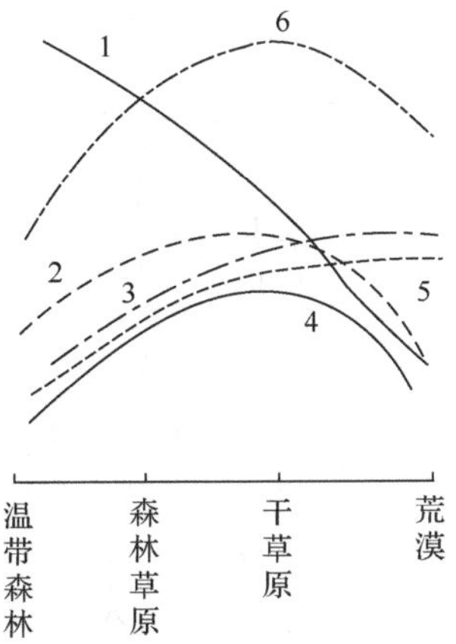

图 6-7　不同自然地带生物群落中动物特征变化(引自戈峰，2010)

1. 物种数目；2. 夜出性生活方式所占分量；3. 贮藏食物种类所占分量；4. 冬眠种类所占分量；5. 迁移种类所占分量；6. 数量易变性程度

(三)群落的时间格局

群落的时间格局是群落的动态特征之一。很多环境因素具有明显的时间节律(如昼夜节律、季节节律)，受这些因素的影响，群落结构表现出随时间而有明显变化的特征，称为群落的时间格局(temporal pattern)。

时间格局包括两方面内容：一是由自然环境因素的时间节律引起群落各物种在时间上相应的周期变化；二是群落在长期历史发展过程中，由一种群落类型转变为一种群落类型的顺序过程，即群落的发展演替。时间格局可分为以下两种。

(1)昼夜相

群落昼夜节律的例子很多，在农田中白天活动的昆虫有蝶类、蜂类和蝇类；夜间活动的有蛾类、螟蛾类。在森林中白天可看到多种鸟类，夜间则有猫头鹰和鼠类活动。物种活动时间的差异，使群落结构在白天和晚上有所不同。

(2)季节相

群落的季节性变化也很普遍，动物和植物都比较明显。在温带地区，群落变化主要受周年日照、温度条件的影响；在亚热带地区，则主要受周年内干季、湿季的交替影响；温带落叶阔叶林，在冬季树木光秃，草被枯黄，候鸟迁往南方，大多数变温动物进入休眠状态。秋冬群落与春夏群落相比较，群落面貌迥然不同。

五、群落成分沿环境梯度发生变化的 3 种假说

关于群落成分沿环境梯度发生变化的原因，1971 年 Terborgh 曾提出过 3 种假说(图 6-8)，也可说是物种沿环境梯度分布规律的 3 种假说，这 3 种假说对物种分布格局和群落成分沿环境梯度变化所做的预测是不相同的。

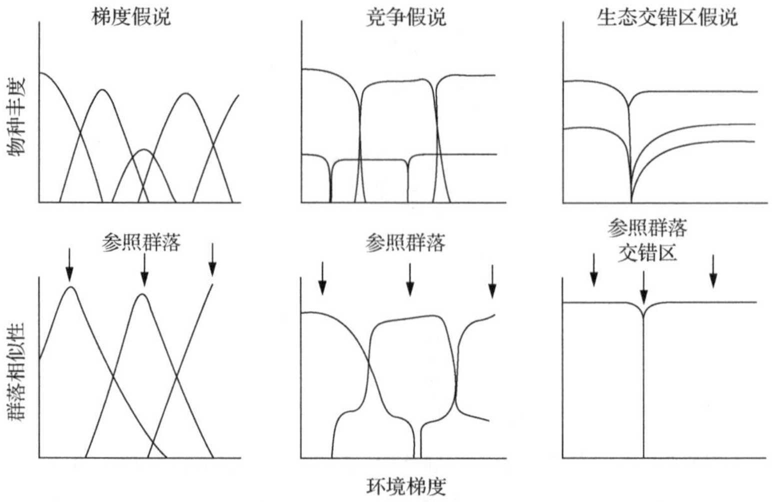

图 6-8　群落成分沿环境梯度发生变化的 3 种假说(引自田大伦，2008)

梯度假说：所有物种都是独立分布的，群落相似性是逐渐发生变化的。竞争假说：物种因竞争而会被突然替代，但突然性的程度因种而不同，所以群落相似性的变化有一定的渐变性(中等程度)。生态交错区假说：群落成分因环境的突然变化而急剧改变

1) 梯度假说(gradient hypothesis)：认为物种的分布界限决定于缓慢连续变化着的环境因素。同时，认为物种分布曲线是一典型的钟形曲线，群落相似性沿着环境梯度是均匀发生变化的。

2) 竞争假说(petition hypothesis)：认为物种的分布界限决定于物种间的竞争排除关系。同时，认为物种分布曲线将被平截，在平截处一个物种会取代另一物种，而相邻群落的相似性将均匀发生变化(如果在同一地区竞争排除现象不是很多)。

3) 生态交错区假说(ecotone hypothesis)：认为物种的分布决定于生境的不连续性，即决定于环境的突然变化。同时，认为物种分布曲线将在生态交错区处被平截，而且在生态交错区物种成分的变化将会引起群落相似性的不连续。

为了检验这 3 种假说，1971 年 Terborgh 在秘鲁研究了鸟类沿海拔梯度的分布。山高从 600～3600m，植被类型从低山雨林到高山草甸，不同植被类型之间的交界处代表着鸟类的生态交错区，而高度变化则表示一个连续变化的气候梯度。Terborgh 分析鸟类种类组成沿高度梯度所发生的变化(以每 10m 内鸟类群落成分变化的百分数为指标)，以便确定是否像生态交错区假说所预测的那样，存在急剧变化区(图 6-9)。除了在低地和山地雨林交界处鸟的种类略有减少外，鸟类群落成分沿海拔梯度所发生的变化基本上是连续的。这种变化特点表明生态交错区的存在产生了一定的影响。

另外，从图 6-10 可以看出，在一个很狭窄的高度范围内一种鸟类可以被另一种鸟类所取代。例如，灰顶窄嘴霸鹟(*Leptopogon superciliaris*)被印度窄嘴霸鹟(*L. taczanowskii*)所取代，铜绿侏霸鹟(*Pseudotriccus pelzelni*)被棕头侏霸鹟(*P. ruficeps*)所取代，而且这种情况常常是发生在近缘种之间(图 6-10)。这表明物种间的竞争排除作用是引起群落成分不同的主要原因。

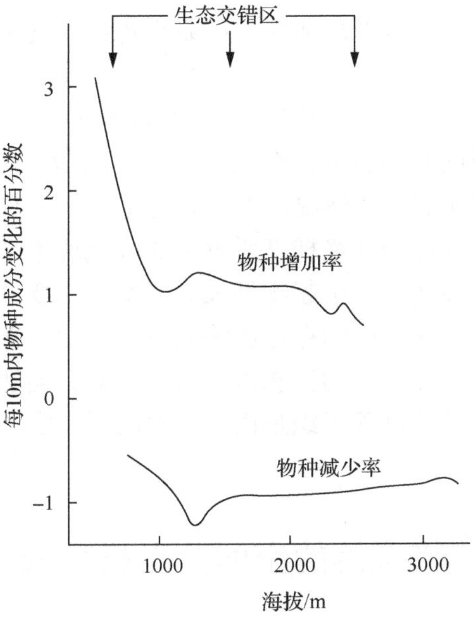

图 6-9 鸟类群落成分沿海拔梯度(具有 3 个生态交错区)所发生的变化(引自田大伦，2008)

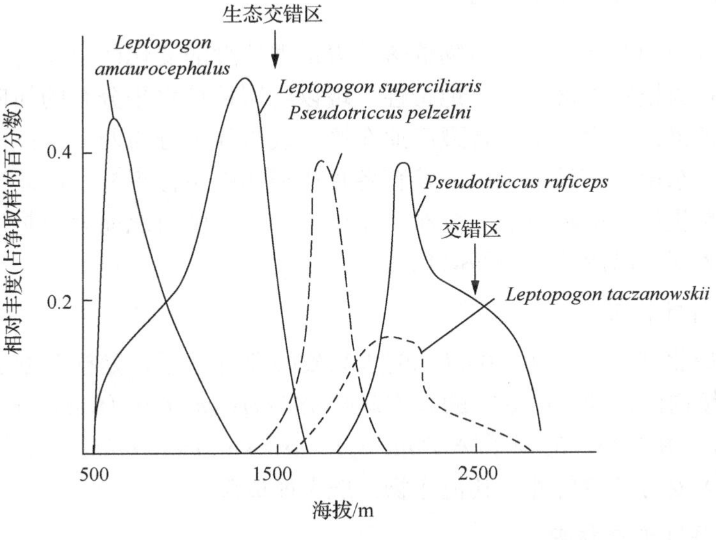

图 6-10 5 种鹟沿海拔梯度的分布(引自田大伦，2008)

其中，*L. superciliaris* 和 *L. taczanowskii*，以及 *P. pelzelni* 和 *P. ruficeps* 的分布决定于近缘种的竞争

根据以下 5 个标准可以把全部 261 种鸟类分布的上限和下限归因于 3 种假说之一，这 5 个判断标准是：①物种分布边界如不在取样高度范围之内则不予考虑，因为这种情况无法分析；②物种分布边界如果刚好是落在一个取样的 10m 范围之内，而且在这种取样带内包括一个生态交错区，那么这种分布就将归因于生态交错区假说；③如果一个物种的分布刚好终止于另一同属近缘物种的分布边界，这种分布模式则归因于竞争假说；④两个同属近缘物种的分布边界若同时落在一个生态交错区内，也将归因于部分假说，

因为在这些生态交错区内，尚未发现明显的区系变化；⑤其余的所有分布都归因于梯度假说。

在分析了全部 261 种鸟类的分布边界(包括上界和下界)后发现：其中有 43%的上界和 56%的下界与梯度假说的预测相符；有 28%的上界和 36%的下界可归因于竞争假说；符合生态交错区假说所预测的分布情况，上界只有 16%，下界只有 21%。

这项研究工作表明，物种沿环境梯度所发生的取代现象是由多种相互作用的因素所决定的。首先环境的渐近性变化是引起物种成分改变的主要原因。其次是物种间的竞争排除关系。相对说来，生态交错区的存在影响最小。因此，在任何一个地点，鸟类群落成分都是由很多复杂的、相互作用的生态机制所决定的。当然，其他因素(如捕食)也会有一定的影响。总之，鸟类的群落组织是由多种原因所决定的，而不会简单地只受一种因素所影响。

第二节　植物群落的空间分布格局及其变化动态

一、植物群落的水平分布格局

(一)植被水平分布的纬向变化

植被水平分布的纬向变化指植物群落随着地理纬度的变化而出现的有规律性的带状更替变化，又称为植物群落的纬度地带性。现以我国植被水平分布的纬向变化来说明。以大兴安岭—吕梁山—六盘山—青藏高原东缘一线将我国分为两个半部，即东南半部和西北半部。其中东南半部是季风区，发育各种类型的中生性森林；西北半部季风影响微弱，为无林的旱生性草原和荒漠所分布。东南半部森林区自北而南随热量的递增，明显地依次更替着太平洋沿岸系列(图 6-11a)。

1. 寒温带针叶林带

位于我国最北部——北纬 50°以北的大兴安岭北部地区，是横跨欧亚大陆北部的泰加林带在我国境内的延伸，由耐寒的兴安落叶松[*Larix gmelinii* (Rupr.) Kuzen]构成(寒温性落叶针叶林)，并有小片的樟子松(*Pinus sylvestris* var. *mongolica*)林。这一地带栽培植被除喜凉的春大麦与马铃薯外，其他作物一般不能成熟。

2. 温带针阔叶混交林带

在东北东部的小兴安岭和长白山地区，是泰加林向落叶阔叶林过渡的地段。这里主要是山地地形，对来自太平洋的海洋季风有致雨作用，降水相当丰富。在低山上分布着海洋性的针叶树种——红松(*Pinus koraiensis*)与多种落叶阔叶树混交的针阔叶混交林。在山麓与平原尚有蒙古栎(*Quercus mongolica*)林。栽培植被为一年一熟制的春麦与夏杂粮等。

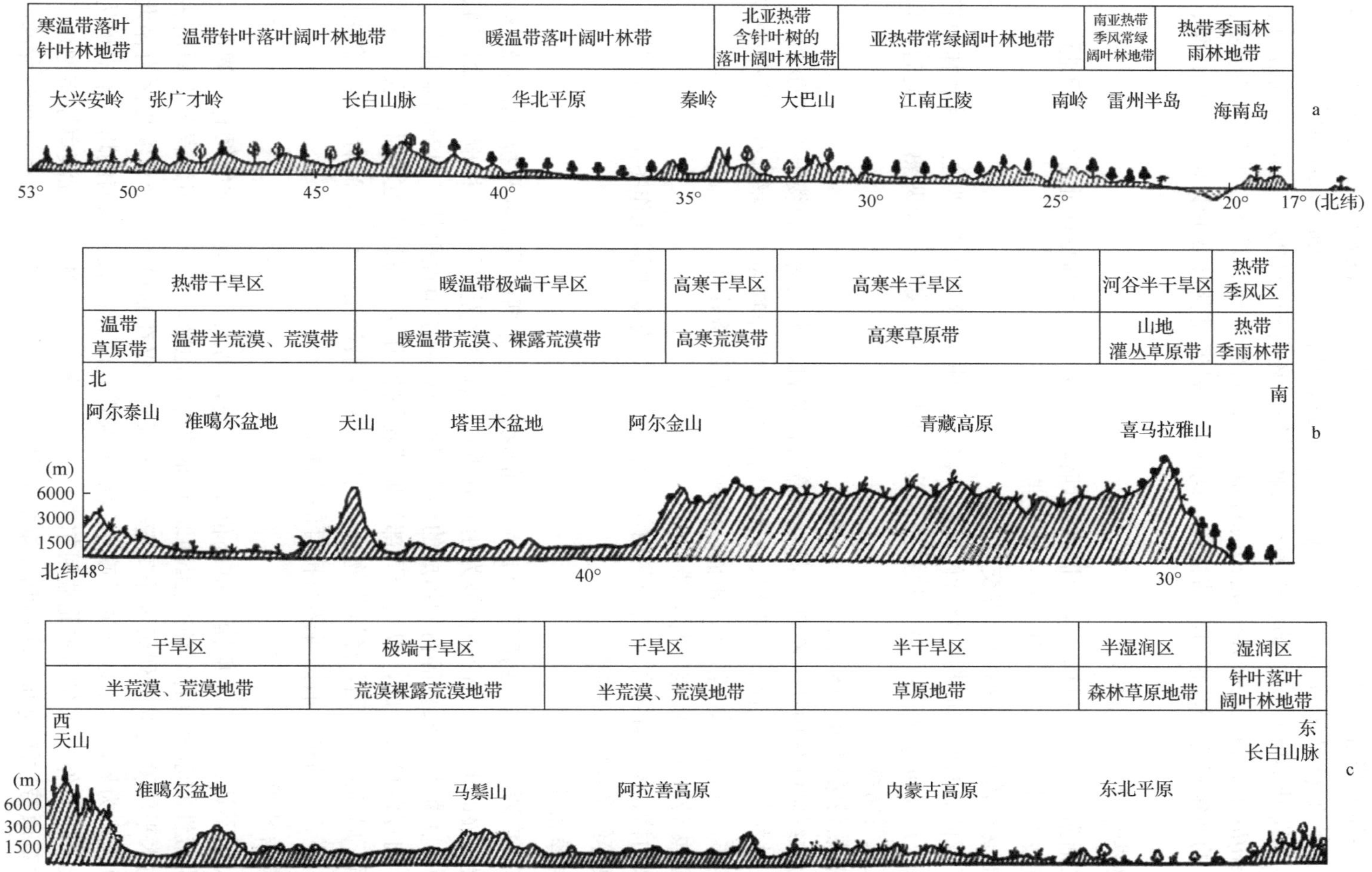

图6-11　中国植被水平变化示意图(引自吴征镒，1980)

a. 中国东半部自东北到华南(东经110°～120°)植被水平分布的纬向变化(示意图)；b. 中国西部(东经约89°)植被水平分布的纬向变化(示意图)；c. 中国温带(北纬42°)植被水平分布的经向变化(示意图)

3. 暖温带落叶阔叶林带

在辽东半岛与华北地区是由多种落叶栎类如辽东栎(*Quercus liaotungensis*)、槲栎(*Q. aliena*)、槲树(*Q. dentata*)、栓皮栎(*Q. variabilis*)、麻栎(*Q. acutissima*)与以其他落叶阔叶树为主的落叶阔叶林组成地带性原生森林植被，还有油松(*Pinus tabulaeformis*)、赤松(*P. densiflora*)、侧柏(*Platycladus orientalis*)的温性针叶林。栽培植被是以冬小麦、玉米等为主的两年三熟制，也可种植棉花。同时，也是温带落叶阔叶果树如苹果、梨、桃等的主要产区。

4. 亚热带常绿阔叶林带

本带包括秦岭—淮河以南，南岭以北的西南、华中、华东与华南北部的辽阔地区。依地带性植被性质可分为北、中、南三个亚带。

(1)北亚热带落叶、常绿阔叶混交林亚带

以含有青冈等常绿阔叶树的落叶阔叶林(麻栎、白栎、栓皮栎等)为主，针叶林则有马尾松(*Pinus massoniana*)林。栽培植被主要为夏水稻、冬小麦的一年两熟制；同时，有枇杷、无花果等常绿果树。

(2)中亚热带常绿阔叶林亚带

典型的常绿阔叶林由栲、石栎、青冈和樟科、茶科、木兰科、金缕梅科等的树种所构成。针叶林树种有马尾松、云南松、杉木、柏木等。农作物为双季稻连作喜凉作物或一年三熟旱作，并盛产茶、油茶、柑橘、油桐等亚热带经济作物。

(3)南亚热带季风常绿阔叶林亚带

在常绿的栲、樟类林内伴生有热带树种。农作物主要为双季稻连作冬番薯，产甘蔗、荔枝、龙眼等经济作物与果树。

5. 热带季雨林、雨林带

在广东、广西、云南、台湾等省(自治区)的南部，并包括西藏东喜马拉雅南坡地区。由于存在较明显的干季，地带性植被为由龙脑香科、楝科、无患子科、梧桐科、漆树科、柿科、豆科、大戟科、桑科等树种组成的半常绿季雨林或季节性雨林。潮湿的雨林多由龙脑香科、肉豆蔻科等组成，仅见于局部低地或湿润的山谷。海边有红树林。农作物主要为双季稻，局部为三季稻，经济作物与果树除与南亚热带相同者外，尚有香茅、剑麻、巴西橡胶、椰子、咖啡、油棕等热带特有的种类。

6. 赤道雨林带

我国大陆不达赤道带，但南沙群岛位于此带内，岛上有珊瑚岛常绿矮林与灌丛，而不发育地带性的赤道雨林。在我国西北半部的内陆地区，由于南部为青藏高原所占据，植被的水平纬度地带系列表现不完整(图 6-11b)。仅在新疆的温带荒漠地区有南北分异——以天山为界，天山以北的准噶尔盆地为温带荒漠带；天山以南的塔里木盆地为暖温带荒漠带。另外，在准噶尔北端阿尔泰山南麓，还有一条狭窄的荒漠草原带通过。再向北，由草原带过渡到苏联西伯利亚泰加林带；在西藏阿里的西南部有亚热带荒漠的山地类型。

（二）植被水平分布的经向变化

植被水平分布的经向变化指植物群落从沿海向内陆方向随着地理经度的变化而出现的带状有规律的更替变化，又称为植物群落的经度地带性。现以我国植被水平分布的经向变化来说明。我国东面濒临太平洋，太平洋是水汽的主要来源，夏季东南季风的强弱决定着降水的多少。因此，从东南向西北，距海越远，东南季风力量越弱，降水越少。这样，植被就按东南—西北近乎经度的方向更替。

大致在昆仑山—秦岭—淮河一线以北的温带和暖温带地区，从东到西和从东南到西北，即从沿海的湿润、半湿润区到内陆的干旱区，植被依次更替：落叶阔叶林或针阔叶混交林—草原（草甸草原—典型草原—荒漠草原）—荒漠（草原化荒漠—典型荒漠）（图6-11c）。

1. 温带针阔叶混交林或暖温带落叶阔叶林地区

如前所述，在东北东部湿润的山地，年降水量可达600mm以上，干燥度<1，分布着红松阔叶混交林和蒙古栎及其他阔叶杂木林。暖温带的华北，地带性植被为多种落叶栎类林与油松林。

2. 温带草原地区

在东北平原西部、内蒙古高原及南部的黄土高原上，较少受海洋季风的湿润影响，却受到蒙古—西伯利亚反气旋的强烈影响，气候大陆性增强。年降水量在500mm以内，在西部甚至不足200mm，干燥度由1～4。这里的地带性植被是以旱生密丛禾草，主要是针茅属为建群种的草原。这一草原是通过蒙古国进入我国北方的广阔欧亚温带草原地带的东半部。在草原地区内由东向西随着干燥度的递增，表现出由森林区向荒漠区过渡的草原地带系列：森林草甸草原—典型草原—荒漠草原。

（1）森林草甸草原带

在针阔叶混交林地区以西的东北平原北、东部，年降水量350～550mm，干燥度1～1.5的黑钙土地区，分布着富含中生、中旱生杂类草的贝加尔针茅（*Stipa baicalensis*）草甸草原与羊草（*Aneurolepidium chinense*）草甸草原，在阴坡与沙地上有片状的森林（樟子松林）。此外，内蒙古高原与华北山地交界处及黄土高原的东南缘也有一条较狭窄的森林草原过渡带。

（2）典型草原带

在草原地区的中部，包括内蒙古高原、鄂尔多斯高原与黄土高原的中部，降水量250～400mm，干燥度1.5～2.5的栗钙土地区，地带性植被是几种针茅（*Stipa grandis*、*S. krylovii*、*S. bungeana*、*S. breviflora* 等）构成的典型草原。

（3）荒漠草原带

在典型草原带的西北部，年降水量在250mm以下，干燥度为2.5～4.0的地区，为草原向荒漠的过渡带。典型的植被为旱生性较强的小针茅（*Stipa glareosa*、*S. gobica*、*S. breviflora* 等）与小半灌木[冷蒿（*Artemisia frigida*）、旱蒿（*A. xerophytica*）、灌木亚菊（*Ajania fruticulosa*）等]层片构成的荒漠草原。

3. 温带与暖温带荒漠地区

草原地区以西，进入亚洲大陆最干旱的腹地——中亚荒漠区。在我国境内为其东部，包括阿拉善高平原、河西走廊、北山戈壁、东准噶尔（诺敏）戈壁与准噶尔盆地，以上属温带荒漠带。天山以南的东疆盆地与哈顺戈壁，以及亚洲最辽阔的一片沙漠区——塔里木盆地以上属暖温带荒漠带。青藏高原东北部低陷的柴达木高盆地也与荒漠区连成一带。从东到西按水分状况引起的植被分异可分为下列三段。

(1) 东阿拉善—西鄂尔多斯草原化荒漠

这是从草原到荒漠区的过渡带，年降水量可高达 200mm，干燥度 4～5，具有一系列特有的草原化荒漠植被类型，如沙冬青（*Ammopiptanthus mongolicus*）、绵刺（*Potaninia mongolica*）、油柴（*Tetraena mongolica*）、毛刺锦鸡儿（*Caragana tibetica*）等草原化荒漠灌木群系。

(2) 中亚东部荒漠

由阿拉善西部、河西走廊经北山戈壁与哈顺戈壁向西进入塔里木盆地，是极端干旱的中亚荒漠核心地带。这里的年降水量在 100mm 以下，个别地区不足 10mm，大沙漠内部甚至终年无雨。干燥度一般超过 12，甚至高达 60 以上。地带性的荒漠植被是超旱生的灌木和半灌木[泡泡刺（*Nitraria sphaerocarpa*）、霸王（*Zygophyllum xanthoxylon*）、膜果麻黄（*Ephedra przewalskii*）、沙拐枣（*Calligonum mongolicum*）、合头草（*Sympegma regelii*）、戈壁藜（*Iljinia regelii*）、红砂（*Reaumuria soongorica*）、珍珠猪毛菜（*Salsola passerina*）等]与低矮的梭梭（*Haloxylon ammodendron*）组成的稀疏荒漠，种类组成十分贫乏，盖度常在10%以下，并出现大片光裸无植被的流沙、砾石戈壁、风蚀雅丹、石质残丘与盐滩。仅在有潜水补给的低地与荒漠河流沿岸分布有带状的绿色荒漠河岸林、灌丛与草甸植被。

(3) 中亚西部荒漠

天山北麓的准噶尔盆地由于多少受到西北气流的作用，气候稍湿，年降水量可达150mm，干燥度一般在 4～8，冬春雨雪稍多，具有中亚西部气候的特点。盆地中出现了较为多样的属于中亚西部的半灌木与小乔木荒漠植被类型，如白琐琐（*Haloxylon persicum*）、多种沙拐枣（*Calligonum* spp.）的沙漠植被，以及蒿类（*Artemisia*）旱蒿（*Seriphidium*）亚属的荒漠植被与多种盐柴类半灌木等，并有中亚广布的琐琐（*Haloxylon ammodendron*）与红砂（*Reaumuria soongorica*）荒漠。荒漠群落中常有春雨型短生植物与类短生植物加入，形成春季的层片，与中亚东部荒漠差异显著。

在我国南部的亚热带和热带森林区域，植被的经向差异远不如北方的显著，但在同一植被类型内，仍有东西部的不同，在东部亚热带，降水量较多（1000～1800mm），旱季不明显，具有偏湿性的常绿阔叶林，以青冈栎（*Cyclobalanopsis glauca*）、甜槠（*Castanopsis eyrei*）、苦槠（*C. sclerophylla*）、石栎等为主，山地出现喜湿的水青冈；西部亚热带（云南高原）降水量较少（800～1000mm），干湿季分明，具有偏干性的常绿阔叶林，由较耐旱的滇青冈（*Cyclobalanopsis glaucoides*）、高山栲（*Castanopsis delavayi*）、石栎等构成，含有较耐旱的木荷。

热带东部以半常绿季雨林为主，局部湿润生境有湿润雨林；热带西部（云南南部）则为偏干性的半常绿季雨林与季节性雨林。

(三)植物群落水平分布的特点

1. 自然植被的分布特点

1) 蒙古—西伯利亚高压反气旋对我国植被地理分布的影响是十分巨大的。首先，使耐寒旱的草原植被向东南方向扩展，达到欧亚草原区的最南界限——北纬 35°左右，并迫使华北暖温带落叶阔叶林向西往大陆内部伸展不远迅速尖灭，森林北限被逼向东南方向退却，树种组成的性质也偏向于旱性，而不如西欧落叶阔叶林那样伸入大陆很远，并且秉性湿润。其次，由于我国东部地区缺乏高大山系的阻隔，冬半年来自蒙古—西伯利亚高压反气旋的冷气——寒潮得以向南流泻，侵入低纬度地区，给亚热带和热带北缘带来较干冷的冬季，使亚热带常绿阔叶林和季雨林出现一定数量的落叶成分。最后，热带植被的北界也被向南推挤，退到北回归线以南的南海沿岸一线。

2) 由于青藏高原隆起后，夏季在赤道以南印度洋产生的强大而湿热的西南季风，越过赤道冲向印度半岛，受东喜马拉雅山和横断山脉的阻挡，产生大量降雨，为热带雨林的发育创造了条件。另外，由于青藏高原的屏障，北方的寒潮不能到达藏南，我国西部地区的云南南部和西藏南部的东喜马拉雅山地，热带山地植被向北推进得很远，几乎到达北纬 29°，是热带森林分布的最北限。那里，沿雅鲁藏布江下游——布拉马普特拉河谷地和低山分布的热带雨林和季节性雨林，可向北伸展到墨脱附近的东喜马拉雅山南坡，山地海拔 1100m 处，约在北纬 28°40′，这应该是热带雨林分布的最北限。

3) 东南季风是我国绝大部分地区降水的主要来源。我国亚热带地区面积广阔(北美亚热带地区则面积很小，大部分为海洋——墨西哥湾)，夏季在强盛东南季风的影响下，炎热多雨，因而发育了广阔的湿润亚热带常绿阔叶林。这一常绿阔叶林带还有一些西北—东南河谷，如甘南白龙江、陕西南部汉水等向西北伸展很远。而在欧亚大陆的其他同纬度，如北非、西亚、地中海沿岸等地，则为亚热带荒漠和稀树草原，或夏干冬湿的地中海常绿林和灌丛，东西形成鲜明对比。

2. 栽培植被的分布特点

我国栽培植被具有明显的水平地带性分布规律，主要表现出两个特点。

(1) 由于热量条件的不同，农业的熟制与其主要栽培作物的分布呈规律性的变化

我国寒温带冬季严寒而漫长，无霜期短，只有耐寒的马铃薯、春小麦、春大麦、甘蓝等作物，全为一年一熟，马铃薯的产量很高，甘蓝的质量很好，玉米、高粱、大豆只长茎叶，不能正常开花结实。寒温带基本无果树的栽培，桃、李、杏均不能结果。

温带也只能一年一熟，但作物品种增多，除有寒温带栽培的作物外，尚有糖甜菜和亚麻，在有积雪的条件下，可以种植冬小麦，此外尚有早熟的春大豆、春豌豆、夏玉米、夏高粱及谷子、黍等作物。耐寒品种如小苹果、秋子梨、杏、李等已能栽培。我国西部的温带荒漠区如准噶尔盆地、河西走廊几乎全为绿洲灌溉农业，除普遍栽培的春小麦、冬小麦、玉米外，尚有糜子、谷子、燕麦、胡麻等作物，早熟种的棉花也有栽培，天山

北麓的玛纳斯棉区便是中华人民共和国成立后新发展的我国纬度最高的棉区。

暖温带大部实行以冬小麦、玉米、番薯、高粱、大豆等作物为主的二年三熟制，在灌溉条件较好的地区实行冬小麦—晚玉米(或夏大豆、夏番薯、夏谷子)一年二熟；水田盛行春稻或夏稻一年一熟，但南部已开始有稻麦两熟。棉花、花生、烟草为主要的经济作物，面积居全国第一位。暖温带是我国落叶果类的主要产区，尤以苹果、梨、葡萄、桃、杏、李、柿、核桃、板栗等为大宗，由于秋季昼夜温差大，有利于水果成熟期间的糖分积累和着色，因而苹果、梨、葡萄等水果的品质均甚优良。

暖温带西部的塔里木盆地荒漠内均系绿洲农业，按其热量条件可以实行一年两熟，但由于水肥和管理条件的限制，基本上以一年一熟与二年三熟为主，农作物中玉米比重高于天山北面的准噶尔盆地，小麦比重则低于准噶尔盆地，棉花在经济作物中有重要地位，并可种植一部分早熟与中熟细绒棉，为我国目前最主要的细绒棉产区。果树的种类很多，苹果、桃、杏、核桃等能自然越冬，喀什—和田一带有些年份葡萄不埋土也可以安全越冬，还有无花果、石榴、桑树的栽培，由于干旱，热量丰富，昼夜温差大，人工灌溉，瓜果品味皆佳，运往国内外的新疆葡萄、甜瓜等均是这一带的特产。

在秦岭—淮河以南广大的亚热带范围内，稻麦两熟居优势地位，以双季稻为主的三熟制由北而南逐渐增加，与双季稻搭配的品种也由大麦、油菜、蚕豆(北亚热带)逐步转为冬小麦、油菜(中亚热带)、冬番薯或冬大豆(南亚热带)，但云贵高原因夏季气温不高，双季稻仅在部分低海拔的盆地与河谷种植。重要的经济作物有棉花、麻类、油菜、花生、甘蔗、烟草等，其中棉花、花生多与麦类、蚕豆、豌豆等作物构成一年两熟。中亚热带与南亚热带是我国甘蔗的主要种植区，在南亚热带范围内，甘蔗可以开花但种子不能成熟，主要依靠宿根越冬，而北部的其他省区则不仅不能开花结籽，宿根年限还短，甚至无宿根蔗。由于生境条件的改变，在北方是一年生的草本作物——辣椒可以越冬长成多年生灌木，蓖麻可长成小乔木，局部环境有利的地方还分别种有八角茴香、肉桂、蒲葵等。

我国的各种常绿果类也自北亚热带和中亚热带开始有成片的分布，主要是柑、橘、金橘、柚、枇杷、杨梅等；至南亚热带不仅柑橘类生长良好，还以盛产荔枝、龙眼、黄皮、杧果、香蕉、阳桃、凤梨、番木瓜、番荔枝等果类而著称。整个亚热带又是我国的桑、茶、油茶、油桐、油橄榄、棕榈、漆、乌桕等经济林的主要分布区。

我国热带地区的海南岛、云南南部和台湾南部水稻可以一年三熟，番薯四熟，但实际上多熟制的发展受到劳动力不足和肥料的限制，仍以双季稻和多种形式的三熟制为主。海南岛南部、台湾台南、云南的西双版纳等地区，甘蔗能正常开花结籽，为我国甘蔗杂交育种的基地。

热带范围内除有南亚热带的各种果树和经济作物外，还有许多重要的热带果木与经济作物，如椰子、波罗蜜、橡胶树、油棕、腰果、咖啡、可可、槟榔、胡椒、龙舌兰、剑麻等。波罗蜜一年可二花二果，香茅在热带南部一年可收割 6 次。

(2) 由于降水的差异，栽培植被的水旱作物组合南北有显著不同

我国栽培植被中 3/4 为旱地作物，1/4 以水稻为主，水旱作物虽交错分布全国各地，但由于水分的差异，其分布仍为一定的规律。秦岭—淮河以北地区年降水不足 800mm。自淮北向西直至甘肃、新疆，降水量由 700mm 减至 100mm 以下，季节分配也不均衡，全年 60%～70%的降水集中在夏季，虽东北与华北平原有发达的水系，但河流洪枯流量变化大，农业用水保证率较低，成为我国主要的旱作区，甘肃、河西走廊与新疆南北河流主要靠高山冰雪补给，水田农业受到限制，也以旱作为主。因此，秦岭—淮河以北的旱地作物约占全国的 85%，南方丘陵低山地区旱地作物仅占全国 15%。但云贵高原旱地比例占耕地一半以上，与山区地貌条件直接相联系。

秦岭—淮河线以南，深受海洋季风影响，年平均降水量在 800mm 以上，局部地区超过 2000mm，高温与雨季配合密切，有利于水稻生长，加之河流湖泊众多，灌溉方便，劳动力充裕，为发展水田农业提供了有利条件，因而集中了全国 93%的以水稻为主的栽培植被。其余的 7%则广布于寒温带至暖温带的范围内，与当地水源条件相结合，呈星点状分布。

水旱作物的分布不但有如上述南北间的差异，而且东西之间也有显著不同，总的特点是我国东南与南部夏季以水稻作物居优势，向西北旱地作物比例上升，至温带与暖温带荒漠则以旱地作物占绝对优势，水稻仅在局部大河中下游洼地与冲积、洪积扇缘泉水出露带有所分布。

二、植物群落的垂直分布格局

植物群落的垂直分布格局是指某一特定地区植物群落随着海拔梯度的变化而呈现的规律性的垂直梯度变化状况。通常表现为山体的植被垂直带系列(谱)变化。严格来说，每一个山体都具有它自己特有的植被垂直带系列(谱)，因为山地植被垂直带谱的结构和每一垂直带的群落组合，一方面受该山所在的水平地带的制约(山地植被垂直带从属于植被水平地带)；另一方面也受山体高度、山脉走向、坡向、山坡在山地中的位置、地形、基质和局部气候(如逆温层的存在)等的影响。但是，位于同一水平植被地带中的山地，其垂直带结构总是比较近似的，可以将它们列入同一类型。下面以我国山地植被的垂直分布为例来说明植物群落的垂直分布特征。

(一)我国湿润区山地植被垂直分布格局与特点

在我国东部受季风环流作用的海洋性地区，山地植被以各种垂直替代的森林植被类型占优势，其高山植被则由低温—中生的灌丛、草甸或冻原类型所构成。但山地植被垂直带谱取决于纬度地带并分为下列类型(图 6-12)。

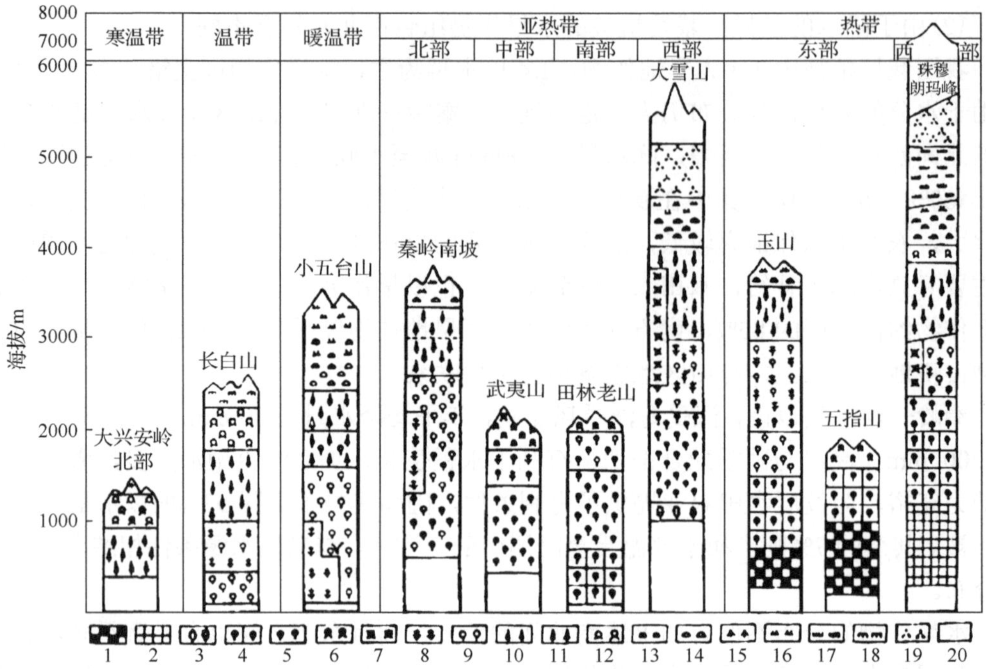

图 6-12　中国湿润区各纬度地带的山地植被垂直带谱(引自吴征镒，1980)

1. 季雨林、雨林；2. 季雨林；3. 肉质多刺灌丛；4. 季风常绿阔叶林；5. 常绿阔叶林；6. 常绿阔叶苔藓矮林；7. 硬叶常绿阔叶林；8. 温性针叶林；9. 落叶阔叶林；10. 寒温性常绿针叶林；11. 寒温性落叶针叶林；12. 矮曲林；13. 亚高山常绿革叶灌丛；14. 亚高山落叶阔叶灌丛；15. 常绿针叶灌丛；16. 亚高山草甸；17. 高山嵩草草甸；18. 高山冻原；19. 亚冰雪稀疏植被；20. 高山冰雪带

1. 分布格局

(1)湿润寒温带山地植被垂直分布格局

以大兴安岭北部山地为代表，位于北纬 50°～53°，最高的奥科里堆山(1530m)，自下而上，其带谱结构为：山地寒温性针叶林带—(山地寒温性针叶疏林带)—亚高山矮曲林带。由于该山高度不够，顶峰没有出现高山植被。

(2)湿润温带山地植被垂直带谱

包括东北东部的小兴安岭、张广才岭、老爷岭、长白山等。但只有长白山海拔达 2691m，具有较完整的带谱：山地针阔叶混交林带—山地寒温性针叶林带—亚高山矮曲林带—高山冻原带。

(3)湿润暖温带山地植被垂直带谱

包括华北的燕山、太行山、五台山等中等高度的山地，秦岭北坡已处于本带的南缘，具有向亚热带山地过渡的性质。典型的带谱结构为：山地落叶阔叶林带(以落叶栎类为主，或有油松、侧柏林)—山地针阔叶混交林带—山地寒温性针叶林带—亚高山灌丛、草甸带。由于纬度偏南，高山植被已不出现冻原植被类型。在秦岭北坡的落叶阔叶林内则有常绿灌木加入，显示了向亚热带山地过渡的特征。

(4)湿润亚热带山地植被垂直带谱

包括秦岭以南直至广东沿海的山地。东部气候较湿润，旱季不太明显，但山地一般不高，通常缺乏典型的高山、亚高山植被，而为“山顶效应”造成的矮林或灌丛所代替。其一般的带谱结构为：常绿阔叶林带(南亚热带山地的基带则为季风常绿阔叶林带)—山地常绿落叶阔叶混交林带或山地常绿针阔叶混交林带—山顶常绿矮林或山顶常绿灌木草丛。由于山体较低矮，一般缺乏山地寒温性针叶林带，但只要是较高的山地，如湖北神农架(海拔3052m)，山地上部仍会出现由冷杉组成的寒温性针叶林带。

西部亚热带山地，旱季较显著，且河谷常受干热焚风的影响，其植被垂直带谱类型与东部稍有差别，由下至上为：干热河谷肉质多刺灌丛和稀树草原带—山地常绿阔叶林(青冈、栲类)带—山地针叶、常绿落叶阔叶混交林带[其中有硬叶常绿阔叶(高山栎类)林加入]—山地寒温性针叶林带—亚高山常绿草叶(杜鹃)灌丛与草甸带—高山草甸带—高山(亚冰雪)稀疏植被(流石滩和碎石滩植被)带—高山冰雪带。

(5)湿润北热带山地植被垂直带谱

我国缺乏典型的热带高山。喜马拉雅山、滇南的横断山和台湾的玉山等较高大的山系坐落在热带的北缘，具有向亚热带过渡的性质；而海南岛的五指山虽位于北热带内，但过于低矮，尚不足2000m，山地植被的垂直分异不明显。

东部的玉山具有下列带谱：季雨林带—山地常绿阔叶林带—山地常绿落叶阔叶混交林与针阔叶混交林带—山地寒温性针叶林带(台湾云杉与台湾冷杉)—亚高山杜鹃灌丛、草甸(禾草、杂类草)带。

五指山的带谱不完整，由下至上为：季节雨林与落叶季雨林带—山地雨林带—山地季风常绿阔叶林带—山顶常绿阔叶苔藓林带。

我国热带西部干湿季分明，山地植被带谱的结构与东部区虽然大致相同，但组成森林的树种有很大区别。以东喜马拉雅山南坡(墨脱)为例，其带谱结构为：低山雨林与季节雨林带—山地常绿阔叶林带—山地针阔叶(常绿与落叶)混交林带—山地寒温性针叶林带—亚高山灌丛、草甸带—高山稀疏植被带—高山冰雪带。中喜马拉雅山(樟木附近)旱季延长，山地基带已为旱季落叶的季雨林所代替，其上部的垂直带仍同东喜马拉雅山南坡(墨脱)一致。

2. 分布特点

根据上述我国湿润区的山地植被带谱结构和性质，有以下特点。

1)由于受到海洋性季风的影响，我国湿润区的山地植被垂直带谱一般具有中生的性质(西部干热河谷因焚风而引起的旱生植被除外)，在带谱中各类森林植被占有优势，高山植被也以低温—中生的灌丛与草甸植被为代表。

2)山地植被垂直带谱的系列特点取决于山地所处的纬度或水平植被带，一般以所在水平植被带为山地垂直带谱的基带，分布于山麓与低山。带谱的结构从北向南趋于复杂，层次增多。例如，寒温带的大兴安岭山地植被带谱仅由2～3个垂直带构成；温带山地则增加到4～5带；在具有完整垂直带谱的热带高山则可多达6～7带。

3)山地植被垂直带谱的各个垂直带的海拔位置随纬度带由北向南而相应升高。例如，山地寒温性针叶林带在寒温带上限不超过 1000m；在温带山地则分布在 1100～1800m；暖温带山地，北部 2000～2600m，南部 2600～3500m；亚热带山地为 3000～4200m；热带山地 2800～3800（4000）m。其他森林带的分布也有类似的规律性。与此相应，各纬度带的山地植被基带在其以南的纬度植被带系列的山地植被带谱中位置向南依次升高。例如，寒温性针叶林带是寒温带的基带，在温带、亚热带和热带山地则为上部的垂直带；落叶阔叶林带是温带的基带，在亚热带则上升为第二垂直带；常绿阔叶林带是亚热带的基带，在热带山地则为处在雨林或季雨林带以上的垂直带。

4）每一个纬度地带的山地植被垂直带谱中，都具有本地带特有的山地植被类型，反映出水平气候地带的特征。例如，小灌木—藓类冻原带出现于温带及以北山地的山顶；常绿革叶灌丛则出现于暖温带以南各地带的亚高山带。寒温性针叶林带的组成，在寒温带、温带山地为北温带山地成分；在亚热带、热带山地则有大量南方的常绿成分加入。针阔叶混交林带在温带山地为温性针叶树与落叶阔叶树所组成；在亚热带、热带山地则为暖热性针叶树与常绿阔叶树所组成。又如，硬叶常绿阔叶林是旱季显著的西部亚热带、热带山地特有的山地植被类型，而在东部山地缺乏。

5）在旱季显著的温带和西部亚热带及热带山地，同一垂直带内阴坡与阳坡的森林植被类型有较大差别：阳坡的森林由较耐旱的树种组成；阴坡由为耐阴树种组成。而在较湿润和旱季不明显的山地，阴阳坡的森林类型差别不大。

（二）我国干旱区山地植被垂直分布格局与特点

在我国西北部内陆，受大陆性高压气团控制的干旱草原和荒漠区域，其山地植被具有不同于湿润海洋性地区植被垂直带谱的结构和性质。森林植被在干旱地区的山地植被带谱中通常退居于次要地位，甚至全然消失，而以旱生的草原或荒漠植被占据主要地位，即使在高山植被中也带有明显的干旱气候的烙印。

1. 分布格局

在我国温带和暖温带地区随着植被的大陆性和旱生程度由东向西加强，大致可划分为下列几种山地植被垂直带谱类型（图 6-13）。

（1）森林草原和草原带（半湿润和半干旱）山地植被垂直带谱

以大兴安岭中段东南坡为代表，该地处于森林草原到草原带的过渡带，其典型的垂直带谱结构为：含落叶灌丛的禾草、杂类草草甸草原带—山地落叶阔叶（栎类）林或温性针叶林（油松、侧柏等）带—山地寒温性针叶林（落叶松、云杉和次生的桦木林等）带—亚高山灌丛、草甸带。可见，其基带为草原类型，但山地气候较湿润，仍以森林植被占优势。

（2）荒漠草原带（半干旱）山地植被垂直带谱

宁夏的贺兰山与新疆北部的阿尔泰山等山，垂直带谱结构为：荒漠草原或典型草原带—山地寒温性或温性针叶林、草原带（阴坡为针叶林，阳坡为山地草原，有时有局部的落叶阔叶林）—亚高山灌丛草甸带—高山嵩草草甸带。在阿尔泰山，高山嵩草草甸带以上还有山地冻原带。这一带谱类型与前一类型的主要区别为：基带的旱生性加强，落叶阔叶林带消失或极为局限，山地针叶林与草原相结合，按阴阳坡分布，构成森林草原景观。

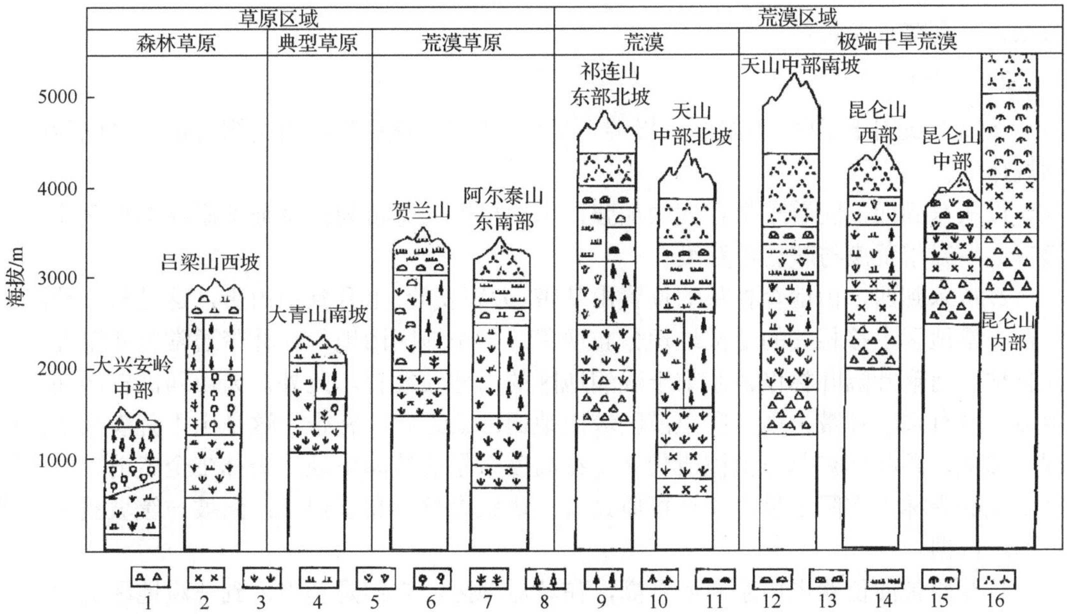

图 6-13 中国干旱区各地带的山地植被垂直带谱(引自吴征镒，1980)

1. 盐柴类半灌木荒漠；2. 蒿类荒漠；3. 禾草草原；4. 山地草甸；5. 高寒草原；6. 落叶阔叶林；7. 温性针叶林；8. 寒温性落叶针叶林；9. 寒温性常绿针叶林； 10. 常绿针叶灌丛；11. 亚高山常绿革叶灌丛；12. 落叶阔叶灌丛；13. 高山垫状植被；14. 高山嵩草草甸；15. 高寒荒漠；16. 亚冰雪稀疏植被

(3)温带荒漠带(干旱)山地植被垂直带谱

以祁连山北坡与天山北坡为代表，由于山体高大，山顶出现冰川积雪带。由于承受一定海洋气流(祁连山为东南季风、天山为西北湿气流)的影响，中山带较湿润，可出现针叶林带，但低山十分干旱，荒漠性强。典型的垂直带谱结构为：山地荒漠带—山地草原带(由下至上尚可分为：荒漠草原、典型草原、草甸草原三个亚带)—山地寒温性针叶林(阴坡)与山地草原(阳坡)相结合的森林草原带—亚高山灌丛草甸带—高山嵩草草甸与垫状植被带—(高山冰雪)稀疏植被(流石滩和碎石滩植被)带—高山冰雪带。

(4)暖温带荒漠(极端干旱)山地植被垂直带谱

分布于天山南坡和昆仑山北坡，由于处在最干旱的内陆核心，极少受到湿气流的影响，山地降水十分稀少，山地森林垂直带完全消失(仅在天山南坡和西昆仑山的局部峡谷山坡上呈小片分布)。山地植被全为旱生的草原或荒漠植被所占据，甚至高山植被表现出强度旱生的特征，缺乏中生的灌丛和草甸植被，代之以特殊的耐寒旱的高寒草原或高寒荒漠植被。山地草原和荒漠上升得很高，直达中山带和亚高山带，而与高寒的草原荒漠带相接，垂直带谱结构极度简化和贫乏。

天山南坡具有以草原占优势的垂直带谱，由下至上为：山地荒漠带(在强度石质化山上的盐柴类半灌木荒漠)—山地草原带(局部峡谷阴坡有小片森林—寒温性针叶林)—高山草原化草甸和垫状植被带，在山地内部则为高寒草原带—高山稀疏植被带—高山冰雪带。昆仑山与阿尔金山北坡是强度荒漠化的山地，垂直带谱结构极度简化：山地荒漠带(下部为盐柴类半灌木荒漠亚带，上部为蒿类荒漠亚带)—狭窄的山地荒漠草原带—高山垫状植被带与高寒荒漠带。

2. 分布特点

从以上我国干旱区（半湿润—极端干旱）山地植被垂直带谱的结构特征，可归纳出下列规律性。

1）从东到西，随着干旱程度的加强，山地植被的基带为：草甸草原→典型草原→荒漠草原→温带荒漠与暖温带荒漠。

2）从东到西，山地森林带的位置由基带（大兴安岭）上升到中山带，这是与山地湿润带在干旱地区上移相关的植被地理分布现象。干旱地区山地的森林带通常为寒温性针叶云杉林，而落叶阔叶林仅在东部半湿润地区的山地较发育。此外，天山西部较湿润的伊犁谷地也有阔叶林带出现；在荒漠区域山地通常缺乏阔叶林带，这是由于荒漠区低山的程度加强，阔叶林被草原植被所代替。在高度干旱的荒漠山地、森林带全然消失。荒漠区山地的森林带实际上呈现森林草原景观：块状森林分布于阴坡；阳坡与缓坡被草原或草甸所占据。

3）草原带的位置也由东向西升高，在草原地区，它们是基带；到荒漠地区的山地则为第二垂直带。可见，干旱地区山地植被垂直带的更替在很大程度上是根据湿度条件垂直递增的，而在湿润地区却是以热量条件为垂直更替的根据。

4）一般来说，在干旱地区，气候越干旱，山地植被垂直带谱结构越趋于简化。在新疆，塔里木暖温带荒漠区域气候最为干旱，山地植被的荒漠化程度达到最强。例如，在天山北坡的带谱包括 5 个带；天山南坡为 4 个带；昆仑山和阿尔金山北坡只有 2 或 3 个带，有些地方整个山坡都被荒漠带所占据。

5）干旱地区山地植被的坡向差异十分显著，不仅大地貌的南北坡可以具有完全不同的垂直带谱，而且在同一垂直带内，由于中地貌坡向的不同，植被类型也发生重大变化。例如，山地森林带内阳坡为草原，草原带内阳坡可出现荒漠。因此，在同一垂直带内不同植被的结合现象很普遍。这也是不同于湿润区山地植被的特点之一，后者由于湿度条件较为一致，不同坡向的植被分异远没有干旱区的明显。

在青藏高原，除了东南部山地寒温性针叶林地区的山地植被具有湿润区的垂直带结构外，在高原面上的山地均具有大陆性高原的山地植被，它们的带谱类型类似于上述干旱地区山地，只是由于气候高寒，完全不存在森林带，而完全由高寒草甸、草原及荒漠带所组成，带谱结构更为简化，一般只包括 2 或 3 个带，这是由于基带的海拔很大，向上很快就达到植被上限。

（三）中国栽培植被的垂直分布特征

我国栽培植被在秦岭—淮河以北主要分布于平原，没有明显的垂直地带性规律，亚热带与热带范围内的栽培植被虽然广泛分布于平原、岗地、丘陵和低山，不同的地貌部位栽培植被有不同，平原区的熟制普遍高于丘陵山区，作物种类也较丰富。但并非低海拔的丘陵山区达不到平原的水平，基本原因常常不在于热量水分的差异，多数是由于坡度较大、土地不平整、土壤与水利条件较差等因素，而这种不利因素是可以进行改造的。

平原区的水土条件虽然比较优越，但对于栽培植被的发展与作物组合起更大作用的往往是开发历史、人口密度、经济技术水平等因素。

我国西部地区多高大山体，热量水分状况随着海拔的不同而变化，栽培植被的垂直分布特征比东部远为明显。例如，云贵川高原山地以双季稻为主的栽培作物多分布在1400m以下的河谷与坝区，云南西南局部种植双季稻可达到1700m，稻麦两熟从低海拔上升到2100～2400m的河谷地带，2100m以上基本为一年一熟的春小麦、玉米、番薯、油菜等作物，2400～3000m变为以春小麦、马铃薯为主(图6-14)。四川西部的甘孜、阿坝和西昌等地区在3000～3800m为以青稞、豌豆为主的栽培植被，个别小环境良好的地方，这种类型还可上升到4200m左右。

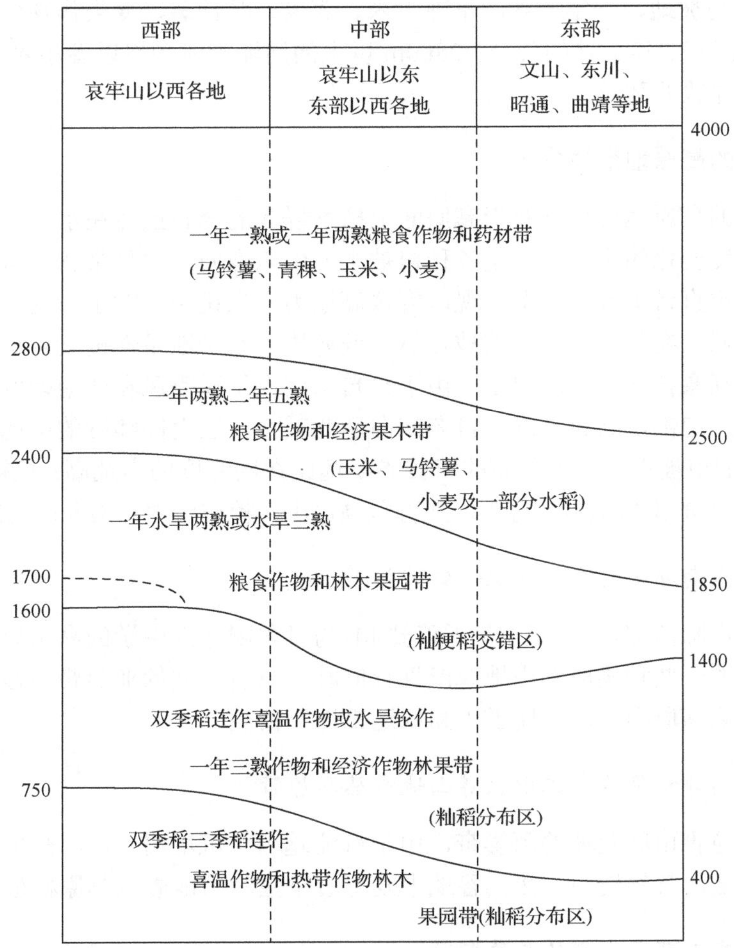

图6-14 云南省农田植被组合垂直分布示意图(引自吴征镒，1980)

图中两侧数据均为海拔，单位为m

青藏高原具独特的自然环境，气候干寒，无霜期短，年平均气温与活动积温很低，高原面上的栽培植被仅限于很少的河谷地段，全为一年一熟的青稞、小麦、豌豆、油菜等作物，4000m以上则为单一的青稞作物，藏北阿里地区利用小气候较好、背风向阳的局部环境，在 4900m 种植青稞获得成功，可认为是迄今世界上栽培作物的上限。

青藏高原日照时间长，太阳辐射强。例如，拉萨太阳总辐射量 195kcal/cm^2，较同纬度的重庆高 1.8 倍。加上昼夜温差大，这种特点十分有利于作物的光合作用和结实，大穗大粒，在海拔相对较低的雅鲁藏布江谷地种植麦类，如水肥有保证，常易得到高额丰产，并创造出我国冬小麦、春小麦与青稞的高产纪录，如日喀则农业科学研究所种植春小麦曾获得 12 486kg/hm^2 的高产，日喀则市扎西吉才乡二队也有青稞亩产 8698.5kg/hm^2 的纪录。

青藏高原东南边缘山地受印度洋气流影响，栽培植被的垂直分布大致可分为三个类型：2300m 以下的河谷有小面积的水稻、玉米和麦类，实行水旱两熟或旱作两熟；2300～2800m 的河谷与坡地，一年一熟的早熟玉米、荞麦、马铃薯、麦类作物分布范围比较广泛，个别地段尚有二年三熟的类型；2800m 以上的河流支流沟谷以春小麦、青稞占优势，并逐渐进入高原牧业区。

三、植物群落的高原地带性分布

植物群落的高原地带性分布指高原面上植物群落的分布虽然在水平更替的基础上，叠加了垂直高度变化的影响，但是各种植被主要由东南向西北呈带状按水平方向更替，而不是按山地垂直带更替的状况。现以青藏高原为例来说明，对于高度达到对流层一半以上的青藏高原，在其上出现的植被自然与低海拔的水平地带性植被有很大不同，是属于垂直带性的高寒植被类型。但是，由于来自东南太平洋季风和西南印度洋季风的水汽首先到达高原东南部，高原上降水自东南向西北减少，因而同纬度的山地植被有明显差别：相似类型的植被在高原上分布的海拔界限远比在同纬度的山地高；植被的大陆性(旱生性)也比同纬度的山地强烈，等等。在青藏高原上，植被带由东南向西北的递变如下。

(一)高原东南部山地峡谷寒温性针叶林带

处于横断山脉南部(受西南季风湿润影响)与雅鲁藏布江中游的高山峡谷中，主要为由云杉或冷杉的一些种构成的山地寒温性针叶林，具有湿润的亚热带山地森林的特征，此类型从不上到高原面上，不属于“高原地带性”植被。

(二)高原南部雅鲁藏布江中上游山地灌丛草原带

处于喜马拉雅山脉北坡的雨影带，由于气流越山下沉增温，不易形成降水，且谷地偏南，海拔较低，气候较为干热，谷地中发育着旱生的山地灌丛草原植被。

(三)高原东南部高寒灌丛与草甸带

处在高原东南部，是高原面上的多雨中心，气候较湿润而寒冷。植被以小叶型杜鹃的高寒灌丛与高山嵩草(*Kobresia pygmaea*)的高寒草甸为主。

(四)高原中部高寒草原带

羌塘高原与黑河西部高原是青藏高原的主体部分，处在“青藏高压”控制下，暖季因受切变线、低涡影响而略有降水，地带性植被为以高寒旱生的紫花针茅(*Stipa purpurea*)与青藏苔草(*Carex moorcroftii*)为主。

(五)高原西部(阿里)山地荒漠带

高原西部降水减少至 50mm 左右，为夏季热低压中心，气候较温暖干燥，海拔虽在 4200m 以上，仍发育着中亚类型的山地荒漠与草原化荒漠植被，以驼绒藜(*Ceratoides latens*)与沙生针茅(*Stipa glareosa*)为建群种。

(六)高原西北部高寒荒漠带

包括昆仑山与喀喇昆仑山之间的藏北高原、帕米尔高原，纬度偏北，地势又升高，因气流扩散而降水稀少，在 50mm 以下，气候寒冷而干旱，存在多年冻土层与溶冻泥流作用。以由十分稀疏的垫状驼绒藜(*Ceratoides compacta*)、西藏亚菊(*Ajania tibetica*)或粉花蒿(*Artemisia rhodantha*)构成的高寒荒漠植被与无植被的高山石质坡地为景观特征。

可见，在辽阔的高原面上，也存在植被地带变化，只是由于它们处在与低海拔水平植被地带不同的高度水平上，性质和低海拔的水平带有所不同，可以把它们看作水平植被地带的垂直变型。

四、植物群落的时间变化动态

植物群落的时间变化动态是指植物群落随着时间变化而出现的规律性的变化。根据植物群落在时间尺度上数量和质量变化的不同，可将植物群落的变化分为群落的波动和群落的演替两种类型。群落的波动并不等于演替，但是波动与演替之间的界限也是相对的，波动与演替往往同时发生。因而，一方面，波动变化的可逆性常是不完全的，植物群落回复到的状态并不全然是其原来的状态，而只是接近原来的状态；另一方面，波动也影响着演替，它可能促进或阻碍一个植物群落被另一个群落代替的过程。

(一)群落的波动

群落的波动(fluctuation)是植物群落年际发生的变化，这种变化不涉及新种的侵入，是围绕着一个平均数的波动，并且是可逆的。

1. 按照波动时间长短划分

根据植物群落波动时间的长短，可以划分为以下几种类型。

(1)年际波动

年际波动指植物群落在不同年份之间的变化状况。现以安西极旱荒漠国家级自然保护区植物群落的年际变化为例来说明。据郑凯等(2013)研究，多年生灌木的物种数量、植株数量和盖度，以及一年生植物的物种数量和盖度均不存在显著的年际变化($P>0.05$)(表 6-1)，但一年生植物的植株数量表现出显著的年际变化($P<0.05$)(表 6-2)。从样方调查来看，有些一年生植物的数量和盖度具有明显的年际变化(表 6-3)。盐生草(*Halogeton glomeratus*)和沙生鹤虱(*Lappula deserticola*)数量的年际变化较大，而且盐生草盖度的年

际变化对群落盖度年际变化的影响最大。虽然盐节木(*Halocnemum strobilaceum*)和骆驼刺(*Alhagi sparsifolia*)盖度的年际变化较大，但整体而言，多年生灌木对植物群落植株数量和盖度的年际变化影响较小。

表 6-1　植物群落多年生灌木年际变化的方差分析(引自郑凯等，2013)

	F	*P*
物种数量	0.096	0.909
植株数量	0.029	0.972
盖度	0.117	0.891

表 6-2　植物群落一年生植物年际变化的方差分析(引自郑凯等，2013)

	F	*P*
物种数量	2.201	0.145
植株数量	0.029	0.040
盖度	0.117	0.191

表 6-3　安西极旱荒漠国家级自然保护区植物群落主要物种、植物数量和盖度的年际变化(引自郑凯等,2013)

样方	2010 年			2011 年		
	物种	数量	盖度/%	物种	数量	盖度/%
榆林窟东	盐生草	46	0.216	盐生草	–46	–0.216
	白刺	3	0.243	驼绒藜	–2	–0.003
	驼绒藜	2	0.003			
东千佛洞西北	盐生草	5	0.005	盐生草	–5	–0.005
碱泉子	尖叶盐爪爪	–1	0.186	骆驼刺	–2	–0.372
	盐节木	1	0.366	盐生草	–86	–0.466
	骆驼刺	2	0.372			
	盐生草	86	0.446			
五道沟	黄花补血草	–1	0.007	盐生草	92	0.490
	盐生草	44	0.157	沙生鹤虱	1	0.011
四道水	合头草	2	0.035	盐生草	–294	–1.508
	骆驼刺	2	0.356	骆驼刺	–2	0.356
	盐生草	369	1.556			
长山子瞭望台	膜果麻黄	–2	0.044	中亚紫菀木	–1	–0.005
	中亚紫菀木	1	0.005	驼绒藜	2	–0.019
	驼绒藜	2	0.019	野菊	1	0.000
				盐生草	11	0.011
				沙生鹤虱	604	0.256
				黄芪	4	0.012

注：负值表示物种本年比上一年缺少，五道沟和四道水样方中的盐生草在 2011 年数量和盖度均为 2011 年减去 2010 年的数据所得

(2)季节波动

季节波动指植物群落在年内不同季节之间的变化状况。现以安西极旱荒漠国家级自然保护区植物群落的季节变化为例来说明。据郑凯等(2013)研究，安西极旱荒漠国家级自然保护区植物群落中物种数量、植株数量和盖度具有极显著的季节变化($P<0.01$)(表6-4)。其中，盖度季节变化的变异系数最大，其次是植株数量的，物种数量的最小。说明盖度对植物群落季节变化的影响最大，而物种数量和植株数量对植物群落的季节变化影响较小。多重比较结果显示，植物群落在夏季—秋季间的差异要大于春季—秋季间和春季—夏季间的，物种数量、植株数量和盖度在夏季—秋季间的差异极显著。物种数量和植株数量在春季—夏季间无差异，盖度在春季—秋季间无差异($P>0.05$)(图6-15)。

表6-4　植物群落季节变化的方差分析及变异系数(引自郑凯等，2013)

	F	P	变异系数
物种数量	10.624	0	0.3183
植株数量	7.882	0.001	0.3637
盖度	7.178	0.002	0.6182

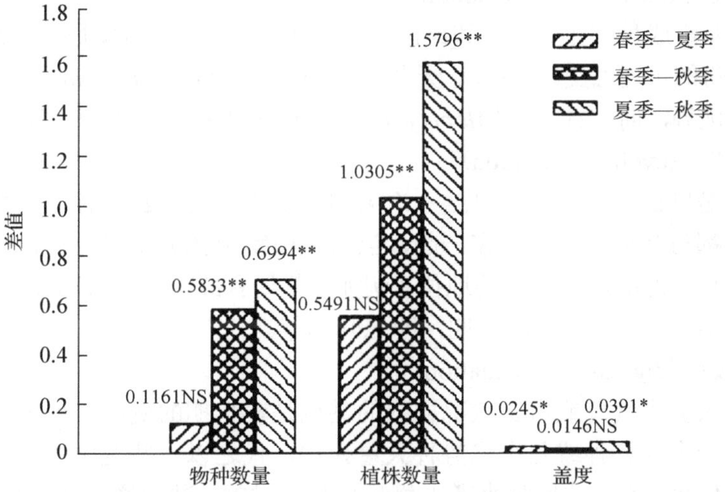

图6-15　植物群落季节变化的多重比较(引自郑凯等，2013)

NS表示方差$P>0.05$，*表示方差$P<0.05$，**表示方差$P<0.01$，图中数值为绝对值

(3)昼夜波动

昼夜波动指植物群落在昼夜之间的变化状况。现以夏季南海东北部和东海陆架区浮游植物群落结构昼夜变化为例来说明。据王磊等(2013)研究表明，在浮游植物群落结构上，南海东北部陆架区S702站硅藻占绝对优势(82.9%～88.7%)，甲藻(2.3%～4.6%)和青绿藻(2.3%～4.4%)次之，除硅藻外的其他类群生物量都很低。硅藻百分比变动并不明显，但生物量与叶绿素a变动一致，在01:00最高(129.40μg/m^2)，13:00最低(24.22μg/m^2)，最大降低幅度达81%。而在S305站，虽然叶绿素a变动不大，但仍能看到明显的群落结构变动。硅藻仍然是最优势的类群(36.2%～55.9%)，青绿藻次之(10.1%～23.9%)，聚球

藻(8.5%～15.1%)和定鞭金藻(8.0%～16.5%)也有一定的生物量。硅藻的叶绿素 a 生物量在 7 月 1 日 20:00 最高(11.12μg/m^2)，次日 16:00 最低(5.72μg/m^2)，最大降低幅度达 49%；青绿藻生物量最高值出现在 04:00(6.14μg/m^2)，在 7 月 1 日 20:00 最低(2.01μg/m^2)，最大降低幅度达 67%，且青绿藻生物量高值明显与叶绿素 a 变化相对应，而其他类群变动并不大。

对于东海 DH04 站位来说，浮游植物群落结构的昼夜变化就更为明显，虽然硅藻是最优势的类群，但甲藻的变动明显更大。甲藻的两个生物量高值与叶绿素 a 高值的时间一致，最高可达 11.50μg/m^2，占总生物量的 32%，而在 15:00 却只有 0.60μg/m^2，降低幅度高达 95%；硅藻整体变动幅度不大，占生物量百分比在 32.25%～51.9%，而同为优势种的聚球藻却在 16.7%～45.2%，且在叶绿素 a 高值时其所占比例较低。

2．按照波动形式划分

根据植物群落变化的形式，可将植物群落的波动划分为以下几种类型。

(1) 隐匿波动(obscure fluctuation)

这种波动只是种类组成数量比例的微小变化，它对植物群落的生活及利用均无重要意义。

(2) 振荡波动(oscillation fluctuation)

这种波动是组成种类在生产率和比例上的短期(1～3 年)变化，是优势种因生活力变化造成的不同年份的可逆性交替。例如，无芒雀麦+偃麦草(*Bromus inermis*+*Agropyron repens*)在干旱年份占优势，而大看麦娘(*Alopecurus pratensis*)则在湿润年份占优势的相互交替。

(3) 周期波动(cyclic fluctuation)

这种波动是以群落内一生中只结一次果和少次果的 1～2 个种周期性地占优势为特征，通常它们都与其他植物生长在一起，当这类植物个体大量发育后，由于完成了生活周期又大量死亡，再次退居伴生的地位。例如，草甸有红车轴草(*Trifolium pratense*)和杂种车轴草(*T. hybridum*)占优势的时期，即三叶草年。

(4) 偏离波动(digressive fluctuation)

这种波动大多由气象或水文状况剧烈的甚至是较长期的变动，或者是植食动物的大量繁殖，造成一个优势种或几个优势种大量死亡，代之以一些竞争力虽小却具有有效营养繁殖的种占优势，不过这些外来者占优势只是暂时的，过后群落又回复到原来的状态，这种波动时间可能较长(5～10 年)。例如，大看麦娘占优势(水分增加)→草地毛茛(*Ranunculus japonicus*)占优势(水分减少)→大看麦娘再占优势。

(二) 群落的演替

1．地质演替(geological succession)

又称世纪演替(actual succession)，是指在一个很长的时间内或者是历史时期中发生的、涉及不同群落类型或区域植被的演替。

例如，地球上现有的森林、灌丛、草原、草甸、荒漠、沼泽等一切植被类型都是在演化过程中形成的。地球诞生在 50 亿～45 亿年前，在 4 亿～3.5 亿年前的泥盆纪它上面开始覆盖陆生植被，当时是由一些刚从水生演变成陆生的蕨类和苔藓植物构成的沼泽，它们是全球性分布的。在石炭纪时，陆生植物得到了进一步的发展，出现了由芦木目(Calamitales)和苛得狄目(Cordaitales)等组成的古代常雨木本群落，即希利亚群落，它是现代陆生植被的“祖先”。

二叠纪时，植被进一步分化，种子蕨及松柏类植物出现在植被组成成分中，由类似于现代的南洋杉科(Araucariaceae)和杉科(Taxodiaceae)等植物构成了针叶性的针叶林，由古银杏(*Ginkgo*)类构成了落叶乔木林，前者就是现代针叶林的直接祖先，后者则是现代夏绿林的远祖。希利亚群落的简化和旱生化导致形成本内苏铁(Bennettitales)类的灌丛。这一时期植被分布呈现出明显的区域特征。

三叠纪和侏罗纪时，由于前期剧烈的造山运动，地形发生了很大变化，气候也变得寒冷而干燥，大型的古老蕨类、种子蕨绝灭，取而代之的是松柏类植物和银杏，成为裸子植物极盛的时期。侏罗纪末期两极寒冷形成，近热带的海洋面积扩大，造山运动继有发生，原始的被子植物出现，由它们组成了喜温的热带、亚热带及温带的森林植被。白垩纪时被子植物获得了巨大发展，今日地球上的主要植被类型都是在此基础上逐渐发展起来的。

第三纪初期，气候向干冷方向变化，使得本来纯一的喜温植被进一步分化，在北半球北部，即欧洲、亚洲和北美洲的北部落叶种类增多，除了银杏属、水杉属(*Metasequoia*)、落羽杉属(*Taxodium*)、水松属(*Glyptostrobus*)等裸子植物均有生长外，分布最广的是拟昆栏树属(*Trochodendron*)、水青冈属(*Fagus*)、栎属(*Quercus*)、悬铃木属(*Platanus*)等，由它们构成了夏绿木本群落。在它的南部，即在欧洲和西亚 55°以南地带，生长的是一些具常绿革质叶的热带、亚热带植物，如棕榈科、木兰科、南洋杉科、樟科、桃金娘科、山龙眼科及木本蕨类等，由它们构成热带雨林、亚热带雨林和常绿阔叶林。总的来说，这一时期森林植被占有绝对优势，单纯的草本植被类型还未出现。

晚第三纪以来，由于气候仍继续着变干变冷的趋势，植被的分化更加复杂。这一时期植被发展的主要方向是由占优势的森林过渡到无林景观。草本植被和灌木草本植被逐渐形成。第四纪初期(更新世和全新世)地球表面曾经历三四次冰川，这时气候寒冷，北半球高纬度和中纬度地带曾广泛覆盖着大陆冰川和山地冰川，当冰川作用达到鼎盛时，冰川南端曾达到欧洲中纬度地带，侵袭着欧亚大陆和北美洲的冰川，消灭了这些大陆上很大部分的原有植被，比较喜温的植物类型向南迁移，在南方避难所内度过不利时期。因此，在中国西南部地区保存着极多的第三纪古老植物种类，并且种类异常丰富。

从以上的叙述中，可以看出不同地带的植被具有不同的年龄，各个地带的植被类型都是整个植被统一发展过程中的一些阶段(图 6-16)。

1)欧亚大陆上热带与亚热带植被类型是古老的，它们在极大程度上保留了白垩纪和古近纪森林植被的古老成分，在这个地带中，木本植物比草本植物占据显著的优势。

2)荒漠和干草原基本上是由温带落叶林在第三纪干旱气候条件下，转变为旱生结构而形成的。

3)草甸是比较年幼的植被类型，产生于第三纪末，它一方面是森林由某种原因造成乔木的稀疏、由森林的草本层发育而成，另一方面也可能是亚高山高草群落的直接后裔。

4)泰加林和苔原是最年幼的植被类型，它们可能发端于第四纪初期，在第四纪末期(最后一次冰川作用)以后才最后形成。

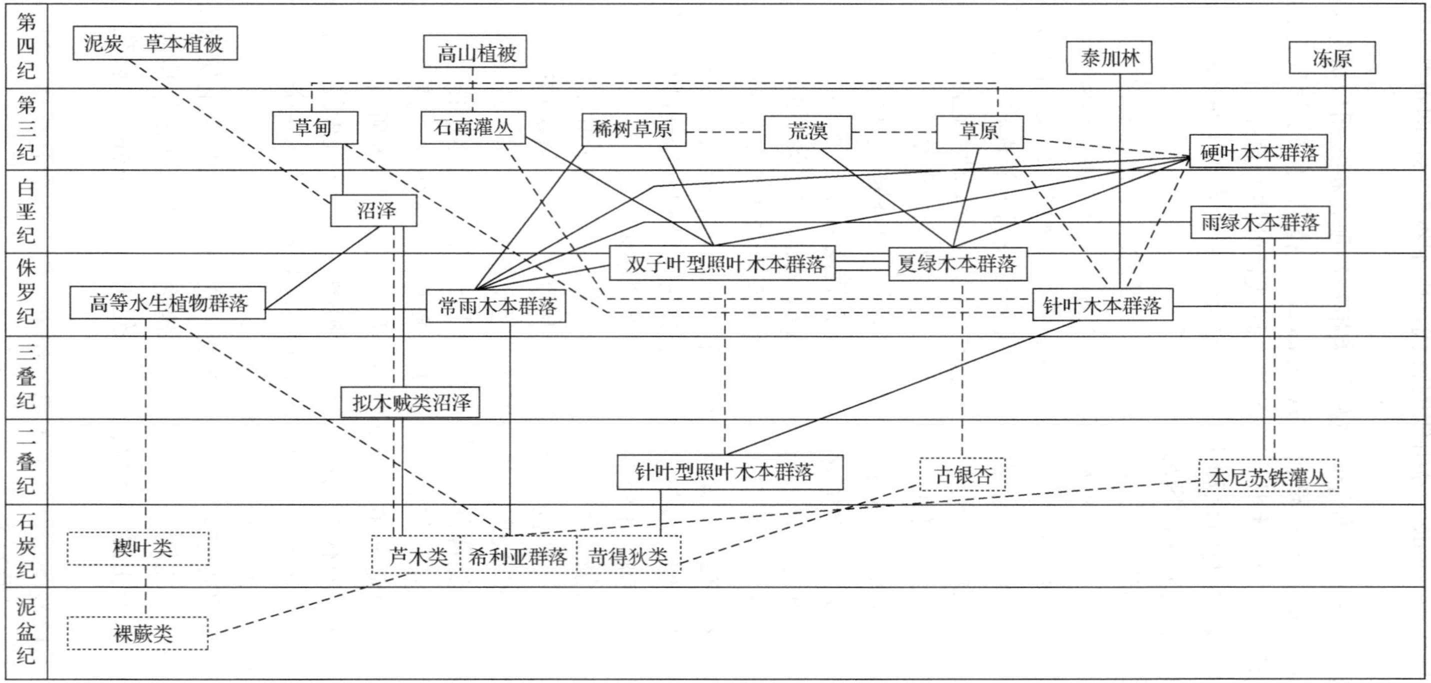

图6-16　植物群落发生学系统图式(引自宋永昌，2001)

虚线方框中的植被类型表示地质史上曾经存在过，但现已灭绝；实线方框中的植被类型表示现今仍然存在。虚线表示生态上的联系(群落间只有生境方面的联系，群落成员间没有亲缘关系)；实线表示发生上的联系(组成新群落的种起源于老群落的种)

2. 生态演替(ecological succession)

又称现实演替(actual succession)，是指在当前或过去几年或数十年内进行的快速演替，大多数是能够直接观察其发展的。现实演替有多种类型，可以从不同的角度加以划分。

(1)按裸地性质划分

裸地是指没有植物生长的地段，可以分为原生裸地和次生裸地。前者是指从来没有生长过植物的地面，如水流侵蚀沉积所形成的沙洲、冲积滩，风积作用所造成的沙丘，流石堆形成的大面积裸地，以及火山活动所产生的裸地等，这些地段没有土壤也没有植物的传播体；后者是指原先有植物生长的地段，由于不同的原因，如气候作用、生物作用或人类影响等，原来的植被因遭到破坏已不复存在，但在它影响下的土壤条件仍基本保存，其中还残留有植物的繁殖体。群落的演替可以在这些裸地上开始，因此按裸地性质可以将演替划分为以下几种。

1)原生演替(primary succession)：原生演替由于母质往往未经风化，基质上无土壤结构可言，养分严重不足，繁殖体要靠外来输入，群落形成的过程和演替速度一般是缓慢的。这类演替如沙丘演替(dune succession)、岩石堆上的演替(talus succession)、冰川泥上的演替(succession on glacial till)等。图6-17是乱石窖植被原生演替的综合图式。

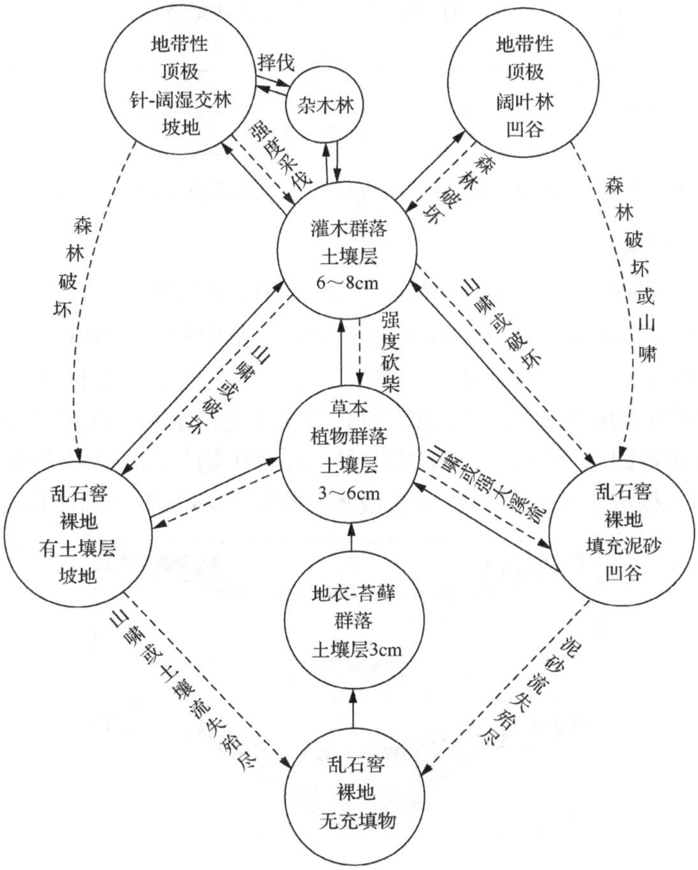

图6-17　乱石窖植被原生演替的综合图式(引自宋永昌，2001)

----潜在发生的演替；——实际发生的演替

2) 次生演替(secondary succession)：次生演替是发生在次生裸地上的植物群落演替，由于这些演替发生在保留了部分原先群落繁殖体和土壤的条件下，演替的过程将受原先群落的影响，速度一般要比原生演替快 5～10 倍(Mueller-Dombois，1964)。这类演替的例子如火烧演替(fire succession)、采伐演替(logging succession)、放牧演替(gazing succession)、撂荒地演替(old-field succession)。图 6-18 是常绿阔叶林砍伐后的次生演替。

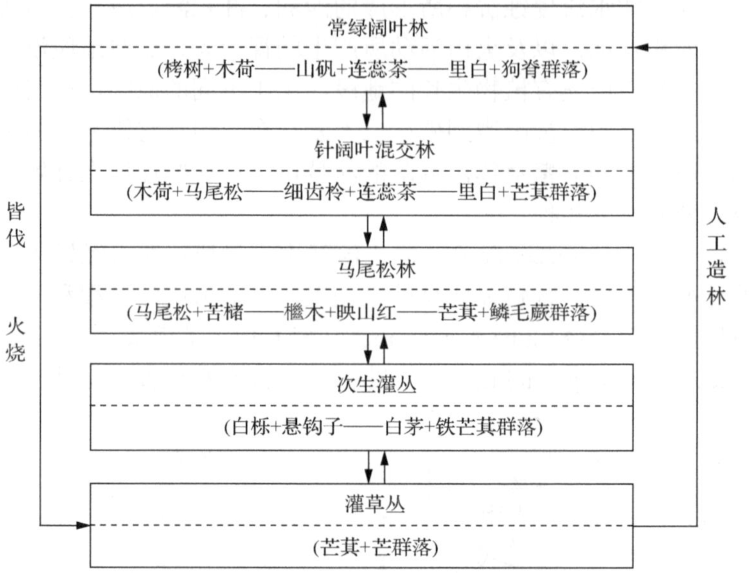

图 6-18 浙江天童山常绿阔叶林砍伐后的次生演替图式(引自宋永昌，2001)

(2) 按基质性质划分

根据演替在何种基质上开始，可以把它划分为以下几类。

1) 水生演替(hydroarch succession)：在潮湿的或水生的生境中开始的演替，如池塘中的水生演替系列(hydrosere)(图 6-19)，由于水深在这里起着主要的支配作用，当沉积物向前堆积时，各个植物群落带也都向池塘中心渐次推进。于是，从中心至自塘边缘的每个带，可以理解为演替的一个阶段。它们依次是：浮游生物与漂浮大型植物带→沉水扎根水生植物带→浮叶扎根水生植物带→挺水扎根水生植物带→湿生草本植物带→中生森林带。

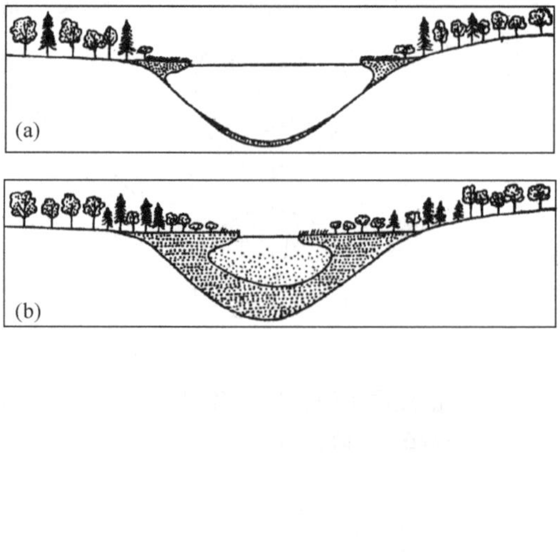

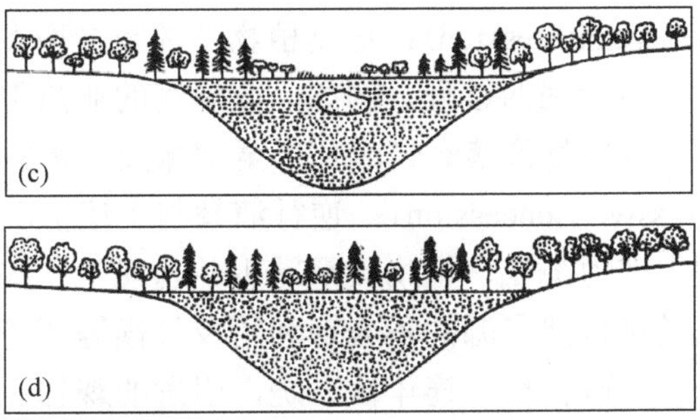

图 6-19　湖泊沼泽的水生演替(引自宋永昌，2001)

2) 旱生演替(xerarch succession)：在旱生的或干燥的生境中开始的演替，如干燥岩石表面或沙丘上的演替。地衣和苔藓是常见的先锋植物，它们在岩石表面积累薄层土壤，为后来的草本植物和灌木种类创造了生长条件，进而才是中生性树木的定居，表 6-5 是旱生演替系列的一个例子。

表 6-5　阿拉斯加冰川洼地上的旱生演替(引自宋永昌，2001)

年龄	群落名称及优势种	盖度/%	土壤容重/(g/cm^3)	土壤 pH	枯枝落叶生物量/(kg/cm^2)
0～15	先锋群落： 砂藓(*Racomitrium*) 柳叶菜(*Epilobium*) 德氏仙女木(*Dryas drummondii*)	<50	1.5	8.0	0
15～35	柳灌丛： 柳属(*Salix*)3 种 桤木(*Alnus*)，仙女木(*Dryas*)， 杨(*Populus*)	85	1.3	7.5	1.0
35～80	桤木丛林： 绿桤木(*Alnus crispa* ssp. *sinuata*)	100	1.2	6.5～5.0	3.0
80～115	过渡性森林： 桤木(*Alnus*) 云杉(*Picea sitchensis*)	100	0.9	5.0	6.0
115～200	云杉林： 云杉(*Picea sitchensis*)	100	0.8	4.8	9.0
200 以上	铁杉、云杉林： 异叶铁杉(*Tsuga heterophylla*) 迈腾铁杉(*Tsuga mertensiana*) 云杉(*Picea sitchensis*) 越橘(*Vaccinium*)灌木	100	?	?	?

注：? 表示数据缺失

在介于上述两者之间的中生生境中开始的演替为中生演替系列。

(3) 按演替趋向划分

植物群落的演替一般总是从先锋群落开始，经过一系列阶段，达到能充分利用该地区环境资源的稳定的顶极群落。沿着这样的顺序向顶极群落发展的演替过程，称为进展演替；反之，如果是由顶极群落向前期群落演变，称为逆行演替。

1) 进展演替(progressive succession)：这是植物个体数量增多、群落结构复杂化、群落利用自然界的生产力不断增强的过程。例如，在湿润的亚热带地区，从一片原生的或次生的裸地上开始，从草本植物群落经过灌丛以至常绿阔叶林的演替。

2) 逆行演替(retrogressive succession)：逆行演替与上述情况相反，群落结构趋于简化、群落利用自然界的生产力降低、植物数量减少并出现了一些能够适应不良环境的种类。这种演替多是由人类对自然资源的不合理利用及气候等环境条件的改变而促成的。例如，在亚热带地区，森林砍伐后，连年砍、烧，引发的森林→灌丛→草灌丛→草丛→裸地的变化过程。此外，由环境污染造成的大面积树木死亡也是逆行演替的例子。植物群落进展演替和逆行演替的特征可以归纳如表 6-6 所示。

表 6-6 植物群落进展演替与逆行演替特征的比较(引自宋永昌，2001)

进展演替	逆行演替
1. 群落结构的复杂化	1. 群落结构的简单化
2. 优势度从以低级小型植物为主朝着高级大型植物发展，优势种寿命越来越长	2. 优势度从以低级大型植物为主朝着高级小型植物发展，优势种寿命越来越短
3. 物种多样性有增加趋势	3. 物种多样性有减少趋势
4. 生活型多样化	4. 生活型的简化
5. 种间相互依存增强，生态幅种增加	5. 生态幅较宽及适应特殊生境的种增加
6. 群落趋向于中生化	6. 群落趋向于旱生化或湿生化
7. 群落生物量趋向增加	7. 群落生物量趋向减少
8. 土地生产力利用增加	8. 土地生产力利用减少
9. 土地剖面的发育成熟	9. 土地剖面的弱化
10. 群落生境的优化	10. 群落生境的弱化

(4) 按演替形式划分

演替的形式有线性的和循环的，因此可以将演替划分为线性演替和循环演替。

1) 线性演替(linear succession)：又称定向演替(directional succession)，这是群落演替的基本形式，狭义的演替指的就是这种演替。它是在一个地段上，一个群落被另一个群落代替、有规律地向一定方向发展的过程。由一个群落到另一个群落的整个取代序列称为演替系列(sere)，系列中各个阶段的群落多少具有过渡性质，故称为常规系列群落(seral community)或称演替阶段(succession stage)，演替开始阶段称为先锋期(pioneer stage)，最后的稳定群落称为顶极群落(climax)。在演替阶段群落中又可划分为起始相(initial phase)、适宜相(optimal phase)和衰退相(degeneration phase)，它们之间的变化只是在种类组成数量上，并不涉及群落性质的改变(图 6-20)。

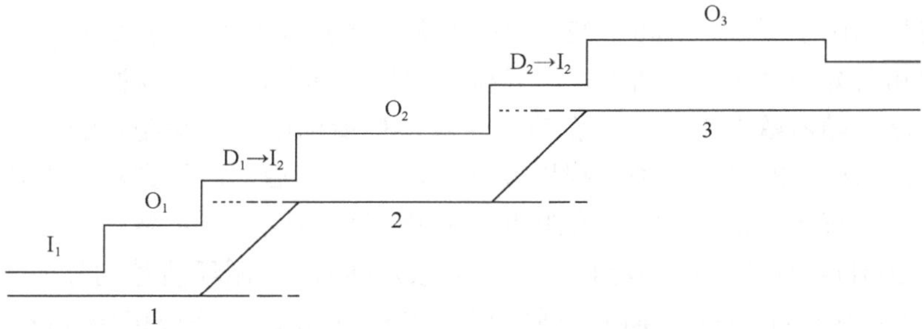

图 6-20　具有三个演替阶段（1、2、3）的线性演替（引自宋永昌，2001）
每个阶段再划分为起始（I）、最适（O）和衰退（D）3 个演替相

2）循环演替（cyclic succession）：循环演替是指群落内部种类组成的循环变化。由于组成群落的植物都有一定寿命，当老年植株死亡后，在群落内留下的空间为其他种的定居创造了条件，但发展到一定时期，生境的改变又为原来种的重新生长提供了可能，如此反复交替，构成了循环演替（图 6-21），这种变化在单优种组成的群落中特别明显。由于这些变化是在一个群落内的局部地段上进行的，并不是一个群落被另一个群落代替，为了和通常所称的演替相区别，有时称为循环变化。

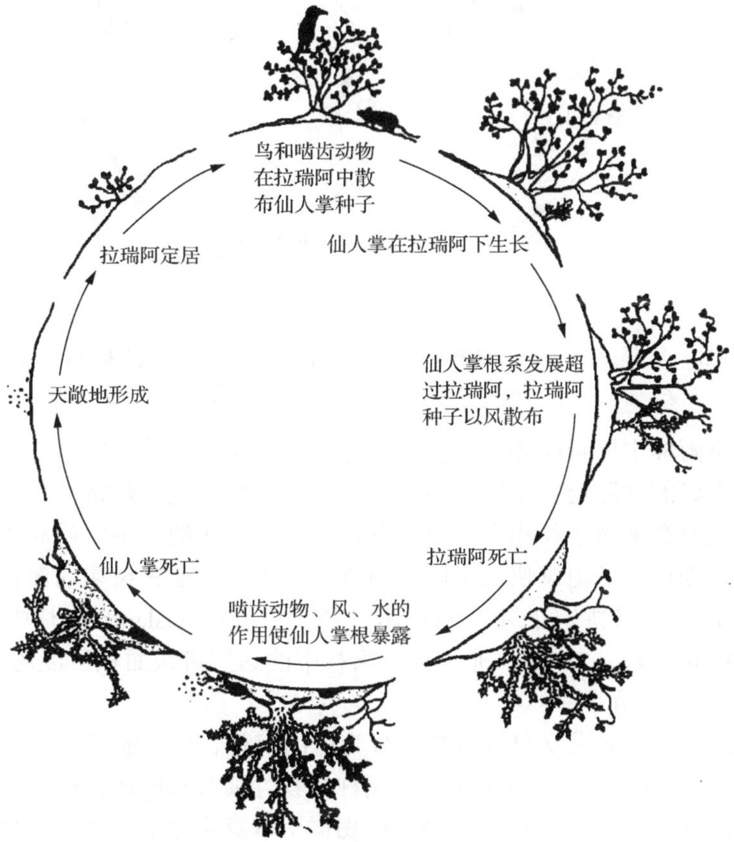

图 6-21　荒漠灌丛[珊瑚仙人掌（*Opuntia leptocaulis*）和三齿拉瑞阿（*Larrea tridentata*）]的循环演替
（引自宋永昌，2001）

循环演替的例子很多，Watt(1925，1947)曾描述过在欧洲水青冈(*Fagus sylvatica*)林中多年观察和研究的结果，欧洲水青冈老树死亡形成林窗，需光的种类侵入并得到散布，形成了小群落，随着欧洲水青冈更新苗的生长，林窗郁闭，那些需光的种类不能在幼树浓荫下生活，森林中的耐阴种类又得以发展，10～20 年后，恢复到对原先林下草本植物最适宜的条件，直到新的空隙由于优势种死亡而重新出现，于是循环又从空隙的林窗开始。宋永昌(2001)在研究云杉—冷杉—水青冈原始林时，将循环演替划分为起始相(initial phase)、过渡相(transitional phase)、适宜相(optimal phase)、顶极相(terminal phase)、衰落相(decay phase)、幼稚相(immature phase)、成长相(grow up phase)(图 6-22)。群落循环变化中的这些不同时期和阶段的群落，通常同时出现在同一地段内，成为更新复合体(regeneration complex)，因此具有循环演替的植物群落大都是不同时期和阶段的镶嵌群落。

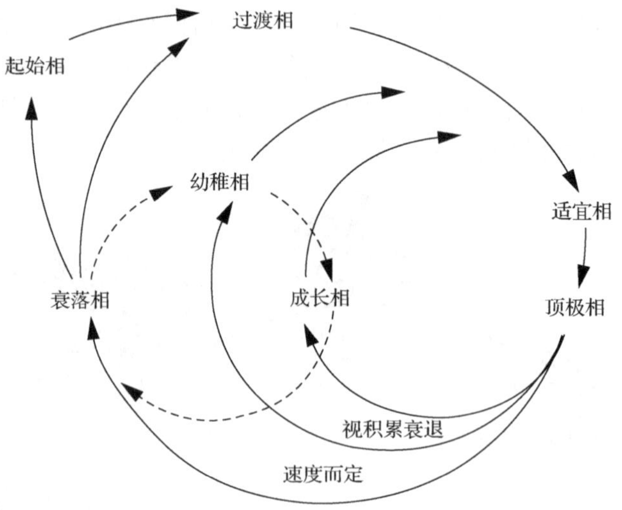

图 6-22　云杉—冷杉—水青风原始林的循环演替模式图(引自宋永昌，2001)
---- 推测过程；—— 实际过程

在某些热带雨林中更新循环和更新复合体常很明显，这种现象主要是由高大老树枯倒后，在其所形成的空隙处发生循环演替造成的。研究发现，热带雨林中的这些斑块，即使在土壤、气候和地形条件相当一致的条件下也是存在的。小气候和土壤表层及其他小环境的不同，则可能是由斑块上不同的植物种所促成，这种斑块的面积大小主要取决于空隙的大小，而这又决定于死亡的树木。昆士兰(Queensland)南林中斑块的面积是 100～150m^2(Webb et al.，1972)，非洲热带雨林中的这些斑块面积可能还要大些。

(5)按主导因素划分

根据控制演替的主导因素可以将其划分为内因演替、外因演替和内外因混合演替。

1)内因演替(endogenetic succession)：又称植物性演替(phytogenic succession)或自发演替(autogenic succession)。这种演替是由植物群落本身生命活动造成的环境变化所制约的，这类演替都是进展演替。

2)外因演替(exogenetic succession)：也称生态演替(ecological succession)或异发演替

(abnormal succession)。这类演替是由群落以外的环境条件，而不是由群落生活造成的内部环境所引起的。例如，亚热带山地森林经过砍伐和连年火烧，由森林到灌丛以至疏灌草丛就是一个外因演替。气候、地形、土壤、海平面的变化及动物和人类活动都可引起这类演替，它可以是进展演替也可以是逆行演替。

3) 内外因混合演替(endo-exogenetic succession)：这是一类由内因、外因共同制约的混合演替。

(6) 按空间范围划分

根据演替所涉及的面积将它们划分为以下三种。

1) 小演替(microsuccession)：在一个群落内很小面积上的演替，如林窗中的演替。

2) 地方演替(local succession)：在一个可直接观察的面积上的演替，即一般所称的演替。

3) 区域演替(regional succession)：大范围的植被演替，也可称为景观演替(landscape succession)。

五、植物群落分布与气候和地理等因素的关系

(一) 植物群落分布与气候因素的关系

气候在自然地理学中因其范围和影响因素的差异可以区分为大气候、中气候和小气候。大气候(macroclimate)又称区域性气候(regional climate)，它是地理和地形位置作用的结果；在这个大气候的背景下由于中等地形、大片植被等局部的影响，气候产生了较小范围的变化，如森林和丘陵坡地的气候，称为中气候(mesoclimate)或地方性气候(local climate)；小气候(microclimate)则是与有机体在同一水平上的气候，如发生在群落内部、湖岸、某一座房子附近的气候。由于地方性气候和小气候之间很难有清楚的界限，因此也有人把它们统称为小气候。

1. 气候对植物群落分布的影响

气候与植被分布的密切关系早就引起人们的重视。Al. de Candolle 早在 1855 年就根据年平均温度把地球上的植被划分为若干个植被带(表 6-7)，实际上，植被的分布并不完全决定于年平均温度。因为对植物生存及其在地球表面分布起重要作用的，与其说是年平均温度，还不如说是温度的极值及其在全年期间内的分配，这才是决定植物能生存多长时间的因素。例如，7 月的 10℃等温线大约与北半球森林北界相吻合；雨绿灌木的分布与 1 月的温度有关(Szafer，1958)。此外，植物生活不仅需要温度，还需要水分。因此，水热的配合才是决定地球表面植被分布的关键因素。

表 6-7 根据年平均温度划分的地球植被带(引自宋永昌，2001)

年平均气温超过 20℃的热带植被区	(A) 高温植被带，高温时期有丰富的降水；(B) 旱高温植被带，高温时期干旱
年平均气温超过 15～20℃的热带外植被区	中温植被带，这些植被对湿度及夏季高温和冬季低温有不同的要求
年平均气温超过 0～14℃的低温带植被区	低温植被带，植物不能忍受太高的夏季温度及太低的冬季温度
极低温植被区	极低温植被带，北极无林区及南极地区

Koppen 于 1884 年和 1918 年按温度和湿度划分了地球的气候带，而这些气候带都是和一定的植被类型相联系的(表 6-8)。

表 6-8　柯本(Koppen)气候分类与植被带(引自宋永昌，2001)

气候带	气候特征	气候型
A.热带	最冷月平均气温≥18℃	A_f 热带雨林气候：全年多雨，最干月降水量≥6mm A_m 热带季风气候：由于季风影响，有一特别的多雨季节，最干月降水量<6mm，但≥10–r/25mm A_w 热带稀树草原气候：干湿季分明，最干月降水量<6mm，也<10–r/25mm (r=年降水量)
B.干旱带	r<2t；r<2(t+7)；r<2(t+14)； r<t；r<(t+7)；r<(t+14)	B_s 草原气候 B_w 沙漠气候
C.温暖带	最热月均温>10℃； 最冷月均温 0～18℃	C_s 夏干温暖阔叶林气候：夏季最干月降水量<4mm C_w 冬干温暖阔叶林气候：冬半年最干月降水量<夏半年最多降水量的 1/10 C_f 常湿温暖阔叶林气候：全年降水量分配均匀
D.冷温带	最热月均温≥10℃； 最冷月均温<0℃	D_f 常湿冷温雪林气候：冬长，低温，全年降水量分配均匀 D_w 冬干冷温雪林气候：冬长，低温，降水集中在夏季
E.极地带	全年寒冷；最热月均温<10℃	E_t 苔原气候：最热月均温在 10℃以下，0℃以上，有苔藓、地衣生长 E_f 冰原气候：最热月均温在 0℃以下，终年冰雪

由于 Koppen 气候分类对照了全球自然植被的分布形势，标准严格，界限明确，应用上比较方便，几经修改，在世界各国得到了广泛的应用。

Koppen 气候分类为我们提供了几条重要的植被分布与气候相关的界线，分别为以下几个部分。

1) 林木与冻原的界线：最热月平均气温 10℃线，温度低于此线的为冻原，高于此线的为林木。

2) 热带雨林与温带森林的界线：最冷月平均气温 18℃线，高于此线的为热带森林，低于此线的为亚热带、温带森林。

3) 温带的阔叶林和寒温带针叶林的界线：最冷月平均气温–3℃线(后改为 0℃)，等于、大于此线者为阔叶林，低于此线者为(北方)针叶林。

4) 森林与草原及荒漠的界线：确定这条界线同时要计算温度和降水。在降水没有明显季节变化的情况下，干燥气候界限的公式是：r<2(t+7) [r 为年降水量(mm)；t 为年均温(℃)]。例如，年平均气温为 20℃时，若年降水量小于 54mm，则为干燥气候；若年降水量在 54mm 以上，即森林气候；若年降水量为干燥气候界限的一半时(r<t+7)，即荒漠。但是，在降水年内分配并不均匀时，标准则需修改，若降水集中在夏季，蒸发量高，则需较多的降水才不致形成草原或荒漠；反之，若降水集中在冬季，蒸发较弱，年降水量虽少也不至于形成草原或荒漠。因此，在夏季多雨(夏季 6 个月，4～9 月的降水量占年降水量的 70%以上)条件下，森林和草原的气候界线为：r=2(t+14)，草原与荒漠的界线为：r=t+14；但是冬季多雨(冬季 6 个月，10 月至翌年 3 月的降水量占年降水量的 70%以上)的条件下，这两条界线分别为：r=2t 和 r=t。

5) 冻原与冰原的界线：最热月平均气温高于 0℃的属冻原，如果所有各月平均气温都低于 0℃的则为冰原，终年为冰雪所覆盖。但从植被实际分布与气候的相关性来看，除了 A 型和 E 型气候符合植被分布情况外，B、C、D 型气候与植被的实际分布并不十分吻合。以我国植被分布为例，按照 Koppen 的气候分类，黄河流域下游与长江流域下游的大部分及西江流域同属 C_w 型，这样就把落叶阔叶林和常绿阔叶林混在一起，再如东北、山西、河南北部同属于 D_w 型，植被均应为北方针叶林，这也与实际情况不符。

Holdrige(1967)、Lieth(1956)、Dansereau(1957)、Whittaker(1970)等曾以年平均气温为纵坐标，年平均降水量为横坐标做出世界主要植被类型(群系型)的分布图，诚如 Whittaker 1970 年所说，由于诸多原因，这种图也只能为我们提供一个近似的轮廓(图 6-23)。

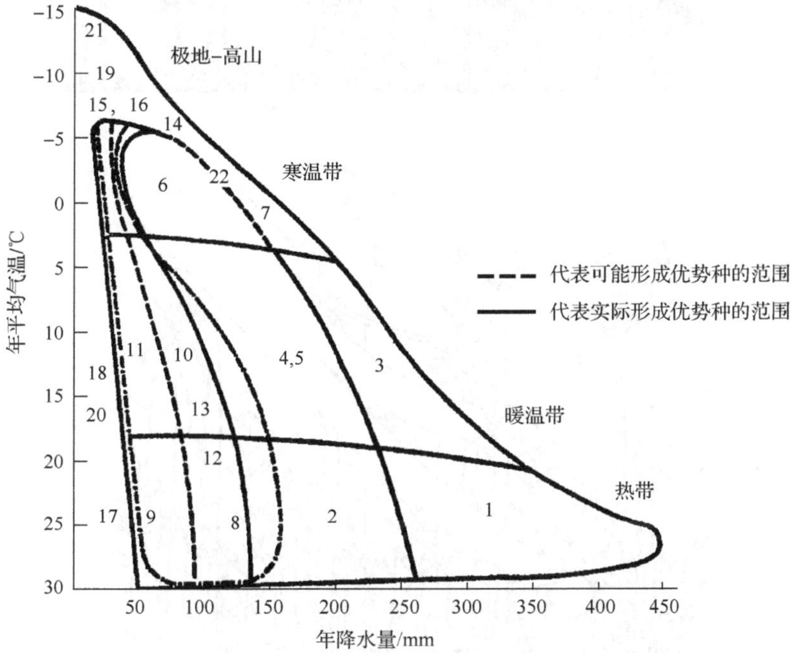

图 6-23　世界主要植被类型与气候关系的图式(引自宋永昌，2001)

1. 热带雨林；2. 热带季雨林；3. 温带雨林；4. 温带常绿林；5. 温带落叶林；6. 泰加林；7. 高山矮曲林；8. 热带阔叶疏林；9. 有刺灌丛；10. 温带疏林；11. 温带灌木林；12. 萨王纳；13. 温带草地；14. 高山灌丛；15. 高山草地；16. 冻原；17. 暖半荒漠；18. 寒半荒谟；19. 极地—高山半荒漠；20. 荒漠；21. 极地高山荒漠；22. 寒温带沼泽

2. 植物群落对气候的影响

植物群落在受气候条件影响的同时，也改变着气候，形成群落特有的小气候或称群落气候。

(1)群落内的光状况

植物群落对气候的影响，首先表现在对太阳辐射的影响上，太阳光投射到群落上后，一部分被反射，一部分被吸收，一部分投射到地面，这三方面的比例在不同群落中是不同的(图 6-24)。从图 6-24 可以看出，无论是森林还是草本植物群落，大部分的太阳辐射为群落上层植物冠层所吸收，在森林中最大吸收太阳辐射的是林冠部分，在草本群落中则是位于中部和下部，均为枝叶最密集处。

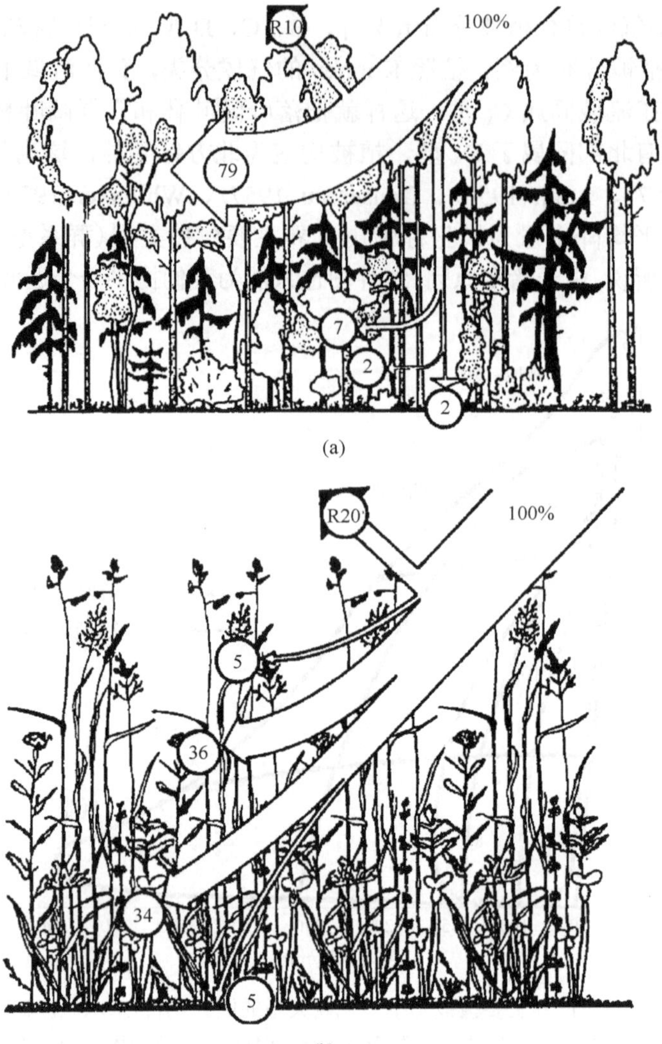

图 6-24　太阳辐射在北方混交林(a)和草甸(b)中的削减(引自宋永昌，2001)

在入射的有效光合辐射(PhAR)中，从森林顶端反射掉 10%(辐射，R)，而从草甸顶端反射掉 20%；穿过群落每层吸收的辐射量决定于群落的结构。在森林中，最大的吸收量是树冠层；在草甸中，吸收量最多的是叶子最密集的中层和下层；仅有 2%～5%的入射 PhAR 到达地面，图中各数据表示群落各部分吸收的辐射比例

植冠的反射部分占入射光的 10%～20%，森林反射率低于草本植物群落，是由于林冠叶子数量多且浓密，下面叶子反射的光又可被上面叶子所吸收，透过叶片到达群落内部的只是很少一部分，占入射光的 2%～5%。在热带森林，光照强度减少更多，只有全光照的 1%，而 1%～2%的相对强度通常被看作维管束植物生存的低限。

植物群落内的太阳辐射不仅在强度上显著减弱，而且在光质上也与群落外不同。群落内的光主要是穿过枝叶间而射入的直射光、天空漫射光及叶子或经叶子反射的漫射光。森林中的直射光是以斑点形式射到地面，由于这些斑点是太阳的放大像，它的强度与其从树冠透光处到达地面的距离呈反比，一般要比空旷地减弱 25%～50%，而且持续时间也较短，因为太阳光点随它离地平线的高度而更换，并常被在风里摇摆的枝叶所遮挡；在稀疏的森林中(郁闭度 0.5)，直射光照射的持续时间不到该地可能照射时间的一半；在茂密的森林中，晴天太阳光点在一天中只出现 1/4 或 1/2h。群落内直射光的照射面积与群落盖度呈反比。在热带森林中，被光点照射的面积比例为 0.5%～2.5%，南亚热带常绿阔叶林 5%～10%。

光在植物群落内的分布主要决定于叶子的密度及其排列。叶子密度可用叶面积指数(leaf area index，LAI)来定量地表示。当然，叶是成层排列的，辐射在其穿过植物冠层的过程中，必须通过连续的叶层，在这一过程中，随着总盖度的增加，发光强度几乎呈指数降低，这与 Lambert-Beer 消光定律是一致的。如果把叶层看成均匀的，则辐射削减的消光方程式计算如下：

$$\mathrm{In}=I_o\exp(-K\mathrm{LAI}),\ \mathrm{In}(\mathrm{In}/I_o)=-K\mathrm{LAI}$$

式中，I_o 为植冠顶端的入射辐射强度；In 为距植冠一定距离上的辐射强度；LAI 为在计算 In 的水平上每单位土地面积上的总叶面积指数(LAI)；K 为该特定群落的消光系数，它表示在给定的叶面积指数下，光在植冠内削减的强度。

消光系数表明在一定叶面积指数下，光在群落内削减的强度。在草甸和芦苇丛中，叶子趋于直立方向(3/4 以上的叶子与水平面呈 45°以上的角)消光系数一般低于 0.5，群落中层的发光强度至少为外部发光强度一半。在阔叶植物群落中，如三叶草或多年生高草群落，叶子水平覆盖地面，消光系数大于 0.7，在群落一半的高度上，2/3～3/4 的入射光已被吸收(图 6-25)。在森林群落中，叶的密度与光的透过之间也存在同样的相互关系。叶子茂密的森林，光的削减和双子叶草本群落是相似的，甚至更为强烈(图 6-26)。

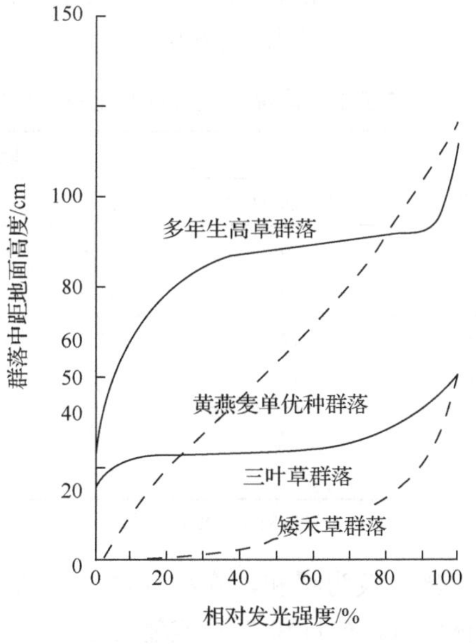

图 6-25　光在群落中的削减(引自宋永昌，2001)

在叶片相对直立的禾草群落中，发光强度的下降比较平稳，而在阔叶的双子叶群落中，发光强度的降低在上层也很明显。图中实线为实测值，虚线为理论估算值

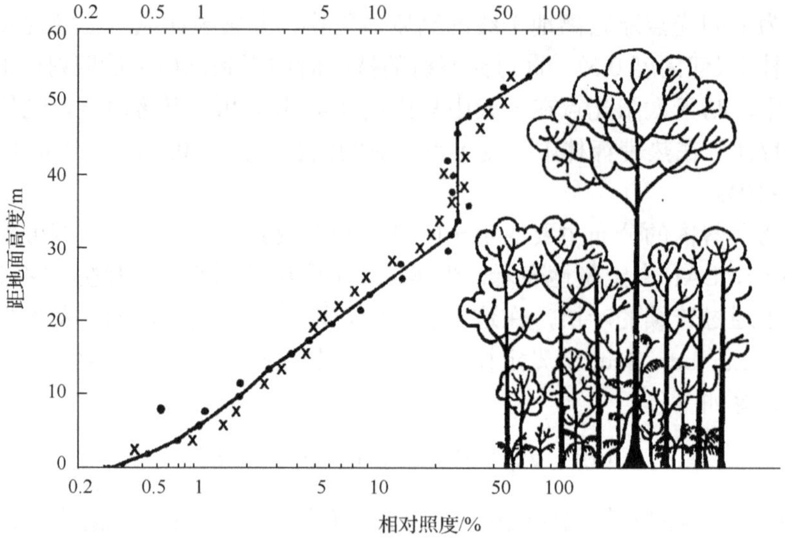

图 6-26　马来西亚巴索(Pasoh)热带雨林平均相对照度的垂直分布(引自宋永昌，2001)

(2)群落内的热状况

植物群落既然影响它内部的太阳辐射，必然也要影响它内部的温度状况。群落内温度变化的大小与群落类型及其结构密切相关，群落结构越复杂，对气温的影响越大。森林在这方面的作用较其他植被类型更为显著，茂密的林冠可以遮去大部分(50%～80%)太阳辐射，进入林内的太阳辐射减少，林内增温也少，所以白天森林内温度比林外空旷地低，特别是在夏季相差更大，有时可达 10℃左右。但是到了夜间，由于林冠的阻碍，热量不易散失，气温较林外为高，因此森林在白天降低最高温度，在夜间提高最低温度，缩小了日较差，起着缓和气温升降的作用(表 6-9)。

表 6-9　红松林内与空旷地的最高、最低气温比较(引自宋永昌，2001)

观测位置＼观测项目		最高		最低		日较差/℃
		数值/℃	出现时间	数值/℃	出现时间	
距地 20cm	林内	28.2	14	8.9	4	19.3
	林外	25.2	12	10.5	4	14.7
距地 50cm	林内	27.8	14	9.0	4	18.8
	林外	25.5	12	10.3	4	15.2
距地 150cm	林内	27.3	14	8.8	4	18.5
	林外	25.5	12	10.3	4	15.2

注：北京林学院气象教研室于 1960 年 7 月在小兴安岭伊春地区所观测记录

植物群落内温度的年变化也较为缓和，森林在这方面的作用最为显著，夏季受热时期内，林内月平均温度比林外低，6 月和 7 月差值可达 1～2℃，在冬季散热的时期内，林内温度往往高于无林地区。这一低一高，使得森林内的年平均温度变幅减小，但是由于夏季降低的差数大，冬季升高的差数小，因此年平均温度低于无林地区。森林这种缓和气温的作用，受许多其他条件的影响，如森林的种类组成、树木年龄、疏密度等。一般说，耐阴的林冠较密的森林对温度的影响大于阳性树种组成的林冠较疏的森林。

此外，气温在群落中也有明显的垂直梯度分布。大家知道，裸地由于地面强烈的有效辐射，在白天气温变化呈现出由地面向空中递减的分布规律，在夜间则相反，是从地面向上递增。所以在裸地上，一天内的最高温度和最低温度都出现在地表。可是在有植物群落覆盖的地方，白天由于植被对太阳的阻挡作用，叶层表面强烈受热，因此高温出现在叶层密集的群落上部，向上向下温度都呈递减变化，到了夜间叶层又强烈地向四周释放热量，温度急剧下降，一直降至最低温度，由此向上向下呈递增状态，因此最高、最低温度都出现在群落的叶层上，温度的日变幅比空旷地更大(图 6-27)。但是在稀疏的群落中情况不同，最高和最低温度可以出现在比叶层低的地方，因为在郁闭度小的情况下，枝叶间的空隙多，冷空气容易下沉，且放热也较容易，最低温甚至发生在林中的地面上，所以在北方森林的空隙地上，就是在夏季，也会因冷空气下沉发生霜冻。

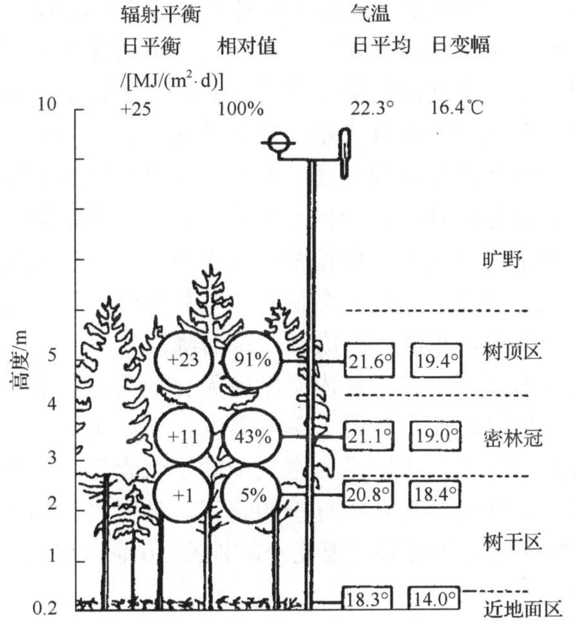

图 6-27　幼龄云杉密林夏季晴天时，一天中林内外不同高度辐射平衡和温度变化(引自宋永昌，2001)
最明显的能量交换发生于树顶区上部，这里的气温日变幅最大，近地面区只有很小一部分能量发生交换，温度稳定

(3)群落的水分状况

植物群落也显著影响水分状况，森林的这种作用更为突出。它主要表现为截留降水、保蓄水分，以及对降水再分配的影响，因此形成了群落内特殊的水湿条件。

植物群落截留降水的能力决定于群落类型、密度及其种类组成成分的形态特征，同时也与降水的性质及当时的气象条件有关。一般来说，森林截留降水能力较大，草本群落较差。针叶林截留降水量平均约占总降水量的30%，阔叶林约占20%。随着覆盖率的下降，截留降水能力减小，当覆盖率由100%下降到40%～50%时，林冠截留作用将下降60%左右。此外，降水强度越小，降水时间越短，则群落截留降水的比例越大。反之，降水强度越大，降水时间越长，截留降水的比例就越小。当然，截留降水量的大小还随当时天气条件如温度和风的情况而有不同。由于群落截留降水的作用，大气降水要成为群落内的降水，只有当植物体表面完全浸湿后才能到达地面，因此浸湿植物所需的降水即净降水的临界值，不同群落的临界值是不同的，如阔叶林为0.5～2mm，草地为1～2mm，针叶林为 3～6mm。由此可见，由群落中植株分布和密度不同而引起的降水分布的不均匀性，在森林群落内尤为明显，林冠空隙下的地面、林冠外缘和树干基部附近的地面渗入土壤中的水量相对多些。

由于上述群落截留降水的作用，以及群落内枯枝落叶层和草本地被层等活地被物的存在，能够吸收大量的水分，有助于水分渗入土壤而减少地表径流。一般来说，植物群落减少径流，加强渗透作用，仍以森林群落最为显著。在空旷地地表径流达 50%，草甸则为 28%～32%，森林只有 13%。森林内死地被物吸水一般可达自身质量的 26%～40%，其吸水量的多少又取决于种类组成，如杉木林的持水率为 168.8%，常绿阔叶林为 161.9%。枯枝落叶转化为腐殖质后，吸水量可提高到自身质量的 2～4 倍。因此，为了发挥森林减少地表径流及增加渗透、含蓄水源的作用，保护其林下枯枝落叶层十分重要。

森林的存在可以增加一个地区的降水量，这是因为林冠层不断地向森林上空蒸腾大量的水汽，提高了林区空气中的水分含量，加之林区气温一般均较空旷地为低，含水汽能力较小，容易达到饱和状态而凝结成雨；此外，森林是气流移动的障碍，平流的空气遇到大森林阻挡时，就会像遇到高地一样被迫抬升，并在林墙附近产生涡旋，这些涡旋使得森林上空的空气处于涡动状态，促使空气呈上下交流的流动状态，气流上升后，因高层气压越来越低，上升空气的体积就会膨胀，气体分子的运动要消耗热能，因此气温显著降低，含水汽能力变小，水汽凝结成云，终而降雨。

一方面，由于林冠的荫蔽，白天林内温度较无林地为低，加之林内风速较小，又有枯枝落叶层的覆盖，这样可以减少林内土壤的蒸发，全年可比空旷地少 1/3～1/2；另一方面，植物本身还有蒸腾作用，可以增加空气中的水汽含量，因此林中的湿度，无论是相对值还是绝对值都较无林地为高。在夏季的晴天，林冠内部绝对湿度可比群落周围大气高 2～3mm，一般群落内的相对湿度要比空旷地高 20%～40%。

(4) 群落内的空气

一方面，群落生活受空气成分和空气流动的影响，另一方面，群落的存在也对空气成分和空气流动产生作用，从而形成群落内特殊的空气环境。

群落内空气成分的变化，尤其明显地表现在 CO_2 的含量上，它每时每刻都在变化着。白天，绿色植物的光合作用使得空气中 CO_2 含量降低；夜间，光合作用停止，呼吸作用放出的 CO_2 使其含量再度升高，在密集的群落中，CO_2 的这种日变幅可达平均含量的 25%（宋永昌，2001），如果空气是静止的，便会形成一个特有的浓度剖面（图 6-28）。夜间 CO_2 在群落内尤其是靠近地表的地方集聚，在上午群落植物冠层中 CO_2 的浓度变得低些，到了中午 CO_2 浓度最低。

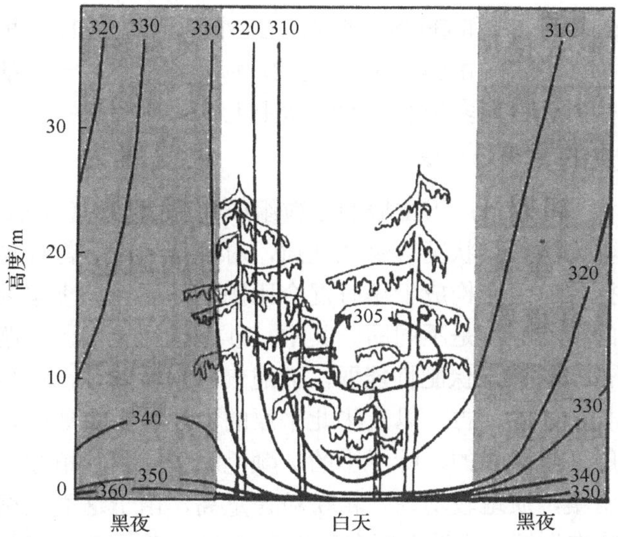

图 6-28　森林空气中 CO_2 浓度的日变化(引自宋永昌，2001)

白天树冠周围的空气中 CO_2 由于进行光合作用而降低，在无风的条件下形成一低浓度区(305ppm)，周围大气和土壤中的 CO_2 向该区扩散，在夜间空气成为稳定层，靠近地表因土壤呼吸而使 CO_2 浓度增高。图中各数值对应的线为 CO_2 浓度等势线

群落内 CO_2 含量最显著的变化发生在地表以上 8cm 之内的大气中，中午时在森林这一层的 CO_2 浓度可高达 0.101%(一般大气中 CO_2 含量为 0.03%)。在一年中 CO_2 浓度的变动，没有日变化那么显著，在北半球生长季中，空气中 CO_2 含量比冬季仅低 8ppm①，在南半球相应地低 2ppm。显然，群落内 CO_2 含量的变化取决于植物的同化作用和呼吸作用，也取决于土壤呼吸作用的强弱，这与群落类型和结构密切相关，变化是复杂的，无论偏高还是偏低，都具有重要的生态意义。

(二)植物群落分布与土壤因素的关系

土壤是植物生活的基础，它不仅是植物的固着基地，还是植物生活中不可缺少的水分、无机盐的主要供应者，如果说一个大区的主要植被类型决定于该地区的气候条件，那么在这个大区内植物群落的具体分布则更多的是由土壤决定的。另外，植物群落的存在也影响土壤，参与土壤的形成，实际上土壤中所有植物活的和死的部分都是土壤的组成成分。

1. 土壤的化学性状与植物群落

土壤的化学性状对群落具有重要的生态学意义，其中某些元素的有无或多寡都影响群落的分布。一般来说，与一定化学元素相联系的特定的土壤条件，通常分布着与其相适应的特定的植物群落。例如，NaCl 含量很高的盐土上，就相应地分布着盐生植物群落，这种土壤分布于海滨，也分布于大陆盐湖附近，或在盐露出地面的荒漠和半荒漠地区，如在我国的沿海，以及内蒙古、新疆、青海、甘肃等地。在硝酸盐大量聚积的地方，生长有喜氮的植物群落。还有一些植物群落的分布与一定的元素如 Zn、Pb、Ni、Co、Cr、

① $1ppm=10^{-6}$

Cu，以及 Mn、Mg、Cd、Se 和 Ga 等相联系。此外，土壤的 pH 与植物群落间也有一定的相关性。一些群落的分布是由土壤 pH 决定的，如马尾松林，一般都生长在 pH 4.5～5.5 的酸性土壤上，而桧树、牡荆多长在中性钙质土上。

2. 土壤的物理性状与植物群落

土壤的物理性状主要包括：①土壤的颗粒组成和土壤结构(structure)，②通气状况，③土壤的水分状况、土壤的热状况等物理性质，对群落的影响都很显著。就土壤的颗粒组成来说，可以根据颗粒组在构成土壤时混合比例的不同而把土壤划分为砂土组、壤土组和黏土组，其上的植物群落是不同的。其中，砂土组的土壤，土壤颗粒组成较粗，含砂量均在 50%以上，一般保水保肥性能弱，而通气透水性能强，这种土壤在我国广泛分布于新疆、青海、甘肃、内蒙古，以及华北平原的沿江、沿海地区，其上多发育着砂质地的植物群落，一般都是耐旱的、叶子小的、颜色暗淡的稀疏植被，根际微生物也多为好气性；壤土组的土壤，质地较均匀，粗粉粒含量高，由于这类土壤通气透水，保水保肥性能较好，适于植物生长，这类土壤在我国多分布于黄土地区、松辽平原、华北平原、长江中下游、珠江三角洲等平原地区，以及南方丘陵地区，其上自然植被多为茂密的草原、草甸或森林，也是我国主要粮食的生产基地；黏土组土壤，因其颗粒组成以黏粒占优势，质地黏重，结构致密，虽然它的保水保肥能力强，但通气、透水性能差，从而呈现出一些不良的物理性质，这类土壤多分布于平原洼地、山间盆地和湖积平原地区，其上发育的是一些黏土植被。

同时，土壤水分状况也影响植物群落的分布，只要看植物群落在湖泊的岸边从水生到陆生的生态序列就很明显，显然水分在这里对群落分布起着主导作用。此外，地下水位的高低也影响着植物群落的分布，尤其是在干旱地区，我国新疆托克逊地区的植物群落分布与地下水有如下关系：20m 以下是寸草不生的戈壁；10m 以下生长有骆驼刺(*Alhagi sparsifolia*)和老鼠瓜(*Capparis spinosa*)等群落；5～10m 的沙梁地上是骆驼刺群落；3～5m 的地方是骆驼刺、花花柴(*Karelinia caspia*)群落；河谷两岸是柽柳(*Tamarix chinensis*)和胡杨(*Populus euphratica*)。

然而，植物群落对地下水位的影响也很大，植物巨大的蒸腾作用能够大大降低地下水位，沼泽地区可以通过造林的方法逐渐降低地下水位。

(三)植物群落分布与地形因素的关系

地形包括海拔、坡向、坡度及局部的小地形等，它本身对植被并不产生直接作用，而是通过对气候、土壤等因素的作用发生间接的影响。

1. 海拔对植物群落的影响

我们知道，由于海拔升高，气温便相对下降，每升高 100m，年平均气温约下降 0.56℃，这在不同地区有所不同。雨量和相对湿度在一定高度上则随海拔升高而增加，同时辐射强度和光谱中波长成分也随高度而有所改变，空气流动也发生了显著的涡动现象，其他诸如土壤的性质在山顶和山麓都有很大不同，这一切必然会影响植物群落的组成和分布，因此在一个海拔足够高的山地上，人们经常可以看到从山麓到山顶有不同的植物群落按海拔呈带状分布，这种分布称为垂直分布。一般而言，植被带从山麓到山顶的更替类似于该地域所在纬度地带向高纬度地带的植被更替，也就是说，植被类型的垂直分布规律重复着水平分布规律，但是气候条件及其他环境条件的垂直变化不同于水平变化，低纬度高山的低温同时伴随着大风和较强的紫外线，全年夜间温度均低，尤其夏季也缺乏高温，几乎每个夜晚都有霜冻；而高纬度的低温，主要是在冬季，全年之中也还有稍温暖和长日照的暖季，以及一定的无霜期。因此，尽管它们的年平均温度相同，但群落的种类组成、区系性质、外貌和结构特征都有差异。例如，寒温性常绿针叶林(云杉、冷杉林)作为水平带的植被分布在北方。此外，在热带、亚热带的高山上也有这种类型的分布，但是两者在种类组成上不同，前者有的种如北极花(*Linnaea borealis*)、杜香(*Ledum palustre*)等典型的北极植物，后者是没有的；后者有的种如铁杉、箭竹等，前者则又缺乏。不但如此，它们的生产量也是不同的，前者虽然夏季温度高，日光充足而无霜，可生长快些，但雨量和湿度都不高，一年总生长量不大；而低纬度地区的山顶下部，常被云雾所笼罩，湿度大，雨量多，加之冬季不太冷，全年生长季节较长，因而森林生长茂密，生产量也大得多。

2. 坡向和坡度对植物群落的影响

坡地朝向对植物群落的分布有很大影响，尤其是坡的南北朝向之间常表现出明显的差别，这主要是由于地表获得热量不仅取决于地理纬度，还取决于坡向和坡度。在倾斜的表面上获得太阳热量可用下面公式表示：

$$J_h=I\sin h$$

式中，J_h表示该斜面上所获得的热量，I代表垂直于太阳光线的表面所获得的热量，h代表太阳的高度(角)，按照这个公式，如果1cm^{2}土壤表面在直射的某一时间内获得了42J，那么光线以60°投射的情况下该表面仅获得365.4J，在45°情况下仅获得29.4J多的热量，这一点意味着斜坡对当地子午线的朝向不同，坡度不同，获得的热量也不同。一般来说，在中纬度地区，南坡受日射较多，温度较高，水分蒸发较快，便会发展较耐旱的阳生植物群落；相反，北坡因接受的日射较少，温度较低，土壤湿度较大，便会发展耐阴的中生植物群落。由于坡向的关系，在一个山地上南坡和北坡的垂直分布也不完全相同，一般在南坡上群落的垂直分布比北坡高(图6-29)。

不仅如此，在南坡的植物群落与当地平地上的植物群落相比，常具有一些南方的特征，在北坡上则具有北方的特征，这是因为平地植物群落最符合当地的大气候条件。南坡和北坡带的气候差异，致使群落也分别具有南方或北方的特色。阿略兴称这种现象为“先期适应法则”(early adaptation law)，即平地植物种类或群落预先适应于南方或北方的相应生境条件。因此，研究不同地形部位的群落可以想象较南方或较北方的植物群落特征。这种先期适应现象只有在北方平原地区的草原及无林区域内才较为显著，同时还要在天然植被没有遭受破坏时才能表现出来，人类强烈的影响及水文条件的改变都会使这种现象发生重大变化，特别是山区由于生态因素综合性更加复杂，这种现象的表现不明显。除此之外，坡向对群落的影响在不同纬度地区和离海远近也是不一样的。一般来说，在赤道地区没有温带地区影响明显，在沿海地区由于潮湿的海风和雾的作用，坡向的影响往往被削弱或消失。

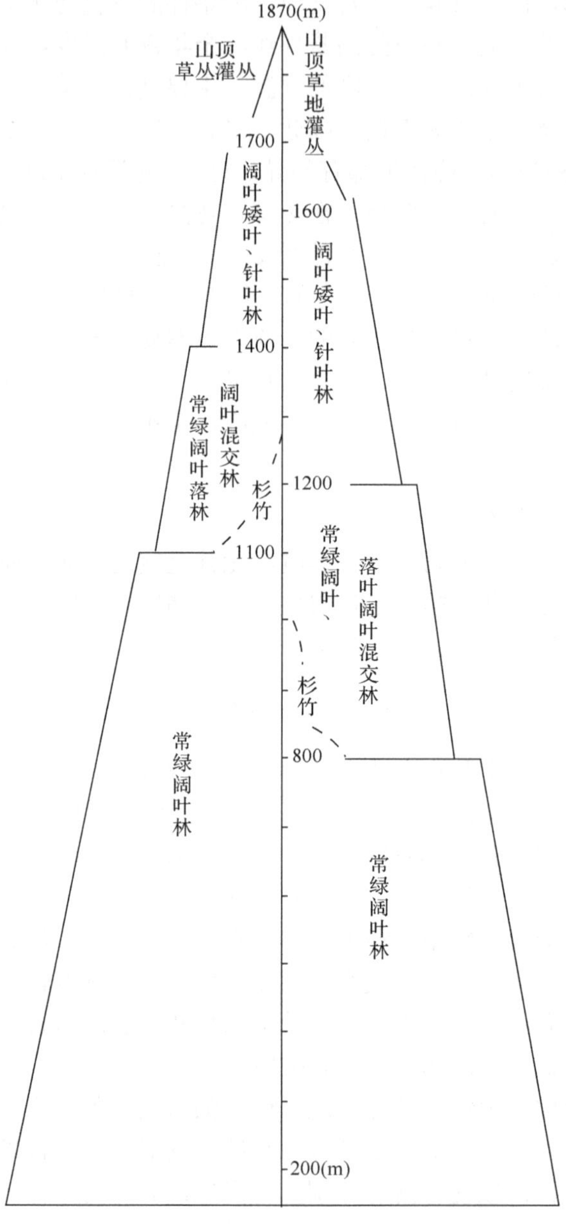

图 6-29　武功山南坡和北坡群落垂直分布图(引自姜恕，1958)

坡度对植物群落的影响也很大，这不仅是由于倾斜不同，单位面积所接受的能量不同，更重要的是影响土壤水分和土壤流失。在一般情况下，坡度大的地方土层较薄，土壤水分较少，无机盐容易淋失，土壤多呈酸性；坡度平缓处，土壤较深厚，水分也较多，土壤酸性较弱。因此它们上面发育的植被也有区别，特别是一旦植被遭到破坏，坡度小的地方植被恢复还比较容易，坡度大的则比较困难，有时甚至再无可能。

3. 山脉与河谷走向对植物群落的影响

山脉与河谷走向也影响着植物群落，如我国西南横断山脉的河谷走向多与印度洋吹来的暖气流相平行，因而可使南方的植物向北推移到拉萨附近，又如武夷山走向与太平洋吹来的夏季风相垂直，由于它的阻挡，空气抬升冷凝致雨，因此武夷山区东南侧的降雨比近海的厦门、福州均高，这里的植被发育非常茂密。

此外，河谷地形常常由于焚风效应形成非常干热的气候，干热河谷的特殊植被发育，如在我国西南地区金沙江、元江等干热河谷地区所出现的余甘子(*Phyllanthus emblica*)、黄茅(*Heteropogon contortus*)、半萨王纳植被(金振洲等，2000)。在亚热带山地，山坡上分布的是常绿阔叶林，山沟内部却生长着常绿落叶阔叶混交林或落叶阔叶林，这种现象的出现尚有待研究。

4. 小地形对植物群落的影响

地形中除了大地形、中地形对植物群落有影响外，小地形对植物群落也有显著的作用。小地形的起伏范围直径一般多从几十厘米到20～50m，垂直差异一般不超过1m，如小丘、洼地、草丘、树桩的凸起、岩石堆等。小地形的存在促进了植物群落的水平分化，这一点在山地、干旱地区、盐湖边很清楚，如在黑龙江省的一些内陆盐湖边上，从湖边至台地只相差数十厘米至1m的高度，但在接近盐湖边的低凹处，植物群落以碱蓬(*Suaeda glauca*)为主，高出 10～100cm 处则以马兰(*Kalimeris indica*)占优势，这是因为低凹处Na_2CO_3、$NaHCO_3$含量较多。

5. 植物群落对地形的影响

植物群落也对地形产生影响，它对湖泊的填平作用是最明显的例子。植物群落对小地形的影响也是极明显的，群落中植物基部在背风面经常阻挡着一些尘土和枯枝落叶，形成小土丘和小土台。同时，植物群落的存在可以防止土壤冲刷，它在固定地形类型和制约土壤形成方面的作用都很大。植物群落对流动沙丘的固定，以及红树林群落在扩大海滩面积、促进和固定新的海岸地形等方面更有意义。

(四)植物群落分布与生物因素的关系

植物群落和生活在其中的动物、微生物的关系密切，一方面，植物群落是动物和微生物的栖息地，同时也是它们食物的直接或间接的供给者，另一方面，动物和微生物在群落的形成发展和分布中也发挥着巨大作用，如果没有动物和微生物，植物群落实际上也是不能存在的。

1. 植物群落与动物

动物从多方面影响植物群落，无论是传粉、传播种子还是啃食、践踏等，都直接或间接地影响植物群落的形成、更新和演替。许多植物的传粉必须借助于动物，尤其是昆虫中的蝶类、蛾类和蜂类。少数的鸟类(如蜂鸟、太阳鸟等)对花粉的传播也有贡献，甚至还有一些小型的爬行动物也有作用。无论是传粉动物还是传粉的昆虫，它们与花之间的某些结构适应极端化，以致造成彼此之间的完全依存，这类专性的传粉及传播种子的现象，在热带、亚热带群落内显然较温带群落普遍。如果一种植物的花缺乏它的传粉动物，就不能繁殖，即使生长条件有利也不能继续生存，一个典型的例子是红车轴草(*Trifolium pratense*)在没有丸花蜂的地方就不能结籽。因此，它们的分布区是密切联系的。一种蝶类的垂直分布与高加索的杜鹃(*Rhododendron simsii*)的分布是一致的。鸟媒也有类似的情况，像芭蕉属(*Musa*)、木槿属(*Hibiscus*)、木棉属(*Bombax*)和刺桐属(*Erythrina*)等分布区和花蜜鸟的分布区边界相一致。在巴勒斯坦，鸟媒桑寄生(*Taxillus sutchuenensis*)的分布区完全符合花蜜鸟的分布区。

有许多植物，它们的种子等繁殖体的传布也要借助于动物。植物中的一些可食的果实，如核果、坚果及松柏类植物的球果，被森林中的啮齿动物搬运和储藏。在这个过程中，吃不完时就可以萌发。另外，鸟类取食浆果和核果时由于内种皮坚硬不能消化，随粪便排出，帮助散布，这有助于解释海洋岛屿上的植物地理分布。另外，蚂蚁也常搬运大量植物的种子，因为蚂蚁要吃这类种子上特殊的肉质附属物，这类植物称蚁布植物(myrmecochorous plant)，如紫堇属(*Corydalis*)、矢车菊属(*Centaurea*)等，在欧洲水青冈林中大约有 45 种植物的种子是借助蚂蚁而散布的。另外，还有些植物的种子和果实具钩、刺等附属物，附着在动物体外，被传布至很远的地方。

动物的啃食对植物的影响也很大，如松毛虫引起大批松树的死亡，松鼠啄食大批松树的种子，它和鸟几乎能把森林中 2/3 的种子消灭掉，在山鸡嗉子里曾找到几千个树芽。动物啃食可引起植被整体变化，众所周知的蝗虫、甲虫等草食性动物数量过高时，足以对群落结构造成严重破坏甚至毁灭。布氏田鼠(*Microtus brandti*)可使蒙古草原变成荒地，牧场拔鼠可把它们住处一定距离内的牧草全部吃光。喜欢吃树皮的动物可以造成树木相当的损害，特别是当它们的食性对树种有选择的时候，并可导致病虫害，使这些树最后干枯。在热带美洲，有好几种蚁生长的地方，根本不能栽种咖啡、橙和蔷薇及一些其他植物，因为那里的蚁可以把叶子全部消灭，它们先把叶子咬成小块，然后搬进蚁穴中，不断地吃着叶子，再把它们吐出来变成柔软的物质，这就成了一种真菌的菌丝体生长的地方，菌丝体在得到养料的情况下不断生长，形成类似球茎甘兰的东西，作为蚁的食物。

有时候动物和植物的相互关系十分复杂，有一些蚁和植物共生，彼此得益，蚁住在植物体内，从植物获得食物，同时也保护植物免受其他蚁(啮叶蚁)的损害，这种植物可称为适蚁植物。例如，金合欢属各种、蚁栖树各种及卷叶茜草的一些种都有这种特殊的适应。动物和植物群落的相互关系，取决于一系列因素，如动物种类成分、动物种群的数量及其变化、植物种类成分、植物群落结构及植物环境等，它们相互作用，相互制约，构成特定的相互适应的、极其密切的关系。

2. 植物群落与微生物

微生物对植物群落的作用，除了寄生真菌对植物群落的损害外，菌根、根瘤菌等共生菌对植物群落则有积极的作用。此外，群落中还有一些微生物，可以分解动植物的残体，把复杂的有机物变为简单的无机物，供植物的吸收利用和促进营养物质的循环。群落土壤中微生物的数量很大，每一克土壤中具有几亿至几十亿个微生物，根据克拉西里尼科夫的计算，在面积为 $1hm^2$、深度为 25cm 的肥沃土壤表层中，就有 5～7t 活的细菌。

除细菌外，土壤内还有大量的真菌、放线菌、藻类、原生动物等。

微生物与植物群落的密切关系，在某种程度上是相互依存的。例如，木本群落与真菌，草原群落与好气性细菌，沼泽群落与嫌气性细菌，荒漠群落与化能细菌等，显然都是长期相互适应的结果。

3. 生物群落和生态系统

由于植物群落和其中的动物及微生物区系关系如此密切，它们实际上是一个相互制约、相互作用的整体。在生物群落中的植物、动物、微生物之间极其错综复杂的关系中，营养关系是最为突出的。生物群落中的绿色植物及少数化能细菌是生物群落的生产者(producer)，所有那些直接或间接地从植物获得能量的动物与寄生植物被归属于消费者(consumer)，能把生产者、消费者生前死后的排泄物、尸体等分解为无机物的微生物称为分解者(decomposer)或还原者(reducer)。在它们三者之间进行着物质和能量流动。这些过程是通过食物链与食物网而展开的，由于食物网中相互的连锁关系，其中一个物种多度的改变，不仅会在某个食物链的上下环节上反映出来，还在食物网中的其他食物链方面也会反映出来。这种极其复杂的现象维持着生物群落的生态平衡，并推动着有机界的进化，成为自然界发展演化的动力。

在生态系统中，植物群落是初级生产者(primary producer)，它不仅为系统中的各种消费者(consumer)(主要是各类动物)及分解者(decomposer)(包括细菌、真菌、放线菌和原生动物等)直接或间接提供食物，同时也为它们提供栖息之所。可以说植物群落是生态系统存在和发展的基础，生态系统的结构、功能、动态在很大程度上都是由植物群落决定的，它们的分类与分布主要也以植物群落为依据。

(五)植物群落分布与人类因素的关系

人类与植物群落的相互关系，比任何其他关系都更密切。早期的人类就是生物群落结构中的依赖者，他们构木为巢，以植物或动物充饥，他们只能伴随着森林而栖息。

社会发展进入农业阶段，一方面人们开垦种植，变野生动植物为家养，培育了新品种，同时也创造了高产的、适于人们需要的新的群落类型，但另一方面也开始了人类破坏森林的历史。有学者估计，至 1948 年热带非洲的森林已减少到原来面积的 1/3，而在最近 30 年内，滥伐森林的速度又有上升。在北美洲，印第安人为了扩大野牛的放牧，放火烧毁森林，“大大地扩大了大草原”。1940 年，葡萄牙人发现了覆盖着茂密森林的马德拉岛，为了耕种而放火烧掉那里的热带森林，大火一直延续了 7 年，大火中的马德拉岛成为水手航行的标志(Eckholm，1976)。再如，我国浙江绍兴地区在越王勾践时期(公元前 497～前 465 年)分布有大面积的原始森林，与浙江中部、南部及江西、福建的原始森林连成一片，由于用材的需要，对森林进行了大规模的砍伐，有案可查的就有两次，一次是勾践十年(公元前 487 年)曾命木工 3000 余人入山伐木一年，另一次是勾践二十五年(公元前 472 年)迁都琅琊时，又曾使“楼船卒二千八百人，伐松柏以为桴”。这样大规模的木材消耗，历朝历代全国各地并不鲜见，加之兵燹战乱的破坏及人口增长的消耗，中国森林覆盖面积一度曾降到仅占总面积的 8%，近年来虽然大力提倡植树造林，也只提高到 12.7%，约为世界森林覆盖率(23%)的一半。

同时，人类的经济活动常无意识地帮助植物传播并引起不畏后果。亚洲荒漠区的一年生植物盐生草(*Halogeton glomeratus*)输入美国西部荒漠地区，不仅减少本地有用的牧草，还对家畜有毒。胭脂掌(*Opuntia cochinellifera*)输入大洋洲已成为优势种，仅在昆士兰一地，就使得 3000 万英亩①的土地成为无用之地；原产美洲的含羞草(*Mimosa pudica*)输入我国，已成为华南田间的恶性杂草。然而，人类也有意识地引进有益的群落，雷州半岛大面积引种的桉树(*Eucalyptus robusta* Smith)，改变了雷州半岛的植被面貌；华南沿海滩地引种的木麻黄(*Casuarina equisetifolia* Forst.)，建成了大面积的沿海防护林带。随着科学技术的进步，国家间、地区间的交往频繁和人们活动范围的扩大，许多地区的植被中都掺进了外来成分，并由这些新植物组成新的群落，根据 Sukopp(1976)的研究，目前德国的区系中有 16%的物种是伴入植物，其中 7%(170 种)是古代杂草植物，9%(215 种)是新引入的新近杂草植物(neophyte)。

第三节　动物群落的空间分布格局及其变化动态

一、生态地理动物群

我国各个主要的气候—植被带，各具有不同的动物生活条件。所以在各个带中，动物的组成和生态基本上各不相同。各带动物群中各个成分，按数量对比分别称为优势种、常见种、少见种和稀有种。根据生态地理环境与动物之间的关系，可将我国陆地动物划分为寒温带针叶林动物群，温带森林—森林草原、农田动物群，温带草原动物群，温带荒漠、半荒漠动物群，高地森林草原—草甸草原、寒漠动物群，亚热带林灌、草地—农田动物群，热带森林、林灌、草地—农田动物群等 7 个基本的生态地理动物群(张荣祖，1979)。现分述如下。

(一)寒温带针叶林动物群

寒温带针叶林动物群分布于我国最北部，包括东北北部(大兴安岭和小兴安岭北部)及新疆最北部(阿尔泰山区)。两地虽遥相分离，但均属横贯欧亚大陆寒温带泰加林的南部边缘地带，森林茂密，是我国著名的林区。

其中，在东北北部大兴安岭森林以兴安落叶松为主，所占面积最大，常与多种桦树(*Betula* spp.)、山杨(*Populus* spp.)和蒙古栎(*Quercus mongolica*)等落叶阔叶树及樟子松(*Pinus sylvestris* var. *mongolica*)混生。许多广布于东部季风地区的动物类群，在种数上至本带降到最低。所以，动物的组成比较简单。但特别适应于此环境的动物种类，在数量上却比较丰富。与寒冷相适应的冬眠、冬毛丰满、储藏冬粮、雪地生活等生态特征，十分突出。例如，有蹄类以驼鹿、马鹿、麝和野猪最为普通。小型兽啮齿类中的优势种或常见种，首推树栖的松鼠、半树栖的花鼠和地栖的大林姬鼠。食肉类中的黄鼬、香鼬(*Mustela altaica*)、艾鼬(*M. eversmanni*)、狐、狼、棕熊、水獭、狗獾等均甚普遍，以黄

① 1 英亩=0.404 686hm^2

鼬占优势。鸟类，以榛鸡、细嘴松鸡和黑琴鸡等鸟类繁盛。爬行类中，胎生蜥蜴及棕黑锦蛇是东北北部针叶林带比较典型的种类，但比较少见。广泛分布的种类中，以蝮蛇和红点锦蛇比较常见。两栖类种类很少，尤其是北部，如东北雨蛙、中国林蛙、北方狭口蛙等，在东北中部或南部为常见种，而在小兴安岭北部只生活于低湿地温度较高的地段。在更北部的鸥浦一带，只可以遇到广布种花背蟾蜍、蟾蜍和青蛙等。至大兴安岭北部的漠河地区，只有极北小鲵、无斑雨蛙和黑龙江林蛙。漠河地区的这些种类，最能耐寒耐旱，生理生态上最有适应特性。形态上以躯干特别小为特征，反映温度、湿度条件对两栖类分布均有显著影响。

阿尔泰山区针叶林以西伯利亚松、西伯利亚落叶松和西伯利亚冷杉为主。森林分布于阴坡，而与阳坡的山地草原相间。这里非常缺乏我国季风区广布的种类，动物组成更为简单。没有大型的有蹄类，而以麝、鹰最常见。啮齿类中以松鼠和花鼠最多。食肉兽中以狐、猞猁比较常见，并有貂熊。鸟类有不少与东北北部同属一种而有亚种的分化。在山地灌丛裸岩带有岩雷鸟(*Lagopus muta*)栖息。红嘴山鸦是鸟类中最常见的种类，数量甚多。两栖爬行类很少，在林中有极北蝰栖息。

(二)温带森林—森林草原、农田动物群

温带森林动物群和森林草原、农田动物群，分布在东北针叶林带以南至秦岭—淮河一线以北的广大温带季风地区。包括东北东北部山地森林，大兴安岭南缘森林草原和农区，华北地区次生林、次生草、灌丛和农田区及黄土高原和黄淮平原农田区。

东北东南部山地森林中的大中型兽类，以有蹄类的鹿、野猪、马鹿、麝、青羊等最为常见。著名的梅花鹿，尚有少数保存。鹿、野猪和马鹿在林区普遍可见，是优势种。麝和青羊主要活动于岩峭坡梁，数量也不少。混交林区还有黑熊、貉、青鼬、豹猫、虎、豹等南方或季风区的种类，通常黑熊多于棕熊，东北虎和豹已很少见。小型啮齿类中的松鼠和小飞鼠的数量，受森林采伐的影响较大，几乎不见于次生幼林。花鼠则可见于多种环境。林姬鼠(*Apodemus sylvaticus*)、刺猬等，为林下常见种和优势种。

在广大的黄土高原、华北平原和东北平原，大面积的森林几乎不复存在，主要为农田所占据。最普遍的是田野生活的小型啮齿动物，如黑线仓鼠、大仓鼠、小家鼠及食虫类小兽麝鼹等，它们均属森林草原成分。其中黑线仓鼠在耕地、果园和荒山草坡等多种环境中数量均多，并常形成绝对优势。中华鼢鼠在黄土高原的许多地区，形成优势种。麝鼹是华北平原普遍常见的种类。主要分布于内蒙古草原的达乌尔黄鼠，在北部最东可伸至嫩江平原，在南部伸至渤海沿岸和黄土高原。在这些地区的局部地段，也可形成优势种。

温带森林和森林草原带的鸟类，各地颇不一致。但有一些共同的优势种和常见种，如大山雀(*Parus major*)、沼泽山雀(*Parus palustris*)、三道眉草鹀(*Emberiza cioides*)最适于次生草、灌丛的生活。喜鹊、灰喜鹊、锡嘴雀、环颈雉等在许多地区的某些环境中，为留鸟或冬候鸟，也可成为优势种。

爬行类中的蛇类，广泛见于各地的优势种有虎斑游蛇、黄脊游蛇、赤链蛇(*Dinodon rufozonatum*)、红点锦蛇和蝮蛇等，均属北方的广布种。此外，尚有北方类型的棕黑锦蛇、

白条锦蛇和南方类型的黑眉锦蛇，分别在本带的北部及南部的某些地区为优势种或常见种类。蜥蜴类中广泛见于本带并为优势种的只有北方类型的丽斑麻蜥(*Eremias argus*)。其他种类均不普遍，只在某些地方，可成为优势种或常见种，如华北的山地麻蜥、无蹼壁虎和北草蜥，东北的黑龙江草蜥等。

两栖类中分布比较普遍并成为优势种的种类有蟾蜍、花背蟾蜍和青蛙等。全区大部分地区可以遇见的北方狭口蛙和中国林蛙，只见于东北的黑龙江林蛙和粗皮蛙，以及只见于本区南部与华中地区的金线蛙等，均为常见的种类。东北湖沼中东北小鲵甚为常见，在长白山小天池中数量不少。本区两栖类的冬眠期明显较亚热带地区为长，分布于辽宁西部的无斑雨蛙利用天然坑穴和鼠洞以结群方式越冬。春旱常使大部分地区种群的繁殖期后延，特别是华北。

(三)温带草原动物群

温带草原动物群分布在内蒙古高原东部干草原地带，东起大兴安岭西麓山前平原和松辽平原西部，西至集二线北部及鄂尔多斯东部，主要由中亚型的草原成分所组成。在东部边缘地区与一些温带森林动物混杂。在西部边缘，逐渐向荒漠—草原动物群过渡。干草原自然环境比较单纯，植被以针茅(*Stipa capillata*)、羊草(*Aneurolepidium chinense*)、赖草(*Leymus secalinus*)、冰草(*Agropyron cristatum*)、芨芨草(*Achnatherum splendens*)和蒿属(*Artemisia*)等为主。动物的组成较森林及森林草原地带为简单。兽类中以草本植物绿色部分为食的啮齿类特别繁盛，大多是群聚性动物。有蹄种类虽少，但数量多。

草原啮齿类动物，以田鼠、鼢鼠、黄鼠、旱獭和鼠兔等属中的少数种数为主要成分。组成及优势种的区域变化比较明显。在东部地区，最突出的是两种田鼠——草原田鼠和狭颅田鼠。在新垦地区，长爪沙鼠往往代替草原黄鼠，成为优势种，危害垦荒地作物。主要分布于中亚干旱地区的三趾跳鼠和五趾跳鼠，在草原上数量不多。主要分布于东北东部森林草原及黄土高原的黑线仓鼠，在本带也甚为常见，但几乎在各地都不形成优势种，主要栖息于相对湿润的环境。主要分布于温带森林带的大林姬鼠和沼泽田鼠也可沿大兴安岭西麓南部的湿润环境伸入本带。在草原的林灌环境中还有花鼠栖息，但数量不多。带内的丘陵地区还栖息有主要属于山地草原的蒙古鼠兔等。所以，草原动物群在边缘及局部地区是比较复杂的。

草原上的有蹄类以黄羊最具代表性，它的分布界线基本上与干草原一致。在历史上有过数以千计的集群。现在数量蕴藏仍甚可观，但难以遇到大的集群。广布于中亚干旱地区的鹅喉羚也可在草原西部遇见，数量不多。它们在冬季常向西南部作长距离迁徙，觅找无雪或薄雪的草场。此时，两种羊便有混群现象。季风区常见的鹿，可出现于大兴安岭南部局部林灌地带。食肉类中以黄鼬、艾鼬、沙狐、狐、兔狲、虎鼬和香鼬等最常见，它们对消灭草原啮齿类有一定的作用。草原上鸟类的种类和数量均不多，广泛分布而又最常见在多种生境中均为优势种的有云雀(*Alauda arvensis*)、角百灵(*Eremophila alpestris*)、蒙古百灵等。在沙丘地区沙百灵也可成为优势种。草原上的爬行动物，蜥蜴中以丽斑麻蜥和榆林沙蜥比较常见。蛇类中，白条锦蛇分布广泛，是草原上的优势种，黄脊游蛇在北部甚为常见，蝮蛇也很普遍。两栖类中只有花背蟾蜍比较普通，数量较多，其次是中国林蛙。由于气候的影响，两栖类较其他动物贫乏，而且向西部越稀少。

(四)温带荒漠、半荒漠动物群

温带荒漠、半荒漠动物群分布广泛，自内蒙古西部至新疆的荒漠、半荒漠带，包括青藏高原的柴达木盆地和境内各个山地的山麓地带。荒漠中砾质戈壁和沙丘分布很广。主要生长白刺(*Nitraria tangutorum*)、骆驼刺(*Alhagi sparsifolia*)、红砂(*Reaumuria songarica*)、柽柳(*Tamarix chinensis*)、蒙古沙拐枣(*Calligonum mongolicum*)、麻黄(*Ephedra sinica*)、锦鸡儿(*Caragana sinica*)等旱生灌木。半荒漠主要位于内蒙古西部和甘肃、新疆的山前地带，以针茅、狐茅及蒿属等植物为主。柴达木荒漠海拔2600m以上，地形上属青藏高原的一部分，但气候与植被接近新疆南部荒漠，在山麓至湖沼间广大的洪积扇上，除生长膜果麻黄(*Ephedra przewalskii*)、梭梭、柽柳、沙拐枣外，海拔高的山麓和山坡还有驼绒藜属(*Ceratoides*)等灌木与半灌木，草本很少。

荒漠动物群以啮齿类和有蹄类动物繁盛为特征，但由于生活条件比草原差，群聚性种类数量分布的区域性变化比草原大，鸟类比草原贫乏。两栖类的种类和数量均极少。爬行类则相反，特别适应于沙漠、戈壁环境的蜥蜴类，种类较多。荒漠、半荒漠啮齿类动物，无论种类还是数量，均以沙鼠和跳鼠两个类群为主。前者主要栖息于砾质荒漠(戈壁)，后者主要栖息于沙质荒漠。有蹄类中最普遍的是鹅喉羚，常三、五或十数成群，活动于砾质和土质戈壁。野驴于偏僻地区常结成10～20头的小群，在准噶尔北部和柴达木西北比较常见。食肉兽中最常见的是狐、沙狐、虎鼬、荒漠猫和狼。荒漠、半荒漠开阔地带，鸟类十分稀少，最常见的是凤头百灵、角百灵和白尾地鸦(*Podoces biddulphi*)等，其中凤头百灵是比较普遍的优势种，但经常在0.5km或1km内，才遇见1～2只，有时几十千米，不见一只。接近山麓及河谷地区有毛腿沙鸡、黑腹沙鸡(*Pterocles orientalis*)、岩鸽(*Columba rupestris*)、原鸽(*C. livia*)和斑鸠(*Streptopelia* spp.)等。两栖类中只有绿蟾蜍分布，并不普遍。

(五)高地森林草原—草甸草原、寒漠动物群

高地森林草原—草甸草原、寒漠动物群分布在青藏高原及其周围毗连的高山，包括北部的帕米尔、天山、南部的喜马拉雅和东部的横断山脉等高山带。其中，青藏高原的东南部边缘，高山森林和草原的动物相互混杂和渗透，构成高地森林草原动物群。兽类中的有蹄类大多在森林与草原间活动或作季节性迁徙，如白唇鹿、马鹿、马麝等。其中白唇鹿和马麝是这群动物中的代表，甚为常见，主要栖息于林间草地及灌丛带。马鹿可见于整个高原的东南部，直至喜马拉雅山脉。啮齿类中的优势种和常见种主要属于草原成分。它们有些可栖息于多种生境，有些栖地专化，如主要生活于草原的高原兔、喜马拉雅旱獭、长尾仓鼠和松田鼠等也栖于灌丛、林缘或林间草地。鸟类中藏马鸡(*Crossoptilon crossoptilon*)、蓝马鸡(*C. auritum*)、高原山鹑、虹雉(*Lophophorus* spp.)都是森林草原的典型种类。岩鸽和红隼(*Falco tinnunculus*)等也很常见。爬行类中比较常见的有高原蛇，另有一种温泉蛇，因常见于温泉附近而得名。两栖类中的高山蛙、西藏蟾蜍和山溪鲵等均为高原东南部或横断山脉高山草原的优势种。

青藏高原西北部特别是属于内流流域的羌塘高原，自然条件简单，境内主要有以针茅(*Stipa* spp.)、蒿属(*Artemisia*)、硬叶苔草和小半灌木垫状驼绒藜(*Ceratoides compacta*)等为主的荒漠草原和高寒荒漠。高寒荒漠的环境要比高山草原广泛。动物种类不多，但少数适应于高寒条件的种类，可占据广泛的地域成为优势种。有蹄类中最普遍的是藏野驴、藏原羚、岩羊和盘羊，前两者多栖于高原上的盆地和河谷，后两者多栖于山地。啮齿类中以黑唇鼠兔和高原兔最普遍，其次是旱獭、白尾松田鼠和藏仓鼠，它们虽不如黑唇鼠兔和高原兔普遍，但对高山条件的适应也很强。前述在高山森林草原带的食肉类，除豹猫外，均可见于高山草原和寒漠，但数量均较少。最常见的是香鼬，经常出没鼠洞。雪豹最能适应高山寒漠的环境，在雪线附近仍有活动。鸟类最普遍，数量最多的是褐背拟地鸦(*Pseudopodoces humilis*)、藏雀、棕颈雪雀(*Montifringilla ruficollis*)、棕背雪雀(*M. blanfordi*)、白腰雪雀(*M. taczanowskii*)和褐翅雪雀(*M. adamsi*)等几种留鸟。在雅鲁藏布江河谷和阿里地区的河谷地带均很常见，可分布至4800m的高度，但在高山草甸不见其踪迹。

天山一带高山的生态地理特征与青藏高原基本上是相同的。动物群的优势种类以灰旱獭为主。狭颅田鼠等多活动于森林边缘和森林中，林栖鸟类有星鸦(*Nucifraga caryocatactes*)、喜鹊、灰蓝山雀(*Parus cyanus*)、旋木雀及多种柳莺等；灌丛间有花彩雀莺(*Leptopoecile sophiae*)等；草地间以金额丝雀(*Serinus pusillus*)、灰眉岩鸡、白斑翅雪雀(*Montifringilla nivalis*)等为常见。大型有蹄类马鹿，数量已很少，常见的有蹄类是野猪、盘羊和北山羊。活动于森林与草地间的食肉兽，有石貂、伶鼬、猞猁和雪豹。

(六)亚热带林灌、草地—农田动物群

亚热带动物群分布在自云南、广西、广东和福建各省(自治区)的北部至秦岭—淮河一线间的辽阔地区。自北向南暖季增长，冬季也比较温暖，降雪日数很少，无霜期全年有220天以上。天然植物是常绿阔叶林，以栲槠、青冈(*Cyclobalanopsis*)、柯属(*Lithocarpus*)为主。破坏后，马尾松(*Pinus massoniana*)、苦槠(*Castanopsis sclerophylla*)、枫香树(*Liquidambar formosana*)、落叶栎和竹等即迅速发展，以马尾松最占优势。次生林再破坏为次生常绿灌丛。再经破坏，则为野古草、山黄草等高草地。西部地区山地自然条件的垂直分布较明显，从低处的亚热带常绿阔叶林和松林，到高山阴暗针叶林、杜鹃灌丛和嵩草草甸，峡谷则为稀树灌木草原。区内农业开发的历史甚为悠久，绝大部分山地丘陵的原始森林早经砍伐并经人工经营。次生林地和灌丛、草坡所占面积很大。平原及谷地，几乎全为农耕地区，大部分是水田。亚热带森林动物群的原来面貌有极大的改变，而沦为次生林、灌木、草地和农田动物群，并普遍受到人类活动的影响。亚热带动物群分布虽跨越广大地区，但除边缘地区外，动物组成的区域变化不大，优势种的变化更小。由于气候的季节变化从南至北越趋明显，动物生态的季节性较热带明显。

广泛栖息于本带多种环境的食肉兽，主要是中、小型种类。以黄鼬、貉、豹猫等为普遍优势种类，其他如果子狸、大灵猫、小灵猫、青鼬和狐等为常见种。它们食性颇杂，主要以田野啮齿类为食。据研究，黄鼬在全年中大部分时间的主要捕食对象是数量占首位的黑线姬鼠。鸟类中最普遍的优势种，主要是与人类活动有密切关系或栖息于农耕环

境的许多种类。例如，麻雀、大嘴乌鸦、秃鼻乌鸦、金腰燕、棕头雅雀、黄臀鹎等数量较多，其次是喜鹊、珠颈斑鸠、山斑鸠、大山雀、画眉、环颈雉等。爬行类中，大部分地区最常见的蛇类是乌游蛇、草游蛇、水赤链游蛇、眼镜蛇、烙铁头等南方种类。广布于北方的蝮蛇，在本带已为其分布的南限，但也甚为普遍。龟鳖类中最普遍的是鳖、乌龟和大头平胸龟等，后者只见于南部。爬行动物的冬眠现象也较明显。两栖类栖息于东部地区耕作环境中，最普遍的优势种有泽蛙、青蛙、金线蛙和大蟾蜍，其次是多种姬蛙、虎纹蛙。在丘陵次生林灌中，以日本林蛙(*Rana japonica*)、棘胸蛙、斑腿树蛙为优势种或常见种。此外，尚有一些种在不同地区可成为优势种。

(七)热带森林、林灌、草地—农田动物群

热带森林动物群分布在云南、广西、广东和福建各省(自治区)的南部，包括海南岛和台湾。自然植被属于热带雨林、季雨林和雨林性常绿阔叶林。气候温暖炎热，全年无霜。西部地区无寒潮的影响。林中共同的特点是植物种类繁多，无优势种。花期、果期几乎在全年中相继出现。昆虫到处滋生。动物的食料十分丰富，年中的变化也不大。林相茂密，藤萝攀缠，分层很多，动物栖息条件良好。但保存较好的森林，现已不多。在广大开发地区，则以次生林灌、芒草坡和农田为主。本动物群的主要特征是组成复杂，优势现象不明显。树栖、果食、狭食和专食性种类多。一般不贮藏食料。生态现象的季节性不明显，包括换毛、繁殖和迁徙等。在次生林灌、草坡和农田，种类趋于简单，地栖动物显著增多，出现优势现象，但与北方环境中的优势现象无法相比。

热带森林动物群组成的复杂性，表现在具有许多特有的科、属、种。某些广布类群在热带森林的种类也往往达到高峰，如两栖类中蛙科的50%以上，爬行类中游蛇科的85%以上，鸟类中啄木鸟科的90%以上，以及兽类中鼬科的63%都集中于热带森林。热带森林中树栖、半树栖动物很多，最典型的是各种灵长目动物，包括原始的体形似松鼠的几种猕猴、叶猴、懒猴和几种长臂猿。树跑为半树栖，常在地上活动。猴和长臂猿可完全在树顶层活动。树栖啮齿类种类也很多，特别是松鼠科和鼯鼠科的一些种，最常见的是赤腹松鼠。种类繁多的热带鸟类中，树栖生活发展了多种营巢方式，如冠斑犀鸟于空心树干营封闭的巢，雌鸟就在洞中孵卵。缝叶莺能选择大型叶片以蛛丝、草茎、茧丝、纤维等缝合成巢。林中地栖为主的鸟类是多种雉类，最常见的如原鸡、白鹇、环颈雉等，但后者不见于雷州半岛及海南岛，它们常至山边农田中觅食。有些地方还有一定数量的绿孔雀及孔雀雉。两栖类和爬行类中，树栖种类也不少，如多种树蛙和雨蛙，它们的指趾末端均膨大成显著的吸盘，可吸附于树叶上，有些在树上产卵。

森林砍伐后，许多地方成为次生林灌丛和草坡，原来地栖的动物数量增加，形成优势种，几乎完全代替了树栖的种类。猿、叶猴等几乎绝迹。猕猴对次生林灌的适应较强，常在地上活动。赤腹松鼠、花鼠等则转变为半树栖生活，甚至可进入家舍盗食，并在大部分地区成为优势种或常见种。各种次生环境因人类影响的程度不同，兽类的种类和数量也各不相同。大、中型有蹄类如水鹿、毛冠鹿、鬣羚、豹、华南虎和云豹等，只见于人类活动较少的山地。次生高草地对中、小型有蹄类如赤麂、小麂和野猪等的生活甚为有利。鸟类远比兽类复杂，留鸟较多，各地常见种类和优势种类的组成颇不一致。常见的两栖爬行动物有背条小树蛙、侧条小树蛙(*P. vittatus*)、大绿蛙、变色树蜥、大壁虎、繁花林蛇、多种烙铁头等。

二、动物群落的水平分布格局

我国是世界上野生动物种类最丰富的国家之一。据统计，我国约有脊椎动物 6347 种，我国野生动物群落的水平分界线大致为喜马拉雅山脉南侧(大致沿针叶林带上限)、横断山中部、秦岭、伏牛山、淮河、长江口北岸一线。该线以南，即长江中下游以南，属东洋界(表 6-10)；该线以北，即秦岭以北的华北、东北、内蒙古、新疆及青藏高原，属古北界。由于我国东部地区地势平坦，缺乏自然阻隔，因而呈现为广阔的过渡地带。共有鸟类 1332 种，爬行类 412 种，两栖类 295 种(赵尔宓等，2000)，鱼类 4060 种。从已经记录的物种数目来看，兽类种数为世界第 5 位，鸟类为世界第 10 位，两栖类为世界第 6 位。许多物种属于我国特有或主要产于我国，如大熊猫、金丝猴、朱鹮、扬子鳄、白唇鹿、褐马鸡、黑颈鹤等。

表 6-10　我国陆地动物地理区划(引自国家林业局，2009)

界	亚界	区	亚区
古北界	东北亚界	Ⅰ东北区	ⅠA 大兴安岭亚区
			ⅠB 长白山地亚区
			ⅠC 松辽平原亚区
		Ⅱ华北区	ⅡA 黄淮平原亚区
			ⅡB 黄土高原亚区
	中亚亚界	Ⅲ蒙新区	ⅢA 东部草原亚区
			ⅢB 西部荒漠亚区
			ⅢC 天山山地亚区
		Ⅳ青藏区	ⅣA 羌塘高原亚区
			ⅣB 青海藏南亚区
东洋界	中印亚界	Ⅴ西南区	ⅤA 西南山地亚区
			ⅤB 喜马拉雅亚区
		Ⅵ华中区	ⅥA 东部丘陵平原亚区
			ⅥB 西部山地高原亚区
		Ⅶ华南区	ⅦA 闽广沿海亚区
			ⅦB 滇南山地亚区
			ⅦC 海南岛亚区
			ⅦD 台湾亚区
			ⅦE 南海诸岛亚区

(一) 古北界

古北界分为两个亚界(表 6-10)，即东北亚界和中亚亚界。

1. 东北亚界

东北亚界在我国包括东北和华北地区，国外包括朝鲜、俄罗斯东西伯利亚、日本。我国境内属于季风区北部，其南界相当于温暖带的南界。本亚界的植被主要是针叶林、针阔混交林、夏绿阔叶林和森林草原，具有丰富的森林动物。

Ⅰ东北区：东北区位于我国最北部，包括大兴安岭、小兴安岭，东部的张广才岭、老爷岭、长白山地，以及西部的松花江平原和辽河平原。本区气候寒冷，耐寒的森林动物特别繁盛，动物有明显的季节性活动和数量上的季节性变动特征。森林中最常见的啮齿动物有灰鼠、花鼠、林姬鼠等，这些动物分布广，数量多。食草动物主要有驼鹿、马鹿、梅花鹿、青羊等。鸟类以松鸡科为著名，如松鸡、雷鸟、黑琴鸡等，雉科的斑翅山鹑、环颈雉，以及啄木鸟科的黑啄木鸟、三趾啄木鸟等，均为代表种。本区的爬行动物不多，比较常见的有北草蜥、棕黑锦蛇等。两栖动物比较贫乏，仅无斑雨蛙、花背蟾蜍、中国林蛙等分布比较广泛，有尾目中的四趾小鲵等分布在本区松花江和乌苏里江一带。

本区分为大兴安岭亚区、长白山地亚区和松辽平原亚区。

Ⅱ华北区：华北区北临蒙新区与东北区，南抵秦岭—淮河，西起西倾山，东临黄海和渤海，包括西部的黄土高原、北部的冀热山地及东部的黄淮平原。本区属暖温带，其气候特点是东寒夏热，降水分布不均，气候比较干旱，常出现干风。本区广大地区已开垦为农田，仅残留部分森林，植被主要为草地、灌丛。本区以农耕景观为主，大仓鼠、长尾仓鼠、黑线仓鼠、黑线姬鼠等广泛分布于农田、黄山和黄土沟谷中，其次还有草兔、花鼠、鼢鼠等广泛分布于全境。

属于本区特有或主要分布于本区、可以称为华北型的种类很少，只有无蹼壁虎、山噪鹛、褐马鸡、大仓鼠、棕色田鼠、鼢鼠等。东北型的广布成分占主要地位。全北型和古北型的一些种类，也由东北区向本区延伸。蒙新区的一些成分，如小沙百灵、凤头百灵、毛腿沙鸡、石鸡、斑翅山鹑等渗入本区并在本区分布较广。因此，本区既是北方、南方动物混杂的地带，又是季风区及蒙新区动物相互混杂的地带。

本区分为黄淮平原亚区和黄土高原亚区。

2. 中亚亚界

中亚亚界包括亚洲中部地区。在我国境内，自大兴安岭以西，喜马拉雅山、横断山脉北段和华北区以北的广大草原、荒漠和青藏高原均属于本亚界。动物区系在整体上主要由中亚型成分组成，其次是北方类型，高地型的种类比例很少。两栖类贫乏。爬行类中，以蜥蜴目占主要地位。鸟类中百灵、沙鸡、雪雀等属的种类可见于全境。兽类中以有蹄类和啮齿类最多，食虫类和翼手类很少。因地域广大，区内动物分布有一定区域分化现象，但不同分布型的成分在分类学上的分化水平低。在干旱区内的山地，如天山、阴山、贺兰山等，由于水热条件的差别，往往拥有一定的森林环境，成为“绿岛”。这种山地环境，对动物分布具有特殊的意义，对某些非干旱区成分具有吸引力，往往成为季节性的鸟类聚集地，也是若干喜湿动物的避难地。

本亚界在我国境内分为蒙新区和青藏区。

Ⅲ蒙新区：本区包括内蒙古和鄂尔多斯高原、阿拉善(包括河西走廊)、塔里木盆地、柴达木盆地、准噶尔盆地和天山、阿尔泰山地等。境内大部分为典型的大陆性气候，属荒漠和草原环境，寒暑变化剧烈，日温差较大，雨量稀少，极为干旱，对本区动物区系的组成和生态特征具有决定性的意义。本区动物主要是适应于荒漠和草原生态环境的种类，尤其是啮齿类、有蹄类和爬行类中的蜥蜴等分布于本区的广大地区。啮齿类中以跳鼠科和沙鼠科占优势，如跳鼠科的五趾跳鼠、三趾跳鼠、长耳跳鼠等，沙鼠科的长爪沙鼠、子午沙鼠、大沙鼠等；有蹄类中的双峰驼、野驴等在本区广泛分布；鸟类的典型代表有大鸨、毛腿沙鸡、蒙古百灵、角百灵等；爬行类以沙蜥、麻蜥等种类最多；两栖类非常贫乏，仅有绿蟾蜍、花背蟾蜍、大蟾蜍等几种，且均属从周围湿润地区渗入本区的种类。

本区分为东部草原亚区、西部荒漠亚区和天山山地亚区。

Ⅳ青藏区：本区包括青海、西藏和四川西部，为东起横断山脉的北端，南、北由喜马拉雅山脉、昆仑山、阿尔金山和祁连山等各山脉所围绕的青藏高原，平均海拔在4500m左右。气候是冬季长而夏季短的高寒类型。植被为森林、高山草原、高山草甸草原及高寒荒漠等类型。动物区系主要由高地型的成分、适应于高山草甸草原及高寒荒漠的种类所组成，兽类中最典型的代表种是牦牛、藏羚，还有分布于全区的藏原羚、岩羊、藏盘羊、藏野驴等。本区的啮齿动物不少，是高原上的代表种，如克什米尔鼠兔、藏鼠兔、达乌尔鼠兔、黑唇鼠兔、大耳鼠兔等，使该区成为鼠兔的分布中心。鸟类中比较常见的种类有鹫、雕、雪鸡、雪鹑、西藏毛腿沙鸡、藏雀、雪雀等，爬行类有温泉蛇、西藏沙蜥、青海沙蜥等，高山蛙是高原内唯一的两栖动物，只分布于雅鲁藏布江中游地区。

本区分为羌塘高原亚区和青海藏南亚区。

(二) 东洋界

我国范围内的东洋界属中印亚界。

中印亚界为亚洲大陆的东南部，包括中南半岛的越南、柬埔寨、老挝、泰国和缅甸及除马来半岛以外的附近岛屿。在我国境内，从秦岭山脉和淮河以南的大陆、台湾岛、海南岛及南海诸岛均属于本亚界。动物区系主要由东南亚的热带—亚热带分布型、南中国型和喜马拉雅—横断山区型组成，此外还有一些旧大陆的成分和少数环球热带—亚热带的成分，并以丰富的森林动物为特征。

中印亚界在我国分为西南区、华中区和华南区。

Ⅴ 西南区：包括四川西部、昌都东部，北起青海、甘肃南缘，南抵云南北部，即横断山脉部分，向西包括喜马拉雅南坡针叶林带以下的山地。境内的横断山脉大多数为南北走向，地形起伏很大，多高山峡谷，一般海拔为1600～4000m，地势越往北越高，自然景观垂直差异显著。与此相适应，本区动物也有明显的垂直变化，在海拔较高的高原上分布着古北界的种类，如兽类中的鼠兔、林跳鼠、旱獭等，鸟类中的斑尾榛鸡等。在海拔较低的峡谷林区分布着猕猴、灵猫、竹鼠、黑麂、鹦鹉、太阳鸟等东洋界的种类。

本区动物区系的代表成分，属于喜马拉雅—横断山脉分布型的种类。南北方类型和高地型成分也渗入本区，但以南方类型尤其是东洋型成分为主。兽类中的大熊猫、小熊猫、羚牛和鸟类中的雪雉、虹雉是典型的代表。特产或主要分布在本区的动物很多，横断山脉是某些类群的集中地，如两栖类中的锄足蟾、湍蛙，鸟类中的画眉亚科和雉科，兽类中的鼠兔、绒鼠和食虫类动物等，在此种类特多。

本区分为西南山地亚区和喜马拉雅亚区。

Ⅵ华中区：本区相当于四川盆地与贵州高原及其以东的长江流域，西半部北起秦岭，南至西江上游，除四川盆地外，地形主要是山地和高原。东半部为长江中下游流域，并包括东南沿海丘陵的北部，主要是平原和丘陵。本区南部为常绿林，北部为落叶阔叶与常绿针叶混交林。平原和丘陵区主要为农耕景观。动物种类组成具有古北界和东洋界的成分，以东洋界成分居多。属于东洋界的有红面猴、灵猫、豪猪、穿山甲等，属于古北界的种类有狗獾、青鼬、灰喜鹊、攀雀等。

本区分为东部丘陵平原亚区和西部山地高原亚区。

Ⅶ华南区：包括云南、广东、广西的南部，福建东南沿海一带，以及台湾、海南岛和南海诸岛，境内自然环境复杂，气候炎热多雨，植物生长茂密，为热带雨林和季雨林植被类型。本区是热带和亚热带类型成分分布最集中的区域，其中最特殊的是许多树栖动物，如灵长目的长臂猿、蜂猴、叶猴、熊猴等，都是热带和亚热带森林的代表种，分布于华中区和西南区的猕猴及红面猴在本区则更常见。

本区广泛分布的热带种类，均属热带典型代表种，如鸟类中的橙腹叶鹎、爬行类中的巨蜥等。此外，还有一些在本区分布广泛的种类，如兽类中的青毛巨鼠和花松鼠，鸟类中的鹧鸪、白鹇、朱背啄花鸟，爬行类中的变色蜥蜴、长巨蜥、中国壁虎等，两栖类的台北蛙、花细狭口蛙等。

本区分为闽广沿海亚区、滇南山地亚区、海南岛亚区、台湾亚区、南海诸岛亚区。

三、动物群落的垂直分布格局

我国山地自然条件对动物分布有明显的影响。现以珠穆朗玛峰地区为例来说明，在珠穆朗玛峰，由于地形的屏障，没有任何东洋界的种类可以越过高山带而分布至北坡高原。世界最高峰珠穆朗玛峰地区自然条件的垂直分带十分明显，山体上部的高山带分三个垂直带，自上而下为永久冰雪带、高山寒漠带和高山草甸带，下部在南坡分四个垂直带，一个高山灌丛带、三个山地森林带。北坡只有一个带，即高原草原带。各带动物也呈明显的海拔梯度变化(张荣祖，1979)。现分述如下。

(一)南坡常绿阔叶林带(海拔1600～2500m)

鸟兽种类多，数量也较丰富。代表性鸟类有黑鹇(*Lophura leucomelana*)、*Cuculus sparverioides*、夜鹰、棕腹林鸲(*Tarsiger hyperythrus*)、细纹噪鹛(*Garrulax lineatus*)、红头噪鹛、黑头奇鹛、红头长尾山雀、绿喉太阳鸟和玫红眉朱雀等。其中以噪鹛、黑头奇鹛和绿喉太阳鸟占优势。兽类有长尾叶猴和熊猴，成群活动，数量不少，赤麂比较常见。小型兽类中以橙腹长吻松鼠、丽飞鼠、针毛鼠比较常见。食肉兽中有小熊猫、青鼬、丛林猫、豹、黑熊和狼等。此带常见有棘臂蛙、喜山蟾蜍和角蟾等两栖类。

（二）南坡针阔叶混交林带（海拔 2500～3100m）

常见的鸟类有白眉雀鹛、棕顶树莺、黄眉柳莺、火尾太阳鸟等。不同的河谷还各有不同的成分，如长尾山椒鸟（*Pericrocotus ethologus*）、棕尾虹雉、煤山雀（*Parus ater*）见于卡马河谷。斑喉希鹛、绿背山雀、蓝喉太阳鸟、绿喉太阳鸟见于绒辖河谷。兽类中，许多分布于阔叶林带的种类也栖息于本带，如橙腹长吻松鼠、长尾叶猴、小熊猫、黑熊、赤麂和灰腹鼠等，但数量不如鸟类多。主要栖息于针叶林带的林麝，也至本带的上部活动。本带上限，可以看作东洋、古北两界的分界。两栖类种类与南坡针阔叶混交林带相似，但数量显著减少，不易发现。在吉隆地区有一种鬣蜥（*Agama* spp.），栖于岩隙中。

（三）针叶林带（海拔 3100～4000m）

鸟类有黄腹柳莺、橙斑翅柳莺（*P. pulcher*）、暗绿柳莺、褐冠山雀、煤山雀、红眉朱雀（*Carpodacus pulcherrimus*）等。兽类中以林麝最为典型，啮齿类中有灰腹鼠、锡金松田鼠及喜马拉雅鼠兔，喜马拉雅鼠兔为林中的优势种，主要栖息于砾石堆中。林中冰碛石堆积到处可见，有利于此兽的活动。食肉类中，黑熊和黄鼬比较常见。两栖类中属于南坡暖温带的棘臂蛙和属于北坡高原的高山蛙可同时出现于本带，但数量均少。

（四）灌丛草甸带（海拔 4000～4800m）

鸟类有粉红胸鹨（*Anthus roseatus*）、黑喉红尾鸲（*Phoenicurus hodgsoni*）、蓝额红尾鸲（*P. frontalis*）和领岩鹨等。主要栖息于森林带下部的杂色噪鹛和细纹噪鹛沿河谷向上分布，也可见于本带。兽类中藏仓鼠、锡金松田鼠、喜马拉雅鼠兔、灰鼠兔和喜马拉雅旱獭，都是比较常见的种类。有蹄类中以林麝和岩羊最为常见。

（五）北坡高原草原带（海拔 4000～5000m）

鸟类有高原山鹑、细嘴短趾百灵（*Calandrella acutirostris*）、角百灵、小云雀、褐背地鸦、褐翅雪雀、白腰雪雀、棕颈雪雀、黄嘴朱顶雀、高山岭雀（*Leucosticte brandti*）、大朱雀和拟大朱雀等草原鸟类。以细嘴短趾百灵、鸲岩鹨占优势。兽类中藏野驴、藏原羚成小群出没，啮齿类中以喜马拉雅旱獭、高原兔、黑唇鼠兔、白尾松田鼠等最为常见，其中以黑唇鼠兔为优势种，此外还有藏仓鼠。食肉兽中有高原狐、香鼬、猞猁和狼等。爬行动物有西藏沙蜥，两栖类有高山蛙，数量均不少。

（六）高山带（海拔 5000m 至永久雪线附近）

鸟类稀少，藏雪鸡和褐岩鹨于夏季可分布至海拔 6000m 左右的高度，栖息于向阳的冰川冰碛堤间的小片草地上。在海拔 5000m 左右则以朱雀占优势。旱獭和高原兔仍零星可见，前者最高可达海拔 5130m，后者最高可达海拔 5300m。冰碛物中还栖有灰鼠兔。有蹄类中岩羊可攀登到海拔 5800m 的高峰，雪豹可至雪线附近。棕熊也可登至海拔 6000 多米。黄嘴山鸦（*Pyrrhocorax graculus*）可随登山探险队的帐篷至 7000～8000m 的高处活动，雪鸽可以飞翔在 8300 多米的高度。胡兀鹫（*Gypaetus barbatus*）的盘旋高度可超过珠穆朗玛峰顶。它们都是高山栖居者。

四、动物群落的局部、间断和偶然分布格局

分布限于局部地区的种类，在脊椎动物各纲中均有。最突出的如两栖类中的爪鲵(*Onychodactylus fischeri*)，限于东北南部及其毗连的乌苏里和朝鲜。滇螈(*Hypselotriton wolterstorffi*)只见于川西和云南的局部地区。倭蛙只见于川西高原。它们均为单属单种，爬行类中的鳄蜥(*Shinisaurus crocodilurus*)仅见于广西瑶山，自成一独立的鳄蜥亚科(Shinisaurinae)。鸟类中的栗斑腹鸣(*Emberiza jankowskii*)只分布在大兴安岭东麓、乌苏里和朝鲜，呈岛状分布。四川山鹧鸪(*Arborophila rufipectus*)仅发现在横断山脉极狭窄的范围内(四川甘洛、屏山)。挂墩鸦雀(*Paradoxornis davidianus*)仅见于福建西北和浙江东北等。在这一类动物分布区的外围，均存在相当广泛的完全相同或极为相似的栖息环境。“实际分布区”与“可能分布区”的面积，形成不同程度的甚至是巨大的相差。

间断分布现象的产生，除由于动物分布的退缩外，与地质时期自然环境的变化及海陆变迁也有关系。突出的例子，在两栖类中有小鲵(*Hynobius*)、髭蟾(*Leptobrachium*)和铃蟾(*Bombina*)等属和细痣疣螈(*Tylototriton asperrimus*)。它们在不相连续的各个狭窄的分布区内，大多数量稀少，具有残留的特征。爬行类中的扬子鳄与分布于北美洲密西西比河的同属动物密河鳄(*Alligator mississippiensis*)之间隔以广阔的海洋和陆地，两地距离几乎为地球的半圈。鸟类中的灰喜鹊和兽类中的刺猬(*Erinaceus europaeus*)的间断分布颇为相似，目前均分布于我国东部与欧洲，两地遥相隔离。此种情况被认为是由于第四纪冰期时，欧亚大陆北部冰川南进，破坏了它们的连续分布而在冰期以后又没有得以恢复形成的。以上所述在动物地理学中都是很有名的例子。至于我国大陆与太平洋西部各陆缘岛，包括日本，我国的台湾岛、海南岛，以及东南亚一带的许多岛屿，也产有许多相同的动物，也都是间断分布。

偶然分布的事例，主要是一些鸟类，如分布于南方的蓝翅八色鸫(*Pitta brachyura*)偶见于华北。北方的大鸨(*Otis tarda*)，偶见于长江中游甚至福建。非洲的埃及雁(*Alopochen aegyptiaca*)据称曾在北京见过，均属偶然漂泊而至的迷鸟。大狐蝠(*Pteropus giganteus*)过去所知为分布于印度半岛的热带动物，近年来先后在青海湟水谷地、陕西渭河谷地和昆明地区发现，是否随大风漂泊所致，抑或是一种残留分布现象，尚属疑问。

五、动物群落的时间变化动态

(一)动物群落的季节变化动态

大量的研究表明，动物群落有明显的季节变化规律。以青海湖水生动物为例(黄第藩等，1979)，研究发现浮游动物的种类有明显的季节变化，但原生动物无论在哪一季节，其数量总是占主要地位，特别在冬季占99.05%。夏季和秋季原生动物中都有大量钟形虫(*Vorticella*)的游泳体(telotroch)出现，特别是秋季仅占原生动物数量的92.6%，夏季也占62.0%；其次是急游虫，占29.5%。到了冬季，钟形虫的游泳体已经消失，全为成体所代替，但所占的比例不大，仅4.4%；而急游虫(*Strombidium*)这时则大量繁殖而占31.0%，

到翌年春季，急游虫跃居首位，占 88%，其次是侠盗虫，占 8.0%。钟形虫的游泳体又复出现，但数量不多，仅占 4%，其成体在这时则完全消失。轮虫的发育看来也有一定的季节性，仅在春、夏季出现，且数量并不多，种类以巨腕轮虫为主。枝角类则出现在夏、秋季，以裸腹溞为主，秋季在个别采样点发现极少数的盘肠溞，到冬、春季无论种类还是数量都显得很少。桡足类的情况则不同，在任何时候任何一个采样点上都能找到它们的个体。特别是北镖水溞，数量占桡足类总数的 46.7%~98.7%，秋、冬季成体最多，占 90%以上，在春季幼体占 51.9%(表 6-11)，显然这与它的繁殖时期有密切关系。青海湖浮游动物高峰通常出现在春季和夏季，尤以夏季为最高(表 6-12)。

表 6-11　青海湖浮游动物在不同季节中的百分比组成　　(单位：%)

主要种类		夏	秋	冬	春
原生动物	*Strombidium*	29.5	7.4	31.0	88.0
	Vorticella (telotroch)	62.0	92.6	0.0	4.0
	Vorticella	0	0	44.7	0
	Strobilidium	0	0	18.5	8.0
轮虫	*Pedalia*	50.0	0	0	100.0
	Colurella	50.0	0	0	0
枝角类	*Moina*	100.0	99.6	0	0
	Chydorus	0	0.4	0	0
桡足类	*Arctodiaptomus*	80.0	96.2	98.7	46.7
	Nauplius	19.0	3.2	0.6	51.9

表 6-12　青海湖浮游动物数量的季节变化及百分比组成

季节 / 种类	夏		秋		冬		春	
	数量/(个/L)	数量占比/%	数量/(个/L)	数量占比/%	数量/(个/L)	数量占比/%	数量/(个/L)	数量占比/%
原生动物	880	94.08	135	81.27	250	99.21	289	90.59
轮虫	30	3.21	0	0	0	0	11	3.44
枝角类	1	0.06	2	1.52	0	0	0	0
桡足类	25	2.65	29	17.21	2	0.79	19	5.97
总计	936	100	166	100	252	100	319	100

(二)动物群落的昼夜变化动态

大量的研究表明，动物群落有明显的昼夜变化规律。以青海湖水生动物为例(黄第藩等，1979)，该研究于 1961 年夏、秋两季在湖的东南部 003 号、中部 017 号采样点进行了每隔 4h 一次的昼夜采集。结果表明，在 017 采样点上，夏季浮游动物在 A 层基本上有两个高峰，出现在 9 时和 21 时，C 层高峰出现在 1 时并延长至 5 时，与此同时其他各层则相应减少(图 6-30)。003 采样点夏季 B 层在 13 时首先出现高峰，从 21 时起高峰转移到 A 层，到 5 时 A 层出现最高峰(图 6-31)。秋季 017 采样点的浮游动物高峰变化于 A~C 层，尤以 A、B 层最为明显。B 层在 5 时 A 层首先出现高峰，以后渐移到 A 层，13 时 A 层达到最高峰，到了 17 时向下转移，此时 C 层出现最高峰，以后又渐渐往上移向 A

层，在 21 时 A 层再度出现高峰并延续至 5 时(图 6-32)。由于浮游动物的组成中绝大部分是原生动物，最多占 80%甚至以上，故浮游动物数量的昼夜变化，完全取决于原生动物的变化(图 6-30)。

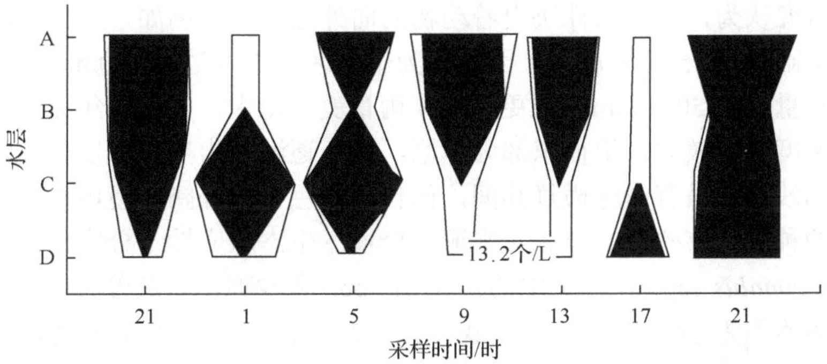

图 6-30　017 采样点浮游动物(白体)及原生动物(黑体)的昼夜变化(引自黄第藩等，1979)

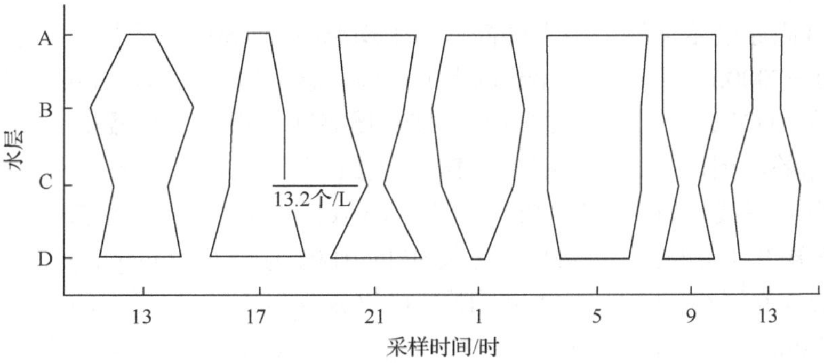

图 6-31　003 采样点夏季浮游动物的昼夜变化(引自黄第藩等，1979)

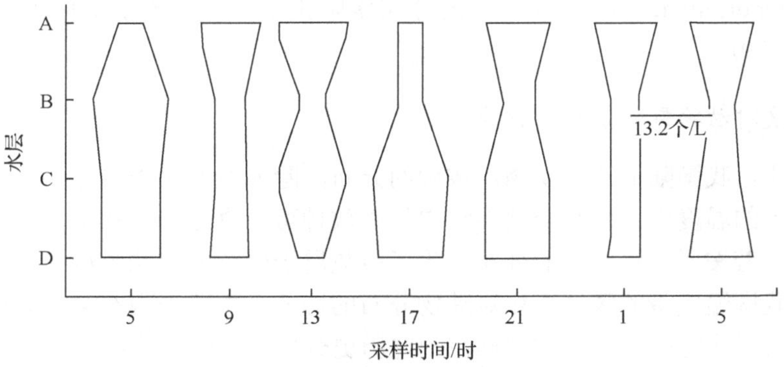

图 6-32　017 采样点秋季浮游动物的昼夜变化(引自黄第藩等，1979)

六、地理环境对动物群落分布的影响

(一)湿度对动物群落分布的影响

大量的研究认为，湿度条件决定着动物的向外区渗透。例如，蒙新高原区东南部为半干旱区，年雨量在450mm以下。西北部为干旱区，年雨量在150mm以下。极度干旱的地方，年雨量仅为50～30mm或更少。年雨量变率很大，有时全年无雨，蒸发强烈，常有强风，温度日差较大。植被东部为草原，向西逐渐变为半荒漠以至荒漠。区内有大片砾质荒漠和沙漠，虽有山脉横亘其间，但自然景色十分开阔。境内动物差不多都是适于干旱气候的种类。有些种的分布几乎遍及全境，生态适应性十分突出，如爬行类中的沙蜥(*Phrynocephalus* spp.)、鸟类中的鸨(*Otis* spp.)和沙鸡，以及兽类中的跳鼠和沙鼠等最为典型。特有种和特有类群较多。我国蒙新高原区和中亚干旱区是耐湿动物分布颇为明显的障碍。在两栖类中只有极少数的种，局限于境内经常有较丰富的淡水水源的地方。鸟兽中耐湿动物仅见于山地森林和山地或河谷草甸带，如天山山地和伊犁河谷(张荣祖，1979)。

又如青藏高原区是世界上最大的高原，平均海拔在4500m以上，其间还有超过雪线的海拔(6000～7000m)，甚至8000m以上的山岭。该区空气稀薄，温度很低，风力强烈，年平均气温在0℃以下，无真正的夏季。植被属高寒类型，生长矮小或稀疏。动物栖息的条件是严酷的，因而动物种类很少。喜马拉雅山脉成为动物分布上最大的屏障，是一些大类群的分布界线，如两栖类中的姬蛙科(Microhylidae)、树蛙科(Rhacophoridae)，爬行类中的龟鳖目(Testudoformes)，鸟类中的山椒鸟科(Campephagidae)、太阳鸟科(Nectariniidae)、卷尾科(Dicruridae)和绣眼鸟科(Zosteropidae)，兽类中的灵长目(Primates)、鳞甲目(Pholidota)、灵猫科(Viverridae)、豪猪科(Hystricidae)等南方类群。它们大多数在我国东部均可越过秦岭—淮河，故有一广泛的过渡带，而在喜马拉雅山脉都不能超越高山带而进入青藏高原。同时，北方类群如鸟类中的岩鹨科(Prunellidae)、兽类中的鼠兔科(Ochotonidae)等，在高原上的分布南限止于喜马拉雅及其附近山地的高山带(张荣祖，1979)。

(二)温度对动物群落分布的影响

一般来说，我国陆栖脊椎动物，按种的分布，除典型的热带成分外，大都可跨越两个或两个以上的温度带，少数全北界科中的少数种可一直分布到热带，仅限于某一温度带的种很少。若按属、科、目的分布，除了少数属于残留的特殊类群外，其余则更为宽广。因而，我国温度带的区域变化对动物分布的影响，主要表现在某一温度带或亚带的南限或北限对于北方类群或南方类群在一定历史时期内的阻限作用。

例如，寒温带只有1～4个月的平均温度为10～20℃，其余各月均在10℃以下，此带是寒温带典型动物分布的南限。著名的环北极圈分布的驯鹿(*Rangifer tarandus*)的分布南限，大致与北界相符。整个来说，此界以北，动物种类显著减少，反映寒冷条件对动物分布的阻限作用。在两栖类和爬行类中特别明显，只有广布科中少数耐寒种类可分布于此界以北。繁盛于热带的姬蛙科、龟鳖目、壁虎科、石龙子科中能够向北分布的少数种，均以此界为极限。鸟类中的佛法僧目(Coraciiformes)、夜鹰目(Caprimulgiformes)、黄鹂科、山椒鸟科(Campephagidae)、椋鸟科和画眉亚科中可沿季风区北伸的少数南方种类，其分布区的北界均与东北北部针叶林南界相当或只稍向北挺进(张荣祖，1979)。

又如经过秦岭—淮河，与 1 月 0℃等温线及 750mm 等雨线一致的北亚热带北界有常绿阔叶树和亚热带疣猴亚科(Colobinae)，以及鸟类中的鹎科(Pycnonotidae)、啄花鸟科(Dicaeidae)等。有许多类群的分布，虽可越过秦岭向北延伸，但种类有限，或相对显著减少，如两栖类中的姬蛙科、雨蛙科(Hylidae)和蛙科(Ranidae)，爬行类中的蛇目，鸟类中的三趾鹑科、杜鹃科(Cuculidae)、卷尾科、绣眼鸟科等(张荣祖，1979)。

第四节　土壤微生物群落的空间分布格局及其变化动态

一、土壤中的微生物群落

(一)细菌群落

在土壤中常见的细菌主要包括自养分型和异养分型两大类。其中，异养细菌包括不动杆菌属(*Acinetobacter*)、农杆菌属、产碱杆菌属、节杆菌属(*Arthrobacter*)、芽孢杆菌属(*Bacillus*)、短杆菌属(*Brevibacterium*)、柄杆菌属(*Caulobacter*)、纤维单胞菌属(*Cellulomonas*)、梭状芽孢杆菌属(*Clostridium*)、棒杆菌属(*Corynebacterium*)、黄杆菌属(*Flavobacterium*)、微球菌属(*Micrococcus*)、分枝杆菌属(*Mycobacterium*)、假单胞菌属(*Pseudomonas*)、葡萄球菌属和黄单胞菌属(*Xanthomonas*)。但是，在不同的土壤中它们的相对比例有很大的不同。

土壤中主要的光合自养细菌群体包括蓝细菌，如鱼腥藻属(*Anabaena*)、眉藻属、色球藻属(*Chroococcus*)、筒孢藻属、鞘丝藻属(*Lyngbya*)、小枝藻属、节球藻属、念珠藻属(*Nostoc*)、颤藻属(*Oscillatoria*)、席藻属(*Phormidium*)、织线藻属、裂须藻属、伪枝藻属(*Scytonema*)、单歧藻属(*Tolypothrix*)。土壤中的固氮菌是自生固氮菌，能把大气中的氮气转化成氮化合物。土壤中的某些厌氧梭状芽孢杆菌也能固定氮气。根瘤菌和某些植物通过共生进行固氮。在土壤中还有许多化能异养菌能对无机物进行转化，这对于维持土壤肥力是必要的。

(二)真菌群落

在土壤中，真菌的生物量相当大。在土壤中可以找到大部分的真菌，土壤真菌可以以游离的状态存在或与植物根形成菌根关系。真菌主要存在于土壤中表面 10cm 处，在 30cm 处以下很难找到真菌。如果土壤含有大量的氧气，那么真菌的量就很大。在土壤中常见的真菌主要是半知菌，如曲霉属(*Aspergillus*)、地霉属(*Geotrichum*)、青霉属(*Penicillum*)和木霉属(*Trichoderma*)，但也可以找到大量的子囊菌和担子菌。大部分土壤真菌可以代谢碳水化合物，包括多糖，甚至进入土壤的外来真菌也可以生长并降解植物残体的大部分组分，少数几种真菌还会降解木质素。

在土壤中广泛存在抑真菌物质，这些物质可以抑制真菌孢子的萌发，当在土壤中加入很容易被降解的有机物时，抑真菌物质便失活，真菌孢子便开始萌发。土壤具有很大的吸附能力，并且在土壤中存在大量的微生境，这些情况会严重地影响土壤细菌和真菌的相互作用。

(三)放线菌群落

放线菌数量通常为土壤细菌群体的 10%～33%，其中链霉菌属和诺卡氏菌属在土壤放线菌中占的比例最大，其次是微单胞菌属、放线菌属和其他放线菌，它们是土壤中的土著微生物，但是它们的数量是很少的。放线菌对干燥条件抗性比较大，并能在沙漠土壤中生存，它们比较适于在碱性或中性条件下生长，并对酸性条件敏感。

二、土壤微生物群落的地带性分布问题

生态地理学研究的任务之一是生物群落的地理区划，即将生物的地理分布格局和范围在地图上标注出来。在陆地生态系统中，植物和动物都呈现明显的地带性和区域分布特征，土壤也有地带(区域)分布特点，但对土壤微生物是否也有地带(区域)分布特点仍存在争论。如果能够像动植物那样，将土壤微生物的分布在地图上标注出来，这将是一个重大的研究突破，对于深刻认识土壤微生物的空间分布规律，以及对微生物资源的保护、开发、利用都有重要意义。

2008 年，贺纪正和葛源就提出土壤微生物的地带性分布问题，主要基于以下认识。

其一，土壤微生物与地上大型生物之间具有紧密的生态联系，地上生物常可对土壤微生物群落产生影响，反之亦然(He et al.，2005，2006；Wardle et al.，2004)。例如，有研究表明，根际微生物群落多样性动态与地上植物群落多样性动态一致。Fierer 和 Jackson(2006)对从北美洲到南美洲土壤细菌多样性的空间变异研究表明，土壤细菌群落的多样性和物种丰富度随地上生态系统类型的变化而变化，这暗示了大尺度下土壤细菌群落与地上生物群落间的对应关系。

其二，作为具有高度异质性的介质，土壤为生活于其中的不同微生物提供了各种适宜的栖息地和丰富的资源，支撑了高的土壤微生物多样性和各种不同的微生物群落，并与微生物相互作用而形成高度复杂的自组织的土壤-微生物体系(Young and Crawford，2004)。因此，既然土壤有地带性分布的特点，那么生活于其中并与之紧密联系的微生物也可能呈地带性分布。有证据表明，土壤类型是土壤微生物群落组成和群落物种丰富度的决定性因子(Girvan et al.，2003)。

其三，已有一些特定的微生物种群因地理分隔和扩散限制而呈现有限的地理分布或地方性分化(Cho and Tiedje，2000；Whitaker et al.，2003)，尽管这与将整个微生物群落的分布在地图上标出的目标仍相距甚远，但至少说明对于某些特定的土壤微生物群落而言，地带(区域)性分布特征的确存在。

三、土壤微生物群落的空间分布格局

(一) 土壤微生物的水平分布格局

关于土壤微生物水平分布格局的研究，目前主要有全球随机分布性分布和空间规律性分布两种观点。

1. 全球随机分布性分布

传统上，土壤微生物的分布格局被认为是一种全球性的随机分布(其经典的英文表述为 everything is everywhere)。对土壤微生物全球性分布的一种解释是土壤微生物强大的扩散能力，并认为土壤微生物的这种基于强大扩散能力的全球性分布，是由其内在的生物学特性所决定的(Finlay，2002；O'Malley，2007)。首先，土壤微生物个体小，使之易于被大型动物(如鸟类和哺乳动物)携带或随大气或水流而发生被动扩散。其次，土壤微生物个体数量巨大，进一步提高了这种被动扩散的可能性。再次，土壤微生物可形成休眠体(如孢子)，使之可抵御长距离传播过程中的极端环境条件并存活下来。最后，土壤微生物世代周期短、繁殖能力强，使之可以在到达某地后迅速恢复种群。然而，也有证据表明某些土壤微生物因扩散限制而呈有限的地理分布，表明并不是所有土壤微生物都有全球性扩散能力。例如，Telford 等(2006)通过对不同地区硅藻的物种丰富度与环境因子(pH)之间关系的研究，来检验微生物(硅藻)是否会因扩散限制而呈有限的地理分布。其理论假设为，若硅藻的分布为全球性分布，则不同地区的物种丰富度-pH 关系应符合一致的规律；反之，若硅藻的扩散受到限制，则在不同地区其物种丰富度-pH 关系应表现为不同的形式。研究的结果支持第二种假设，从而表明某些土壤微生物的确会因为扩散限制而呈有限的地理分布。对这些观察的一种解释是：首先土壤微生物群落总的个体丰度较高，并不意味着群落中每个物种的个体丰度都高，群落中绝大多数的物种可能是稀有种，这些稀有种发生被动扩散的可能性极低。其次，并不是所有的土壤微生物都可形成休眠体，事实上大多数土壤微生物对扩散的适应性并不为人所知，还没有关于土壤微生物群落水平扩散格局的定量化研究。最后，对某土壤微生物种群大小和分布范围的评估在很大程度上取决于如何定义该物种，粗略的定义将导致过高估计其种群大小和分布范围。

另一种对土壤微生物全球随机分布性分布的解释是，由于其较低的灭绝率和分化率而限制了地方性物种的产生。支持低灭绝率观点的依据是，土壤微生物大的群落数量降低了随机灭绝性事件发生的可能性；土壤微生物可形成抵御不良环境的休眠体，从而降低了灾难性环境之后地方性灭绝的可能性(O' Malley，2007)。然而，正如前面讲到的，群落中绝大多数的物种可能是稀有种，并且人们并不知道究竟有多少种土壤微生物可形成休眠体。一项将土壤微生物多样性的实际测度与理论评估相结合的研究表明，重金属污染可造成 99.9%的多样性丧失，其中绝大多数为稀有种(Gans et al.，2005)。支持低分化率观点的依据是，缺乏明显的可阻止地方性分化发生的物理屏障(如地理分隔)(Finlay，2002)。然而，Cho 和 Tiedje(2000)对来自 4 个大陆 10 个样点的土壤样品中 Pseudomonas 分离菌株的分析表明，在不同的样点和大陆间并没有重合的基因型，表明不同样点间存在显著的地方性分化。Whitaker 等(2003)对 5 个地理分隔的样点中 *Sulf obolus* 分离株的系统发育分析表明，系统发育树上不同的进化分枝与 5 个地理区域相对应，表明同一取样区域的土壤微生物具有同样的进化史，不同区域的土壤微生物其进化史不同。

以上研究清楚地表明土壤微生物种群的地方性分化的确存在，从而削弱了土壤微生物的地方性分化普遍较低这一假设的可信度。另一可能改变物种分化率的机制是水平基因转移，但事实上其作用是两面的，既可通过基因交换造成物种差异性减小(减小分化率)，又可作为新基因的来源而促进新物种的产生(增加物种分化率)(Gogarten and Townsend，2005；Ochman et al.，2005)。并且，相对于大型生物而言，土壤微生物较短的世代周期增加了其通过变异产生新物种的概率。

2. 空间规律性分布

与传统的土壤微生物全球随机分布性观点不同，现在有越来越多的证据表明土壤微生物群落组成、个体丰度或多样性随某种环境变量而在空间上呈某种规律性分布。这些环境变量包括植被(He et al.，2005，2006)、空间距离(Cho and Tiedje，2000)、土壤 pH(Firer and Jackson，2006；Ge et al.，2008)等。在对土壤微生物空间分布格局实际观测的基础上，一些研究者试图用简单的数学模型描述土壤微生物的这种非随机分布。这些模型包括种-面积关系和距离-衰减关系。

(1)种-面积关系

种-面积关系，即物种丰富度随取样面积的增加而增大，是生态学中研究最多的物种分布格局之一(Drakare et al.，2006；贺纪正和葛源，2008)。其可表示为 $S=cA^z$，其中 S 为物种丰富度，A 为面积，c 为经验常数，z 为曲线的斜率，随不同的生境类别、分类群或空间尺度而变化，可用来描述物种在不同空间尺度上聚集的速率(图 6-33)。经验证据

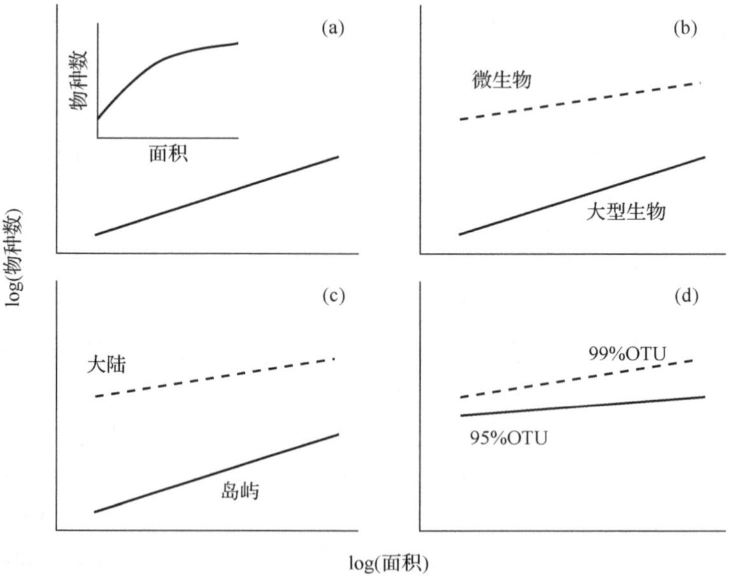

图 6-33　种-面积关系(引自贺纪正和葛源，2008)

(a)指数型种-面积关系和对数转换后种-面积关系示意图；(b)微生物和大型生物种-面积关系比较，在某一取样点，微生物物种丰富度要大于大型生物，但微生物物种丰富度在空间上的聚集(或周转)速率要小于大型生物；(c)大陆和岛屿生境微生物种-面积关系比较，大陆的物种丰富度要大于岛屿，但其在空间上的聚集(或周转)速率要小于岛屿生境；(d)不同物种分辨率微生物种-面积关系比较，当操作分类单元(OTU)的定义标准从 95%的序列相似性增加到 99%时，种-面积关系的斜率也随之增加

表明，连续生境中动植物的 *z* 值大小通常为 0.1～0.2，而岛屿生境则高一些(0.20～0.39)(Prosser et al.，2007)。同植物和动物相比，有关土壤微生物种-面积关系的研究很少，直到近年来才在不同生境(连续生境、不连续生境和岛屿生境)中观测到土壤微生物的这一分布格局(Bell，2005；Horner-Devine，2004；Green et al.，2004)。在这些不多的土壤微生物种-面积关系研究中，大多数报道了较低的 *z* 值(一般 $z<0.1$)(Horner-Devine，2004)，也有研究观测到同大型生物一致的较高 *z* 值(在岛屿生境中)(Bell，2005)。同时，*z* 值随研究对象体型的增大而增加(Drakare et al.，2006；贺纪正和葛源，2008；Horner-Devine，2004)。

在土壤微生物种-面积关系研究中，主要的挑战在于如何在不能完全取样的情况下正确评估某一面积内土壤微生物的物种数。在未获取有关土壤微生物物种-多度分布的准确图谱之前，依靠观测的物种数对种-面积关系的评估仍可能存在偏差。如果大尺度下真实的物种数高于大的面积范围内小面积取样的观测值，则观测到的种-面积关系斜率 *z* 值会低于实际斜率(Green et al.，2004)。

(2)距离-衰减关系

距离-衰减关系是研究群落在不同空间尺度下的周转，即不同样点的群落组成相似性如何随样点间地理距离的变化而变化(β 多样性变化)。一种传统的假定认为，土壤微生物的分布是各种随机因素(如风、水、动物载体及其他)综合作用的结果，从而导致其基本的随机空间分布，以及随后的种群在非随机的空间生态位上的增长(O'Malley，2007)。因此，一个可预测的结果是在相似的生境中存在相似的土壤微生物群落，而不同的生境中则存在不同的土壤微生物群落。验证这一假设的方法之一是研究不同样点的群落组成相似性如何随样点间地理距离的变化而变化(Cho et al.，2007)。尽管普遍认为大型生物的群落组成随样点间地理距离的增加而衰减，对于土壤微生物群落的周转率则知之甚少(Green et al.，2004)。Cho 和 Tiedje(2000)最先研究了自由生活细菌群落的遗传相似性与地理距离之间的关系。他们从 4 个大陆 10 个取样点采集土壤样品，用 BOX-PCR 基因指纹技术研究了 *Pseudomonas* 基因型的空间分布，发现在区域尺度下 *Pseudomonas* 分离菌株的遗传相似性与地理距离呈负相关，但在更大尺度下并非如此。Whitaker 等(2003)对 *Sulf obolus* 分离株的全球性研究也表明，*Sulf obolus* 的遗传相似性随地理距离的增加而减小。最近这一方法被用于评估种-面积关系(Horner-Devine et al.，2004；Green et al.，2004)，但可能会低估种-面积关系的斜率(Green et al.，2004)，表明在这一领域还需要更进一步的理论研究。

(二)土壤微生物的垂直分布格局

1. 土壤微生物群落的海拔分布格局

关于土壤微生物群落的海拔分布格局问题，一些学者做了相关研究，虽然结果存在一定的争议，但我们仍然可以将土壤微生物群落的海拔分布分为两类。

(1) 递减型

递减型指在较低的海拔范围内微生物群落多样性维持较高的水平，随后沿海拔梯度而降低。例如，郭银宝和许小英(2005)对祁连林区不同植被类型下三种土壤微生物群落数量分布的研究也表明，土壤中细菌数量远远大于放线菌和真菌，土壤微生物数量随海拔升高而减少(表 6-13)。吴则焰等(2013)运用 Biolog ECO 微平板法，对武夷山中亚热带森林土壤微生物群落多样性随海拔梯度的变化状况进行了研究，发现土壤微生物群落多样性指数的总体趋势为常绿阔叶林＞针叶林＞亚高山矮林＞高山草甸，呈现出随海拔升高而逐渐降低的变化趋势。

表 6-13 祁连林区不同植被类型下土壤微生物总数的比较(引自郭银宝和许小英，2005)

菌类	牧坡草地	山杨灌木林	藓类云杉林	亚高山灌丛
细菌/(10^4个/g 干土)	37 411.00	34 483.00	9 020.00	4 532.00
占比/%	90.29	95.13	91.50	97.07
放线菌/(10^4个/g 干土)	4 020.90	1760.50	836.64	136.36
占比/%	9.70	4.86	8.49	2.92
真菌/(10^4个/g 干土)	1.70	3.12	0.08	0.53
占比/%	0.01	0.01	0.01	0.01
合计/(10^4个/g 干土)	41 433.60	36 246.62	9 856.72	4 668.89

(2) 单峰型

单峰型指微生物群落多样性随海拔的升高先升高后降低，在中间海拔达到最大值。例如，Singh 等(2012)在日本富士山有研究发现，从海拔 1000m 到 2000～2500m，随着海拔的升高，细菌多样性明显增加，在 3700m 左右时达到最大，此后则随着海拔的增加而下降，呈现明显的单峰模式(图 6-34)。

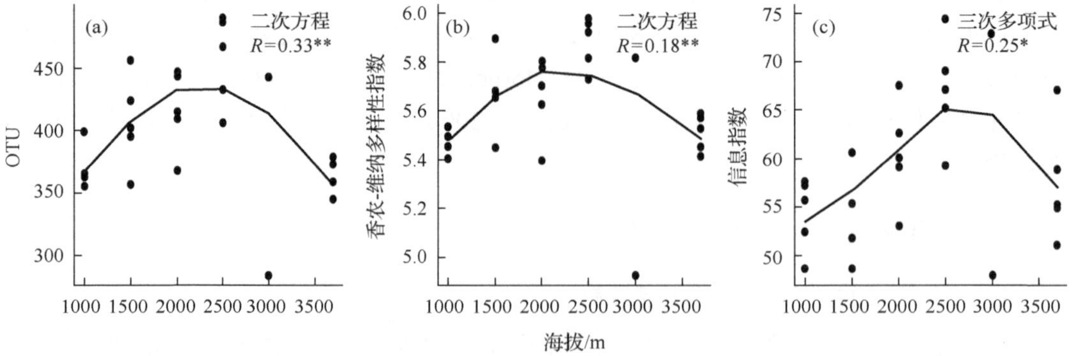

图 6-34 日本富士山微生物群落多样性随海拔变化的动态(引自 Singh et al., 2012)

(a) Phylotype 丰富度(OTU 个数)；(b) 香农-维纳多样性指数；(c) 信息指数。**0.01 水平显著性差异，*0.05 水平显著性差异

Fierer 等(2011)研究了秘鲁安第斯山脉不同生境土壤微生物沿海拔梯度的分布规律，发现土壤微生物没有明显的海拔分布格局(图 6-35)。

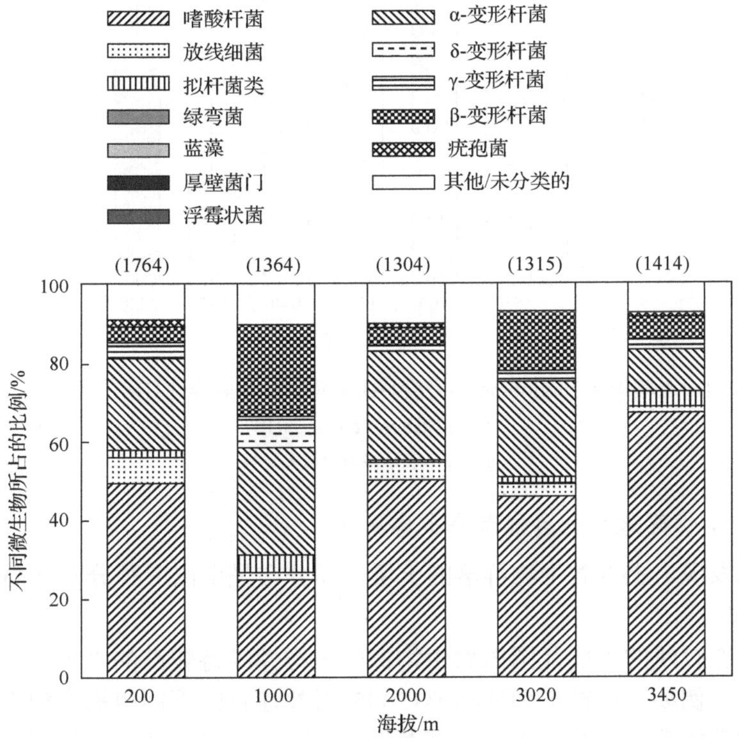

图 6-35　秘鲁安第斯山脉不同生境土壤微生物沿海拔梯度的分布情况(引自 Fierer et al.，2011)

Shen 等(2013)在中国长白山从森林到高山苔原 6 个典型植被下土壤细菌群落结构的研究表明，土壤细菌多样性随海拔没有呈现出明显的分布模式(图 6-36)。

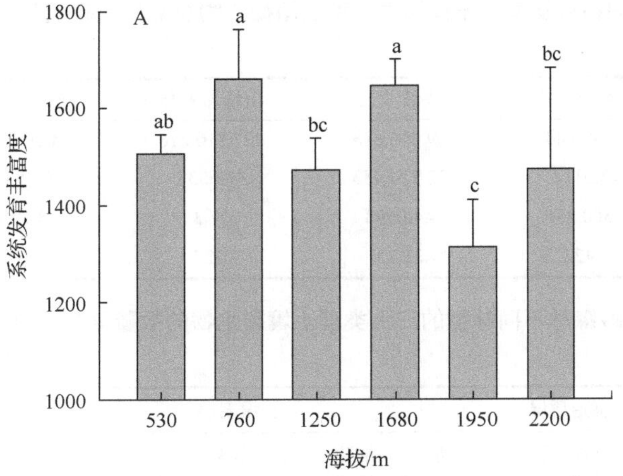

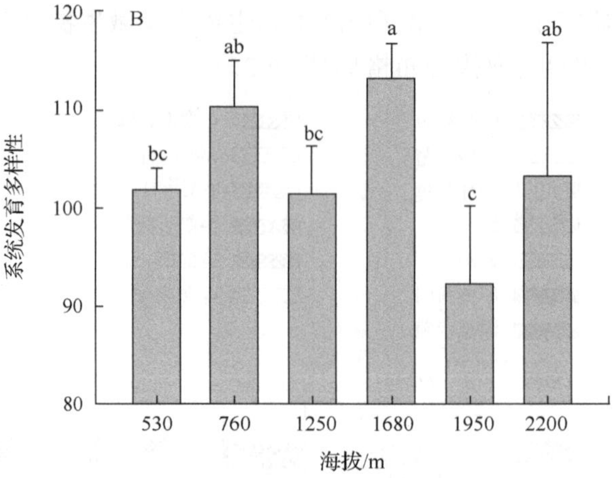

图 6-36　中国长白山土壤细菌 Phylotype 丰富度(A)和系统发育多样性(B)在不同海拔梯度的变化动态(引自 Shen et al.，2013)

a、b、c 表示多重比较差异性

2. 土壤微生物群落的土壤剖面分布格局

大量研究发现，土壤微生物群落的土壤剖面分布呈现出三种分布格局。

(1)递减型

递减型指在较浅的土层范围内微生物群落多样性维持较高的水平，随后随土壤深度的增加而降低。例如，郭银宝和许小英(2005)对祁连林区不同植被类型下不同层内三种土壤微生物群落的数量分布的研究结果表明(表 6-14)，微生物在土壤剖面中的土层垂直分布随着土层加深而逐渐减少。徐文煦等(2009)对大兴安岭三种不同林型的土壤微生物区系进行了研究，结果表明土壤中各类微生物的数量随着土层深度的增加而减少，呈现的规律为腐殖质层＞土壤表层＞土壤层(表 6-15)。范瑞英等(2014)对东北黑土土壤微生

表 6-14　祁连林区不同植被类型下不同层内三种土壤微生物总数的比较(引自郭银宝和许小英，2005)

(单位：10^4 个/g 干土)

土壤层	藓类云杉林	牧坡草地	山杨灌木林	亚高山灌丛	合计
A_0	9 482.844	69 006.688	427 816.216	4 164.82	510 470.568
A 层	122.112	32 724.483	49.6538	0.7588	32 897.0076
B 层	8 580.286	44.0592	27.3	32.28	8 683.9252
C 层	2 422	21.12	1.27	0	2 444.39

表 6-15　大兴安岭森林不同林型的三大类群土壤微生物的数量分布(引自徐文煦等，2009)

(单位：10^4 个/g 干土)

样地	腐殖质层			土壤表层			土壤层		
	细菌	放线菌	真菌	细菌	放线菌	真菌	细菌	放线菌	真菌
桦树	70	23	5	20	6	4	13.5	7	3
樟子松	65	18	7	16	4.7	4.8	13	2.52	2
落叶松	64.5	15.9	6	13	3.5	2	8	3.27	1

物群落垂直分布的研究也表明，土壤微生物总数、细菌和真菌数量随土壤深度增加呈减少趋势，以 0～10cm 土层数量最高，分别为 4.10×10^6 个/g 干土、4.05×10^6 个/g 干土和 5.04×10^6 个/g 干土。

（2）单峰型

单峰型指随土壤深度的增加先升高后降低，微生物群落多样性在中间升高达到最大值。例如，范瑞英等（2014）对东北黑土土壤放线菌群落垂直分布的研究表明，放线菌数量在 0～30cm 随土壤深度的增加表现为先增后减的趋势，最高值出现在 30～50cm，可在 0.94×10^6 个/g 干土左右达到最大，之后随着土壤深度的增加，呈下降趋势。

（3）递减-单峰型

递减-单峰型指微生物群落多样性首先随着土壤深度的增加而降低，此后则随土壤深度的增加出现先升高后降低，在中间土层升高达到最大值。例如，马晓梅等（2008）在塔里木河干流阿拉干、英苏等地，对胡杨（*Populus euphratica*）、柽柳（*Tamarix chinensis* Lour.）根际土壤微生物垂直分布的研究表明，胡杨和柽柳根际微生物总数及细菌、放线菌、真菌等各类群数量垂直变化规律为：在 60～100cm 土层中呈现递减趋势，在 100～160cm 随深度的增加逐渐增加，并达到峰值，然后随土层的加深而递减（图 6-37～图 6-40）。

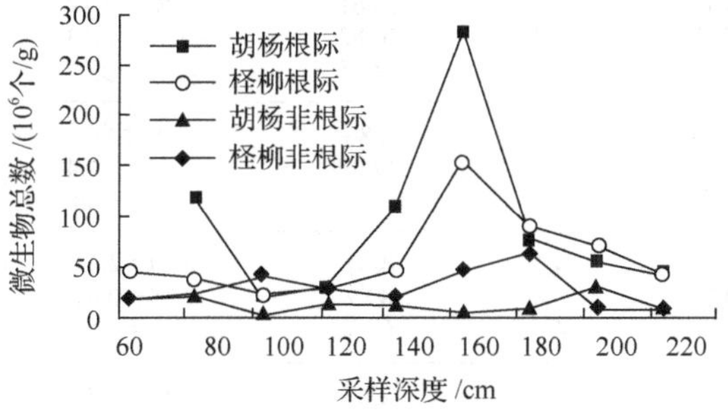

图 6-37　胡杨和柽柳根际微生物总数垂直分布状况（引自马晓梅等，2008）

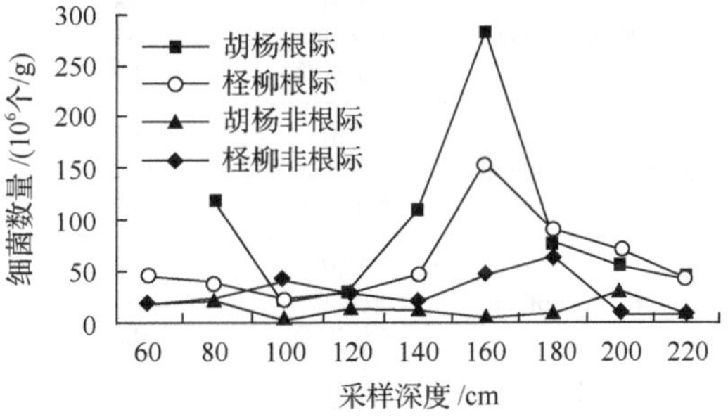

图 6-38　胡杨和柽柳根际、非根际细菌数量垂直分布状况（引自马晓梅等，2008）

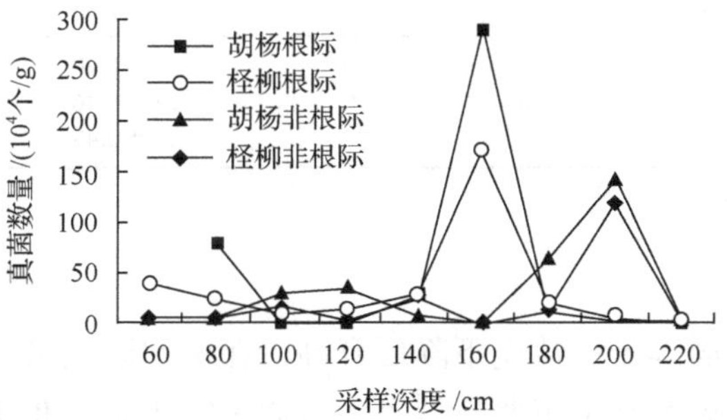

图 6-39　胡杨和柽柳根际、非根际真菌数量垂直分布状况（引自马晓梅等，2008）

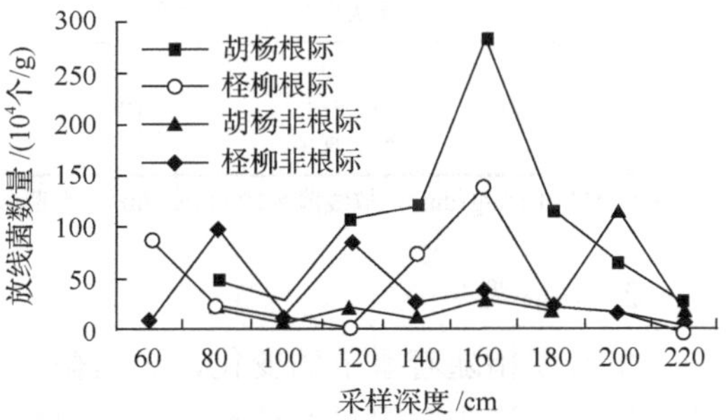

图 6-40　胡杨和柽柳根际、非根际放线菌数量垂直分布状况（引自马晓梅等，2008）

（三）土壤微生物的时间变化动态

关于土壤微生物的时间变化动态研究，主要集中在季节的变化上，根据目前的研究情况，可以将土壤微生物的季节变化动态分为以下几种类型。

1. 单峰型

单峰型指随着季节的变化，土壤微生物群落多样性先升高后降低，在中间升高达到最大值。例如，张瑜斌和林鹏(2007)对福建九龙江口秋茄(*Kandelia candel*)林土壤及其相应的对照光滩 0～20cm(上层)、20～40cm(中层)和 40～60cm(下层)等 3 个层次土壤好氧异养细菌、放线菌和丝状真菌等 3 类微生物数量的季节变化动态进行了研究，发现在秋茄林土壤微生物数量的季节变化中，无论是细菌、放线菌还是真菌，在上、中、下 3 层均表现为夏季最多，冬季最少(下层冬季的真菌除外)，春秋两季的数量位于夏冬两季之间，秋茄林对照光滩各类群土壤微生物数量的季节变化动态与秋茄林一致(表 6-16)。

表 6-16　九龙江口秋茄林与对照光滩的土壤微生物数量*(引自张瑜斌和林鹏，2007)

站位与土层	微生物类群	春	夏	秋	冬	平均值±标准差
秋茄林(0～20cm)	细菌	26.25	33.12	22.81	13.61	23.95±8.12
	放线菌	44.35	47.87	46.88	40.82	44.98±3.14
	丝状真菌	47.06	52.78	38.92	32.13	42.72±9.07
秋茄林(20～40cm)	细菌	18.90	28.54	12.31	6.86	16.65±9.33
	放线菌	30.42	36.71	32.49	29.39	32.25±3.24
	丝状真菌	7.20	9.57	8.55	6.16	7.87±1.50
秋茄林(40～60cm)	细菌	5.98	9.80	4.76	4.67	6.30±2.41
	放线菌	9.50	10.23	8.84	8.82	9.35±0.67
	丝状真菌	0.00	4.30	4.25	0.87	2.36±2.25
光滩(0～20cm)	细菌	6.63	9.26	7.41	2.67	6.49±2.78
	放线菌	42.90	44.20	41.73	28.27	39.28±7.41
	丝状真菌	36.08	41.50	33.15	24.83	33.89±6.96
光滩(20～40cm)	细菌	3.01	5.25	3.50	1.77	3.38±1.44
	放线菌	27.08	35.84	29.44	21.24	28.40±6.04
	丝状真菌	6.20	8.15	7.36	5.31	6.76±1.25
光滩(40～60cm)	细菌	1.76	2.05	1.89	1.59	1.82±0.20
	放线菌	8.10	8.89	8.26	7.79	8.26±0.46
	丝状真菌	3.52	3.76	3.44	2.66	3.35±0.48

*细菌×10^4cfu/g(dm)；放线菌×10^3cfu/g(dm)；真菌×10^1cfu/g(dm)

2. 单谷型

单谷型指随着季节的变化，土壤微生物群落多样性先下降后升高，在中间降至最小值。例如，许光辉等(1985)对长白山自然保护区三个主要林型下土壤微生物生态分布季节性动态的研究表明，杜香落叶松林、胡枝子长白赤松林和灌木阔叶红松林等三个林型下土壤中微生物总量的季节性变化，总的趋势是春季高，夏季低，秋季上升。在微生物总量中，细菌占的比例在春季都比较大；而在夏、秋，细菌的数量在三个林型下出现不同情况。真菌数量的季节性变化，总的趋势也以春季为高，夏季为低，秋季上升。但在三个林型下，真菌数量占微生物总量的百分率正好同细菌相反。放线菌在三个林型下数量的季节性变化，也以春季为高，夏季为低，秋季急剧上升(表 6-17)。高雪峰等(2007)研究了内蒙古荒漠草原土壤中主要微生物类群数量的季节变化状况。结果表明，细菌、自生固氮菌和真菌数量的变化规律相似，均表现出 5 月最多，9 月最少，从 5～9 月逐渐减少，9～11 月开始回升的趋势(表 6-18)。

表 6-17　长白山三个林型下土壤微生物数量的季节性动态变化(引自许光辉等，1985)

(单位：$\times 10^4$ 个/g 干土)

菌数 \ 日期 / 土样编号	春季				夏季				秋季			
	微生物总量	细菌	放线菌	真菌	微生物总量	细菌	放线菌	真菌	微生物总量	细菌	放线菌	真菌
6	137.72	77	0.02	60.7	11.5	3.4	0.1	8	35.93	12	0.13	23.8
7	187.06	115	3.36	68.7	58.82	16	3.02	39.8	85.08	43.4	9.08	32.6
8	398.24	339	5.14	54.1	11.5	8.9	0.4	2.2	74.26	56.1	4.36	13.8

表 6-18　内蒙古荒漠草原不同季节土壤各类群微生物的数量变化状况(引自高雪峰等，2007)

指标		5 月(春季)	7 月(夏季)	9 月(秋季)	11 月(冬季)
微生物	细菌/($\times 10^5$ 个/g 干土)	29.153±2.46	3.968±1.27	8.984±1.56	11.032±2.03
	真菌/($\times 10^3$ 个/g 干土)	8.318±0.72	5.123±0.68	4.891±0.55	5.370±0.69
	自生固氮菌/($\times 10^5$ 个/g 干土)	22.084±2.72	6.349±0.78	4.467±0.59	8.360±0.74

四、影响土壤微生物分布的因素

影响土壤微生物群落的结构组成和多样性，尤其是影响其功能多样性的因素有很多种，可大体分成自然因素和人为因素两大类。自然因素包括农业植被类型、土壤类型、温度、水分及 pH 等；人为因素包括农药、施肥及土壤耕作方式等人类对土壤的管理方式，现分述如下。

(一) CO_2 对土壤微生物群落的影响

一些研究者认为，CO_2 浓度较大幅度地升高可能对土壤微生物群落多样性产生直接影响。例如，Oppermann 等(2010)研究发现，土壤中高 CO_2 浓度使土壤真菌和细菌大量减少，而在对照土壤中不多见的产甲烷古菌、地杆菌及硫酸盐还原细菌则显著增加。在长期的高浓度 CO_2 条件下，土壤微生物群落向厌氧和嗜酸的群落组成方向转变。然而，另一些研究结果显示，在草地生态系统中，CO_2 浓度升高未对土壤微生物群落多样性产生显著影响(Ebersberger et al.，2004；Niklaus et al.，2003)。造成这种不同结果的可能原因主要是试验设计、试验土壤理化性质及植物种类不同等。地表植被的不同导致凋落物质量、根生物量、有机质转化率、根系分泌物、植物对土壤氮素质和量的需求等的差异，进而对土壤微生物产生重要影响，导致土壤微生物群落多样性对 CO_2 浓度升高的响应不一致。

(二) 气温对土壤微生物群落的影响

关于气温对土壤微生物群落的影响有不同的观点。一些研究者认为，气温变化对土壤微生物群落有明显的影响。例如，Pankratov 等(2011)的研究发现，环境温度升高有选择性地使哈氏噬纤维菌(*Cytophaga hutchinsonii*)优势度增加。Malchair 等(2010)指出，气温升高 3℃导致土壤中氨氧化细菌群落结构发生转移，其丰富度下降；Horz 等(2005)对加利福尼亚北部一年生草地的甲烷氧化菌的研究发现，气温升高显著增加了甲烷氧化菌型菌群的相对丰度。但是，也有研究表明气温升高对土壤微生物群落多样性无显著影响。例如，Kandeler 等(1998)研究指出，未发现气温对细菌/真菌的磷脂脂肪酸(PLFA)比值的显著影响；Bardgett 等(1999)也发现气温升高未显著改变细菌/真菌 PLFA 比值，其主要原因可能是地下微生物群落结构的变化不受到大气温度升高的直接影响，而气温上升也未在试验期内对根生物量和土壤易分解有机碳产生显著影响。此外，还有一些研究者认为气温上升对土壤微生物群落结构及多样性的影响可能会受到试验地点纬度的影响。例如，Wu 等(2010)对具有不同成土历史条件的土壤在不同温度下培养后发现，温度升高使土壤中 PLFA 总量减少，土壤微生物群落结构发生改变，且位于最高纬度的土壤发生的改变最大，最低纬度的最小。米亮等(2010)也发现温度对土壤微生物群落结构的影响受纬度影响，但认为较低纬度的土壤微生物群落结构对温度的响应比高纬度更加敏感。

(三) 降水变化对土壤微生物群落的影响

降水对土壤微生物群落多样性的影响主要包括短期影响和长期影响。

1. 降水变化土壤微生物群落的短期影响

降水在短时间内形成干湿交替，可能会使不能适应环境中水势快速变化的微生物种群迅速减少，从而导致微生物群落中某一或某些微生物种群的消失。例如，Bapiri 等(2010)研究表明，干湿交替循环虽然对土壤真菌没有显著影响，但是显著降低细菌生物量，导致细菌/真菌降低。但也有研究表明，降水发生后短时间内未发现土壤微生物群落结构的显著变化。例如，Fierer 等(2003)对草地土壤在两个月内进行的 15 次干湿交替循环处理研究中发现，草地土壤微生物群落结构未受到干湿交替循环处理的显著影响。

2. 降水变化对土壤微生物群落的长期影响

降水对土壤微生物的长期影响主要是通过引起地上植被的多样性和生长状态及土壤理化性质发生改变，促使微生物生长环境发生变化，进而影响到微生物群落结构的稳定性。当前有关降水的长期影响的研究不多，且未达成一致的结论。Castro 等(2010)研究表明，降水变化改变了变形菌和酸杆菌的丰度，降水的增加使酸杆菌丰度降低。而 Cruz-Martinez 等(2009)则指出，在进行了连续 5 年的降水试验后，降水增加虽然使地上的植物区系和无脊椎动物发生了显著变化，但未对土壤细菌和真菌群落产生显著影响，接下来的两年延续试验也显示了同样的结果。

(四)植被类型对土壤微生物群落的影响

植被通过影响土壤含水量、温度、通气性、pH及有机碳和氮的水平而影响土壤生物多样性(Waid，1999)。毕江涛等(2009)研究指出，植被的类型、种类、不同生长发育阶段等均会对土壤微生物多样性产生影响；杨喜田等(2006)对太行山针阔混交林等6种不同植被群落中微生物数量变化的测定表明，微生物群落特征存在较大差异，微生物数量顺序依次为落叶阔叶纯林＞针阔混交林＞针叶纯林＞针叶混交林＞裸地；Han等(2007)研究发现，豆科植物能够明显增加可培养微生物数量、微生物生物量和群落代谢多样性，也证实较多的植被种类、豆科植被和天然植被类型能够增强土壤微生物群落的功能；孟庆杰等(2008)在中国科学院海伦农业生态试验站进行了长期定位试验，研究结果表明，土壤微生物多样性指数表现为草地最高，农田次之，裸地最低；严君等(2009)研究了不同植被覆盖下所形成的不同的土壤属性对微生物类群(细菌、真菌和放线菌)组成、数量的影响，结果表明土壤微生物总数量的变化情况为草地＞作物覆盖＞裸地。

(五)土壤类型对土壤微生物群落的影响

近年来的大量试验证明，土壤类型是土壤微生物群落结构和密度的主要影响因素之一(Chiarini et al.，1998)。例如，徐晶等(2006)对3类不同类型的土壤(红壤、黑土、灰漠土)研究发现，随着耕作年代的增加，土壤细菌、真菌、放线菌、固氮菌及氨化细菌在3类不同土壤中都呈现明显差异。杨超等(2007)研究了皖南烟区4种不同植烟土壤类型，结果表明，不同生态环境下，根际、非根际土壤中各类微生物数量及多样性指数各不相同，多种微生物数量与土壤养分含量呈正相关关系。

(六)土地利用及管理方式对土壤微生物群落的影响

土地利用方式、农药使用和施肥及土地耕作方式等这些人为因素通过改变土壤的理化性质而影响土壤微生物的多样性。例如，姚槐应等(2003)使用碳素和磷酸酯脂肪酸法研究了8种供试红壤微生物群落的功能多样性和结构多样性，研究表明，土地利用方式能显著影响微生物的多样性。李志昆(2008)研究发现，含有HCl的部分有机磷杀虫剂能够使土壤中细菌迅速增加，而对放线菌、真菌作用则不显著。施肥对土壤微生物多样性的影响可能与肥料种类、施用方式(施用量、长期或短期施用)等因素有关。林新坚等(2009)通过盆栽试验研究表明，施用各品种有机肥较不施肥与施用化肥促进了土壤某些微生物量的提高，而施用不同有机肥品种促使不同种类微生物量的提高。同时，施用肥料还能改变土壤的物理性状，影响植被生长，从而间接影响土壤微生物的群落结构。此外，不同耕作方式也会对土壤微生物多样性造成不同的影响。有报道认为，免耕土壤中微生物多样性高于传统耕作后土壤，连作后土壤微生物区系发生变化，各类微生物数量上升，真菌、硝化细菌、反硝化细菌数量明显增加(陈芝兰等，2007)；轮作不仅影响土壤微生物，使有益微生物增加，有害微生物减少，而且还使土壤微生物活性增强。

（七）pH 对土壤微生物群落的影响

pH 对于土壤中微生物分布的影响是相当复杂的，因为 pH 对营养物的利用、微生物吸附、胞外酶的产生和分泌都会产生不同的影响(池振明，2006)。许多研究者认为土壤酸碱度也对微生物数量影响显著，酸性土壤中真菌多，中性或碱性土壤中细菌和放线菌数量较多。由于真菌生长所需的最适 pH 较低。这样，在大多数酸性土壤中($pH<5$)，真菌数量就比细菌数量大，因此在这些土壤中，真菌所起的作用比较大。当然，这种情况也有例外，如氧化硫硫杆菌抗酸能力就相当大。蓝细菌在酸性较低的土壤中数目较少，这些微生物主要存在于偏碱的土壤中，某些蓝细菌在碱性的沙漠中表现出特别大的抗碱能力。藻类能适应范围比较宽的 pH，不同的藻类能适应不同的 pH 环境。

（八）全球变化多因素交互作用对土壤微生物群落的影响

在生态系统中，全球变化多因素间的交互作用可能会对土壤微生物群落的多样性产生重要影响。Castro 等(2010)研究温度、CO_2 浓度和降水 3 个因素对土壤微生物群落的影响时发现，真菌丰度受温度的影响，而细菌丰度受 CO_2 和温度的交互影响。这可能是由于单独提高温度会减少易分解的有机底物，更利于真菌群落生长；而同时增加 CO_2 浓度和温度则会增加植物向土壤输入有机质，更利于细菌群落的生长；Gutknecht 等(2012)在加利福尼亚州草地进行长时间(6年)全球变化多因素对土壤微生物的影响时发现，增温和氮添加相结合比单独的增温处理对土壤真菌/细菌及革兰氏阳性细菌的影响更加强烈；Horz 等(2005)的研究结果表明，氮沉降增加能够显著改变氨氧化细菌的群落结构，使亚硝化螺菌属 sp2 转变为优势菌种，而且这种转变在温度和降雨未增加的情况下最明显。同时，氨氧化细菌的丰度随着大气 CO_2 浓度增高显著下降，降水增加协同 CO_2 浓度增高会使其丰度下降更加显著。然而，也有研究表明，CO_2 浓度升高和氮沉降增加对草地植物多样性的影响具有可加性，即两者间无交互作用。当前，全球变化研究仍主要集中于单因素的影响效应，缺少多因素间交互作用对土壤微生物影响的系统研究。各个因素之间的相互作用对土壤微生物群落结构的影响机制如何，至今也仍不明确，需要相关试验的进一步论证。

五、土壤微生物群落生态地理研究展望

从以上研究可以看出，不同于传统的微生物全球性随机分布的认识，越来越多的证据表明微生物的空间分布格局在本质上同大型生物相似。分布格局量上的差异可能是因为对微生物和大型生物采用不同的物种分类标准，以及不完全取样而造成的对微生物多样性的过低估计。一些研究已开始尝试揭示微生物空间分布规律及其下隐藏的内在机制，总体上这方面的研究还处于初步阶段。贺纪正和葛源(2008)试图通过对几个长期定位农业生态试验站的联网研究，综合分析土壤细菌群落多样性的区域分布特征和主要控制因子。他们用变性梯度凝胶电泳(DGGE)技术研究了取自 3 个不同站点的 212 个土壤样品(单独或结合施用无机氮磷钾肥及有机肥)细菌群落的多样性特征，并用多元回归树分析(multivariate regression trees，一种限制性聚类技术)对造成土壤细菌群落多样性变化的主

要控制因子进行认定。其理论假设是，若土壤细菌群落多样性变化主要由地理分隔等影响大尺度过程的因子(以不同的试验站代表)控制并表现为一定的区域分布特征，则在多元回归树上，这 212 个土壤样品应首先根据不同的取样站点被分离开来；反之，若土壤细菌群落多样性变化主要由局部的环境扰动(以不同的施肥处理代表)控制而并不呈一定的区域分布特征，则土壤样品应首先根据不同的施肥处理被分离开来。研究结果表明，历史进化(以地理上分隔的不同取样点或土壤类型、土壤剖面层次来表征)是驱动大尺度下土壤细菌多样性变化的主控因子，其对土壤细菌多样性变化的贡献约为 60%；当代环境扰动(以不同的取样时间和施肥处理来表征)也可造成局部土壤细菌的多样性变化，其对土壤细菌多样性变化的贡献约为 20%；另有约 20%的贡献来自于该研究尚未考察到的因子(图 6-41)。研究结果支持第 1 种假设，即土壤细菌群落多样性主要受区域因子的影响而表现为一定的区域分布特征(Ge et al.，2008)。这些结果发表于 *The ISME Journal*。在土壤微生物生态地理学研究中，以下 3 个方面的内容尤其值得关注。

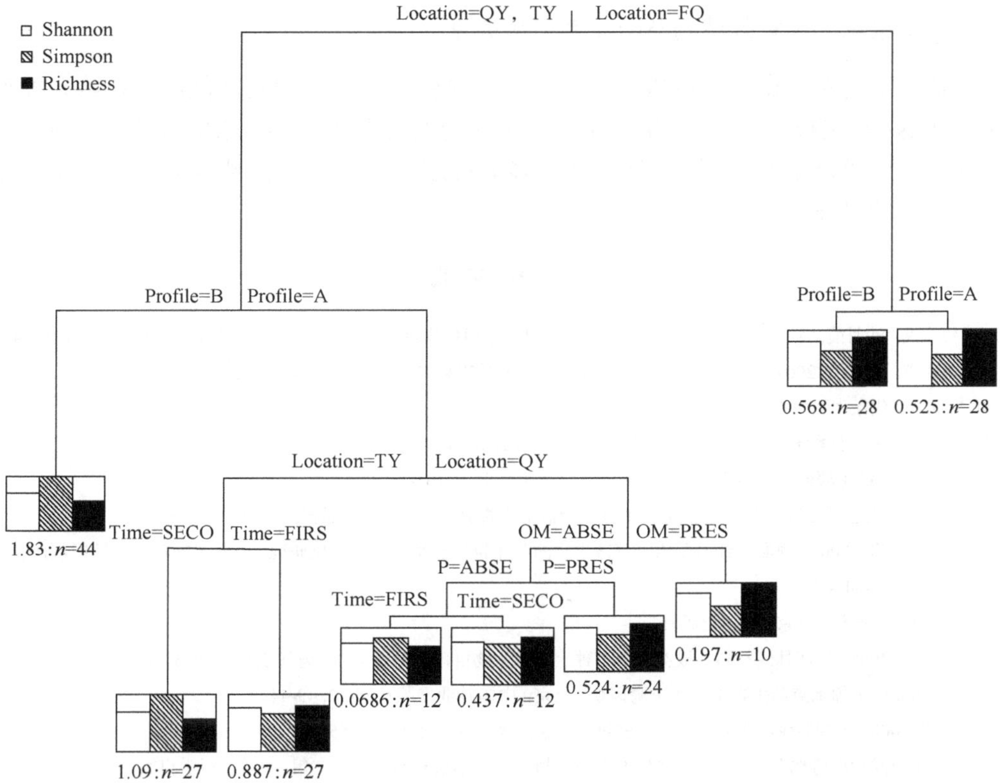

图 6-41　多元回归树图(引自贺纪正和葛源，2008)

土壤样品的细菌多样性特征(香农指数 Shannon、辛普森多样性指数 Simpson、物种丰富度 Richness)根据不同的环境变量(取样地点、取样土层、取样时间、施肥处理)被分离开来，并显示为柱状图取样地点 sampling location(Location)；Profile：取样土层(sampling profile)；Time：取样时间(sampling time)；P：磷肥(phosphorus)；OM：有机肥(organicmanure)；FQ：封丘(Fengqiu)；QY：祁阳(Qiyang)；TY：桃源(Taoyuan)；A：A 层(0～20cm) [Profile A(0～20cm)]；B：B 层(20～40cm)[Profile B(20～40cm)]；FIRS：第 1 次取样(first sampling)；SECO：第 2 次取样(second sampling)；ABSE：不施用(Absent)；PRES：施用(Present)；*n*：样品数(number of samples)

(一) 土壤微生物区系和空间分异规律

包括以下问题：微生物群落的地带性分布是否存在？如果存在，微生物群落的空间分异规律(包括水平地带性和垂直地带性)究竟如何？是否存在一个(或几个)可以指示微生物群落的空间分异的环境变量？这些变量是什么？是否可以像动植物一样，对微生物的分布进行地理定位？

(二) 土壤微生物生物地理格局的形成和维持机制

迁移、扩散、分化、灭绝等历史过程和当代的环境异质性及环境扰动对当前土壤微生物生物地理格局的形成和维持机制究竟如何？对这些机制的认识将帮助人们更好地预测微生物群落结构和多样性对各种环境变化(如全球气候变化、土地利用方式改变和各种人为扰动等)的可能响应，进而制定更有效的管理措施和对策。

(三) 土壤微生物群落结构与功能之间的关系

包括以下问题：微生物群落结构变化如何对生态系统过程及功能产生影响？如何定量化描述这些影响？造成不同生态系统功能和过程差异的主要微生物类群(如参与碳氮生物地球化学循环的功能类群)是什么？多大程度的微生物多样性变化可引起生态系统过程及功能的显著变化？

参 考 文 献

毕江涛, 贺达汉, 沙月霞, 等. 2009. 荒漠草原不同植被类型土壤微生物群落功能多样性. 干旱地区农业研究, 27(5): 149-155.
陈芝兰, 周晓英, 何建清. 2007. 设施栽培措施对土壤微生物区系的影响. 西藏科技, (1): 14-15.
池振明. 2006. 现代微生物生态学. 北京: 科学出版社: 33-37.
褚海燕. 2013. 高寒生态系统微生物群落研究进展. 微生物学通报, 40(1): 123-136.
崔金香, 王帅. 2010. 土壤微生物多样性研究进展. 河南农业科学, 6: 165-169.
范瑞英, 杨小燕, 王恩姮. 2014. 未干扰黑土土壤微生物群落垂直分布特征. 土壤通报, 45(2): 389-393.
高雪峰, 张功, 卢萍. 2007. 内蒙古荒漠草原土壤微生物的分布特征及季节动态变化研究. 内蒙古师范大学学报(自然科学汉文版), 36(4): 484-487.
戈峰. 2010. 现代生态学. 北京: 科学出版社.
郭银宝, 许小英. 2005. 祁连林区不同植被类型下三种土壤微生物群落的数量分布. 青海农林科技, 3: 16-18.
国家林业局. 2009. 中国重点陆生野生动物资源调查. 北京: 中国林业出版社: 8-12, 49-44.
贺纪正, 葛源. 2008. 土壤微生物生物地理学研究进展. 生态学报, 28(11): 5571-5582.
姜恕. 1958. 江西武功山植被调查报告. 植物生态学与地植物生态学资料丛刊，第二辑. 北京: 科学出版社: 118-151.
李志昆. 2008. 不同措施对草地土壤微生物的影响. 养殖与饲料, (7): 67-68.
林新坚, 王飞, 蔡海松, 等. 2009. 不同有机肥源对土壤微生物生物量及花生产量的影响. 中国生态农业学报, 17(2): 235-238.
马晓梅, 尹林克, 陈理. 2008. 塔里木河干流胡杨和柽柳根际土壤微生物及其垂直分布. 干旱区研究, 25(2): 183-189.
孟庆杰, 许艳丽, 李春杰, 等. 2008. 不同植被覆盖对黑土微生物功能多样性的影响. 生态学杂志, 27(7): 1134-1140.
米亮, 王光华, 金剑, 等. 2010. 黑土微生物呼吸及群落功能多样性对温度的响应. 应用生态学报, 21(6): 1485-1491.
宋永昌. 2001. 植被生态学. 上海: 华东师范大学出版社.
孙良杰, 齐玉春, 董云社, 等. 2012. 全球变化对草地土壤微生物群落多样性的影响研究进展. 地理科学进展, 31(12): 1715-1723.

田大伦. 2008. 高级生态学. 北京: 科学出版社.
王磊, 钟超, 柳欣, 等. 2013. 夏季南海东北部和东海陆架浮游植物群落结构昼夜变化的比较研究. 海洋学报, 35(6): 170-177.
吴则焰, 林文雄, 陈志芳, 等. 2013. 中亚热带森林土壤微生物群落多样性随海拔梯度的变化. 植物生态学报, 37(5): 397-406.
吴征镒. 1980. 中国植被. 北京: 科学出版社.
徐晶, 陈婉华, 张夫道, 等. 2006. 三类不同开垦年代的土壤主要微生物类群和土壤酶活性的演变. 土壤肥料, (2): 56, 58.
徐文煦, 王继华, 张雪萍, 等. 2009. 大兴安岭森林土壤微生物生态分布研究. 哈尔滨师范大学(自然科学学报), 25(1): 67-70.
许光辉, 郑洪元, 张德生. 1985. 长白山自然保护区三个主要林型下土壤微生物生态分布的季节性动态. 林业科学, 21(3): 285-291.
严君, 韩晓增, 王守宇. 2009. 黑土不同植被覆盖与施肥下土壤微生物的变化特征. 土壤通报, 40(2): 240-244.
杨超, 刘国顺, 邱立友, 等. 2007. 不同植烟土壤微生物数量调查研究. 中国烟草科学, 28(5): 31-36.
杨喜田, 宁国华, 董慧英, 等. 2006. 太行山区不同植被群落土壤微生物学特征变化. 应用生态学报, 17(9): 1761-1764.
姚槐应, 何振立, 黄昌勇. 2003. 不同土地利用方式对红壤微生物多样性的影响. 水土保持学报, 17(2): 51-54.
张荣祖. 1979. 中国自然地理——动物地理. 北京: 科学出版社: 7-20, 71-109.
张瑜斌, 林鹏. 2007. 九龙江口红树林土壤微生物的时空分布. 厦门大学学报(自然科学版), 46(4): 587-592.
赵志模, 等. 1990. 群落生态学原理与方法. 重庆: 科学技术文献出版社重庆分社.
郑凯, 袁建立, 王亮, 等. 2013. 安西极旱荒漠自然保护区植物群落的季节变化和年际变化以及气候对变化的影响. 兰州大学学报(自然科学版), 49(5): 651-657.
中国科学院兰州地质研究所, 中国科学院水生生物研究所, 中国科学院微生物研究所, 等. 1979. 青海湖综合考察报告. 北京: 科学出版社: 47-51, 64-67.
Bapiri A, Baath E, Rousk J. 2010. Drying-rewetting cycles affect fungal and bacterial growth differently in an arable soil. Microbial Ecology, 60(2): 419-428.
Bardgett R D, Kandeler E, Tscherko D, et al. 1999. Below-ground microbial community development in a high temperature world. Oikos, 85(2): 193-203.
Bell T, Ager D, Song J-I, et al. 2005. Larger islands house more bacterial taxa. Science, 308(5730): 1884.
Castro H F, Classen A T, Austin E E, et al. 2010. Soil microbial community responses to multiple experimental climate change drivers. Applied and Environmental Microbiology, 76(4): 999-1007.
Chiarini L, Bevivino A, Dalmastri C, et al. 1998. Influence of plant development, cultivar and soil type on microbial colonization of maize root. Applied Soil Ecology, 8(1/3): 11-18.
Cho J C, Tiedje J M. 2000. Biogeography and degree of endemicity of fluorescent *Pseudomonas* strains in soil. Applied and Environmental Microbiology, 66(12): 5448-5456.
Clements F E, Shelford V E. 1939. Bio-ecology. New York: John Wiley & Sons.
Cruz-Martinez K, Suttle K B, Brodie E L, et al. 2009. Despite strong seasonal responses, soil microbial consortia are more resilient to long term changes in rainfall than overlying grassland. The ISME Journal, 3(6): 738-744.
Dansereau P. 1957. Biogeography, an Ecological Perspective. New York: The Ponald Press: 394.
Drakare S, Lennon J J, Hillebrand H. 2006. The imprint of the geographical, evolutionary and ecological contexton species-area relationships. Ecology Letters, 9(2): 215-227.
Ebersberger D, Wermbter N, Niklaus P A, et al. 2004. Effects of long term CO_2 enrichment on microbial community structure in calcareous grassland. Plant and Soil, 264 (1): 313-323.
Eckholm E P. 1976. 土地在丧失. 黄重生, 译. 北京: 科学出版社: 176.
Fierer N, Jackson R B. 2006. The diversity and biogeography of soil bacterial communities. Proceedings of the National Academy of Sciences of the United States of America, 103(3): 626-631.
Fierer N, Mccain C M, Meir P, et al. 2011. Microbes do not follow the elevational diversity patterns of plants and animals. Ecology, 92(4):797-804.

Fierer N, Schimel J, Holden P A. 2003. Influence of drying rewetting frequency on soil bacterial community structure. Microbial Ecology, 45(1): 63-71.

Finlay B J. 2002. Global dispersal of free living microbial eukaryote species. Science, 296(5570): 1061-1063.

Galloway J N, Townsend A R, Erisman J W, et al. 2008. Transformation of the nitrogen cycle: recent trends, questions, and potential solutions. Science, 320(5878): 889-892.

Gans J, Wolinsky M, Dunbar J. 2005. Computational improvements reveal great bacterial diversity and high metal toxicity in soil. Science, 309(5739): 1387-1390.

Ge Y, Zhang J B, Zhang L M, et al. 2008. Long-term fertilization regimes affect bacterial community structure and diversity of an agricultural soil in northern China. Journal of Soils and Sediments, 8(1): 43-50.

Girvan M S, Bullimore J, Pretty J N, et al. 2003. Soil type is the primary determinant of thecomposition of the total and active bacterial communities in Arable soils. Applied and Environmental Microbiology, 69(3): 1800-1809.

Gogarten J P, Townsend J P. 2005. Horizontal gene transfer, genome innovation and evolution. Nature Reviews Microbiology, 3(9): 679-687.

Green J L, Holmes A J, Westoby M, et al. 2004. Spatial scaling of microbial eukaryote diversity. Nature, 432(7018): 747-750.

Gutknecht J L M, Field C B, Balser T C. 2012. Microbial communities and their responses to simulated global change fluctuate greatly over multiple years. Global Change Biology, 18(7): 2256-2269.

Han X M, Wang R Q, Liu J, et al. 2007. Effects of vegetation types on soil microbial community composition and catabolic diversity assessed by polyphasic methods in North China. Journal of Environmental Sciences, 19(10): 1228-1234.

He J Z, Xu Z H, Hughes J. 2005. Analyses of soil fungal communities in adjacent natural forest and hoop pine plantation ecosystems of subtropical Australia using molecular approaches based on 18S rRNA genes. FEMS Microbiology Letters, 247(1): 91-100.

He J Z, Xu Z H, Hughes J. 2006. Molecular bacterial diversity of a forest soil under residue management regimes in subtropical Australia. FEMS Microbiology Ecology, 55(1): 38-47.

He Z, Piceno Y, Deng Y, et al. 2012. The phylogenetic composition and structure of soil microbial communities shifts in response to elevated carbon dioxide. The ISME Journal, 6(2): 259-272.

Holdridge L R. 1967. Life Zone Ecology. Rev. San Jose: Tropical Science Center: 206.

Horner-Devine M C, Lage M, Hughes J B, et al. 2004. A taxa area relationship for bacteria. Nature, 432(7018): 750-753.

Horz H P, Barbrook A, Field C B, et al. 2004. Ammonia-oxidiz-ing bacteria respond to multi factorial global change. Proceedings of the National Academy of Sciences of the United States of America, 101(42): 15136-15141.

Horz H P, Rich V, Avrahami S, et al. 2005. Methane-Oxidizing bacteria in a California Upland Grassland Soil: diversity and response to simulated global change. Applied and Environmental Microbiology, 71(5): 2642-2652.

Kandeler E, Tscherko D, Bardgett R D, et al. 1998. The response of soil microorganisms and roots to elevated CO_2 and temperature in a terrestrial model ecosystem. Plant and Soil, 202(2): 251-262.

Karl T R, Trenberth K E. 2003. Modern global climate change. Science, 302(5651): 1719-1723.

Kelley A M, Fay P A, Polley H, et al. 2011. Atmospheric CO_2 and soil extracellular enzyme activity: a meta-analysis and CO_2 gradient experiment. Ecosphere, 2(8): 1-20.

Kowalchuk G A, Buma D S, de Boer W, et al. 2002. Effects of above ground plant species composition and diversity on the diversity of soil borne microorganisms. Antonie Van Leeuwenhoek, 81(1-4): 509-520.

Larcher W. 1975. 植物生理生态学. 李博, 等, 译. 北京: 科学出版社: 314.

Lieth H. 1956. Ein Beitrag zur Frage der Korrelation zwischen mittleren Klimawerten und Vegetationsformationen. Ber Dueth Bot Ges, 69: 169-176.

Lieth H, Whittaker R H. 1975. 生物圈的第一性生产力. 北京: 科学出版社: 378.

Malchair S, de Boeck H J, Lemmens C M H M, et al. 2010. Diversify function relationship of ammonia-oxidizing bacteria in soils among functional groups of grassland species under climate warming. Applied Soil Ecology, 44(1): 15-23.

Mueller-Dombois D. 1964. The forest habitat types of southeastern manitola and their application to forest management. Canadian J. of Botany, 42(1): 417-1444.

Niklaus P, Alphei J, Ebersberger D, et al. 2003. Six years of in situ CO_2 enrichment evoke changes in soil structure and soil biota of nutrient-poor grassland. Global Change Biology, 9(4): 585-600.

O'Malley M A. 2007. The nineteenth century roots of everything is everywhere. Nature Reviews Microbiology, 5(8): 647-651.

Ochman H, Lerat E, Daubin V. 2005. Examining bacterial species under the specter of gene transfer and exchange. Proceedings of the National Academy of Sciences of the United States of America, 102(suppl. 1): 6595-6599.

Oppermann B I, Michaelis W, Blumenberg M, et al. 2010. Soil microbial community changes as a result of long-term exposure to a natural CO_2 vent. Geochimica et Cosmochimica Acta, 74(9): 2697-2716.

Pankratov T A, Ivanova A O, Dedysh S N, et al. 2011. Bacterial populations and environmental factors controlling cellulose degradation in an acidic *Sphagnum* peat. Environmental Microbiology, 13(7): 1800-1814.

Prosser J I, Bohannan B J M, Curtis T P, et al. 2007. The role of ecological theory in microbial ecology. Nature Reviews Microbiology, 5(5): 384-392.

Shen C C, Xiong J B, Zhang H Y. 2013. Soil pH drives the spatial distribution of bacterial communities along elevation on Changbai Mountain. Soil Biology & Biochemistry, 21(17): 204-212.

Singh D, Takahashi K, Kim M, et al. 2012. A hump-backed trend in bacterial diversity with elevation on Mount Fuji, Japan. Microb Ecol, 63(2): 429-437.

Sukopp H. 1976. Dynamik und Konstanz in der Flora der Bundesrepublik Deutschland. Schriftenr.Vegetationskunde: 10-26.

Szafer W. 1956. 普通植物地理学原理. 傅子祯, 译. 北京: 高等教育出版社.

Telford R J, Vandvik V, BirksH J B. 2006. Dispersal limitation smatter for microbial morphospecies. Science, 312(5776): 1015.

Waid J S. 1999. Does soil biodiversity depend upon metabolic activity and influences? Applied Soil Ecology, 13(2): 151-158.

Wardle D A, Bardgett R D, Klironomos J N, et al. 2004. Ecological linkages between aboveground and belowground biota. Science, 304(5677):1629-1633.

Watt A S. 1925. On the ecology of british beachwoods with special reference to their regeneration. J of Ecol, 13: 27-73.

Watt A S. 1947. Pattern and process in the plant community. J of Ecol, 35: 1-22.

Webb L T, Tracey J G, Willams W T. 1972. Regeneration and pattern in the subtropical rain forest. J of Ecol, 60: 675-695.

Whitaker R J, Grogan D W, Taylor J W. 2003. Geographic barriers isolate endemic populations of hyperthermophilic archaea. Science, 301(5635): 976-978.

Whittaker R H. 1967. Gradient analysis of vegetion. Biol Rev Gamb Philos Soc, 42(2): 207-264.

Whittaker R H. 1970. The population structure of vegetation. *In*: Tüxen R. (Hrsg.): Gesellschaftsmorphologie (Strukturforschung). Ber. Int. Symp. IVV Rinteln 1996: 39-62. Den Haag: Junk.

Wu Y, Yu X, Wang H, et al. 2010. Does history matter? Temperature effects on soil microbial biomass and community structure based on the phospholipid fatty acid (PLFA) analysis. Journal of Soils and Sediments, 10(2): 223-230.

Young I M, Crawford J W. 2004. Interactions and self organization in the soil-microbe complex. Science, 304(5677): 1634-1637.

Zhang W, Parker K M, Luo Y, et al. 2005. Soil microbial responses to experimental warming and clipping in a tall grass prairie. Global Change Biology, 11(2):266-277.

Zukrigl K, Eckhart G, Nather J. 1963. Standortskundliche und waldbauliche Untersuchungen in Urwaldresten der niederösterreichischen Kalkalpen. Mitt Forstl. Bundesversuchsanstalt Mariabrunn, 62: 244.

第七章　生态地理系统能量流动的空间分布格局及其变化动态

地球上一切生命有机体的生存与发展都离不开能量的供应。同样，对于由生物、大气、地理要素构成的生态地理系统，能量也是其必不可少的动力基础，能量必须不断地从大气和地理环境输入生物群落中，并沿食物链(网)这个渠道进行传递，才能维持生态地理系统的正常运转。因此，能量的流动与转化是生态地理系统最基本也是最重要的功能。

在生态地理系统中，人们通过输入人工辅助能进行调节和控制，以期使能量转化和流动按照人们的目标与方向进行。为减少工业辅助能的负效应，需要保护和利用生态地理系统的自我调控机制和自然生态过程，同时加强辅助能输入的管理，提高辅助能利用效率。

对生态地理系统能量流动的空间分布格局及其变化动态进行定量分析，了解生态地理系统中能量的基本概念和原理，掌握生态地理系统中能流基本途径、特点和基本模式，理解生物生产力是生态地理系统的一项重要属性，其受多种生态因素的作用，指导运用能流基本原理、提高能源使用效率，改善和提高生态地理系统生产力。

第一节　能量流动的基本原理

一、生态地理系统的能量来源

(一)能量的基本概念

能量(energy)，在物理学上是指物质具有做功的能力，量度单位是焦耳(J)。能量是物质运动的动力，也是生态地理系统的动力基础。生态地理系统中能量主要有两种存在状态，即动能(dynamic energy)和潜能(potential energy)。动能是正在做功的能量，在生物及其与大气和地理环境之间以传导和对流的形式互相传递，如正在辐射的太阳能、水流所产生的水能等。潜能是尚未做功，但具有潜在的做功能力的能量。储存于生态地理系统动植物体内有机化合物中的化学能，埋藏在地下的各种化石能源等都是生态地理系统中的主要潜能形式。

(二)生态地理系统的能量来源

太阳辐射能是生态地理系统最主要的能量来源。太阳辐射以电磁波的形式向地球表面投射，进入大气层时，有25%被反射回去，19%被大气层吸收，9%被尘埃所散射，只有47%左右能到达地球表面。太阳总辐射光谱中，紫外线(＜0.4μm)约占7%，可见光(0.4～

0.76μm)约占 50%，红外线(>0.76μm)占 43%左右。各种波长的光在自然界中具有不同的效应，红外线会产生热效应，有助于形成生物生长的热量大气和地理环境；紫外线则具有较强的组织穿透能力和破坏能力；由 7 种不同波长的单色光(红、橙、黄、绿、青、蓝、紫)构成的可见光，一般除绿光外，其他均是绿色植物光合作用的生理辐射能。植物只能将很少一部分生理辐射能吸收，通过光合作用转化成有机化合物中储存的化学潜能，紫外线和红外线不具有光合生理效应。

生态地理系统除接受并转化太阳辐射能外，还要接受风能、水能、潮汐能、降雨能、地热能等其他形式的自然能量，以辅助太阳能为起点的食物链能量转化过程，称为生态地理系统的自然辅助能(natural auxiliary energy)。生态地理系统则还需要人类投入大量的人工辅助能量(artifical auxiliary energy)，以提高食物链能量转化效率和系统的生产力，满足人类的需要。

人工辅助能种类多样，按性质可分为生物辅助能(biological auxiliary energy)和工业辅助能(industrial auxiliary energy)。生物辅助能指来自生物有机物的能量，包括人力、畜力、种子(苗)、种畜、饲料、有机肥及生物燃料等所含能量。工业辅助能也称为无机能、商业能或化石能，又包括直接工业辅助能和间接工业辅助能。前者指以煤、石油、天然气、电等形式直接投入生态地理系统的能量，后者则指以化肥、农机具、农药、农用塑料膜、生长调节剂、饲料添加剂等物质形式间接投入系统的能量，其本身不含能量，但在工业制造过程中消耗很多能量。生态地理系统的能量来源可以用图 7-1 概括。

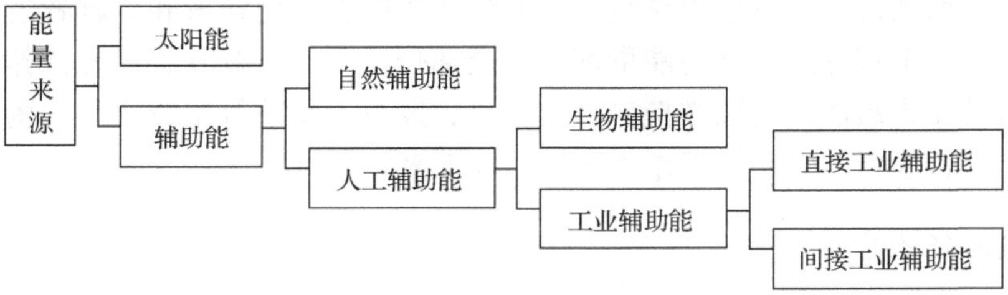

图 7-1　农业生态地理系统能量来源(引自廖允成和林文雄，2011)

二、能量流动的主要理论

(一)热力学第一定律

热力学第一定律指出：能量可以在不同的介质中被传递，在不同的形式间被转化，但能量既不能被消灭，又不能被创造。表明能量在转化过程中是守恒的，它只能以严格的当量比例由一种形式转变为另一种形式。因此该定律又称为能量守恒定律。对于热功转化过程，可以用下式表示

$$Q=\Delta U+W$$

式中，Q 为系统与大气和地理环境交换的热；ΔU 为系统内能的增量；W 为系统与大气和地理环境交换的功。

依据这个定律可知，一个系统的能量发生变化，大气和地理环境的能量也必定发生相应的变化，如果系统的能量增加，大气和地理环境的能量就要减少，反之亦然。

生态地理系统中能量的传递和转化也严格遵循热力学第一定律。在生态地理系统中，能量的形式不断转换，如太阳辐射能通过绿色植物的光合作用转变为储存于有机物化学键中的化学能；储存于有机物中的化学能一部分转变为热能以维持生命过程中的呼吸代谢；动物通过消耗自身体内储存的化学能变成爬、跳、飞、游的机械能。在这些过程中，能量既不能凭空产生，又不会消失，只能按严格的当量比例由一种形式转变为另一种形式。因此，生态地理系统食物链上各营养级的能量转换和传递过程，都可以根据热力学第一定律进行定量分析，列出能量平衡式。

(二)热力学第二定律

热力学第二定律是表达有关能量传递方向和转换效率的定律。其基本内容是：自然界的所有自发过程，能量的传递均有一定方向，且在能量的传递和转化过程中，除一部分可以继续传递和做功外，总有一部分不能继续传递和做功而以热的形式消散，所以任何能量的转换效率都不可能达到100%。

由热力学第二定律可知，生态地理系统的能量从一种形式转化为另一种形式时，总是有一部分能量转化为不能利用的热能而耗散。当太阳辐射能到达地球表面时，只有极少部分能量被绿色植物吸收并转化为化学潜能，大部分光能转变为热能离开生态地理系统进入大气。而当进入生态地理系统中的能量在生产者、消费者和分解者之间进行流动和传递时，每一个营养级生物的能量都不能全部传给下一个营养级，各营养级都必须将一部分能量转变为热能，用以维持自身的生长、发育、繁殖等生命活动。剩下的能量才用于做功，并合成新的生物组织作为潜能贮存下来。

(三)熵与耗散结构

熵(entropy)是热力学中的重要状态函数，是对事物或系统无序性的量度。任何物体在温度为绝对零度时处于无分子运动的最大无序状态，这时物体的熵等于零。熵增加就是系统的无序性增加。为了充分理解热力学第二定律，可以用熵理论来进一步解释：封闭系统的熵总是不断增加，达到最大为止。也就是说，一切自发过程总是沿着熵值增加的方向进行，从有序走向无序，不必借助外力的帮助而能自动实现，如热自发地从高温物体传到低温物体，直到两者的温度相同为止；水自动由高处流向低处。而与此相反，熵减少方向就必须有外力的推动。

普利高津的耗散结构(dissipative structure)理论指出，一个远离平衡态的开放系统，通过与外界大气和地理环境不断进行的物质和能量交换，就可能使系统的熵减少和有序性提高，维持一种稳定的平衡状态。这种不断与外界交换物质和能量，维持系统稳定性的状态就是耗散结构。生态地理系统本身就是一个开放的能量耗散系统，不断地与周围的大气和地理环境进行着各种形式能量的交换，通过光合作用引入负熵，通过呼吸作用排出正熵，降低系统的无序性，从而维持着系统的稳定状态。

三、能量流动的途径

(一) 生态地理系统能量流动的途径

能量沿食物链的输入、传递、转化及散失过程构成生态地理系统的能量流动(energy flow)。就一般生态地理系统而言，能量流动主要是指生物质能的流动，即以绿色植物转化固定太阳能，并贮存在其有机体内的化学潜能，然后沿着食物链在不同营养级流动，被进一步转化为其他的有机体化学潜能及伴随着的热能散失。由于生态地理系统中往往存在由多条食物链交错构成的复杂食物网营养关系，捕食食物链、腐生食物链甚至寄生食物链同时存在。因此，生态地理系统的能量流动是沿着长短不一的多条路径同时进行的。

生态地理系统中，无论是初级生产者，还是次级生产者，能量在生态地理系统流动过程中，一部分被生物同化利用(A)，另一部分未被利用排泄掉(FU)；被同化利用的能量(A)中，一部分能量构成生物生产量，另一部分能量以呼吸的形式消耗(R)。因此，生态地理系统能量流动可以概括为如图 7-2 所示的一个通用模式。它适用于个体、种群和群落等不同层次和动物、植物、微生物等不同生物。

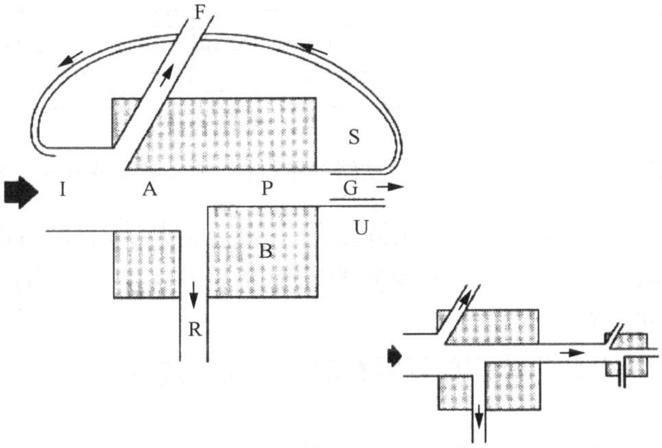

图 7-2　能量流动的通用模式(引自 Odum，1983)

A. 同化的能量；B. 生物量；F. 未被利用的能量；G. 生物的生长；I. 输入或摄取的能量；P. 生产量；R. 呼吸消耗的能量；S. 矿存的能量；U. 排泄掉的能量

生态地理系统的基本能流路径主要有以下几条。

其一，贮存在植物有机物质内的化学能，沿着捕食食物链，通过取食关系被下一营养级生物摄入体内，依次被转化为草食动物、小型肉食动物、大型肉食动物等不同类型的生物质化学能。

其二，在能量转化过程中，每一营养级均有一部分生物质能以遗体、残体及排泄物等形式直接进入腐生食物链，被分解者分解后以热能的形式消散于大气和地理环境中，复杂的有机化合物则降解为简单的无机物质。

其三，每一营养级均有一部分生物质能在转化过程中通过呼吸作用以热能的形式释放到大气和地理环境中，以维持生命代谢活动，从而结束其能量流动。

除上述 3 条基本路径外，每一营养级还有相当数量的生物质能未被利用来做功，而是直接以有机化合物形式沉积在系统中，如森林生态地理系统中就有大量的净初级生产量以有机残屑形式逐年堆积在森林底层。

(二) 生态地理系统的能量流动途径

生态地理系统尽管物种结构单一，往往没有自然生态地理系统那么复杂的食物网营养关系，但由于人类对农副产品的多样化利用途径，以及人工辅助能的大量输入，农业生态地理系统的能量流动也具有多条路径(图 7-3)。

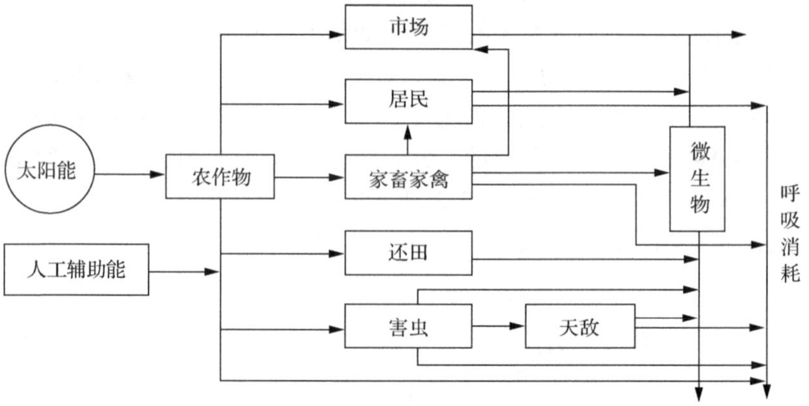

图 7-3 农业生态地理系统能量流动路径示意图(引自廖允成和林文雄，2011)

生态地理系统中农作物经光合作用固定的生物质能大致沿以下路径流动。

其一，部分初级产品中贮存的生物质能以食物的形式供系统内居民直接消费食用，或经加工再为当地居民食用。

其二，部分初级产品的生物质能以饲料的形式经畜禽转化为次级产品中的生物质能，再供系统内居民食用。

其三，部分初级产品的生物质能直接归还农田，进入腐生食物链。

其四，少量的初级产品生物质能被害虫取食沿着捕食食物链传递与转化。

其五，在以上各条路径的转化过程中均有部分能量要通过生物的呼吸代谢以热能的形式释放到大气和地理环境中。

此外，生态地理系统还有一条不同于自然生态地理系统的生物质能流路径，即系统内生产的大部分初级产品与次级产品生物质能进入市场而离开系统，为系统外居民直接或间接消费。上述各路径中的生物质能最终均要以遗体、残体或废弃物的形式经微生物分解后散失于大气和地理环境中。

人工辅助能流是生态地理系统中的一种特殊形式的能量流。生态地理系统从绿色植物的初级生产开始至次级生产及农产品加工等每一环节中，都有相当数量的人工辅助能投入。这些辅助能绝大部分不是来自生物质能，除人力、畜力、种苗等是来源于生物质能的投入外，其余各种辅助能是以工业能源，特别是石油能源为基础的投入。工业辅助能一般不能直接转化为食物链中的生物质化学潜能，大多在做功后以热能形式散失到大气和地理环境中。人力和畜力虽然是生物质能，但是一种特殊的生物质能，它们在系统中流动路径基本上与上述工业辅助能相似，并不能直接转化为生物质化学能。

虽然人工辅助能大多不能直接转化为食物链中的生物质能，但人工辅助能在生态地理系统能流生产与流动中发挥着十分重要的作用，主要通过促进初级生产的生物质能的固定及其在食物链中的转化效率，从而提高系统生产力。在生态地理系统中，初级生产与次级生产环节往往发生空间分离，食物链营养级之间关系松散，且能量与物质大量向系统外输出，因此，要保证初级生产生物质能的持续形成及其在食物链中的转化按照人们的目标高效运行，就离不开人工辅助能的大量投入和合理投入。

四、能量流动的特点

(一)在生态地理系统中是变化着的

能量流在生态地理系统中和在物理系统中不同。能量流与以下两项相关：①一定的摩擦损失或遗失的能量；②一定系统的传导性和传导系数。在非生命的物理系统中(电、热、机械等)能量流是复杂的，但是从原则上说是有规律的，可以用直接的形式来表达，并且对一定的系统来说又是一个常数。例如，在一定的温度下，铜导线中的电流在每时每刻都是相同的(10V)。在生态地理系统中，能量流是变化的，以捕食者-被食者为例，为被食者单位能量的含量和捕食者单位的产出能量。能量流(假定为捕食者所消化并转化为新的生物量)取决于输入端的消化率和输出端捕食者的新生物量产生速度等因素。无论是短期行为，还是长期进化能量流都是变动的。

(二)能量是单向流动的

生态地理系统能量的流动是单一方向的(one way flow energy)，能量以光能状态进入生态地理系统后，就不能再以光的形式存在，而是以热的形式不断地逸散于大气和地理环境之中。热力学第二定律注意到宇宙在每一个地方都趋向于均匀的熵，它只能向自由能减少的地方进行而不能逆转。所以，从宏观上看，熵总是日益增加。

能量在生态地理系统中流动，很大一部分被各个营养级的生物利用。与此同时，通过呼吸作用以热的形式散失。散失的热能不能再回到生态地理系统中参与流动。因为至今尚未发现热能作为能源合成有机物的生物。

能流的单一方向性主要表现在 3 个方面：①太阳的辐射能以光能的形式输入生态系统，通过光合作用被植物固定，以后不能再以光能的形式返回；②自养生物被异养生物摄食，能量就由自养生物流到异养生物体内，也不能再返回自养生物；③从总的能量途径而言，能量只是一次性流经生态地理系统，是不可逆的。

物质在生态地理系统中做循环式运动，也就是说，任何一个元素，一种物质可以循环地被利用。

能量以物质作为载体，同时又推动着物质的运动。能量流与物质流是不能截然分开的。

(三) 能量在生态地理系统内的流动是不断递减的过程

太阳辐射能到被生产者固定，再经植食动物到肉食动物，再到大型肉食动物，能量是递减的过程。这是因为：①各营养级消费者不可能100%利用前一营养级的生物量；②各营养级的同化作用也不是100%的，总有一部分不被同化；③生物在维持生命过程中进行新陈代谢，总是要消耗一部分能量。

(四) 能量在流动，质量在提高

能量在生态地理系统中流动有一部分能量以热能耗散，另一部分的去向是把较多的低能量转化成另一种较少的高质量能。在从太阳能输入生态地理系统后的能量流动过程中，能的质量是逐步提高和浓集的(图7-4)。

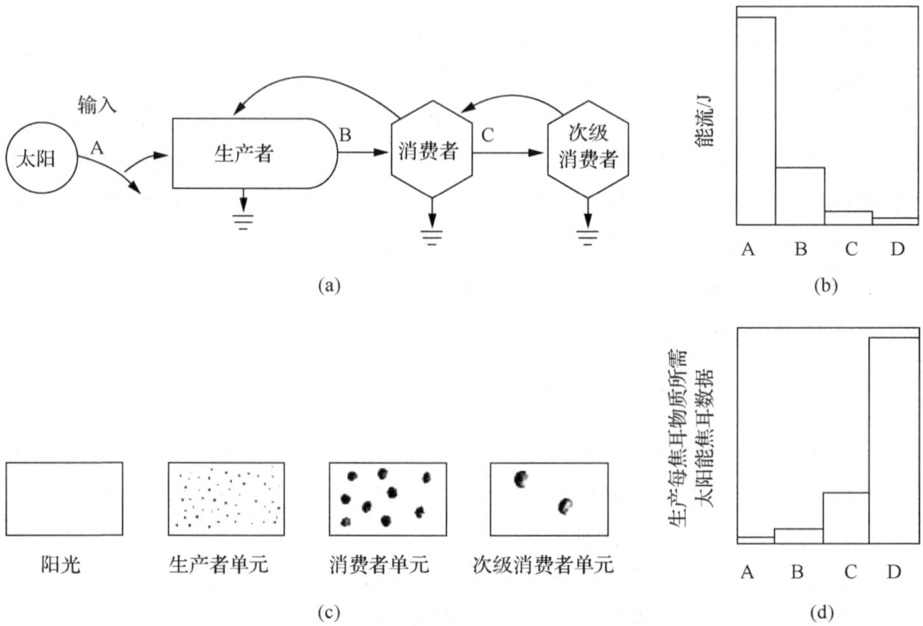

图7-4　能量转化等级序位模型(Odum，1983)

(a)能量转化键；(b)能量转化的柱状图；(c)空间格局；(d)每个柱状图所需的太阳能。A. 太阳→生产者所消耗的能量；B. 生产者→消费者消耗的能量；C. 消费者→次级消费者消耗的能量；D. 次级消费者归还到环境中的能量

五、能流分析

(一) 生态系统能流分析方法

生态系统的能流分析是对生态系统能量的输入及其在生态系统各组分之间的传递、转化与散失过程进行分析。分析方法有直接测定法、统计分析法、输入输出法和过程分析法等，这些方法常常是结合使用的。能流分析一般可分为以下几个步骤。

1) 确定研究对象和对象的边界。根据研究目的确定研究对象，并确定所研究生态系统的规模和时间、空间尺度及其边界。

2）明确系统的组成成分及相互关系，按照统一的能流图符号（图 7-5），绘出能流路径。

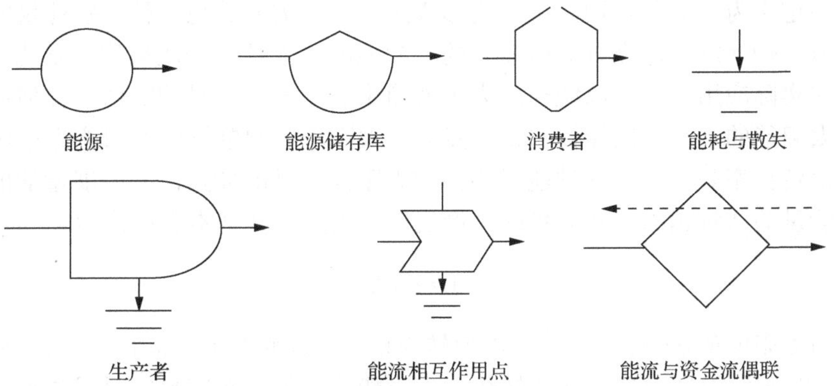

图 7-5　主要能流图符号简图（引自骆世明，2008）

3）通过实测或搜集资料，确定各组分的各种实物输入量或输出量。

4）按照各种实物的折能系数（进行实物能量测定或参考有关文献资料），将不同物质的实物流量转换为能流量。

5）按能流量绘出能流图，并进行下述各方面的归纳分析，为生态系统调节和控制提供依据，如输入能量结构分析、产出能量结构分析、输入能流密度分析、产出能流密度分析、各种能量转换效率计算与分析。

通过对农业生态系统的上述能量分析，可明确系统辅助能输入特征及对经济产品产出能的影响，从而为系统结构的调整和功能（能流、物流、价值流）的优化调控提供依据。

（二）能流符号和能流图解

E. T. Odum 提出了一套为广大生态学工作者广泛使用的能流图符号和图解，为能流模型的建立提供了简明有效的研究工具。图 7-5 是七种最常用的能流图符号。

（三）能值分析

1. 基本概念

能值分析是生态系统定量研究的一种基本手段，20 世纪 80 年代 E. T. Odum 创立了能值（energy value）概念和能值分析方法。

生态系统的能流遵循热力学第一定律和第二定律，同时在一个成熟的自组织系统中，系统的设计、组织（发展）方式必须能很快地获取能量，并能反馈能量以获取更多的能量。在生态系统食物链的能量传递过程中，许多能量因做功等途径而耗散，仅有少数能量转化为较高质量的、更加密集的并成为一种反馈时以特定作用方式存在的能量。这些较高质量的能量可帮助系统达到最大效率。转化成的小部分高质量能量所集中表达的载体中，体现了这一转化过程中使用的大量的低质量能量，称为内含能（embodied energy）。E. T. Odum 认为，内含能可能是自然界对一个区域（国家）的经济社会贡献的正确衡量。资金只能反映人的贡献，但内含能则同时反映人的贡献和环境的贡献。能值是从内含能发展起来的新的科学概念和质量标准。

能值的定义为：某种类别能量转化形成过程中所需要的另一种类别能量的数量称为该能的能值。任何能量追溯到其所需要的太阳能的量就是这些能量的太阳能当量或称太阳能值。在实际应用中，可以统一用太阳能值来衡量某一能量的能值，任何流动或储存能量所含太阳能的量，即该能量的太阳能值，太阳能值的单位为太阳能焦耳(sej)。某种能量的能值转换率是每焦耳该种能量相当的太阳能焦耳的能量，某种能量的能值转换率越高，则能量的质量越高，其能量的“价值”便越大。其基本表达式为：

$$M=\tau \times B$$

式中，M 为太阳能值(sej)；τ 为太阳能值转换率；B 为可用能。其中，B 可以通过物质的质量(g)或者物质的能量(J)等形式转化。太阳能值转换率是度量能量或物质的标尺，能值转换率越高，表明该种能量或物质的能值越高，在能量系统中的等级也越高。选取可更新资源投入(R)、不可更新资源投入(N)、不可更新工业辅助能投入(F)、有机能投入(T)、农产品产出(Y)5 个主要部分构建耕地生态经济系统能值投入和产出数据。计算公式如表 7-1 所示。

表 7-1　河北省耕地生态经济系统能值空间相关性指数(引自王千等，2011)

项目	能值指标	计算公式
单项指标	可更新资源能值收入(EMR)	主要包括：太阳能，雨水势能，雨水化学能，地球旋转能
	不可更新资源能值收入(EMN)	表土净损失
	工业辅助能投入(EMF)	柴油，农工业机械，农膜，农药，氮肥，磷肥，钾肥，复合肥
	有机能投入(EMRI)	人力，种子，有机肥
	总产出能值(EMY)	小麦，玉米，稻谷，大豆，棉花，薯类，其他油料作物
综合指标	能值投入率(EIR)	EIR=(EMF+EMRI)/(EMR+EMN)
	净能值产出率(EYR)	EYR=EMY/(EMF+EMRI)
	环境承载力(ELR)	ELR=(EMN+EMF)/(EMT+EMR)
	可持续发展指数(ESI)	ESI=EYR/ELR

2. 能值分析基本步骤

能值分析是在能流分析的基础上，将生态系统中的资源、商品、燃料、产品、服务等各种直接或间接的能量统计使用同一单位太阳能值(sej)。计算公式为：太阳能值=原始数据(J，$等)×能值转换率(sej/unit)。其主要步骤如下。

(1)收集与分析资料

客观全面地收集要分析的生态地理系统的能物流、信息流及货币流资料，主要从生态地理系统的发生因素、人文因素、生物因素和非生物因素着手，可通过所研究生态地理系统最基础的自然地理及经济资料(包括地图及统计资料)和实际调查得到，并整理贮存。

(2)能量系统图和能值图的绘制

分析所得资料，确定所研究生态地理系统边界、系统的主要能量来源，列出系统各组分的过程和相互关系，并对相关的各能值流进行区分、归并。在合计投入或产出能值时，同一来源的能值只能计算一次，对于相同来源的多种能值项，在合计归并时要取其成本的全集，以避免重复计算的发生。运用 Odum 在 20 世纪 80 年代初所提出的能量符号及生态系统图解方法绘制系统能值图解，系统各组分及能源由左至右按能值转换率依次增高顺序排列。

(3)编制能值分析表

该表包括资源类别、资源流动量、太阳能值转换率、太阳能值及宏观经济价值等项目，显示各种生态流由原始数据量导出能值流的过程，标准能值分析表包括 6 项内容，即编号、项目、原始数据、太阳能值转换率、太阳能值及宏观经济价值，然后进行能值系统图的量化、简化。

(4)构建系统的能值综合结构图

对总系统和各子系统生态流进行集结和综合，依据研究需要，选择建立能值分析指标体系(如净能值产出率、能值投入率、环境承载力、能值/货币、能值使用强度、辅助能值使用量比、基于能值分析的可持续发展指数、可更新资源能值占总能值流量比等)，对所研究的生态地理系统进行定量分析评价。

(5)动态模拟

运用动态系统建模原理和现代计算机技术，建立计算机模型对所研究生态地理系统进行动态模拟，分析草地农业生态经济系统，评价自然环境对经济的贡献，以利于进行方案选择和决策。

(6)系统的发展评价和策略分析

依据能值指标系统分析结果，以及系统结构与功能的能值评价和模拟，为制定正确可行的草地系统管理措施和草地经济发展策略提供科学依据，指导生态地理系统良性循环和可持续发展并对不同类型、尺度的生态地理系统进行能值分析研究时，方法可能会有所差别。但按照分析手段与步骤，主要包括能量系统图的绘制、能值分析表的制定、能值计算与评估、能值转换率和其他各种能值指标的计算、系统分析等。

3. 生态地理系统能值分析指标体系

能值分析方法可得出一系列系统化评价指标，应根据不同的需要进行选择，目前，应用于生态地理系统评价分析的指标主要有：净能值产出率、能值投入率、环境负荷率、能值/货币、能值使用强度、辅助能值使用量比、基于能值分析的可持续发展指数等。

(1)净能值产出率(net emergy yield ratio，EYR)

净能值产出率等于产出能值除以投入的购进能值，是评价基本能源利用的指标，也可以用来说明某一地区草地农业生产活动能值利用的效率。如果生产过程中产出的能值远大于投入的能值，则该生态地理系统的净能值产出率远大于 1，表明系统向外界输出的能值较大，是资源输出型的生态地理系统，在现行贸易体系中将处于不利地位。主要原因是生态地理系统所利用的无偿环境能值高而购入能值利用少，购买产品者只支付人类所付出的劳动价值，而把环境代价看成免费的午餐，若进一步演化则造成生态地理系统的退化、灾变。因此生态地理系统应在后生产层内进一步加工成高附加值产品后再出口，从而避免直接出口造成的能值损失。

(2) 能值投入率(emergy input rate，EIR)

能值投入率是系统投入的辅助能值与输入系统生产过程的自然环境可更新能值的比率。前者如燃料、电力、物质和劳务等，均需花钱购买；后者为自然界无偿输送，包括土地等不可更新资源和太阳能、风、雨等可更新资源。用来判定经济活动在一定条件下的竞争力，也可以作为指标用于测知环境资源条件对经济活动的负荷量。过大的经济投入，输入大量购进的能值，将使其生产的产品竞争力降低；相反，如果一草地生产系统具有较低的能值投入率，即意味着经济投资率低，需要购买的能值较少，其生产的产品可以较低的价格出售，市场竞争力较强。

(3) 环境承载力(environmental loading ratio，ELR)

环境承载力是指经济投入能值加上不可更新资源能值与无需付费的环境能值(可更新资源能值)的比率。较大的环境承载力(ELR)表明在生态地理系统中存在高强度的能值利用，同时对环境系统的压力也较大。环境承载力是对生态地理系统的一种警示，若系统长期处于较高的环境承载力下，生态地理系统将产生不可逆转的功能退化或丧失。从能值分析角度来看，外界大量的能值输入及过度开发本地不可更新资源是引起生态地理系统恶化的主要原因。若环境承载力相对较小，表明生态地理系统的环境压力很小，有巨大的发展潜力，应进一步加大其购进能值投入。

(4) 能值/货币(emergy dollar ratio，EDR)

能值/货币是某个生态地理系统在单位时间内(通常为一年)的总能值使用量与当年的生产总值的比率。能值/货币是时间和空间的二维函数，因所研究地区经济发展状况而异。能值/货币高，代表每单位货币所购买的能值产生的财富较多，经济开发程度较低；能值/货币低的生态地理系统，其自然资源对经济成长的贡献较小，表示该生态地理系统的开发程度大。目前我国的生态地理系统能值/货币大都较高，是由于我国经济活动所需的能值多直接来自于无需付费的自然环境资源。发达国家的生态地理系统由于货币周转迅速、GDP 基数较大及需要大量从外部购买资源，能值与货币的比率通常较低。

(5) 能值使用强度(emergy density，ED)

能值使用强度(ED)即能值功率密度，为总能值使用量(U)与总面积(area)的比值，描述了单位面积的能值流动情况。从每单位面积能值使用量可知该生态地理系统能值使用的集约化程度。高度开发的生态地理系统，其经济活动频繁，能值使用强度也必然高；而一些经济发展相对落后的草原区，这一指标相对较低。

(6) 辅助能值使用量比(fraction of emergy used from attached energy，FEA)

辅助能值使用量比是辅助能值使用量与总能值使用量(U)的比值。辅助能是高品质的能量，辅助能的使用可以反映特定生态地理系统在一定程度上的科技发展水平、开发程度。

(7) 基于能值分析的可持续发展指数（emergy-based sustainability index，ESI）

基于能值分析的可持续发展指数为净能值产出率(EYR)与环境承载力(ELR)的比值。如果某个特定生态地理系统的净能值产出率高而环境承载力又相对较低，则它是可持续的，反之是不可持续的。ESI 在 1～10，表明生态地理系统富有活力和发展潜力；ESI ＞10 是生态地理系统经济不发达的象征，表明对资源的开发利用不够；ESI＜1 时，系统的进口资源在总能值使用量中占比大，对系统不可更新资源的利用也较大，环境承载力较高。

第二节 自然生态地理系统能值的空间分布格局及其变化动态

一、自然生态地理系统能值的空间分布格局

大量的研究表明，自然生态地理系统能值的空间分布格局呈现出以下几个特点。

(一) 不同地域自然生态地理系统的能值不同

现以中国森林生态地理系统能值的空间分布为例来说明，吴霜等(2014)根据能值动态模型模拟结果，发现 1994 年中国森林能值储备南方优于北方。从各省森林生态地理系统能值的空间分布看，森林能值分布基本与森林面积分布情况相一致。其中各省森林生态地理系统的平均森林能值密度以西藏自治区最高，为 2.87×10^{17}sej/hm^2；其次是青海省、福建省和江西省，分别为 2.28×10^{17}sej/hm^2、2.21×10^{17}sej/hm^2 和 1.86×10^{17}sej/hm^2；上海市、江苏省和山东省森林生态地理系统的平均森林能值密度最低，分别为 8.31×10^{16}sej/hm^2、7.80×10^{16}sej/hm^2 和 6.84×10^{16}sej/hm^2。但从各省森林生态地理系统的森林能值总量来看，其分布与森林能值密度略有差异。森林能值总量最高的省份是云南省，为 3.61×10^{24}sej，其次是西藏自治区、黑龙江省和四川省，分别为 3.59×10^{24}sej、3.16×10^{24}sej 和 2.92×10^{24}sej，森林能值最少的地区为江苏省、天津市和上海市，分别为 2.07×10^{22}sej、2.60×10^{21}sej 和 2.99×10^{19}sej。由此可见，森林生态地理系统能值的高低不仅受森林能值密度的影响，还受森林面积的影响。

(二) 不同类型自然生态地理系统的能值不同

现以青海天然草地为例来说明，据辛玉春(2013)研究，发现青海 9 个天然草地类总能值全距为 16.99～18.25MJ/kg DM[kg(DM)指每千克干物质](表 7-2)。每千克牧草干物质总能值达 18MJ/kg DM 以上的有 3 个草地类，草地可利用面积为 4 202 109hm^2，占全省天然草地可利用面积的 10.87%；每千克牧草干物质总能值在 17～18MJ/kg DM 的草地有 5 个草地类，草地可利用面积为 34 110 438hm^2，占全省天然草地可利用面积的 88.26%；每千克牧草干物质总能值在 17MJ/kg DM 以下的仅 1 个草地类，即高寒草甸草原类，草地可利用面积为 333 216hm^2，占全省天然草地可利用面积的 0.87%。由此可见，青海天然草地草群总能值密度较高，占全省天然草地可利用面积的 99.13%，详见青海天然草地草群总能值排序图(图 7-6)。结果表明，不同类型自然生态地理系统的能值不同。

表 7-2　青海天然草地牧草能值(引自辛玉春，2013)

项目 草地类	养分含量/(g/kg DM)				总能值/(MJ/kg DM)
	粗蛋白质	粗脂肪	粗纤维	无氮浸出物	
温性草原类	127.4	33.3	286.2	474.4	18.07±0.2
温性荒漠草原类	140.1	36.1	295.6	446.9	18.16±0.2
高寒草甸草原类	107.6	21.6	174.6	585.2	16.99±0.2
高寒草原类	117.2	29.0	256.6	488.8	17.36±0.2
温性荒漠类	129.5	44.0	351.6	386.8	18.25±0.2
高寒荒漠类	107.4	43.6	274.7	430.2	17.03±0.2
低地草甸类	169.9	30.6	306.7	390.8	17.83±0.2
山地草甸类	122.4	25.0	244.6	518.9	17.61±0.2
高寒草甸类	140.5	33.5	244.7	487.4	17.81±0.2

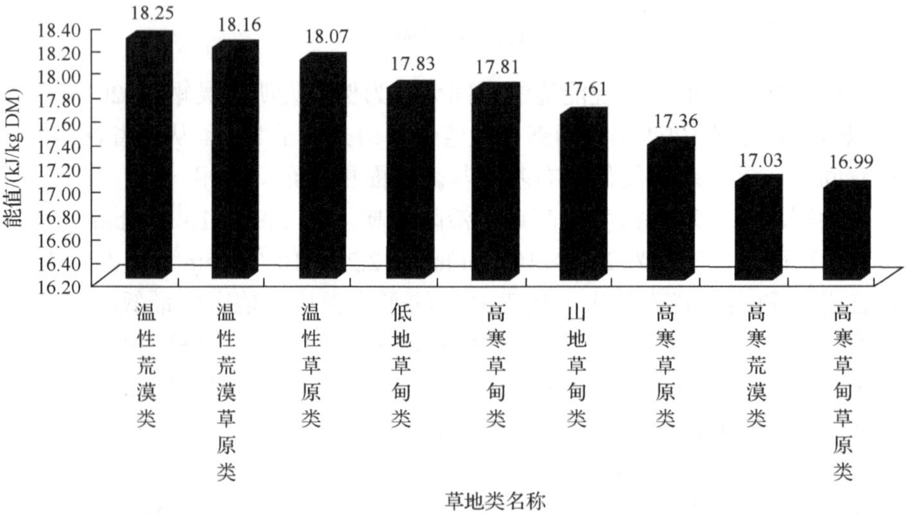

图 7-6　青海天然草地草群总能值排序图(引自辛玉春，2013)

(三)不同类型自然生态地理系统养分消化率不同

现以青海天然草地为例来说明，据辛玉春(2013)研究，发现青海天然草地牧草粗蛋白质消化率高于70%的草地类有6个草地类，草地面积占全省天然草地总面积的37.95%；粗蛋白质消化率低于70%的有3个草地类，占全省天然草地总面积的62.05%，表明青海天然草地草群粗蛋白质消化率较低。粗脂肪消化率在70%以上的有4个草地类，面积占全省天然草地总面积的70.86%，表明草群粗脂肪消化率较高的草地为全省天然草地的主体。粗纤维消化率高于70%的草地有4个草地类，面积占全省天然草地总面积的25.48%，粗纤维低消化率草地占全省草地总面积的74.52%。无氮浸出物的消化率高于70%的草地有8个草地类，草地面积占全省天然草地总面积的93.10%(表7-3)，构成了青海天然草地的主体。结果表明，青海天然草地草群粗脂肪和无氮浸出物的消化率较高，而粗蛋白质和粗纤维消化率较低，呈现出不同类型自然生态地理系统养分消化率不同的特点。

表 7-3　青海天然草地草群营养消化率统计表(引自辛玉春，2013)

类别	粗蛋白质		粗脂肪		粗纤维		无氮浸出物	
	可消化量/(g/kg DM)	消化率/%	可消化量/(g/kg DM)	消化率/%	可消化量/(g/kg DM)	消化率%	可消化量/(g/kg DM)	消化率/%
温性草原类	102.22	80.24	22.68	68.14	174.57	60.99	359.96	75.88
温性荒漠草原类	80.19	57.24	34.09	94.53	163.4	55.28	312.11	69.84
高寒草甸草原类	68.59	63.76	13.97	64.79	152.86	87.54	571.79	97.71
高寒草原类	89.76	76.6	18.5	63.74	181.21	70.62	410.32	83.95
温性荒漠类	117.52	90.77	33.35	75.8	175.07	49.74	257.16	66.48
高寒荒漠类	87.32	81.3	37.41	85.91	201.01	73.19	372.31	86.54
低地草甸类	139.4	82.05	20.17	66.02	148.85	48.53	304.56	77.93
山地草甸类	90.67	74.08	14.81	59.33	171.26	70.01	433.24	83.49
高寒草甸类	81.24	57.83	30.6	91.41	145.88	59.62	378.56	77.66

(四)不同类型自然生态地理系统养分消化能和代谢能不同

现以青海天然草地为例来说明，据辛玉春(2013)研究，发现青海天然草地 9 个草地类草群的消化能全距为(放牧牛时)11 431.74～14 684.64kJ/kg DM 和(放牧羊时)11 535.76～14 743.75kJ/kg DM，最大值和最小值相差 1.28 倍(表 7-4)。其消化能密度基本均衡，其中含量最高的是高寒草甸草原类，第二位是高寒荒漠类，第三位是山地草甸类，第四位是高寒草原类，该 4 类草地牧草消化能密度均在 13 000kJ/kg DM 之上，天然草地可利用面积 9 236 435hm^2，占全省天然草地可利用面积的 23.90%；其余 5 个草地类消化能密度均在 11 450.74～12 596.28kJ/kg DM，草地可利用面积为 29 409 327hm^2，占天然草地可利用面积的 76.10%。由此可见，青海天然草地草群消化能是较高的。

表 7-4　青海天然草地草群消化能和代谢能计算表(引自辛玉春，2013)

类别	消化能/(g/kg DM)		代谢能/(g/kg DM)	
	放牧牛时	放牧羊时	放牧牛时	放牧羊时
温性草原类	12 596.08±125.96	12 652.68±113.83	10 675.73±138.78	1 926.67±196.68
温性荒漠草原类	11 431.74±114.32	11 535.76±103.82	9 751.55±126.77	10 043.43±150.78
高寒草甸草原类	14 684.64±146.85	14 743.75±132.69	12 677.26±164.80	12 880.15±231.84
高寒草原类	13 130.87±131.31	13 179.04±118.61	11 180.23±145.34	11 405.48±205.30
温性荒漠类	11 591.61±115.92	11 673.77±105.06	9 743.07±126.66	10 051.71±180.93
高寒荒漠类	13 436.88±134.37	13 549.89±121.95	11 468.41±149.09	11 792.90±212.27
低地草甸类	11 992.58±119.93	12 028.10±108.25	10 037.78±130.49	10 293.68±185.29
山地草甸类	13 232.40±132.32	13 270.55±119.43	11 275.56±146.58	11 483.27±206.70
高寒草甸类	12 143.43±121.43	12 244.01±110.20	10 403.15±135.24	10 683.57±192.30

青海天然草地9个草地类草群代谢能值全距为(放牧牛时)9751.55～12 677.26kJ/kg DM，最大值和最小值相差1.30倍；放牧羊时全距为10 043.43～12 880.15kJ/kg DM，最大值和最小值之间相差1.28倍，其代谢能值基本均衡。各类草地代谢能值排序与消化能值排序基本相同，如图7-7～图7-10所示。结果表明，不同类型自然生态地理系统养分消化能和代谢能不同。

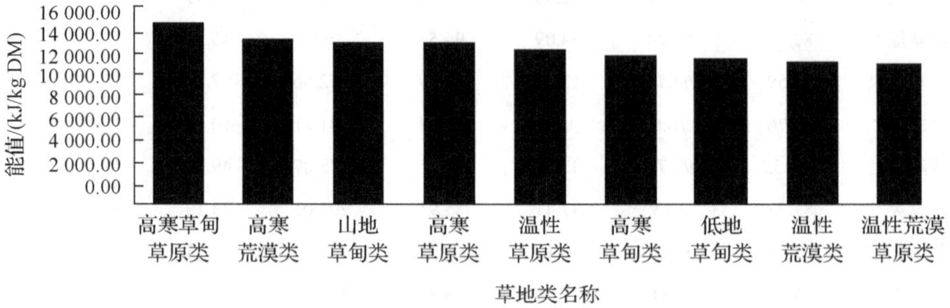

图7-7　青海各草地类放牧牛时消化能值排序图(引自辛玉春，2013)

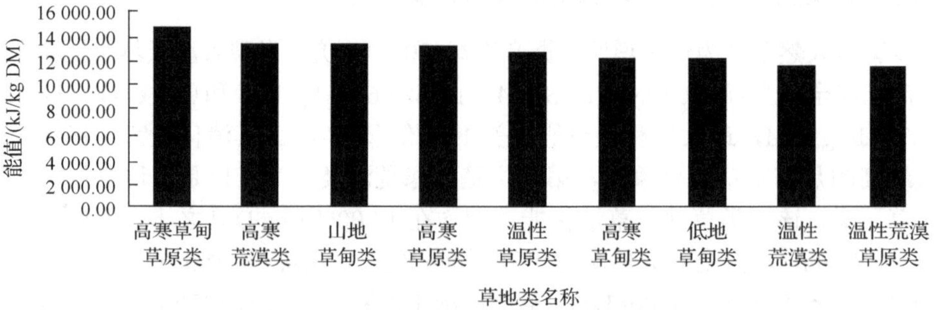

图7-8　青海各草地类放牧羊时消化能值排序图(引自辛玉春，2013)

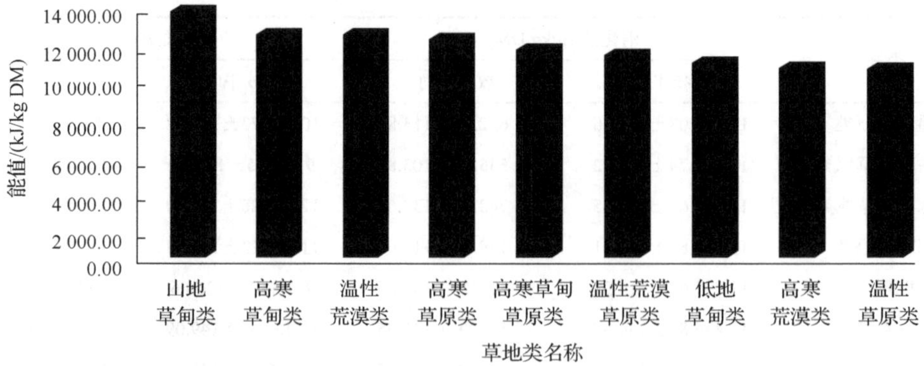

图7-9　青海各草地类放牧牛时代谢能值排序图(引自辛玉春，2013)

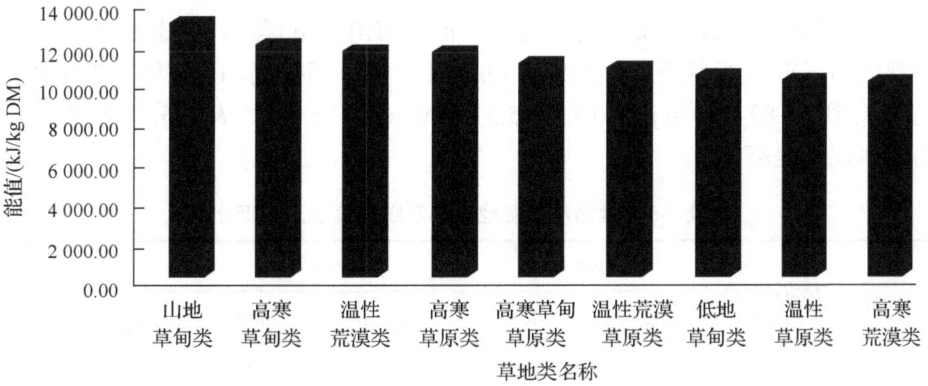

图 7-10　青海各草地类放牧羊时代谢能值排序图(引自辛玉春，2013)

二、自然生态地理系统能值的变化动态

自然生态地理系统能值的变化动态，可分为两类。一类是纯自然生态地理系统，这一类自然生态地理系统是完全没有受到人为干预的自然生态地理系统，如原始森林、无人类干扰的无人区等，其能值的变化主要表现在不同季节和不同年份生长量的变化上，这一部分内容在第九章中有详细论述，在此不再赘述。本节重点论述另一类，即以自然生态地理为主体并略有人类扰动的自然生态地理系统能值的变化动态，如湖泊、湿地等自然生态地理系统。这一类自然生态地理系统能值的变化主要表现在以下几个方面。

(一)能值投入结构变化动态

大量的研究表明，自然生态地理系统的能值投入结构随着时间的变化，表现出不同的投入特点。现以李雪梅等(2009)对盘锦芦苇湿地生态地理系统能值投入结构变化动态为例来说明。据李雪梅等(2009)研究，盘锦芦苇湿地生态地理系统自 1968～2008 年，可更新环境资源能利用比率从 0.82 缓慢下降到 0.61，不可更新环境资源能利用比率从 0.13 缓慢下降到 0.09。可更新有机能利用比率从 0.04 上升到 0.12，不可更新工业辅助能利用比率从 0.02 上升到 0.27。同时，盘锦芦苇湿地生态地理系统能值密度呈增长趋势，1968 年为 10.52×10^{10}sej/m^2，2008 年上升到 15.05×10^{10}sej/m^2，增加 4.53×10^{10}sej/m^2。说明生态经济系统对能值的利用强度呈增大趋势，发展水平逐渐提高。

(二)能值产出结构变化动态

大量的研究表明，自然生态地理系统的能值产出结构随着时间的变化，表现出不同的产出特点。现以李雪梅等(2009)对盘锦芦苇湿地生态地理系统能值产出结构变化动态为例来说明。据李雪梅等(2009)研究，盘锦芦苇湿地近 40 年总产出能值和芦苇能值、鱼能值、河蟹能值增加较快。2008 年总产出能值为 7238.66×10^{16}sej，是 1968 年(983.71×10^{16}sej)的 7.36 倍；芦苇产出能值为 3434.76×10^{16}sej，是 1968 年(983.71×10^{16}sej)的 3.49 倍；鱼、河蟹产出能值分别为 602.76×10^{16}sej、3201.12×10^{16}sej，是 1988 年(分别为 13.57×10^{16}sej、48.15×10^{16}sej)的 44.42 倍和 66.48 倍。说明盘锦芦苇湿地生态地理系统在演替中充分利用本地资源优势，实施科学育苇，推广苇田养鱼(蟹)，生态经济系统综合生产效率得到提高。同时，盘锦芦苇湿地能值-劳动生产率逐渐提高，1968 年为 3.26×10^9sej/h，2008 年上升到 28.83×10^9sej/h，增加 25.57×10^9sej/h(表 7-5，表 7-6)。表明生态经济系统劳动效率逐渐提高。

表 7-5　盘锦芦苇湿地生态系统能值投入、产出

项目及代号	能值转换率/(sej/J)	1968 年		1978 年		1988 年	
		原始数据/J	能值/($\times10^{16}$ sej)	原始数据/J	能值/($\times10^{16}$ sej)	原始数据/J	能值/($\times10^{16}$ sej)
可更新资源能(EMR)			5 920.03		4590.87		5 463.80
1 太阳光		39.71×10^{17}	397.10	29.22×10^{17}	292.21	34.28×10^{17}	342.80
2 雨水化学能	15 423	21.86×10^{14}	3 371.46	16.09×10^{14}	2 481.56	18.88×10^{14}	2 911.86
3 灌溉水	10 488	14.90×10^{13}	156.27	33.26×10^{13}	348.83	46.39×10^{13}	486.54
4 地球旋转能	29 000	68.80×10^{13}	1 995.20	50.63×10^{13}	1 468.27	59.40×10^{13}	1 722.60
不可更新资源能(EMN)			926.88		683.13		801.25
5 表土层净损失	62 500	14.83×10^{13}	926.88	10.93×10^{13}	683.13	12.82×10^{13}	801.25
工业辅助能		1	157.51		487.61		1 299.12
6 农业机械	7.5007	17.96×10^{9}	134.70	57.19×10^{9}	435.77	16.36×10^{10}	1 226.88
7 电力	1.5905	14.13×10^{11}	22.47	31.54×10^{11}	50.15	43.98×10^{11}	69.93
8 燃油	66 000	51.92×10^{9}	0.34	25.62×10^{10}	1.69	34.93×10^{10}	2.31
可更新有机能(EMRI)			254.34		193.80		211.95
9 鱼苗	1.7106	0	0	0	0	88.13×10^{10}	1.51
10 扣蟹	1.7106	0	0	0	0	78.00×10^{8}	1.33
11 人力	3.8005	59.38×10^{11}	225.64	47.09×10^{11}	178.95	55.03×10^{11}	209.11
12 畜力	1.4605	19.66×10^{11}	28.70	10.17×10^{11}	14.85	0	0
总投入能(EmT)			7 235.95		5 955.41		7 776.12
1 芦苇	4 700	20.93×10^{14}	983.71	29.61×10^{14}	1 391.67	48.67×10^{14}	2 287.49
2 鱼	1.7106	0	0	0	0	79.33×10^{9}	13.57
3 河蟹	1.7106	0	0	0	0	28.16×10^{9}	48.15
总产出能(EmY)			983.71		1 391.67		2 349.21

表 7-6　盘锦芦苇湿地生态系统能值投入、产出

项目及代号	能值转换率/(sej/J)	1998 年		2008 年	
		原始数据/J	能值/($\times 10^{16}$sej)	原始数据/J	能值/($\times 10^{16}$sej)
可更新资源能(EMR)			5 618.23		5 289.90
1 太阳光	1	32.32×10^{17}	323.20	33.09×10^{17}	330.90
2 雨水化学能	15 423	17.80×10^{14}	2 745.29	18.22×10^{14}	2 810.07
3 灌溉水	10 488	45.36×10^{13}	475.74	46.44×10^{13}	487.06
4 地球旋转能	29 000	56.00×10^{13}	1 624.00	57.33×10^{13}	1 662.57
不可更新资源能(EMN)			755.00		773.13
5 表土层净损失	62 500	12.08×10^{13}	755.00	12.37×10^{13}	773.13
工业辅助能(EmF)			2 026.31		2 429.51
6 农业机械	7.50×10^{7}	26.06×10^{10}	1 954.50	31.37×10^{10}	2 352.75
7 电力	1.59×10^{5}	43.00×10^{11}	68.37	44.03×10^{11}	70.01
8 燃油	66 000	52.18×10^{10}	3.44	10.23×10^{11}	6.75
可更新有机能(EMRI)			225.04		1 038.27
9 鱼苗	1.71×10^{6}	26.44×10^{9}	4.52	35.25×10^{10}	60.28
10 扣蟹	1.71×10^{6}	23.40×10^{9}	4.00	46.79×10^{11}	800.11
11 人力	3.80×10^{5}	56.98×10^{11}	216.52	46.81×10^{11}	177.88
12 畜力	1.46×10^{5}	0	0	0	0
总投入能(EmT)			8 174.94		8 630.81
1 芦苇	4 700	63.90×10^{14}	3 003.30	73.08×10^{14}	3 434.76
2 鱼	1.71×10^{6}	23.80×10^{10}	40.70	35.25×10^{11}	602.76
3 河蟹	1.71×10^{6}	84.24×10^{9}	1 440.50	18.72×10^{12}	3 201.12
总产出能(EmY)			4 484.50		7 238.66

（三）主要能值指标变化动态

大量的研究表明，自然生态地理系统的主要能值指标随着时间的变化，表现出不同的变化特点。现以李雪梅等(2009)对盘锦芦苇湿地生态地理系统主要能值指标变化动态为例来说明。据李雪梅等(2009)研究，盘锦芦苇湿地生态地理系统净能值产出率分两个时段：1968～1978 年，净能值产出率从 2.39×10^{16}sej 下降到 2.04×10^{16}sej，1988～2008 年从 1.55×10^{16}sej 上升到 2.09×10^{16}sej，高于全国农业净能值产出率平均水平 1.42×10^{16}sej(表 7-5，表 7-6)。下降时段反映芦苇湿地单一经营，能值产出率低。上升时段反映推广芦苇湿地养鱼(蟹)，能值产出率高。

同时，李雪梅等(2009)发现，盘锦芦苇湿地生态地理系统环境承载力呈上升趋势，1968 年为 0.23，2008 年上升到 0.80(表 7-5，表 7-6)，一方面，芦苇机械收割、运输和苇田养殖要购买机械、鱼苗、扣蟹，增加了经济活动对环境的承载。另一方面，也反映芦苇湿地生产科技含量逐渐提高。能值可持续发展指数是反映生态经济系统的生产活力和发展潜力。

此外，李雪梅等(2009)还发现，受净能值产出率和环境承载力变化趋势的制约，盘锦芦苇湿地生态地理系统在研究时段，能值可持续发展指数除1968年为10.40外，其余在1～10，均高于全国农业系统能值可持续发展指数(0.30，1998年)；盘锦芦苇湿地自1988～2008年苇田生态地理系统生产优势度缓慢下降(表7-5，表7-6)，生态地理系统稳定性系数上升较快，说明系统自稳定性较好，反映在1988～2008年总产出能值中芦苇、鱼、河蟹能值均呈上升态势。

第三节　农业生态地理系统能值的空间分布格局及其变化动态

一、农业生态地理系统能值的空间分布格局

(一)能值投入率的空间分布格局

能值投入率的空间分布格局，由于各地地理环境和经济条件的不同，表现出明显的区域性。例如，我国11个省地市能值投入率的空间分布格局便是如此。据周科平等(2012)对我国11个省地市的研究，发现我国能值投入率以四川省和兰州市为高，湖南省、哈尔滨市、盐城市、福建省、甘肃省居中，广东省、成都市、贵州省、辽宁省较低(表7-7)。

再如，贵州省各地能值投入率的空间分布格局也表现出一定的特点。据部红娟等(2013)研究，1990年能值投入率高值区主要为贵阳市、黔南州、毕节地区、铜仁地区和安顺市。其能值投入率0.1以上，最低值是黔东南州，仅为0.032。到2010年，各州市能值投入率不断提高。其中，黔南州和铜仁地区提高最快，分别提高0.236和0.182。这与该州(地区)化肥、农药使用量大幅增加有关。由于经济增长的区域差异，工业辅助能值投入量有很大差异，各地域之间能值投入率差异更加明显，最高值的贵阳市比最低值的黔东南州多0.165。

表7-7　湖南省能值分析指标与其他地区比较

地区	年份	能值密度/($\times10^{12}$sej/m^2)	人均能值/($\times10^{12}$sej)	能值自给率/%	能值投入率	净能值产出率	能值货币比/($\times10^{12}$sej/$)	环境承载力	可持续发展指数
湖南省	2012	1.150	3.400	22.35	3.470	1.50	3.15	3.56	0.42
湖南省	2008	0.916	2.834	12.64	6.911	0.96	—	1.79	0.54
贵州省	2008	0.145	13.600	88.60	0.107	10.90	13.2	2.97	3.67
福建省	2004	0.510	2.900	37.00	1.703	1.58	6.35	0.81	1.95
哈尔滨市	2009	0.281	—	25.00	2.980	3.52	—	4.23	0.83
成都市	2009	4.850	5.280	56.76	1.182	2.31	0.91	37.77	0.06
盐城市	2010	0.679	1.400	17.00	4.882	11.12	—	4.92	0.97
广东省	2008	0.360	1.830	47.00	1.140	1.88	—	2.55	0.74
兰州市	2008	0.117	0.478	7.66	12.050	1.69	—	1.62	1.04
四川省	2010	2.030	3.110	0.06	16.349	0.48	0.08	2.68	0.18
辽宁省	2010	5.180	17.960	79.90	0.252	4.98	2.55	7.78	0.64
甘肃省	2010	0.140	—	28.00	2.300	0.92	—	2.52	0.34

(二) 净能值产出率的空间分布格局

净能值产出率的空间分布格局，由于各地地理环境和经济条件的不同，表现出明显的区域性。例如，我国 11 个省地市净能值产出率的空间分布格局便是如此。据周科平等(2012)对我国 11 个省地市的研究，发现盐城市、贵州省净能值产出率最高，福建省、哈尔滨市、成都市、广东省、兰州市和辽宁省净能值产出率居中，湖南省、四川省、甘肃省净能值产出率较低(表 7-7)。

再如，贵州省各地净能值产出率的空间分布格局也表现相似的特点。据郜红娟等(2013)研究，从区域情况来看，1990 年黔南州、黔东南州、六盘水市和毕节地区净能值产出率仅为 0.5 以下，其他州市净能值产出率也仅为 0.5～1.0。各州市之间净能值产出率差异较小。到 2010 年，铜仁地区、遵义市、黔南州等利用自身良好的自然资源优势和合理的工业辅助能投入，获得了较高的能值产出率。其净能值产出率提高到 1.5 以上。其他州市也有不同程度的提高。

(三) 环境承载力的空间分布格局

环境承载力的空间分布格局，由于各地地理环境和经济条件的不同，表现出明显的区域性。例如，我国 11 个省地市环境承载力的空间分布格局便是如此。据周科平等(2012)对我国 11 个省地市的研究，发现成都市环境承载力最高，贵州省、哈尔滨市、四川省、辽宁省、甘肃省、盐城市、广东省环境承载力居中，福建省、湖南省、兰州市环境承载力较低(表 7-7)。

再如，贵州省各地环境承载力的空间分布格局也表现一定特点。据郜红娟等(2013)研究，就区域而言，1990 年除黔东南州和安顺市外，其他州市环境承载力大多为 0.1～0.2。主要原因是各地化肥、农药使用量差别不大。到 2010 年，毕节地区、贵阳市、黔南州和铜仁地区农业投入较高，区域环境承载力较大，黔东南和黔南州环境承载力较小。

(四) 可持续发展指数的空间分布格局

可持续发展指数的空间分布格局，由于各地地理环境和经济条件的不同，表现出明显的区域性。例如，我国 11 个省地市可持续发展指数的空间分布格局便是如此。据周科平等(2012)对我国 11 个省地市的研究，发现贵州省、福建省、兰州市可持续发展指数较高，哈尔滨市、辽宁省、甘肃省、盐城市、广东省、湖南省可持续发展指数居中，成都市、四川省可持续发展指数较低。

再如，贵州省各地可持续发展指数的空间分布格局也表现一定特点。据郜红娟等(2013)研究，就区域而言，其中遵义市、黔东南州和黔西南州可持续发展指数最大，资源开发利用明显不足。毕节地区、黔南州和六盘水的可持续发展指数较小。

二、农业生态地理系统能值的变化动态

(一)农业生态系统能值投入结构变化动态

目前的研究表明，农业生态系统能值投入结构的动态变化主要表现出两种类型，现分述如下。

1. 不可更新工业辅助能值投入增加，可更新有机能值投入减少型

这一类的特点是随着时间的变化，无论农业生态系统整体还是各个子系统，从能值投入的角度看，最明显的变化是，不可更新工业辅助能值显著增加，而可更新有机能值投入量有所下降。例如，山西省农业生态系统便是如此。据王闰平等(2012)研究，从1980～2008年，山西省农业生态系统不可更新工业辅助能值(主要是电力、化肥、机械、农药等)有了大幅度的增长，由1980年的1.11×10^{22}sej增长为2008年的2.17×10^{22}sej，增长了95.5%(图7-11)。伴随着不可更新工业辅助能值的增加，山西省农业生态系统可更新有机能值呈现平缓减少的趋势(图7-11)。可更新有机能值在总能值投入中占主导地位，主要包括人力、畜力、有机肥、种子等投入，其中人类劳动力比重最大。从1980～2008年，可更新有机能值投入量有所下降，由8.12×10^{22}sej下降为7.53×10^{22}sej，主要是由农业劳动力转移农业系统引起的，这是国家合理引导农村剩余劳动力流动的结果，但劳动力转移幅度并不大，从事农业的劳动力由1980年的702.58万人减少为2008年的638.9万人，29年仅减少了不到1/10(9%)。由于劳动力能值的减少抵消了部分不可更新工业辅助能值的增加，因此，总能值使用量增加的趋势表现为平缓状态，但实际上内部已经发生了此消彼长的变化。总体来看，呈现出不可更新工业辅助能值趋向增加、可更新有机能值趋向减少的趋势。

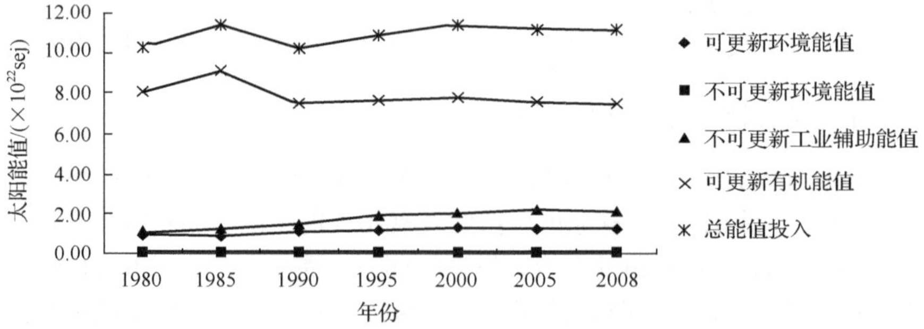

图7-11　能值投入结构变动趋势(引自王闰平等，2012)

2. 不可更新工业辅助能值和可更新有机能值投入增加型

这一类的特点是随着时间的变化，无论农业生态系统整体还是各个子系统，从能值投入的角度看，最明显的变化是，无论不可更新工业辅助能值还是可更新有机能值，它们的投入量均呈现增加的态势。例如，江西省畜牧业系统便是如此。据颜世委等(2014)研究，从2001～2011年，江西省畜牧业系统总能值投入不断增长(表7-8)，由2001年的8.81×10^{21}sej增加到2011年的2.38×10^{22}sej，增幅达170%，年均增长10.4%。其中，不

表 7-8　江西省畜牧业系统能值投入产出分析

类型	项目	2001 年	2002 年	2003 年	2004 年	2005 年	2006 年	2007 年	2008 年	2009 年	2010 年	2011 年
不可更新工业	燃料	4.85×10^{20}	4.87×10^{20}	4.69×10^{20}	4.77×10^{20}	5.14×10^{20}	5.10×10^{20}	5.84×10^{20}	7.08×10^{20}	6.53×10^{20}	6.65×10^{20}	6.88×10^{20}
	电力	7.58×10^{19}	8.79×10^{19}	8.57×10^{19}	1.00×10^{20}	1.04×10^{20}	1.03×10^{20}	1.14×10^{20}	1.33×10^{20}	1.31×10^{20}	1.42×10^{20}	1.74×10^{20}
辅助能	畜牧用药	2.04×10^{20}	2.10×10^{20}	2.14×10^{20}	3.30×10^{20}	4.11×10^{20}	4.17×10^{20}	5.27×10^{20}	5.57×10^{20}	5.31×10^{20}	5.44×10^{20}	6.78×10^{20}
	合计	7.65×10^{20}	7.85×10^{20}	7.69×10^{20}	9.07×10^{20}	1.03×10^{21}	1.03×10^{21}	1.22×10^{21}	1.40×10^{21}	1.31×10^{21}	1.35×10^{21}	1.54×10^{21}
可更新	饲料饲草	6.52×10^{21}	6.55×10^{21}	7.03×10^{21}	8.51×10^{21}	9.42×10^{21}	9.37×10^{21}	1.11×10^{22}	1.34×10^{22}	1.37×10^{22}	1.43×10^{22}	1.70×10^{22}
有机能	水	1.29×10^{19}	1.29×10^{19}	1.27×10^{19}	1.32×10^{19}	1.38×10^{19}	1.38×10^{19}	1.35×10^{19}	1.39×10^{19}	1.45×10^{19}	1.50×10^{19}	1.52×10^{19}
	种苗	8.33×10^{20}	9.17×10^{20}	1.10×10^{21}	1.51×10^{21}	1.75×10^{21}	1.76×10^{21}	2.35×10^{21}	2.97×10^{21}	3.10×10^{21}	3.14×10^{21}	3.73×10^{21}
	人力	6.79×10^{20}	3.97×10^{20}	5.49×10^{20}	7.77×10^{20}	8.08×10^{20}	7.99×10^{20}	9.22×10^{20}	1.09×10^{21}	9.74×10^{20}	9.88×10^{20}	1.46×10^{21}
	合计	8.05×10^{21}	7.87×10^{21}	8.69×10^{21}	1.08×10^{22}	1.20×10^{22}	1.19×10^{22}	1.44×10^{22}	1.75×10^{22}	1.78×10^{22}	1.84×10^{22}	2.22×10^{22}
	总能值投入	8.81×10^{21}	8.66×10^{21}	9.46×10^{21}	1.17×10^{22}	1.30×10^{22}	1.30×10^{22}	1.56×10^{22}	1.89×10^{22}	1.91×10^{22}	1.98×10^{22}	2.38×10^{22}
产出	猪肉	5.05×10^{22}	5.07×10^{22}	5.10×10^{22}	5.53×10^{22}	6.17×10^{22}	6.27×10^{22}	6.48×10^{22}	6.90×10^{22}	7.96×10^{22}	8.07×10^{22}	8.29×10^{22}
	牛肉	1.56×10^{21}	1.76×10^{21}	2.04×10^{21}	2.55×10^{21}	2.98×10^{21}	3.44×10^{21}	3.56×10^{21}	3.81×10^{21}	5.63×10^{21}	5.74×10^{21}	5.75×10^{21}
	羊肉	1.58×10^{20}	1.92×10^{20}	2.38×10^{20}	2.68×10^{20}	2.74×10^{20}	2.92×10^{20}	2.97×10^{20}	3.30×10^{20}	3.54×10^{20}	3.63×10^{20}	3.59×10^{20}
	兔肉	3.24×10^{19}	2.34×10^{19}	3.14×10^{19}	3.25×10^{19}	3.89×10^{19}	3.98×10^{19}	3.99×10^{19}	3.65×10^{19}	4.36×10^{19}	4.69×10^{19}	4.83×10^{19}
	禽肉	4.10×10^{21}	4.35×10^{21}	4.62×10^{21}	5.05×10^{21}	5.52×10^{21}	5.58×10^{21}	5.68×10^{21}	5.90×10^{21}	6.18×10^{21}	6.64×10^{21}	6.88×10^{21}
	牛奶	2.30×10^{20}	3.06×10^{20}	4.23×10^{20}	4.51×10^{20}	4.86×10^{20}	5.39×10^{20}	5.56×10^{20}	5.55×10^{20}	5.89×10^{20}	6.07×10^{20}	6.28×10^{20}
	禽蛋	3.30×10^{21}	3.46×10^{21}	3.63×10^{21}	4.00×10^{21}	4.1×10^{22}	4.24×10^{21}	4.18×10^{21}	4.26×10^{21}	5.3×10^{21}	5.37×10^{21}	5.61×10^{21}
	蜂蜜	6.18×10^{20}	7.25×10^{20}	8.17×10^{20}	8.83×10^{20}	9.66×10^{20}	7.26×10^{20}	7.26×10^{20}	8.62×10^{20}	9.51×10^{20}	9.80×10^{20}	1.00×10^{21}
	蚕茧	8.79×10^{19}	1.32×10^{20}	1.50×10^{20}	1.53×10^{20}	1.69×10^{20}	2.14×10^{20}	1.96×10^{20}	1.51×10^{20}	1.61×10^{20}	1.45×10^{20}	1.39×10^{20}
	有机肥	1.66×10^{20}	1.66×10^{20}	1.63×10^{20}	1.72×10^{20}	1.81×10^{20}	1.83×10^{20}	1.79×10^{20}	1.85×10^{20}	1.94×10^{20}	2.01×10^{20}	2.06×10^{20}
	总能值产出	6.08×10^{22}	6.18×10^{22}	6.31×10^{22}	6.88×10^{22}	7.64×10^{22}	8.51×10^{22}	8.02×10^{22}	8.51×10^{22}	9.91×10^{22}	1.01×10^{23}	1.04×10^{23}

可更新工业辅助能由 7.65×10^{20}sej 增加至 1.54×10^{21} sej，可更新有机能由 8.05×10^{21}sej 增至 2.22×10^{22}sej，增幅分别为 101%和 176%，两者都有较快的增长，可更新有机能的增幅更大。

(二)农业生态系统能值总量变化动态

大量的研究表明，无论农业生态系统整体还是各个子系统，其能值总量的变化均呈现出增加的态势。例如，山西省农业生态系统便是如此。据王闰平等(2012)研究，发现 29 年中山西省农业生态系统的年总能值投入量基本上呈平缓增加的趋势，由 1980 年的 1.03×10^{23}sej 增长为 2008 年的 1.11×10^{23}sej，2008 年仅比 1980 年增长了 7.8%，但年总能值产出有了大幅度的增长，由 1980 年的 3.33×10^{22}sej 增长为 2008 年的 9.36×10^{22}sej，增长了 181%(表 7-9)。

表 7-9　山西省农业生态系统主要能值指标汇总表(1980～2008 年)

项目	代号或表达式	1980 年	1985 年	1990 年	1995 年	2000 年	2005 年	2008 年
可更新环境能值/sej	EMR	9.47×10^{21}	9.18×10^{21}	1.07×10^{22}	1.19×10^{22}	1.34×10^{21}	1.26×10^{22}	1.26×10^{22}
不可更新环境能值/sej	EMN	1.21×10^{21}	1.17×10^{21}	1.35×10^{21}	1.51×10^{21}	1.70×10^{21}	1.60×10^{21}	1.60×10^{21}
总环境能值/sej	EmI=EMR+EMN	1.07×10^{22}	1.04×10^{22}	1.20×10^{22}	1.34×10^{22}	1.51×10^{21}	1.42×10^{19}	1.42×10^{21}
不可更新工业辅助能/sej	EmF	1.11×10^{21}	1.22×10^{22}	1.50×10^{22}	1.90×10^{22}	2.05×10^{22}	2.19×10^{22}	2.17×10^{21}
可更新有机能值/sej	EMRI	8.12×10^{22}	9.14×10^{22}	7.49×10^{22}	7.64×10^{22}	7.82×10^{22}	7.56×10^{21}	7.53×10^{21}
总辅助能值/sej	EmU=Emf+EMRI	9.23×10^{22}	1.04×10^{22}	8.99×10^{22}	9.54×10^{22}	9.88×10^{22}	9.75×10^{21}	9.70×10^{20}
总能值投入/sej	EmT=EmI+EmU	1.03×10^{23}	1.14×10^{22}	1.02×10^{22}	1.09×10^{21}	1.14×10^{22}	1.12×10^{22}	1.11×10^{23}
种植业能值产出/sej	EmY1	2.53×10^{22}	3.931×0^{22}	4.28×10^{22}	3.49×10^{22}	3.90×10^{22}	3.54×10^{21}	3.81×10^{21}
牧业能值产出/sej	EmY2	6.81×10^{21}	1.05×10^{22}	1.56×10^{22}	3.00×10^{22}	3.31×10^{22}	5.03×10^{21}	5.21×10^{21}
林业能值产出/sej	EmY3	1.19×10^{21}	1.19×10^{21}	1.99×10^{21}	2.53×10^{21}	2.77×10^{21}	2.77×10^{21}	2.77×10^{21}
渔业能值产出/sej	EmY4	1.09×10^{19}	3.75×10^{19}	1.39×10^{20}	6.77×10^{22}	5.09×10^{20}	5.09×10^{21}	5.86×10^{20}
总能值产出/sej	EmY	3.33×10^{22}	5.10×10^{22}	6.05×10^{22}	2.38×10^{21}	8.90×10^{21}	8.90×10^{21}	9.36×10^{22}
净能值产出率	EmY/EmU	0.36	0.49	0.67	0.71	0.76	0.91	0.96
能值投入率	EmF/ EmI	1.04	1.17	1.25	1.42	1.36	1.54	1.53
环境承载力	(EmU+EMN)/EMR	9.87	11.46	8.53	8.14	7.50	7.87	7.83
可持续发展指数	EYR/ELR	0.04	0.04	0.08	0.09	0.10	0.12	0.12

又如，从表 7-10 可以看出，山东桓台农田生态系统能值总量的变化也是如此。据赵桂慎等(2011)研究，发现山东桓台农田生态系统 1996 年和 2006 年总能值投入分别为 1.17×10^{16}sej/hm^2 和 1.48×10^{16}sej/hm^2，增长了 26.50%，其中不可更新工业辅助能投入量

增加最多，达 45.25%；环境资源能值总投入量增加 4.53%，其中可更新环境资源投入量增加 4.60%，不可更新环境资源投入量增加 2.99%；总辅助能中可更新有机能投入减少 32.13%。能值产出为小麦籽粒和玉米籽粒，2006 年和 1996 年能值产出分别为 1.05×10^{16}sej/hm^2 和 1.11×10^{16}sej/hm^2，增长了 5.71%。

表 7-10　山西桓台县农田生态系统能值投入产出

项目	代号或表达式	能值/(sej/hm^2)		增长百分率/%
		1996 年	2006 年	
可更新环境资源	R	3.05×10^{15}	3.19×10^{15}	4.60
不可更新环境资源	N	2.68×10^{14}	2.76×10^{14}	2.99
不可更新工业辅助能	F	7.16×10^{15}	1.04×10^{14}	45.25
可更新有机能	RI	1.27×10^{15}	8.62×10^{14}	–32.13
环境资源总投入	I=R+N	3.32×10^{15}	3.47×10^{15}	4.53
总辅助能投入	U=F+RI	8.43×10^{15}	1.13×10^{16}	34.05
总能值投入	T=I+U	1.17×10^{16}	1.48×10^{16}	26.50
总能值产出	Y	1.05×10^{16}	1.11×10^{16}	5.71

再如，江西省畜牧业能值产出的变化还是如此。据颜世委等(2014)研究，2001～2011 年，江西省畜牧业能值产出不断增加，由 6.08×10^{22}sej 增长到 1.04×10^{23}sej，年均增长 5.5%。各项能值产出的年均增长率为牛肉(13.9%)＞牛奶(10.6%)＞羊肉(8.6%)＞禽蛋(5.5%)＞禽肉(5.3%)＞猪肉(5.1%)＞蜂蜜(5.0%)＞蚕茧(4.7%)＞兔肉(4.1%)＞有机肥(2.2%)。猪肉能值产出最高，但是其增长率不及牛肉、牛奶、羊肉、禽蛋、禽肉，尤其是牛肉和牛奶的增长率是猪肉的 2 倍多，这使得猪肉能值占总产出能值的比重有所降低。牛肉的能值增长是最快的，由于牛肉产出的快速增长，其占总能值产出的比重也由 2001 年的 2.6%增加到 2011 年的 5.6%，并在 2009 年超越禽蛋，在畜牧业能值产出中排第三位(表 7-8)。这些变化说明在消费需求的引导下，江西省畜牧业能值产出结构不断优化，江西省畜牧业能值产出还会继续增长，并且朝着多元化方向发展。

(三)主要能值指标变化动态

1. 能值投入率变化动态

(1)增长型

增长型是指随着时间的变化，能值投入率逐渐增加。这一类型的特点是生态地理系统对经济投入的依赖程度越来越大。例如，山西省农业生态系统便是如此。据王闰平等(2012)研究，从 1980～2008 年，山西省农业生态系统能值投入率从 1.04 上升到 1.53(表 7-9)，呈现不断上升的趋势，这说明山西省经济反馈能值投入水平在不断提高，能值自给率越低，能值投入率越高，系统对经济投入的依赖程度越大。

又如，桓台县农田生态系统也是如此。据赵桂慎等(2011)研究，发现桓台县农田生态系统 1996 年、2006 年的能值自给率分别为 0.28 和 0.23，呈减小趋势，而能值投入率则显著增加，分别为 2.55 和 3.27(表 7-11)，表明系统环境资源能值对系统产出所做的贡献下降，系统对自然环境的依赖程度下降，对经济投入的依赖加强。

表 7-11　桓台县农田生态系统可持续发展能值综合指标(引自赵桂慎等，2011)

项目	代号或表达式	1996 年	2006 年
可更新环境资源比率	R/T	0.26	0.22
不可更新环境资源比率	N/T	0.02	0.02
工业辅助能比率	F/T	0.61	0.70
可更新有机能比率	RI/T	0.11	0.06
能值自给率(ESR)	I/T	0.28	0.23
能值投入率(EIR)	U/I	2.55	3.27
净能值产出率(EYR)	Y/U	1.25	0.98
环境承载力(ELR)	(F+N)/(R+RI)	1.72	2.63
可持续发展指数(ESI)	EYR/ELR	0.72	0.37

(2) 下降型

下降型是指随着时间的变化，能值投入率逐渐下降。这一类型的特点是生态地理系统对经济投入的依赖程度越来越小。例如，宁夏东部风沙区人工草地亚系统能值投入率的变化便是如此。据宿婷等(2010)研究，宁夏东部风沙区人工草地亚系统在 2002～2009 年，能值投入率逐渐下降，从 2002 年的 2.0 下降到 2009 年的 1.5(图 7-12)。可见，人工草地亚系统每单位无偿环境资源的利用只相应投入了较少的购买能值，也就是说购买能值投入水平还处于一个相对低的水平，这一方面可以看出各亚系统产品因购买能值少而生产成本较低，在国际市场上有较高的竞争力；另一方面由于购买能值投入少，无偿的环境资源不能达到最佳的利用效率。一个草地农业生态系统要有竞争力，必须具有低能质的可更新资源与高能质的能量适当搭配，即必须遵循能值投入搭配原则，因此，可以考虑适当增加购买能值的投入量，提高系统能值投入率。

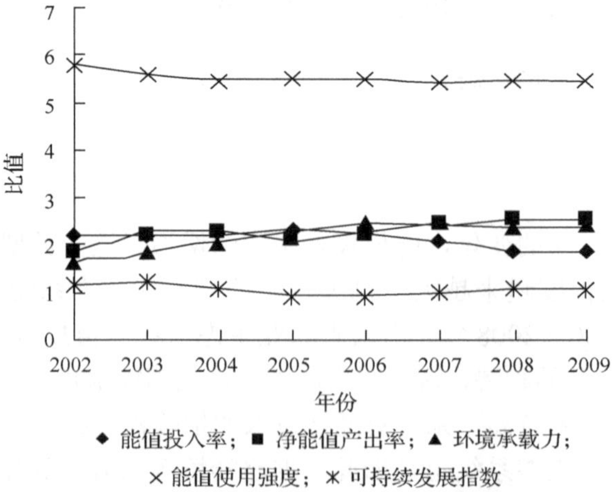

图 7-12　人工草地亚系统的各项能值指标(引自宿婷等，2010)

2. 净能值产出率变化动态

(1)增长型

增长型是指随着时间的变化，净能值产出率逐渐增加。例如，山西省农业生态系统便是如此。据王闰平等(2012)研究，山西省农业生态系统的净能值产出率呈不断升高的趋势，由1980年的0.36增加到2008年的0.96，说明随着能值产出结构的不断优化，山西省农业生态系统的能值产出率在不断提高(表7-9)。

另外，宁夏东部风沙区人工草地亚系统便是如此。据宿婷等(2010)研究，宁夏东部风沙区人工草地亚系统在2002～2009年净能值产出率比较高，年均为2.29，远高于1，多年呈现增加趋势(图7-12)，说明宁夏东部风沙区人工草地亚系统整体功能好，运转效率较高，能值回报率高，产品在市场上的价格具有绝对的竞争力。

(2)下降型

下降型是指随着时间的变化，净能值产出率逐渐下降。这一类型的特点是生态地理系统对经济投入的依赖程度越来越小。桓台县农田生态系统也是如此。据赵桂慎等(2011)研究，发现1996年、2006年的净能值产出率分别为1.25和0.98(表7-11)，净能值产出率降低。表明生产过程中购买能值的利用率降低，或系统运转效率降低。从边际分析角度看，也表明购买能值投入量的大幅增加并没有显著增加能值产出，边际收益为负，说明2006年购买能值投入已饱和或过量，系统产品市场竞争力低。

另外，江西省畜牧业系统能值产出率也是如此。据颜世委等(2014)研究，2001～2011年，江西省畜牧业能值产出率在波动中呈下降趋势，2001年为6.90，到2011年降为4.36(表7-12)，说明系统能值产出效率明显降低，单位产出的成本增加。

表7-12　2001～2011年江西省畜牧业系统能值指标

年份	工业辅助能值比率	有机辅助能值比率	能值产出率	环境承载力	可持续发展指数
2001	0.087	0.913	6.90	0.095	72.6
2002	0.091	0.909	7.14	0.100	71.6
2003	0.081	0.919	6.67	0.089	75.3
2004	0.077	0.923	5.88	0.084	70.0
2005	0.079	0.921	5.87	0.086	68.5
2006	0.079	0.921	6.01	0.086	69.7
2007	0.078	0.922	5.13	0.085	60.3
2008	0.074	0.926	4.51	0.080	56.4
2009	0.069	0.931	5.18	0.074	70.2
2010	0.068	0.932	5.09	0.073	69.5
2011	0.065	0.935	4.36	0.069	62.9

3. 环境承载力变化动态

(1)增长型

增长型是指随着时间的变化，环境承载力逐渐增加。桓台县农田生态系统也是如此。据赵桂慎等(2011)研究，发现桓台县农田生态系统1996年、2006年的环境承载力分别为 1.72 和 2.63，在这 11 年间，环境承载力逐渐增加(表 7-11)，表明系统环境所承受的压力逐渐增大。

(2)下降型

下降型是指随着时间的变化，环境承载力逐渐下降。例如，山西省农业生态系统便是如此。据王闰平等(2012)研究，从 1980～2008 年，山西省农业生态经济系统的环境承载力呈现缓慢降低的趋势，由 1980 年的 9.87 降低到 2008 年的 7.83(表 7-9)。

另外，江西省畜牧业系统能值产出率也是如此。据颜世委等(2014)研究，2001～2011 年，由于江西省畜牧业的快速发展，对可更新有机能值需求快速增长，而不可更新工业辅助能投入增长相对缓慢，环境承载力从 2001 年的 0.095，到 2011 年降为 0.069(表 7-12)，说明环境承载力总体呈下降趋势。

4. 系统可持续发展指数变化动态

(1)波浪型

波浪型是指随着时间的变化，系统可持续发展指数呈起伏性变化。例如，宁夏东部风沙区人工草地亚系统可持续发展指数的变化便是如此。据宿婷等(2010)研究，宁夏东部风沙区人工草地亚系统可持续发展指数在 2002～2009 年，为 1.23～0.92，多年平均值为 1.06，变化不明显。表明，人工草地农业系统富有活力和发展潜力，但随着各年可持续发展指数逐渐增大，对系统不可更新资源的开发利用逐年增加。

(2)下降型

下降型是指随着时间的变化，系统可持续发展指数逐渐下降。山东桓台县农田生态系统也是如此。据赵桂慎等(2011)研究，发现山东桓台县农田生态系统 1996 年、2006 年的可持续发展指数分别为 0.72 和 0.37(表 7-11)，降低幅度较大，表明系统可持续发展能力减弱。

另外，江西省畜牧业系统可持续发展指数也是如此。据颜世委等(2014)研究，2001～2011 年，江西省畜牧业系统可持续发展指数在波动中呈下降趋势，2001 年为 72.6，到 2011 年降为 62.9(表 7-12)，表明系统可持续发展能力逐渐减弱。

参 考 文 献

范小杉，高吉喜. 2010. 中国农业生态经济系统能值利用现状及其演变态势. 干旱区资源与环境, 24(7): 1-9.
郜红娟，韩会庆，张朝琼. 2013. 贵州农业生态系统能值时空分异研究. 水土保持研究, 20(5): 265-277.
戈峰. 2010. 现代农业生态学. 北京：科学出版社: 379-381.
胡耀华. 1995. 热带农业生态学. 北京：中国农业出版社: 84-87.
黄铃凌，王平，刘淑英. 2014. 民勤绿洲农田生态系统能值空间分异特征. 中国沙漠, 34(1): 291-298.
李雪梅，曾铁林，刘洋. 2009. 盘锦芦苇湿地生态系统演替的能值分析. 黑龙江环境通报, 33(3): 14-17.
梁春玲，谷胜利. 2012. 南四湖湿地生态系统能值分析与区域发展. 水土保持研究, 19(2): 185-188.
廖允成，林文雄. 2011. 农业生态学. 北京：中国农业出版社: 142-149.
林慧龙，任继周，傅华. 2005. 草地农业生态系统中的能值分析方法评价. 草业学报, 14(4): 1-7.
骆世明. 2010. 农业生态学. 北京：中国农业出版社: 1-18.
宿婷，王瑞瑞，谢应忠. 2010. 宁夏东部风沙区人工草地亚系统的能值分析. 农业科学研究, 31(2): 35-38.
田大伦. 2008. 高级农业生态学. 北京：科学出版社: 232-235.

王芳，卓莉，陈健飞，等. 2010. 2000—2006 年广东省农田生物质能时空变化遥感分析. 地理研究, 29(12): 2223-2232.
王千，金晓斌，周寅康，等. 2011. 河北省耕地生态经济系统能值指标空间分布差异及其动因. 生态学报, 31(1): 247-256.
王闰平，荣湘民，高志强. 2012. 山西省农业生态系统能值演替规律与发展趋势研究. 中国农学通报, 28(2): 189-194.
吴霜，延晓冬，张丽娟. 2014. 中国森林生态系统能值与服务功能价值的关系. 地理学报, 69(3): 334-342.
辛玉春. 2013. 青海天然草地牧草能值分析. 青海草业, 22(2): 39-46.
颜世委，高超，王兴祥. 2014. 江西省畜牧业系统能值演变与趋势分析. 江西农业学报, 26(4): 111-114.
张雯，李秀彬，王秀红. 2008. 高寒温带干旱区农牧业生态系统的能值分析. 干旱区资源与环境, 22(6): 73-78.
赵桂慎，姜浩如，吴文良. 2011. 高产粮区农田生态系统可持续性的能值分析. 农业工程学报, 27(8): 318-323.
周科平，王明球，李斌，等. 2015. 2012 年湖南省农业生态系统的能值分析. 水土保持通报, 35(1): 297-302.
Anselin Luc. 1995. Local indicators of spatial association LISA. Geographical Analysis, 27(3): 93-115.
Bateman I J, Mace G M, Fezzi C, et al. 2011. Economic analysis for ecosystem service assessments. Environmental and Resource Economics, 48(2): 177-218.
Benguigui L, Czamanski D, Marinov M, et al. 2000. When and where is a city fractal. Environment and Planning B: Planning and Design, 27(4): 507-519.
Brandt-Williams S. 2002. Handbook of Emergy Evaluation Folio 4: Emergy of Florida Agriculture. Gainesville: Center for Environmental Policy, University of Florida.
Brown M T, Bardi E. 2001. Handbook of Emergy Evaluation Folio 3: Emergy of Ecosystems. Gainesville: Center for Environmental Policy, University of Florida.
Brown M, Ulgiati S. 1999. Emergy evaluation of the biosphere and natural capital. Royal Swedish Academy of Science, 28(6): 486-493.
Campbell D E, Brandt-Williams S. 2005. Environmental Accounting Using Emergy: West Virginia. Final Report to the U.S. Environmental Protection Agency. Gainesville: Center for Environmental Policy, University of Florida.
Chen G Q, Jiang M M, Chen B, et al. 2006. Emergy analysis of Chinese agriculture. Agriculture Ecosystems and Environment, 115(1-4): 161-173.
Cleveland C J, Kaufmann R K, Stern D I. 2000. Aggregation and the role of energy in the economy. Ecological Economics, 32(2): 301-317.
Costanza R. 1980. Embodied energy and economic valuation. Science, 210(4475): 1219-1224.
Costanza R, d'Arge R, Groot R D, et al. 1997. The value of the world's ecosystem and natural capital. Nature, 387(6630): 253-260.
Editorial Board of Agricultural Technical and Economic Handbook. 1981. Agricultural Technical and Economic Handbook. Beijing: China Agriculture: 72-78.
Farber S C, Costanza R, Wilson M A, et al. 2002. Economic and ecological concepts for valuing ecosystem services. Ecological Economics, 41(3): 375-392.
Hossaini N, Hewage K. 2013. Emergy accounting for regional studies: case study of Canada and its provinces. Journal of Environmental Management, 118(2): 177-185.
Huang S L, Lai H Y, Lee C L. 2001. Energy hierarchy and urban landscape system. Landscape and Urban Planning, 53(3): 145-161.
Kamil K. 2010. Sustainable energy, environmental and agricultural policies in Turkey. Energy Conversion and Management, 51(5): 1075-1084.
Lan S F, Odum H T, Liu X. 1998. Energy flow and emergy analysis of the agro-ecosystems of China. Ecologic Science, 17(1): 32-39.
Li M S, Tong L J. 2009. Eco-efficiency of pilin province based on emergy and material flow. Acta Ecologica Sinica, 29(11): 6240-6347.
Odum H T. 1994. The Emergy of Natural Capital. Investing in Natural Capital: the Ecological Economics Approach to Sustainability. Washington (DC): Island Press: 200-214.
Odum H T. 1996. Environmental Accounting. New York: Emergy and Environmental Decision Making.

Odum H T. 2000. Emergy of global processes. *In*: Handbook of Emergy, Evaluation. Gainesville: Environmental Engineering Sciences University of Florida Gainesville Florida.

Odum H T, Brown M T, Brandt-Williams S. 2000. Handbook of Emergy Evaluation Folio 1: Introduction and Global Budget. Gainesville: Center for Environmental Policy, University of Florida.

Parker D C. 2007. Revealing space in spatial externalities: edge-effect externalities and spatial incentives. Journal of Environmental Economics and Management, 54(1): 84-99.

Pulselli K M, Rustici M, Marchettini N. 2007. An integrated framework for regional studies: energy based spatial analysis on the province of Cagliari. Environmental Monitoring Assessment, 133(1-3): 1-13.

Siche R, Omega E. 2008. Short notes: emergy and value of the net primary production (NPP) above ground in natural areas. Ecological Questions, 10(3): 99-101.

Sutton P C, Costanza R. 2002. Global estimates of market and non-market values derived from nighttime satellite imagery, land cover, and ecosystem service valuation. Ecological Economics, 41(3): 509-527.

Tiezzi E, Bastianoni S, Marchettini N. 1996. Environmental cost and steady state: the problem of city in the emergy value. Ecological Modeling, 90(1): 33-37.

Tilley D R. 1999. Emergy Basis of Forest Systems. Gainesville: Center for Environmental Policy, University of Florida.

Tscharntke T, Klein A M, Kruess A, et al. 2005. Landscape perspectives on agricultural intensification and biodiversity-ecosystem service management. Ecology Letters, 8(8): 857-874.

Ulgiati S, Brown M T, Bastianoni S, et al. 1995. Emergy-based indices and ratios to evaluate the sustainable use of resources. Ecological Engineering, 6(5): 529-531.

Ulgiati S, Odum H T, Bastianoni S. 1994. Emergy use, environmental loading and sustainability: an emergy analysis of Italy. Ecological Modelling, (73): 215-268.

White R, Engelen G. 1993. Cellular automata and fractal urban form: a cellular modeling approach to the evolution of urban land-use patterns. Environment and Planning A, 25(8): 1175-1199.

第八章　生态地理系统物质循环的空间分布格局及其变化动态

第一节　概　　述

生态系统中的物质是指系统中生物维持生命所必需的无机和有机物质，包括碳、氧和氮等几种大量元素及铜、锌和硼等多种微量元素。如果说能量是生态系统维持与运转的基本动力，那么物质就是生态系统存在的基本形式，物质通过重组与分解的不断循环执行着系统的能量流动、信息传递等载体功能。物质的循环因所经过的途径、循环中物质存在的形式等的不同在循环方式和特点上有所差异。生态系统中的物质循环因受人类活动的调控与干扰，与自然生态系统的循环又有明显不同，既存在物质循环效率提高的优点，同时也存在某些物质循环不畅等问题。了解生态系统中物质循环的规律及问题，对分析系统的健康状况、保证系统功能的正常运转，以及对农业生态系统的结构优化有重要意义。

一、物质循环的概念及特征

（一）物质循环的概念

生物地球化学循环(biogeochemical cycle)，简称物质循环，是指各种化学元素和营养物质在不同层次的生态系统内，乃至整个生物圈，沿着特定的途径从环境到生物体，从生物体再到环境，不断进行流动和循环的过程。

几乎所有的化学元素都能在生物体中发现，但在生命活动过程中，只需要 30～40 种化学元素。这些元素根据生物的需要程度可分为两类。

1. 大量营养元素(macronutrient)

大量营养元素是生物生命活动所必需的，同时在生物体内含量较多，包括碳(C)、氢(H)、氧(O)、氮(N)、磷(P)、钾(K)、硫(S)、钙(Ca)、镁(Mg)、钠(Na)。其中碳、氢、氧、氮、磷 5 种元素既是生物体的基本组成成分，同时又是构成三大有机物质(糖类、脂类、蛋白质)的主要元素，是食物链中各种营养级之间能量传递的最主要物质形式。

2. 微量营养元素(micronutrient)

在生物体内含量较少，如果数量太大可能会造成毒害，但它们又是生物生命活动所必需的，无论缺少哪一种，生命都可能停止发育或发育异常。这类元素主要有铜、锌、硼、锰、钼、钴、铬、氟、硒、碘、硅、锶、钛、钒、锡等。

(二)描述物质循环的特性指标概述

1. 库与流

(1)库(pool)

物质在运动过程中被暂时固定、贮存的场所称为库。库有大小层次之分，从整个地球生态系统看，地球的五大圈层(大气圈、水圈、岩石圈、土壤圈和生物圈)均可称为物质循环过程中的库。而在组成全球生态系统的亚系统中，系统的各个组分也称为物质循环的库，一般包括植物库、动物库、大气库、土壤库和水体库。每个库又可继续划分为亚库，如植物库可分为作物、林木、牧草等亚库。

根据物质的输入和输出，物质循环的库可归为两大类：一为储存库(reservoir pool)，其容量相对较大，物质交换活动缓慢，一般为非生物组分的环境库，如岩石库；二为交换库(exchange pool)，其容量相对较小，与外界物质交换活跃。如在海洋生态系统中，水体中含有大量的磷，但与外界交换的磷量仅占总库存的很小部分，这时海洋水体库是磷的贮存库；浮游生物与动植物体内含磷量相对少得多，与水体库交换的磷量占生物库存量比例高，则称生物库是磷的交换库。

处于生态平衡条件下的生态系统，每个库的输入与输出基本是持平的，从而保持系统的稳定性，但在某些情况下，由于受到外力的干扰可能出现不平衡状况，如人类对化石燃料的开采和燃烧，造成岩石圈内的碳库输出大于输入。当出现这一情况时，一般将产生和释放物质的库(输出大于输入)称为源(source)，而将吸收和固定物质的库(输入大于输出)称为汇(sink)。

(2)流(flow)

物质在库与库之间循环转移的过程称为流。生态系统中的能流、物流和信息流使生态系统各组分密切联系起来，并使系统与外界环境联系起来。没有库，环境资源不能被吸收、固定、转化；没有流，库与库之间就不能联系、沟通，这样则会使物质循环短路，生态系统必将瓦解。

2. 生物量与现存量

在某一特定观察时刻，单位面积或体积内积存的有机物总量构成生物量。它可以是特指的某种生物的生物量，也可以指全部植物、动物和微生物的生物量。生物量又可称为现存量(standing crop)。生产量是指现存量与减少量的总和。减少量是指由于被取食、寄生或死亡、脱毛、产茧等损失的量，不包括呼吸损失量。生产量高的生态系统，生物现存量不一定大，如以细菌等微生物为生态优势种的系统。在生态学研究中通常测定的是现存量及由其推算的净生产量(net production)。净生产量是总生产量扣除植物或动物器官呼吸消耗分解后的剩余量，即在一定时间内以植物或动物组织或贮藏物质的形式表现出来的有机质数量。

3. 周转率与周转期

周转率(turnover rate)和周转期(turnover time)是衡量物质流动(或交换)效率高低的两个重要指标。周转率(R)是指系统达到稳定状态后，某一组分(库)中的物质在单位时间内所流出的量(F_0)或流入的量(F_1)与库存总量(S)的比值。周转期是周转率的倒数，表示该组分的物质全部更换平均需要的时间。物质在运动过程中，周转速率越高，周转1次所需时间越短。

$$周转率(R)=F_1/S=F_0/S$$

$$周转期(T)=1/周转率=1/R$$

物质的周转率用于生物的生长称为更新率(refresh rate)。某段时间末期，生物的现存量相当于库存总量(S)；在该段时间内，生物的生长量(P)相当于物质的输入量(F_z)。不同生物的更新率相差悬殊，一年生植物在生育期结束时生物的最大现存量与年生长量大体相等，更新率接近1，更新期为1年。森林的现存量是经过几十年甚至几百年积累起来的，所以比净生产量大得多。如某一森林的现存量为324t/hm^2，年净生产量为28.6t/hm^2，其更新率－28.6/324～0.088，更新期约为11.3年。至于浮游生物，由于代谢率高，现存生物量常常是很低的，但有着较高的年生产量。如某一水体中浮游生物的现存量为0.07t/hm^2，年净生产量为4.1t/hm^2，其更新率为4.1/0.07=59，更新期只有6.32d。

4. 循环效率

当生态系统中某一组分的库存物质，一部分或全部流出该组分，但并未离开系统，并最终返回该组分时，系统内发生了物质循环。循环物质(F_c)与输入物质(F_1)的比例，称为物质的循环效率(Ec)。

$$Ec=F_c/F_1$$

物质循环效率是衡量生态系统功能强弱的重要标志，一般来说，R 值越高，表示该系统的机能越强，农业生态系统的优化设计目标之一就是提高物质在系统内的循环转化效率，使系统的循环效率越接近1越好。

(三)物质循环的类型

1. 按循环经历途径与周期分类

生物地球化学循环依据其循环的范围和周期，可分为地质大循环和生物小循环两类。

(1)地质大循环(geological cycle)

地质大循环是指物质或元素经生物体的吸收作用，从环境进入生物有机体内，然后以生物有机体的尸体、残体或排泄物形式将物质或元素返回环境，进入五大自然圈层的循环。五大自然圈层是指大气圈、水圈、岩石圈、土壤圈和生物圈。地质大循环具有范围大、周期长、影响面广等特点。地质大循环几乎没有物质的输出与输入，是闭合式的循环。

(2)生物小循环(biological cycle)

生物小循环是指环境中元素经生物体吸收，在生态系统中被相继利用，然后经过分解者的作用，回到环境后，很快再为生产者吸收、利用的循环过程。生物小循环具有范围小、时间短、速度快等特点，是开放式的循环(图8-1)。

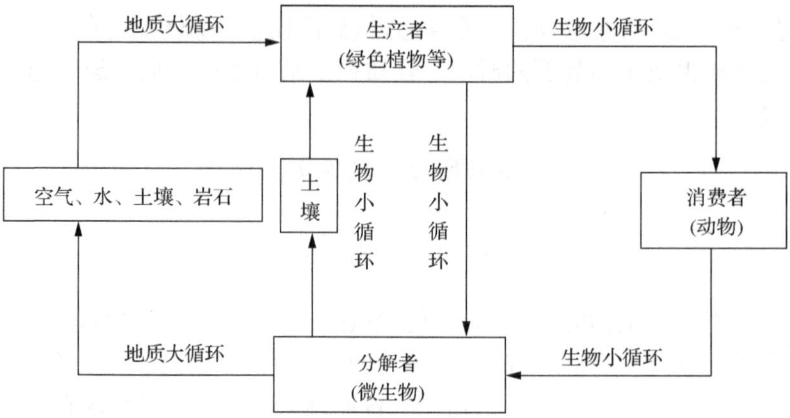

图 8-1　陆地生态系统中元素的地质大循环与生物小循环(引自廖永成等，2011)

2. 按物质循环主要存在形式分类

根据不同的化学元素、化合物在 5 个物质循环库中存在的形式、库存量的大小和被固定时间的长短，可将物质循环分为两大类型。

(1)气态物循环(gaseous type cycle)

储存库在大气圈或水圈(海洋)中，即元素或化合物可以转化为气体形式，通过大气进行扩散，弥漫于陆地或海洋上空，这样在很短的时间内可以实现大气库和生物库直接交换，或通过大气库与土壤库的交换后再与生物库交换，为生物重新利用，循环比较迅速，如碳、氨、氧、水蒸气、氯、溴、氟等。

(2)沉积型循环(sedimentary cycle)

许多矿物元素的储存库主要在地壳里，经过自然风化和人类的开采冶炼，从陆地岩石中释放出来，为植物所吸收，参与生命物质的形成，并沿食物链转移，然后动植物残体或排泄物经微生物的分解作用，使元素返回环境。除一部分保留在土壤中供植物吸收利用外，一部分以溶液或沉积物状态进入江河，汇入海洋，经过沉降、淀积和成岩作用变成岩石，当岩石被抬升并遭受风化作用时，该循环才算完成，在此过程中几乎没有或仅有微量进入大气库中，如磷、硫、碘、钙、镁、铁、锰、铜、硅等元素属于此类循环。这类循环是缓慢的、非全球性的，并且容易受到干扰，成为“不完全”的循环，受到生物作用的负反馈调节，变化较小。

物质属于气态物循环或沉积型循环，决定了循环速率的大小。根据周转率计算，大气库中的 CO_2 通过生物的光合作用和呼吸作用，约 300 年循环 1 次；氧气通过生物代谢，需要 2000 年循环 1 次；全球水库通过生物圈的吸收、分解、蒸发、蒸腾，完成 1 次循环约需 200 万年，而岩石库中沉积型循环的物质通过风化完成一个循环则需要几亿年。

二、物质循环的主要特点

(一)物质处于不断循环之中

生态系统中流动着的物质是储存化学能的载体，又是维持生命活动的物质基础。物质在不同生态系统中的循环途径、特点及在系统中的转化和影响因素，有助于更好理解和正确处理人类当前面临的生态环境问题。

生物圈是由物质构成的。据估计，生物圈约有 1.8×10^{12}t 的活物质，这些物质主要是由化学元素组成。人类现已发现了 109 种化学元素。生态系统中的物质(主要是生物生命活动所必需的各种营养元素)，在各个营养阶层之间传递并连接起来构成了物质流。

生态系统之间矿物元素的输入和输出，以及它们在大气圈、水圈、岩石圈之间及生物间的流动和交换称为生物地(球)化(学)循环(biogeochemical cycle)，即物质循环(cycling of material)。物质循环的动力来自于能量，物质是能量的载体，保证能量从一种形式转变为另一种形式。因此，生态系统中的物质循环和能量流动是紧密相连的。

(二)物质循环是个复杂过程

生态系统中的物质循环是个复杂过程，这主要有以下几个部分。

1. 介质多样

物质在陆地生态系统和水域生态系统中的循环存在明显差别。

2. 涉及的元素众多，形态变化大

物质循环涉及的元素众多。在不同的条件下，铜有 7 种形态。形态不但决定该元素在环境中的物理化学稳定性，而且具有不同的生物学意义。

3. 有多种化学作用

物质在循环中的不断氧化、还原、组合、分解，在过程中常受温度、湿度、酸碱度及土壤母质等物理化学性质的作用，而影响物质的转化过程。

(三)库与流通率

物质在环境中都存在一个或多个储存场所，其数量大大超过结合在生物体的数量，这些储存场所就称为库(pool)。库有两类：储存库(reservoir pool)和交换库(exchange pool)，岩层中含碳量很大，可以看作一个库。储存库特点是库容量大，元素在库中滞留时间长，流动速率小，多属于非生物成分。交换库则容量较小，元素滞留时间短，流速较大。

流通率(flux rate)指物质在生态系统中单位时间单位面积流通的数量，指单位时间单位面积内通过营养物质的绝对值。

三、生态系统营养的收支

生态系统的营养物质可通过自然或人为的过程不断地输入和输出，以叶子、枝条、根系、动物尸体和排泄物返回土壤。经过分解作用，营养物质又以元素的形式重新被吸收。

(一)营养物质的输入

生态系统营养物质的输入主要包括 3 个方面。

1. 降水过程

尘埃、气雾、雨和雪等降水过程可带来多种元素。在温带地区每年降雨使各种元素增长的量为：钾 1～10kg/hm^2；钙 3～19kg/hm^2；镁 4～11kg/hm^2；氮 0.8～4.9kg/hm^2；磷 0.2～0.6kg/hm^2。

2. 生物固氮的作用

通过固氮菌可把大气中的氮直接加以固定，豆科形成根瘤，根瘤菌的固氮能力很强。豆科作物固氮 100kg/hm^2，使生态系统的生物量有明显增加。据估算，每年生物固定的氮素量可达 3 亿 t。

3. 植物的直接吸收

由于母岩的分解，多种化学元素得到释放，植物根能扎入土壤而直达母岩处，吸取所需的多种元素，并将这些元素送至地上部分利用后，这些元素中的一部分又被枯枝落叶重新带回地面。

(二) 营养物质的输出

营养物质的输出主要有：排水和人为活动两个途径。

1953 年，Viro 等提供了排水中营养元素损失的数据，在美国每公顷林地输出的元素量为：氮 0.6kg；磷 0.02kg；钾 1kg；钙 4.5kg。

1971 年，Likens 等对建有 6 个小水池的落叶混交林进行分析，结果表明，除了 Ca 和 SiO_2 以外，其他矿质元素的损失并不大。

人为活动导致元素损失是常常发生的。在收割中等收成的小麦时，每年从土坷垃中带走营养元素的数量分别为：氮 70kg/hm^2；磷 30kg/hm^2；钾 50kg/hm^2；钙约 30kg/hm^2。这足以使土壤肥力下降。

第二节　森林生态地理系统营养物质的空间分布格局及其变化动态

森林生态地理系统是森林群落与其环境在功能流的作用下形成一定结构、功能和自调控的自然综合体，是陆地生态地理系统中面积最多、最重要的自然生态地理系统。地球上森林生态地理系统的主要类型有四种，即热带雨林、亚热带常绿阔叶林、温带落叶阔叶林和北方针叶林，是陆地上生物总量最高的生态地理系统，对陆地生态环境有决定性的影响。

森林生态地理系统的物质循环是在大气-植物-土壤三者之间进行的。由于大气环境的不可控性，因此，研究的重点是森林生态地理系统中植物与土壤两个系统中物质的分布与积累问题。森林生态地理系统营养物质的空间分布格局及其变化动态，实质上就是森林生态地理系统中植物与土壤两个系统营养物质在空间上的分布格局和在时间上的变化动态，即森林生态地理系统物质时空分布格局。本文以我国森林生态地理系统氮、磷、钾等营养物质的空间分布格局及其变化动态为例来说明森林生态地理系统物质的空间分布格局及其变化动态问题。

一、森林生态地理系统营养物质的空间分布格局

大量的研究表明，由于环境因子在大尺度上随纬度、海拔、地形、地貌等会有很大差异。大尺度的环境要素控制森林的区域分布，形成了区域性的森林植被类型，而中小尺度的环境变化影响森林的结构组成，进一步影响系统中物种的分布格局。由于不同气候和地理环境下形成的森林类型不同，也导致森林生态地理系统中植物系统和土壤系统主要营养元素的空间分布格局与积累动态呈现出明显的地域差异特性，现分述如下。

(一)植物系统主要营养元素的空间分布格局

1. 植物系统中碳元素的空间分布格局

严昌荣和陈灵芝(2005)研究发现，不同森林生态地理系统中植物系统的碳元素含量与分布各不相同。例如，亚热带东部浙江建德的青冈栎林乔木层和下木层的青冈栎、石栎、甜槠、拟赤杨、冬青、厚皮香、檵木及映山红等 8 种木本植物的树干、枝、叶、根碳含量的平均值为 478.55～489.26g/kg(李铭江等，1996)。亚热带西部哀牢山木果石栎林的木果石栎、绿叶润楠、腾冲栲、滇木荷、红花木莲、折柄茶、景东石栎等 7 种乔木树种的树干、枝、叶、根碳含量的平均值为 418.37～503.9g/kg。而暖温带北京东灵山的辽东栎林乔木层辽东栎、五角枫、棘皮桦、蒙椴、大叶白蜡等 5 种乔木的树干、枝、叶、根碳含量的平均值为 432.73～464.66g/kg(黄建辉等，1997)。

从表 8-1 可以看出，青冈栎林和木果石栎林主要乔木树种的碳含量差异不大，而与辽东栎林的碳含量差异比较大，这反映气候带对森林的碳含量有影响。同时，不同器官的差异比较大，青冈栎林与辽东栎林的木本树干碳含量分别为 487.69g/kg 与 456.32g/kg，枝的碳含量为 489.26g/kg 与 447.24g/kg，叶的碳含量为 488.71g/kg 与 464.66g/kg，根的碳含量为 478.55g/kg 和 432.73g/kg。木果石栎乔木层树干的碳含量较高，平均值为 503.9g/kg，枝、叶、根碳含量的平均值与青冈和辽东栎林的差异并不明显。木果石栎林叶片的碳含量较低，仅为 418.37g/kg。

表 8-1　三种森林群落主要乔木层植物的碳含量　(单位：g/kg)

群落	树种	树干	枝	叶	根
青冈栎林	青冈栎	477.40	483.45	493.60	475.75
	石栎	486.70	494.10	513.00	484.00
	甜槠	500.00	506.90	492.90	476.64
	拟赤杨	496.10	476.80	503.40	484.00
	冬青	477.50	479.90	483.60	476.10
	厚皮香	474.60	492.20	491.70	482.30
	檵木	488.50	485.90	480.00	470.80

续表

群落	树种	树干	枝	叶	根
青冈栎林	映山红	500.70	494.80	451.50	478.80
	平均值	487.69±10.02	489.26±80.87	488.71±16.53	478.55±6.31
木果石栎林	木果石栎	508.30	498.69	411.61	483.62
	绿叶润楠	506.40	492.27	410.51	498.51
	腾冲栲	462.30	443.30	403.81	450.05
	滇木荷	516.71	501.66	425.05	509.28
	红花木莲	522.50	499.06	418.42	450.69
	折柄茶	490.10	470.49	426.11	482.62
	景东石栎	521.11	482.61	433.10	483.18
	平均值	503.9±24.19	484.01±21.07	418.37±10.33	479.7±22.30
辽东栎林	辽东栎	450.60	405.20	472.00	407.15
	蒙椴	446.00	431.70	502.40	430.95
	五角枫	465.40	452.90	425.30	431.70
	大叶白蜡	444.00	428.00	453.40	438.55
	棘皮桦	475.60	517.60	470.20	455.30
	平均值	456.32±43.64	447.08±42.81	464.66±28.21	432.73±27.28
	总体平均值	486.64	473.45	457.25	463.66

杉木林的分布范围很广，分布在不同地区的杉木林器官的碳含量有所差异。分布在苏南丘陵 27 年生的杉木人工林，树干(干材和皮)的碳含量平均值为 503.5g/kg，枝的碳含量为 491g/kg，叶的碳含量为 519g/kg，根的碳含量为 510g/kg，器官平均碳含量为 510g/kg。分布在湖南会同 20 年生的杉木林，其干材和树皮碳含量分别为 556.4g/kg 和 532.9g/kg，树干的碳含量为 544.65g/kg，枝的碳含量为 535.7g/kg，叶的碳含量为 541.3g/kg，根的碳含量为 538.3g/kg。四种器官平均碳含量为 541g/kg。而北亚热带信阳地区 23 年生的杉木林器官平均碳含量仅为 4632g/kg，这说明同一树种在不同地区分布会导致器官碳含量的变化。

热带森林与亚热带的阔叶林和针叶林的碳含量也各有特色。原始山地雨林与更新林，树木的碳含量差异不明显。热带原始山地雨林树干(干材和树皮)的平均碳含量为 515.32g/kg，枝条为 464.82g/kg，叶的碳含量为 457.54g/kg，根的碳含量为 534.52g/kg，山地雨林的更新林树干和根的碳含量较原始林稍低，而枝、叶的碳含量较原始林稍高。热带山地雨林各器官的碳含量均低于杉木林，其树干和根的碳含量高于亚热带和暖温带阔叶林，但枝和叶的碳含量差异不明显。

2. 植物系统中氮元素的空间分布格局

严昌荣和陈灵芝(2005)研究发现，不同森林生态地理系统中植物系统氮元素含量的分布由于森林类型、林木种类和器官的不同也存在差异。现分述如下。

(1)温带植物中的氮含量

温带包括寒温带、中温带和暖温带三个气候亚带，由于气候、土壤等生态因子及树种的不同，森林生态地理系统中植物系统的氮含量也存在较大差异。

针叶林是寒温带和中温带地区最重要的森林类型，包括落叶和常绿针叶林两个亚类型。寒温带森林树种很多，其中针叶树占有主导地位，如落叶松、红松、云杉、冷杉等，阔叶树种包括水曲柳和蒙古栎。这些树种叶片的氮含量一般在 15～20g/kg，但由于生境的差异，同一树种的氮含量存在较大差异。同时，在同一棵树上，不同器官之间氮含量的差异也悬殊，叶片中含量最高，平均值为 15.38g/kg；枝条其次，平均值为 6.34g/kg；根的含量最低，平均值为 3.89g/kg，如表 8-2 所示。

表 8-2　寒温带和中温带代表性树种的氮含量　(单位：g/kg)

树种	叶片	枝条	根
人工兴安落叶松	16.76	6.25	2.23～5.96
天然兴安落叶松	9.4～13.0	2.5～3.1	2.2～3.1
樟子松	9.0～10.3		
人工红松林	12.71	9.71	3.88
天然红松林	16.30	4.50	3.70
白桦	33.23	7.76～11.73	2.35～6.63
水曲柳	22.78	3.45～6.32	
蒙古栎	10.30	8.13	4.99
平均值	15.38±7.09	6.34±2.87	3.89±1.55

暖温带森林树种的氮含量除了受树木种类的影响外，其所生存的环境也对其有很大的影响。例如，由酸性母岩上发育的褐土和棕壤，石灰岩上发育的钙质土生长的森林植物系统的氮素含量一般都不高，如壳斗科植物叶片中氮素含量一般在 10～15g/kg，而在褐土上生长的同类树种叶片氮素含量能够达到 30g/kg 以上。同时，树种的影响也很大，针叶树种针叶中的氮素含量一般在 10g/kg 左右，有些树种针叶中的含量只有 5g/kg。在同一棵树上，位置不同的器官和同一器官的不同位置都可能影响氮的含量，如在秦岭山地，锐齿槲栎叶片氮含量自冠顶向冠基递减，且随着季节的变化而变化，在展叶初期很高，随着叶龄增加而下降，展叶期和落叶前期显著下降。这说明，暖温带地区森林生态地理系统中植物系统的氮素含量受到环境和树种特性的双重影响。

(2)亚热带植物中的氮含量

亚热带是中国森林分布范围最广、类型多、树种组成也十分复杂的地区，森林主要树种的氮含量受到的影响因子多，主要有树种特性、气候、土壤等方面。

例如，松林是亚热带分布最广的针叶林，目前研究较多的树种是马尾松和湿地松。马尾松作为一种乡土树种，在亚热带分布广泛，林分的起源既有天然的，又有人工的。根据分析，马尾松针叶中氮含量在 11.88～13.92g/kg，树干中氮含量在 0.68g/kg 左右。马尾松针叶中氮含量还受地域的影响，分布在湖南会同 20 年生的马尾松林，其树皮氮含量为 4.9g/kg，树干氮含量为 3.3g/kg，叶的氮含量为 11.1g/kg，枝的氮含量为 5.0g/kg，根的氮含量为 4.0g/kg。

(3) 热带森林植物中的氮含量

热带森林是植物种类丰富度最高的地区，森林结构复杂、植物种类多，很难说某个植物种在群落中的重要性。由于种的丰富程度高，在进行养分分析时面临的困难更多、不确定性的因素也多。关于热带植物氮含量的研究在过去几十年已经做了大量的工作，但解释整个热带森林氮含量特点还是不够的。下面就目前已有的研究结果对热带主要森林类型中植物氮含量的特点进行综述。莫大伦等、侯学煜、王景华、卢俊培等根据我国热带广西、海南等地植被特点，对热带雨林、季雨林和其他类型植被的植物进行了研究，发现在群落垂直结构上，草本层、灌木层和乔木层植物叶片的氮含量分别在 6.21～51.75g/kg、12.30～52.61g/kg 和 7.61～40.13g/kg。

表 8-3 数据显示，热带针叶树和阔叶树叶片的氮含量是存在差异的，针叶树叶片中氮含量较阔叶树叶片的氮含量低，这主要是由于针阔叶树种在结构、功能上的差异。针叶树的光合器官，水分、养分的运输器官都不同于阔叶树。另外，针叶树生长较阔叶树慢，从外界获取养分也相对较少。根据目前研究结果发现，群落类型对植物叶片的氮含量有影响，半落叶山地季雨林和山地雨林植物叶片的氮含量较高，而雨林植物叶片的氮含量相对较低。

表 8-3　热带森林植物叶片氮含量　　（单位：g/kg）

植物名称	氮含量	植物名称	氮含量	植物名称	氮含量
白茅	6.25	囊萼柿	11.11	木麻黄	16.54
陆均松	7.16	芒	11.2	阿芳	16.86
华三芒	7.75	红裂草	11.25	余甘子	16.92
海南曹树	8.37	吊罗椆	11.44	旱毛栎	17.09
厚皮香八角	8.95	丛花厚壳桂	11.50	地胆头	18.50
海南蒲桃	8.99	海南松	12.13	四方草	19.25
桢楠	9.25	黄叶树	12.24	海南暗罗	19.61
牛根	9.63	短序润楠	12.56	小叶红椆	22.04
海南油杉	9.63	琼南柿	13.21	枝花木奶果	22.47
海南杨椆	9.8	瘤穗弓果黍	13.48	细叶亚婆潮	24.47
含笑	10.05	胭脂	13.54	橡胶	24.68
瘤果柯	10.299	白花地胆草	13.99	两耳草	25.25
铺地黍	10.5	雀稗	14.98	饭包草	25.93
油丹	10.62	假鹊贤树属	15.74	竹叶草	27.75
纤毛鸭嘴草	10.73	青梅	16.03	磨盘草	32.41
琼楠	10.78	九节	16.04	鸭屎藤	51.75
木荷	10.84	弓果黍	16.14	大青	52.61
线枝浦桃	11.04	白椎叶	16.51	牛膝	84.63

3. 森林植物中的磷、钾、钙、镁元素含量

严昌荣和陈灵芝(2005)研究发现，不同森林生态地理系统中植物系统磷、钾元素含量的分布由于森林类型、林木种类和器官的不同也存在差异。现分述如下。

(1)温带森林植物的磷、钾、钙、镁含量特点

温带具有较大的跨度，气候不同，土壤的发育状况、母质等也不同，导致生境分异，由于这些因子对植物的磷、钾、钙、镁等元素含量具有较大的影响，植物各器官元素含量的分异也是必然的。

在温带棕壤上生长的森林植物的钾含量在5.00g/kg左右，钙含量在5.00～15.00g/kg，磷含量1.00g/kg，镁含量3.23g/kg。同棕壤上生长的植物相比，褐土上森林植物的磷、钾、钙、镁含量相对较高，在石灰岩发育的土壤上生长的森林植物这几种元素含量的最显著特点是钙含量高，有些植物叶片的钙含量达到40g/kg以上。

温带南部秦岭松栎林是暖温带具有代表性的森林类型之一，松栎林带森林各器官P、K、Ca、Mg含量如表8-4所示，锐齿槲栎林叶营养元素含量大部分高于华山松林和油松林针叶，树干和树皮中营养元素含量除树皮内的磷低于华山松外，其他都高于油松和华山松，锐齿槲栎树干中钙含量分别是油松和华山松干的近4倍和7倍。由此可见，不同树种和不同器官之间磷、钾、钙、镁等元素含量存在很大的差异。

表8-4　松栎林带不同森林类型各器官营养元素的含量(引自孙鸿烈，2005)　(单位：g/kg)

器官	树种	营养元素含量			
		P	K	Ca	Mg
叶	锐齿槲栎	2.00	6.07	7.32	2.30
	油松	4.23	6.95	6.14	1.18
	华山松	1.20	5.24	4.74	1.21
枝条	锐齿槲栎	0.32	3.85	4.43	0.37
	油松	5.54	4.73	4.65	0.78
	华山松	0.61	3.77	3.72	0.79
树干	锐齿槲栎	0.19	1.97	3.03	0.39
	油松	0.09	0.71	0.80	0.09
	华山松	0.10	0.69	0.44	0.19
树皮	锐齿槲栎	0.59	3.53	25.68	1.29
	油松	0.42	2.40	3.72	0.72
	华山松	0.63	3.94	8.03	1.19
根系	锐齿槲栎	0.18	1.59	2.05	0.35
	油松	0.43	2.87	2.58	0.55
	华山松	0.37	2.71	1.60	0.64

(2)亚热带森林植物的磷、钾、钙、镁含量特点

根据对亚热带60多种植物叶片P、K、Ca、Mg含量的分析发现，亚热带植物叶片

磷含量在 0.8g/kg 左右；钾含量 6.95g/kg；钙含量 20.15g/kg；镁含量 2.87g/kg。在酸性红壤、黄壤和山地黄壤上生长的林木，这几种养分在植物叶片中的特征是：K>Ca>Mg>P。而在由石灰岩发育的土壤上，植物叶片中这几种养分含量特征是钙含量特别高，一般都在 25～50g/kg，有些榆科植物甚至高达 80g/kg，是其他类型土壤上生长的植物钙含量的数倍，其他几种元素含量的格局基本一致(表 8-5)。

表 8-5　亚热带森林主要树种叶片磷、钾、钙、镁含量(引自孙鸿烈，2005)　　(单位：g/kg)

植物	P	K	Ca	Mg	植物	P	K	Ca	Mg
栲树	0.68	8.25	4.41	2.96	木荷	0.40	8.61	10.48	
罗浮栲	0.84	5.59	1.83	2.20	银木荷	1.38	6.21	5.86	
黎蒴栲	0.99	11.10	3.56	1.49	西南木荷	0.74	5.47	14.63	
苦槠栲	1.10	6.38	2.04		厚皮香	0.51	9.70	3.92	
甜槠栲	0.92	6.79	5.77		杨桐	0.21	7.07	8.49	
小红栲	0.85	7.13	3.98		化香	1.11	8.09	16.79	
钩栲	0.51	7.79	3.08		虎皮楠	0.88	10.82	12.47	
高山栲	0.81	8.19	3.52		杨梅	0.39	5.99	9.84	
刺栲	0.79	9.76	4.28		木果石栎	0.79	5.92	5.50	1.62
青冈栎	0.70	6.80	10.19		绿叶润楠	0.92	5.91	4.90	3.48
滇青冈	0.45	3.85	12.19		腾冲栲	0.99	4.30	7.09	4.91
细叶青冈	0.44	11.91	22.05		滇木荷	0.82	10.19	4.93	3.31
烟斗柯	0.69	6.35	9.80		红花木莲	0.74	8.89	4.50	3.63
白皮柯	0.56	4.30	6.73		折柄茶	0.83	2.53	6.41	3.30
麻栎	0.99	4.23	6.27		景东石栎	1.21	8.58	5.50	1.82
白栎	1.19	6.91	11.60		青檀	1.17	7.45	78.26	
茅栎	2.44	8.25	6.62		朴	1.10	12.00	72.41	
枫香	1.25	6.45	15.08		榔榆	0.35	6.15	39.50	
野漆树	0.58	2.63	42.00		黄连木	0.80	13.50	47.00	
乌桕	1.39	3.98	25.84		盐肤木	1.07	17.83	41.29	
杉木	0.6～1.0	5.0～8.0	5.0～10	2.3～4.0	马尾松	1.4～2.6	9.5～16	3.5～4.5	1.0～2.1

(3)热带森林植物的磷、钾、钙、镁含量特点

热带森林包括热带雨林(主要为山地雨林和沟谷雨林)、热带针叶林、季雨林、红树林、稀树草原与刺灌丛等类型；莫大伦等于 1988 年根据海南岛主要植被类型及其分布特点，在全岛范围内设置具代表性的植物采样点 49 个，对包括热带雨林、热带针叶林、红树林、灌木丛和橡胶林等森林植物元素的含量进行了分析。数据显示，在海南岛热带环境条件下，植物中各种化学元素含量普遍较高，其中钾、钙、镁等元素的含量超过全球植物平均值的数倍至数十倍。大多数植物这四种元素的排列顺序为 K>Ca≥Mg>P。同时，不同类型群落的植物这几种元素的排列顺序不同。热带雨林、山地雨林、灌丛和橡胶林植物为 K>Ca

＞Mg＞P；热带针叶林和木麻黄林为 Ca＞K＞Mg＞P；红树林为 Ca＞Mg＞K＞P。

(二) 土壤系统主要营养元素的空间分布格局

陈灵芝(2005)研究发现，不同森林生态地理系统中土壤系统主要营养元素含量的分布由于地理、气候和森林类型的不同也存在差异。现分述如下。

1. 寒温带森林土壤系统主要营养元素的空间分布格局

在中国最北部大兴安岭林区，是以兴安落叶松林为代表，为寒温带代表性森林生态地理系统，林下土壤为棕色针叶林土，主要分布在中山部分。在山地东坡的低山丘陵部分，为暗棕壤，其上生长的森林主要为蒙古栎、棘皮桦林。大兴安岭西坡，逐渐向草原过渡的低山丘陵，则分布着灰色森林土，其上生长的森林为白桦山杨林。不同森林类型下的森林生态地理系统中土壤系统化学特征具有一定的差异。

其中，棕色针叶林土壤中各主要元素浓度随土层加深而减少，唯全钙自 A_1 层向 C 层增加。A_1 层的腐殖质和全碳全氮浓度最高，A_2B 至 B 层的腐殖质含量为 27.5～10.6g/kg，全碳浓度为 15.9～6.1g/kg，全氮浓度为 1.2～0.6g/kg，全磷浓度全剖面变化不大，唯 AB 层稍低，而全钙浓度则由上而下逐层增加(13～4.2g/kg)(表 8-6)。

表 8-6　棕色针叶林土壤化学性质*(杜鹃-落叶松林，海拔 870m，大兴安岭西坡根河)(引自孙鸿烈，2005)

土层深度/cm	腐殖质/(g/kg)	全碳/(g/kg)	全氮/(g/kg)	全磷/(g/kg)	全钙/(g/kg)	速效磷/(g/kg)	速效钾/(g/kg)	pH
A_1(8～18)	111.8	64.7	3.8	1.9	1.3	0.12	0.26	6.0
A_2B(18～50)	27.5	15.9	1.2	1.0	1.8	0.4	0.10	6.2
B(50～88)	10.6	6.1	0.6	1.9	3.6		0.09	6.3
C(88～115)				2.1	4.2		0.09	6.8

*全碳为实测数据。全磷根据 P_2O_5、全钙根据 CaO、全钾根据 K_2O 数量计算而得；pH 为水浸液

暗棕壤土中表土层 5cm 以下的各种化学元素浓度均不如杜鹃-落叶松林下的棕色针叶林土高。5～90cm 土层中，全碳浓度为 43.44～2.96g/kg，全氮浓度为 1.68～0.24g/kg，低于灰色针叶林土中的全氮浓度，全钾和全钙的浓度高于全氮，全钾的浓度为 14.55～25.23g/kg，越往土壤下层钾浓度越高，钙浓度为 10.58～7.14g/kg，土壤下层钙浓度下降(表 8-7)。

表 8-7　暗棕壤化学性质(引自孙鸿烈，2005)

土层/cm	有机质/(g/kg)	全碳/(g/kg)	全氮/(g/kg)	速效磷/(g/kg)	速效钾/(g/kg)	全钾/(g/kg)	全钙/(g/kg)	pH
2～5	133.5	77.43	5.26	0.129	0.44	14.55	16.22	6.4
5～13	74.9	43.44	1.68	0.071	0.39	20.00	10.58	6.4
13～25	22.1	12.82	0.85	0.044	0.17			6.6
25～28	4.8	2.78	0.37	0.039	0.17	25.23	7.14	6.8
58～90	5.1	2.96	0.24		0.10			6.7
90～140	2.2	1.27	0.19		0.036	28.06	1.15	6.6
140～170	1.7	0.98	0.06		0.036			6.5

灰色森林土全剖面全氮浓度为 12.6～8.2g/kg，全碳浓度为 78.5～48.63g/kg，全磷浓度为 0.78～0.61g/kg。这类土壤全碳、全氮浓度均高于棕色针叶林土和暗棕壤。

2. 中温带森林土壤系统主要营养元素的空间分布格局

在中温带湿润气候条件下，中国东北部山区是森林集中分布地区，地带性森林生态地理系统为针阔叶混交林。中温带山地的森林生态地理系统中土壤系统类型主要有暗棕壤、亚高山草甸森林土等。不同森林类型下森林生态地理系统中土壤系统化学特征具有一定的差异。

其中，暗棕壤的腐殖质层 A_1 厚度 5～15cm，腐殖质浓度 173.7～200.5g/kg。暗棕壤各亚类中以腐殖质暗棕壤腐殖质化程度最为明显，除 A_1 层含量较高外，下层含量亦高，如海拔 1000m 左右腐殖质暗棕壤在 30～60cm 的土层中仍有 30～40g/kg 的腐殖质。粗骨暗棕壤、潜育暗棕壤和典型的暗棕壤相似，除 A_1 层含量较高外，下部含量减少。如千金榆、蒙古栎、红松林下的暗棕壤 30cm 以下腐殖质含量为 10～20g/kg。全碳、全氮含量与腐殖质层相似。全氮浓度以 A_1 层最高(6～15.1g/kg)，全碳浓度 100～200g/kg。暗棕壤的速效磷和速效钾浓度较为丰富，A_1 层速效磷含量在 0.06～0.20g/kg，速效钾含量较高(0.15～0.17g/kg)(表 8-8)。

表 8-8　暗棕壤化学性质(引自孙鸿烈主编《中国生态系统》，2005)

采集地点	土层/cm	腐殖质/(g/kg)	全碳*/(g/kg)	全氮/(g/kg)	C/N 值	速效磷/(g/kg)	速效钾/(g/kg)	pH
吉林敦化牡丹岭海拔720m，千金榆、蒙古栎、红松林下	A_1(5～14)	173.7	100.71	6.8	14.81	0.06		5.6
	AB(14～29)	24.2	13.99	2.4	5.83	0.01		5.4
	B(29～55)	10.2	5.90	1.0	5.90	0.01		5.2
	BC(55～75)	7.7	4.50	0.3	15.00	0.01		5.2
	C(75～100)							5.4
吉林抚松长白山中山地带海拔1050m，混有红松的核桃楸、裂叶榆林	A_1(8～15)	200.5	118.95	6.1	19.05	0.20		6.1
	AB_1(15～35)	50.5	23.30	2.4	12.21	0.18	0.17	5.6
	AB_2(35～62)	31.6	18.30	1.1	16.64	0.18	0.14	5.2
	BC(62～90)	22.3	12.10	0.8	15.13	0.18	0.072	5.2
	C(90～130)	13.6	1.37	0.7	11.39		0.035	5.1

*全碳由 C/N 值计算

亚高山草甸森林土中 A_0 层全碳、全氮含量丰富，分别为 304.6g/kg 和 23.6g/kg。A_1 层的腐殖质、全碳、全氮浓度明显高于 AB 层和 B 层，但全碳、全氮浓度低于 A_0 层。A_1 层的全磷、全钙、速效磷、速效钾的浓度也高于 AB 层和 B 层，速效磷钾差异在 1～4 倍。由 A_1 层至 B 层(7～40cm)，腐殖质浓度为 174.4～40.7g/kg，全碳浓度为 101.1～23.6g/kg，全氮浓度 8.9～2.6g/kg，全磷和全钙的浓度分别为 2.09～1.18g/kg 和 7.09～5.57g/kg，速效磷浓度为 0.04～0.02g/kg，速效钾由上而下浓度下降为 0.14～0.034g/kg(表 8-9)，后又有所上升。腐殖质、全碳、全氮由 A_1～B 层的浓度下降亦较大。下降比例为 70%～75%。全磷和速效磷由上而下浓度下降约 50%。

表 8-9　亚高山草甸森林土化学性质(引自孙鸿烈，2005)

层次/cm	腐殖质/(g/kg)	全碳*/(g/kg)	全氮/(g/kg)	C/N 值	全磷/(g/kg)	全钙/(g/kg)	速效磷/(g/kg)	速效钾/(g/kg)	pH
A_0(0～7)		304.6	23.6	12.90					5.8
A_1(7～18)	174.4	101.1	8.9	11.40	2.09	7.09	0.04	0.14	4.0
AB(18～27)	65.3	37.9	3.1	12.37	1.66	6.72	0.02	0.034	4.2
B(27～40)	40.7	23.6	2.6	8.94	1.18	5.57	0.02	0.042	4.4

*全碳由 C/N 值计算

3. 暖温带森林土壤系统主要营养元素的空间分布格局

暖温带的地带性森林类型为落叶阔叶林，林下发育的土壤为棕壤，而森林主要分布在丘陵山地，森林生态地理系统中土壤系统亦以各种山地土壤为代表，现以北京东灵山的森林生态地理系统中土壤系统为例，阐明暖温带森林生态地理系统中土壤系统的主要化学特征。

其中，北京东灵山棕壤 A_1 层有机质浓度 33.5～51.7g/kg，全碳浓度为 19.43～29.99g/kg，全氮浓度更低，为 1.1～4.5g/kg，全磷浓度 0.20～0.48g/kg，全钾浓度为 1.99～6.56g/kg，全钙浓度较高，特别是基性岩发育的棕壤 A_1，钙浓度为 10.72g/kg。碳酸盐岩类发育的棕壤虽然 A_1 层钙浓度不高，但 B 层的钙浓度达 11.72g/kg(表 8-10)。

表 8-10　棕壤化学特征(东灵山地区海拔 1100～1500m)(引自孙鸿烈，2005)

土壤类型及采集地点	层次/cm	pH	有机质/(g/kg)	全碳*/(g/kg)	全氮/(g/kg)	全磷/(g/kg)	全钾/(g/kg)	全钙/(g/kg)
酸性岩棕壤(小龙门林场大沟西坡辽东砾林下)	A_1(2～10)	6.7	44.2	25.64	4.5	0.48	4.73	5.22
	B(10～30)	6.7	38.9	22.56	2.3	0.43	3.48	4.79
	C(30 以下)	6.9	52.0	30.16	1.6	0.70	5.06	6.72
硅质岩(小龙门林场人工落叶松林下)	A_1(5～25)	7.0	45.9	26.62	2.8	0.39	3.32	6.43
	B(25～40)	7.0	28.2	16.36	1.2	0.17	2.41	3.71
基性岩棕壤(洪水口辽东栎林下)	A_1(3～18)	6.9	51.7	29.99	3.7		6.56	10.72
	N(18～50)	7.0	37.7	21.87	2.7		5.39	8.93
碳酸盐岩类棕壤(洪水口石灰岩中山)	A_1(3～15)	7.3	33.5	19.43	1.1	0.20	1.99	3.71
	B(15～35)	7.4	19.4	11.25	1.0	0.21	2.82	11.72

*全碳由有机质计算

褐土是暖温带地区低山的地带性土壤类型，其中普通褐土中 0～15cm 的有机质浓度为 35.3～49.7g/kg，全碳浓度为 20.41～28.83g/kg，全氮浓度不如全钾和全钙，全氮浓度为 1.9～3.0g/kg，全磷为 0.11～0.65g/kg，全钾浓度为 2.82～5.48g/kg，全钙浓度为 5.22～9.29g/kg。淋溶褐土中化学元素含量均低于普通褐土，A 层 0～20cm 有机质含量为 34.6～38.9g/kg，全碳浓度为 20.06～22.56g/kg，全氮浓度为 1.9～2.9g/kg，全磷浓度变幅较小，为 0.32～0.40g/kg，全钾浓度为 2.57～7.97g/kg，全钙浓度在硅质岩淋溶褐土中较高，为 13.08g/kg，在基性岩淋溶褐土中为 4.71g/kg，不同土壤剖面中钙的浓度变化较大(陈灵芝等，1997)(表 8-11)。

表 8-11　褐土化学特征(引自孙鸿烈，2005)

土壤类型	层次/cm	有机质/(g/kg)	全碳*/(g/kg)	全氮/(g/kg)	全磷/(g/kg)	全钾/(g/kg)	全钙/(g/kg)	pH
酸性岩普通褐土(海拔 800m)	A(0～15)	49.7	28.83	3.0	0.65	2.82	9.29	7.0
	B(15～35)	54.0	31.32	3.2	0.57	3.18	11.08	7.5
硅质岩普通褐土(海拔 900m)	A(0～14)	35.3	20.47	1.9	0.11	5.48	5.22	7.0
	B(14～31)	27.5	15.95	2.3	0.05	4.90	9.50	7.4
基性岩淋溶褐土(海拔 900m)	A(0～20)	34.6	20.06	1.9	0.40	2.57	4.71	7.1
	B(20～40)	13.9	8.06	1.0	0.31	1.66	3.21	7.1
硅质岩淋溶褐土	A(0～17)	38.9	22.56	2.9	0.32	7.97	13.08	7.1
	B(17～32)	11.4	6.61	1.4	0.23	6.47	9.50	7.2

4. 北亚热带森林土壤系统主要营养元素的空间分布格局

北亚热带为暖温带向亚热带的过渡带，森林是以含有常绿树种的落叶阔叶林和常绿、落叶阔叶混交林为代表，典型土壤有黄褐土和黄棕壤。在海拔更高处则出现山地棕壤、山地暗棕壤。现以湖北神农架地区的森林生态地理系统中土壤系统为例，阐明北亚热带森林土壤系统中营养物质的特征。其中，黄褐土 A_1 层腐殖质浓度为 1.4g/kg，全碳浓度 60g/kg。全氮和全钙浓度分别为 3g/kg 和 17g/kg。全磷和速效磷浓度很低，速效钾含量亦少，随着土层变深各种元素浓度减小，唯全钙浓度增加，C 层钙浓度达 300g/kg。黄棕壤土壤全剖面 A 层的腐殖质和全碳浓度分别为 70g/kg 和 40g/kg。全氮含量亦低。速效磷和速效钾浓度全剖面变化不大。自 AB 层以下各种化学元素的浓度下降，黄棕壤化学元素与黄褐土相比，土壤腐殖质、全碳、全氮含量较低，A_1 层速效钾浓度较高。山地棕壤土层全剖面 A_1、AB 和 B_1 层腐殖质、全碳和全氮含量均较高，A_1～B_1 层腐殖质浓度为 173～70g/kg，全碳浓度为 95～41g/kg，全氮浓度为 8.6～3g/kg，速效性的磷和钾浓度比以上三类土壤均较高。

5. 中亚热带森林土壤系统主要营养元素的空间分布格局

中亚热带的地带性森林以常绿阔叶林为主，林下的典型土壤为红壤、黄壤和黄棕壤。

其中，红壤中有机质、碳、氮、磷的浓度较高，全剖面各种元素的浓度随土层深度增加则均有下降。3～70cm 土层有机质浓度为 39～9.4g/kg，全碳浓度为 23～5.4g/kg，全氮浓度为 1.6～0.8g/kg，全磷浓度为 0.45～0.26g/kg。速效磷浓度很低，红壤的肥力不高。

黄壤中 0～4cm 的凋落物层有机质、全碳和全氮浓度较高，5～60cm 的土层，主要化学元素浓度下降，有机质浓度为 21～4g/kg，全碳浓度为 12.4～25g/kg，全氮浓度为 1.1～0.6g/kg，均低于红壤，全磷浓度为 1.48～0.24g/kg。全钾浓度远高于氮和磷，为 155～24.6g/kg。速效钾和速效磷浓度均很低。

黄棕壤在土层 8～16cm 处有机质含量为 342～222g/kg，全碳浓度为 130～200g/kg，全氮浓度为 6～11g/kg，全钾浓度为 7～7.5g/kg，全磷浓度为 0.82～0.59g/kg。土层深为 16～60cm，各种元素浓度下降，有机质浓度为 60～12g/kg，全碳浓度为 34～7g/kg，二者浓度下降幅度很大。全氮浓度为 3.5～0.5g/kg，全磷浓度为 0.59～0.21g/kg，这两种元素浓度变化也不小。全钾浓度为 8.5～24.5g/kg，该元素在土壤下层的浓度增高。

6. 热带森林土壤系统主要营养元素的空间分布格局

热带地区在高温高湿气候条件下，分布着热带雨林、季雨林等多种森林类型，森林的地带性土壤为砖红壤。在热带常绿季雨林、次生林及灌丛下，发育的有砖红壤和黄色砖红壤。随着海拔逐渐上升，出现了热带山地雨林，林下发育的为山地黄色砖红壤。在海拔较高处，出现山地常绿阔叶林和山顶苔藓矮林，发育的主要有山地黄壤和山地表潜黄壤。

其中，砖红壤中 A_1 层的各种元素含量较高。由 A_1～B_2 层(0～67cm)，有机质浓度为 45.89～8.91g/kg，全碳和全氮浓度分别为 26.62～5.17g/kg 和 1.71～0.38g/kg，全钾浓度高于其他大量元素，浓度为 23.74～17.93g/kg，全钙和全磷的浓度较低。B_3 层各种元素浓度更低(表 8-12)。

表 8-12　热带森林土壤化学特征(引自孙鸿烈，2005)

土壤类型	土层/cm	有机质/(g/kg)	全碳*/(g/kg)	全氮/(g/kg)	全磷/(g/kg)	全钾/(g/kg)	全钙/(g/kg)	pH
砖红壤：海南岛尖峰岭，海拔 100m，花岗闪长岩，热带半落叶季雨林	A_1(0～15)	45.89	26.62	1.71	0.35	23.74	1.36	6.3
	AB(15～26)	25.00	14.50	0.98	0.30	22.74	0.78	6.3
	B_1(26～40)	15.01	8.71	0.65	0.26	19.17	0.50	6.4
	B_2(40～67)	8.91	5.17	0.38	0.26	17.93	0.50	6.4
	B_3(67～105)	7.70	4.47	0.43	0.26	16.68	0.57	6.2
山地黄色砖红壤(砖黄壤)：海南岛尖峰岭，海拔 850m，山地雨林	A_1(2～12)	48.80	28.31	2.42	0.23	18.68		4.5
	AB(12～37)	17.38	10.08	0.90	0.17	19.51		5.1
	B_1(37～75)	14.31	8.30	0.83	0.09	19.92		5.1
	B_2(75～130)	7.50	4.35	0.34	0.09	19.75		5.1
山地黄色砖红壤：海南岛尖峰岭，海拔 830m，山地雨林	A_1(2～7)	92.06	53.40	4.30	3.84		8.36	
	AB(7～18)	28.77	16.69	1.50	5.10		3.64	
	B_1(35～55)	19.13	11.10	0.80	3.18		3.43	
	B_2(55～70)	6.55	3.80	0.40	2.83		7.14	
	BC(120～140)	2.58	1.50	0.10	1.79		5.50	
山地黄壤：滇南金平县分水岭，海拔 1360m，常绿阔叶林	A_1(3～17)	103.28	59.91	3.00	2.40		3.64	5.0
	AB(17～32)	48.79	28.30	0.50	1.44		3.93	4.7
	B_2(32～84)	11.39	6.60	0.40	1.18		4.14	4.6
	BC(84～109)	3.96	2.30	0.10	1.35		2.93	4.6
	C(109～150)	3.96	2.30	0.10	1.35		3.36	4.6
山地表潜黄壤：海南岛尖峰岭，海拔 1250m，山地苔藓矮林	A_1(20～25)	196.71	114.10	2.00	0.39	13.45	0.86	3.9
	Ag(25～35)	58.65	34.60	0.90	0.30	12.62	0.78	4.2
	B_1(35～55)	57.92	33.60	0.90	0.30	12.04	0.93	4.4
	B_2(55～90)	24.65	14.30	0.50	0.17	7.47	0.07	4.5

*全碳含量为实测数

黄色砖红壤中 A_1～B_1 层(2～75cm)的有机质层浓度为 48.80～14.31g/kg，全碳浓度为 28.31～8.30g/kg，全氮浓度为 2.42～0.83g/kg，全磷浓度仅 0.23～0.09g/kg，全钾浓度高于全氮和全磷，为 18.68～19.92g/kg。B_2 层元素浓度有所降低。在某些地段分布的山地雨林下黄色砖红壤各类元素浓度略高，特别是全磷浓度为 5.10～2.83g/kg，全钙浓度

3.43～8.36g/kg，A_1与B_2层较高，AB与B_1层较低(表8-12)。

山地黄壤中A_1～B_2层(3～84cm)的有机质浓度为11.39～103.28g/kg，全碳浓度6.60～59.91g/kg，全氮浓度0.40～3.00g/kg，全磷和全钙浓度分别为1.18～2.40g/kg和3.64～4.14g/kg。山地黄壤化学元素浓度与山地黄色砖红壤较为近似(表8-12)。

山地表潜黄壤中各种化学物质浓度明显下降，Ag～B_1层(25～55cm)有机质浓度为57.92～58.65g/kg，全碳浓度为33.60～34.60g/kg，全氮、全磷、全钾浓度分别为0.9g/kg、0.30g/kg和12.62～12.04g/kg，全钙浓度为0.78～0.93g/kg。在B_2层55～90cm处各种元素浓度更为降低(表8-12)。

二、森林生态地理系统营养物质的变化动态

(一)植物系统营养物质的变化动态

由于森林生态地理系统中植物系统年际营养物质变化的资料非常缺乏，因此我们在此仅主要讨论森林生态地理系统中植物系统营养物质的季节变化动态。根据现有资料，我们认为森林生态地理系统中植物系统营养物质的季节变化主要分为以下几种类型。

1. 梯度下降型

梯度下降型是指森林生态地理系统中植物系统营养物质的季节变化呈现出年初最高，随着季节的变化，营养物质逐渐下降，下降到一定水平后维持一定的时间，随后再呈现下降的趋势。例如，日本栗叶片氮营养元素含量年动态变化便是如此。据郑瑞杰等(2008)研究，日本栗叶片在5月21日叶片内N的含量最高，此时为叶片速生期，叶长度不及成熟叶片的1/2。5月21日至6月21日(盛花期)，日本栗叶片内N的含量呈明显下降趋势，说明这段时间栗树树体需要消耗大量的N、P、K。此时期树体新梢迅速生长、花序速生，准备开放生长均要消耗大量营养，枝条中下部叶已经发育良好并能进行光合作用，但是叶幕尚未完全建成，消耗多积累少。6月21日至9月21日(果实成熟期)，N的含量维持在相对稳定状态。这段时期雄花全部脱落，新梢停止生长，加之树体地上地下吸收能力加强，吸收的养分可以专供栗果生长，因此养分竞争的矛盾缓和。栗果成熟采摘后，树体活动减弱，养分回流，N的含量明显下降，直到10月21日(落叶期)降到最低值(图8-2)。

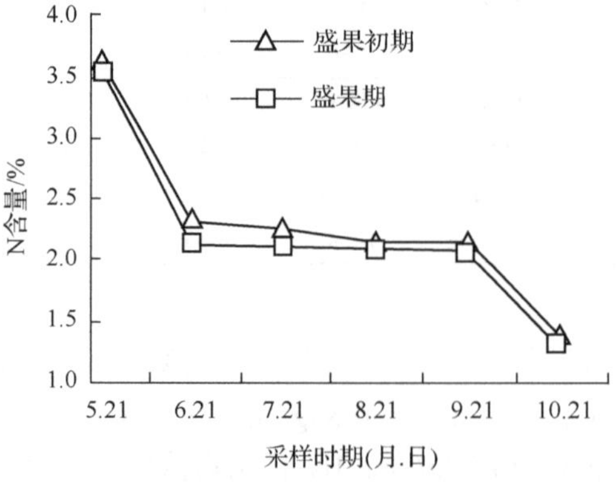

图8-2　日本栗叶N含量的变化动态(引自郑瑞杰等，2008)

2. 波浪型

波浪型是指森林生态地理系统中植物系统营养物质的季节变化呈现出不同季节间高低起伏的波浪型变化趋势。例如，红富士苹果叶片 N、P 和 K 营养元素含量年变化动态便是如此。据李保国等(2006)研究，发现不同产量园区不同时期叶片 N 含量变化状况如表 8-13 所示。由表 8-13 可见，各个产量水平的红富士苹果叶片含氮量的变化趋势是一致的：5 月初较高，在 1.0%～2.0%；以后随着新梢旺长、幼果迅速发育和花芽分化，各个器官对 N 的竞争加剧，叶片中的 N 含量逐渐减少，6 月下旬降到低谷；7 月中旬有所回升，8 月中旬种子发育期又有所下降，到 9 月中旬再次回升，达到高峰；直到果实采收，叶片含氮量一直维持在一个较高的水平。高产园区和中产园区的叶片含氮量高、波动较小，而低产园区含氮量低、波动较大。P 和 K 的变化也有类似的趋势(表 8-13)。

表 8-13　不同产量园区不同时期叶片 N 含量(引自李保国等，2006)　　(单位：%)

产量水平	时期(月.日)								
	5.1	5.15	5.30	6.15	6.30	7.15	8.15	9.15	10.22
62t/hm^2	1.682	1.358	1.210	1.256	1.094	1.652	1.339	1.726	1.688
36t/hm^2	1.339	1.292	1.119	0.950	0.910	1.333	1.296	1.519	1.385
20t/hm^2	1.399	1.170	0.884	0.801	0.774	1.218	1.112	1.156	1.191

3. 单峰曲线型

单峰曲线型是指森林生态地理系统中植物系统营养物质的季节变化呈现出年初较低，随着季节的变化，营养物质逐渐升高，随后再呈现下降的趋势。例如，“绿岭”核桃品种叶片氮营养元素含量年变化动态便是如此。据郭向华等(2011)研究，“绿岭”核桃品种叶片从展叶后期到树体恢复期含氮量的年变化动态如图 8-3 所示。由图 8-3 可知，2004 年核桃叶片含氮量与 2005 年变化趋势基本一致，均为生长前期高，后期低。2005 年，展叶后期(4 月 9 日)核桃叶片含氮量较高；随着新梢生长、叶片增多、雌雄花开放消耗大量的氮素，叶片含氮量稍有下降；到盛花期(4 月 21 日)后，随着当年施入 N 肥的吸收，

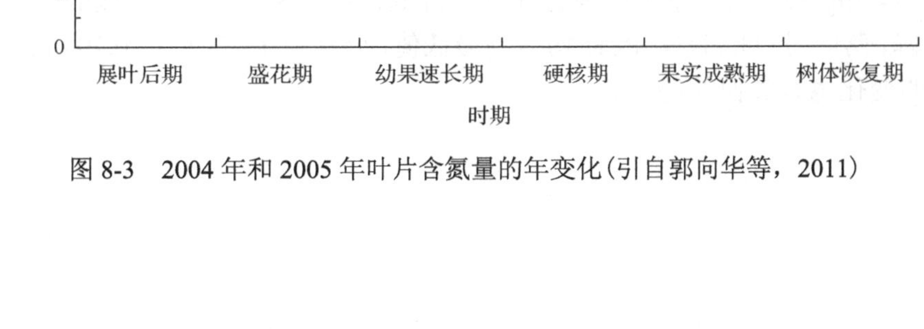

图 8-3　2004 年和 2005 年叶片含氮量的年变化(引自郭向华等，2011)

叶片含氮量逐渐升高，至幼果速长期(5 月 21 日)含量达到最高；此后随着果实的迅速生长，大量的氮素营养优先分配到果实中，叶片含氮量逐渐降；随着核仁脂肪的不断积累，叶片含氮量逐渐降低，到果实成熟时降到最低；果实采收后，随着树体内氮素分配的调整，叶片含氮量有所回升。总的来说，核桃叶片含氮量在一年中的变化呈单峰曲线型，前期高后期低。

4. 平稳变化型

平稳变化型是指森林生态地理系统中植物系统营养物质的季节变化呈现出在不同的季节变化平缓，差异不明显的一种趋势。例如，香榧叶片中氮营养元素含量年变化动态便是如此。据刘萌萌等(2014)研究，2012 年 5 月至 2013 年 3 月测定的所采样品中氮、磷、钾元素含量的变化曲线如图 8-4 所示，其变化规律与香榧种子的生长发育(5～9 月)及雌花芽分化(9 月以后)的周期有关。由图 8-4 可知，N 含量总体变化不大，其最大值出现在 2013 年 3 月，最小值出现在 2012 年 6 月，总体下降幅度为 26.9%，而 2012 年 5～6 月的下降幅度为 26.5%。2012 年 7～8 月种子充实后处于内部物质旺盛转化期，直至 2012 年 9 月种子成熟及后续的 3 个月，叶片中的 N 含量相对稳定，没有明显的变化趋势。

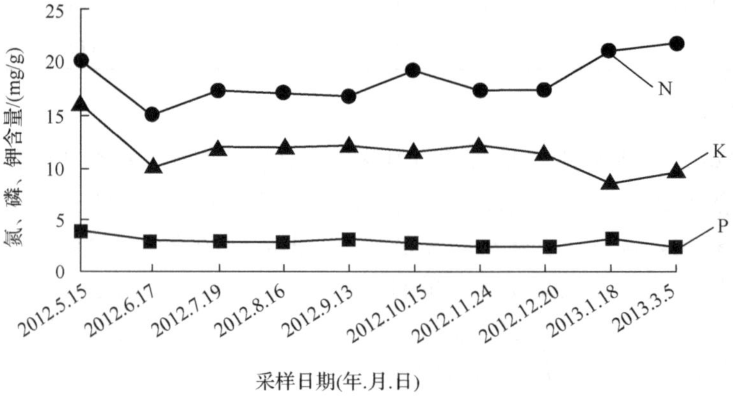

图 8-4　不同日期采摘的香榧叶片中氮、磷、钾含量的季节变化(引自刘萌萌等，2014)

5. 倒 N 型

倒 N 型是指森林生态地理系统中植物系统营养物质的季节变化呈现出年初较高，随着季节的变化，营养物质逐渐下降，随后逐渐上升，此后再呈现下降的趋势。例如，毛白杨叶片氮营养元素含量年变化动态便是如此。据陈甜等(2009)研究，从图 8-5 可以看出，三倍体毛白杨叶片 N、P、K 含量在生长初期(4 月)均为最高，分别达到 19.20g/kg、1.20g/kg、14.19g/kg，后随季节的变化而逐渐降低，9 月 N、P 有小幅度的回升，K 含量仍持续下降，落叶时(11 月)N、P、K 均达到最低值，分别为 13.71g/kg、0.79g/kg、7.18g/kg。Ca、Mg 的变化也有类似的趋势。

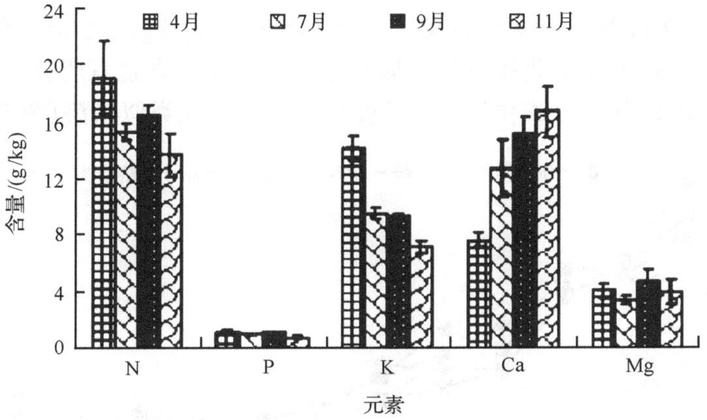

图 8-5　三倍体毛白杨叶片大量元素含量季节变化(引自陈甜等，2009)

此外，枣树叶片中氮的季节变化也有类似的变化趋势。胡芳名等(1989)研究发现，在枣吊现蕾时叶面积扩大较快，此期叶片干物质积累的速率较高，随着温度的上升，根系的吸收能力不断地增强，根系吸收氮素的速率与树体需要氮素的速率趋于平衡，于是在整个花期叶片中全氮的含量处于比较稳定的状态；进入幼果发育期后，根系的生长逐渐进入高峰期，其吸收能力亦逐渐达到最强，而此时枣吊的生长速度急剧降低，叶片已趋于成熟，从而使叶片中全氮的含量达到最高峰；此后，叶片中蛋白质开始分解，氮不断地进入根、树干和枝条等贮藏器官，因此，叶片中全氮的含量不断地下降至落叶前的最低水平。

6. 下降型

下降型是指森林生态地理系统中植物系统营养物质的季节变化呈现出年初最高，随着季节的变化，营养物质呈现高低起伏的下降的变化趋势。例如，中国黄连木不同枝营养元素含量年变化动态便是如此。据王文浩等(2014)研究，发现黄连木花芽形态分化期至花芽发育停滞期各枝间氮含量动态差异见图 8-6。自 5 月初到 9 月初各类结果枝的含量变化趋势较为相似，均为波浪式下降。起始值差异不大，5 月 20 日到 6 月中的含量差异

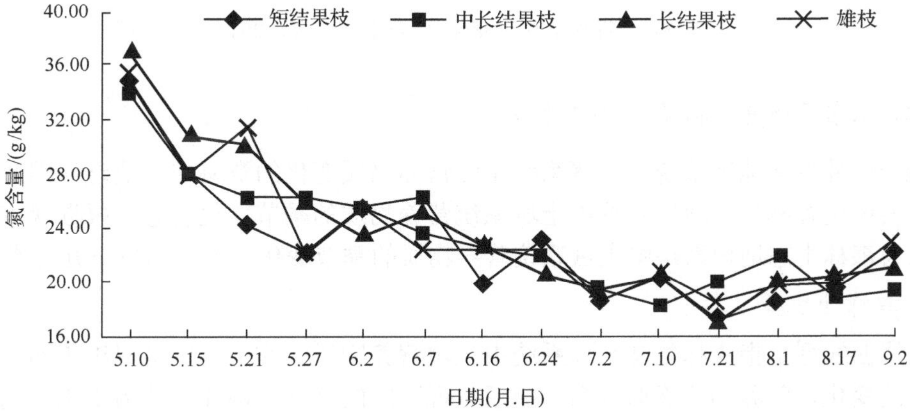

图 8-6　氮含量动态变化(引自王文浩等，2014)

稍微显著。5 月 10 日 N 含量为最高值，在 27.55～37.10g/kg，此后便迅速下降，5 月中到 5 月末花芽处于副穗分化期及小花原基分化期，之后 N 含量有所波动，花芽进入迅速分化期后含量又迅速降低。磷和钾的季节变化动态也有此类似趋势(图 8-7，图 8-8)。

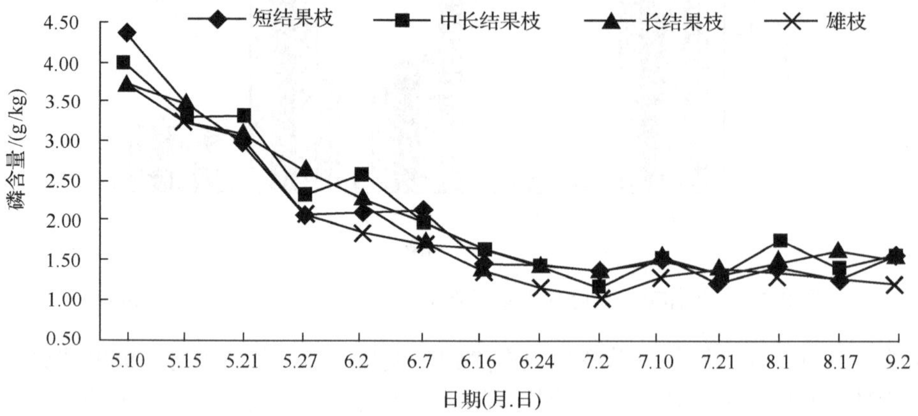

图 8-7 磷含量动态变化(引自王文浩等，2014)

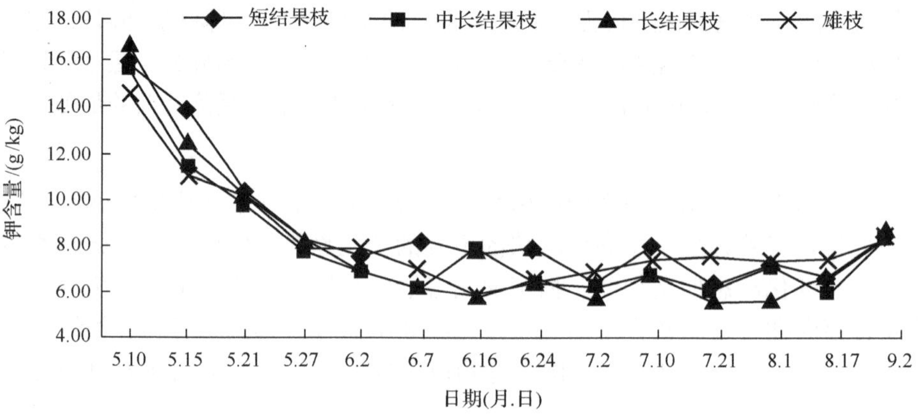

图 8-8 钾含量动态变化(引自王文浩等，2014)

(二) 土壤系统营养物质的变化动态

由于森林生态地理系统中土壤系统年际营养物质变化的资料非常缺乏，因此我们在此仅主要讨论森林生态地理系统中土壤系统营养物质的季节变化动态。根据现有资料，我们认为森林生态地理系统中土壤系统营养物质的季节变化主要分为以下几种类型。

1. 单峰曲线型

单峰曲线型是指森林生态地理系统中土壤营养物质的季节变化呈现出年初较低，随着季节的变化，营养物质逐渐升高，随后呈现下降的趋势。例如，武夷山土壤硝态氮含量随季节动态变化便是如此。据李巍(2012)研究，武夷山土壤硝态氮含量随季节动态变化不显著，2011 年 12 月和 2012 年 3 月土壤硝态氮含量基本没变，2012 年 6 月含量较低，2012 年 9 月土壤硝态氮含量最高(图 8-9)，即秋季土壤硝态氮含量最高，夏季土壤硝态氮含量最低，春冬季节基本没变。3 月以后气温开始逐渐回升，降雨量增加，氨化作用较强，流失增强，植物生长旺盛，大量吸收硝态氮，至 6 月土壤硝态氮含量明显下降；6 月以后土壤硝化作用逐渐增强，将大量的铵态氮转化成硝态氮，温度逐渐降低，树木生长逐渐减弱，因此 9 月土壤硝态氮含量较高。研究表明硝态氮的变化和植物生长有密切关系，温度、降雨量对土壤硝化作用有一定的影响。

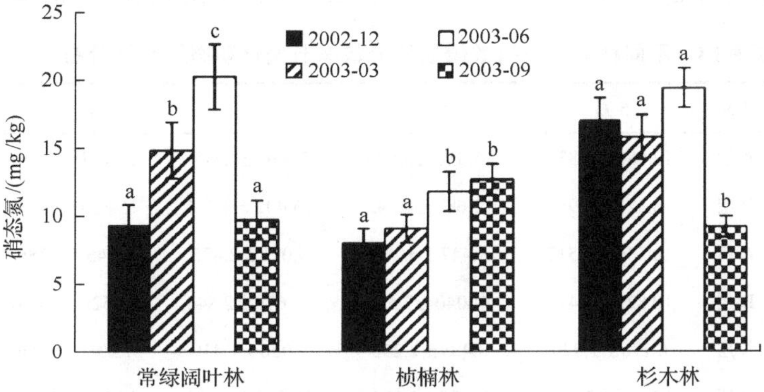

图 8-9 武夷山常绿阔叶林土壤硝态氮含量季节动态变化特征(引自李巍，2012)
图中不同字母表示显著差异性

另外，长白山森林生态地理系统 3 种不同林型土壤氮矿化速率的季节变化动态也表现为明显的单峰曲线型(图 8-10)。据刘艳玲和陆佩玲(2008)研究，在 1～3 月，长白山森林生态地理系统 3 种不同林型土壤氮矿化速率都比较低且变化比较平稳。从 4 月开始，土壤氮矿化速率有所上升。到 7 月、8 月，土壤氮矿化速率达到最大值，而后土壤氮矿化速率又开始逐渐下降。3 种林型土壤氮矿化速率高低的基本顺序是：阔叶红松林＞红松云冷杉林＞岳桦云冷杉林。

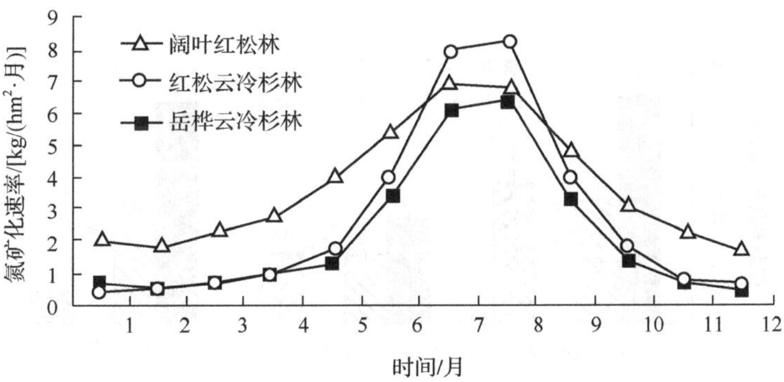

图 8-10 土壤氮矿化速率的季节变化(引自刘艳玲和陆佩玲，2008)

2. N 型分布型

N 型分布型是指森林生态地理系统中土壤营养物质的季节变化呈现出年初较低，随着季节的变化，营养物质逐渐升高，随后呈现下降，此后再升高的一种变化动态。例如，凉水自然保护区主要森林类型土壤磷的季节动态便是如此。据刘宏伟等(2010)研究，凉水国家级自然保护区(以下简称凉水自然保护区)椴树红松林、白桦天然次生林和红松人工林 A 层土壤有效磷质量分数季节变化趋势一致，5～6 月有效磷质量分数略有升高，7 月有效磷最低，8 月开始逐渐回升，直至 9 月停止；落叶松人工林 A 层土壤有效磷质量分数 5～6 月略有升高，7 月降低，8 月逐渐回升，9 月再次降低(表 8-14)。

表 8-14　不同林型土壤有效磷质量分数季节变化动态及空间分布　(单位：g/kg)

林型	土层	5 月	6 月	7 月	8 月	9 月
椴树红松林	A 层	12.580±5.832	13.960±5.580	7.536±2.418	12.777±4.201	14.308±1.467
	B 层	16.322±5.961	13.687±8.542	13.402±4.792	15.880±5.616	13.626±3.015
白桦天然次生林	A 层	10.536±4.512	8.447±6.266	6.091±2.475	9.245±3.386	9.960±7.753
	B 层	10.822±4.470	14.040±7.532	11.679±2.844	13.526±3.430	14.529±6.308
红松人工林	A 层	6.190±1.870	8.485±2.233	7.026±1.419	7.238±1.186	8.969±2.822
	B 层	10.811±2.559	9.675±3.739	10.030±5.923	10.813±3.212	11.729±3.179
落叶松人工林	A 层	9.095±0.363	10.851±3.783	6.770±1.526	14.381±2.439	10.288±0.746
	B 层	28.490±6.830	30.632±15.289	24.676±7.395	33.266±5.499	37.832±7.037
枫桦红松林	A 层	19.303±9.554	17.085±6.012	15.663±8.664	11.722±5.824	9.577±4.330
	B 层	21.692±0.836	20.572±5.395	20.858±8.146	14.789±6.764	13.260±7.806

另外，四川都江堰地区桢楠林土壤 N 库的季节变化也有此趋势。据蔡春轶和黄建辉(2006)研究，四川都江堰地区桢楠林的 NH_4^+-N 含量变化虽然不大，除冬季外，其他 3 个季节土壤的 NH_4^+-N 含量没有显著差别，但是它的季节变化仍然呈现出 N 型分布型的变化动态(图 8-11)。

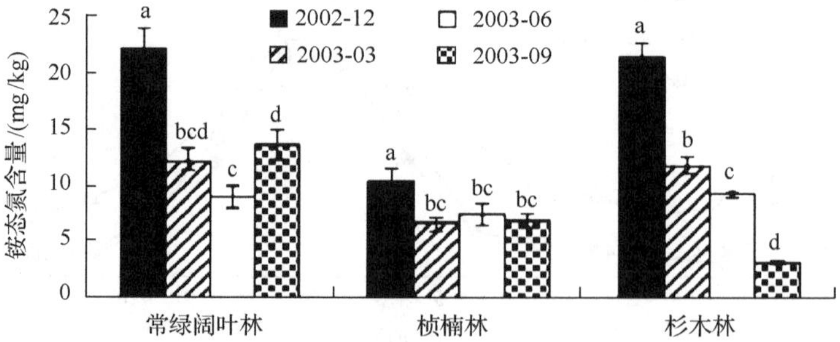

图 8-11　3 种不同群落类型土壤(0～10cm)铵态氮含量的季节动态
(引自蔡春轶和黄建辉，2006)
a、b、c、d 为差异显著性

3. V 型分布型

V 型分布型是指森林生态地理系统中土壤营养物质的季节变化呈现出年初较高，随着季节的变化，营养物质逐渐下降，随后再呈现上升的一种变化动态。例如，浙江省富阳市春建乡未垦复毛竹纯林土壤碳和氮的季节动态便是如此。从表 8-15 可知，垦复毛竹纯林 0～10cm、10～30cm、30～50cm 层次土壤有机碳质量分数随季节呈现先降后升的趋势，从春季至夏季降低至最低值，随后又回升。此外，从表 8-15 发现，未垦复毛竹纯林土壤 0～10cm、10～30cm、30～50cm 层次各林分土壤全氮质量分数季节变幅为 1.3～3.0g/kg，春季和冬季全氮质量分数最高，夏、秋季较低。造成这种现象的原因可能与该时期竹子生长旺盛而吸收较多土壤养分有关。因为碳氮养分库是土壤养分的主要来源之一，经过矿质化和腐殖化过程而释放速效养分供竹子生长所需，故碳素养分消耗较多；秋冬时节有机碳质量分数，可能与夏季枯落物的旺盛分解释放养分较多、冬季消耗养分较少有关(高志勤和傅懋毅，2006)。

表 8-15　不同林分土壤碳氮质量分数的季节和土壤层次变化

样地及土层	有机碳质量分数/(g/kg)				全氮质量分数/(g/kg)				碳氮比(C/N 值)			
	春	夏	秋	冬	春	夏	秋	冬	春	夏	秋	冬
垦复毛竹纯林												
0～10cm	37.5	32.2	32.8	38.9	1.5	2.0	2.0	1.7	46.03	11.91	10.34	11.62
10～30cm	18.0	21.7	26.4	22.0	0.8	1.7	1.6	1.7	46.03	11.91	10.34	11.62
30～50cm	13.3	20.0	19.2	12.9	0.8	2.4	1.8	1.6	45.08	10.68	9.54	8.49
未垦复毛竹纯林												
0～10cm	29.3	26.1	27.9	31.2	3.0	2.9	2.3	2.9	9.88	8.95	11.99	10.86
10～30cm	22.2	16.3	17.4	17.8	2.7	2.0	1.7	1.9	8.18	7.94	10.15	9.25
30～50cm	14.0	7.5	10.7	13.8	1.6	1.3	1.3	1.7	8.99	5.84	8.47	7.95
毛竹木荷混交林												
0～10cm	24.9	27.3	33.2	40.2	2.6	3.2	2.5	2.8	9.48	8.43	13.56	14.60
10～30cm	15.0	19.0	18.1	20.9	1.3	2.8	1.2	1.5	11.87	3.43	15.02	13.87
30～50cm	7.5	7.9	13.7	14.7	0.9	1.1	1.2	1.6	8.42	7.52	11.35	9.33

另外，四川都江堰地区杉木林和常绿阔叶林土壤 N 库的季节变化也有此趋势。据蔡春轶和黄建辉(2006)研究，四川都江堰地区常绿阔叶林的 NH_4^+-N 含量在一年之内的变化幅度比较大，最低值和最高值分别出现在夏季(8.99mg/kg)和冬季(24.47mg/kg)；杉木林与常绿阔叶林的 NH_4^+-N 含量在冬季、春季和夏季没有显著差别。秋季，常绿阔叶林的 NH_4^+-N 含量开始逐渐上升，而杉木林的 NH_4^+-N 含量变化则截然相反，出现大幅下降，但是二者均呈现出年初较高，随着季节的变化，营养物质逐渐下降，随后再呈现上升的 V 型分布型变化动态(图 8-12)。

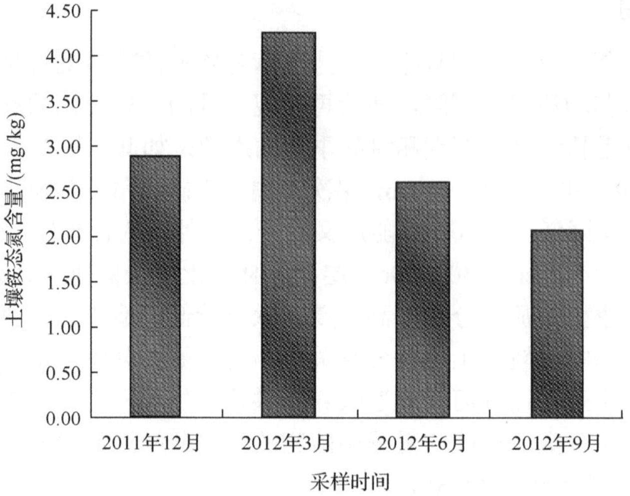

图 8-12　3 种不同群落类型土壤(0～10cm)铵态氮的季节动态(引自常春铁和黄建辉，2006)

4. W 型

W 型是指森林生态地理系统中土壤系统营养物质的季节变化呈现出年初较高，随着季节的变化，营养物质逐渐下降，随后逐渐上升的趋势。例如，凉水自然保护区主要森林类型土壤磷的季节动态便是如此。据许翠清等(2008)研究，各林型 A_0 层 NH_4^+-N 质量分数季节动态变化趋势一致(图 8-13)，6 和 8 月较低，5 月和 7 月含量较高，9 月最高。

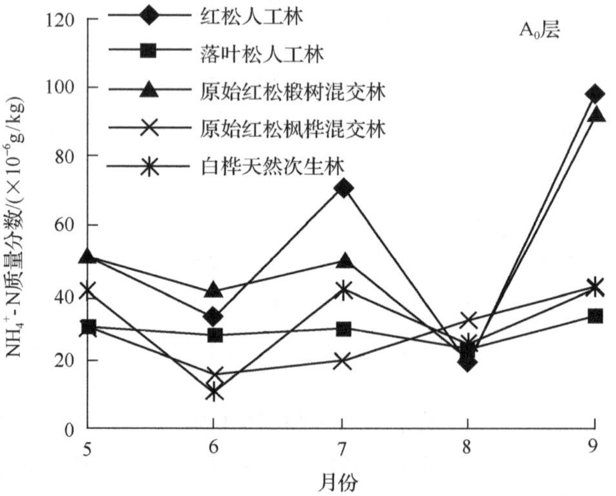

图 8-13　不同林型 A_0 层土壤铵态氮质量分数季节动态比较(引自许翠清等，2008)

由于 5 月天气回暖，土壤温度上升，积雪消融，湿度同时增大，从而有效地促进氮矿化作用，尤其是氨化作用，铵态氮质量分数较高。其后随着硝化作用的增大，铵态氮质量分数有一定的回落。同时树木在 6～8 月吸收 NH_4^+-N 较强，或者此时矿化出来的 NH_4^+-N 部分经过硝化微生物的作用转化成 NO_3^--N，也是造成铵态氮质量分数较低的原因之一。秋季质量分数偏高，是由于入秋树木生长缓慢，吸收 NH_4^+-N 质量分数减少，其相对累积的结果，直到 9 月达到最高值。铵态氮的这种变化趋势同时也说明了温湿度及不同植被对氮矿化的影响作用。比较不同林型变化规律，发现 A_0 层 NH_4^+-N 质量分数季节变化中，落叶松人工林与白桦天然次生林变化趋势接近(R=0.76，P<0.05)，是人为干扰产生的效应与原始红松阔叶林次生演替后的林分结构产生相似影响的缘故。原始红松椴树混交林与红松人工林趋势相同(R=0.93，P<0.01)。

三、影响森林生态地理系统营养物质的空间分布格局的因素

(一)地理环境因素对森林生态地理系统营养物质的空间分布格局的影响

1. 海拔梯度对森林生态地理系统营养物质的空间分布格局的影响

(1)不同海拔梯度对土壤氮含量分布的影响

庄舜尧等(2008)研究了台湾中部山区塔塔加地区铁杉与云杉纯林植被下土壤不同形态氮含量的分布状况。表 8-16 给出了铁杉与云杉的 5 个不同海拔土壤 O 层的不同形态氮的含量。从表 8-16 可以看出，土壤无机氮、可溶性有机氮及总氮均表现出随海拔的上升而升高的趋势。其中可溶性有机氮占总氮比例为 1.41%～5.38%。

表 8-16 不同形态氮含量随海拔的变化(引自庄舜尧等，2008)

样点	海拔/m	无机氮/(mg/kg)	可溶性有机氮/(mg/kg)	土壤总氮/(g/kg)	可溶性有机氮/总氮比/%
铁杉 H1	2595～2612	74.0±7.5	450±21	17.9±0.25	2.51
铁杉 H2	2545～2560	46.1±4.1	306±15	6.54±0.37	5.10
铁杉 H3	2493～2501	39.0±3.3	378±16	9.08±0.22	4.20
铁杉 H4	2454～2462	28.1±4.2	291±12	6.01±0.14	4.48
铁杉 H5	2402～2415	37.8±3.6	425±19	7.92±0.21	5.38
云杉 S1	2601～2613	44.6±5.6	328±18	13.4±0.23	2.45
云杉 S2	2546～2559	18.3±3.2	126±11	6.05±0.14	2.08
云杉 S3	2502～2512	14.0±3.1	149±9	4.86±0.12	3.06
云杉 S4	2451～2455	23.9±2.7	168±10	4.41±0.14	3.81
云杉 S5	2408～2411	16.1±2.9	75±6	5.32±0.21	1.41

(2)不同海拔梯度对土壤碳氮储量分布的影响

彭舜磊等(2015)研究表明，宝天曼国家级自然保护区森林生态地理系统中土壤系统 0～10cm、10～20cm、20～30cm 的碳储量和氮储量与海拔均呈极显著的线性关系，变化趋势一致(P<0.0001，表 8-17)，虽然在 800～1000m 随海拔升高而下降，但总体上，土壤氮储量随海拔升高而增大；0～30cm 土壤碳氮储量也表现出相同的趋势(表 8-17)。

表 8-17　土壤碳氮储量和碳氮比与海拔拟合方程及参数(引自彭舜磊等，2015)

自变量 x	因变量 y	土壤深度/cm	拟合方程	标准残差	决定系数(R^2)	F 值	显著性(P)
海拔	碳储量	0～10	y=0.020x+7.975	6.235	0.739	93.42	<0.000 01
		10～20	y=0.020x+1.954	6.343	0.731	89.77	<0.000 01
		20～30	y=0.019x+2.890	5.954	0.727	87.79	<0.000 01
		0～30	y=0.060x+12.820	14.99	0.807	138.10	<0.000 01
海拔	氮储量	0～10	y=0.0011x+0.291	0.342	0.730	89.39	<0.000 01
		10～20	y=0.000 88x+0.210	0.372	0.592	47.94	<0.000 01
		20～30	y=0.000 83x+0.236	0.327	0.626	55.19	<0.000 01
		0～30	y=0.0028x+0.737	0.765	0.779	116.10	<0.000 01
海拔	碳氮比(C/N 值)	0～30			0.021	0.720	0.402

(3)不同海拔梯度对土壤氮矿化量分布的影响

庄舜尧等(2008)研究表明，随海拔的增加，台湾中部山区塔塔加地区云杉与铁杉纯林植被下土壤氮的矿化速率也随之增加(图 8-14)。铁杉土壤 O 层、A 层的氮矿化速率分别为 1.54～4.14mg/(kg·d)与 0.51～2.50mg/(kg·d)，而云杉土壤则为 0.78～2.09mg/(kg·d)与 0.37～1.23mg/(kg·d)。显然，铁杉土壤随海拔变化，土壤氮的矿化速率要大于云杉土壤，说明铁杉土壤氮的转化对海拔的敏感性要大于云杉土壤。

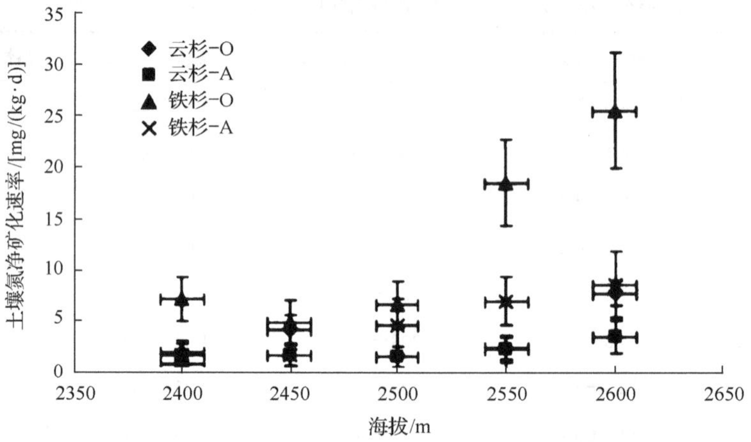

图 8-14　土壤氮净矿化速率随海拔的变化(引自庄舜尧等，2008)

2. 土壤冻融过程对森林生态地理系统营养物质的空间分布格局的影响

许多研究表明，土壤冻融过程对森林生态地理系统营养物质的含量具有明显的影响。现以常宗强等(2014)就土壤冻融过程对祁连山森林生态地理系统中土壤系统氮的影响为例来说明。常宗强等(2014)研究表明，经过 42d 培养后，青海云杉林土壤对照处理和冻融处理的有机氮矿化量分别为(25.91±0.57)mg/kg 和(44.13±0.58)mg/kg(图 8-15)，冻融处理土壤有机氮矿化量是对照处理的 1.7 倍；高山灌丛林土壤对照处理和冻融处理的有机氮矿化量分别为(27.22±0.68)mg/kg 和(54.41±1.36)mg/kg，冻融处理土壤有机氮矿化量是对照处理的 1.99 倍。方差分析表明，冻融过程显著影响土壤有机氮矿化过程(P<0.001)。

在冻融处理条件下，土壤中有机氮累积量随着冻融次数的增加呈增加趋势，经过 42 次冻融，青海云杉林和高山灌丛林土壤中有机氮矿化量分别提高了 2.42 倍和 2.82 倍。方差分析表明，冻融次数显著影响土壤中有机氮矿化量($P<0.001$)。说明祁连山森林生态地理系统中土壤系统在冬末春初的冻融期间，土壤中氮的矿化过程仍在进行。

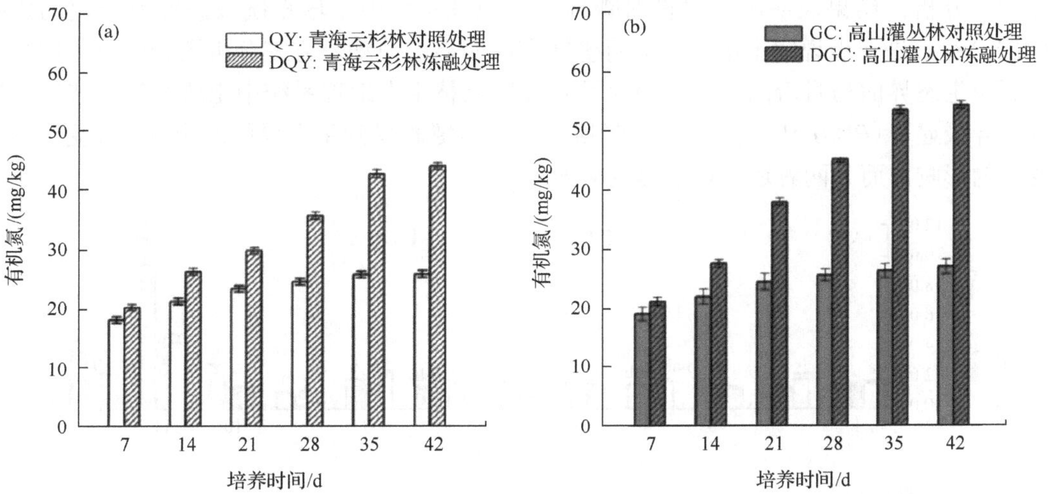

图 8-15　不同植被类型土壤有机氮矿化量(引自常宗强等，2014)

QY. 青海云杉林；GC. 高山灌丛林

冻融过程能够促进土壤中有机氮的矿化量，是由于冻融过程杀死一部分微生物，其细胞破裂，土壤中的部分无机氮直接来自微生物的释放；而且由于有些微生物能够在低温下生存，当土壤融化时，死亡微生物为残留的微生物提供了足够的基质，刺激了微生物活性，可能促进冻融过程中土壤矿化氮的增加，有利于土壤有机氮的矿化过程。Freppaz 等(2006)认为，冻融可能导致土壤中以前不可利用的有机和无机胶体中 NH_4^+-N 的释放。此外，Sulkava 等(2003)研究表明，土壤冻融会杀死土壤中部分微生物，而且与低温对照相比，冻融处理会导致更多微生物的死亡，土壤微生物数量的减少会导致土壤微生物活性的降低。短期冻融会促进微生物释放大量的有机和无机物质，而多次冻融后，微生物分解有机质的能力降低。冻融虽然短期内加剧了土壤活性炭的损失。但土壤活性炭的减少，可能促进冻融过程中土壤矿化氮的增加。因此，土壤冻融过程促进了土壤有机氮的矿化，有利于土壤中有效氮的累积。

(二)人类活动对森林生态地理系统营养物质的空间分布格局的影响

许多研究者认为，人类活动对森林生态地理系统营养物质的空间分布格局具有明显的影响，现以余明泉等(2009)就城乡梯度变化对南昌市城乡生态界面的湿地松(*Pinus elliottii*)生态地理系统土壤有效氮的季节变化动态为例来说明人类活动对森林生态地理系统营养物质的空间分布格局具有明显的影响。

1. 城乡梯度对铵态氮季节动态的影响

余明泉等(2009)研究表明，从每月的铵态氮动态来看，不同的生态界面森林生态地理系统中土壤系统铵态氮均呈现高—低—高的变化格局，最低值出现在 9 月，最高值出现在 11 月(图 8-16A)。城区、郊区、乡村森林生态地理系统中土壤系统铵态氮变化极差分别为 8.64mg/kg、2.88mg/kg、3.84mg/kg，说明城区森林生态地理系统中土壤系统铵态氮月份间的波动较大。对城区、郊区和乡村森林生态地理系统中土壤系统铵态氮分别进行方差分析，结果表明不同月份对森林生态地理系统中土壤系统铵态氮有一定的影响(表 8-18)，进一步说明土壤铵态氮月份间存在明显的波动。方差分析还表明，不同生态界面及生态界面与月份的交互作用对城乡梯度森林生态地理系统中土壤系统铵态氮的影响差异极显著($P<0.01$)(表 8-19)。说明土壤铵态氮既受到生态界面的影响，又受到季节变化的影响，而且两者还存在明显的耦合作用。

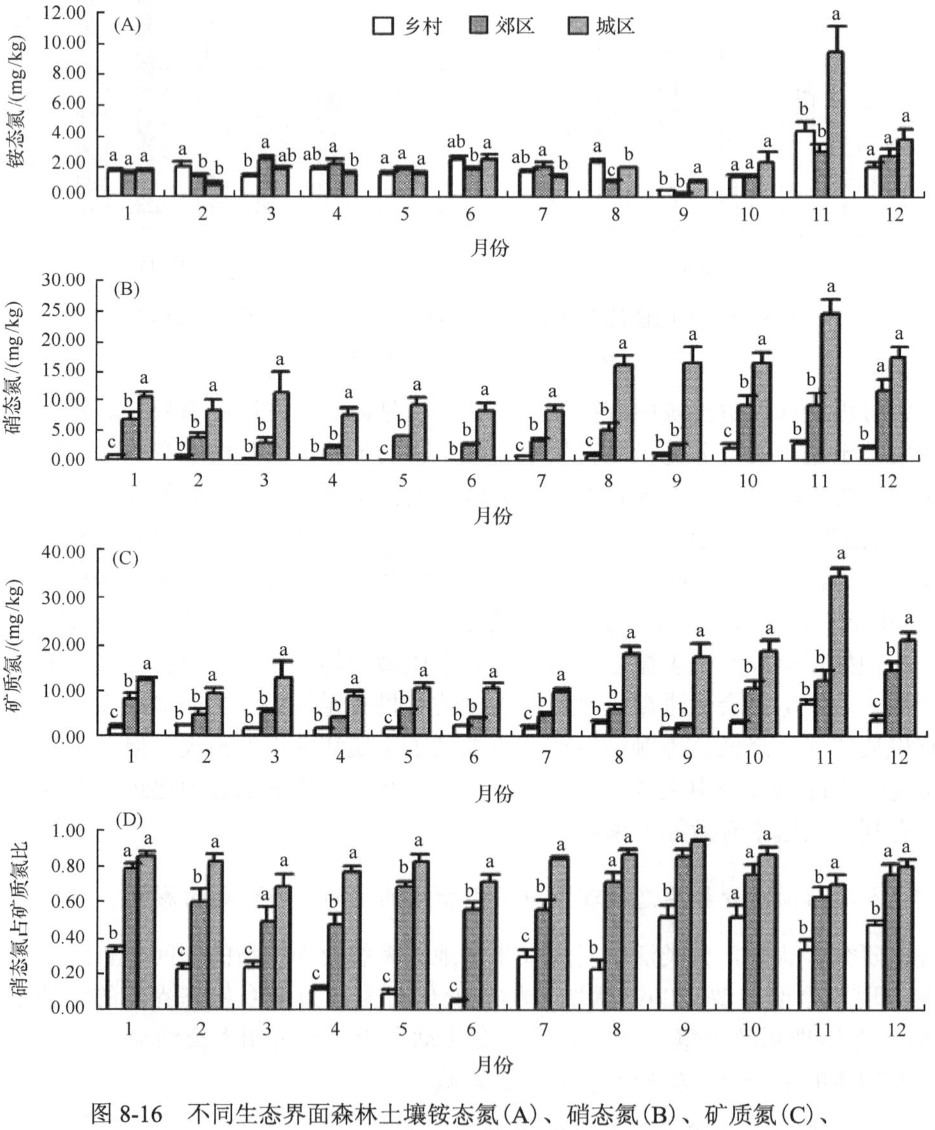

图 8-16　不同生态界面森林土壤铵态氮(A)、硝态氮(B)、矿质氮(C)、硝态氮占矿质氮比(D)季节动态(引自余明泉等，2009)

图中各字母表示在 0.05 水平上差异显著

表 8-18　样地表层(0～15cm)土壤基本特征(引自余明泉等，2009)

样地	土壤容重/(g/cm^3)	pH	有机碳/(mg/g)	全氮/(mg/g)	全磷/(mg/g)	C/N	P/N
城区							
PP 人民公园	1.27(0.06)a	5.35(0.32)abc	6.74(0.65)a	0.59(0.08)c	0.30(0.02)b	12.16(2.31)a	1.98(0.27)b
HH 南昌农校校区	1.07(0.06)ab	5.94(0.74)a	14.00(2.19)a	0.90(0.10)abc	0.80(0.22)a	15.29(0.87)a	1.34(0.26)b
郊区							
AW 环球公园	1.11(0.05)ab	4.34(0.08)c	11.49(1.49)a	1.17(0.07)a	0.38(0.04)b	9.79(1.11)a	3.27(0.45)b
HW 乐化高速公路旁	1.15(0.07)ab	4.87(0.17)abc	9.42(2.81)a	0.66(0.09)bc	0.29(0.02)b	13.69(2.33)a	2.27(0.24)b
乡村							
溪霞森林公园样点 XX1	1.04(0.04)ab	4.48(0.06)bc	12.52(0.54)a	1.02(0.09)ab	0.15(0.01)ab	12.48(1.01)a	7.02(0.88)a
溪霞森林公园样点 XX2	0.98(0.08)b	4.33(0.01)c	10.69(1.51)a	0.97(0.06)ab	0.15(0.01)ab	10.88(1.21)a	6.81(0.65)a

注：表中同列数据中不同字母表示差异显著性；括号内数值代表标准误

按季节对数据进行方差分析，结果表明季节对森林生态地理系统中土壤系统铵态氮的影响差异显著($P<0.05$)，说明森林生态地理系统中土壤系统铵态氮具有明显的季节波动性。对不同生态界面森林生态地理系统中土壤系统铵态氮季节变化进一步比较分析：城区为秋季＞春季=夏季=冬季；郊区为春季≥冬季≥夏季＞秋季；而乡村季节变化差异不显著(表 8-19)。这可能是由于乡村森林受干扰少，植物对铵态氮的吸收比较稳定。综合来看，不同生态界面全年铵态氮平均值表现为城区＞郊区=乡村(表 8-19)，充分说明城市化过程的干扰影响铵态氮的水平，使城区森林生态地理系统中土壤系统全年铵态氮平均值比乡村的高。

表 8-19　月份和生态界面对土壤铵态氮、硝态氮、矿质氮和硝态氮占矿质氮比例的影响
(引自余明泉等，2009)

影响因子	自由度	铵态氮		硝态氮		矿质氮		硝态氮占矿质氮比例	
	df	*F*	*P*	*F*	*P*	*F*	*P*	*F*	*P*
月份	11	29.79	0.000	14.93	0.000	27.40	0.000	15.88	0.000
生态界面	2	11.06	0.000	260.14	0.000	304.98	0.000	435.31	0.000
月份×生态界面	22	7.61	0.000	3.97	0.000	7.27	0.000	3.30	0.000

2. 城乡梯度硝态氮季节动态

余明泉等(2009)研究表明，从每月的硝态氮动态来看，不同的生态界面森林生态地理系统中土壤系统硝态氮也均呈现出高—低—高的变化格局，反映出植物在生长期较低而生长季末有所回升的趋势，最低值出现在 4 月、5 月、6 月，最高值出现在 11 月(图 8-16B)。城区、郊区、乡村森林生态地理系统中土壤系统硝态氮变化极差分别为 17.04mg/kg、9.52mg/kg、2.74mg/kg，反映出城区硝态氮月份间的变化幅度较大，这也与城区的干扰较为严重有关，说明城市化会加剧对土壤硝态氮的影响。

对城区、郊区和乡村森林生态地理系统中土壤系统硝态氮进行方差分析表明，不同月份对森林生态地理系统中土壤系统硝态氮的影响差异极显著($P<0.01$)(表 8-19)，说明土壤硝态氮月份间存在明显的波动。不同生态界面及生态界面与月份的交互作用对城乡梯度森林生态地理系统中土壤系统硝态氮的影响差异也极显著($P<0.01$)(表 8-19)，说明土壤硝态氮既与季节的变化有关，又明显受到城市化进程的影响。

按季节对数据统计分析，结果表明季节对森林生态地理系统中土壤系统硝态氮的影响差异显著($P<0.05$)，说明森林生态地理系统中土壤系统硝态氮也具有明显的季节波动性。城区森林生态地理系统中土壤系统硝态氮为秋季＞春季=夏季=冬季；郊区森林生态地理系统中土壤系统硝态氮为秋季=冬季＞春季=夏季；乡村森林生态地理系统中土壤系统硝态氮为秋季＞冬季≥夏季≥春季(表 8-20)，总体反映出秋季高，春、夏季低的季节变化。这是由于春、夏季是植物生长季节，消耗了大量的硝态氮而导致含量较低。

表 8-20　不同生态界面铵态氮、硝态氮、矿质氮和硝态氮占矿质氮比的季节平均值、年平均值(引自余明泉等，2009)

生态界面	季节	铵态氮/(mg/kg)	硝态氮/(mg/kg)	矿质氮/(mg/kg)	硝态氮占矿质氮比
城区	春季	1.65(0.09)b	9.33(1.26)b	10.97(1.26)b	0.76(0.03)a
	夏季	1.99(0.11)b	10.97(0.92)b	12.95(0.90)b	0.80(0.02)a
	秋季	4.35(0.81)a	19.13(1.43)a	23.48(1.60)a	0.83(0.03)a
	冬季	2.18(0.30)b	12.17(1.00)b	14.35(1.05)b	0.82(0.02)a
	年平均值	2.54(0.23)A	12.90(0.64)A	15.44(0.70)A	0.80(0.01)A
郊区	春季	2.20(0.14)a	3.16(0.27)b	5.36(0.21)b	0.55(0.03)c
	夏季	1.72(0.11)ab	3.71(0.39)b	5.43(0.36)b	0.61(0.03)bc
	秋季	1.57(0.21)b	7.03(1.04)a	8.60(0.18)a	0.75(0.03)a
	冬季	1.88(0.18)ab	7.48(0.92)a	9.36(0.95)a	0.71(0.03)ab
	年平均值	1.84(0.08)B	5.35(0.39)B	7.19(0.41)B	0.66(0.02)B
乡村	春季	1.62(0.07)a	0.30(0.03)c	1.92(0.08)c	0.16(0.01)c
	夏季	2.17(0.11)a	0.64(0.12)bc	2.81(0.17)bc	0.19(0.03)c
	秋季	2.02(0.34)	2.08(0.32)a	4.10(0.56)a	0.46(0.04)a
	冬季	1.95(0.16)a	1.16(0.19)b	3.1(0.32)ab	0.34(0.02)b
	年平均值	1.94(0.10)B	1.05(0.11)C	2.98(0.18)C	0.29(0.02)C

注：小写字母为 0.05 水平的显著性差异，大写字母为 0.01 水平上的显著差异，括号内为标准差

综合来看，不同生态界面全年硝态氮平均值表现为城区＞郊区＞乡村，反映出离城区越近森林生态地理系统中土壤系统硝态氮含量越高的变化趋势。

3. 城乡梯度矿质氮季节动态

余明泉等(2009)对每月的矿质氮动态进行分析发现：不同的生态界面森林生态地理系统中土壤系统矿质氮均呈现高—低—高的变化格局，最低值出现在 4 月、5 月、6 月，最高值出现在 11 月(图 8-16C)，这和硝态氮的月动态变化规律相一致。城区、郊区、乡村森林生态地理系统中土壤系统矿质氮变化极值分别为 25.09mg/kg、11.77mg/kg、5.72mg/kg，反映出城区矿质氮月份间的变化幅度较大，也表明城市化会加剧土壤矿化过程的异质性。

对城区、郊区和乡村森林生态地理系统中土壤系统矿质氮方差分析表明，不同月份对森林生态地理系统中土壤系统矿质氮的影响差异极显著($P<0.01$)(表 8-19)，说明土壤矿质氮月份间存在明显的波动。方差分析还表明，不同生态界面及生态界面与月份的交互作用对城乡梯度森林生态地理系统中土壤系统矿质氮的影响差异极显著($P<0.01$)(表 8-19)，说明城市化和季节变化均对矿质氮含量产生极大的影响。

按季节对数据统计分析，结果表明季节对森林生态地理系统中土壤系统矿质氮的影响差异显著($P<0.05$)，说明森林生态地理系统中土壤系统矿质氮具有明显的季节波动。城区森林生态地理系统中土壤系统矿质氮为秋季＞春季=春季=冬季；郊区森林生态地理系统中土壤系统矿质氮为秋季=冬季＞春季=夏季；乡村森林生态地理系统中土壤系统矿质氮为秋季≥冬季≥夏季≥春季(表 8-20)，总体反映出植物生长期较低，而生长季末有所回升的趋势。

综合来看，不同生态界面全年矿质氮平均值表现为城区＞郊区＞乡村(表 8-20)，反映出离城区越近森林生态地理系统中土壤系统矿质氮含量越高的变化趋势。城区、郊区、乡村生态界面的全年矿质氮平均值与全氮之比分别为 0.26、0.08、0.03，反映出城区矿质氮占全氮的比例较高，这也表明城区土壤矿化过程比较强烈，城市化将加剧土壤氮素的矿化过程。

4. 城乡梯度土壤相对硝化速率的季节动态

余明泉等(2009)分别对城区、郊区和乡村森林生态地理系统中土壤系统相对硝化速率进行方差分析表明，不同月份对森林生态地理系统中土壤系统硝态氮占矿质氮比(相对硝化速率)的影响差异极显著($P<0.01$)(表 8-19)，同时从每月的土壤相对硝化速率来看，不同生态界面森林生态地理系统中土壤系统相对硝化速率均呈现高—低—高的变化格局(图 8-16D)，说明土壤相对硝化速率月份间存在明显的波动。方差分析还表明，不同生态界面及生态界面与月份的交互作用对城乡梯度森林生态地理系统中土壤系统相对硝化速率的影响差异极显著($P<0.01$)(表 8-19)。说明月份及城市化过程不仅影响森林生态地理系统中土壤系统有效氮的总量，还影响其形态组成。

从季节变化的角度来看，季节对森林生态地理系统中土壤系统相对硝化速率的影响差异显著($P<0.05$)，说明森林生态地理系统中土壤系统相对硝化速率具有明显的季节波动。城区森林生态地理系统中土壤系统相对硝化速率为春季=夏季=秋季=冬季；郊区森林生态地理系统中土壤系统相对硝化速率为秋季≥冬季≥夏季≥春季；乡村森林生态地理系统中土壤系统相对硝化速率为秋季＞冬季＞春季=夏季(表 8-20)。总体反映出森林生态地理系统中土壤系统相对硝化速率秋季高、春季低的季节变化，与硝态氮的变化规律基本一致，这是由于硝态氮是城市森林有效氮的主要形式。

综合来看，不同生态界面全年相对硝化速率平均值表现为城区＞郊区＞乡村(表 8-20)，反映出离城区越近森林生态地理系统中土壤系统相对硝化速率越高的变化趋势。

余明泉等(2009)认为，在城乡梯度中不同生态界面的森林生态地理系统中土壤系统铵态氮、硝态氮和矿质氮含量差异显著，不同生态界面全年铵态氮平均值表现为城区＞郊区=乡村；不同生态界面全年硝态氮平均值表现为城区＞郊区＞乡村；不同生态界面全年矿质氮平均值表现为城区＞郊区＞乡村(表 8-20)，总的表现为离城区越近、有效氮越高的变化趋势，原因主要是城市化改变了城市森林生存的水热状况，使得温度、湿度等生态因子在城区-郊区-乡村的生态界面上形成了相应的递增或递减梯度，从而改变了城市森林生态地理系统的氮素循环及其养分平衡，影响了土壤氮素的矿化过程。可见，城市化会加剧森林生态地理系统中土壤系统氮素的矿化过程，从而提高了土壤有效氮的含量，特别是硝态氮的含量。

第三节　草地生态地理系统营养物质的空间分布格局及其变化动态

草地与森林一样，是地球上最重要的陆地生态系统类型之一。草地群落以多年生草本植物占优势，辽阔无林，在原始状态下常有各种善于奔驰或营洞穴生活的草食动物栖居其上。草地可分为草原与草甸两大类：前者由耐旱的多年生草本植物组成，在地球表面占据特定的生物气候地带；后者由喜湿润的中生草本植物组成，出现在河漫滩等低湿地和林间空地，或为森林破坏后的次生类型，属非地带性植被，可出现在不同生物气候地带。

草地生态地理系统的物质循环是在大气-植物-土壤三者之间进行的。由于大气环境的不可控性，因此，研究的重点是草地生态地理系统中植物与土壤两个系统中物质的分布与积累问题。草地生态地理系统营养物质的空间分布格局及其变化动态实质上就是草地生态地理系统中植物与土壤两个系统中营养物质在空间上的分布格局和在时间上的变化动态，即草地生态地理系统物质时空分布格局。

一、草地生态地理系统营养物质的水平分布格局

(一)植物系统营养物质的水平分布格局

大量的研究表明，草地生态地理系统中植物系统营养物质的水平分布格局表现出以下几个特点。

1. 不同类型草地生态地理系统营养物质的水平分布各不相同

大量的研究表明，不同类型草地生态系统植物营养元素平均含量各不相同(表 8-21)。侯学煜(1982)曾将全国不同类型植被的优势植物多种化学元素(氮、磷、二氧化硅、铁、锰、钾、钠、钙、钴等)含量的水平分成三个等级。陈佐忠等(1985)根据对内蒙古锡林河硫、铁、锌、硼、锰、铜、钼、硅、钠、钋、镍、钴、镉等大量营养元素、微量营养元素的分析结果，也分出三个等级。这里根据上述 10 类不同草地生态系统 229 种植物氮、磷、钾、钙、硫、铁 6 种营养元素的分析结果，并参照侯学煜、陈佐忠等的分级指标及正常生长所需含量的数值，提出了如表 8-22 所示的不同类型草地生态系统植物营养元素含量的分级指标。

表 8-21　不同类型草地生态系统植物营养元素含量的比较

（引自陈佐忠等，2005）　　（单位：g/kg）

草地生态系统名称	N	P	K	Ca	S	Fe
温性草甸草原生态系统	24.1	1.46	21.5	19.43	1	0.3
温性典型草原生态系统	24.4	1.39	20.67	19.43	0.89	0.25
温性荒漠草原生态系统	21.6	1.35			5.29	0.2
高寒草原生态系统	17.5	1.27	13.8	3.64	1.08	0.23
高寒草甸生态系统	22.9	1.96	15.62	9.09	0.9	0.11
热性草地生态系统	12.3	0.76	15.07	3.78	1	0.26
典型草甸生态系统	23.3	0.97	20.37	12.12	1.66	0.41
盐生草甸生态系统	23.6	2.04	19.4	10.55	5.03	0.5
沼泽生态系统	21	2.84	25.52	15.56	5.1	0.25
荒漠草地生态系统	25	1.22	23.74	23.86	8.4	0.51
植物正常生长含量	15	2	10	5	1	0.1

表 8-22　不同类型草地生态系统植物营养元素含量的分级

（引自陈佐忠等，2005）　　（单位：g/kg）

分级	高	中	低	分级	高	中	低
N	>24	22～24	<22	Ca	>15	5～15	<5
P	>1.6	1.6～1.3	<1.3	S	>5	1～5	<1
K	>23	20～23	<20	Fe	>0.4	0.2～0.4	<0.2

根据表 8-23 和表 8-24 的结果，可以看出在分析的氮、磷、钾、钙、硫、铁 6 种植物营养元素中，中国上述 10 类草地生态系统表现出如下的特点。

表 8-23　不同类型草地生态系统植物营养元素含量的比较（引自陈佐忠等，2005）

草地生态系统名称	N	P	K	Ca	S	Fe
温性草甸草原生态系统	M	M	M	H	M	M
温性典型草原生态系统	H	M	M	H	L	M
温性荒漠草原生态系统	M	M			H	L
高寒草原生态系统	L	L	L	L	M	M
高寒草甸生态系统	M	H	L	M	L	M
热性草地生态系统	L	L	L	L	M	M
典型草甸生态系统	M	L	M	M	M	H
盐生草甸生态系统	M	H	L	M	M	H
沼泽生态系统	M	H	H	H	H	M
荒漠草地生态系统	H	L	H	H	H	H

注：H 代表高含量；M 代表中等含量；L 代表低含量

表 8-24　不同类型草地生态系统植物营养元素含量的比较（引自陈佐忠等，2005）

草地生态系统名称	N	P	K	Ca	S	Fe
温性草甸草原生态系统	+	–	+	+	+	+
温性典型草原生态系统	+	–	+	+	–	+
温性荒漠草原生态系统	+	–	–	–	+	+
高寒草原生态系统	+	–	+	–	+	+
高寒草甸生态系统	+	–	+	+	–	+
热性草地生态系统	–	=	+	–	+	+
典型草甸生态系统	+	=	+	+	+	+
盐生草甸生态系统	+	+	+	+	+	+
沼泽生态系统	+	+	+	+	+	+
荒漠草地生态系统	+	=	+	+	+	+

注：+代表不亏缺；–代表亏缺；=代表严重亏缺

1）植物含磷量低是一个普遍性的问题，10 类草地生态系统植物含磷量低于植物正常生长含量的有 8 类，最低的为热性草地生态系统，其植物平均含磷量只有 0.76g/kg，是植物正常生长含量的 38%。因而从总体上，中国草地生态系统是贫磷的草地生态系统。

2）就不同草地生态系统而言，上述 6 种营养元素亏缺情况差别较大，据此，可把我国草地生态系统分成三类：第一类，植物营养元素高含量草地生态系统，这一生态系统植物 6 种营养元素含量都比较高，以达到植物正常生长含量，如盐生草甸生态系统、沼泽生态系统，其植物 6 种营养元素含量都可达到植物正常生长含量的指标。第二类，植物营养元素含量不足的草地生态系统，这类草地生态系统植物营养元素中 1～2 种营养元素不能达到植物正常生长含量，如温性草甸草原生态系统、温性典型草原生态系统、荒漠草地生态系统、高寒草原生态系统、高寒草甸生态系统、典型草甸生态系统等。第三类，植物营养元素含量缺的草地生态系统，这一类草地生态系统有 3 种营养元素不能达到植物正常含量水平，如热性草地生态系统植物的氮、磷、钙和温性荒漠草原生态系统植物的磷、钾、钙等都有 3 种元素含量未达到植物正常生长含量。

2. 地带性草地植物系统营养物质呈现出规律性和斑块状交错分布的特点

现以王建林等（2012）对青藏高原高寒草原植被磷含量分布的研究为例来说明。研究发现，青藏高原高寒草原植被磷含量的平均值为 0.2505%，变化幅度为 0.1481%～0.4512%。青藏高原高寒草原植被磷含量的空间分布呈现出两个特点：一是整体呈现出东西部高中间低的态势；二是呈现出斑块状交错分布的格局。植被磷含量的高值区主要集中在马攸木拉山以西、喜马拉雅北麓湖盆区及通天河流域，而藏北高原腹地则为植被磷含量的低值区。

3. 不同草地型营养物质的含量各不相同

现以王建林等（2012）对青藏高原高寒草原不同草地型植被磷含量分布的研究为例来说明。据王建林等（2012）研究，发现青藏高原高寒草原 19 个草地型植被叶片磷含量的平均值为（1.85±0.64）g/kg，变异系数为 34.67%。其中，属于山地灌丛草原带的紫花针茅＋

干生苔草、固沙草－苔草－紫花针茅、羽柱针茅－紫花针茅－禾草、固沙草＋劲直黄芪、藏东蒿、昆仑针茅－窄叶苔草、金露梅－青藏苔草＋紫花针茅、紫花针茅－矮生嵩草－苔草、拉萨小檗－紫花针茅＋白草等 9 个草地型植被叶片磷含量分别为 1.52g/kg、2.19g/kg、1.74g/kg、1.71g/kg、1.48g/kg、1.58g/kg、1.62g/kg、2.16g/kg 和 4.01g/kg，平均值为 2.00g/kg；属于高山灌丛草原带的紫花针茅＋杂类草和青藏苔草＋紫花针茅等 2 个草地型植被叶片磷含量分别为 1.46g/kg 和 1.24g/kg，平均值为 2.07g/kg；属于山地半荒漠与荒漠带的紫花针茅＋羽柱针茅、紫花针茅＋垫型蒿、紫花针茅＋藏沙蒿、紫花针茅＋沙生针茅、紫花针茅＋固沙草等 5 个草地型植被叶片磷含量分别为 1.30g/kg、1.78g/kg、1.60g/kg、1.17g/kg 和 2.84g/kg，平均值为 1.73g/kg；属于高山草原带的青藏苔草、紫花针茅、紫花针茅＋矮火绒草等 3 个草地型植被叶片磷含量分别为 1.67g/kg、1.68g/kg 和 1.33g/kg，平均值为 1.56g/kg。表明，青藏高原高寒草原不同草地型植被叶片磷含量差异显著(图 8-17)。

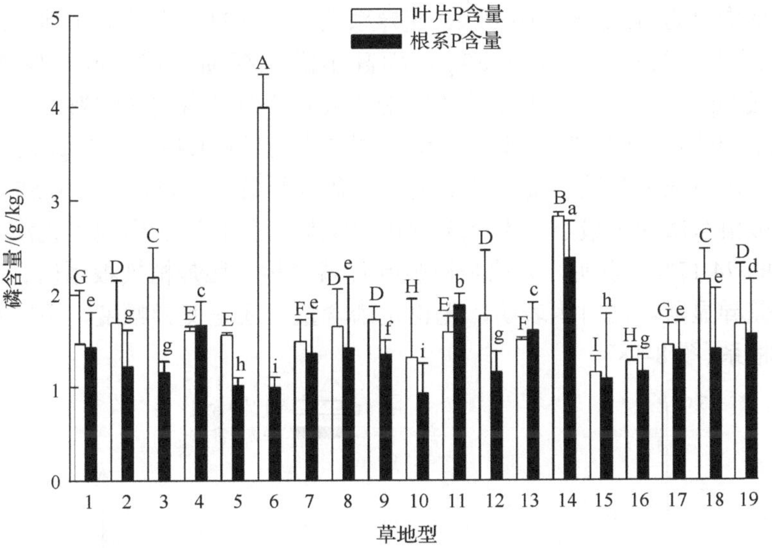

图 8-17　青藏高原不同草地型植被磷含量(引自王建林等，2012)

1.藏东蒿草地型；2.固沙草＋劲直黄芪草地型；3.固沙草－苔草－紫花针茅草地型；4.金露梅－青藏苔草＋紫花针茅草地型；5.昆仑针茅－窄叶苔草草地型；6.拉萨小檗－紫花针茅＋白草草地型；7.青藏苔草+紫花针茅草地型；8.青藏苔草草地型；9.羽柱针茅－紫花针茅－禾草草地型；10.紫花针茅＋矮火绒草草地型；11.紫花针茅＋藏沙蒿草地型；12.紫花针茅＋垫型蒿草地型；13.紫花针茅＋干生苔草草地型；14.紫花针茅＋固沙草草地型；15.紫花针茅＋沙生针茅草地型；16.紫花针茅＋羽柱针茅草地型；17.紫花针茅＋杂类草草地型；18.紫花针茅－矮生嵩草－苔草草地型；19.紫花针茅草地型。不同小写字母表示差异显著($P<0.05$)，不同大写字母表示差异极显著($P<0.01$)

同时，从图 8-17 还可以看出，青藏高原高寒草原 19 个草地型植被根系磷含量的平均值为(1.41±0.35) g/kg，变异系数为 24.94%。其中，属于山地灌丛草原带的紫花针茅＋干生苔草、固沙草－苔草－紫花针茅、羽柱针茅－紫花针茅－禾草、固沙草＋劲直黄芪、藏东蒿、昆仑针茅－窄叶苔草、金露梅－青藏苔草＋紫花针茅、紫花针茅－矮生嵩草－苔草、拉萨小檗－紫花针茅＋白草等 9 个草地型植被根系磷含量分别为 1.62g/kg、1.18g/kg、1.36g/kg、1.18g/kg、1.45g/kg、1.04g/kg、1.68g/kg、1.41g/kg 和 1.01g/kg，平均值为 1.33g/kg；属于高山灌丛草原带的紫花针茅＋杂类草和青藏苔草＋紫花针茅等 2 个草地型植被根系磷含量分别为 1.40g/kg 和 1.24g/kg，平均值为 1.32g/kg；属于山地半荒漠与荒漠带的紫花针茅＋羽柱针茅、紫花针茅＋垫型蒿、紫花针茅＋藏沙蒿、紫花针茅＋沙生针茅、紫花针茅＋固沙草等 5 个草地型植被根系磷含量分别为 1.18g/kg、1.17g/kg、1.89g/kg、1.10g/kg 和 2.39g/kg，平均值为 1.55g/kg；属于高山草原带的青藏苔草、紫花针茅、紫花针茅＋矮火绒草等 3 个草地型植被根系磷含量分别为 1.43g/kg、1.57g/kg 和 0.95g/kg，平均值为 1.32g/kg。表明，青藏高原高寒草原不同草地型植被根系磷含量差异显著。同时也表明，植被叶片无论是磷含量，还是变异幅度均大于根系。

4. 不同自然地带植物系统营养物质各不相同

现以王建林等(2012)对青藏高原高寒草原不同自然地带中植被磷含量的水平分布研究为例来说明。据王建林等(2012)研究，发现在青藏高原地区不同自然地带中，高寒草原生态系统植被磷含量的水平分布也存在差异(图 8-18)。具体地说，不同自然地带植被叶片磷含量平均值为(1.75±0.20) g/kg，变异系数为 11.52%。其中，山地灌丛草原带植被叶片磷含量最大，为(1.90±0.64) g/kg，而高山灌丛草甸带植被叶片磷含量最小，为(1.47±0.25) g/kg，仅相当于山地灌丛草原带植被叶片磷含量的 77.37%。同时，从图 8-18 还可以看出，不同自然地带植被根系磷含量平均值为(1.49±0.22) g/kg，变异系数为 14.67%。其中，山地半荒漠与荒漠带植被根系磷含量最大，为(1.82±0.55) g/kg，而高山草原带的植被根系磷含量最小，为(1.35±0.29) g/kg，仅相当于山地半荒漠与荒漠带植被根系磷含量的 74.17%。表明，无论是植被叶片磷含量，还是植被根系磷含量，不同自然地带之间均差异显著。同时也表明，无论是磷含量，还是变异幅度，不同自然地带植被叶片均大于根系(图 8-18)。

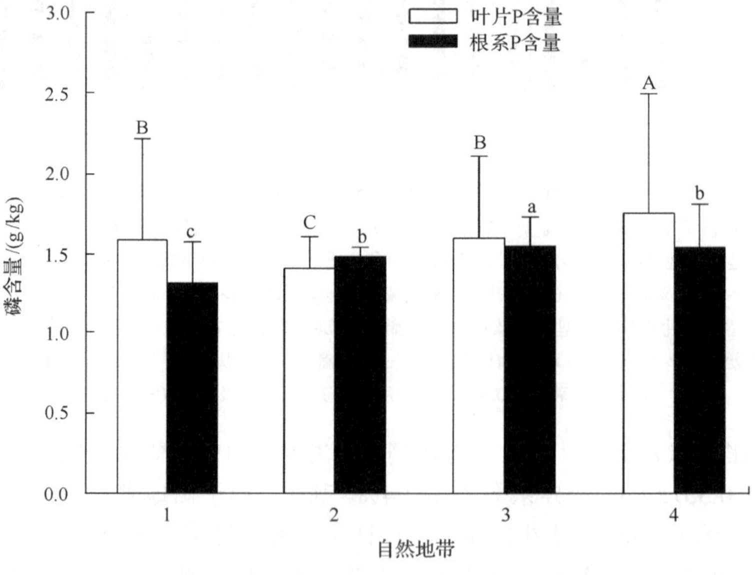

图 8-18　青藏高原不同自然地带植被 P 含量(引自王建林等，2012)

1.高山草原带；2.高山灌丛草甸带；3.山地半荒漠与荒漠带；4.山地灌丛草原带。大写字母表示差异极显著(P<0.01)，小写字母表示在 0.05 水平上差异显著(P<0.05)

(二)土壤系统营养物质的水平分布格局

大量的研究表明，草地生态地理系统中土壤系统营养物质的水平分布格局表现出以下几个特点。

1. 地带性草地土壤系统营养物质呈现出规律性和斑块状交错分布的特点

现以王建林等(2012)对青藏高原高寒草原的研究为例来说明。王建林等(2012)为了揭示青藏高原土壤有机碳含量的空间分布特征，采用 ArcView 桌面 GIS 软件作青藏高原高寒草原 0～40cm 土层土壤有机碳含量的空间分布图。研究发现，青藏高原高寒草原土壤有机碳含量的水平分布呈现出两个特点：一是整体呈现出东南高西北低态势；二是呈现出斑块状交错分布的格局。土壤有机碳含量的高值区主要集中在藏北高原腹地和喜马拉雅北麓湖盆区，而在放牧强度较重的楚玛尔河流域和雅鲁藏布江中上游则为土壤有机碳含量的低值区。这一分布特征主要由青藏高原独特的地貌结构和植被类型所决定，同时也和高寒草原区放牧强度有着直接的关系。

2. 不同草地型营养物质的含量各不相同

现以王建林等(2011)对青藏高原高寒草原的研究为例来说明。据王建林等(2011)研究，发现青藏高原高寒草原 15 个草地型土壤有机碳的平均含量为 1.4945g/kg。从拉萨小檗－紫花针茅＋白草草地型、金露梅－青藏苔草＋紫花针茅草地型、紫花针茅＋垫型蒿草地型、紫花针茅＋杂类草草地型和藏东蒿草地型，到紫花针茅＋藏沙蒿草地型、紫花针茅＋沙生针茅草地型、紫花针茅＋羽柱针茅草地型、紫花针茅＋固沙草草地型和紫花针茅＋矮火绒草草地型，再到青藏苔草草地型、固沙草＋劲直黄芪草地型、紫花针茅－矮生嵩草－苔草草地型、青藏苔草＋紫花针茅草地型和紫花针茅草地型，土壤有机碳含量逐渐下降，最大者(拉萨小檗－紫花针茅＋白草草地型)的土壤有机碳含量几乎是最小者(紫花针茅草地型)的 10 倍多。这表明，青藏高原高寒草原不同草地型土壤有机碳的含量差异显著，这可能与青藏高原地形地貌复杂、气候类型多样的独特地理环境有关，也可能与这种独特地理环境下所形成的地带性高寒草原植被的生理特性有关(图 8-19)。

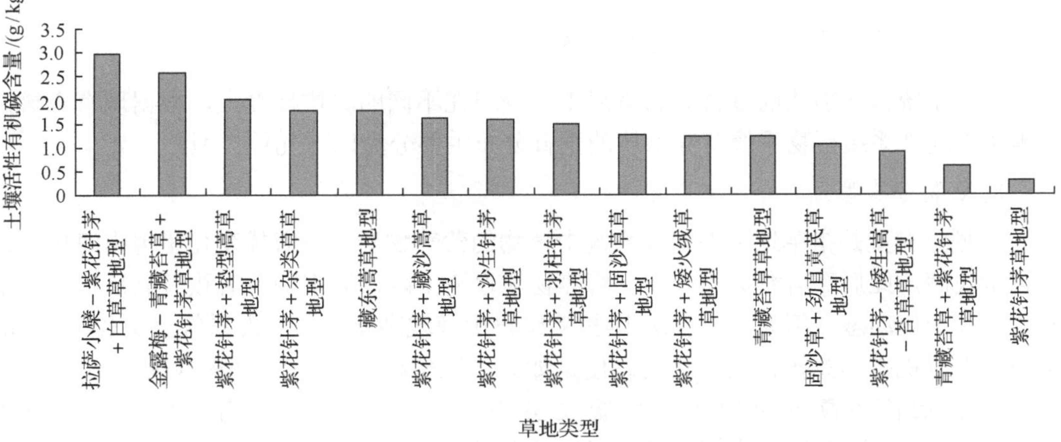

图 8-19　青藏高原样带不同草地型下土壤有机碳含量分布(引自王建林等，2011)

3. 不同自然地带土壤系统营养物质各不相同

现以王建林等(2011)对青藏高原高寒草原的研究为例来说明。据王建林等(2011)研究，发现在青藏高原地区不同自然地带中，高寒草原生态系统 0～40cm 土层土壤有机碳含量的水平分布也存在差异(图 8-20)。具体地说，高山灌丛草甸带土壤有机碳含量为 2.1095g/kg，而山地灌丛草原带、山地半荒漠与荒漠带和高山草原带的土壤有机碳平均含量为 1.7070g/kg，显著低于高山灌丛草甸带，且彼此之间不存在显著差异。不同自然地带土壤有机碳含量为：高山灌丛草甸带＞山地灌丛草原带＞高山草原带＞山地半荒漠与荒漠带。这表明，高寒草原生态系统 0～40cm 土层土壤有机碳含量取决于植被生产力和有机质的矿化强度。因为它们均强烈地受到水热状况等的影响，而高寒草原水热状况自北向南、自西向东逐渐改善有利于植物生长，促进土壤有机碳含量增加(图 8-20)。

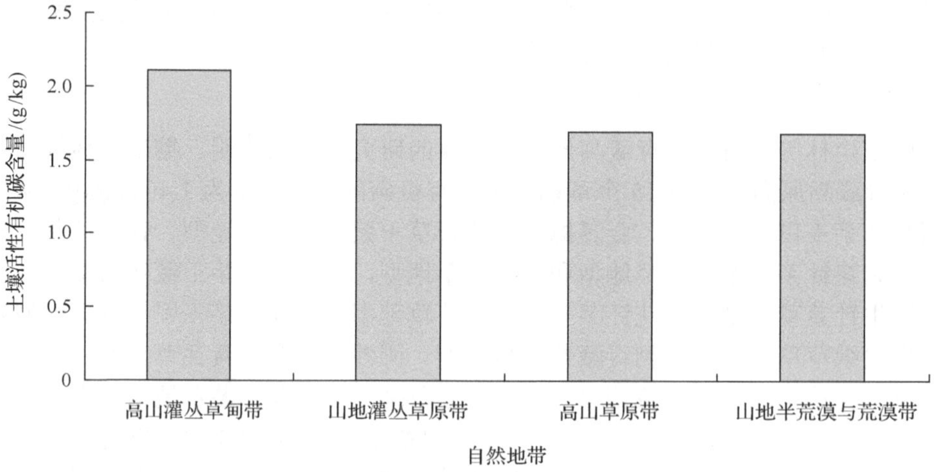

图 8-20　青藏高原高寒草原不同自然地带下土壤有机碳含量分布(引自王建林等，2011)

二、草地生态地理系统营养物质的垂直分布格局

(一)植物系统营养物质的垂直分布格局

植物系统营养物质的垂直分布格局主要表现在不同的海拔梯度上，根据现有资料，草地生态地理系统植物系统营养物质的垂直分布主要分为以下几种类型。

1. V 型分布型

V 型分布型是指草地生态地理系统中植物的营养物质随着海拔变化呈现出海拔较低时含量较高，此后随着海拔的升高，营养物质逐渐下降，后来随着海拔升高后再呈现上升的一种变化动态。例如，贡嘎南山-拉轨岗日山南坡高寒草原生态系统表层(0～20cm)土壤活性有机碳的海拔梯度变化动态便是如此。王建林等(2010a)研究表明，贡嘎南山-拉轨岗日山南坡高寒草原生态系统表层(0～20cm)土壤活性有机碳平均含量为(2.4986±0.7864)g/kg，占表层土壤有机碳总含量的(12.7926±21.00)%。随海拔升高，表层土壤活性有机碳的变化可分为 2 个区间段：在海拔 4424～4584m，表层土壤活性有机碳含量随海拔升高而下降，海拔每升高 10m，活性有机碳平均下降量为 0.1362g/kg；在海拔 4584～4804m，表层土壤活性有机碳含量随海拔升高而增加，海拔每升高 10m，活性有机碳平均增加量为 0.0588g/kg，表层土壤活性有机碳含量随海拔升高表现出先减少后增加的变化态势(图 8-21)。

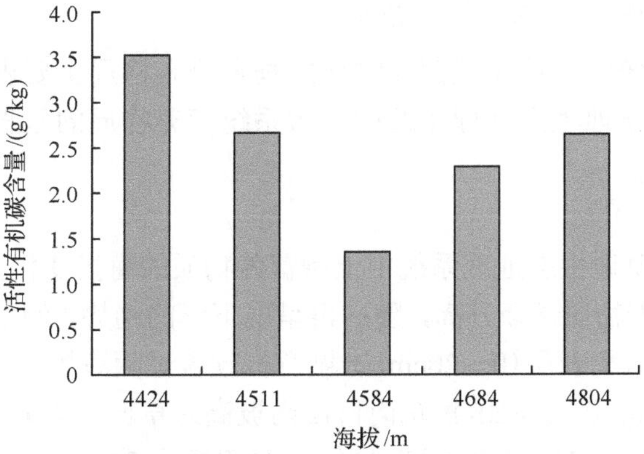

图 8-21　贡嘎南山-拉轨岗日山南坡高寒草原生态系统表层土壤活性有机碳含量随海拔梯度的变化(引自王建林等，2010a)

2. 下降型

下降型是指草地生态地理系统中植物系统营养物质的海拔变化呈现出海拔低时最高，随着海拔的变化，营养物质逐渐下降的趋势。例如，贺兰山西坡不同海拔梯度草地植被有机碳含量的海拔梯度变化便是如此。据宋雄儒等(2015)研究，贺兰山西坡随着海拔的降低，植被类型从高山草甸过渡到草原化荒漠，植被盖度由 100%逐渐降低至 25.9%(表 8-25)。

表 8-25　不同样地植被和土壤特征(引自宋雄儒等，2015)

样地	海拔/m	植被盖度/%	地上生物量/(g/m²)	pH	有机碳含量/%	<0.05mm 黏粉粒含量/%	土壤水分/%
1	2940	100.0	317.8	7.86	8.82	86.6	59.0
2	2480	99.9	237.8	7.76	8.83	73.9	25.8
3	2100	52.8	47.1	8.44	0.93	68.6	7.9
4	1960	45.0	44.9	8.63	0.90	73.4	6.9
5	1820	41.4	54.1	8.57	0.74	65.9	4.6
6	1700	31.8	41.3	8.68	0.65	45.1	3.7
7	1410	53.2	67.6	8.89	0.31	22.5	2.1
8	1370	25.9	70.8	9.15	0.17	8.4	2.6
9	1370	28.6	70.9	9.07	0.16	9.4	2.6

地上生物量呈先降低后升高的趋势，变化范围为 41.3～317.8g/m^2；土壤有机碳含量由 8.82%(高山草甸)逐渐降低至 0.16%(草原化荒漠)。表现出海拔低时草地植被有机碳含量最高，随着海拔的变化，草地植被有机碳含量逐渐下降的趋势。

(二)土壤系统营养物质的垂直分布格局

1. 土壤系统营养物质的海拔梯度分布格局

草地生态地理系统中土壤系统营养物质的垂直分布格局主要表现在不同的海拔梯度上，根据现有资料，草地生态地理系统中土壤系统营养物质的垂直分布主要分为以下几种类型。

(1)单峰曲线型

单峰曲线型是指草地生态地理系统中土壤营养物质的海拔变化呈现出海拔低时较低，随着海拔的变化，营养物质逐渐升高，随后再呈现下降的趋势。例如，贡嘎南山-拉轨岗日山南坡高寒草原生态系统表层(0～20cm)土壤有机碳含量随海拔的动态变化便是如此。据王建林等(2010a)研究，贡嘎南山-拉轨岗日山南坡高寒草原生态系统表层(0～20cm)土壤有机碳密度平均值为(5.1625±1.2786)kg/m^2，变异系数为 24.77%。表层土壤有机碳密度因海拔不同而不同，在海拔 4424～4804m，随海拔升高表层土壤有机碳密度可分为 4 个变化区间段：在海拔 4424～4511m，表层土壤有机碳密度随海拔升高而增加，海拔每升高 10m，表层土壤有机碳密度增加量为 0.0299kg/m^2；在海拔 4511～4584m，表层土壤有机碳密度随海拔升高而下降，海拔每升高 10m，表层土壤有机碳密度下降量为 0.0081kg/m^2；在海拔 4584～4684m，表层土壤有机碳密度随海拔升高而增加，海拔每升高 10m，表层土壤有机碳密度增加量为 0.2604kg/m^2；在海拔 4684～4804m，表层土壤有机碳密度随海拔升高而下降，海拔每升高 10m，表层土壤有机碳密度下降量为 0.2690kg/m^2，表层土壤有机碳密度随海拔升高表现出增加→减少→增加→减少的分布特征(图 8-22)。

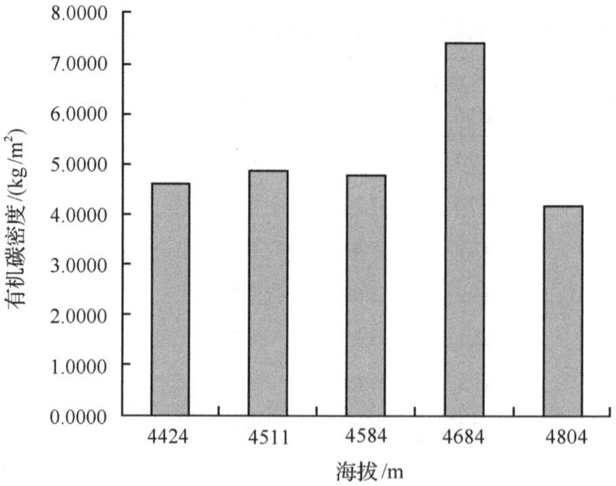

图 8-22　贡嘎南山-拉轨岗日山南坡高寒草原生态系统表层土壤有机碳密度随海拔的变化(引自王建林等，2010a)

(2) V 型分布型

V 型分布型是指草地生态地理系统中土壤系统营养物质随着海拔变化呈现出海拔较低时含量较高，此后随着海拔的升高，营养物质逐渐下降，后来随着海拔升高后再呈现上升的一种变化动态。例如，念青唐古拉山东南坡高寒草原生态系统表层(0～20cm)土壤有机碳密度随海拔梯度的变化动态便是如此。王建林等(2010b)研究表明，念青唐古拉山东南坡高寒草原生态系统表层(0～20cm)土壤有机碳密度平均值为(5.0028±1.1037)kg/m^2，变异系数为21.96%。表层土壤有机碳密度因海拔不同而不同，在海拔4421～4598m，随海拔升高表层土壤有机碳密度可分为3个变化区间段：在海拔4421～4460m，表层土壤有机碳密度随海拔升高而增加，海拔每升高10m，表层土壤有机碳密度增加量为0.2818kg/m^2；在海拔4460～4541m，表层土壤有机碳密度随海拔升高而下降，海拔每升高10m，表层土壤有机碳密度下降量为0.1783kg/m^2；在海拔4541～4598m，表层土壤有机碳密度随海拔升高而增加，海拔每升高10m，表层土壤有机碳密度增加量为0.4785kg/m^2。表层土壤有机碳密度随海拔升高表现出增加→减少→增加的分布特征(图8-23)。经方差分析，发现海拔4421m、4541m与4579～4598m样方间土壤有机碳密度均有一定差异。

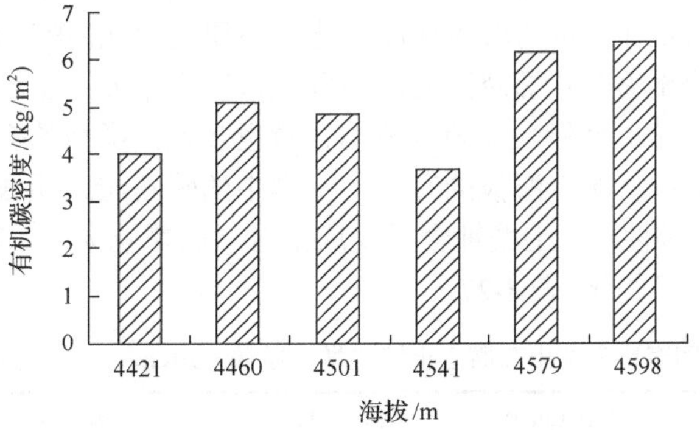

图8-23　表层土壤有机碳密度随海拔的梯度变化(引自王建林等，2010b)

(3) 下降型

下降型是指草地生态地理系统中土壤系统营养物质随着海拔变化呈现出海拔低时最高，随着海拔的变化，营养物质逐渐下降的趋势。例如，贺兰山西坡土壤全磷含量随着海拔梯度变化便是如此。据宋雄儒等(2015)研究，贺兰山西坡随着海拔的降低，土壤中两土层全磷含量均呈现逐渐降低的趋势(表8-26)，0～10cm和10～20cm土层全磷含量变化范围分别为0.191～0.865g/kg和0.167～0.990g/kg。在不同草地类型土壤中的全磷含量分布特征为：0～10cm土层，高山草甸(样地1)＞亚高山草甸(样地2)=典型草原≥荒漠化草原(样地4)＞草原化荒漠[样地(5～9)](*P*＜0.05)；10～20cm土层中，除两个典型草原样地和两个荒漠化草原样地之间差异不显著外，其他各样地之间均有显著差异(*P*＜0.05)(含量高低顺序同0～10cm土层)。

表 8-26　不同样地土壤全磷(TP)及土壤速效磷(AP)含量(引自宋雄儒等，2015)

样地	海拔/m	全磷含量/(g/kg)		速效磷含量/(mg/kg)	
		0～10cm	10～20cm	0～10cm	10～20cm
1	2940	0.865±0.013aB	0.990±0.027aA	5.277±0.226aA	3.568±0.759dB
2	2480	0.655±0.014bA	0.667±0.027bA	3.873±0.133bB	5.477±0.683bA
3	2100	0.604±0.011bA	0.518±0.024cB	4.920±0.293abA	4.368±0.126bcB
4	1960	0.480±0.014cA	0.525±0.014cA	6.559±0.072aA	5.367±0.091bB
5	1820	0.573±0.036cA	0.445±0.007dB	6.276±0.194aA	6.485±0.440aA
6	1700	0.316±0.025dB	0.459±0.010dA	5.971±0.314aA	4.346±0.491cB
7	1410	0.291±0.015eA	0.250±0.012eB	5.052±0.146aA	4.581±0.177bcB
8	1370	0.191±0.002eB	0.320±0.009fA	3.138±0.176bA	2.663±0.160dB
9	1370	0.232±0.014fA	0.167±0.004gB	5.901±0.132aA	4.201±0.620bcB

注：表中同列数据后小写字母表示在 0.05 水平上的差异显著性；大写字母表示在 0.01 水平上的差异显著性

(4) 平稳变化型

平稳变化型是指草地生态地理系统中土壤系统营养物质随着海拔的变化呈现出无规律型的一种变化动态。例如，青海省果洛藏族自治州玛多县鄂陵湖北岸不同海拔下高山草原土土壤全钾和速效钾含量的海拔梯度变化动态便是如此。田种存等(2006)研究表明，青海省果洛藏族自治州玛多县鄂陵湖北岸不同海拔高山草原土土壤全钾和速效钾含量表现为在各海拔间无差异。另外，土壤全磷的含量也表现出类似的变化趋势。他们认为引起这种现象的原因是：①随着海拔的升高，土壤中的磷素与钙质成分作用形成难溶性磷酸钙，降低了磷的有效性；②土壤钾含量受成土母质的影响大，受其他因素的影响较小，所以随海拔变化无明显变化(表 8-27)。

表 8-27　不同海拔下高山草原土土壤化学性质(0～20cm)(引自田种存等，2006)

海拔/m	有机质/(g/kg)		全氮/(g/kg)		全磷/(g/kg)		全钾/(g/kg)	
	1	2	1	2	1	2	1	2
4286	49.36	47.31	3.06	2.82	1.53	1.5	19.08	20.64
4375	32.13	30.11	1.93	1.77	1.55	1.5	21.09	21.17
4465	17.05	17.01	1.09	1.25	1.39	1.3	21.06	21.22

2. 土壤系统营养物质的土层梯度分布格局

大量的研究表明，土壤系统营养物质的土层梯度分布格局随着地表植被、土壤温度、水分和地理条件的不同，表现出不同的分布类型，从目前的研究结果来看，主要表现出以下几种类型。

(1) 单峰曲线型

单峰曲线型是指先随着土层深度的增加，土壤养分含量表现出逐渐增加，然后随着土层深度的增加，土壤养分含量表现出逐渐减少的变化动态。例如，青藏高原高寒草原中拉萨小檗－紫花针茅＋白草草地型、紫花针茅＋矮火绒草草地型、紫花针茅＋沙生针茅草地型、紫花针茅＋杂类草草地型、紫花针茅－矮生嵩草－苔草草地型等 5 个草地型土壤磷含量的分布格局便是如此。据王建林等(2012)研究，青藏高原高寒草原中这 5 个草地型的共同特点是：在 0～20cm，随着土层深度的增加，磷含量逐渐增加；在 20～40cm，随着土层深度的增加，磷含量逐渐减小(表 8-28)。

(2)波浪型

波浪型是指草地生态地理系统中土壤系统营养物质的土层梯度变化呈现出高低起伏的波浪型变化趋势。例如，青藏高原高寒草原中紫花针茅＋垫型蒿、紫花针茅＋羽柱针茅、固沙草＋劲直黄芪、青藏苔草、羽柱针茅－紫花针茅－禾草、紫花针茅等 6 个草地型土壤磷含量的分布格局便是如此。其中紫花针茅＋垫型蒿草地型和紫花针茅＋羽柱针茅草地型的共同特点是：在 0～20cm，随着土层深度的增加，磷含量逐渐增大，在 20～30cm，随着土层深度的增加，磷含量逐渐减小，在 30～40cm，随着土层深度的增加，磷含量又逐渐增大，而固沙草＋劲直黄芪草地型、青藏苔草草地型、羽柱针茅－紫花针茅－禾草草地型、紫花针茅草地型等 4 个草地型的共同特点则是：在 0～20cm，随着土层深度的增加，磷含量逐渐减小，在 20～30cm，随着土层深度的增加，磷含量逐渐增大，在 30～40cm，随着土层深度的增加，磷含量逐渐减小，但是二者均表现出波浪型的变化趋势(表 8-28)。

表 8-28　不同草地型 40cm 土层内土壤磷含量(引自王建林等，2012)

垂直分布类型	草地型	剖面数量	土壤磷含量/(g/kg)			
			0～10cm	10～20cm	20～30cm	30～40cm
单峰曲线型	拉萨小檗－紫花针茅＋白草草地型	6	2.2683	3.2154	3.1612	3.1069
	紫花针茅＋矮火绒草草地型	12	1.5732	2.4874	1.3744	1.3522
	紫花针茅＋沙生针茅草地型	12	1.3767	1.7163	1.0319	0.8135
	紫花针茅＋杂类草草地型	18	0.9749	1.8244	1.5232	1.4745
	紫花针茅－矮生嵩草－苔草草地型	12	0.8551	1.1634	1.8996	1.4314
波浪型	紫花针茅＋垫型蒿草地型	12	1.0883	1.1254	0.9417	1.4789
	紫花针茅＋羽柱针茅草地型	6	1.6559	2.7027	2.4291	2.9340
	固沙草＋劲直黄芪草地型	12	1.4856	1.3055	2.1425	2.0979
	青藏苔草草地型	12	0.9990	0.7850	1.0932	0.9766
	羽柱针茅－紫花针茅－禾草草地型	6	0.5010	0.4529	0.5863	0.5207
	紫花针茅草地型	84	2.3261	2.0889	2.2437	2.0660
V 型	藏东蒿草地型	30	2.9874	2.5214	2.6129	3.3545
	固沙草－苔草－紫花针茅草地型	12	0.2017	0.1649	0.2059	0.2144
	昆仑针茅－窄叶苔草草地型	6	0.2311	0.1369	0.1673	0.2058
	青藏苔草＋紫花针茅草地型	36	2.5363	2.4436	2.7374	2.7616
	紫花针茅＋藏沙蒿草地型	12	2.0193	1.5884	1.8688	2.6150
	紫花针茅＋固沙草草地型	6	1.0365	0.9067	1.4509	1.8430
上升型	金露梅－青藏苔草＋紫花针茅草地型	6	1.8269	2.1204	2.2671	2.4138
下降型	紫花针茅＋干生苔草草地型	6	0.4445	0.3227	0.1675	0.1320

(3) V 型分布型

V 型分布型指随着土层深度的增加，土壤养分含量表现出先逐渐减少，再随着土层的加深，养分含量逐渐增加的趋势。例如，青藏高原高寒草原中藏东蒿草地型、固沙草－苔草－紫花针茅草地型、昆仑针茅－窄叶苔草草地型、青藏苔草＋紫花针茅草地型、紫花针茅＋藏沙蒿草地型、紫花针茅＋固沙草草地型等 6 个草地型土壤磷含量的分布格局便是如此。据王建林等(2012)研究，青藏高原高寒草原中这 6 个草地型的特点是：在 0～20cm，随着土层深度的增加，磷含量逐渐减小，在 20～40cm，随着土层深度的增加，磷含量逐渐增大(表 8-28)。

(4) 上升型

上升型是指随着土层深度的增加，土壤养分含量表现出逐渐增加的趋势。例如，青藏高原高寒草原中金露梅－青藏苔草＋紫花针茅草地型土壤磷含量的分布格局便是如此。据王建林等(2012)研究，青藏高原高寒草原中这个草地型的特点是：随着土层深度的增加，磷含量逐渐增大，0～10cm 土层磷含量的含量在 1.9g/kg 以下，仅分别为 10～20cm、20～30cm 和 30～40cm 土层磷含量的 86.16%、80.59%和 75.69%(表 8-28)。

(5) 下降型

下降型是指随着土层深度的增加，土壤养分含量表现出逐渐下降的趋势。例如，青藏高原高寒草原中紫花针茅＋干生苔草草地型土壤磷含量的分布格局便是如此。据王建林等(2012)研究，青藏高原高寒草原中这个草地型的特点是：随着土层深度的增加，磷含量逐渐减小，0～10cm 土层磷含量的含量在 0.40g/kg 以上，而 10～20cm、20～30cm 和 30～40cm 土层磷含量的平均值为 0.207g/kg(表 8-28)。

三、草地生态地理系统营养物质的变化动态

(一) 植物系统营养物质的变化动态

由于草地生态地理系统中植物系统年际营养物质变化的资料非常缺乏，因此我们在此仅主要讨论草地生态地理系统中植物系统营养物质的季节变化动态。根据现有资料，我们认为草地生态地理系统中植物系统营养物质的季节变化主要分为以下几种类型。

1. 倒 N 型

倒 N 型是指草地生态地理系统中植物系统营养物质的季节变化呈现出年初较高，随着季节的变化，营养物质逐渐下降，随后逐渐上升，此后再呈现下降的趋势。例如，内蒙古乌盟达茂旗伊克乌素荒漠草原植物地上部分氮的季节动态便是如此。据冯雨峰和布彩霞(1990)研究，氮素在群落植物地上部百分含量的变化表现出两个高峰，第一个高峰出现在 5 月中旬，随后氮素百分含量下降，直至 8 月中旬以后再次增加，并在 9 月中旬出现第二个高峰(表 8-29)。

表 8-29　植物土壤氮素含量及贮量动态(引自冯雨峰和布彩霞，1990)

时间(月.日)	土壤氮贮量/(kg/hm^2)	植物地上部			植物地下部		
		生物量/(g/m^2)	氮贮量/(kg/hm^2)	百分含量/%	生物量/(g/m^2)	氮贮量/(kg/hm^2)	百分含量/%
5.17	8913.92	6.32	0.926	1.465	1513.4	218.60	1.443
6.18	8883.68	9.83	1.346	1.369	1592.4	243.55	1.528
7.16	8390.08	11.3	1.486	1.315	1792.4	252.79	1.411
8.18	9004.32	9.18	1.4	1.525	2020.4	255.61	1.265
9.17	9878.72	21.46	4.017	1.872	2118.4	329.01	1.543
10.15	9584.16	13.5	1.243	0.921	1798.4	279.22	1.582

2. N 型分布型

N 型分布型是指草地生态地理系统中植物系统营养物质的季节变化呈现出年初较低，随着季节的变化，营养物质逐渐升高，随后再呈现下降，此后再升高的一种变化动态。例如，内蒙古乌盟达茂旗伊克乌素荒漠草原植物地下部分氮的季节动态便是如此。据冯雨峰和布彩霞(1990)研究，氮素在群落植物地下部百分含量的变化表现出两个高峰，第一个高峰出现在 6 月中旬，随后氮素百分含量下降，直至 9 月中旬以后再次增加，并在 10 月中旬出现第二个高峰(表 8-29)。

3. 梯度下降型

梯度下降型是指草地生态地理系统中植物系统营养物质的季节变化呈现出年初最高，随着季节的变化，营养物质逐渐下降，下降到一定水平后维持一定的时间，随后再呈现下降的趋势。例如，星星草地上部 6 种元素含量的季节动态便是如此。据李晶等(2001)研究，于分蘖期、拔节期、孕穗期、抽穗期、开花期和完熟期(返青后 36d、47d、60d、71d 和 87d)采样，测定星星草地上部 6 种元素含量(图 8-24)。在星星草不同生育阶段，地上部 6 种元素含量间差异极显著($P<0.01$)。元素含量顺序在全生育期表现为 K>N>P>Na>Ca>Mg。在生长初期，K 含量达到 Mg 的 14 倍。N>P>K>Na>Mg 含量均属“稀释型”，即随着生育期的进程含量越来越低。其中 K 表现最为明显，N 次之。Ca 含

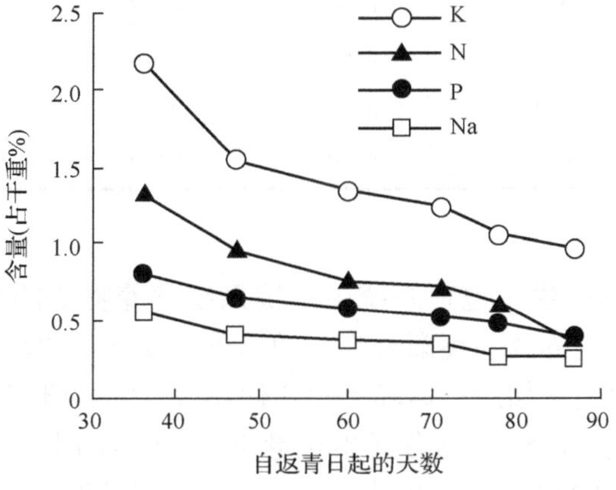

图 8-24　6 种元素含量季节动态(引自李晶等，2001)

量由分蘖期到孕穗期连续减少，其后维持相对稳定。在生育期间，星星草地上部 N 含量在 0.324%～1.335%，P 含量在 0.413%～0.823%，K 含量在 0.98%～2.18%，Na 含量在 0.27%～0.57%，Ca 含量在 0.12%～0.17%，Mg 含量在 0.07%～0.16%。

4. 上升型

上升型是指草地生态地理系统中植物系统营养物质的季节变化呈现出年初最少，随着季节的变化，营养物质逐渐增加的变化趋势。例如，羊草草地磷元素含量的季节动态便是如此。据彭玉梅等(2004)研究，羊草活体根系的磷元素动态随着季节而变化，羊草活体根系在春季生长季节磷含量为最低，此后随着生长进程的推进，羊草活体根系在春季生长季节磷含量逐渐增加。另外，羊草枯死体根系的磷元素动态也表现出随着季节而变化，羊草枯死体根系在春季生长季节磷含量为最低，此后随着生长进程的推进，羊草枯死体根系磷含量逐渐增加。

5. W 型

W 型是指草地生态地理系统中植物系统营养物质的季节变化呈现出年初较高，随着季节的变化，营养物质逐渐下降，随后逐渐上升的趋势。例如，羊草草地半分解根系磷元素含量的季节动态变化便是如此。据彭玉梅等(2004)研究，羊草半分解根系的磷元素动态表现出随着季节而变化，羊草枯死体根系在春季生长季节磷含量为最高，此后随着生长进程的推进，羊草半分解根系在生长季节磷含量逐渐减少，再随着生长进程的推进，羊草半分解根系磷含量逐渐增加的变化动态(表 8-30)。

表 8-30　羊草活体和枯死体各器官磷元素浓度动态(引自彭玉梅等，2004)　(单位：%)

部位		5 月	6 月	7 月	8 月	9 月
羊草活体	茎	0.018	0.012	0.011	0.01	0.009
	叶	0.014	0.017	0.016	0.016	0.015
	根茎	0.006	0.004	0.009	0.007	0.010
	根系	0.002	0.003	0.003	0.004	0.005
枯死体	立枯	0.044	0.045	0.048	0.058	0.056
	凋落物	0.007	0.005	0.006	0.005	0.004
	半分解根	0.083	0.073	0.094	0.069	0.072
	死根	0.098	0.091	0.097	0.114	0.162

6. 单峰曲线型

单峰曲线型是指草地生态地理系统中土壤系统营养物质的季节变化呈现出年初较低，随着季节的变化，营养物质逐渐升高，随后再呈现下降的趋势。例如，羊草原土营养元素随季节动态变化便是如此。据郭继勋和仲伟彦(1994)研究，地上部 3 种元素的含量季节变化呈单峰曲线型，5～8 月各元素含量随着时间而不断增加，峰值出现在 8 月，N 为 4.2432g/m^2，P 为 0.2122g/m^2，K 为 3.4544g/m^2。到了生长末期，为了越冬和下年生长积累营养物质，地上部营养元素开始呈下降趋势(图 8-25)。对地上部 3 种元素的含量动态进行模拟，N、K 达到高峰前，呈指数幂形式增加，随着生物量的增加，N、K 迅速积累，峰值后，呈负指数幂形式递降，随着植物的衰落迅速地向地下运输。P 含量的动态变化呈抛物线，变化幅度比较平缓。3 种元素季节动态的模拟率均达到显著水平。

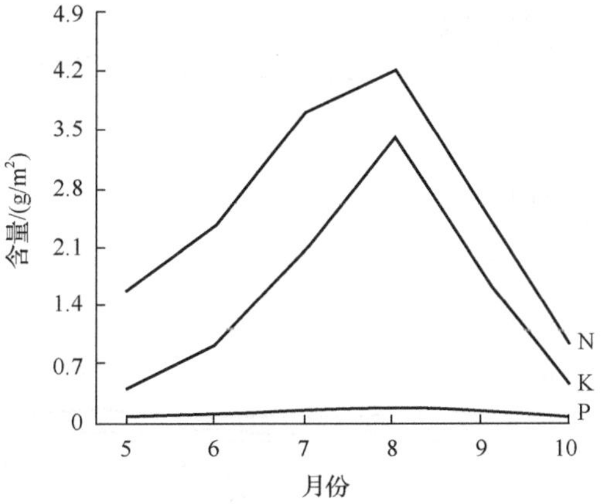

图 8-25　地上部 N、P、K 含量的季节变化(引自郭继勋和仲伟彦，1994)

(二) 土壤系统营养物质的变化动态

由于草地生态地理系统中土壤系统年际营养物质变化的资料非常缺乏，因此我们在此仅主要讨论草地生态地理系统中土壤系统营养物质的季节变化动态。根据现有资料，我们认为草地生态地理系统中土壤系统营养物质的季节变化主要分为以下几种类型。

1. 倒 N 型

倒 N 型是指草地生态地理系统中土壤系统营养物质的季节变化呈现出年初较高，随着季节的变化，营养物质逐渐下降，随后逐渐上升，此后再呈现下降的趋势。例如，羊草原土营养元素随季节动态变化便是如此。据郭继勋和仲伟彦(1994)研究，5～10 月，植物生长季节内，对土壤中 N、P、K 含量的季节变化进行了测定，结果表明，N 在土壤中的变化范围为 0.14%～0.20%，最大值出现在 9 月，最小值出现在 6 月。P 和 K 在土壤中含量的季节变化，最大值均出现在 5 月，分别为 0.0753%和 2.79%。最小值，K 在 6 月，为 2.37%，P 在 7 月，为 0.0537%。3 种元素在土壤中的季节变化规律，基本上是生长季初期含量较高，6～8 月生长旺季含量较低，到生长季末期再度升高，最后再下降的趋势(图 8-26)。这一点可能与植物的生长发育规律相联系，生长初期生物量较小，所需营养元素量不大。在生长旺季由于植物的迅速生长，生物量不断积累，需要从土壤中摄取大量的营养元素，土壤中营养元素含量下降。到生长末期由于植物的衰老，一部分营养元素开始向地下运输，土壤中营养元素含量略有增加。

2. 平稳变化型

平稳变化型是指草地生态地理系统中土壤系统营养物质的季节变化呈现出在不同的季节变化平缓，差异不明显的一种趋势。例如，内蒙古乌盟达茂旗伊克乌素荒漠草原土壤氮素的季节动态变化便是如此。据冯雨峰和布彩霞(1990)研究结果表明，土壤氮素贮量全年变化比较平稳(图 8-27)，仅 7 月中旬有所下降，这可能是由于植物生长吸收。但这种下降并不十分显著，这更进一步说明土壤是荒漠草原氮素的巨大贮存库。就一年的资料来看，土壤氮素并没有因植物的吸收利用而表现出明显的消长。

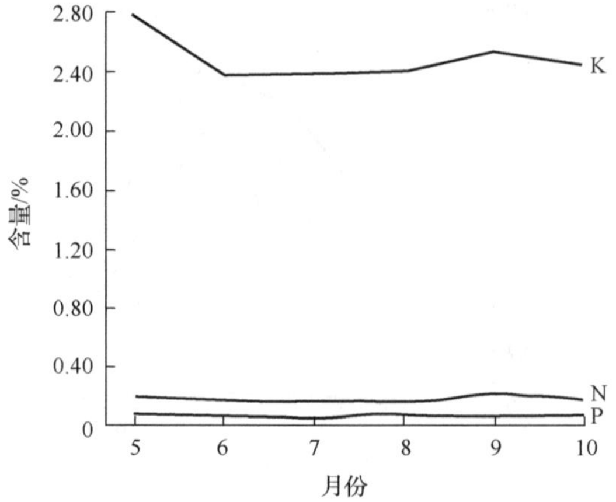

图 8-26　土壤 N、P、K 含量的季节变化(引自郭继勋和仲伟彦，1994)

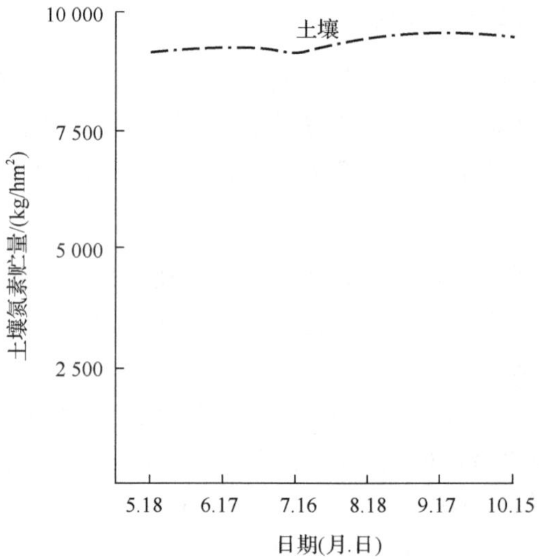

图 8-27　土壤氮素贮量季节变化(引自冯雨峰和布彩霞，1990)

四、影响草地生态地理系统营养物质时空分布的因素

(一)地理因子对草地生态地理系统营养物质时空分布的影响

1. 经纬度对草地生态地理系统营养物质时空分布的影响

(1)地理经纬度对草地生态地理系统中植物营养物质时空分布的影响

大量的研究表明，地理经纬度对草地生态地理系统中植物营养物质时空分布具有不同程度的影响。现以王建林等(2012)就地理经纬度对青藏高原高寒草原生态系统植被磷

含量分布的影响为例来说明。王建林等(2012)基于逐步回归分析方法，建立了植物叶片磷含量(Y)与地理纬度(x_1)、地理经度(x_2)、海拔(x_3)等地理因子的关系方程

$$Y = 8.0938 - 0.0957x_1 - 0.0181x_2 - 0.0004x_3$$

$$(样本数\ N = 54，R = 0.2363，R_1 = -0.1892，R_2 = -0.1108，R_3 = -0.1503) \quad (8\text{-}1)$$

同时，建立了植物根系磷含量(Y)与地理纬度(x_1)、地理经度(x_2)、海拔(x_3)等地理因子的关系方程

$$Y = 1.0013 + 0.0295x_1 - 0.0212x_2 + 0.0003x_3$$

$$(样本数\ N = 54，R = 0.3285，R_1 = 0.0889，R_2 = -0.2058，R_3 = 0.1764) \quad (8\text{-}2)$$

从式(8-1)、(8-2)可以看出，植物叶片磷含量与纬度(x_1)、经度(x_2)、海拔(x_3)呈负相关关系，植物根系磷含量与纬度(x_1)、海拔(x_3)呈正相关关系，而与经度(x_2)呈负相关关系。根据标准误差检验，这两个回归方程均未通过$P<0.05$水平的显著性检验。表明，地理因子中对植物叶片磷含量影响最大的是地理纬度，而对植物根系磷含量影响最大的是却是地理经度，而且地理纬度和海拔对二者的影响截然相反。

(2) 地理经纬度对草地生态地理系统中土壤营养物质时空分布的影响

大量的研究表明，地理经纬度对草地生态地理系统中土壤营养物质时空分布具有不同程度的影响。现以王建林等(2012)就地理经纬度对青藏高原贡嘎南山-拉轨岗日山南坡高寒草原生态系统表层土壤有机碳密度分布的影响为例来说明。王建林等(2012)基于逐步回归分析方法，建立表层土壤有机碳密度与地形因子的数学模型

$$Y = -25.5536 + 0.0056x_1 + 0.3978x_2\ (N = 5，R = 0.6173) \quad (8\text{-}3)$$

从式(8-3)可以看出，表层土壤有机碳密度与海拔(x_1)、坡度(x_2)均呈正相关关系。经统计分析，发现海拔和坡度与表层土壤有机碳密度的偏相关系数均未达到0.05水平的显著性差异。表明，随着海拔的升高和坡度的增加，贡嘎南山-拉轨岗日山南坡高寒草原生态系统表层土壤有机碳密度逐渐增加。

2. 土壤物理因子对草地生态地理系统营养物质时空分布的影响

(1) 土壤物理因子对草地生态地理系统中植物营养物质时空分布的影响

大量的研究表明，土壤物理因子对草地生态地理系统中植物营养物质时空分布具有不同程度的影响。现以王建林等(2012)就土壤物理因子对青藏高原高寒草原生态系统植被磷含量分布的影响为例来说明。王建林等(2012)基于逐步回归分析方法，建立植物叶片磷含量与0～10cm土壤容重(x_1)、10～20cm土壤容重(x_2)、20～30cm土壤容重(x_3)、30～40cm土壤容重(x_4)、0～10cm土壤含水量(x_5)、10～20cm土壤含水量(x_6)、20～30cm土壤含水量(x_7)、30～40cm土壤含水量(x_8)等土壤物理因子的数学模型

$$Y = 0.7539 + 1.9665x_2 - 1.1280x_3$$

$$(N = 54，R = 0.3618^{*}，R_2 = -0.3606^{**}，R_3 = -0.2348) \quad (8\text{-}4)$$

从式(8-4)可以看出，影响植物叶片磷含量(Y)的主要土壤物理因子是10～20cm土壤容重(x_2)、20～30cm土壤容重(x_3)，而土壤0～10cm土壤容重(x_1)、30～40cm土壤容重(x_4)、0～10cm土壤含水量(x_5)、10～20cm土壤含水量(x_6)、20～30cm土壤含水量(x_7)、30～40cm土壤含水量(x_8)等其他土壤物理因子则对植物叶片磷含量无明显影响。同时从式(8-4)还可看出，植物叶片磷含量与10～20cm土壤容重的偏相关系数达到$P<0.01$水平的显著性差异，与20～30cm土壤容重的偏相关系数未达到$P<0.05$水平的显著性差异。根据标准误差检验，植物叶片磷含量与土壤物理因子的关系方程通过了$P<0.05$的显著性检验。表明，影响青藏高原高寒草原生态系统植物叶片磷含量的主要土壤物理因子是10～20cm土壤容重、20～30cm土壤容重，其中10～20cm土壤容重的影响尤为显著，植物叶片磷含量随着10～20cm土壤容重的增加和20～30cm土壤容重的减少而增加。也表明，土壤物理因子对植物叶片磷含量的影响达到显著水平。

(2)土壤物理因子对草地生态地理系统中土壤营养物质时空分布的影响

大量的研究表明，土壤物理因子对草地生态地理系统中土壤营养物质时空分布具有不同程度的影响。现以王建林等(2010a)就土壤物理因子对青藏高原贡嘎南山-拉轨岗日山南坡高寒草原生态系统表层土壤有机碳密度分布的影响为例来说明。王建林等(2010a)基于逐步回归分析方法，建立土壤有机碳密度与土壤物理因子的数学模型

$$Y = 4.8935 - 0.7773x_1 + 2.1691x_2 - 1.8939x_4 \ (N = 30,\ R = 0.4063^{*}) \tag{8-5}$$

从式(8-5)可以看出，影响表层土壤有机碳密度(Y)的主要土壤物理因子是0～10cm土壤含水量(x_1)、10～20cm土壤含水量(x_2)和30～40cm土壤含水量(x_4)，而20～30cm土壤含水量(x_3)、0～20cm土壤容重(x_5)和20～40cm土壤容重(x_6)则对表层土壤有机碳密度无明显影响。同时从式(8-5)还可以看出，土壤有机碳密度与10～20cm土壤含水量呈正相关关系，而与0～10cm土壤含水量(x_1)和30～40cm土壤含水量(x_4)呈负相关关系。根据标准误差检验，该回归方程通过了P=0.05的显著性检验。表明表层土壤有机碳密度随着10～20cm土壤含水量的增加而增加，而随着0～10cm土壤含水量和30～40cm土壤含水量的增加而减少，也表明土壤物理因子对表层土壤有机碳密度的影响达到显著性程度。

3. 土壤化学因子对草地生态地理系统营养物质时空分布的影响

(1)土壤化学因子对草地生态地理系统中植物营养物质时空分布的影响

大量的研究表明，土壤化学因子对草地生态地理系统中植物营养物质时空分布具有不同程度的影响。现以王建林等(2012)就土壤化学因子对青藏高原高寒草原生态系统植被磷含量分布的影响为例来说明。王建林等(2012)基于逐步回归分析方法，建立植物叶片磷含量(Y)与土壤pH(x_1)、速效氮(x_2)、速效磷(x_3)、速效钾(x_4)、全氮(x_5)、全磷(x_6)、全钾(x_7)、有机质(x_8)、总有机碳(x_9)、总碳水化合物(x_{10})、水解性碳(x_{11})、水溶性碳(x_{12})、活性炭(x_{13})、HCO_3^-(x_{14})等土壤化学因子的数学模型

$$Y = -0.2920+0.3543x_1+0.0007x_2-0.0023x_4+2.8899x_5+3.8191x_6+3930.2693x_8$$
$$-6775.9736x_8-30.2521x_{12}-20.8702x_{14}$$
$$(N = 54, R = 0.6707^{**}, R_1 = 0.3450^{*}, R_2 = 0.1576, R_4 = -0.4038^{**}, R_5 = 0.3648^{*}, R_6 = 0.4507^{**},$$
$$R_8 = 0.3872^{**},\ R_9 = -0.3872^{**},\ R_{12} = -0.3279^{*},\ R_{14} = -0.4330^{**}) \quad (8\text{-}6)$$

从式(8-6)可以看出，影响植物叶片磷含量(Y)的主要土壤化学因子是土壤pH(x_1)、速效氮(x_2)、速效钾(x_4)、全氮(x_5)、全磷(x_6)、有机质(x_8)、总有机碳(x_9)、水溶性碳(x_{12})、HCO_3^-(x_{14})，而土壤速效磷(x_3)、全钾(x_7)、总碳水化合物(x_{10})、水解性碳(x_{11})、活性炭(x_{13})等其他土壤化学因子含量则对植物叶片磷含量无明显影响。同时从式(8-6)还可看出，植物叶片磷含量与土壤pH、速效钾、全氮、全磷、有机质、总有机碳、水溶性碳的偏相关系数均达到$P<0.05$或0.01水平的显著性差异，与速效氮的偏相关系数未达到$P<0.05$水平的显著性差异。根据标准误差检验，植物叶片磷含量与土壤化学因子的关系方程通过了$P<0.01$的显著性检验。表明，影响青藏高原高寒草原生态系统植物叶片磷含量的主要土壤化学因子是土壤pH、速效钾、全氮、全磷、有机质、速效氮、总有机碳、水溶性碳、HCO_3^-，偏相关系数均达到$P<0.05$或0.01水平的显著性差异，其中土壤pH、速效钾、全氮、全磷、有机质、总有机碳、水溶性碳、HCO_3^-的影响尤为显著，植物叶片磷含量随着土壤pH、速效氮、全氮、全磷、有机质的增加和速效钾、总有机碳、水溶性碳、HCO_3^-的减少而显著增加。也表明，土壤化学因子对植物叶片磷含量的影响达到极显著水平。

(2)土壤化学因子对草地生态地理系统中土壤营养物质时空分布的影响

大量的研究表明，土壤化学因子对草地生态地理系统中土壤营养物质时空分布具有不同程度的影响。现以王建林等(2010a)就土壤化学因子对青藏高原贡嘎南山-拉轨岗日山南坡高寒草原生态系统表层土壤有机碳密度分布的影响为例来说明。王建林等(2012)基于逐步回归分析方法，建立土壤有机碳密度(Y)与土壤化学因子的数学模型

$$Y = 171.9049-27.4691x_1+28.4970x_2-0.6981x_3\ (N = 30,\ R = 0.4315^{*}) \quad (8\text{-}7)$$

从式(8-7)可以看出，影响表层土壤有机碳密度(Y)的主要土壤化学因子是土壤pH(x_1)、土壤有机质(x_2)、土壤速效氮(x_3)，而土壤速效磷(x_4)、土壤速效钾(x_5)、土壤全氮(x_6)、土壤全钾(x_7)和土壤全磷(x_8)含量则对表层土壤有机碳密度无明显影响。同时从式(8-7)还可以看出，土壤有机碳密度与土壤有机质呈正相关关系，而与土壤pH和土壤速效氮呈负相关关系。根据标准误差检验，该回归方程通过了P=0.05的显著性检验，表明回归的整体效果显著。表明表层土壤有机碳密度随着土壤有机质的增加而增加，随着土壤pH和土壤速效氮含量的增加而减小，也表明土壤化学因子对表层土壤有机碳密度的影响达到显著性程度。

4. 植被因子对草地生态地理系统营养物质时空分布的影响

(1)植被因子对草地生态地理系统中植物营养物质时空分布的影响

大量的研究表明，植被因子对草地生态地理系统中植物营养物质时空分布具有不同

程度的影响。现以王建林等(2012)就植被因子对青藏高原高寒草原生态系统植被磷含量分布的影响为例来说明。王建林等(2012)基于逐步回归分析方法，建立植物叶片磷含量(Y)与 0～10cm 地下生物量(x_1)、10～20cm 地下生物量(x_2)、20～30cm 地下生物量(x_3)、30～40cm 地下生物量(x_4)、地上生物量(x_5)、植被盖度(x_6)、植被高度(x_7)等植被因子的数学模型

$$Y = 1.2497+0.0088x_6+0.0116x_7$$

$$(N = 54，R = 0.3464^*，R_6 = 0.2065，R_7 = -0.2864^*) \quad (8\text{-}8)$$

从式(8-8)可以看出，影响植物叶片磷含量(Y)的主要植被因子是植被盖度(x_6)、植被高度(x_7)，而 0～10cm 地下生物量(x_1)、10～20cm 地下生物量(x_2)、20～30cm 地下生物量(x_3)、30～40cm 地下生物量(x_4)、地上生物量(x_5)等其他植被因子则对植物叶片磷含量无明显影响。同时从式(8-8)还可看出，植物叶片磷含量与植被高度的偏相关系数达到 $P<0.05$ 水平的显著性差异，与植被盖度的偏相关系数未达到 $P<0.05$ 水平的显著性差异。根据标准误差检验，植物叶片磷含量与植被因子的关系方程通过了 $P<0.05$ 的显著性检验。表明，影响青藏高原高寒草原生态系统植物叶片磷含量的主要植被因子是植被盖度和植被高度，其中植被高度的影响尤为显著，植物叶片磷含量随着植被高度的增加而显著增加，也表明植被因子对植物叶片磷含量的影响达到显著水平。

(2) 植被因子对草地生态地理系统中土壤营养物质时空分布的影响

大量的研究表明，植被因子对草地生态地理系统中土壤营养物质时空分布具有不同程度的影响。现以王建林等(2010a)就植被因子对青藏高原贡嘎南山-拉轨岗日山南坡高寒草原生态系统表层土壤有机碳密度分布的影响为例来说明。王建林等(2010a)基于逐步回归分析方法，建立土壤有机碳密度(Y)与植被因子的数学模型

$$Y = 1.719\,30+0.0483x_2+0.0533x_7$$

$$(N = 30，R = 0.3280) \quad (8\text{-}9)$$

从式(8-9)可以看出，影响表层土壤有机碳密度(Y)的主要植被因子是植被盖度(x_2)和 30～40cm 地下生物量(x_7)，而植被高度(x_1)、地上生物量(x_3)、0～10cm 地下生物量(x_4)、10～20cm 地下生物量(x_5)和 20～30cm 地下生物量(x_6)则对表层土壤有机碳密度无明显影响。同时从式(8-9)还可以看出，土壤有机碳密度与植被盖度、30～40cm 地下生物量均呈正相关关系。根据标准误差检验，该回归方程未通过 P=0.05 的显著性检验。表明表层土壤有机碳密度随着植被盖度和 30～40cm 地下生物量的增加而增加。

(二) 气候因子对草地生态地理系统营养物质时空分布的影响

1. 气候因子对草地生态地理系统中植物营养物质时空分布的影响

大量的研究表明，气候因子对草地生态地理系统中植物营养物质时空分布具有不同程度的影响。现以王建林等(2012)就气候因子对青藏高原高寒草原生态系统植被磷含量

分布的影响为例来说明。王建林等(2012)基于逐步回归分析方法，建立植物叶片磷含量与日照时数(x_1)、年均气温(x_2)、最冷月均气温(x_3)、最暖月均气温(x_4)、≥0℃积温(x_5)、≥5℃积温(x_6)、≥10℃积温(x_7)、年均降水量(x_8)、6～9月降水率(x_9)、年均蒸发量(x_{10})、年均相对湿度(x_{11})等气候因子的关系方程

$$Y = -2.7703+0.8177x_2-0.3274x_3-0.0004x_5-0.0015x_6+0.0040x_8-0.0346x_9+0.0021x_{10}$$

$$(N = 54, R = 0.6172^{**}, R_2 = 0.3054^{*}, R_3 = -0.2993^{*}, R_5 = -0.1728, R_6 = -0.2548, R_8 = 0.2113,$$

$$R_9 = -0.2988^*,\ R_{10} = 0.2343) \tag{8-10}$$

从式(8-10)可以看出，影响植物叶片磷含量的主要气候因子是年均气温(x_2)、最冷月均气温(x_3)、≥0℃积温(x_5)、≥5℃积温(x_6)、年均降水量(x_8)、6～9月降水率(x_9)、年均蒸发量(x_{10})，而年均日照时数(x_1)、最暖月均气温(x_4)等其他气候因子则对植物叶片磷含量无明显影响。同时从式(8-10)还可看出，植物叶片磷含量与最冷月均气温、6～9月降水率、年均气温的偏相关系数达到 $P<0.05$ 水平的显著性差异，而与≥0℃积温、≥5℃积温、年均降水量、年均蒸发量的偏相关系数未达到 $P<0.05$ 水平的显著性差异。根据标准误差检验，植物叶片磷含量与气候因子的关系方程均通过了 $P<0.01$ 的显著性检验。表明，影响植物叶片磷含量的主要气候因子是年均气温、最冷月均气温、≥0℃积温、≥5℃积温、年均降水量、6～9月降水率、年均蒸发量，其中最冷月均气温、6～9月降水率、年均气温的影响尤为显著，植物叶片磷含量随着年均气温的增高、最冷月均气温的降低和6～9月降水率的减少而显著增加。也表明，气候因子对植物叶片磷含量的影响达到极显著水平。

2. 植被因子对草地生态地理系统中土壤营养物质时空分布的影响

大量的研究表明，植被因子对草地生态地理系统中土壤营养物质时空分布具有不同程度的影响。现以王建林等(2010b)就植被因子对西藏高寒草原生态系统表层土壤有机碳含量分布的影响为例来说明。王建林等(2012)基于二次多项式逐步回归分析方法，建立南北样带表层土壤有机碳含量(SOC)与年均降水量(p)、年均气温(t)之间的标准化回归方程

$$\mathrm{SOC} = 1586.894+3.849t-6.988p+0.008p^2\ (N = 5,\ R=0.9999^{**},\ R_\mathrm{p} = -0.9793^{**},\ R_\mathrm{t}=0.9998^{**}) \tag{8-11}$$

从式(8-11)可以看出，西藏高寒草原生态系统南北样带表层土壤有机含量(SOC)与年均降水量(p)、年均气温(t)之间的偏相关系数及方程的相关系数均达到极显著水平。这表明西藏高寒草原生态系统南北样带内表层土壤有机碳是年均降水量和年均气温综合作用的结果。也说明，西藏高寒草原生态系统南北样带内年均气温对表层土壤有机碳的影响略大于年均降水量的影响。

为此，基于二次多项式逐步回归分析方法，建立南北样带表层土壤有机碳含量(SOC)与年均气温(t)之间的标准化回归方程

$$SOC = 28.160+1.756t-0.945t^2 \qquad (N=5，R=0.9987^{**}) \qquad (8\text{-}12)$$

由式(8-12)可以看出，南北样带内表层土壤有机碳含量(SOC)与年均气温(t)之间呈极显著相关关系。在 28°46′N～31°40′N，南北样带内表层土壤有机碳含量随着年均气温的增加而增加，当年均气温增加到一定程度后，南北样带内表层土壤有机碳含量随着年均气温的增加而减少，增加与减少的拐点在年均气温 0.9296℃左右。此时，所拟合的南北样带内表层土壤有机碳含量的最大值为 28.976g/kg。南北样带内表层土壤有机碳含量随着年均气温变化的这一分布规律，可能与西藏高寒草原植被成分总体上属于高寒类型，气温过高和过低不利于表层土壤有机碳含量的积累有关。

(三)人类因素对草地生态地理系统营养物质时空分布的影响

1. 火烧对草地生态地理系统营养物质时空分布的影响

大量的研究表明，火烧因子对草地生态地理系统营养物质时空分布具有不同程度的影响。现以火烧对云雾山草地生态地理系统营养物质时空分布的影响为例来说明。李媛等(2013)研究表明，火烧对云雾山草地生态地理系统 N、P、K 营养物质时空分布的影响存在以下几个方面。

(1)火烧对土壤全 N 的变化

李媛等(2013)研究表明，云雾山 4 个样地土壤全氮也主要集中在表层(0～10cm)。土壤 0～10cm、10～20cm、20～30cm、30～40cm，新烧地土壤全氮含量显著高于火烧后 3 年、11 年和对照(未火烧)样地(P<0.05)(表 8-31)，火烧后 3 年和对照样地差异不显著(P>0.05)，但火烧后 11 年显著高于火烧后 3 年和对照样地(P<0.05)。土壤 40～50cm，全氮含量表现为新烧地和火烧后 11 年样地显著高于对照样地(P<0.05)，火烧后 3 年与对照差异不显著(P>0.05)，新烧地和火烧后 11 年差异不显著(P>0.05)。0～50cm，新烧地和火烧后 11 年各土层全氮含量都显著高于对照样地(P<0.05)，而火烧后 3 年和对照样地无显著差异(P>0.05)。

表 8-31 火烧不同恢复年限不同土壤深度全氮含量的变化(引自李媛等，2013) (单位：g/kg)

土壤深度	未火烧	新烧	火烧后 3 年	火烧后 11 年
0～10cm	2.49(0.11)c	3.18(0.08)a	2.55(0.05)c	2.84(0.15)b
10～20cm	2.23(0.03)c	2.75(0.04)a	2.19(0.05)c	2.55(0.55)b
20～30cm	1.98(0.05)c	2.50(008)a	1.99(0.05)c	2.30(0.04)b
30～40cm	1.77(0.05)c	2.27(0.06)a	1.78(0.05)c	2.11(0.09)b
40～50cm	1.52(0.04)b	2.02(0.07)a	1.52(0.07)b	1.93(0.12)a

注：表中同列数据后不同字母表示在 0.05 水平上差异显著(P<0.05)

(2)火烧对土壤全磷的变化

李媛等(2013)研究表明，云雾山 4 个样地 0～50cm，各土层全磷含量呈递减趋势，但变化幅度不大(表 8-32)。土壤 0～10cm，新烧地土壤全磷含量显著高于火烧后 3 年和对照(未火烧)样地(P>0.05)，火烧后 3 年和 11 年与对照样地都无显著差异(P>0.05)。

土壤 10～20cm、20～30cm、30～40cm、40～50cm，新烧地和火烧后 11 年样地土壤全磷含量显著高于对照样地($P<0.05$)，火烧后 3 年和对照样地无显著差异($P>0.05$)，新烧地和火烧后 11 年无显著差异($P>0.05$)。0～50cm，新烧地土壤各层全磷含量都显著高于对照样地($P<0.05$)。火烧后 11 年，除了 0～10cm 外，其他土层全磷含量都显著高于对照样地($P<0.05$)，火烧后 3 年土壤各层全磷含量和对照样地差异不显著($P>0.05$)。

表 8-32　火烧不同恢复年限不同土壤深度全磷含量的变化(引自李媛等，2013)　(单位：g/kg)

土壤深度	未火烧	新烧	火烧后 3 年	火烧后 11 年
0～10cm	0.68 (0.01) b	0.73 (0.01) a	0.66 (0.01) b	0.70 (0.01) ab
10～20cm	0.66 (0.01) b	0.70 (0.01) a	0.65 (0.01) b	0.69 (0.01) a
20～30cm	0.64 (0.02) b	0.69 (0.01) a	0.62 (0.01) b	0.69 (0.01) a
30～40cm	0.61 (0.01) b	0.68 (0.01) a	0.60 (0.01) b	0.68 (0.01) a
40～50cm	0.59 (0.01) b	0.66 (0.01) a	0.59 (0.01) b	0.68 (0.01) a

注：表中同列数据后不同字母表示在 0.05 水平上差异显著($P<0.05$)

(3) 火烧对土壤速效钾的变化

李媛等(2013)研究表明，云雾山草地 4 个样地中土壤速效钾含量在表层最高，且 0～50cm 各土层速效钾含量呈递减趋势，变化幅度明显(表 8-33)。土壤 0～10cm，新烧地土壤速效钾含量显著高于对照样地($P<0.05$)，火烧后 3 年和 11 年样地与对照样地差异不显著($P>0.05$)。土壤 10～20cm，新烧地和火烧后 11 年样地速效钾含量显著高于对照样地($P<0.05$)，而火烧后 3 年和对照样地差异不显著($P>0.05$)，新烧地和火烧后 11 年差异不显著($P>0.05$)。20～30cm，30～40cm，40～50cm，新烧地和火烧后 11 年样地速效钾含量显著高于对照样地($P<0.05$)，而火烧后 11 年显著高于新烧地($P<0.05$)，火烧后 3 年和对照样地无显著差异($P>0.05$)。

表 8-33　火烧不同恢复年限不同土壤深度速效钾含量的变化(引自李媛等，2013)　(单位：mg/kg)

土壤深度	未火烧	新烧	火烧后 3 年	火烧后 11 年
0～10cm	238.80 (28.64) b	325.34 (36.11) a	300.70 (30.11) ab	290.95 (24.63) ab
10～20cm	169.55 (6.36) b	197.23 (8.22) a	165.73 (18.19) b	199.98 (8.95) a
20～30cm	117.80 (3.230c	139.90 (8.34) b	117.25 (10.07) c	160.22 (9.75) a
30～40cm	96.93 (2.10) c	114.92 (7.02) b	98.29 (6.01) c	136.72 (4.37) a
40～50cm	80.63 (1.47) c	103.80 (2.73) b	84.92 (3.31) c	121.22 (2.59) a

注：表中同列数据后不同字母表示在 0.05 水平上差异显著($P<0.05$)

2. 农垦对草地生态地理系统营养物质时空分布的影响

大量的研究表明，农垦因子对草地生态地理系统营养物质时空分布具有不同程度的影响。现以农垦对贝加尔针茅草原生态地理系统营养物质时空分布的影响为例来说明农垦对生态地理系统营养物质时空分布的影响。李明峰等(2005)研究表明，贝加尔针茅草原与其被开垦后的农田 0～100cm 土壤全氮和有机碳含量的对比分析结果(表 8-34)显示：贝加尔针茅草原经过 28 年农业利用后，使 0～100cm 土体中土壤全氮和有机碳平均含量相对于未开垦的草原分别减少了 8.8%和 14.8%，平均每年分别减少 0.31%和 0.53%；特别是在 0～10cm 表层，土壤全氮和有机碳含量减少速率明显增大，分别是 0～100cm 土体氮碳损失平均速率的 2.9 倍和 1.9 倍。土壤有机碳减少的原因主要是草原开垦使表层土壤中的有机质充分暴露在空气中，从而极大地促进了土壤呼吸作用，加快了土壤有机质的分解，从而导致土壤中有机碳的大量释放。土壤全氮减少的主要原因可能是贝加尔针茅草原的土壤水分条件比较好，土壤的反硝化作用较强，在 NO_3^-转化为 N_2 过程中伴随产生 N_2O 向大气排放，从而使土壤的全氮含量减少。同时，将小麦及其秸秆大量地移出农田，也大大减少了有机碳和氮向土壤的回归，从而导致土壤有机碳和全氮的减少，特别是土壤表层。另外，表 8-34 中农田 0～10cm 土层全氮含量略低于 10～20cm 土层，且农田 10～20cm 土层略高于贝加尔针茅草原，主要归因于小麦对氮的需求量大，以及干旱地区小麦极其茂密发达的根系在土壤中分解促进了土壤氮的增加。农田 70～100cm 土层中碳氮含量略高于贝加尔针茅草原，可能与草甸原始有机物的积累和小麦发达的根系分解有关。

表 8-34　农垦对贝加尔针茅草原土壤碳氮含量的影响(引自李明峰等，2005)

土体深度/cm	全氮/%		有机碳/%	
	贝加尔针茅	农田	贝加尔针茅	农田
0～10	0.2687	0.2001	2.88	2.05
10～20	0.204	0.2061	2.99	1.95
20～30	0.166	0.1492	1.71	1.47
30～50	0.1327	0.1251	1.29	1.26
50～70	0.1048	0.0968	1.04	0.91
70～100	0.0545	0.0714	0.52	0.64
平均	0.1551	0.1415	1.74	1.38

3. 放牧对草地生态地理系统营养物质时空分布的影响

大量的研究表明，放牧因子对草地生态地理系统营养物质时空分布具有不同程度的影响。现以放牧对贝加尔针茅草原生态地理系统营养物质时空分布的影响为例来说明放牧对生态地理系统营养物质时空分布的影响。李明峰等(2005)研究表明，大针茅围栏样地与栏外自由放牧地之间的土壤全氮和有机碳对比见表 8-35。分析发现：羊草草原经 11 年的围栏轮牧，0～100cm 土体中土壤全氮和有机碳分别增加了 50.0%和 47.4%，平均每年分别增加 4.55%和 4.31%。但是在过去的 20 年中，自由放牧地土壤 0～100cm 土体中土壤全氮和有机碳含量相对于围栏保护样地减少了 4.88%和 2.22%，平均每年分别减少 0.24%和 0.11%；0～10cm 土壤全氮和有机碳含量平均每年减少 0.74%和 0.19%，分别为 0～100cm 土体平均减少速率的 3 倍和 1.7 倍，10cm 以下各土层土壤全氮和有机碳含量变化较小。

表 8-35　轮牧对羊草草原土壤碳氮含量的影响(引自李明峰等，2005)

土体深度/cm	全氮/%		有机碳/%	
	羊草	轮牧地	羊草	轮牧地
0～10	0.1748	0.2171	1.68	2.14
10～20	0.1253	0.1402	1.16	1.27
20～30	0.0775	0.1062	1.02	1.06
30～50	0.0471	0.0906	0.45	0.87
50～70	0.0272	0.0783	0.19	0.83
70～100	0.0162	0.0698	0.15	0.7
平均	0.078	0.117	0.78	1.15

究其原因，主要是放牧使地表生物量被动物(羊)同化，加速了草原生态系统的碳氮循环，特别是围栏保证了动物排泄只能在系统内进行，排泄物可以直接进入土壤。同时，围栏放牧地动物的同化作用使土壤营养循环的效率相对加快。动物的排泄物会加速土壤中和母质(岩)中氮元素的释放，促进有机质分解，进而增加了全氮和有机碳在土壤中的聚集，特别是在 30cm 以下各层中，轮牧使土壤全氮和有机碳含量增加 0.8～3.7 倍(表 8-35)，并且越往深处增加越明显。因为 30cm 以下土层碳氮含量本来就低，来自动物排泄物的碳氮微量增加就使其表现异常显著。但是，自由放牧地每天有几千只羊几十次觅食经过该牧地，植物体被动物所食并转移到他处，完全切断了系统内的物质循环，从而导致土壤中的全氮和有机碳含量降低。另外，土壤全氮减少的速率是有机碳的 3.9 倍，主要是由于植物氮吸收的最大值发生在夏季，根从土壤中吸收的氮多在根部形成有机化合物(如谷氨酸等)，然后再运往地上部，且氮是组成叶绿体的重要成分，致使草被食进入动物体被带走的也较多，而动物带走的碳主要来自光合作用固定的大气中的 CO_2，故土壤全氮的减少速率明显大于有机碳的损失。尽管动物排泄物在一定程度上会增加碳氮含量，但过度放牧使输入远大于输出，故土壤碳氮表现为减少趋势。

第四节　农田生态系统养分的空间分布格局及其变化动态

农业的持续发展要求必须加强对养分循环和平衡的研究，改进土壤-作物系统内养分的调控，使循环向有利于人类需要的方向发展。但是农田养分收支平衡的研究是比较复杂的，它是作物、土壤、肥料三者之间的一个动态平衡过程。影响这个平衡过程的因素很多，诸如土壤的性质和供肥能力、不同作物的营养要求及其地区性差异，以及不同肥料的性质、种类及其利用率等。农田养分收支平衡的本质是养分被作物消耗(生物退化过程)和施肥投入(养分重建过程)之间的平衡，它关系着人类最大的两大课题：粮食和环境。农田养分的平衡空间分布格局及其变化动态实质上就是农田养分在空间上的分布格局和在时间上的变化动态，即农田养分时空分布格局。本文以我国农田氮、磷、钾养分空间分布格局及其变化动态为例来说明农田养分的空间分布格局及其变化动态。

一、农田氮素养分空间分布格局及其变化动态

（一）氮素投入空间分布格局及其变化动态

农田氮素投入空间分布格局及其变化动态是指在特定的时间农田氮素投入水平在空间上的分布格局和不同时间投入水平的变化动态。刘忠等(2009)研究表明，1978～2005年，中国农田养分氮素的投入量以稳定的速率持续上升，平均年增量为92.9×10^4t，年均增长速率为3.2%(图8-28)。对氮素收入总量贡献从大到小依次为：化肥氮投入量(历年平均占总收入养分的56%)、有机肥氮素投入量(23%)、非共生固氮带入氮素量(7.8%)，共生固氮带入氮素量(4.5%)，降雨带入氮素量(4.1%)、灌溉带入氮素量(3.4%)、种子带入氮素量(7.9%)，最后才是干沉降带入氮素量(0.24%)(图8-29)。

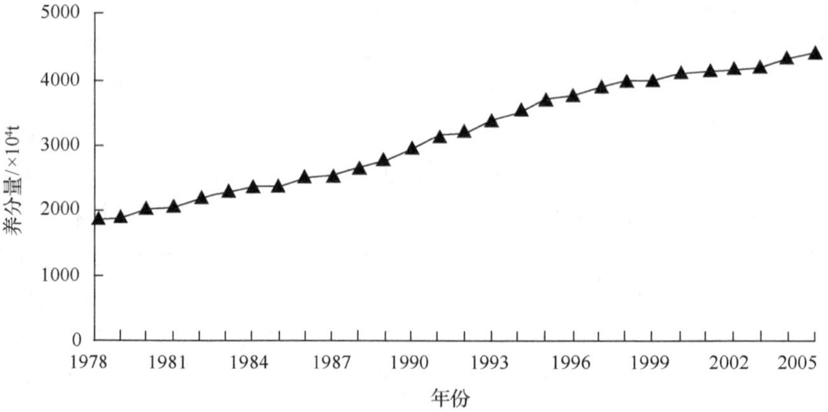

图8-28　1978～2005年全国养分氮总投入情况(引自刘忠等，2009)

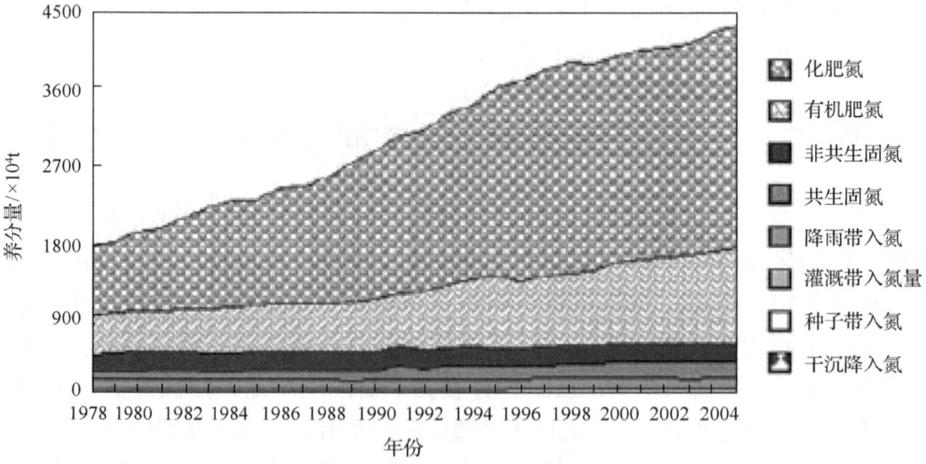

图8-29　全国历年各收入项带入养分氮量(引自刘忠等，2009)

1. 化肥投入

1978～2005年，中国农田化肥氮的投入量不断上升，平均年增量为64.7×10^4t，年

增速为 4.2%。这个时期可以分成两个阶段：1978～1996 年为快速上升阶段，年均增长速率为 5.7%；1997～2005 年增速平缓且略有波动，年均增长速率为 0.93%(图 8-30)。

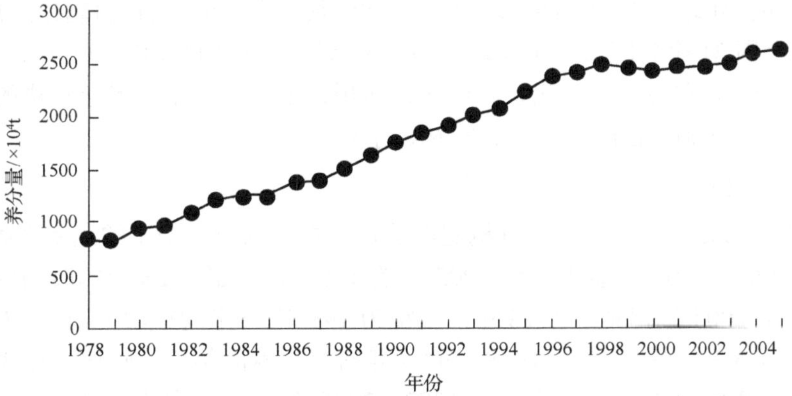

图 8-30　1978～2005 年化肥带入养分氮量(引自刘忠等，2009)

历年化肥氮投入水平较高的省份有山东、江苏、河南、四川、河北、湖北；历年化肥氮投入水平较低的省区市有西藏、青海、天津、海南、北京、宁夏。以 2005 年为例，化肥氮投入量最高的河南省是投入量最低(西藏自治区)的 127 倍(图 8-31)。

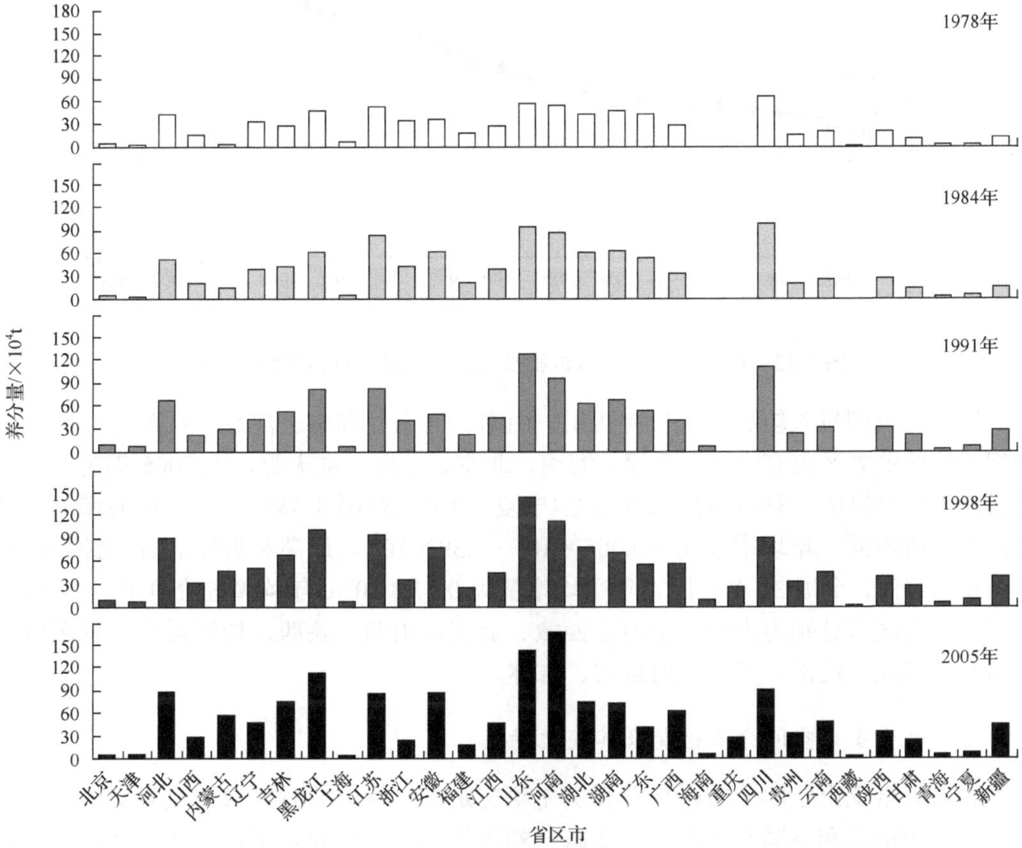

图 8-31　部分年份全国各省区市作物收获带走养分氮量(引自刘忠等，2009)

由于化肥与有机肥投入总量大，而且呈现增加趋势，因此这两者占氮素总投入量的比例在逐渐增加，而其余几种占有的比例在逐年递减。

各省区市的年增量在$-0.14\times10^4\sim8.1\times10^4$t，最高和最低的省(直辖市)分别为河南省和上海市，全国 31 个省区市年平均增量为2.07×10^4t，年均增速在$-1\%\sim11.4\%$，增速较慢的省(直辖市)分别为上海、北京、浙江、四川、山西、辽宁，增速较快的省(自治区)分别为内蒙古、新疆、西藏、河南、吉林、宁夏。

2. 有机肥投入

从 1978～2005 年，中国农田有机肥氮的投入量是以较为稳定的速率持续上升的，从 1978 年的449.23×10^4t 一直上升到 2005 年的1117.26×10^4t，28 年的时间内，共计增长668.03×10^4t，2005 年相对于 1978 年，增幅为 148.7%，平均年增量约为23.8×10^4t，年均增长速率为 3.3%(图 8-32)。1978～2005 年有机肥氮的年均增长速率(3.3%)慢于化肥氮的年均增长速率(4.2%)。但是，在 1997～2005 年，年均增长速率(3.2%)远高于同期化肥氮的年均增长速率(0.93%)。

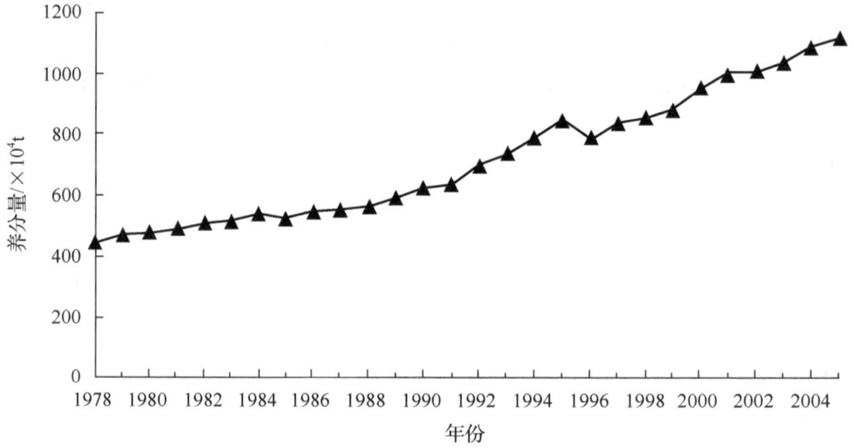

图 8-32　1978～2005 年有机肥投入养分氮量(引自刘忠等，2009)

历年有机肥投入较高的省份有四川、山东、河南、湖南、河北、江苏等；历年投入量相对较低的省区市有宁夏、天津、海南、北京、上海、重庆等，以 2005 年为例，有机肥氮投入量最高的山东省是投入量最低(宁夏)的 19 倍(图 8-33)。各省区市的增加幅度和增速均有所不同，年均增量在$-0.005\times10^4\sim2.59\times10^4$t，最高和最低的省(自治区)分别为山东和青海，全国 31 个省区市年平均增量为0.77×10^4t；年均增速在 0.4%～4.9%，增速最慢的省区市分别为青海、上海、西藏、浙江、山西、陕西，增速最快的省区市分别为山东、河北、河南、天津、内蒙古、吉林。

(二)氮素支出空间分布格局及其变化动态

农田氮素支出空间分布格局及其变化动态是指在特定的时间农田氮素支出水平在空间上的分布格局和不同时间的变化动态。刘忠等(2009)研究表明，作物收获带走的养分是对 20 种主要作物进行核算的，其中水稻、小麦、玉米 3 种作物收获带走的养分氮占

2005 年全国作物收获带走氮的 68%。1978～2005 年，中国农田作物收获带走的氮呈波动式上升，平均年增量约为 28.1×10^4t，平均年增速为 2.6%(图 8-34)。

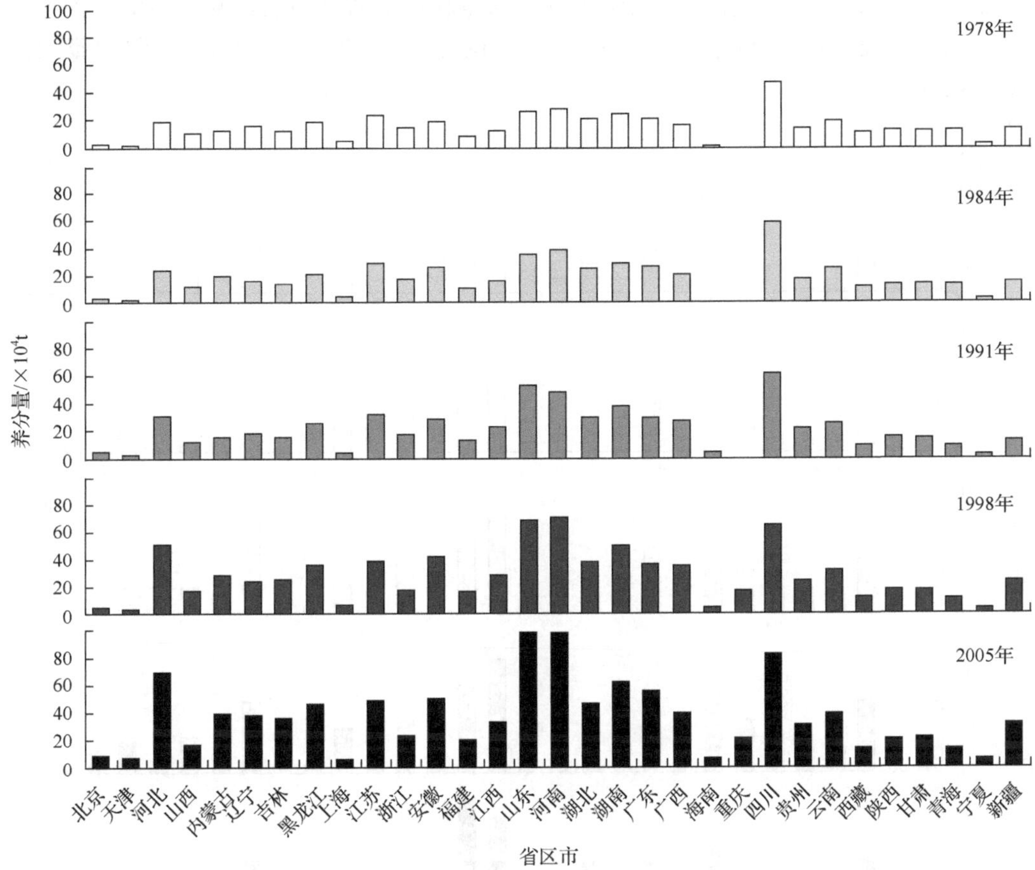

图 8-33　部分年份全国各地区有机肥投入氮量(引自刘忠等，2009)

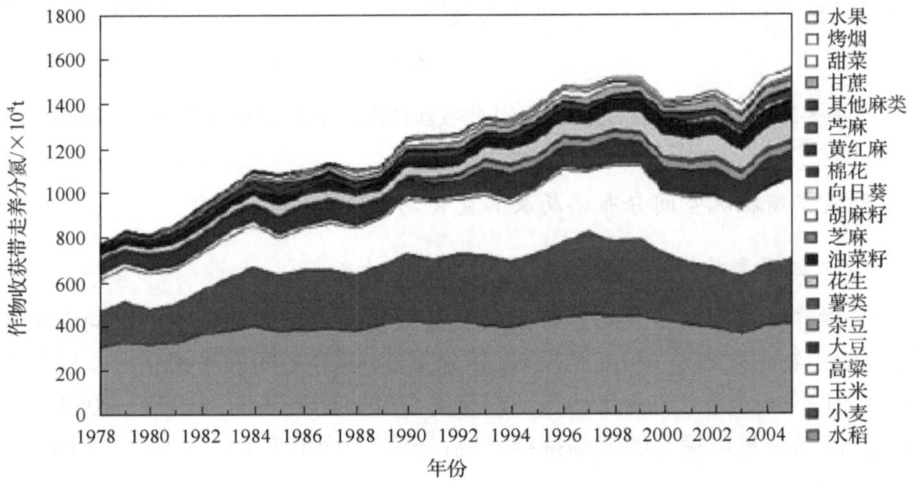

图 8-34　1978～2005 年作物收获带走养分氮量(引自刘忠等，2009)

以 5 个时间点(1978 年、1984 年、1991 年、1998 年和 2005 年)来比较不同省区市作物收获带走养分氮量，历年作物收获带走养分氮量较高的省份有山东、河南、四川、江苏、黑龙江、安徽，历年作物收获带走养分氮量较低的省区市有西藏、青海、海南、天津、上海、宁夏。以 2005 年为例，最高省(河南)的养分氮量是最低自治区(西藏)的 117 倍(图 8-35)。

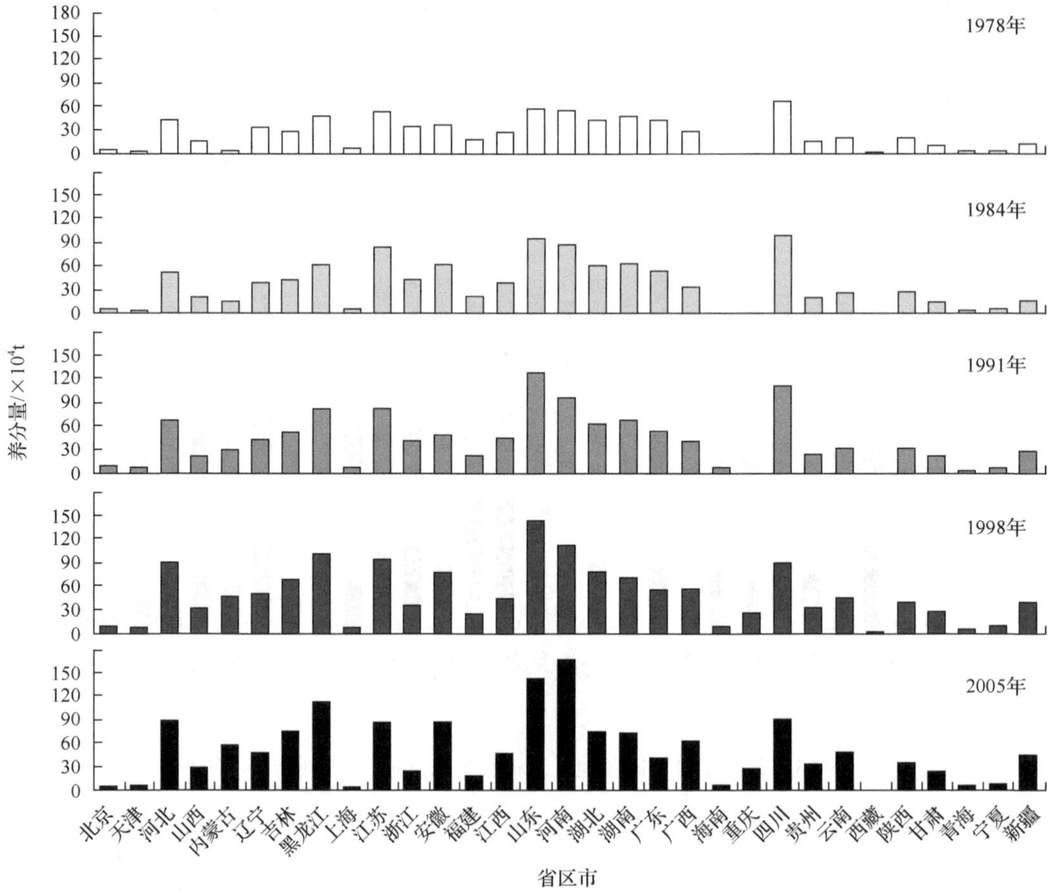

图 8-35　部分年份全国各省区市作物收获带走养分氮量(引自刘忠等，2009)

(三)氮素平衡状况空间分布格局及其变化动态

1. 氮素总体平衡状况空间分布格局及其变化动态

农田氮素养分收支平衡空间分布格局及其变化动态是指在特定的时间农田氮素养分被作物消耗(生物退化过程)和施肥投入(养分重建过程)之间的平衡状况，以及在空间上的分布格局和不同时间上的变化动态。刘忠等(2009)研究表明，1978～2005 年，中国农田养分氮素的盈余量以稳定的速率持续升高，平均年增量为 64.7×10^4t，年均增长速率为 3.6%(图 8-36)。

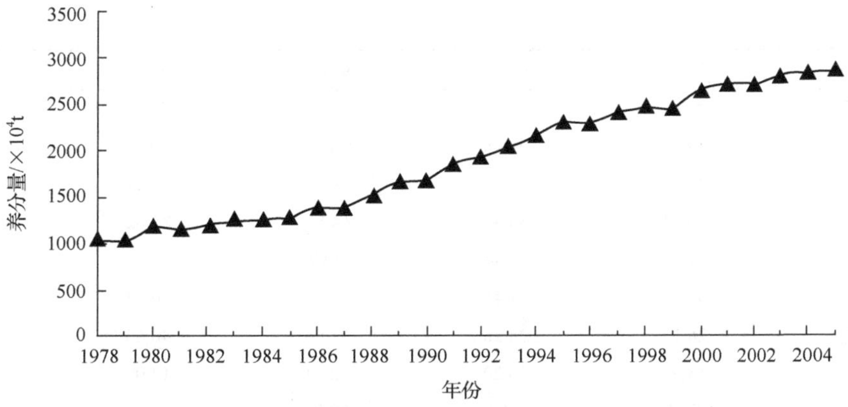

图 8-36　1978～2005 年农田生态系统中氮素盈余量(引自刘忠等，2009)

表 8-36 列出了 1978 年、1984 年、1991 年、1998 年和 2005 年 5 个年份全国各省区市的氮素盈余情况。从总体趋势上来说，全国各省区市的氮素盈余量都是随着时间不断增加。但是内蒙古、西藏、青海等省区的养分盈余量增幅缓慢，而河南、湖北、江西等省份的养分盈余量却增幅较大。

表 8-36　部分年份中国农田生态系统的氮素平衡(引自刘忠等，2009)　(单位：$\times10^4$t)

省区市	1978 年	1984 年	1991 年	1998 年	2005 年
北京	9.86	7.36	10.04	14.13	16.26
天津	6.16	4.54	5.64	10.15	18.18
河北	72.40	88.38	114.21	177.88	203.10
山西	38.34	37.70	40.98	45.71	55.88
内蒙古	33.34	36.41	37.96	67.07	89.42
辽宁	42.55	47.01	60.88	74.54	87.43
吉林	19.11	24.51	51.19	55.72	68.03
黑龙江	44.14	29.13	49.70	55.42	77.10
上海	13.82	12.61	16.91	14.40	13.57
江苏	78.16	94.95	150.31	199.29	206.60
浙江	31.55	41.81	59.79	58.25	70.91
安徽	44.39	60.22	101.37	139.99	140.90
福建	20.79	30.27	47.48	65.09	70.67
江西	20.97	26.94	50.85	62.93	60.62
山东	115.28	128.62	154.11	214.85	258.40
河南	57.98	91.66	154.70	237.00	265.60
湖北	31.35	47.51	95.31	164.17	156.20
湖南	33.30	44.95	81.21	109.85	132.80
广东	53.93	67.53	104.62	104.17	141.10
广西	29.29	37.01	55.54	10.86	79.67
海南	2.32	2.36	10.37	14.08	22.45

续表

省区市	1978 年	1984 年	1991 年	1998 年	2005 年
重庆	5.96	5.73	5.67	51.04	53.10
四川	79.77	94.48	140.79	135.82	155.40
贵州	21.99	27.19	39.42	46.47	58.97
云南	29.24	50.96	64.80	85.62	108.90
西藏	11.41	12.44	9.49	14.32	15.65
陕西	34.09	37.46	61.63	80.52	92.86
甘肃	26.11	28.26	31.06	40.60	57.09
青海	13.94	14.29	12.84	14.00	14.02
宁夏	6.74	6.08	10.08	24.77	18.87
新疆	30.46	31.17	37.43	56.36	68.00

从区域上来说，养分氮盈余量高的地区集中在粮食主产区的黄淮海平原和四川盆地。从省份上来说，山东、河南、四川、江苏、河北、广东等历年都为氮素盈余量全国前几位的省份，安徽省、湖北省近年的盈余量也增大。氮素盈余量最低的省份分布也较为固定和集中，西北、西南地区的青海、西藏、宁夏和贵州历年的盈余量都较低，东北地区的黑龙江、吉林盈余量也不高。

2. 单位耕地面积氮素盈亏状况空间分布格局及其变化动态

单位耕地面积上的氮素盈亏量，即氮素盈余强度，反映了该土地上投入产出的养分量，从另一个侧面反映了土地的投入产出水平。更为重要的是，盈亏量包括进入环境的氮素，所以单位耕地面积上养分盈亏量是一个很重要的环境指标，反映了环境可能受到潜在污染的危险性程度。所以单位耕地面积上的氮素盈亏量也是非常重要的有生态意义的指标。

刘忠等(2009)研究表明，2005 年福建、广东和北京等省市单位耕地面积上的氮素盈余量为全国较高的地区，而新疆、甘肃、内蒙古、黑龙江等省区较低。总盈余量较高的省份(如山东、河北、河南等)单位耕地面积上的氮素养分盈余量却很小。

二、农田磷素养分空间分布格局及其变化动态

磷是作物生长发育的三大营养元素之一，磷素是有机体不可缺少的重要元素，是细胞内一切生化作用的能量和物质基础，在数量上仅次于氮和钾，因此在作物生长过程中必须保证作物的足量供应。但是过多的磷供应也会导致很多问题，如增加了农民的投入成本、加大了磷对环境的污染风险等，因此深入地研究农田磷素的收支平衡与变化动态具有重要的实践意义。

(一)农田磷素养分投入空间分布格局及其变化动态

农田磷素投入空间分布格局及其变化动态是指在特定的时间农田磷素投入水平在空间上的分布格局和不同时间投入水平的变化动态。方玉东等(2008)研究表明，在全国层面上，磷肥、有机磷肥及其他来源的磷肥(包括降水和灌溉携入的磷肥)占农田磷素养分

总投入的比例分别为 77.11%、22.23%、0.66%，农田磷素养分的投入以磷肥为主，以有机磷肥次之，降水和灌溉携入的磷肥比例很少，可忽略不计。在省域层面上，磷肥在农田磷养分总投入中的比例都超过 50%，西藏自治区磷肥占磷素总投入的比例最低，为 50.42%，天津市磷肥投入占磷素总投入的比例最高，达 90.33%。在空间上，磷肥占农田磷素总投入的比例没有呈现出明显的区域分异(表 8-37)。

表 8-37　省域农田磷肥投入结构(引自方玉东等，2008)　(单位：%)

省区市	磷肥(P)	有机肥(P)	其他来源(P)	合计
西藏	50.42	48.83	0.75	100
青海	60.01	37.03	2.95	100
海南	64.33	34.87	0.80	100
湖南	66.53	32.65	0.83	100
云南	66.91	32.04	1.05	100
辽宁	68.32	31.35	0.33	100
上海	69.09	29.75	1.17	100
四川	69.49	29.79	0.72	100
北京	69.98	29.60	0.41	100
广东	70.31	29.02	0.67	100
广西	70.42	28.94	0.64	100
浙江	71.00	28.07	0.93	100
贵州	71.70	27.59	0.71	100
河北	72.79	26.83	0.37	100
重庆	73.88	25.32	0.08	100
江西	74.86	24.33	0.82	100
内蒙古	75.41	23.79	0.80	100
黑龙江	78.45	21.18	0.36	100
甘肃	78.77	18.68	2.54	100
新疆	79.42	19.78	0.80	100
山东	80.28	19.47	0.24	100
福建	80.52	19.00	0.47	100
山西	80.74	16.79	2.30	100
吉林	80.77	19.03	0.20	100
宁夏	81.14	15.61	3.25	100
陕西	81.28	16.91	1.81	100
河南	81.33	18.44	0.23	100
江苏	83.61	15.69	0.70	100
湖北	83.93	15.54	0.53	100
安徽	84.18	15.16	0.67	100
天津	90.33	9.41	0.26	100

在全国层面上，由人畜禽粪尿提供的磷素占全部有机磷肥投入的比例为 85.25%，而由秸秆(仅考虑了小麦、玉米及水稻三大类作物的秸秆还田情况，实际进行秸秆还田的作物种类会稍微多一点，因此这个比值可能比实际情况稍低一些)部分提供的磷素仅占全部有机磷肥投入的 14.75%。在全国层面上，由猪粪尿提供的磷素养分比例最大，达 41.94%，家禽与羊粪尿提供的磷素分布不足 10%。西藏自治区由大牲畜粪尿、羊粪尿提供的磷素占人畜禽粪尿的比例分别都居于最高水平。总体看来，磷素秸秆还田占全部农田有机磷肥还田的比例过低(表 8-38)。

表 8-38 省域农田有机磷肥投入结构(引自方玉东等，2008) (单位：%)

省区市	总有机磷肥	秸秆	人畜禽粪尿	人畜禽粪尿					
				大牲畜	猪	羊	家禽	人	合计
北京	100	10.84	89.16	12.38	47.66	7.75	13.87	18.35	100
天津	100	14.58	85.42	30.83	21.63	6.20	15.62	25.71	100
河北	100	12.49	87.51	35.72	28.51	7.93	17.00	10.85	100
山西	100	12.59	87.41	32.38	25.16	11.82	9.15	21.49	100
内蒙古	100	15.44	84.56	24.93	36.76	18.76	5.32	14.23	100
辽宁	100	6.96	93.04	34.35	33.60	3.45	17.08	11.51	100
吉林	100	13.11	86.89	45.08	31.92	3.39	13.38	6.23	100
黑龙江	100	18.92	81.08	40.09	33.52	3.98	9.97	12.45	100
上海	100	17.66	82.34	3.61	42.76	6.31	24.92	22.40	100
江苏	100	23.90	76.10	6.39	42.78	8.55	22.37	19.91	100
浙江	100	23.28	76.72	3.41	53.51	4.05	7.99	31.04	100
安徽	100	17.03	82.97	22.42	40.99	3.64	11.12	21.83	100
福建	100	18.14	81.86	16.23	50.37	1.46	11.29	20.66	100
江西	100	19.94	80.06	26.12	49.04	0.63	5.11	19.10	100
山东	100	15.04	84.96	34.81	25.33	9.18	18.64	12.05	100
河南	100	15.45	84.55	29.87	37.82	6.75	12.14	13.41	100
湖北	100	17.16	82.84	21.14	49.19	1.18	10.74	17.75	100
湖南	100	17.59	82.41	18.88	58.64	1.73	5.76	15.00	100
广东	100	16.27	83.73	29.13	46.70	0.27	3.41	20.50	100
广西	100	11.46	88.54	44.19	41.14	1.47	1.23	11.96	100
海南	100	9.42	90.58	55.28	30.98	3.02	1.29	9.44	100
重庆	100	10.53	89.47	7.37	67.98	1.57	4.87	18.22	100
四川	100	14.52	85.48	15.45	61.68	2.94	5.72	14.21	100
贵州	100	8.84	91.16	26.60	54.08	1.93	1.13	16.26	100
云南	100	10.80	89.20	25.15	57.36	3.11	1.06	13.33	100
西藏	100	0.94	99.06	58.70	6.62	27.45	0.15	7.08	100
陕西	100	14.18	85.82	16.14	44.95	3.55	9.83	25.54	100
甘肃	100	7.72	92.28	34.45	34.22	7.39	2.83	21.11	100
青海	100	1.52	98.48	55.98	14.58	16.03	0.97	12.44	100
宁夏	100	12.61	87.39	25.49	34.73	11.25	9.07	19.45	100
新疆	100	10.70	89.30	45.19	9.51	25.67	5.01	14.62	100
全国	100	14.75	85.25	27.46	41.94	5.27	9.98	15.35	100

全国磷肥投入总量为 470×10^4t，平均单位耕地磷肥投入 0.049t/hm^2，其中单一磷肥投入 310×10^4t，复合磷肥投入 161×10^4t，单一磷肥与复合磷肥投入的比例为 1∶0.52。根据国家统计局对我国东、中、西部的划分，我国东部地区农田磷肥投入总量为 190×10^4t，单位耕地磷肥投入 0.061t/hm^2，单一磷肥与复合磷肥的比例为 1∶0.70；中部地区农田磷肥投入总量为 192×10^4t，单位耕地磷肥投入 0.044t/hm^2，单一磷肥与复合磷肥的比例为 1∶0.44；西部地区农田磷肥投入总量为 88×10^4t，单位耕地磷肥投入 0.040t/hm^2，单一磷肥与复合磷肥的比例为 1∶0.53。从投入总量上来看，中部地区的磷肥投入最多，但是单位耕地磷肥投入却呈现从东部地区向西部地区逐渐减少的趋势。在省域层面上，农田磷肥的平均投入从内蒙古自治区的 0.012t/hm^2 到福建省的 0.102t/hm^2 之间变化不等，农田磷肥的平均投入在空间上的总体趋势是从西北部向东南部逐渐增加。

为客观分析我国县域农田单位耕地磷肥的投入情况，方玉东等(2008)将单位耕地磷肥的投入情况分为四级：(0～0.020) t/hm^2 为一级，我国有不少县域农田根本不投入磷肥或者根本投入很少，处于这个区间的县域单元数占全部县域单元数的 23.33%；(0.02～0.040) t/hm^2 为二级，这个区间的县域单元数占全部县域单元数的 23.59%；(0.04～0.060) t/hm^2 为三级，这个区间的县域单元数占全部县域单元数的 20.53%；大于 0.060t/hm^2 为四级，这个区间的县域单元数占全部县域单元数的 30.67%。

在县域水平上，单位耕地农田磷肥的投入呈现比较明显的区域分异，一级区主要分布在我国的西北部与北部地区；二级区主要分布在西南部地区，南疆、内蒙古自治区、东北三省也有零星分布；三级区和四级区重点分布在东南部地区，山东省的聊城市辖区、高青县，福建省的长泰县、平和县，贵州省的铜仁市，以及四川省的西昌市单位耕地农田磷素投入都超过了 0.40t/hm^2。

(二) 农田磷素养分支出空间分布格局及其变化动态

农田磷素支出空间分布格局及其变化动态是指在特定的时间农田磷素支出水平在空间上的分布格局和不同时间支出水平的变化动态。方玉东等(2008)研究表明，全国农田磷素生物产出为 294×10^4t，占农田磷素总支出的比例为 89.90%。由此可知，农田磷素生物产出是农田磷素支出的主要部分，因此本部分主要分析磷素的生物产出情况。

农田磷素生物产出由两个部分组成：籽实磷与秸秆磷。籽实部分含有的磷素称为磷素的生物有效产出。全国农田磷素的有效生物产出为 162×10^4t，秸秆部分磷素产出为 132×10^4t，二者之比为 1∶0.81，磷素生物产出以籽实部分的生物产出为主。粮食作物磷素生物产出占全部磷素生物产出的比例为 64.58%，而小麦、玉米和水稻三大类粮食作物磷素生物产出占全部磷素生物产出的 56.39%，占粮食作物磷素生物产出的比例为 87.32%。可见，小麦、玉米和水稻三种作物不但是粮食作物中磷素生物产出的主要部分，而且是磷素总生物产出的重要组成部分。西北地区的新疆维吾尔自治区、宁夏回族自治区、青海省与西藏自治区磷素有效产出分别为 61.86%、63.97%、67.86%与 68.92%，在全国磷素的有效生物产出中均处于比较高的水平，究其原因在我国西北地区油料与豆类作物的产量相对我国其他地区要高。

全国农田单位耕地磷素生物产出为 0.03t/hm^2，按照国家统计局对我国东、中、西部的划分，我国东部地区农田磷素生物产出总量为 120×10^{4}t，单位耕地磷素生物产出为 0.038t/hm^2；中部地区农田磷素生物产出总量为 116×10^{4}t，单位耕地磷素生物产出为 0.027t/hm^2；西部地区农田磷素生物产出总量为 57×10^{4}t，单位耕地磷素生物产出为 0.026t/hm^2。在省域层面上，农田单位耕地磷素生物产出呈现比较明显的规律变化，总体趋势是从西北地区向东南地区逐渐增加，从西藏自治区的 0.007t/hm^2 到上海市的 0.057t/hm^{2}之间变化，西北地区的西藏自治区、青海省、宁夏回族自治区的单位耕地磷素生物产出皆处在 0.01t/hm^2 以下的水平上。为从宏观上更好地评价我国农田单位耕地磷素的生物产出情况，方玉东等(2008)将农田单位耕地磷素生物产出分成四级：(0～0.020) t/hm^2 为一级，这个区间的县域单元数占全部县域单元数的 27.41%；(0.020～0.035) t/hm^2 为二级，处于这个区间的县域单元数占全部县域单元数的 26.60%；(0.035～0.050) t/hm^2 为三级，处于这个区间的县域单元数占全部县域单元数的 27.20%；大于 0.050t/hm^2 为四级，处于这个区间的县域单元数占全部县域单元数的 16.93%。县域农田单位耕地磷素生物产出空间分布规律明显，一级区主要分布在我国西北部与北部地区；二级区在空间分布上与其他分级相比趋向离散，在我国东南部地区、东北三省、南疆地区、甘肃省与内蒙古自治区的西北部都有分布；三级区与四级区分布比较集中，主要分布在我国东南部地区。

(三)农田磷素养分平衡空间分布格局及其变化动态

农田磷素养分收支平衡空间分布格局及其变化动态是指在特定的时间农田磷素养分被作物消耗(生物退化过程)和施肥投入(养分重建过程)之间的平衡状况，以及在空间上的分布格局和不同时间的变化动态。方玉东等(2008)研究表明，我国农田磷素投入总量为 610×10^{4}t，支出总量为 328×10^{4}t，农田磷素盈余 282×10^{4}t，平均单位耕地盈余 0.029t/hm^2。我国东部地区农田磷素单位耕地盈余 0.0387t/hm^2，中部地区农田磷素单位耕地盈余 0.0254t/hm^2，西部地区农田磷素单位耕地盈余 0.0233t/hm^2。

从大区来看，我国农田磷素盈余趋势为从我国东部地区农田向西部地区农田逐渐减少。在省域层面上，除上海与黑龙江微弱亏缺外，农田磷素投入全部处于盈余状态，盈余量从内蒙古自治区农田磷素的微弱盈余到福建省农田单位耕地盈余 0.078t/hm^{2}之间变化。以盈亏量衡量农田磷素的盈亏程度，重点反映的是农田磷素在空间上的盈亏量比较，至于盈亏量多少才算属于合理的范围之内，则不能反映。为此，提出了农田磷素盈亏率的概念。农田磷素盈亏率指的是单位耕地上的磷素盈亏量占单位耕地上的磷素支出量的比率。

方玉东等(2008)将农田磷素盈亏率划分为 5 个级别：<–10%为不足，这部分县域单元数占全部县域单元数的 9.25%，其耕地面积占全国总耕地面积的 11.44%；–10%≤A≤10%为合理(A 为磷素平衡盈亏率)，这部分县域单元数占全部县域单元数的 6.49%，其耕地面积占全国总耕地面积的 7.72%；10%<A≤30%为轻度过量，这部分县域单元数占全部县域单元数的 10.98%，其耕地面积占全国总耕地面积的 10.97%；30%<A≤60%为中度过量，这部分县域单元数占全部县域单元数的 16.89%，其耕地面积占全国总耕地面积的 17.04%；>60%为重度过量，这部分县域单元数占全部县域单元数的 56.39%，其耕地面积占全国总耕地面积的 52.82%。

三、农田钾素养分空间分布格局及其变化动态

钾是排在氮和磷之后居第 3 位的大量营养元素，其离子是植物体内最丰富的阳离子，钾不仅能提高作物的抗旱、抗寒、抗病、抗倒伏的能力，而且可提高抵御外界恶劣环境的忍耐力，钾有“抗逆元素”之称，因此保证农田钾素的足量供给对于保障粮食安全、提高农产品产量具有重大意义。

(一)农田钾素养分投入空间分布格局及其变化动态

农田钾素投入空间分布格局及其变化动态是指在特定的时间农田钾素投入水平在空间上的分布格局和不同时间投入水平的变化动态。方玉东等(2009)研究表明，我国农田钾素输入总量为 1.068×10^7t，其中化学钾肥投入 4.77×10^7t，有机肥钾素投入总量为 4.98×10^6t。在全国层面上，化学钾肥、有机钾肥与其他来源的钾肥养分投入占钾素养分总投入的比例分别为 44.61%、46.58%、8.81%，化学钾肥的投入比有机钾肥的稍微少一点，基本处于一个水平上。在省域层面上，化学钾肥占农田钾肥总投入的比例相对氮、磷来说变化幅度较大，从上海农田基本不施用化学钾肥到天津农田化学钾肥投入占农田钾肥总投入的比例近 70%之间变化不等。

总体来看，西藏、青海、新疆、四川、重庆与内蒙古这些西部、西北部省区市化学钾肥投入处于比较低的水平，基本低于 30%。化学钾肥占农田钾肥总投入的比例在 50%以上的省区市有陕西、安徽、吉林、山东、广西、广东、福建与天津(表 8-39)。

表 8-39　省域农田钾肥投入结构(引自方玉东等，2009)　　(单位：%)

省区市	化学钾肥	有机钾肥	其他来源钾
北京	37.94	52.23	9.83
天津	68.06	24.28	7.67
河北	36.39	54.80	8.81
山西	41.75	45.19	13.06
内蒙古	28.77	48.88	22.35
辽宁	44.33	47.97	7.69
吉林	52.72	41.74	5.54
黑龙江	39.81	49.98	10.21
上海	—	77.34	22.58
江苏	39.87	48.02	12.11
浙江	29.27	59.17	11.56
安徽	52.49	37.05	10.46
福建	63.72	31.43	4.85
江西	44.87	46.48	8.65
山东	54.41	40.09	5.50
河南	45.92	47.79	6.29

续表

省区市	化学钾肥	有机钾肥	其他来源钾
湖北	42.43	47.76	9.81
湖南	44.32	47.68	8.00
广东	56.37	38.25	5.37
广西	55.53	38.91	5.56
海南	43.59	49.95	6.45
重庆	27.39	59.75	12.86
四川	25.09	64.92	9.99
贵州	32.19	58.93	8.88
云南	33.14	55.13	11.73
西藏	18.29	66.88	14.83
陕西	52.35	35.87	11.78
甘肃	31.37	50.18	18.45
青海	21.77	66.48	11.75
宁夏	35.42	41.55	23.03
新疆	24.94	52.21	22.84
全国	44.61	46.58	8.81

在全国层面上，由人畜禽粪尿提供的钾占全部有机钾肥总投入的比例为48.98%，由秸秆提供的钾占全部有机钾肥总投入的比例为51.02%，与化学氮肥和化学磷肥相比，秸秆提供的钾素在全部还田有机钾肥中所占的比例最大，这也说明在我国农田钾素普遍投入不足的情况下，重视秸秆还田对于缓解我国农田钾素不足的矛盾将有重要意义(表8-40)。

表8-40　省域农田有机磷肥投入结构(引自方玉东等，2009)　　(单位：%)

省区市	秸秆	人畜禽粪尿	人畜禽粪尿					
			大牲畜	人	猪	羊	家禽	合计
北京	37.89	62.11	20.24	19.92	35.99	11.44	12.42	100
天津	41.88	58.12	42.71	22.91	14.23	7.97	12.18	100
河北	38.78	61.22	49.57	9.30	18.27	9.94	12.92	100
山西	34.09	65.91	45.76	17.48	15.16	15.07	6.53	100
内蒙古	43.11	56.89	32.42	14.15	26.70	22.16	4.58	100
辽宁	23.87	76.13	49.37	10.42	22.30	4.48	13.44	100
吉林	34.26	65.74	62.29	5.33	18.81	4.23	9.35	100
黑龙江	47.21	52.79	57.06	10.30	20.35	5.11	7.17	100
上海	62.12	37.88	6.05	26.66	34.00	9.81	23.49	100
江苏	69.62	30.38	10.89	21.38	33.68	13.16	20.88	100

续表

省区市	秸秆	人畜禽粪尿	人畜禽粪尿					
			大牲畜	人	猪	羊	家禽	合计
浙江	71.10	28.90	6.16	34.73	44.61	6.61	7.89	100
安徽	57.05	42.95	36.60	20.32	28.54	5.36	9.18	100
福建	62.57	37.43	27.12	21.51	38.85	2.20	10.33	100
江西	62.98	37.02	42.79	17.80	34.25	0.94	4.23	100
山东	43.71	56.29	48.04	10.30	16.14	11.44	14.08	100
河南	46.53	53.47	45.35	11.59	24.49	9.25	9.32	100
湖北	58.50	41.50	35.88	17.48	35.61	1.81	9.22	100
湖南	60.79	39.21	33.23	14.87	44.03	2.74	5.13	100
广东	57.03	42.97	44.51	19.32	32.94	0.37	2.85	100
广西	43.31	56.69	60.92	10.14	26.18	1.83	0.93	100
海南	37.26	62.74	70.18	7.30	18.16	3.46	0.89	100
重庆	45.11	54.89	17.11	19.89	55.39	2.90	4.70	100
四川	51.88	48.12	31.88	13.72	44.65	4.84	4.90	100
贵州	33.26	66.74	48.04	14.08	34.25	2.78	0.85	100
云南	38.51	61.49	46.25	11.38	37.00	4.56	0.81	100
西藏	4.51	95.49	62.64	6.71	3.94	26.60	0.11	100
陕西	44.29	55.71	28.13	25.51	33.41	4.29	8.66	100
甘肃	26.69	73.31	50.93	17.81	21.57	7.58	2.11	100
青海	6.56	93.44	69.11	8.89	7.67	13.73	0.61	100
宁夏	40.23	59.77	39.85	17.62	23.16	12.20	7.17	100
新疆	30.23	69.77	57.90	10.85	5.20	22.81	3.24	100
全国	51.02	48.98	42.83	13.93	28.30	6.96	7.98	100

全国农田化学钾肥投入总量为 4.77×10^6t，单位耕地钾肥投入为 49kg/hm^2，其中单一钾肥投入总量为 3.24×10^6t，由复合肥提供的钾肥投入总量为 1.53×10^6t，单一钾肥与复合钾肥投入比例为 1∶0.47，在全国层面上，单一钾肥投入是复合钾肥投入的 2 倍多，但是与氮肥和磷肥相比，复合钾肥的投入明显增高。根据国家统计局对我国东、中、西部的划分，我国东部地区农田化学钾肥投入最高达 2.37×10^6t，单位耕地化学钾肥投入为 80kg/hm^2；中部地区化学钾肥投入总量为 1.81×10^6t，单位耕地化学钾肥投入为 40kg/hm^2；西部地区化学钾肥投入总量为 0.58×10^6t，单位耕地化学钾肥投入为 30kg/hm^2。在省域层面上，农田化学钾肥的平均投入从上海市的几乎不施用化学钾肥到福建省农田单位耕地钾肥投入 206kg/hm^2 之间变化不等。上海市农田几乎不施化学钾肥，这与上海市农田大量施用氮肥的现状不相协调。在空间上，农田单位耕地化学钾肥投入总体趋势是从西北部地区向东南部地区逐渐增加。

根据农田钾素单位耕地的产出情况，将单位耕地农田化学钾肥的投入划分为 4 级：0～13kg/hm^2 为1级，这部分县域单元数占全部县域单元数的 27.43%；13～36kg/hm^2 为 2 级，这部分县域单元数占全部县域单元数的 23.97%；36～75kg/hm^2 为 3 级，这部分县域单元数占全部县域单元数的 24.61%；＞75kg/hm^2 为 4 级，这部分县域单元数占全部县域单元数的 24.44%。

从数据分析来看，我国很多县域单元农田根本不施用化学钾肥或者仅仅施用很少的钾肥，如在我国西藏自治区的很多县域单元农田根本不施用任何化学钾肥。在空间上，化学钾肥施用处于 1 级的县域单元占据了我国的多半壁江山，整个西北部地区包括中东部的部分地区，农田化学钾肥的投入几乎全部处于 1 级水平上，农田钾素(包括化学钾肥和有机钾肥)投入处在 3 级、4 级的县域单元主要集中分布在我国东南部地区，农田化学钾肥单位耕地投入空间分异明显。我国农田单位耕地钾素的生物产出在 140kg/hm^2 左右，也就是说，农田钾素投入处在 2 级与 3 级水平上的县域单元实际上也处于化学钾肥投入不足的状态。

(二)农田钾素养分支出空间分布格局及其变化动态

农田钾素支出空间分布格局及其变化动态是指在特定的时间农田氮素支出水平在空间上的分布格局和不同时间支出水平的变化动态。方玉东等(2009)研究表明，全国农田钾素支出总量为 1.458×10^7t，其中钾素生物产出总量为 1.335×10^7t，占农田钾素总支出的 91.56%，其余部分通过径流渗漏等流出农田生态系统。农田钾素生物产出有两个组成部分：籽实钾与秸秆钾。籽实钾对人们来说是有效的，称为钾素有效生物产出。全国农田籽实钾生物总产出为 2.62×10^6t，秸秆钾生物总产出为 1.073×10^6t，二者之比为 1∶4.1，可见秸秆钾是农田钾素生物产出的主要组成部分，同时也反映了在目前我国农田钾素普遍投入不足的情况下重视秸秆还田的重要意义。

在省域水平上，各省区市之间由于主要栽培作物的不同，籽实钾与秸秆钾的比例略有不同，从天津市农田籽实钾占农田钾素生物产出的 10.14%，到云南省籽实钾占农田钾素生物产出的 34.12%变化不等，但是秸秆钾素占农田钾素总生物产出的绝对优势没有改变。

全国农田单位耕地钾素生物产出为 140kg/hm^2，按照国家统计局对我国东、中、西部的划分，我国东部地区农田钾素生物产出总量为 5.39×10^6t，单位耕地钾素生物产出为 170kg/hm^2；中部地区农田钾素生物产出总量为 5.22×10^6t，单位耕地钾素生物产出为 120kg/hm^2；西部地区农田钾素生物产出总量为 2.74×10^6t，单位耕地钾素生物产出为 120kg/hm^2。

在省域水平上，单位耕地钾素生物产出从西藏自治区的 30kg/hm^2，到广东省的 270kg/hm^2，空间变化规律明显，从西北部到东南部呈现出逐渐增加的趋势，西藏自治区、青海省、宁夏回族自治区、内蒙古自治区、山西省、甘肃省农田单位耕地钾素生物产出都处在 50kg/hm^2 以下的水平。粮食作物钾素生物产出 8.8×10^6t，占 67.48%，三大类粮食作物小麦、玉米、水稻钾素生物产出占到了 55.5%，占粮食作物钾素生物产出的 82.25%。由此可知，粮食作物是钾素总生物产出的重要部分，而小麦、玉米、水稻则是粮食作物中钾素生物产出的重要组成部分。

方玉东等(2009)根据农田单位耕地钾素生物产出的数据分布特点，将农田单位耕地钾素生物产出分为4级：0～80kg/hm^{2}为1级；80～150kg/hm^{2}为2级；150～250kg/hm^{2}为3级；＞250kg/hm^{2}为4级。农田单位耕地钾素生物产出处于1级的县域单元数占全部县域单元数的24.57%，处于2级的县域单元数占全部县域单元数的23.50%，处于3级的县域单元数占全部县域单元数的37.46%，处于4级的县域单元数占全部县域单元数的12.39%，处于3级也就是农田钾素生物产出在150～250kg/hm^{2}的县域单元数最多。

中国县域农田单位耕地钾素生物产出在空间上具有明显的分异规律，1级区集中分布在我国的西北部、北部地区，仅有极少数的县域单元零星分布在我国的东南部地区；2级区在我国东南部地区分布较多，但是在南疆地区、东北三省的部分县域单元、甘肃省西北部地区也有零星分布。

(三)农田钾素养分平衡空间分布格局及其变化动态

农田钾素养分收支平衡空间分布格局及其变化动态是指在特定的时间农田钾素养分被作物消耗(生物退化过程)和施肥投入(养分重建过程)之间的平衡状况，以及在空间上的分布格局和不同时间收支平衡水平上的变化动态。方玉东等(2009)研究表明，我国农田钾素投入总量为1.068×10^{7}t，农田钾素总支出为1.458×10^{7}t，农田钾素处于亏缺状态，亏缺量为3.9×10^{6}t，平均单位耕地钾素亏缺40kg/hm^2。

按照国家统计局对区域的划分，我国东部地区农田钾素投入总量为4.84×10^{6}t，单位耕地投入为150kg/hm^2；中部地区农田钾素投入总量为3.99×10^{6}t，单位耕地投入为90kg/hm^2；西部地区农田钾素投入总量为1.85×10^{6}t，单位耕地投入为80kg/hm^2。就东、中、西部单位耕地农田钾素的亏缺量来说，东部为28kg/hm^2，中部为41kg/hm^2，西部为58kg/hm^2，西部亏缺总量为东部的2.07倍，中部基本上处于全国平均水平。

在省域层面上，除了广东省、西藏自治区、广西壮族自治区与福建省外，农田钾素投入都处于不足状态。上海市与重庆市单位耕地亏缺量处在100kg/hm^{2}以下水平，钾素投入严重不足。

在县城层面上，农田钾素处于亏缺的县域单元数占全部县域单元数的77.39%，也就是说我国绝大多数的县域单元农田钾素处于亏缺状态。为从宏观上方便考察我国县域农田钾素的盈亏程度，结合县域农田钾素盈亏量的分布特点，将我国县域农田钾素的盈亏程度划分为4级：＜－64kg/hm^{2}为严重亏缺，这部分县域单元数占全部县域单元数的25.80%，其耕地面积占全国总耕地面积的25.56%；–64～35kg/hm^{2}为中度亏缺，这部分县域单元数占全部县域单元数的25.07%，其耕地面积占全国总耕地面积的29.18%；–35～0kg/hm^{2}为轻度亏缺，这部分县域单元数占全部县域单元数的26.52%，其耕地面积占全部耕地面积的30.41%；＞0为盈余，这部分县域单元数占全部县域单元数的20.36%。其耕地面积占全国总耕地面积的14.85%。

近年来，许多研究者从宏观层面分析了省域和区域层面的农田物质循环和养分收支平衡状况，尽管各地施肥情况和农作物生物量不同，但所得到的结果较为一致，那就是我国农田钾素一直处于亏缺状态，每公顷亏缺37.5～340.5kg。

在空间上，农田钾素亏缺的县域单元虽然没有明显的分布规律，但有集中分布的趋势。农田钾素处于严重亏缺的县域单元集中分布在我国中西部地区，在东部、南疆地区及黑龙江省的某些县域单元农田钾素也处于严重投入不足的状态。农田钾素处于盈余状态的县域单元主要分布在西藏自治区、四川省的西北部地区、广西壮族自治区、福建省、海南省等。

钾素的收支状况会反映在土壤钾素肥力水平的消长上，当农田钾素的支出大于投入时，其亏缺部分是由土壤本身提供的，长期的农田钾素亏缺必将引起土壤供钾能力的下降。近年来各地土壤肥力监测点的系统测定结果表明，无论南方还是北方，农田土壤的速效钾含量普遍呈下降趋势，而且原来钾素肥力较低的土壤下降更多。由于钾素收支不平衡，土壤钾的消耗加剧，因此缺钾矛盾日益暴露。江苏省平均土壤速效钾每年以2.3mg/kg 的速度下降，缺钾面积已达 267 万 hm^2，占耕地面积的 70%。江苏在全国属于中度缺钾的省，从而可以推断中国缺钾面积可能已不是十多年前估计的 23%了。

为考察我国农田钾素的亏缺情况及钾素在各作物间的分配情况，进行如下假设：在农田钾素养分的消耗部分仅仅考虑粮食作物(薯类、谷子、高粱、豆类、玉米、小麦与水稻)，而不考虑其他诸如油料、糖料等作物。在仅考虑粮食作物钾素生物产出的情况下，在省域水平上，农田钾素盈余的省区市达到 24 个，农田钾素亏缺的省区市为 7 个，分别为上海市、重庆市、黑龙江省、浙江省、宁夏回族自治区、陕西省、江苏省。在仅考虑粮食作物钾素生物产出的情况下，农田钾素处于亏缺的县域单元数占全部县域单元数的26.94%，农田钾素处于盈余的县域单元数占全部县域单元数的 70.90%。在这种情况下，农田钾素盈余在空间分布上比较明显，农田钾素亏缺的县域单元主要分布在我国中部、东南部、东北部及南疆地区的某些县域单元。

四、影响农田养分空间分布的因素

(一)地理环境因素对农田养分空间分布的影响

1. 高程对农田养分空间分布的影响

一些研究者认为，在较小的高程范围内，高程对农田养分空间分布的影响不明显。例如，白一君等(2015)对松嫩平原西部农田土壤全氮空间分布的研究表明，由于研究区的海拔多为 120～180m，并结合采样点所在的土壤图斑的海拔，将高程分为 7 个等级，分别为＜120m、120～130m、130～140m、140～150m、150～160m、160～170m 和＞170m。根据叠加统计分析，全氮含量在 0.7～1.0g/kg 分布最广，在 130～160m 分布面积为5072.35km^2，约占研究区面积的 59.69%。大体上符合正态分布的概率特征，并未发现全氮含量因高程变化而产生较大改变。

为了进一步探讨高程对土壤全氮的影响，白一君等(2015)采用单因素方差分析(one-way ANOVA)的方法分析不同高程对土壤养分的影响。结果表明，对于全氮，不同高程组的含量均不存在显著差异(表 8-41)，这表明，对于整体地形较为平坦的研究区而言，海拔并不是影响土壤有机质和全氮空间分布的主要因素。

表 8-41　不同高程的土壤有机质和全氮含量的单因素方差值(引自白一君等，2015)

高程/m	有机质/%	全氮/%
＜120	0.246	0.280
120～130	0.321	0.361
130～140	0.237	0.290
140～150	0.251	0.286
150～160	0.210	0.241
160～170	0.228	0.295
＞170	0.322	0.356

2. 坡度对农田养分含量空间分布的影响

一些研究者认为，农田养分含量随着坡度的增大，呈现骤然减少的趋势。例如，白一君等(2015)对松嫩平原西部农田土壤全氮空间分布的研究表明，由于研究区地形平坦，坡度起伏不大，参考《第二次全国土地调查技术规程》的耕地坡度分级法，将研究区坡度分为 5 个等级，分别为：＜1°、1°～3°、3°～5°、5～7°、＞7°。研究区的土壤坡度＜3°的全氮含量分布面积为 6409.44km^2，占总面积的 75.43%，而坡度＞5°的全氮含量分布面积仅 480.75km^2，不足总面积的 6%。

由图 8-37 也可看出，土壤全氮含量随着坡度的增大，呈现骤然减少的趋势，主要是由于在坡度较缓的区域，土壤表层易聚积大量枯枝落叶，腐殖化作用较强，富集了大量的腐殖质，使得有机质和全氮含量较高；随着坡度增大，地表径流冲刷严重，导致表层土壤侵蚀加剧、养分流失较多，不利于有机质和氮素的积累，土壤中全氮含量相对来说会比较匮乏。

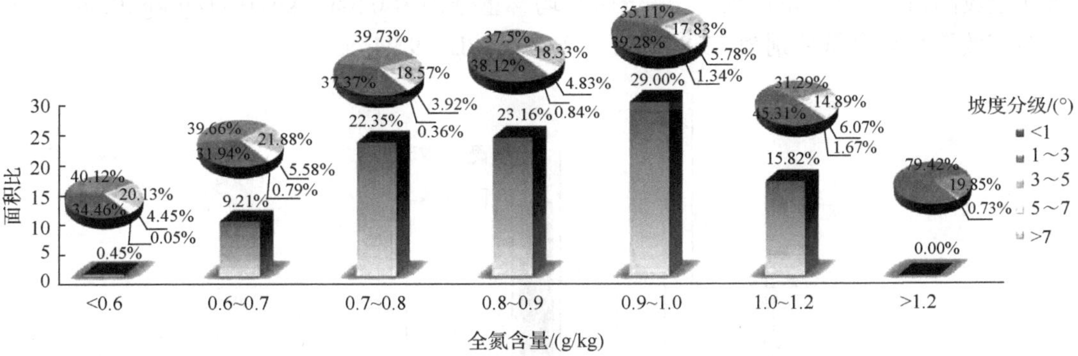

图 8-37　不同坡度下土壤全氮含量的统计图(引自白一君等，2015)

3. 土壤类型对农田养分含量空间分布的影响

大量的研究表明，不同母质形成的土壤，其养分含量存在一定差异。现以孔庆波等(2009)就土壤类型对黄淮海平原农田土壤磷素空间分布的影响为例来说明。孔庆波等(2009)将黄淮海平原农田土壤磷素含量按研究区主要土壤类型进行统计，发现以河湖相沉积物为主要成土母质的砂姜黑土和以第四纪上更新世的黏质黄土为主要成土母质的黄褐土全磷及速效磷平均含量较低，砂姜黑土全磷及速效磷平均含量分别为 0.537g/kg、12.95mg/L；黄褐土全磷及速效磷平均含量分别为 0.494g/kg、12.27mg/L，分布在淮河以南安徽及江苏北部。分布在淮河以北、海河以南黄河流域的潮土、盐化潮土、潮褐土、石灰性褐土、褐土的成土母质多为黄土性的冲积物或洪冲积物，磷素含量较高，其中潮土全磷平均含量最高，为 0.768g/kg，褐土速效磷平均含量最高，为 32.49mg/L。从总体上看，全磷含量为潮土＞盐化潮土＞潮褐土＞石灰性褐土＞褐土＞砂姜黑土＞黄褐土；速效磷含量为褐土＞潮褐土＞石灰性褐土＞潮土＞盐化潮土＞砂姜黑土＞黄褐土(表 8-42)。

表 8-42　土壤类型与土壤磷素含量(引自孔庆波等，2009)

土类	个数	所占比例/%	全磷/(g/kg)	速效磷/(mg/L)
潮土	230	45.5	0.768	21.77
褐土	11	2.2	0.656	32.49
盐化潮土	58	11.5	0.744	20.65
黄褐土	32	6.3	0.494	12.27
砂姜黑土	23	4.6	0.537	12.95
潮褐土	34	6.7	0.74	30.05
石灰性褐土	18	3.6	0.703	22.97

4. 土壤质地对农田养分含量空间分布的影响

土壤表土质地会造成土壤质量的差异，质地不但影响土壤的耕性、通透性、保水保肥性，而且影响土壤的养分水平。许多研究表明，不同质地土壤与其有效养分之间存在显著的相关性，且质地越黏重，土壤有效养分含量越高。现以孔庆波等(2009)就土壤质地与黄淮海平原农田土壤磷素空间分布的影响为例来说明。孔庆波等(2009)研究认为，不同质地土壤磷素平均含量相差较大(图 8-38)。其中，黏质土磷素含量较低，壤质土磷素含量较高，砂质土含量最低，土壤全磷平均含量分别为 0.540g/kg、0.718g/kg、0.543g/kg；土壤速效磷平均含量分别为 13.80mg/L、25.77mg/L、9.94mg/L。

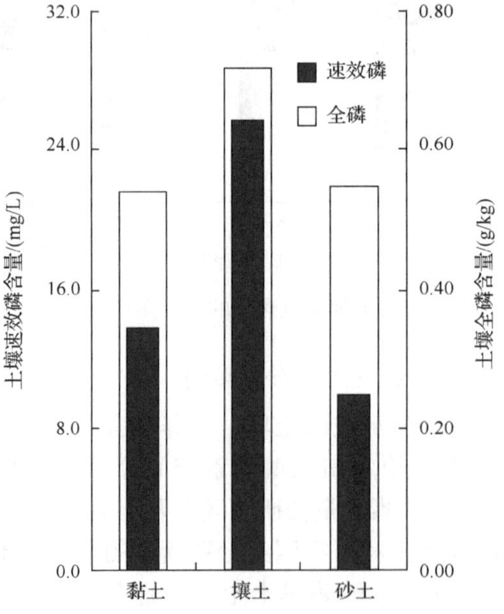

图 8-38　土壤质地与土壤磷素含量(引自孔庆波等，2009)

(二)人类活动对农田养分含量的影响

1. 社会经济因素对农田养分含量的影响

研究表明，在发展中国家，经济发展水平、肥料价格、教育和劳动力市场都影响了肥料的施用。考虑到中国在社会经济领域的统计项目，杨林章和孙波(2008)着重从 4 个方面分析社会经济发展水平与农田养分平衡之间的关系：①反映经济发展水平的指标，如国内生产总值、工业和农业总产值、农村居民纯收入、人均消费量等；②反映交通发达水平的指标，如货运量、铁路里程数、公路里程数、距离大城市的距离；③反映农田管理和肥料利用水平的指标，如农村劳动力、机械化水平和电力消耗；④反映农村科技教育水平的指标，如农村居民初中文化的百分数等。

尽管化肥价格影响了化肥的使用，但 20 世纪 90 年代以来国内化肥市场迅速发展，市场的整合程度很高，地区间化肥价格的差异很小。1997～2002 年，以化肥市场距离重要进口港的距离计算，距离每增加 1000km 化肥的价格仅增加 1.1%～3.8%。

在 1992 年、1996 年、2000 年 3 个时段，利用前一年社会经济学指标与后一年的农田养分平衡量进行相关分析。分析结果表明，氮素盈余量与国内生产总值、工业总产值、农村居民纯收入呈显著或极显著的相关性，且相关系数不断增大，与农业生产总值、交通里程和货运量的相关性均不显著(表 8-43)。

表 8-43　农田氮素盈余量与主要社会经济要素的相关性(引自杨林章和孙波，2008)

指标	相关系数(r)		
	1992 年	1996 年	2000 年
人均国内生产总值	0.597*	0.753**	0.769**
人均工业总产值	0.744**	0.786**	0.840**
人均农业生产总值	0.417	0.545	0.553
农村居民纯收入	0.733**	0.812**	0.812**
人均货运量	0.263	0.458	0.371
每公顷耕地铁路里程	–0.100	–0.045	–0.207
每公顷耕地公路里程	0.502	0.509	0.496
人均消费量	0.581	0.706**	0.769**
农村居民初中文化的百分数	—	0.217	0.279

*显著水平 P=0.05，**极显著水平 P=0.01

磷素盈余量在 2000 年则与国内生产总值、工业总产值、农业生产总值、农村居民纯收入有显著的相关性，在 1996 年除与工业总产值有显著的相关性外，均未达到显著水平。除 1992 年与公路里程达到显著水平外，与交通里程、货运量、人均消费量、农村居民初中文化的百分数的相关性均不显著(表 8-44)。

表 8-44 农田磷素盈余量与主要社会经济要素的相关性(引自杨林章和孙波，2008)

指标	相关系数(*r*)		
	1992 年	1996 年	2000 年
人均国内生产总值	−0.373	0.251	0.602*
人均工业总产值	0.518	0.602*	0.626*
人均农业生产总值	−0.429	−0.179	0.624*
农村居民纯收入	−0.210	0.377	0.691*
人均货运量	−0.521	−0.496	0.000
每公顷耕地铁路里程	−0.537	−0.557	0.493
每公顷耕地公路里程	0.603*	0.482	0.421
人均消费量	−0.382	—	—
农村居民初中文化的百分数	−0.480	0.032	—

*显著水平 P=0.05

2. 种植结构调整及土地利用方式转变对农田养分含量的影响

随着经济的发展，一些种植结构的重大调整及土地利用方式的转变也影响到了农田土壤养分含量的变化。现以孙维侠等(2005)就种植结构调整及土地利用方式转变对长江三角洲典型地区农田土壤速效钾含量的影响为例来说明。孙维侠等(2005)研究认为，20 世纪 80 年代初，整个研究区土地利用方式、种植结构及田间管理方式比较单一，表现出土壤速效钾在空间上变异不大，主要受土壤类型的影响。但 20 世纪 90 年代后随着农田基本建设的发展，江苏如皋市种植结构发生了明显的变化，中西部地区大田作物由传统的旱作(玉米、棉花、花生-小麦、油菜等)转变为水(水稻)-旱(小麦、油菜)轮作，喜钾作物(水稻)面积增大。据统计全市在 20 世纪 80 年代初水稻种植面积约 2.3 万 hm^2，至 1990 年迅速增加至 3.3 万 hm^2，1998 年面积增加至 4 万 hm^2 以上，之后则相对平稳，保持在 3.3 万～4.0 万 hm^2，增加的面积主要在中西部地区，这使得该地区在 1997 年增加钾肥施用量后，土壤速效钾依然增加不明显。

随着我国市场经济的发展，自 1997 年后，种植的种类发生了明显的变化，一些经济作物如花木、蔬菜、瓜果等的种植面积逐年上升，这些经济作物中花木和蔬菜主要分布在如皋市至南通的 204 国道沿线地区，而瓜果主要分布在南部地区，如长青沙西瓜种植基地。这些作物的管理一般较精细，有机肥投入较大，导致土壤钾素投入明显增加。所以，在 2002 年的速效钾空间分布图上，沿着中部(204 国道)形成了一个速效钾高含量带，明显高于周边地区，使得桃园系的速效钾含量 2002 年与 1997 年相比增加较大(表 8-45)。长青沙系在此时期速效钾含量明显增加，可能也是与此原因有关。

表 8-45　如皋市土壤类型和时间对农田土壤速效钾含量的影响*

（引自孙维侠等，2005）　（单位：g/kg）

土系	1982 年	1997 年	2002 年	1997～1982 年	2002～1997 年
郭园系	47.27eA	42.33eB	40.81dB	–4.9	ns
磨头系	47.58eA	44.66deB	43.66cdB	–2.9	ns
桃园系	51.45eB	49.23cB	60.9bcA	ns	11.7
东陈系	62.33dB	57.39bC	72.24abA	–4.9	14.9
搬经系	68.04bcA	58.24bB	67.8bA	–9.8	9.6
张黄港系	59.1dA	48.32cdB	47.1cdB	–10.8	ns
营防系	62.97cdA	50.68cB	58.57bcdA	–12.3	7.9
长青沙系	71.67bA	55.09bB	77.56abA	–16.6	22.5
白蒲系	77.93aB	63.23aC	88.45aA	–14.7	25.2
总平均	60.93	49.98	61.90	–5.9	9.3

*同一列内平均值后的小写字母相同表示在同一年代这些土系间速效钾含量未达到 P=0.05 水平上的显著性差异；同一行内平均值后的大写字母相同表示在同一土系内不同年代间速效钾含量未达到 P=0.05 水平上的显著性差异；ns 表示无意义

3. 施肥管理对农田养分含量的影响

大量的研究表明，施肥量对农田养分含量具有显著的影响。现以孙维侠等(2005)就施肥管理对长江三角洲典型地区农田土壤速效钾含量的影响为例来说明。孙维侠等(2005)从所研究 3 个时期的如皋市单位面积氮磷钾肥施用量和比例看出(表 8-46)，化肥中氮磷钾施用比例的变化是引起土壤速效钾时空变异的另一个重要因素。在 20 世纪 80 年代，化肥氮磷钾施用比例严重失调，钾的比例非常低，N∶K 仅 1∶0.016。到 1997 年比例有所增加，也仅 1∶0.15。尽管部分地区秸秆还田补充一定量的钾素，但仍不能改变土壤速效钾下降的趋势。自 1997 年以后，随着当地“降氮、增磷、补钾”工程的推广实施，化肥中钾肥施用比例也明显提高(表 8-46)。这在一定程度上缓解了土壤钾素营养缺乏的状况，尤其是对分布于东部、北部和南部基础肥力较好的地区，土壤速效钾含量增加较快(表 8-45)。但中西部地区，土壤本身基础肥力较差，再加上秸秆还田面积的连年减少，补钾在这些地区土壤上的效果并不显著，仍有部分面积土壤保持在较低的水平甚至有降低的趋势。有机肥也是土壤中钾素的重要来源，1997 年后由于农业产业结构的调整，在东部地区掀起了养猪的热潮。据历年白蒲镇生猪饲养量统计，在 1990～1998 年，当地生猪存栏量由 7 万头增加至 10 万头，之后又不断增加，生猪存栏量的增加无疑增加了土壤有机肥的来源，这也是近年来该土壤分布区土壤速效钾增加较快的重要原因之一(表 8-45)。

表 8-46　如皋市不同时期化肥使用量及施肥比例(引自孙维侠等，2005)

年份	化肥平均使用量/(kg/hm^2)			N∶P∶K
	N 肥	P 肥	K 肥	
1982	187	60	3	1∶0.32∶0.016
1997	352	179	51	1∶0.51∶0.15
2002	345	159	102	1∶0.46∶0.3

此外，在 20 世纪 90 年代后，随着家庭联产承包责任制的施行，土壤管理出现了多样化的倾向，多样化包括施肥量、肥料种类、种植结构等，与前一个时期相比明显要多样。这可能是导致 2002 年土壤速效钾的空间分布呈现复杂性的一个主要因素。

参 考 文 献

白一君, 任春颖, 王宗明. 2015. 松嫩平原西部农田土壤有机质和全氮的空间分布影响因素分析. 湖南科技大学学报(自然科学版), 30(1): 121-128.

蔡春轶, 黄建辉. 2006. 四川都江堰地区桢楠林、杉木林和常绿阔叶林土壤 N 库的季节变化. 生态学报, 26(8): 2540-2548.

常宗强, 马亚丽, 刘蔚, 等. 2014. 土壤冻融过程对祁连山森林土壤碳氮的影响. 冰川冻土, 36(1): 200-206.

陈帅, 王效科, 逯非. 2012. 城市化对城区和郊区森林土壤氮循环的影响. 土壤通报, 43(4): 842-848.

陈甜, 孙向阳, 刘克林, 等. 2009. 毛白杨叶片营养元素含量季节变化及年变化研究. 西北林学院学报, 24(2): 42-45.

陈佐忠, 黄德华, 张鸿芳. 1985. 内蒙古锡林河流域 122 种植物的元素化学特征//中国草原学会. 草原生态系统研究. 第一集. 北京: 科学出版社.

陈佐忠, 等. 2005. 草地生态系统中主要营养元素循环//孙鸿烈. 中国生态系统(下册). 北京: 科学出版社.

丁咸庆, 马慧静, 朱晓龙, 等. 2015. 大围山典型森林土壤有机氮垂直分布特征. 环境科学, 36(10): 3809-3815.

方玉东, 胡业翠, 封志明. 2008. 基于 GIS 技术的中国农田磷素养分收支平衡研究. 资源科学, 30(5): 725-731.

方玉东, 胡业翠, 封志明, 等. 2009. 基于 GIS 技术的中国农田钾素养分收支平衡研究. 土壤, 41(2): 185-191.

冯雨峰, 布彩霞. 1990. 荒漠草原植物-土壤氮素分配及其季节动态. 中国草地, 2: 34-38.

傅民杰, 王传宽, 王颖, 等. 2009. 四种温带森林土壤氮矿化与硝化时空格局. 生态学报, 29(7): 3747-3758.

高志勤, 傅懋毅. 2006. 不同毛竹林土壤碳氮养分的季节变化特征. 浙江林学院学报, 23(3): 248-254.

郭继勋, 仲伟彦. 1994. 羊草草原植物-土壤之间主要营养元素动态的研究. 植物生态学报, 18(1): 17-22.

郭向华, 李保国, 张雪梅. 2011. 早实薄皮核桃叶片矿质元素年变化规律研究. 河北林果研究, 26(2): 153-156.

侯学煜. 1982. 中国植被地理及优势植物化学成分. 北京: 科学出版社.

胡芳名, 谢碧霞, 彭盛华. 1989. 枣树叶片营养元素含量的季节变化动态的研究. 经济林研究, 7(2): 23-29.

黄建辉, 孔繁志, 江洪. 1997. 东灵山地区常绿阔叶林乔木层营养元素积累量特征研究//陈灵芝. 暖温带森林生态系统结构与功能的研究. 北京: 科学出版社.

黄文娟, 刘菊秀, 唐旭利, 等. 2009. 鼎湖山 5 种森林土壤的无机氮和有效磷含量. 应用与环境生物学报, 15(4): 441-447.

孔庆波, 白由路, 杨俐苹, 等. 2009. 黄淮海平原农田土壤磷素空间分布特征及影响因素研究. 中国土壤与肥料, (5): 10-14.

李保国, 徐爱春, 齐国辉, 等. 2006. 红富士苹果叶片主要矿质元素含量变化规律研究. 河北林果研究, 21(3): 296-299.

李晶, 孙国荣, 阎秀峰. 2001. 星星草地上部 6 种元素含量季节动态及其分布. 草地学报, 9(3): 213-217.

李明峰, 董云社, 齐玉春, 等. 2005. 温带草原土地利用变化对土壤碳氮含量的影响. 中国草地, 27(1): 1-6.

李铭江, 于明坚, 陈启嫦. 1996. 青冈常绿阔叶林的 C 素动态. 生态学报, 16(6): 643-651.

李巍. 2012. 武夷山常绿阔叶林土壤铵态氮、硝态氮季节变化研究. 福建农业科技, 12: 63-65.

李媛, 程积民, 魏琳, 等. 2013. 云雾山典型草原火烧不同恢复年限土壤化学性质变化. 生态学报, 33(7): 2131-2138.

廖永成, 林文雄. 2011. 农业生态学. 北京: 中国农业出版社: 1-17.

刘宏伟, 陈立新, 马海娟, 等. 2010. 凉水自然保护区主要森林类型土壤磷季节动态及有效性. 东北林业大学学报, 38(4): 62-65.

刘萌萌, 曾燕如, 江建斌, 等. 2014. 香榧叶片中 8 种矿质元素年周期季节性变化规律. 经济林研究, 32(2): 105-109.

刘夏, 牟长城, 谭稳稳. 2013. 采伐对小兴安岭落叶松森林沼泽土壤氮含量和氮密度的影响. 土壤通报, 44(6): 1408-1413.

刘艳玲, 陆佩玲. 2008. 长白山森林生态系统土壤氮矿化时空动态特征. 河北林业科技, 6(3): 3-6.

刘忠, 李保国, 傅靖. 2009. 基于 DSS 的 1978－2005 年中国区域农田生态系统氮平衡. 农业工程学报, 25(4): 168-175.

彭舜磊, 王华太, 陈昌东, 等. 2015. 宝天曼自然保护区森林土壤碳氮储量分布格局分析. 水土保持研究, 22(5): 30-34.

彭玉梅, 崔鲜一, 马鹤林, 等. 2004. 羊草草地磷元素的动态变化规律的研究. 草原与饲料, 24(6): 35-36.

宋雄儒, 尚振艳, 李旭东, 等. 2015. 兰山西坡不同海拔梯度草地土壤磷特征及其影响因素. 草业科学, 32(7): 1054-1060.

孙维侠, 黄标, 杨荣清, 等. 2005. 长江三角洲典型地区农田土壤速效钾时空演变特征及其驱动力. 南京大学学报(自然科学版), 41(6): 648-657.

田种存, 高旭升, 陈玉福, 等. 2006. 不同海拔高度下高山草原土土壤养分变化初探. 青海农林科技, 3: 68-71.

王建林, 欧阳华, 王忠红, 等. 2009a. 高寒草原生态系统表层土壤活性有机碳分布特征及其影响因素. 生态学报, 29(7): 3501-3508.

王建林, 欧阳华, 王忠红, 等. 2009b. 念青唐古拉山东南坡高寒草原生态系统表层土壤有机碳分布特征及影响因素. 地理科学, 28(3): 385-390.

王建林, 欧阳华, 王忠红, 等. 2009c. 青藏高原高寒草原生态系统植被碳密度分布规律及其与气候因子的关系. 植物资源与环境学报, 19(1): 1-7.

王建林, 欧阳华, 王忠红, 等. 2010a. 贡嘎南山—拉轨岗日山南坡高寒草原生态系统表层土壤有机碳分布特征及其影响因素. 土壤通报, 41(2): 346-360.

王建林, 欧阳华, 王忠红, 等. 2010b. 念青唐古拉山东南坡高寒草原生态系统表层土壤活性有机碳的影响因素研究. 中国生态农业学报, 18(2): 235-240.

王建林, 欧阳华, 王忠红, 等. 2011. 青藏高原高寒草原土壤活性有机碳的分布特征. 地理学报, 64(7): 771-781.

王建林, 钟志明, 王忠红, 等. 2012. 青藏高原高寒草原生态系统植被磷含量分布特征及其影响因素. 草地学报, 23(1): 27-38.

王建林, 钟志明, 王忠红, 等. 2014. 青藏高原高寒草原生态系统土壤碳磷比的分布特征. 草业学报, 23(2): 9-19.

王文浩, 苏淑钗, 白倩, 等. 2014. 中国黄连木不同枝营养元素含量动态变化差异. 中南林业科技大学学报, 34(8): 59-63.

肖英, 任希. 2013. 不同森林覆盖下长沙土壤氮的垂直变化及氮储量. 中南林业科技大学学报, 33(6): 104-107.

许翠清, 陈立新, 颜永强, 等. 2008. 温带森林土壤铵态氮、硝态氮季节动态特征. 东北林业大学学报, 36(10): 19-21.

严昌荣, 陈灵芝. 2005. 森林生态系统中主要营养元素循环//孙鸿烈. 中国生态系统(下册). 北京: 科学出版社.

杨林章, 孙波. 2008. 中国农田生态系统养分循环与平衡及管理. 北京: 科学出版社.

殷睿, 徐振锋, 吴福忠, 等. 2013. 川西亚高山不同海拔森林土壤活性氮库及净氮矿化的季节动态. 应用生态学报, 24(12): 3347-3353.

余明泉, 杜天真, 陈伏生, 等. 2009. 城乡梯度森林土壤有效氮季节动态. 江西农业大学学报, 31(1): 137-143.

郑瑞杰, 王德永, 雷鸣. 2008. 日本栗叶片矿质营养元素含量年动态变化的研究. 西北林学院学报, 23(4): 14-17.

庄舜尧, 刘国群, 徐梦洁, 等. 2008. 不同海拔高度下森林土壤中氮的矿化. 土壤学报, 45(6): 1194-1198.

Baldock J A, Smernik R J. 2002. Chemical composition and bioavailability of thermally altered *Pinus resinosa* (Red pine) wood. Organic Geochemistry, 33(9): 1093-1109.

Cambardella C A, Moorman A I, Novak J M, et al. 1994. Field scale variability of soil properties in central low a soils. Soil Science Society of America Journal, 58: 1501-1511.

Certini G. 2005. Effects of fire on properties of forest soils: a review. Oecologia, 143(1): 1-10.

Folmer E C R, Geurts P M H, Francisco J R. 1998. Assessment of soil fertility depletion in Mozambique. Agriculture, Ecosystems and the Environment, 71(1-3): 159-167.

Freppaz M, Williams B L, Edwards A C, et al. 2006. Simulating soil freeze/thaw cycles typical of winter alpine conditions: implications for N and P availability. Applied Soil Ecology, 35(1): 247-255.

González P J A, González V F J, Almendrosb G, et al. 2004. The effect of fire on soil organic matter. Environment International, 30(6): 855-870.

Harris F M A. 1998. Farm-level assessment of the nutrient balance in northern Nigeria Agriculture. Ecosystems and the Environment, 71(1-3): 201-214.

Henao J, Baanante C. 1990. Estimating Rates of Nutrient Depletion in Soils of Agricultural Lands of Africa. USA: International Fertilizer Development Center: 76.

Schmidt M W I, Skjemstad J O, Gehrt E, et al. 1999. Charred organic carbon in German chernozemic soils. European Journal of Soil Science, 50(2): 351-365.

Stoorvogel J L, Smaling E M A. 1990. Assessment of Soil Nutrient Depletion in Sub-Saharan Africa: 1983-2000. Vol. II: Nutrient Balances per Crop and per Land Use Systems. The Netherlands: The Win and Staring Centre: 137.

Sulkava P, Huhta V. 2003. Effects of hard frost and freeze-thaw cycles on decomposer communities and N mineralization in boreal forest soil. Applied Soil Ecology, 22(3): 225-239.

The Management Office of Grassland Natural Reservation in Ningxia Yunwu Mountains. 2001. A Collected Works on Scientific Investigation and Management in Ningxia Yunwu Reservation. Yinchuan: Ningxia People Press.

Walse C, Berg B, Sverdrup H. 1998. Review and synthesis of experimental data on organic matter decomposition with respect to the effect of temperature, moisture, and acidity. Environmental Review, 6(1): 25-40.

Webster R. 1985. Quantitative spatial analysis of soil in the field. Advance in Soil Science, (3): 2-66.

Zheng W, Zhu J Z, Pan C D. 2009. The multi-scale response of grassland plant diversity on human interference. Grassland Science, 26(8): 72-80.

第九章　生态地理系统生产力的空间分布格局及其变化动态

第一节　概　　述

一、生产力的基本概念

生产力(productivity)是指输入单位资源所形成的有价值产品的输出量。通常以每公顷上的产量或收入表示。产量既可以用谷物、块茎、叶，以及肉、鱼或其他可消费的或可在市场上出售的产品的千米数来表示，又可变成热量值、蛋白质值、维生素值或市场上的货币值。

从物质生产过程的观点看，生态地理系统的生产力可分为以下四个水平。

1)总初级生产力(gross primary productivity，P_G)：光合作用实际积累的总物质加上观测期间呼吸作用消耗的有机物 R_A。

2)净初级生产力(net primary productivity，PN)：除去观测期间呼吸消耗的物质外，以植物组织形式积累的有机物质数量，其值为 $PN=P_G-R_A$。在此，R_A 表示自养植物的呼吸消耗。

3)群落净生产力(net community productivity，P_{NC})：净初级生产力代表的是生态系统中自养生物的净生产力，这些物质又被生态系统中除自养生物以外的全部生物所消耗和利用，扣除后者(可用异养呼吸 R_H 来表示)，就成为整个生态系统中生物成员的净生产力，因此称为群落净生产力，其值为 $P_{NC}=P_G-R_H$，即群落净生产力=净初级生产力–异养呼吸。

4)次级生产力(secondary productivity，P)：消费者和分解者营养级内积累的速度。

上述四个水平虽然深刻地反映了生态系统中生产力的状况，但未能表达出可为人类利用的产品量及其价值量的大小。因此，一些学者主张把生态地理系统的生产力分为以下三个层次。

(一)生物的自然生产力

自然生产力是指生物自身的同化效率和积累能力。它包括农业生态系统中被人类利用的全部生物的生产力，既包括初级生产力又包括次级生产力。自然生产力是生态地理系统生产力的基础。但是，人类经营生态地理系统的目的，并不完全是为了获取最大的生物学产量，而是为了追求最多的经济产品和最大的经济效益，因此，生态地理系统还要在自然生产力的基础上形成经济生产力。

(二)生物的经济生产力

经济生产力指各种生物提供经济产量的能力。其大小可用被人类利用的产品量及其价值量来表示。首先，经济产品是生物量中人类需要和可以直接利用的部分，其多少由生物量的大小和人类的直接利用率所决定，而人类对生物产量的直接利用率，一方面受生物的生产性能所影响，另一方面又与人的需求类型和利用能力有关。因此，可按利用价值的大小把生物产量分为主产品、副产品和废物三种类型。当然，这三者之间的界线并不是绝对的，在某些情况下视为主产品的产品，而在另一种情况下可能成为副产品甚至废弃物。其次，经济生产力也表现为经济产品量的价值量，它以产品量为基础，又受价格的影响，可用农业总产值或总收入来反映。最后，经济生产力最终表现为纯收入的大小。因为目的不能只限于获取最多的产品量和最大的总收入，而且主要讲求经济效益，提高投入产出比率，使纯收入最高。

经济产品量、价值量和纯收入表现了经济生产力的三个层次。它们之间有着不可分割的联系，但有时也不完全一致，根据农业生产经营目标的差别，不同历史时期经济生产力所强调的重点是不同的。例如，在自然经济条件下，生产的目的是取得产品，所以经济产品量就代表了经济生产力的大小，在现代商品生产条件下，经营目标转向经济效益，注重纯收入的大小，因此，它不仅要考虑产品量和价值量，还要考虑投入费用的大小及产量质量的高低，以期更能综合反映生物经济生产力的大小。

(三)生态地理系统生产力

生态地理系统生产力指整个生态地理系统总的经济生产力。这首先表现在系统内各级生产的经济产品总量、农业总产值和纯收入的大小，其次也表现在它的稳定性和均衡性方面，即其随着时间的推移和环境条件的变化而产生的起伏和波动情况。

生态地理系统的系统生产力是在各级生产的基础上形成的。不同结构的系统，其各级生产力不同，因此，其系统生产力也不相同。例如，把农田经济生产力中的主产品全部直接为人类消费或先用于饲养牲畜再为人类所消费，两者之间表现出来的系统生产力差别很大，前者一般比后者低。

二、限制因子原理与生态地理系统生产力

一种生物要在某一环境中生存和繁荣，必须得到它们所需要的基本物质，而这些因素的数量、质量及其相互作用会对生物产生不同的影响，从而影响生态系统生物生产力的形成。这些因素有如下规律。

(一)利比希最低量法则

利比希最低量法则是由德国化学家利比希(J. Liebig)在1840年首次提出来的。利比希在研究植物生长与环境因子之间的关系时发现“植物的生长取决于数量最不足的那一种营养物质”。利比希最低量法则认为，如果某一种数量最不足的因子影响了植物的生长且限制了其他处于良好状态的因子发挥作用，则称该因子为限制因子(limiting factor)。利比希之后的大量研究工作表明，应用利比希最低量法则还需要补充两个辅助条件：首先，只有在严格的稳定状态，即能量和物质的流入和流出处于平衡的情况下才能适用；其次，应该考虑因子之间的相互作用，因为生物有时能以一种化学性质非常相似的物质，

代替或部分代替另一种自然环境中欠缺的物质。另外，环境中的某些物质有时能够促进或者抑制其他一些物质的吸收作用，从而可以缓解限制因子的作用强度或者使数量并不少的物质成为限制因子。

(二)谢尔福德耐受性定律

在利比希最低量法则的基础上，人们发现某种生物的生存和繁衍所需要的众多环境因子中，任何一种因子在数量和质量上的不足或过多都会促使该种生物的衰退或消亡。1913 年 V. E. Shelford 把最大量和最小量限制作用概念合并为谢尔福德耐受性定律(Shelford’s law of tolerance)，即对具体生物而言，各种环境因子都存在一个生物学的上限和下限，它们之间的幅度就是该种生物的耐受性范围。谢尔福德耐受性定律包括以下几部分。

1) 一种生物对各种环境因子的耐受范围不同；不同生物对同一种环境因子的耐受范围也不同。

2) 同种生物在不同的发育阶段对各种生态因子耐受范围不同，通常是在生殖生长期的耐受范围最窄。

3) 由于因子间的相互作用，当某个生态因子不是处于最适状态时，则生物对其他一些生态因子的耐受范围将缩小。

4) 对所有因子的耐性范围都很广的生物，一般分布很广。

5) 同一生物种的不同品种，长期生活在不同的生态环境下形成差异的耐受范围，对各种生态因子会形成有差异的耐受范围，从而产生生态型的变化。

由此可见，利比希最低量法则所考虑的只是生物营养因子，谢尔福德耐受性定律则推广到了生物的所有生存条件。因此，限制因子定律实际上包括了两个方面：生物的生存和繁衍，一方面受到数量最不足的那一类物质的数量和变异性的影响；另一方面也受到生物自身对这些物质和环境成分耐受程度的限制。对一个生态系统来说，如果系统内任一种必需生态因子或一组必需生态因子不足或超过系统内优势生态种群或主要功能过程的耐性限度(或需求最小限量)时，则成为系统的限制因子。

(三)限制因子原理与生产的关系

限制因子对生态地理系统的生产力有着重要影响，就生态地理系统而言，首先，由于生物对环境因子的耐性范围存在差异，从而形成不同的生物种群结构；其次，限制因子决定了某一阶段生态系统生产力的最高水平。从某种意义上说，生产就是一个人类利用和不断克服生态地理系统的限制因子，促使农业生产水平不断提高的过程。具体有以下几方面。

1. 制定农业发展战略

农业生产是一个自然与经济相交织的过程，因此，自然条件和社会经济条件都是生产过程中不可缺少的要素，都可能成为生产过程中的限制因子，对这些限制因子的克服就成为某地区农业发展的重要战略选择。

2. 制定作物生产区划

农业资源具有区域分异的特点，不同区域内各种环境因子都有不同的存在状态，因此，可以将不同耐性的作物种植在不同的区域内，从而形成不同的种植方式和种植制度。美国的 Klages 于 1942 年通过对大麦的平均产量及产量变异系数的分析，发现威斯康星州和俄亥俄州是最适宜的大麦生产区。

3. 建立最佳的作物生产群体

利用不同作物对不同环境因子的耐性范围，可以建立起理想的作物生产群体，使各作物能够各得其所，相得益彰。例如，在我国热带地区建立的橡胶茶园生产系统，就是利用橡胶树为茶树提供荫蔽，以消除强光对茶树生长的影响，从而提高茶叶品质。

4. 采用合理的农业生产措施

限制因子原理能为施肥、育种和水利工程建设等农业生产措施提供理论依据，如配方施肥、培育抗(耐)逆性品种、旱地农业技术等都是利用了限制因子原理。

三、生态地理系统生产力功能的系统评价

生态地理系统的系统生产力表现为整个生态地理系统总的经济生产力。这一总的经济生产力的高低，除了数量大小外，还表现在它的持续性、稳定性、均衡性等几个方面，以及土地的人口负载力上。

G. R. Conway 于 1986 年提出应用生态地理系统分析，不仅着眼于产量、产值等，还应考虑生产的稳定性、持续性与均衡性。袁从祎和赵强基(1991)根据我国国情提出四项农业生态-经济系统的总体特性：持续性、稳定性、均衡性、协调性，并对其概念及定量化指标建议如下。

(一)持续性(sustainability)

持续性是指在一段时间内生产率变动的总趋势。它可以是上升、不变或下降(负值)。采用生产率多年数值的直线回归方程中的斜率 R 来表示(在统计期间内生产率平均年增或减的数量)，具体计算步骤为

$$Y=a+TX \tag{9-1}$$

式中，Y 代表统计期间某一年的生产率；a 代表起始的生产率；T 代表持续性；X 代表统计期间的第 n 年。

由上式(9-1)可以进一步计算平均年增率 R，公式为

$$R=(T/X)\times 100\% \tag{9-2}$$

式中，R 代表年生产率的平均年增率；T 代表持续性；X 代表各年生产率的平均值。

(二)稳定性(stability)

在生产率持续变动的总趋势下，年际受正常小范围的气候等环境因素及经济、技术

条件变动的影响而保持相对稳定的程度。在计算以上直线回归方程时，相关系数 r 即可表示稳定性。

（三）均衡性(equitability)

在一个国家、地区或村的范围内，不同部分(省、县、农户或田块)生产率分布的均匀性。以变异系数的倒数表示

$$E=\frac{1}{\mathrm{CV}}=\frac{\bar{X}}{\mathrm{SD}} \tag{9-3}$$

式中，E 代表均衡性；CV 代表变异系数；$\bar{X}$ 代表平均值；SD 代表标准差。

（四）协调性(harmony)

协调性指农业中农、林、牧、副、渔各部门协调发展的程度。取农业中农、林、牧、副、渔各部门产值分别占总产值(农村工业未纳入)比例的平方和乘以统计的部门数，其倒数即协调性

$$H=\frac{1}{n\cdot\sum A_i^2} \tag{9-4}$$

式中，H 代表协调性；A_i 代表农、林、牧、副、渔各部门产值分别占总产值的比例；n 代表被统计的部门数。

（五）土地的人口负载力

依据中国医学科学院建议的我国人民的营养标准，人均日摄入食物能 10 868kJ、蛋白质 75g、脂肪 60g，按以上标准由生产单位全年生产的食物分别计算每亩农用土地可供养的人数，公式为

$$L_{\mathrm{Ce}}=\frac{\text{食物能总产出(kJ)}}{2600\times 365\times\text{农用土地}(\mathrm{hm}^2)} \tag{9-5}$$

$$L_{\mathrm{Cp}}=\frac{\text{食物蛋白质总产出(g)}}{76\times 365\times\text{农用土地}(\mathrm{hm}^2)} \tag{9-6}$$

$$L_{\mathrm{Cf}}=\frac{\text{食物脂肪总产出(g)}}{60\times 365\times\text{农用土地}(\mathrm{hm}^2)} \tag{9-7}$$

将以上三数值加权平均，为综合的人口负载力 L_{C}

$$L_{\mathrm{C}}=(L_{\mathrm{Ce}}\times W_{\mathrm{e}})+(L_{\mathrm{Cp}}\times W_{\mathrm{p}})+(L_{\mathrm{Cf}}\times W_{\mathrm{f}})$$

权重的取定如表 9-1 所示。

表 9-1　食物权重的取定

	食物能权重(W_e)	食物蛋白质权重(W_p)	食物脂肪权重(W_f)
人均摄入食物能<10 868kJ	0.5	0.3	0.2
≥人均摄入食物能 10 868kJ	0.4	0.4	0.2

土地的人口负载饱和度 L_S 计算公式为

$$L_S = \frac{100\%}{L_C \times 人均农用土地(hm^2)} \tag{9-8}$$

式(9-5)～式(9-8)中，L_{Ce} 代表按照食物能产出所计算的每亩农用土地可供养的人数；L_{Cp} 代表按照蛋白质产出所计算的每亩农用土地可供养的人数；L_{Cf} 代表按照食物脂肪所计算的每亩农用土地可供养的人数；L_S 代表土地的人口负载饱和度。

第二节　初级生产力的空间分布格局及其变化动态

生态学所说的生产(production)指生物转换和积累能量的过程，包括初级生产和次级生产，生产的速率或能力称为生产力(productivity)，即单位时间内有机物的生产速率，常用 $g/(m^2 \cdot a)$、$kJ/(m^2 \cdot a)$ 等单位表示。任一时间段中，单位面积上生产有机质的数量即生产量。

初级生产(primary production)是指自养生物利用无机环境中的能量进行同化作用，在生态系统中首次把环境的能量转化成有机体化学能，并储存起来的过程。自养生物包括绿色植物和化能合成细菌等，又统称为初级生产者(primary producer)。

生态系统通过绿色植物的光合作用固定太阳能，光合作用固定和积累的能量是进入生态系统的初级能量，绿色植物光合作用固定太阳能生产有机物的过程，是最主要的初级生产，是生态系统能流的基础。

一、初级生产力的基本概念与能流关系

(一)基本概念

1. 光合效率

绿色植物的光合作用是生命最基本的光化学反应形式，它可用下列化学公式表示

$$CO_2 + H_2O \longrightarrow (CH_2O) + O_2$$

这个反应式表示光合作用每还原 1g 分子 CO_2 所固定的自由能为 477kJ，这一过程一般需要 8 个光量子，即 8 个爱因斯坦单位。每一爱因斯坦单位所含的能量与太阳辐射的波长有关，绿色植物利用的太阳辐射波长为 380～710nm(光合有效辐射)，这一段内每一爱因斯坦单位的能量加权平均值为 227.10kJ，所以每还原 1g 分子 CO_2，对光合有效辐射的最大利用效率为

477kJ/(227.10kJ×8)=26.25%

光合最大效率是指植物在不受温度、水分、养分、土壤、地形、病虫鼠害和CO_2的限制，较好地利用实际的光合有效辐射所能达到的效率。为了得到在自然条件下的最大利用效率，需考虑叶片冠层结构、对辐射的反射率和呼吸的消耗等。在自然条件下，对光合有效辐射的最大利用效率约为5%，相应地对总辐射的最大利用效率约为2.5%(朱志辉和张福春，1985)。

植物的光合效率在短期内可以很高，如草地对总辐射的转化率可以达到 4%～10%。因此在计算光合效率时应考虑时间。一般按年或生长季计算，这样可以得到4个特定内容的光合效率，下面举例说明。甘肃天祝高山珠芽蓼(*Polygonum viviparum*)草地1981年的太阳总辐射量为5 779 432.64kJ/(m^2·a)，生理有效辐射量为2 812 345.52kJ/(m^2·a)，日平均气温≥0℃期间的生长季总辐射量为 2 634 362.13kJ/(m^2·a)，生长季生理有效辐射量为1 281 880.62kJ/(m^2·a)，草地全草层(地上+地下部分)固定的辐射能为26 680.52kJ/(m^2·a)，这样

用全年总辐射量计算的光合效率=26 680.52÷5 779 432.64=0.46%

用全年有效辐射量计算的光合效率= 26 680.52÷2 812 345.82=0.95%

用生长季总辐射量计算的光合效率= 26 680.52÷2 634 362.13=1.01%

用生长季有效辐射量计算的光合效率= 26 680.52÷1 281 880.62=2.08%

计算光合效率的意义，并不是太阳辐射是有限的资源，相反，这是为了说明用于增产的光还有极大的潜力，因此光合效率通常用单位面积上的太阳辐射量作基数计算。如果需要更直接地了解植物通过光合作用积累干物质的效率，则可用生长率来说明。绝对生长率(AGR)说明单位面积单位时间的光合物质净积累，相对生长率(RGR)说明单位植物量单位时间的光合物质净积累，它们都需要在连续的瞬间测定植物量，但也可用一定时间的平均值，它们的计算公式为

$$\mathrm{RGR}=\frac{\ln W_2-\ln W_1}{t_2-t_1} \tag{9-9}$$

AGR的单位为g/(m^2·d)，RGR的单位为g/(g·d)，W_2和W_1分别为t_2和t_1时的植物量干重(g/m^2)，ln为自然对数。

由于植物干重的增加是进行光合作用的叶面积的函数，因此可用t_2和t_1时的叶面积A_2和A_1计算单位叶面积生产干物质的速率，即单位叶面积的光合效率。由于它是光合作用的净积累，因此也称净同化率(NAR)，计算公式为

$$\mathrm{NAR}=\frac{W_2-W_1}{t_2-t_1}\cdot\frac{\ln W_2-\ln W_1}{A_2-A_1} \tag{9-10}$$

2. 植物量

植物量是生态系统中生物量的三个组分之一(另外两个是动物量和微生物量)，是生态系统中全部植物有机物的量，它既包括活的部分，又包括死的部分(迪维诺，1974)。这样，地上部分(或空气中)的植物量包括绿色活的现存量，直立的死植物体和尚未从活植物体上脱落下来的立枯物量(standing dead)，以及死亡并脱落到地面的凋落物量(litter)三部分。地下部分(或土壤中)的植物量包括活根和死根两部分，死根还可区分为未脱离根系的死根和脱离根系并处于不同分解阶段的死根(根的凋落物)。

3. 总初级生产力

生态系统中生产者在一定面积和一定时间内通过光合作用固定的总太阳能或总有机物称为总初级生产力(Pg)。植物在进行初级生产的同时还通过呼吸消耗掉一部分有机物(R)，剩余的部分才是以植物组织或贮藏的营养物质的形态表现的净初级生产力(Pn)，因此

$$\mathrm{Pg}=R+\mathrm{Pn} \tag{9-11}$$

4. 净初级生产力

由于总初级生产力在测定上的难度，以及在生态学的实践中净初级生产力更为重要，因此净初级生产力是生态系统生产力研究的中心。净初级生产力是生产者在单位面积和单位时间内除去呼吸后剩余的有机物生产量，它可以干物质(或有机物质)表示，也可以用能量表示。在进行生态效率的计算时，以干物质或它的能量为基础；在进行能量的转移和生长分析时，则应以有机物质或它的能量为基础。

(二)初级生产中的能流途径和能量平衡关系

根据热力学定律，初级生产是一个使生态系统熵不断减少，有序性不断提高的过程，该过程始终伴随着能量的输入。生态系统最主要的初级生产(光合作用)的能量平衡可表示为

$$(1-a)(Q+q)+S+H+\mathrm{IE}+B+\mathrm{Pn}=0 \tag{9-12}$$

式中，a 为太阳辐射平均反射率；Q 和 q 分别为系统接受的太阳直射辐射和散射辐射；S 为长波辐射的能量平衡，其中下垫面的长波辐射净值为 S_2，空气长波辐射的净值为 S_1；H 为地表通过传导和对流等方式直接损失的能量；IE 为通过蒸发和蒸腾损失的能量(E 为单位时间、单位面积蒸发量，I 为单位蒸发潜能)；B 为储存在生态系统中的热量，用于系统温度的升降；Pn 为光合作用储能，又称为初级生产力。

表 9-2 为进入生物圈的太阳辐射能量的耗散与分配基本情况。此外，小田桂三郎等(1976)根据北半球大气层外太阳辐射的年平均值为 100 单位[2.027J/(cm^2·min)]，给出了农田的热量平衡图(图 9-1)，从中可见输入太阳辐射能利用和散失的大致情况。

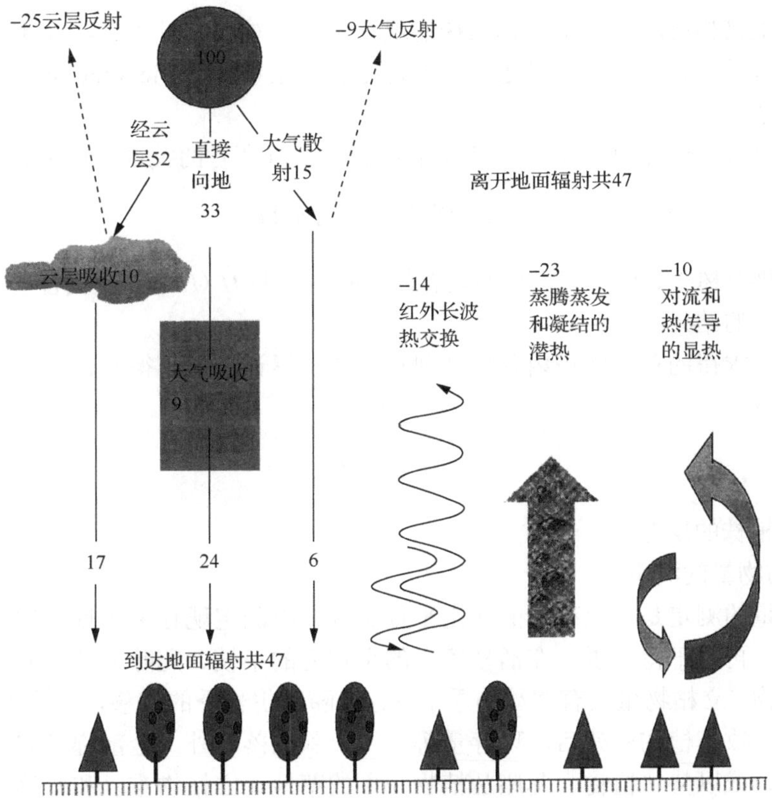

图 9-1　农田上的热量平衡图(示北半球的平均值)(引自骆世明，2010)

年度地表：能量收入=能量支出，生物净初级生产光合作用固定太阳能 Pn，

100 单位=2. 027J/(cm^2 · min)，-表示散失的能量

表 9-2　进入生物圈的太阳辐射能量的耗散与分配(引自骆世明，2010)　(单位：%)

能量耗散形式	反射	直接转化为热	蒸发作用、降水(驱动水循环)	风、浪与潮汐流动	光合作用	总计
所占比例	30	46	23	0.2	0.8	100

二、初级生产力的测定与估算方法

(一)测定方法

1. 植物量的测定

(1)现存量的测定

准确测定植物群体的现存量，是推算净生产量的第一步。草本植物及农作物的植株现存量，多用收获法进行。测定地上部分的植株现存量时，先选取一定量的样方，自地表全部割取样方内的植株，经大约 80℃充分干燥后再进行测定。要准确测定地下部分的植株现存量，则需花费相当多的劳力。既可采取挖出样方内的全部根系，又可采用土壤采样器，取出大量圆筒形试样，根据试样中的根量推算出地下部分植株现存量的方法。

与草本植物相比较，测定森林植株的现存量要困难和花时较多，因此，对于林木，通常用胸高直径与各部分生长量之间的异速生长关系(allometric relations)来间接推算该活株的现存量。

例如，以 W 表示林木干重，D 表示胸高直径，则两者的关系可用下式(9-13)表示

$$W=A\cdot D^h \ (A,\ h\ 为常数) \tag{9-13}$$

用上法推算树干、枝梢和根系的现存量，如果以 D^2H (H=树高)代替式中的 D，则可获得更加精确的结果。

将用上法求得的单位面积内各植株现存量加以累计，便可得到该单位面积上的总现存量($W_{总}$)，即

$$W_{总}=\sum W \tag{9-14}$$

式中，W 为植株的现存量。

(2)立枯物量的测定

立枯物量的测定是与现存量的测定平行进行。将测定现存量时拣出的立枯物在草地上称得鲜重，再烘干得干重。在活枝条上的个别死的小枝、死叶或叶片的枯死部分应剪下算作立枯物。立枯物量具有明显的季节动态，随着生长季的推移，立枯物量逐渐增大，到生长季末，牧草植物枯死后，现存量等于 0，除凋落物外，全部都是立枯物。对于十分低矮的草地或以垫状植物、莲座丛植物为主的草地，立枯物难以和凋落物区别，则可将两者合并统计。

(3)凋落物量的测定

测定凋落物量需用专门的凋落物收集器。收集器必须能将凋落物在到达地面前截留并保存下来，防止凋落物被风吹走，此外还必须将水从收集器内排出，以减少凋落物因破碎、溶解、分解等造成的损失。收集器的大小及重复次数视所需精度要求而定。一般常用的收集器有漏斗状、盘状和网状几种。漏斗状和盘状收集器多用于灌木凋落物的收集，网状收集器多用于草本植物凋落物的收集，并需在植物长出地面前将网捕在地面。收集的凋落物应在较短时间内自收集器中取出，一般每周收集一次。收集的凋落物在室内烘干称重即得凋落物量。

在草地利用收集器收集凋落物比较困难，花费劳动很多，一般可在较长的一定间隔时期(如一个月一次)，在草地的样方中直接收集凋落物(可在测定现存量和立枯物的同时进行)。直接采集由于间隔时间较长，应考虑凋落物在草地放置过久因分解等而造成的损失(在湿热条件下这种损失很大)，因此需要通过测定凋落物的平均消失率，然后再根据下式计算一定间隔期(t_1-t_2)样方中凋落物量(L)

$$L=L_2-L_1+\frac{L_1+L_2}{2}\cdot r\cdot\left(t_2-t_1\right) \tag{9-15}$$

式中，L_1 为 t_1 的样方中凋落物量(g/m^2)；L_2 为 t_2 的样方中凋落物量(g/m^2)；r 为凋落物平均消失率。

2. 净初级生产力的测定

当前经常采用的是产量法，具体做法有两种。

一种方法：欲测定某段时间(t_2–t_1)的净生产量(Pn)，可通过以下步骤进行测定。①这段时间活株现存量的变化值($\Delta B=B_2-B_1$)；②植株体因枯枝落叶造成的损失量(L)；③植株因动物取食造成的损失量(G)而求得，计算式为

$$\mathrm{Pn}=\Delta B+L+G \tag{9-16}$$

式中，B_1为在时间t_1时植物群落的现存量；B_2为在时间t_2时植物群落的现存量；$\Delta B=B_2-B_1$，为在t_1–t_2期间现存量的增量；L为在t_1–t_2期间群落由死亡和脱落损失的死植物量，即立枯物量和凋落物量；G为在t_1–t_2期间被消费者(主要为草食兽)采食的植物量；Pn为t_1–t_2期间群落的净初级生产力。

根据上述的一般原理，需要在一定期间测定两次以上的上述植物量，才能计算出这一期间的净初级生产力。

此法是最通用的方法，农作物及一年生草本植物的净生产量差不多均用此法进行。但用此法时，至少需测定t_2和t_1两次的现存量，前后间隔一般至少一年。

另一种方法：如果在生长季末可得到各成分的产量，一次调查也可得出净生产量(Pn)的估算值，即

$$\mathrm{Pn}=\mathrm{B_2N}+\mathrm{Ln}+\mathrm{Gn} \tag{9-17}$$

式中，$\mathrm{B_2N}$为测定的新生长部分的生长量，Ln和Gn分别为新生长部分的枯枝落叶量与被食量。

上述两法均有其短处，第一法是至少需测定两次活现存量，而且还必须准确求出ΔB值。此外，多年生草本和木本植物，其枯死量(L)较大，但要推算出枯枝落叶量，特别是地下部分的枯死量是极其困难的。第二种方法虽只测定一次活株现存量，但要根据以前生长部分的枯枝落叶量(Lo)与被食量(Go)来确定新生长部分的枯枝落叶量(Ln)和被食量(Gn)也有困难。另外，热带雨林中生长的林木，由于其年轮的形成不明显，因此，根据树干解析来分开当年生长部分和以前生长部分也是困难的。

3. 总初级生产力的测定

测定植物总初级生产力即生育期间光合作用总量的方法，大致可分为两类，一类是测定作物群体光合作用本身的方法；另一类是累计测定法，即测定生育期间的呼吸消耗量，再加上净生产力以求出总生产力的方法。前者如CO_2测定法和空气动力学方法，后者如氧气测定法。

CO_2测定法是目前测定农田、草地或森林植物群落总生产力的一种最常用的方法。基本做法是：用塑料帐将群落的一部分罩住，测定进入帐内的和从帐内抽出的空气中的CO_2含量。两者之差便是进入有机物质中的CO_2量。空气中的CO_2含量目前多用红外CO_2气体分析仪测定。

此法的缺点是在塑料帐罩下改变了群落样方的环境条件。为了克服这一缺陷，近代

采用了空气动力学方法。此法首先假定林冠层 CO_2 的减少量与净光合量相等，在不改变群落环境的条件下，定期地测定林冠层上方到地面剖面上的 CO_2 含量。而 CO_2 的扩散决定于 CO_2 梯度和风速。因此，应矫正空气流动、扩散、热传导等的影响。

用氧气测定法测定植物群落的总生产力，主要是根据呼吸作用消耗氧的多少进行的。在水生生态系统中通用的方法是黑白瓶法，具体做法是：用两个相同的瓶子，一只涂黑使之不遗光，另一只保持充分的透光性。两只瓶中分别装入浮游植物，然后悬吊在水中。经过一定时间，测定和比较两个瓶子中的氧气浓度。由于黑瓶中不能进行光合作用，其氧含量的减少就是该水体深度的群落呼吸量；白瓶能同时进行光合和呼吸作用，其氧含量的变化就反映了群落的净生产力。因此，用呼吸量加上净生产力便可估计总初级生产力。

此法不适于水生维管束植物，同时受水体温度的限制，因此，常常低估植物的生产力。

(二)估算方法

估算全球净初级生产力的方法一般可归纳为三类：一是以植物干物质生产测量为基础的方法；二是以植物的不同部分长度限定的异速生长相关为基础的异速生长方法；三是以干物质生产和气候因素间相关关系的气候方法。利用植被产量与气候因素间的相关关系建立数学模型，估算植被的生产能力，在生产实践中具有重要的意义。

许多学者在初级生产力的建模方面做了大量工作，估算植物气候生产量的模型主要有以下三种。

1. Miami 模型

自然生态系统植被净初级生产力受到一些环境气候因素的制约，其中影响较大的是温度和降水。1972 年 Lieth 根据世界五大洲约 50 个点的净初级生产力的实测资料及与之相应的年均温和年降水资料，用最小二乘法建立以下植被净初级生产力模型

$$NPP_t=3000[1+e^{1.35-0.1196t}] \tag{9-18}$$

$$NPP_r=3000[1+e^{-0.000\,664R}] \tag{9-19}$$

式(9-18)、式(9-19)中，NPP_t 为根据年均温计算的净初级生产力；NPP_r 为根据年降水计算的净初级生产力，且都以干物质产量表示[g/(m^2·a)]；t 为年温度(℃)；R 为年降水量(mm)，这就是 Miami 模型。

根据利比希最低量法则，最小因素控制着生产力水平。在选择温度和降水计算所得的两个植被净初级生产力中较低者即某地自然植被的净初级生产力(NPP_{tr})。

在该模型中仅考虑了环境因素中的温度和降水，而实际上还受到其他气候因素的影响，所以，用该模型估算的结果可靠性仅达 66%～75%。

2. Thornthwaite Memorial 模型

1974 年 Lieth 在 Thornthwaite 关于潜在蒸发研究基础上，提出了 Thornthwaite Memorial 模型。Lieth 根据与 Miami 模型相同的世界五大洲 50 个点的净初级生产力资料和实际蒸发资料采用最小二乘法建立了模型。因为蒸发量受太阳辐射、温度、降水、饱

和差、气压和风速等一系列气候因素的影响，能把水量平衡联系在一起，是一地区水热状况的综合表现；同时，蒸发散发包括蒸发与蒸腾的总和，而蒸腾与植物的光合作用有关。通常是植物蒸发量越大，光合作用也越强，植物的产量也就越高，其关系可以模型表达为

$$\mathrm{NPP}e=3000[1-\mathrm{e}^{-0.000\,969\,5(E-20)}] \tag{9-20}$$

式中，NPPe 为根据实际蒸散量计算的净初级生产力，E 为年实际蒸发量；3000 是 Lieth 根据统计得到的地球上自然植物在每年每平方米面积上最高的产量(g)。

由于该模型中蒸发量受太阳辐射、温度、降水、饱和差、气压和风速等一系列自然因素的影响，包含的因素较为全面，因此该模型对植物初级生产力的估算较为合理。

3. *内岛模型(Chikugo 模型)*

1985 年日本内岛用茂盛植被上二氧化碳通量方程(相当于 NPP)与水蒸气通量方程(相当于散发量)之比确定植被对水的利用率，而后参阅了国际生物学通量方程(相当于散发量)所得的世界各地大量的生物量数据和相应的气候要素，通过计算太阳辐射、净辐射和辐射干燥度，将辐射干燥度(RDI)按 0.2 数据间隔进行分组，以组为单位得到了植物气候生产力与净辐射(R_n)的关系，最后通过统计分析拟定出 Chikugo 模型

$$\mathrm{NNP} = 0.29\mathrm{e}^{-0.216(\mathrm{RDI})} \cdot R_\mathrm{n} \tag{9-21}$$

该模型是一种半理论半经验的方法，综合考虑了诸因素的作用，因此该模型是估算自然植被净初级生产力较好的方法。我国一些学者亦曾利用上述三种模型分别就我国自然植被的净初级生产力进行分析。张新时(1990)、张宪洲等(1992)更多地选用 Chikugo 模型。周广胜和张新时(1995)建立了自然植被净第一性生产力(NPP)模型

$$\mathrm{NPP} = \mathrm{RDI} \cdot \frac{r \cdot R_\mathrm{n}(r^2 + R_\mathrm{n}^2 + r \cdot R_\mathrm{n})}{(r + R_\mathrm{n}) \cdot (r^2 + R_\mathrm{n}^2)} \cdot \exp\left(-\sqrt{9.87 + 6.25\mathrm{RDI}}\right) \tag{9-22}$$

三、初级生产力的空间分布格局

(一)初级生产力的水平分布格局

初级生产力的水平分布格局是指某一特定地区初级生产力在纬度和经度方向上所表现的分布状况。研究表明，初级生产力的空间分布格局呈现出明显的地带性分异特征。现以顾娟等(2013)就 2002～2010 年中国陆域植被净初级生产力的空间分布状况为例来说明初级生产力的地带性分异特征。2013 年，顾娟用 NPP 遥感估算模型获得中国 2002～2010 年植被 NPP 的空间分布。从空间分布的区域来看，台湾东部、云南西南部河谷地带及东南沿海的部分丘陵地带，水热条件好，植被以热带雨林、季雨林及亚热带常绿阔叶林为主，该地区植被年均 NPP 较其他地区的明显偏大，年 NPP 极大值在 750g C/(m·a)以上。

中国大部分亚热带地区自然植被 NPP 平均达到 400g C/(m^2·a)以上，其中横断山区、武夷山区一带等亚热带森林的年 NPP 超过 450g C/(m^2·a)。在江淮以南，平原地区的 NPP

大多为 500 750g C/(m^2· a)，要比周围山地丘陵的低，这是由于农作物的生长季比较短，且冠层不如森林植被茂盛，因此 NPP 比较小。温带地区除森林植被以外，大部分自然植被的年 NPP 一般为 200 450g C/(m^2· a)。青藏高原和新疆绝大部分地区，年 NPP 一般在 200g C/(m^2· a)以下。干旱半干旱地区，年 NPP 基本上小于 350g C/(m^2· a)。西部塔克拉玛干沙漠地区植被稀疏，年 NPP 不足 50g C/(m^2· a)。从类型上来看，常绿阔叶林平均年 NPP 最大，而荒漠是年 NPP 最小的植被类型。

顾娟等(2013)在研究中，春季定义为 3～5 月，夏季定义为 6～8 月，秋季定义为 9～11 月，冬季定义为 12～2 月，其中 12 月、1 月、2 月是中国平均太阳辐射和气温最低的，光能转化率比夏季明显低。因此，这 3 个月是一年中 NPP 最低的月份。有鉴于此，该研究不对冬季 NPP 空间分布做分析。从 3 个季节的空间分布图上可以看出，以 0～50g C/(m^2· a)的 NPP 等值线为边界，自春季到夏季逐渐南移，到 9 月全国大部分地区的 NPP 又开始降低，NPP 低值边界又逐渐北上。

2002～2010 年春季 NPP 的均值为 6.50×10^{5}g C/(m^2· a)。西北荒漠地区和未利用土地的春季 NPP 小于 50g C/(m^2· a)，青藏高原的部分高寒区域和沙漠地带的春季 NPP 甚至低至 0g C/(m^2· a)。除内蒙古中东部、塔里木盆地周围、东北平原、祁连山、河套平原及青藏高原东南部等地春季 NPP 小于 50g C/(m^2· a)外，华北平原等地春季 NPP 为 50 100g C/(m^2· a)，其他地区的夏季 NPP 均大于 100g C/(m^2· a)，而春季 NPP 的高值区主要出现在海南省、台湾省、云南省的西南部及藏南谷地。

2002～2010 年夏季 NPP 的均值为 1.62×10^{6}g C/(m^2· a)。7 月、8 月全国各地区太阳辐射丰富，气温达到最大值，水热条件适于植被生长，因此这两个月的 NPP 达到极大值，只有部分荒漠地区和未利用土地的夏季 NPP 小于 10g C/(m^2· a)。除科尔沁沙地、塔里木盆地周围及青藏高原北部等地区夏季 NPP 仍小于 50g C/(m^2· a)外，东北平原中部、祁连山及内蒙古中东部地区夏季 NPP 均为 50～100g C/(m^2· a)，其他地区的均大于 100g C/(m^2· a)，部分地区的甚至超过 300g C/(m^2· a)。

2002～2010 年秋季 NPP 的均值为 8.23×10^{6}g C/(m^2· a)。只有部分荒漠地区，内蒙古中、西部，科尔沁沙地，塔里木盆地周围的秋季 NPP 仍小于 50g C/(m^2· a)。青藏高原东南部、东北平原、四川盆地等地区非林覆盖区的秋季 NPP 均为 50～100g C/(m^2· a)。此外，天山、阿尔泰山、大兴安岭、小兴安岭地区的为 100～150g C/(m^2· a)，长白山和大兴安岭以东地区的为 150～200g C/(m^2· a)，其他大部分地区的均为 200～250g C/(m^2· a)，有部分林区的仍超过 250g C/(m^2· a)。台湾省、海南省部分地区出现了极大值，为 350g C/(m^2· a)。

2002～2010 年年 NPP 总量最大值出现在 2008 年，为 3.86×10^{15}g C/(m^2· a)，最小值出现在 2006 年，为 3.68×10^{15}g C/(m^2· a)。中国陆地植被近 9 年来 NPP 总量的均值为 3.78×10^{15}g C/(m^2· a)，2006 年和 2009 年是 NPP 相对较低的年份，而 2007 年和 2008 年是 2002～2010 年 NPP 较高的年份。其中，2002～2006 年的 NPP 呈现出显著的线性下降趋势，年递减率为 0.03(R^2=0.66，P<0.01)。但从多年平均来看，NPP 的线性变化特征并不明显(R^2=0.004，P<0.01)。

(二)初级生产力的垂直分布格局

初级生产力的垂直分布格局是指某一特定地区初级生产力随着海拔的变化所表现出来的分布状况。依据国内外的最新研究进展，初级生产力与海拔之间表现为下列4种类型。

1. 下降型

下降型是指某一特定地区初级生产力随着海拔的升高而逐渐下降的一种分布类型。研究证实(Perkins，1967)，英国山地海拔从912m下降到365m后，以剪股颖(*Agrostis matsumurae* Hack. ex Honda)及高山羊茅(*Festuca arioides* Lam.)为优势种的群落净第一性生产力由178g C/(m^2·a)升高到391g C/(m^2·a)；而且后来证明净第一性生产力与海拔直接相关，海拔每升高100m，净第一性生产力约降低22%(Rawes and Welch，1969)。在Luquillo山地，生产力随着海拔的增加而下降(Waide，1998)；基于中国1006块样地的资料得出，云冷杉林生产力具有径向、纬向和垂直向的变化，随纬度和海拔的增加呈明显的递减趋势(冯宗炜等，1999；李文华和罗天祥，1997)；川西北窄叶鲜卑花灌丛生物量的分布规律是随着海拔升高生物量随之降低，海拔从3400mm到3900m，群落总生物量下降了19.29%(吴宁等，1998)；贡嘎山地区森林生物量、净初级生产量与海拔呈负相关(罗辑等，2000)；岷江干旱河谷的灌丛地上生物量明显地随海拔的升高而减小(刘国华等，2003)；青藏高原腹地的青海6个海拔梯度高寒草甸植物群落的地上生物量随着海拔的升高而逐渐减少(王长庭等，2004)。

2. 上升型

上升是指某一特定地区初级生产力随着海拔的升高而逐渐上升的一种分布类型。研究表明，青海湖北岸环境梯度上植物群落的生物量随着海拔的增加而增大(刘国华等，2003)；岷江干旱河谷小花滇紫草灌丛地上部分生物量分别为4819.8kg/hm^2和1407.2kg/hm^2，地上生物量明显地随着海拔的升高而增加(刘庆等，2003)。

3. “单峰”曲线型

“单峰”曲线型是指某一特定地区初级生产力首先随着海拔的升高而逐渐上升，当到达一定海拔后则随着海拔的增加而逐渐下降的一种分布类型。李文华和罗天祥(1997)对青藏高原植被样带22个地区的天然植被地上部分生物量格局分析表明，随着海拔升高，地上生物量呈递增趋势，在一定海拔达到最大后，随着海拔的继续升高地上生物量则迅速降低。地上生物量与水热因素的关系可用逻辑斯谛(logistic)函数表达，1月平均温度、7月平均温度、年平均温度、年降水量及其组合可解释青藏高原植被样带地上部分生物量变化的28%～53%，其中年降水量及其同温度的组合与地上部分生物量的相关性最高(R为0.46～0.53，P<0.01)。

4. 波浪型

波浪型是指某一特定地区初级生产力先随着海拔的升高而逐渐上升，当到达一定海拔后则随着海拔的增加而逐渐下降，并多次反复出现初级生产力随着海拔的升高而增加或减少的一种分布类型。李燕丽等(2014)对广西NPP进行了统计分析(图9-2)。由图9-2

可以看出，NPP 随着海拔的不同变化比较明显，呈现多峰曲线，其变化可分为四段：海拔 0～500m，NPP 平均值随海拔的升高而陡然上升；在海拔 500～1300m，NPP 上升较为缓慢，并出现轻微的上下波动，但 NPP 基本保持在 770～840g C/($m^2 \cdot a$)；而海拔 1300～1800m 时，NPP 下降到 735g C/($m^2 \cdot a$)；NPP 在海拔 1800m 以上植被又快速上升到 958g C/($m^2 \cdot a$)。

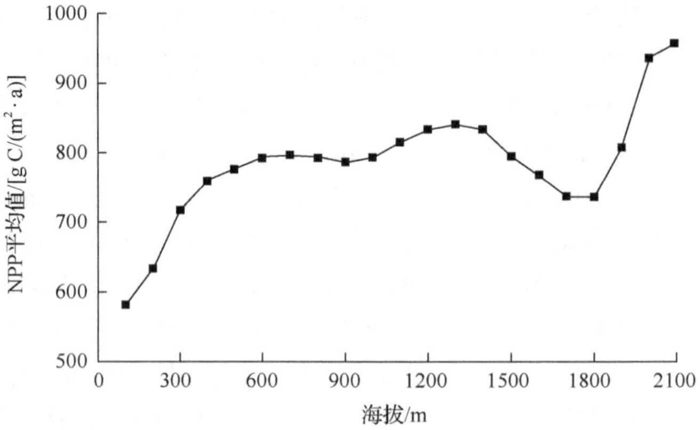

图 9-2　海拔对广西 NPP 的影响(引自李燕丽等，2014)

四、初级生产力的时间变化动态

(一)初级生产力的季节变化动态

初级生产力的季节变化动态是指初级生产力在一年内不同季节变化之间的变化状况。大量的研究表明，初级生产力的季节变化动态通常表现为“单峰”曲线。现以王鹤松等(2010)对我国北方地区植被总初级生产力的季节变化动态为例来说明初级生产力的季节变化动态。

1. 主要植被覆盖类型的季节动态

王鹤松等(2010)根据中等分辨率成像光谱仪(MODIS)土地覆盖分类，发现除裸地或稀疏植被(BSV)外，我国北方地区的各主要植被均表现出较强的季节动态，大体上都表现出单峰趋势(图 9-3)。只不过由于温度、降水及太阳有效辐射的影响，生产力的动态变化在单峰趋势的基础上表现出不同程度的波动。相比于森林植被[包括夏绿阔叶林(DBF)、常绿针叶林(ENF)、落叶针叶林(DNF)和针阔混交林(MF)]和农田(crop)，草地(grass)和稀疏灌丛(open shrubland，Oshrub)的初级生产力(GPP)启动时间较晚，这主要是由于草地与稀疏灌丛主要分布于我国北方地区的北部及西部，适合植被生长的水热条件启动较晚。农田的 GPP 最大值虽然与林地较接近，但其达到最大值时间明显延后，这主要是由于占据农田主要面积的华北平原农区在 6 月、7 月植被生长盛期时，农田的冬小麦先进行收割后又播种了玉米，农田 GPP 较弱，达到顶峰值时间推迟到了 8 月。

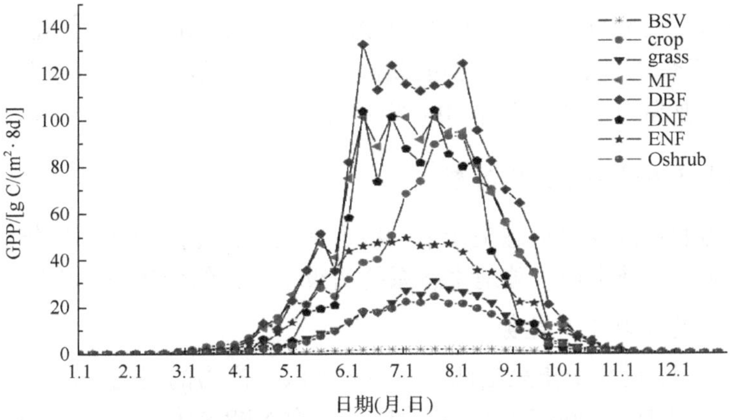

图 9-3　我国北方典型植被类型的季节动态(引自王鹤松等，2010)

综合全年(图 9-4)来看，林地和农田的 GPP 较高，草地和稀疏灌丛次之，裸地或稀疏植被区 GPP 最弱。在林地中，ENF 由于主要分布在海拔或纬度较高的地区，受低温抑制影响较大，GPP 相对较低。草地的生产力较弱，主要是由于在草地构成中，荒漠化草原占的比重较大；而稀疏灌丛多为半荒漠地区，植被生产力也较弱。对于裸地或稀疏植被区，由于植被稀少，覆盖度极低，故生产力最弱。

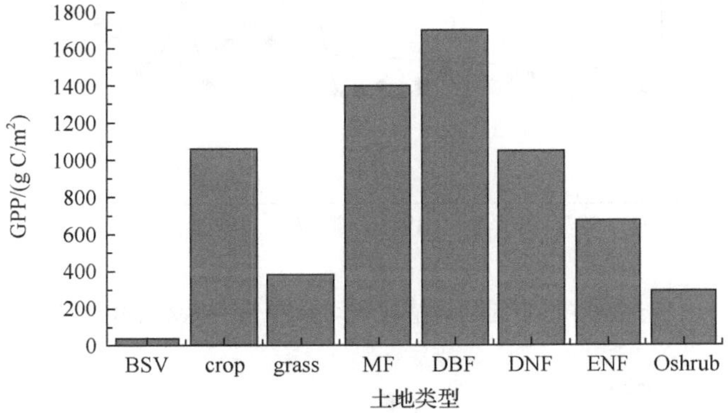

图 9-4　2008 年我国北方主要土地覆盖类型的 GPP 总量(引自王鹤松等，2010)

2. GPP 空间分布的季相变化

王鹤松等(2010)分别将 2008 年的 12 月至翌年 2 月、3～5 月、6～8 月及 9～11 月的 GPP 累计值作为冬季、春季、夏季及秋季的 GPP 总值，以此来分析我国北方地区 GPP 的季相变化。

在冬季，整个区域的 GPP 大多为 0 或小于 5g C/m^2 的低值，只有在河南及陕西南部有较弱的生产力，范围在 10～20g C/m^2，GPP 平均值为 0.07g C/(m^2·8d)。在春季，GPP 平均值为 5167g C/(m^2·8d)。华北平原的冬小麦生长最为迅速，秦岭地区、东北南部及新疆亚高山地区的森林也有了不同程度的生长，GPP 主要集中在 200～400g C/m^2。其他地区的生产力仍然较弱，不足 100g/m^2，且仍有较大面积的区域小于 20g C/m^2。在夏季，GPP 平均值为 32.80g C/(m^2·8d)。整个区域植被 GPP 增长迅速，达到了全年最大值，以东北地区的森林生长最为迅速。在秋季，GPP 平均值为 5.08g C/(m^2· 8d)，整个区域植被 GPP 都有明显下降，尤以东北和新疆的北部下降最为明显。华北平原农田及东北地区南部、秦岭和新疆亚高山地带的森林 GPP 相对较高。

(二)初级生产力的年际变化动态

初级生产力的年际变化动态是指某一特定地区初级生产力在不同年际的变化状况。大量的研究表明，近数十年来陆地生态系统初级生产力的变化呈现出以下特点。

1. 初级生产力呈现上升趋势

一些研究表明，近数十年来陆地生态系统初级生产力的变化呈现出上升趋势。例如，何勇等(2007)对 1971～2000 年中国陆地植被年均 NPP 的模拟显示，中国陆地各类植被的年均 NPP 变化范围为 0～987.67g C/(m^2· a)，全国平均值在 340.78～367.38g C/(m^2· a)，30 年平均为 349.74g C/(m^2· a)。1971～2000 年年均 NPP 呈现出逐渐增加的趋势，年均 NPP 最大值出现在 1988 年，最小值出现在 1975 年，年均增加值为 0.88g C/(m^2· a) (图 9-5)。再如，李燕丽等(2014)对广西植被净初级生产力的研究结果表明，对全区范围内 2000～

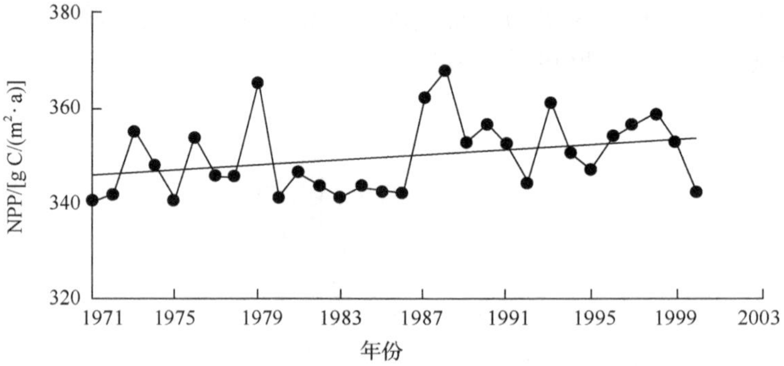

图 9-5　1971～2000 年中国陆地植被年均 NPP 变化特征(引自何勇等，2007)

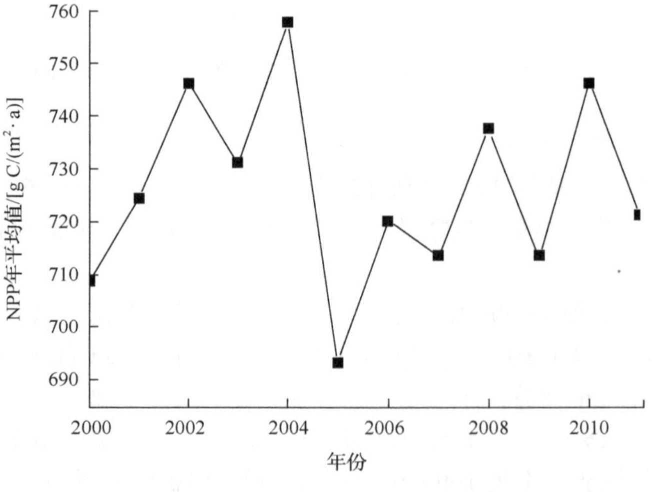

图 9-6　2000～2011 年广西平均 NPP 变化(引自李燕丽等，2014)

2011年总NPP的平均值进行统计分析(图9-6)，从2000～2011年NPP值的变化可以看出，近12年广西NPP变化大致经历了两个阶段：①2000～2004年，植被NPP缓慢上升；②2005～2011年NPP由急剧下降到缓慢上升。这主要是由于相较于2004年，2005年该区年降雨量减少了273.78mm，年均温度基本没有变化，从而导致NPP出现较大幅度的下降。进入21世纪以来，广西年总NPP呈上下波动状态，年总NPP位于680～746g C/(m^2·a)，其变化整体呈缓慢上升趋势。

2. 陆地生态系统各类植被年均NPP的变化特征各不相同

一些研究表明，近数十年来陆地生态系统各类植被年均NPP的变化特征各不相同。例如，何勇等(2007)研究表明，1971～2000年我国陆地各类植被年均NPP的变化特征各不相同(图9-7)。其中，热带雨林、落叶阔叶林、有地被层的阔叶林年均NPP呈减小趋势，其中落叶阔叶林的年均NPP减小趋势最大，有地被层的阔叶林的减小趋势最小；而混交林、常绿针叶林、落叶针叶林、草地、有裸土的灌丛、作物的年均NPP呈增长趋势，以有裸土的灌丛、草地、落叶针叶林的增长趋势较大。上述现象表明，在我国南方分布的森林植被的年均NPP减小，而广泛分布于我国北方的植被(如灌丛、草地及针叶林等)年均NPP都表现为增长趋势。根据植物生理学的研究表明，植被生长都有一个最佳的温度和降水值，当外界的气温和降水高于最佳值时，将阻碍植被的生长；当外界的温度和降水低于最佳值时，温度和降水增加将促进植被的生长。

何勇等(2007)对我国不同区域1971～2000年气候分析表明，我国大部地区的年均气温显著升高，而降水的变化区域性比较明显，南方及东北大部地区降水增加，而华北和西北地区则相对减少。从1971～2000年我国不同区域植被年均NPP变化来看，我国华南地区大部分植被年均NPP都呈减少的趋势(热带雨林、有地被层的阔叶林和落叶阔叶林)，该地区的年降水量一般都＞1200mm，年均气温＞20℃，温度和降水的条件已经能够满足该地区植被生长的需求，因此温度的升高和降水的增加将限制该地区植被的生长。而在东北地区，由于温度的升高和降水的增加，则促进了分布于该地区针叶林的生长。值得注意的是，在自然条件下我国作物的年均NPP只表现为微弱的增长趋势(图9-7)，NPP年增长为0.1703g C/(m^2·a)；而通过统计资料显示，从1971～1998年，我国粮食的单产增长了近2倍，其实际增长速率远远高于自然条件下作物的生长速率。

3. 陆地生态系统不同区域年均NPP的变化各不相同

一些研究表明，近数十年来陆地生态系统不同区域年均NPP的变化也各不相同。例如，李燕丽等(2014)对广西2000～2011年总NPP进行了趋势分析。表明，全区NPP平均值变化趋势线斜率为0.001。研究得出，大部分地区NPP变化趋势在–0.02～0.02；在广西西南部及全州、凌乐县、隆林、百色等地区NPP变化明显呈上升趋势，部分地区上升趋势在0.05以上；而在东北部的桂林、柳州等地区NPP呈缓慢下降趋势，甚至部分地区下降趋势小于–0.05。

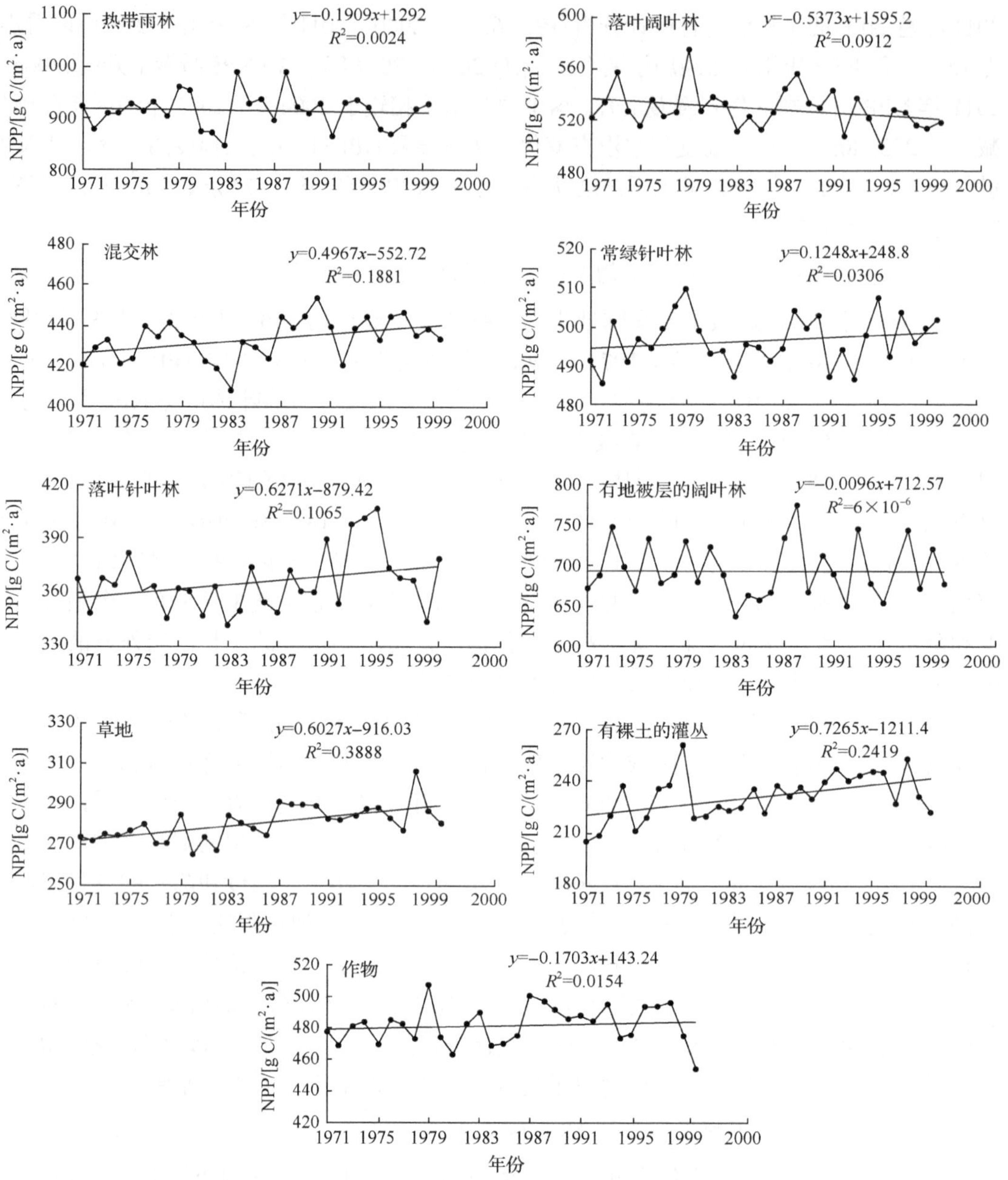

图 9-7　1971～2000 年中国陆地各类植被年均 NPP 的变化特征(引自何勇等，2007)

五、影响初级生产力的因素

(一)气候因子对初级生产力的影响

大量的研究表明，气候因子对初级生产力有着明显的影响。现以朱文泉等(2007)就气候变化对中国陆地植被净初级生产力的影响为例来说明气候因子对初级生产力的影响。

1. 气候胁迫因子对净初级生产力的综合影响

一些研究者认为气候胁迫因子对净初级生产力具有综合影响。例如，朱文泉等(2007)研究认为温度、水分和光照相互作用，对不同地区的植物生长产生不同的影响。通过构建潜在气候胁迫因子空间分布图可以看出，全国约28%的地区(主要分布在西北)植物生长受水分制约；受温度制约的地区主要分布在东北和青藏高原一带，约占国土面积的43%；华东、华中、华南的大部分地区(国土面积的 29%)则主要受光照胁迫。而且这 3 个气候胁迫因子是相互作用的，如云南中西部的一些地区全年不受温度胁迫，但在冬季可能受水分制约，在夏季由于云量大且持续时间长则受光照胁迫；海河平原和山东丘陵地区冬季受低温胁迫，夏秋季节则有可能因云雾遮挡而受光照制约；河套平原在春秋季节受水分制约，而冬季则受低温影响。

图 9-8 显示了净初级生产力在气候空间中的分布情况，从图 9-8 可以看出，净初级生产力值越高，对水热配置条件的要求也越苛刻。对于区域热量指数(regional thermal index，RTI)来说，净初级生产力为 100g C/(m^2·a)以上的地区，其 RTI 也在 100mm/a 以上；净初级生产力为 500g C/(m^2·a)以上的地区，其 RTI 则必须在 250mm/a 以上；净初级生产力大于 1000g C/(m^2·a)的地区，其 RTI 在 400mm/a 以上。对于区域湿润指数(RMI)来说，净初级生产力为 500g C/(m^2·a)以上的地区，其 RTI 必须在 0.3 以上；净初级生产力大于 1000g C/(m^2·a)的地区，其 RTI 至少在 0.6 以上。这与周广胜和张新时(1995)的气候-植被分类结果基本一致。

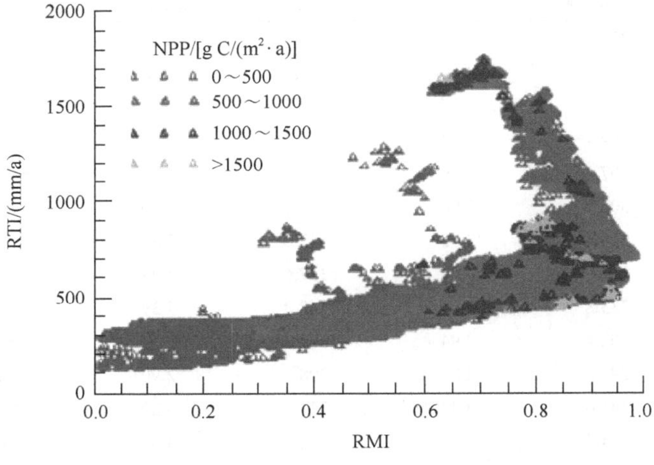

图 9-8　NPP 在气候空间中的分布(引自朱文泉等，2007)

朱文泉等(2007)对 1982～1999 年的温度、降水和光照这 3 个气候胁迫因子的线性趋势分析表明，受温度胁迫的东北和青藏高原广大地区，其年平均温度得到显著升高，使生长季得到延长(春季植物起始生长的日期推前， 秋季落叶期推后)；受水分制约的西北地区，降水量呈明显上升趋势，但在大部分的荒漠地区，增加的降水量还不足以启动植物生长；受光照胁迫的华东和华南地区，太阳总辐射量有所增加。由此可见，气候变化使温度、降水、光照均朝着有利于植物生长的方向发展，其胁迫作用有所减弱。

朱文泉等(2007)对 1982～1999 年的净初级生产力线性趋势分析表明，西北地区受水分限制的地方，其净初级生产力的增长率平均为 1.42%/a，分布在–7%/a～8%/a，主要是新疆北部和河套平原等地有所增长，而沙漠和戈壁区(如塔克拉玛干沙漠)则不变或下降；受温度制约的东北、华北和青藏高原地区，净初级生产力增长率平均为 1.46%/a，分布在–2%/a～5%/a；华中、华东、华南受光照制约的地方，其净初级生产力增长率平均为 0.99%/a，分布在–1.5%/a～4%/a。

为了把气候变化对植物净初级生产力的影响从其他因素(如 N 沉降、CO_2 施肥、造林等)中分离出来，同时也为了消除卫星传感器矫正时给遥感数据所带来的伪趋势，朱文泉等(2007)还用了另外两种方式对净初级生产力进行了估算(表 9-3)：一是假定植被不变[1982～1999 年的月平均归一化植被指数(NDVI)]，气象数据逐年变化；二是假定气象数据不变(温度、降水和太阳总辐射都取 1982～1999 年的月平均值)，植被逐年变化。计算表明，气候变化(假定植被不变)对 1982～1999 年的净初级生产力总增长趋势贡献率为 48.1%；而植被变化(假定气候不变)对同期的净初级生产力总增长趋势贡献率为 51.9%，植被的这种变化可能来源于气候-植被相互作用、土地利用变化、造林等其他因素。18 年来(1982～1999 年)，全国净初级生产力增加了 0.76Pg C(24.2%)，其中由气候变化导致净初级生产力约增加 0.36Pg C(11.5%)，其他因素导致净初级生产力增加 0.40Pg C(12.4%)。

表 9-3 不同实验条件下的中国 NPP 年际分布情况(引自朱文泉等，2007)

年份	NPP1[a]		NPP2[b]		NPP3[c]	
	平均值 /[g C/(m^2·a)]	总量 /(Pg C/a)	平均值 /[g C/(m^2·a)]	总量 /(Pg C/a)	平均值 /[g C/(m^2·a)]	总量 /(Pg C/a)
1982	273.7	2.66	291.8	2.84	309.5	3.01
1983	296.6	2.89	313.3	3.05	313.1	3.05
1984	314.4	3.06	334.5	3.25	310.7	3.02
1985	292.1	2.84	315.4	3.07	305.9	2.98
1986	307.6	2.99	325.6	3.17	313.1	3.05
1987	306.1	2.98	328.9	3.20	308.4	3.00
1988	310.4	3.02	343.0	3.34	298.8	2.91
1989	302.3	2.94	337.6	3.28	296.0	2.88
1990	333.8	3.25	348.8	3.39	315.8	3.07
1991	302.4	2.94	322.3	3.14	309.4	3.01
1992	291.3	2.83	298.4	2.90	323.2	3.14
1993	341.0	3.32	331.2	3.22	340.3	3.31
1994	374.3	3.64	358.3	3.49	344.4	3.35
1995	350.7	3.41	349.9	3.40	333.2	3.241
1996	349.3	3.40	343.2	3.34	336.3	3.27
1997	351.8	3.42	345.0	3.36	335.5	3.26
1998	362.4	3.53	356.0	3.46	336.3	3.27
1999	341.1	3.32	345.4	3.36	324.9	3.26
平均值	322.3	3.13	332.7	3.24	319.7	3.11
变化趋势/(Pg C/a)		0.0422		0.0223		0.0199
R^2		0.65		0.42		0.54
变化率/%		24.2		12.4		11.5

注：a. 植被和气候均变化下的 NPP；b.气候不变，植被变化下的 NPP；c.气候变化，植被不变下的 NPP

2. 大气 CO_2 增长率对净初级生产力的影响

一些研究者认为大气 CO_2 增长率对净初级生产力具有一定的影响。例如，朱文泉等(2007)通过对中国植被净初级生产力的年际变化与大气 CO_2 年际增长率进行相关分析发现，二者之间呈正相关(r=0.34，P<0.01)(图 9-9)；而 Nemani 等(2002)对全球植被净初级生产力与大气 CO_2 增长率之间的关系进行研究后，认为二者之间呈负相关(r=–0.70，P<0.01)，而且单独由气候变化(假定全球植被不变)所引起的净初级生产力年际变化与大气 CO_2 增长率之间也有类似的关系(r=–0.71，P<0.01)，由此说明全球气候变化对大气 CO_2 浓度变化起着重要的控制作用。陆地植被的净初级生产力变化与 CO_2 增长率之间的关系同全球的情况相反，表明全球 CO_2 增长率变快时，中国的陆地植被净初级生产力也相应增加。进一步对气候因素引起的净初级生产力变化(假定植被不变)与大气 CO_2 增长率进行相关分析发现，二者之间的相关性极低，相关系数仅为– 0.006(P<0.01)；而其他因素引起的净初级生产力变化(假定气候不变)则与大气 CO_2 增长率之间有很好的相关性，相关系数为 0.54(P<0.001)。以上结果表明，我国近 20 年来由土地利用变化、植树造林等因素引起的植被变化在大气 CO_2 增长率加快的情况下有利于陆地植被净初级生产力增加，而同期由气候变化所引起的植被变化则与大气 CO_2 增长率之间无关联。

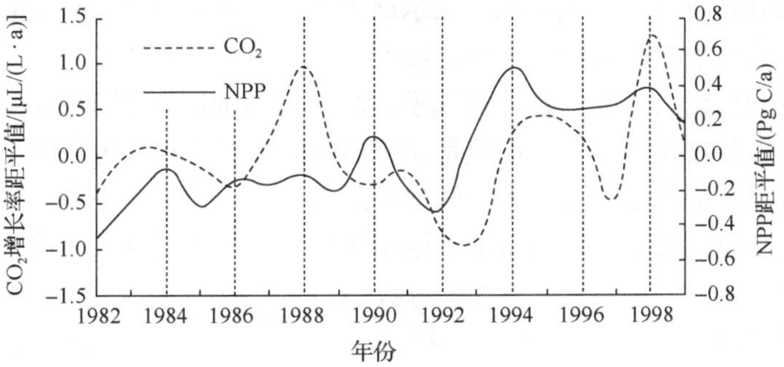

图 9-9　中国 NPP 年总量距平值与 CO_2 年增长率距平值的时间序列(引自朱文泉等，2007)

3. ENSO 与净初级生产力的关系

一般认为，净初级生产力会随着厄尔尼诺-南方涛动(El Ni O-southern oscillation，ENSO)造成的降水和温度变化而变化(2001)。Nemani 等(2002)对全球的研究结果表明，不同纬度地区的净初级生产力对主要的气候事件(如火山喷发)响应不同，但全球净初级生产力在 3 次主要的厄尔尼诺事件中(1982～1983 年、1987～1988 年、1997～1998 年)均明显下降。我国地域辽阔，受季风影响显著，季风环流大大改变了气候要素的组合形式与分布规律，这使得 ENSO 同净初级生产力的关系变得十分复杂。图 9-10 为研究时间段内每月净初级生产力距平和多元厄尔尼诺指数(MEI)指数之间的关系，总体看来，二者之间的相关性并不强(r=–0.09，P<0.01)。在 20 世纪 80 年代后期的几次厄尔尼诺事件中，1982～1983 年、1987～1988 年、1992 年 3 次厄尔尼诺事件表现为净初级生产力明显下降，与全球情况类似；而 1993 年、1997～1998 年这两次厄尔尼诺事件则表现为净初级生产力明显升高，与全球情况相反。

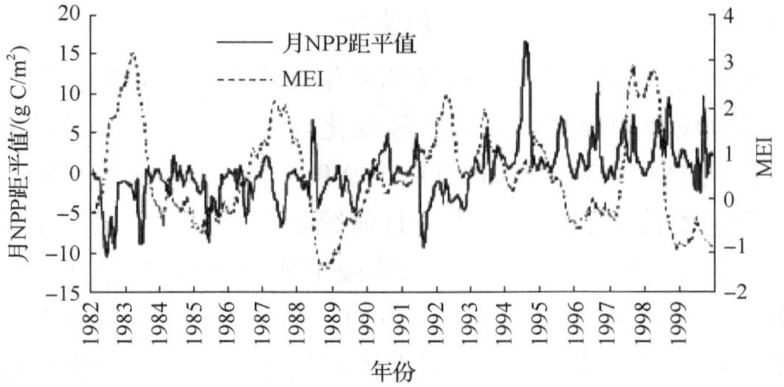

图 9-10 中国月 NPP 距平值与 MEI 时间序列(引自朱文泉等，2007)

(二)地形因子对初级生产力的影响

大量的研究表明，地形因子对初级生产力有着明显的影响。现以李素英等(2013)就地形对锡林浩特地区草原区净第一性生产力的影响为例来说明地形因子对初级生产力的影响。

1. 坡度对 NPP 的影响

李素英等(2013)研究认为坡度也是表示地形的一个重要参数。地表面任一点的坡度是指过该点的切平面与水平面地面的夹角，坡度表示了地表面在该点的倾斜程度，往往地面坡度影响着地表物质运动和能量转换的规模、强度，也是制约生产力空间布局的重要因子。对地面坡度及其组合规律的研究，不但是地貌研究的重要命题，也是区域自然地理特征及生产力布局的重要基础数据，具有重要的理论意义与应用价值。李素英等(2013)认为，锡林浩特的地形坡度范围为 0.34°～41.64°。根据国际地理学会的地貌坡度划分标准，结合锡林浩特东南区域的特点，划分坡度为 5 个等级：0～2°、2°～5°、5°～15°、15°～25°、＞25°(图 9-11)。可以看出，0～2°坡度地区占 47.67%，属于平原；2°～5°坡度地区占 36.29%，属于缓陡坡；5°～15°坡度地区占 15.14%，属于斜坡；15°～25°坡度地区占 0.84%，属于陡坡；＞25°坡度地区仅仅占 0.06%，为急陡坡以上的坡度。该研究区的地形坡度比较缓和，＞15°坡度地区所占比例仅为 1%左右，所以在水分条件、气候条件与土壤条件适合的情况下，是完全适合耕种的，也可以看出本研究区的自然条件相对较好。

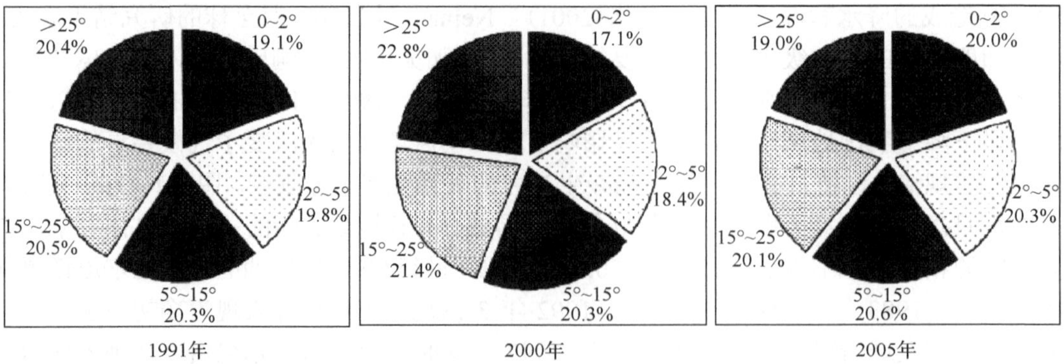

图 9-11 锡林浩特坡度等级的 NPP 分布(引自李素英等，2013)

由图 9-11 可以看出，NPP 随着坡度的增大有增加的趋势，是由坡度与海拔增长所引起的，这样锡林浩特东南区域地势较高，因而地表坡度也变化明显，形成了良好的 NPP。同时可以看出，1991 年各种坡度的 NPP 均高于 2000 年、2005 年，因为该地区 1991 年降水量较高，草原退化不严重。

2. 坡向对 NPP 的影响

李素英等(2013)研究认为坡向的不同往往影响环境的水热再分配。根据自然地理学划分坡向的原则，锡林浩特东南区域的坡向分为八类：北坡(North)、东北坡(North East)、东坡(East)、东南坡(South East)、南坡(South)、西南坡(South West)、西坡(West)、西北坡(North West)。由于该地区坡向的分布比较均匀，各类坡向所占的比例较接近，西南坡、西北坡、东北坡、东南坡各自的比例不足 10%，相对较少；其次为北坡与南坡，比例稍高于 10%；而西坡、东坡的比例大致相近，都已经超过 20%。

坡向对植被 NPP 的影响如图 9-12 所示，显示出北坡的 NPP 最大，而后为西北坡与东北坡。在 1991 年，出现以北坡为中心轴，向东西两个方向对称缩减的 NPP；在 2000 年，

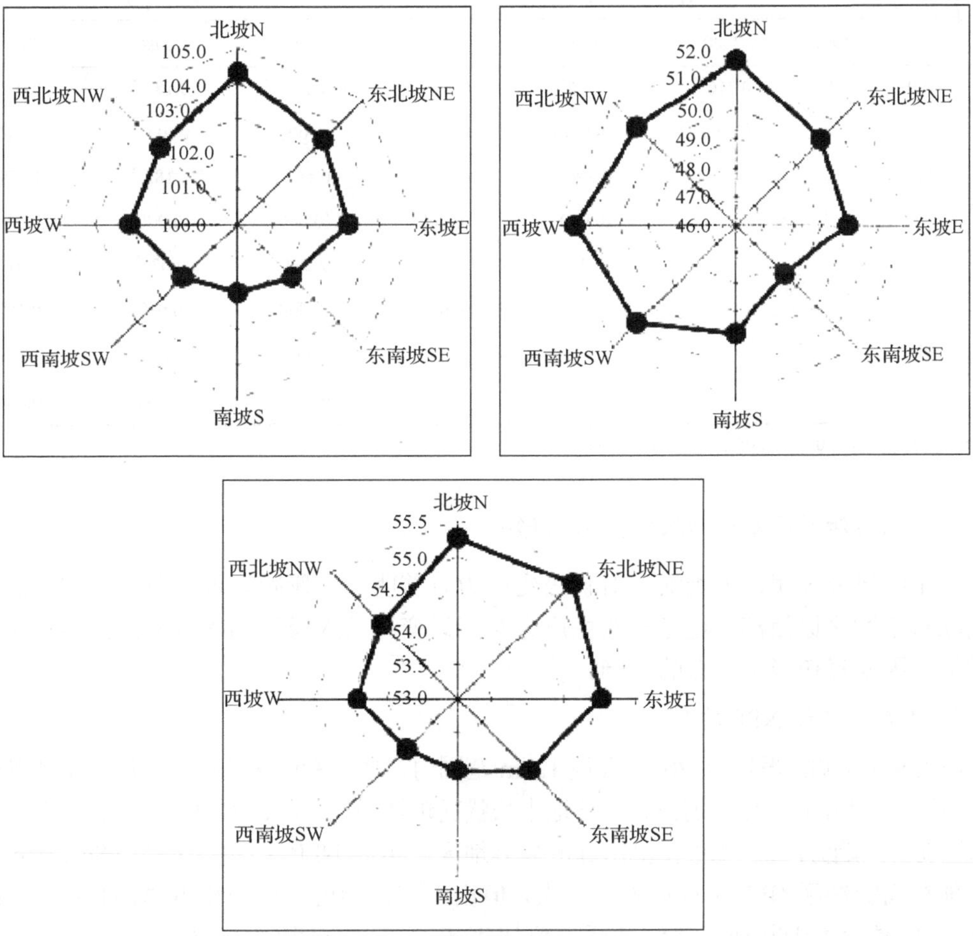

图 9-12　锡林浩特坡向等级的 NPP 分布(引自李素英等，2013)

图中各数值表示 NPP 大小，单位：g C/(m^2·月)

以西北方向为对称轴的 NPP 递减分布；2005 年呈现了以东北方向为对称轴的两侧 NPP 递减分布，这种分布特征可能与不同年份的降雨量分布有关。比较而言，北坡的植被生产力最好，因为其北坡属于阴坡，故同等降雨量条件下，蒸散较少，使得其土壤水分丧失较少，自然条件相对优于南坡与其他坡面。南坡与东南坡属于阳坡，蒸散很强，不利于植被生长，所以其植被生产力较低。

3. 地形因子与 NPP 的相关性

为了验证以上的研究结果，李素英等(2013)在整个研究区随机抽取了 1000 个点，来分析坡度和坡向对 NPP 的生态影响。结果表明，在 Pearson 相关分析中(表 9-4)，除 1991 年 NPP、2005 年 NPP 与坡向相关不显著外，其他的 NPP 与坡度、坡向均呈显著正相关(0.01 或 0.05 水平)，说明海拔、坡度与坡向对区域 NPP 有一个正的影响。表明，地形因子均能有效地影响区域 NPP 的分布。

表 9-4　地形因子与 NPP 的 Pearson 相关关系(引自李素英等，2013)

相关		净第一性生产力				地形因子		
		1991	2000	2005	平均	高度	坡度	坡向
净第一性生产力	1991	1	0.310**	0.310**	0.731**	0.287**	0.182**	0.037
			(0.000)	(0.000)	(0.000)	(0.000)	(0.000)	(0.246)
	2000		1	0.398**	0.836**	0.669**	0.185**	0.075*
				(0.000)	(0.000)	(0.000)	(0.000)	(0.019)
	2005			1	0.638**	0.206**	0.074*	0.017
					(0.000)	(0.000)	(0.019)	(0.582)
	平均				1	0.581**	0.0213**	0.066*
						(0.000)	(0.000)	(0.038)

**、*分别表示在 0.01、0.05 水平上显著相关

(三)人类活动因素对初级生产力的影响

大量的研究表明，人类活动对初级生产力有着明显的影响。现以罗玲等(2012)就人类活动对松嫩平原西部草地净初级生产力对气候变化及人类活动的响应的影响举例说明人类活动因素对初级生产力的影响。

1. 道路对草地 NPP 的影响

由表 9-5 可知，罗玲等(2012)发现 12km 范围内，随其距道路的距离增加，NPP 平均值呈明显增加趋势，说明距离道路越远草地生长状况越好，但由于受草地面积递减的影响，NPP 总量微弱下降趋势，说明距离道路 12km 以外地区，10 年 NPP 平均值为 311.68g C/(m^2·a)，与其他距离缓冲区 NPP 平均值差距不大，但由于该范围内草地面积占总面积的 41%，因此 NPP 总量远大于其他距离缓冲区，位居第一，较 12km 以内各缓冲区 NPP 总和仅低

1.28Tg C，占研究区 NPP 总量的 42%。

表 9-5　2000～2009 年松嫩西部草地不同道路缓冲区 NPP 变化情况统计（引自罗玲等，2012）

缓冲区/km	NPP 平均值/[g C/(m²·a)]	极显著降低/km²	显著降低/km²	降低不显著/km²	增加不显著/km²	显著增加/km²	极显著增加/km²
<2	287.27	0.06	0.10	2.53	7.18	0.77	0.56
2～4	297.57	0.06	0.07	2.48	6.74	0.75	0.40
4～6	299.62	0.07	0.08	2.49	6.66	0.67	0.30
6～8	304.22	0.04	0.04	2.68	6.18	0.72	0.33
8～10	314.92	0.06	0.08	2.30	5.50	0.53	0.29
10～12	308.23	0.07	0.08	1.91	4.97	0.50	0.27
>12	311.68	0.08	0.29	12.71	25.40	1.70	1.12

从表 9-5 可以看出，罗玲等(2012)发现同一缓冲区内，不同变化情况的草地面积差别较大，其中，增加不显著的草地面积最大，其次为降低不显著的面积，显著及极显著增加的草地面积远大于相应降低的面积；草地 NPP 同一变化情况下，不同距离缓冲区内草地面积差距不大，其中除 NPP 呈显著及极显著降低趋势的草地面积无明显变化规律外，其他变化趋势的草地面积均随距道路距离增加呈波动递减趋势，说明距离道路越近，草地 NPP 呈增加趋势的面积越大，这表明距离道路越近，草地恢复面积越大，越远受人类活动影响的可能性越大，这与周才平等(2008)对一江两河流域植被 NPP 与道路关系分析得出的“离道路的距离越远，人类活动的强度或影响植被 NPP 的能力越小”的结论截然相反，这也说明草地 NPP 与道路的关系具有地域性差异。

罗玲等(2012)分析认为可能的原因：国道、省道、铁路等等级较高的道路，除个别地段穿越居民区外，均离居民地尤其是农村较远，距离道路较近的两侧私自开垦、割草及放牧活动的可能性较低；实地调查发现，2000 年以来，研究区草地管理站等相关部门沿道路采取了围栏、挖沟、建立生态实验站等草地保护措施，并从 2003 年开始实施定期禁牧。对于面积较大的草地，距离道路越远，牧民私自割草及放牧的可能性越大。因此，人为管理的实施及研究区居民生产、生活方式的不同是导致道路与植被 NPP 关系研究结果差异的主要原因。

2. 居民地对草地 NPP 的影响

如表 9-6 所示，罗玲等(2012)对松嫩西部不同距离居民地缓冲区内草地 NPP 统计发现，随着与居民地的距离增加，草地平均 NPP 呈增加趋势，说明距离居民地越远，草地长势越好。其中，距居民地 1～2km 的第二缓冲区草地平均 NPP 最低，说明该距离内草地长势最差。第四缓冲区(3～4km)内平均 NPP 为所有缓冲区最高，但受草地面积急剧减少的影响，距离居民地越远草地 NPP 总量呈明显降低趋势。以上分析说明，距离居民地越近草地长势越差，尤其是 1～2km。

表 9-6　2000～2009 年松嫩西部草地不同距离居民地缓冲区 NPP 变化情况统计(引自罗玲等，2012)

缓冲区/km	NPP 平均值/[g C/(m²·a)]	极显著降低/km²	显著降低/km²	降低不显著/km²	增加不显著/km²	显著增加/km²	极显著增加/km²
<1	304.31	0.10	0.21	7.73	22.58	1.93	0.95
1～2	289.17	0.12	0.20	8.19	18.62	1.99	1.21
2～3	306.80	0.09	0.12	4.81	11.10	1.06	0.65
3～4	319.50	0.05	0.10	3.10	5.86	0.55	0.23
>4	336.56	0.09	0.11	3.27	4.49	0.12	0.22

为分析居民地对草地生长的影响状况，罗玲等(2012)对居民地缓冲区与草地 NPP 年际变化趋势结果进行叠加分析，结果如表 9-6 所示。同样发现，同一缓冲区内，草地面积按增加不显著、降低不显著、显著增加、极显著增加、显著降低、极显著降低的顺序递减。显著增加(包括极显著增加)的草地面积约为显著降低面积(包括极显著降低)的 8 倍，说明各居民地缓冲区内呈好转趋势的草地面积远大于下降的面积。不同距离缓冲区对比发现，距居民地 1～2km 的第二缓冲区草地 NPP 呈显著增加(包括极显著增加)和显著降低(包括极显著降低)趋势的草地面积均最大，分别占总面积的 3.20%和 0.32%，说明距居民地 1～2km 距离是受人类活动影响最强烈的地区，这与罗玲等(2009)研究得出的草地 NPP 与居民地距离的关系一致。表 9-6 显示，随居民地距离增加，NPP 呈各种变化情况的草地面积均呈波动状递减趋势。本研究的分析结果与张镱锂等(2002)和曾辉等(2001)得出的“离居民地的距离越远，人类活动的强度或影响草地及其 NPP 的能力越低”的结论一致。

3. 道路、居民地与草地 NPP 关系对比

罗玲等(2012)分析道路、居民地与研究区草地 NPP 的关系发现，距离道路越远，人类活动对草地 NPP 的影响越大。而居民地与草地 NPP 的关系却完全相反，距居民地的距离越远，人类活动的强度或影响草地的能力则越低。二者在一定程度也实现了相互印证。为对比相同缓冲区内道路及居民地对草地 NPP 的影响程度，将居民地的 4 个缓冲区进行处理，合并为<2km 及 2～4km 两个缓冲区，并将草地 NPP 的变化趋势合并如表 9-7 所示。通过对比不难发现，相同距离范围内，居民地缓冲区内草地 NPP 变化的面积远大于道路缓冲区，尤其是在 2km 以内，居民地缓冲区内 NPP 显著变化(显著增加和显著减少)的草地面积远大于道路缓冲区。结果表明，居民地对草地 NPP 的影响明显强于道路，尤其是 2km 范围内。

表 9-7　松嫩西部相同距离道路和居民地缓冲区 NPP 变化面积对比(引自罗玲等，2012)

缓冲区	<2km			2～4km		
	显著降低/km²	变化不显著/km²	显著增加/km²	显著降低/km²	变化不显著/km²	显著增加/km²
道路	0.16	9.17	1.33	0.13	9.22	1.15
居民地	0.63	57.11	6.09	0.37	24.97	2.49

罗玲等(2012)分析主要原因：松嫩西部居民地密度远高于道路，且研究区人口统计

结果显示，自2000年以来人口数量呈明显上升趋势，人口数量增加导致居民地修建及维持生计的开荒、放牧行为对草地NPP降低的影响明显大于道路修建的破坏作用，这与“超载过牧和开荒等人为活动是松嫩平原草地退化的主要影响因素”（刘兴土，2001）的结论一致。

第三节　次级生产力的空间分布格局及其变化动态

生态系统中的消费者和分解者统称次级生产者。次级生产（secondary production）是指生态系统消费者、分解者利用初级生产产物进行的同化、生长发育、繁殖后代的过程。大农业中的畜牧水产业和虫、菌业生产都属次级生产。

一、生态系统中的次级生产

（一）概念与特点

1. 概念

次级生产或称为第二性生产，是指生态系统初级生产以外的生物有机体的生产。次级生产就是异养生物的生产。动物的肉、蛋、奶、毛皮、体、骨骼等都是次级生产的产物（戈峰，2010）。

2. 特点

1）次级生产最终是以初级生产为基础。初级生产的质和量对次级生产有直接或间接的影响。

2）从理论上讲，净初级生产量可以全部被异养动物所利用，转化为次级生产量。然而，任何一个生态系统中的净初级生产量总是有相当一部分不能被利用，在转化过程中要丢失一定的能量。因此，各级消费者所利用能量仅仅是被食者生产量中的一部分。

（二）次级生产的能流途径与能量平衡

生态系统的能量流动也是多路径进行的，这主要表现为生态系统的生物多样性及其构成的复杂食物链、食物网，而且生态系统辅助能的输入也是多途径的。能量在流动过程中不断耗损，当能量从一个营养级传递到相邻的下一个营养级时，其耗损是多方面的，如未能被利用的、利用（消费）了而未被同化的、同化后被呼吸消耗掉的、变为生产量后又因多种原因被减少的等。图9-13说明，草食动物可以利用的有效食物在自然生态系统中并没有全部被利用，留下未触动的食物可供分解者利用，使能量进入腐食食物链。被移走的物质，又分为两部分：未被利用的物质（NU）和作为食物被摄食消化的物质（C）。在被消化的物质中一部分作为粪便（F），摄食量减去粪量后，余下的为该营养级的同化量（A）。同化量中一部分用于维持生命呼吸消耗（R），另一部分是同化物经过代谢后以尿和汗液等形式的排泄物（U），同化量减去呼吸量和排泄量后，才是该营养级的生产量（P）。生产量减去各种原因所减少的量，如产茧、脱毛、脱皮、落花、落果、枯死、病虫危害等，然后才是净生产量即现存量(B)。能量在各生物之间每传递一次，其中的大部分就随物质降解转为热能而损失掉，这也就是为什么食物链的环节和营养级数一般不会多于5～6个及能量金字塔必定呈尖塔形的热力学解释。动物的次级生产能量流动有如图9-13所示的平衡关系。

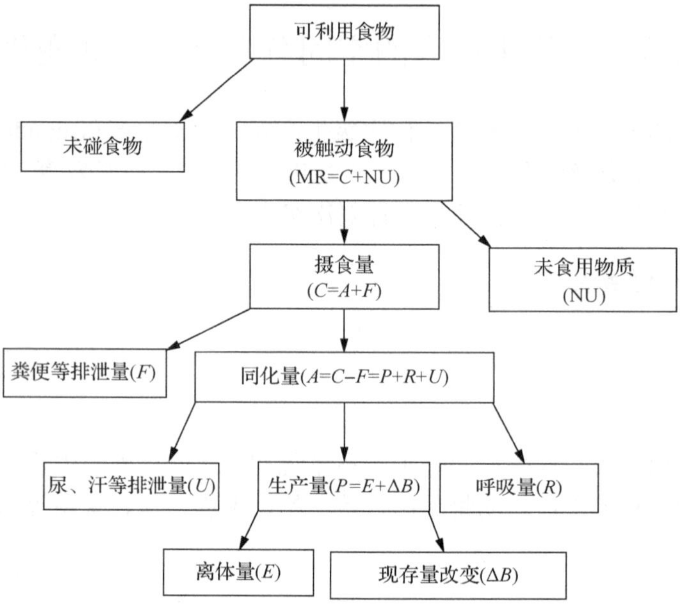

图 9-13　能量在食物链营养之间转化和消耗(引自骆世明，2010)

$$P= \mathrm{NI}+I= \mathrm{NI}+A+R_1+R_2+R_3+F+U+G \tag{9-23}$$

式(9-23)中，P 为净次级生产总量；NI 为未被次级生产者食用部分所含的能量；I 为被食用部分所含的能量；A 为次级生产者储存的能量；R_1 为体增热消耗，是动物采食后数小时内体内产生的热损耗；R_2 为维持能，是用于基础代谢的能量损耗；R_3 是用于运动的能量损耗；F、U 和 G 分别为固态排泄、液态排泄和气态排泄所蕴含的能量。

动物的食入能(I)减去非经消化的排泄能(主要是 $F+G$)后，余下的能量才是经过消化吸收的代谢能，代谢能分别用于代谢消耗和身体化学能的累积，其中代谢消耗(M)与体重(W)有关，它们之间的关系可用公式 $M=\alpha M^b$ 表示(式中的 α、b 为常数)。不同动物的体重与代谢消耗的关系式见表9-8。代谢能减去尿、汗等排泄能(主要是 U)、体增热(R_1)、维持能(R_2)及运动消耗能(R_3)之后，才是用于组织增长和分生后代的净生产能量。家畜体重与维持能也存在指数关系形式：$R_2=\alpha M^b$(α、b 为常数)(表9-9)。运动消耗能 R_3 则与动物的活动强度、活动场所有关，家畜家禽圈养比放养的消耗要少得多。

表 9-8　动物体重与代谢能的关系(引自骆世明，2010)

动物类别	哺乳类	鸟类	蜥蜴
体重与代谢能的关系式	$M=0.520W^{0.75}$	$M=0.7758W^{0.668}$	$M=0.3946W^{0.62}$

表 9-9　家畜体重与维持能的关系(引自骆世明，2010)

家畜种类	肉牛	乳牛	绵羊	猪
体重与维持能的回归	$R_2=321.86\,W^{0.75}$	$R_2=334.4\,W^{0.75}$	$R_1+R_2=403.56W^{0.75}$ (包括体增热)	$R_2=807.99W^{0.56}$

与自然生态系统相比，农业的次级生产能流路径更简捷和高效，特别是现代集约农业，不但作物田间病虫消耗被人为控制而大大减少，而且畜牧水产养殖业中人为的管理使饲料的能量利用效率得到大大提高，热能等损耗大大减少。总之，不同家畜取食同种饲料，或同种家畜取食不同种饲料，或养殖环境条件不同，用于代谢的能量和次级生产力会不同(表 9-9，表 9-10)。

表 9-10　不同饲料与畜禽的代谢能(引自骆世明，2010)　(单位：kJ/kg 干物质)

饲料	玉米	玉米	大麦	玉米	苜蓿	麸皮	大麦粉	大麦粉	牛尾草	大豆秆
动物	牛	猪	鸡	鸡	牛	牛	牛	猪	绵羊	绵羊
总能	18 851.8	18 893.6	18 116.1	18 484.0	18 291.7	18 943.8	17 451.5	18 291.7	17 902.9	18 162.1
代谢能	13 931.9	16 874.7	13 334.2	16 874.7	7 891.8	10 516.9	14 124.2	12 239.0	8 468.7	5 843.6
粪	2 842.4	1 609.3	4 623.1	2 202.9	8 167.7	6 006.7	2 767.2	4 129.8	7 557.4	11 185.7
尿	806.7	376.2	—	—	957.2	1 003.2	572.7	790.0	514.1	175.6
甲烷	1 421.2	—	—	—	1 287.4	1 420.7	—	1 132.8	1 332.7	1 421.2

(三)生产过程

净初级生产量是生产者以各营养级所需能量的唯一来源。从理论上讲，净初级生产量可以全部被异养生物所利用，转化为次级生产量(如动物的肉、蛋、奶、毛皮、骨骼、血液、蹄、角及各种内脏器官等)；但实际上，任何一个生态系统中的净初级生产量都可能流失到这个生态系统以外的地方去，如在海岸盐沼生态系统中，大约 45%的净初级生产量流失到河口生态系统。还有很多植物生长在动物所达不到的地方，因此无法被利用。总之，对动物来说，初级生产量或因得不到，或因不可食，或因动物种群密度低等，总有相当一部分未被利用。即使是被动物吃进体内的植物，也有一部分通过动物的消化道排出体外。例如，蝗虫只能消化它们吃进食物的 30%，其余的便以粪形式排出体外，供腐食动物和分解者利用。食物被消化吸收的程度依动物的种类而大不相同。尿是排泄过程的产物，但由于技术上困难，常与粪便合并，称为尿粪量而排出体外。在被同化的能量中，有一部分用于动物的呼吸代谢和生命的维持，这一部分能最终以热的形式消散掉，剩下的那部分才能用于动物的生长和繁殖，这就是我们所说的次级生产量。当一个种群的出生率最高和个体生长速度最快的时候，也就是这个种群次级生产量最高的时候，这时往往也是自然界初级生产量最高的时候。但这种重合并不是巧合，而是自然选择长期起作用的结果，因为次级生产量是靠消耗初级生产量而得到的。

次级生产量的一般生产过程概括于下面的图解(图 9-14)中。

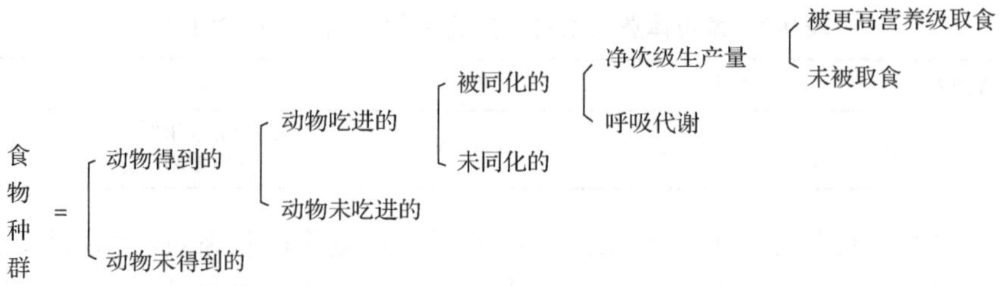

图 9-14　次级生产量的一般生产过程(引自孙儒泳，2010)

动物-肉食动物捕到猎物后往往不是全部吃掉，而是剩下毛皮、骨头和内脏等。所以能量从一个营养级传递到下一个营养级时往往损失很大。对一个动物种群来说，其能量收支情况可以下列公式表示

$$C=A+\mathrm{Fu} \tag{9-24}$$

式中，C 为动物从外界摄食的能量，单位为 J；A 为被同化能量，单位为 J；Fu 为排泄物、分泌物、粪便和未同化食物，单位为 J。

被同化能量 A 项又可分解为

$$A=\mathrm{PS}+R \tag{9-25}$$

式中，PS 为次级生产的能量，单位为 J；R 为呼吸中丢失的能量，单位为 J。

所以

$$C=\mathrm{PS}+\mathrm{Fu}+R \tag{9-26}$$

那么，次级生产量可表示为

$$\mathrm{PS}=C-\mathrm{Fu}-R \tag{9-27}$$

一些消费者之间的生产量出入较大，表 9-11 表明植食动物收获蚁的生产量仅为 0.42J/(m^2·a)，其同化量占摄入量的 68%；呼吸量占同化量的 97%。从表 9-11，可以看出，不同动物的次级生产量是不同的。

表 9-11　一些消费者的次级生产量(引自田大伦，2008)

物种	摄取量(I)/J	同化量(A)/J	呼吸量(R)/J	生产量(P)/[kcal/(m^2·a)]	同化效率(A/I)	生产效率(P/I)	R/A
收获蚁(h)	35.50	31.00	30.90	0.10	0.10	0.002	0.99
叶蝉(h)	41.30	27.50	20.50	7.00	0.67	0.169	0.75
沼泽蝗虫(h)	3.71	1.37	0.86	0.51	0.37	0.137	0.63
蜘蛛(小于 1mg)(C)	12.60	11.90	10.00	1.90	0.94	0.151	0.84
蜘蛛(大于 1mg)(C)	7.40	7.00	7.30	–0.30	0.95	—	1.04
热带草原麻雀(O)	4.00	3.60	3.60	0	0.90	0	1.0
弃耕地田鼠(h)	7.40	6.70	6.60	0.10	0.91	0.14	0.98
松鼠(h)	5.60	3.80	3.69	0.11	0.68	0.19	0.97
草甸鼠(h)	21.29	17.50	17.00	—	0.82	—	0.97
非洲大象(h)	71.60	32.00	32.00	8	0.44	—	1.0
鼬鼠(C)	5.80	5.5	—	—	0.95	—	—

注：h 为植食动物；O 为杂食动物；C 为肉食动物

二、次级生产力的测定方法

(一)次级生产力评定方法的历史回顾

次级生产力是受初级生产力和热力学第二定律制约的。次级生产力涉及生产者(植物)和消费者(动物)本身的特点和它们各自在能量转化中的作用。测定动物生产量的具体方法很多，主要的有以下几种。

1. 生长率法

可以根据生长率来计算动物的生产量，最为简便的是用平均日增重的方法。这种可以测定种群中动物个体日增重(绝对日增重，V)和单位体重的平均日增重(相对日增重，V')，其中 V 计算公式为

$$V=\frac{W_2-W_1}{t_2-t_1}$$

即

$$V=\frac{\Delta W}{\Delta t} \tag{9-28}$$

式中，V 为种群每个个体平均日增重；t_2、t_1 为个体生命中的两个时刻；W_2、W_1 为个体在 t_2、t_1 前后两个时刻的体重。而相对日增重为

$$V'=V/W$$

即

$$V'=\frac{(W_2-W_1)\cdot 2}{(t_2+t_1)(W_2+W_1)}$$

$$V'=\frac{\Delta W}{\Delta t\cdot W} \tag{9-29}$$

式(9-29)中符号意义同前。ΔW 为 t_1 到 t_2 时刻的体重增量；Δt 为 t_1 到 t_2 时刻的时间长度。

动物种群生产量(P_g)为

$$P_g=V\cdot N\cdot T$$

$$P_g=V'\cdot\overline{B}\cdot T \tag{9-30}$$

式中，N 为种群内个体数量；T 为时段；$\overline{B}$ 为平均生物量。

实际上动物种群的生长率因年龄而异。因此，又要测定不同发育阶段的 V_s 或 V'_s 值，或者测定各年龄期(段)至少是各体重组的 V_s 或 V'_s 值。然后分别与各时期的动物量(或生

物量，N_s）和时间 T 相乘，获得不同时期的 P_{gs} 分值。这样再把各个时期的分值相加，则得全部种群的 P_s。

$$P_s=\sum V_s\cdot\overline{N_s}\cdot T$$

$$P_s=\sum V_s'\cdot\overline{B_s}\cdot T$$

式中，$\overline{N_s}$ 为平均动物量；$\overline{B_s}$ 为平均生物量。

2. 重量法

测定水域生态系统中浮游生物的生物量多采用重量法。重量法适用于甲壳类动物。目前应用的是体长、体重关系方程，是一种较为可行的办法。其方程式可用下式表示

$$W=Q\,L^b \tag{9-31}$$

将上式化为对数方程式，则有

$$\lg W=\lg Q+b\lg L \tag{9-32}$$

式(9-31)和式(9-32)中，W 为重量，以 mg 或 μg 表示；L 为长度，以 mm 或 μm 表示；b、Q 为常数，通过实验获得。

对于同种不同大小的个体，可以先将个体大小分组，分成不同规格级别，然后根据规格级别测定生产量。其公式为

$$P=\frac{N_{\mathrm{I}}\Delta W_{\mathrm{I}}}{T_{\mathrm{I}}}+\frac{N_{\mathrm{II}}\Delta W_{\mathrm{II}}}{T_{\mathrm{II}}}+\frac{N_{\mathrm{III}}\Delta W_{\mathrm{III}}}{T_{\mathrm{III}}} \tag{9-33}$$

式中，P 为生产量；T_{I}、T_{II}、T_{III} 为不同规格级的发育时间；N_{I}、N_{II}、N_{III} 为不同规格级别的个数；ΔW_{I}、ΔW_{II}、ΔW_{III} 为不同规格级别的重量差。例如，长额象鼻溞(*Bosmina longirostris*)，根据其长度可分为 3 个规格级：体长在 0.3mm 以下的；体长为 0.3～0.4mm 的和体长为 0.4～0.6mm 的。其体长(mm)和体重(mg)的关系方程式为

$$W=0.180L^{2.88} \tag{9-34}$$

式中，W 为体重；L 为体长。

3. 植物净生产量换算法

一般来说，次级生产力与动物取食的植物各个部分的质量有关。植物的茎、根、枝条等支持组织纤维素和木质素，这些组织是难以消化的。同时，其中也缺乏蛋白质、氨基酸需要的矿物质。因此，这些部分对许多植食动物是不太适口的食物，转为次级生产的量就低。

植物的净生产量对生物量之比(*P*/*B*)可以作为一个生态系统中植食动物利用的一般指数。*P*/*B* 值高，意味着在支持组织中能量积累少；低的比率意味着支持组织和根部有

很大发展。据分析，在水生植物中 *P*/*B* 值较高，在 25%～42%。陆生植物群落中 *P*/*B* 值较低，在 0.40%～0.65%。*P*/*B* 值最低的陆生植物群落是成熟的森林，为 0.040%～0.044%，*P*/*B* 值最高的陆生植物群落是草原，为 0.33%。

高草和矮草草原的初级生产量和次级生产量的情况是不一样的。测定中把植株的地上部分与地下部分区别开，其中，地上部分又分为植物组织、植物汁液、花蜜、种子、枯枝等项目；地下部分又分为植物组织和汁液。

调查结果表明，高草和矮草草原地下部分分别都比地上部分的物质多、能量大。地上的哺乳动物、鸟和昆虫等初级消费者都比地下的节肢动物、线虫的作用小，次级生产、初级生产情况类似。

4. 同化量消耗法

此方法是按同化量和呼吸量来估计动物生产量，即 $P=A-R$（*P* 为次级生产量，即动物生产量；*R* 为吸收消耗量；*A* 为同化量）；按摄食量扣除粪尿量来估计同化量，即

$$A=C-\mathrm{Fu} \tag{9-35}$$

式中，*A* 为同化量；*C* 为摄食量；Fu 为排泄量。

测定动物摄食量可在实验室内或野外进行，按 24h 的饲养投放食物量减去剩余求得。摄食食物的热量用热量计测定。在测定摄食量的试验中，同时可测定粪尿量。呼吸仪测定消耗的 O_2 量或排出的 CO_2 量，转为热值，即呼吸能量。上述测定通常是在个体水平上进行，因此，要与种群数量、性比、年龄结构等特征结合起来，才能估计出动物群的净生产量。

（二）次级生产力综合评定法

通过以上分析可以看出，当前采用的次级生产力的评定方法虽然理论依据非常充分，但是实施起来则非常困难，可操作性不强，特别是对大尺度的次级生产力评估时则很难实施。为此，我们依据畜牧学的原理，提出次级生产力的综合评定法。具体内容为：将次级生产力评价分为净次级生产力和现实次级生产力。

1. 净次级生产力

净次级生产力的估算，可依据初级生产力的估算值乘以该区域动物对初级生产力的利用率进行估算，其具体计算公式为

$$\mathrm{NSP}=\mathrm{NPP}\times\mathrm{AUR} \tag{9-36}$$

式中，NSP 为净次级生产力（net secondary productivity，NSP），单位为 kJ/($m^2\cdot a$)或 g C/($m^2\cdot a$)；NPP 为净初级生产力（net primary productivity，NPP），单位为 kJ/($m^2\cdot a$)或 g C/($m^2\cdot a$)；AUR 为动物利用率（animal utilization rate，AUR），单位为%。不同区域动物利用率的值如表 9-12 所示。

表 9-12　全球各类生态系统年次级生产量(引自戈峰，2008)

生态系统类型	净初级生产量/(10^9t C/a)	动物利用率/%	植食动物取食量/(10^6t C/a)	净次级生产量/(10^6t C/a)
热带雨林	15.3	7	1 100	110
热带季林	5.1	6	300	30
温带常绿林	2.9	4	120	12
温带落叶林	3.8	5	190	19
北方针叶林	4.3	4	170	17
林地和灌丛	2.2	5	110	11
热带稀树草原	4.7	15	700	105
温带草原	2.0	10	200	30
苔原和高山	0.5	3	15	1.5
沙漠灌丛	0.6	3	18	2.7
岩面、冰面和沙地	0.04	2	0.1	0.01
农田	4.1	1	40	4
沼泽地	2.2	8	175	18
湖泊河流	0.6	20	120	12
陆地总计	48.3	7	3 258	372
开阔大洋	18.9	40	7 600	1 140
海水上涌区	0.1	35	35	5
大陆架	4.3	30	1 300	195
藻床和藻礁	0.5	15	75	11
河口	1.1	15	165	25
海洋总计	24.9	37	9 175	1 376
全球总计	73.2	17	12 433	1 748

2. 现实次级生产力

现实次级生产力(the reality of secondary productivity，RSP)是指某一区域，单位面积上单位时间内动物肉、奶、蛋等人类目标性产品的产出及毛、皮等附属品的产出量。它由目标性次级生产力和非目标性次级生产力两部分构成，具体如下。

(1)目标性次级生产力

目标性次级生产力是指某一区域，单位栖息空间上单位时间内动物肉、奶、蛋等人类目标性产品的产出量。它的计算公式为

$$\mathrm{GSP}=\frac{\sum_{i=1}^{n}\left(\frac{\mathrm{NA_i}\times \mathrm{PEF_{ia}}\times \mathrm{MP_i}}{\mathrm{NS_i}}+\mathrm{MY_i}\times \mathrm{PEF_{ib}}+\mathrm{EP_i}\times \mathrm{PEF_{ic}}\right)}{\mathrm{LS}} \tag{9-37}$$

式中，GSP 为目标性次级生产力(the goal of the secondary productivity，GSP)，单位为 $\mathrm{kJ/(m^2\cdot a)}$ 或 $\mathrm{kJ/m^3}$；$\mathrm{NA_i}$ 为某一年第 i 种动物的存栏(头、只)数(number of animal，NA)；

PEF_{ia}为第 i 种动物肉的能流参数(parameter of energy flow，PEF)，单位为 kJ/kg；MP_i为某一年第 i 种动物出栏的肉产出量(meat production，MP)，单位为 kg/a；NS_i为某一年第 i 种动物的出栏数(number of slaughtered，NS)；MY_i为某一年第 i 种动物的总奶产量(milk yield，MY)，单位为 kg/a；PEF_{ib}为第 i 种动物奶的能流参数，单位为 kJ/kg；EP_i为某一年第 i 种动物的总产蛋量(egg production，EP)，单位为 kg/a；PEF_{ic}为第 i 种动物蛋的能流参数，单位为 kJ/kg；LS 为某一年所研究动物的栖息空间(live space，LS)，单位为 m^2(陆地动物)或 m^3(水生动物)。i 为 1, …, n。

由于

$$NS=NA\times COR \tag{9-38}$$

式中，COR 为出栏率(come out rate，COR)；NS 为出栏数；NA 为存栏数。因此，式(9-37)可以简化为

$$GSP=\frac{\sum_{i=1}^{n}\left(\frac{MP_i\times PEF_{ia}}{COR_i}+MY_i\times PEF_{ib}+EP_i\times PEF_i\right)}{LS} \tag{9-39}$$

常见家畜和家禽目标性产品的能流参数如表 9-13 所示。

表 9-13　常见家畜和家禽目标性产品的能流参数(引自沈亨理，1996)

名称	能流参数/(kJ/kg)	名称	能流参数/(kJ/kg)	名称	能流参数/(kJ/kg)
猪肉	2 591.14	鸡肉	6 187.3	驴乳	5 058.04
牛肉	8 763.18	鸭肉	8 152.52	马乳	1 936.15
羊肉	14 089.83	鹅肉	6 957.99	鸡蛋	8 315.07
驴肉	4 672.27	牛乳	3 221.47	鸭蛋	7 699.4
马肉	4 948	山羊乳	7 699.4	鹅蛋	9 962.52
兔肉	5 203.64	绵羊乳	9 962.52	鸽蛋	5 058.04

(2)非目标性次级生产力

非目标性次级生产力(non target secondary productivity，NTSP)是指某一区域，单位栖息空间上单位时间内动物活体屠宰时除胴体以外的其他部分，即包括头、四肢下段(腕关节和飞节以下)、内脏(保留板油和肾)、皮(猪去毛不去皮)等非目标性产出物的产出量。

计算公式为

$$NTSP=\frac{\sum_{i=1}^{n}\left((NA_i\times PEF_{in})\times\left(\frac{MP_i}{NS_i\times SR_i}-\frac{MP_i}{NS_i}\right)\right)}{LS}=\frac{\sum_{i=1}^{n}\left(\frac{NA_i\times PEF_{in}\times MP_i(1-SR_i)}{NS_i\times SR_i}\right)}{LS} \tag{9-40}$$

式中，NA_i为某一年第 i 种动物的存栏(头、只)数；PEF_{in}为第 i 种动物胴体以外部分的

能流参数，单位为 kJ/kg；SR_i 为第 i 种动物的屠宰率(the slaughter rate，SR，畜类)或全净膛率(net chamber rate，禽类)。
由于

$$NS=NA\times COR \tag{9-41}$$

故上式可以简化为

$$NTSP=\frac{\sum_{i=1}^{n}\left(\frac{NS_i\times PEF_{in}\times MP_i(1-SR_i)}{COR_i\times NS_i\times SR_i}\right)}{LS}=\frac{\sum_{i=1}^{n}\left(\frac{PEF_{in}\times MP_i(1-SR_i)}{COR_i\times SR_i}\right)}{LS} \tag{9-42}$$

关于家畜和家禽非目标性产出物的能流参数目前尚未见报道。我们根据 Al Dam 等(2009)、邢经为(1993)、Scott Russell(2009)的研究资料，计算得出家畜非目标性产出物的能流参数为 5113kJ/kg、家禽类非目标性产出物的能流参数为 5113kJ/kg(注：均为屠宰时非目标性产出物的重量)。

三、次级生产力的空间分布格局

(一)净次级生产力的空间分布格局

根据赵东升等(2011)关于气候变化情景下中国自然植被净初级生产力分布的研究资料，并结合表 9-12 不同生态系统的动物对初级生产量的利用率，我们估算出我国 NSP 的分布状况，发现我国 NSP 的分布呈现从东南向西北逐渐减少的趋势。我国东南部地区水热条件较好，能满足植被生长的需求，而西北内陆地区的水分条件较差，多以荒漠植被覆盖为主，动物净次级生产力水平较低。南方热带湿润区、青藏高原东南部是 NSP 的高值区[40g C/(m^2· a)以上]，西北荒漠地区是 NSP 的低值区[平均在 1.5g C/(m^2· a)以下]，东北地区小兴安岭、长白山等森林地区的 NSP 一般在 30～35g C/(m^2· a)。大兴安岭、内蒙古东北部地区、海河平原、黄河三角洲、黄土高原、四川西部地区 NSP 一般在 30～60g C/(m^2· a)；黄河上游地区和西藏东部地区 NPP 在 30～50g C/(m^2· a)，长江以南大部地区、四川盆地、云南大部、东南地区气候温暖湿润、植被生产能力较高，NPP 多在 40g C/(m^2· a)以上，其中广西南部、福建东部、广东南部、海南和台湾大部地区 NSP＞60g C/(m^2· a)。由此可以看出，中国陆地生态系统净次级生产力的空间分布格局与植被净初级生产力的空间分布格局基本一致。

(二)现实次级生产力的空间分布格局

我们根据式 9-37 和式 9-40 计算西藏家畜的现实次级生产力，结果如表 9-14 所示。从表 9-14 可以看出，2011 年西藏家畜现实次级生产力平均为 46.24kJ/(m^2· a)，其中拉萨市最高，为 96.91kJ/(m^2· a)，比全区平均水平高 109.57%；昌都地区次之，为 78.02kJ/(m^2· a)，比全区平均水平高 68.74%；林芝地区为 58.77kJ/(m^2· a)，比全区平均水平高 127.10%；山南地区为 44.87kJ/(m^2· a)，较全区平均水平低 2.96%；日喀则地区为 23.58kJ/(m^2· a)，较全区平均水平低 49.00%；那曲为 14.92kJ/($m^2 \cdot a$)，较全区平均水平低 67.73%；阿里地区为 6.60kJ/($m^2 \cdot a$)，较全区平均水平低 85.74%。表明，西藏不同地区之间家畜的现实次级生产力差异明显。同时，从表 9-14 可以看出，饲草能量转化率与家畜现实次级生产力的空间段格局基本一致。

表 9-14　2011 年西藏不同地区家畜的现实次级生产力与饲草能量转化率情况

地区	现实次级生产力/[kJ/($m^2 \cdot a$)]	饲草能量转化率/%
拉萨	96.91	18.64
昌都	78.02	12.45
山南	44.87	9.88
日喀则	23.58	6.66
那曲	14.92	10.23
阿里	6.60	4.75
林芝	58.77	11.60

为了探究家畜现实次级生产力差异明显的原因，我们建立家畜的现实次级生产力与饲草转化率(feed conversion rate，FCR)、单位面积鲜草产量(the yield of fresh grass，YFG)的关系方程

$$\mathrm{RSP}=-25.8581+6.8008\mathrm{FCR}\ (R^2=0.8123^{**}) \tag{9-43}$$

$$\mathrm{RSP}=0.004\,58\mathrm{YFG}^{1.5449}\quad (R^2=0.7988^{**}) \tag{9-44}$$

式(9-43)和式(9-44)中，RSP 为现实次级生产力，单位为 kJ/($m^2 \cdot a$)；FCR 为饲草转化率，即牧草所含能量转化为家畜现实次级生产力的比率，单位为%；YFG 为每年天然草地单位面积鲜草产量，单位为 kg/($hm^2 \cdot a$)。

从式(9-43)、式(9-44)可以看出，西藏家畜的现实次级生产力与饲草转化率、单位面积鲜草产量之间呈极显著正相关关系。表明，西藏家畜现实次级生产力的空间分布因不同地区家畜饲草转化率和单位面积鲜草产量的空间分布而异。

四、次级生产力的时间变化动态

(一)净次级生产力的时间变化动态

我们根据龙慧灵等(2010)关于内蒙古草原区植被净初级生产力的研究资料，结合表 9-11 中温带草原的动物利用率 10%，可以估算出 1982～2006 年内蒙古草原区(图 9-15 和图 9-16)NSP 总量的年际变化状况(图 9-15)。结果表明，1982～2006 年内蒙古地区的 NSP 总量呈波动状态，NSP 总量位于 44.368～53.688Mt C/a (1Mt C/a=10^{12}g C/a)，单位面积 NSP 在 27.287～33.016g C/a，多年平均 NSP 总量为 48.736g C/a，单位面积 NSP 均值为 29.975g C/($m^2 \cdot a$)。1986～2006 年 NSP 总量的变化幅度不大，变异系数为 6.34%，波动范围为 9.320Mt C，占 25 年平均值的 19.1%。其中 1982 年、1983 年、1987 年、2000 年、2004 年的 NSP 总量值较低，而 1990 年、1993 年、1994 年、1996 年、2002 年、2003

年NSP总量值较高，最小值出现在1983年，为44.368Mt C/a，最大值是1996年的53.688Mt C/a。虽然1986～2006年NSP总量处于波动状态，总体而言NSP总量有增加的趋势，平均增加值为 0.0861Mt C/a，并没有达到显著性水平，主要是因为内蒙古 2000 年、2001 年、2002 年、2003 年出现了不同程度的干旱，降水量分别为 271.87mm、242.66mm、243.69mm 和 220.69mm，均低于内蒙古的多年平均降水量(312.42mm)，严重影响生产力水平。如果只考虑1982～1999年，内蒙古NSP总量的增加就达到了显著性水平(R^2=0.435，P<0.01)，平均增加 0.367Mt C/a。

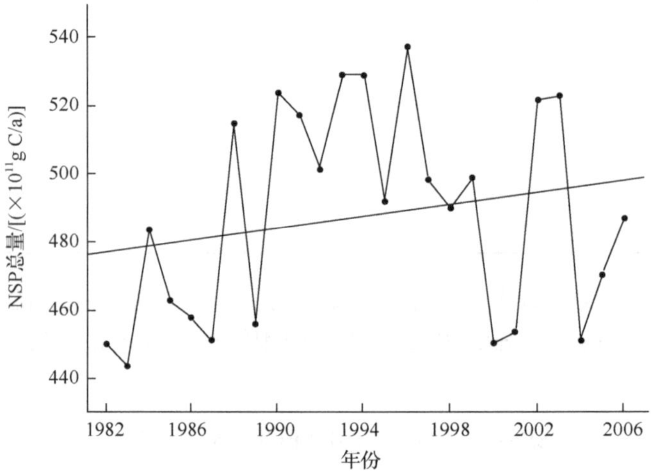

图 9-15　1982～2006 年内蒙古自治区 NSP 总量年际变化(引自龙慧灵等，2010)

用偏差分析方法分析1982～2006年各年NSP总量偏离多年平均水平的程度(图9-16)，偏差值定义为每一年的 NSP 总量减去多年平均的 NSP 总量，负值表示低于 25 年平均水平，反之则高于 25 年平均水平。整体来看，从 1982 年开始，NSP 总量与 25 年平均值的偏差值先增大后减小，其中 20 世纪 80 年代除 1989 年以外均低于多年平均水平，而 90 年代则均高于平均水平，2000 之后 NSP 总量波动较大，除 2002 年和 2003 年高于平均水平外均低于平均水平。

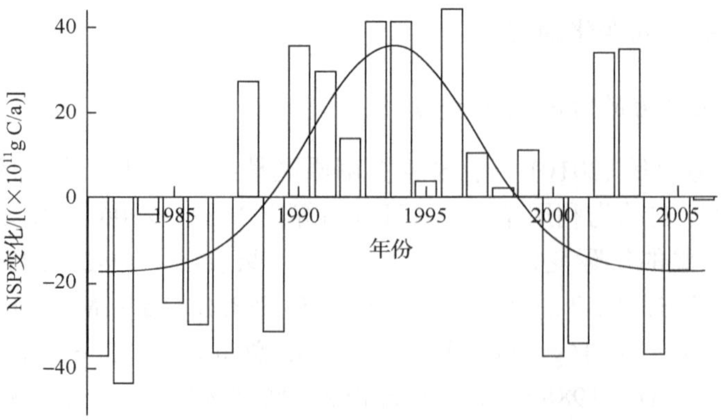

图 9-16　1982～2006 年内蒙古自治区 NSP 总量年际偏差分析(引自龙慧灵等，2010)

(二)现实次级生产力的时间变化动态

我们根据式(9-42)计算西藏家畜的现实次级生产力，结果如表 9-15 所示。从表 9-15 可以看出，1978～2010 年西藏地区的 RSP 呈波动状态，RSP 处于 14.5472～24.2596kJ/($m^2 \cdot a$)，多年平均总量为 18.6382kJ/($m^2 \cdot a$)。1978～2010 年 RSP 呈现波动增长态势。其中，1978～1985 年 RSP 增幅较低，年均递增 0.78%，1985～1990 年 RSP 快速增加，年均递增 3.34%，而 1990～1995 年 RSP 不但没有增长，反而在下降，年均递减 1.40%，1995～2000 年 RSP 又开始缓慢增加，年均递增 1.75%，2000～2005 年 RSP 快速增加，年均递增 6.17%，为近 32 年来 RSP 增幅最快的时期，2005～2010 年 RSP 增幅又开始放缓，年均仅递增 0.49%。究其原因，主要与当时畜牧业家畜品种的改良和畜牧业的政策有关。例如，1985～1990 年，RSP 年均递增 3.34%，2000～2005 年，RSP 年均递增 6.17%，这与当时西藏进行的畜种改良、草地围栏、以草定畜等一系列促进畜牧业发展的措施有关。

表 9-15　近 30 年来西藏家畜现实次级生产力变化状况

年份	现实次级生产力/[kJ/($m^2 \cdot a$)]	年均递增率/%
1978	14.5472	—
1985	15.3382	0.78
1990	17.8964	3.34
1995	16.6455	–1.40
2000	18.0981	1.75
2005	23.6823	6.17
2010	24.2596	0.49
平均	18.6382	2.08

五、次级生产力与地理环境的关系

(一)动物产肉特性与地理环境的关系

由于不同区域同一种动物的屠宰率差异不大，为此，我们以不同区域绵羊的体重变化来说明动物产肉量与地理环境的关系。研究表明，若干地区绵羊的体重与地理环境的关系表现得很明显，即使同一品种，也有显著差别。例如，川西草原中的西藏羊，四肢高大，骨骼坚实，母羊平均体重 41.50kg；在其毗连的农业地区甘孜地方的西藏羊，则体型矮小，体质较弱，体重仅有 35kg。又如甘肃南草原中的西藏羊，体格硕大，四肢高长，身体健壮，如玛曲的欧拉羊，公羊体重可达 73kg 以上，母羊 53kg 以上；在其邻近的甘家羊，体型较小，公羊体重仅为 50kg，母羊 41kg；到了甘家羊附近农业地区的临潭、岷县等地饲养的山谷羊，体型更显轻小，四肢矮短，体重在 40kg 以下，上述情况的由来，显然是由于牧草丰富、营养良好，特别是夏秋两季，任意游走放牧在气候凉爽、牧草丰富的广大草原中，使绵羊得到充分生长发育的机会。同时，有了各种开胃驱虫药草，使羊体在夏秋之际，增强消化性能，对体组织起着有益作用。反之，在农业地区，牧草生长在狭隘地区，种类少，草质差，夏季气候较热，使羊体消化机能受到不良影响，大大有碍于绵羊的生长发育。还有新疆阿尔泰山和天山地区的哈萨克羊；内蒙古呼伦贝尔草原和东北两地区的蒙古羊；关中平原和陕北山区两地区的蒙古羊，以上均为毗连地区的相同羊种，但前者羊种均比后者生长发育较良好，体躯较大，体质优良，这种差别也显然是由不同地理环境下植被不同所引起的。

此外，因地势地形不同，造成绵羊区域性的差别。例如，江苏、安徽的淮南地带及其山区的绵羊，也有截然不同的体躯结构和生产性能。其中，生长在平原的小尾绵羊，体型较大，四肢较长，体重较重；但生长在山区的绵羊则体格短小，体重轻小(表 9-16)。

表 9-16　江苏、安徽平原和山区绵羊的比较（引自郑丕留，1980）

种类	性别	头数	体高/cm	体长/cm	胸围/cm	十字部宽/cm	体重/kg
平原小尾绵羊	公	18	73.53	78.39	80.82	21.50	59
	母	74	68.18	74.54	76.44	18.75	42
山区绵羊	公	3	65.67	72.67	74.00	18.67	38
	母	20	58.63	67.80	70.22	17.10	37

(二)动物泌乳特性与地理环境的关系

据研究，动物泌乳特性与地理环境密切相关。以牦牛为例，我国牦牛的泌乳性能与高寒草原的生态环境密切相关，泌乳期高峰出现的时间与产犊季节、泌乳月份等关系不显著，而是在很大程度上受气候季节和牧草生长状况的影响。不同类型、不同品种或类群、不同地区、不同年龄、不同产次、不同产奶年度的母牦牛，其泌乳高峰均出现在气候暖和、牧草茂盛的 7 月、8 月，这两个月的产奶量为全泌乳期(150～180 天)奶量的 50%左右，入冬(10 月以后)牧草枯萎，又无补饲，牦牛体况消瘦，体重下降，因奶量极少而停止挤奶。春季，母牦牛如未孕则又可挤奶，其日挤奶量为上年度日挤奶量的 1/2～2/3；在 7 月、8 月又可出现一个泌乳期内的第二个泌乳高峰，含脂率与奶量相反，在 7 月、8 月夏季因产奶多而含脂率最低；第二年的含脂率则因产奶少而比第一年高 1/3 左右(郑丕留，1985)。

(三)动物产蛋特性与地理环境的关系

下面我们以鸡为例，来说明动物产蛋特性与地理环境的关系。研究表明，环境因素对鸡的产蛋性能有明显的影响，现分述如下。

1. 温度对鸡产蛋力的影响

杨富民(1992)研究表明，鸡的产蛋力只有在一定温度下才能得到充分发挥。一般情况下，各种家禽产蛋的最适宜温度为 13～23℃，若气温持续在 29℃以上，对产蛋量、蛋的大小和蛋壳厚度都有不良影响。例如，来航鸡分别饲养于 21℃、32℃和 38℃环境中，产蛋率分别为 79%、72%和 41%，在 32℃和 38℃环境中的蛋重分别较 21℃时轻 4.6%和 20%。气温在 8℃以下时，产蛋量则最下降。

2. 光照对产蛋力的影响

光照对母鸡的产蛋量有显著的影响。据张海筠(1990)报道，鸡每日产蛋都在有光照的时间之内，在开始光照的2h之内和光照12h后产蛋都很少，大部分的产蛋集中在开始光照的4～7h，即产蛋高峰主要集中在8:00～13:00时，在每日7:00时以前和15:00时以后产蛋很少，分别占日产蛋的2%和8%左右，而19:00时几乎停止产蛋，产蛋曲线呈正态分布。英国家畜生理及遗传研究所的Sharp博士研究了是否可通过改变商品蛋鸡场常规应用的光照方式而减缓产蛋鸡产蛋高峰后的产蛋下降速度，从而增加总的产蛋量和经济效益。Sharp博士的结论是产蛋力随鸡龄增长而下降后还可通过进一步增加光照时数而恢复。他认为，产蛋期的前2/3，每天固定12～14h光照，然后逐渐增加光照，这样就能成功地增加产蛋量。

3. 空气对产蛋力的影响

在结构合理的禽舍内，若饲养密度过大而又通风不良将使生产受到严重的影响。在空气的有害气体中，氨对鸡的危害较大。鸡舍内的氨主要是含氮有机物分解所产生。若氨超过一定的浓度，并保持一定的时期，将会危害鸡体健康，降低产蛋力。据研究，鸡舍中的氮若超过100ppm，10周后产蛋率将由81%下降到68%，即使空气中氨的浓度恢复正常，也需12周时间产蛋力方能回升到应有水平。除氨之外，二氧化碳、硫化氢等气体同样会使生产性能下降。

4. 其他因素

除了上述3个主要环境因素外，还有一些如气压、噪声等环境因素。在海拔较高的环境，由于大气中氧较稀薄，对鸡的影响是海拔越高，气压越低，繁殖性能越差，产蛋力越低。噪声的刺激会引起啄斗、飞腾、惊恐等。对于鸡，90～100dB的噪声可引起暂时性坠卵现象，超过这一强度会使产蛋量下降，甚至死亡。但有些试验表明，轻音乐可使鸡安静，使生产力提高。

(四)动物肥育特性与地理环境的关系

据研究，动物肥育特性与地理环境密切相关。以四川猪为例，将成华、雅南、盆周山地、藏猪等4种四川不同类型猪的代表品种，置于相同的条件下进行育肥，发现其日增重、胴体长、皮厚、肌肉占胴体重比率，均有随产区海拔的增高而降低的趋势；而肥育猪的花板油、肥肉占胴体重比率，有随产区海拔的增高而增加的趋势(表9-17)。

表9-17　不同生态环境猪种的增重及胴体品质(引自郑丕留，1980)

品种	测定头数	屠前活重/kg	日增重/g	胴体长/cm	皮厚/cm	占胴体重比率/%		
						花板油	肌肉	肥肉
成华	6	89.97±3.77	404	64.6±1.91	0.52±0.03	7.77	48.94	33.58
雅南	6	89.28±4.21	450	71.3±1.31	0.49±0.03	9.37	43.86	34.47
盆周山地	6	90.10±8.57	383	69.5±1.59	0.44±0.04	8.54	41.67	40.67
藏猪	6	57.12±5.07	143	56.4±1.89	0.27±0.01	15.08	39.58	47.44

参 考 文 献

迪维诺. 1974. 生态学概论. 李耶波, 译. 北京: 科学出版社: 55, 141-144.

冯宗炜, 王效科, 吴刚. 1999. 中国森林生态系统的生物量和生产力. 北京: 科学出版社.

戈峰. 2010. 现代农业生态学. 北京: 科学出版社: 379-386.

顾娟, 李新, 黄春林, 等. 2013. 2002—2010 年中国陆域植被净初级生产力模拟. 兰州大学学报(自然科学版), 49(2): 203-213.

何勇, 董文杰, 郭晓寅, 等. 2007. 1971-2000 年中国陆地植被净初级生产力的模拟. 冰川冻土, 29(2): 226-232.

胡耀华. 1995. 热带农业生态学. 北京: 中国农业出版社: 84-87.

加拿大安大略农业部食品和农村事务处. 2009. 家禽屠体的堆肥. 中国家禽, 31(6): 40-41.

李素英, 常英, 王秀梅, 等. 2013. 地形对典型草原区净第一性生产力的生态影响. 中国草地学报, 35(2): 59-63.

李文华, 罗天祥. 1997. 中国云冷杉林生产力格局及其数学模型. 生态学报, 17(5): 511-518.

李燕丽, 潘贤章, 王昌昆, 等. 2014. 2000-2011 年广西植被净初级生产力时空分布特征及其驱动因素. 生态学报, 34(18): 5220-5228.

廖允成, 林文雄. 2011. 农业生态学. 北京: 中国农业出版社: 142-149.

刘国华, 张洁瑜, 张育新, 等. 2003. 岷江干旱河谷三种主要灌丛地上生物量的分布规律. 山地学报, 21(1): 24-32.

刘庆. 2000. 青海湖北岸环境梯度上植物群落的生物量与物种多样性及其相互关系. 西北植物学报, 20(2): 259-267.

刘兴良, 史作民, 杨冬生, 等. 2005. 山地植物群落生物多样性与生物生产力海拔梯度变化研究进展. 世界林业研究, 18(4): 28-33.

刘兴土. 2001. 松嫩平原退化土地整治与农业发展. 北京: 科学出版社.

龙慧灵, 李晓兵, 王宏. 2010. 内蒙古草原区植被净初级生产力及其与气候的关系. 生态学报, 30(5): 1367-1378.

罗辑, 杨忠, 杨清伟. 2000. 贡嘎山森林生物量和生产力的研究. 植物生态学报, 24(2): 191-196.

罗玲, 王宗明, 毛德华, 等. 2012. 松嫩平原西部草地净初级生产力对气候变化及人类活动的响应. 生态学杂志, 31(6): 1533-1540.

骆世明. 2010. 农业生态学. 北京: 中国农业出版社: 113-120, 122-128.

内蒙古农牧学院. 1980. 畜牧学. 北京: 农业出版社: 280.

任继周. 1995. 草地农业生态学. 北京: 中国农业出版社: 51-56.

沈亨理. 1996. 农业生态学. 北京: 中国农业出版社: 175.

孙儒泳. 2010. 动物生态学原理. 北京: 北京师范大学出版社: 475-479.

田大伦. 2008. 高级农业生态学. 北京:科学出版社: 232-262.

王长庭, 王启基, 龙瑞军, 等. 2004. 高寒草甸群落植物多样性和初级生产力沿海拔梯度变化的研究. 植物生态学报, 28(2): 240-245.

王鹤松, 贾根锁, 冯锦明, 等. 2010. 我国北方地区植被总初级生产力的空间分布与季节变化. 大气科学, 34(5): 882-890.

吴宁. 1998. 川西北窄叶鲜卑花灌丛的类型和生物量及其与环境因子的关系. 植物学报, 40(9): 860-870.

小田桂三郎, 等. 1976. 农田生态学. 姜恕, 译. 北京: 科学出版社.

邢经为. 1993. 畜产品废弃物应用研究. 商业科技, 2: 11-12.

杨富民. 1992. 养鸡技术讲座 第四十七讲 环境对鸡产蛋力的影响. 甘肃畜牧兽医, 1: 33-34.

袁从祎, 赵强基. 1991. 关于南方丘陵土地——生物资源综合利用的单元模式. 南京林业大学学报, (10): 1-5.

曾辉, 孔宁宁, 李书娟. 2001. 卧龙自然保护区人为活动对景观结构的影响. 生态学报, 21(12): 1994-2001.

张海筠. 1990. 不同种鸡每日不同时间产蛋分布的测定. 中国畜牡杂志, 26(2): 24.

张镱锂, 刘林山, 摆万奇, 等. 2006. 黄河源地区草地退化空间特征. 地理学报, 61(1): 3-14.

张宪洲. 1993. 我国自然植被净化第一性生产力的估算与分布. 自然资源, (1): 15-21.

张新时. 1990. 中国植被的辐射干燥度与生产潜力//中国科学院植物研究所. 植被数量生态学开放实验室年报.

赵东升, 吴绍洪, 尹云鹤. 2011. 气候变化情景下中国自然植被净初级生产力分布. 应用生态学报, 22(4): 897-904.

郑丕留. 1985. 中国家畜品种及其生态特征. 北京: 农业出版社: 10-16.

周才平, 欧阳华, 曹宇, 等. 2008. “一江两河”中部流域植被净初级生产力估算. 应用生态学报, 19(5): 1071-1076.

周广胜, 张新时. 1995. 自然植被净化第一性生产力模型初探. 植物生态学报, 17(3): 1-8.

朱文泉, 潘耀忠, 阳小琼, 等. 2007. 气候变化对中国陆地植被净初级生产力的影响分析. 科学通报, 52(21): 2535-2541.

朱志辉, 张福春. 1985. 我国陆地生态系统的植物太阳能利用率. 生态学报, 5(4): 343-356.

Abramsky Z, Rodenzweig M L. 1984. Tilman's predicted productivity-diversity relationship shown by desert rodents. Nature, 309(5964): 150-151.

Al Dam, Bill Groot Nibbelink, Daniel Ward. 2009. 家禽屠体的堆肥. 中国家禽, 31(6): 40-41.

Al-Mufti M M, Sydes C L, Furness S B, et al. 1977. A quantitative analysis of shoot phenology and dominance in herbaceous vegetation. Journal of Ecology, 65(3): 759-791.

Apllet G H, Hughes R F, Vitousek P M. 1998. Ecosystem development on Hawaiian lava flows: biomass and species composition. Vegetation Science, 9(1): 17-26.

Baruch Z. 1984. Ordination and classification of vegetation along an altitudinal gradient in the Venezuelan paramos. Vegetation, 55(2): 115-126.

Begon M, Harper J L, Townsend C R. 1996. Ecology: Individuals, Populations and Communities. 2nd ed. Sunderland: Sinauer: 884-912.

Bian J H, Li A N, Deng W. 2010. Estimation and analysis of net primary productivity of Ruoergai wetland in China for the recent 10 years based on remote sensing. Proced Environmental Sciences, 2(6): 288-301.

Braswell B H, Schimel D S, Linder E, et al. 1997. The response of global terrestrial ecosystems to interannual temperature variability. Science, 238(5339): 870-872.

Brown J H. 2001. Mammals on mountainside: elevational patterns of diversity. Global Ecology & Biogeography, 10(10): 101-109.

Cao M K, Woodward F I. 1998. Dynamic responses of terrestrial ecosystem carbon cycling to global climate change. Nature, 393(6682): 249-252.

Cramer W, Kicklighter D W, Bondeau A, et al. 1999. Comparing global models of terrestrial net primary productivity (NPP): overview and key results. Global Change Biology, 5(S1): 1-15.

Crawly M J. 1997. Plant Ecology. 2nd ed. Oxford: Blackwell Scientific Publication: 475-479.

Currie D J. 1991. Energy and large-scale patterns of animal and plant-species richness. American Naturalist, 137(1): 27-49.

Daubenmire R, Daubenmire J B. 1968. Forest vegetation of eastern Washington and northern Idaho. Washington Agric Expt Sta Tech Bull, 60: 1-104.

Garcia-Aguirre M C, Ortiz M A, Zamorano J J, et al. 2007. Vegetation and landform relationships at Ajusco volcano Mexico, using a geographic information system (GIS). Forest Ecology and Management, 239(1/3): 1-12.

García-Romero A, Aceves-Quesada J F, Arredondo-León C. 2012. Landform instability and land-use dynamics in tropical high mountains, Central Mexico. Journal of Mountain Science, 9(3): 414-430.

Gary G, Mittelbach G, Steiner C F, et al. 2001. What is the observed relation between species richness and productivity. Ecology, 82(9): 2381-2396.

Gentry A H, Dodson. 1987. Diversity and phytogeography of new tropical vascular epiphytes. Ann Missouri Bot Gard, 74: 205-233.

Gentry A H. 1988. Changes in plant community diversity and floristic composition on environment ental and geographical gradients. Ann Missouri Botany Gard, 75: 1-34.

Grace J. 1988. Temperature as a determinant of plant productivity. Society of Experimental Biology, 42: 91-107.

Huston M A. 2012. Precipitation, soils, NPP, and biodiversity: resurrection of Albrecht's curve. Ecological Monographs, 82(3): 277-296.

Los S O. 1993. Calibration adjustment of the NOAA-AVHRR normalized difference vegetation index without resource to component channels 1 and 2 data. Int J Remote Sensing, 14(10): 1907-1917.

McGuire A D, Melillo J M, Joyce L A, et al. 1992. Interactions between carbon and nitrogen dynamics in estimating net primary productivity for potential vegetation in North America. Global Biogeochemical Cycles, 6(2): 101-124.

Michael J B, James T R, Charles R M, et al. 2001. Biospheric primary production during an ENSO transition. Science, 291(5513): 2594-2597.

Mohamed M A A, Babiker I S, Chen Z M, et al. 2004. The role of climate variability in the inter-annual variation of terrestrial net primary production (NPP). Science of Total Environment, 332(1/3): 123-137.

Myneni R B, Tucker C J, Asrar G, et al. 1998. Interannual variations in satellite-sensed vegetation index data from 1981 to 1991. J Geophys Res, 103(D6): 6145-6160.

Nemani R R, Keeling C D, Hashimoto H, et al. 2003. Climate-driven increases in global terrestrial net primary production from 1982 to 1999. Science, 300(5625): 1560-1563.

Pan T, Wu S H, He D M, et al. 2012. Effects of longitudinal range-gorge terrain on the eco-geographical pattern in Southwest China. Journal of Geographical Sciences, 22 (5): 825-842.

Perkins D F. 1967. The growth of plants in an upland environment. The Welsh Soils Discussion Group Report, 8: 79-86.

Rawes M, Welch D. 1969. Uplands productivity of vegetation and sheep at Moor House National Nature Reserve, Westmorland, English. Oikos, 11: 7-72.

Running S W, Thornton P E, Nemani R, et al. 2000. Global Terrestrial Gross and Net Primary Productivity from the Earth Observing System/Methods in Ecosystem Science. New York: Springer: 44-57.

Scott Russell. 2009. 家禽屠体废弃物的生物燃料开发. 中国家禽, 31(22): 60.

Tucker C J, Dregne H E, Newcomb W W. 1994. AVHRR datasets for determination of desert spatial extent. Int J Remote Sensing, 15(17): 3547-3565.

Vicente-Serrano S M, Lasanta T, Romo A. 2005. Analysis of spatial and temporal evolution of vegetation cover in the Spanish central Pyrenees: role of human management. Environmental Management, 34 (6): 802-818.

Waide R B, Zimmerman J K, Scatena F N. 1998. Controls of productivity: lessons from the Luquillo Mountains in Puerto Rico. Ecology, 79(1): 31-37.

Wang J, Rich P M, Price K P. 2003. Temporal responses of NDVI to precipitation and temperature in the central Great Plains, USA. Int J Remote Sensing, 24(11): 2345-2364.

Wolter K, Timlin M S. 1993. Monitoring ENSO in COADS with a seasonally adjusted principal component index. *In:* Proceedings of the 17th Climate Diagnostics Workshop. Norman, OK, NOAA/NMC/CAC, NSSL, Oklahoma Climatological Survey, CIMMS and the School of Meteorology, University of Oklahoma: 52-57.

Wolter K, Timlin M S. 1998. Measuring the strength of ENSO-how does 1997/98 rank? Weather, 53: 315-324.

Zhang Y J, Zhou G S. 2011. Exploring the effects of water on vegetation change and net primary productivity along the IGBP Northeast China Transect. Environmental Earth Sciences, 62 (7): 1481-1490.

第十章　生态地理系统产品品质的空间分布格局及其变化动态

第一节　林果产品品质的空间分布格局及其变化动态

一、林果产品品质的空间分布格局

(一)林果产品品质的水平分布格局

大量的研究表明，林果产品品质在水平分布上主要有以下几个特点。

1. 不同地理来源林果产品的果实皮色、大小和形状不同

现以我国梨果为例来说明。据滕葳等(1996)研究，由于长期栽培的结果，现已初步形成了具有地方特色的名优品种栽培区。例如，胶东半岛的慈梨、长把梨、大香水梨栽培区；黄河故道的酥梨栽培区；河北石家庄、邢台、天津的雪花梨、鸭梨栽培区；大连、烟台等地的巴梨、三季梨等西洋梨栽培区；辽西绥中、锦西、阜新等地的白梨、小香梨、秋子梨栽培区；山西晋东南高原大黄梨栽培区；陕西乾县、礼泉、眉县砀山酥梨栽培区；兰州的大冬果、长把梨栽培区；南疆库尔勒、喀什等地的香梨栽培区；四川金川、苍溪的金花、金川雪、苍溪雪梨栽培区；云南呈贡、昭通及贵州威宁的大黄梨、宝珠梨栽培区；河南孟津的天生伏梨及湖北枣阳、襄樊的金水梨、楚比香梨栽培区；长江中下游的早酥、黄花、徽州雪梨栽培区；北京郊区的京白梨及辽宁鞍山、海城的南果梨栽培区；吉林延边、甘肃河西走廊的苹果梨栽培区等。并形成了鸭梨、雪花梨、秋白梨、杨山酥梨、苹果梨、金花梨、锦丰梨、金川雪梨、库尔勒梨、黄梨、茌梨、黄县长把梨、栖霞大香水梨、搓子梨、子母梨、冬果梨、早酥梨、苍溪梨、宝珠梨、安梨、花盖梨、南果梨、巴梨、茄梨和伏茄梨等地方名优品种。在这些栽培区和不同地理来源的品种中果皮色泽有绿色的，如早翠，果实中等大，早熟丰产；有黄绿色的，如宝珠梨，果实中到大型，品质上等，丰产；有绿黄色的，如黄县长把梨，果实大，耐贮，丰产；有黄色的，如金花梨，果实大或极大，丰产，优质，耐贮；有褐色的，如苍溪梨，果实极大，丰产稳定；有紫红色的，如红茄梨，为茄梨芽变，外观相当美丽，果实中等大，品质中上等；有黄绿相间条纹的花长把梨，品质中等，既可食用，又可供观赏；还有水红、浅红、鲜红、暗红和紫红色晕的品种及覆盖大小不等锈块的品种。

据调查，秋子梨系统59个品种，其实一般小到中等大，果重在35～2109g，平均单果重84.3g，最大达240g。调查白梨97个品种，平均单果重为151.5g，金花和雪花梨果重可达750g。砂梨105个品种，平均单果重161.2g，冬大梨和洞冠梨的单果重最大，分别可达2000g和3000g。西洋梨75个品种一般为小到大型，果重在36～287g，平均单果

重 152.2g，大瓢梨果重可达 456g。新疆梨 63 个品种，一般为小到中等大，果重在 50～170g，平均单果重 108.7g，窝窝梨果重可达 450g。果实形状有圆形、扁圆形、卵圆形、倒卵圆形、圆锥形、圆柱形、椭圆形、纺锤形、葫芦形等各种果形。秋子梨品种果实大多为圆形或扁圆形；白梨多为圆形、卵圆形、长圆形；砂梨品种果实多为球形或扁圆球；西洋梨果实多为葫芦形；新疆梨果实多为葫芦形或卵圆形，呈现出不同地理来源的林果产品的果实皮色、大小和形状不同的特点。

2. 不同地理来源林果产品的果肉质地和风味各异

现以我国梨果为例来说明。据滕葳等(1996)研究，梨的果肉有软肉和脆肉之分，秋子梨品种的果实刚采收时通常又硬又涩，质粗，石细胞多，需后熟变软方可食用，为软肉型。白梨、砂梨全部为脆肉型，采后不经后熟便可食用，酥脆可口。新疆梨果实有软肉和脆肉 2 种。西洋梨果实为软肉型，果实后熟变软呈奶油质地食用最好。果实风味方面，有风味纯甜并具清香的库尔勒香梨，果实中等大，含可溶性固形物 11.2%～15%，可溶性糖 14.99%，可滴定酸 0.072%，品质极上且耐贮性强；有风味酸甜的锦丰梨，果实大，肉质细，具香气，含可溶性固形物 12%～15.7%，可溶性糖 8.22%，可滴定酸 0.24%，品质极上，相当耐贮；有酸甜适度具有浓郁芳香的南果梨，含可溶性固形物 15.5%，可溶性糖 13.35%，可滴定酸 0.56%，品质极上；有果实甜酸形似苹果的苹果梨，果大汁多，肉细脆，含可溶性固形物 12%～13.8%，可溶性糖 8.99%，可滴定酸 0.31%，品质上等，果实耐贮；还有酸味很浓的安梨，可溶性固形物含量 14.3%～16.5%，可溶性糖 8.9%，可滴定酸 1.13%，品质中上，耐贮运。从系统来说，秋子梨风味一般甜酸或酸，具芳香；白梨一般酸甜、淡甜或甜，香气少；砂梨风味一般为甜、淡甜，很少具香气；新疆梨风味一般甜或酸甜，有些具有香气；西洋梨风味多为甜、酸甜，具芳香或粉香味，呈现出不同地理来源的林果产品的果肉质地和风味各异的特点。

(二)林果产品品质的垂直分布格局

现有的研究资料表明，林果产品品质随着海拔的变化，主要有以下几种垂直分布格局类型。

1. 上升型

上升型是指林果生态地理系统中随着海拔的增加，林果产品品质表现出逐渐变好的趋势。例如，甘肃省静宁县“红富士”苹果硬度的垂直分布格局便是如此。据孙文泰等(2013)研究，甘肃省静宁县“红富士”苹果在所有海拔区段中，果实硬度在 8～12kg/cm^2，35%的果实硬度为 10～10.5kg/cm^2，30%为 9.5～10kg/cm^2，基本分布在海拔 1550～1850m。随着海拔的升高，果实硬度呈现逐渐上升趋势(图 10-1)。

2. 下降型

下降型是指林果生态地理系统中产品品质随着海拔的变化呈现出海拔低时最高，随着海拔的变化，林果产品品质逐渐下降的趋势。例如，甘肃省静宁县“红富士”苹果果实单果重的垂直分布格局便是如此。据孙文泰等(2013)研究，甘肃省静宁县“红富士”

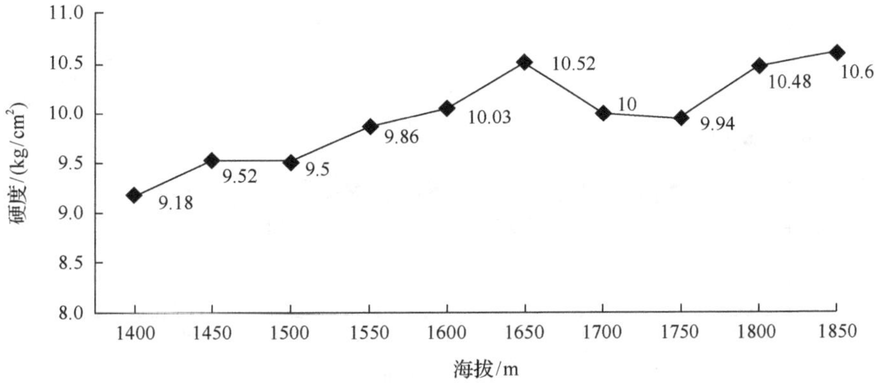

图 10-1　静宁县不同海拔“红富士”硬度趋势(引自孙文泰等，2013)

苹果在试验的海拔区段中，果实单果重在 125～300g，有 43%的果实单果重在 200～225g，基本分布在海拔 1450～1650m。随着海拔的升高，单果重呈现逐渐下降的趋势。其中 1500m 左右单果重最大，为 228.41g；在 1800m 左右达到最低值，为 172.65g(图 10-2)。

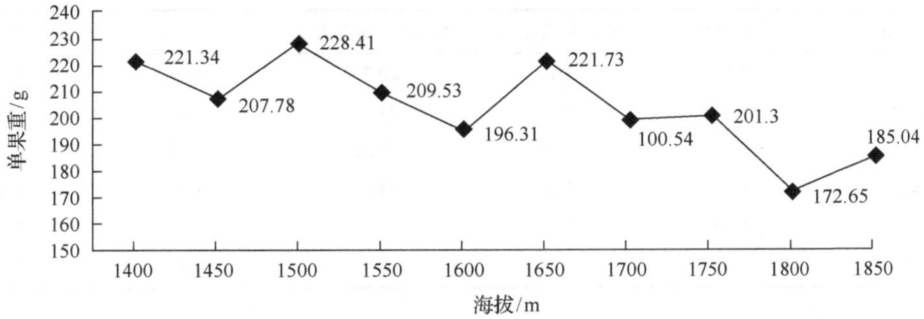

图 10-2　静宁县不同海拔“红富士”单果重趋势(引自孙文泰等，2013)

3. “倒 N”型

“倒 N”型是指林果生态地理系统中产品品质随着海拔的变化表现出海拔低时较好，随着海拔的变化，林果产品品质逐渐变差，随后逐渐变好，此后再呈现变差的趋势。例如，甘肃省静宁县“红富士”苹果果形指数的垂直分布格局便是如此。据孙文泰等(2013)研究，甘肃省静宁县“红富士”苹果所有果实的果形指数均在 0.87 以上，在海拔 1400m 时果形指数较高，在 1400～1700m 随着海拔的升高变化较平缓且总体呈现下降趋势，1700～1800m 呈现较大的增长趋势，海拔 1800m 以上呈明显下降趋势(图 10-3)。

4. 单峰曲线型

单峰曲线型是指林果生态地理系统中产品品质随着海拔变化呈现出海拔低时较差，随着海拔的升高，产品品质逐渐变好，随后再呈现变差的趋势。例如，灵山正路椒品质随海拔的动态变化便是如此。据杜晋城等(2015)研究，花椒的粗脂肪含量、醇溶提取物含量、总氨基酸含量、挥发油含量等内在品质在海拔 1800～2600m 与海拔呈正相关关系，

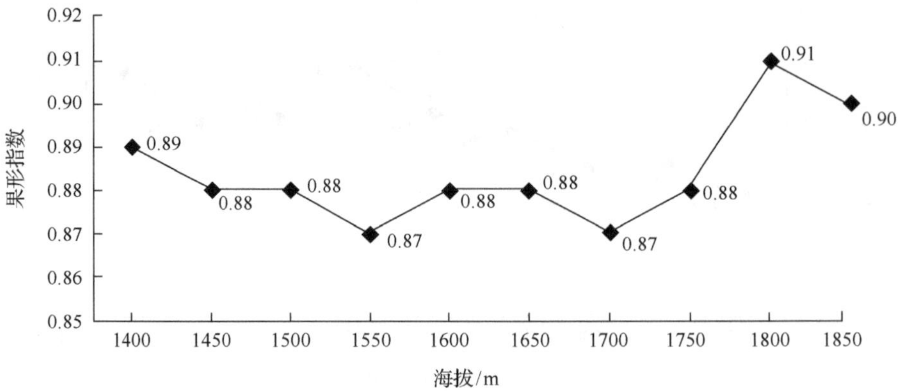

图 10-3　静宁县不同海拔“红富士”果形指数趋势(引自孙文泰等，2013)

其中在 2600m 时各指标值最高，分别为 5.31%、25.90%、4.97%、4.80%，此后则随着海拔的升高，这些内在品质则逐渐下降(表 10-1)。

表 10-1　不同海拔对灵山正路椒果实内在品质的影响(引自杜晋城等，2015)

海拔/m	含水量/%	粗脂肪含量/%	醇溶提取物含量/%	总氨基酸含量/%	挥发油含量/%
1800	5.52	2.58	20.26	1.20	2.33
2000	5.48	3.60	21.52	1.24	3.25
2200	5.45	3.68	22.82	2.44	3.32
2400	5.38	4.52	23.66	2.97	4.09
2600	5.29	5.31	25.90	4.97	4.80
2800	6.00	1.55	18.95	0.99	1.40

5.　“V”型

“V”型分布型是指林果生态地理系统中随着海拔的变化呈现出海拔较低时产品品质较好，此后随着海拔的升高，产品品质逐渐下降，后来随着海拔升高后再呈现变好的一种变化动态。例如，大香格里拉河谷区“玫瑰蜜”葡萄品质的海拔梯度变化动态便是如此。毛如志等(2016)研究表明，葡萄果实总酸含量随着海拔梯度的升高，先降低，后又升高。其中，海拔 1117m 的西昌点黄酮含量显著高于 1860m 的茨中点，1860m 的茨中点黄酮含量显著高于 2102m 的布村点，在海拔 2102m 以后则随着海拔升高而增加，黄酮和花青素含量也有类似的趋势(图 10-4)。

6.　“W”型

例如，甘肃省静宁县“红富士”苹果可溶性固形物含量的垂直分布格局便是如此。据孙文泰等(2013)研究，甘肃省静宁县“红富士”苹果在所有海拔区段中，可溶性固形物含量在 12.5%～18.5%，随着海拔的升高呈现规律性变化。其中 30%的果实可溶性物含量为 14.0%～14.5%，基本分布在海拔 1400～1450m，可溶性固形物含量逐渐下降，1450m 以后可溶性固形物含量逐渐上升，在 1500～1550m 出现最高值(14.98%)，在 1550～1700m 出现最低值(13.83%)，此后果实可溶性固形物含量再随着海拔的升高逐渐上升(图 10-5)。

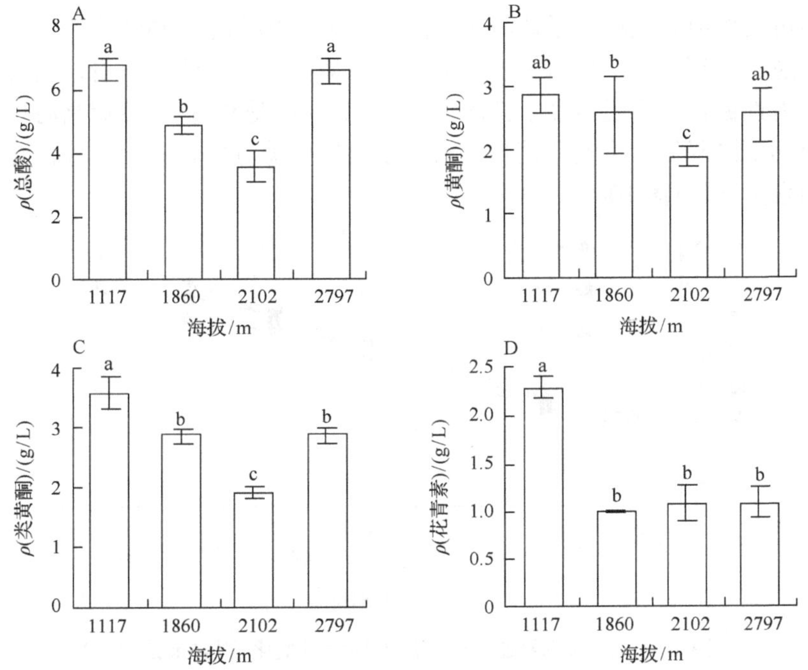

图 10-4　“玫瑰蜜”葡萄果实总酸(A)、黄酮(B)、类黄酮(C)和花青素(D)含量随着海拔梯度升高的变化趋势(引自毛如志等，2016)

图中不同小写字母表示在 0.05 水平上差异显著($P<0.05$)

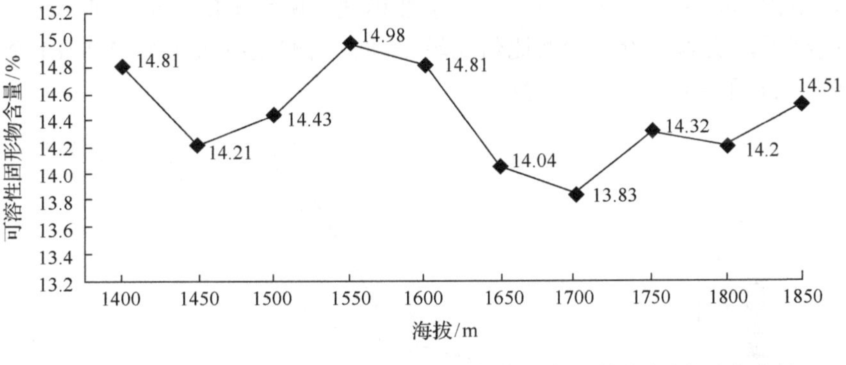

图 10-5　静宁县不同海拔“红富士”可溶性固形物含量变化趋势(引自孙文泰等，2013)

二、林果产品品质的变化动态

现有的研究资料表明，林果产品品质随着时间的变化，主要以下几种变化类型。

1. 上升型

上升型是指林果生态地理系统中随着时间的推进，林果产品品质表现出逐渐变好的趋势。例如，甜柿成熟期间有机酸随时间的动态变化便是如此。据余铭等(2010)研究，发现“次郎”甜柿果实可溶性糖含量随着果实的逐渐膨大而不断增加，果实采收时达到最高。不同海拔产区“次郎”甜柿的可溶性糖的变化差异并不大。9 月 10 日前，高海拔产区果实中可溶性糖含量略低于低海拔产区。而 9 月 10 日后，高海拔产区果实中可溶性糖的积累加速，并逐渐高于低海拔产区果实。从糖分积累的绝对值看，高海拔产区果实成熟后的可溶性糖含量要明显高于低海拔产区。其原因是 9 月 10 日后高海拔产区昼夜温差加大，夜间低温降低了果实的消耗，有利于果实中糖分的积累。另外，淀粉水解也使可溶性糖的含量增加(图 10-6)。

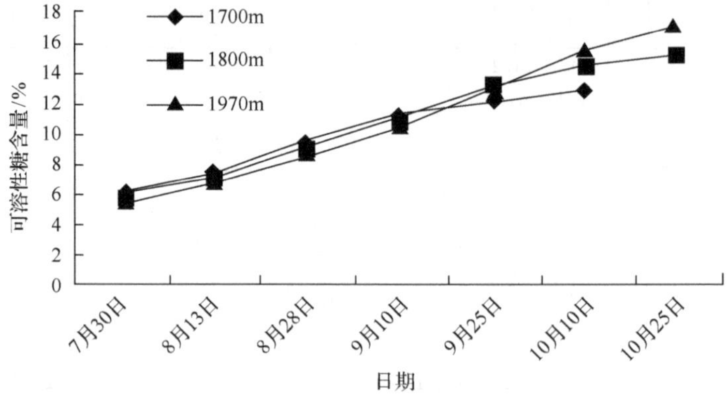

图 10-6　甜柿成熟过程中可溶性糖含量变化(引自余铭等，2010)

再如，鲜切苹果品质的时间变化也是如此。据杨巍等(2008)研究，发现糖酸比值大致呈逐渐上升趋势(图 10-7)，0～15min 和 8～10h 有小幅下降，这是由这两个时段可溶性总糖含量下降幅度较大，而可滴定总酸含量变化不大造成的；6～8h 糖酸比值升高速度极快，这是由本时段总糖变化不大，而总酸迅速下降造成的；8～10h 总酸均在下降，但下降幅度相近，所以该段内糖酸比值比较平稳。糖酸比值从初始的 44.81 到 12h 后上升至 69.29，上升了 54.63%(图 10-7)。

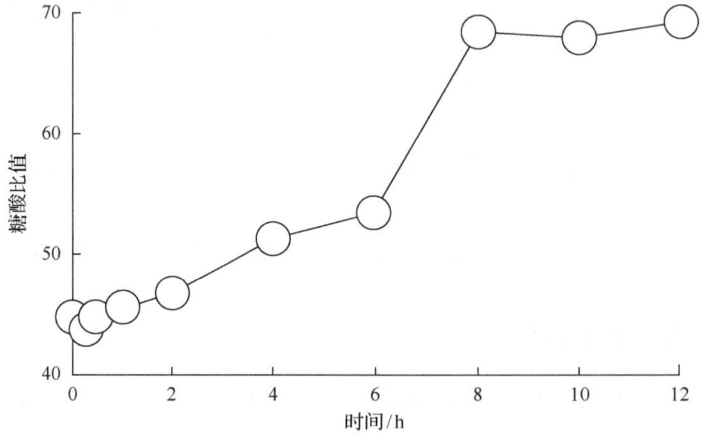

图 10-7　鲜切苹果糖酸比值的变化(引自杨巍等，2008)

2. 下降型

下降型是指林果生态地理系统中产品品质随着时间的变化呈现出早期最高，随着时间的推进，林果产品品质逐渐下降的趋势。例如，甜柿成熟期间有机酸随时间的动态变化便是如此。据余铭等(2010)研究，发现“次郎”甜柿果实进入成熟期后前一阶段单宁含量快速下降，8 月中旬后下降速度稍有减缓，海拔越低，单宁含量下降幅度越大。而且海拔越低，果实中单宁含量下降到达脱涩临界值(0.5%)的时间越早，海拔 1700m 为 8 月 20 日左右，海拔 1800m 为 9 月 10 日左右，海拔 1970m 为 10 月 10 日左右。在相应产地的脱涩临界期后采摘的甜柿果实在食用时基本就不再有涩味。10 月 10 日后达到 9 成熟的果实中单宁含量可低至 0.02%(图 10-8)。

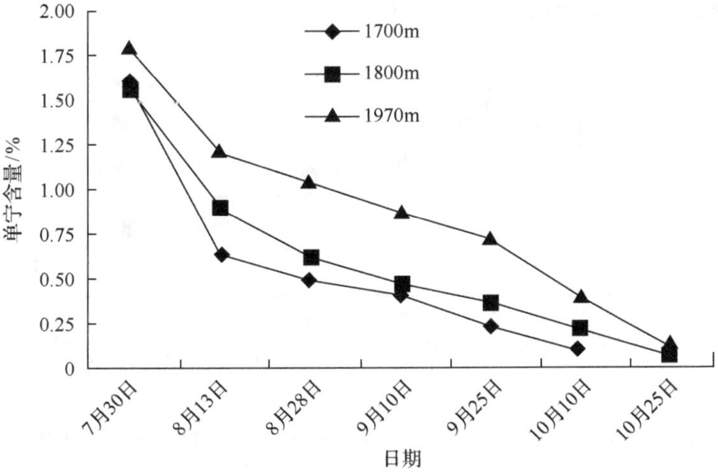

图 10-8 甜柿成熟过程中单宁含量变化(引自余铭等，2010)

再如，鲜切苹果品质的时间变化也是如此。据杨巍等(2008)研究，发现苹果果实切分后，可溶性总糖含量呈现逐渐下降的趋势(图 10-9)。0～15min 和 4～6h 下降速度较快，12h 内可溶性总糖含量从 9.77%下降至 7.71%，下降了 2.06 个百分点，下降幅度较大(图 10-9)。

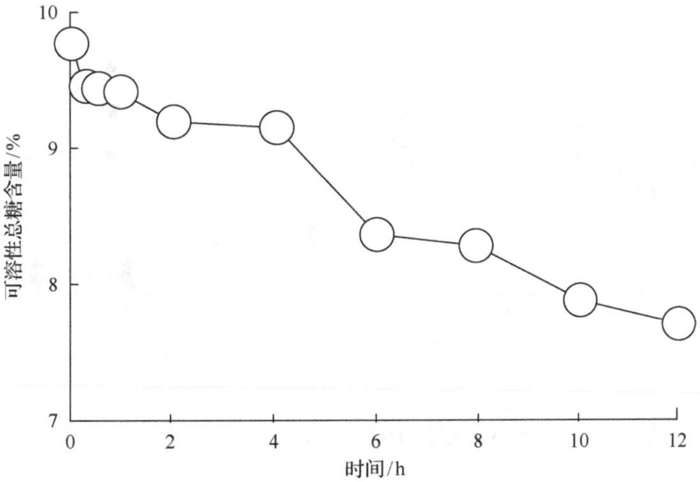

图 10-9 鲜切苹果可溶性总糖含量变化(引自杨巍等，2008)

3. 单峰曲线型

单峰曲线型是指林果生态地理系统中产品品质随着时间的变化表现出时间较早时较差，随着时间的推进，产品品质逐渐变好，随后再呈现变差的趋势。例如，甜柿成熟期间有机酸随时间的动态变化便是如此。据余铭等(2010)研究，发现“次郎”甜柿果实在开始着色成熟过程中有机酸含量都在0.3%以下。在初期其有机酸含量有一个小幅度的上升，在7月30日至8月13日达到一个峰值，随后有机酸含量迅速下降，在10月10日时所有三个不同海拔产区的果实有机酸含量都已降到0.05%左右。其中以海拔1700m产区的果实中有机酸含量下降最快(图10-10)。

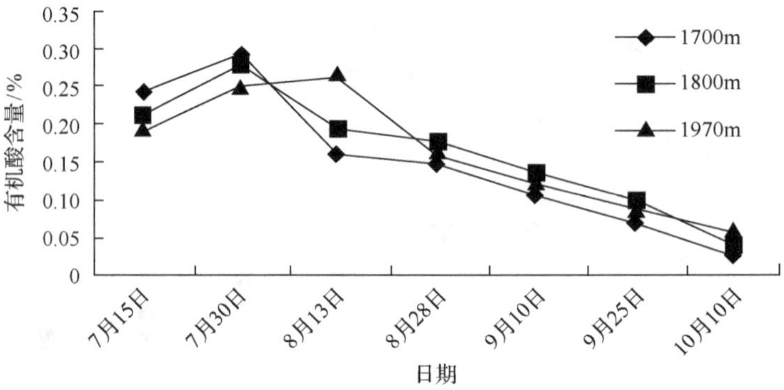

图10-10　甜柿成熟过程中有机酸含量变化(引自余铭等，2010)

另外，果实中淀粉含量的变化也是如此。据余铭等(2010)研究，发现“次郎”甜柿果实中的淀粉含量在7月下旬达到最高，之后逐渐下降，到果实成熟时分别降至1.0%以下(1700m，1800m产区)和0.5%以下(1970m产区)。7月15日前后是果实的发育中期，光合产物的大量积累在使可溶性糖上升的同时，淀粉的含量也增加。7月30日以后，进入发育后期，柿果实迅速增大，大部分淀粉的降解使淀粉的含量下降，果实的迅速增大也加速了淀粉在果实中相对含量的下降(图10-11)。

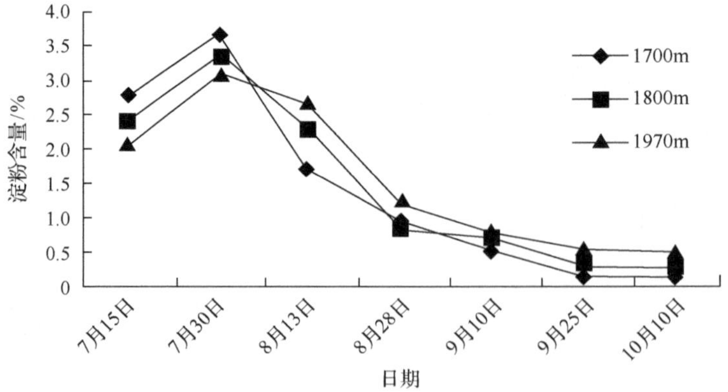

图10-11　甜柿成熟过程中淀粉含量变化(引自余铭等，2010)

三、影响林果产品品质的因素

(一)气候因素对林果产品品质的影响

1. 降雨量对林果产品品质的影响

大量的研究表明，降雨量对林果产品品质具有明显的影响。现以降雨量对脐橙含糖量的影响为例来说明降雨量对林果产品品质的影响。据彭良志等(2000)研究，发现 8～10 月是脐橙果实的迅速膨大期，也是果实内糖分的重要积累阶段，这一阶段的降雨、湿度、昼夜温差和光照等对含糖量有很大影响。相关分析表明，果实含糖量与 9 月、10 月降雨量均呈负相关，即降雨越多，含糖量越低。其中，9 月降雨量与果实含糖量关系式：$Y=12.56-0.037X$，Y 为含糖量(%)，X 为 9 月降雨量(79mm<X<155mm)，相关系数–0.60，达极显著水平。10 月降雨量与果实含糖量关系式：$Y=9.88-0.01X$，Y 为含糖量(%)，X 为 10 月降雨量(13mm<X<126mm)，相关系数–0.60，达极显著水平。

另外，彭良志等(2000)还发现 9 月、10 月降雨量与可溶性固形物呈极显著负相关，其中 9 月降雨量与果实可溶性固形物的关系式：$Y=15.80-0.055X$，其中 Y 为可溶性固形物(%)，X 为 9 月降雨量(79mm<X<155mm)，相关系数–0.78，达极显著水平。10 月降雨量与果实可溶性固形物的关系式：$Y=11.54-0.01X$，其中 Y 为可溶性固形物(%)，X 为 10 月降雨量(13mm<X<126mm)，相关系数–0.71，达极显著水平。

2. 昼夜温差对林果产品品质的影响

大量的研究表明，昼夜温差对林果产品品质具有明显的影响。现以昼夜温差对脐橙含糖量的影响为例来说明昼夜温差对林果产品品质的影响。据彭良志等(2000)研究，发现含糖量与昼夜温差的关系直接影响树体光合产物的积累。进入 8 月以后，昼夜温差显著影响含糖量。越接近成熟期，昼夜温差对糖的积累影响就越大。8 月昼夜温差与果实含糖量关系式：$Y=8.55+0.117X$，其中 Y 为含糖量(%)，X 为 8 月昼夜温差(2℃<X<10℃)，相关系数 0.42，达显著水平。9 月昼夜温差与果实含糖量关系式：$Y=8.36+0.17X$，其中 Y 为含糖量(%)，X 为 9 月昼夜温差(2℃<X<8℃)，相关系数 0.58，达极显著水平。10 月昼夜温差与果实含糖量关系式：$Y=9.88+0.25X$，其中 Y 为含糖量(%)，X 为 10 月昼夜温差(2℃<X<7℃)，相关系数 0.59，达极显著水平。

另外，彭良志等(2000)还发现，8～10 月昼夜温差越大，果实的可溶性固形物含量就越高。相关分析显示，越接近成熟期，昼夜温差对果实可溶性固形物的积累影响就越大。其中，8 月昼夜温差与可溶性固形物关系式：$Y=9.454+0.195X$，其中 Y 为可溶性固形物(%)，X 为 8 月昼夜温差(2℃<X<10℃)，相关系数 0.72，达极显著水平。9 月昼夜温差与可溶性固形物关系式：$Y=9.443+0.238X$，其中 Y 为可溶性固形物(%)，X 为 9 月昼夜温差(2℃<X<8℃)，相关系数 0.73，达极显著水平。10 月昼夜温差与可溶性固形物关系式：$Y=9.473+0.285X$，其中 Y 为可溶性固形物(%)，X 为 10 月昼夜温差(2℃<X<7℃)，相关系数 0.73，达极显著水平。

3. 日照时数对林果产品品质的影响

大量的研究表明，日照时数对林果产品品质具有明显的影响。现以日照时数对脐橙含糖量的影响为例来说明日照时数对林果产品品质的影响。据彭良志等(2000)研究，含糖量与日照时数的关系分析显示，只有 10 月的日照时数与脐橙果实的含糖量具有显著相关性。日照长，含糖量高；反之，则低。虽然含糖量多少受众多因子影响，但这也在一定程度上反映果实成熟前 1 个月的日照对糖分积累的重要性。10 月日照时数与脐橙果实的含糖量关系式：Y=5.56+0.05X，其中 Y 为含糖量(%)，X 为日照时数(67<X<89)，相关系数 0.51，达极显著水平。

4. 年平均气温对林果产品品质的影响

大量的研究表明，年平均气温对林果产品品质具有明显的影响。现以年平均气温对脐橙含糖量的影响为例来说明年平均气温对林果产品品质的影响。据彭良志等(2000)研究，发现总酸及果皮厚与年平均气温呈负指数关系，固酸比和糖酸比则与年平均气温呈负指数关系，总酸和果皮厚随年平均气温下降而加速增大。当年平均气温下降到 16.5～17.1℃，脐橙品质下降明显(表 10-2)。

表 10-2　脐橙品质与年平均气温关系方程(引自彭良志等，2000)

方程	n	P
$S=6\,397\,955.34e^{-T}+0.42$	5	0.01
$GS=-57\,414.39e^{-0.5T}+27.1$	5	0.01
$DS=-42\,511.77e^{-0.5T}+19.9$	5	0.01
$K=16\,107\,208\,910.00e^{-1.5T}+0.46$	5	0.01

注：S.总酸；GS.固酸比；DS.糖酸比；K.果皮厚；T.年平均气温；n.样本数；P.显著性水平

(二) 地理因素对林果产品品质的影响

大量的研究表明，地理因素对林果产品品质具有明显的影响。现以坡向对脐橙品质的影响为例来说明地理因素对林果产品品质的影响。据王涛等(1995)，同海拔阳坡与阴坡脐橙品质比较，可溶性固形物、Vc、总糖、果皮厚均无明显差异，而总酸、固酸比和糖酸比的差异比较明显，阳坡因光照较强，空气相对湿度较小等，脐橙含酸量较阴坡要低，固酸比和糖酸比则更大，阳坡的脐橙品质比阴坡更好，这与脐橙喜光和喜中等湿度的特点是一致的。但比较脐橙果径可发现，阴坡果径反而较阳坡略大，其原因可能是阴坡受盛夏高温伏旱的影响较阳坡要小，植株呼吸消耗相对较小，更有利于光合产物的积累。

第二节　农产品品质的空间分布格局及其变化动态

一、农产品品质的空间分布格局

（一）农产品品质的水平分布格局

我们在此重点讨论农产品中最重要的蛋白质、淀粉和脂肪等三大类品质的水平分布格局。

1. 蛋白质含量的水平分布格局

大量的研究表明，农产品的蛋白质含量水平分布格局总体呈现出斑块状交错分布的格局。现以青藏高原栽培大麦蛋白质含量的水平分布为例来说明。王建林(2017a)对 83 个不同来源地的青稞品种在同一环境条件下种植后籽粒的蛋白质含量进行了测定与方差分析。结果表明，83 个不同来源地的青稞品种蛋白质含量变幅为 6.10%～14.43%，平均(10.59±2.08)%，变异系数 19.69%，不同来源地的青稞品种蛋白质含量存在显著性差异(表 10-3)。在此基础上，采用 ArcGIS 9.3 软件作其空间分布图，可以看出，青稞品种蛋白质含量在青藏高原形成了两个高值区。其中，一个是介于东经 100.0°～102.5°、北纬 35.0°～37.5°，以青海共和、贵德、门源、同德和甘肃合作为中心的青藏高原东北部高值区，这一区域青稞品种蛋白质含量平均在(13.1163±0.5939)%；另一个是介于东经 86.0°～92.0°、北纬 28.0°～29.0°，以西藏贡嘎、拉孜、尼木、扎囊、聂拉木、堆龙德庆县、桑日县、康马县为中心的青藏高原中南部高值区，这一区域青稞品种蛋白质含量平均在(12.8715±0.6609)%。同时还可以看出，青藏高原青稞品种蛋白质含量的水平分布总体呈现出斑块状交错分布和南高北低的趋势。

表 10-3　不同来源地青稞品种籽粒蛋白质含量的 *F* 检验

变异来源	平方和	自由度	均方	*F* 值	*P* 值
区组间	1.7257	2	0.8628	2.451	0.0894
处理间	1068.876	82	13.0351	37.025	0.0059
误　差	57.7383	164	0.3521		
总变异	1128.34	248			

2. 淀粉含量的水平分布格局

大量的研究表明，农产品的淀粉含量水平分布格局总体呈现出斑块状交错分布的格局。现以青藏高原栽培大麦淀粉含量的水平分布为例来说明。钟志明和王建林(2017)研究表明，青藏高原栽培大麦淀粉含量在青藏高原形成了两个高值区。其中，一个是介于东经 87.0°～92.0°、北纬 29.0°～30.0°，以西藏拉孜、隆子、堆龙德庆、曲水、尼木、定日、萨迦、达孜、扎囊、日喀则、墨竹工卡、贡嘎、琼杰为中心的青藏高原中南部高值区，这一区域栽培大麦淀粉含量平均在(62.1635±5.6130)%；另一个是介于东经 100.0°～101.5°、北纬 35.0°～36.5°，以青海共和、贵德、海晏、同德为中心的青藏高原东北部高值区，这一区域栽培大麦淀粉含量平均在(57.9762±2.0447)%。同时还可以看出，青藏高原栽培大麦淀粉含量的水平分布总体呈现出斑块状交错分布和南高北低的趋势。

3. 脂肪含量的水平分布格局

大量的研究表明，农产品的脂肪含量水平分布格局总体呈现出斑块状交错分布的格局。现以中国野生大豆脂肪含量的水平分布为例来说明。徐豹(1993)研究表明，脂肪含量最高区分别出现在西北宁夏高原地区，38°N～39°N×104°E～106°E 和 38°N～39°N×107°E～109°E 地区，脂肪含量分别达到 15.63%和 13.14%；其次为西北的 36°N～37°N×104°E～106°E(脂肪含量 12.5%)、西南的西藏 28°N～29°N×95°E～97°E(12.5%)和云南 26°N～27°N×101°E～103°E(11.99%)高原区。而低区出现在东北大部地区和 29°N 以南大部地区。再从 38°N～39°N 地带看，从西到东，脂肪含量有逐渐降低的趋势。

(二)农产品品质的垂直分布格局

现有的研究资料表明，农产品品质随着海拔的变化，主要有以下几种垂直分布格局类型。

1. “倒 N”型

“倒 N”型是指农田生态地理系统中产品品质随着海拔梯度的变化表现出海拔低时较好，随着海拔的变化，农产品品质逐渐变差，随后逐渐变好，此后再呈现变差的趋势。例如，青藏高原栽培大麦蛋白质含量的海拔梯度变化便是如此，现以此为例来说明。据王建林(2017a)研究，发现随着海拔升高，青稞品种蛋白质含量从海拔 3000m 以下的高值区[此海拔区间青稞品种蛋白质含量平均为(10.8650±1.8600)%]，随着海拔的升高，青稞品种蛋白质含量逐渐减少，在海拔 3000～3300m 达到低值区。在海拔 3000m 以上，随着海拔的升高，青稞品种蛋白质含量逐渐增加，在 3600m 以上达到最高值区，此海拔区间青稞蛋白质含量平均为(10.8937±2.0719)%。此后，又随着海拔的升高，青稞品种蛋白质含量逐渐减少，呈现出“倒 N”型的变化趋势。同时，从表 10-4 还可以看出，青稞品种蛋白质含量变异系数随着海拔的升高而呈现波动性变化。

表 10-4　不同海拔梯度青稞品种蛋白质含量的分布状况

海拔/m	品种数	平均值/%	变异系数%
＜3000	8	10.8650±1.8600	17.13
3000～3300	17	10.3787±2.3364	22.51
3300～3600	9	10.7396±1.7352	16.16
3600～3900	27	10.8937±2.0719	19.02
3900～4200	14	10.5292±2.5265	23.99
＞4200	8	9.6134±1.3599	14.15
合计	83	10.5854±2.0845	19.69

2. 单峰曲线型

单峰曲线型是指农田生态地理系统中产品品质随着海拔变化表现出海拔低时较差，

随着海拔的升高，产品品质逐渐变好，随后再呈现变差的趋势。例如，青藏高原栽培大麦淀粉含量的海拔梯度变化便是如此。据钟志明和王建林(2017)研究，发现青藏高原栽培大麦淀粉含量的平均值为(48.1675±9.9556)%，变异系数为19.69%。随着海拔升高，栽培大麦淀粉含量的变化呈现出单峰曲线型分布格局。即在海拔3600m以下，栽培大麦淀粉含量随着海拔的变化略有波动性变化，但是总体含量很低，平均值为(45.9538±9.2987)%。在海拔3300m以上，随着海拔的升高，栽培大麦淀粉含量逐渐增加，在海拔4200～4500m达到最高值，此海拔区间栽培大麦淀粉平均含量为(50.4275±10.7836)%，此后随着海拔的升高栽培大麦淀粉含量略有下降。其中在3900～4500m，栽培大麦淀粉含量平均在(50.1431±10.7156)%。同时，从表10-5还可以看出，栽培大麦淀粉含量变异系数随着海拔的升高而呈现波动性变化。

表 10-5　不同海拔梯度栽培大麦淀粉含量的分布状况

海拔/m	样点数	平均值/%	变异系数/%
<2700	2	46.6973±4.2364	9.07
2700～3000	6	42.3189±10.1330	23.94
3000～3300	17	47.5300±9.6221	20.24
3300～3600	9	45.2345±9.3840	20.75
3600～3900	27	49.3308±10.3045	20.89
3900～4200	14	50.0212±11.0924	22.18
4200～4500	6	50.4275±10.7836	21.38
>4500	2	50.3392±5.2206	10.37
合计	83	48.1675±9.9556	20.67

二、农产品品质的变化动态

现有的研究资料表明，农产品品质随着时间的变化，主要有以下几种变化类型。

1. 上升型

上升型是指农田生态地理系统中随着时间的推进，农产品品质表现出逐渐变好的趋势。例如，重庆烤烟感官品质年际变化便是如此。据江厚龙等(2014)(图10-12)研究，

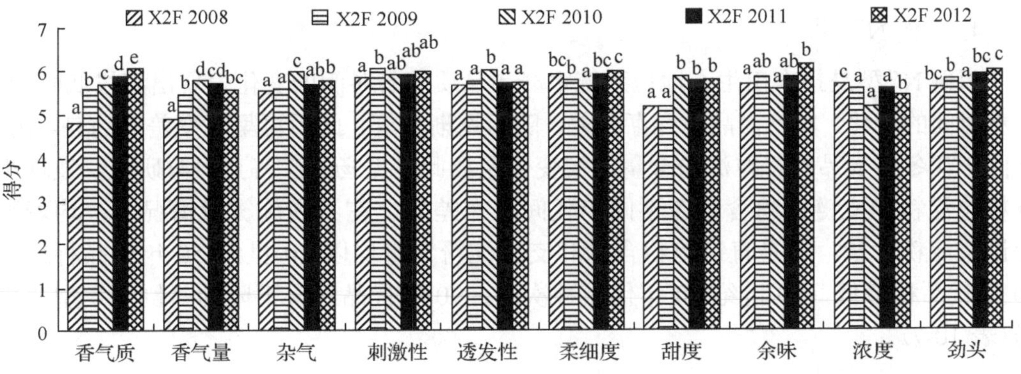

图 10-12　2008～2012年烤烟下部叶感官品质的年际变化(引自江厚龙等，2014)

不同小写字母表示在0.05水平上差异显著(P<0.05)

发现 2008～2012 年烤烟下部叶(X2F)感官品质的香气质有逐年增加的趋势，香气量呈增加而后略有降低，杂气和透发性均以 2010 年最好，2008 年和 2009 年烟叶甜度分值显著低于后 3 年。

2. 下降型

下降型是指农田生态地理系统中产品品质随着时间的变化呈现出早期最高，随着时间的推进，农产品品质逐渐下降的趋势。例如，江苏南通棉花纤维品质年际变化便是如此。据成广明等(2010)研究，发现 2007 年、2008 年、2009 年棉花纤维上半部平均长度呈下降趋势，长度分别为 30.02mm、29.84mm、28.87mm。2007 年、2008 年棉花纤维上半部平均长度主要分布为 29～30mm、29mm 及以上棉花所占比例分别为 92.28%、86.43%；而 2009 年棉花纤维上半部平均长度主要分布在 28～29mm、29mm 及以上棉花所占比例仅为 45.41%。2009 年棉花纤维上半部平均长度分布在 25～28mm 的比例远远大于 2007 年、2008 年，2009 年棉花纤维上半部平均长度只有 28.87mm，比正常年份短(表 10-6)。

表 10-6 南通公证检验棉花纤维上半部平均长度分布状况(引自成广明等，2010)

年度	上半部平均长度/mm	各长度比例/%							
		32mm	31mm	30mm	29mm	28mm	27mm	26mm	25mm
2009	28.87	0.01	0.24	5.91	39.25	46.14	7.65	0.64	0.16
2008	29.84	0.37	8.18	37.09	40.79	12.55	0.97	0.05	0
2007	30.02	0.35	10.33	44.31	37.29	6.47	1.13	0.11	0.01

3. 单峰曲线型

单峰曲线型是指农田生态地理系统中产品品质随着时间的变化表现出时间较早时较差，随着时间的推进，产品品质逐渐变好，随后再呈现变差的趋势。例如，不同年代冬小麦品种籽粒清蛋白含量的演变便是如此。据杨武广等(2014)研究，发现小麦籽粒清蛋白含量在不同年代间存在差异。其中，20 世纪 50 年代为 1.85%，60 年代为 1.93%，70 年代为 1.92%，80 年代为 2.11%，90 年代为 1.88%。清蛋白均以 20 世纪 50 年代品种最低，80 年代品种最高，20 世纪 90 年代品种又下降的单峰曲线型变化格局。

4. “倒 N”型

“倒 N”型是指农田生态地理系统中产品品质随着时间的变化表现出海拔低时较好，随着时间的变化，农产品品质逐渐变差，随后逐渐变好，此后再呈现变差的趋势。例如，不同年代冬小麦品种籽粒淀粉含量的演变便是如此。据杨武广等(2014)研究，发现小麦籽粒总淀粉和支链淀粉含量在不同年代间存在差异。在不同施氮量情况下，均表现出无论总淀粉含量，还是直链淀粉含量和支链淀粉含量均以 20 世纪 50 年代品种最高，70 年代品种最低，20 世纪 80 年代品种次高，90 年代品种又下降的“倒 N”型变化格局(表 10-7)。

表 10-7　不同年代小麦品种籽粒淀粉含量及组分的差异（引自杨武广等，2014）

施氮量	年代	总淀粉含量/%	直链淀粉含量/%	支链淀粉含量/%	直/支
N225	1950	69.4abc	18.3a	51.1ab	0.36abc
	1960	68.1bcd	17.7a	50.4abc	0.35bc
	1970	65.3d	18.5a	46.8c	0.4a
	1980	68.0bcd	17.2a	50.9abc	0.33c
	1990	69.5abc	18.4a	51.1ab	0.36abc
N0	1950	72.3a	19.0a	53.4a	0.35abc
	1960	69.0abc	17.6a	47.6bc	0.37abc
	1970	67.1cd	18.7a	48.4bc	0.39ab
	1980	70.6ab	18.9a	51.7ab	0.37abc
	1990	69.8abc	18.4a	51.5ab	0.36abc

注：小写字母代表 $P<0.05$ 水平的显著性差异

三、气候和地理因子对农产品品质的影响

（一）气候因子

大量的研究表明，气候因子对农产品的品质具有明显的影响。例如，气候因子对青藏高原栽培大麦蛋白质含量的影响便是如此。王建林（2017a）基于逐步回归分析法，建立青稞蛋白质含量与抽穗-成熟期日照时数（X_1）、出苗-分蘖期平均气温（X_2）、分蘖-拔节期平均气温（X_3）、拔节-抽穗期平均气温（X_4）、抽穗-成熟期平均气温（X_5）、出苗-分蘖期平均气温日较差（X_6）、分蘖-拔节期平均气温日较差（X_7）、拔节-抽穗期平均气温日较差（X_8）、抽穗-成熟期平均气温日较差（X_9）、出苗-分蘖期平均相对湿度（X_{10}）、分蘖-拔节期相对湿度（X_{11}）、拔节-抽穗期相对湿度（X_{12}）、抽穗-成熟期相对湿度（X_{13}）、出苗-分蘖期降水量（X_{14}）、分蘖-拔节期降水量（X_{15}）、拔节-抽穗期降水量（X_{16}）、抽穗-成熟期降水量（X_{17}）等气候因子的关系方程

$$Y=12.5775-0.0028X_1-2.2994X_6+2.3770X_7-0.0617X_{11}+0.0915X_{12}-0.0049X_{17}$$

$$(\text{样本数 } N=36,\ R=0.5730^{**},\ R_1=-0.4807^{**},\ R_6=-0.5856^{**},\ R_7=0.5850^{**},\ R_{11}=-0.2992,\ R_{12}=0.3552^{*},\ R_{17}=-0.2508) \quad (10\text{-}1)$$

从式（10-1）可以看出，影响青稞蛋白质含量（Y）的主要气候因子是抽穗-成熟期日照时数、出苗-分蘖期平均气温日较差、分蘖-拔节期平均气温日较差、分蘖-拔节期相对湿度、拔节-抽穗期相对湿度、抽穗-成熟期降水量，而出苗-分蘖期平均气温、分蘖-拔节期平均气温、拔节-抽穗期平均气温、抽穗-成熟期平均气温、拔节-抽穗期平均气温日较差、抽穗-成熟期平均气温日较差、出苗-分蘖期平均相对湿度、抽穗-成熟期相对湿度、出苗-

分蘖期降水量、分蘖-拔节期降水量、拔节-抽穗期降水量的影响则很小。

同时，从式(10-1)还可以看出，青稞蛋白质含量与分蘖-拔节期平均气温日较差、拔节-抽穗期相对湿度的偏相关系数均达到显著或极显著正相关差异水平，与抽穗-成熟期日照时数、出苗-分蘖期平均气温日较差的偏相关系数均达到极显著负相关差异水平，但是与分蘖-拔节期相对湿度、抽穗-成熟期降水量的偏相关关系未达到显著性差异($P<0.05$)。根据标准误差检验，该回归方程通过了 $\alpha=0.01$ 水平的显著性检验。表明，青稞蛋白质含量随着分蘖-拔节期平均气温日较差、拔节-抽穗期相对湿度的增加和抽穗-成熟期日照时数、出苗-分蘖期平均气温日较差的减少而显著增加。同时也表明，气候因子对青稞蛋白质含量的影响达到极显著性水平($P<0.01$)。

(二)地理因子

1. 地理经纬度对农产品品质的影响

大量的研究表明，地理经纬度对农产品的品质具有一定的影响。例如，地理经纬度对青藏高原栽培大麦淀粉含量的影响便是如此。钟志明和王建林(2017)基于逐步回归分析法，建立栽培大麦淀粉含量与地理纬度(X_1)、地理经度(X_2)、海拔(X_3)等地理因子的关系方程

$$Y=26.7002+0.1311X_1-0.1752X_2+0.0040X_3$$

$$(N=83，R=0.1646，R_1=0.0517，R_2=-0.0327，R_3=0.1264) \tag{10-2}$$

从式(10-2)可以看出，栽培大麦淀粉含量(Y)与地理经度(X_1)、海拔(X_3)呈正相关关系，而与地理纬度(X_2)呈负相关关系。这表明栽培大麦淀粉含量随着地理经度和海拔的增加及地理纬度的降低而增加。

2. 土壤因子对农产品品质的影响

大量的研究表明，土壤因子对农产品的品质具有明显的影响。例如，土壤因子对青藏高原栽培大麦 β-葡聚糖含量的影响便是如此。王建林(2017b)基于逐步回归分析法，建立栽培大麦 β-葡聚糖含量(Y)与土壤有机质(X_1)、全氮(X_2)、全磷(X_3)、全钾(X_4)、速效氮(X_5)、速效磷(X_6)、速效钾含量(X_7)和土壤 pH(X_8)等土壤因子的数学模型

$$Y=13.1161-14.9743X_3-0.0034X_5-0.0153X_6+0.0096X_7-0.8895X_8$$

$$(N=83，R=0.4363^{**}，R_3=-0.1527，R_5=-0.2904^{**}，R_6=-0.2285^{*}，R_7=0.3563^{**}，R_8=-0.3473^{**}) \tag{10-3}$$

从式(10-3)可以看出，影响栽培大麦 β-葡聚糖含量的主要土壤因子是全磷、速效氮、速效磷、速效钾含量和土壤 pH，而土壤有机质、全氮和全钾含量的影响则很小。同时从式(10-3)还可以看出，栽培大麦 β-葡聚糖含量与土壤速效氮、速效磷、土壤 pH 的偏相关系数达到极显著负相关差异水平，与速效钾含量的偏相关系数均达到极显著

正相关差异水平，但是与土壤全磷的偏相关关系未达到显著性($P<0.05$)差异。根据标准误差检验，该回归方程通过了 $\alpha=0.05$ 水平的显著性检验。表明，栽培大麦 β-葡聚糖含量随着土壤速效氮、速效磷含量和土壤 pH 的减少和土壤速效钾含量的增加而显著增加。也表明，土壤因子对栽培大麦 β-葡聚糖含量的影响达到极显著性水平($P<0.01$)。

第三节　畜产品品质的空间分布格局及其变化动态

一、畜产品品质的空间分布格局

由于主要的畜产品是肉、奶、蛋，因此我们在此重点讨论肉、奶、蛋等畜产品品质的空间分布格局问题。

(一)肉品质的空间分布格局

大量的研究表明，肉品质的空间分布主要体现在不同地理来源的家畜品种上，呈现出不同地理来源的家畜的肉品质差异显著的特点。现以郎玉苗等(2013)研究不同地理来源的牛肉品质差异为例来说明肉品质的空间分布差异问题。

1. 营养品质的空间分布格局

肉的常规营养成分包括蛋白质、脂肪、灰分和水分。郎玉苗等(2013)研究表明(表 10-8)，黄牛组肌红蛋白含量比新疆褐牛组和西杂组分别高 0.018μmol/g 和 0.022μmol/g，差异显著($P<0.05$)，荷杂组显著高于西杂组($P<0.05$)，新疆褐牛与黄牛杂交后降低了黄牛肌肉中肌红蛋白含量。肌内脂肪含量(表 10-9)西杂组分别比荷斯坦牛、荷杂、黄牛和新褐杂组高 119.10%、103.13%、69.56%和 32.65%，差异显著($P<0.05$)，新疆褐牛组分别比荷斯坦牛、荷杂和黄牛组高 96.63%、82.29%和 52.17%，差异显著($P<0.05$)，新褐杂组分别比荷斯坦牛、荷杂组高 65.17%和 53.13%，差异显著($P<0.05$)。另外，不同地理来源的牛肉的粗灰分和水分含量也各不相同(表 10-8，表 10-9)，呈现出不同地理来源的牛肉的营养品质不同的特点。

表 10-8　肉品理化性状测定结果(引自郎玉苗等，2013)

牛品种	荷斯坦牛	荷杂	黄牛	新褐杂	新疆褐牛	西杂
肌红蛋白/(μmol/g)	0.112±0.002abc	0.118±0.007ab	0.122±0.007a	0.112±0.004abc	0.104±0.002bc	0.100±0.003c
失水率/%	17.96±1.15b	21.87±1.02a	21.42±0.82a	20.06±1.04ab	22.11±0.98a	21.62±1.22a
系水率/%	76.35±1.50a	71.34±1.27b	72.19±1.00b	73.73±1.30ab	71.35±1.29b	71.62±1.62b
蒸煮损失/%	31.87±0.48	34.21±0.82	33.01±1.97	33.94±0.61	34.50±0.88	33.78±0.73
剪切力/kg	7.92±0.34	7.82±0.32	8.08±0.39	7.57±0.21	6.85±0.65	7.55±0.53
总胶原/(mg/g)	6.56±0.32a	6.21±0.39a	6.77±0.51a	6.19±0.34a	5.06±0.35b	6.14±0.21a

注：表中不同字母表示在 0.05 水平上差异显著($P<0.05$)

表 10-9　常规化学成分测定结果(引自郎玉苗等，2013)

牛品种	荷斯坦牛	荷杂	黄牛	新褐杂	新疆褐牛	西杂
水分/%	75.19±0.20	76.18±0.50	77.02±0.50	76.33±0.66	77.21±0.18	76.18±0.37
粗蛋白/%	20.39±0.20	20.93±0.50	20.24±0.50	20.71±0.66	21.28±0.18	21.15±0.37
肌内脂肪含量/%	0.89±0.08d	0.96±0.14d	1.15±0.13cd	1.47±0.20bc	1.75±0.14ab	1.95±0.10a
粗灰分/%	1.12±0.02	1.15±0.02	1.16±0.01	1.14±0.02	1.10±0.002	1.12±0.03

2. 食用品质的空间分布格局

(1)肉色

肉品外观价值是一项重要指标。目前大多数肉品质分析试验采用比色板进行主观评分。幼年动物肉色稍浅，老龄动物肉色稍深，运动量较大部位的肉色也略深。市场上牛肉色浅是牛肉高价的重要影响因素之一。肉色的深浅及均匀度主要由肌肉色素[以肌红蛋白(Mb)为主]含量及其化学状态(与铁离子的价态及肌红蛋白与氧的化合反应)决定。肌红蛋白的含量对肉色有一定影响，含量越多，肉色越深。郎玉苗等(2013)试验研究表明，荷斯坦牛、黄牛和新疆褐牛的肌红蛋白含量分别为 0.112μmol/g、0.122μmol/g 和 0.104μmol/g，荷斯坦牛组牛肉肌红蛋白含量高于新疆褐牛组，通过新疆褐牛杂交荷斯坦牛和黄牛，使牛肉肌红蛋白的含量分别提高了 5.36%和降低了 8.20%，新疆褐牛有利于改善黄牛牛肉的肉色而不利于改善荷斯坦牛牛肉的肉色。经过新疆褐牛杂交后的 3 个杂种牛中，西杂肌红蛋白含量比荷杂低 15.25%，差异显著($P<0.05$)；西杂比新褐杂低 10.71%(表 10-8，表 10-9)，呈现出不同地理来源的牛肉的肉色不同的特点。

(2)系水率

系水率是一项重要经济指标，良好的系水力能有效降低肉品的水分损失，以及提高熟肉率。由于水分流失降低，能更好地保持肉的营养、滋味、香味、多汁性、外观和嫩度。郎玉苗等(2013)试验用系水率来间接反映牛肉的系水力，发现 6 组的系水率分别为 76.35%、71.34%、72.19%、73.73%、71.35%和 71.62%，但通过新疆褐牛杂交荷斯坦牛和黄牛，使牛肉系水率分别降低了 6.56%和提高了 2.13%，荷斯坦牛系水率比黄牛和新疆褐牛高 5.76%和 7.01%。在 3 个杂交牛中，新褐杂系水率分别比荷杂和西杂高 3.35%和 2.95%(表 10-8)，呈现出不同地理来源的牛肉的系水率不同的特点。

(3)嫩度

羟脯氨酸为胶原蛋白中特有的氨基酸，通过测定胶原蛋白中羟脯氨酸的多少来确定肌肉中结缔组织的含量，并作为衡量肌肉品质的一个指标。试验分别用牛肉的剪切力值和胶原蛋白含量来反映牛肉的嫩度，郎玉苗等(2013)试验结果表明：6 组的剪切力值分别为 7.92kg、7.82kg、8.08kg、7.57kg、6.85kg 和 7.55kg；6 组的总胶原分别为 6.56mg/g、6.21mg/g、6.77mg/g、6.19mg/g、5.06mg/g 和 6.14mg/g。通过新疆褐牛杂交荷斯坦牛和黄牛，使牛肉剪切力值和胶原蛋白含量分别降低了 1.26%、6.31%和 5.34%、8.57%。新疆褐牛剪切力值比荷斯坦牛、黄牛低 13.5%、15.22%；新疆褐牛胶原蛋白含量比荷斯坦牛、黄牛低 22.87%、25.26%(表 10-8)，呈现出不同地理来源的牛肉的嫩度不同的特点。

(二) 蛋品质的空间分布格局

大量的研究表明，蛋品质的空间分布主要体现在不同地理来源的家禽品种上，呈现出不同地理来源的家禽的蛋品质差异显著的特点。现以陈艳珍等(2007)研究不同地理来源的鸡蛋品质差异为例来说明蛋品质的空间分布差异问题。

1. 表观品质的空间分布格局

(1) 蛋重

鸡蛋的重量是蛋鸡生产的一个重要指标。从表 10-10 可以看出，日照麻鸡的蛋重显著(P<0.05 或 P<0.01)高于其他 6 个品种鸡蛋，琅琊鸡、寿光鸡、鲁西斗鸡、济宁百日鸡、莱芜黑鸡、芦花鸡蛋重分别比日照麻鸡轻 14.97%、18.85%、20.84%、23.74%、26.13% 和 31.03%，呈现出不同地理来源的鸡蛋重量不同的特点。

表 10-10 各种鸡蛋表现品质的比较(引自陈艳珍等，2007)

品种	蛋重/g	蛋的密度/(g/cm^3)	蛋形指数	蛋黄颜色	蛋壳厚度/mm
寿光鸡	51.38±3.26a	1.068±0.002a	1.334±0.044b	6.12±0.54b	0.341±0.016b
琅琊鸡	54.31±2.68a	1.071±0.003a	1.282±0.034a	8.43±0.70a	0.366±0.020a
日照麻鸡	63.87±3.67A	1.064±0.002a	1.319±0.049a	9.38±0.56A	0.363±0.019a
鲁西斗鸡	50.56±3.75a	1.074±0.003a	1.354±0.042b	10.86±0.94A	0.386±0.021A
芦花鸡	44.05±2.34b	1.079±0.003a	1.338±0.036b	7.42±0.81a	0.384±0.018A
莱芜黑鸡	47.18±3.48b	1.068±0.002a	1.325±0.038b	7.68±0.64a	0.331±0.017b
济宁百日鸡	48.71±3.92b	1.080±0.004a	1.283±0.046a	7.56±0.76a	0.368±0.018a

注：表中同一列数字后不同字母表示处理之间的方差分析结果，显著性水平为 0.05

(2) 蛋形指数

蛋形指数具有中等的遗传力，不同品种的鸡所产鸡蛋的蛋形指数不同，而同一品种鸡蛋的蛋形指数往往在某一固定的范围内变化，不会因为营养条件产生太大的浮动，因此蛋形指数也是进行品种鉴定的依据。从表 10-10 可以看出，琅琊鸡、济宁百日鸡和日照麻鸡蛋的蛋形指数小于其他 4 个品种鸡蛋，而其他 4 个品种鸡蛋的蛋形指数相近，鲁西斗鸡蛋的蛋形指数略大于其他 3 个品种，呈现出不同地理来源的鸡蛋蛋形指数不同的特点。

(3) 蛋黄色泽

蛋黄颜色是近年来广大消费者极为关注的一项指标，虽然科学证明蛋黄颜色与鸡蛋的营养成分含量并没有直接的关系，但是蛋黄具有鲜亮的颜色更能够吸引消费者，同时在鸡蛋的出口方面也对蛋黄的颜色做出了明确的规定，因此蛋黄的颜色也是一项影响蛋鸡养殖效益的重要指标。从表 10-10 可以看出，鲁西斗鸡和日照麻鸡在蛋黄色泽上显著优于其他 5 个鸡品种(P<0.05 或 P<0.01)，说明蛋黄色泽主要与品种有关。蛋黄色泽优劣顺序为：鲁西斗鸡、日照麻鸡、琅琊鸡、莱芜黑鸡、济宁百日鸡、芦花鸡、寿光鸡，呈现出不同地理来源的鸡蛋蛋黄色泽不同的特点。

(4) 蛋壳厚度

鲁西斗鸡、芦花鸡所产蛋的蛋壳厚度显著优于其他 5 个鸡品种(P<0.05 或 P<0.01)，琅琊鸡、日照麻鸡、济宁百日鸡鸡蛋的蛋壳厚度差异不显著(P>0.05)，莱芜黑鸡和寿光鸡鸡蛋的蛋壳厚度显著低于其他 5 个鸡品种($P<0.05$ 或 $P<0.01$)(表 10-10)，这说明了鸡蛋的蛋壳厚度主要与品种有关。

(5)其他品质

鲁西斗鸡鸡蛋的蛋黄相对重、蛋黄蛋白比两个指标均高于其他 6 个鸡品种，蛋白相对重则相反；芦花鸡鸡蛋的蛋壳相对重显著高于其他 6 个鸡品种($P<0.05$ 或 $P<0.01$)，蛋白相对重高于寿光鸡、琅琊鸡、鲁西斗鸡、莱芜黑鸡、济宁百日鸡，蛋黄相对重、蛋黄蛋白比则相反($P<0.05$ 或 $P<0.01$)；日照麻鸡鸡蛋的蛋白相对重显著高于其他 6 个鸡品种(除芦花鸡外)($P<0.05$ 或 $P<0.01$)，鸡蛋蛋黄相对重、蛋黄蛋白比则相反($P<0.05$ 或 $P<0.01$)(表 10-11)。

表 10-11　各种鸡蛋表现品质的比较(引自陈艳珍等，2007)

品种	蛋壳相对重	蛋黄相对重	蛋白相对重	蛋黄蛋白比	蛋黄指数
寿光鸡	11.69±0.52b	34.52±0.74ac	53.79±0.84a	0.64±0.04a	50.82±1.94a
琅琊鸡	12.68±0.48a	35.22±0.65Ac	52.10±0.54b	0.68±0.04A	51.42±1.68a
日照麻鸡	12.31±0.38c	30.04±0.58b	57.65±0.55A	0.52±0.03b	50.26±1.36a
鲁西斗鸡	12.75±0.49a	36.88±0.96A	50.37±0.96b	0.73±0.05A	52.08±1.86a
芦花鸡	13.15±0.68A	31.10±0.83b	55.75±0.64A	0.56±0.04b	50.95±1.72a
莱芜黑鸡	12.12±0.64c	33.58±1.08a	54.30±1.12a	0.62±0.06a	50.69±2.12a
济宁百日鸡	12.64±0.76a	32.92±0.92a	54.44±0.87a	0.60±0.05a	51.64±1.82a

注：表中同一列数字后不同字母表示处理之间的方差分析结果，显著性水平为 0.05

2. 鸡蛋营养成分的空间分布格局

从表 10-12 可以看出，山东 7 个地方鸡品种的蛋营养成分在蛋黄含水量、蛋白含水量两个指标上有一定差异，特别是在哈夫单位和全蛋胆固醇两个指标上有显著的差异($P<0.05$ 或 $P<0.01$)。其中，哈夫单位反映了蛋白品质，哈夫单位越高则蛋白黏稠度越好、蛋白品质越高。通过比较可以看出 7 个品种中琅琊鸡的蛋白品质最好，芦花鸡较差。莱芜黑鸡胆固醇含量较低，其中与琅琊鸡和寿光鸡鸡蛋差异极显著($P<0.01$)，分别比其低 36.60%和 33.70%，与鲁西斗鸡、日照麻鸡、芦花鸡、济宁百日鸡相比分别低 30.38%、20.79%、17.35%和 16.20%，差异显著($P<0.05$)，呈现出不同地理来源的鸡蛋的营养成分不同的特点。

表 10-12　各种鸡蛋营养成分比较(引自陈艳珍等，2007)

品种	蛋黄含水量/%	蛋白含水量/%	哈夫单位	全蛋胆固醇/(mg/g)
寿光鸡	49.69±0.54a	87.00±0.26a	65.67±5.62b	5.46±0.38Ac
琅琊鸡	50.33±0.86a	86.47±0.56a	75.33±6.22A	5.71±0.26A
日照麻鸡	48.32±1.16a	87.23±0.38a	72.33±4.67a	4.57±0.40ad
鲁西斗鸡	48.66±1.02a	87.25±0.29a	69.00±7.88a	5.20±0.24a
芦花鸡	49.84±0.62a	86.17±0.34a	64.00±7.76b	4.38±0.32bd
莱芜黑鸡	50.83±0.58a	87.71±0.35a	65.67±4.98b	3.62±0.36e
济宁百日鸡	49.61±0.96a	86.99±0.28a	66.33±4.85b	4.32±0.19bd

注：表中同一列数字后不同字母表示处理之间的方差分析结果，显著性水平为 0.05

(三)奶品质的空间分布格局

大量的研究表明，奶品质的空间分布主要体现在不同地理来源的家畜品种上，呈现出不同地理来源的家畜的奶品质差异显著的特点。现以刘临等(2006)研究不同地理来源的牛奶品质差异为例来说明奶品质的空间分布差异问题。

1. 蛋白质含量的空间分布格局

刘临等(2006)对来自我国不同地理环境下 9 个品种牛奶的蛋白质含量进行了分析。结果表明，1～4 号样品的蛋白质含量达到了纯鲜牛奶的国家标准(蛋白质含量不低于2.9%)(表 10-13)，尤其是 1～2 号样品蛋白质含量超过国家标准，而 5～9 号牛奶样品低于国家标准，呈现出不同地理来源的牛奶的蛋白质含量不同的特点。

表 10-13　宜春市市售牛奶样品中蛋白质含量的测定结果(引自刘临等，2006)

样号	质量/g	消耗 V(HCl)/ml	消耗 V(NaOH)/ml	蛋白质含量/%
空白	0.00	25.0(0.1218)	35.5(0.0857)	0.00
1	25.68	100(0.1117)	20.5(0.0857)	3.54
2	25.65	100(0.1117)	25.8(0.0857)	3.12
3	25.61	75(0.1229)	11.4(0.0857)	3.06
4	25.60	75(0.1229)	14.3(0.0857)	2.97
5	25.60	100(0.1117)	33.7(0.0857)	2.89
6	25.56	75(0.1229)	19(0.0857)	2.84
7	25.50	75(0.1218)	12.5(0.0857)	2.82
8	25.39	75(0.1218)	16.5(0.0857)	2.72
9	25.64	75(0.1229)	35(0.0857)	2.35

2. 微量元素含量的空间分布格局

刘临等(2006)对来自我国不同地理环境下 9 个品种牛奶的微量元素含量进行了分析。结果表明，1 号和 7 号牛奶样品中 Fe 含量稍高，2 号、3 号、5 号、6 号牛奶样品中 Fe 含量偏低。8 号牛奶样品中 Zn 含量偏低。1 号、3 号和 5 号牛奶样品中含有 Mn，其余未测出。1 号和 7 号牛奶样品 Cu 含量稍高。1 号、5 号和 9 号牛奶样品 Mg 含量稍高(表 10-14)，呈现出不同地理来源的牛奶的微量元素含量不同的特点。

表 10-14　宜春市市售牛奶样品中微量元素含量的测定结果(引自刘临等，2006)（单位：mg/ml）

样号	质量/g	Ca/(mg/ml)	Fe/(mg/ml)	Zn/(mg/ml)	Mn/(mg/ml)	Cu/(mg/ml)	Mg/(mg/ml)	Cr/(mg/ml)	Pb/(mg/ml)
1	25.68	54.32	1.56	2.53	0.19	1.17	3.5	—	—
2	25.65	51.07	0.39	4.09	—	0.39	3.31	—	—
3	25.61	62.08	0.39	2.15	0.59	0.59	3.32	—	—
4	25.6	53.91	0.98	3.32	—	0.39	3.32	—	—
5	25.62	63.82	0.2	2.15	0.2	0.39	3.51	—	—
6	25.59	55.69	0.39	4.3	—	0.39	3.31	—	—

续表

样号	质量/g	Ca/(mg/ml)	Fe/(mg/ml)	Zn/(mg/ml)	Mn/(mg/ml)	Cu/(mg/ml)	Mg/(mg/ml)	Cr/(mg/ml)	Pb/(mg/ml)
7	25.45	57.76	1.38	3.54	—	0.98	3.34	—	—
8	25.39	56.91	0.79	0.39	—	0.79	3.35	—	—
9	25.64	60.45	0.59	2.54	—	0.59	3.51	—	—

注：表中“—”表示未检出

二、畜产品品质的变化动态

(一)肉品质的变化动态

大量的研究表明，肉品质的变化动态主要体现在不同的年龄阶段上，呈现出不同年龄阶段的家畜肉品质不同的特点。

1. 食用品质的变化动态

(1)嫩度

牛肉嫩度指牛肉在食用时的口感和老嫩度，反映了牛肉的质地。一般用剪切力表示嫩度大小，剪切力值越低，表示肌肉嫩度越高。关于嫩度的时间变化，通常认为呈现出先提高后降低的变化趋势。现以年龄对云南本地牛肉嫩度的影响为例来说明。据李娜等(2015)研究，三个年龄的云南本地牛的嫩度呈现出先提高后降低的变化趋势，9 月龄、18 月龄和 30 月龄云南本地牛的剪切力分别为 3.44kg、4.29kg、3.08kg，9 月龄和 30 月龄牛的剪切力值显著低于 18 月龄牛($P<0.05$)(图 10-13)，以上结果表明 9 月龄和 30 月龄云南本地牛的嫩度要显著地高于 18 月龄的牛。造成这种嫩度差异的主要原因是受年龄和脂肪含量的影响，年龄小的牛的肌纤维直径较小，其嫩度较高，9 月龄牛的嫩度高于 18 月龄牛。但 18 月龄牛的嫩度降低而 30 月龄牛的嫩度提高，这可能是因为牛在 18 月龄时刚刚开始育肥，其脂肪含量较低，而到 30 月龄时已经经过了一段时间的育肥，脂肪含量有所增加，脂肪含量越高、肉的嫩度越高，这就使得 30 月龄牛的嫩度比 18 月龄的嫩度要高。

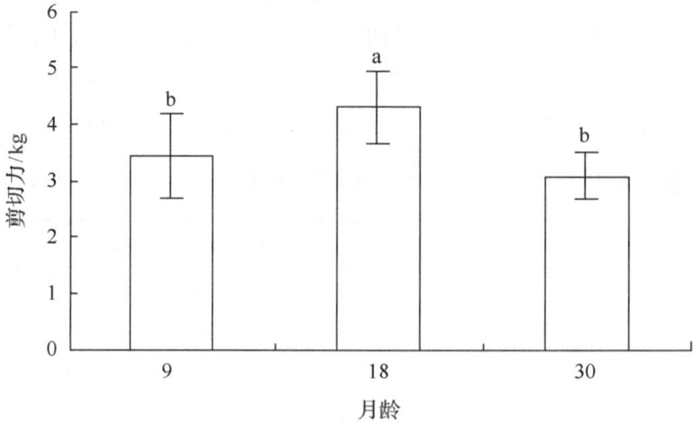

图 10-13　不同年龄云南本地牛的剪切力(引自李娜等，2015)

不同小写字母表示在 0.05 水平上差异显著($P<0.05$)

(2)蒸煮损失和失水率

关于蒸煮损失和失水率的时间变化，通常认为随着年龄的增长，蒸煮损失和失水率逐渐下降。现以年龄对云南本地牛肉蒸煮损失和失水率的影响为例来说明。据李娜等(2015)研究，三个年龄云南本地牛的蒸煮损失和失水率情况见图 10-14 和图 10-15，发现三个年龄云南本地牛蒸煮损失和失水率均存在一定的差异。9 月龄的蒸煮损失和失水率最高，分别为 33.35%和 37.67%，随年龄的增加蒸煮损失和失水率呈现出逐渐降低的趋势，其加工后的产率会逐渐下降。

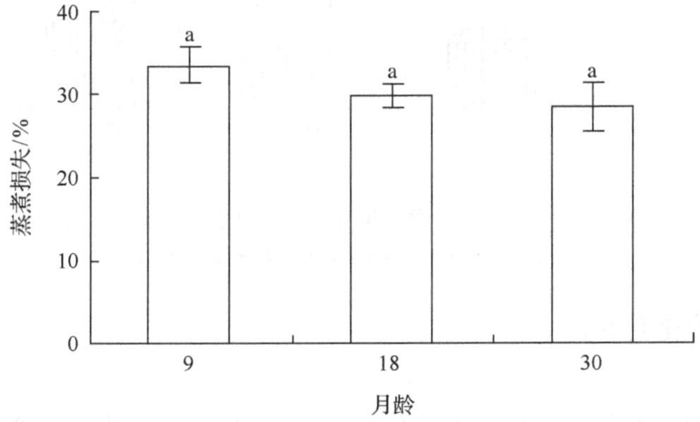

图 10-14　不同年龄云南本地牛的蒸煮损失(引自李娜等，2015)

不同小写字母表示在 0.05 水平上差异显著(P<0.05)

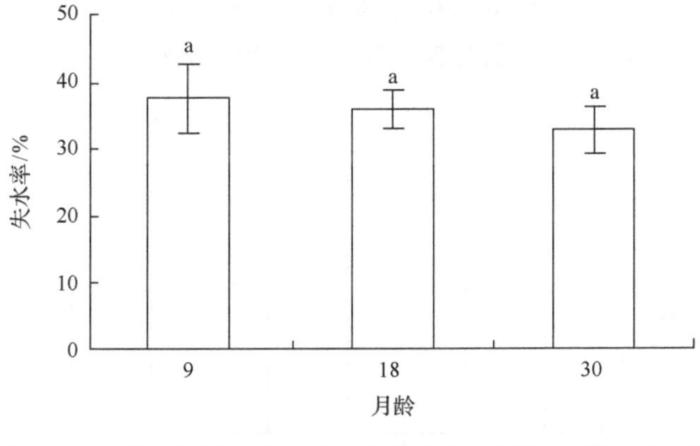

图 10-15　不同年龄云南本地牛的失水率(引自李娜等，2015)

不同小写字母表示在 0.05 水平上差异显著(P<0.05)

(3)色度

关于色度的时间变化，通常认为不同的指标随着年龄的增长，呈现出不同的变化特点。现以年龄对云南本地牛肉色度的影响为例来说明。据李娜等(2015)研究，三个年龄云南本地牛的亮度值(L^*)不存在显著差异($P>0.05$)。其中，9 月龄和 30 月龄的云南本地牛较高，而 18 月龄的云南本地牛较低。表示红度的 a^*值和表示黄度的 b^*值均存在显著差异($P<0.05$)。30 月龄云南本地牛的红度值(a^*)显著高于 9 月龄($P<0.05$)；30 月龄云

南本地牛的黄度值(b^*)显著高于 9 月龄(P<0.05)(图 10-16)，并呈现出随着年龄的增加，a^*和 b^*均有提高的趋势，色泽越来越红。

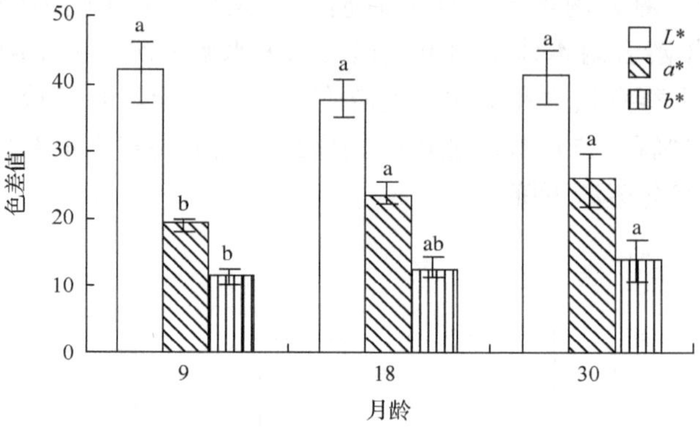

图 10-16　不同年龄云南本地牛色差值(引自李娜等，2015)

不同小写字母表示在 0.05 水平上差异显著(P<0.05)

2. 营养成分的变化动态

(1)水分

关于水分的时间变化，通常认为年幼动物要比年老动物的水分含量高。现以年龄对云南本地牛肉水分含量的影响为例来说明。据李娜等(2015)研究，发现三个年龄云南本地牛的水分含量存在显著差异(P<0.05)(图 10-17)，9 月龄、18 月龄、30 月龄牛肉水分含量分别为 75.84%、71.48%和 68.20%，9 月龄的水分含量最高，为 75.84%，分别比 18 月龄和 30 月龄云南本地牛的水分含量高 4.36%和 7.64%。

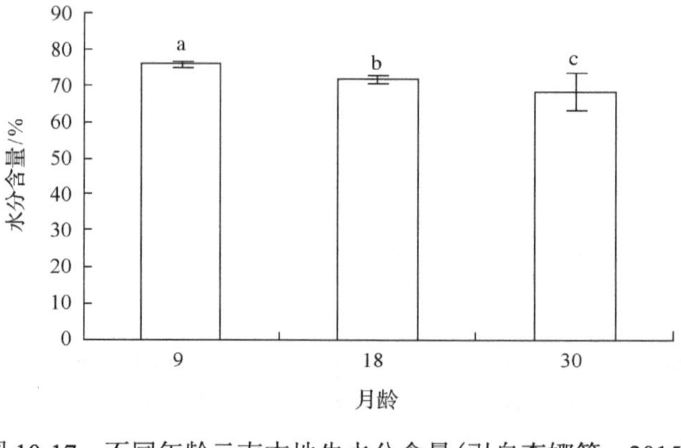

图 10-17　不同年龄云南本地牛水分含量(引自李娜等，2015)

不同小写字母表示在 0.05 水平上差异显著(P<0.05)

(2)蛋白质

关于蛋白质含量的时间变化，通常认为呈现出先升高后降低的变化趋势。现以年龄对云南本地牛肉蛋白质含量的影响为例来说明。据李娜等(2015)研究，9 月龄的牛蛋白质含量低于 18 月龄牛，而 18 月龄牛则高于 30 月龄牛。该实验测定的各年龄的云南本地牛蛋白质含量均比平均 22.6 月龄延边黄牛(21.13%)和利延一代杂交牛(20.65%)的蛋白质含量要高(图 10-18)。

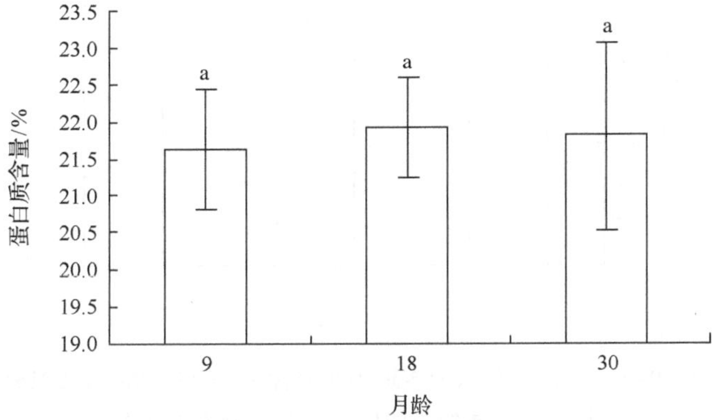

图 10-18 不同年龄云南本地牛蛋白质含量(引自李娜等，2015)
不同小写字母表示在 0.05 水平上差异显著($P<0.05$)

(3) 脂肪

关于脂肪的时间变化，通常认为随着年龄的增长脂肪含量逐渐升高。现以年龄对云南本地牛肉脂肪含量的影响为例来说明。据李娜等(2015)研究，云南本地牛的脂肪含量在三个年龄间存在显著差异($P<0.05$)，9 月龄本地牛脂肪含量显著地低于 18 月龄和 30 月龄牛($P<0.05$)。18 月龄和 30 月龄牛脂肪含量虽然不存在显著差异($P>0.05$)(图 10-19)，但从数值上可以看出，脂肪含量随年龄的增加而增加。一般认为脂肪含量高于 3%时，肉具有较好的风味和多汁性，由此可以得出 18 月龄和 30 月龄云南本地牛的风味和多汁性较好。

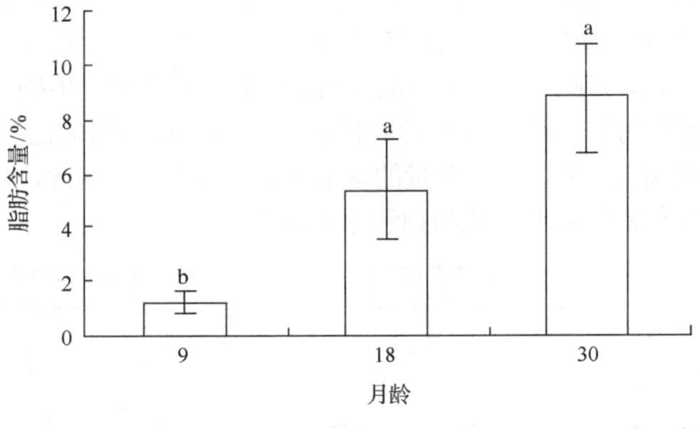

图 10-19 不同年龄云南本地牛脂肪含量(引自李娜等，2015)
不同小写字母表示在 0.05 水平上差异显著($P<0.05$)

(4) 灰分

关于灰分的时间变化，通常认为年幼动物要比年老动物的灰分低。现以年龄对云南本地牛肉灰分的影响为例来说明。据李娜等(2015)研究，三个年龄云南本地牛的灰分含量存在显著差异($P<0.05$)，9 月龄和 18 月龄本地牛的灰分含量显著地低于 30 月龄($P<0.05$)(图 10-20)。

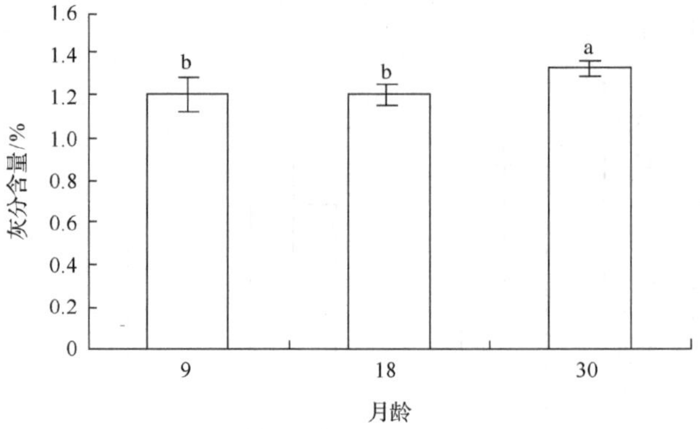

图 10-20　不同年龄云南本地牛灰分含量(引自李娜等，2015)

不同小写字母表示在 0.05 水平上差异显著($P<0.05$)

(二)奶品质的变化动态

大量的研究表明，在不同的季节，奶品质的各项指标均随着时间的变化表现不同的变化动态。现以牛奶品质的季节变化为例来说明。据王建英和李兴华(2011)研究，呼和浩特市和锡林浩特市牛奶的脂肪和干物质含量呈现明显的季节波动特点，乳蛋白含量夏秋季节低，而冬春季节高。牛奶的脂肪与干物质含量的季节变化趋势基本一致，表现出冬季脂肪与干物质含量最高，6 月、7 月最低的变化特点(图 10-21～图 10-23)。造成这种现象的原因主要与奶牛饲养过程中粗饲料的变化有关，已有的研究表明，碳水化合物是牛瘤胃和组织代谢的主要供能物质，不同的饲料组成对乳脂肪在体内合成有极大的影响，粗饲料比例高的日粮有利于乳脂率的提高，纤维在瘤胃内被分解后生成的乙酸较多，乙酸是合成乳脂肪的主要原料，而淀粉在瘤胃内被分解后则生成的丙酸较多。乳脂率与瘤胃内的乙酸/丙酸呈正相关关系。在夏季奶牛的粗料以青饲料为主，冬季则以干草或玉米秸秆为主，干草或玉米秸秆的纤维含量明显高于青饲料的含量，因此有利于脂肪的合成和干物质的增加。牛奶中乳蛋白主要来自于饲料中植物蛋白，而在奶牛饲养中，增加饲料的能量含量，精饲料的比例很大，并且定量化，能够满足奶牛产奶的需要，使乳蛋白含量的季节波动比较平缓。因此，合理控制奶牛日粮的精粗比例，能提高牛奶的乳脂肪、乳蛋白和干物质含量。

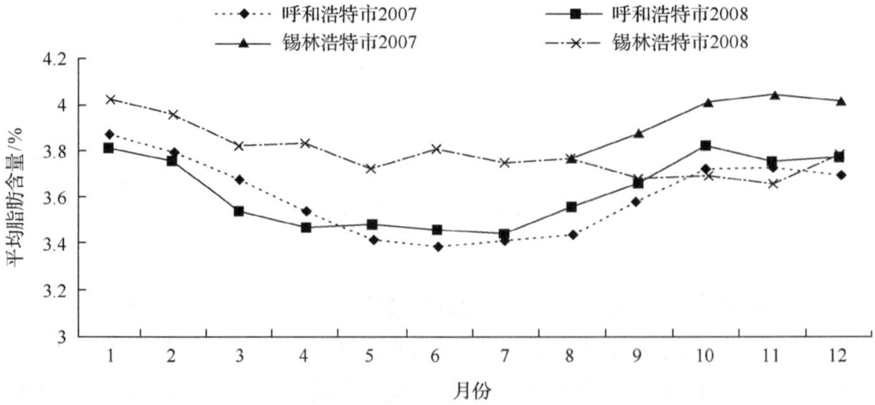

图 10-21　各站生乳平均脂肪含量的月变化(引自王建英和李兴华，2011)

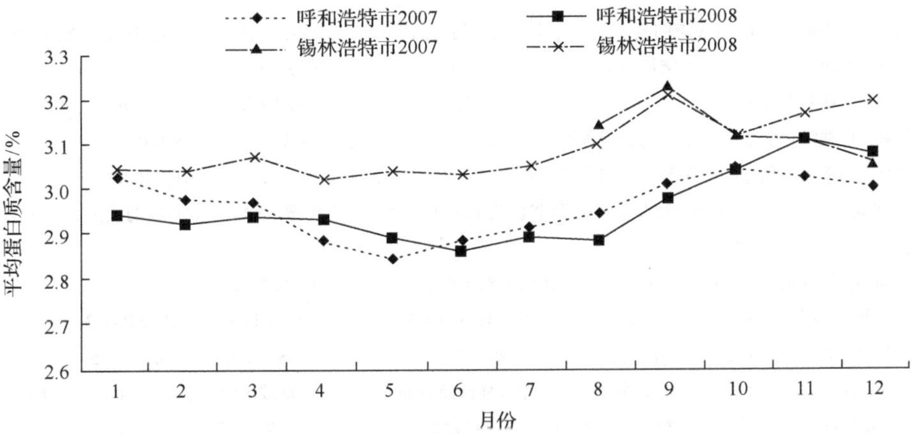

图 10-22　各站生乳平均蛋白质含量的月变化(引自王建英和李兴华，2011)

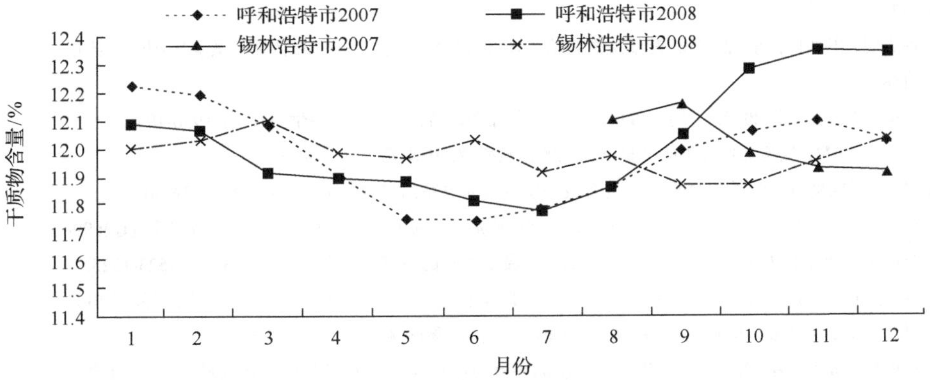

图 10-23　各站生乳干物质含量的月变化(引自王建英和李兴华，2011)

(三)蛋品质的变化动态

蛋品质的变化动态主要体现在不同家禽的年龄和时间上。现以不同蛋鸡年龄对蛋品质的影响为例来说明。伊朗 Bu-Ali Sina 大学 Hosseini Siyar 及其同事对蛋鸡年龄、时间对蛋品质的影响进行了测定，样品为28周龄蛋鸡生产的27 000个蛋与68周龄蛋鸡所产的18000个蛋。产蛋鸡都饲喂同一种饲料，代谢能含量为 12MJ/kg，粗蛋白含量为 16.5%，每群蛋鸡所产蛋一半储藏在 6℃环境下，另外一半储藏在室温下(近似 21℃)，结果发现不同母鸡年龄在与蛋重和蛋内容物关系上差异显著。年龄大的蛋鸡所产蛋显著大于年龄小的蛋鸡所产蛋，有更多的蛋白、蛋黄和更重的蛋壳，而蛋白干物质含量显著低于年轻鸡。

参考文献

陈艳珍，张录强，宋新华. 2007. 山东 7 个地方鸡品种. 养禽与禽病防治, 4: 8-10.

成广明，陈丽丽，彭磊，等. 2010. 江苏南通棉花纤维品质年际间的变化分析. 专论・聚焦, 11: 27-29.

杜晋城，代仕高，王泽亮，等. 2015. 不同海拔高度对灵山正路椒产量和品质的影响. 经济林研究, 33(2): 97-100.

何志鸿，徐永华. 1990. 世界不同纬度与海拔大豆蛋白质和脂肪分布概势. 大豆科学, 9(1): 65-70.

江厚龙, 马红辉, 李勇. 2014. 重庆烤烟品质年际变化及感官品质的影响因素分析. 中国农学通报, 30(19): 223-230.
郎玉苗, 沙坤, 李海鹏, 等. 2013. 中国培育品种牛肉品质特性比较分析. 肉类研究, 27(5): 31-35.
李慧芳, 陈宽维, 章双杰. 2004. 中国6个地方鸭品种蛋品质比较. 动物科学与动物医学, 21(10): 25-26.
李娜, 柴晓峰, 张继才, 等. 2015. 年龄对云南本地牛肉品质的影响. 食品工业科技, 36(22): 105-110.
刘临, 王敦林, 金文兴, 等. 2006. 江西省宜春市市场鲜牛奶品质分析. 广东微量元素科学, 13(6): 40-43.
毛如志, 张国涛, 杜飞, 等. 2016. 大香格里拉河谷区海拔梯度变化与'玫瑰蜜'葡萄品质形成的关系. 果树学报, 33(3): 283-297.
牛歆雨, 白玛曲, 张良英, 等. 2012. 常温贮藏下苹果梨品质的变化. 甘肃农业科技, 10: 24-25.
彭良志, 王成秋, 何绍兰, 等. 2000. 海拔高度和气象因子对脐橙果实品质的影响. 中国南方果树, 29(4): 3-4.
孙文泰, 尹晓宁, 刘兴禄, 等. 2013. 不同海拔高度对"红富士"苹果果实品质的影响. 北方园艺, (6): 12-15.
汤婷婷, 钟晨, 苏军, 等. 2013. 梨主栽品种主要品质性状分析及分布规律研究. 安徽农业大学学报, 40(1): 59-64.
滕葳, 柳琪, 祁国栋. 1996. 我国梨品种资源分布与梨果品质现状. 农牧产品开发, 12: 37-38.
王宝刚, 李文生, 侯玉茹, 等. 2014. 甜樱桃物流及气调箱贮藏期间品质变化. 果树学报, (5): 953-958.
王建林, 钟志明, 冯西博, 等. 2017a. 青藏高原青稞蛋白质含量空间分异规律及其与环境因子的关系. 中国农业科学, 50(6): 969-977.
王建林, 钟志明, 冯西博, 等. 2017b. 青藏高原栽培大麦 β-葡聚糖含量空间分布特征及其影响因子. 应用生态学报, 28(5): 1557-1562.
王建文, 孟军, 刘志安, 等. 2014. 不同年龄伊犁马肉营养品质研究. 新疆农业科学, 51(10): 1936-1941.
王建英, 李兴华. 2011. 气象条件对牛奶产量及品质的影响研究. 中国奶牛, 6: 16-20.
王涛, 高阳华, 罗凤菊. 1995. 奉节脐橙品质与海拔高度及坡向关系的气候生态. 四川气象, 2: 34-36.
王伟霞, 李信涛, 潘志忠, 等. 2016. 不同品种肉羊育肥屠宰后羊肉品质测定分析. 黑龙江畜牧兽医, (10): 99-100.
辛吉武, 李伟光, 刘银叶. 2009. 气候变化对海南岛香蕉品质影响的研究. 安徽农业科学, 37(4): 1523-1525.
徐豹, 庄炳昌, 徐航, 等. 1993. 中国野生大豆 *G. soja* 脂肪含量的多样性及地理分布. 大豆科学, 12(4): 270-274.
杨巍, 丁邵文, 董文轩. 2008. 鲜切苹果品质变化规律研究. 落叶果树, 40(3): 25-27.
杨武广, 田中伟, 殷美, 等. 2014. 不同年代冬小麦品种籽粒产量与品质的演变及其对氮肥的响应. 麦类作物学报, 34(10): 1390-1397.
余铭, 梅为云, 袁唯, 等. 2010. 不同海拔产地甜柿成熟期间品质变化规律研究. 中国园艺文摘, 26(2): 14-17.
曾秀丽, 张光伦, 吕秀兰, 等. 2006. 3 类生境下脐橙果实细胞壁酶、瓤囊壁超微结构和品质变化的研究. 果树学报, 23(5): 670-675.
张坤, 王发林, 刘小勇, 等. 2010. 地面覆盖对果园土壤水热分布和果实品质的影响. 西北农业学报, 19(11): 125-130.
钟志明, 王建林, 冯西博, 等. 2017. 农艺与气候因素对青藏高原栽培大麦淀粉含量空间分布的影响. 生态学报, 33(21): 1-9.
周磊, 于青云, 杜玮, 等. 2007. 不同品种牛肉品质研究. 新疆农业科学, 44(4): 534-538.
Badiani A, Nanni N, Gatta P P, et al. 1997. Nutrient profile of horsemeat. Journal of Food Composition and Analysis, 10(3): 254-269.
Barton L, Bures D, Kotrba R, et al. 2013. Comparison of meat quality between eland (*Taurotragus oryx*) and cattle (*Bos taurus*) raised under similar conditions. Meat Science, 96(1): 346-352.
Crouse J D, Calkins C R, Seideman S C. 1986. The effects of rate of change in body weight on tissue development and meat quality of youth bulls. Journal of Animal Science, 63(6): 1824-1829.
Dandekar A M, Teo G, Defilippi B G, et al. 2004. Effect of down-regulation of ethylene biosynthesis on fruit flavor complex in apple fruit. Transgenic Research, 13(4): 373-384.
Delgado E F, Geesink G H, Marchello J A. 2001. The calpain system in three muscles of normal and callipyge sheep. Journal of Animal Science, 79(2): 398-412.
Delgado E F. 2001. Properties of myofibril-bound calpain activity in longissimus muscle of callipyge and normal sheep. Journal of Animal Science, 79(8): 2097-2107.

Destefanis G, Brugiapaglia A, Barge M T, et al. 2008. Relationship between beef consumer tenderness perception and Warner-Bratzler shear force. Meat Science, 78(3): 153-156.

Eberhardt M V, Lee C Y, Liu R H. 2000. Antioxidant activity of fresh apples. Nature, 405(22): 903-904.

Herton M G L, Holman P C H, Katan M B, et al. 1993. Intake of potentially anticarcinogenic flavonoids and their determinants in adults in the Netherlands. Nutr. Cancer, 20(1): 21-29.

Hosseini Siyar. 2007. 蛋鸡年龄与储藏期对蛋品质的影响. 中国家禽, 29(21): 63.

Labuza T P, Hyman C R. 1998. Moisture migration and control in multidomain foods. Trends in Food & Technology, 9(2):47-55.

Lee C E, Seong P N, Oh W Y. 2007. Nutritional characteristics of horsemeat in comparison with those of beef and pork. Nutrition Research and Practice, 1(1): 70-73.

Lees J Y, Parka H J. 2003. Extending shelf life of minimally processed apples with edible coatings and antibrowning agents. Lebensm Wies U Technol, 36(3): 323-329.

Li L Q, Tian W Q, Zan L S. 2011. Effect of age on quality of beef from Qinchuan cattle carcass. Agricultural Science in China, 10(11): 1765-1771.

Litwińczuk A, Florek M, Skatecki P, et al. 2008. Chemical composition and physicochemical properties of horse meat from the longissimus lumborum and semitendinosus muscle. Journal of Muscle Foods,19(3): 223-236.

Liu A, Nishimura T, Takahashi K. 1995. Structural weakening of intramuscular connective tissue during post mortem ageing of chicken semitendinosus. Meat Science, 39(1): 135-142.

Lupton J R, Cross H R. 1994. The contributions of meat, poultry and fish to the health and well being of man. *In:*Pearson A M, Dutson T R. Quality Attributes and Their Measurement in Meat, Poultry and Fish Products. Advances in Meat Research. Vol 9. Boston: Springer: 479-499.

Mancinir A, Hunt M C. 2005. Current research in meat color. Meat Science, 71(1): 100-121.

Mccormick R J. 1989. The influence of nutrition on collagen metabolism and stability. Reciprocal Meat Conference Proceedings, (42): 137-148.

Noctor G, Foyer C H. 1998. Ascorbate and glutathione: keeping active oxygen under control. Annual Review of Plant Physiology and Plant Molecular Biology, 49: 249-279.

Nue N, Eccher T. 1996. Golden Delicious apple fruit shape and russeting are affected by light conditions. Scientia Horticulturae, 65(2-3): 209-213.

Rocha A M C N, Morals A M M B. 2003. Shelf life of minimally processed apple (cv. Jonagored) determined by color changes. Food Control, 14(1): 13-20.

Sarriés M V, Beriain M J. 2005. Carcass characteristics and meat quality of male and female foals. Meat Science, 70(1): 141-152.

Shorthose W R, Harris P V. 1990. Effects of animal age on the tenderness of selected beef muscles. Journal of Food Science, 55(1): 1-8.

Tateo A, de Palo P, Ceci E, et al. 2008. Physicochemical properties of meat of Italian Heavy Draft horses slaughtered at the age of eleven months. Journal of Animal Science, 86(5): 1205-1214.

Ubi B E, Honda C, Bessho H, et al. 2006. Expression analysis of anthocyanin biosynthetic genes in apple skin: effect of UV-B and temperature. Plant Science, 170(3): 571-578.

Warriss P D. 2000. Meat Science: An Introductory Text. Springer: New York CABI Publishing: 109-110.

Wertheim S J, Wagenmarkers P S, Bootsma J H, et al. 2001. Orchard systems for apple and pear: conditions for success. Acta Hort, 33(3): 81-83.

Young O A, Braggins T J. 1993. Tenderness of ovine semimembranosus: is collagen concentration of solubility the critical factor. Meat Science, 35(2): 213-222.

第十一章 生态地理系统类型的空间分布格局及其变化动态

地球上生态地理系统的类型丰富多样，它们都具有明显的地带性规律，对生态地理系统的塑造起关键性作用的自然因素，如光、热、水、土壤等无一不受地带性的约束。同时，随着时间的推移，生态地理系统也会发生改变。因此，研究生态地理系统类型的空间分布格局及其变化动态，对认识生态地理系统内在规律是一条简便而有效的途径。

第一节 概 述

一、生态地理系统的空间分布

生态地理系统的空间分布又称生态地理系统地域分异，是指生态地理系统整体及其组成要素在某个确定方向上保持特征的相对一致性，而在另一确定方向上表现出差异性，因而发生更替的规律。

在自然地理环境中的各个生态地理系统，由于纬度位置、海陆位置、地质地貌及其他因素的不同，而分化成不同地域生态地理系统的现象，称为生态地理系统的地域分异或地区分异。

生态地理系统的地域分异并不是杂乱无章的，也不是各要素的偶然组合，而是具有一定的规律性。一般公认的生态地理系统的空间分异包括纬度地带性和非纬度地带性两类，分别简称地带性规律和非地带性规律。

其中，所谓纬度地带性，主要是陆地与海洋的生态地理系统沿纬线方向成一定宽度的带状排列。同时，在每一生态地理系统的各个组成要素之间都存在特殊的有规律的联系。这种自然的生态地理系统，就是地带性规律的具体体现。但是，如果地表有巨大地貌起伏(高大山脉、高原、低凹的盆地等)，会引起生态地理系统的纬度地带性的破坏，同时还产生了垂直地带性的分异。

同时，生态地理系统纬度地带性又在一定程度上因海陆分布、大气环流、洋流的特征而变得更加复杂化，在同一纬度的生态地理系统，又因大陆东、西岸的位置和距海的远近而有不同的表现。因此，在同一纬度带中不但有垂直地带性，还有大陆东、西岸和大陆中心的差异性，也就是经度地带性。

此外，还有因为非地带性因素，如地貌、地质构造和岩性、土壤温度、土壤水分等引起的生态地理系统的非地带性分布规律，现分述如下。

（一）生态地理系统的水平分布

1. 生态地理系统的纬度地带性

生态地理系统的纬度地带性，是指生态地理系统大致沿纬线方向延展，并按纬度方向有规律的变化。生态地理系统的纬度地带性主要受制于太阳能的纬度变化。由于地球在太阳系中的位置、它的形态和绕轴自转，以及因赤道与黄道倾斜相交，地面各部分受热不均匀等，太阳能在地理环境中按纬度呈条带状分布，因而引起热量、降水、蒸发及风化、成土过程等一系列自然过程有规律的变化，从而形成生态地理系统的地域分异的纬度地带性规律。

例如，我国沿大兴安岭吕梁山六盘山—青藏高原东缘一线把中国划分为东南半部和西北半部。东南半部是季风区，发育各种类型的中生性森林；西北半部季风影响微弱，分布着旱生性草原和荒漠。东南半部森林区自北向南随热量的递增，明显地依次更替着寒温带针叶林带、温带针阔叶混交林带、暖温带落叶阔叶林带、亚热带常绿阔叶林带、热带季雨林带、雨林带、赤道雨林带等生态地理系统。

2. 生态地理系统的经度地带性

生态地理系统的经度地带性，是指生态地理系统按经度方向由海洋向内陆变化的规律。这一规律的成因是由于海陆分布，以及由此产生的大气环流相联系的海陆相互作用，但海陆分布是主要因素。

在北半球，各大陆的东南部，海陆气团的环流作用决定了由海洋向内陆，即由湿润—干旱的生态地理系统形成。例如，欧亚大陆和北美洲东南部季风区都有明显的表现。我国东南部季风区生态地理系统的经度地带性表现得也很清楚。例如，秦岭—淮河线以北，由东而西，由沿海向内陆，依次出现湿润、半湿润、半干旱的季风气候。受不同类型的季风气候影响，依次发育了森林、森林草原和草原等生态地理系统。因此，这里的生态地理系统也大致是沿经度方向延伸，由沿海向内陆依次更替。再向内陆，如内蒙古西部、宁夏和新疆，距海更远，夏季风不能到达，因而气候变为干旱的大陆性气候，发育着荒漠草原和荒漠等生态地理系统。

总的看来，大范围的生态地理系统的地理分异总是由大气候决定的。作为大气候基本特征的热量条件和水分条件具有特别重要的意义。纬度地带性，即南北方向的差异，主要由热量不同引起生态地理系统的分异。经度地带性主要由海陆位置引起的水分不同，而形成生态地理系统地理过程的分异。

（二）生态地理系统的垂直地带性

生态地理系统的垂直地带性，是指一定高度的山体，由高度不同引起的热量变化、水分变化和水热对比关系变化，从而出现生态地理系统随高度分化的现象。这种现象，又称生态地理系统的高度地带性规律。但所有山体的垂直分布带并不到处都一样，而是随着山体的高度、走向、坡向和山体所处的水平地理位置有所不同，如喜马拉雅山的垂直分布带不同于秦岭，秦岭又不同于阿尔泰山，山岭的北部不同于南部、东坡不同于西坡等。

生态地理系统的垂直地带性规律，在各个不同纬度自然带中表现有所不同。这与纬度地带性在一定程度上影响着垂直地带性的表现有关，所以纬度和高度的因素无论在任何时候、任何地方都要表现出来。随着纬度自然带的改变，垂直自然带也随之改变，这种改变的规律是：一定山体的由下而上的垂直变化规律与山体所在位置由南向北（在北半球）水平方向的变化规律是基本一致的，也就是生态地理系统垂直自然带的顺序和地带分异多寡决定于山体位于哪一个水平纬度自然带内。例如，在赤道带的安第斯山，从山下到山顶呈现出不同的生态地理系统（图 11-1）。

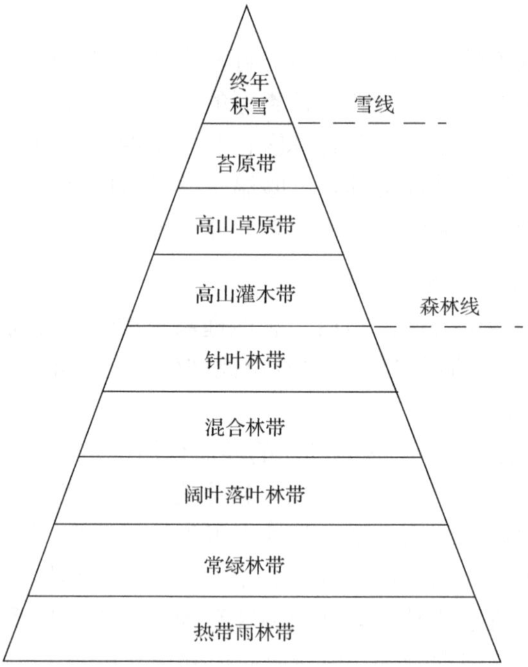

图 11-1　赤道高山生态地理系统模式

（三）生态地理系统的高原地带性

生态地理系统的高原地带性，是指海拔达到一定高度的高原面上，各种生态地理系统的分布主要是呈带状按水平方向由东南向西北更替，而不是按山地垂直带更替，但是这种更替过程也叠加了垂直高度变化的影响，而表现出生态地理系统的地理性变化规律。

例如，高度达到对流层一半以上的青藏高原，在其上出现的生态地理系统与低海拔的水平地带性生态地理系统有很大不同，是属于垂直地带性的高寒生态地理系统类型。但是，由于来自东南太平洋季风和西南印度洋季风的水汽首先到达高原东南部，高原上降水自东南向西北减少，因而生态地理系统又与同纬度的山地生态地理系统有明显差别：相似类型的生态地理系统在高原上分布的海拔界限远比在同纬度的山地为高；生态地理系统的大陆性（旱生性）也比同纬度的山地强烈。从东南到西北依次更替着高原东南部山地峡谷寒温性针叶林生态地理系统、高原南部雅鲁藏布江中上游谷地灌丛草原生态地理系统、高原东南部高寒灌丛与草甸生态地理系统、高原中部高寒草原生态地理系统、高原西部(阿里)山地荒漠生态地理系统、高原西北部高寒荒漠生态地理系统等。

(四) 生态地理系统的非地带性

生态地理系统的非地带性，是指生态地理系统分异的地方性差异，它主要取决于非地带性因素，如地貌、地质构造和岩性、土壤温度、土壤水分等因素，也就是根据下垫面(包括地面以上及地面以下一切与地表、自然现象有关的成分和因素)的性质而产生的生态地理系统的地域分异现象，如草甸、沼泽和盐碱类型的生态地理系统等，都是受非地带性因素控制的。它们的地理分布都具有地方性，可以是带状，也可以不是带状，而且分布区之间不一定有严格的顺序，有时呈条状，有时呈斑块状等，破坏了地带性的一般图式。

二、生态地理系统的变化动态

生态地理系统是一个动态系统(dynamic system)。生态地理系统的动态变化包含顺向演替和逆向演替两个方面，现分述如下。

(一) 生态地理系统的顺向演替

1. 概念

生态地理系统的顺向演替是指生态地理系统在一定的时间尺度范围内，从其建立初期的不稳定状态，通过系统内部自我调控而逐步达到一个相对稳定的状态的过程。它主要是由外因和内因共同作用的结果。其中，外部的影响因素是地质、气候等外部环境变迁的作用，内因是生物群落新物种的形成和出现所引起的内部变化的力量。一般来说，生态地理系统顺向演替的总趋势是复杂性和有序性的增加，对物理环境控制或内部稳定性的加大，以及对外界干扰达到最小的影响，通常表现为生态地理系统的自然演替。

1968 年 Margalef 从整体论观点出发，强调群落和生态地理系统在功能方面共同的特征，发展了关于群落演替过程的理论。1969 年 E. P. Odum 曾总结生态地理系统发育过程中群落演替的结构和功能重要特征的变化(表 11-1)，实际上群落演替是生态地理系统发育的主要部分。

表 11-1　生态地理系统发育中结构和功能特征的变化趋势(引自田大伦，2008)

	生态地理系统特征	发展期	成熟期
群落的能量学	1.总生产量/群落呼吸(P/R)	大于或小于 1	接近 1
	2.总生产量/现存生物量(P/B)	高	低
	3.生物量/单位能流量(B/E)	低	高
	4.净生产力(收获量)	高	低
	5.食物链	线状，以牧食链为主	网状，以腐屑链为主

续表

	生态地理系统特征	发展期	成熟期
群落的结构	6.总有机物质	较少	较多
	7.无机营养物质的储存	环境库	生物库
	8.物种多样性——种类多样性	低	高
	9.物种多样性——均匀性	低	高
	10.生化物质多样性	低	高
	11.分层性的空间异质性(结构多样性)	组织较差	组织良好
生活史	12.生态位宽度	广	狭
	13.有机体大小	小	大
	14.生活史	短，简单	长，复杂
营养物质循环	15.矿质营养循环	开放	关闭
	16.生物和环境间交换律	快	慢
	17.营养循环中腐屑的作用	不重要	重要
选择压力	18.增长型	增长迅速(r 对策)	反馈控制(K 对策)
	19.生产	量	质
稳态	20.内部生存	不发达	发达
	21.营养物质保存	不良	良好
	22.稳定性(对外扰动的抗性)	不良	良好
	23.熵值	高	低
	24.信息	低	高

2. 特征

生态地理系统从幼期到成熟期的顺向演替过程，往往是结构趋于复杂、多样性增加、功能完善和稳定性增加的过程，现将生态地理系统顺向演替过程中主要特征变化归纳如下。

(1)群落结构的特征

生态地理系统顺向演替过程中，群落多样性增加，某一物种占绝对优势的情况减少，物种均匀性增大；食物联系也发生了变化，幼期的食物链结构简单，多是直线状的，随后发展成为立体式网络结构。这种复杂的结构，使它对物理环境的干扰具有较强的抵抗力。

(2)能量动力学的特征

幼期的生态系统生产量明显超过呼吸量，呈积累状态，$P/R>1$ 可称为自养顺向演替，如 $R>P$，可称为异养顺向演替；而成熟期的生态地理系统生产与呼吸处于相对稳定状态，$P/R\cong 1$。总生产量与现存生物量之比(P/B)也是呈幼期高而成熟期低的趋势。

(3)营养物质循环的特征

主要营养物质氮、磷、钾等的生物地球化学循环，在生态地理系统发育过程中趋向于封闭。在幼期生态地理系统内外间的交换更是频繁而快速的，随着生态地理系统发育逐渐完善而复杂，网络具有较大的独立性，保持营养物质的功能加强，输入量和输出量接近平衡。

有机物质和生化物质多样性的增加在生态地理系统的发育中往往具有重要的生态学意义。生物在进化过程中生产出的许多有机物质和生化物质，除了本身积累一部分外，更重要的是通过多种代谢途径，向大气、水、土壤等环境中输出，由此对周围环境产生深远而巨大的影响。

(4) 稳定性的特征

生态地理系统初期常常处于物种数量少，不拥挤，具有较高负荷潜力的空间。所以，r 对策的生物有较大生存的可能性。到生态地理系统成熟期，情况相反，此时系统接近于平衡的(饱和)状态，适宜于增值潜力低、竞争能力强的 K 对策的生物。因此，量的生产是幼期生态地理系统的特征；而质的改善和提高是成熟期生态地理系统的对策。成熟期生态地理系统内的生物之间、生物与物理环境之间的联系更加紧密，保持营养物质的转化能力较高，对外界干扰的抵抗力增大。此时，生态地理系统基本上处于自我维持的稳定状态。

(二) 生态地理系统的逆向演替

1. 概念与原因

(1) 概念

生态地理系统的逆向演替是指由于自然干扰、人为干扰或二者的共同作用，生态要素和生态地理系统整体发生不利于生物和人类生存的量变和质变，打破了原有生态地理系统的平衡状态，导致基本结构和固有功能被破坏或丧失、生物多样性下降、稳定性和抗逆能力减弱、系统生产力下降的过程。通常表现为生态地理系统的退化。

(2) 原因

引发生态地理系统结构和功能逆向转变的原因是多方面的，而干扰作用是主要的原因。干扰改变了生态地理系统动态平衡的主要机制，其中自然干扰和人为干扰就是生态地理系统退化的两大触发因子。

其中，自然干扰指无人为活动介入自然环境条件下发生的干扰，包括一些天文因素变异而引起的全球环境发生变化(如冰期、阳冰期的气候冷暖波动)，以及地球自身的地质地貌过程(如火山爆发、地震、滑坡、泥石流等自然灾害)、区域气候变异(火、冰雹和沙尘暴、雪灾和雷暴、洪水、大潮汐、河岸和海岸冲击、大气环境、洋流和水分模式的改变等)等。

人为干扰主要包括人类社会中所发生的一系列社会、经济、文化活动或过程，如工农业活动、城市化、商业、旅游、战争等。人为干扰往往与自然干扰叠加，共同加速生态地理系统的逆向演替。

2. 生态地理系统逆向演替的特征

生态地理系统的逆向演替主要表现出如下特征。

1) 生物多样性变化。多样性的性质发生变化，质量下降，价值降低，功能衰退。

2) 层次结构简单化。生物群落中物种组成发生变化，优势种群结构异常，群落结构整体景观破碎。

3) 食物网结构变化。食物网破裂，使有利于系统稳定的食物网简单化；食物链缩短，部分断裂和解环，单链营养关系增多，种间共生、附生关系减弱甚至消失。

4) 能量流动出现危机和障碍。系统总光能固定作用减弱，能流规模降低，能流格局发生不良变化；能流过程发生变化，捕食过程减弱或消失，腐化过程弱化；能流缺失增多，能流效率降低。

5) 物质循环发生不良变化。系统中生物循环减弱而地球化学循环增加。物质循环路径由闭合向开放转化，如森林的退化，导致其系统内土壤和养分被输送到毗邻的水生系统，进而引起富营养化等新的问题。

6) 系统生产力下降。光能利用率减弱，由于竞争和对资源利用的不充分，光合效率降低，植物为正常生长而消耗在克服环境不良影响上的能量(以呼吸作用形成释放)增多，净初级生产力下降；第一生产者结构和数量的不良变化也将导致次级生产力降低。

7) 生物利用和改造环境的能力弱化、功能衰退。固定、保护、改良土壤及其养分的能力弱化；水分维持能力减弱，地表径流增加，引起土壤退化；防风、固沙能力弱化；净化空气、降低噪声的能力弱化；美化环境等文化环境价值降低或丧失。

8) 系统稳定性下降。由于退化系统的结构成分不正常，系统在内部正反馈机制驱使下远离平衡，内部强烈的相互作用使系统不能维持稳定。

第二节　森林生态地理系统类型的空间分布格局及其变化动态

根据 2000～2001 年世界资源报告：全球森林生态地理系统的面积以北美洲最多，700 万～800 万 km^2，依次为南美洲、欧洲，为此均在 700 万 km^2 左右。亚洲的森林面积(不包括中东)为 400 万 km^2。中国的森林生态地理系统主要分布于中国的东部和西南部，在中国西北的高山也有小面积的森林分布。根据国家林业局在 2000 年公布的历时 5 年的第五次全国森林资源清查结果，目前全国森林面积为 15 894.1 万 hm^2，约占亚洲森林总面积的40%。其中人工林面积为4666.7万 hm^2(不包括台湾省)。森林蓄积量为 $78.06m^3/km^2$，只相当于世界平均水平的 68%。森林覆盖率为 16.55%，中国森林覆盖率只相当于世界森林覆盖率(27%)的 61.3%。中国森林郁闭度 0.2～0.3 的林分面积占全国森林总面积的 20.1%，而且森林的幼龄林和中龄林面积占森林总面积的 71.1%。也就意味着成年林及成熟林或过熟林面积仅占森林总面积约 30%。中国的森林不仅面积、蓄积有限，而且林地还不断为其他用途所占有，每年约有 216.3 万 hm^2 的林业用地被逆转为非林业用地。因此，研究森林生态地理系统的空间分布格局及其变化动态，并提出促进森林生态地理系统可持续发展的对策措施，对缓解中国森林生态地理系统，特别是原生性森林生态地理系统的面积不断地缩小，人类活动对森林生态地理系统造成严重威胁的状况无疑具有积极的意义。

一、森林生态地理系统的空间分布格局

森林生态地理系统的空间分布格局是指随着地理水平(地理纬度、经度)和地理垂直高度(海拔)的变化，森林生态地理系统呈现出有一定规律的分布性。大量的研究表明，不同地域间森林生态地理系统的分布格局差异显著。现以蒋有绪(1997)对中国森林分布的研究结果为例来说明不同地域间森林生态地理系统的空间分布状况。

(一)东部季风森林区域

蒋有绪(1997)研究认为，我国东部季风森林区域自北向南，随纬度减少，可以分为寒温带针叶林带、中温带针阔叶混交林带、暖温带落叶阔叶林带、北亚热带落叶阔叶与常绿阔叶混交林带、中亚热带常绿阔叶林带、南亚热带季风常绿阔叶林带、热带季雨林和雨林带。

以中国常用的热量指标(≥10℃年积温、全年无霜期、年降水量、干燥度指数等)和国际上通用的 Holdridge 两个指标，即年平均生物温度(BT)和可能蒸散率(PER)，可以大体上定量地把中国东部季风森林区域各带的气候特征表述出来(表 11-2)。

表 11-2　中国东部季风森林区域各带气候因子指标(引自蒋有绪，1997)

森林带	年平均气温/℃	1 月平均气温/℃	≥10℃积温/℃	无霜期/天	年平均降水/mm	BT/℃	PER
寒温带针叶林带	–5.5～2.2	–38～–28	＜1600	80～100	451	5.6	0.74
中温带针阔叶混交林带	2～8	–25～–12 –12～–6	1600～3200(3400)	100～180	556～767	7.8～8.8	0.69～0.82
暖温带落叶阔叶林带	8～14	–12～–6～0	3200(3400)～4500(4800)	180～240	584～743	13.3	1.08
北亚热带落叶阔叶与常绿阔叶混交林带	14～16	0～–4 –3～5	4500(4800)～5100(5300)	240～270	967	15.1	0.92
中亚热带常绿阔叶林带	16～21	5～12	5100(5300)～6400(6500)	270～300	东部 1350～1450 西部 952	16.7～18 14.4	0.86
南亚热带季风常绿阔叶林带	20～22	9(10)～13(15)	6400(6500)～8000	300～365	1474	21	0.75～0.89 0.86
热带季雨林与雨林带	22～26	12(14)～20	8000～10 000	365	1684～1709	22.4～24.2	0.79～0.95

1. 东部寒温带针叶林带

蒋有绪(1997)研究认为，我国东部寒温带针叶林带位于中国东北隅的大兴安岭北部，是中国东部的寒温带针叶林带，介于北纬 49°20′～53°30′，年积温 1100～1600℃，年均气温–5.5～20℃，最冷月均温–38～–28℃，全年无霜期 80～100 天，年均降水量 360～500mm。本带是冬季西伯利亚寒潮的必经之路，使得本带比同纬度的大陆更加酷冷。同纬度的西欧北部和俄罗斯欧洲部分伏尔加河、乌拉尔河中游，那里主要是温带针阔叶混

交林区的一部分。本带气候冬季酷寒，生长期短，降水主要集中于夏季 7 月、8 月，冬季则晴朗干燥，冬季长达 9 个月。土壤具永冻层，土层薄，厚度多在 30cm 以下，表层融冻于 5 月上旬，至 8 月末、9 月初又见结冻。本带虽然水热同期，但因冬季严寒，生长季太短(仅 70～100 天)，7 月、8 月也偶见霜冻，夏季日温差也大，不利于温带常绿针叶树种(如云杉、冷杉属)生长，只适宜耐寒的落叶针叶林，即兴安落叶松[*Larix gmelinii* (Rupr.) Kuzen]的发育和生长，这里没有更加可以耐寒和耐贫瘠，即可以生长在永冻层靠近地表层生境下的树种与之竞争。因此，兴安落叶松林是本区寒温带气候条件下的植物顶极群落。土壤为山地棕色针叶林土，土层厚度一般小于 30cm，有机质分解差。本带实际上是横贯欧亚大陆北部的欧亚针叶林带的东端，即西伯利亚寒温带落叶针叶林(泰加林)向中国境内伸入的最南端，其建群树种和其他植物成分与东西伯利亚的兴安落叶松林非常相似。作为比较耐寒的常绿针叶树种——樟子松(*Pinus sylvestris* var. *mongolica*)是仅次于兴安落叶松的另一优势树种，在大兴安岭北部向阳坡或山顶日照射时间长的生境有纯林，或与落叶松呈混交林分布。在兴安落叶松林和樟子松林破坏后，耐寒的小叶阔叶树白桦(*Betula platyphylla*)、山杨(*Populus davidiana*)和黑桦(*Betula davurica* Pall.)等形成次生林。在本区东部，即与中国东北山地相接的部分，蒙古栎(*Quercus mongolica*)次生林明显增多，在土壤贫瘠干燥的生境下可形成纯林。这里也有极少量的椴(*Tilia* spp.)、水曲柳(*Fraxinus* spp.)、榆(*Ulmus* spp.)、槭(*Acer* spp.)等小兴安岭温带较喜暖温树种的渗入。在本区河岸两旁可见甜杨(*Populus suaveolens*)、钻天柳(*Chosenia arbutifolia*)、大青杨(*Populus ussuriensis*)等窄带状的河岸林分。

大兴安岭山体隆起不大，除一些高峰外，植被垂直分布不甚明显。垂直分布可以大兴安岭北部奥科里堆山(海拔 1520m)北坡为例：①苔原带，1400～1520m，土壤为原始石质苔原土。②偃松灌丛带，1000～1400m，土壤为冻层泰加林土，以偃松(*Pinus pumila*)灌丛为主，地表布满石块，高 1～3m，匍匐生长，混生有兴安圆柏(*Sabina davurica*)、兴安落叶松，树形矮小。本带下部还有兴安落叶松疏林分布，偃松为下木层，林分蓄积很低，不宜采伐利用。③落叶松林带，500～1000m，土壤为山地棕色针叶林土。④海拔 500m 以下有次生阔叶林和草甸草原带，这是向东南草甸草原过渡的类型，落叶松疏林与草甸交错分布，森林只在沟谷或较阴湿的北坡有分布。在整个大兴安岭山区，垂直分布可以见到由北向南呈递升趋势，如偃松灌丛在南部山地阿尔山摩天岭(海拔 1712m)上升到 1500m 才见分布，其下是僵松落叶松林。落叶松林带上升至 1100～1480m，1100m 以下则为草原落叶阔叶林带，有小块白桦、黑桦、蒙古栎次生林分布，向西为内蒙古高原的草原过渡，向东伸延至海拔下降为 250～500m 时，即进入干草原带。

大兴安岭的兴安落叶松、樟子松林，蓄积量大，林地集中、材质优良，地势平缓，天然更新良好，是中国重要的木材生产基地和木材加工业基地，对寒温带的生物多样性保护也有重要意义。本带由于土壤冻层普遍而持久，而且永冻层易使水分滞留地表，因此在大兴安岭平坦低地上形成大面积的非地带性沼泽地。

2. 东部温带针阔叶混交林带

蒋有绪(1997)研究认为，东部温带针阔叶混交林带由大兴安岭寒温带落叶针叶林区向东南进入温带针阔叶混交林带的小兴安岭、张广才岭和长白山等林区。这些温带针阔叶混交林带大致南起北纬42°至小兴安岭和完达山的北端。≥10℃年积温1600～3200℃，年均气温2～8℃，最冷月均温–25～–10℃，最热月均温21～24℃，全年无霜期100～180天，年平均降水量600～800(1000)mm。这一带的冬季严寒时间长，积温低，但由于位于欧亚大陆东缘濒海，受海洋季风气候影响大，春秋短，夏季气温较高，降水较丰沛，全年降水的70%～80%集中于生长期，生长期相对较长，水热同期，适于不少常绿针叶树种、落叶阔叶树种的生长，形成了温带针阔叶混交林的顶极群落类型，植物种类已渐丰富，这是欧亚大陆北部在东端形成的一个针阔叶混交林区的中心分布区。这里与俄罗斯远东的锡霍特山、布列亚山南部和阿穆尔河谷、朝鲜北部(北纬40°以北)相连接而形成典型针阔叶混交林区。本带地形条件有利于形成湿润的空气和排水良好的土壤。土壤以山地暗棕壤为地带性土壤，土壤较深厚，一般可达70～100cm，腐殖质含量高，牡丹江流域及长白山周围因覆盖有火山喷出物，尤为肥沃。这种自然气候和土壤环境适宜于喜温湿和较肥沃土壤的许多常绿针叶树和落叶阔叶树种分布，因而形成了红松(*Pinus koraiensis*)和由椴、槭、水曲柳、黄檗、核桃楸等组成的温带针阔叶混交林地带性植被类型。但由于本区南北跨度大，谷地气候有较大差异，如自南而北，无霜期逐渐缩短，由150天缩短至120天，雨量也逐渐递减，如长白山年降水量为600～800mm，迎风东坡可达1000mm，而小兴安岭因地势较低，距海稍远而下降为450～600(700)mm。所以，根据气候条件，针阔叶混交林在本带又可大致分为北、中、南3个类型。

在小兴安岭北部(约北纬48°以北)、完达山一带，海拔不高，一般在500m左右，没有明显垂直分布，红松林混有较多的“北方森林”(boreal forest)耐寒树种，如兴安落叶松、鱼鳞云杉(*Picea jezoensis* var. *microsperma*)、臭冷杉(*Abies nephrolepis*)、红皮云杉(*Picea koraiensis*)，而伴生的落叶阔叶树种较少。植物区系中寒温带和鄂霍次克区系成分增加，这类红松混交林称“北方红松林类型”。由于这里长期遭受人为活动的破坏，植被以次生的蒙古栎林为主，山杨、白桦、黑桦次之。在低湿地有兴安落叶松林，生长不良，如河流两岸的第一、第二级阶地的低洼积水沼泽土上有杜香(*Ledum palustre*)-兴安落叶松林型的分布。

在以小兴安岭南部为中心区的“中部红松林类型”或典型的红松针阔叶混交林类型，以长白区系的植物为代表成分。海拔700m以下的红松林，混有风桦(*Betula costata*)、水曲柳(*Fraxinus mandshurica*)、紫椴(*Tilia amurensis*)、黄檗(*Phellodendron amurense*)、核桃楸(*Juglans mandshurica*)、裂叶榆(*Ulmus laciniata*)等多种落叶阔叶树。典型的红松针阔叶混交林区的垂直分布可以小兴安岭南坡汤旺河流域为例。①亚高山岳桦(*Betula armanii*)、偃松矮林带，海拔1000～1080m，生境冷湿，风力强劲，土层薄，有裸岩，土壤为薄层泥炭化亚高山草甸森林土，林木为矮小的岳桦疏林，高不过5m，混生有少量的鱼鳞云杉、臭冷杉、花楸树(*Sorbus pohuashanensis*)，下部有偃松、朝鲜蔷薇(*Rosa koreana*)、花楷槭(*Acer ukurunduense*)，土表密被毡状藓类。②云杉冷杉林带，阴坡海拔为700～1000m，阳坡为600～1000m，生境冷湿，土壤为山地棕色针叶林土，以鱼鳞云杉、臭冷杉为优势，此带上部有岳桦混生，下部则有红松混生。以下部混生有臭冷杉、风桦，林分生产力为高，地位级Ⅱ～Ⅲ级，疏密度0.7，在中近熟林内臭冷杉在径级上占优势，过熟林因臭冷杉自然稀疏快，鱼鳞云杉则显优势。③阔叶红松林带，海拔 650m 以下，为地带性植被类型，此带林分蓄积量大，红松占绝对优势，阔叶树比例不过 30%，但随着向南，阔叶树比例逐渐增大，分布范围也越来越宽，阴坡、阳坡都有分布，世代异龄林，Ⅰ～Ⅴ地位级都可见，Ⅱ～Ⅲ为常见，每公顷蓄积量平均 300～600m^3，疏密度 0.5～1.0，阳坡上部，土壤湿度为潮，红松可形成纯林，地位级Ⅳ（Ⅴ），林分结构简单；在阳坡中部、中等坡度或缓坡，土壤较湿润，红松的异龄性增大，红松可占 70%～80%，鱼鳞云杉、臭冷杉、紫椴可形成第二林层，地位级Ⅱ～Ⅲ；山坡下部缓坡或至地上，土壤湿至重湿，林分生产力提高，地位级Ⅰ（Ⅰ～Ⅱ），阔叶树种组成增多，林分结构趋于复杂，一般红松占 70%～80%，阴坡、半阴坡上红松呈团状分布，更新不良，鱼鳞云杉、臭冷杉混交增多，特别是坡下部，以鱼鳞云杉或臭冷杉占优势。沼泽地则以兴安落叶松为主，河流两岸则有水曲柳、黄檗、核桃楸林或河岸红松林、春榆林。由于林区已经被多次采伐、火烧，阔叶红松林已不多见，出现了大量的白桦林、山杨林、风桦林、椴林和蒙古栎林，但以前两者普遍。白桦林 20 年生，地位级Ⅰa，林下针叶树更新良好，有更替白桦的趋势。山杨林分布于排水良好的山坡中上部，地位级Ⅰ～Ⅰa，蒙古栎林在阳坡较干燥、土壤瘠薄的生境，地位级Ⅳ～Ⅴ。在海拔 300m 以下可见到针阔叶混交林长期破坏后形成的稳定的次生蒙古栎阔叶树混交林的间断分布。

在张广才岭、长白山，由于比小兴安岭偏南且临海，气候较温湿。区内差异也较明显，总的趋势是降水由东南向西北递减，大陆性加剧。本区以红松阔叶混交林类型为主，阔叶树种除了有占组成较大的紫椴、风桦、裂叶榆、春榆、水曲柳、黄檗、核桃楸、朝鲜杨外，还有作为第二林层的色木槭(*Acer mono*)、青楷槭(*Acer tegmentosum*)、花楷槭、白牛槭(*A. mandshuricum*)、假色槭(*A. pseudosieboldianum*)、拧筋槭(*A. triflorum*)、鹅耳枥等。紫杉、水榆、花楸(*Sorbus alnifolia*)，以及藤本三叶木通(*Akebia trifoliata*)、软枣子(*Actinidia arguta*)的出现，都说明了“南方红松阔叶林”的特点。

本带的垂直分布，可以长白山南部白头山(海拔 2744m)为例。①高山苔原带(高山草甸带)，海拔 2100m 以上，气候严寒，土壤为高山草甸土，无森林分布，主要是高山草甸或杜鹃、苔藓地衣构成的灌丛。②亚高山岳桦矮林和亚高山草甸带，海拔 1800～2100m，土壤为亚高山草甸森林土，在较陡的山坡浅薄土壤上主要是岳桦矮林，山坡上部的矮林呈灌木状，树干弯曲，山坡下部的树干较高，岳桦矮林常被亚高山草甸所间隔。岳桦林也可沿河谷至高山草甸带，与高山草甸相接。林内间有混生的长白落叶松、金花杜鹃(*Rhododendron chrysanthum*)、赤杨、阿穆尔花楸(*Sorbus amurensis*)、西伯利亚刺柏(*Juniperus sibirica*)、偃松等。亚高山草甸则由大叶章(*Deyeuxia langsdorffii*)、鹅观草(*Roegneria nakaii*)、大叶柴胡(*Bupleurum longiradiatum*)、朝鲜山柳菊(*Hieracium koreanum*)、小米草(*Euphrasia tatarica*)、橐吾(*ligularia* sp.)、鸢尾(*Iris* sp.)等组成。③云杉冷杉林带，海拔 1200～1800m，气候冷湿，土壤为山地棕色针叶林土。上部(海拔 1600～1800m)亚带以鱼鳞云杉、臭冷杉、红皮云杉为主，混生有长白落叶松(*Larix olgensis* var. *changpaiensis*)；下部(海拔 1200～1600m)亚带，是云杉冷杉林向红松阔叶混交林带过渡的亚带，虽然以鱼鳞云杉、臭冷杉、红皮云杉为主，红松也有一定比重，但阔叶树种类较少，生长也差，如风桦、裂叶榆、紫椴等。阔叶树组成可占一半。灌木有色木槭、青楷槭、花楷槭、小楷槭(*Acer tschonoskii* var. *rubripes*)、毛山楂(*Crataegus maximowiczii*)、花楸、西伯利亚刺柏等。草本发育不良，苔藓较繁茂。④红松阔叶林带，海拔500～1200m，气候温湿，土壤以暗棕壤为主，红松阔叶混交林为本带基本类型。与红松混交的阔叶树种多，但因立地而异。核桃楸、水曲柳、黄檗、钻天柳、春榆分布于坡麓和河谷阶地的土壤肥沃湿润的生境；鹅耳枥、假色槭等指示干燥、较瘠薄土壤；紫椴、风桦等分布在陡坡、阴坡土壤较肥沃、湿润条件居于上述二者之间的生境，因此，红松阔叶林可分为若干林型。灌木以毛榛(*Corylus mandshurica*)、黄花忍冬(*Lonicera chrysantha*)、山梅花(*Philadelphus incanus*)、大叶小檗(*Berberis amurensis*)、刺五加(*Acanthopanax senticosus*)、暴马丁香(*Syringa reticulata*)、东北溲疏(*Deutzia parviflora*)、迎红杜鹃(*Rhododendron mucronulatum*)、绣线菊(*Spiraea ussuriensis*)等比较典型。藤本除有山葡萄(*Vitis amurensis*)、北五味子(*Schisandra chinensis*)、狗枣猕猴桃(*Actinidia kolomikta*)等小兴安岭可见种外，还有软枣子、木通(*Akebia quinata*)等。蕨类较发育，有黑水鳞毛蕨(*Dryopteris amurensis*)、粗茎鳞毛蕨(*D. crassirhizoma*)、中华蹄盖蕨(*Athyrium sinense*)、尖齿蹄盖蕨(*Athyrium spinulosum*)等。苔藓发育不良。在本带上部，云杉、冷杉混交增多，沙松(*Abies holophylla*)则主要混生于海拔800m以下。本带的沟塘沼泽地也有长白落叶松林分布，当地称"黄花松甸子"。臭冷杉、鱼鳞云杉、红皮云杉成小块或混生于坡麓沟谷冷湿处，紫杉少见，散生于土壤肥沃的平缓分水岭顶。蒙古栎分布于阳向陡坡，而赤松(*Pinus densiflora*)可见于吉林中东部低山陡阳坡。⑤阔叶林带，海拔250～500m，在本区山地外围的低山丘陵，也是人类长期活动形成的一个天然次生林带，以蒙古栎、黑桦、山杨、白桦为主，混生有糠椴、黄檗、核桃楸、水曲柳、花曲柳、朝鲜槐(*Maackia amurensis*)、大果榆(*Ulmus macrocarpa*)、春榆(*U.davidiana* var. *japonica*)等。土壤为山地暗棕壤、白浆土，此带已难恢复成针阔叶混交林，而成为次生林和农业的交错区。

3. 东部暖温带落叶阔叶林带

蒋有绪(1997)研究认为，我国东部暖温带落叶阔叶林带向南进入辽东低山丘陵区，从辽东半岛的森林景观看，可属暖温带落叶阔叶林带。千山山脉与辽河平原相隔的同纬度的由努鲁儿虎山、七老图山、小五台山所构成的燕山山脉相望，再由燕山山脉向西南斜进，有太行山和并行的吕梁山，以上这些山地可统称华北山地。华北山地东面为辽阔的华北大平原及山东半岛，以及含泰山等山体，其西北则为中国西部半干旱、干旱区的内蒙古高原。本带的地理范围在北纬32°30′～42°30′，东经103°30′～124°10′，其南界止于秦岭北坡，含渭河平原和淮河以北，含黄淮海平原。华北山地之西侧至贺兰山、六盘山之西侧，整个黄土高原含子午岭、黄龙山等山地，也属此暖温带落叶阔叶林区。华北山地由于东濒渤海，邻近海洋，处于东亚海洋季风边缘，得以有较湿润的气候，夏雨冬旱，水热同期，但因东来赤道暖流由中国台湾折向日本岛，使本区气候大陆性特征加强，形成冬季寒冷晴燥，夏季酷热和雨量集中，因而发育为冬季的落叶阔叶林，与同纬度的南欧地中海冬雨夏旱、气候偏暖而发育的亚热带冬绿硬叶常绿阔叶林不同。本带的暖温带气候特征为年均温8～14℃，年积温3200～4500℃，最冷月均温为−12～0℃，最热月均温为 24～28℃，全年无霜期 180～240 天，气温由北向南递增，降水由东向西递减。年降水量 600～1000mm，在山地由山麓向山顶渐增，雨量多集中于夏季，土壤为花岗岩、片麻岩或砂页岩母质上发育的山地棕色森林土，微酸性至中度酸性，在石灰岩或局部黄土上则生成褐色森林土，中性至碱性，大部有碳酸盐反应，有明显碳酸钙淀积层。棕色森林土的风化度和淋溶度要比褐土高，而褐土的肥力如速效性氮、钾、磷含量高且稳定。

本带从地形上看，可包括华北山地、黄土高原和华北大平原三大部分。

华北山地包括辽河平原两侧的医巫闾山、燕山、太行山，山西的恒山和吕梁山，这是落叶阔叶林主要分布区，海拔平均超过 1500m，植被垂直分布明显。其基带即地带性顶极群落为落叶阔叶林带，一般在海拔 700～1400(1500) m，以栎类为主，如槲栎(*Quercus aliena*)、柞栎(*Q. dentata*)和分布稍高的辽东栎(*Q. liaotungensis*)，其次有油松(*Pinus tabuliformis*)、蒙古栎、臭椿(*Ailanthus altissima*)、元宝槭(*Acer truncatum*)、白蜡、苦木(*Picrasma quassioides*)、色木槭、漆树(*Toxicodendron vernicifluum*)、桑(*Morus alba*)、紫椴、糠椴、黄连木(*Pistacia chinensis*)等，还有少量的大果榆。有时在海拔 1100～1400m，有川白桦(*Betula platyphylla* var. *szechuanica*)、山杨、紫椴、糠椴等次生林代替了天然原生的栎类林。油松林也以阴坡比阳坡茂密，在景观上有重要价值。因此，暖温带落叶阔叶林带有时也称为“暖温带松栎林带”。有时在山地海拔 1500(1700)～1800(2500) m，有亚高山针叶林，以云杉属的青扦(*Picea wilsonii*)、白扦(*P. meyeri*)林占优势。华北落叶松(*Larix principis-rupprechtii*)则分布稍高，常在海拔 1800m 以上。由于长期的人为活动，天然老龄云杉林、落叶松林已很少见。以次生的山杨、白桦、川白桦林为多见，也可见到红桦、黑桦。太行山海拔不足 2000m，植被破坏较严重，以疏生半旱生栎类、侧柏(*Platycladus orientalis*)灌木林为主，局部较好的生境有漆树、流苏树(*Chionanthus retusus*)、鹅耳枥(*Carpinus turczaninowii*)、裂叶榆、山桃(*Amygdalus davidiana*)、蒙古桑(*Morus mongolica*)、猕猴桃等树种的次生灌丛，有华北区系成分典型的灌木种，如荆条(*Vitex negundo* var. *heterophylla*)、三椏绣线菊(*Spiraea trilobata*)、柔毛绣线菊(*S. sericea*)、蚂蚱腿子(*Myripnois dioica*)等。海拔 2500m 以上的五台山则可见亚高山草甸带。

黄土高原平均海拔 1000～1500m，地面一般覆盖 20～30m 厚的黄土，最厚可选 100m 以上。黄土持水力弱，易被冲刷，水土流失严重，自然植被已少见，只有黄土高原的山地上可见由辽东栎、白桦、山杨、蒙古栎、榆、朴(*Celtis tetrandra* subsp. *sinensis*)组成的落叶阔叶林，以及一些油松、侧柏林，但都因人为破坏而呈破碎景象，而且出现了更多的次生灌丛，种类基本上是华北常见的荆条、酸枣(*Ziziphus jujuba* var. *spinosa*)、虎棒子、土庄绣线菊、黄刺玫(*Rosa xanthina*)、胡枝子(*Lepedeza bicolor*)、鼠李(*Rhamnus davurica*)、三椏绣线菊等。草本有冰草(*Agropyron cristatum*)、光颖芨芨草(*Achnatherum sibiricum*)、草地早熟禾(*Poa pratensis*)、马唐(*Digitaria sanguinalis*)、野青茅(*Deyeuxia arundinacea*)等。

在本带鲁中南山地，即泰山、沂山、蒙山，栎林以麻栎(*Quercus acutissima*)、栓皮栎(*Q. variabilis*)占优势，生长良好，还可见枫杨林、赤杨(*Alnus japonica*)林和一些组成复杂的白蜡、糠椴、榆、槐(*Sophora japonica*)、元宝槭、苦枥木(*Fraxinus insularis*)、黄连木、槲等落叶阔叶林。针叶林以油松林、侧柏林居多。在山东半岛的崂山及苏北的云台山等小岛状孤山，由于受海洋气候的调节，冬季较温暖，以致一些亚热带成分渗入，如这些山地出现常绿阔叶树种的红楠(*Machilus thunbergii*)、红山茶(*Camellia japonica*)或常绿树种的竹叶木姜子(*Litsea pseudoelongata*)、山胡椒(*Lindera glauca*)等。落叶阔叶林成分也增加了南方的苦木(*Picrasma quassioides*)、白木乌桕(*Sapium japonicum*)、刺楸(*Kalopanax septemlobus*)、盐肤木(*Rhus chinensis*)、糙叶树(*Aphananthe aspera*)、榔榆(*Ulmus parvifolia*)、化香树(*Platycarya strobilacea*)等。

在广阔的华北大平原则是农业区域，常栽植的树木是旱柳(*Salix matsudana*)、绦柳(*S. matsudana* f. *pendula*)、槐、榆、泡桐(*Paulownia fortunei*)、楸(*Catalpa bungei*)及引进的刺槐(*Robinia pseudoacacia*)、加杨(*Populus canadensis*)、毛白杨(*P. tomentosa*)和其他不少杨树新品种。农田营造有以杨树、泡桐、枣(*Ziziphus jujuba* var. *inermis*)、紫穗槐(*Amorpha fruticosa*)为主要组成的农田防护林网，对改善农田气候，以及减轻风、沙、寒潮、干热风等自然灾害起了很好的作用，胶东丘陵区则以栽培的赤松林、麻栎、栓皮栎、柞栎、枹(*Quercus serrata*)等组成的栎类林为常见，其他树种还有光叶榉(*Zelkova serrata*)、泡桐、楸、槭、黄连木、枫杨、臭椿等，以及人工栽培的各杨树品种。胶东丘陵和胶淮平原还是著名水果产地，盛产苹果、梨、葡萄、桃、杏、板栗、山楂等。黄淮平原农区位于华北大平原的南部，土壤由黄河、淮河冲积而成，土壤肥沃，开垦历史久，农田林网化为本地区减少风、沙、旱、涝、盐五大灾害做出了重要贡献。在淮河故道上引用水资源发展了以池杉(*Taxodium ascendens*)为主的生态经济型农林复合经营体系。

4. 东部亚热带常绿阔叶林带

蒋有绪(1997)研究认为，我国东部亚热带常绿阔叶林带包括自秦岭东向伏牛山，接淮河一线以南，即进入亚热带常绿阔叶林带，其范围北含秦岭南坡、南抵北回归线附近，包括安徽、湖北、江西、江苏中南部、河南南部、四川、陕西南部、湖南、贵州、浙江，以及闽粤桂的北部，西界为沿西藏东坡向南进至云南西疆国界线。南北界之间纬度相距11°～17°，东西跨经度约28°，带内地区气候差异大，大体可把中国亚热带分为东、西两部，即中国东部亚热带和西部亚热带。因为夏半年太平洋的暖气流只能影响华东、华南和华中，受云贵高原阻挡而使云贵高原面受太平洋暖气流影响很小，东部春夏气温高，多雨，冬季受北方西伯利亚寒流影响而降温明显，因而冬季寒冷，年温差大；西部主要是云贵高原及川西山地，其夏半年因横断山脉走向南北，受印度洋西南季风北上影响，夏秋多雨，冬季受西部热带大陆干热气团影响而使冬春显得干暖。

按纬度，东部可分出北亚热带、中亚热带和南亚热带。北亚热带大致在北纬 31°以北，含江苏中部、安徽北部、河南南部、湖北北部、陕西南部、甘肃东南角。北亚热带热量较低，是常绿与落叶阔叶混交林的过渡带。此带以南，至大约北回归线附近一线以北，包括江苏南部、浙江和安徽、湖北的中南部，江西、湖南的全部，贵州除黔东南外的大部，广西、福建、广东的北部，四川除川西高原外的大部，这里是典型的常绿阔叶林带的中亚热带。此带以南，即在北回归线上下，由于热量增加，季风气候影响强烈，成为向热带过渡的南亚热带季风常绿阔叶林带，包括云南中南部、广西中南部、广东东南部、福建南部和台湾北半部。

西部亚热带则主要在西藏高原东南缘部分、云南高原滇中高原部分、川西高原。因为这一区域正是海拔急剧上升的地段，植被垂直分布明显，但其北部则因地势升高已直接出现亚高山森林和草甸，不存在北亚热带，只在中部、南部因纬度和气候变化，还存在常绿阔叶林和季风常绿阔叶林两个基本类型的亚带，但西部亚热带这两个森林类型与东部相应的类型相比较，则属季风高原气候类型，年温差小，四季不分明，干湿季明显，植物冬季越冬条件较好，但较干燥，因而给森林发育带来许多影响，常绿阔叶林树种以壳斗科的青冈属、栲属占优势。

(1) 东部北亚热带落叶阔叶与常绿阔叶混交林带

北亚热带具有明显的由暖温带向亚热带的过渡性。北亚热带落叶阔叶与常绿阔叶混交林下代表性土壤黄褐土，正是由落叶阔叶林的褐土向常绿阔叶林的黄棕壤过渡的中间类型土壤，表明了植被-土壤系统在纬度气候变化下雨量和热量综合作用而协同进化的演变规律，但本带在局部也有黄棕壤的分布。本亚带气候温暖湿润。落叶阔叶林以麻栎、栓皮栎占优势，还有较占优势的白栎(*Quercus fabri*)，以及暖温带已有分布的枹、短柄枹(*Q. serrata* var. *brevipetiolata*)、槲栎(*Q. aliena*)、小叶栎(*Q. chenii*)、茅栗(*Castanea seguinii*)等为常见。常绿的壳斗科树种以苦槠(*Castanopsis sclerophylla*)、青冈(*Cyclobalanopsis glauca*)占优势，有细叶青冈(*L.gracilis*)、小叶青冈(*C. myrsinifolia*)、石栎(*Lithocarpus glaber*)、绵石栎(*L. henryi*)等。在秦岭由于接近西部，有岩栎(*Quercus acrodonta*)、刺叶高山栎(*Q. spinosa*)、巴东栎(*Q. engleriana*)、乌冈栎(*Q. phillyraeoides*)，曼青冈(*Cyclobalanopsis oxyodon*)等。可以说，本带的阔叶树种，无论是落叶的还是常绿的，壳斗科的树种是基本的建群种。其他落叶阔叶树种有枫香、化香树(*Platycarya strobilacea*)、山合欢[*Albizia RolRora* (Roxb.) Prain]、黄檀(*Dalbergia hupehana*)、盐肤木(*Rhus chinensis*)、黄连木(*Pistacia chinensis*)、大穗鹅耳枥(*Carpinus fargesii*)、灯台树(*Cornus controversa*)、糯米椴(*Tilia henryana* var. *subglabra*)、野柿(*Diospyros kaki* var. *sylvestris*)、刺楸、檫树(*Sassafras tzumu*)；常绿树种还有冬青(*Ilex chinensis*)、枸骨(*Ilex cornuta*)、樟(*Cinnamomum camphora*)、紫楠(*Phoebe sheareri*)等。落叶常绿阔叶混交林一般分布在海拔500m以下的丘陵、低山，在山地可上升到1800m的中山带，如秦岭南坡、大巴山的苦槠、麻栎、银木(*Cinnamomum septentrionale*)、黄连木、女贞(*Ligustrum lucidum*)等落叶常绿阔叶混交林可分布至海拔1000m，由米心水青冈(*Fagus engleriana*)、细叶青冈(*Cyclobalanopsis gracilis*)等组成的林分可分布至海拔1800m，在海拔1800m以上则以落叶阔叶林为主，主要种类有栓皮栎、枹、白栎、茅栗等。一般讲，在海拔700m以下，由于人为破坏严重，天然林已不多见，替代的是人工栽植的杉木林、毛竹林，以及次生和人工栽植的马尾松(*Pinus massoniana*)林。在低丘陵区还有柑橘、梨、桃、油桐(*Vernicia fordii*)、油茶(*Camellia oleifera*)等经济林木。秦岭南坡和大别山海拔700m以上有黄山松(*Pinus taiwanensis*)林，1200～1800m有华山松(*Pinus armandii*)林，海拔2600～3000m有由巴山冷杉(*Abies fargesii*)、秦岭冷杉(*A. chensiensis*)组成的冷杉林，海拔3000m以上有太白红杉(*Larix chinensis*)林。在秦岭高海拔出现亚高山针叶林，已表明其与西部亚高山针叶林的联系。在本带平原和盆地则为农业区。

(2) 东部中亚热带常绿阔叶林带

由于纬度上的气候差异，东部中亚热带的偏北部分因极端最低温达–10～–7℃，个别地区低到–17℃，冬季较冷，早春寒和早霜危害较重，常绿阔叶林树种以较喜温凉的青冈类占优势，如曼青冈、细叶青冈、小叶青冈、苦槠、甜槠(*Castanopsis eyrei*)、峨眉栲(*C. platyacantha*)、石栎等。马尾松林、杉木(*Cunninghamia lanceolata*)林、毛竹(*Phyllostachys pubescens*)林在此也是中心栽培区。在本带偏南部分则以喜温暖的栲类占优势，如栲(*Castanopsis fargesii*)、罗浮栲(*C. faberi*)、南岭栲(*C. fordii*)、鹿角栲(*C. lamontii*)、黧蒴栲(*C. fissa*)，青冈种类也多见，但在林内不见占优势。南亚热带的喜暖成分在本带内已局部出现。马尾松林下除稍北部林下已有的檵木(*Loropetalum chinense*)、映山红(*Rhododendron simsii*)、乌饭树(*Vaccinium bracteatum*)外，还出现了喜暖的桃金娘(*Rhodomyrtus tomentosa*)、岗松(*Baeckea frutescens*)等。广西花坪在海拔1400m保存有银杉(*Cathaya argyrophylla*)林，贵州雷公山保存有秃杉(*Taiwania flousiana*)林等残遗古老树种的小面积林分。本带的竹林除毛竹外，还有慈竹(*Neosinocalamus affinis*)、刚竹(*Phyllostachys bambusoides*)、苦竹(*Pleiobtastus amarus*)、箭箬竹(*Indocalamus latifolius*)，但经济意义和实用价值都远不及毛竹。在本带南部还有绿竹(*Dendrocalamopsis oldhami*)、麻竹(*Sinocalamus latiflorus*)、龙竹(*Dendrocalamus giganteus*)、青皮竹(*Bambusa textilis*)等较喜热竹种。本带经济林树种有油茶、油桐、乌桕(*Sapium sebiferum*)、茶、柑橘、板栗、肉桂(*Cinnamomum cassia*)、八角(*Illicum verum*)、枇杷、柚、柿、核桃等。本带也是中国珍贵用材树种丰富的地区，如樟、猴樟(*Cinnamomum bodinieri*)、楠、檫、南方铁杉(*Tsuga tchekiangensis*)、华东黄杉(*Pseudotsuga gaussenii*)、金钱松(*Pseudolarix amabilis*)、水杉(*Metasequoia glyptostroboides*)、黄杉(*Pseudotsuga sinensis*)等树种。

(3) 东部南亚热带季风常绿阔叶林带

蒋有绪(1997)研究认为，我国该带的热带性已见增强，具有明显热带季风气候的影响，如高温，但年积温较大；多雨，但季节性分配不均，有较明显的干湿季之分，夏季受太平洋台风的影响较强烈，高温多雨，冬季温暖而较干燥，但有短期的显著降温，植被以适应于热带季风气候的季风常绿阔叶林为基本类型，其特点是生境湿润，树种组成多，无明显优势种，结构也比较复杂，藤本增多。土壤为砖红壤性红壤，是热带砖红壤性土与亚热带红壤间的过渡类型。常见树种有壳斗科、樟科的热带属的种，以及金缕梅科、山茶科的种。如有壳斗科栲属的刺栲(*Castanopsis hystrix*)、华南栲(*C. concinna*)、甜槠，樟科的硬壳桂(*Cryptocarya chingii*)、黄樟(*Cinnamomum porrectum*)及润楠属(*Machilus*)和木姜子属(*Litsea*)的种等。林下有野芭蕉(*Musa balbisiana*)、海芋(*Alocasia macrorrhiza*)、桫罗树(*Cyathea spinulosa*)、鱼尾葵(*Caryota ochlandra*)、假苹婆(*Sterculia lanceolata*)、梭罗树(*Reevesia tomentosa*)等热带沟谷雨林的层片出现，还有白藤(*Calamus tetradactylus*)、榼藤子(*Entada phaseoloides*)、瓜馥木(*Fissistigma oldhami*)、花皮胶藤(*Ecdysanthera utilis*)、倪藤(*Gnetum parvifolium*)等大藤本出现。台湾中央山脉、玉山山脉则以无柄米槠(*Castanopsis carlesii* var. *sessilis*)、青钩栲(*C. kawakamii*)、厚壳桂(*Cryptocarya konishii*)、榕(*Ficus microcarpa*)、台湾黄杞(*Engelhardtia formosana*)、铁冬青(*Ilex rotunda*)、大头茶(*Gordonia axillaris*)、香叶树(*Lindera communis*)、薯豆(*Elaeocarpus japonica*)、红淡(*Adinandra formosana*)、台湾山龙眼(*Helicia formosana*)、羊角屎(*H. cochinchinensis*)、重阳木(*Bischofia javanica*)、无患子(*Sapindus mukorosii*)、台湾栾树(*Koelreuteria henryi*)等构成亚热带季风常绿阔叶林，但高海拔(1800～3000m)的中山，则以红桧(*Chamaecyparis formosensis*)、台湾扁柏(*C. obtusa* var. *formosana*)为代表。海拔3000m以上有以台湾冷杉(*Abies kawakamii*)为优势的亚高山针叶林，这是中国南亚热带唯一存在亚高山针叶林带的高山。黔桂石灰岩山地的季风常绿阔叶林以青冈、仪花(*Lysidice rhodostegia*)、硬叶樟(*Cinnamomum calcareum*)、华南皂荚(*Gleditsia fera*)、金丝李(*Garcinia chevalieri*)、黄连木、青檀(*Pteroceltis tatarinowii*)、南酸枣(*Choerospondias axillaris*)、海红豆(*Adenanthera pavonina*)等喜石灰性常绿阔叶或落叶阔叶树种占优势，在不同海拔都见分布。但由于石灰岩山地不易蓄留水分，天然林被破坏后，生境立即变得干燥，易演替为次生灌木林。在局部湿热的石灰岩地区还可出现擎天树(*Parashorea chinensis* var. *kwangsiensis*)、蚬木(*Burretiodendron hsienmu*)、野独活(*Miliusa chunii*)等雨林成分。

本带除有较大面积人工栽植的马尾松林外，杉木林由于偏南，生长量不及中亚热带，此外还有一些桉树林。竹林除毛竹林外，丛生竹已占主要地位。引种的热带松类、相思类，如加勒比松(*Pinus caribaea*)、湿地松(*P. elliotii*)、热带松(*P. tropicalis*)、马占相思(*Acacia mangium*)等，也有较多的栽植，作为用材林、薪材林经营。经济林有肉桂、八角、油桐、油茶、大叶茶、蒲葵(*Livistona chinensis*)、紫胶寄主林。果树除柑橘、橙、梨、柿、梅等外，还有龙眼(*Dimocarpus Longan*)、荔枝(*Litchi chinensis*)、番木瓜(*Carica papaya*)、杧果(*Mangifera indica*)、番石榴(*Psidium guajava*)、黄皮(*Clausena lansium*)、阳桃(*Averrhoa carambola*)等南亚热带水果类。闽粤沿海有红树林分布，主要种类有秋茄(*Kandelia candel*)、木榄(*Bruguiera gymnorrhiza*)、桐花树(*Aegiceras corniculatum*)、海榄雌(*Avicennia marina*)、老鼠簕(*Acanthus ilicifolius*)、海漆(*Excoecaria agallocha*)等6种，为红树林北部的常见种。

(二)西部亚热带常绿阔叶林区域

蒋有绪(1997)研究认为，我国西部亚热带大约包括川西、滇西北横断山区，藏东南的高山深谷区和滇中高原。滇中高原即滇中南和相邻的贵州西部、广西西北部。

本区域土壤为红壤、砖红性红壤，山地上部为黄壤、棕壤，石灰岩地区有红色和黑色石灰土。在横断山区及藏东南高山深谷区，因地势普遍抬高，以常绿阔叶林为基带，植被垂直分布明显，上有亚高山针叶林和亚高山草甸带，从基带的气候角度考虑，应属西部的中亚热带性质；而其南、东南为云贵高原，即主要是滇中高原(滇中南)和部分相邻贵州西部、广西西北部，地貌已非高山深谷型而是较破碎的高原面，以及高原面向东南、南倾斜的斜面，其间有面积较大的宽谷河谷，这里的基带应为南亚热带季风气候下的季风常绿阔叶林带，是中国西南的主要林区。

川西、滇西北横断山脉高山深谷区基带的常绿阔叶林以常绿的栎类为主，有青冈属、栲属、石栎属，主要种类有滇青冈(*Cyclobalanopsis glaucoides*)、高山栲(*Castanopsis delavayi*)、元江栲(*C. orthacantha*)、滇石栎(*Lithocarpus dealbatus*)、曼青冈，以及其他种如杜英(*Elaeocarpus decipiens*)、润楠(*Machilus pingii*)、木荷(*Schima superba*，*S. noronhae*)等为常见。本范围内山地的落叶阔叶林带不明显，落叶阔叶树种常混生于常绿阔叶林和亚高山针叶林中。因此，山地垂直带常由常绿阔叶林带直接过渡至海拔2500(2800)～3200(3300)m 的针阔叶混交林带，这里以云南铁杉(*Tsuga dumosa*)、黄果冷杉(*Abies ernestii*)、槭、红桦(*Betula albosinensis*)、华山松(*Pinus armandii*)等占优势，云南铁杉、华山松有时也成较大面积的纯林分布。海拔 3000(3200)～3400m 为亚高山针叶林带，分布有以长苞冷杉(*Abies georgei*)、冷杉(*A. fabri*)、岷江冷杉(*A. faxoniana*)、鳞皮冷杉(*A. squamata*)、川滇冷杉(*A. forrestii*)、紫果云杉(*Picea purpurea*)、丽江云杉(*P. likiangensis*)、粗枝云杉(*P. asperata*)、川西云杉(*P. balfouriana*)、四川红杉(*Larix mastersiana*)、红杉(*L. potaninii*)、大果红杉(*L. potaninii* var. *macrocarpa*)等各为优势的亚高山针叶林分。在藏东南、藏南山地则替代为西藏冷杉(*Abies spectabilis*)、墨脱冷杉(*A. delavayi var. motuoensis*)、察隅冷杉(*A. chayuensis*)、西藏云杉(*Picea spinulosa*)、林芝云杉(*P. likiangensis* var. *linzhiensis*)，以及除红杉、大果红杉外的西藏红杉(*Larix griffithiana*)、喜马拉雅红杉(*L. himalaica*)和怒江红杉(*L. speciosa*)等。本带是中国发育众多的冷杉、云杉、落叶松属的亚高山针叶林树种的地方，表明横断山区和藏东南山地是世界冷杉、云杉、落叶松和其他高山植物的分化中心之一。

以上所述各种，往往在不同的地区有相互替代的优势种林分，但也常存在因分布区重叠而若干种混生的林分。亚高山针叶林下的优势下木层，往往因生境不同而分别以杜鹃、箭竹属(*Sinarundinaria*)、拐棍竹属(*Fargesia*)、阴湿的苔藓和其他灌木种类型形成不同的层片。亚高山针叶林虽然与寒温带、温带的针叶林有起源上的联系，但具有冬季温和、区系成分古老且复杂、生物生产力高等特点。在亚高山针叶林带还分布有亚高山硬叶栎类林，这也是本垂直带的一个特点，它们由川滇高山栎(*Quercus aquifolioides*)、黄背栎(*Q. pannosa*)、高山栎(*Q. semicarpifolia*)等分别组成的优势林分，主要分布在阳坡、半阳坡较干燥的生境，与阴坡分布的冷杉、云杉暗针叶林形成了明显的对比。海拔3400(3600)m 以上则为高山灌丛带，如各种杜鹃灌丛，阳坡有垂枝柏(*Sabina recurva*)等矮疏灌丛等。在川滇金沙江河谷，主要在米易至攀枝花、元谋至金沙江一线，有干热河谷植被类型出现，其土壤为红褐土，这主要是由地形而产生的焚风效应所造成，以稀疏灌木草丛为主，并散生木棉(*Gossampinus malabarica*)、山黄麻(*Trema orientalis*)、红椿(*Toona ciliata*)等耐旱熟乔木，也可见铁橡栎(*Quercus cocciferoides*)、光叶高山栎(*Q. rehderiana*)等干热生境的栎类群落。川滇、藏东南高山深谷区由于海拔垂直范围宽，气候差异大，适宜于许多暖温带、亚热带各种水果、干果的生长。干热河谷由于热量高，也可见小量热带水果的栽培，而其他经济林则相对较少栽植。

滇中高原及其边缘斜坡面，属南亚热带性质气候，年降水量 1000～1200mm 的一些河谷，如红河河谷，也由于焚风效应而形成干热河谷。本范围的基本森林类型为季风常绿阔叶林，由喜暖的常绿栎类组成，一般在海拔 1100～1300m 低山丘陵和阶地上分布有思茅栲(*Castanopsis ferox*)、蒺藜栲(*C. tribuloides*)、小果石栎(*Lithocarpus microspermus*)

等二三十种。思茅松(*Pinus kesiya* var. *langbianensis*)林是与季风常绿阔叶林相联系而共存的另一森林类型，在砂页岩基质山地有大面积分布。因此，中国西南部南亚热带有“松栎林区”的称号。云南松(*P. yunnanensis*)林在本区范围的西部也有较多分布，或与落叶栎类组成混交林。在贵州和广西西部还有耐干热的细叶云南松(*P. yunnanensis* var. *tenuifolia*)林分布。海拔 1500～2000m 为常绿阔叶林带，以元江栲(*Castanopsis orthacantha*)、小果栲(*C. fleuryi*)、滇青冈(*Cyclobalanopsis glaucoides*)、刺斗石栎(*Lithocarpus echinotholus*)为主。一些高山，如无量山、滇康雪山，由海拔 2400m 至山顶，为由云南铁杉(*Tsuga yunnanensis*)、石栎、木莲、木荷等组成的针阔叶混交的苔藓矮林；本区季风常绿阔叶林破坏后往往形成蒙自桦(*Betula alnoides*)、旱冬瓜(*Alnus nepalensis*)等次生林。在干热河谷的稀树灌丛中有火绳树(*Eriolaena malvacea*)、木棉、蒙自合欢(*Albizia bracteata*)、羽叶楸(*Stereospermum tetragonum*)、千张纸(*Oroxylum indicum*)、毛叶黄杞(*Engelhardtia colebrookiana*)等。石灰岩基质的山坡则以短序润楠(*Machilus breviflora*)、滇润楠(*M. yunnanensis*)、青冈、蚬木等为主。本区经济林以木棉、茶、紫胶寄主林为常见，果树有柑橘、番石榴、番木瓜、龙眼、荔枝，在较高海拔有暖温带水果，梨、苹果、核桃、板栗等生长。个别适宜的生境也有种植小面积的橡胶(*Hevea brasiliensis*)林。重要用材树种除天然林夏新树种外，还有人工栽植的蚬木、小果香椿、红椿(*Toona ciliata*)和国外松等用材树种。

(三)热带季雨林区域

蒋有绪(1997)研究认为，中国闽、粤、桂的南部，台湾南部，即约北回归线以南的沿海丘陵、平原、海南岛和南至南沙群岛，还有藏南的亚东、聂拉木一带、滇西南德宏和滇南西双版纳，为中国热带季雨林、热带雨林带。本带北界变幅较大，变动于北纬 21°～24°，在广东中部因寒潮通道，其北界南移，而广西西部因东南季风可沿右江河谷西北而上，其北界北移，其西则因云贵高原南侧地势偏高而北界南缩，在滇西南德宏因受印度西南季风孟加拉湾暖流影响，北界又移至北纬 24°，在藏东南则因直接受孟加拉湾暖流北上影响，其北界直抵北纬 28°以上，成为中国西南喜马拉雅山南翼的一块热带森林宝地。本带热量条件充裕，年平均气温 22～25.5℃，最冷月平均气温 14～21℃，全年基本无霜，年降水量充沛，1500～2000mm，个别高达 3000mm，如西部喜马拉雅南部河谷因喜马拉雅山的阻挡使孟加拉湾暖流气团阻滞于河谷，使年降水量达 2000～3000mm，甚至 5000～6000mm。但本带降水量主要集中夏季，干湿季分明。本带东部局部地方和少数年份仍受北来寒潮余害，如海南岛西北部橡胶林仍在个别年份遭受冻害。本带东部的台风虽能给本带带来丰沛的水分，但也往往伴随着强烈的风害。土壤主要为砖红壤性土壤，在长期高温高湿下形成风化达数米、数十米的高铝风化壳，土壤剖面呈强酸性反应，pH 4～5。广西及海南三亚、滇西南勐连一带有石灰岩土。在山地垂直带随海拔上升可见山地褐土、山地棕壤等。

热带季雨林结构复杂，林层一般 3～4 层，由热带科属组成，在海南岛有青梅(*Vatica astrotricha*)、坡垒(*Hopea hainanensis*)、蝴蝶树(*Heritiera parvifolia*)、海南柿(*Diospyros hainanensis*)、红果葱臭木(*Dysoxylum binectariferum*)、水石梓(*Sarcosperma laurinum*)、

黄叶树(*Xanthophyllum hainanense*)、花枝木奶果(*Baccaurea ramiflora*)、海南核实(*Drypetes hainanensis*)、油楠(*Sindora glabra*)、长脐红豆(*Ormosia balansae*)、长序厚壳桂(*Cryptocarya metcalfiana*)等。云南东南部德宏主要有毛坡垒(*Hopea mollissima*)、四数木(*Tetrameles nudiflora*)、隐翼(*Crypteronia paniculata*)、人面子(*Dracontomelon duperreanum*)、肖韶子(*Dimocarpus fumatus*)、细子龙(*Amesiodendron chinense*)、龙眼、麻楝(*Chukrasia tabularis*)、葱臭木(*Dysoxylum gobara*)、大叶山楝(*Aphanamixis grandifolia*)、仪花、无忧花(*Saraca griffithiana*)等，滇南西双版纳一带则以绒毛番龙眼(*Pometia tomentosa*)、千果榄仁(*Terrminalia myriocarpa*)、硬核刺桐(*Erythrina lithosperma*)、假蚊叶野桐(*Mallotus pseudoverticilata*)、窄叶半枫荷(*Pterospermum lanceaefolium*)、见血封喉(*Antiaris toxicaria*)、麻楝、臭椿等组成。台湾南部以台湾肉豆蔻(*Myristica cagayanensis*)、白翅子(*Pterospermum niveum*)、长叶桂木(*Artocarpus lanceolatus*)、菲律宾肉豆蔻(*Myristica simiarum*)、台湾山榄(*Planchonella duclitan*)、乌柿(*Diospyros utilis*)、山楝(*Aphanamixis polystachya*)等为主。在喜马拉雅南麓则以翅果龙脑香(*D. alatus*)、羯布罗香(*D. turbinatus*)、娑罗树(*Shorea robusta*)、阿萨娑罗树(*S. assamica*)等为主。热带季雨林下小乔木、灌木种类也十分繁多，种类因地而异，藤本十分丰富，附生植物发育，已具有热带雨林的各种特征。在西双版纳湿热河谷中还分布有以龙脑香科望天树(*Parashorea chinensis*)为优势的沟谷雨林。

在冬季比较干旱的生境，如海南岛西部、西南部受老挝热风影响，在旱季十分干燥缺水，再如云南西双版纳、勐连等热带石灰岩山地，都有带冬季落叶阔叶成分的半常绿季雨林。这些林分比雨林类型要低矮一些，结构要简单一些。这些冬季落叶树种在海南岛西部、西南部有鹧鸪麻(*Kleinhovia hospita*)、槟榔青(*Spondias pinnata*)、见血封喉、厚皮树(*Lannea coromandelica*)、鸡占(*Terminalia hainanensis*)、毛萼紫薇(*Lagerstroemia balansae*)、幌伞枫(*Heteropanax fragrans*)、麻楝、海南黄檀(*Dalbergia hainanensis*)、海红豆(*Adenanthera pavonina*)、大叶合欢(*Albizia lebbeck*)、酸豆(*Tamarindus indica*)，一些原有常绿的乔木在这些生境下有时也表现为半落叶性，有海南椴(*Hainania trichosperma*)、破布叶(*Microcos paniculata*)、翻白叶树(*Pterospermum heterophyllum*)、长柄银叶树(*Heritiera angustata*)、土檀树(八角枫)(*Alangium salviifolium*)、猫尾木(*Markhamia cauda-felina*)等。石灰岩性半常绿季风雨林的树种组成以番龙眼、毛麻楝(*Chukrasia tabularis* var. *velutina*)、长叶榆(*Ulmus lencifolia*)、假玉桂(*Celtis cinnamomea*)、紫弹树(*C. biondii* var. *cavaleriei*)、光叶白颜(*Gironniera cuspidata*)、半枫荷(*Semiliquidambar cathayensis*)、滇石梓(*Gmelina arborea*)等为主。

在海南岛山地较高海拔，即在热带常绿季雨林以上，海拔500～1500m，分布有山地雨林，其成分并无典型热带的龙脑香科的属种，而是以壳斗科属种为明显优势的常绿阔叶林类型，但也具有明显的热带雨林的特征，如结构复杂、具板根、附生植物繁多、老茎生花等，主要树种有陆均松(*Dacrydium pierrei*)、青钩栲、盘壳栎(*Cyclobalanopsis patelliformis*)、岭南青冈(*C. championii*)、琼崖石栎(*Lithocarpus fenzelianus*)、柄果石栎(*L. longipedicellatus*)、毛果石栎(*L. pseudovestitus*)、杏叶石栎(*L. amygdalifolius*)，以及其他种类的阔叶树，如赤点红淡(*Adinandra hainanensis*)、蜜腺蒲桃(*Syzygium *chunianum*)、五列木(*Pentaphylax euryoides*)等，海拔1500m以上出现山地常绿阔叶苔藓矮林，因山顶地形风力较大，树干矮小密集，树干及地表密布苔藓，树种主要由厚皮香(*Ternstroemia gymnanthera*)、猴头杜鹃(*Rhododendron simiarum*)等组成。热带针叶林在海南岛西部海拔为150～500m的丘陵台地上有南亚松(*Pinus latteri*)林，常为纯林，土壤为强酸性沙土或沙壤土，伴生有枫香、大沙叶(*Pavetta arenosa*)、厚皮树等。在海南岛西部由于冬季十分干旱，人为活动历史悠久，沿海台地上的常绿季雨林被破坏后，形成次生的热带稀树草原型植被，在热带次生灌草丛上散生有中平树(*Macaranga denticulata*)、木棉、翻白叶树、山麻树(*Commersonia bartramia*)等。热带森林在几经皆伐、樵采、火烧后都会发生急剧的逆行演替，最终形成由白茅(*Imperata cylindrica* var. *major*)、飞机草(*Eupatorium odoratum*)、四脉金茅(*Eulalia quadrinervis*)、斑茅(*Saccharum arundinaceum*)、棕叶芦(*Thysanolaena maxima*)等组成的高草丛，难以恢复成林。海南岛沿海有红树林分布，其树种除南亚热带海岸红树林的树种外，还有红茄冬(*Rhizophora mucronata*)、角果木(*Ceriops tagal*)、苦槛蓝(*Myoporum bontioides*)、榄李(*Lumnitzera racemosa*)、海漆(*Excoecaria agallocha*)、红树(*Rhizophora apiculata*)、海莲(*Bruguiera sexangula*)、木果榄(*Bruguiera cylindrica*)、黄槿(*Hibiscus tiliaceus*)、海桑(*Sonneratia caseolaris*)、木果楝(*Xylocarpus granatum*)等，种类显著增多。在南海珊瑚岛上则主要发育为珊瑚石灰岩土上的肉质常绿阔叶灌丛或矮林，由草海桐(*Scaevola frutescens*)、小花草海桐(*S. hainanensis*)、银毛树(白花紫丹)(*Messerschmidia argentea*=*Tournefortia argentea*)、海岸桐(*Guettarda speciosa*)、海巴戟(*Morinda citrifolia*)、臭娘子(*Premna integrifolia*)等组成，也有以白避霜(*Pisonia grandis*)占优势的矮林。

热带可以栽培的珍贵用材树种很多，有格木(*Erythrophleum fordii*)、坡垒、紫荆(*Madhuca subquincuncialis*)、黄叶树(*Xanthophyllum hainanense*)、五桠果、第伦桃(*Dillenia pentagyna*)、芬氏石栎、米老排、南亚松、铁刀木(*Cassia siamea*)、团花(*Anthocephalus chinensis*)等。引种的有窿缘桉(*Eucalyptus exserta*)、柠檬桉(*E. citriodora*)、柚木(*Tectona grandis*)、湿地松(*Pinus elliotti*)、马占相思(*Acacia mangium*)等，速生薪柴用树种有大叶相思(*A. auriculaeformis*)、银合欢(*Leucaena leucocephala*)、台湾相思(*Acacia confusa*)。营造的竹林有粉单竹(*Lingnania chungii*)、簕竹(*Bambusa spinosa*)、龙竹(*Dendrocalamus giganteus*)、牡竹(*D. strictus*)等。经济林有橡胶、肉桂、八角、安息香(*Styrax tonkinensis*)、藤类(白藤 *Calamus tetradactylus* 等)、金鸡纳(*Cinchona ledgeriana*)、咖啡、可可、槟榔(*Areca catechu*)、胡椒(*Piper nigrum*)等，果树除可栽植南亚热带的果树外，还有荔枝、龙眼、杧果、番木瓜、椰子(*Cocos nucifera*)、木波罗(*Artocarpus heterophyllus*)、番石榴、引种的人心果、鳄梨(*Persea americana*)、番荔枝(*Annona squamosa*)等。沿海防护林和橡胶林作防护林常用树种有木麻黄(*Casuarina equisetifolia*)和几种桉树。

(四)中国西北干旱半干旱区

大兴安岭中段以西进入内蒙古高原，是典型的草原区。在内蒙古高原和鄂尔多斯高原间的阴山山脉，如大青山海拔1200m以上阴坡有油松、侧柏、辽东栎、白桦和山杨等小块混交的林分，而阳坡则是灌丛和杂草草原，海拔1700～2100m有小块青海云杉(*Picea *crassifolia*)林，这是青海云杉林由祁连山逶迤继续分布的东界。大青山之西为河套平原，黄河贯穿其间，是中国西北部丰饶的农业区，农田林网和四旁植树有较好的发展。

贺兰山南北耸立于鄂尔多斯高原之西，是中国内外流域的分水岭，山脊一般海拔达2000～3000m，山体久经剥蚀，在海拔 1500m 以上残留有山杨等小叶林和灌丛，海拔2000～2500m 的阴坡则有青海云杉与油松的混交林，阳坡是灰榆(*Ulmus glaucescens*)疏林。海拔 2500m 以上有青海云杉纯林，海拔 3000m 以上为灌丛草甸带。贺兰山区是重要的水源涵养林区。

吕梁山以西是黄土高原，这是中国东部季风区域向西部干旱区域过渡的地区。吕梁山西南之余脉黄龙山尚有生长良好的青扦、白扦、白皮松、栓皮栎。而其以西则完全呈现黄土丘陵沟壑纵横的景色，年降水量在渭北、晋西南等半湿润区尚可达 500～700mm，而陇中北部仅有 200～300mm，黄土质地疏松，蓄水性差，易水土流失，在黄土沟壑区尤为严重，高原侵蚀面(塬面)和侵蚀切割的沟壑坡面上均无良好植被发育。农区一般营造杨树、刺槐、油松、侧柏、柠条、沙棘等以保持水土和用于薪材，杏、苹果、核桃、枣等干鲜果也有一定发展。西抵青海高原东缘的六盘山有天然山地落叶阔叶林和松栎林的生长。六盘山主体海拔 2942m，年降水量近 700mm，气候比较湿润，山体海拔 1900m 以上山地棕壤上发育有以红桦、山杨、油松、辽东栎为主组成的混交林。这里也是重要的水源涵养林区。位于青藏高原北部的祁连山山地，海拔一般在 3000～4500m，主体海拔多在 5000m 以上，发育有现代冰川，是中国青海、甘肃两省山地和平原的重要水源。祁连山西部山势高大，气候干燥寒冷，冬季漫长，大部山地为不毛之地。祁连山中部和东部山势渐低，年降水量也有增加，生长期较长，植被发育较好，在大通河中、下游河谷还可受到东南季风的余泽，生境湿润，有较大面积的天然林分布。一般在祁连山的中部、东部海拔 2600m 以上山地褐土、淋溶褐土上发育有落叶阔叶林和往上的亚高山针叶林；海拔 2600～3000m 阴坡有山杨、白桦林、油松林，阳坡散生有祁连圆柏(*Sabina przewalskii*)；海拔 3000～3500m 阴坡、半阴坡有青海云杉林或祁连圆柏林，阳坡则为祁连圆柏疏林，或沙棘、榛子等灌丛；海拔 3500m 以上为高山柳和金露梅(*Dasiphora fruticosa*)等组成的高山灌丛带，祁连山南部青海湖盆地区为良好牧场，湖东部有小片青海云杉林、杨树林。祁连山现存天然林的保护在防止雪线上升和冰川贮量减小上具有十分重要的意义。

中国西北隅的阿尔泰山属西西伯利亚泰加林伸入中国的一角，由于它深入欧亚大陆腹部，又因黄土高原、内蒙古高原阻断了太平洋东南季风的影响，但仍受到北冰洋的少量水汽，而且山地使高空冷空气移动缓慢，形成降雨条件，使阿尔泰山的上部年降水量达 700～800mm。与其南部准噶尔盆地的 130～200mm 相比，使阿尔泰山形成了在荒漠带中发育成山地森林的好条件。阿尔泰山年均气温达 4～6℃，≥10℃积温也在 2500～2900℃，加之与西伯利亚针叶林区相毗连，就成了西伯利亚泰加林得以伸入温带干旱荒漠区的最南界。森林由西伯利亚落叶松组成，基本分布在阿尔泰山西南部海拔 1500～2500m 的阴坡。这里也有少量西伯利亚云杉和西伯利亚冷杉(*Abies sibirica*，有时称新疆冷杉)林分的分布。这个海拔以下，经过山地边缘的矮半灌木和禾草草原带向盆地的草原化荒漠带过渡，在森林带的阳坡，由于生境较干燥而分布为杂草草原。西伯利亚落叶松林破坏后形成次生的欧洲山杨(*Populus tremula*)和疣枝桦(*Betula verrucosa*)林。海拔2500m以上则为高山草甸灌丛带，可见新疆方枝柏(*Sabina pseudosabina*)灌丛、金露梅灌丛。海拔3000m以上是高山流石滩稀疏植被带。

与阿尔泰山隔着准噶尔盆地相望的天山山脉自西向东绵亘千余公里，山脊多在海拔3000m以上，主峰达5000m左右。其北坡受北大西洋气流影响，以及山脊冰川和常年积雪的春季融水丰富，使天山北坡具有良好的森林发育条件。但由于北大西洋气流来自西方，又因天山西段、中段存在明显逆温层，天山北坡的西段比东段要湿润温暖，冬季相对增温，因而天山东段、西段、中段的海拔1700～2700m发育为亚高山、以天山云杉(*Picea schrenkiana* var. *tianschanica*)为建群种的针叶林带，以分布阴坡为主，长势良好，阳坡则为山地杂草草原，海拔2700～3500m为高山草甸带，再上则为高山垫状植被带。天山北坡东段博格达山一段和哈尔里克山一段，有西伯利亚落叶松林纯林及其与天山云杉混交的林分分布。天山云杉林在天山北坡东段的分布最东端止于哈尔里克山主峰。天山东段、阿尔泰山出现占优势的西伯利亚落叶松林，是因为天山东段的地形已不是连绵不断的高山，而是山势较低，各主峰间有低矮陷落的山隘相隔，以致形成寒潮通道，而且又不存在逆温层，因此落叶松林才得以在此与云杉林共同生长。在巩留、尼勒克(喀什河上游)、霍城一带海拔1000～1500m的宽平谷地有野苹果(*Malus sieversii*)和山杏(*Prunus armeniaca*)为主的落叶阔叶林的狭带状分布，有时还混生有海棠果(*Malus prunifolia*)、花红(*M. asiatica*)、山楂属(*Crataegus*)等，这些由第三纪古热带残留下来的由野生果树构成的天然林，是极为宝贵的果树种质资源。天山南坡属背风带，受荒漠气候影响，气候干燥，年400mm等雨量降水线正位于海拔2000m左右，对云杉林分布而言，一方面下限升高，而上限又受此限制，使云杉林只分布于较狭窄的海拔范围的阴坡，或只在山地北坡上可承受由天山垭口吹过来的少量湿气和冰川融水，从而呈断续的分布。云杉林分布的东端止于焉耆稍东处，以疏林形式居多。此外，还有一些喀什方枝柏(*Sabina turkestanica*)疏林分布。

西昆仑山北坡情况与天山南坡相似，云杉林仅存在于叶城至皮山一带年降水量在400mm以上的一段，海拔2000～3000m，呈疏林状分布，也有若干昆仑方枝柏(*Sabina centrasiatica*)疏林的生长。天山南坡和昆仑山北坡基本上属温带荒漠山地半灌木荒漠植被。

在北疆准噶尔盆地和南疆塔里木盆地，以及东疆吐鲁番哈密盆地，在暖温带荒漠气候条件下由于河流地下水影响，形成有走廊式的荒漠森林景观，如北疆抵入古尔班通古特沙漠的额尔齐斯河、乌伦古河两岸的天然琐琐(*Haloxylon ammodendron*，*H. persicum*)林，以及胡杨(*Populus euphratica*)、柽柳(*Tamarix ramosissima*)、白榆(*Ulmus pumila*)、沙枣(*Elaeagnus oxycarpa*)林少量分布，但后者均不及南疆荒漠林的规模。南疆塔里木河三大水道，即阿克苏河、叶尔羌河和田河口上下有胡杨林，或胡杨柽柳混交林，或灰胡杨(*Populus pruinosa*)林较好发育，它们一般沿河流的河漫滩和一级阶地上连绵分布，林分疏密度可达0.3～0.5，但近几十年破坏严重，已退化成零星散生植株和以白刺属(*Nitraria* spp.)、盐肤木为主的灌丛。

中国第三个自然地理区域——青藏高原高寒区域，即青藏高原除去其东南部、南部的森林区以外的高原面，已属于非森林区。

二、森林生态地理系统的变化动态

森林生态地理系统的变化动态是指随着时间的推进，森林生态地理系统表现出的结构和功能上的变化，即通常所说的生态地理系统的演替。大量的研究表明，由于森林类型的不同，其演替的类型也不同。现以陈灵芝等(2005)对中国森林生态地理系统的演替研究为例来说明不同森林类型的时间变化，即演替状况。

(一)寒温带北方针叶林生态地理系统的演替

陈灵芝等(2005)研究认为，我国北方针叶林具有常绿和落叶针叶林两种生活型，北方落叶针叶林的主要树种为阳性树种，而北方常绿针叶林的优势种以耐阴树种为主，因此它们的演替具有不同特点。

1. 落叶松林的演替

(1)兴安落叶松林的演替

陈灵芝等(2005)研究认为，我国兴安落叶松为强阳性树种，种子小，具长翅，传播较远，具有很强的扩展能力，对生境适应性广。兴安落叶松林由于人为或自然火灾，人为不同方式砍伐，原生的兴安落叶松林遭受严重破坏。在不同破坏的程度下，兴安落叶松林的次生演替模式基本都是一致的。其退化过程是兴安落叶松林→白桦林→灌丛→草地，兴安落叶松林在人为破坏后主要被白桦林所替代，或形成以白桦为主混有兴安落叶松的针阔叶混交林，这是兴安落叶松林破坏后面积最大的次生林。在谷地分布在潮湿生境，土层深厚、肥沃的白桦、兴安落叶松林林下常生长有修氏苔草或杜香等喜湿种类，这样的兴安落叶松林再经破坏后形成毛赤杨林，林下优势灌木为红瑞木，这类次生林分布面积不大。

在大兴安岭低海拔460～600m之间及以下的生境干旱地段分布的兴安落叶松林、乔木亚层中经常有蒙古栎生长，当这类兴安落叶松林被破坏后，形成了蒙古栎次生林，林下以榛子或胡枝子占有优势。蒙古栎林再经砍伐，在海拔 600m 以下阳坡，排水良好，土壤深厚肥沃处，榛子灌丛或胡枝子灌丛得以发展，但是在反复破坏土壤瘠薄、生境非常干旱的地段，则为山杏灌丛所侵占，并伴生有很多草原植物。在海拔600m以下缓坡、土层较厚生境下分布的兴安落叶松林，遭受破坏后则被山杨林所替代，林下灌木为棒子。山杨林在大兴安岭分布面积很小，它经常镶嵌在兴安落叶松林和白桦林之间，分布地一般排水良好，湿度中等，山杨林破坏后大多则被榛子灌丛所替代。

(2)新疆落叶松林的演替

陈灵芝等(2005)研究认为，我国新疆落叶松是具有耐寒、耐干旱高度适应能力的乔木树种，生长期较长，光合作用能力强，可从土壤中吸收大量水分，生长期间要求通风、较小的空气湿度和较高的热量。在遭受火灾或人为砍伐后，在有新疆落叶松的种源情况下，一般均能天然更新，特别在火烧后天然更新能力更强。新疆落叶松是一种适应性很强的树种，它的原生演替过程可从无植被基质开始，逐渐发展为地衣、藓类、草本群落，新疆落叶松纯林可从草本先锋群落直接演替而成，亦可经过灌丛阶段形成纯林。落叶松与云杉混交林的原生演替阶段一般经过草地、灌丛等阶段逐渐演替为针叶混交林(图 11-2)。

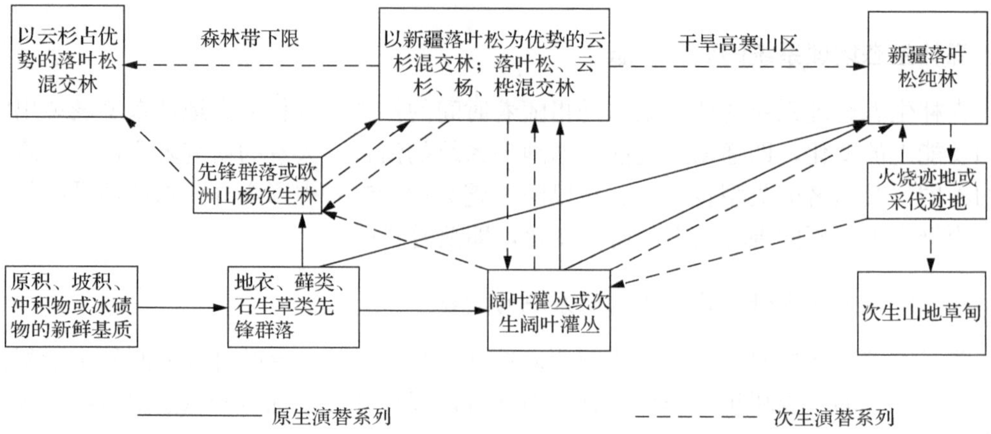

图 11-2　新疆落叶松林演替过程示意图(引自陈灵芝等，2005)

2. 云杉林和冷杉林的演替

陈灵芝等(2005)研究认为，我国云杉和冷杉林被人为砍伐或火烧后，首先被白桦林或落叶松林所替代。在东北分布的云杉和冷杉林，因分布地不同，被不同种类落叶松所替代，在大兴安岭、小兴安岭的云杉林被破坏后，首先替代的是白桦林或兴安落叶松林。在长白山分布的云杉林被破坏后则被白桦或黄花落叶松林所替代。通常在这些次生林下云杉、冷杉更新良好，逐渐可恢复成云杉、冷杉林。若次生林进一步破坏则形成灌丛或草甸，顺向演替所需时间更长。

新疆的雪岭杉林经火烧后，首先由天山桦、欧洲山杨等树种形成了阔叶林。20 年后阔叶林郁闭，林下雪岭杉的幼苗更新良好，逐渐恢复成林。在火烧面积大，又缺乏阔叶树及云杉、落叶松种源情况下，迹地又经过多年放牧，则形成次生草甸，主要由禾本科植物和杂类草组成，如拂子茅、小叶芹、柳兰等。若无节制放牧，则不可能恢复成林(图 11-3)。

3. 松林的演替

(1) 樟子松林的演替

陈灵芝等(2005)研究认为，我国樟子松为极喜光和耐寒树种，多年来山地樟子松林的面积日趋缩小。这是因为樟子松林被大量采伐后，在立地条件较好地段，该树种竞争力较弱，在大兴安岭地区，采伐迹地上往往为兴安落叶松所占。特别是兴安落叶松与樟子松混交林，樟子松高、生长迅速，始终居于林冠上层，但林下生境不利于极喜光的樟子松更新，而有利于稍耐阴的兴安落叶松幼树生长。一般樟子松幼树在稀疏的林冠或林窗下数量较多，但这也是适于兴安落叶松幼树的生境，樟子松更新苗的竞争力不及兴安落叶松幼树，逐渐被兴安落叶松林所替代。在小兴安岭北部山地樟子松林常与红松混交，则受红松的排挤。因此，山地樟子松林在受干扰后，则被兴安落叶松或红松所替代。沙地樟子松纯林被严重破坏后，绝大部分为草原所替代，在樟子松与白桦、山杨斑块状混交地段，可被具有强萌蘖能力的白桦或山杨林所替代，但由于这两种树种需要较为良好的生境，在贫瘠的生境下可被樟子松所替代，恢复成樟子松林。在森林草原边缘地区，樟子松林破坏后有可能向榆树疏林逆向演替，逆向演替的终点为草原。

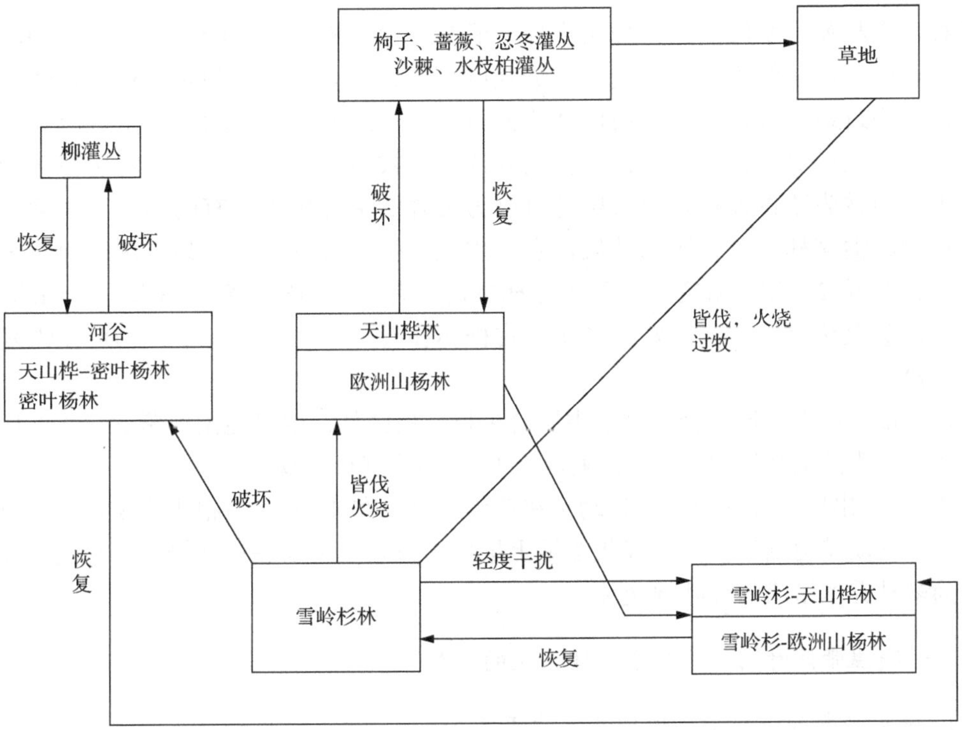

图 11-3　雪岭杉林演替示意图(引自陈灵芝等，2005)

(2)新疆五针松林的演替

陈灵芝等(2005)研究认为，我国新疆五针松属喜荫蔽树种，尤其在幼年和中年阶段喜生长于阴暗生境，常出现在落叶松林或其他树种的林冠下，但这类松树与云杉、冷杉相比，则较为喜光。由于新疆五针松幼树本身多松脂，易燃烧，频繁的火灾最易把新疆五针松烧死。残存的松树幼树由于需要一定荫蔽，在火烧迹地上很难适应。火烧迹地上一般为新疆落叶松所占据。总之，新疆五针松占优势的林分很少，它常与其他树种混交。由于它的演替特点，与樟子松林一样，面积不断缩小。

(二)中温带针阔叶混交林生态地理系统的演替

陈灵芝等(2005)研究认为，红松阔叶混交林是中国重要的木材生产林，其采伐方式有皆伐和择伐。根据红松阔叶混交林分布地生境的干湿程度，其演替系列有所差异。在较干燥生境下分布的蒙古栎红松林，在采伐和火烧后则形成蒙古栎次生林。在湿润生境下分布的紫椴红松林被破坏后，则形成山杨林或白桦林。在潮湿生境下分布的枫桦红松林和谷地云杉红松林被破坏后，则形成阔叶混交林。红松阔叶混交林被破坏后，若停止破坏，在恢复过程中，红松种子来源则至关重要，遭轻度干扰的地段，在有红松种源情况下，较易恢复为红松阔叶混交林，若反复破坏则形成灌丛和草地。

根据火烧的强度不同，红松阔叶混交林的演替过程有一定差异，在火烧比较轻微时，阔叶树种的抗火能力比针叶树强，阔叶树种在小火后可能生存，或靠萌芽更新，而红松和云杉、冷杉死亡率较高，这种次生林一般有红松母树存在，经过一定的时期，红松优势得以恢复，在红松阔叶混交林火烧强度很大、原有针叶树和阔叶树均被烧死的情况下，火烧迹地上就被山杨、白桦林所占有，在经过相当时期后，在附近有红松种源情况下，有红松更新苗出现。在红松阔叶混交林被破坏非常严重时，特别在比较干燥条件下，演替为蒙古栎林。蒙古栎是抗火力最强的阔叶树种。有的学者认为蒙古栎林是红松阔叶混交林反复破坏的结果，它的生境发生很大变化，不易再恢复为原来的顶极群落。但近 20 年来研究发现蒙古栎林林冠下有红松幼树更新，每公顷有的达 3000 株以上，甚至达万株。这一发现说明蒙古栎林在有红松种源情况下，仍可以恢复为蒙古栎红松林。

在皆伐迹地上，次生森林群落主要是山杨、白桦林，也可能出现紫椴、水曲柳、色木等比较耐阴的阔叶树种，它们在采伐后 1～2 年内就会出现萌芽幼苗，而实生苗一般在采伐 10 年后出现。红松和云冷杉幼苗在皆伐迹地上在 4～6 年后很少出现，随着时间推移，针叶树幼苗逐渐增多。在择伐迹地上根据择伐强度可以保留红松阔叶混交林外貌，或成为多种乔木组成的阔叶混交林。

（三）暖温带落叶阔叶林生态地理系统的演替

1. 暖温带落叶栎林生态地理系统的演替

陈灵芝等(2005)研究认为，落叶栎林遭破坏后，在自然条件下，由于其萌生能力很强，栎林能够向顺向演替发展，逐渐恢复，并保持落叶栎在生态地理系统的优势地位。如北京山区辽东栎林被砍伐后，很快形成辽东栎萌生丛，在没有进一步砍伐的压力情况下，20 年左右辽东栎林生态地理系统基本得以恢复，在砍伐后得以混入的喜光树种如山杨和白桦等，也逐渐衰退，最终退出辽东栎林生态地理系统。当破坏现象十分严重、辽东栎林退化为次生裸地或近似次生裸地时，辽东栎林的恢复演替要缓慢得多。如在黄土高原辽东栎林被严重破坏后的演替先是多年生草本阶段，以茵陈蒿(*Artemisia capillaris*)、茭蒿(*A. giraldii*)、铁杆蒿(*A. gmelinii*)、白羊草、长芒草(*Stipa bungeana*)、黄背草、野古草、大油芒(*Spodiopogon sibiricus*)、达乌里胡枝子等为优势种组成的群落，然后演替为灌木阶段，以白刺花(*Sophora viciifolia*)、沙棘(*Hippophae rhamnoides*)、虎榛子等为优势种组成的灌丛，狼牙刺群落主要见于阳坡、半阳坡，而虎榛子群落则多出现于阴坡、半阴坡，以后是先锋乔木阶段，狼牙刺群落发展为侧柏和以杜梨(*Pyrus betulaefolia*)、山杏(*Prunus armeniaca* var. *ansu*)、大果榆(*Ulmus macrocarpa*)等为主的森林群落，虎榛子群落则发展为以山杨、白桦为优势种的森林。然后两者均进一步演替为辽东栎林或以辽东栎为优势的混交林。

北京山区辽东栎林生态地理系统的演替模式如图 11-4 所示(高贤明和陈灵芝，1998)。

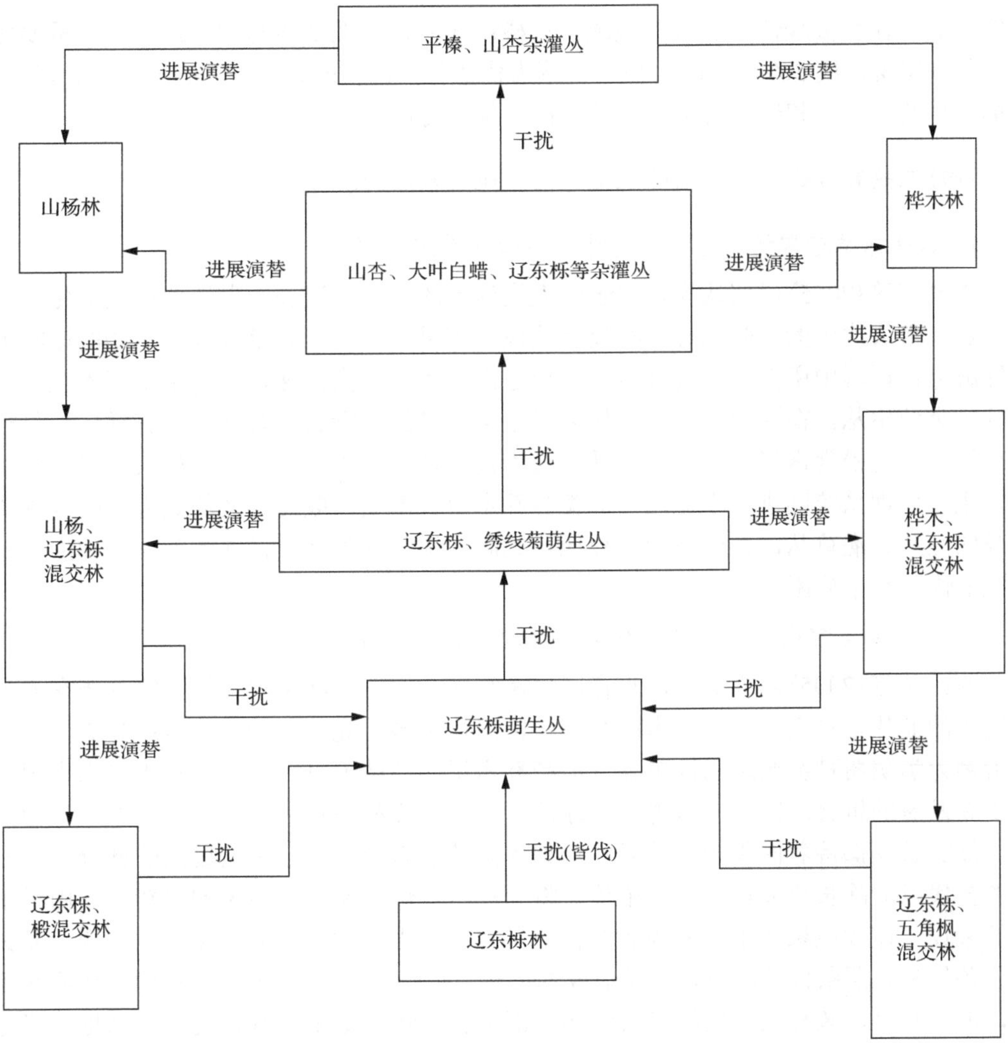

图 11-4　北京山区辽东栎林生态地理系统的演替模式(引自高贤明和陈灵芝，1998)

2. 暖温带其他落叶阔叶林生态地理系统的演替

现以鹅耳枥林生态地理系统的演替为例来说明暖温带其他落叶阔叶林生态地理系统的演替。据陈灵芝等(2005)研究，认为鹅耳枥和千金榆为喜阴树种，分布的局限性较大。鹅耳枥林目前仅小面积残存，大多由于人类反复砍伐、采樵而形成萌生丛。如分布在北京西部的怀柔、延庆等山地，多见于海拔 500～1500m 阴坡或半阴坡，在石灰岩发育的土壤上分布较多。萌生丛高 1～2m，覆盖度 60%～80%，混生的萌生乔木或幼树有辽东栎和大叶白蜡。在海拔 1000m 以上地段还见有色木和山杨。灌木与萌生乔木处于同一高度，在海拔 1000m 以上，土层厚的阴湿山坡萌生丛内有较多的六道木、二色胡枝子和迎红杜鹃。在海拔较低处以大花溲疏、三桠绣线菊、绒毛绣线菊和蚂蚱腿子为重要伴生种。草本层覆盖度 30%～70%，披叶苔草为优势种，常见的有大油芒、野青芒、紫石蒲、地榆、华北风毛菊和紫花野菊等。鹅耳枥萌生丛可以通过封山抚育，恢复成林。

(四)亚热带常绿、落叶阔叶混交林生态地理系统的演替

1. 落叶栎类与常绿阔叶树混交林生态地理系统的演替

陈灵芝等(2005)研究认为，由于受人类活动的影响，这类生态地理系统退化现象比较普遍，形成次生的落叶栎林。在反复砍伐、樵采、烧荒、开垦等人类活动的影响下，常绿成分在群落中所占的比例减少，甚至退出，落叶栎类则矮化、丛生呈灌木状，形成落叶栎类萌生丛。在这种情况下，如果采取果断措施进行封山育林，在有马尾松母树的情况下，马尾松常常侵入，形成以马尾松为优势种的次生针叶林。但如果干扰因素不排除，生态地理系统则进一步退化，栎类等乔木树种消失，取而代之的是喜光耐旱种类所组成的灌丛、灌草丛，甚至是荒山裸地。此时，地带性落叶、常绿阔叶混交林生态地理系统的恢复将十分困难。

2. 水青冈与常绿阔叶树混交林生态地理系统的演替

陈灵芝等(2005)研究认为，水青冈与常绿阔叶树混交林生态地理系统分布在人为干扰较少的亚热带中山山地，乔木层组成中常绿树种多是壳斗科的一些常绿种类，通常与水青冈为耐阴树种甚至耐阴性更强。但当乔木层出现林窗时，又为较喜光的水青冈带来了更新发展的机会。因此，水青冈常绿落叶阔叶混交林是亚热带垂直带中的一种稳定群落，能够长期保持着面积较大的天然森林生态地理系统。对于一些过熟的林分，采取适当的择伐以清除长势衰败的大树个体，将有利于促进生态地理系统的更新，但由于水青冈的采伐、盗伐现象严重，采伐后的林地暴露，阳光直射，生境迅速发生改变，尤其是水分条件和光照条件的改变，则易形成木姜子、野桐(*Maltotus* spp.)、杜鹃、蜡瓣花等灌丛，或亮叶桦、鹅耳枥、椴树等落叶阔叶混交林，还有原来的水青冈、青冈栎、栲等实生苗及萌蘖，经过若干年就能恢复到水青冈与常绿阔叶树混交林生态地理系统。但如果皆伐后为营造人工林或开垦为农田而进行烧山，则沦为干旱的灌丛、灌草丛或五节芒草丛，水青冈与常绿阔叶树混交林生态地理系统将很难在短期内恢复。

(五)亚热带亚高山针叶林和山地针阔混交林生态地理系统的演替

陈灵芝等(2005)研究认为，亚高山针叶林是中国西南林区重要的用材林，因此这些针叶林已受到大面积砍伐，由于砍伐方式不同，可形成云杉、冷杉疏林——以红桦为主的桦木林或红杉林→灌丛→草甸。根据不同类型的云杉、冷杉下木层优势层片不同，可形成不同的灌丛，现以岷江冷杉林、鳞皮冷杉林、紫果云杉林和川西云杉林的演替，阐明云杉、冷杉林的一般演替规律(图 11-5～图 11-8)。

冷杉、云杉林破坏后演替过程中灌丛主要有杜鹃灌丛、悬钩子灌丛、高山栎灌丛和箭竹灌丛。次生林有红杉林、红桦林、槭桦混交林、高山栎林或冷杉与阳性乔木构成混交。

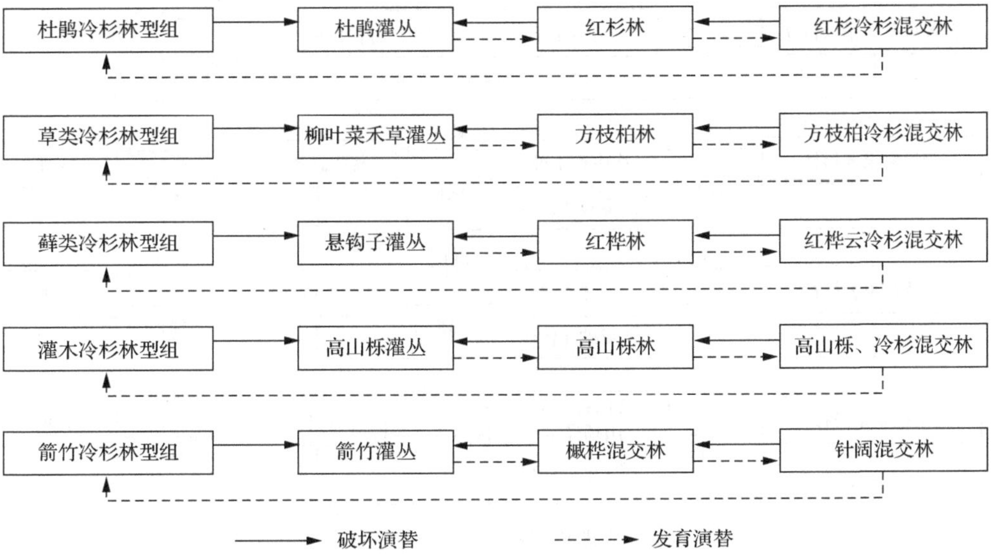

图 11-5　岷江冷杉林演替过程示意图(引自陈灵芝等，2005)

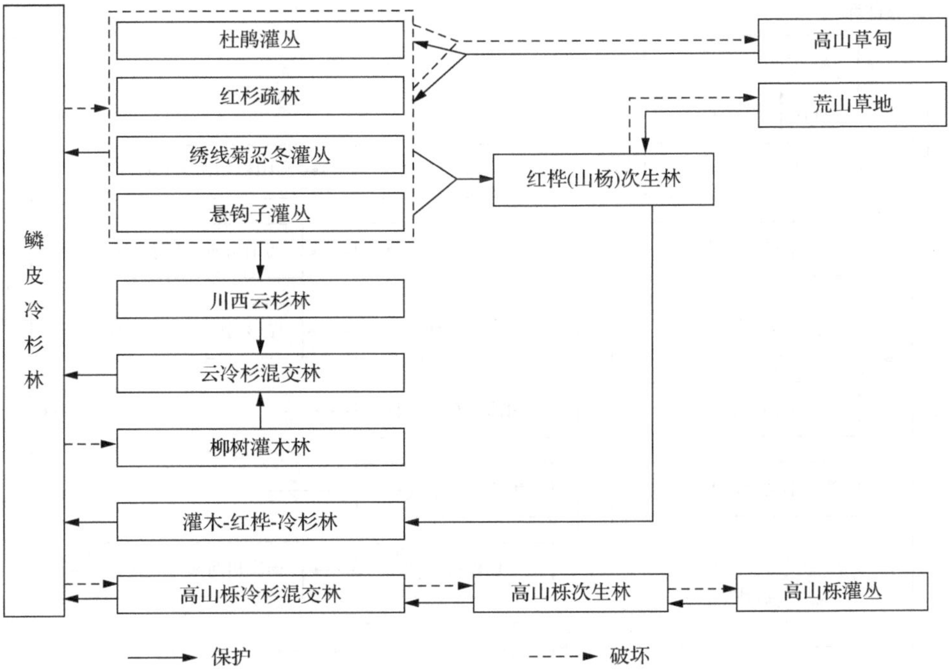

图 11-6　鳞皮冷杉林演替过程示意图(引自陈灵芝等，2005)

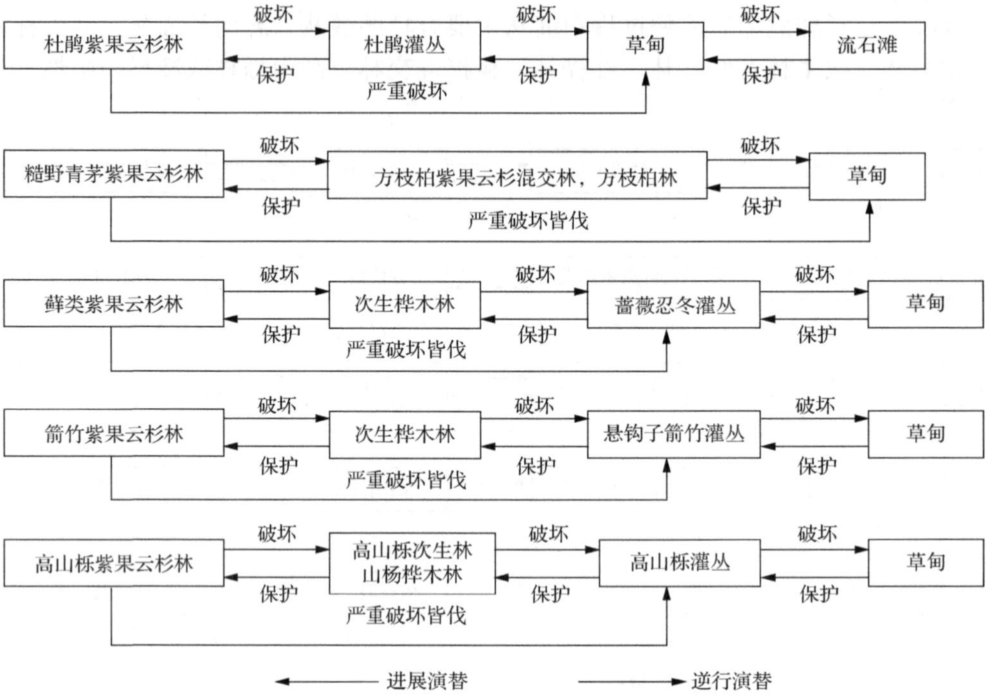

图 11-7　紫果云杉林演替过程示意图(引自陈灵芝等，2005)

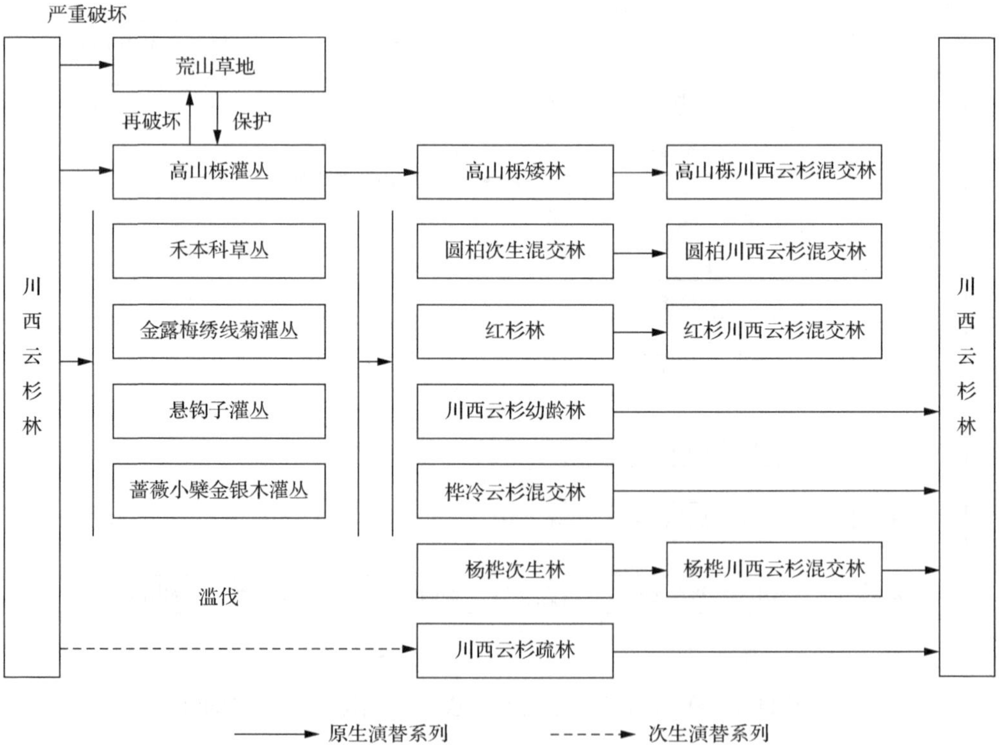

图 11-8　川西云杉林演替过程示意图(引自陈灵芝等，2005)

亚高山针叶林是中国西南林区重要用材林，遭到大面积采伐，由于采伐方式不同，在恢复演替过程中由原生的冷云杉林形成各种次生林，如桦木林、槭桦混交林、高山栎林、圆柏林和红杉林，也因干旱程度和恢复时间的不同，冷杉林和云杉林可与这些次生的阳性乔木组成混交林。在干扰严重地段，森林不复存在，形成各类灌丛，它们主要是冷杉林和云杉林的下木层的主要种类组成，主要有杜鹃灌丛、绣线菊灌丛、忍冬灌丛、悬钩子灌丛、柳树灌丛、箭竹灌丛和高山栎灌丛。

(六)热带季雨林生态地理系统的演替

陈灵芝等(2005)研究认为，季雨林是热带干旱地区的一种演替顶极群落类型，它是由一年中干湿季节明显所决定的。因此，建群种大多是以阳性耐旱的落叶树种为主，也有个别常绿树，但其生态特性也是阳性耐旱的。林冠郁闭较稀，一般不过0.5～0.6。在人为干扰较轻的情况下，它是能保持相对稳定状态的。但是当它遭受砍伐，环境变得更为干旱时，它就可能出现干旱灌丛、稀树草原阶段，在环境得到改善时，还可能向落叶季雨林的方向发展。如果得不到改善甚至变得更为干旱时，上述演替阶段就可能成为一种长期的衍生群落。当然在一些环境比季雨林所在地更干旱的地方，稀树草原和干旱灌丛就是一种演替顶极群落类型。而半常绿季雨林大多是季节性雨林遭受破坏后逐渐恢复发展起来的一个演替阶段。在大面积遭受砍伐后，在干扰较轻的情况下，它们一般都是经过草丛、灌丛阶段演变成季雨林的，最终还将向季节性雨林的方向变化。只有在极少数情况下，在干旱地区分布较湿润的地段，有属于演替顶极群落类型的半常绿季雨林出现。

(七)亚热带常绿阔叶林生态地理系统的演替

常绿阔叶林是发展到所在地环境条件比较适应，处在较成熟阶段的相对稳定的群落类型。如果不遭受外因的强烈干扰，导致建群种发生根本的变化，整个群落是不会呈现较大变化的。但是，群落中各个种群之间的变化是经常不断的。研究掌握这些变化的规律，就可以根据人们的需要因地制宜制定保护和合理利用的措施。

一般在常绿阔叶林遭受砍伐、火烧垦殖的情况下，原有林木及其可能更新的种源被破坏殆尽，农地荒废后即为不同类型的草丛所占，在不受人为的干扰条件下，灌木会大量侵入，3～5年就会发展为灌丛，在灌丛阶段，由于立地条件和周围母树及其传播的差异，可能通过丛林(大量原来的林木侵入成长)、亚热带针叶林(特别是马尾松林)、亚热带落叶阔叶林(如光皮桦林、响叶杨林、栎林、大穗鹅耳枥林、拟赤杨林或蒙自桤木林等)的演替阶段，逐渐向常绿阔叶林的方向恢复。需要20～30年时间不等，要视所在地的环境条件与人为影响强度而异。

(八)亚热带西部山地硬叶常绿阔叶林生态地理系统的演替

无论是山地还是河谷地区的硬叶常绿阔叶林，经常遭到人为的砍伐、火烧等的影响，所以保存较好的林分极为少见。一般来说，由于所在地的环境比较严酷，即使在人为干扰很少的区域，硬叶常绿阔叶林的林冠郁闭都不是太密集，林木老熟自然稀疏和风吹雪压都会造成林冠破裂，形成大小不等的天窗，这就为具阳性的硬叶栎类创造了更新的条件，从而保持群落的稳定，特别是其萌蘖能力强，一旦遭受砍伐能迅速恢复成林。当然所看到的各类硬叶常绿阔叶林，都是在人类频繁影响下的产物，破坏严重者构成灌丛状，一般情况下多为萌生丛林状，只有在立地条件较好、破坏较轻者，生长比较高大，形成多层森林类型。

在自然情况下，林冠比较密闭的地方，不适宜于云杉和冷杉的繁殖，从而有硬叶栎和云、冷杉构成的针阔混交林的出现。但是由于砍伐频繁，硬叶栎类始终能够寻找适宜更新的生境，从而其稳定性得到保持。

(九)季节性雨林的演替

在季节性雨林遭受砍伐火烧垦殖的情况下，荒废后即出现不同类型的草丛。如果不再遭受人为影响，自然发展的灌木就会大量侵入，3～5年灌丛就会形成。在灌丛阶段，可能通过大量原来的林木侵入，经过丛林阶段，或者经过枫香、红荷木、楹树、任木、翻白叶树等阳性树种侵入所构成的次生季雨林阶段，逐渐向原有的季节性雨林恢复，估计需要20～30年，还要随所在地的环境条件、人为影响的方式和强度不同有所变化。总之，只要注意封山育林很快就能得到应有的恢复。

如果季节性雨林遭受不同程度的砍伐，但不烧山垦殖，邻近的母树和原来残存的林木就会迅速侵入和恢复成长，不过5～10年，经过一段杂乱无章的丛林阶段，就会不断向原来的季节性雨林方向恢复，要发展成为较好的林分，还需20年以上的时间。

三、森林生态地理系统的管理和可持续发展

大量的研究表明，由于地域的差别和地理环境的不同，以及人为因素干扰程度的不同，不同的森林生态地理系统所面临的问题和可持续发展的措施也不同，现以陈灵芝等(2005)对中国森林生态地理系统的研究结果为例来说明不同类型森林生态地理系统的管理和可持续发展问题。

(一)寒温带北方针叶林生态地理系统的管理及其可持续发展

陈灵芝等(2005)研究认为，我国北方针叶林具有落叶与常绿树种之分，树种的特性有喜光和耐阴的不同，因此北方针叶林生态地理系统的管理，既有共同之处，又有不同特点。

1. 存在的问题

多年来北方针叶林生态地理系统所存在的问题是火灾频繁，采伐过度，乱捕滥猎，林地开垦，致使北方针叶林的面积日益减少。原始的北方针叶林生态地理系统只有在自然保护区内存在。北方针叶林所组成的树种，如各种落叶松、云杉、冷杉和松树都是优质木材，是长期采伐的对象，丰富的动物资源为人类提供多种皮毛、肉食及药材等。残存的北方针叶林常呈片断化分布，其间夹杂着多种次生阔叶林、灌丛和草地。因此，北方针叶林生态地理系统的保护和恢复是头等重要的任务。

(1) 火灾

火灾对森林生态地理系统的影响早为人类所熟知，然而北方针叶林生态地理系统火灾频度更占首位。火大部分是由闪电、雷击和人类活动所引起，根据起火的原因、强度、离地面的高度，可分为地面火、地下火及林冠火。地面火主要发生在地表，它使地表易燃物质变为灰烬，并烧及树干下部，烧焦树皮和下部的枝叶，烧死幼苗和幼树、灌木和草本植物，强劲的地面火从而引起地下火，它不仅影响植物根系、根茎、块茎，并燃烧土壤有机质。林冠火主要由雷电所引起，也可由大量积累的枯枝落叶为燃料所形成的强劲的地面火，而波及林冠。林冠火是由一棵树的顶部移向相邻树木的顶部，这种发生在乔木顶部的火灾移动快速，不易控制，对乔木和野生动物具有很大威胁。强劲的森林火灾也波及土壤动物和土壤微生物，以及土壤结构和肥力(陈灵芝等，1995)。以黑龙江省的大兴安岭和黑河为例，据黑龙江省林业厅防火办资料，从1980～1986年，这两个林区年平均火灾次数平均为42次和52次，年平均火灾面积为7358.4km^{2}和6660.3km^2，占全省火灾面积分别为 47.5%与 35.8%。这里是兴安落叶松林大面积分布地，并有一定面积的樟子松林和少量云杉林。大兴安岭最严重的火灾发生在1987年，它摧毁了约100万km^{2}的森林。大兴安岭丘陵起伏，雨量集中，在频繁火灾影响下，水土流失严重，土层浅薄而贫瘠(黑龙江森林编辑委员会，1993)。

(2) 森林过度采伐

森林的无节制采伐是北方针叶林生态地理系统面积减少的重要原因。东北林区一直是我国用材林基地。大面积的森林采伐使东北分布的北方针叶林生态地理系统所剩无几。西北分布的北方针叶林生态地理系统亦受到严重破坏。如表11-3所示，从不同省(区)北方针叶林的原有面积和现存面积之比，以及受保护面积，可以看出北方针叶林生态地理系统受破坏的程度。黑龙江省分布的北方针叶林生态地理系统破坏最为严重，被破坏面积占原有森林面积的 73%。甘肃与新疆境内分布的北方针叶林生态地理系统破坏相对较轻，被破坏森林面积约占原有面积的25%和35%。一般约占40%。森林采伐过度使森林面积大大减少，而采伐方式不同对森林的破坏程度不一。北方针叶林采伐方式主要有皆伐、间伐、轻度择伐和重度择伐，不同的采伐方式使北方针叶林处于不同退化阶段，也可以说是逆向演替阶段。皆伐是北方针叶林通常采取的作业方式，皆伐后林地裸露，根本上改变了北方针叶林生态地理系统的结构与功能，转化为灌丛或草地，用拖拉机集材，则会引起带状裸地，在坡度较陡处，则引起水土流失，使局部小生境更为恶化。重度择伐是有目的地砍伐目的树种，可使森林面貌由一种森林群落转变为另一种森林群落。轻度择伐只改变森林的部分组成种类，并不改变北方针叶林原来的外貌。而北方针叶林(如各种落叶松林、云杉林、松林)过去长期均采取皆伐方式，以获取木材为主的森林作业方式，加上火灾和开垦等其他因素，使北方针叶林面积大为缩小，而北方针叶林生态地理系统受保护面积大多为2%，少数为11%～23%，个别达40%。

表 11-3 北方针叶林生态地理系统的现存面积(引自陈灵芝等，2005)

省(区)	原有面积/km^2	现存面积/km^2	占原有面积/%	受保护面积/%
黑龙江	80 973	21 515	27	2.1
吉林	13 090	7 854	60	1.6
内蒙古	105 266	60 940	58	2.3
宁夏	2 100	950	45	40.0
甘肃	16 351	12 190	75	23.4
青海	6 714	3 984	59	10.7
新疆	53 268	34 600	65	2.3

2. 保护、管理和恢复途径

陈灵芝等(2005)研究认为，我国北方针叶林的森林面积不断缩小，对原生北方针叶林生态地理系统及其次生林的保护是首要任务，中国实施天然林保护工程将对森林保护具有至关重要的意义。

(1)自然保护区的建立及其合理经营

自然保护区包括森林生态地理系统自然保护区的建立是保护生态地理系统及生物多样性的重要途径。以保护北方针叶林生态地理系统为主要对象的自然保护区数量并不多。位于大兴安岭北部呼玛河上游的呼中国家级自然保护区，主要保护山地兴安落叶松林、樟子松林，以及其次生白桦林、黑桦林、河岸的赤杨林、钻天柳林、甜杨林和丛桦灌丛。位于吉林省的长白山自然保护区，保护了整个山地生态地理系统，其基带为针阔混交林，而分布在山地中下部的以鱼鳞云杉、红皮云杉、臭冷杉为主的北方针叶林也得到同样保护。甘肃省的寿鹿山自然保护区，属祁连山向东延伸的支脉，以保护青海云杉林及其生境为目的。

从以上各保护区所保护的北方针叶林的状况可以看到，各种类型的北方针叶林均在自然保护区内得以保护。但是自然保护区的管理上仍存在不少问题，应按照自然保护区管理条例严格执行。依据北方针叶林生态地理系统自然发展规律，使之得以自我维持。

(2)封山育林，天然更新

中国的森林与国际上相比，森林覆盖率低，破坏严重。因此，森林恢复对自然环境的改善和国民经济的发展具有重要意义。大面积的火烧和砍伐使森林变为迹地。在大面积受破坏地段采用天然更新是节省人力和资金的有效途径。在 1987 年大兴安岭特大火灾后，据调查，此后 1～3 年内就出现白桦和山杨的萌芽、萌蘖苗及幼苗。萌蘖芽的枝条数量可达 5 株以上，同时也出现白桦的实生苗(徐化成，1998)。在某些地段上则出现樟子松幼苗。根据山西省太岳林区经验，过早封山育林使原有约 3hm^2 的华北落叶松残林，经过 15 年封山，在荒山上自然更新形成 4hm^2 的华北落叶松幼林，郁闭度达 0.8，每公顷平均 10 000 株以上幼树。同样在北京东灵山海拔 1700m 草甸上，原残存几株华北落叶松，经过十几年后，林木自然更新形成小面积的华北落叶松林。对于阳性的北方针叶林树种，在资金不足的情况下，利用天然更新途径是恢复森林的有效途径(陈灵芝等，1995)。

(3) 次生林的保护

在皆伐和火烧迹地上，各种桦木和杨树逐渐形成次生阔叶林，这是向北方针叶林特别是耐阴的云杉林、冷杉林发展的重要阶段，因此次生林保护的重要性不亚于对原生北方针叶林的保护。通常在桦木林和山杨林下，云杉和冷杉幼苗更新良好，这种现象在山西关帝山和管涔山的白桦林下经常可以看到，桦木和山杨在本身郁闭度大的林下更新不良，阔叶林最终被云杉林所替代。长期以来，次生杨桦林是林业部门的改造对象，皆伐阔叶林营造人工针叶纯林，使树种单一，易遭虫害。目前，这类天然次生林也是天然林保护工程的主要对象，应予以严格保护。

(4) 种源的采集和母树林的营造

任何森林的恢复无论是天然恢复还是人工促进天然恢复，均离不开种子和种苗。在华北地区亚高山上的北方针叶林分布面积不大，大面积砍伐后，使白扦、青扦、华北落叶松种源极少。次生阔叶林由于缺乏针叶树的种源而不易顺向演替。因此，云杉、冷杉等耐阴树种和东北的樟子松等阳性树种种子的采集育苗，以及母树林营造及其集约经营，是恢复北方针叶林需要解决的问题。在山西关帝山、管涔山一带所营造的青扦、白扦的母树林有一定种源，使白桦林下有云杉幼苗天然侵入，有利于次生林的发展，同时也可利用人工种植云杉幼树于桦木林下，以人工辅助方式促进自然演替。

(5) 人工林的营造

北方针叶林是中国重要的用材林，对这一类型森林的人工林营造和集约经营，对满足国民经济发展和当地居民的需求、减轻当地居民对天然林的压力是至关重要的。东北和华北山地上分布着大面积灌丛和草地，它们有相当部分是北方针叶林严重破坏后的次生类型。应选择合适的立地条件进行人工林的营造，通常在山地下部、河谷两侧、坡度平缓(在 10°以下)、土层较厚的优越地段适于营造落叶松人工林。在山地中部或中下部坡度 10°～20°，土壤中等厚度地段亦应造林。以营造阳性的针叶林如兴安落叶松林为主，适当配以当地阔叶树种或灌木，以集约经营方式在不同生长时期严格控制落叶松的密度，促使林木高生长和胸径的增长。在立地条件优越地段，落叶松人工林在 45 年左右即可采伐利用。樟子松是耐寒、耐贫瘠土壤的阳性树种，樟子松在东北地区曾有大面积分布，说明这一树种适于这一带的环境条件，樟子松也是寒温带造林的重要树种。在人工林营造过程中，幼林的抚育是至关重要的，它不但可使林木由于减少密度、减少竞争而加速生长，而且可为人类提供必要的薪材。

(二) 针阔混交林生态地理系统的管理及其可持续发展

1. 存在的问题

红松阔叶混交林的主要组成乔木树种都是优质木材，这类森林一直是近百年来人类利用的对象。目前原始的红松阔叶混交林的面积已大为减少。根据 1992 年资料，黑龙江省针阔混交林的现存面积比原有面积减少了 40%，现有面积为 24 109km^2，受保护面积占现有面积的 2%，吉林省现存的针阔混交林面积比原有面积减少 45%，现有面积为 3240km^2，两省合计为 27 349km^2，受保护面积为 12.7%。即便如此，目前所保存的针阔混交林都存在不同程度的破坏，即使是自然保护区内也曾受过一定的自然或人为干扰，但由于干扰较轻，仍保持着原始林的外貌。

2. 保护、管理和恢复途径

(1) 自然保护区管理

以红松阔叶混交林为主的自然保护区数量不多，著名的有凉水自然保护区和长白山自然保护区。凉水自然保护区位于黑龙江省伊春市，以保护原始红松阔叶混交林、次生阔叶林及多种珍贵稀有动植物为目的。长白山自然保护区位于安图县和抚松县，以保护整个山地各垂直带生态地理系统为目的。牡丹峰自然保护区位于黑龙江省牡丹江市，面积 195km^2，海拔 260～1000m，主要保护针阔混交林及阔叶林。白石砬子自然保护区位于辽宁省宽甸满族自治县，以保护红松阔叶混交林为对象。对于这些保护区应以保护为主，有控制地开展旅游，防止无节制的旅游业的发展，严重破坏自然景观。

(2) 次生林的保护和恢复

红松阔叶混交林的基本特征及其被破坏后的演替方向，经几代科学家的研究，基本掌握其动态规律。因此，次生林的保护和恢复应按生态地理系统规律来进行管理。通过次生阔叶混交林的天然更新，它们具有自我维持的能力，应加以保护和适当利用。

次生阔叶林的种类组成，均为原生性红松阔叶混交林中的主要树种。有的次生林下有针叶树红松和臭冷杉的幼苗或幼树出现，通过封山育林可以向红松阔叶混交林方向发展。在某些次生林中无红松的种源，在这种情况下，利用林内已有空隙，或适当去除生长不良的阔叶树，制造人工林隙，由人工补植红松，这是人工模拟天然林更新的一种措施。

(3) 人工林的营造

红松阔叶混交林分布地区，有重要经济价值的树种很多，除红松外阔叶树种有水曲柳、胡桃楸、黄檗、紫椴、糠椴、春榆、大青杨、蒙古栎，以及针叶树杉松、长白松、黄花落叶松等，都具有重要价值，特别是针叶人工林的营造受到普遍重视。由于各树种所要求的生态学条件不同，因此在人工林营造时要因地制宜，因树种植。目前，上述各种树种大多营造有人工林并取得良好效果。

(三) 亚热带常绿、落叶阔叶混交林生态地理系统的管理及其可持续发展

1. 存在的问题

无论是水平地带性还是垂直地带性，亚热带常绿、落叶阔叶混交林生态地理系统都是由于生态环境不能够满足常绿阔叶林对热量的需求而又超过落叶阔叶林对热量的需求，因而形成以落叶成分为乔木层第一亚层、常绿成分往往位于第二亚层及第三亚层，由比较耐寒的种类组成的常绿、落叶阔叶混交林，林下还有较多的常绿灌木和草本。所以，这类森林中的常绿成分对环境的变化通常非常敏感。另外，中山地段及石灰岩山地的常绿、落叶阔叶混交林往往由于山势陡峻、地形复杂，以及石灰岩山地土壤水分容易下渗而干旱等特点，中国亚热带常绿、落叶阔叶混交林生态地理系统对外界干扰的抵御能力较差，中山地段和石灰岩山地受干扰而退化的生态地理系统恢复起来比较困难。因此，在人口剧增、经济飞速发展的今天，中国亚热带常绿、落叶阔叶混交林所面临的形

势不容乐观，存在的问题较多。归纳起来大致有以下几点。

(1)生态地理系统退化现象严重，水土流失问题突出

近年来，随着人口的快速增长，毁林开荒、乱砍滥伐所引起的森林生态地理系统退化现象日趋严重，由此引发的水土流失等问题也日益突出。特别是长江中上游在功能上属于水土保持林的山地常绿、落叶阔叶混交林生态地理系统退化和萎缩，对中国长江流域的工农业生产和人民的生活构成了直接的威胁。1998 年特大洪灾已引起各界的高度重视。近年来，长江中上游山地自然灾害也时有发生。酿成这些灾害的原因除不可抗拒的自然因素外，主要是由对森林乱砍滥伐，农田水利建设缺乏通盘考虑和规划，长江中上游盲目开荒、长江中下游的围湖造田等人为活动因素所造成的。

(2)火灾频繁，生境退化

中国亚热带山区群众有烧山驱兽、毁林、开荒、烧炭、烧灰积肥、炼山造林等生产习惯，山区农闲季节，打猎、挖药采果、清理田边地角、烧荒、烧纸上坟等活动频繁，野外用火显著增加，为火灾的发生和蔓延提供了机会，季节性的森林火灾发生频繁。据统计，1950～1983 年，湖南全省共发生森林火灾 43 077 次，受害森林面积 6234 万 hm^2，平均每年发生森林火灾 1267 次，受害森林面积 1.83 万 hm^2。在湘西、湘东、湘南的边远山区，常因垦山种粮等生产活动，火灾频繁发生，加之交通不便，扑灭不及时，往往小火酿成大灾，损失极大。

(3)林龄结构不合理，中幼林及老龄林面积比例过大

在中国亚热带，普遍存在宜林地(林业用地)面积大、但森林覆盖率低的现象。如位于中国亚热带东部的江西省，疏林地、未成林地、灌木林地及无林地的面积占全省宜林地总面积的 43.1%。在有林地中，用材林占 81.1%，其中幼龄林面积占 55.4%，中龄林面积占 31.9%，二者合计达 87.3%，而防护林面积仅占 1.5%。从有林地面积来分析，以针叶树为优势或人工纯林的林分面积占有很大的比例，其中仅马尾松林就超过全省有林地总面积的一半，达 50.7%，杉木人工林占 27.5%，阔叶林(主要以天然林为主)仅占 21.8%。马尾松林和杉木人工林面积的增加，意味着天然常绿、落叶阔叶混交林面积的减少。就生态地理系统的多样性而言，无论是结构、组成还是复杂性，针叶林生态地理系统远不如常绿、落叶阔叶混交林生态地理系统，尤其是人工针叶林生态地理系统，由于组成单一，其结构更简单，多样性低。

(4)乱杀滥捕，生态地理系统严重受损

中国亚热带常绿、落叶阔叶混交林生态地理系统不但有很高的物种多样性和群落结构与层次的多样性，而且食物网结构复杂，具有完善的能量流动和物质循环通道。然而，由于常绿、落叶阔叶混交林分布地段水热条件和地理环境的特殊性，这类生态地理系统也是很脆弱的生态地理系统，面对外界干扰体系的存在，生态地理系统一些成分的丢失往往导致生态地理系统的退化甚至土崩瓦解。随着近代特别是近半个世纪以来人口的激增和科学技术现代化日新月异的发展，森林面积越来越小，树木越来越少，过去遍地都有的贵重中草药、土特产如今已变成“凤毛麟角”。大型动物的消失固然与人类的乱杀滥捕有直接的关系，然而作为动物栖息地的森林的退化与丧失，是动物特别是大型食肉动物在亚热带绝迹的根本原因。缺乏位于食物网顶端的食肉动物，野猪、啮齿类种群数量

剧增，反过来对残存的生态地理系统起更大的破坏作用，促使森林的逆行演替。

2. 保护、恢复和持续利用途径

长期以来，由于频繁的人类活动和生境的特殊性，亚热带常绿、落叶阔叶混交林生态地理系统已经变得支离破碎，生态地理系统退化现象十分普遍，残存于深山中的林分也很难幸免。如何对这些受损和退化的森林生态地理系统加强管理，在维持其系统基本功能和过程的前提下实现对自然资源的可持续利用，是当前中国林业生产和生态学研究十分重要而又迫切的任务。

(1)退耕还林，恢复与重建森林生态地理系统

中国亚热带受人类活动长期的影响，森林生态地理系统退化或受损现象普遍而又严重。环境的恶化已经成为山区乃至全国经济发展的制约因子。退耕还林，恢复与重建森林生态地理系统是中国生态环境建设面临的重大任务。

封山育林就是对有母树的残林或具有天然更新条件的山地进行封禁，在禁区内停止垦殖、樵采、放牧及任何破坏森林植物正常生长的人为活动，依靠亚热带优越的气候条件、森林的天然再生能力及森林演替规律进行封育成林。封山育林必须加以人为引导，即以封山为主，封育结合，同样要采用科学的育林措施。为此必须由当地农民制订乡规民约，建立护林制度，健全护林防火组织和设施；同时辅之以人工促进措施，经过人工抚育后形成复层混交林，林内益鸟、益兽、益虫数量繁多，森林虫灾及旱灾减少，生态效益显著。

对于退化严重、环境恶化的地段，包括不宜耕种的山坡农田、弃耕地等，单纯的封山育林显然已不能在短期内达到预期的目的，必须辅以人为措施。在森林退化(逆向演替)形成的荒山秃岭，水土流失严重，土层浅薄，基岩裸露，肥力极低的荒山，地表没有植被，难以自然成林，均宜采用人工的办法进行造林。即使是立地条件较好、森林虽已开始退化但尚未形成裸地的地段，也应采取人为措施，补植引进目的树种或对残留的顶极群落建群种的幼苗幼树进行抚育，以促进森林顺向演替的速度。

在人烟稀少、海拔较高的边远山区或当地无力经营的大面积荒山，可采用飞播造林。飞播后，经过封山育林，飞播苗和天然苗生长良好，可形成多树种混交的优良林分。采用飞机播种造林，投资、投劳少，效益高，一般成本较低，约为工程造林的 10%；投入的劳工日约为工程造林的 15%。在山多人少的边远山区飞播造林，既能解决资金、劳力不足的困难，又能加快绿化，事半功倍。

(2)加强现有森林资源的保护

首先，应建立森林连续清查制度，通过省、县级森林连续清查体系，定期掌握亚热带森林的数量、质量及消长动态，建立反映森林资源现状、变化及其经营投资效益等情况的森林资源档案。其次，应在这些地带建立自然保护区，积极开展科学研究。一方面，研究这些森林类型的结构、生长发育及演替规律，并在营造人工林时加以模拟和仿造；另一方面，要探索珍稀濒危植物驯化栽培、野生动物人工繁殖的方法和技术措施，不断扩大珍稀动植物种群的数量和分布范围，使森林群落和野生动物资源纳入永续利用的轨道。

(3)营造针阔叶混交林，降低森林灾害

中国亚热带人工林面积大，分布广，而且多为松、杉纯林，对病虫害和火灾等自然灾害的抵抗能力较差。因此，遵从适地适树的原则，营造针阔叶混交林，并对现有人工针叶纯林进行必要的改造，提高森林对病虫害和火灾等自然灾害的抵御能力是当务之急。

(4)积极营造和划定各种防护林、薪炭林

按《中华人民共和国森林法》规定，应划定用于防护目的的各类森林，包括河流源头及上游的水源涵养林、水土保持林、农田防护林、防风护岸林、护路林等。同时，应注意蓄留、禁伐阔叶树种和阔叶林，改变水源涵养林的树种和层次结构，不断提高防护效益。

(四)亚热带亚高山针叶林和山地针阔混交林生态地理系统的管理及其可持续发展

1. 存在的问题

亚热带亚高山针叶林是中国西南林区重要的森林生态地理系统类型，是重要的用材林。生态地理系统中蕴藏着十分丰富的动植物资源，因此亚高山针叶林长期以来为人们所利用。根据1992年资料，对四川、云南、西藏三省(区)的亚高山针叶林统计资料表明，这类森林原有面积为 197 085km^2，现存面积 125 513km^2，森林消失面积占原有面积约40%(马敬能等，1998)。近10年来森林面积仍不断缩小，中国特有的极珍贵的野生动物如熊猫、各种金丝猴均为亚高山针叶林和针阔混交林生态地理系统的重要组成成分。以这两类森林为栖息地的动物种类十分丰富。由于栖息地面积缩小及人类的过度捕猎，野生动物数量急剧减少。因此，保护和恢复亚高山森林已显得极为重要。

2. 保护、恢复和持续利用途径

(1)建立自然保护区

在亚热带亚高山针叶林及针阔混交林生态地理系统中已有一定数量保护区，如玉龙雪山、哈巴雪山、怒江、白马雪山等自然保护区。这些已建立的自然保护区实质上保护了完整的亚高山垂直带的各类生态地理系统，其重要性绝对不能忽视。这些自然保护区应绝对保护，合理地经营管理。不仅如此，当前天然林保护工程对亚高山森林的保护更是政府的重大决策，对生态、环境保护和恢复起了决定性作用。

(2)森林的自然恢复和人工造林

亚高山针叶林和针阔混交林受人类不同干扰后形成各类次生林，灌丛和草甸。凡是择伐林、疏林和有母树存在的地段，可以封山育林，使之自然恢复，也可以在这些地段补植阴性针叶树如云杉、冷杉林。在次生灌丛和草甸上则可以营造森林，应根据不同海拔、坡向、坡度营造阳性树种，如以各种红杉和高山松为主的人工林。为了用材和生活需要，可营造以当地的速生树种为主的人工林或灌木林。对在亚高山森林分布地少数民族对森林生态地理系统特殊的利用方式，应予以总结，并吸收当地社区居民参与规划、管理和恢复亚高山森林。

(五)热带季雨林生态地理系统的管理及其可持续发展

1. 存在的问题

季雨林是热带干旱地区一种特殊的森林类型，在季节性雨林遭受破坏、环境变干的情况下也有出现。由于过去缺乏科学的规划，不合理的采伐、垦殖，其分布面积已越来越小，保护较完整的林分已很难找到，以致当前所建立的保护区中包括季雨林在内的很少。所以，选择适当的地区建立保护区，对大面积热带季雨林区域的土地合理利用，特别是退耕还林还草，建立人与自然协调充满活力的景观多样性镶嵌体是最迫切的任务。

2. 保护、恢复和持续利用途径

季雨林分布区域面积不大，保护较好的林分不多，垦殖比较普遍，但由于环境条件较差，产量较低。因此，必须因地制宜地选择适当地段建立保护区，对次生生态地理系统通过封山育林或人工重建的方法予以恢复，加强经营管理措施，促进农林牧副业综合发展是当务之急。特别应该指出，季雨林的许多建群种都是有发展前景的速生、珍贵用材树种。例如，木棉、橄树、香须树、鸡占、毛麻楝、八宝树、红椿、铁力木、铁刀木、海南蒲桃、海南石梓、滇石梓、刺桐、任木、降香黄檀、柚木等均为优良树种，都值得因地制宜地促进天然更新或人工种植，以扩大其面积，提供各方面的应用。

(六) 亚热带常绿阔叶林生态地理系统的管理及其可持续发展

1. 存在的问题

由于过去长期的无计划的采伐、烧垦等，常绿阔叶林已遭受极为严重的破坏。现在东部地区分布已零星小片，而且保存得很不完整，生境破碎化对生物多样性的总体保护造成严重的威胁，西部地区过去交通不便，偏僻之处还有较大面积的残存，但蚕食现象也很严重，当前最根本的问题是要切实地执行天然林保护工程计划，不但要对现有的常绿阔叶林管护好，并且通过封山育林的方法使许多退化地区的生态地理系统得到必要的恢复，使其不断地向常绿阔叶林的方向发展，从而扩大其分布范围，发挥其涵养水源、调节区域气候和丰富的资源库的作用(王献溥，1997)。

2. 保护、恢复和持续利用途径

(1) 建立自然保护区

当前，谷地常绿阔叶林保护较好的地方基本上已建立了保护区，但是实践证明，保护好的保护区内小片的森林还不能解决问题，因为许多保护区还受到来自各方面的威胁，如果保护区周围得不到合理的规划，使保护区犹如被辽阔的栽培景观海洋所包围的孤岛，也很难适应全球气候变暖、物种迁移的迫切要求。因此，保护区在总体规划的基础上，必须要帮助周边地区有关部门和社区规划好土地，合理利用，使之形成一个与保护区要求相适应的缓冲带或走廊带，并与它们实施共同管理，利益公平分享，保护区的安全才能得到保证。

(2) 退耕还林

退耕还林就是把不适宜发展作物的山地陡坡，因地制宜地通过自然恢复或人工重建的方法将之恢复成林，以维护区域生态安全，并能提供一定的林副产品；同时，要通过小城镇的建设或其他产业调整的方法，把从事农业劳动的人口转移到其行业中去，以减少或不再依靠对退耕地的依赖，并要加强培训，大力宣传其战略重要性，提高各界人士和广大公众的认识，并使其积极参与，才能达到预期的目标。

(3) 人工营林

根据不同环境条件，采取不同方法，营造不同类型的森林。凡是在坡度 25°以上的陡坡，附近仍有残存的小片天然森林或适当母树的地方应坚持采取封山育林的方法，使退耕地能沿着顺向演替方向，向顶极群落发展。如果需要和可能，可通过某些抚育的方法，清除非目标树种，促进目标树种的生长，加速其演替进程，即恢复人们常说的所谓生态林，以实现其以生态效益为主的目标。已筑有较高水平梯田的地区，可因地制宜地以速生材或其他经济树种营造用材林或经济林。在山脚坡度缓和的村庄周围地区，可在原有种植基础上更多地考虑诸如果树、药用植物的发展。

(4) 建立生态补偿机制

要建立生态补偿机制，靠山吃山、靠水吃水的人们，放弃了自己的耕地，恢复生态保护林之后，就为其他区域的生产和人民生活提供了安全保障，政府就应向受益地区征收生态补偿费，用以支持保护地区、人民的工作和生活的需要。这是一项持久的制度，不是短期的任务，应制定必要的法规予以明确规定。

(七) 亚热带西部山地硬叶常绿阔叶林生态地理系统的管理及其可持续发展

1. 存在的问题

亚热带西部山地硬叶常绿阔叶林生态地理系统的分布区，环境比较严酷，它的存在对水土保持、维护长江的安全也具有十分重要的作用。但对它的保护力度不够，遭受严重破坏，面积日益缩小，而且残存的林分也受到严重的威胁。因此，如何对它加强保护，发挥其保持水土、涵养水源和资源库的作用，是必须引起有关方面重视的重大问题。

2. 保护、恢复和持续利用途径

在川西、滇北、藏东南一带的许多保护区都有硬叶常绿阔叶林，但这并不意味着它们的保护已得到落实。实际上许多保护区的管理远远跟不上形势发展的需要，更谈不上对硬叶常绿阔叶林的保护和管理。硬叶常绿阔叶林常常和亚高山针叶林或山地针阔混交林或山地常绿阔叶林紧密相连，保护区还应充分认识硬叶常绿阔叶林的理论价值和实际意义，要加强对它的保护力度，对一些遭受破坏的地段，应通过封山育林的办法使其得到应有的恢复，以发挥其保持水土的作用。

硬叶栎类大多材质坚硬、耐磨、耐腐，适用于造船、车轮、矿柱、农具、薪炭和建筑材料。其壳斗、树皮可提制烤胶，果实含淀粉。可见，其用途是多种多样的。可在不影响保护的前提下，有目的、有计划地划出相应的地段进行科学经营，如有必要和可能，也值得在适当的生境中进行造林，扩大其分布范围和绿化面积。总之，要把保护和利用密切结合起来，实事求是地根据实际要求做出科学规划，贯彻持续利用的方针。

(八) 热带季节性雨林的管理及其可持续发展

1. 存在的问题

季节性雨林是中国热带地区的地带性植被类型，类型多种多样，广泛分布于海南、广西、云南，一直延伸至西藏南部喜马拉雅山地区，是中国生物多样性最丰富的区域，在维护中国生态安全方面起着巨大的作用。但由于长期以来不合理的采伐、烧垦等，它的面积已大大缩小，而且处于一种支离破碎的状态，对生物多样性的总体保护造成严重的威胁。当前，最关键的措施就是要切实地执行天然林保护工程计划，通过封山育林、退耕还林的办法，使许多退化地区得到必要的恢复，使之不断向季节性雨林方向发展，从而扩大其分布范围，发挥其涵养水源，调节区域气候和丰富的资源库的作用。

2. 保护、恢复和持续利用途径

现在，谷地季节性雨林保存较好的地方基本上都已建立了保护区，按照生物圈保护区管理模式的要求，把保护区管好是第一步。然后要广交伙伴，与周边地区有关部门和社区实施共同管理，利益公平分享，在当地政府的领导和支持下，在周边地区建立一个广阔的缓冲带，根据保护区总体规划的要求，规划好土地合理利用，使之成为一个有机整体，不断向生物多样性管护区的方向发展，并发展成为一个实施可持续发展战略的基本单元。这样，原有的天然季节性雨林得到较好的保护，退化生态地理系统得到较好的恢复，并向季节性雨林方向发展，大面积栽培地区在充分发挥保护区资源优势的条件下丰富其生物多样性，使之成为一个人与自然协调、充满活力的景观多样性镶嵌体。

第三节　草地生态地理系统类型的空间分布格局及其变化动态

草地生态地理系统是陆地生态地理系统的一个重要类型。在地球表面，草地生态地理系统的面积是仅次于森林生态地理系统的第二大绿色覆盖层，其面积约占陆地总面积的 24%。在中国，不同类型草地生态地理系统的总面积约 4 亿 hm^2，约占国土总面积的 40%。其中北方天然草原生态地理系统的面积约 3.13 亿 hm^2，占草地生态地理系统总面积的 78%，是中国草地生态地理系统的主体。

草地生态地理系统的生物量约占全球植被生物量的 36%，草地生态地理系统、森林生态地理系统与海洋生态地理系统并列为地球的三大碳库，草地生态地理系统在全球碳循环中起着十分重要的作用；草地生态地理系统还对生物进化、人类文明发展及国家兴衰、民族繁荣、人类未来都有着十分重要的意义。草地生态地理系统对人类未来的生存与发展有着不可代替的巨大的生态功能、举足轻重的经济功能和重要的社会功能。因此，研究草地生态地理系统类型的空间分布格局及其变化动态，并提出促进草地生态地理系统可持续发展的对策措施，无疑具有重要的价值。

一、草地生态地理系统的空间分布格局

草地生态地理系统的空间分布格局是指随着地理水平(地理纬度、经度)和地理垂直高度(海拔)的变化，草地生态地理系统呈现出有规律性变化的空间分布状况。

在地球表面，由于热量随纬度而变化，降水随距海洋远近及大气环流的影响而变化，水、热条件相结合，导致气候按一定规律的地理性变化，使草地类型也随之发生地带性更替。一方面，表现为沿纬度方向的南北变化，称为纬度地带性；另一方面，沿经度方向即从沿海向内陆发生规律性变化，称为经度地带性。二者结合，形成水平分布地带性。

在山地，尤其是高山地区，草地类型还会随海拔升高而发生有规律性的变化，形成垂直分布地带性。除此之外，在地带性草地分布区域内受地表或地下水影响，改变了气候地带内局部地区的水分状况，还会出现隐域性草地，形成非地带性草地的分布。

(一)草地生态地理系统的水平分布格局

草地生态地理系统的水平分布格局是指随着地理水平(地理纬度、经度)的变化，草地生态地理系统呈现出的有规律性变化的地理水平分布状况。大量的研究表明，不同地域间草地生态地理系统的地理水平分布状况各不相同。现以郭思加等(1996)对中国草地的研究结果为例来说明草地生态地理系统的水平分布状况。

1. 草地水平分布特点

郭思加等(1996)研究认为，中国天然草地在纬度、经度地带性和青藏高原地带性多重因素的影响下，形成了水平分布的总格局：东半部即太平洋季风气候区以森林为主，在森林屡遭破坏的地方，从南到北依次有热性草丛、热性灌草丛、暖性草丛类和暖性灌草丛类、山地草甸草地的地带性更替。局部地区有隐域性低地草甸和沼泽类草地发生。

我国西北部属大陆性气候区，草地分布主要受水分条件制约的经度地带性影响，自东向西，呈现温性草甸草原、温性草原、温性荒漠草原、温性草原化荒漠、温性荒漠类草地逐渐更替的地带性分布规律。新疆北部由于多少受西来湿气流的影响，水分状况有由西向东递减的特征性，但总体仍是干旱荒漠气候。青藏高原草地受东南季风和南部孟加拉湾暖湿气流影响，从东南向西北呈现高寒草甸、高寒草甸草原、高寒草原、高寒荒漠草原、高寒荒漠类草地的地带性更替分布。

(1) 中国东南部草地水平分布

我国东南部属于森林地带，除海滨、河滩低地及部分山地有草甸和沼泽草地分布外，草地为山地丘陵森林受破坏后形成的次生灌草丛，从南到北分布有热性草丛和热性灌草丛、暖性草丛和暖性灌草丛，前者主要分布在秦岭—淮河以南亚热带和热带地区，后者主要集中分布在暖温带地区，它们也具有垂直分布特点。

(2) 中国西北部草地水平分布

西北部属半干旱、干旱区，草地类型的分布自东向西，大致可分为五个地带：①温性草甸草原地带。包括呼伦贝尔高原东部、锡林郭勒高平原东部、松嫩平原东南部地区，代表性草地主要有以羊草、贝加尔针茅、线叶菊、多叶隐子草等为优势种的类型。②温性草原带。自松辽平原中部经内蒙古高原东、中部，鄂尔多斯高原大部、黄土高原中西部，代表性草地有大针茅、克氏针茅、长芒草、糙隐子草、冰草、冷蒿、百里香等草地类型。③温性荒漠草原带。包括内蒙古苏尼特左、右旗，达茂旗、乌拉特前旗、鄂托克旗一线以西的蒙古高原、鄂尔多斯高原西部和宁夏中部地区，代表性类型有短花针茅、沙生针茅、小针茅、戈壁针茅、无芒隐子草、蓍状亚菊、女蒿等草地类型。④温性草原化荒漠带。包括狼山、贺兰山山脉以西的内蒙古乌拉特后旗，杭锦后旗以西及东阿拉善高原地带，草地组成以半灌木、灌木与旱生小禾草为主，主要优势种有珍珠猪毛菜、红砂、驼绒藜、沙生针茅、小针茅、多根葱等组成不同的草地类型。⑤温性荒漠带。包括东阿拉善高原北端及阿拉善高原中西部、甘肃省景泰以西的河西走廊、柴达木盆地、新疆全部(除阿尔泰山、天山等大山体外)，代表性草地有梭梭、沙拐枣、霸王、泡泡刺、假木贼、盐爪爪、木本猪毛菜、红砂、珍珠猪毛菜等草地类型。

(3)青藏高原草地水平分布

占据对流层一半以上空间的、世界上最高的青藏高原，海拔高程平均在4500m以上，高原上气候独特，气温显著低于同纬度的平原和低山地区，具有寒冷、少雨、干燥、多风、太阳辐射强、日照长等特点，草地植物主要由适应高寒气候的种类所组成，与周围相毗邻的低海拔地区有明显不同。广阔的高原面上地形平缓，草地类型沿水平方向变化，且内部具明显连续性和一致性，使高原上的草地有与平原地区草地水平地带性相似的变化，因而可称为高原地带性。

从青藏高原草地水平分布状况看，以日月山—玛多—曲麻莱—安多—那曲嘉黎—朗县一线为界，东半部属于湿润气候，西半部则为干旱气候，草地在水平分布上亦有所差异。青藏高原受东南季风和孟加拉湾暖湿气流影响，东部和东南部年降水400～750mm，向西、西北降水逐渐减少，至羌塘高原西北年降水不足50mm。高原面上的草地从东往西有高寒草甸—高寒草甸草原、高寒草原—高寒荒漠草原、高寒荒漠更替变化的主流规律。

除高寒草地的水平分布规律外，还有：①东部沿金沙江、怒江、澜沧江等河谷，从南往北有热性草丛—暖性草丛—温性草甸草原更替；②在雅鲁藏布江河谷两侧，从东往西有山地草甸—温性草原—温性荒漠草原—温性荒漠更替；③在东北部与黄土高原接壤部为温性荒漠—温性草原；④在喜马拉雅山南坡和西南部边境河谷两侧，受印度洋气流影响，分布有热性灌草丛、暖性灌草丛和山地草甸。

2. 中国草地的水平分布规律性

综上所述，郭思加等(1996)研究认为，中国草地的水平分布地带性表现出如下规律性。

1)中国东半部森林区，生长着各类森林，森林遭受自然或人为因素破坏后，在热带、亚热带形成次生的热性灌草丛或热性草丛，在暖温带形成暖性灌草丛或暖性草丛类草地，在中温带和寒温带形成山地草甸。平原区草地分布呈纬度地带性规律。

2)中国西北部，草地分布与水分状况的地带性变化相一致，基本沿东北西南走向的数条年均等雨线，自东北向西南呈倾斜的经度地带性分布。

①年均等雨线350～500mm(南段350～450mm)为温性草甸草原类草地。

②年均等雨线250～350mm(南段350～450mm)为温性草原类草地。

③年均等雨线200～250mm(南段200～350mm)为温性荒漠草原类草地。

④年均等雨线180～200mm(南段150～200mm)为草原化荒漠类草地。

⑤年均等雨线<150mm以西进入辽阔的温性典型荒漠类草地。

中国荒漠地带，大致从北疆准噶尔盆地木垒至青海一线为界，其西为中亚荒漠，其东(包括南疆、甘肃、青海柴达木盆地、内蒙古西部)为亚洲中部荒漠。二者在气候与植物区系成分上均有明显差别。亚洲中部荒漠气候更加干旱，草群更为稀疏。

3)青藏高原草地的水平分布规律，体现特殊的高原地带性分布特点。整个高原面以高寒和强大陆性气候为主，水分状况由东南向西北递减，草地类型的分布则相应呈现出由高寒草甸、高寒草原、高寒荒漠递变的趋势。

(二)草地生态地理系统的垂直分布格局

草地生态地理系统的垂直分布格局是指随着地理水平垂直高度(海拔)的变化，草地生态地理系统呈现出的有规律性变化的垂直分布状况。大量的研究表明，不同地域间草地生态地理系统的垂直分布状况各不相同。现以郭思加等(1996)对中国草地的研究结果为例来说明草地生态地理系统的垂直分布状况。郭思加等(1996)研究认为，根据中国自然条件地域性差异、气候条件和草地类型的特点，可把中国草地分为三大地域，即北方草地区、南方草地区和青藏高原草地区。

1. 不同地区草地垂直分布特点

(1)北方草地区草地垂直分布特点

我国北方草地区为温带气候，水分条件自东向西由湿润逐渐向干旱过渡，为我国温性草原和温性荒漠草地主要分布区。由东向西立足于不同水平地带的山地，其草地分布垂直带谱的结构也有明显差异。下面以东部长白山、中部大青山、西部祁连山和天山为例，说明北方草地垂直分布特点(图 11-9)。

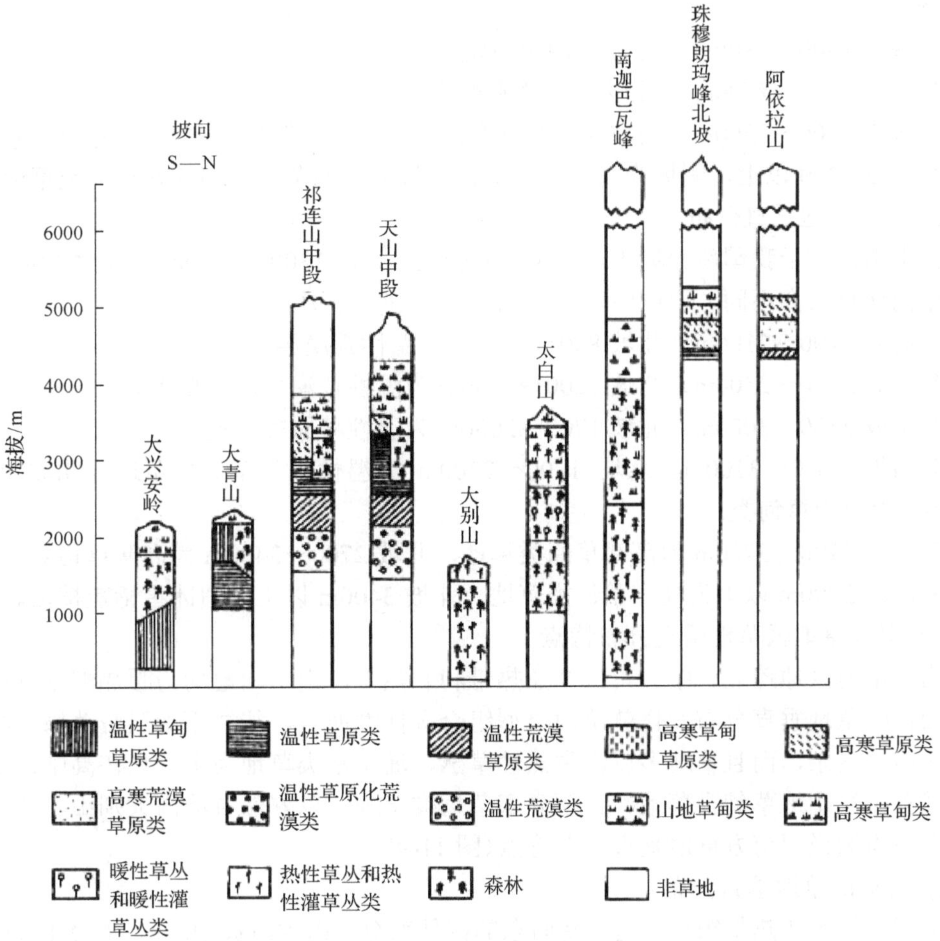

图 11-9　中国部分山地草地垂直分布图(引自郭思加等，1996)

a. 长白山草地垂直分布

1）海拔 500m 以下为草甸草原类草地。

2）海拔 500～2000m 为山地草甸类草地。

3）海拔 2000m 以上为高寒草甸类草地。

b. 大青山草地垂直分布

大青山位于内蒙古中部，为温带半干旱气候区，它表现为典型草原为基带的山地草地垂直分布特点。

1）阴坡 1000～1200m、阳坡 1000～1400m 为温性草原类草地。

2）阴坡 1200～2100m 为中生灌丛，阳坡 1400～1900m 为温性草甸草原类草地。

3）阴坡 2100～2300m、阳坡 1900～2300m 为山地草甸类草地，局部山顶有高寒草甸的类型分布。

c. 祁连山草地垂直分布

祁连山位于甘肃河西走廊南部，雨量集中于夏季的干旱荒漠地区，东段湿润，西段干旱。海拔一般在 4000m 以上，山体较高，最高峰达 5547m。其中段的山地草地垂直分布如下。

1）海拔 1500～1800m 为温性荒漠类草地。

2）海拔 1800～2500m 为温性荒漠草原类草地。

3）海拔 2500～3200m，阴坡为针叶林和山地草甸类，阳坡为温性草原类草地。

4）海拔 3200 以上，阴坡为高寒草甸类，阳坡为高寒草原类和高寒草甸类草地。

d. 天山草地垂直分布

天山山地位于我国新疆境内，东西跨度较大，长达 1300～1700km。山体特征和草地垂直结构亦有很大不同。现以中段为例加以说明（图 11-9）。

1）南坡 1400～2100m、北坡 800～1200m 为温性荒漠类草地。

2）南坡 2100～2500m、北坡 1200～1700m 为温性荒漠草原类草地。

3）南坡 2500～3000m、北坡 1700～2000m 为温性草原类草地。

4）南坡 2600～3100m、北坡 1800～2200m 为温性草甸草原类草地，北坡 2200～2700m，为山地草甸类。

5）南坡 3100～3700m 为高寒草原类草地，北坡 2700～3400m 为高寒草甸类草地。

6）南坡 3700m 以上为高寒草甸类草地，北坡 3400m 以上为适冰雪稀疏植被。

（2）南方草地区草地垂直分布特点

南方草地区地跨北、中、南三个亚热带和北热带，由于山地均为暖热潮湿气候带，不同山地间草地垂直分布变化就草地类型组合多样性而言，往往不如温带草原区与有些荒漠区山地复杂，而且草地多以次生热性草丛、灌草丛类草地为主，只在高中山以上有可能发育原生山地草甸类草地，甚至高寒草甸类草地。以安徽省境内大别山、亚热带北部太白山为例说明南方草地垂直分布特点（图 11-9）。

a. 大别山草地垂直分布

大别山位于亚热带东部，是秦岭向东的延伸部分，山麓海拔 100m，主峰 1755m，山地草地垂直带谱比较简单。

1）海拔 100～1400m，多为森林所占据，只在森林被破坏的地段形成次生的热性草丛或灌草丛类草地。

2）海拔 1400～1750m 为热性灌草丛类草地。

b. 太白山草地垂直分布

太白山是秦岭山脉的主峰，顶峰海拔 3767m，位于我国亚热带的最北部。因为山体较高，草地的垂直分布较海拔低的山地稍复杂一些。

1）海拔 800（600）～1000m 的基带为热性灌草丛或热性草丛类草地。

2）海拔 1000～1900m 为森林或由其破坏后形成的热性草丛或热性灌草丛类草地。

3）海拔 1900～2600m 为森林或由其破坏后形成的暖性草丛或暖性灌草丛类草地。

4）海拔 2600～3400m 为山地草甸类草地并间有灌丛。

5）海拔 3400m 以上为高寒草甸类草地。

c. 热带草地垂直分布

这里山地通常不是很高，以常绿阔叶林或雨林为基带，草地为森林破坏后的热性灌草丛类草地。

（3）青藏高原地区草地垂直分布特点

青藏高原面积辽阔，经、纬向跨度都很大，山地地形特别是东部横断山区变化显著，山体所处位置与隆起高度的差异亦很明显，草地的垂直分布亦各有不同，现以南迦巴瓦峰地区、珠穆朗玛峰北坡阿依拉山为例说明青藏高原草地垂直分布特点。

a. 南迦巴瓦峰地区草地垂直分布

南迦巴瓦峰地区位于喜马拉雅山东端，印度洋暖湿气流从孟加拉湾楔入后首先受阻于这一地区，受其影响山地南坡气候炎热、降水丰富。海拔 1000m 以下基带内生长发育着热带雨林和森林被破坏后形成次生草地热性灌草丛类草地；海拔 1100～2400m 为暖性灌草丛类草地；2400～4000m 为山地草甸类草地；4000m 以上为高寒草甸类草地；而北坡在 2500～4200m 以常绿阔叶林和暗针叶林带森林为主，林间旷地和林缘则为山地草甸类草地；4200～4800m 为高寒草甸类草地。

b. 珠穆朗玛峰北坡草地垂直分布

珠穆朗玛峰乃举世之巅，地处西藏自治区定日县境内。

1）海拔 4300m 以下为温性草原类草地。

2）海拔 4300～4700m 为高寒草原类草地，其中 4600～4800m 部分地段为高寒草甸草原类。

3）海拔 4800～5300m 为高寒草甸类。

c. 阿依拉山北坡草地垂直分布

阿依拉山位于噶尔藏布西边，属于干旱气候，海拔 4300m 以下为温性草原化荒漠类，4400～4800m 为高寒荒漠草原类，4800～5100m 为高寒草原类，5100m 以上为风化带裸地。

2. 草地垂直分布的规律性

综合分析我国各山地草地垂直分布的特点，可以看出草地垂直分布的规律性。

(1) 草地垂直带与草地纬度带的相似性

在北半球任何一个地方的山地，如果达到一定高度，且垂直带谱完整，则从山麓到山顶草地垂直分布的带谱与山地所在地到北极草地的水平地带分布相近似，但并不完全相等，也不完全相同。产生这种相似状况的主导因素是随山地高度的增加和纬度的增加，其热量变化(由高到低)的一致性。

(2) 任何山地草地垂直带的基带与其所在地的水平带草地类型相同或相近

如内蒙古中部的大青山草地山地垂直分布的基带与其所在地的水平地带性类型相同，都是温性草原类草地。又如亚热带地区山地垂直带谱中基带与水平地带的类型相似，常常为常绿阔叶林破坏后形成的次生热性灌草丛类草地。

(3) 同一水平地带的山地草地垂直带谱随山体的特征不同而有区别

新疆天山北坡山体比准噶尔西部山地高大而干旱，其垂直带谱组成更为丰富；相同类型草地分布的宽度也比准噶尔西部山地宽。

(4) 距海洋远近不同的草地，其湿润度和相适应的植物种不同

距海洋越近越湿润，距海洋越远越干燥，相同海拔的草地类型，亦由湿润草地向干旱草地过渡。如从东北到内蒙古西部，其山地草地垂直带的基带由草甸到草原再到荒漠更替出现。同样，海拔较高的青藏高原，从东南向西北，草地类型由高寒草甸、高寒草原更替到高寒荒漠。而距海洋远近相同且相似的山地，草地的垂直带谱也相似，其中牧草也有许多相似之处。如四川凉山州的布拖、乐山的眉山、雅安的宝兴、阿坝州的理县等山地，距海洋远近和山体基本相似，这些山地的鸭茅多分布在海拔 1500～2800m，羊茅大体在 2800～3000m 开始分布。

(5) 在同一纬度热量带内，山地垂直带在经度方向上也有差异

总规律是由东向西，垂直带谱随着干旱程度加重而使旱生性、高寒性草地类型比例加大。东北山地草地以草甸草原为主，内蒙古阴山山地以草原、荒漠草原为主。而在新疆天山北坡以北，由于大气环流影响，存在由西向东越干旱的特殊性，阿尔泰山则以山地荒漠草原、山地草原、山地草甸和高寒草甸相结合，草甸草原极为次要。

(6) 处于垂直带上不同海拔的草地，其产量和营养物质含量也呈现有规律的变化

以亚热带西部山地为例：基带热性草丛每公顷产干草 2463kg，此基带上的暖性灌草丛每公顷产干草 1767kg，暖性灌草丛以上的山地草甸每公顷产干草 1468kg，而山地草甸以上的高寒草甸每公顷产干草 882kg。牧草的粗蛋白质含量随海拔升高而增加，粗纤维素的含量则随海拔升高而下降。根据云南省草地资源调查资料，粗蛋白质含量在低海拔地区热性灌草丛平均为 7.12%，向上山地草甸为 7.57%；而粗纤维素分别为 32.99%和 28.60%。

(三) 非地带性草地的分布规律

所谓非地带性草地是指在地带性草地分布区域内出现的隐域性草地，它不是适应地带性气候的产物，也不随地带性气候呈相应的地带分布，是适应在地带性气候条件下，

由于地质构造、地形、土壤基质等多种因素的作用，形成不同于地带内的水、热和土壤矿质营养状况而发生分布的草地，并具有相当的连片面积，镶嵌于地带内的非地带性类型。但是它们的分布也有一定规律，概言之，不同隐域性草地的分布主要随土壤水、盐变化而相应地分布，同时在植物区系成分上，常常反映出所在地带的烙印。在干旱地区，由于土壤水分变化的巨大作用，隐域性草地分布更为普遍。

现以郭思加等(1996)对中国草地的研究结果为例来说明草地的非地带性分布状况。郭思加等(1996)研究认为，我国非地带性草地主要有两类，即低地草甸类草地和沼泽类草地。

1. 低地草甸类草地的分布

这类草地广泛分布于湿润、半湿润、半干旱和干旱区中，从平原草甸草原到平原荒漠地带的广大地区，在多大河、河网密集、多湖泊，以及具有位于冲积扇缘、潜水溢出地带的地段分布较多。它们的存在依赖于河流、湖泊水或地下水供应水源，达到中生的土壤水分环境，而地表不积水，排水条件较好。除分布于有淡水泛滥的地段外，多数分布区的土壤母质含有较多的盐分，地下水矿化度较高。正是根据土壤水盐状况的不同，低地草甸类草地出现不同亚类，并有一定的梯度分布序列。

低湿地草甸亚类主要分布在河谷的河床、河漫滩和阶地上，这里有河流淡水侧渗或不定期泛滥，不但补给草地水分，而且淡水对土壤的淋洗使土壤中盐分少，有利于典型草甸草地的发育。

沼泽化低地草甸亚类，是低地草甸中土壤偏湿的类型，是从低地草甸向沼泽过渡的类型。主要发育在紧接河床的沿岸，以及湖盆四周的低湿地上。有的分布区常紧邻沼泽或与沼泽组成复合体。

盐化低地草甸是低地草甸类中分布最广、面积最大的一个亚类，在内蒙古占本草地类可利用面积的44.22%，在新疆则高达90.5%，说明新疆内陆盆地土壤矿化度普遍较高。它主要分布在内陆平原、盆地中低凹地。地下水位较高，为1～2.5(3.0)m，水分较充分，但蒸发强，导致盐分上移，发生不同程度盐渍化，土壤矿化度常达＞10g/L，形成适宜盐渍化土壤中生长植物的发育条件。在亚类内又因地下水位和土壤矿化度的不同，出现不同类型。以新疆为例，在地下水位稍深(1.5～3.0m)、矿化度较低(<5g/L)的扇缘潜水溢出带，分布有牧草产量较高、质量较好的以芦苇、芨芨草、疏叶骆驼刺、胀果甘草等为建群种的不同类型；在地下水位和土壤矿化度高的地段，盐化低地草甸发育差，牧草低矮、盖度小。例如，由小型芦苇与小獐茅组成的类型，地下水位通常在1.0～1.5m，土壤矿化度＞10g/L。盐化低地草甸另一成因是低湿地草甸乃至荒漠类型受人为经营措施影响，开垦破坏植被，种植后灌溉排水不善，土壤次生盐渍化，转变为低地盐化草甸，乃至进一步成为盐土荒漠。

滩涂盐化低地草甸亚类分布于东部沿海，受含盐海水浸渍而形成。组成的类型也因水盐状况不同有所区别，变异规律较为明显，基本上与距离海岸远近相一致。在沿海岸潮位线内，为以翅碱蓬为主的盐生草地，潜水矿化度在50g/L以上，经修建防潮堤，几年后就会演替成以獐茅为主的盐生草甸草地。越向平原内地，距海岸越远，含盐越轻，草地植被发育越好，发生獐茅盐化草甸向芦苇沼泽化草甸，以及狗尾草、稗草低湿地草甸草地的演变。滩涂盐化草甸分布生境多为沙滩，含盐量总体低于内陆低地盐化草甸，草群组成以莎草类为主。但其在草地中的地位和利用价值不如内陆低地盐化草甸在当地饲料构成中重要。

盐化低地草甸，乃至低湿地草甸，因过量开采地下水或上游河水被截流，造成地下水位下降，发生土壤旱化，原来的植物组成种类未变，但发育变差，草层矮化、稀疏化，景观发生明显变化，类似荒漠，我们称为荒漠化低地草甸。荒漠化低地草甸分布区地下水位下降到4～5m或更深。同时雨量很少，不可能产生淋洗脱盐过程，因此原先积累的盐分仍然残留在土层中，土壤含盐量还是较高，土壤矿化度在10g/L以上。

在干旱荒漠区的局部地段，地下水位虽比低地草甸稍深，也高达2～3(4)m，土壤仍然比较湿润，但土壤矿化度更高，通常在10～20g/L，甚至30～50g/L，只适于生长耐盐的多汁盐柴类半灌木或一年生盐生植物，发育成盐土荒漠类型，按全国统一草地分类系统，归属于地带性草地荒漠类中的一个亚类，反映盐土荒漠是在地带性大气干旱造成的积盐过程中形成的。但实际上盐土荒漠的形成与地下水及溶于其中的盐类、含量是分不开的，具有隐域性类型特征。盐土荒漠往往受局部地形影响而分散出现，与土质荒漠交错分布。同时，受人为经营影响，次生的盐土荒漠在不断发生，因此就其分布来说，也具有非地带性特点。

由于低地草甸类不是地带性类型，在山地乃至高寒山地和高原，地形因子造成有水源补充，超过当地降雨供水的土壤湿度，中生土壤环境都可发生。在山区河谷地、河床两侧、湖盆周围、山麓潜水溢出处，都可能分布有温性、暖性、高寒的低湿地草甸或沼泽化低地草甸亚类。

2. 沼泽类草地的分布

沼泽类草地分布在没有气候地带界限的低湿积水地，地表常年或季节性积水，在暖季多雨、冷季低温的地区更易发生。分布区具有充足的水分来源，适宜汇水的地形条件和阻碍水分下渗的土壤物质组成，而不利于排水，形成多水和过湿的环境。主要的分布生境有两种，一种是平原中局部低洼处、潜水溢出带、泉水汇集处，河湖边缘；另一种是在高原和各高海拔山地上部的宽谷底部、冰蚀台地、河谷滩地、阶地。后者属于高寒区沼泽。沼泽在我国分布十分广泛，而以温带地区和青藏高原为多，在亚热带只有零星分布，热带沿海有少量分布。

我国沼泽类分布面积最大的有东北三江平原和若尔盖高原。东北三江平原大面积沼泽分布在河流冲积形成的低平原，这里河流纵横，水量丰富，地形十分平坦，地面坡降仅1∶10 000～1∶30 000，河流切割能力弱，河道曲率太，造成地面排水不畅，地表以下广泛分布有黏土、亚黏土层或有永冻层，形成天然隔水层，地面水难以下渗，加以气候湿润，水面与陆地蒸发力弱，从而造成河漫滩、阶地上洼地积水，成为沼泽发育与分布的地段。

若尔盖高原沼泽分布区，位于高原宽谷底部，地势开阔平坦，湖群洼地众多，黄河上游黑河、白河流域尤为突出，地势低洼，河道迂回，比降极小，成为四周流水的承泄区，形成沼泽发育分布的条件。在过湿和低温环境中，土壤通气不良，好气微生物活动受到限制，草本植物残体不能完全分解，泥炭逐渐积累，若尔盖沼泽泥炭层厚达 4m，东北三江平原沼泽局部存在厚达 2m 以上的泥炭层，并普遍积累较厚的草根层。有的地段往往还高出地面，形成丘状沼泽，丘间为湿洼地。若尔盖高原沼泽区，常见在丘上分布藏嵩草沼泽化草甸，在丘间湿洼地分布木里苔草沼泽，形成沼泽化草甸复合分布。毫无疑问，沼泽类草地也受出现地区水平地带性水热条件的深刻影响。三江平原是温性沼泽，而若尔盖沼泽则是高寒性沼泽，其草被、景观有明显差异。

二、草地生态地理系统的变化动态

草地生态地理系统的变化动态是指随着时间的推移，草地生态地理系统表现出的结构和功能上的变化。草地生态地理系统随着时间的变化主要表现出两个方向的变化，一是正向的变化，即向着生态顶级的方向发展；二是向着生态退化的方向发展。目前，由于许多草地超载过牧，草地生态地理系统表现出不同程度的退化状态。为此，我们重点讨论不同退化下，草地生态地理系统的变化动态。

(一)草地生态地理系统组成结构的变化动态

1. 植物个体的变化

李志丹等(2004)研究认为，植物个体特征的变化是反映演替机制的现象之一。草地退化及恢复演替过程中，植物个体的形态特征、植物体内营养元素的含量与分布都发生了变化。

(1)草地退化过程中植物个体的“小型化”现象

草地退化过程中植物个体通常会出现“小型化”现象，主要是植物在过牧等外界压力下，植株的节间长度和叶片长度缩短所引起，是退化群体中普遍存在的现象，无论是家畜喜食还是不喜食的牧草都有此现象，是退化草地植物的集体行为。另外，个体小型化还包括植物根系分布的浅层化，即植物根系向土壤表层集聚。小型化个体的单株生物量很低，由小型化个体组成的退化群体，其生物量也必然处于较低水平。因此，有人认为个体小型化是退化演替过程中群体生产力锐减的机制之所在。这种退化是过牧的必然结果，是演替见之于个体的行为，是植物对过度放牧的负反馈作用，植物通过小型化使家畜采食困难，从而来抵御放牧行为。

与个体小型化相反，在草地恢复演替过程中植株个体逐步趋于“正常化”，即草地在解除干扰一段时间后植株个体又恢复正常大小。这个正常化过程具有阶段性、基本同步性，有些植物个体还具有突变性。这些特性小型化过程并不具备，其机制尚不明确。

对于植物个体小型化机制目前有两种解释：其一，在过牧条件下，植株因家畜过量采食其枝叶，必然损失较多的光合面积而影响个体的光合生产。持续的过度放牧，使个体维持根系正常生长的光合产物也相应地减少，这种“饥饿”状态使根系生长不良，分布范围缩小。随着根系的萎缩，难以输送足够的水分和矿质养分给地上部分，又影响了地上枝叶的生长。周而复始，植株只能在较低的能量代谢水平上自我维持，其维持的形态可能是个体小型化现象。其二，家畜长期的践踏作用使土壤表层形成难以透气、透水的紧实层，使植物根系生长受抑制而导致个体小型化。

以上两种对个体小型化机制的讨论具有一定的互补性，但都有不足之处。如前一种解释难以解释个体小型化的集体行为特点，即无论家畜是否喜食，各种群都在退化过程中踏入小型化过程，这与家畜的选择性取食相悖。后一种认识可以解释个体小型化的集体行为特点，然而土壤紧实层的疏松过程不是停止践踏一定时间后突然完成的，这就难以解释个体正常化过程中的突变特点。此外，土壤紧实层的透气性、透水性不良是否足以抑制植物根系的生长也有待进一步实验确定。

(2) 植物个体养分的变化

草地群体退化演替过程中植物个体养分的含量和分布都发生变化。据对内蒙古大针茅草原不同退化阶段植物化学性状的研究表明，退化草地植物体内的碳水化合物含量随退化程度的加深而递减，未退化样地大针茅叶中的碳水化合物含量是重度退化样地的 5.5 倍。

衡量放牧植物再生能力和返青能力的标准，主要是植物体内碳水化合物的贮量。根系和地上器官贮藏的碳水化合物多，有利于植物放牧后的再生和植物越冬、返青能力的提高。因此，在重牧情况下由于优良牧草被家畜频繁地啃食，植株体内的碳水化合物得不到及时足量的补充，植物的再生能力受到很大的限制，长期下去导致优良牧草的数量、产量逐渐减少，由优势种逐渐变成伴生种，草地出现退化。

2. 草地群落结构的变化

张宗花(2012)对高寒草甸不同退化草地群落结构的变化研究表明，不同退化程度下，草地群落的组成结构不同。由表 11-4 可见，原生植被草地中莎草科植物重要值为 43.15%，盖度为 76.29%，高度为 4.1cm，地上生物量为 106.56g/m^2，为草地植被的绝对优势种群；禾本科植物同样是群落的重要组成部分，重要值为 22.97%；杂类草在原生植被中没有竞争优势，其重要值最低，仅为 11.03%；毒草植物在原生植被中的盖度为 26.49%，作为伴生种而存在，其重要值为 22.85%。

表 11-4　小嵩草高寒草甸不同退化草地各经济类群的特征值(引自张宗花，2012)

退化等级	经济类群	盖度/%	高度/cm	地上生物量/(g/m^2)	重要值/%
原生植被	莎草科	76.29	4.71	106.56	43.15
	禾本科	20.09	9.14	18.16	22.97
	杂类草	14.89	3.10	15.24	11.03
	毒草	26.49	3.66	70.38	22.85
轻度退化	莎草科	46.18	3.69	45.50	29.66
	禾本科	20.29	9.20	10.26	21.19
	杂类草	9.78	2.89	13.85	10.31
	毒草	45.66	6.38	101.43	38.84

续表

退化等级	经济类群	盖度/%	高度/cm	地上生物量 /(g/m^2)	重要值/%
重度退化	莎草科	16.21	4.50	13.23	14.97
	禾本科	20.53	9.29	19.41	24.65
	杂类草	14.09	3.26	27.17	13.43
	毒草	56.84	6.37	149.58	46.95
极度退化	莎草科	4.93	2.10	1.00	6.62
	禾本科	3.55	9.93	4.48	20.12
	杂类草	21.21	3.70	31.50	26.81
	毒草	37.83	4.63	63.75	46.44

轻度退化草地莎草科植被盖度、生物量、重要值比原生植被明显降低，高度也略有降低；禾本科植物盖度和高度与原生植被相比变化不明显，但主要植物种的变化导致其生物量明显降低；杂类草在轻度退化草地重要值最低，为 10.31%；毒草的重要值上升，盖度和生物量也明显上升。

重度退化草地秃斑地越来越多，植被覆盖度降低，毒草逐渐取代原生植物而成为主要植被，其重要值达到 46.95%，盖度也达到最高(56.84%)。相比之下，作为原生植物的莎草科植物盖度仅为 16.21%，地上生物量为 13.23g/m^2，原生植物的减少表明草地退化加重；禾本科植物在重度退化草地重要值最大(24.65%)，生物量也达到峰值(19.41g/m^2)；而作为家畜可食的杂类草变化不大，表明杂类草受家畜采食的影响最小。

极度退化草地莎草科植物较少，此时草地完全以毒草为优势种，“黑土滩”大面积形成，基本失去了生产能力，甚至有的草地不再有植被，逐渐形成荒漠。

极度退化草地只有少量的莎草科植物，此时草地以毒草为优势植物，草地的分盖度之和也仅为 67.52%，“黑土滩”大面积形成，草地基本失去了生产能力，甚至有的草地不再有植被，形成荒漠。

天然草地中莎草科和禾本科植物是家畜的优良牧草。由表 11-4 可知，原生植被莎草科植物随着退化程度的加剧，其盖度、地上生物量、重要值均呈明显的降低趋势，其高度也逐渐降低。禾本科植物重要值在重度退化草地最大(24.65%)，盖度在极度退化草地最低(3.55%)，高度在极度退化草地最大(9.93cm)，地上生物量在重度退化草地达到峰值(19.41g/m^2)。杂类草随着退化的不断加重，其盖度、地上生物量、重要值呈现上升的趋势，高度变化不明显。随着退化等级的上升，毒草植物盖度、生物量、重要值逐渐上升，到重度退化时达到最高值。极度退化的草地由于秃斑地面积的增大，其盖度比重度退化降低，但是重要值却仍然增加。

家畜对优良牧草的过度采食，导致优良牧草在其生长期内生长减缓或停滞，从而使各项指标均呈现下降的趋势，优良牧草的数量和产量逐年下降，植被群落结构同时也出现变化，平均盖度明显减少，高度降低，而劣质牧草、不可食毒草的比例越来越高。在这一过程中，毒杂草在群落中的比例升高，说明家畜对优良牧草的过度采食促进了适口性差的毒杂草发展，而毒杂草在群落中所占的比例同时也反映草地的退化程度。

3. 土壤的变化

李志丹等(2004)研究认为，土壤是草地生态地理系统的重要组成部分。草地的退化既包括草的退化又包括地的退化，两者具有相互反馈、放大的作用。长期以来，科研工作者多根据地表植被的状况确定草原退化的程度，然而由于草原植被自身具有逆向演替的潜在趋势及畜群对牧草的适口性选择，地表植被退化程度与土壤退化有关，但不完全一致。而现阶段，人们趋同于草地退化的实质和核心是草原土壤的退化，它具体可包括物理退化、化学退化、生物退化。土壤物理退化在半干旱农牧交错带以风蚀沙化最为突出；土壤化学退化主要表现为土壤元素失衡、盐化、碱化等；土壤生物退化体现在有机质含量减少，生物量及生物活动作用减弱。

李志丹等(2004)对锡林郭勒大针茅草原土壤的研究表明，随草原退化程度的加剧，草地土壤有机质、氮、磷的含量下降，土壤有机质含量与土壤全氮、全磷和速效氮的含量呈明显正相关。

李志丹等(2004)对川西北退化草地土壤微生物生化活性的研究表明，草地退化后其土壤生化活性受到不同程度的影响，土壤生化活性大小有随退化程度的增高而减小的趋势，从而影响土壤碳氮循环代谢途径，降低土壤肥力水平。

土壤退化和草地退化是相互关联的，草地退化程度与土壤某些性质的变化有一定的相关性，而有些性质则完全无关，草地的生物量可以相差 10 倍以上，但土壤综合肥力水平没有如此大的差别。土壤退化较地表植物的退化要缓慢得多，但发生退化后需要更长的时间才能恢复。土壤的各种性质对退化的响应速度也是不同的，有的性质反应敏感(如有机质、全氮)，而有些反应迟钝(如全钾)，在研究土壤退化时，一般认为应选择对退化有较好的响应且表现出规律性稳定的指标，这样才能够体现出不同退化程度草地土壤的差异。

(二)草地生态地理系统生产力的变化动态

张宗花(2012)对高寒草甸不同退化草地生产力的研究表明(表 11-5)，原生植被的草地生产力最高，地上生物量为 210.34g/m^2，莎草科地上生物量为 105.56g/m^2，占群落的 50.66%。该类草地产量顺序为莎草科(105.56g/m^2)＞毒草(70.38g/m^2)＞禾本科(18.16g/m^2)＞杂类草(15.24g/m^2)。说明在该类型草甸中，莎草类植物占绝对比重，可直接影响到整个草场的产草量；且大多数莎草和禾草类植物为家畜喜食牧草，饲用价值相对较高。轻度退化草地地上生物量为 171.04g/m^2，其中莎草科地上生物量为 45.50g/m^2，占 26.60%，产量顺序为毒草(101.43g/m^2)＞莎草科(45.50g/m^2)＞杂类草(13.85g/m^2)＞禾本科(10.26g/m^2)。此类草地优势种为莎草科植物+毒草植物，可食牧草的比例在 41%左右，仍然有较高的饲用价值；居地上生物量第 2 位的是重度退化草地，地上生物量为 209.39g/m^2，该类草地秃斑地在 50%左右，毒草的种间优势最大，毒草地上生物量达到峰值(149.58g/m^2)，地上生物量顺序为毒草(149.58g/m^2)＞杂类草(27.17g/m^2)＞禾本科(19.41g/m^2)＞莎草科(13.23g/m^2)。说明在重度退化草地，由于过度放牧及环境的改变，毒杂草盛行，优良牧草的比例迅速降低，导致草地的地上生物量虽高但是饲用价值并不高。极度退化草地由于原生植物的基本灭绝及秃斑地的增多，其地上生物量最低，仅为100.73g/m^2，莎草科植物的罕见和可食牧草的稀有使得该类草地基本丧失生产力。

表 11-5　小嵩草高寒草甸不同退化草地生产力状况(引自张宗花，2012)

经济类群	原生植被		轻度退化		重度退化		极度退化	
	地上生物量/(g/m^2)	占群落比例/%	地上生物量/(g/m^2)	占群落比例/%	地上生物量/(g/m^2)	占群落比例/%	地上生物量/(g/m^2)	占群落比例/%
莎草科	106.56	50.66	45.50	26.60	13.23	6.32	1.00	0.99
禾本科	18.16	8.63	10.26	6.00	19.41	9.27	4.48	4.44
杂类草	15.24	7.26	13.85	8.10	27.17	12.97	31.50	31.27
毒草	70.38	33.46	101.43	59.30	149.58	71.44	63.75	63.29
合计	210.34	100	171.04	100	209.39	100	100.73	100

随着退化程度的加剧，莎草科和禾本科优良牧草的生产能力在群落中的比例逐渐降低。盖度和产量的降低导致优良牧草的竞争力减弱，而毒杂草的生理特性和环境的有利性使得其比例逐渐增加。草地优良牧草的生产能力直接制约着草地的载畜量和次级草地生产力。超载过牧、人为活动频繁，致使牧草在生长初期遭到破坏，生长迟缓，影响了牧草生长旺季的各项指标，是造成草地生产能力降低的主要原因。

三、草地生态地理系统的可持续发展

由于地域的差别和地理环境的不同，以及人为因素的干扰程度的不同，不同草地生态地理系统所面临的问题和可持续发展的措施也不同。现以陈佐忠等(2005)对中国不同地域草地生态地理系统的可持续发展为例来说明草地生态地理系统的可持续发展问题。

(一)高寒草甸生态地理系统的可持续发展

1. 高寒草甸生态地理系统退化的原因、机制及可持续发展对策

陈佐忠等(2005)研究认为，高寒草甸生态地理系统广泛分布于青藏高原东部及新疆的阿尔泰山、天山和帕米尔等亚洲中部，成为典型的高原地带性和山地垂直地带性植被。据统计，高寒草甸占青藏高原总面积的49%。近几十年来，随着全球气候变化及人口增加，过度放牧，草地负荷超载，加之人类活动开垦农田、采矿、滥挖药材等，已引起草地的严重退化，这不但直接影响草地畜牧业的可持续发展，而且生态功能失调，涵养水源能力下降，水土流失严重，导致黄河上游断流及数千个湖泊萎缩和干涸，严重威胁人类的生存条件。

(1)高寒草甸生态地理系统退化的主要原因与机制

a. 超载过牧造成生态环境严重破坏

近几十年来，虽然全球变化对生态环境带来一定的影响，但人类活动加速了生态环境退化的进程，仅就高寒草甸生态地理系统而言，超载过牧无疑是加速草地退化的重要原因之一。根据陈佐忠等对青海草地多年的调查研究，到目前为止，全省约有退化草地

993 万 hm^2，其中轻度退化草地 400 万 hm^2，中度退化草地 266 万 hm^2，重度退化草地 267 万 hm^2。导致草地群落垂直结构趋于简单，由多层结构变为单层结构，产草量下降，特别是优良牧草的重量比随之减少，全省天然草地产草量约由 20 世纪 50 年代的 3000kg/hm^2 下降到 1500kg/hm^2。

由于草地退化，其涵养水源和水土保持的生态功能下降。据陈佐忠等近几年对青南地区生态环境的调查，以果洛藏族自治州玛多县为例，玛多县原有大小湖泊约 4000 个，到 1999 年已有约 2000 个小湖泊干涸，而且黄河源历来未发生过断流，然而自 1998 年开始，黄河上游扎陵湖以下已开始断流。这些严重的生态环境问题和潜在的环境危机，将直接威胁到人类的生存和经济的可持续发展，应当引起当地各级政府和科学家的高度重视。

b. 草地虫鼠类严重

由于超载过牧，草地生态地理系统的结构与功能被打破，啮齿动物的栖息环境和食物资源发生变化，引起啮齿动物群落结构发生变化，适应性较强的种群数量随之增加，对草地生态环境造成严重危害。1995 年，青海全省草地鼠害发生面积 643.30 万 km^2，虫害发生面积 64.78 万 km^2。据中国科学院西北高原生物研究所鼠类防治组的调查和推算，青海省约有高原鼠兔 3 亿只，每年消耗鲜草 27.37 亿 kg；高原鼢鼠 0.4 亿只，每年消耗鲜草约 13 亿 kg。更为严重的是，它们共同生活在同一地段，地上和地下鼠洞纵横交错，经风蚀和水蚀，形成大面积的次生裸地，水土流失严重，导致土壤养分严重损失，生态环境恶化。

c. 草地大面积垦殖导致生态环境恶化

受短期经济利益驱动，忽视草地的生态效益，对牧业区草地大量垦殖种植油菜。据统计，青海省各种类型的草地垦殖面积已达 16.52 万 hm^2。其中黄河源地区约为 4.86 万 hm^2，长江源地区为 12 万 hm^2，环青海湖地区为 6.02 万 hm^2，柴达木盆地地区为 4.86 万 hm^2。由于青海省地处青藏高原，海拔高，水热条件不足，雨、雪、霜冻及大风等自然灾害频繁，农作物产量低而不稳，同时重收获、轻管理导致土壤极度贫瘠及盐渍化和沙化。

(2) 高寒草甸生态地理系统的可持续发展对策

a. 把草地生态建设、发展生态畜牧业定为今后一段时期的发展战略

经过多年的实践证明，依靠天然草地的传统畜牧业是一条死胡同，应切实改变现有的草地畜牧业发展模式，把草地生态建设列为首要目标。在广大的高寒牧区，由于海拔高、气候严寒、风大及春旱严重等，高大的森林植被难以生长，因而草地除作为资源外，其主要功能是涵养水源、保持水土、防风、固沙和调节气候，因此应特别珍惜高原现有的、经过历史演化而与高原和高山特有气候相协调发展的草地，把草地生态建设、发展生态畜牧业放在战略高度，大力开展草地生态建设，全面实施生态畜牧业，才能使生态环境得到充分的保护并进行良性循环，实现草地畜牧业的可持续发展。

b. 加强退化草地的恢复与重建

对现有的退化草地，应加大科技和资金投入，深入研究草地退化的原因与机制，针对不同退化程度和不同的地域特点，提出不同的治理方法和措施。首先，应对草地资源进行全面规划，确定放牧强度，适时转场，防止乱牧抢牧，保证冬春草场植物的休养生

息。其次，对退化严重的草地进行禁牧，实行封滩育草，在条件较好的地段，建立优质高效的人工草地。再次，对鼠害严重的地区，进行灭鼠和补播。最后，对中度退化的草地应采取松耙补播和灭杂等工作，加速种群恢复。

c. 建设现代化草地畜牧业综合体系

加强生态建设，发展生态畜牧业，建立完整的现代化草地畜牧业综合体系，即天然草地-人工草地-合理畜群结构-饲草饲料加工-半舍饲和舍饲的模式。

1) 天然草地　应当由现在的放牧利用主体逐步过渡到辅助位置，特别是退化较重的草场应禁牧封育，对夏季草场宽余的地区，在夏季要多利用，冬春季少利用。

2) 人工草地　要建立优质、高产、高效的人工草地和走农牧结合的道路，充分利用人工草地的牧草和农区提供的秸秆，储备充足的饲草饲料。

3) 合理畜群结构　经陈佐忠等 2005 年研究，在畜群结构上除保留配种公羊外，再不保留公羊，留足繁殖母羊，并适时淘汰老母羊，使畜群始终保持旺盛的生产能力。

4) 饲草饲料加工　各地区可根据实际情况，以村或乡建立小型饲草饲料加工厂，将人工草地所产牧草和农区提供的秸秆加工成颗粒饲料，以备舍饲利用。

5) 半舍饲或舍饲　充分利用广大牧区现有的暖棚，进行适当的改建，先对当年羔羊和淘汰母羊进行强育肥，加速出栏；再经过 3～5 年的建设，进行全舍饲时，天然草场的利用强度不但会大大降低，而且家畜的出栏率和商品率也将会大幅度提高，广大牧民群众的生活水平会得到改善。

d. 产业化

牧草是发展草地畜牧业的物质基础，除天然草地提供部分牧草外，要尽最大力扩大饲草饲料来源，维护草地畜牧业的可持续发展，这就要求牧草的产业化。牧草产业化是一项系统工程：包括优良牧草种质资源的调查，选育和引进；优质、高效、高产的人工草地的建立；栽培技术体系，饲草饲料加工体系，农牧耦合体系及牧草的产供销体系的形成，对于每一个环节均有一系列科学技术问题需要研究和解决。

e. 草地资源的综合开发和利用

在广袤的草地中蕴藏着丰富的动植物资源，在保护草地生态环境和发展草地畜牧业的同时，加强对经济动植物的开发和利用，特别是在建立人工草地时，应多考虑栽培那些多用途的经济植物，以增加经济收入，提高牧民群众的生活水平。

2. 高寒草原和高寒荒漠生态地理系统的可持续发展对策

陈佐忠等 2005 年研究认为高寒草原主要分布在青藏高原西部、帕米尔高原及天山、昆仑山和祁连山等海拔 2300～5300m 的高山带，为典型的高原地带性植被类型，而在山地则为垂直地带性植被。高寒草原分布地域辽阔，地形复杂，类型多样。然而在极其寒冷干旱的条件下，一般发育较差，除在天山海拔较低的地区(植物生长发育较好、产草量较高)成为主要的放牧草场外，在青藏高原和昆仑山、祁连山等地，由于分布海拔高，气候寒冷干旱，草群一般发育较差，植物生长低矮，群落覆盖度较小，生物生产量较低，一般作为辅助草场进行利用。根据高寒草原空间分布特点及群落种类组成、结构特征，陈佐忠等认为应因地制宜，采取不同的策略。

1) 青藏高原高寒草原分布的东部地区及天山海拔较低的地段，这些地区气候比较温暖，植物群落种类组成比较丰富，覆盖度大，生物生产力较高，是主要的放牧草场，对这些地区的草地应加强科学管理，控制一定的放牧强度，防止草地退化，保证其防风固沙、涵养水源、水土保持等生态功能的充分发挥。

2) 在青藏高原高寒草原分布的羌塘高原和可可西里等地区，植物生长稀疏，群落覆盖度小，生物生产力很低，因而放牧利用价值很小，该地区人烟稀少或为无人区而成为野生动物的乐园，黄羊、野驴等珍稀动物成群漫游其上。因此，该地区成为研究生物多样性起源与发展的重要生态功能区，应建立国家级自然保护区，严禁人为破坏。建立长期的定位观测系统和信息系统，研究全球变化对高寒草原生态地理系统结构和功能的影响，从而提出可持续发展的对策。

3) 高寒荒漠生态地理系统仅分布于昆仑山与喀喇昆仑山之间的狭小地区，海拔高，生态条件极其严峻，气候多变，干燥少雨，多强风，西南暖湿气流经长途跋涉，对此地影响甚微，因而该地区为青藏高原降水最为稀少地区之一，年降水量在 50mm 以下，全系固态降水。地下埋藏着多年冻土，对植物生长极为不利，只有那些极端耐寒旱的垫状小半灌木和草本植物在与严酷环境抗争中顽强地生活着。植物生长稀疏，种类极少，群落覆盖度和生物生长量很低，因而高寒荒漠生态地理系统极其脆弱，但对全球变化反应极其敏感，所以对高寒荒漠生态地理系统应严加保护，纳入国家级自然保护区之内，长期监测动态变化规律，为可持续发展提供科学依据。

(二) 温性草原生态地理系统的可持续发展

1. 草甸草原生态地理系统的可持续发展对策

大量的开垦、过度的放牧与割草使草甸草原生态地理系统面临许多问题，其中最主要的问题是草原生态地理系统退化，其中严重者为沙化。如草甸草原生态地理系统分布面积较大的内蒙古呼伦贝尔市，在 20 世纪 50 年代末，基本没有严重退化的草地；到 70 年代末，退化草地面积达到 86 万 hm^2，占草地总面积的 12.4%；到 1983 年，退化草地的面积达到 173.7hm^2，占草地面积的 24.7%；而到了 90 年代，呼伦贝尔市草原退化的面积已达到 227.7hm^2。

草甸草原生态地理系统退化的一个显著恶果是初级生产力的下降。根据退化的程度不同，生产力下降的幅度也有别：轻度退化、中度退化、重度退化、极度退化的草地，其初级生产力分别下降 20%～35%、35%～60%、60%～85%、＞85%。不仅如此，由于牲畜数量的增加，更加重了草地的负荷，而以天然草地放牧为主饲养的家畜，其体重也下降。

草甸草原生态地理系统退化的第二个不良后果是植物群落结构、高度、覆盖度及外貌的变化。退化草地虽然植物种类组成的多寡没有多大变化，但不同植物种群的作用及比例差别很大。在退化草地，优良牧草的比例减少，而有毒与有害植物的比例会大大增加，这就是在退化草地可以看到大量有毒植物的原因。另外，退化草地植物群落的高度、覆盖度都大大降低，呈现小型化与矮化的特征，研究表明，退化草地植物群落的高度只有天然草地植物群落平均高度的 1/5 左右。此外，地下部分生长也很差，数量也大大降低，呈现表层化的特征。

退化草地的生态环境，也呈现强烈的恶化。土壤表层紧实，容重大，孔隙度减少，透水性差、物理状况不良甚至呈现沙化的若干特征。而且土壤有机质及植物营养元素降低，土壤肥力明显下降，对植物生长极为不利。正因为如此，退化草地的发展，加剧了自然灾害的发生。

退化草地稀疏、低矮的群落结构与开阔的生境特征，为某些可以形成鼠害的群居鼠类创造了好的生存与繁衍条件，因而种群数量恶性膨胀，从而加速了鼠害的发展。1996 年北方 11 省草地鼠虫害发生的面积 3931 万 hm^2，其中鼠害面积占 78.7%。

上述草甸草原生态地理系统在过牧条件下的退化，遵循如下模式：贝加尔针茅草原→贝加尔针茅+克氏针茅+冷蒿群落→冷蒿→糙隐子草或贝加尔针茅草原→贝加尔针茅+寸草苔→寸草苔。

而羊草草甸草原，其退化模式是羊草+杂类草草原→羊草+寸草苔→寸草苔。

草甸草原生态地理系统的利用与保护，包括对退化的草甸草原生态地理系统的恢复与治理、天然草原生态地理系统的合理利用与保护及人工草地生态地理系统的建立与持续利用。这是一系统工程，要采取综合措施，全方位关注。

2. 典型草原生态地理系统的可持续发展对策

(1) 天然草原生态地理系统保护与利用

a. 建立合理的放牧制度

天然草原利用的最主要方式是放牧。这种以天然草原为基础的放牧业，在中国由来已久。在典型草原区，逐水草而居的传统放牧业，已有数千年的历史。那种逐水草而居的游牧方式，是在生产力水平较低的背景下形成的，这种方式对于草地资源的合理利用，维持草原生态地理系统的平衡有一定的作用。但是，随着人口的增加、经济的发展，以及人们对生活水平与生存环境要求的提高，要长期保持这种游牧方式已不可能，必须建立合理的放牧制度，在充分利用草地资源的同时，不使草地资源遭到严重破坏又能获得最高数量的畜产品，以满足人们需求。

b. 建立合理的割草制度

天然草地的主要利用方式为割草和放牧。如何建立合理的割草制度也是天然草地合理开发利用的重要问题。仲延凯等从 1982 年开始，就不同割草制度对羊草草原演替规律、营养元素的贮量和分配、草原区土壤种子库的影响做了大量的研究工作，提出割草制度的核心内容应为选择最适割草时期、合理的轮割制度和适宜的刈割强度。

1) 最适割草时期　考虑两个因素：一为群落地上生物量的高峰期；二为植物营养元素含量的高低。前者要通过不同时期刈割来确定，后者通过植物营养元素含量的分析来确定。根据 11 年的研究表明，羊草草原群落地上生物量的高峰期在 8 月中旬，但牧草粗蛋白质含量以 6 月下旬为最高。为了兼顾两者的利弊，应以单位面积的储氮量的高低作为确定最适割草时期的依据。

2) 合理轮割　研究表明，以割一年休一年的产草量最高，割二年休一年次之，一年割一次和一年割两次的最低。割一年休一年和割二年休一年的处理，除群落总生物量较低外，其他指标如年平均生物量、与对照相比所占的百分数、优良牧草和杂类草所占的比例，均有明显的优越性。而且从长远利益考虑，其不利的一面，可以用优良牧草所占比例较大来弥补。因此，可以达到延缓割草场退化的目的。

3) 刈割强度　刈割强度对割草场的退化亦有很大影响。经过连续 5 年不同强度的刈割，与对照比较，其群落地上生物量发生有规律的变化。其刈割强度与下降速度之间有显著的线性相关关系。由于密度关系，不同刈割处理羊草生物量相差不大(表 11-6)。草地经营管理的原则之一是利用率在 50%左右，依此标准，留茬高度应在 12cm 左右。但这一数值是相对的，因它与年景的正常与否有关。目前割草场的利用率均超过 50%。

表 11-6　不同轮割处理的一些数量特征(引自陈佐忠，2005)

处理	割草年数	生物量/(g/m^2)	年平均生物量/(g/m^2)	年平均占对照/%	优良牧草(羊草)/%	杂草类/%
一年割一次	11	1251.81	113.80	71.37	63.85(31.59)	36.15
一年割一次	11	1303.45	118.49	74.31	63.10(30.65)	36.90
割一年休一年	6	898.29	149.72	93.90	72.70(40.70)	27.30
割二年休一年	8	1082.22	135.28	84.84	72.80(38.64)	27.20
对照	3	478.36	159.45	100.00	77.34(38.24)	22.66

(2) 退化草原生态地理系统保护与利用

a. 存在的问题

中国 4 亿 hm^2 的天然草地，面临的最大问题是退化。退化直接的具体原因在不同地区表现很不相同，但可归纳为三方面因素：自然因素、人为因素、政策因素。

就自然因素而言，主要是气候变化，即降水减少，温度增加，干旱化和温暖化。这是不是中国草地退化的主要因素？据气象资料分析，近百年来中国北方草原区气候虽有波动，但并未发生重大变化。20 世纪 20 年代末至 30 年代初，内蒙古出现过一两次连续大旱，曾出现过不少内陆湖泊干涸、流沙扩展的情况，但并没有引起草原大面积退化。近 40 年来，内蒙古草原区的气候也基本平稳，如温带草原区的东部，1959～1968 年平均降水 371mm，而 1979～1988 年平均降水 369mm，前后相差不多，所以气候变化不是大面积草原退化的主要因素。

大量调查和研究结果表明，近 30 年来出现大面积的草原退化，主要原因是人类不合理的活动。这些不合理的活动主要是超载过牧、盲目开垦、不合理樵采、工矿发展中的某些负面影响等。其中，超载过牧是中国草地畜牧业的普遍问题，也是草地退化的主要原因。现在天然草地平均超载 20%～30%，荒漠和高寒地区季节牧场超载 50%～120%，局部高达 300%。正是牲畜的超载过牧，草地牧草植物生长受到抑制，加之牲畜的践踏作用，日久天长，导致草地的退化。不合理樵采与刈割也是草地退化的重要原因，不合理的长期连续无投入的割草，致使草场退化已为许多试验研究所证实。在内蒙古，连年的割草，输出大于输入，营养元素不平衡，从而使草地生产力下降植物的高度和单株生物量都下降(仲延凯等，1992)，久而久之，草地产生了退化。而樵采也是草原退化的另一重要原因。在中国北方草原区，有大量的如甘草、麻黄、知母、内蒙古黄芪等药用植物，也有蘑菇、发菜等经济植物。大量的长期挖坑、耧耙及砍伐等活动，严重破坏了草地植被、土壤或地表结构，从而引起草原退化。

中国草地退化的主要因素是长期不合理的人类活动，而与此有关的则是政策和导向，是陈佐忠等(2005)长期以来的观念，重农轻牧。重视第二性动物生产，轻视第一性植物生产；重视草地作为畜牧业基地的经济动能，轻视草地的生态功能；对草地长期以来很少投入，草地生态地理系统的产出多于投入。据统计，从1949～1989年，国家投入草原牧区的建设费用仅46亿元，每公顷草地平均不到0.45元。

b. 合理利用的对策

防治草地退化是一项系统工程，要采取综合措施，全方位关注。

1)要转变观念，要改变对草、草地认识上的偏颇，要高度认识草地在维护生态安全、建设生态屏障、发挥生态功能方面的作用，要把建设草地、大力发展草食动物作为一项基本国策，纳入现代大农业体系。切实增加对草地畜牧业的投入，使之与粮食生产及耗粮猪禽业实现互补，作为提高中国13亿人口动物蛋白、改变食物结构和增加毛皮等轻工业原料的重要途径。

2)严格保护和合理利用天然草场。天然草场是一重要可更新资源，要科学合理利用，制定保护天然草地的法规，依法保护天然草场；要根据草场的初级生产力与载畜量，以及草畜平衡的原则，实现以草定畜，防止超载过牧，对超载过牧情况一定要限期压下来；要制定轮牧制度，合理轮牧，划区轮牧；要划出禁牧区，制定禁牧期，在禁牧区与禁牧期内严格禁牧；对破坏天然草场的一切活动要严格管理；要严禁开垦草原为农田，转变把草地当作荒地资源和宜农荒地的观念。

3)要因地制宜建立不同比例的人工草地。增加饲草，提高冬春饲草的供应量，变季节畜牧业为四季出栏，走建设养畜的道路，变粗放畜牧业为集约化畜牧业。要根据畜草平衡的原则，在坚持充分利用天然草原草地资源夏季放牧的同时，尽量减少冬、春季放牧的时间，增加冬春季节舍饲的时间。

4)要发挥草地其他功能，开发旅游、绿色食品等新的产业，不断增加牧民的收入，减轻对草地压力。

5)在牧区发展工矿业、交通等行业，实行谁破坏谁治理。

6)要建立草地生态地理系统持续管理体系。建立适宜的草原生态地理系统持续利用体系，是遏制草原退化、恢复退化草原、达到长治久安的根本策略。

7)在严重退化的地段，禁牧是十分必要的，也是最有力的措施。对大面积严重退化的地区，在禁牧期间可能会给牧民的经济和生活带来一定的困难，应该实施有偿补助，甚至实施生态移民。

8)要坚持退耕还草，巩固退耕还草的成果。

9)对退化草地要进行综合治理。

(3)荒漠草原生态地理系统利用与保护

在本区，许多长期的不合理的人类活动，其中主要是过度放牧与开垦，以及过度地采挖药材与经济植物资源。而这几十年的开矿与工业、交通发展也带来一些负面影响，这些都给本已十分脆弱的生态地理系统带来许多问题。其中主要是草地生态地理系统的退化所导致的植物生产力降低、植物群落地上部小型化、有毒有害植物相对比例的上升、土壤性状的恶化、生物多样性的丧失等，要解决这些问题，非一日之功，也不是一项措施所能达到，而要长期坚持，采取综合措施，要坚持保护性利用的原则，即围绕保护做文章，把保护放在第一位。在具体做法上，发展绿洲大农业；充分有效地利用水资源，发展节水灌溉，千方百计提高水资源利用效率；严格管理好挖药材、楼发菜等破坏草原的活动；对地下煤炭、石油等矿产资源开采带来的破坏草原活动，要加以管理，实行谁破坏谁治理的方针；发展太阳能，以解决能源；建立保护区等。

(4) 沼泽草地生态地理系统的利用与保护

a. 存在的问题

在长期不合理的人类活动与气候变化影响下，沼泽草地生态地理系统面临着退化、萎缩与消失的威胁。不合理的开垦，使许多天然的沼泽草地变为农田，不科学的利用，使开垦后农田的土壤肥力不断下降，最后退化而沙化。围湖造田使沼泽草地面积不断减少、萎缩。对沼泽草地生物资源的过度利用，也使沼泽草地生态地理系统生物多样性受到挑战，并逐渐退化。另外，气候变化，尤其是近几年的干旱化与温暖化也使这一系统受到严重的威胁。

b. 利用对策

面对沼泽草地生态地理系统退化萎缩的严重问题，下面三方面的对策值得注意。

1) 对不同程度退化的沼泽草地生态地理系统要采取不同措施，有针对性地进行治理。严重退化的沼泽草地生态地理系统要严格围封，封而不用，利用自然力，依靠自然力，进行恢复。对轻度、中度退化的沼泽草地适度利用，在利用中恢复。

2) 实施沼泽草地恢复工程。在有条件的地方，有投入的条件下，可采取不同的恢复工程，治理退化的沼泽草地。

3) 建立有效管理的自然保护区。自 20 世纪 70 年代开始，经过近 30 年的努力，沼泽草地自然保护区已建立了多处，如扎龙、盐城、大丰、黄河三角洲、草海、巴音布鲁克等，如何有效管理这些自然保护区已显得十分重要。另外，如果能增加，新建一部分保护区也很有必要。

(5) 荒漠草地生态地理系统的利用与保护

a. 存在的问题

由于长期的不合理的过牧、开垦、樵采，以及其他技术管理上的不当，加之气候变化的影响，荒漠草地生态地理系统面临的最大问题是退化。荒漠草地生态地理系统的退化不仅导致生物群落组成与结构有简单化的趋势，植物群落稀疏，盖度小，生产力低，而且土地承载能力降低，系统生产力也大大下降，同时还使生态环境更加恶化，也为日益严重的沙尘暴提供了大量沙源这一物质基础，如何合理利用与保护荒漠草地生态地理系统已成为十分重要的问题。土壤质地较粗，一般砾质或砂质，且多含砾石，不但物理性质较差，而且有机质含量低，土壤比较贫瘠。

b. 利用与保护

1) 合理利用天然草地。在新疆荒漠草地生态地理系统分布区，合理利用天然草地的主要方式应是进行季节牧场调整，即将现行的夏-春秋-冬三季牧场改为低山春牧场—中山、高山夏牧场—平原荒漠秋牧场三季牧场带梯度轮牧模式。这种划分是因为低山草场以蒿类半灌木为主，春季利用最佳。平原草场以藜科半灌木和一年生藜科植物为主，秋季利用为最佳时期。而高山夏季凉爽，宜夏季利用和放牧。这样做既可在植物适牧期进行充分利用，又进行轮牧，还有一定的休牧期，便于草场植被恢复，从而达到可持续发展、合理利用的目的。

2）改良退化草地生态地理系统。对不同退化程度的荒漠草地生态地理系统应采取不同的措施进行治理。对轻度、中度退化的荒漠草地生态地理系统应坚持利用、保护相结合的原则，积极保护，合理利用。而对严重退化的荒漠草地生态地理系统，则应采取禁牧或划区轮牧的办法，如果条件许可，利用夏季洪水，淤灌撒播梭梭等植物种子，加速植被恢复。

3）建立人工草地生态地理系统，走集约化道路。充分利用荒漠草地生态地理系统分布区有利的自然条件，选择合适的地形与土壤条件，建立一定面积的人工草地，种植多年生牧草与一年生饲料，解决草畜不平衡的矛盾，逐步实现草地畜牧业的集约化，从而实现荒漠草地生态地理系统的可持续发展。

（6）热性草地生态地理系统的利用与保护

热性稀树草地生态地理系统分布地区的资源从总体上具有很大优势：因处于热带亚热带地区，故热量充沛，降水多。植物种类丰富，且生长季长，生产力高。但是也有许多不利之处。大多在不同海拔的山地，有的山势陡峻，故一般水土流失严重，土层浅薄，土质黏重，有大小不等的石砾，土壤物理性状很差，蓄水能力很低，保水能力很弱，水分状况很差。且分解很快，植物必需的营养元素缺乏，尤其是含磷量低。土壤一般呈强酸性反应，pH 很低，总体上看，土壤肥力不高。植物生长虽很茂盛，生产力很高，但一般品质欠佳，质地粗糙，适口性不好，发展草地畜牧业需引入新的草种，进行草地改良，这些地区大部分长期不合理的人类活动，过度放牧或开垦，自然植被遭到不同程度的破坏，生态地理系统退化严重，保护与恢复退化的生态地理系统十分必要。另外，这些草地生态地理系统大部分都是次生生态地理系统，是相对稳定的生态地理系统，其植物群落是演替的一个阶段，如能采取一定措施，经过长期的恢复，向其顶极群落演替还有可能，值得重视并进一步观察与研究。

必须看到，热性草地生态地理系统植物种类组成复杂，其中许多有特殊的价值。另外，其具有的群落外貌与景观、类型也很特殊，它具有的观赏价值也是一种资源，值得保护与发掘。在有条件的地区，充分利用其优势，发展特色种植业也很有前景。

（7）暖性草地生态地理系统的利用与保护

a. 生态环境

暖性草地生态地理系统主要分布在晋陕黄土高原、山东、辽东半岛低山丘陵及燕山、太行山、秦岭等山地，部分分布在热带、亚热带山地，海拔一般变化于 500～2000m，这里主要为暖温带半湿润气候，年平均温度 6～12℃，≥10℃年积温 3400～4500℃。土壤主要为不同母质形成的褐土、棕壤，局部为黄棕壤。其地带性的植被为落叶阔叶林，这是温带地质时期形成的产物，主要由于历史上长期的砍伐、农业开垦及其他原因，原始的地带性植被保存已无几。在自然条件下，被各种原因破坏了的天然植被恢复到原来的顶极群落在短期内已不可能，从而形成了次生的但相对稳定的暖性草丛与暖性灌草丛生态地理系统。

b. 利用与保护

暖性草地生态地理系统主要分布在山地，地势有较大坡度，加之这一地区降雨集中，草地植被对于防止水土流失具有重要作用，这也是暖性草地生态地理系统生态功能的一个重要体现。为了防止这些山区水土流失的加剧，保障山区及山前平原地区的生态安全、进一步保护好暖性草地生态地理系统具有重要意义。暖性草地生态地理系统经济功能的重要方面在于它是很好的放牧场与割草场。因为分布区水热条件较好，土壤肥力较好，牧草的蛋白质及其他营养物质含量和适口性较好，所以不但生产力较高，而且是营养丰富的牧草资源，因而在发展本区的畜牧业生产上具有一定意义。但是，长期以来，本类草地生态地理系统的大部分地区使用过度，草地普遍面临着不同程度的退化，所以防治草地生态地理系统退化、保护好草地资源是面临的最主要问题。

第四节　农田生态地理系统类型的空间分布格局及其变化动态

农田生态地理系统的特征，既受控于所在地区的自然环境条件，同时又随人类文明进步和科学技术发展而不断变化。因此，从宏观的视角认识农田生态地理系统，就不能不注意农田生态地理系统特征在地理空间和人类历史时间尺度上的分异及变化。

一、农田生态地理系统的空间分布格局

农田生态地理系统的空间分布格局是指随着地理水平(地理纬度、经度)和地理垂直高度(海拔)的变化，农田生态地理系统呈现出有规律性变化的空间分布状况。大量的研究表明，不同地域间农田生态地理系统的空间分布状况各不相同。现以唐登银(2005)对中国农田的研究结果为例来说明农田生态地理系统的空间分布问题。

唐登银(2005)认为，中国农田生态地理系统的形成和发展受制于中国的自然条件(主要包括热量、水分、土壤、地貌)，同时也受长期人为活动(品种选择、种子繁育、水利建设、肥料施用等)的影响，中国自然条件的多样性和人为活动的剧烈，决定了农田生态地理系统在地域上的广泛变异性。自然条件和人为活动影响的叠加，产生了多种多样的农田生态地理系统。

随着社会和经济的发展，资源滥用和环境污染的问题显现出来，农业生产所要解决的问题必须有一个转变，即除解决人民吃饭穿衣外，还要求吃好穿好，且要求资源利用能够永续，环境能够永远清新。这就是说从学科发展的角度来看，农业生产要求从农业生态学的角度处理问题，而不是过去主要是考虑作物个体与环境的相互关系及其调节。对中国农田生态地理系统按照相似性和差异性在地域上进行划分，正是农田生态地理系统工作的一个重要组成部分，可以指导中国农业沿着生态农业的方向发展。

中国栽培作物的土地，即耕地面积约 133 亿 hm^2，占全国陆地面积的 13.9%，广泛分布于全部国土之上。耕地与国土关系的分布形式粗略分为三种：大河形成的大平原，

如黄淮海平原、松嫩平原、辽河平原、长江中下游平原、渭河平原、成都平原、珠江三角洲等，耕地分布连片；广泛地形上有起伏但相对高度差异不大的地区，如黄土高原、南方红黄壤丘陵，耕地散布；受热量或水分条件限制的地区，如高山、荒漠地区，耕地零星分布。

作物和周围环境包括土壤、大气等，构成农田生态地理系统。从水平方向看，最基础的生态地理系统是微小空间尺度的田块农田生态地理系统，众多田块农田生态地理系统结合成农田生态地理系统复合体，复合体可以由小到大，覆盖一个乡、一个县、一个省，乃至全国。

人类长期适应自然条件形成了中国在大农业意义上的三大区域格局：青藏牧农区，蒙新农牧区，东部农业区。这种区分反映了中国农田生态地理系统的区域分异特色。

青藏牧农区的界线是依据现代地势轮廓及对它有决定作用的新构造运动的差异而划定的，所包括的区域通常被称为青藏高原。青藏牧农区北与蒙新农牧区为界，东与东部农业区为邻，蒙新农牧区与东部农业区之间的界线的依据是干湿状况，具体说是干燥度(又称干旱指数)为 1.5 的等值线。东部农业区干燥度在 1.5 以下，属湿润或亚湿润地区，蒙新农牧区干燥度超过 1.5，属半干旱或干旱区。一条干湿指标的等值线决定了东部农业区与蒙新农牧区截然不同，东部农业区以农业(种植业)为主，尽管东部农业区的牧业应当且已经有了很大的发展，但它的发展也依赖于种植业，而蒙新农牧区则是农牧并举，农业对灌溉的依赖程度很高，牧业则主要是放牧。

青藏牧农区的特点：①全区大幅度近代上升，一部分有差别上升，造成平均海拔在 4000m 以上的世界最大高原，其间还有超出雪线以上的高度在 6000m 以上的山岭。②本区由于高度，空气稀薄，温度很低，太阳辐射颇强，风力强烈，由区外输入的水汽不多。③大部分地域属内流流域，其中有许多湖泊，也有不少冰川。地貌外营力主要为比较强烈的物理风化和冰川、流水的搬运、堆积，第四纪冰川作用的遗迹分布广泛。④植物与动物种类较多，植被主要为荒漠、草原和草甸，森林很少。由于古冰川作用和风化微弱，成土母质颗粒组成很粗；由于土壤年龄不长，成土作用缓慢，土壤剖面一般发育较差，土层浅薄。⑤本区主要不利自然条件是地势崎岖、低温、空气稀薄、风大、土壤浅薄、水量不丰。⑥本区主要农业经营方式整体上以放牧为主，种植作物有青稞、大麦、小麦等。

蒙新农牧区的主要特点：①在最近地质时代中，有很显著的差别上升，大部分地域上升幅度不很大，一般海拔在 1000m 左右，一部分地域上升幅度很大，于是形成广大的高平原和横亘于平原中的显著山脉，如天山 3500m、阿尔泰山 3000m 等，其中也有较低部分，如准噶尔盆地不少地域为 250～500m，内蒙古不少盆地为 600～700m，甚至吐鲁番盆地在海平面以下 154m。②处于内陆且四周多山岭，来自海洋的水汽量少，为干旱半干旱气候。植被大部分为荒漠，部分为荒漠草原和干草原。土壤颗粒组成较粗，有机质含量有限，可溶盐分高。山岭地域有森林和高山草甸及相应的土壤。③地貌外营力主要是干旱半干旱气候下的微弱风化、微弱物质移动、微弱的水力侵蚀和堆积，以及广泛的风力侵蚀、搬运和堆积。④全区绝大部分属内流区域。湖泊相当多，大多数是咸水湖，地表水在平地上多是源于雨水的暂时性水流，山地径流是本区的重要水资源，其补给来源以融雪为主，次为冰川融水和雨水。⑤植物与动物远较东部农业区少，植物大部分是周围山地植物逐渐干生化的结果。⑥本区最主要的问题是水源问题。主要农业经营方式是灌溉农业，同时广泛发展畜牧业，包括放牧和栏养，主要作物有小麦、马铃薯、大麦、油菜和棉花。

东部农业区的主要特点：①夏季季风的影响很显著，风向与降水均依季节而有明显更替。②新构造运动上升幅度一般不大，海拔超过 2000m 的山岭不多，广布盆地和平原，尤其在钦州—郑州—北京—鸥浦一线以东，是新构造运动以沉降为主的地域，其间 500m 以下的面积很大，有广阔的冲积平原。③气候上，湿润程度较高，天然植被以森林为主，有一部分为草原，自然界地域分异的主要因素是随纬度而变化的温度。④地貌外营力主要是常态的风化物质的移动、水力侵蚀与堆积、溶蚀等作用，纬度较高及海拔较高地方有冻裂作用，部分地域有风沙及风尘的搬运与堆积。主要大河的中下游处于本区，主要补给为降水。⑤植物区系和动物区系虽经第四纪冰期影响，仍基本保存下来，因此生物种类繁多。⑥人类对自然界的影响广泛而深切，凡可开垦的地方均已开辟为农田，天然森林已大部分不复存在。本区是中国最主要的农业地域。

按热量条件及其对农业生产的巨大影响，中国东部农业区和蒙新农牧区可划分为寒温带、中温带、暖温带、北亚热带、中亚热带、南亚热带、热带，各带基本呈纬向地带性。青藏牧农区可划分为高原亚寒带和高原温带，其划分依据主要是由海拔引起的热量状况的差异，热量带不是纬向分布。

东部农业区和蒙新农牧区热量带的划分指标主要是日均温度≥10℃天数和≥10℃积温，同时把最冷月和最暖月的平均气温作为辅助指标。青藏高原区热量带划分的主要指标是日均温度≥10℃天数。温度带的指标见表 11-7。

表 11-7　温度带指标(引自唐登银，2005)

温度带	主要指标		辅助指标		备注
	≥10℃天数	≥10℃积温/℃	最冷月平均气温/℃	最暖月平均气温/℃	
寒温带	<100	<1600	<–30	<16	
中温带	100～170	1600～3200(3400)	–30～–12(–6)	16～24	
暖温带	171～220	3200(3400)～4500(4800)	–12(–6)～0		
北亚热带	220～239	4500(4800)～5100(5300)	0～4		
中亚热带	240～285	5100(5300)～6400(6500) 4000～5000	4～10 5(6)～9(10)		云南
南亚热带	286～365	6400(6500)～8000 5000～7500	10～15 9(10)～13(15)		云南
热带	365	>8000 >7500	>15		云南
高原亚热带	<50		–18～–10(–12)	<10(12)	
高原温带	50～180		–10(–12)～0	12～18	

寒温带日均温度≥10℃的活动积温大致在 1600℃以下，冬季寒冷更甚；最冷月平均气温小于–30℃，寒冷期很长；日均温度高于 10℃的日数小于 100 天，稻、高粱、蓖麻

等都不能生长，只能勉强栽培小麦、马铃薯、荞麦，土壤为微酸性棕色灰化土，有零星分布的永冻层。

中温带活动积温为 1600～3200(3400)℃，夏季温度相当高，最暖月平均气温 16～24℃，若干喜热作物如稻、高粱、玉米、蓖麻在大部分地方都能生长，小麦、大豆、高粱分别在不同地域成为主要作物，甜菜生长很好。但冬季温度很低，最冷月平均气温为−30～12℃，寒冷季节很长，日均温度≥10℃只有 100～170 天，不适于栽培棉花与越冬作物，温带水果如苹果、梨、葡萄等只在南部出现，品质明显不如暖温带。冬季土地冻结深度约 1m，土壤有暗棕色森林土、黑土、黑钙土、栗钙土、灰钙土等。

暖温带活动积温为 3200(3400)～4500(4800)℃，夏季温度颇高，与亚热带几乎无显著差异，对热量要求较高的一年生作物如棉花，除靠近北界地方以外，可以生长很好。冬季温度颇低，有季节性冻土，冻结时间不长，厚度在 1.0m 以下。苹果、梨、柿、葡萄普遍栽培，品质良好。多数地方小麦为冬小麦，主要作物有小麦、玉米、高粱、棉花等，作物为一年两熟或两年三熟。低地土壤有棕色森林土、褐土、黑垆土和棕色荒漠土。

北亚热带活动积温为 4500(4800)～5100(5300)℃，夏季温度较高，冬季温度不低，最冷月平均气温在 0℃以上，冬季持续时间较短，日均温度≥10℃的有 220～239 天。棉花普遍栽培，水稻面积大，可一年两熟，茶叶、柑橘可以栽培，冬季有露天蔬菜，作物品种繁多，几乎大多数温带作物都在这里有分布。地带性土壤有黄褐土和黄棕壤。

中亚热带活动积温为 5100(5300)～6400(6500)℃，其中云南部分活动积温低，为 4000～5000℃，日均温度≥10℃的天数达到 240～285 天；双季稻普遍，冬小麦各地都有栽培，但品质不好，是柑橘、油茶、油桐、甘蔗等经济作物的主产区。地带性土壤大面积分布为红壤、黄壤。

南亚热带活动积温为 6400(6500)～8000℃，其中云南部分略低，为 5000～7500℃，一年中有 3/4 的天数或全年的日均温度都超过 10℃，但仍受强寒流袭击，有时霜冻会对农业造成损害，主要作物为水稻、小麦等，可以种双季稻加冬作物。经济作物有香蕉、菠萝、荔枝、橄榄等。地带性土壤为红壤。

热带活动积温大于 8000℃，其中云南部分略低，大于 7500℃，冬季气温都很高，极端最低温度多年平均不低于 5℃，绝少降至 0℃。低地植物主要为热带季雨林，植物成分多热带性的科属。热带经济作物如椰子、橡胶、槟榔、咖啡、波罗蜜等都能生长，稻可一年三熟，甘薯可于冬季栽培，温度状况不适宜于冬小麦生长。地带性土壤为砖红壤。

青藏高原区有其特殊性，不以活动积温划分，而以大于 10℃日均温度天数为主要指标，将青藏高原区分为两个温度带：高原亚寒带和高原温带。前者日均温度≥10℃天数小于 50 天，后者为 50～180 天。高原亚寒带农业活动十分稀少，高原温带主要农业活动是天然放牧，海拔相对较低的地方有作物种植，主要有青稞、春小麦等，作物一年一熟。

温度带划分后，再以干旱指数划界，以干旱指数 1.00 分出湿润与亚湿润，小于 1.00 为湿润区，1.00～1.49 为亚湿润区；以干旱指数 4.00(青藏高原为 5.00)分出半干旱和干旱，≥4.00(青藏高原为≥5.00)为干旱区，1.50～4.00(青藏高原为 1.50～5.00)为半干旱区。4 个干湿地区的主要状况如表 11-8 所示。

表 11-8　干湿区域划分指标(引自唐登银，2005)

地区	湿润	亚湿润	半干旱	干旱
干旱指数	＜1.00	1.00～1.49	1.50～4.00 1.50～5.00(青藏高原)	≥4.00 ≥5.00(青藏高原)
天然植被	森林	森林草原	草原	荒漠
水分状况	作物水分需求可满足	作物水分需求稍不足	作物水分供应严重缺乏	没有灌溉即没有农业
占全国面积/%	32.2	15.3	21.7	30.8

亚湿润地区，干旱指数 1.00～1.49，降水量比潜在蒸发量小，但两者差别不大。天然植被为森林草原，土壤是石灰性，排水不良时盐渍化。降水量变化较大，干旱较多，春旱尤为常见，有时旱灾很严重，农业生产较不稳定。从多年平均状况看，一年一熟，降水能保证作物水分需求，若增加复种指数，为保证作物高产稳产，必须有外来水源。

半干旱地区，干旱指数 1.50～4.00，降水量比潜在蒸发量小，两者差异相当大。天然植被为草原、干草原，土壤中一般有钙积层，盐碱化很普遍。在没有灌溉的情况下，可生长农作物，但收成不稳定，容易引起风沙及土壤侵蚀。土地利用应以草食畜牧业为主，过度放牧会引起草地退化，引起风沙和土壤侵蚀。

干旱地区，干旱指数＞4.00，降水稀少，远小于潜在蒸发量。天然植被为荒漠草原与荒漠，在热量、地形和排水都适宜的条件下，没有灌溉即没有农业，一般是灌溉水源决定耕地面积的大小，农业经营产生了面积大小不等的绿洲。

为全面深刻地认识中国农田生态地理系统的类型，唐登银(2005)提出中国农田生态地理系统的四级分类系统：第一级以人类长期适应自然条件形成的以农业格局划分为三大区域；第二级以热量状况划分；第三级以水分条件划分；第四级以地貌及土壤类型划分。第四级及以下为基层农田生态分区，通常可按地形、土壤性质及作物配置方式等划分。表 11-9 为中国农田生态地理系统的第一级至第三级分区方案。

表 11-9　中国农田生态地理系统分区方案(引自唐登银，2005)

区域	农田生态热量区	农田生态地区
东部农业区 DB	Ⅰ寒温带(耐寒作物带)	DBⅠA
	Ⅱ中温带(一年一熟带)	DBⅡA，DBⅡB
	Ⅲ暖温带(两年三熟 / 一年两熟带)	DBⅢA，DBⅢB
	Ⅳ北亚热带(中晚熟品种一年两熟带)	DBⅣA
	Ⅴ中亚热带(水稻一年两熟带)	DBⅤA
	Ⅵ南亚热带(水稻一年三熟带)	DBⅥA
	Ⅶ热带(热带作物带)	DBⅦA
蒙新农牧区 MX	Ⅱ中温带(一年一熟)	MXⅡC，MXⅡD
	Ⅲ暖温带(两年三熟 / 一年两熟带)	MXⅢC，MXⅢD
青藏牧农区 QZ	H_1(高原草甸放牧带)	QZH_1B，QZH_1C，QZH_1D
	H_2(高原一年一熟带)	QZH_2A/B，QZH_2C，QZH_2D

表 11-9 中的符号 DB、MX、QZ 为区域代码；Ⅰ、Ⅱ、Ⅲ……为从寒冷到炎热的热量带的代码；A、B、C、D 分别为湿润、亚湿润、半干旱、干旱地区的代码；H_1、H_2 分别代表高原亚寒带和高原温带。根据表 11-9，按热量状况中国可划分为 11 个生态带，再根据水分条件划分为 19 个农田生态地区，如 DBⅠA 是东部耐寒作物湿润农田生态地区，DBⅡA 是东部一年一熟湿润农田生态地区，MXⅡC 是蒙新一年一熟半干旱农田生态地区等。这 19 个农田生态地区可按地貌及土壤类型进一步划分为第四级——48 个农田生态区(表 11-10)。从上述中国农田生态分区，也可看出中国各类农田生态地理系统所处自然环境的复杂多样。

表 11-10 中国农田生态地区的第四级分区(引自唐登银，2005)

三级代码	第四级农田生态分区
DBⅠA	①大兴安岭北部
DBⅡA	①三江平原；②东北东部山地；③东北东部山前平原
DBⅡB	①松辽平原中部；②大兴安岭中部；③三河山麓平原丘陵
DBⅢA	①辽南胶东山地丘陵
DBⅢB	①鲁中山地丘陵；②华北平原；③华北山地丘陵；④晋南关中盆地
DBⅣA	①淮南与长江中下游平原；②汉中盆地
DBⅤA	①江南丘陵；②江南与南岭山地；③贵州高原；④四川盆地；⑤云南高原；⑥东喜马拉雅南翼
DBⅥA	①台湾中北部山地平原；②闽粤桂丘陵平原；③滇中山地丘陵
DBⅦA	①台湾南部低地；②雷琼山地丘陵；③滇南谷地丘陵；④琼南低地与东沙、中沙、西沙群岛；⑤南沙群岛
MXⅡC	①松辽平原西南部；②大兴安岭南部；③南蒙古高平原东部
MXⅡD	①南蒙古高平原西部及河套平原；②阿拉善与河西走廊；③准噶尔盆地；④阿尔泰山地与塔城盆地；⑤伊犁盆地
MXⅢC	①晋中陕北甘东高原丘陵
MXⅢD	①塔里木与吐鲁番盆地
QZH_1B	①果洛那曲丘状高原
QZH_1C	①青南高原宽谷；②羌塘高原湖盆
QZH_1D	①昆仑高山高原
QZH_2A/B	①川西藏东方高山深谷
QZH_2C	①青东祁连山地；②藏南山地
QZH_2D	①柴达木盆地；②昆仑山北翼；③阿里山地

二、农田生态地理系统的变化动态

农田生态地理系统的变化动态是指随着时间的推移，农田生态地理系统表现出的结构和功能上的变化，即通常所说的生态地理系统的演替。大量的研究表明，由于农田类型的不同，其演替的类型也不同。现以中国农田生态地理系统的演替为例来说明不同农田类型的时间变化，即演替状况。

(一)松嫩平原黑土农田生态地理系统的演替

孟凯等(2005)研究认为，松嫩平原黑土农田生态地理系统是林草自然生态地理系统经开垦后演替形成的，据考古学家证实，在20 000年前就有人类加入这一生态地理系统。由于人类数量极少，生产技术十分落后，基本过着原始的渔猎生活，人类只作为自然生态地理系统的一个组成成员。随着人类数量的增加，人类活动的干预，形成了今天的人工农田生态地理系统。

1. 演替的主导因素

16世纪中叶，清朝政府为了军事上的需要，开始在松嫩平原设置驿站，驻兵屯垦，产生了星星点点的军需性农耕生产。大规模的开垦始于19世纪初，大约经历了200年的垦殖历史。在这一漫长的历史时期，经过了自然生态地理系统、半人工生态地理系统和人工生态地理系统。在这几个生态地理系统演替过程中，人类活动的干预起到了主导作用，人类为其生存，由渔猎生存方式变为移耕农业，大量砍伐森林，开垦草原，从游牧生活过渡为定居的农业生产。黑土开垦历史较短，整体上土壤还没有达到农田的平衡过程，在生产过程中，还有一部分依靠土壤中物质的供给。但是，由于经营方式的落后，黑土农田生态地理系统200年的演替历史，几乎跨越了我国中原地区3000年的演替过程。实际上黑土农田生态地理系统演替的主导因素以人类活动为主，其次是环境的不稳定性和农业生产技术的变化。随着人口迅速的增长，尤其是20世纪50年代以后，以开垦林地和草地为代价，使大量的林地和草地成为农田，改变了原有生态地理系统的平衡，形成了稳定性较低的农田生态地理系统。由于生态平衡的变迁，环境条件也随之变化，灾害性天气发生频率提高，农田的抗逆能力降低。随着农业生产技术水平的提高，人类对农田的干预进一步增强，作物的生产力水平对生产技术的依赖性不断增加，从而使黑土农田生态系统的自然属性减弱。

2. 生态地理系统结构的演替

黑土农田生态地理系统结构的演替是随着历史发展阶段而变化的。移耕农业时期(1910年以前)，刀耕火种，种植少量的粮食，以渔猎为主。传统农业时期(1910～1960年)，是自给自足的经营方式，以种植粮食作物为主，家中养殖少量家畜满足自身的需求。前工业化农业时期(1960～1980年)，农业进入商品年代，国家需要大量粮食来满足人口日益增长的需求，该地区每年要为国家提供70%的商品粮，作物生产产值占农业生产产值的90%以上，其中粮食作物占85%以上，畜牧业所占比例不足10%。现代农业时期(1980年以后)，重视农业结构的调整，在农业社会总产值中根据多年平均统计，非农业产值占32.7%(服务业、建筑业等)，农业产值中种植业产值占66.4%，林业产值占1.6%，畜牧业产值占29.3%，渔业产值占2.7%。

3. 系统生产力的演替

根据不同年代统计数据分析，系统生产力呈增长趋势，农业总产值1996年比1978年增长257.8%，1996年比1990年增长76.4%；粮食总产量1998年比1978年增长106.2%，1998年比1990年增长31.7%，其中水稻年产量从20世纪50年代初期到现在呈持续增长趋势，春小麦年产量从 20 世纪 50 年代初期到 1990 年达到高峰，随后年产量逐年下降，玉米的年产量也是持续增长趋势，大豆年产量的高峰出现在 1993 年和 1994 年，随后稳定在 450 万 t 左右(表 11-11)。畜产品的年产量基本是稳定增长态势。

表 11-11　黑龙江省主要农产品产量(引自唐登银，2005)

年份	粮豆总计			主要作物											
				水稻			春小麦			玉米			大豆		
	总面积/万 hm^2	总产/万 t	单产/(kg/hm^2)	总面积/万 hm^2	总产/万 t	单产/(kg/hm^2)	总面积/万 hm^2	总产/万 t	单产/(kg/hm^2)	总面积/万 hm^2	总产/万 t	单产/(kg/hm^2)	总面积/万 hm^2	总产/万 t	单产/(kg/hm^2)
1978	713.4	1477.5	2029	21.4	71.5	3341	174.7	254.5	1457	189	602	3185	152.5	208	1364
1980	713.8	1642.4	2301	21	79.6	3790	210.5	394.6	1875	188.4	520	2760	163	220.5	1353
1985	721.6	1405	1947	39	162.9	4177	203.8	376.8	1849	157.7	386.8	2453	216.7	313.7	1448
1990	742	2312.5	3117	67.4	314.4	4665	178.1	474.8	2666	216.9	1008.3	4649	207.9	325.8	1567
1995	750	2592.5	3457	83.5	469.9	5628	111.6	293.4	2629	241.1	1219.1	5056	251.3	438.8	1746
1998	808.3	3008.5	3722	156.3	925.8	5923	95.9	285.2	2974	248.6	1199.7	4826	246	444.6	1807

4. 环境变化

黑土农田生态地理系统环境变化主要表现在气候条件变化和土壤环境变化两个方面。

(1)气候条件变化

大气降水是黑土农田生态地理系统的主要水分来源，多年平均年降水量为 530mm，降水量随着地形高程变化。降水量年际变化较大，多年最大和最小降水量比值在 1.9～3.0，丰水年降水量为 550mm，平水年降水量为 485mm，少水年降水量为 427mm，枯水年降水量为 325mm。降水量的季节分配极不均匀，主要集中在 6～8 月，占年降水量的 65%以上。根据 50 年的降水资料分析，灾害性(旱涝)天气发生频率呈上升趋势，4～5 月降水量呈减少趋势，黑土农田生态地理系统蒸发量(以 20cm 蒸发器观测)年平均值在 1200～1700mm，地面蒸发量在 440～450mm。蒸发量的年际和季节间变化较大，年内最大值出现在 4～6 月，蒸发量占全年蒸发量的 50%左右，最小值为冬季 11 月至翌年 2 月，蒸发量仅占全年蒸发量的 10%。根据多年资料统计分析，4～5 月蒸发量呈增加趋势。

黑土农田生态地理系统年平均气温在 1.0～6.0℃，大于 10℃生长季节活动积温为 2300～2700℃。根据 50 年气候数据分析(表 11-12)，生育期间的平均气温变化呈逐渐上升的趋势，由 20 世纪 50 年代的平均 12.95℃，增加到 90 年代的 14.21℃，平均每十年提高 0.31℃，表明受全球温室效应的影响。

表 11-12　20 世纪后半叶不同年代生育期间气温的变化(4～10 月)(引自唐登银，2005)

项目	50 年代	60 年代	70 年代	80 年代	90 年代
生育期平均气温/℃	12.95	13.28	13.34	13.67	14.21

风速的大小明显受地形及地表糙度的影响，黑土农田生态地理系统地势平缓开阔，风速较大，年平均风速为 4m/s 左右，大风主要集中在 4～5 月(表 11-13)。

表 11-13　20 世纪后半叶不同年代 4～5 月风速大于 5m/s 的平均天数(引自唐登银，2005)

月份	50 年代	60 年代	70 年代	80 年代	90 年代
4	6.6	11.4	12	8.4	14
5	6.1	8.1	12.6	6.2	12.9

由表 11-13 看出，大风天数呈增加趋势，增加天数有 1 倍之多。该区域冬季主要为西北风，夏季主要为东南风，频率为 8%～9%，东南风的频率略大于西北风，全年东风和东北风的频率最小，只有 3%。

(2) 土壤环境变化

由于农田产投比失调，土壤中氮素、钾素及某些中量和微量元素连年出现亏缺。土壤耕作粗放，大中型农机具不能充分发挥作用，小型农机具急剧增加，土壤耕层越来越浅，犁底层加厚，致使土壤物理性状恶化(表 11-14)。土壤环境变化趋势：土壤容重增加，土壤孔隙度减少，土壤持水能力降低；土壤有机质、全氮和钾的含量呈下降趋势，速效磷的含量增加(主要是近几年磷肥施量较多，在土壤中积累)；土壤生物活性呈降低趋势。

表 11-14　黑土物理性状变化(0～20cm)(引自唐登银，2005)

类型	年份	容重/(g/cm^3)	总孔隙度/%	田间持水量/(g/kg)	饱和持水量/(g/kg)
侵蚀黑土	1990	1.08	57.65	392.8	536.7
	1999	1.25	50.98	292	396
平地黑土	1990	1.03	59.61	392.4	581
	1999	1.1	56.86	357.1	474

5. 管理技术演替

松嫩平原黑土农田生态地理系统管理技术是随着科学技术的进步而变化的。从品种的自交系到杂交种及目的基因育种；耕作方面从刀耕火种—畜力农具耕种—大型农业机械耕种—小型农机具与大型农机具混合耕种；施肥方面从不施肥(刀耕火种时期)—施农家肥(20 世纪 60 年代以前)—施氮肥(60～70 年代)—施氮、磷肥(80 年代以后)—施农家肥、氮、磷肥(80 年代)—施农家肥、氯、磷、钾肥和中量及微量元素肥(80 年代中期以后)—施农家肥、氮、磷肥和氮、磷、钾生物肥(90 年代后期)；施肥方法方面从春季一次施基肥—春季施基肥、生育期追肥—秋季施基肥、生育期追肥；种子处理方面从种子不处理播种—种子催芽播种—种子包衣播种；病虫害防治方面从人工防治—残毒农药防治—无残毒农药防治—生物防治。

(二) 黄淮海平原农田生态地理系统的变化动态

1. 农田生态地理系统的结构变化动态

(1) 农业产值结构的变化

程新维等(2005)研究认为，黄淮海平原农业总产值逐年增加，1993 年比 1985 年增长了 1.9 倍，平均增长率为 24%左右。山东省农业产值结构发生明显变化，种植业的比例 1994 年已降至 47.6%，种植业仍占主导地位。畜牧业增长最快，其比例已由 1978 年的 13.2%升至 32.7%。渔业在农业中迅速发展，由 1978 年的 2.8%，到 1994 年已升至 17.1%。但林业在农业总产值中的比例始终很小，副业没有太大变化。

农业内部产业结构的变化，标志着资源的充分利用，经济的综合发展和农产品供应更加丰富，反映出农业经济的坚实基础和人民生活水平的提高。农业产业结构已显示出逐步向优化方向发展。

(2) 种植业结构的变化

程新维等(2005)研究认为，近 10 年来，粮食作物播种面积变化不大，粮食播种面积在 2304 万～2432 万 hm^2，1998 年粮食播种面积为 2438 万 hm^2，占总播种面积的 75.51%，总产量为 12 亿 t，显示了粮食在黄淮海平原农业发展中的主导地位。但是，棉花种植面积的变化较大，最低比例为 7.55%，最高达 13.18%，油料作物播种面积比例有所增长，但变化在 5.09%～6.28%。

粮食作物结构的变化。历史上，小麦、玉米、谷子、高粱、甘薯、大豆为黄淮海平原六大主要粮食作物。其中，冬小麦在粮食作物播种面积和产量构成中，始终占据突出地位。1949～1970 年，冬小麦播种面积占总播种面积的 1/3，20 世纪 70 年代增加到 40% 以上，80 年代达到 50%左右，此后一直稳定在 50%以上。玉米的种植面积发展最快。20 世纪 50 年代初期，玉米在该地区无论是种植面积还是产量均在小麦、大豆、高粱、谷子、地瓜之后，播种面积和产量只占不到 10%。1960 年以后，播种面积不断扩大，在粮食作物中的地位迅速上升。

经济作物内部结构的变化。经济作物主要有棉花、花生、芝麻、麻类、烟叶等，棉花是国家需要的大宗物资，在经济作物播种面积中一直居于首位。近 10 年来，黄淮海平原棉花呈下降趋势，播种面积大起大落，最高年达 39 787 万 hm^2，最低年(1993 年)只有 24 259 万 hm^2。蔬菜是种植业中新兴的产业部门，种植面积逐年扩大。

2. *农田生态地理系统的功能变化动态*

(1) 土地生产力变化

唐登银(2005)研究认为，随着生产条件的改善，黄淮海平原的土地生产力不断提高，20 世纪 50 年代粮食单产只有 1350kg/hm^2，60 年代为 1800kg/hm^2 左右，70 年代为 2250kg/hm^2 左右，80 年代为 3000～3750kg/hm^2，90 年代为 3750～4950kg/hm^2。土地生产力的提高，主要是由于增加了农业的投入，改善了生产条件，提高了复种指数。特别是改革开放以来，农业生产持续发展，1998 年与 1985 年比较，农业总产值增加 2.82 倍，粮食总产量增加 0.51 倍，油料增长 0.93 倍，肉类增长 4.21 倍，棉花减少 25%(表 11-15)。

表 11-15　黄淮海平原土地生产能力的变化情况(引自唐登银，2005)

年份	农业生产总值/亿元	粮食总产/亿 kg	粮食单产/(kg/hm^2)	棉花总产/万 t	棉花单产/(kg/hm^2)	油料总产/万 kg	肉类总产/万 t	人均肉类/kg
1985	813.11	794.87	3433.4	227.24	788.7	321.37	260.9	12.8
1990	1601.98	934.52	3903.8	244.67	750.5	295.6	426.68	18.8
1995	4356.88	1060.57	4851.8	189.41	738.5	545.94	1271.7	73.58
1998	3109.24	1200.2	4931.4	170.55	1015.8	619.32	1360.4	95.42

(2) 农田养分平衡状况

唐登银(2005)研究认为，在20世纪50年代初，在农业中的主要肥源是有机肥，而有机肥中氮素含量较低，磷钾含量相对较高，氮便成了限制作物产量提高的“最小养分”，因此，在施有机肥的基础上，配合施适量的氮素化肥，便能使氮、磷、钾养分相对平衡，起到明显的增产效果。从60年代开始，由于氮素化肥用量明显增加，加之黄淮海平原土壤供钾充足，土壤供磷不足成为主要矛盾，磷素成为限制提高作物产量的“最小养分”，在施用有机肥与氮素的基础上，增施磷肥便出现显著的增产效果。进入80年代，化肥的施用量增长很快，1984～1987年化肥施用量基本上稳定在150kg/hm^{2}左右，1998年化肥施用量达379.7kg/hm^2，为1985年的2.47倍，比1990年增长88%。随着复种指数的提高，作物产量的增加，土壤中显示出缺钾的症状，钾素已成为限制提高作物产量的“最小养分”，此时，适量施用钾肥，便可增产10%以上。黄淮海平原的化肥施肥水平，1978年约为112.8kg/hm^2，1984年为158.0kg/hm^2，1993年为256.5kg/hm^2，1998年为379.7kg/hm^2，化肥施用虽逐年增长，但磷钾比例偏低，其中钾尤低。氮素单一施用，没有足够的磷、钾和微量元素配合，非但不能增产，反而造成效益下降(表11-16)。

表11-16　黄淮海平原化肥施用情况(引自唐登银，2005)

年份	1984	1986	1988	1990	1992	1993	1995	1998
化肥施用总量/万t	474.55	480.32	511.58	619.37	704.31	792.09	835.15	1102.33
单位面积化肥施用量/(kg/hm^2)	158.0	156.0	165.9	201.8	230.7	256.5	287.9	379.7

(三) 洞庭湖平原农田生态地理系统的变化动态

1. 湖泊演变及其对洞庭湖平原农田生态地理系统的影响

(1) 湖泊温暖效应降低使大陆性气候特征加强

王凯荣等(2005)研究认为，洞庭湖泥沙淤积速度大于湖盆下沉速度，人工过渡围垦，湖泊面积急剧缩小，致使湖泊温暖效应降低。据史料记载，洞庭湖区柑橘栽培历史已有2000多年，作为亚热带植物，柑橘在气温达–9℃时即受冻害，–12℃以下将冻死。现在湖区多数县(市)的极端最低气温值达–13℃，≤–10℃低温出现频率在8%以上，已经不适宜柑橘大面积的发展。据预测，随着大面积稳定水域的消失，湖泊温暖效应将会继续减小甚至消失，处于湖南省“北风口”上的洞庭湖平原，冬季气温将比现在更低，夏季最高气温和白昼最高气温将升高，夜间最低气温将下降，即气温的年较差比现在增大，总的效果是洞庭湖平原局地气候大陆性将加强。

(2) 渍害加重使农业灾害频繁

王凯荣等(2005)研究认为，由于洞庭湖天然湖泊面积和容量急剧减少，湖区同流量水位上升。例如，沅江保民垸，百年前冬枯水位为25m，比现今低3m。1980年澧水石龟山流量比1964年的10 600m^3/s少100m^3/s，但水位比1964年高1.51m。汛期洞庭湖洪水水位一般高于垸内地面约10m，洪灾发生频率增加，灾害损失加大。据历史记载，从公元276～1524年，洞庭湖区的大洪灾平均间隔为80年；1525～1851年平均间隔20年；

1852～1948 年平均间隔为 15 年；1949～1979 年，平均 5 年一次大洪水；1980 年以来，洪灾平均 2 年一次，渍灾更加严重。1990～1999 年，湖区大范围洪涝灾害更为频繁，1993 年、1995 年、1996 年、1998 年、1999 年连续遭灾。40 年来，平均每年因渍灾造成的粮食损失为 16 亿 kg。频繁而严重的洪涝灾害制约了湖区经济的发展，危及湖区人民生命财产安全。

(3)潜育化稻田面积增加、危害加重

王凯荣等(2005)研究认为，泥沙淤积，河床抬高，田面高程相对下降，形成垸高田低，致使地下水位升高，稻田土壤次生潜育化加重。目前，洞庭湖区有 60%的潜育化稻田，相当于 333 万 hm^2。每年 4～8 月，湖区多数地方有 80%的时间地下水位在 20cm 以内，使土壤的水、肥、气、热矛盾激化，生产潜力下降。

2. 农田施肥制度的演替

王凯荣等(2005)研究认为，20 世纪 50 年代以前，洞庭湖区基本上是传统的有机农业施肥制，即绿肥、土杂肥、人畜粪尿和饼肥几乎是农业生产中所用的全部肥料品种，化肥还处于引进试验阶段。50 年代开始，化学氮肥开始在洞庭湖区大面积推广应用，但施肥水平较低，形成了一种化学氮肥+有机肥的有机、无机结合的农业施肥制度。直到 70 年代中后期，洞庭湖区农业生产中有机肥养分所占的比例仍大于化肥。“氮化肥+有机肥”的施肥制度使得农业生产力在传统的纯有机农业的基础上大幅度提高，仅水稻产量就提高了 20%以上。从 20 世纪 70 年代开始洞庭湖区的一些土壤出现了严重的晚稻缺钾僵苗现象，“氮磷钾化肥+有机肥”的施肥制度开始在洞庭湖双季稻区形成并逐步推广到整个农业生态地理系统，而且随着中国化肥工业的发展迅速，洞庭湖区无机肥与有机肥并重的施肥体系中，无机肥所占比例逐年扩大，并迅速形成了以无机肥料为主体的农业施肥制度。以常德为例，1998 年常德市的化肥总销量达到 1088 万 t，比 1970 年增长近 5 倍。在同一时期，绿肥的种植面积基本没有增加，在一些地区，自 80 年代中期以来，绿肥种植面积甚至出现了逐年下降的趋势。除了化肥用量的增加以外，化肥品种出现了多样化的趋势，新型微肥、复合肥、复混肥品种相继在农区推广使用。

3. 农田生态地理系统生产力水平的演替

唐登银(2005)研究认为，据文献记载，到清朝末年，湖区单位耕地面积的粮食产量仅为 1500～3000kg/hm^2。20 世纪 50 年代以后，产量水平有了大幅度的快速提高。到 80 年代，洞庭湖区水稻大面积的平均产量已经突破 7500kg/hm^2，90 年代达到了 9000kg/hm^2 水平。1998 年全区粮食总产量达到 724.25 万 t，其中稻谷产量达到 676.70 万 t，比 1983 年增长 34.3%。除了粮食生产有了大幅度的提高外，其他农作物产量也都有很大的提高，农产品的商品率也有不同程度的增长。洞庭湖区以不到全省 1/6 的人口和土地，每年生产出占全省总量 20%以上的粮食、80%以上的棉花、30%以上的油料和 40%以上的水产品，每年为国家提供 25 亿 kg 以上的商品粮、2.5 亿 kg 商品油、1.5 亿 kg 商品棉和 1500 万头商品猪(表 11-17)。

表 11-17　洞庭湖农田生态区主要社会经济指标(引自唐登银，2005)

指标	全省	洞庭湖区	占全省/%
总人口/万人	6 520.000	1 490.350	22.920
农业人口/万人	5 253.790	1 214.970	23.130
耕地面积/万 hm^2	318.870	96.603	25.300
农作物总播种面积/万 hm^2	793.650	235.617	29.690
粮食播种面积/万 hm^2	507.477	131.759	25.960
棉花播种面积/万 hm^2	19.869	15.329	77.150
粮食总产量/万 t	2 818.190	724.250	25.700
稻谷产量/万 t	2 516.300	676.700	26.890
棉花产量/万 t	19.250	14.310	74.340
油料总产量/万 t	120.740	48.340	40.090
苎麻产量/万 t	4.000	3.180	79.500
甘蔗产量/万 t	188.410	145.000	76.960
蚕茧产量/t	784.000	634.000	80.870
水产品产量/t	11 670 793	593 413.000	50.810
农业总产值(1990 价)/万元	6 892 118	2 095 160.000	30.400

4. 洞庭湖平原农田施肥管理的变化

(1)有机肥建设与施肥技术

王凯荣等(2005)研究认为，洞庭湖区为中国双季稻主产区，20 世纪六七十年代农田耕作制以绿肥-稻-稻为主，80 年代以来，随着市场经济的发展，冬季农业种植结构出现重大改变，绿肥种植面积逐步缩小。以常德市为例，1996 年绿肥种植面积只有 5.19 万 hm^2，仅为 1991 年的 34.48%，1983 年的 25.00%。为了解决因绿肥播种面积减少，有机肥料施用量不足，导致土壤肥力退化问题，自 1982 年开始，洞庭湖区各地把农作物秸秆，特别是油菜和水稻秸秆还田作为有机肥源建设的重要内容，并取得了很好的成效。据调查，洞庭湖区 1997 年农作物秸秆还田总面积达到 70.42 万 hm^2，其中早稻秸秆还田面积 28.63 万 hm^2，占早稻播种面积的 62.86%；晚稻秸秆还田面积 11.85 万 hm^2，占晚稻播种面积的 21.96%；油菜秸秆还田 27.21 万 hm^2，占油菜种植面积的 88.6%；其他农作物秸秆还田面积 2.73 万 hm^2，占 12.3%。近年来，洞庭湖区在农田有机肥建设和管理方面出现了三个明显的变化：一是传统绿肥向经济绿肥发展；二是利用催腐剂控制秸秆腐解速度，推广秸秆异地覆盖还田技术；三是有机肥料的商品化。

(2)农田化肥管理技术的变化

王凯荣等(2005)研究认为，洞庭湖区 20 世纪 40 年代从日本引进化肥“肥田粉”，大面积施用化肥是从 60 年代开始，但当时的用量很少。以常德市为例，1971 年化肥实物用量只有 229 万 t，1996 年达到 1050 万 t，25 年间增长了 3.6 倍。1996 年该市化肥实物用量为每公顷播种面积平均 948kg，其中氮肥为 558kg，磷肥为 272kg，钾肥为 69kg。按养分纯量计算，则每公顷播种面积施用的化肥(以N、P、K计)用量分别为133.4kg、16.6kg和286kg，氮、磷、钾比例为1∶0.12∶0.21，目前，除了尿素、碳酸氢铵、过磷酸钙、氯化钾等传统氮磷钾化肥品种外，一些新型肥料品种，如专用复合肥、有机-无机复混肥、叶面肥、配方微肥等也有一定的使用面积。在洞庭湖区，化肥使用上存在的主要问题是肥料配比不合理，氮肥用量偏大，而磷、钾肥用量少，肥料的利用率较低。

20世纪90年代以来，洞庭湖区化肥管理出现了高浓度化和专用化发展趋势，缓释或控释肥料也从试验逐步走向实际应用。80年代以前，洞庭湖区使用的化学氮肥主要是养分含量低的碳铵品种，90年代以后，碳铵逐渐被养分含量高的尿素所取代。在80年代，复合肥基本上是25%总养分的低浓度品种。目前，总有效养分含量达45%的高浓度复合肥已逐步在农村应用，在湖区垸田经济作物上的使用尤为普遍。同时，随着测土配方施肥技术科研成果的推广应用，从80年代末开始，在洞庭湖区，各县(市)相继建立了县级和乡级配肥指导站和配肥生产厂，使肥料的专用化程度明显提高。随着中国缓释和控释肥料生产技术的突破，缓释、控释肥料必将从试验迅速走向生产应用，并引发一场农田施肥管理上的技术革命。

(四)南方丘岗区农田生态地理系统的演替

1. 农田生态地理系统结构和功能的变化

何圆球和吴大付(2005)认为，南方丘岗区农田生态地理系统按其结构和功能可分为三个演替阶段。

(1)沟谷型农业

长期以来，红壤地区农业活动的主体只注重丘谷、盆地的粮食生产，称为“沟谷型农业”。作为生态地理系统整体的丘岗坡地却因长期荒废或管理不善、乱垦滥伐，不但没有发挥土地资源多样化的优势，而且坡谷不能互补，成为水土流失之源。20世纪50年代到70年代末，在水田开展了中低产田(地)改造，旱地改水田和耕制改革，在坡地由于乱垦滥伐，侵蚀面积扩大、强度增加，生物逆向演替，土壤质量下降，生态环境严重退化。

(2)立体型农业

进入20世纪80年代，在“一业为主，多种经营”的方针指导下，红壤利用改良进一步向纵深发展，注重整个自然条件的综合治理和改造，如轮、复、间、套种，山、丘、岗、谷和水面的立体布置和种养结合等，逐步形成农林、农果、农牧渔结合的多种经营。例如，江西省种植业产值占农业总产值的比例由1976年的75.5%下降到1984年的71.4%、1990年的60.4%，牧业所占比例由1976年的13.9%上升到1990年的24.8%。粮食产值从1976年的80%下降到1990年的56.2%，经作和其他作物由1976年的19.9%上升到1990年的43.8%。

(3)过渡型农业

进入20世纪90年代，红壤丘岗地区农村劳动力开始向加工、旅游和商业等第二产业、第三产业转移。以江西省鹰潭市为例，1996年与1990年产值相比(以1990年不变价格计算），第一产业仅增长 47.7%，第二产业、第三产业分别增长 78.2%和 529.5%，各产业所占比例，第一产业由 37.6%下降到 25.3%，第二产业由 38.6%下降到 36.1%，第三产业由 23.8%上升到 38.6%，农村经济由自给、半自给经济向商品经济转变，农业综合商品率由 1990 年的 52.7%上升到 1994 年的 65.3%。因此，现阶段正处于立体型农业向持续型农业过渡的阶段。

2. 红壤农田生态地理系统管理技术的演替

(1) 施肥技术的演替

a. 有机肥阶段

何圆球和吴大付(2005)认为，20 世纪 70 年代以前，中国南方农田投入的肥料以绿肥、猪粪、塘泥、草木灰和堆肥等为主，如江苏省 1950～1970 年年均施肥总量 142.2 万 t(标准肥)，其中有机肥占 70.2%，化肥占 29.8%；江西省 1952 年才开始使用少量化肥，每公顷耕地仅施用化肥 0.3kg。此外，大量施用有机肥也能使作物产量保持在一定的水平，如江西省粮食产量为 1500～2250kg/hm^2，棉花产量为 150～225kg/hm^2，油料产量为 450～525kg/hm^2。但这一阶段，由于肥料投入总量较低，表现出低投入、低产量、低速度和低效益的特点。

b. 有机、无机结合阶段

何圆球和吴大付(2005)认为，20 世纪七八十年代，中国南方农田肥料投入有两个特点：一是继续使用有机肥，如江苏省年均使用有机肥 233.5 万 t，占施肥总量的 48.6%，比前 20 年年均增长 1.4%；江西省绿肥种植面积年均达 138.8 万 hm^2，比前 20 年平均增加 53.77%；安徽省 70 年代绿肥面积达到 66.7 万 hm^2，比前 20 年增长 4～5 倍；此外，这一阶段各地空前使用塘泥、猪牛粪等。二是化肥投入增长很快，如江苏化肥投入量占肥料投入总量的 51.4%，比前 20 年增长 4.8 倍，化肥施用量为 520kg/hm^2，是前 20 年平均水平的 6.5 倍；江西省化肥使用量到 70 年代达到 17.75 万 t，比前 20 年平均增加 4 倍，施用量由 30～75kg/hm^2 增加到 225kg/hm^2 上。由于有机肥和化肥用量的同步增长，农作物产量大大提高，如江西省粮食产量为 2500kg/hm^2，棉花产量为 450kg/hm^2，油料产量为 675kg/hm^2；江苏省粮食总产比前 20 年平均增加 70%，单产增加 95.6%。这一阶段总特点是投入多、产量高、速度快和效益高。

c. 无机肥阶段

何圆球和吴大付(2005)认为，进入 20 世纪 80 年代，中国南方各省农田肥料进入以氮、磷、钾施用为主的阶段。其主要特点：①有机肥投入急剧减少。首先是绿肥面积减少，单产下降，如 1992 年绿肥种植面积只占 1979 年的 51%，鲜草产量由六七十年代的 30 000～37 500kg/hm^2 下降到 90 年代的 15 000kg/hm^2；其次是河塘沟泥被忽视，造成肥料浪费和污泥大量沉积；最后是猪牛粪、垃圾和草木灰等有机肥用量减少。②化肥使用量成倍增加(表 11-18)。这一阶段总特点是高投入、高产量和高速度，但出现投入/产出下降的现象，同时一些地区水体被严重污染。

表 11-18 红壤区化肥(N、P、K)施用量(引自何圆球和吴大付，2005)

年份	折合化肥	
	施用总量/万 t	单位面积施用量/(kg/hm^2)
1980	754.3	190
1984	961.2	255
1988	1263.9	333
1992	1637.2	434
平均增加	9.04%	136%

(2)管理技术的演替

何圆球和吴大付(2005)认为，红壤农田管理技术的演替是伴随着农业科学技术的进步和耕作制度的改变而进行的。现说明如下。

a. 育秧技术的演替

20 世纪 60 年代以前，农田耕作制度的主体是一熟制，因而，水稻育秧主要是在自然条件下进行的，在北亚热带地区受早春气候影响，经常出现烂种烂苗现象。60 年代以后，农田耕作制度开始向二熟制和多熟制发展，迫切需要提前育秧，因而，薄膜育秧技术得到不断发展，目前水稻育秧仍以薄膜育秧技术为主，它可以增加出苗率，节省种子量，节省秧田面积，同时提早秧苗出苗时期，避免烂种烂苗现象。80 年代，在“以粮为纲”的思想指导下，一些地区发展旱地育秧、温室育秧、工厂育秧技术等，这些技术在当时的条件下，对农业的发展起了较大的作用。

b. 栽培技术的演替

长期以来，在耕作上一直以牛耕为主，但也有其他形式，如 20 世纪 50 年代，一些地区缺少耕牛，不得不人工挖地，一些冲畈农田长期被水浸泡，也不得不采取人工挖地的方式。70 年代，由于农业机械的发展和应用，大部分地区农田实现机械耕作。80 年代，少耕和免耕技术的研究获得了初步的成功，进而一些地区开始应用少耕和免耕技术。在栽秧方面，50 年代，实行“稀植”，株行距为“五、八寸”；60～80 年代实行“密植”，株行距为“二、五寸”；90 年代以来，由于杂交稻的推广，又实行“稀植”，株行距为“五、八寸”。在栽秧方面，主要是人工栽种，70～80 年代，一些地区出现机械即所谓的“插秧机”栽种；90 年代末，水稻抛秧技术在南方发展很快。

c. 田间管理技术的演替

在农田管理方面，由于许多新技术的应用，其管理技术也不断地改进和演化。除草技术的应用主要经历了三个阶段：20 世纪五六十年代，农田除草主要是人工进行的，称为人工除草阶段，其特点是劳动效率低、劳动强度大。60 年代后期到 70 年代，以人工和机械除草为主，化学除草剂已开始应用，称为过渡阶段。从 80 年代开始，化学除草剂已被广泛应用，主要有两种形式：一是在作物种子播种时拌种；二是直接施入大田中，称为化学除草阶段，其特点是除草效果好，提高了劳动生产率，减轻了劳动强度。水分管理技术：60 年代以前，一般以“漫灌”为主；70 年代以后，开始了“间歇灌溉”“干湿交替灌溉”“浅层灌溉”和后期“晒田”等方式。在管理方面，普遍实施“四良配套”技术，即“良种、良制、良法和良管”。这些技术的成功应用对农业的发展都起到了积极的作用，推动了农业的健康和快速发展。

(3)耕作制度的演替

何圆球和吴大付(2005)认为，总的来说，稻田耕作制度的发展大体上经历了由“一熟制—二熟制—多熟制”的发展过程。

从3000年前红壤开始利用到20世纪50年代前漫长的历史阶段，红壤的种植方式主要是一熟制。宋代以前，主要种植一季晚稻，后来改种一季早籼品种，并促进了“再生稻”的产生；明清时期，以一季早(中)稻为主，平原地区开始出现再生稻，丘陵稻区开始出现稻、豆等，山区为稻-闲耕作制；到民国时期，以一季早(中)稻为主，开始推行双季稻、麦-稻、油-稻、稻-豆及间作稻、混作稻等。

20世纪50年代以前，由于地形破碎和水利条件差，南方农业主要靠山塘水库进行灌溉，因而大部分农田只种植一季作物(早稻或晚稻)，在少数条件好的地区水田实行“早稻-秋杂粮”两熟制，小面积旱地则推行“春作-秋作-冬作”三熟制，复种指数低，产量低。

20世纪50年代初，随着水利条件的不断改善，中国南方推行“单季改双季、间作改连作、籼稻改粳稻”的“三改”技术，不同地区“三改”的内容不尽相同，如江西省为“单季改双季、晚稻变早稻、旱地改水田”，从而形成了稻-稻(油菜、小麦)两熟制。由于耕作制度的改革，作物种植制度和种植面积也相应进行了改革。从1949年到20世纪50年代末，江西耕地利用率提高75%，农作物播种面积提高81.7%，粮食总产增加70.9%，其中水稻总产增加62.9%。

上述阶段主要特点是：土地利用率低，复种指数低，作物生产率低，种植方式单一，处于传统经验阶段。

20世纪70年代，水田进行了以水旱轮作为主的改革，如“油-稻-稻”“麦-稻-稻”等，它改良了土壤，调节了劳力，节约了水分，提高了复种指数，发展了冬季农业。如江西余江县在70年代“肥-稻-稻”种植面积占水田面积的72%，“油-稻-稻”种植面积占水田面积的7.8%。这一时期的特点是：粮食产量迅速增长，复种指数增加，复种方式增多，经济作物比例上升，生产条件得到较大幅度的改善，处于全面改革和结构初步调整阶段。

进入20世纪90年代，南方农业主要向高效化、集约化方向发展，立体种植、间套混作技术和复合农业制度发展迅速，已成为中国南方农业发展的方向。目前，水田种植制度主要是多熟制，旱地可分为一熟制、二熟制和三熟制。这一时期的明显特点是：调整了作物结构，优化了种植模式，提高了经济效益，增加了优质产品比例，处于农业结构不断优化阶段。

(4)水稻品种的演替

a. “高秆改矮秆”阶段

唐登银(2005)认为，20世纪60年代中期，南方各省进行了矮秆良种的引种、选育和大面积推广，加上绿肥的大面积种植，形成了肥(油菜、小麦)-稻-稻三熟制。如江西省到1969年粮食总产增加42.9%，其中水稻总产增加46.8%，复种指数提高24.4%。

b. “常规改杂优”阶段

唐登银(2005)认为，20 世纪 70 年代，由于“杂交水稻”的试验成功，各地大面积推广杂交稻，使水稻产量大幅度提高，如江西 1979 年较 1970 年水稻单产增加 30.7%，总产增加 32.8%。

c. “单杂改双杂”阶段

唐登银(2005)认为，20 世纪 80 年代，由单季晚杂改为双季杂交稻，加之家庭联产责任制在全国推广，中国农业正由自给自足生产向商品性生产、传统性农业再向现代化农业转变，红壤地区农业出现了较大的变化，三熟制已是南方的主要耕制，“双杂吨粮田”“双千田(亩产 1000kg、产值 1000 元)”在南方各省纷纷出现，到 80 年代末期，江西晚稻杂优面积占二晚面积的 69%，早稻杂优面积占早稻面积的 20%，粮食增产幅度达 30%以上。

d. “一高变三高”阶段

唐登银(2005)认为，进入 20 世纪 90 年代，农业由单纯追求高产量向高产、优质、高效“三高”并重的方向发展，各地在保持高产量的同时，更加重视和讲求高质量、高效益，这是南方农业在一个较长时期内的发展方向。这一阶段，调整产量在一个合适的水平内，使农产品的品质得到了较大的提高，并大幅度增加了农民的收益。

(5) 土地生产力的演替

a. 劳动生产力的变化

在土地生产力提高的同时，劳动生产力得到同步提高(图 11-10)。劳动生产力(以劳动力计算)由 1949 年的 774kg/人提高到 1994 年的 1794.8kg/人，年增率 1.93%。近几年来，劳动生产力持续下降，1998 年只有 1230.7kg/人。造成产量下降的原因既有自然因素，又有人为因素。

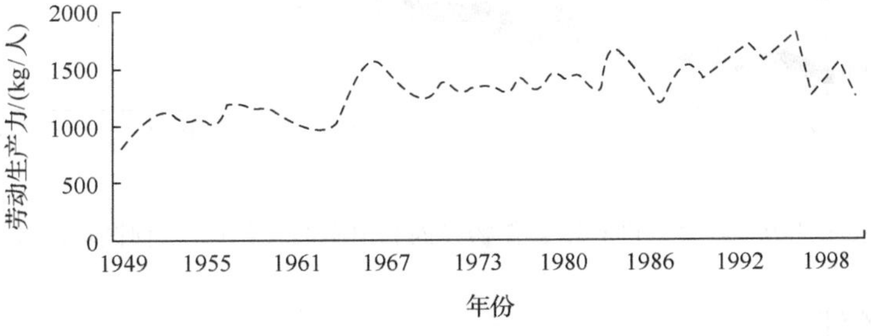

图 11-10　余江县 50 年来农业劳动生产力的变化(引自何圆球和吴大付，2005)

b. 粮食产量的变化

为探讨红壤丘岗区农田生态地理系统的土地生产力，特以江西省余江县为案例说明如下。余江县 50 年来，由于农业生产经济条件的改善，农业生产效率得到极大的提高。土地生产率(以粮食单产计)，从 1949 年的 990kg/hm^2 增长到 1998 年的 7667kg/hm^2，年均递增 4.36%(表 11-19)。

表 11-19　江西省余江县 50 年粮食单产变化(引自何圆球和吴大付，2005)(单位：kg/hm^2)

年份	单产	年份	单产
1949	990	1982	4185
1952	1642.5	1991	4665
1964	2227.5	1996	5080
1975	3442.5	1998	7667

c. 光能利用率的变化

从图 11-11 和图 11-12 可以看出，作物光能利用率随着作物产量的提高而同步提高。当作物产量从 1949 年的 990kg/hm^2 提高到 1998 年的 7667kg/hm^2 时，光能利用率从 0.08%升高到 0.6%，提高了 7.5 倍。对于水稻作物来说，产量从 1275kg/hm^2 提高到 8048kg/hm^2 时，光能利用率则从 0.1%提高到 0.63%，增加了 5.3 倍。有关研究表明，“双三制”种植制度：如冬闲-早稻-晚稻的光能利用率为 1.39%、紫云英早稻-晚稻为 1.80%、混播绿肥-早稻-晚稻为 2.06%、油菜-早稻-晚稻为 1.97%。“两旱一水”种植制度：如冬闲-早稻-大豆的光能利用率为 0.76%、豌豆-早稻-玉米+红薯为 1.49%、大麦/玉米+大豆-晚稻为 1.84%、马铃薯/玉米+大豆-晚稻为 1.84%。“旱三熟”种植制度：如冬闲-玉米-大豆的光能利用率为 1.18%、蚕豆/玉米+大豆-红薯为 1.40%、油菜/花生+玉米-荞麦+绿豆为 1.54%、小麦/大豆+红薯/玉米为 1.33%。

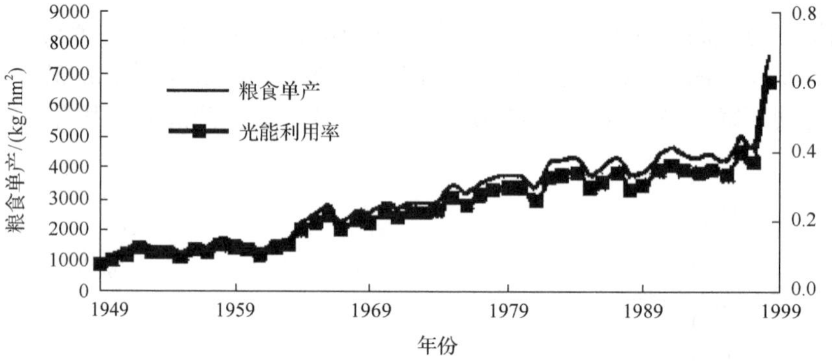

图 11-11　余江县历年粮食单产和粮食作物光能利用率的变化(引自何圆球和吴大付，2005)

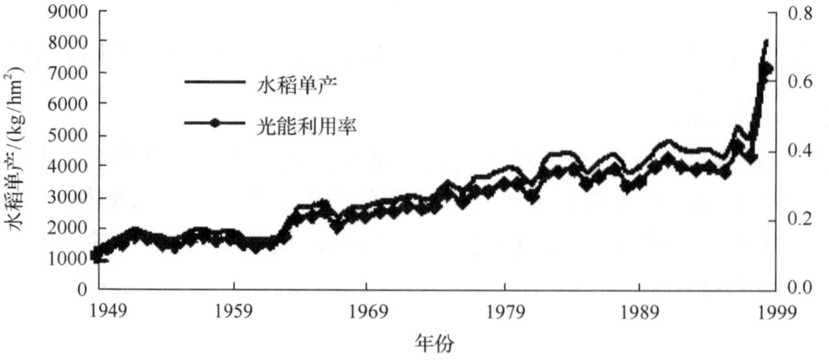

图 11-12　余江县历年水稻单产和光能利用率的变化(引自何圆球和吴大付，2005)

(五)黄土高原农田生态地理系统的变化

1. 农田生态地理系统结构的变化

唐登银(2005)认为，在黄土高原地区，农田生态地理系统主要作物有小麦、玉米、大豆、谷子、糜子、马铃薯等。但在不同类型区，作物种类及其比例明显不同，这与不同地区的生态条件相适应。丘陵沟壑区以秋作物为主，谷子、玉米、大豆和马铃薯为本地区的主要粮食作物，其面积占到粮田面积的 80%以上。高原沟壑区主要作物为冬小麦、春玉米和大豆，是以夏作物为主区，春玉米也占有相当大的比例。冬小麦面积占粮田面积 50%以上，玉米和小麦共占粮田面积的 80%。从总的趋势来看，随着水土保持措施的实施、生态建设的进程，黄土高原有效林草植被面积逐步增加，农田面积逐渐减少(表 11-20)。

表 11-20 黄土高原不同类型农田生态地理系统作物构成(引自唐登银，2005)

区名	县名	年份	粮食面积/万 hm^2	其中/%		主要作物/%					
				夏作	秋作	小麦	玉米	谷子	糜子	马铃薯	大豆
丘陵沟壑区	米脂	1986	123.1	1.4	98.7	1.4	8.7	27.9	4.9	34.7	21.3
		1990	126.3	1.3	98.7	0.2	8.2	28.7	3.4	34	19.1
		1998	89.5	0	100	0	8.5	31.3	6.5	35.6	18.1
	安塞	1990	182.3	19	81	18.4	11.1	28.1	8.9	5.2	13.6
		1998	140.3	0	100	0	15.2	17.2	17.9	14.1	29
高原沟壑区	长武	1986	190.3	76.6	23.4	76.8	8.3	1.3	6.7	1.3	8.6
		1990	186.2	68.1	31.9	67.1	7.5	1.1	5.8	1.5	7.6
		1998	182.2	75.6	24.4	75.6	21.2	1.2	4.3	1.2	4.6
	乾县	1990	413.8	52.3	47.7	51.5	44.4			1.4	1.7
		1998	335	69.9	30.1	69.8	16.1	1.1		1.1	4

2. 农田生态地理系统物质投入水平的变化

刘国彬和梁银丽(2005)认为，农田生态地理系统物质投入水平发生显著变化的最重要标志是肥料投入水平，尤其是化肥投入水平的变化。20 世纪五六十年代，主要依靠豆科作物和豆科牧草轮作保持土壤养分的自我循环平衡。期间养分输入来源主要依靠农家肥料、豆科作物(牧草)和夏季休闲三个环节，属于低投入低产出水平的自然农业阶段。70 年代以后，提倡压缩夏闲地和豆科低产作物面积，扩大复种指数和早秋高产作物面积。80 年代以后，豆科作物和豆科牧草种植面积更是明显减少，传统的轮作种植制日益被禾本科连作所代替。豆科作物所具有的养地功能迅速被化学肥料所代替。随着人地矛盾的加剧和粮食需求的迅速增加，化肥的使用量明显增加，化肥使用的构成比例也发生了较大的变化。

表 11-20 显示，无论是高原沟壑区还是丘陵沟壑区，氮素和磷素化肥用量在过去近 10 年中有明显增加。不同区域，养分投入水平不同。从总投入量来看，1991～1999 年，高原沟壑区养分投入水平高于丘陵沟壑区。在丘陵沟壑区，国家科技攻关试验区中米

脂试验区养分投入水平高于安塞试验区。在高原沟壑区，乾县试验区养分投入水平高于长武试验区。从养分构成的变化来看，氮磷养分都有明显增加，但在丘陵沟壑区及高原沟壑区内的乾县试验区，磷素养分的增加幅度极为明显，而长武试验区的养分投入相对稳定。这主要是因为在1991年时长武试验区的养分投入水平已经达到较高水平。持续的农田养分投入，满足了农田系统作物对养分的需求，使农田系统的生产力水平大幅度提高。

3. 农田生态地理系统生产力的变化

刘国彬和梁银丽(2005)认为，黄土高原各区自然条件、生产条件、技术水平差异较大，粮田生产力亦相差悬殊。高原沟壑区粮田生产力平均单产超过或接近3000kg/hm^2。丘陵沟壑区粮田生产力平均单产超过 1500kg/hm^2。风沙丘陵区粮田生产力平均单产均不足 1500kg/hm^2。主要是由于粮食生产的环境自然条件相差较大。高原沟壑区地势平坦，土壤深厚，水热较为丰富，耕作精细，因而粮田生产力较高。丘陵沟壑区干旱地薄，水土流失严重，广种薄收，耕作经营粗放，导致粮田生产力水平不高。风沙丘陵区粮田生产力制约因素较多，土松风大，风旱同期，风蚀水蚀均较严重，因而粮田生产力低下。

由黄土高原不同类型农田生态地理系统生产力变化(图11-13)可知，高原沟壑区(典型县长武)粮田生产力发展进程居上，丘陵沟壑区(典型县安塞)居中，风沙丘陵区(典型县神木)居下。由图11-13还可以看出，黄土高原粮田生产力发展是台阶式上升，就是在一定生产力水平上徘徊一段时间，少则7年，多则23年，才上升到一个新的生产力水平。

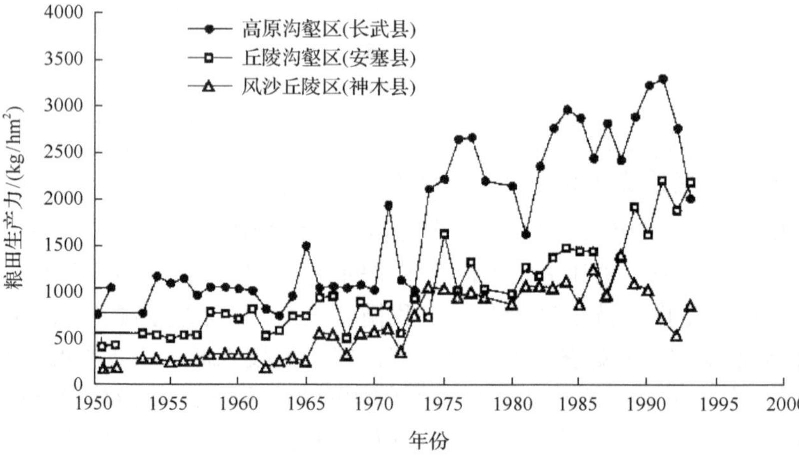

图11-13　黄土高原不同类型农田生态地理系统生产力变化(引自刘国彬和梁银丽，2005)

(六)荒漠绿洲农田生态地理系统的变化

1. 化肥养分效率的变化

程新俊等(2005)研究认为，从表11-21看出，新疆绿洲农田化肥投入量从1980年开始，其中化肥氮投入量逐年递增，到 1996 年已增加 4.8 倍，但作物氮产出量只增加 1.7 倍，因此化肥氮产投比在逐年下降，这充分说明化肥养分效率在逐年下降。1990 年是个转折点，这之后的年份化肥氮投入继续大幅度增加，而作物氮产出量增加缓慢，化肥养分效率下降。其中氮养分产投比下降 44%，化肥氮产投比下降 53%。

依据新疆维吾尔自治区统计局的农业历年生产统计数据，按不同时期代表性年份对化肥氮作物的利用率进行估算列表 11-22，同样看到自 1980 年以来，化肥氮投入大幅度增加，而化肥氮对作物利用率在逐年下降。

表 11-21　新疆绿洲农田氮养分投入的效率(引自程新俊等，2005)

年份	有机氮投入/(kg/hm²)	化肥氮投入/(kg/hm²)	作物氮产出/(kg/hm²)	化肥氮产投比	氮养分产投比
1980	26.02	27.78	51.34	1.848	0.954
1983	23.23	40.27	64.72	1.607	1.02
1985	41.36	46.54	68.33	1.408	0.778
1990	67.34	90.36	105.00	1.162	0.666
1993	75.29	113.96	119.32	1.047	0.631
1996	96.20	160.00	136.54	0.853	0.533

表 11-22　新疆化肥氮的作物利用率估算(引自程新俊等，2005)

年份	作物产出氮量/t	产出氮比上期增加/t	化肥氮投入/t	化肥氮比上期增加/t	化肥氮作物利用率	代表时期
1980	153 684.3		83 170			
1983	184 238	30 553.7	114 620	31 450	0.97	1980～1983
1985	200 968.1	16 730.1	136 870	22 250	0.75	1983～1985
1989	312 849.6	111 881.5	269 240	132 370	0.85	1985～1989
1993	357 390.2	44 540.6	341 310	72 070	0.62	1989～1993
1996	420 718.7	63 328.5	492 990	151 680	0.42	1993～1996

2. 系统生产力的变化

程新俊等(2005)研究认为，一般荒漠生态地理系统脆弱，环境退化严重，但荒漠绿洲农田生态地理系统通过几十年的农田基本建设，以及水和光照条件保证，系统生产力稳定性较好。

从表 11-23 可看到在新疆绿洲几个发展时期中，变异系数有起伏，即 1950～1956 年开荒初期变异系数较高，为 0.164。1953～1959 年因推广草田轮作等技术措施，产量较稳定，变异系数降为 0.084。进入 20 世纪 60 年代人为控制不当，是系统最不稳定时期，变异系数最高，为 0.245。七八十年代又趋于好转，到 90 年代因逐步加大化肥投入，加强调控管理，变异系数最低，平均值为 0.067。另外全疆绿洲 1985～1997 年变异系数为 0.077，这都说明系统进入稳定状态。

表 11-23　新疆新绿洲粮食单产的稳定性(引自程新俊等，2005)

年份	代表年份范围	滚动变异系数(平均值)	平均产量±标准差/(kg/hm²)
1954～1956	1950～1956	0.164	1252.4±201.1
1957～1959	1957～1959	0.084	1386.9±116.2
1960～1970	1960～1970	0.245	1385.4±323.7
1971～1981	1971～1981	0.132	1663.7±219.9
1982～1989	1982～1989	0.122	2749.3±334.9
1990～1997	1990～1997	0.067	4196.2±280.2

三、农田生态地理系统的可持续发展

大量的研究表明，由于地域的差别和地理环境的不同，以及人力因素的干扰程度的不同，不同地域的农田生态地理系统所面临的问题和可持续发展的措施也不同，现以中国不同地域农田生态地理系统的可持续发展为例来说明不同类型农田生态地理系统的管理和可持续发展问题。

(一)松嫩平原黑土农田生态地理系统的可持续发展

松嫩平原黑土农田生态地理系统的可持续发展，首先应该在发展目标方面满足人类的需求，而人类的需求又要与自然界和谐统一，协同发展。

1. 生态地理系统生产能力的可持续性

松嫩平原黑土农田生态地理系统是中国重要的商品粮基地，区域生产能力的可持续性对中国粮食安全有举足轻重的作用。黑土农田生态地理系统生产能力的可持续性主要表现在三个方面：一是土壤肥力平衡和稳定；二是科学技术水平的不断提高；三是生物种群与生态环境的协调发展。多年来，东北地区各级政府一刻也没有放松追求农产品总量的增长，却忽视了根据国内外市场供需平衡去调整产品结构、数量和质量，以获取较大的经济效益，保护农民的生产积极性。而此种应变能力的具备必然要注重农产品生产能力的建设，即“藏粮于土”“藏粮于资源”“藏粮于农业基础设施”“藏粮于生态环境建设”。

2. 资源有效利用的可持续性

松嫩平原黑土农田生态地理系统的资源利用已经达到阈线的边缘，资源退化现象十分严重，在今后开发利用的同时必须要对资源加以保护，如对可更新资源利用时，要限制在其承载力的限度内，同时采用人工措施促进可更新资源的再生产，维持基本的生态过程和生命保障系统，保护生态地理系统的多样性以利于持续利用。

建立资源节约、保护型的农业集约化生产体系，注重扩大内涵再生产，节约资源投入，降低消耗，提高资源利用率和承载力，集约经营，研究和利用替代资源，提高资源对农业发展的保证作用，从根本上解决资源的供需矛盾。

建立资源高效利用的技术体系，合理开发利用水资源，开源、节流、保护并举，大力开发地表水，适度控制开采地下水，充分利用土壤水。集约、高效利用土地资源，以干旱、积涝和水土流失三类中低产田治理和水利、水保建设为主攻方向，注意用养结合，合理调整施肥结构，降低土壤养分消耗，促进养分积累，实现资源优化配置与区域经济协调发展。

3. 生态环境稳定的可持续性

可持续发展也十分强调环境的可持续性，并把环境建设作为实现可持续发展的重要内容和衡量发展质量、发展水平的主要标准之一。黑土农田生态地理系统生态环境处在恶化的边缘，首先要加强农田基本建设和区域环境综合治理，增强农田的抗逆能力。认真贯彻各项法律和法规，依法保护和改善生态环境，搞好小流域综合治理，从根本上改变水土流失的现状。扩大绿色植被覆盖面积，形成良好的农田小气候条件，改善大气质量；加强土壤环境保护，减少“白色污染”，通过扩大生物农药等措施，减少土壤中农药的残留；引导和鼓励工业企业实行清洁生产，开展“三废”的综合利用，努力实现“三废”的资源化。

4. 农业可持续性发展战略

为促进黑土农田生态地理系统的资源和生态环境的可持续利用、农业经济可持续发展和农村社会长期稳定的三者协调发展，并以三者为主要内容，具体的目标是以下四个方面。

1）以推进和依靠科技进步为主线，技术密集和劳动密集相结合，积极发展以粮食为中心的农业生产，提高效益，改善产品结构和质量，注意食物安全。把农业的“高产、优质、高教、低耗”纳入市场经济轨道，以市场为导向，遵循价值规律，依靠科技进步不断调整农业产业、产品和品种结构，形成农村商品经济持续稳定发展优势和农业商品生产高效发展优势。合理利用自然资源，发展多种经营方式、多种生产类型、多层次农业经济结构和发展模式。在搞好粮食生产的同时，从不同层次上优化农业和农村经济结构，把农业和农村发展联系起来，推进农业向产业化、社会化和商品化发展。

2）控制人口增长，提高人口素质，农业综合开发和不断增加农业投入相结合，大力发展农村经济，促进农村社会协调发展，增加农民收入，消除农村贫困状况。人口是可持续发展的重要因素，既是生产力，又是消费者。面对人口基数和人口增长对资源、环境形成的压力，必须降低人口增长率，使之与经济发展、资源承载、环境容量、生存空间及人口自身发展相协调；大力发展劳动密集型产业，拓宽就业途径；改善农村教育，提高人口素质。

3）建立“以资源开发有偿使用制度”为核心内容的节约型、保护型农业自然资源管理体系。在明晰资源产权的基础上，建立合理的价格体系；建立以节约用地、用水为中心的生产服务体系；建立适度消费、勤俭节约的生活服务体系。资源节约和集约化经营结合开源节流，分阶段、有计划地摆脱传统的发展模式，逐步由高消费、低效益经济过渡到资源节约、高效益经济模式。同时，要防治环境污染和生态破坏。在现阶段，尽量减少对环境的破坏，根据任务的轻重缓急分区域、项目，有重点、有次序地进行治理。

4）逐步建立和完善高效的农村社会管理体系，保障农村社会繁荣稳定和农民安居乐业。各级党政领导必须改变传统的资源经济观，形成新的资源经济观，也就是新的生产观和效益观，促进经济、社会、生态的协调发展，以生态效益为基础、社会效益为目标、经济效益为手段，全面规划和安排经济发展。要不断加大执法力度，逐步把可持续发展纳入规范化、法制化轨道，不断强化各级领导和公众的可持续发展意识，不断提高各级决策者的依法行政水平；增强人民在法律、法规下积极开展资源开发和进行资源有效保护意识，使整个社会逐步形成依法保护农业生态资源的良好气氛。

(二)黄淮海平原农田生态地理系统的可持续发展

1. 存在的主要问题

黄淮海平原位于中国暖温带东部半湿润、半干旱地区，自然条件和农业资源组合较好，地势平坦开阔，土地类型多、气候温和、光热资源丰富，适宜多种类型农业生产，农业历史悠久，具有精耕细作的优良传统，目前已形成一定规模的农业基础设施，农业生产整体水平较高，为农田生态地理系统的可持续发展创造了良好的条件。但从总体上来看，区内农田生态地理系统初步形成的良性循环机制还十分脆弱，农田生态地理系统的可持续发展还面临许多有待解决的问题。

(1)水资源供需矛盾尖锐使干旱日趋严重

a. 水资源匮乏

黄淮海平原农业水资源供需矛盾十分尖锐，特别是黑龙港地区缺水相当严重。全区每公顷可利用水资源量平均为 2910m^3，山前平原区为 2490m^3，海河低平原区为 2310m^3，黄淮平原区为 3330m^3，滨海平原区为 7020m^3。根据作物需水量和生育期有效降水量分析，夏玉米生育期间的降水量基本能满足需要，小麦生育期有效降水量为 150～250mm，缺水 300～250mm，只能满足需水量的 30%～50%，棉花缺水 26%～35%。

b. 地下水严重超采

调查资料表明，河北平原机井数量逐年增加，20 世纪五六十年代为 1800 眼，1973 年增到 35.38 万眼，1997 年已达 82.5 万眼。地下水开采量也随之加大，由 60 年代的 3885 亿 m^3，增到 90 年代的 104 亿 m^3。河北平原浅层地下水严重超采，石家庄市平均开采量占可开采量的 72.8%，衡水市深层地下水开采量是可开采量的 3 倍。在京、津及河北省的黑龙港地区，造成平原地区地下水位连续下降和大面积地下水降落漏斗，形成了连片漏斗区。据统计，河北平原 1998 年地下水漏斗面积达 4155km^2。此外，还引起水源衰竭、水质恶化和海水入侵，引发了严重的生态环境问题。

c. 土地干旱化日趋严重

土地干旱化是目前农业生产中最大的障碍因素之一。本区干旱缺水土地面积达 947 万 km^2，占平原土地总面积的 28.95%。黄河以北地区降水只能勉强满足一季，采用多熟制必须灌溉。由于地表水资源不足、地下水位急剧下降，土壤根系层得不到地下水补给，土壤干旱化和作物受旱面积不断扩大。据统计黑龙港地区 20 世纪 60 年代平均每年旱灾面积占耕地面积的 53%，70 年代占 14%，80 年代增加到 23.1%。

(2)土地盐碱化潜在威胁依然存在

黄淮海平原是中国盐碱地主要分布地区之一，土地盐碱化对于农田生态地理系统可持续发展是个严重的制约因素。20 世纪 60 年代初，黄淮海平原耕地中盐碱地面积达 413 万 hm^2，经过治理，1985 年盐碱地面积已减少到 133 万 hm^2，盐碱面积由 70 年代占耕地面积的 30%～

50%减至 15%以下。但是，这些盐碱地面积只是反映在统计数字上出现的盐碱地减少趋势，在表层治理效果明显，在作物危害上有减轻的现象，而实际上区域盐分平衡与累积的过程，只不过是在人工调节下，盐分在土体垂直方向上进行重新分配。

在灌溉淋洗作用下，耕层土壤盐分明显减少，但 2m 土体盐分含量逐年增加。据禹城试区长期定位观测，盐分主要累积于 0.5m 以下土体中，0～200cm 土体含盐显著增加的测点占 74%。因此，土壤潜在次生盐渍化威胁依然存在，若遇涝年，存在发生大面积次生盐渍化的可能性。

(3) 土地风沙化危害十分严重

黄淮海平原风沙地属季节性风沙化土地，历史上黄河决口泛滥留下的细砂是现今风沙地的主要物质基础，冬春干旱多风是砂土移动的主要动力条件。本区风沙地面积约 276.62 万 hm^2，占黄淮海平原土地总面积的 8.51%。风沙型中低产田约 138.73 万 hm^2，占风沙地总面积的 50.15%。河南省风沙型中低产田为 70.31 万 hm^2，占黄淮海平原风沙型中低田面积的 50.5%，成为分布最集中的省，河北省为 39.69 万 hm^2，山东省为 18.31 万 hm^2，江苏省为 7.58 万 hm^2。

风沙化土地风蚀危害十分严重。据调查，山东省夏津县的风蚀量为 1400～2800t/km^2，惠民地区风蚀量为 2500t/km^2，商河县风蚀量为 670～1500t/km^2，风蚀严重的耕地达 2700～4000t/km^2。由于吹失表层土壤，鲁西北四地市每年风蚀吹失耕地细土约 900 万 t，其中损失有机质 5.5 万 t，全氮 0.45 万 t，全磷 1.1 万 t，全钾 19.3 万 t，风沙割打禾苗、沙埋农田、污染环境，造成减产甚至绝产。

2. 可持续发展的对策

(1) 实施节水农业提高水资源利用率

国家十分重视和关注农业节水问题。1998 年党的十五届三中全会提出要把推广节水灌溉作为一项革命性措施来抓，并提出要加大农业节水力度，减少灌溉用水损失。国务院颁布的《农业科技发展纲要(2001—2010 年)》，要求各地实施节水农业科技行动，提高水资源利用率，将农业节水提高到前所未有的突出位置，具有重大战略意义。黄淮海平原必须走农业节水的道路。采用交替隔沟灌溉、调亏灌溉、微灌地膜灌溉、波涌灌溉、农业综合节水等技术提高水分利用效率。

(2) 盐碱地农田的治理与改良技术

a. 土壤次生盐渍化的防治

在有自然排水和人工排水条件下进行灌溉和冲洗盐分时，必须要控制土壤水分运动，经常地保持水盐向下运移。在土壤改良条件较差的地区，必须采用现代灌水技术，防止地下水位抬高和盐分在土壤表层积累，尽量降低土壤水和地下水的蒸发。

b. 盐渍土的改良

改良措施可概括为三大类：水利改良、农业措施改良和化学改良。由于盐渍土形成条件和性质的复杂性，在研究和应用单项技术的同时，都趋向于综合措施改良，其中包括以下几个部分。

冲洗和排水是水利改良盐渍土的重要措施与基本条件。虽然还存在多种技术上的缺点，但各国仍然肯定排水和冲洗的有效作用。关键是要掌握灌溉水质、冲洗水量、冲洗时间和频率、渠道防渗、排水方式和规模等问题。

井灌井排技术，对地下水位和地下水矿化度的调控作用十分显著。井灌井排起到降低地下水位、腾出土壤库容的作用，适用于地下水位较高、土壤渗透性好、具有一定厚度含水层而水质又适用于灌溉的盐碱地区。

有机质是改良盐碱土的一种重要物质，可以改善土壤结构，减少地面蒸发，既有利于盐分含量下降，又堵住盐分上移，有机质本身的吸附力还具有一定的缓冲作用。这样，既能堵盐、淋盐、消除盐害，又能减轻或缓和对于降低地下水位临界深度的要求，以利于高产稳产，这是改良盐碱土的又一主要措施。

生物改良利用盐碱地在中国有悠久的历史。盐碱地种植苜蓿，由于主根较深，根系发达，对降低地下水位、增加脱盐、加速盐碱土改良都有一定效果。在有灌水资源的地区，在重盐荒地上种植水稻可以加速土壤脱盐，但种稻后必须种植冬小麦等越冬作物，加强冬季地面覆盖，否则返盐更加严重。

(3) 风沙地农田逆转技术

风沙地的逆转必须从沙地风蚀的防治起步。禹城万公顷风沙荒地采用“水利调控、林草结合、生物覆盖和立体农业”综合治理配套技术是防治土壤风蚀和治理风沙危害的一种有效模式。风沙地治理以水利措施为先导、以整体开发与综合利用和稳定沙地农业系统工程建设为特色，以渠、林、路、田分割沙地，构成网络化整体格局。用工程措施进行风沙地综合整治的宏观控制，形成乔、灌、草相结合的防护体系，以及渠、井结合的供水保障体系和沙地防护林与沙地经济林相结合的综合防护体系，建立结构合理、功能齐全、具有沙地农业特色的稳定性沙地农业生态地理系统。

(三) 洞庭湖平原农田生态地理系统的可持续发展

1. 存在的主要问题

(1) 农田涝渍灾害损失严重

洞庭湖平原农田生态地理系统存在的主要问题是，洞庭湖区的垸田是由围湖垦殖而成。围湖建垸兴起于汉唐，南宋后期初具规模，明朝中叶出现第二个高潮，晚清时的围垦达到恶性程度。20 世纪 50 年代之后，为了解决粮食问题，在洞庭湖区又加修堤垸 266 个，其中 670hm^2 以上的堤垸 94 个。围湖造田及堵支并流使湖泊水面净减 38.1%，湖容净减 40.6%，泥沙淤积加剧，洪水水位抬高，不仅导致湖区防洪抗洪成本的大幅度提高，而且由于外洪内涝交织，农田涝渍灾害损失更为严重。据调查，70 年代洞庭湖区的年均渍灾面积为 17 300hm^2，80 年代发展到 42 700hm^2，由地下水位抬升造成的次生潜育化面积达到 13.2 万 hm^2。

(2) 土壤潜育化和次生潜育化面积多

洞庭湖平原是湖南省土壤潜育化和次生潜育化面积最多、程度最为严重的地区。目前有各种类型的潜育化低产田 333 万 hm^2，占湖区水田总面积的 60%。土壤潜育化发展是制约湖区农业发展和生产力提高的重要因素。洞庭湖区土壤潜育化与该地区特殊的水文环境和地质构造有密切关系，三峡工程对洞庭湖平原的土壤潜育化发展也将产生重要影响。

2. 可持续发展的对策

1)根据系统结构决定其功能的原理，按照整体、协调、自生及循环的原则，在保持湿地调蓄洪水主体功能的前提下，建立敞水带复合水体农业模式、季节性淹没带复合农业模式、渍水低潮田复合农业模式等耐洪、避洪的湿地生态农业模式，促进本区域农业的可持续发展。

2)加强长江及“四水”上游地区的生态环境建设。泥沙淤积是导致河湖床抬高、湖泊调蓄能力衰退的根本原因，因此，加强洞庭湖平原的整治及长江与“四水”流域的水土保持工作，减少水土流失，是根治洪涝灾害的关键，也是控制土壤潜育化危害的重要环节。

3)加强湖区水利建设，完善农田水利系统，提高农区防洪排渍能力，是治理农田渍害和改造潜育化低产田的关键。应该将洞庭湖平原的农田水利建设作为一个系统工程来考虑，把优化系统结构作为建设工作的重点，其中建立与农田明沟、暗沟排水系统连为一体的完备的湖区排灌网络是治渍、治潜的根本举措。

4)工程措施与生物措施相结合，在改善区域水利基础设施建设的同时，采取一切行之有效的耕作栽培和生物技术措施，降低土壤潜育化的危害。这些措施包括水旱轮作，起垄栽培，推广应用耐渍、耐潜作物品种和合理的施肥技术等。对于湖区的轻度和中度潜育性稻田，可通过调整耕作制度来改良土壤。据研究，在轻度和中度潜育性稻田中，将传统的“绿肥-双季稻”和“油菜-双季稻”耕作制改为“裸大麦/春玉米-稻”和“蔬菜-春玉米-稻”等水旱轮作复种制，可有效降低地下水位，改善土壤水分状况，增加土壤供氧能力，降低还原性物质含量，使土壤由潜育化向脱潜育化方向演化，显著提高农田系统的生产力。对于重度潜育性稻田，可采用垄稻沟鱼和起垄栽培等方式，或者发展生态适应型的湿地农田生产模式，如种植莲藕、席草等湿生经济作物。

(四)南方丘岗区农田生态地理系统的可持续发展

1. 存在的问题

(1)植被覆盖率下降使水土流失加剧

红壤地区森林资源主要集中在西南山区，中部丘陵地区面积较小。因历史和诸多因素引起不合理地开发自然资源，导致红壤地区森林覆盖率下降。据报道，四川省20世纪50年代森林覆盖率为20%，目前仅有8%，水土流失面积由9.1万km^2增加到80年代的24.7万km^2，扩大了2.7倍；福建省50年代森林覆盖率为49%以上，到80年代下降到39%，水土流失面积由0.45万km^2增加到1.33万km^2，扩大了2.9倍。

(2)土壤污染

引起土壤污染的污染物主要有重金属(汞、镉、铬、铜等)，化学农药(有机氯、有机磷某些特异性除莠剂等)，化肥，放射性物质及某些有机污染物等。这些污染物，一部分长期残留在土壤中。据湖南、广东、四川三省不完全统计，严重污染的土壤面积已达344.2万hm^2。

(3)酸雨和酸沉降

酸雨已对西南地区农作物造成了危害和经济损失，川黔两省受酸雨危害的耕地面积达 11 700km^2，经济损失每年 1.7 亿～2.7 亿元。

(4) 土壤退化及土壤肥力丧失

据研究，红壤东部丘陵山地肥力退化的情况是：全氮肥沃的占 16.2%，一般退化 64.6%，严重退化占 18.2%；速效磷肥沃的没有，一般退化占 7.1%，严重退化占 82.9%；速效钾肥沃的占 34.7%，一般退化占 51.7%，严重退化占 13.6%。

粗放的刀耕火种耕种方式对红壤资源的破坏也是严重的。据研究，森林经 4 年的粗放耕种后，土壤肥力显著下降，以每公顷表层土壤 187.5 万 kg 表土计，每公顷有机质减少 18.750kg，全氮减少 1875kg，全磷减少 187.5kg。

2. 可持续发展的对策

(1) 保土为主及保土、用土、养土相结合

要以培肥为主，培肥是关键，在于迅速恢复和提高红壤耕作层的有机质水平，用养有机结合是土壤越种越肥的必由之路。基本措施是增施有机肥，施肥、水、改制相结合。在增施有机肥的基础上，合理补充土壤矿质养分；在增肥改土的同时，采取灌溉、中耕、覆盖，合理安排作物茬口等综合措施相配套，促进红壤稳产高产。

(2) 大力保护和恢复植被以减少水土流失

保护森林和恢复森林植被，是防治水土流失的一项基本措施。疏林地区要实行封山育林和人工栽植相结合，以便恢复森林植被；荒山迹地做到全面规划，因地制宜，营造速生混交林。对于垦殖荒地要合理治理坡耕地。实行豆科作物，大叶蔓生和耐旱、免耕的作物间套复种，做到“根不离土，土不离根”，增加土壤覆盖，减少土壤裸露。实行等高线耕作，走农林复合业之路。

(3) 强化秸秆还田力度并促进红壤物质循环平衡

大量研究结果表明，红壤农田生态地理系统中氮有盈余，磷有些地区基本持平，钾处于亏缺状态。作物秸秆是重要的磷、钾资源，秸秆直接还田，可以扭转磷钾负平衡为正平衡，促进农田生态地理系统的可持续发展。

(4) 调整能源结构以控制 SO_2 气体的排放

合理施用化学肥料，提高肥料利用率，减少养分向土体渗漏，保护水资源，以达到控制酸沉降，减少红壤酸化强度，保护红壤资源。

(5) 实施一些农业生态技术，增加系统生物量

必须实施林农间套作技术、覆盖免耕技术、猪和鱼调控技术、恶性杂草除草技术、节水灌溉、平衡施肥等一些农业生态技术，以减少资源浪费，更有效地利用光、热、水、土资源，加速生态地理系统的物质和能量循环速率，从而提高资源的利用效益，降低投入，增加系统生物量。

(五) 黄土高原农田生态地理系统的可持续发展

1. 中尺度流域生态环境建设与农业可持续发展

随着我国综合国力的增强和经济建设重心的战略转移，加大对黄土高原生态建设资金的投入和加大治理速度成为可能，传统的以小流域为单元(10km^2 左右)、注重生态综

合治理已不能满足区域经济规模化、产业化发展的需求，开展中尺度大规模、快速、高效的治理和研究成为必然。因而不同类型区不同小流域的组合发展模式、区域产业结构的调整与布局、不同技术的组装与集成，以及中尺度快速调查、机械化作业的技术体系等问题，需进一步的研究和完善。

2. 黄土高原食物安全与适度开发

黄土高原的粮食生产，近年来虽有了长足的发展，但粮食仍未摆脱低标准供给状况(200～300kg/人)，特别是黄土高原粮食生产波动性(频率 0.277 次/a)明显高于全国波动水平(频率 0.167 次/a)，说明该区粮食生产能力低而不稳定，抗逆应变能力较弱。受此影响，农民为了抗灾应变，长期以来，广种薄收，即使是基本农田建设已有一定规模，对退耕还林还牧也有巨大的心理障碍。怎么开展区域粮食安全与适度开发技术，并为国家做贡献是一项影响整个黄土高原生态建设与农业可持续发展需要研究和探讨的问题。

3. 区域名特优农产品规模化开发与产业化

实施名特优农产品产业化开发战略，是市场经济条件下生态建设的客观需要。通过名特优农产品良种培育和规模化建园与开发，对于实现农业的可持续发展、培育区域支柱产业、推动区域经济发展等具有重大战略意义，该项内容是过去生态建设中一个比较薄弱的环节，也是地方政府急需的技术。

4. 生态水资源及其可持续利用

在黄土高原，无论是粮食生产还是植被建设，水分都是重要的限制因素。需从区域可用水资源及保持水域生产力可持续性角度，研究粮食、植被的建设布局、规模及有效利用。以“全部降水就地入渗拦蓄”为核心的“28 字方略”，是黄土高原国土整治生态建设的重要原则。需要研究“全部降水就地入渗拦蓄”后区域水文生态效应及对生产力可持续的影响，以指导生态地理系统进入良性循环的农林牧产业化发展。

5. 科学技术的研究与开发

坚持快速、高效、易操作的原则，研究以坡地改造与土地高效利用为中心，攻克陡坡退耕与食物安全、植被快速建造、区域支柱产业的培育与开发、水资源的时空调蓄与高效利用等技术难关，包括水土流失综合防治技术：研究在规模化治理及产业化发展条件下，不同类型区林草生物措施及工程措施的合理配置、开发带保护带的布局；研究坡地快速治理与综合开发利用技术：研究高标准水平梯田、梯田快速建造与坡地保护性综合开发利用技术，达到控制水土流失，防治土地退化，提高土地生产力，保障水土流失区人口食物安全和脱贫致富。

(六)荒漠绿洲农田生态地理系统的可持续发展

程新俊等(2005)研究认为，在图 11-14 设计的荒漠绿洲农田生态地理系统可持续发展的管理与调控框图可以看出，调控后的农林草牧绿洲农田生态地理系统食物链的转化其中包括以下几部分。

从生物子系统看，要求不断更换良种，进行果园改造；封山育林、轮区放牧、农牧结合，扩大人工饲草饲料基地；营造防护林网，发展农林牧结合的混合农业。通过发展林、草业，可以极大地强化动物食物链。

从土壤环境子系统看，依赖于灌溉制度和施肥制度的进步，使荒漠化趋势逐步逆转，农田生态地理系统主要功能水分和养分循环向良性方向发展。

新疆传统有机农业，由于绿洲农田和四季放牧的畜牧业长期分割存在，当前绿洲农田生态地理系统物质和能量循环流通中的食物链，主要依靠生产者(绿色植物)和小型消费者(异养微生物)相联，植物—动物—微生物三步食物链中，动物食物链极为弱小，虽然采取了一部分放牧业产生的有机肥(主要是食草动物的粪)返运施用于农田的措施，但仅仅使新扩大的绿洲农田土壤有机质平衡处于维持和缓慢增长状态，绿洲农田 0～25cm 耕层有机质碳在 5～7g/kg(碳储量在 18.75～26.25t/hm^2 水平)。

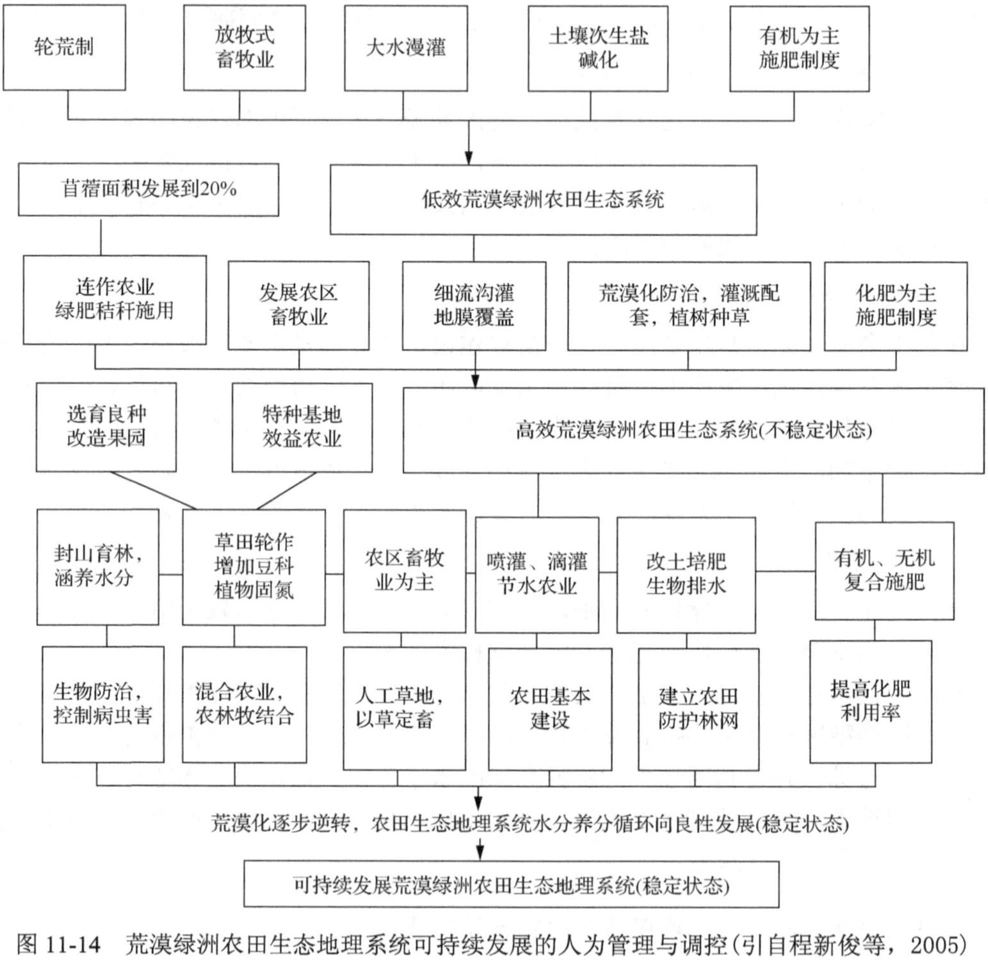

图 11-14　荒漠绿洲农田生态地理系统可持续发展的人为管理与调控(引自程新俊等，2005)

人为优化管理与调控后，立草为业，以发展饲草饲料种植为支点，实行农牧结合、草田轮作，走有机无机复合为特色的生态农业道路。如此随着农区畜牧业的发展，动物食物链的扩大，有机物次级养分再循环利用，绿洲农田生态地理系统中有机养分有可能逐步占到养分总投入的 80%。一方面可以持续供应作物所需要的养分，生产绿色安全食品，另一方面也为异养微生物提供了碳源和养分，强化了碎屑食物链。

第五节　生命地带生态地理系统的空间分布格局及其变化动态

一、生命地带生态地理系统的空间分布格局

生命地带(Holdridge life zone，HLZ)生态地理系统是用三个生物气候变量(生物温度、降水量、蒸腾比率)来表示气候格局与大尺度植被分布的关系(刘纪远等，2003)。在38种HLZ陆地生态地理系统中，中国共有29种类型丰富，结构复杂。现以范泽孟、岳天祥编制的中国生命地带的空间分布为例来说明HLZ类型的空间分布状况。从范泽孟、岳天祥编制的中国生命地带随着生物温度、降水量、蒸腾比率等气候条件的变化发生一系列变化的空间分布序列图可以看出。

(一)西北干旱荒漠区

热带荒漠主要分布在塔里木盆地和吐鲁番盆地的中心部位，也就是相应的塔克拉玛干沙漠地区；暖温带荒漠主要分布在热带荒漠地带外部的塔里木盆地、吐鲁番盆地的大部分地区、柴达木盆地中部、巴丹吉林沙漠和腾格里沙漠一带，整体上处于热带荒漠地带与冷温带荒漠地带之间；寒温带荒漠主要分布在暖温带荒漠外围的阿拉善高原西部与东部、塔里木盆地和吐鲁番盆地的边缘地带、柴达木盆地的外围地带及准噶尔盆地的少部分地区；北方荒漠主要分布在青藏高原北部和塔里木盆地南部边缘；北方干旱灌丛主要分布在天山低山地带、青藏高原西南部和祁连山北部低山地带；寒温带干旱灌丛和暖温带荒漠灌丛主要分布在阿拉善高原地带及准噶尔盆地大部分地区、黄土高原西北部和内蒙古高原西南部地区，这两种生命地带呈现出向外围扩展趋势，尤其是黄土高原和内蒙古高原上的荒漠灌丛地带向东、东南方向扩展趋势较为明显(刘纪远等，2006；Yue et al.，2005)。

(二)高寒区

冰雪地带主要分布青藏高原西北部的大部分地区、祁连山西北部的大部分高山地带及天山的哈尔克山和博格多山的高山地带、阿尔泰山的高山地带；高山干苔原、高山湿润苔原、高山潮湿苔原和高山雨苔原主要分布在冰雪地带外围的高山地带、青藏高原东南部的大部分高山地区、阿尔泰山、祁连山及天山地区的冰雪地带外围，以及大兴安岭北部的高山地带。随着气温的升高和降水量的增加，1961～2000年，中国西部的冰雪地带持续减少，高山苔原地带和高山湿润地带逐渐增加；青藏高原上的冰雪地带明显向西北方向退缩，而其他高山地带的冰雪地带则逐渐向高海拔的山顶退缩。冰雪地带退缩所留下空间则逐渐被各种高山苔原地带所代替(刘纪远等，2006；Yue et al.，2005)。

(三)半干旱半湿润区

寒温带草原主要分布在内蒙古高原、黄土高原和东北平原的西南部；暖温带有刺草

原主要分布在喜马拉雅山东南部和天山西北部一带。北方湿润森林、北方潮湿森林和北方雨林主要分布在青藏高原东部和大兴安岭地区；寒温带湿润森林和寒温带潮湿森林主要分布在青藏高原东部高山地带、秦岭的大部分高山地带、小兴安岭及长白山地带；暖温带干旱森林主要分布在秦岭北部的低山地带及东南部地区、四川盆地中心地带、云贵高原高山地及华北平原大部分地区(刘纪远等，2006；Yue et al.，2005)。

（四）湿润地区

暖温带湿润森林和暖温带潮湿森林主要分布在青藏高原南部、云贵高原、四川东部及长江中下游地区大部地区；亚热带干旱森林、亚热带湿润森林和热带湿润森林主要分布在四川盆地东南部、云南南部、广西、广东、湖南南部、江西、福建、海南绝大部分地区、台湾北部和西部；台湾中部和东部分布有暖温带干旱森林；热带干旱森林主要分布在海南中部地区。20 世纪 70 年代后在广西最南部也出现了热带干旱森林(刘纪远等，2006；Yue et al.，2005)。

我国主要的 10 种 HLZ 包括暖温带湿润森林(12.94%)、冰雪地带(10.66%)、寒温带湿润森林(10.07%)、寒温带草原(9.76%)、暖温带荒漠(7.89%)、亚热带湿润森林(7.89%)、暖温带干旱森林(7.47%)、寒温带灌丛(5.37%)、北方湿润森林(4.94%)和高山雨苔原(4.58%)。这 10 种 HLZ 覆盖了中国 81.57%的面积，虽然这 10 种 HLZ 是中国的主要生命地带类型，但是另外 18 种在 HLZ 多样性方面具有非常重要的作用，而且它们对气候变化和人类活动的敏感性要远远大于上述 10 种 HLZ，其中暖温带有刺草原、亚热带潮湿森林和寒温带潮湿森林更是如此。HLZ 的空间分布表明，暖温带干旱森林主要分布在干旱半干旱区向半湿润湿润区过渡地带，这里年降水量是 600～1200mm；暖温带湿润森林分布在暖温带干旱森林南部，年降水量是 1200～1400mm；一部分亚热带干旱森林分布在长江中上游地区；亚热带湿润森林多数分布在降水量 1400～1800mm 的地区(Yue et al.，2006)。

二、HLZ 生态地理系统变化趋势

由整个中国的 HLZ 空间分布来看，随着气温与降水量的振荡性增加趋势，生命地带类型也呈现出相应的振荡性变化趋势，如 20 世纪 70 年代我国出现了第 29 种 HLZ——热带湿润森林，广西最南部出现了原本主要分布在海南中部地区的热带干旱森林。

分析 20 世纪 60 年代、70 年代、80 年代和 90 年代中国 HLZ 空间分布变化(Yue et al.，2005)，40 多年来中国冰雪地带面积以每 10 年 6.3%的速率持续减少，平均来看亚热带有刺疏林迅速下降，下降速率为每 10 年 10.4%。青藏高原上的冰雪地带明显向西北方向退缩，而其他高山地带的冰雪地带则逐渐向高海拔的山顶退缩。冰雪地带退缩所留下空间则逐渐被各种高山苔原地带所代替。如果按照目前的发展速度，冰雪地带可能会在 159 年后消失，而亚热带有刺疏林将会在 96 年后消失。高山干苔原和冷温带灌丛则呈现持续增加趋势，这两种地带每 10 年增加速度分别是 13.1%和 3.4%。热带荒漠、暖温带荒漠呈现出向外围扩展趋势，尤其是黄土高原和内蒙古高原上的荒漠灌丛地带向东、东南方向扩展趋势较为明显。

比较 20 世纪 90 年代与 60 年代其他生命地带，显示呈波动变化状态：面积增大的类型包括高山湿润苔原、高山潮湿苔原、北方荒漠、北方潮湿森林、北方雨林、冷温带草原、暖温带荒漠、暖温带荒漠灌丛、暖温带干旱森林、暖温带潮湿森林、亚热带干旱森林、亚热带湿润森林、亚热带潮湿森林和热带温润森林；面积减小的类型包括北方干旱灌丛、北方湿润森林、冷温带荒漠、冷温带湿润森林、暖温带有刺草原、暖温带湿润森林、热带荒漠和热带干旱森林。

从 40 多年平均来看，亚热带潮湿森林和暖温带潮湿森林呈同步变化趋势，亚热带湿润森林增加幅度最大，20 世纪 70 年代比 60 年代增加了 577.78%，而 80 年代比 70 年代减少 60.66%，90 年代又比 80 年代增加 237.5%；其次是暖温带潮湿森林，70 年代比 60 年代增加了 219.3%，而 80 年代比 70 年代减少 32.42%，90 年代又比 80 年代增加 188.62%；而暖温带有刺草原、亚热带有刺疏林和热带干旱森林减少最为剧烈，与亚热带潮湿森林和暖温带潮湿森林变化趋势相反(表 11-24)，这可能是气候振荡的具体表现，总体来看中国西北及东南部气候正在向暖湿发展(Yue et al.，2005)。

表 11-24　20 世纪 60～90 年代中国生命地带面积变化(引自 Yue et al.，2005)（单位：Mhm^2）

编码	生命地带类型名称	60～70 年代		70～80 年代		80～90 年代	
		面积变化/Mhm^2	变化比例/%	面积变化/Mhm^2	变化比例/%	面积变化/Mhm^2	变化比例/%
1	冰雪	−23.27	−19.22	−2.51	−2.57	−4.74	−4.98
2	高山干苔原	0.5	7.81	2.03	29.42	0.82	9.18
3	高山湿润苔原	41.33	423.46	−39.19	−76.71	−1.4	−11.76
4	高山潮湿苔原	2.36	7.82	−1.13	−3.47	5.19	16.52
5	高山雨苔原	−21.81	−50.90	37.27	177.14	−6.49	−11.13
6	北方荒漠	0.5	5.72	−0.41	−4.44	0.39	4.42
7	北方干旱有刺灌丛	0.27	2.42	0.68	5.96	−1.57	−12.99
8	北方湿润森林	5.95	12.26	−12.46	−22.86	0.5	1.19
9	北方潮湿森林	−1.84	−10.05	5.4	32.79	−0.11	−0.50
10	北方雨林	0	0	0.12	30.77	−0.03	−5.88
11	冷温带荒漠	4.08	10.34	−9.17	−21.06	−0.17	−0.49
12	冷温带灌丛	0.48	1.00	4.79	9.90	1.3	2.44
13	冷温带草原	17.08	20.63	−8.93	−8.94	6.15	6.76
14	冷温带湿润森林	−15.91	−15.40	10.33	11.82	−3.86	−3.95
15	冷温带潮湿森林	−0.94	−17.41	1.77	39.69	−1.69	−27.13
17	暖温带荒漠	9.87	14.96	6.38	8.41	−6.8	−8.27
18	暖温带荒漠灌丛	−1.81	−26.70	2.52	50.70	2.85	38.05
19	**暖温带有刺草原**	**−0.49**	**−42.98**	**0.62**	**95.38**	**−0.43**	**−33.86**
20	暖温带干旱森林	5.95	9.14	−2.63	−3.70	10.65	15.56
21	暖温带湿润森林	−5.08	−3.98	6.39	5.21	−17.33	−13.42
22	暖温带潮湿森林	1.25	219.30	−0.59	−32.42	2.32	188.62

续表

编码	生命地带类型名称	60～70 年代		70～80 年代		80～90 年代	
		面积变化/Mhm^2	变化比例/%	面积变化/Mhm^2	变化比例/%	面积变化/Mhm^2	变化比例/%
23	亚热带有刺疏林	–0.17	–22.08	0.01	1.67	–0.16	–26.23
24	亚热带干旱森林	1.48	27.16	–1.29	–18.61	0.37	6.56
25	亚热带湿润森林	–4.78	–6.33	0	0	11.78	16.66
26	亚热带潮湿森林	0.52	577.78	–0.37	–60.66	0.57	237.5
27	热带荒漠	–15.45	–65.22	0.27	3.28	1.93	22.68
28	热带干旱森林	–0.11	–52.38	0.11	110	–0.09	–42.86
29	热带湿润森林	0.082		–0.055	–67.073	0.073	270.370

注：加底纹表示该生命地带面积增加幅度较大，加粗表示该生命地带面积减少幅度较大

西部地区，特别是青藏高原的气候条件和地貌特征更为复杂，这些气候条件和地貌条件共同作用形成的土地覆被类型(表征为相应复杂的 HLZ)的演替相对频繁。因此，青藏高原区的 HLZ 存在较大的不稳定性和脆弱性，尤其是青藏高原东北部、东南部及东部更为明显。可以说随着气温的不断上升和降水的逐渐增加，中国西部陆地生态地理系统正在向有利于人类生存的方向发展。西部 HLZ 生态地理系统多样性和斑块连通性均呈增加趋势，平均每 10 年分别增加 0.27%和 2.79%。由于近半个世纪以来气温的不断上升，自 20 世纪 70 年代起在广西南部一带出现了热带湿润森林地带类型，在云南南部出现了热带干旱森林地带。对中国 HLZ 陆地生态地理系统面积平均变化趋势分析，结果表明，冰雪地带面积持续减少，高山干苔原与冷温带灌丛地带持续增加，而暖温带荒漠灌丛地带除 20 世纪 70 年代外后一直快速增加的趋势，也表明我国西部地区荒漠化面积不断扩大的严峻现实(Yue et al.，2005)。

热带湿润森林自 20 世纪 70 年代出现，它的中心已经从海南岛向东北方向的广州迁移，这意味着海南岛及东北邻区的气温及降水量已在最近几十年有增加趋势。冰雪地带的面积自 20 世纪 60 年代开始持续减少，其中心向西北迁移，这与中国西北部地区的气候变暖和降水量增加有关。占中国陆地生态地理系统 9.76%的寒温带草原大致向西南迁移了 500km。HLZ 自 20 世纪 70 年代由于海南热带湿润森林的出现而增加到 28 种，但是平均来说，HLZ 多样性在近 40 年呈下降趋势，下降速率为每 10 年 0.0030%；同时，HLZ 斑块连通性在近 40 年也以平均每 10 年 0.0439%的速率持续增加(表 11-25)，这意味着利用生态服务功能的能力增强(Yue et al.，2005)。总之，中国陆地生态地理系统格局的变化反映了气候变化对陆地生态地理系统的剧烈影响。

表 11-25　20 世纪 60～90 年代 HLZ 多样性及连通性变化(引自 Yue et al.，2005)

年代	60 年代	70 年代	80 年代	90 年代	年代际增长速率/%
HLZ 多样性	0.1418	0.1408	0.1408	0.1401	–0.0030
HLZ 斑块连通性	0.1303	0.1365	0.1424	0.1532	0.0439

结合近几十年中国气候格局及 HadCM2 和 HadCM3 模式模拟的气候情景，分析未来

81 年中国陆地生态地理系统空间格局的可能变化，结果表明(Yue et al.，2006)：随着未来气温的升高，冰雪地带会迅速缩小，HadCM2 和 HadCM3 模式分别预测出冰雪地带可能会在未来 552 年和 204 年消失；冰雪带、暖温带湿润森林和北方潮湿森林会持续减少，而亚热带湿润森林和冷温带森林会持续增加。HadCM2 和 HadCM3 模式模拟的结果还表明北方潮湿森林、亚热带湿润森林、热带干旱森林、暖温带湿润森林和亚热带潮湿森林对气候变化情景更为敏感，有更大的偏移空间范围。气候变化可能会使生态区多样性减少而提高斑块连通性。

总之，如果能够有效地保护和恢复生态，我国陆地生态地理系统会出现良性循环，但是如果人类活动超出了生态地理系统所能承受的范围，生态环境将会持续恶化。

三、生命地带多样性与气候变化的响应模式

范泽孟和岳天祥(2005)通过对 Holdridge 生命地带(Holdridge life zone)模型和生态多样性模型的模拟运算之后，获得了全国 1960～2002 年生命地带多样性的序列数据。为了将 HLZ 多样性变化与年均生物温度、年降水量放在一个图中更好地进行对比分析，范泽孟和岳天祥(2005)对 HLZ 多样性值进行放大处理(100 倍)。

在图 11-15 中，标注的数字均为生命地带多样性相应年份的值。从图 11-15 可以发现生命地带多样性的变化及其与年均生物温度、年降水量等气候因子之间呈现出以下响应模式。

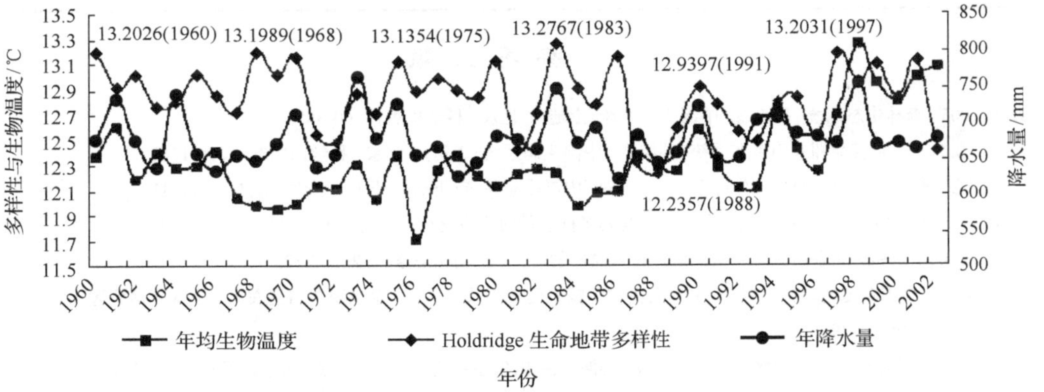

图 11-15　Holdridge 生命地带多样性与年均生物温度、年均降水量的对比分析
(引自范泽孟和岳天祥，2005)

①在 1960～2002 年生命地带多样性同生物温度、降水量的变化形式相似，均呈现出震荡波动的变化模式；②当降水量与生物温度呈反向变化(也就是指降水量增加而生物温度降低或生物温度升高而降水量减少)时，生命地带多样性将出现较大的震荡变化，这种反向比例越高，震荡的幅度越大；③当降水量与生物温度呈同向变化时，生命地带多样性也呈现出与其同向变化的趋势。1998 年是个例外，虽然温度和降水量均呈现出异常性的增加，但由于气候的灾害性突变事件对当年受灾区域的生物物种造成了巨大破坏，因而当年的生物多样性比 1997 年有所减少而不是增加。生命地带多样性呈震荡波动变化模

式并不说明生命地带多样性没有减少或增加，它反映的只是生态环境稳定性从 60 年代以来发生着震荡变化，这种波动是自然气候条件和人为因素共同作用的结果，同时也反映出生态环境处在极不稳定的状态。随着生命地带多样性震荡幅度增大、波动速度加快和周期减短，生态环境的不稳定性将随之逐渐加剧，这从另一个侧面反映出我国生态环境稳定性的自身调节功能逐渐减弱，从而使生态环境逐渐恶化。

在进行以上运算分析的基础上，对我国 Holdridge 生命地带多样性、景观斑块的连通性及其形状指数进行计算后形成表 11-26。从图 11-15 和表 11-26 可以看出，生命地带多样性的变化模式与相关气候因子的变化模式存在一定的耦合关系，而且对气候变化存在相应的响应模式；另外，生命地带多样性的变化与生态环境的稳定性之间存在一定的相关关系：生命地带多样性的震荡幅度越大、波动周期越短，生态环境的稳定性则越差，而这种极不稳定的生态环境也就越脆弱、越容易遭到破坏。

表 11-26　20 世纪 60～90 年代中国 Holdridge 生命地带的景观指数

年代	60 年代	70 年代	80 年代	90 年代	变化比率/%
生命地带多样性	0.1344	0.1335	0.1340	0.1341	–0.0692
景观斑块数	608	562	594	577	–1.7293
生命地带种类数	25	25	23	24	–1.3515
景观斑块形状指数	0.6951	0.7023	0.6965	0.7011	0.2868
景观斑块连通性指数	0.1458	0.1574	0.1730	0.1630	3.7928

参 考 文 献

陈灵芝. 2005. 森林生态系统//孙鸿烈. 中国生态系统(上册). 北京：科学出版社: 60-385.
程新俊，等. 2005. 荒漠绿洲农田生态系统//孙鸿烈. 中国生态系统(下册). 北京：科学出版社: 1256-1280.
程新维，等. 2005. 黄淮海平原农田生态系统//孙鸿烈. 中国生态系统(下册). 北京：科学出版社: 1086-1116.
范泽孟，岳天祥. 2005. 中国 Holdridge 生命地带及其多样性的时空变化分析. 地理研究, 24(1): 121-130.
高贤明，陈灵芝. 1998. 北京山区辽东栎群落特种多样性的研究. 植物生态学报, 22: 23-32.
郭思加. 1996. 中国草地地理分布规律//中华人民共和国农业部畜牧兽医司，全国畜牧兽医总站. 中国草地资源. 北京：中国科学技术出版社: 329-342.
何圆球，吴大付. 2005. 南方丘岗区农田生态系统//孙鸿烈.中国生态系统(下册). 北京：科学出版社: 1144-1176.
河北师大，开封师院，华南师院，等. 1978. 普通自然地理. 北京:人民教育出版社: 353-358.
蒋有绪. 1997. 中国森林的地理分布规律//《中国森林》编辑委员会. 中国森林(第 1 卷：总论). 北京：中国林业出版社: 184-204.
李志丹，干友民，泽柏，等. 2004. 退化草地群落演替趋向研究进展. 四川草原, 5: 5-7.
刘国彬，梁银丽. 2005. 黄土高原农田生态系统//孙鸿烈. 中国生态系统(下册). 北京：科学出版社: 1230-1251.
刘纪远，张增祥. 2003. 20 世纪 90 年代中国土地利用变化时空特征及其成因分析. 地理研究, 22(1): 1-12.
孟凯. 2005. 松嫩平原农田生态系统//孙鸿烈. 中国生态系统(下册). 北京：科学出版社: 1006-1030.
孙鸿烈. 2005. 中国生态系统. 北京：科学出版社: 60-385, 500-666, 987-1290.
唐登银. 2005. 农田生态系统//孙鸿烈. 中国生态系统(下册). 北京：科学出版社: 987-1005.
田大伦. 2008. 高级生态学. 北京：科学出版社: 268-274, 401-403.
王凯荣，等. 2005. 洞庭湖平原农田生态系统//孙鸿烈. 中国生态系统(下册). 北京：科学出版社: 1178-1197.
于贵瑞，等. 2009. 人类的活动与生态系统变化的前沿科学问题. 北京：高等教育出版社: 302-314.

张宗花. 2012. 高寒草甸不同退化草地植被群落结构及生产力研究. 黑龙江畜牧兽医科技版, 10: 83-84.

中华人民共和国农业部畜牧兽医司, 全国畜牧兽医总站. 1996. 中国草地资源. 北京: 中国科学技术出版社: 329-342.

《中国森林》编辑委员会. 1997. 中国森林(第 1 卷:总论). 北京:中国林业出版社: 184-204.

Benz L C, Doering E J, Reichman G A. 1985. Water-table contributions to alfalfa evapotranspiration and yield. Transactions of the ASAE, 28 (4) : 1178-1185.

Bidwell O W. 1986. Where do we stand on sustainable agriculture. J Soil Water Conserve, 41 (5) : 317-320.

Brklacich M, Bryant C R, Smit B. 1991. Review and appraisal of concept of sustainable food production systems. Environ Management, 15 (1) : 1-14.

Cao W Z, Zhu H J, Chen S. 2007. Impacts of urbanization on topsoil nutrient balances—a case study at a provincial scale from Fujian, China. Catena, 69 (1) : 36-43.

Carter H O. 1989. Agricultural sustainability: an overview and research assessments. Calif Agric, 43 (3) : 16-18.

Chapin F S, Zavaleta E S, Eviner V T, et al. 2005. Consequences of changing biodiversity. Nature, 405 (6783) : 234-242.

Conway G R. 1985. Agro-ecosystems analysis. Agric Admin, 20: 31-55.

Conway G R. 1987. The properties of agro-ecosystems. Agricultural Systems, 24 (2) : 95-117.

Giles J. 2005. Nitrogen study fertilizes fears of pollution. Nature, 433 (7028) : 791.

Gilpin M E. 1975. Stability of feasible predator-prey systems. Nature, 254 (5496) : 137-139.

Hamerlynck E P, Huxman T E, Loik M E, et al. 2000. Effects of extreme high temperature, drought and elevated CO_2 on photosynthesis of the Mojave Desert evergreen shrub, Larrea tridentata. Plant Ecology, 148 (2) : 183-193.

Harwood R R. 1990. Ahistory of sustainable agriculture. *In*: Edwards C A, et al. Sustainable Agriculture Systems. Iowa: Soil and Water Conservation Society Ankeny: 3-19.

Holdridge L R. 1947. Determination of world plant formations from simple climate data. Science, 105 (2727) : 367-368.

Holdridge L R. 1959. Simple methods for determining potential evapotranspiration from temperature data. Science, 130 (3375) : 572.

Lamb R I. 2003. Fertilizer use, risk, and off-farm labor markets in the semi-arid Tropics of India. American J. Agricultur. Ecosystem, 85 (2) : 359-371.

Leach K A, Allingham K D, Conway J S, et al. 2004. Nitrogen management for profitable farming with minimal environmental impact: the challenge for mixed farms in the Cotswold Hills, England. Inter. J. Agricultur. Sustain., 2 (1) : 21-32.

Lefroy R D B, Bechstedt H D, Rais M. 2000. Indicators for sustainable land management based on farmer surveys in Indonesia, Thailand, and Vietnam. Agriculture, Ecosystems & Environment, 81 (2) : 137-146.

Li Y, Cao M K, Li K R. 2006. Climate-induced changes in the vegetation pattern of China in the 21st century. Ecology Research, 21 (6) : 912-919.

Liu G B, Xu M X, Coen R. 2003. Study on soil characteristics in a small watershed in the hilly-gullied area on the Loess Plate all in China. CATENA, 54 (1-2) : 757.

Liu G B. 1999. Soil conservation and sustainable agriculture on the Loess Plateau: challenges and prospective. AMBIO, 128 (8) : 663-668.

Lloyd A H, Graumlich L J. 1997. Holocene dynamics of tree line forests in the Sierra Nevada. Ecology, 78 (4) : 1199-1210.

Macarthur R H. 1955. Fluctuations of animal population and a measure of community stability. Ecology, 36 (3) : 533-536.

Macrae R J, Hill S B, Henning J, et al. 1980. Agricultural science and sustainable agriculture, a review of the existing scientific barriers to sustainable food production and potential solutions. Biol Agric Hort, 6 (3) : 173-219.

Malyshev L, Nimis P L. 1997. Climatic dependence of the ecotone between alpine and forest orobiomes in southern Siberia. Flora, 192 (2) : 109-120.

McCann K S. 2000. The diversity-stability debate. Nature, 405 (6783) : 228-233.

Organisation for Economic Co-operation and Development (OECD). 2001. Environmental indicators for agriculture. Volume 3. Methods and Results. Paris: Organization for Economic Co-operation and Development: 1-213.

Parry M L, Swaminathan M S. 1992. Effects of Climate Change on Food Production. Cambridge: Cambridge University Press.

Qian W, Lin X. 2005. Regional trends in recent precipitation indices in China. Meteorology and Atmospheric Physics, 90 (3-4): 193-207.

Rillig M C, Wright S F, Allen M F, et al. 1999. Rise in carbon dioxide changes soil structure. Nature, 400: 628.

Rillig M C, Wright S F, Kimball B A, et al. 2001. Elevated carbon dioxide and irrigation effects on water stable aggregates in a sorghum field: a possible role for arbuscular mycorrhizal fungi. Global Change Biology, 7 (3): 333-337.

Smaling E M A, Janssen B N. 1993. Calculating soil nutrient balances in Africa at different scales I. supranational scale. Fertilizer Research, 35 (3): 237-250.

Smaling E M A, Stoorvogel J J, Windmeijer P N. 1993. Calculating soil nutrient balances in Africa at different scales II. district scale. Fertilizer Research, 35 (3): 237-250.

Smaling E M A. 1998. Special issue: nutrient balances as indicators of production and sustainability in Sub-Saharan African Agriculture. Agric. Ecosys. Environ, 71: 346.

Stoorvogel J J, Smaling E M A. 1990. Assessment of Soil Nutrient Depletion in Sub-Saharan Africa: 1983-2000, 4 volumes, Report 28. Wageningen: Win and Staring Centre.

Terjung W H, Ji H Y, Hayes J T, et al. 1989. Actual and potential yield for rainfed and irrigated maize in China. International Journal of Biometeorology, 28 (2): 115-135.

Wijnhoud J D, KonboonY, Lefroy R D B. 2003. Nutrient budgets: sustainability assessment of rainfed lowland rice-based systems in northeast Thailand. Agriculture, Ecosystems & Environment, 100 (2-3): 119-127.

Wolf M S. 2000. Crop strength through diversity. Nature, 406 (6797): 681-682.

Woodward F I. 1994. How many species are required for a functional ecosystem. *In*: Schulze E D, Mooney H A. Biodiversity and Ecosystem Function. Berlin: Springer: 271-299.

Yarig F, Lau K M. 2004. Trend and variability of China precipitation in spring and summer: linkage to sea-sur-face temperatures. International Journal of Climatology, 24 (13): 1625-1644.

Yue T X, Fan J Y, Liu T Y, et al. 2005. Changes of major terrestrial ecosystems in China since 1960. Global and Planetary Change, 48 (4): 287-302.

Yue T X, Fan Z M, Liu J Y, et al. 2006. Scenarios of major terrestrial ecosystems in China. Ecological Modeling, 199 (3): 363-376.

Yue T X, Haber W, Grossmann W D, et al. 1998. Towards the satisfying model for biological diversity. Ecologia, 17 (Suppl. 1): 129-141.

Yue T X, Liu J Y, Jorgensen J S, et al. 2001. Changes of Holdridge life zone diversity in all of China over half a century. Eco. Logical Modelling, 144 (2): 153-162.